环境与自然资源经济学（第七版）

Environmental and Natural Resource Economics

(Seventh Edition)

环境与自然资源经济学

Environmental and Natural Resource Economics

（第七版）
(Seventh Edition)

[美] 汤姆·蒂滕伯格
Tom Tietenberg /著

金志农　余发新　等/译
金志农　/校

梁晶工作室

中国人民大学出版社
·北京·

《经济科学译丛》编辑委员会

学术顾问 高鸿业 王传纶
　　　　　　胡代光 范家骧
　　　　　　朱绍文 吴易风

主　　编 陈岱孙

副主编　 梁晶　海闻

编　　委
王一江　王利民
王逸舟　贝多广
王　平　白重恩
刘　伟　朱玲燕
许成钢　张宇扬
张维迎　李稻葵
李晓西　李丁丁夫
杨小凯　汪毅建
金碚　　林开一
徐培勇　姚颖民
高盛洪　钱小纲
　　　　梁樊

（按姓氏笔画排列）

《经济科学译丛》总序

中国是一个文明古国,有着几千年的辉煌历史。近百年来,中国由盛而衰,一度成为世界上最贫穷、落后的国家之一。1949年中国共产党领导的革命,把中国从饥饿、贫困、被欺侮、被奴役的境地中解放出来。1978年以来的改革开放,使中国真正走上了通向繁荣富强的道路。

中国改革开放的目标是建立一个有效的社会主义市场经济体制,加速发展经济,提高人民生活水平。但是,要完成这一历史使命绝非易事,我们不仅需要从自己的实践中总结教训,也要从别人的实践中获取经验,还要用理论来指导我们的改革。市场经济虽然对我们这个共和国来说是全新的,但市场经济的运行在发达国家已有几百年的历史,市场经济的理论亦在不断发展完善,并形成了一个现代经济学理论体系。虽然许多经济学名著出自西方学者之手,研究的是西方国家的经济问题,但他们归纳出来的许多经济学理论反映的是人类社会的普遍行为,这些理论是全人类的共同财富。要想迅速稳定地改革和发展我国的经济,我们必须学习和借鉴世界各国包括西方国家在内的先进经济学的理论与知识。

本着这一目的，我们组织翻译了这套经济学教科书系列。这套译丛的特点是：第一，全面系统。除了经济学、宏观经济学、微观经济学等基本原理之外，这套译丛还包括了产业组织理论、国际经济学、发展经济学、货币金融学、公共财政、劳动经济学、计量经济学等重要领域。第二，简明通俗。与经济学的经典名著不同，这套丛书都是国外大学通用的经济学教科书，大部分都已发行了几版或十几版。作者尽可能地用简明通俗的语言来阐述深奥的经济学原理，并附有案例与习题，对于初学者来说，更容易理解与掌握。

经济学是一门社会科学，许多基本原理的应用受各种不同的社会、政治或经济体制的影响，许多经济学理论是建立在一定的假设条件上的，假设条件不同，结论也就不一定成立。因此，正确理解掌握经济分析的方法而不是生搬硬套某些不同条件下产生的结论，才是我们学习当代经济学的正确方法。

本套译丛于1995年春由中国人民大学出版社发起筹备并成立了由许多经济学专家学者组织的编辑委员会。中国留美经济学会的许多学者参与了原著的推荐工作。中国人民大学出版社向所有原著的出版社购买了翻译版权。北京大学、中国人民大学、复旦大学以及中国社会科学院的许多专家教授参与了翻译工作。在中国经济体制转轨的历史时期，我们把这套译丛献给读者，希望为中国经济的深入改革与发展作出贡献。

《经济科学译丛》编辑委员会
1996年12月

前言

1981年，我撰写本书第一版的时候，环境与自然资源经济学就是一个健全的但尚未充分利用的领域。坦率地说，它对环境政策的影响当时只能说是崭露头角。但是，现在情况不同了。经济学已经成为任何涉足环境政策的人士接受教育的一个不可或缺的组成部分。正如1987年出版的著作《我们共同的未来》（*Our Common Future*）所指出的："经济学和生态学把我们结合在从未如此紧密的网络之中……经济学和生态学必须完全地融入决策和法律的制定过程之中。"[①]

学科成熟的标志很多。现在，有许多杂志专门或者主要讨论本书涵盖的许多话题。《生态经济学》（*Ecological Economics*）就是这样一本杂志，它致力于将经济学家和生态学家更紧密地联系在一起，共同为环境污染寻找合理的解决之道。有兴趣的读者可能已经知道该领域里的一本高水平著作《土地经济学》（*Land Economics*），其他还包括《环境经济学和管理杂志》（*Journal of Environmental Economics and Management*）、《环境和资源经济学》（*Environmental and Resource Economics*）、

---

① The World Commission on Environment and Development, *Our Common Future* (New York: Oxford University Press, 1987): 27, 37.

《环境与发展经济学》(Environment and Development Economics)、《资源与能源经济学》(Resources and Energy Economics) 以及《自然资源杂志》(Natural Resources Journal)。

该领域日渐普及,对此许多新的学生研究计划的资料已可供使用。对于学生而言,以前想查看国际环境和自然资源方面的新颖话题非常困难,因为数据资料极为缺乏。现在,出现了许多很好的资料源,其中包括《世界资源》(World Resources, Washington, DC: Oxford University Press, 每年出版一次),该书附带一个数据附录,数据量非常大;《OECD环境数据》(OECD Environmental Data, Paris: Organization for Economic Cooperation and Development,定期出版)。

我们介绍几个互联网资料源,因为它们同环境与自然资源经济学的关注点密切相关。两个涉及的材料列表是:RES-ECON 和 ECOL-ECON。前者更具学术性倾向,主要涉及与自然资源管理有关的问题;后者讨论的问题更加宽泛,涉及可持续发展。

互联网提供的信息更新很快,有些信息已经过时了。如何在各种网页选项中保持更新的数据,一种办法就是访问笔者的网站 http://www.colby.edu/~thtieten/。这个网站与其他一些网站有链接,包括环境与资源经济学家联合会(Association of Environmental and Resource Economists)的网站,它提供了该领域研究生项目的一些信息。

本书试图将环境与自然资源经济学的初学者带入知识的前沿。尽管本书旨在让只学过两个学期经济学课程或者一个学期微观经济学课程的学生容易接受,但是,几家研究所已经将它作为低年级和高年级本科生的课程,也可以作为低年级研究生的课程。

我们使用一种离散的数学程序化的框架以及数学的方式(而不是简单的代数)来处理代际间的公平问题,这些内容我们都在附录中分析。使用图例和一些数字的例子来对其数学以及其合理性作出直观的理解。在本书中,我一直试图保留一些读者认为尤其有价值的优点,同时扩展了经济学应用的实例,还澄清了一些比较困难的有争议的问题,并且用最新的全球的资料进行更新。

本书的结构以及所涉及的范畴可以在许多场合下加以利用。对于环境与自然资源经济学方面的概要性课程,所有章节都是合适的,尽管我们当中许多人都已经发现,本书包含的内容超过了1/4学期甚至一个学期课程涵盖的内容。多余的材料为老师们选择这些话题提供了灵活性,他们可以选择一些最符合他们课程设计的话题。一个学期的自然资源经济学的课程可以采用第1~14章以及第22~24章的内容。如果只是简单地介绍环境经济学的内容,就必须加上第15章。如果是一个学期的环境经济学课程,只需学习第1~5章以及第15~21章的内容。如果要对自然经济学做一个简要的介绍,还需要加上第7章的内容。

新增内容

本书中包含一些全新的有关这个领域的争论以及一些新的应用实例，如下所述。除了对词汇表做了很大的扩充并对数据进行更新之外（超过60个新术语），本书中的100多篇参考文献涵盖了一些新论题，而且对原先的一些论题也做了扩充。

争论专栏

教科书常常会忽略一些有争议的问题，但是它们不应该被忽略。相关的方法或解释方面的争论是关于这门学科现状的一个至关重要的信息源。

本书新增加的争论专栏如下：

1. 生态经济学和环境经济学；
2. 人类是否应该对环境赋予经济价值？
3. 评估人类生命的价值是不道德的吗？
4. 美国应该如何处理石油进口的风险问题？
5. 水的价值是什么？
6. 供水系统应该私有化吗？
7. 应该禁止转基因生物吗？
8. 发展中国家是否应该利用市场化手段控制污染？
9. 新污染源评估程序应当修改吗？
10. 颗粒物和烟尘环境标准的争论；
11. 碳封存能抵换吗？
12. 全球温室气体贸易是不道德的吗？
13. 公司平均燃油经济性标准或燃料税？
14. 就业与环境：哪一方是正确的？
15. 进口国应该利用贸易限制手段影响出口国的有害的渔业生产吗？

新例子专栏

本教科书成功的关键之一就是在实际的环境政策条件下大量地利用实例说明如何运用经济学原理。以下实例有助于以一种相似而有趣的内容说明相关原理。

本书新增了许多实例：

1. 对受保护的热带森林的生态服务价值的估算；
2. 阿拉斯加永久基金；
3. 哈伯特高峰；
4. 可交易的能源许可证制度：得克萨斯州的经验；
5. 强制性贴标能够矫正外部性吗？
6. 消费者愿意为非转基因食品支付保险费吗？
7. 瑞典的氮排污税；
8. 爱尔兰的塑料袋税；
9. 德国强制性管制二氧化硫的排放；
10. 氯制造业部门的技术扩散；
11. 欧洲的排污权交易制度；
12. 将改变汽车保险方式作为一个环境策略；
13. 污水排放交易与降低长岛海峡排放废弃物的处理成本；
14. 《北美自由贸易协定》改善了墨西哥的环境吗？

涵盖的新话题

生态经济学和环境经济学普及的一个结果就是该领域的研究日益增加。这项研究引入新主题，并且利用新技术产生新观点。

本书引入了以下几个新话题对这种趋势作出反应：

- 联合分析；
- 博斯鲁普假设；
- 向下螺旋假设；
- 人权与环境；
- 艾滋病和人口转型；
- 日益显现的作用；
- 可交易能源许可证制度；
- 可更新的证券标准；
- 管理电子垃圾（计算机、电视等等）；
- 回收利用附加税；
- 选址费用；
- 抽水导致土地下沉；
- 联合利用地表水和地下水；
- 水银行；
- 作为担保资源的水脱盐作用；

- 水系统及利用的私有化；
- 偷猎野生动物的经济学；
- 海产资源保护；
- 技术变迁对渔业的影响；
- 世界粮食稀缺性的罗马宣言；
- 有机食品的作用；
- 基因修饰生物；
- 土地保护激励；
- 可持续林业；
- 水的分层式、区域和投入价格体系；
- 保护土地权和土地信用；
- 保护生物多样性的王族协议；
- 《北美自由贸易协定》第 11 章和环境；
- 美国环境保护署 33/50 项目；
- 博弈论和气候变化联盟；
- 硫许可项目的结果；
- 欧洲的排污贸易体系；
- 减免债务和环境；
- 突然的气候变化；
- 防治空气污染的产品费；
- 排污贸易中的安全价值；
- 双重红利效应；
- 气候变化的对冲策略；
- 生态足迹；
- 调整的净储蓄（原先指真实储蓄）；
- 甲基叔丁基醚的故事；
- 按量收费的汽车保险；
- 汽车的综合税制；
- 美国环境保护署的水质贸易政策；
- 加拿大、日本和欧洲成功地为有害废弃物处理场选址的策略。

主要的扩充内容

我们在本书中扩展了第六版中涉及的三个领域，它们是：
- 气候变化的科学与政策；
- 贸易和环境；

- 土地利用保护对森林的威胁。

扩充与更新的内容

我们更新了很多内容，以确保读者能够接触到最新的发展。这些内容包括：
- 深生态学的作用；
- 俄罗斯和苏联加盟共和国的环境；
- 氢燃料；
- 扩展的生产者责任；
- 河道内水流量的冲突；
- 水的定价系统；
- 农业的发展趋势；
- 贴标签和许可制度；
- 债务—自然交换；
- 《德莱尼条款》；
- 多边基金；
- 零排放机动车自动销售配额；
- 替代能源；
- 有毒物质排放清单；
- 加利福尼亚州《第65号提案》；
- 真实发展指标；
- 人类发展指数；
- 环境公平和有害废弃物处理场选址。

本书依旧具有很强的政策导向。尽管我们论述了大量的理论和经验证据，但是，增加令人感兴趣的政策问题扩展了本书的内容，而且我们论述了政策问题所处的环境。我们将研究和政策综合到每一章，从而避免应用经济学教科书经常碰到的问题，也就是说，前面章节提出的理论常常与后续章节保持松散的联系。

虽然这是一本经济学教科书，但是它超出了经济学的范畴。书中涵盖了自然和物理科学、文学和政治学以及其他学科的观点。一些案例中的文献提出了一些没有解决的问题，经济分析可以帮助解决这些问题；而在其他一些文献当中，它们会影响到经济分析的结构或是提供了一个对照的观点。它们在克服某种趋势方面发挥着重要的作用，这种趋势就是接受非批评式的材料，但由于水平非常肤浅，只强调了那些使经济学方法独一无二的特征。

增补内容

网上提供了由贝茨学院（Bates College）的林恩·刘易斯（Lynne Lewis）编写的《教师手册》[①]（*Instructor's Manual*），该手册为每一章都提供了本章概要、学习目的、章节大纲及关键术语、学生常见的困难以及课堂练习。老师可以下载《教师手册》以及 Powerpoint 演示文档，演示文档包含插图，从本书的网站 www.aw-bc.com 的目录页可以下载。

本书的网站是 www.aw-bc.com/tietenberg，其主要特点是为每一章都提供了补充材料和经济数据的链接。如果你希望利用新闻材料或者经济新闻资源补充你的课程，关于 Addison-Wesley 的优惠办法，具体细节你可以咨询当地的销售代表。

对于第一次使用本书的读者而言，本教科书还提供了以 Excel 为基础的数据模型，这些模型可以从数学上求解一般的森林收获问题。这些例子可以在课堂上展示，以加深直觉印象，或是作为家庭作业的题目。这些模型是由犹他州立大学（Utah State University）的 Arthur Caplan 和 John Gilbert 提出的，在配合本书的开放网站 www.aw-bc.com/tietenberg 上可以找到。

致　谢

撰写本书使我接触到了众多的我未曾遇见过的富有思想的人们。我非常感谢我的同仁以及学生们，他们指出了尤其重要的领域以及在本版中扩充的领域。我从我的同仁和学生们那里得到的支持令我感到非常满足并深受鼓舞。从本书人名索引所列出的几百个人名，你就可以理解我对我的同仁们的感谢程度。是他们的研究成果，使得这个领域成为一个令人激动的领域，充满了睿智，值得分享，以至我们的研究相对比较轻松，而且，与过去的艰辛研究相比，乐趣更多。

我最感激贝茨学院的林恩·刘易斯教授。他主要负责增写和修改第 3、10、11、19 和 21 章。由于他的贡献，本书更具可读性，对于他的协助，我不胜感激！

[①] 中国人民大学出版社未购买《教师手册》英文版权。——出版者注

我衷心感谢 Elena Alvarez (State University of New York at Albany)，Frank Egan (Trinity College)，Joseph Herriges (Iowa State University)，Janet Kohlhase (University of Houston)，Patricia Norris (Michigan State University)，Tesa Stegner (Idaho State University)，David Terkla (University of Massachusetts at Boston)，Roger von Haefen (University of Arizona)。他们详细地阅读了本书，并提出了许多有用的思想。

最后，我感谢在写作本书的各个阶段为我提供宝贵支持的人，他们是：

Dan S. Alexio	*U. S. Military Academy at West Point*
Gregory S. Amacher	*Virginia Polytechnic Institute and State University*
Michael Balch	*University of Iowa*
Maurice Ballabon	*Baruch College*
Edward Barbier	*University of Wyoming*
A. Paul Baroutsis	*Slippery Rock University of Pennsylvania*
Kathleen P. Bell	*University of Maine*
Peter Berck	*University of California, Berkeley*
Fikret Berkes	*Brock University*
Trond Bjørndal	*Norwegian School of Economics and Business Administration*
Sidney M. Blumner	*California State Polytechnic University, Pomona*
Vic Brajer	*California State University, Fullerton*
Stacy Brook	*University of Sioux Falls*
Richard Bryant	*University of Missouri, Rolla*
David Burgess	*University of Western Ontario*
Mary A. Burke	*Florida State University*
Richard V. Butler	*Trinity University*
Trudy Cameron	*University of Oregon*
Jill Caviglia-Harris	*Salisbury University*
Duane Chapman	*Cornell University*
Charles J. Chicchetti	*University of Wisconsin, Madison*
Hal Cochrane	*Colorado State University*
Jon Conrad	*Cornell University*
John Coon	*University of New Hampshire*
William Corcoran	*University of Nebraska, Omaha*
Gregory B. Christiansen	*California State University, East Bay*

Maureen L. Cropper	*University of Maryland*
John H. Cumberland	*University of Maryland*
Herman E. Daly	*University of Maryland*
Diane P. Dupont	*Brock University*
Randall K. Filer	*Hunter College/CUNY*
Ann Fisher	*Pennsylvania State University*
Anthony C. Fisher	*University of California, Berkeley*
Marvin Frankel	*University of Illinois, Urbana-Champaign*
A. Myrick Freeman III	*Bowdoin College*
James Gale	*Michigan Technological University*
David E. Gallo	*California State University, Chico*
Haynes Goddard	*University of Cincinnati*
Nikolaus Gotsch	*Institute of Agricultural Economics (Zurich)*
Doug Greer	*San José State University*
Ronald Griffin	*Texas A&M University*
W. Eric Gustafson	*University of California, Davis*
A. R. Gutowsky	*California State University, Sacramento*
Jon D. Harford	*Cleveland State University*
Gloria E. Helfand	*University of Michigan*
Ann Helwege	*Tufts University*
John J. Hovis	*University of Maryland*
Paul Huszar	*Colorado State University*
Craig Infanger	*University of Kentucky*
Allan Jenkins	*University of Nebraska at Kearney*
Donn Johnson	*Quinnipiac College*
James R. Kahn	*Washington and Lee University*
Chris Kavalec	*Sacramento State University*
Derek Kellenberg	*University of Colorado, Boulder*
John O. S. Kennedy	*LaTrobe University*
Thomas Kinnaman	*Bucknell University*
Andrew Kleit	*Pennsylvania State University*
Richard F. Kosobud	*University of Illinois, Chicago*
Douglas M. Larson	*University of California, Davis*
Dwight Lee	*University of Georgia*
Joseph N. Lekakis	*University of Crete*
Ingemar Leksell	*Göteborg University*
Randolph M. Lyon	*Executive Office of the President (U.S.)*

Robert S. Main	*Butler University*
Giandomenico Majone	*Harvard University*
David Martin	*Davidson College*
Charles Mason	*University of Wyoming*
Ross McKitrick	*University of Guelph*
Nicholas Mercuro	*Michigan State University*
David E. Merrifield	*Western Washington University*
Frederic C. Menz	*Clarkson University*
Michael J. Mueller	*Clarkson University*
Kankana Mukherjee	*Clarkson University*
Thomas C. Noser	*Western Kentucky University*
Lloyd Orr	*Indiana University*
Peter J. Parks	*Rutgers University*
Alexander Pfaff	*Columbia University*
Raymond Prince	*University of Colorado, Boulder*
H. David Robison	*La Salle University*
J. Barkley Rosser, Jr.	*James Madison University*
Jonathan Rubin	*University of Maine*
Milton Russell	*University of Tennessee*
Frederic O. Sargent	*University of Vermont*
Salah El Serafy	*World Bank*
Aharon Shapiro	*St. John's University*
W. Douglass Shaw	*University of Nevada*
James S. Shortle	*Pennsylvania State University*
Leah J. Smith	*Swarthmore College*
V. Kerry Smith	*North Carolina State University*
Rob Stavins	*Harvard University*
Joe B. Stevens	*Oregon State University*
Gert T. Svendsen	*The Aarhus School of Business*
Kenneth N. Townsend	*Hampden-Sydney College*
Robert W. Turner	*Colgate University*
Wallace E. Tyner	*Purdue University*
Nora Underwood	*Florida State University*
Myles Wallace	*Clemson University*
Patrick Welle	*Bemidji State University*
Randy Wigle	*Wilfred Laurier University*
Richard T. Woodward	*Texas A&M University*
Anthony Yezer	*The George Washington University*

对我最有帮助的研究助理是 Emilia Tjernström。几年来，与所有协助我写作本书的优秀年轻学者一起工作，这使得我更加清楚地体会到，教师是世界上最令人满意的一门职业。

最后，我要感谢我的夫人格雷唐（Gretchen）、女儿海蒂（Heidi）以及儿子埃里克（Eric），感谢他们的爱和支持。

汤姆·蒂滕伯格（Tom Tietenberg）
于缅因州普罗斯佩克特港沙湾

目 录

第1章 展望未来 ··· 1
  1.1 引言 ··· 1
      自我毁灭假设 ·· 1
      一些历史事例 ·· 2
  1.2 未来的环境挑战 ··· 3
      气候变化 ·· 3
      水的可用性 ·· 4
  1.3 迎接挑战 ·· 5
  1.4 社会将如何作出反应？ ··· 6
  1.5 经济学的作用 ··· 7
  争论1.1 生态经济学和环境经济学 ······························· 7
      模型的运用 ·· 8
  1.6 未来之路 ·· 8
  争论1.2 未来我们拥有什么？ ······································ 8
      问 题 ·· 10
      全书概览 ·· 10
  1.7 小结 ·· 12

讨论题 ·············· 13
　　进一步阅读的材料 ·············· 13
第2章　评价环境：概念 ·············· 15
　2.1　引言 ·············· 15
　2.2　人类环境关系 ·············· 16
　　　环境作为一种资产 ·············· 16
　　　经济学方法 ·············· 18
　2.3　决策的规范标准 ·············· 18
　　　评价预定的选项 ·············· 18
　争论2.1　人类是否应该对环境赋予经济价值？ ·············· 19
　例2.1　对受保护的热带森林的生态服务价值的估算 ·············· 22
　　　跨期比较效益和成本 ·············· 24
　2.4　寻找最优的结果 ·············· 25
　　　静态效率 ·············· 26
　　　动态效率 ·············· 28
　2.5　应用概念 ·············· 28
　　　控制污染 ·············· 28
　例2.2　减少污染在经济上具有意义吗？ ·············· 28
　　　保护与开发 ·············· 30
　例2.3　澳大利亚在保护和开发之间的选择 ·············· 30
　2.6　小结 ·············· 31
　　讨论题 ·············· 31
　　练习题 ·············· 32
　　进一步阅读的材料 ·············· 32
　　附录：动态效率的简单数学说明 ·············· 33
第3章　评价环境：方法 ·············· 35
　3.1　引言 ·············· 35
　3.2　为什么要评估环境的价值？ ·············· 36
　3.3　评价效益 ·············· 37
　　　价值的类型 ·············· 38
　例3.1　评定北方花斑猫头鹰的价值 ·············· 40
　　　评价方法分类 ·············· 40
　例3.2　利用规避支出法计算地下水污染造成的损害值 ·············· 45
　例3.3　利用条件价值评估法计算降低柴油机发动尾气的价值 ·············· 47
　例3.4　观光野生动植物的价值 ·············· 47
　争论3.1　评估人类生命的价值是不道德的吗？ ·············· 49
　　　效益估算的问题 ·············· 51
　　　成本估算方法 ·············· 52

|　　　　　风险的处理 ··· 53
|　　　　　选择贴现率 ··· 55
|　　例3.5　贴现率的历史重要性 ·· 55
|　　　　　一个严格的评价 ··· 57
|　3.4　成本—效率分析 ··· 59
|　　例3.6　芝加哥市控制二氧化氮排放：成本—效率分析的一个例子 ········· 60
|　3.5　影响分析 ·· 61
|　3.6　小结 ·· 62
|　讨论题 ·· 63
|　练习题 ·· 63
|　进一步阅读的材料 ··· 64

第4章　产权、外部性和环境问题 ··· 66
　4.1　引言 ·· 66
　4.2　产权 ·· 67
　　　　产权和有效市场配置 ··· 67
　　例4.1　中央计划经济条件下的污染控制 ·· 67
　　　　有效的产权结构 ··· 68
　　　　生产者剩余、稀缺性租金和长期竞争性均衡 ······························ 71
　4.3　外部性作为市场失灵的一种来源 ··· 71
　　　　概念的引入 ··· 71
　　　　外部性的种类 ·· 73
　　例4.2　泰国虾养殖的外部性 ·· 73
　4.4　设计不当的产权制度 ··· 74
　　　　其他产权制度 ·· 74
　4.5　公共物品 ·· 77
　　例4.3　私人提供的公共物品：大自然保护协会 ································ 79
　4.6　不完全市场结构 ··· 80
　　例4.4　欧佩克应该如何为其石油定价？ ··· 81
　4.7　社会贴现率和私人贴现率的分野 ··· 81
　4.8　政府失灵 ·· 82
　4.9　追求效率 ·· 83
　　　　通过协商的私人解决办法 ·· 84
　　　　法庭：产权条款和责任条款 ·· 84
　　　　立法条令和行政法规 ··· 86
　4.10　政府的有效作用 ·· 87
　4.11　小结 ·· 88
　讨论题 ·· 88
　练习题 ·· 89

进一步阅读的材料 ·········· 90

第5章　可持续发展：概念定义 ·········· 92
　5.1　引言 ·········· 92
　5.2　两期模型 ·········· 93
　5.3　代际公平的定义 ·········· 97
　5.4　有效配置是公平的吗？ ·········· 98
　　例5.1　阿拉斯加永久基金 ·········· 99
　5.5　应用可持续性评价标准 ·········· 100
　　例5.2　瑙鲁：极端的不可持续性 ·········· 101
　5.6　对环境政策的意义 ·········· 102
　5.7　小结 ·········· 103
　　讨论题 ·········· 104
　　练习题 ·········· 104
　　进一步阅读的材料 ·········· 105
　　附录：两期模型的数学说明 ·········· 106

第6章　人口问题 ·········· 108
　6.1　引言 ·········· 108
　6.2　历史透视 ·········· 109
　　世界人口增长 ·········· 109
　　美国的人口增长 ·········· 111
　6.3　人口增长对经济发展的影响 ·········· 112
　6.4　人口与环境的联系 ·········· 118
　　争论6.1　人口增长会不可逆地恶化环境吗？ ·········· 119
　6.5　经济发展对人口增长的影响 ·········· 120
　6.6　控制人口的经济途径 ·········· 122
　　例6.1　低收入国家实现生育率下降的目标：喀拉拉邦案例 ·········· 126
　　例6.2　提高收入，控制生育：孟加拉国 ·········· 127
　6.7　小结 ·········· 128
　　讨论题 ·········· 129
　　练习题 ·········· 129
　　进一步阅读的材料 ·········· 130

第7章　可耗竭、可更新资源的配置：综述 ·········· 131
　7.1　引言 ·········· 131
　7.2　资源分类法 ·········· 132
　7.3　代际间的有效配置 ·········· 136
　　两期模型的回顾 ·········· 136
　　N期成本不变的情形 ·········· 137
　　过渡到一种可再生的替代资源 ·········· 138

	增加的边际开采成本	140
	资源勘探与技术进步	142
例 7.1	铁矿业的技术进步	143
7.4	**市场配置**	144
	合理的产权结构	144
	环境成本	145
7.5	小结	146
练习题		147
进一步阅读的材料		148
附录		149
	可耗竭资源基本模型的扩展	149
	N期成本不变无替代资源的情形	149
	具有丰富的可再生替代品的情形下边际成本不变的情形	150
	边际成本增加的情形	151
	存在环境成本的情形	152

第8章 可耗竭、不可回收利用的能源：石油、天然气、煤和铀 …… 154

8.1	引言	154
例 8.1	哈伯特高峰	155
8.2	天然气：价格控制	156
8.3	石油：卡特尔问题	161
	需求的价格弹性	161
	需求的收入弹性	162
	非欧佩克供应商	163
	成员利益的一致性	165
8.4	石油：国家安全问题	166
争论 8.1	美国应该如何处理石油进口的风险问题？	167
8.5	改变燃料：环境问题	170
8.6	电力	174
例 8.2	加利福尼亚州取消电力管制	176
例 8.3	可交易的能源许可证制度：得克萨斯州的经验	178
8.7	长期	179
8.8	小结	182
讨论题		183
练习题		183
进一步阅读的材料		184

第9章 可回收利用的资源：矿产、纸张、玻璃及其他 …… 185

9.1	引言	185
9.2	可回收利用资源的有效配置	186

　　　　开采成本和处置成本 ………………………………………………… 186
　　例9.1　人口密度与资源再生：日本的经验 …………………………… 187
　　　　回收利用：更细致的审视 …………………………………………… 188
　　　　资源回收利用与原生矿的枯竭 ……………………………………… 189
　　例9.2　铅的回收利用 …………………………………………………… 189
　9.3　再论战略性物资问题 ………………………………………………… 190
　　　　一般原则 ……………………………………………………………… 190
　　　　政府的反应 …………………………………………………………… 191
　　　　钴：案例研究 ………………………………………………………… 192
　　　　替代性和脆弱性 ……………………………………………………… 192
　9.4　废弃物的处置和污染造成的破坏 …………………………………… 194
　　　　处置成本和效率 ……………………………………………………… 194
　　　　处置决策 ……………………………………………………………… 195
　　　　处置成本和废料市场 ………………………………………………… 197
　　　　对原生材料提供补贴 ………………………………………………… 197
　　　　矫正性公共政策 ……………………………………………………… 198
　　例9.3　佐治亚州玛丽埃塔地区垃圾的定价 …………………………… 198
　　例9.4　实行"回收"原则 ……………………………………………… 201
　　　　污染的破坏性 ………………………………………………………… 202
　9.5　对矿产征税 …………………………………………………………… 203
　9.6　产品的耐用性 ………………………………………………………… 204
　　　　功能性淘汰 …………………………………………………………… 205
　　　　时尚性淘汰 …………………………………………………………… 205
　　　　耐用性淘汰 …………………………………………………………… 206
　9.7　小结 …………………………………………………………………… 208
　　讨论题 ……………………………………………………………………… 209
　　练习题 ……………………………………………………………………… 209
　　进一步阅读的材料 ………………………………………………………… 210

第10章　可补给但可耗竭的资源：水 …………………………………… 212
　10.1　引言 ………………………………………………………………… 212
　10.2　水资源稀缺的可能性 ……………………………………………… 213
　10.3　稀缺水资源的有效配置 …………………………………………… 216
　　　　地表水 ………………………………………………………………… 217
　　　　地下水 ………………………………………………………………… 218
　10.4　当前的配置体系 …………………………………………………… 220
　　　　河岸权和优先占用权 ………………………………………………… 220
　　　　产生无效率的原因 …………………………………………………… 221
　　争论10.1　水的价值是什么？ ………………………………………… 224

10.5　可能的补救措施 226
　　例10.1　利用经济原理保护加利福尼亚州的水资源 226
　　例10.2　通过获取水权保护内河 228
　　例10.3　瑞士苏黎世的水资源定价 232
　　例10.4　政治和稀缺水资源的定价 234
　　争论10.2　供水系统应该私有化吗？ 235
10.6　小结 236
讨论题 237
练习题 237
进一步阅读的材料 237

第11章　可再生的私人财产性资源：农业

11.1　引言 239
11.2　全球性短缺 241
11.3　阐述全球性短缺假设 241
11.4　检验假设 244
　　　展望未来 244
　　例11.1　强制性贴标能够矫正外部性吗？ 251
11.5　农业政策的作用 251
11.6　一个小结 252
争论11.1　应该禁止转基因生物吗？ 252
例11.2　消费者愿意为非转基因食品支付保险费吗？ 253
11.7　粮食资源的分配 254
　　　定义问题 254
　　　最不发达国家的国内产量 255
　　　低估的偏差 257
　　　养活穷人 258
11.8　饱餐与饥荒的轮回 259
11.9　小结 262
讨论题 263
练习题 264
进一步阅读的材料 264

第12章　可储存、可更新资源：森林

12.1　引言 266
12.2　森林收获决策的特点 268
　　　木材资源的特殊属性 268
　　　生物学特征 268
　　　森林收获经济学 270
　　　基础模型的扩展 274

12.3	土地用途的变更	276
12.4	产生无效率的原因	278
	对土地所有者的不当激励	278
	对国家的不恰当激励	280
12.5	贫穷与债务	282
12.6	可持续林业	282
12.7	公共政策	284
	改变激励	285
例12.1	通过认证建设可持续林业	285
	特许使用	289
例12.2	制药需求能够为生物多样性提供足够的保护吗？	290
例12.3	生境保护的信用基金	290
12.8	小结	291
讨论题		293
练习题		293
进一步阅读的材料		294
附录：森林的收获决策		295

第13章 可再生公共产权资源：鱼类及其他物种　297

13.1	引言	297
13.2	有效配置	298
	生物方面	298
	静态有效可持续收获量	300
	动态有效可持续收获量	302
13.3	合理性以及市场解决办法	304
例13.1	对小须鲸的开放性捕捞	306
例13.2	缅因州的龙虾帮	307
13.4	有关渔业的公共政策	308
	水产业	308
	提高捕鱼的真实成本	309
	税收	312
	独立的可转让配额	312
例13.3	大西洋海岸扇贝业可转让配额以及限制捕捞规格和投入努力量的相对有效性	316
	海洋保护区	317
	200海里范围限制	318
	执法的经济学	319
	禁止偷捕	320
例13.4	当地人走向野生动植物保护：津巴布韦	320

13.5　小结 ··· 321
　　讨论题 ··· 322
　　练习题 ··· 322
　　进一步阅读的材料 ·· 323
　　附录：渔业的收获决策 ··· 324

第14章　普遍性的资源稀缺性 ·· 327
　　14.1　引言 ··· 327
　　14.2　降低资源稀缺性的因素 ·· 328
　　　　资源的勘探与发现 ·· 328
　　　　技术进步 ··· 329
　　　　替代品 ·· 329
　　例14.1　从历史角度看资源稀缺性：木材 ································ 331
　　14.3　查明资源的稀缺性 ·· 331
　　　　理想的稀缺性指标的评价标准 ·· 332
　　　　评价标准的应用 ··· 332
　　14.4　有关资源稀缺性的证据 ·· 337
　　　　物理指标 ··· 337
　　例14.2　地球化学稀有金属：经济如何作出反应？ ·················· 340
　　　　经济指标 ··· 341
　　例14.3　打赌 ··· 344
　　14.5　小结 ··· 347
　　进一步阅读的材料 ·· 348

第15章　防治污染的经济学：综述 ··· 350
　　15.1　引言 ··· 350
　　15.2　污染物分类 ·· 351
　　15.3　污染的有效配置定义 ··· 352
　　　　累积型污染物 ··· 352
　　　　可吸收型污染物 ··· 354
　　15.4　污染的市场配置 ··· 356
　　15.5　有效的政策反应 ··· 357
　　例15.1　中国的环境税 ·· 358
　　15.6　对均匀混合可吸收型污染物的成本有效性政策 ················ 359
　　　　定义成本有效性配置 ··· 359
　　　　成本有效性的污染防治政策 ·· 360
　　争论15.1　发展中国家是否应该利用市场化手段控制污染？ ······ 364
　　15.7　非均匀混合型地表污染的成本有效性政策 ······················· 365
　　　　单受场的情形 ··· 366
　　　　多受场的情形 ··· 370

15.8	其他政策方面	371
	税收效应	371
例 15.2	瑞典的氮排污税	372
	对监管环境变化的反应	373
	在不确定条件下的政策措施选择	373
	产品费：另一种形式的环境税	374
例 15.3	爱尔兰的塑料袋税	375
15.9	小结	376
讨论题		377
练习题		378
进一步阅读的材料		378
附录		380
	成本有效性污染控制的简单数学	380
	政策手段	381

第16章　固定污染源的局部空气污染　383

16.1	引言	383
16.2	传统污染物	384
	强制性政策框架	384
争论 16.1	新污染源评估程序应当修改吗？	387
	强制法的效率	389
争论 16.2	颗粒物和烟尘环境标准的争论	390
	强制性政策的成本有效性	391
例 16.1	德国强制性管制二氧化硫的排放	393
	空气质量	394
16.3	创新方法	396
	排污权交易制度	396
	排放权交易的有效性	398
	烟雾贸易	400
	排污费制度	401
	有害污染物	402
例 16.2	氯制造业部门的技术扩散	405
16.4	小结	405
讨论题		406
练习题		407
进一步阅读的材料		407

第17章　区域与全球性污染物：酸雨和气候变化　409

17.1	引言	409
17.2	区域性污染物	410

　　　　　酸雨 410
　　例 17.1　阿迪朗达克的酸化 411
　　例 17.2　硫限额排放计划 415
　　例 17.3　环境保护论者为何以及如何购买污染？ 416
　17.3　全球性污染物 418
　　　　　臭氧损耗 418
　　例 17.4　臭氧损耗化学品的交易许可证制度 421
　　　　　气候变化 422
　　争论 17.1　碳封存能抵换吗？ 424
　　例 17.5　欧洲的排污权交易制度 427
　　争论 17.2　全球温室气体贸易是不道德的吗？ 430
　17.4　小结 433
　　练习题 435
　　进一步阅读的材料 435

第18章　移动污染源的空气污染 437
　18.1　引言 437
　18.2　移动污染源污染的经济学 439
　　　　　隐性补贴 439
　　　　　外部性 439
　　　　　结果 440
　18.3　处理移动污染源的政策 441
　　　　　历史 441
　　　　　美国策略的结构 442
　　　　　替代燃料和车辆 444
　　例 18.1　计划——寻求有效且灵活的管理规定 445
　　　　　欧洲的方法 446
　　例 18.2　合伙用车：能够更好地利用汽车资本吗？ 446
　18.4　经济上和政治上的评估 447
　　　　　技术强制和制裁 448
　　　　　差异性规制 449
　　　　　管制的一致性 449
　　　　　新车排放速率的劣化 450
　　　　　铅淘汰计划 451
　　例 18.3　让铅退出：铅淘汰计划 452
　18.5　可能的改革 452
　　　　　燃料税 453
　　　　　高峰期收费制度 454
　　例 18.4　移动污染源污染控制的创新策略：新加坡 454

		私人收费公路	455
		公司平均燃油经济性标准	455
	争论18.1	公司平均燃油经济性标准或燃料税？	456
		停车费	456
		效能环保退费系统	457
		按实际行驶里程收取保险费	457
	例18.5	将改变汽车保险方式作为一个环境策略	457
		加速报废的策略	458
	例18.6	与愿望相反的政策设计	458
	18.6	小结	459
		讨论题	460
		进一步阅读的材料	461

第19章 水污染 463

19.1	引言	463
19.2	水污染问题的本质	464
	承载废弃物的水体类型	464
	污染源	464
例19.1	地下水污染事件	465
	污染物类型	468
19.3	传统的水污染防治政策	470
	早期立法	471
	后续法规	472
	《安全饮用水法》	474
	海洋污染	474
	公民诉讼	475
19.4	效率和成本有效性	476
	环境标准与零排放目标	476
	国家排放标准	477
例19.2	污水排放交易与降低长岛海峡排放废弃物的处理成本	481
	城市废弃物处理的补贴	483
	预处理标准	484
例19.3	具有成本—效益的预处理标准	485
	非点源污染	485
	石油泄漏	487
	全面评估	489
19.5	小结	490
	讨论题	491
	练习题	492

进一步阅读的材料 ·· 492

第20章　有毒物质　494

　20.1　引言 ·· 494
　20.2　有毒污染物质的性质 ·· 496
　　　健康影响 ·· 496
　　　政策问题 ·· 497
　20.3　市场配置与有毒物质 ·· 499
　　　职业危害 ·· 499
　例20.1　有害工作环境中的易感人群 ··································· 501
　　　产品安全 ·· 502
　　　第三方 ·· 503
　例20.2　有毒物质控制的司法补救方法：十氯铜案例 ····················· 504
　20.4　当前政策 ·· 505
　　　普通法 ·· 505
　　　刑法 ·· 506
　　　成文法 ·· 507
　　　有毒物质排放清单计划 ·· 510
　　　33/50计划 ·· 511
　　　《第65号提案》 ·· 511
　　　国际协定 ·· 512
　20.5　法律补救方案的评估 ·· 513
　　　普通法 ·· 513
　　　成文法 ·· 516
　　　履约保证金：一项具有创新性的方案 ···························· 519
　例20.3　溴化阻燃剂的履约保证金 ····································· 519
　20.6　小结 ·· 520
　讨论题 ·· 521
　进一步阅读的材料 ·· 522

第21章　环境公平　524

　21.1　引言 ·· 524
　21.2　有害废弃物选址决策的影响范围 ······························ 525
　　　历史 ·· 525
　　　当前的研究以及日益兴起的GIS技术的作用 ······················ 527
　　　选址的经济学 ·· 527
　　　政策反应 ·· 528
　争论21.1　提供补偿以便接受环境风险总是会提高接受这种
　　　　　　风险的意愿吗？ ·· 531
　21.3　污染控制成本的影响：单一产业 ······························ 532

		竞争性产业 ………………………………… 533
		垄断 ………………………………………… 535
	争论21.2	就业与环境：哪一方是正确的? …………… 537
	21.4	污染物的产生 ……………………………………… 538
	21.5	对家庭的影响范围 ……………………………… 539
		空气污染 …………………………………… 539
		水污染 ……………………………………… 544
	21.6	政策含义 …………………………………………… 545
	例21.1	回收利用对分配的影响 …………………… 546
	21.7	小结 ………………………………………………… 547
	讨论题	……………………………………………………… 548
	进一步阅读的材料 ……………………………………… 548
第22章	发展、贫困和环境	………………………………… 550
	22.1	引言 ………………………………………………… 550
	22.2	增长过程 …………………………………………… 551
		过程的性质 ………………………………… 551
		增长减速的潜在原因 ……………………… 552
		技术进步的极限 …………………………… 554
		自然资源魔咒 ……………………………… 555
	例22.1	"自然资源魔咒"假说 ……………………… 555
		环境政策 …………………………………… 556
	例22.2	就业机会与环境的关系：何以为证? ……… 556
	22.3	能源 ………………………………………………… 557
	22.4	展望未来 …………………………………………… 559
		人口影响 …………………………………… 559
		信息经济 …………………………………… 560
	22.5	增长与发展的关系 ……………………………… 561
		传统指标 …………………………………… 561
		替代指标 …………………………………… 564
	22.6	增长与贫困：工业化国家 ……………………… 566
		对收入不平等性的影响 …………………… 567
	22.7	发展中国家的贫困问题 ………………………… 567
		传统模型的合理性 ………………………… 568
		发展的障碍 ………………………………… 569
	22.8	小结 ………………………………………………… 573
	讨论题	……………………………………………………… 574
	进一步阅读的材料 ……………………………………… 575
第23章	探求可持续发展	…………………………………… 576
	23.1	引言 ………………………………………………… 576

23.2 发展的可持续性 ································· 577
　　市场配置 ··· 579
　　效率与可持续性 ··································· 580
例23.1 资源枯竭与经济可持续性：马来西亚 ······ 581
　　贸易与环境 ·· 584
例23.2 《北美自由贸易协定》改善了墨西哥的环境吗？··· 587
　　《关税和贸易总协定》与世界贸易组织的贸易规则 ··· 589
争论23.1 进口国应该利用贸易限制手段影响出口国的
　　　　有害的渔业生产吗？ ······················· 589
23.3 机遇菜单 ·· 590
　　农业 ·· 591
　　能源 ·· 592
　　减少废弃物 ······································· 592
例23.3 可持续发展：三个成功的例子 ··············· 593
23.4 转型的管理 ····································· 594
例23.4 使用可转让开发权控制土地开发 ··········· 595
　　合作的机会 ······································· 596
　　激励机制的重构 ································· 597
例23.5 印度尼西亚著名的控污策略 ················· 603
23.5 强制性转型 ····································· 603
　　定义目标 ·· 604
　　体制性的结构 ···································· 604
　　管理 ·· 606
23.6 小结 ·· 606
　讨论题 ·· 607
　进一步阅读的材料 ································· 608

第24章 重新展望未来 ···························· 610
24.1 提出问题 ·· 610
　　使问题概念化 ···································· 611
　　体制性的反应 ···································· 613
例24.1 可持续发展的私人积极性：采取可持续性的生产方式
　　　　有利可图吗？ ································· 613
　　可持续发展 ······································· 616
例24.2 公共部门和私人部门的合作伙伴关系：卡伦堡的经验 ······· 618
　　总结性评论 ······································· 620

练习题答案 ·· 621

词汇表 ………………………………………………………………… 631
人名索引 ……………………………………………………………… 652
术语索引 ……………………………………………………………… 661
译后记 ………………………………………………………………… 718

第 1 章 展望未来

> 沿着拱形的桥顶向引桥望去，但丁现在看到占卜师……正缓缓地沿着第四道峡谷的谷底走来。借助于他们的魔法咒语和魔鬼替身，他们一直在努力地打探着只属于全能上帝的未来，现在他们的脸痛苦地扭曲着；他们看不见未来，他们被迫往后行走。
>
> ——但丁：《神曲：地狱》（卡莱尔译）（1867 年）

1.1 引言

自我毁灭假设

1　　大约在美洲殖民地赢得独立的时候，爱德华·吉本（Edward Gibbon）完成了他的鸿篇巨制《罗马帝国衰亡史》(*The History of the Decline and Fall of the Roman Empire*)。在这本书最后一章的开篇，他以极为辛酸的笔调，再现了这样一个场景：他的一个朋友——博学多才的波吉乌斯（Poggius）和两个仆人在罗马衰败之后登上卡匹托尔山。罗马曾经的辉煌与其现在的惨淡，二者之间的反差让他们惊呆了：

> 在那诗一般的时代，罗马到处是金碧辉煌的神殿；现在神殿被推倒了，金子也被掠走，命运之轮完成了她的轮回，神圣的土地再一次布满了荆棘……过去，罗马人集合在广场上制定他们的法律，选举他们的法官；然而现在，广场被野菜地包围，荒芜的广场任野猪和水牛践踏。公共的宏大建筑和私人的宽大住宅，永远地倒下了，就像巨人的四肢，裸露着，残破不堪；毁灭的迹象清晰可见，巨大的废墟依稀保持着时代的沧桑和命运的磨难。（Vol. 6, pp. 650‑651）

是什么原因导致了如此恢弘且强大的一个社会走向衰亡？吉本撰写了一本非常艰涩难懂的书籍来回答这一问题，他认为罗马帝国毁灭的种子最终是由罗马帝国自己播种的。尽管罗马帝国最终屈从于外部力量，例如大火和外敌入侵，但问题还是出在罗马帝国内部。

一些历史事例

社会可以萌发其自我毁灭的种子，长时间以来，这一假设让学者们着迷不已。1798年，托马斯·马尔萨斯发表了他的经典论文《人口学原理》（An Essay on the Principle of Population），在这篇专著中，马尔萨斯预言，人口的增加，会使得人口的增长超过土地提供足够的粮食的能力，从而会导致饥荒和死亡。按照他的观点，调节机制包括用环境约束引发死亡率上升，而不是立即产生稀缺性进而引发创新或自约束。

历史事实表明，马尔萨斯的观点有一定的道理。下面我们分析两个具体的案例：玛雅文明和复活岛。

玛雅文明曾经是中美洲一个充满活力、高度发达的社会，然而现在她消失了。科潘（Copán）是其中的一个主要领地，学界对科潘的研究非常详细，并揭示了玛雅文明崩溃的原因（Webster, et al., 2000）。

韦伯斯特等人（Webster, et al.）认为，5世纪时，人口的增长开始陷入环境的约束，尤其是当土地的农业承载力不足时。日益增长的人口严重依赖当地生长的一种粮食作物（玉蜀黍）。然而，到了6世纪初期，最肥沃的土地的承载能力就不堪重负了，农民开始开垦生态系统中其他更加脆弱的土地。由此而产生的结果就是农业劳动率日趋下降，粮食生产无法赶上人口增长的步伐。

到8世纪中叶，人口在玛雅文明中达到了历史顶点，这时就开始了大面积的毁林垦荒，以至于造成了水土流失，进一步加剧了生产率的日益下降，这些问题都与开垦边缘土地相关。到 8—9 世纪，有证据表明，儿童死亡率居高不下，营养不良成为普遍性问题。到 820—822 年，玛雅文明的一个重要领导体系——玛雅王朝突然崩溃了。

第二个案例就是复活岛，它与玛雅文明以及马尔萨斯的观点很相似。复活岛位于智利沿海约 2 000 英里。现在的游客都知道它有两个非常明显的特点：（1）由火山岩雕刻的巨大雕塑；（2）岛上的气候条件非常好，火山岩石形成的土壤尤其肥沃，但是，植被却非常稀疏，这一点让人不解。雕塑很宏伟，且排列的距离非常长，直至采石场，这些都表明，当年这里很发达，但是，现在这些都已经不复存在。这个社会究竟发生了什么？

简单的回答就是，人口增长以及建房、造船和运输、雕塑都必须极其依赖木材从而大量毁灭森林（Brander and Taylor，1998）。破坏森林会引发水土流失，进而使得土壤生产力下降，最终使得粮食产量下降。这个社会是如何应对突如其来的资源稀缺性问题的？很显然，它的反应就是战争，最终同类相残。

我们宁愿相信，在面对突如其来的资源稀缺问题时，社会会改变其行为，以适应日益减少的资源供应，而且，一旦认识到问题的存在，就会自发地采取恰当的应对措施。我们甚至会反复重申："需要是发明之母"（Necessity is the mother of invention）。虽然上述故事并不意味着陈词滥调总是错误的（不是吗?），但是，它们确实表明，解决问题的办法不可能是自发性的。有时，社会性的反应不仅无法解决问题，反而会使问题变得更糟。

1.2　未来的环境挑战

正如我们将要讨论的，未来社会将会遇到两大问题：资源稀缺和日积月累的污染物。在随后的章节中，我们将对广泛的环境问题中的许多具体实例进行详细的讨论。在本节中我们将论述一个污染问题（气候变化）和一个资源稀缺问题（水的可用性）。

气候变化

太阳能引发了地球的天气和气候。太阳光可以使得地表变热，然后又以辐射能的形式返回天空。大气的"温室"气体（水蒸气、二氧化碳和其他气体）可以捕获其中的一部分辐射能。

如果没有这种自然的"温室效应"，地球的温度就会比现在低很多，我们当今所看到的生命就不可能存在。然而，好东西太多了也不好——如果温室气体的浓度超过了正常水平也会产生问题，因此，地球截留太多的热量也未必是一件好事——就像夏天将车窗关闭一样。

自工业革命以来，温室气体的排放量已经明显增加。温室气体的增加使得地球大气捕捉热量的能力得到增强。按照气候变化科学委员会（Committee on the Science of Climate Change, 2001）的报告，在过去的一个世纪里，地表的温度已经升高了大约华氏1度，而且在过去的20年中，地球变暖的速度正明显加快。这项研究断定，在过去的50年里，地球变暖的主因在于人类活动。

由于地球变暖，预计极高温天气将会影响人类健康。有些伤害是由极高温直接造成的，例如，2003年夏天的热浪曾导致欧洲几千人死亡。污染物（例如烟雾）也会影响人类健康；高温天气会使得污染更为严重。海平面日益上升（水温升高使得水体扩大以及冰川溶化），伴随而来的是更强的暴风雨，以至于沿海地区洪水成灾。生态系统遭受异常温度的影响后，有些动植物会迁居到新的地方，但有些却不能及时迁居。既然这些过程已经开始，那么在本世纪内，这些过程还将缓慢地加剧。

气候变化还存在一个重要的伦理问题。发展中国家产生的温室气体最少，但是，由于它们的适应能力比较有限，因此，预料它们受到的冲击最大。

解决气候变化问题需要国际间采取协调一致的行动。这对于由单一民族组成的国家且国际组织的能力相对脆弱的世界体系而言将是一个严峻的挑战。

水的可用性

资源的供应是有限的，但对资源的需求却正日益增加，这是一个很严重的问题。水是一个令人感兴趣的实例，因为水是维持生命必不可少的。

按照联合国的统计，大约有40%的世界人口生活在中度到重度水胁迫的地区（按照《联合国淡水资源评价》（*U. N. Assessment of Freshwater Resources*）的定义，"中度胁迫"是指在所有可使用的可再生淡水资源中，人类消费占20%以上；"重度胁迫"是指人类消费超过40%）。据估计，到2025年，大约2/3的世界人口（55亿人左右）将生活在这类水胁迫的地区。

在地球上，水胁迫的分布并不均匀。例如，美国、中国和印度，地下水的消耗超过其补充量,地下水位一直在稳定地下降。有些河流,例如美国西部的科罗拉多河和中国的黄河,常常还没有入海就断流了。

据联合国统计,非洲和亚洲的城市的水供应和公共卫生设施短缺最为严重。多达50%的非洲城镇居民和75%的亚洲人缺乏充足的水供应。

饮用水的有效性受人类活动的影响更大,因为人类活动会污染这种有限的资源。据联合国统计,在发展中国家,90%的生活污水和70%的工业废水没有处理就排放了。

有些干旱地区通过水渠从其他资源禀赋更好的地区引水,以补充其水分的不足。水渠除了会引发政治冲突外(供水地区可以不供应水),从地质上说,也很脆弱。例如,在加利福尼亚州,许多水渠穿过或者位于一些著名的地震易发断层上(Reisner,2003)。

1.3 迎接挑战

如果我们的先辈们认识到,人类活动对环境生命支持系统会产生严重的影响,而且致力于维护我们的生活质量的话,那么,他们或许就会选择一条更为可持续的道路,以增进人类的幸福。因为他们没有这方面的知识,因此多少年前他们没有作出可持续发展的选择,这意味着我们当代人现在面临着更为困难的选择,而且可选择的空间很小。这些选择将检验我们的创造性以及社会组织的适应能力。

由于经济活动的规模一直在不断地扩大,由此而引发的环境问题的范围也已超出地理的、代际间的界限。虽然以往单一民族国家曾是解决环境问题的一种有效的政治组织形式,尽管以往每一代人都奢望能够满足自己的需求而又不担忧后代的需求,但如今解决诸如贫困、气候变化、臭氧枯竭以及生物多样性的退化都需要国际合作。因为后代人不能为自己表达意愿,且我们不需替他们表达。不管体现后代人的意愿有多难,或许我们做得也不够完美,但我们的政策必须对后代负责。

单边着手改善全球环境状况的国家会冒的风险很大,因为它们的企业极易受到不负责任国家的竞争。采取严苛的环境政策的工业化国家在国家水平上可能不会受到很大伤害(生产环保设备的行业,就业和收入都会增加)。不过,个别行业在面临严苛的环境管制下,其成本比竞争者更高,而且遭受的损失相应地也更大。在受特别严格的环境管制的行业,其市场份额会下降,就业机会减少,这些都是强有力的政治武器,污染者可以用它们争取努力执行一项富有进取性的环境政策。寻求解决问题的办法时必须考虑到这些问题。

即使涉及破坏环境,但维持现状与许多个人和组织休戚相关。即便过度捕捞的渔场有必要减少捕捞量以保护渔场的存量，并使其种群恢复健康的水平，但渔民还是不情愿减少他的捕捞量。那些依赖于肥料和杀虫剂补贴的农民们，他们只会不情愿地放弃使用肥料和杀虫剂。一个静止物体往往会停留在静止状态，直到引入一个明显的外力为止——这一惯性原理完全适用于政治中。

1.4 社会将如何作出反应？

基本的问题就是社会将如何对这些挑战作出回应。系统地思考这个问题的一种方式就是利用反馈机制的概念。

正反馈机制（positive feedback loop）是指次级影响往往会强化基本的趋势。正反馈机制的一个例子就是资本积累过程。新的投资会生产出更多的产品，产品出售之后，可形成利润。这些利润又可用来增加新的投资。这个例子表明，经济的增长过程具有自强化机制。

在气候变化中，我们也能看到正反馈机制的现象。例如，科学家们相信，甲烷的排放和气候变化之间的关系就是一个正反馈机制。因为甲烷是一种温室气体，甲烷排放量的增加会促进气候的变化。然而，地球温度的上升会引起目前深藏在地球永冻层下非常大量的甲烷释放出来；大量的甲烷又会进一步提高温度，由此导致更多的甲烷排放出来，如此循环往复。

人类的反应也会通过正反馈机制恶化环境问题。例如，当一种商品快要短缺时，消费者就会囤积这种商品。商品的囤积会导致商品更加短缺。同样，如果面临粮食短缺，人们就会去吃种子，而种子对未来粮食的生产是十分关键的。这类情形特别令人担忧。

负反馈机制（negative feedback loop）则是指自约束机制而不是自强化机制。就负反馈机制而言，最著名的星球级规模的一个例子或许就是英国科学家詹姆斯·洛夫洛克（James Lovelock）在其提出的**地球女神假说**（Gaia hypothesis）中给出的。按照地球女神假说对世界的看法，地球是一个活有机体，它具有复杂的反馈系统，它会搜寻到最优的物理环境和化学环境。背离这种最优的环境就会引发非人类的自然反应机制，使其恢复平衡状态。按照地球女神假说，星球环境的特征从本质上说具有负反馈机制，而且在一定的限度范围内，它是一个自约束过程。深入研究后我们会发现，一个关键的问题是：我们的经济制度和政治制度在多大程度上会强化或约束日益显现的环境问题？

1.5 经济学的作用

社会如何应对挑战，主要取决于人类作为个体或集体的行为。经济学分析为任何对理解和改正人类行为（尤其是面临稀缺问题时）有兴趣的人提供了一套令人难以置信的有用工具。不论是生态经济学，还是环境经济学（参见争论1.1"生态经济学和环境经济学"），它们不仅对识别环境退化的条件提供了基础，而且也为弄清楚环境退化的原因和方式提供了基础。然后，我们可以基于这一理解，设计出新的激励机制，从而协调经济和环境之间的关系。驾驭市场，使之服务于可持续发展。忽略市场因素，不仅意味着事后补救的代价太大，而且意味着造成的损失可能是无可挽回的。

争论 1.1 ☞　　　　　　　　　**生态经济学和环境经济学**

最近十几年来，学术界在看待经济和环境的作用方面已经分成了两大阵营：生态经济学（http://www.ecoeco.org/）和环境经济学（http://www.aere.ort/）。尽管它们具有很多相似的地方，但是，生态经济学在方法论上更倾向于有意识的多元论，而环境经济学则牢固地建立在新古典经济学的标准范式之上。虽然新古典经济学强调人类福利的最大化，并且利用经济激励的办法纠正人类的破坏性行为，但是，生态经济学则是根据研究目的的不同采取了大量的方法论，其中也包括新古典经济学。

虽然有些学者将这两种途径看做相互竞争的（非此即彼的选择），但是，包括本书作者在内的其他一些学者则将它们看做相互补充的。当然，相互补充并不意味着完全地接受。不仅这两个学科领域之间存在明显的差异，而且就有些问题而言，在它们内部也存在差异，例如环境资源的价值评估、贸易对环境的影响以及对评价长期化问题（例如气候变化）政策策略的合适办法等。这些差异不仅产生于方法学，在评估分析的价值上也存在差异。

由于本书作者在这两个领域都有著述，而且在这两个领域的高端杂志担任编委，因此，本书涉及这两个领域就不会让人惊奇了。尽管分析的基础是环境经济学，但是，也有若干章节主要从生态经济学的角度评论以下观点，即在合适的时候，从新古典范式之外，汲取有用的观点，从而知道何时是相互矛盾的，何时是相互补充的。以实用主义为准则，如果某个特定的手段或研究有助于我们理解环境问题并解决它们，那么就将它纳入进来。

模型的运用

对于本书中的所有话题我们都从经济发展的角度进行分析，且经济发展是基于有限的环境资源和自然资源的。因为这个主题很复杂，所以将它分割成若干部分才便于更好地加以理解。一旦我们掌握了各个要素，我们就能够重新将它们整合起来，形成一个完整图像。经济学和其他大多数学科一样，要利用各种模型来分析复杂的问题，例如经济与环境的关系问题。

模型是现实的简单化描述。例如，尽管一幅道路交通图会省略很多细节，但是，它是我们走向现实的一个有用的向导——能够显示各个地点如何彼此关联，并且显示了总体的轮廓，但是，它不能捕捉到任一特定地点的独特细节。某张地图只突出显示了对当前实际应用来说最为关键的特征。本书中的模型与此类似。通过简化，撤除细节，使得主要的概念变得清晰。

模型使得我们能够精确地分析彼此相关的全球性问题，但是，如果模型选择不当，可能就会得出大错特错的结论。事后证明，被省略掉了的一些细节对理解某个特定的问题而言是十分关键的。因此，模型是一种有益的抽象，但我们始终必须持某种怀疑的态度来看待它。尽管各种假设和各种涉及的关系或许会被隐藏起来，甚至是潜意识的，但大多数人看待世界的观点都是建立在模型之上的。在经济学中，模型是明晰的；目标、关系和假设都是明确的，这样可以使得读者能够理解结论是如何推导出来的。

1.6 未来之路

争论1.2 "未来我们拥有什么？"分析了一个争议很大的问题，即我们的社会是否处在一条自我毁灭的道路之上。从某种程度上说，这两种截然不同的观点之间的差异就在于如何理解人类的行为。如果稀缺性的增加导致了一种强化环境压力的行为反应，那么悲观主义就是合理的；如果人类当前的反应是降低这些压力，或是改变稀缺性以减轻这些压力，那么乐观主义就是合理的了。

争论1.2 ☞　　　　　　　　　未来我们拥有什么？

经济学是一种关于环境冲击的理论吗？或者说和谐的过程已经开始了吗？由丹麦环境评价研究所（Denmark's Environmental Assessment Institute）所长、著名学者比约恩·隆伯格（Bjørn Lomborg）领导的一个研究小组认为，社会已经机智地正视了环境问题，但环境学家的观点却正好相反，显得过于危言耸听。他在《多疑的环境保护论者》（*The Skeptical Environmentalist*）一书中这样写道：

> 正如我们已经看到的，事实是，过去400年的文明已经让我们取得了异乎寻常的连续进步……并且我们应该面对这样一个事实，即从总体上说，我们没有理由预期这种进步不会继续下去。

世界观察研究所（Worldwatch Institute）的研究人员的观点则走向了另外一个极端，他们认为，现在的发展道路以及由此而引发的施加给环境的压力都是不可持续的。正如他们在《2004年的世界状态报告》（*State of the World 2004*）中所指出的：

> 美国、其他富裕国家以及许多发展中国家的消费量日益增加，已经超过了地球的承受能力。森林、湿地以及其他天然区域都在萎缩，让位于人及其房屋、农田、商场以及工厂。尽管我们还有替代资源，但是90%的纸张仍然来自树木，为全世界整个木材收获量的1/5。据估计，全球75%的鱼类存量是在可持续限度上或超过这个限度的情况下被捕捞的。尽管技术使得现在的热效率比以往任何时候都要高，但是，汽车和其他交通工具占了全世界能源利用量的30%，占全球石油消耗量的90%。

这些观点不仅对已有的历史事实做了不同解释，而且也意味着我们在未来必须采取截然不同的对策。

资料来源：Bjørn Lomborg. *The Skeptical Environmentalist*: *Measuring the Real State of the World* (Cambridge, UK: Cambridge University Press, 2001). The Worldwatch Institute. *The State of the World 2004* (New York: W. W. Norton & Co., 2004).

环境和自然资源经济学是我们处理这类两难困境的一个重要的思想来源。这门学科不仅为理解产生环境问题的人类根源提供了一个坚实的基础，而且也为精心找到解决这些问题的具体办法提供了一个坚实的基础。例如，在随后的章节中我们将论述，如何利用经济分析的方法编造出气候变化问题的解决之道（第17章）、生物多样性损失（第13章）、人口增长（第6章）和水资源的稀缺性（第10章）。许多解决问题的办法都是非常新颖的。

要寻找解决问题之道，我们必须认识到，市场的作用力是极其强大的。试图忽视这些作用力来解决环境问题，是要冒很大的失败风险的。

相反，利用好这些作用力，并将它们引导到保护环境的方向上来，不仅可能，而且也是我们所期望的。环境和自然资源经济学为我们完成这项任务提供了一套详尽的解决问题的方法。

问　题

很明显，争论1.2"未来我们拥有什么？"为我们展示了截然不同的概念，即未来我们拥有什么？而且也展示了不同的观点，即如何作出政策选择。同时也表明，如果我们采取行动，其中一种观点好像就是正确的，但其实它是不正确的，于是，我们就会付出惨重的代价。因此，对于这两种观点，抑或还有第三种观点而言，确定哪一种观点是正确的就显得尤为重要。

为了评价任何一个模型或观点，我们必须强调以下一些基本的问题：

1. 在具有固定且不可改变的资源约束条件下，我们是不是将问题正确地概念化为指数增长了呢？地球具有有限的承载力吗？假若如此，那么我们如何使用承载力概念？当前的经济活动水平超过了地球的承载力吗？

2. 经济系统如何对稀缺性作出反应？反应的过程主要涉及正反馈机制吗？所作出的反应会强化还是缓和任何最初的稀缺性？

3. 政治体系在控制这些问题中起什么作用？在什么条件下，政府干预是必要的？这种干预一律是有益的吗？它是否会使得情况变得更糟呢？行政、立法和司法机关的恰当作用是什么？

4. 就问题的严重性以及可能的解决问题的办法的有效性而言，许多环境问题都具有很大程度的不确定性。

我们的经济制度和政治制度能否以合理的方式对这种不确定性作出反应？

经济体系和政治体系能够协调一致地根除贫困且对后代负责吗？我们对后代的责任是否不可避免地与提高当前处于绝对贫困中的人的生活水平是相互冲突的呢？短期目标和长期目标能否协调一致？如何协调一致？保护环境对工业化国家未来的经济活动意味着什么？对发展中国家又如何？

我们在本书中将通过经济分析，提出解决这些复杂问题的答案。

全书概览

在本书中，我们将论述环境与自然资源经济学的丰富而有价值的内容。主题广泛而多样。经济学为分析环境与政治经济体系之间的关系提供了一个强有力的分析框架。经济分析有助于甄别引发环境问题的各种条件，找出产生这些问题的原因以及解决问题的办法。每一章都介绍一个环境与自然资源经济学方面的独特话题，而我们的重心集中在有限环境条件下的发展问题，并将这些话题编排为一个单一的主题。

我们首先对经济学家和非经济学家提出的一些观点进行比较。在各个不同的学科中，学者们看待问题和解决问题的方式取决于他们如何组织有用的事实，如何解释这些事实以及在将这些解释转化为政策的过程中，运用哪一类价值观体系。在深入探讨环境问题之前，我们先将对传统经济学的思想体系与自然科学和社会科学的其他主要思想体系做一比较。这个比较不仅可以解释为什么理性人基于相同的事实分析却会得出截然不同的结论，而且可以展示经济学应用于环境分析时具有的某些优点和缺点。

第 3～5 章阐述了传统经济学的方法。我们对具体的评价标准作出了明确界定，并利用一些实例说明如何运用这些评价标准分析具体的环境问题。

在分析了形成环境政策的主要观点之后，我们在第 6～14 章中将论述资源稀缺性的问题，以及经济制度和政治制度处理由此而产生的一系列问题。第 6 章分析人口增长的性质、原因和结果，人口增长是决定稀缺性变化速度的一个主要因素。

第 7～14 章论述了传统上属于自然资源经济学的几个话题。第 7 章对用于刻画资源随着时间推移变化"最优"配置的几个模型进行了评述。这些模型不仅让我们认识到，最优配置如何取决于诸如开采成本、环境成本和替代品的有效性之类的因素，而且也揭示了在我们的政治经济制度下所产生的配置如何与最优化标准相匹配。第 8 章对作为一种可耗竭的不可再生的资源例子的能源进行讨论，并且分析诸如欧佩克（OPEC）的作用、进口与国内产量之间的平衡、核电的作用以及能源政策的方方面面。第 9 章论述了矿产资源，说明了可耗竭的可再生资源是如何随着时间的推移而配置，并且对回收利用的作用作出了明确界定。我们将评价当前的状况接近这种理想的程度，尤其关注税收政策、处置成本和产品耐用性等问题。

第 10～13 章论述可更新或可补给资源，说明当前的制度管理可更新资源的有效性取决于资源是有生命的还是无生命的，它们是被作为私人财产还是被作为公共财产来对待。第 10 章论述干旱地区的水资源配置。以美国西南部的例子说明政治经济制度是如何处理这类即将出现的稀缺性问题的。在第 11 章中，我们将论述谷物——一种有生命的、具有私人财产性质的资源，它也是遏制世界饥饿问题中最重要的粮食来源。第 12 章分析林业问题，森林是一种可更新的、可储藏的、具有私人财产权的资源。管理这种资源会产生一个独特的问题，即有效收获所需要的时间比其他资源要长；森林也是生物多样性的一个主要来源。在第13章中，我们将用渔业来说明与有生命的、开放使用的资源有关的问题，并探讨解决这些问题的可能途径。

第14章是分析自然资源的最后一章，主要论述令人担心的一个问题，即我们正在进入一个资源普遍稀缺的时代。该章试图找出回答一些关键问题的答案：我们正处在稀缺性日益增加的时代吗？我们可以利用哪些指标？这些指标说明了什么问题？我们应该采取什么应对措施呢？

随后，我们将论述公共政策（防治污染）领域，主要利用经济激励手段，以产生所期望的反应。第15章是一篇综述，不仅强调污染问题的性质，而且强调了解决污染问题所采取的政策手段之间的差异。在随后的5章中，分别探讨有关局部空气污染、区域和全球空气污染、移动污染源污染、水污染以及有毒物质控制等方面的问题。第21章特别关注这些政策的影响，不仅关注政策按照设计所要纠正的问题，而且也关注其他一些政策方面的问题，例如不同的社会经济阶层和地理区域之间是如何分配污染防治的效益和分担成本费用的。

在对单个环境和自然资源问题及可以（或已经）用于解决这些问题的政策进行分析之后，我们将分析发展过程本身存在的一些问题。我们必须回答这样一些问题：

经济发展的原因和结果是什么？自然资源和环境控制在可持续发展进程中的作用是什么？可持续发展的未来如何？

在第24章中，我们将迄今已累计起来的证据重新整合起来，并将它们融合到本章提出的各个问题的应对策略之中。该章也表明在环境政策方面还存在一些尚未解决的主要问题，这些问题在今后几年甚至几十年，有可能仍然处在讨论阶段。

1.7 小结

我们的制度是如此地短视，以至于我们选择了一条只能走向社会毁灭之路吗？我们已经简要地分析了两类研究，它们对这个问题提供了截然不同的答案。世界观察研究所作出了正面的答复，而隆伯格则给出了负面的回答。悲观派认为，随着人口的增长和经济活动水平的扩大，超过地球的承载能力不可避免；乐观派则认为，稀缺性最初会引发人口增速放缓，加快技术进步，未来拥有的是发达的技术而非深度的稀缺。

我们对这些观点所做的分析已经解释了一些问题，如果我们要评估未来如何，我们就必须回答这些问题。寻找答案需要我们对如何在经济和政治体系内作出选择以及这些选择如何影响自然环境、如何受自然环境影响等问题积累更多的知识。我们在第 2 章中将宽泛地提出一些经济学的方法，并将之与其他常规的方法进行对照。

讨论题

1. 经济学家朱利安·西蒙（Julian Simon）在他的专著《最后的资源》（*The Ultimate Resource*）中指出，将资源的基数说成是"有限的"是一种误导。为了说明这个观点，他利用一把标尺（1 英寸一个标记）做类比。两个标记之间的距离是有限的，即 1 英寸，但是，在这个有限的空间内有无限个点。因此，在某种意义上，两个标记之间的点是有限的，但在另外一种具有同等含义的意义上，它们之间的点又是无限的。有限的资源基数这个概念是有益的还是无益的呢？为什么？请说明理由。

2. 本章论述了对未来的两种看法。由于这些观点的合理性在预言期内不能得到完全检验（这样才能将预言和实际情况进行比对），那么我们如何能确认哪一种看法更加合理呢？我们应该用什么样的评价标准来评判这些预言呢？

3. 正反馈机制和负反馈机制是系统地思考未来的核心。在你分析形成未来的关键力量时，你可以找出关于正反馈机制和负反馈机制的实例吗？

进一步阅读的材料

Lovins, A., L. H. Lovins, and P. Hawken. "A Road Map for Natural Capitalism," *Harvard Business Review* (1999): 145 - 158. 该文提出一个观点，认为更有效地利用自然资源的商业策略既可以解决许多环境问题，又可以获利。

Meadows, Donella, Jorgen Randers, and Dennis Meadows. *The Limits to Growth: The 30 Year Global Update* (White River Junction, VT: Chelsea Green Publishing, 2004). 这是 1972 年出版的一本同名书籍的续集，1972 年出版的那本书认为，当前人类活动的路径不可避免地会

导致经济超过地球的承载力，正如我们现在所知道的那样，会使社会崩溃。本续集提供了一些最新的数据，支持超载以及全球生态崩溃的论点。

Oates，W. E.，ed. *The RFF Reader in Environmental and Resource Management*（Washington，DC：Resources for the Future, Inc.，1999）. 这是一本短文集，可读性很强，内容广泛，论述了生物多样性、气候变化，以及环境公平。

Stavins，R.，ed. *Economics of the Environment：Selected Readings*，4th ed（New York：W. W. Norton & Company, Inc.，2000）. 这是一本出色的补充读物，既论述了本学科的要点，也谈到了由此而引发的争论。

World Commission on Environment and Development. *Our Common Future*（Oxford：Oxford University Press，1987）. 这是一本颇具影响力的书籍，开启了国际上讨论可持续发展的先河。

第 2 章 评价环境：概念

一旦你消除了不可能，那么，剩下的必定是真理。
——夏洛克·福尔摩斯，选自阿瑟·柯南·道尔：《四签名》(*The Sign Four*)（1890 年）

2.1 引言

在分析具体的环境问题以及对环境问题作出政策反应之前，提出并阐明经济学的方法是很重要的，这样可以使得我们对总体有个认识，避免只见树木不见森林的现象发生。我们通过对概念框架的认识，不仅可以使得各种个案的处理变得更加容易，更为重要的或许是，能够了解这些个案与综合框架的关系。

在本章中我们将提出一个在分析环境问题时常用到的一般性的经济学的概念框架。我们先分析人类活动与其环境之间通过经济系统表现出来的相互关系。然后，我们将建立判断这种关系的预期结果的评价标准。这些评价标准为认识环境问题的本质及其严重性提供了基础，并且为处理这些问题而设计的有效政策提供了依据。

贯穿于本章，我们一直将经济学的观点与其他观点进行比较。通过这些比较，使得我们对经济方法的思考更加集中，并促使我们对所有可能的方法进行更加深入的思考。

2.2 人类环境关系

环境作为一种资产

在经济学中，环境被看做一种能够提供各种服务的混合式资产，当然，它是一种非常特别的资产，它为维持我们的生存提供了生命维持系统，但是，它仍然是一种资产。与其他资产一样，我们希望避免这种资产的价值产生不合理的贬值，以使得它可以持续不断地为我们提供美学欣赏和生命维持服务。

环境能够为经济提供原材料和能源，前者通过生产过程被转化成产品，后者则为这种转化提供能源。这些原材料和能源最终又以废弃物的形式返回到环境中，如图2—1所示。

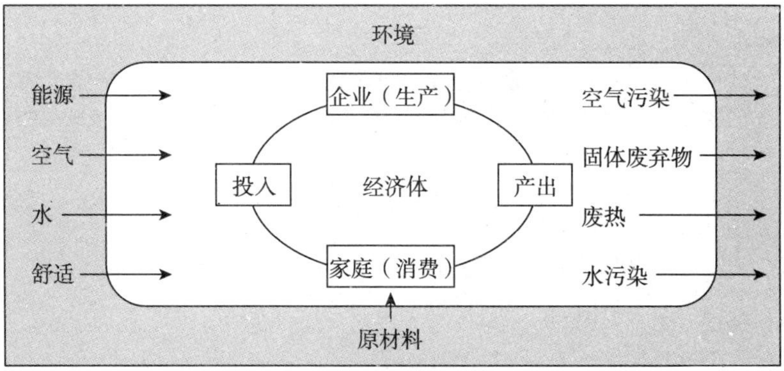

图2—1 经济系统和环境

环境也能够为消费者提供直接服务。我们呼吸的空气、食用的食物、饮用的水以及遮盖物提供的保护等都是我们从环境中直接或间接获得的效益。另外，任何体验过泛舟冲浪的愉悦、旷野跋涉的恬静、落日余晖的人都能够认识到，环境为我们提供了许多无法替代的乐趣。

如果我们宽泛地定义环境，那么，环境和经济系统之间的关系就可被认为是一个**封闭系统**（closed system）。对我们来说，一个封闭系统就是一个没有从外部系统接收输入物质或能量，而且也没有向外部系统输出物质或能量的系统。相反，一个**开放系统**（open system）则是指具有输入或输出物质或能量的系统。

如果我们将图2—1所示关系的概念严格限定在我们的星球以及环绕这个星球的大气层的范围内，那么很显然，我们并不具有一个封闭系统。我们直接或间接地从太阳获取我们所需的大部分能量。我们发射的宇宙飞船远远地超过了大气层的范围。不过，从历史的观点来说，就物质（不包括能量）的输入和输出而言，这个系统可以当做一个封闭系统来对待，因为输出（例如废弃的空间飞行器）和输入（例如月球岩石）的量是可以忽略不计的。这个系统是否为一个封闭系统，取决于我们将太阳系的其余部分当做原材料来源开发的程度。

将地球及其大气层当做一个封闭系统来看待具有重要的意义，**第一热力学定律**（first law of thermodynamics）对此进行了高度概括，即能量和物质既不能产生，也不会消亡。[1]该定律暗示，从环境流入经济系统的物质质量要么积累在经济系统之中，要么作为废弃物返回到环境中。一旦积累停止，流入经济系统的物质质量在数量上正好等于排入环境的废弃物质量。

当然，过多的废弃物会使得资产贬值；一旦废弃物超过了大自然的吸收能力，那么，废弃物将会减少该资产提供的服务。例子很容易找到：空气污染会引发呼吸疾病；受污染的饮用水会引发癌症；烟雾会侵蚀街景美色。

人与环境的关系也是以另外一个物理学定律为条件的，即**热力学第二定律**（second law of thermodynamics）。热力学第二定律一般被称为**"熵律"**（entropy law），它表明熵总是增加的。**熵**（entropy）是指不能做功的能量。将该定律应用于能量的处理过程，则意味着能量从一种形式向另一种形式的转化不可能是完全有效的，而且，能量的消耗是一个不可逆过程。转化的过程中总是会消耗掉一些能量，而且其他的能量一旦被使用过，就不再有用。热力学第二定律也意味着，在没有新的能量输入的情况下，任何封闭系统最终都必定耗尽它的能量。能量是维持生命所必需的，因此，能量的终止之日就是生命的终止之时。

我们应该记住，从能量的角度看，地球根本不是一个封闭系统。不过，熵律的确表明，太阳能对可以持续提供的能流设立了一个上限。一旦储存的能量（例如化石能和核能）的存量用完，那么，可以使用的能量则唯一取决于太阳能以及可以储存的能量（大坝、树木，等等）。因此，从长期的角度看，经济的增长过程最终将受到太阳能的有效性以及我们利用太阳能的能力的限制。

经济学方法

我们可以应用两种不同类型的经济分析方法以增进我们对经济系统与环境关系的理解：**实证经济学**（positive economics）试图阐述"现在是什么、过去曾经是什么、将来将会是什么"（what is, what was, or what will be）的问题；相反，**规范经济学**（normative economics）则处理"应该是什么"（ought to be）的问题。实证经济学内部的不一致通常可以通过事实得以解决；然而，规范分析方面的不一致则需要靠价值判断来解决。

两个分支都有用。例如，假设我们希望分析贸易和环境之间的关系。实证经济学可以用来描述贸易对经济以及环境应该产生的影响类型，然而，它却不能对贸易是否为我们所需要解决的问题给出任何指导。对于这个问题的判断，我们不得不求助于规范经济学。

在几种不同的情形下，我们可以采用规范分析法。例如，对于某一计划将要开发的地区，我们可以提出一项防治污染的新法规，或是建议不要进行开发，利用规范分析法则可以对二者的愿景作出评价。在这些情况下，分析有助于我们在项目实施以前对项目的愿景提供指导。在其他情况下，规范分析法又可以用来评价某项已经实施的项目是如何得以完成的。这两种情形都具有一个共同的特征，即评价的两个方案都是事先明确定义好的。在此，一个相关的问题就是，我们应该从事（或已经完成）还是不应该从事这个项目呢？

当可能性更加不确定时，规范经济学则可能产生一种迥异的情形。例如，我们或许会问：我们应该将温室气体（它可以导致气候变化）的排放量控制在一个什么范围内？我们如何达到这种控制程度？我们或许还会问：对于各种类型的森林，我们应该保护多少？回答这些问题，要求我们考虑所有可能的结果，并且从中作出最好或最优的选择。虽然这相较于只比较两个预定选项要困难得多，但它们在基本的规范分析框架方面是相同的。

2.3 决策的规范标准

评价预定的选项

如果让你对某项活动的愿景作出评价，你首先可能会辨明该项活动所产生的得与失。如果得大于失，那么，支持这项活动看起来似乎很自然。

这一简单的框架为经济学提供了分析的起点。经济学家认为，每项活动既有效益，也有成本。如果效益大于成本，那么，这项活动就是值得做的；如果成本超过了效益，那么，这项活动就不值得做。

我们可以用下面的方式对这个问题进行规范化处理。假设 B 为某项活动的效益；C 为成本，那么，我们的决策规则应该为

如果 $B>C$，那么，支持该活动

否则，反对该活动。[2]

只要 B 和 C 都是正值，那么，一个等价的公式就应该为

如果 $B/C>1$，那么，支持该活动

否则，反对该活动。

到目前为止一切良好，但是我们如何测算效益和成本呢？在经济学中，整个测算体系都是以人为中心的，即人类中心论。所有效益和成本都是围绕着对人类的影响（广义的）而作出评价的。正如我们在接下来的章节中将指出的，这并不意味着生态系统除非其直接影响人类，否则，它的影响可以被忽视。许多人自发地投入环境保护组织这个事实充分表明，人类为环境保护所赋予的价值远远超过了直接利用环境本身的价值。尽管如此，人们对环境价值的认识仍然是很有争议的（参见争论 2.1 "人类是否应该对环境赋予经济价值？"）。

争论 2.1　　人类是否应该对环境赋予经济价值？

挪威哲学家阿恩·内斯（Arne Naess）曾经使用深生态学（deep ecology）这个术语来表示一种观点，即非人类的环境具有"内在的价值"（intrinsic value），这种价值与人类的利益无关。内在价值与"工具性"（instrumental）价值相对照，在工具性价值中，环境的价值是从它满足人类欲望的用途中推理得出的。

内斯提出了两个问题：（1）为环境赋予价值的基础是什么？（2）如何估算这种价值？环境的价值超过了它为人类直接使用所产生的价值，事实上，这种观念与现代经济评价技术是高度一致的。正如我们在第 3 章中将论述的，经济评价技术现在可以定量分析许多"非使用"价值以及传统的"使用"价值。

在如何推算价值的问题上的争论不是很容易解决。正如本章所述，经济评价是牢牢地建立在人类偏好的基础之上的。另外一方面，深生态学的支持者们则认为，让人类来确定其他物种的价值，并不比让其他物种来确定人类

的价值更具有道德基础。不过,深生态学家则认为,人类应该只在其生存有必要时才使用环境资源,否则,我们就应该让自然界处于自然的状态。而且,由于经济评价无助于规定生存需要,因此深生态学家们认为,经济评价对环境管理的作用甚微。

完全反对经济评价的人面临这样一种困境:如果人类无法对环境赋予价值,那么在为制定政策而进行计算时可能就会指定一个默认值,即价值为零。然而按照推理,零价值往往证明大量的环境退化问题都是合理的,而按照合适的价值评估,这些问题实际上是不合理的。《生态经济学》(*Ecological Economics*)杂志1998年某期上的一篇文章认为,许多环境专业人士现在都支持将环境评价作为一种方式,用于说明环境对现代人类社会是多么重要。当人们意识不到环境退化时,最起码,经济评价对揭示这个问题是一种方式,而支持这种观点的人越来越多,即使从有限的人格化的角度来判断,也是如此。

资料来源:R. Costanza, et al. "The Value of Ecosystem Services: Putting the Issues in Perspective," *Ecological Economics* Vol. 25, No. 1 (1998): 62-72 以及其他关于该主题的评估方面的文章;Gretchen Daily and Katherine Ellison. *The New Economy of Nature: The Quest to Make Conservation Profitable* (Washington, D.C.: Island Press, 2003).

效益可以从行动所提供的商品或服务的需求曲线推算出来。需求曲线测量了人们在不同价格条件下愿意购买某个具体物品的数量。

在某一特定情况下,某种商品(或环境服务)的成本越高,那么某个人购买的数量就越少。在图2—2中,假设价格为 p_0 时,购买量为 q_0,如果价格上升至 p_1,那么购买量将下降至 q_1。

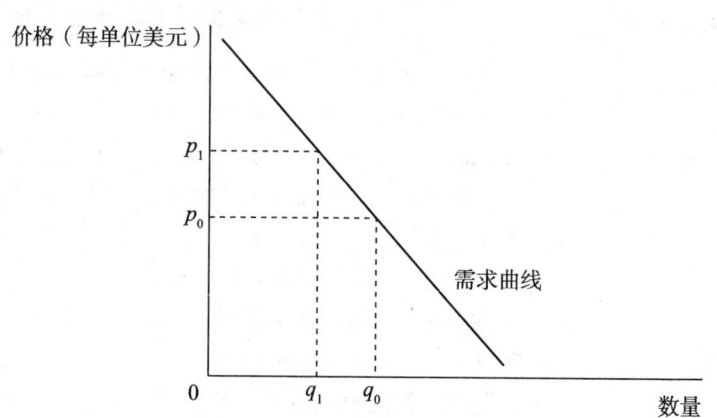

图2—2 个体需求曲线

这些需求曲线的含义可以通过一个假设性的实验予以说明:假设有

人问你：在商品 Y 的价格等于 X 美元的情况下，你会购买多少该商品？你的购买量可以标示在类似于图 2—2 的图形上。反复就不同的价格询问你同样的问题，则可以描绘出一系列点的轨迹。将这些点连接起来，就可以得到一条个体需求曲线。将所有个体在某个约定价格条件下的个体需求量相加，即可获得市场需求曲线。将对应于不同价格的所有点连接起来，即可揭示出市场的需求曲线。

对于每个购买量，市场曲线上的对应点都代表了某个人为该商品的最后 1 个单位而愿意支付的货币数量。对于该商品的某个数量（比如说 3 个单位）的**总支付意愿**（total willingness to pay）则等于为购买其中每个单位商品的支付意愿之和。因此，3 个单位的总支付意愿就应该通过将第 1 个单位、第 2 个单位和第 3 个单位的支付意愿分别累加计算得出。我们现在做一简单的扩展，即总支付意愿等于连续的市场需求曲线之下、购买量以左的面积。例如，图 2—3 中，5 个单位商品的总支付意愿等于图中的阴影面积。[3]总支付意愿的概念正是我们将用来定义**总效益**（total benefits）的。因此，总效益等于市场需求曲线从原点到所计算的购买量之间的面积。

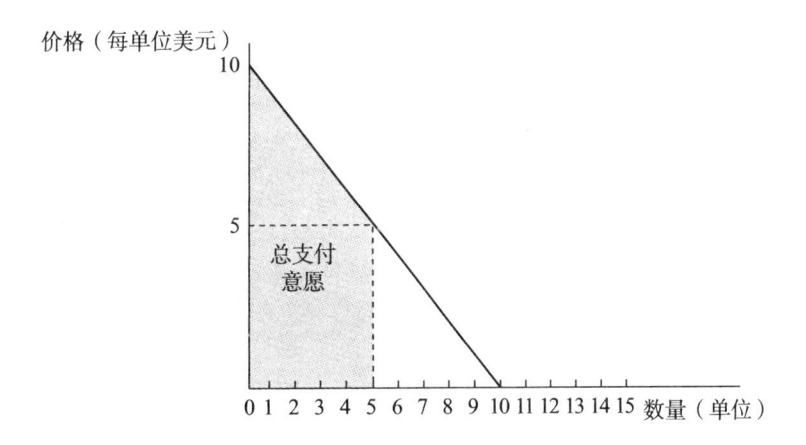

图 2—3　需求与支付意愿之间的关系

计算同一坐标系下的总成本，其逻辑类似于总效益的计算。我们特别要强调的一点就是，即便环境服务的生产没有得到任何人类的投入，它也是有成本的。所有的成本都应该看做机会成本。

如例 2.1"对受保护的热带森林的生态服务价值的估算"所述，以一种新的或者可替代的方式利用资源的**机会成本**（opportunity cost）是指在向新的转换中，特定的环境服务被放弃时产生的净效益损失。如果一片森林具有重要的生态服务价值，那么，将这片森林转做他用是没有代价的这种观念显然就是错误的。

例 2.1 ☞

对受保护的热带森林的生态服务价值的估算

正如我们在本书第 12 章将要阐明的,对热带森林的一个主要威胁就是将森林改做其他用途(例如农业、居住地等等)。经济动机是否会促成这种土地用途的变更取决于这种变更造成的价值损失有多大。这种价值有多大?如果价值很大,足以支持继续保护森林吗?

一个生态学家小组对哥斯达黎加的一系列热带森林进行了研究。他们对当地森林提供的一种特殊的生态服务——野生蜜蜂利用附近的热带森林作为一种生境,为咖啡的生产提供授粉服务——进行了估价。尽管这种咖啡(C. Arabica)可以自花授粉,但野生蜜蜂的授粉仍然可以使咖啡的生产率从 15% 提高到 50%。

当他们为特定的生态服务赋予经济价值时,他们发现,哥斯达黎加咖啡园附近的 2 个受到特别保护的林块(分别为 46 公顷和 111 公顷)所产生的授粉服务每年的价值大约为 60 000 美元。作者认为:

> 森林仅提供授粉服务的价值至少就与其他主要的土地用途一样大,而且比多数政府机构认可的效益大得多,甚至是无限大(比如政府认可的效益为零)。

这些估计值仅仅部分地体现了这片森林的价值,因为他们只考虑了单个农场和单一类型的生态服务(例如,这片森林也提供碳存储和水纯净等服务,这些都没有计入估计值)。尽管估计有偏,不过,这些计算值已经开始显示出保护森林的经济价值,甚至只考虑特定的工具性价值也是如此。

资料来源:Taylor H. Ricketts, et al. "Economic Value of Tropical Forest to Coffee Production," *PNAS* (*Proceedings of the National Academy of Sciences*) Vol. 101, No. 34 (August 24, 2002):12579-12582.

为了强化机会成本的观念,我们分析另外一个例子。假设有一段河流既可以用于漂流,也可用于发电。由于用于发电的大坝会将激流险滩淹没,因此这两种用途是相互抵触的。发电的机会成本就是源于漂流而被放弃了的净效益。

在用图形来表示成本时,我们将边际机会成本曲线与前面用来图示效益的边际支付意愿函数相对应。**边际机会成本**(marginal opportunity cost curve)是指生产最后 1 个单位的额外成本。在完全竞争市场中,边际机会成本曲线与供应曲线是一致的。

总成本(total cost)刚好等于边际成本之和。[4] 生产 3 个单位的总成本等于生产第1个单位的成本加上生产第2个单位的成本再加上生产第3个单位的成本。与总支付意愿一样，从几何的角度看，在某个连续边际成本曲线上，每个单位的边际成本之和等于边际成本曲线之下的面积，如图2—4阴影所示的面积 FGIJK。[5]

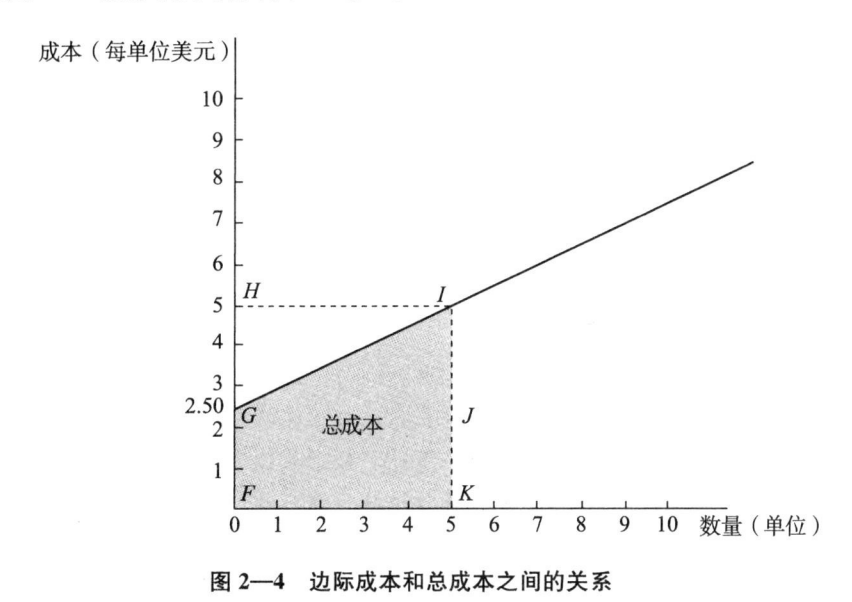

图2—4　边际成本和总成本之间的关系

按照定义，净效益等于效益超出成本的部分，因此，净效益等于需求曲线之下、供应曲线之上部分的面积。如图2—5所示，它结合了图2—3和图2—4两个图的信息。

现在，让我们利用这个方法来说明前面提出的决策原则的用途。例

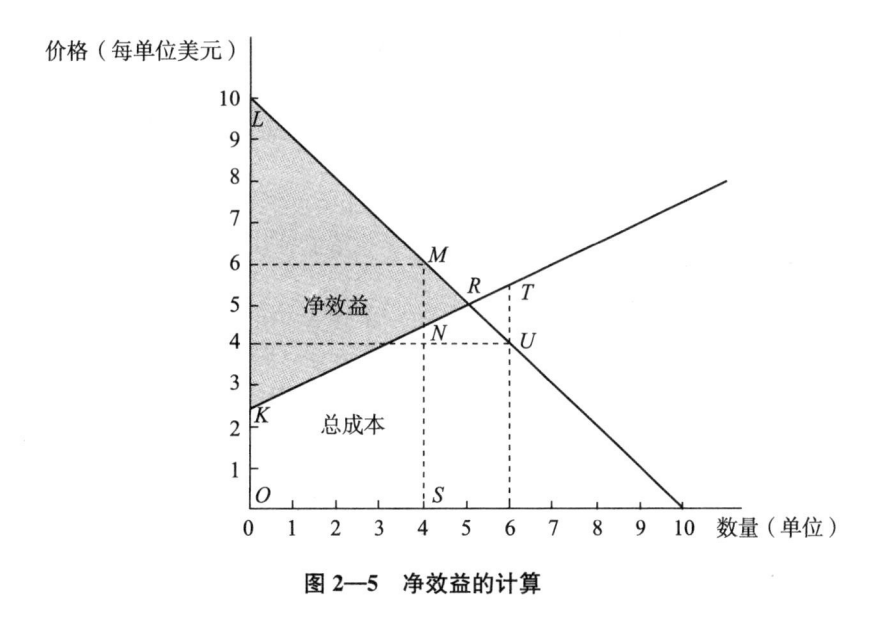

图2—5　净效益的计算

第2章　评价环境：概念

如，假设我们正在考虑保护一段 4 英里长的河流，它的效益和成本如图 2—5 所示。这段河流应该被保护吗？

跨期比较效益和成本

至此我们所涉及的分析在时间不是一个特别重要的因素时都是非常有用的。然而，现在的许多决策对未来可能都会产生影响，因而时间成为了一个因素。可耗竭的能源资源一旦被利用了，也就不复存在了。可再生的生物资源（例如鱼类或森林）可能被过度利用，以至于为后代留下的种群太小或者太弱。持续不断的污染物会随着时间的推移而积累。当效益和成本在不同的时间点产生时，我们应该如何作出选择呢？

将时间纳入分析范畴要求我们对已经提出的概念做一个扩展。这种扩展不仅为我们思考效益和成本的数量规模提供了一种方式，而且也为我们思考如何把握时间的影响提供了一种方式。为了将时间因素纳入分析，决策规则必须提供一种方式，即对不同时间阶段得到的净效益进行比较。使得我们可以进行这种比较的概念被称之为**现值**（present value）。因此，在引入这个扩展的决策规则之前，我们必须先定义现值。

现值明确地将货币的时间价值纳入考虑的范畴。今天按 10% 的利率投资的 1 美元一年后将得到 1.10 美元（1 美元的本金加上 0.10 美元的利息）。因此，一年后得到的 1.10 美元的现值等于 1 美元，因为已知现值为 1 美元，我们可以按照 10% 的利率投资这 1 美元，并且在一年后可以将这 1 美元转变成 1.10 美元。我们可以按照公式 $X/(1+r)$ 来计算一年后可以得到的任意货币量（X）的现值，其中，r 为利率（上例的利率为 10%）。

假设利率为 r，两年后的现值应该是多少呢？由于复利的原因，两年后可以赚取的数量等于 1 美元 $\times (1+r) \times (1+r) =$ 1 美元 $\times (1+r)^2$。依此类推，两年后可以得到的 X 美元的现值等于 $X/(1+r)^2$。

至此，n 年后可以获得的一次性净效益的净现值为

$$NPV[B_n] = \frac{B_n}{(1+r)^n}$$

n 年内获得的净效益流 $\{B_0, \cdots, B_n\}$ 的净现值为

$$NPV[B_0, \cdots, B_n] = \sum_{i=0}^{n} \frac{B_i}{(1+r)^i}$$

式中，r 为适当的利率；B_0 为立即获得的净效益。计算现值的过程称为**贴现**（discounting），r 称为**贴现率**（discounting rate）。[6]

我们可以对计算得到的现值作出直观的解释。假设我们分析在此后

5年中每年的最后一天可以得到如下款项：3 000 美元、5 000 美元、6 000美元、10 000 美元和 12 000 美元，利率为6%（$r=0.06$），利用以上公式我们可以算出该资金流的现值等于 29 210 美元。

这个数值意味着什么呢？如果你将 29 210 美元存入一个储蓄账户，利率为6%，并且在今后5年中的每年的最后一天分别填写一张3 000美元、5 000 美元、6 000 美元、10 000 美元和 12 000 美元的支票，那么，你的账户刚好平衡。因此，在现在得到 29 210 美元或者总值为36 000美元的5年期的效益流之间是没有差异的。给出一个数字，你就可以算出另外一个数字。因此，这种方法称为现值法，因为它能够将未来的价值回推到它当前的价值。

现在，我们知道，这种分析方法可以用于对某项活动作出评价。首先计算该活动产生的净效益的现值。如果现值大于零，那么，我们就应该支持这项活动，否则就应该否定它。

2.4　寻找最优的结果

在上一小节中，我们分析了如何利用成本—效益分析方法来评价具体活动的愿景。在本节中我们将分析如何利用这种方法确定"最优的"或最好的方法。

我们在随后的章节中将分析单个的环境问题，我们将按照三步法进行规范分析。首先，我们将确定某个最优的结果；其次，我们将试图了解我们的制度能够产生的最优结果的程度，以及为何会产生实际的与最优的结果之间的分歧，以揭示问题产生的根源；最后，利用我们对问题本质的认识以及它们蕴涵的原因作为设计合适的政策的基础。虽然对于每个环境问题如何运用三步法来做分析要视具体情况而定，但用于构建这种分析的总体框架是相同的。

为了更具体地说明这种方式，我们现在列举两个例子，一个取自自然资源经济学，另一个则取自环境经济学。这些例子都是带有说明性且具有争议的，具体细节我们将在随后的章节中详细说明。

我们现在分析已枯竭的海洋鱼类数量正日益增加的问题。鱼类的枯竭是指鱼类的种群下降到如此低的水平，以至于威胁到这种鱼类作为商业性鱼类的生存能力，它们的枯竭不仅会危害到海洋生物多样性，而且会对以海为生的渔民以及依赖捕捞业支撑地方经济的社区造成威胁。

经济学家如何理解并解决这个问题呢？第一步就是明确这种鱼类的最佳存量或最佳捕捞率；第二步就是将最佳数量与实际存量或捕获水平进行比较。一旦我们应用这种经济分析框架进行分析，我们不仅可以明确知道许多鱼类的实际存量比最佳存量低得多，而且对于过度捕捞的原因也了如指掌。通过对这个问题本质的了解，我们很自然就可以得出一些解决办法。这些解决办法一旦得以实施，那么，这些政策将会使得某些鱼类得以更新。有关这个分析的细节以及由此而产生的政策含义，我们将在第13章具体阐述。

另外一个问题是关于固体废弃物的问题。随着废弃物的日益增加，我们用以处理垃圾的空间日渐减少，怎么办？

经济学家首先考虑如何定义废弃物的最佳量。该定义必定会将废弃物的减少以及再循环利用作为最佳结果纳入考虑范围。分析不仅要揭示当前的废弃物过量的问题，而且也要指出产生这个问题的具体根源、基于这种理解而制定出具体的经济上的解决办法并加以实施。已经采取这些措施的社区通常都曾有过低水平废弃物和高水平再循环的经历，我们将在第9章详细论述。

在本书的其他章节中我们将运用同样的分析方法，分析人口、能源、矿产、农业、空气和水污染以及其他许多问题，对于每类问题，我们的经济分析方法都要有助于指明问题的解决之道。为此，我们必须首先明确"最优"意味着什么。

静态效率

对同一时间点上产生的各种配置方式进行选择的主要的、规范的经济评价标准称为**静态效率**（static efficiency），简称**效率**（efficiency）。如果资源按照某种配置模式得到利用且产生的净效益达到最大化，那么我们就说这种配置模式满足了静态效率的评价标准。

回顾图2—5，看看如何运用这个概念。前面我们曾经问到一个问题，即是否值得保护4英里长的河道？答案是肯定的，因为这样做所产生的净效益是正的。

然而，效率则要求我们提出一个完全不同的问题，即需要保护的河流的有效长度是多少？从效率的定义我们知道，有效的保护量应该使得净效益最大化。保护4英里长的河流能使净效益达到最大化吗？

我们可以通过增加保护长度或减少保护长度是否会使得净效益增加的方式来回答这个问题。如果保护更长的河段能够使得净效益增加，很显然，保护4英里长的河段并没有使得净效益达到最大化，因此，它并不是最有效率的做法。

如果社会要选择保护5英里而不是4英里长的河段，情况又会如何呢？净效益的情况会如何呢？净效益会增加，增加的量为面积MNR。由于我们可以找到另外一种配置方式，使得净效益更大，因此，保护4英里长的河段就不是最有效率的做法。保护 5 英里的河段有效率吗？我们现在分析一下。

我们知道，保护 5 英里河段的净效益大于保护 4 英里。如果这种配置方式是有效率的，那么，保护比这更长的河段所产生的净效益也必定比保护 5 英里更小。注意，保护第 6 个单位英里河段的额外成本（边际成本曲线下方的面积）大于保护它而产生的额外效益（需求曲线下方对应的面积）。因此，三角形 RTU 表示的是如果保护 6 英里而不是 5 英里的河段所产生的净效益的减少量。

由于保护河段的长度无论是多于 5 英里还是少于 5 英里，净效益都是减少的，因此我们得出结论，即 5 英里是使净效益最大化的保护水平。因此，按照我们的定义，保护 5 英里是一个有效率的配置方式。[7]

这个例子蕴涵的一个含义就是所谓的**第一等边际原理**（first equimarginal principle），它在我们接下来的分析中非常有用，它可以表示为

> 第一等边际原理即效率等边际原理（efficiency equimarginal principle）：当某种配置方式产生的边际效益等于边际成本时，净效益达到最大化。

这个评价标准有助于使得资源浪费达到最小化，但是，这样公平吗？这个评价标准的伦理基础源自**帕累托最优**（Pareto optimality）的概念，这个概念是以意大利裔瑞士经济学家维尔弗雷多·帕累托（Vilfredo Pareto）的名字命名的，他是在 19 世纪与 20 世纪之交首次提出这个概念的：

> 存在这样一种配置方式，如果没有其他可行的配置方式可以使得某些人获得利益，而又不对至少一个其他人产生任何有害的影响，那么这种配置方式就称为帕累托最优。

不满足这个定义的配置方式都是次优的。次优的配置方式往往可以重新安排，以使得某些人变得更好，而又不使得任何其他人受到这种重新安排的伤害。因此，获利者可以拿出他们获利的一部分用于补偿损失者，足以确保他们与重新配置之前至少一样好。有效配置就是帕累托最优。由于有效配置可以使得净效益最大化，因此，重新配置不可能使得净效益再增加。没有净效益的增加，获利者也就没有办法足以补偿损失者；获利者的获利就必定小于损失者的损失。

我们断定无效率配置不好，是因为它们没有使得净效益最大化。由于没有使得净效益达到最大化，因此，无效率配置放弃了能够使得某些人变得更好而又不损害其他人的机会。

动态效率

当时间因素不是一个重要因素时，用静态效率评价标准来比较资源配置的方式是非常有用的。当效益和成本都产生于不同的时间点时，我们该如何作出选择呢？

用于寻找涉及时间因素的最优配置的传统评价标准称为**动态效率**（dynamic efficiency），这是静态效率概念的一个扩展。在这个扩展中，现值评价标准提供了一种方式，用以比较不同时期获得的净效益。

一种时间跨度为 n 个时期的配置，如果它能够使得从这些资源在 n 个时期所有可能配置方式中获取的净效益现值达到最大化，那么这种配置方式就满足了动态效率评价标准。

2.5 应用概念

我们已经解释了我们所需要的概念，现在，我们用这些概念分析一些实际的案例。

控制污染

我们一直在采用成本—效益分析方法来评估控制污染的措施的可取性。控制污染肯定会带来许多效益，但是，它也存在成本。问题是效益和成本孰大孰小？这正是美国国会希望得到的答案，因此，《1990 年清洁空气法修正案》（Clean Air Act Amendments of 1990）的 812 节要求美国环境保护署（U.S. Environmental Protection Agency，EPA）对 1970—1990 年美国实行的空气污染控制政策的效益和成本进行评估（参见例 2.2 "减少污染在经济上具有意义吗？"）。

例 2.2 ☞ 　　　　　　　　减少污染在经济上具有意义吗？

美国环境保护署 1997 年在给国会的报告中，提出了在 1970—1990 年《清洁空气法》是否产生了正的净效益的研究结果。结果表明，效益的现值（贴现率为 5%）为 22.2 万亿美元，而成本只有 0.523 万亿美元，进行必要的减法运算后,结果表明净效益为21.7万亿美元。按照这项研究,这一时期美国的污染控制政策取得了非常好的经济效果(见表2—1)。

表2—1 《清洁空气法》的货币化的效益和成本,1970—1990年

单位:10亿美元,以1990年美元计

	1975年	1980年	1985年	1990年	现值
效益[a]	355	930	1 155	1 248	22 200
成本[b]	14	21	25	26	523
净效益	341	909	1 130	1 220	21 700

a. 均为平均效益。由于存在不确定性,美国环境保护署也估算了最低值和最高值。

b. 均为年度均摊的成本(许多污染控制方面的投资涉及耐用品的购买,这些耐用品可以持续使用多年)。美国环境保护署并没有将所有的费用放在购买的一个年份里进行计算,而是分摊到使用期的各个年份进行计算。

资料来源:由作者根据 U. S. Environmental Protection Agency, *The Benefits and Costs of the Clean Air Act*, *1970 to 1990* (Washington, DC: Environmental Protection Agency, 1997): Table 18 on p. 56 中的信息编写。

在对国会的这个授权作出的反应中,美国环境保护署开始对达到美国政策要求的减排量所产生的效益和成本进行定量的货币化分析。该案例定量计算的效益包括降低死亡率;降低慢性支气管炎、铅中毒、中暑、呼吸性疾病以及心脏病等的发病率;更好的能见度;降低对建筑物的破坏;提高农业生产率。但它对许多不太确定的生态系统效果没有作出定量计算。

美国环境保护署还定量计算了两类成本。第一类成本包括安装、运行和维护污染控制设备而增加的商品和服务的成本,这些成本以更高的价格形式转嫁给了消费者;第二类成本包括与设计和实施以及监督和强制执行这些法规有关的成本。

由于我们在本书随后的章节中还将详细分析这个案例,深入了解估计这些数值的方法,所以我们在这里仅稍加解释。第一,尽管该案例并没有计算该项政策可以避免污染对生态系统造成破坏的价值,净效益也足以为正值。如果将它们包括在内,那么污染控制的效益则更加明显,即便不包括在内,也足以说明问题。我们不可能对任何东西都进行货币化的计算,但这并不一定就会影响我们得出合理的政策结论的能力。

尽管这些结果能够证明污染控制在经济上是合理的这个结论,但是,它们却不能证实更深一步的结论——该政策是有效率的——也是合理的。注意,为了对这个结论作出证明,我们的研究工作不得不表明,净效益

的现值是最大化了的,而不仅仅为正值即可。事实上,该研究并没有打算计算净效益的最大值,如果计算了该最大值,我们就应该发现,政策在此期间并不是完全有效率的。正如我们在第15~16章将论述的,所选政策手段的成本必须高于达到期望减排量所必需的成本。如果采用最优的政策,那么净效益应该更高。

保护与开发

当某片未开发但生态上非常重要的土地成为开发的对象时,环境政策就会引发冲突。如果开发这片土地,就可以为工人提供就业机会,为所有者提供财富,为消费者提供商品,但是它会使得生态系统退化,而且这种退化过程可能是不可逆的——野生动植物的栖息地可能会消失,湿地可能会变成道路,观光的机会可能会永远丧失。另一方面,如果将这片土地保护起来,生态系统就可以得到维护,但是就会失去增加收入和就业的机会。如果失业率很高,而且地域性的生态特征相当独特,这种冲突就会变得很激烈。

在澳大利亚有一项建议,对著名的卡卡杜自然保护区(Kakadu Conservation Zone, KCZ)的一片土地进行开矿,引发了冲突。当时,是开矿还是保护,决策者不得不作出抉择。分析这个问题的一种方式就是采用上述技术分析这两个选项的净效益(参见例2.3"澳大利亚在保护和开发之间的选择")。

例 2.3　　　　　　　　　　**澳大利亚在保护和开发之间的选择**

卡卡杜自然保护区位于卡卡杜国家公园(Kakadu National Park, KNP)内,面积50平方公里,最初留给政府作出租牧地。现在的问题是:是开采矿石(自然保护区内含有一些重要的矿藏,例如金、铂以及钯),还是加入澳大利亚主要公园之一的卡卡杜国家公园?该保护区生态系统独特,野生生物丰富,而且是保存完好的考古学遗址,公园的大部分都已经列入联合国《世界遗产名录》(U. N. World Heritage List)。开矿可以提高收入和就业,但是可能会对卡卡杜自然保护区和卡卡杜国家公园的生态系统造成不可逆的破坏。这些风险的价值是多少呢?这些风险是否超过了开矿所带来的就业和收入的效益呢?

为了回答这些关键问题,经济学家使用著名的"条件评价法"(contingent valuation)进行了成本—效益分析(我们在下一章将详细介绍,简单地说,就是推导"支付意愿"的信息)。据估计,保护的价值为4.35亿澳元,而开矿的现值为1.02亿澳元。

按照上述分析，保护是首选项，而且政府正是这样选择的。

资料来源：Richard T. Carson, Leanne Wilks, and David Imber. "Valuing the Preservation of Australia's Kakadu Conservation Zone," *Oxford Economic Papers* Vol. 46 Supplement (1994): 727-749.

2.6 小结

人类与环境的关系要求我们作出多种选择。为了作出理性的选择，我们绝对应该拥有一些基础条件。就决策而言，如果没有什么刻意的目的，通常就按常规处置。

经济学将环境看做一种复合资产，它可以为人类提供各式各样的服务。这些服务的强度和组成取决于人类活动所受物质定律的限制，例如热力学第一、第二定律。

经济学可以用两种不同的方法来加强对环境与自然资源经济学的理解。实证经济学在描述人类活动及其对环境资产的影响方面十分有用；规范经济学则为如何定义并达到最优的服务流提供指导。

规范经济学采用成本—效益分析方法判断所提供服务的水平和组成是否达到最优。静态有效配置是指这些资源在其所有可能的用途方面达到效益最大化的一种配置方式；如果这些资源在所有可能的用途上所产生的净效益现值达到最大化，那么动态效率评价标准就可以得到满足，而且，当将时间作为一个重要的因素予以考虑时，采用动态效率评价标准是更加合适的。我们在随后的章节中将分析我们的社会制度在多大程度上可以使得资源的配置符合这些评价标准。

讨论题

1. 有人提出，我们应该采用"净能量"的评价标准在不同类型的能量之间作出选择。按照定义，净能量是指能源中的总能含量减去开采、加工并传送至消费者的过程中消耗的能量。按照这个评价标准，我们首先应该采用那些净能含量最高的能源。使用动态效率评价标准和净能量评价标准能够得到相同的选择方案吗？为什么？

练习题

1. 表示价格和数量之间的支付意愿关系的一种常规方式就是采用反需求函数。在反需求函数中，我们将消费者愿意支付的价格表示为可销售量的函数。假设某种产品的反需求函数（用美元表示）为 $P=80-q$，生产的边际成本（用美元表示）为 $MC=1q$，其中，P 为产品的价格；q 为需求和（或）供应的数量。（a）在静态最优配置条件下，供应量为多少？（b）净效益（用美元表示）为多少？

进一步阅读的材料

Freeman, A. Myrick, III. "The Measurement of Environmental and Resource Values" (Washington, DC: Resources for the Future, Inc., 1993). 这篇文章对环境评价的概念和方法进行了全面、严格的分析。

Hanley, Nick, and Clive L. Spash. "Cost-Benefit Analysis and the Environment" (Brookfield, VT: Edward Elgar Publishing Company, 1994). 这篇文章运用成本—效益分析理论分析了环境问题及其实践，包含许多具体的案例分析。

Norton, Bryan, and Ben A. Minteer. "From Environmental Ethics to Environmental Public Philosophy: Ethicists and Economists: 1973-Future," in T. Tietenberg and H. Folmer, eds. *The International Yearbook of Environmental and Resource Economics: 2002/2003* (Cheltenham, UK: Edward Elgar, 2002): 373-407. 这篇文章分析了环境伦理和经济评价之间的交互作用。

Scheraga, Joel D. and Frances G. Sussman. "Discounting and Environmental Management," in T. Tietenberg and H. Folmer, eds. *The International Yearbook of Environmental and Resource Economics: 1998/1999* (Cheltenham, UK: Edward Elgar, 1998): 1-32. 这篇文章将环境管理中采用贴现法概括为"最高的技术水平"。

附录：动态效率的简单数学说明

假设某种可耗竭性资源的需求曲线是线性的，并且具有时间稳定性。因此，t 年的反需求曲线可以表示为

$$P_t = a - bq_t \tag{1}$$

t 年的开采量为 q_t 的总效益等于该函数的积分（反需求函数以下的面积）：

$$(总效益)_t = \int_0^{q_t} (a - bq) \mathrm{d}q = aq_t - \frac{b}{2} q_t^2 \tag{2}$$

进一步假设开采这种资源的边际成本为常数 c，因此，t 年开采任意数量 q_t 的总成本为

$$(总成本)_t = cq_t \tag{3}$$

如果资源总量等于 $\bar{Q}$，那么，某种资源在 n 年期间的动态配置就是满足最大化要求的一种配置方式，即

$$\max_q \sum_{i=1}^n \frac{aq_i - bq_i^2/2 - cq_i}{(1+r)^{i-1}} + \lambda \left[\bar{Q} - \sum_{i=1}^n q_i \right] \tag{4}$$

假设 $\bar{Q}$ 小于通常意义下的需求量，则动态有效配置必须满足：

$$\frac{a - bq_i - c}{(1+r)^{i-1}} - \lambda = 0, \ i = 1, \cdots, n \tag{5}$$

$$\bar{Q} - \sum_{i=1}^n q_i = 0 \tag{6}$$

上式的一个含义就是（$P - MC$）会随着时间的推移以速率为 r 的速度递增。

【注释】

[1] 然而，我们从爱因斯坦的著名方程（$E = mc^2$）可知，物质可以转化为能量。这种转化正是核动力能量的来源。

[2] 实际上，如果 $B = C$，那么活动是否执行，二者应该没有差异，这时谈论效益和成本根本没有任何意义。

[3] 依照简单的几何学知识，我们注意到，对于线性需求曲线而言，这个面积等于上部的三角形面积和下部的四边形面积之和。正三角形的面积等于 1/2×（底×高）。因此，在我们的例子中，该面积＝1/2×（5 美元×5）＋5 美元×5＝37.50 美元。

[4] 严格地说，边际成本之和等于总可变成本。从短期看，边际成本之和比总成本小，二者相差的数量等于固定成本。对我们来说，这个差异并不重要。

[5] 再一次注意，这个面积等于一个正三角形和一个四边形的面积之和。如图2—4所示，生产5个单位的总可变成本等于18.75美元，为什么？

[6] 贴现率应该等于资本的社会机会成本。详情参见谢尔拉加和萨斯曼（Scheraga and Sussman，1998）关于环境贴现的技术的论述。在第4章中，我们将分析这样一个问题——我们是否可以期望私人企业采用社会通用的贴现率呢？在第3章中，我们将讨论政府如何选择贴现率。

[7] 净效益的货币价值等于两个三角形之和，即（1/2）×（5美元）×（5）+（1/2）×（2.50美元）×（5）=18.75美元。你能理解其中的道理吗？

第 3 章　评价环境：方法

> 当我们享有某件东西的时候，往往一点也不看重它的好处；当我们缺乏或者失去它之后，却会格外夸张它的价值，发现当我们还拥有它时所发现不了的优点。
>
> ——选自威廉·莎士比亚：《无事生非》

3.1 引言

埃克森公司（Exxon）的瓦尔迪兹号油轮（Valdez）1989 年 3 月 24 日在阿拉斯加州威廉王子海峡（Prince William Sound）撞上了布莱暗礁（Bligh Reef），泄漏了大约 1 100 万加仑的原油，不久埃克森公司就表示对漏油造成的破坏承担责任。这个责任包括两个部分：（1）清理漏油和恢复现场的成本；（2）补偿对当地生态造成的破坏。清除漏油大约花费了 21 亿美元，补偿渔民大约花费了 3.03 亿美元，渔民的生计在未来 5

年将受到这次漏油事件的严重伤害。[1]对埃克森公司造成的环境破坏提起的诉讼要求埃克森公司在10年之内支付9亿美元。这种惩罚性的损失赔偿从1994年5月份开始，经过多轮上诉之后，美国阿拉斯加州联邦地方法院（U. S. District Court for the State of Alaska）判决，埃克森公司必须支付惩罚性的损失赔偿共计45亿美元。[2]

我们在第2章中分析了经济学家计算这类损失时常用的一些概念，但要将这些概念付诸实践却远没有那么简单。尽管清除漏油的成本相当透明（包括人工、材料以及设备等内容），但估算损失却很复杂——例如，9亿美元的数字是如何计算出来的？我们如何将一般的概念转化为法院要求补偿的估计值？

我们提出了一系列的技术手段，用以评价环境改善产生的效益，或是评价环境退化产生的破坏。然而，我们也需要一些特殊的技术，因为过去采用的大多数常规评价技术并不能用于环境资源的评价。成本—效益分析要求对所有与拟议中的政策或工程相关的效益和成本进行货币化计算。鉴于此，很重要的一点就是要进行全面的分析。然而，困难在于这些环境商品和服务的货币化，因为它们没有在任何市场进行交换。更难以把握的是这些非市场的效益与被动使用价值（passive use value）或非使用价值（nonuse value）相关。

我们在本章中将分析这些评价方法。首先分析环境领域中的效益和成本。我们在本章中将分析和讨论各种评价技术，并用之对环境资源进行事前（ex ante）或事后（ex post）的评价。随后我们将讨论，在评价资料不全的情况下，使用经济学的方法制定一些策略来保护环境。策略之一就是成本—效益分析，在制定污染控制的政策中，这一策略极为重要。这一策略之所以颇负盛名，不仅仅是因为即使在数据难以准确估算的情形下，它也是制定政策过程的一个有价值的组成部分，且颇具现实考虑；而且也因为它对那些反对经济评价人格化基础的人给予了关切。它已经成为一些人的技术选择，这些人虽然认识到经济学对保护环境的重要性，但对环境资源货币化的任何努力仍持怀疑态度。

3.2 为什么要评估环境的价值？

我们在争论2.1"人类是否应该对环境赋予经济价值？"中揭示了对生态系统服务货币化的争论。尽管这样做很困难，但只要可能，我们就应该对良好的环境赋予一个确切的价值，否则就只能认为其价值为零。价值为零会导致我们作出最好的政策决策吗？或许不能！

许多联邦机构的决策都要借助于成本—效益分析。理论上讲，我们的目的是在有限的预算下，选择经济上最可行的方案。例如，《1982年濒危物种法修正案》(1982 Amendment to the Endangered Species Act)就曾要求对一类物种的清单进行成本—效益分析。这个要求后来被放松了，因为缺乏具有说服力的效益测算办法。美国联邦能源管理委员会(Federal Energy and Regulatory Commission，FERC)要求对再次申请许可执照的大坝进行成本—效益分析。然而，这些分析常常没有将与河流有关的重要的非市场价值纳入考虑范围。如果分析没有包括所有这些合理的价值，那么结论就存在缺陷。我们取得进步了吗？

3.3 评价效益

尽管我们将论述的评价技术既可以用于评价污染造成的破坏，也可以用于评价环境提供的服务，但是这两个方面各自都存在其独特的问题。我们首先通过揭示与这两个方面相关的一个问题（即污染控制）的一些分析难度来考察我们的评价技术。

在美国，损害估计值不仅用于政策设计，而且在法院里它们也很重要。按照《环境应对、赔偿和责任综合法》(Comprehensive Environmental Response, Compensation, and Liability Act)，地方、州或联邦政府都可以向排放有害废弃物、造成泄漏事故或破坏自然资源的有关方提出货币性的补偿要求。因此，我们有必要提供一些把握判决尺度的基础。[3]

污染造成的损害多种多样。第一，或许也是最显而易见的，就是对人类健康产生的影响。受到污染的空气和水被人体吸收后会引发疾病。其他形式的损害包括减少了对户外活动的享受以及伤害植被、动物以及其他原材料。

评估损失的大小有如下几方面要求：(1)确定影响的范畴；(2)估计污染物排放（包括自然排放）及其对各方面产生的破坏之间的物理关系；(3)估计受害方对转移或减轻某些部分损害的反应；(4)对物理性的损害赋予货币性的价值。要完成这其中的每一步常常都很不容易。

因为无法控制用来捕捉因果关系的实验，因此确定受害方是一件很复杂的事情。很显然，我们无法对大量的人作控制性实验。如果人们受某种污染物（例如一氧化碳）影响的程度不一样，那么我们在对短期的和长期的影响进行研究时，一些人可能会生病，一些人可能已经死了。从伦理角度看，这种类型的人类实验可以被排除在外。

于是，我们只有两种选择。我们可以设法在实验室对动物进行控制性实验并从中推断对人类的影响，或者也可以对生活在污染环境中的不同人群的出生率和死亡率的差异进行统计分析，以了解它们与污染浓度的相关性。但是，这两种方法并不能完全被接受。

动物实验不仅花费巨大，而且从对动物的影响来推断对人类的影响也不完全贴切。许多主要影响很长时间都不会显现出来。为了在一个合理的期限内确定这种影响，实验动物必定会在一个相对比较短的期限内接受大剂量污染的实验。然后，研究人员要利用这些短期的大剂量实验的结果作出推断，以估计低剂量、长时期的污染对某个人群的影响效果。由于这些推断已经远远超出了实验控制的范围，因此许多科学家对如何进行推断意见不一。

遗憾的是，统计分析在处理受到低剂量长期影响的人群时，又会产生其他一系列问题，即相关性并不意味着因果关系。比如，在污染水平较高的城市，死亡率也比较高，但这个事实并不证明高污染是产生高死亡率的原因。或许这个城市的人均年龄比较大，这往往也会导致高死亡率；或许这个城市吸烟的人比较多。现有的研究已经相当完善了，足以考虑许多其他可能产生的影响，但是，由于数据极少，我们还无法涵盖所有的影响。

到目前为止，我们已经对在确定某种特定的影响是不是污染所致时所产生的问题都做了讨论。下一步就是估算这种影响在多大程度上与污染浓度有关。换句话说，我们不仅要知道污染是不是导致呼吸性疾病增加的原因，而且要对污染会降低至某个水平使得呼吸性疾病下降的程度作出估计，这一点是很有必要的。

数据的非实验性本质使得这项任务非常难以完成。研究人员分析的数据相同，但得出的结论却是南辕北辙，这种情况也并非罕见。当碰到彼此增益性的影响时（也就是说，某种污染物的影响与周边空气或水域中存在的其他因素相关，而且彼此之间的作用不是一种简单相加的关系），诊断的问题就成为了一种复合性问题。

一旦物理性的损害得以确定，那么，下一步就是为这些损害赋予货币价值。不难看出，这个任务很艰巨——比如，某个人的生命延长几年，或者某个癌症患者及其家庭遭受痛苦、苦难和悲伤，为这些赋予货币价值其难度可想而知。

如何克服这些困难？什么评价技术既可以为污染所造成的损害赋予价值，又可以为环境提供的大量服务赋予价值呢？

价值的类型

根据不同的情形，我们既可以为某个**存量**（stock）赋予一个价值，也可以为某个**流量**（flow）赋予一个价值。例如，林分就是树木的存量，而从森林里采伐的木材则是服务流之一。二者存在联系，某种存量的价值应该等于该存量所产生的服务流的现值。如果服务流的现值达到最大化，那么我们就说该资源得到了有效利用。这等价于该资源的价值实现了最大化。

经济学家将资源具有的总经济价值分解为三个主要部分：（1）使用价值（use value）；（2）选择价值（option value）；（3）非使用价值。使用价值反映的是对环境资源的直接利用，比如从海里捕捞的鱼类、从森林里采伐的木材、从河流里引水灌溉，甚至包括某个自然景点具有的秀丽风景。污染会导致使用价值的损失，比如空气污染会增加发病率、石油泄漏会对某种鱼类产生负面影响、迷雾会遮蔽风景等。

第二类价值为选择价值，它反映了人们对未来使用环境的能力所赋予的价值。选择价值反映了某种意愿，也就是说，即使当前不能利用环境，也要保留某种未来使用它的选项。使用价值反映的是当前使用资源而产生的价值；选择价值反映的是为未来使用资源而保留某种潜力的愿望。

第三类价值为非使用价值，它反映的是某种共同的认识，即人们非常乐意为改善或保护那些将来永不利用的资源而付出。纯粹的非使用价值又称为**存在价值**（existence value）。当美国垦务局（Bureau of Reclamation，BOR）开始在大峡谷（Grand Canyon）附近建设大坝的时候，诸如峰峦俱乐部（Sierra Club）之类的组织就开始抗议，它们认为可能会破坏这一独特的资源。尽管格伦峡谷（Glen Canyon）已经被鲍威尔湖（Lake Powell）淹没了，但是，即使是那些从不打算去参观的人，也会将这看做可能的损失。由于这种价值既不是通过直接利用而产生，也不是通过潜在利用而产生，因此，它是非常特殊的一类价值。

我们可以将这些类型的价值组合起来计算总支付意愿（total willingness to pay，TWP），即

$$TWP = 使用价值 + 选择价值 + 非使用价值$$

由于非使用价值是由动机而非个体的实际利用而推算出来的，因此与使用价值相比，非使用价值有点虚无。另外，正如例 3.1"评定北方花斑猫头鹰的价值"所阐明的，估算的非使用价值可能非常大。因此，其颇具争议，对此无须吃惊。的确，当美国内政部（U.S. Department of Interior）按照恰当的程序起草自然资源损害评估方面的法规时规定，除非使用价值为零，否则非使用价值不包含在其中。1989 年，在哥伦比亚地方法院的裁决（District of Columbia Court of Appeals（880 F. 2nd 432））中，又推翻了这项规定，并且允许非使用价值包含其中，只要它们可以计算出来。

例 3.1 ☞ **评定北方花斑猫头鹰的价值**

北方花斑猫头鹰分布在太平洋西北地区，目前，其栖息地受到伐木的威胁。花斑猫头鹰的重要性不仅在于它作为一种受到威胁的物种已经列入了《濒危物种法》(Endangered Species Act)保护的名录，而且在于它作为太平洋西北部原生林总体健康程度指示器的作用。

1990 年，一个跨部门的科学委员会提出一项计划，划出一部分有林地限制采伐，并且作为"栖息地保护区"加以保护。保护这些林地代表了一种有效率的选择吗？

为了回答这个问题，委员会做了一项全国性的条件价值评估调查（我们在随后的章节中将分析这项调查），以估计这个案例中建立保护区的非使用价值。调查采取寄发邮件的方式进行，一共调查了1 000个家庭。

调查结果表明，保护的收益至少是其成本的 3 倍，不过有些问题还需要解决，例如如何处理未给予反馈信息的家庭（例如，一种算法就是视其非使用价值为零）？在这种假设条件下，大部分人赞成保护，收益与成本之比为43∶1。在这个例子中，非使用价值很大，足以表明保护北方花斑猫头鹰是首选。

不过，作者也指出，这项选择在不同人群中的分布情况不容忽视。尽管保护的效益惠及广泛分布的整个人群，但其成本则由在某一个地理区域的一小部分人群来承担。或许，公众应该乐意通过税收的转移支付来分摊一部分保护的成本，以促进这一小部分人的过渡转型并减少他们的困难。事实上，最终正是这样做的。

资料来源：Daniel A. Hagen, James W. Vincent, and Patrick G. Welle. "Benefits of Preserving Old-Growth Forests and the Spotted Owl," *Contemporary Policy Issues* Vol. 10 (April 1992): 13-26.

评价方法分类

估算价值的方法有几种，在本节中我们将作一个评述，以便对其使用范围以及它们之间的关系有个认识。我们在随后的章节中将列举这些方法的实际应用。

可能的方法列于表 3—1。直接观察法基于一些可观察的实际指标，并且通过这些指标直接推算出资源的实际价值。例如，在计算石油泄漏对当地渔业造成的损失时，直接观察法可以计算捕捞量的下降量及其产生的价值。在这种情况下,价格是可以直接观察的,利用价格可以直接计算损失值。

表 3—1　　测算环境和资源价值的经济方法

方法	观察行为	假设性行为
直接观察法	市场价格法 模拟市场法	条件价值评估法
间接观察法	旅行成本法 享乐财产价值法 享乐工资价值法 规避支出法	基于属性的模型 联合分析法 选择实验法 情景分级法

资料来源：Mitchell and Carson（1989），作者作了修改。

相反,在价值不能直接观察时,我们可以采用一种直接假设的办法进行处理。例如,在例 3.1 中,北方斑点猫头鹰的非使用价值是不可直接观察的。因此,作者利用一项调查来推断它的价值,这项调查试图揭示出受访者对保护这种物种的支付意愿。

这种方法又称为条件价值评估法（contingent valuation），它提供了一种推算价值的方法,这种价值是传统方法无法推算的。这种方法的最简单形式仅仅询问受访者对环境的某种变化（例如某个湿地的丧失,或是受到了更严重的污染）或是保护资源当前的状态,应该为其赋予多少价值？更复杂的形式则要询问受访者是否愿意为避免环境变化或保护物种而支付 X 美元？答案或是揭示上限值（回答"否"）,或是下限值（回答"是"）。

对于条件价值评估法我们所关心的就是,受访者的回答可能存在误差。许多研究对四类误差颇为关注：（1）策略性误差；（2）信息误差；（3）起点误差；（4）假设性误差。

当受访者给出的是一个有偏的答案以影响某个特定结果时,就会产生策略性误差。例如,是否应该为了钓鱼而保护一段河流？如果这项决策取决于这项调查是否会产生足够大的价值,那么,喜欢钓鱼的受访者就会给出一个答案,确保调查的价值很高,实际上其真实价值较低。

只要受访者被强迫回答某个他几乎没有任何体验的属性时,信息误差就会产生。例如,有一个水体的水质下降了,来休闲的人对这种损失作出的估价取决于另外一个水体是否能够方便地替代前一个水体用于休闲。如果受访者对第二个水体知之甚少,那么,他给出的估价就完全是凭借错误的认识给出的。

调查时会要求受访者就预先定义的各种可能答案作出选择,这时就会产生起点误差。调查设计人员对答案范围的定义会影响受访者最后作出的选择。例如,即便估价不可能落在 0～10 美元的范围之内,调查者对 0～100 美元的范围所给出的估价也与受访者对 10～100 美元范围所作出的估价不同。

假设性误差是指受访者碰到的选择集是人为指定,而不是实际存在的。由于人们并不需要按其估算的价值支付,因此,受访者可能会满不在乎地对待调查,给出的答案欠考虑。一项实地调查发现（Hanemann, 1994）,有 10 项调查直接将调查推算的支付意愿估计值与实际支出进行比较,尽管有些调查发现,支付意愿估计值超过了实际支出,但是,大部分调查发现,二者之间并不存在统计学上的显著差异。[4]

研究人员对条件价值评估法进行了许多实验性的工作,以确定这些误差究竟有多严重。一项调查（Carson, et al., 1994）对 1 672 项条件价值评估项目进行了研究。就政策制定过程而言,这些价值评估的结果具有足够的可靠性吗?

美国国家海洋和大气局（National Oceanic and Atmospheric Administration, NOAA）为了应对计算石油泄漏损害的要求,组织了一个由独立经济学专家组成的专题小组（其中包括两名诺贝尔经济学奖获得者）,对利用条件价值评估法确定损失的消极使用价值或非使用价值进行评估。1993 年 1 月 15 日他们发表了评估报告（55 FR 4602）,该报告对条件价值评估法持谨慎支持的态度。

专家委员会表明,他们对这项技术存有几方面的担心:（1）条件价值评估法估算的支付意愿似乎有过高的倾向;（2）很难确保受访者理解调查的问题;（3）很难确保受访者确实是就具体的调查问题作出回应,而不是反映他们对公益事业的一般热情或者是"温暖而光辉"的付出（warm glow of giving）。[5]

但是,该委员会也明确认为,设计合理的调查可以消除或减少这些误差,使之达到可接受的水平,而且,该委员会还提供了一个附件,以确定一项特定的研究的设计是否合理提供了具体的指导原则。该委员会建议,当参与者遵循这些指导原则,他们

> 可以得到足够可靠的估计值,以成为某项损害（包括损失的消极使用价值等）评估司法过程的起点。（一项构造良好的条件价值评估研究）包含了法官和陪审团想要知道的信息,这些信息可以与其他估计值——包括专家的证词——结合使用。

国家海洋和大气局的报告引发了一个非常有趣的困境。尽管这个报告认为利用条件价值评估法估算消极使用价值（即非消费性使用价值）和非使用价值具有合理性，但是，该委员会也设定了一项可靠的研究应该遵循的一些相当严格的指导原则。完成一项所谓"可接受"的条件价值评估研究所需的成本将会很高，以至于它们只能在损害非常大，足以使其使用具有合理性的情况下才能使用。不过，由于其他技术的极度缺乏，如果不使用条件价值评估法，消极使用价值的默认值将为零，这也是不正确的。[6]

元分析（meta-analysis）的技术为解开这个困境提供了一把钥匙。元分析采用一种典型的条件价值评估研究作为基础，将决定非使用价值的因素分离出来。一旦这种决定因素被分离出来，并且与具体的政策背景相联系，那么，它就有可能将一种政策背景下获得的估计值转化为另一种政策背景下的估计值，从而免除了每次调查所需的时间和费用。

第三类方法即间接观察法，之所以为"可观察的"是因为它们必须涉及实际的行为（与假想的行为相反），而且，之所以为"间接的"是因为它们不直接地估计价值，而是采用推算的办法估算价值。例如，假设某个与众不同的垂钓场正受到污染的威胁，而且，由此污染而引发的损害之一就是垂钓量的下降。如果垂钓是免费的，如何确定其损失值呢？

一种方式就是通过旅行成本法（travel-cost methods）。旅行成本法是运用参观者的消费信息构建某个"参观日"的支付意愿需求曲线，并推算观光资源（例如垂钓场、公园、参观者可以涉猎的野生动植物保护区）的价值。

弗里曼（Freeman，2003）确立了这种方法的两个变型。在第一种变型中，分析人员要分析游客参观某个景点的次数；在第二种变型中，分析人员分析人们是否决定去参观某个景点，如果去，去哪个景点。后一个变型包括用于确定不同景点水平的随机效用模型（random utility model，RUM）。

第一种变型必须构造一个旅行成本需求函数，景点的服务流价值等于为这些服务或某个景点而估算的需求曲线以下的面积，需求曲线为该景点所有游客的总需求曲线。

第二种变型使得我们可以分析某些具体的景点特征是如何影响游客的选择并进而间接分析这些特征的价值的。这些景点特征的恶化会使得景点的价值下降，利用每个景点的价值与其特征之间的关系方面的知识，分析人员可以估算出景点的恶化值。

旅行成本法已经被用来计算石油泄漏期间海滩关闭、鱼类消费预报以及因开发而使某个观光区消失的成本的价值。帕森斯（Parsons，2003）对这两种变型法做了详细的说明。在随机效用模型中，一个游客选择哪个景点，他会考虑景点的特征以及价格（旅行成本）。影响景点选择的特征包括景点的通达性以及环境质量。每个景点都会产生一个独一无二的效用水平，而且每个游客都会选择给予其最高效用水平的景点。然后，由于诸如石油泄漏之类的事件发生，游客不得不另做打算，由此我们可以根据游客选择其他景点而产生的效用变化来计算这个事件对游客的福利损失。

另外两种间接观察法为享乐财产价值法和享乐工资价值法，它们具有共同的特征，即都采用多元回归分析的统计学方法，"抽提出"环境成分在有关市场中的价值。例如，我们可能会发现，假如所有其他条件都不变，与周边地区清洁的地方相比，周边地区受到污染的地区的财产价值更低（周边地区受到污染的地方不适宜居住，因此，这些地方的财产价值会下降）。弗里曼（Freeman，2003）详细分析了享乐法。享乐财产价值模型采用市场数据（房屋价格），然后将价格按其构成成本进行分解，这些构成成本包括房屋特征（例如卧室间数、占地面积及其地形特点）、周边情况（犯罪率、学校品质等等）以及环境状况（例如空气质量、附近空地比例、与垃圾处理场的距离，等等）。享乐模型可以计算某个属性不连续变化的边际支付意愿。大量的研究都采用了这种方法，以分析一些因素对财产价值的影响，这些因素包括离有害废物场的距离（Michaels and Smith，1990）、大农场经营（Palmquist，et al．，1997）以及空地和土地利用模式（Bockstael，1996；Geoghegan，et al．，1997；Acharya and Bennett，2001）。相当多的研究都考虑了空气质量，具体参见史密斯和黄（Smith and Huang，1993）利用这些研究所做的元分析。

享乐工资价值法与此非常相似，只是它们试图将工资的成分分离出来，因为工资是用于补偿高风险职业工人所承担的风险的。众所周知，高风险职业工人的工资较高，从而促使他们承担风险。当这种风险为环境风险时（例如接触有毒物质），多元回归分析的结果就可以用来构造一个为避免这种环境风险而付出的支付意愿。另外，补偿性的工资差可以用于计算统计学意义上的生命价值（Taylor，2003）。

间接观察法的最后一个例子即"规避支出法"。规避支出法是指通过采取一些规避或预防性措施，以降低污染产生的损害的一种评价方法。比如说，由于污染空气的流入，室内需要加装空气净化器；或者由于当地饮用水受到污染，人们需要喝瓶装水，参见例3.2"利用规避支出法计算地下水污染造成的损害值"。由于人们通常宁愿产生环境问题，也不愿意花更多的钱去避免问题的产生，因此，使用规避支出法可以计算出污染产生损害估计值的下限值。

例 3.2 ☞ **利用规避支出法计算地下水污染造成的损害值**

我们应该配置多少资源以防止地下水污染？这部分地取决于造成污染的风险有多大。污染会造成多大的损害呢？估计损害下限值的一种方法就是了解人们愿意花多少钱以保护自己免遭伤害。

1987年年末，宾夕法尼亚州东南部的珀卡西城的一口水井中检测出了三氯乙烯。这种化学物质的浓度是美国环境保护署确定的安全标准的7倍。由于没有及时将浓度降低到安全水平的有效办法，县里要求镇上将水受到污染的情况告知当地居民。

告示发出后，当地居民采取了下面一种或几种措施：(1) 购买更多的瓶装水；(2) 开始使用瓶装水；(3) 安装家庭水处理设备；(4) 从其他地方取水；(5) 将水烧开。分析人员通过一项调查，可以了解每种措施使用的范围，并将这些信息与其相应的成本结合起来进行分析。

分析结果表明，在88周的污染期内，当地居民花费了61 313.29～131 334.06美元。分析进一步指出，有小孩的家庭更愿意采取规避措施。在采取规避措施的家庭中，有小孩的家庭的花费比没有小孩的家庭多。

资料来源：Charles W. Abdalla, et al. "Valuing Environmental Quality Changes Using Averting Expenditures: An Application to Groundwater Contamination," *Land Economics* Vol. 68, No. 2 (1992): 163-169.

最后一类方法称为间接假设法，它包括基于属性法和条件价值评估法。当项目选项具有不同属性，且每个属性具有多重水平时，基于属性的模型——例如以选择为基础的联合模型的方法就非常有用。与条件价值评估法一样，联合分析法也是一种基于调查的技术，但是，它不是要求受访者陈述他们的支付意愿，而是对不同的现实状态作出选择，其中每种现实状态都有一组属性及一个价格。

例如，博伊尔等人（Boyle, et al., 2001）调查了缅因州当地居民对几种可选择的森林采伐方式的偏好。缅因州正在考虑购买一块23 000英亩的林地。用于调查的属性包括活立木株数、枯死树木的处理办法、留空地的百分比以及税赋。每个管理属性分三个水平，且有13个不同的税赋标准，如表3—2所示。

受访者可以在四种不同的管理方案和现状（不购买）之间作出选择。表3—3给出了一个抽样调查的问卷例子。这类调查是从条件价值评估法和市场调查法换算过来的，它允许受访者作出一个类似的选择（选择一个组合),并且让研究人员从受访者的选择中推算出每个属性的边际支付意愿。

表3—2　　缅因州森林收获联合分析中的属性

属性	水平
采伐后保留的活立木数	全部采伐 153株/英亩 459株/英亩
采伐后保留的枯死木数	全部清除 5株/英亩 10株/英亩
采伐后留空地的百分比	20% 50% 80%

资料来源:Boyle, et al. (2001), Holmes and Adamovicz (2003).

表3—3　　联合分析调查问卷示例

属性	选项 A	选项 B	选项 C	选项 D	没变化
保留的活立木数	无	459株/英亩	无	153株/英亩	
保留的枯死木数	全部清除	全部清除	5株/英亩	10株/英亩	
留空地的百分比	80%	20%	50%	20%	
税收	40美元	200美元	10美元	80美元	
我的选择(请勾选)	—	—	—	—	—

资料来源:Taken from Thomas P. Holmes and Wiktor L. Adamowicz. "Attribute-Based Methods," Chapter 6 in Lan Bateman, ed. *A Primer on Nonmarket Valuation* (New York: Kluwer Academic Publishers, 2003).

另外一种调查方法即条件价值评估法。给受访者一组环境适宜性方面有差异的假想条件(而不是一组属性),并要求受访者对这些假想的条件进行评估,参见例3.3"利用条件价值评估法计算降低柴油发动机尾气的价值"。然后,对这些评估进行比较,以了解环境适宜性较好和其他特征方面较差这二者之间的内在权衡关系。如果这些特征中有一个或多个特征可以通过货币价值的形式表示,那么,我们就可以运用这些信息及其评估关系推算环境适宜性的价值。

例 3.3 ☞ **利用条件价值评估法计算降低柴油机发动尾气的价值**

柴油发动机尾气不仅会对人类身体产生负面影响,而且会产生一种令人不愉快的气味。减排这些尾气既有益于健康,又可以减少气味。减排多少才是有效率的呢?这取决于减少气味可以产生多大的好处。如果气味下降的价值评定得很高,那么加大减排量则被认为是合理的。

为了确定气味下降的价值是否评定得足够高,足以使其成为限制柴油发动机尾气排放的决策的一个重要因素,费城开展了一项条件价值评估法的研究。这项研究要求每一个受访者都闻一闻两种气味:气味 A 的柴油味很淡;气味 B 的柴油味很浓。随后,要求受访者对各种选项进行排序。每个选项都包含一个接触气味的程度指标以及一个年交通成本指标,交通成本指标与某个具体的接触气味程度指标相对应。

对数据进行分析,结果表明为避免一个星期接触气味 A 的支付意愿介于 3.03～5.49 美元之间,避免接触气味 B 的支付意愿介于 14.57～18.50 美元之间。将这些信息与每周接触每种类型气味的平均值结合起来计算,可以估算出每年避免接触所有这些气味的支付意愿为 75 美元。美国环境保护署控制柴油发动机尾气的项目估计每个家庭要花费约 3.60 美元,因此,减排的价值似乎太高了。

资料来源:Thomas J. Lareau and Douglas A. Rae. "Valuing WTP for Diesel Odor Reductions:An Application of Contingent Ranking Technique," *Southern Economic Journal* Vol. 55,No. 3 (1989):728-742.

一个价值评估项目有时可以同时采用一种以上的技术。在一些情况下,为了获得总经济价值,这样做是很有必要的;在其他情况下,这样做可以为我们寻求的价值提供独立的估计值,参见例 3.4 "观光野生动植物的价值"。

例 3.4 ☞ **观光野生动植物的价值**

为保护野生动物,我们在本书随后的章节中采取的一个策略就是利用生态旅游的信息。生态旅游试图获得参加原生态野生生物观光者对保护野生生物的支付意愿,并使用生态旅游收入支持野生生物保护活动。这种策略将取得多大的成功?这部分地取决于支付意愿有多大。

一项研究试图了解对肯尼亚纳古鲁湖国家公园(Lake Nakuru National Park)的支付意愿有多大。最初,该国家公园是作为禁猎保护区于 1961 年而设立的,1969 年和 1972 年分别进行了扩大。该保护区是火烈鸟的栖息地,大约有140万只火烈鸟以及约360种鸟类。然而，后来由于农业活动频繁，水质受到污染，火烈鸟几近消亡。

作者利用旅行成本法和条件价值评估法，计算了观光该国家公园野生生物的使用价值。按照旅行成本法的估算，该国家公园1991年的观光价值介于1 370万～1 510万美元之间，其中，360万～450万美元来自肯尼亚的游客，其余（大部分）来自外国游客。按照条件价值评估法的估算，总价值为750万美元。

有几点值得注意：

● 按照旅行成本法的估算，大部分价值来自外国游客，这并不令人吃惊，因为来自外国游客的平均收入要高于来自本国游客的收入。

● 尽管该项研究仅计算了使用价值，忽略了非使用价值，但估计值仍然相当高。很显然，生态旅游（至少是在这个国家公园）可以带来可观的收入。

● 按照估算，野生生物的观光价值远高于当时游客缴纳的观光费用，这意味着缩减了更多的观光收入（由于认识到这个事实，政府在1993年将外国游客的门票提高了310%）。

● 虽然人们一般都认识到控制污染是有成本的，但该项研究指出，不控制污染也是有代价的（因为破坏了有价值的野生生物）。尽管该项研究实际上没有分析控制污染的成本，但是，这显然是下一步要做的事。

资料来源：Stale Navrud and E. D. Mungatana. "Environmental Valuation in Developing Countries：The Recreational Viewing of Wildlife," *Ecological Economics* 11 (November 1994)：135-151.

评估人类生命的价值

人类生命的价值评估是一个引人入胜的公共政策领域，在这个领域中各种评估方法都得到了应用。许多政府项目（从控制工作场所或饮用水的有害污染物，到改善核电厂的安全状况的项目）都试图保护人类生命并减少人类疾病。在这些项目中如何配置资源呢？这主要取决于我们如何看待人类生命的价值。我们如何评估生命的价值呢？

当然，最简单的答案就是生命是无价的，但是，事实说明这样并无助益。因为用于保护生命免遭伤害的资源是稀缺的，我们必须作出选择。评估生命免遭环境风险伤害的价值所采用的经济学方法就是计算因环境风险而造成的人的死亡下降的概率变化，并为这种变化赋予一定的价值。因此，我们并不是计算生命本身的价值，而是因为按照预期——某一部分人应该比其他人更早死亡，我们要对这种死亡的概率下降进行价值估算，参见争论3.1"评估人类生命的价值是不道德的吗？"。

争论 3.1 **评估人类生命的价值是不道德的吗？**

2004年，经济学家弗兰克·阿克曼（Frank Ackerman）和律师莉萨·海因策林（Lisa Heinzerling）合写了一本书，对利用成本—效益分析法评估保护人类生命的规章制度是否道德提出了质疑。在《无价：论有价之物和无价之物》（*Priceless: On Knowing the Price of Everything and the Value of Nothing*, 2004）一书中，他们认为，成本—效益分析是不道德的，因为它代表着对传统价值观的背离，传统价值观认为，所有的公民都应有绝对的权利免遭污染的伤害。如果认为一项让某些人因污染而死的规章制度是合理的，那么，成本—效益分析就违背了人类的这种绝对权利。

经济学家莫林·克罗珀（Maureen Cropper）认为，不考虑挽救生命的效益才是不道德的。资源是稀缺的，它必须进行配置，以得到最大的福利。如果要将所有的污染降低到零，即使有可能，其成本也应该是极其高的，而且与此成本对应的资源不得不从其他有益的用途上转移过来。克罗珀教授还认为，将成本强加给那些对成本（例如控制污染的额外成本）没有发言权的人也是不道德的，至少没有考虑到他们自己会作出什么选择。不管愿不愿意，人们都必须作出艰难的选择。

克罗珀还指出，人们总是会在增加更多的环境保护成本和不采取保护措施而导致的健康伤害之间作出抉择。从权衡的角度考虑问题，这与成本—效益分析是一个类似的概念。她指出，人们开快车可以节省时间，因此也增加了死亡的风险。人们还要决定，要花多少钱在医药费上以降低疾病的风险，或是否从事那些会引发疾病甚至有死亡风险的工作。

克罗珀在对阿克曼和海因策林的回应中承认，成本—效益分析有其自身的缺陷，它绝不应该成为指导决策的唯一因素。虽然如此，她仍然认为，成本—效益分析为政策的制定过程增加了有用的信息；而且可以证明，对于阿克曼和海因策林希望保护的那些人而言，放弃这些信息不用也是有害的。

资料来源：Frank Ackerman and Lisa Heinzerling. *Priceless: On Knowing the Price of Everything and the Value of Nothing* (New York: The New Press, 2004); Frank Ackerman. "Morality, Cost-Benefit and the Price of Life," *Environmental Forum* Vol. 21, No. 5 (2004): 46-47; Maureen Cropper. "Immoral Not to Weigh Benefits Against Costs," *Environmental Forum* Vol. 21, No. 5 (2004): 47-48.

将上述程序推算出来的价值换算为"生命的隐含价值"是可能的，也就是说，将每个个体愿意为某个死亡概率下降而支付的具体数量除以下降的概率即可。例如，假设存在某项特殊的环境政策，按预期可以使得某种有害物质的平均浓度下降到只有100万人受到影响的水平。进一步假定，按照预期，影响范围缩小会使得死亡的风险从十万分之一下降到十五万分之一。这也意味着，由于这项政策的实施，可以使得受影响的人口中预期死亡的人数从 10 人下降到 6.67 人。如果受影响的 100 万人口中的每个人都愿意为这种风险的下降支付 5 美元（总共 500 万美元），那么，一个生命的隐含价值大致等于 150 万美元（500 万美元除以 3.33）。

按照这些方法推算的实际价值是多少呢？维斯库西（Viscusi，1996）对大量的降低威胁人类生命风险的价值评估研究进行了一个调查，他发现，大多数人类生命隐含价值（按 1986 年美元计算）在 300 万～700 万美元之间。他还进一步认为，最恰当的估计值或许接近 500 万美元。换句话说，从效益和成本的角度看，所有成本不超过 500 万美元的降低风险的政府项目都应该是合理的。成本大于 500 万美元的项目是否合理，取决于在所分析的特定的风险条件下保护一个生命的合适价值。

健康、安全以及环境保护措施与上述测算的生命价值有何关系呢？如表 3—4 所示，情况并不好。表中所列的大量规制措施只有在被保护的生命价值高于 700 万美元这个上限值时才被认为是合理的。

表 3—4　　降低风险的措施的成本

	部门	年份	状态	初始年度风险	年挽救人数	挽救一个人的成本（百万美元，1994 年美元）
无排放的空间加热器	CPSC	1980	F	2.7 (10^5)	63.000	0.10
避火舱	FAA	1985	F	6.5 (10^8)	15.000	0.20
被动式保护装置/带	NHTSA	1984	F	9.1 (10^5)	1 850.000	0.30
易燃坐垫	FAA	1984	F	1.6 (10^7)	37.000	0.60
地面应急灯	FAA	1984	F	2.2 (10^8)	5.000	0.70
砖混结构	OSHA	1988	F	1.4 (10^5)	6.500	1.40
危害信息告知	OSHA	1983	F	4.0 (10^5)	200.000	1.80
苯/散逸性物质排放	EPA	1984	F	2.1 (10^4)	0.310	2.80
放射性核素/铀矿	EPA	1984	F	1.4 (10^4)	1.100	6.90
苯	OSHA	1987	F	8.8 (10^4)	3.800	17.10
石棉	EPA	1989	F	2.9 (10^5)	10.000	104.20
苯储藏	EPA	1984	R	6.0 (10^7)	0.043	202.00
放射性核素/DOE 设施	EPA	1984	R	4.3 (10^6)	0.001	210.00
放射性核素/磷元素	EPA	1984	R	1.4 (10^5)	0.046	270.00
苯/苯乙烯	EPA	1984	R	2.0 (10^6)	0.006	483.00

续前表

部门	年份	状态	初始年度风险	年挽救人数	挽救一个人的成本（百万美元，1994年美元）
砷/低砷铜	EPA	1986	R	2.6 (10^4)	0.090	764.00
苯/马来酐	EPA	1984	R	1.1 (10^6)	0.029	820.00
地面处理	EPA	1988	F	2.3 (10^8)	2.520	3 500.00
甲醛	OSHA	1987	F	6.8 (10^4)	0.010	72 000.00

说明：在"状态"列，R和F分别表示否决（rejected）和接受（final）。"初始年度风险"表示接触污染物的人中每年死亡的概率；(10^3) 表示1 000人中死亡的人数，(10^4) 表示10 000人中死亡的人数，等等。

资料来源：Adapted from W. Kip Viscusi. "Economic Foundations of the Current Regulatory Reform Efforts," *The Journal of Economic Perspectives* 10 (1996): Tables 1 and 2: 124-125.

效益估算的问题[7]

负责完成一项成本—效益分析的分析人员会碰到许多需要判断的决策点。如果我们要理解成本—效益分析，那么，我们就必须清楚这些判断的性质。

主要影响和次要影响

环境项目通常会产生主要结果和次要结果。例如，清洁某个湖泊的主要效应是增加湖泊的观光效应。该效应会对已增加的湖泊使用者所提供的服务产生进一步的连锁效应。次要效益必须计算吗？

答案取决于周边区域的就业状况。如果需求增加会导致原先未使用的资源（例如劳动力）得到利用（就业），那么新增部分的价值就应该被计算在内。另一方面，如果把已经使用的资源从一方面转做他用而导致需求增加，那么新增的价值就不应该计算在内。一般来讲，在资源闲置率很高的地区，或在项目开始实施时所需要的特定资源未被利用时，次级利用的效益就应该计算在内。如果项目只是导致已经被利用的生产性资源重新被安排使用，就不应该将其效益计算在内。

有形效益和无形效益

有形效益是指可以合理地指定货币价值的效益；无形效益是指因为

没有合适的数据，或者数据不可靠，或者不清楚如何利用数据测算其价值而不能指定货币价值的效益。[8]

如何处理无形效益呢？有一个答案是非常清楚的，即它们不应该被忽略。忽略无形效益会使得分析结果产生误差。效益是无形的并不意味着它们是不重要的。

我们应该尽可能地将无形效益定量化。经常采用的一种技术就是对效益估价值进行敏感性分析，但效益估价值是利用不太可靠的数据推算得到的。例如，我们可以确定政策的结果在一定的范围内对效益估价值是否敏感——如果不敏感，那么就别将太多的时间花在这个问题上；如果很敏感，那么决策者应该尽最大的责任斟酌该效益的重要性。

成本估算方法

与估算效益相比，估算成本较为容易，但并非轻而易举。对于二者而言，一个主要的问题来自这样一个事实，即成本—效益分析是向前看的，因此，它要求我们对某一项特定的策略将要产生的成本作出估计，这比要查出某一项现行的策略确实产生的成本要困难得多。

另一个经常产生的问题就是在收集成本信息时，信息的有效性会被某个与政策结果利益相关的企业所控制，污染控制就是一个很明显的例子。我们可以采取两种办法来处理这个问题。

调查法

查出与某项政策相关的成本的一种方式就是要求那些负担成本且对成本也比较了解的人向政策制定者讲出成本的大小。例如，我们可能会要求污染者向制定规章制度的机构提供控制污染的成本估计值。这种方法存在的问题是：它强烈地鼓励污染者说谎。过高地估计成本会导致不够严厉的规制产生，因此，污染者提供一个过大的成本估计值在经济上很占便宜。

工程法

工程法是绕开管制的对象本身，利用一般的工程信息，将可能用于达到目的的技术编列出来，并且估算出购买和使用这些技术的成本。工程法的最后一步就是假设这些管制对象会使用使得成本最小化的技术，从而为某个"典型的"企业生成一个成本估计值。

工程法也有其自身的问题，它可能无法为任何特定的企业计算出接近实际值的估计值。在一些特殊的情形下，企业的真实成本可能比估计值更高或更低，也就是说，该企业或许不是"典型的"企业。

联合法

为了避免这些问题，分析人员经常会联合采用调查法和工程法。调查法用于收集可能被采用的技术的信息，以及企业所处的具体环境；工程法则用于推算这些技术在具体环境下的实际成本。联合法则试图对污染者提供的最佳信息与独立推算出来的最佳信息进行对比权衡。

到目前为止，在我们所描述的情形中，成本的定量化相对都较容易，问题是：如何找到一种方式，能够便捷地获得最佳信息？然而，实际情况往往并非如此。尽管经济学家们已经提出了一些富有独创性的办法确定成本的估计值，但一些成本仍然不容易定量化。

例如，有一项政策，强迫更多的人合伙使用汽车以节省能源。如果该政策增加了旅行的平均时间，那么如何计算其成本呢？

交通分析人员已经认识到，有时人们确实会算计他们的时间价值，而且现在已有大量的文献提供了时间的评估价值。这种评估的基础就是机会成本，即如果时间不消耗在旅行上，那么人们会如何利用这些时间？尽管研究的结论取决于所涉及的时间量，但是，似乎每一个个人为他们的时间的定价都不会超过其工资率的一半。

风险的处理

对于许多环境问题，准确地规定某项特定的政策将产生什么结果是不可能的，因为科学的估计值本身常常也是不精确的。确定有害物质的有效接触量要求我们获得高剂量下的结果，并将其外推到低剂量的情形，也要将其结果从动物外推到人类。它也要求我们基于流行病学的研究，从人类健康指标和记录的污染水平之间的相关关系中推断污染对人类健康的影响。

通过气候变化，我们可以对科学的不确定性的重要性做另外一种说明。某些气体进入大气层后，被怀疑会使得地球的温度上升。如果这种怀疑是正确的，那么，所引发的问题就非常严重。例如，它会促使海平面上升，以致大量的生物不再适应这种温度而可能死亡。二氧化碳及其他温室气体排放正在使得温度上升，这个猜测是建立在一个仅仅部分证实了的计算机模型的基础之上的。这只是我们对问题缺乏理解的一个典型例子，如果这个猜测是事实，那么，在未来就会造成严重的后果。

处理政策过程中的风险问题涉及两个主要方面：（1）识别并定量化风险；（2）确定多大的风险是可接受的。前者主要是科学描述性的，后者更多的是估价性的或规范性的。

成本—效益分析可以通过几种方式处理风险的评估问题。例如，假设我们有一个政策选项范围 A、B、C 和 D，根据经济在未来演变的情况不同，每项政策都可能产生一定范围的结果，即 E、F 和 G。例如，这些结果可以取决于对资源的需求增长是低、中还是高。因此，如果我们选择政策 A，我们就可以得到结果 AE、AF 或 AG。其他政策选项也都会产生三种可能的结果，这样，总共可以获得 12 种可能的结果。

我们可以为这 12 种可能结果分别进行独立的成本—效益分析。但不幸的是，使得结果 E 得到净效益最大化的政策不同于使得结果 F 或 G 净效益达到最大化的政策。因此，我们只要知道哪种结果会是最优的，就可以选择使得净效益达到最大化的政策。问题是，我们并不知道哪种结果会是最优的。另外，选择结果 E 最优时的最好政策可能对结果 G 却是灾难性的。

当一项主导政策出现时，这个问题就可以避免。所谓主导政策（dominant policy）是指为每种结果都赋予较高净效益的政策。在这种情况下，有关未来的风险就与政策的选择无关。尽管这种偶然的情形绝非常有，但它确实会产生。

即便没有出现主导政策，也还会存在其他选项。例如，我们可以对三种可能结果产生的概率进行评定，并假定产生结果 E 的概率为 0.5，F 的概率为 0.3，G 的概率为 0.2。利用这些信息，我们就可估算净效益的期望现值。对于某项政策而言，所谓"净效益的期望现值"是指该项政策的每种可能产生的结果按其出现的概率加权，其净效益现值的总和。净效益的期望现值可以表示为

$$EPVNB_j = \sum_{i=0}^{I} P_i PVNB_{ij}, j = 1, \cdots, \mathcal{J}$$

其中：

$EPVNB_j$：政策 j 的净效益的期望现值；

P_i：第 i 个结果产生的概率；

$PVNB_{ij}$：如果结果 j 占优，政策 j 的净效益现值；

$\mathcal{J}$：所考虑的政策项数；

I：所考虑的结果项数。

最后一步就是选择净效益的期望现值最高的政策。

这个方法具有很大的优点，它能够为概率高的结果赋予更大的权重。不过，这种方法对社会的风险偏好作出了一个特定的假设，即认为社会是**风险中性的**（risk-neutral）。通过一个例子，我们很容易定义风险中性（risk-neutrality）。假设让你在两种情况中作出选择：一种是给你固定的 50 美元；另一种是让你买彩票，你有 50% 的机会赢得 100 美元，50% 的机会一无所获（注意，彩票的期望值也等于 50 美元，即 0.5×100 美元＋0.5×0 美元＝50 美元）。如果你对这两种选择无所谓，那么你就是风险中性的；如果你认为彩票更有吸引力，那么你就是风险偏好性的；

如果你偏好固定的 50 美元，则被认为是风险规避性的。采用净效益的期望现值意味着社会是风险中性的。

这是一个合理的假设吗？证据是各式各样的。赌博的存在说明社会上至少有些人是风险偏好性的；而保险的存在则说明至少对于某种程度的风险，参与保险的人是风险规避性的。由于同一个人既可能赌博，也可能参与保险，因此，风险的类型很可能是重要的。

即使个体表现为风险规避性的，在评估公共投资中政府也不足以放弃风险中性的假设。阿罗和林德（Arrow and Lind，1970）在一篇著名的文章中认为，风险中性的假设是合适的，因为"当某项公共投资的风险是由公众来承担时，承担风险的总成本就无关紧要了，因此，政府在评估公共投资时应该忽略其不确定性"。其中蕴涵的逻辑是：随着承担风险的人数（以及风险分担的程度）递增，任何一个个体承担的风险会递减至零。

正如阿罗和费希尔（Arrow and Fisher，1974）所表明的，当决策不可逆时还是谨慎为好。不可逆的决策一旦作出，可能永远没有反悔的机会。我们必须格外小心，这也为我们提供了一个机会，在实施政策之前更多地了解决策的内容及其结果。放弃偶尔也是合理的，知道放弃不也是一件令人欣慰的事吗？

在国家政策方面，法院和立法机构都在寻找一些富于想象力的方式，定义可接受的风险程度。[9]一般而言，政策制定要具体情况具体分析。然而我们将看到，当前的政策对许多环境问题都具有高度的风险规避性质。

选择贴现率

在上一章中我们讨论了在概念上如何将贴现率定义为资本的社会机会成本。资本的这种成本可以进一步分解为两个组成部分：（1）资本的无风险成本；（2）风险溢价。

如例 3.5 所示，贴现率的确定过去是、将来仍将是一个重要的问题。当公共部门采用的贴现率低于私人部门的贴现率时，公共部门将会发现，将有更多具有更长支付期的项目值得通过。而且，正如我们已经看到的，贴现率也是决定资源在代际间配置的一种主要因素。

例 3.5	贴现率的历史重要性

美国和加拿大探讨在美国的缅因州和加拿大的新不伦瑞克（New Brunswick）的帕萨马科迪湾（Passamaquoddy Bay）建设一座潮汐发电厂的

可能性已经多年了。该项目的初期资本投资很大，但运营成本很低，而且未来处于低成本运营的时间很长。作为分析的一部分，1959年就已经完成了该项目的成本和效益的完整清单。

采用同样的效益和成本数据，加拿大得出的结论认为，不应该建设这个项目，而美国则认为应该建。由于它们的结论都是基于相同的成本—效益数据分析得出的，因此，结论上的差异只能归咎于它们各自采用了不同的贴现率。美国采用的贴现率为2.5%，而加拿大为4.125%。贴现率越高，在计算中对最初的成本给予的权重越大，最后导致加拿大得出项目的净效益为负值的结论；贴现率越低，对未来较低的运营成本给予的权重越大，因而美国将净效益看做正值。

还有其他许多例子。1962年，国会批准了许多水利项目，这些项目按照贴现率为2.63%所做的成本—效益分析都被认为是合理的。通过对这些项目的分析，经济学家福克斯和赫芬达尔（Fox and Herfindahl, 1964, p.202）曾发现，按照8%的贴现率计算，只有20%的项目的效益/成本比率达到了要求。

贴现率的选择甚至在卡特总统和国会的公开争论中都扮演了一个主要角色。卡特总统曾想废除许多原已批准的水利项目，他认为，这些项目是一种浪费。总统的结论是建立在贴现率为6.38%的基础之上的，而国会则采用了一个更低的贴现率。

贴现率的选择非但不是什么深奥的主题，反而在确定公共部门的作用、执行项目的类型以及代际间资源的配置中，都起着极为重要的作用。

资料来源：Edith Stokey and Richard Zeckhauser. *A Primer for Policy Analysis* (New York: W. W. Norton, 1978): 164-165; Raymond Mikesell. *The Rate of Discount for Evaluating Public Projects* (Washington, DC: The American Enterprise Institute for Public Policy Research, 1977): 3-5; Irving K. Fox and Orris C. Herfindahl. "Attainment of Efficiency in Satisfying Demands for Water Resources," *American Economic Review* 54 (May 1964): 202.

传统上，经济学家采用政府债券的长期利率作为衡量资本成本的一个指标，这个长期利率受某个风险溢价调节，风险溢价的多少，取决于所考虑的项目的风险性的大小。不幸的是，调节作用究竟有多大，要靠分析人员自己去判断。政府部门可以选择不同的贴现率水平，以对某项具体的工程或政策的愿景产生影响。20世纪60年代国会的一系列听证会发现，政府部门采用的贴现率一度在0～20%之间。

20世纪70年代早期，美国行政管理和预算局（Office of Management and Budget）曾发布通告，要求除个别部门之外的所有政府部门在成本—效益分析中采用10%的贴现率。1992年对此提出了修正，要求将贴现率调低到7%。通告还包括成本—效益分析的指导原则，并且规定贴现率每年都要在一定的范围内进行变动。[10]这种统一标准的做法降低了政府部门随意选择贴现率的能力，使其不能根据预设的结论来选择贴现率，从而减少了成本—效益分析的误差。这也使得在考虑某个项目时不受资本的真实社会成本会随经济循环而产生的波动所影响，也就是说，当资本的社会成本与管理部门确定的水平存在差异时，成本—效益分析一般都不能确定资源的有效配置。

一个严格的评价

我们已经看出，估计效益和成本有时是很困难的（尽管并非总是如此）。如果成本和效益的估计变得很困难或不可靠，那么，成本—效益分析的价值就要受到限制。如果误差总是系统性地增加或减少净效益，那么这个问题尤其让人烦恼。这种误差确实存在吗？

20世纪70年代初，经济学家罗伯特·哈夫曼（Robert Haveman, 1972）对这个问题曾做过一项重要的研究。哈夫曼重点分析了美国陆军工程兵团（Army Corps of Engineers）的水利项目，例如防洪、航海以及水力发电项目，他对项目的效益和成本进行了事前和事后的对比分析，因此，他有资格谈论精度和误差的问题。他认为：

> 在提出的实证案例研究中，事后估计值与其对应的事前估计值的相关性甚微。以我们列举的几个案例及其推理分析为基础，人们可以断定，政府部门的事前评价程序中掺杂了严重的误差，从而过高估计了效益的期望值。同样，在项目的建造成本分析中，在估计成本和实际成本的关系方面，项目之间的差异很大。尽管没有显现出固定的估计误差，但是，几乎50%的项目的实际成本与其事前预期的成本相差正负20%以上。[11]

一般认为，成本—效益分析是一种纯科学的行为，但是，至少哈夫曼所分析的案例说明，这个观点明显与事实不符。分析人员的误差仅仅是转换成数字而已。

阿克曼等人（Ackerman, et al., 2004）最近在对成本—效益分析所做的评述中，分析了三项政策，这三项政策并没有做事前的成本—效益分析。对于这三项规章制度的制定，阿克曼等人反问："如果基于有效信息的成本—效益分析成为决策制定的决定因素，那么又会发生什么情形呢？"（Ackerman, et al., p.2）他们对三项政策——汽油除铅、保护大峡谷免受水力发电大坝影响，以及控制工作场所免受乙烯基氯污染——进行了分析。这三项政策今天都被认为是成功的，然而，按照他们的分析，没有一项政策可以通过成本—效益分析。分析它们不能通过成本—效益分析的原因很有启发意义。汽油除铅的成本—效益分析要经历一个很长的等待时间，才能表现出它对健康的效益。大峡谷附近建设水力发电大坝的成本—效益分析应该表明存在正的净效益，因为热电厂发相同数量电的花费应该更大。如果对乙烯基氯污染进行成本—效益分析，那么，我们就应该将产业的成本与避免人的死亡的价值进行比较。20世纪70年代对人的生命的价值评估很低，7个工人中的1个工人必定死亡，才能使得成本—效益分析得以通过（Ackerman, et al., 2004）。

他们的分析是否意味着成本—效益分析存在着致命的缺陷呢？绝对不是！不过，它确实强调了以下几个重要性：准确计算生命的价值（乙烯基氯污染）、必须包含所有可能的效益和成本（例如与大峡谷有关的非市场价值）、对要花时间才能显现出来的健康效应进行合理的评价（铅）。然而，它也提醒我们，成本—效益分析并不是一种孤立使用的技术，它应该与其他有用信息一起使用。包含成本—效益分析的经济分析可以提供有用的信息，但它并不是所有决策的唯一决定因素。

成本—效益分析的另一个不足之处就是它确实没有强调谁获利、谁承担成本的问题。对于某项特定的行动而言，其净效益可能很高，但是，可能只是社会上的一部分人获得利益，另外一部分人则必须支付成本。这显然是一个极端的例子，但是，它确实能够诠释一个基本原则，即确保某一项特定的政策为公共政策有效地提供一种重要的但并不总是唯一的基础。其他方面，谁获利、谁负担成本的问题也很重要。

总之，从积极的方面看，成本—效益分析常常是政策制定过程的一个非常有用的组成部分。即使是在基础数据并不严格可靠之时，其结果未必就一定不可靠。在其他情形下，尽管数据不足以达到调整政策的可靠程度，至少也可以表现出很宽的政策取向。如果成本—效益分析正确，那么，它能够阐明哪种政策选择可以使得社会获得最高净效益，从而为其他政治过程方面的影响提供一个有益的补充。

从消极的方面看，有人已经指责成本—效益分析似乎承诺的比做到的要多得多，尤其是在缺乏扎实的效益信息时更是如此。对于这类责难，存在两种反应：第一，制定政策的过程已经很成熟，只需很少的信息，这些政策就可执行，而且可以达到期望的经济目标。最近在空气污染控制方面的改革就是一个很有说服力的例子，我们在第16章中将分析这个问题。

第二，为政策制定过程提供有用的信息的技术并不是依赖那些有争论的技术来将很难定价的环境服务货币化的。本章接下来将讨论处理这个问题的最重要的两种方式：成本—效率分析和影响分析。

即使是在效益很难甚至不可能定量计算时，经济分析的贡献也很大。例如，政策制定者应该明白，各项政策的具体行动将消耗多大的成本以及它们对社会将会产生什么影响，即便我们不能肯定地确定有效的政策选择，也应该如此。成本—效率分析和影响分析虽然采取了不同的方式，但二者都是对这种需求的反应。

3.4 成本—效率分析

当没有进行必不可少的成本—效益分析，或是成本—效益分析不可靠时，我们如何指导政策的制定呢？缺乏衡量效益的指标，就不可能作出有效的政策选择。

然而，在这种情况下，我们可以不以效益和成本的严格比较为基础而设定一个政策目标。污染控制就是一个例子：我们应该设定什么样的污染水平作为最大的可接受的水平呢？在许多国家，对某种特殊污染物对人类健康影响的研究业已用来作为设定该污染物最大可接受浓度的基础。研究人员试图找到一个阈值，低于这个阈值就不会产生伤害。然后，进一步降低这个阈值，使其产生一个安全的区间，这个区间就可以成为控制污染的目标。

分析方法也可以以专家的观点为基础。例如，我们可以召集生态学家来确定某些生物物种生存的临界值，或是指出具体的应该受到保护的濒危湿地资源。

然而，一旦政策目标得以明确，那么，在选择某种达到目的的途径所产生的成本的后果方面，经济分析就大有用武之地了。成本后果之所以重要，不仅因为排除不必要的支出本身就是一个恰当的目标，而且能够确保它们不会引起政治上的反弹。

具体来讲，达到特定目的的途径有几种，有些相对节约，有些则非常昂贵。问题常常很复杂，如果不对各种选择作出详细的分析，我们可能就无法确定实现目标的最节省的方式。

成本—效率分析经常涉及**最优化程序**（optimization procedure）的概念。一个最优化程序在此仅仅指找到一种以成本最低的方式实现目标的系统方法。这个程序通常不会产生一种有效的资源配置方式，因为预设的目标本身就不是有效的。所有有效的政策在成本上都是有效率的，但并不是所有成本上有效率的政策都是有效政策。

在上一章中我们论述了有效等边际原则。按照这个原则，当边际收益等于边际成本时，净收益达到最大化。

同等重要的是，成本—效率分析也符合等边际原则：

第二等边际原则（成本—效率等边际原则）：如果为实现某个环境目标必须采取的所有可能方式的边际成本都相等，那么，实现这个环境目标的成本就达到了最低。

例如,假设我们想象某个地区达到了某个特定的减排目标,那么,每一种技术分别应该承担多大的减排责任呢?成本—效率等边际原则认为,当期望的减排目标得以实现,并且所有技术使得最后一个单位的减排的成本(即边际控制成本)都相等之时,这些技术才应该被采用。

为了说明这个原则的合理性,我们假设,我们有一个控制责任的配置,其中有一组技术的边际成本比别的技术组高很多。这不可能是一种成本最低的配置方式,因为我们还可以降低成本,而减排量却保持不变。我们可以将更多的资源配置给边际成本较低的减排方式,将更少的资源配置给边际成本较高的减排方式,这样,成本还可以继续降低。由于我们可以找到一种方式降低成本,那么很显然,最初的配置就不能使得成本达到最小化。一旦边际成本相等,我们就不可能再找到任何成本更低的方式以达到同等程度的减排;因此,这种配置方式必定是成本最小化的配置方式。

在上述污染控制的例子中,我们可以利用成本—效率分析,寻找到满足某个特定标准、成本最低的方式,并算出它的相关成本。利用这个成本作为一个基数,我们就可以估计如果实行某些成本上没有效率的政策,预期会增加多少成本。成本—效率分析也可以用于确定美国环境保护署如果选择一个更为严格或一个更不严格的标准所产生的成本变化。例3.6"芝加哥市控制二氧化氮排放:成本—效率分析的一个例子"不仅说明了成本—效率分析的使用方法,而且也显示了成本对美国环境保护署选择的管理措施非常敏感。

例 3.6 ☞ **芝加哥市控制二氧化氮排放:成本—效率分析的一个例子**

为了比较满足芝加哥环境空气质量标准所产生的成本,塞斯金、安德森和里德(Seskin, Anderson, and Reid, 1983)收集了芝加哥市797个二氧化氮固定排放源的污染控制成本以及市内100个不同地点空气质量测定的信息。然后,他们对环境空气质量与排放量的关系进行了数学模型分析。数学模型建立之后,他们通过对数学模型的校正,以确保模型能够重现芝加哥的实际污染状况。成功调校之后,该模型就可以用于模拟美国环境保护署采取各种管理措施可能会发生的情形。

模拟结果表明,成本有效性策略可以使得污染控制的成本降低到传统控制方法的1/10以下,不足传统方法各种改良版本的1/7。按照绝对值计算,如果采用一项成本更有效的政策,估计仅芝加哥一个地区每年即可节约1亿美元。在第15~16章中,我们还将详细分析成本有效性政策的当前发展趋势,这一发展趋势部分地正是由与上述类似的研究工作所引起的。

3.5 影响分析

当不具备进行成本—效益分析或成本—效率分析所需的信息时，我们又能做什么呢？设计用来处理这个问题的分析技术称为**影响分析**（impact analysis）。不管影响分析是关注经济影响还是关注环境影响，或是二者兼而有之，它们都试图将各种措施的后果进行定量化分析。

与成本—效益分析相对照，一个纯粹的影响分析并不试图将所有的这些后果都转化为一个一维的指标（例如美元）以确保它的可比性；与成本—效率分析相对照，影响分析并不一定要达到最优化。影响分析将大量的未经整理的信息任由政策制定者自行处理，任由政策制定者去评价各种后果以及行动的重要性。

1970年1月1日，尼克松总统签署了《1969年国家环境政策法》（National Environmental Policy Act of 1969）。该法案（以及其他一些法案）规定，所有联邦政府部门必须做到：

> 立法提案以及显著影响人类环境质量的主要措施，都必须涵盖各种建议或报告，而且要求负责的官员详细说明以下几个方面的问题：
> （i）建议措施的环境影响；
> （ii）建议措施实施后不可避免的负面环境影响；
> （iii）对建议措施的替代措施；
> （iv）人的环境的局部短期使用与长期生产率的维护和增强之间的关系；
> （v）在应该实施的建议措施中所涉及的任何资源不可逆和不可恢复的事项。[12]

这只是环境影响报告的开始，即便存在异议，它也是环境决策中的一个常见的问题。

现在环境影响报告比最初的报告更加复杂，除了一些传统的影响测算以外，还须包含成本—效益分析或成本—效率分析。不过，历史上环境影响报告的篇幅曾经很长，即便如此，事实上要对事物的全部事实都了解清楚是不可能的。

美国环境质量委员会（Council on Environmental Quality）是依法管理环境影响报告过程的政府机构，它为环境影响报告设立了内容标准，现在环境影响报告更加简短了。仅就它们对环境后果的定量分析来说，其可以避免有时会纷扰成本—效益分析的"隐藏价值判断"问题，但是，它们也只不过是利用大量不可比较的信息来攻击政策制定者。本章讨论的所有三种技术都是有用的，但没有一个是完全的、"最好的"办法。信息的有效性及其可靠性从本质上决定了三者之间的区别。

3.6 小结

本章分析了评价环境的一些最突出的方法，这些方法肯定不是为政策制定者提供有效政策实施所需信息的唯一方法。计算服务流的总经济价值要求我们对价值的三个组成部分作出估计：（1）使用价值；（2）选择价值；（3）非使用价值或消极使用价值。

我们评述的方法包括直接观察法、条件价值评估法、旅行成本法、享乐财产价值法、享乐工资价值法以及规避支出法（或预防性规避费用法）。我们还列举了利用这些技术的实际研究案例。

因为成本—效益分析法不仅功能很强，而且争议也很大，为此，1996年来自不同政治派别的一组经济学家聚集在一起，试图就成本—效益分析在环境决策中的作用达成一致。他们认为：

> 成本—效益分析在保护和改善健康、安全以及自然环境方面的立法和规制政策争论中的作用很重要。尽管我们不应该将一个规范的成本—效益分析看做设计敏感性政策的必要和充分条件，但是，它确实能够为各种纷繁复杂信息的组织提供一个独特的有用框架，并且它能极大地改进政策制定的过程，进而提高政策分析的水平。如果恰如其分地做好成本—效益分析，那么，它对参与环境、健康和安全等方面的规制建设的政府部门的帮助就很巨大，并且对评价政府部门的决策以及法律条文的制定同样具有很大的帮助。[13]

然而，即使是在很难计算效益的情况下，成本—效率分析等形式的经济分析也是有价值的。该技术可以采取最小费用方式实现预设的政策目标，并且可以评估选择非最低成本的政策时涉及的额外成本。其做不到的就是，无法回答这些预设的政策目标是否有效。

我们还进行了影响分析。影响分析对信息的合理性以及可比性并没有提出任何主张，只是识别和定量化计算某些特殊政策的影响。影响分析并不保证政策一定会产生一个有效的结果。

讨论题

1. 对于成本—效益分析而言，风险中性是一个合理的假设吗？为什么？它是不是对环境问题更合理呢？如果是，又是哪一类环境问题？如果你正在对某个小镇选址建设有害废物焚烧炉的项目进行评估，对于风险中性而言，阿罗-林德理性应该是合理的吗？为什么？

2. 布什总统颁布行政法令是授权在规制制定方面大量地采用成本—效益分析进而建立一个更合理的规制结构吗，还是扰乱环境政策过程？为什么？

3. 如果设定了环境标准的各种水平值，那么，某些环境法禁止美国环境保护署考虑满足各种环境标准的成本。这是一个说明"凡事有先有后"的极好例子呢，还是不合理地浪费资源？为什么？

练习题

1. 马克·A·科恩（Mark A. Cohen）在一篇题为《防止、戒备石油泄漏的成本和收益》（The Costs and Benefits of Oil Spill Prevention and Enforcement, *Journal of Environmental Economics and Management* 13, June 1986）的文章中，试图对美国海岸警备队（U.S. Coast Guard）在石油泄漏防治区执行的戒备活动的边际效益和边际成本进行定量计算。他认为，按照当前警备的水平，每加仑的边际效益为7.50美元，而每加仑的边际成本为5.50美元。假设这些数字都是正确的，你应该建议海岸警备队增加、减少还是维持当前戒备的水平？为什么？

2. 如表3—4所示，维斯库西教授估计，当前政府所采取的降低风险的项目，每减少一个人的死亡所花费的成本为100 000美元（没有污染物排放的空旷地）～720亿美元（为降低职业性地接触甲醛而建议的标准）。

（a）假设这些价值都是对的，怎样才能提高这两个项目的效率？

（b）政府应该努力使得所有避免伤亡的项目每拯救一个生命的边际成本都相等吗？

进一步阅读的材料

Barde, Jean-Philippe, and David W. Pearce. *Valuing the Environment: Six Case Studies* (London: Earthscan Publications, 1990). 这是一本文集,分析了如何将环境资源的经济评价技术告知公众。列举了德国、意大利、荷兰、挪威、英国和美国的研究案例。

Boardman, Anthony E., David H. Greemberg, Aiden R. Vining, and David L. Weimer. *Cost-Benefit Analysis: Concepts and Practice* (Upper Saddle River, NJ: Prentice-Hall, 1996). 这是一本很好的有关成本—效益分析应用方面的教科书。

Costanza, R., et al., "The Value of the World's Ecosystem Services and Natural Capital (Reprinted from *Nature* Vol. 387, p. 253, 1997)," *Ecological Economics* Vol. 25, No. 1 (1998): 3-15. 试图给生态系统服务赋予经济价值,设想很好,但最终还是存在缺陷。该期《生态经济学》杂志还刊载了许多文章以说明其中的缺陷。

Cummings, Ronald G., David S. Brookshire, and William D. Schulze. *Valuing Environmental Goods: An Assessment of the Contingent Valuation Method* (Totowa, NJ: Rowman and Littlefield, 1986). 本书分析了由参与者和公正的评论家对条件价值评估法所作出的关键评价。

Diamond, Peter A., and Jerry A. Hausman. "Contingent Valuation: Is Some Number Better than No Number?" *Journal of Economic Perspectives* Vol. 8, No. 4 (Fall 1994): 45-64.

Dixon, John A., and Maynard M. Hufschmidt. *Economic Valuation Techniques for the Environment* (Baltimore: The Johns Hopkins University Press, 1986). 本书列举了在发展中国家运用价值评估技术评价环境问题的几个案例研究。

Glickman, Theodore S., and Michael Gough, eds. *Readings in Risk* (Washington, DC: Resources for the Future, Inc., 1990).

Griffin, Ronald C. "The Fundamental Principles of Cost-Benefit Analysis," *Water Resources Research* Vol. 34, No. 8 (1998): 2063-2071.

Hausman, Jerry A., ed. *Contingent Valuation: A Critical Assessment* (Amsterdam: North-Holland, 1993). 本书评论了条件价值评估法。

Kneese, Allen V. *Measuring the Benefits of Clean Air and Water* (Washington DC: Resources for the Future, 1984). 简要介绍了大量试图将清洁空气和清洁水的效益定量化的案例。

Kopp, Raymond J., and V. Kerry Smith, eds. *Valuing Natural Assets: The Economics of Natural Resource Damage Assessment* (Washington, DC: Resources for the Future, Inc., 1993). 这是一本综合论文集，作者都是价值评估领域的一些主要参与者，他们既对损害评估法律框架作出评估，也对当前所采用方法的合理性与可靠性进行评价。

Mitchell, Robert Cameron, and Richard T. Carson. *Using Surveys to Value Public Goods: The Contingent Valuation Method* (Washington: Resources for the Future, 1989). 该书对条件价值评估法做了全面的分析，并对一些具有代表性的研究进行了简短的总结。

Viscusi, W. Kip. "Economic Foundations of the Current Regulatory Reform Efforts," *Journal of Economic Perspectives* Vol. 10, No. 3 (Summer 1996): 119-134.

【注释】

[1] U.S. District Court for the State of Alaska, Case Number A89-0095CV, January 28, 2004.

[2] 同上。

[3] 内政部的法规对确定这些损害的原则做了明确界定。参见 40 Code of Federal Regulations 300: 72-74。

[4] 对于这种情形持更加怀疑的观点，参见 Diamond and Hausman (1994)。

[5] 米切尔（Mitchell, 2002）对与埃克森公司瓦尔迪兹号油轮事件的情景评价调查相关的方法问题进行了大量探讨。

[6] 惠廷顿（Whittington, 2002）分析了如此多的发展中国家所做的情景评价工作都是没有意义的原因。设计不妥或是匆忙上阵的调查可能会产生一些劳民伤财的政策缺陷，而且这些政策在发展中国家是非常重要的。强行开展一些廉价而快速的调查，风险很大，研究人员应该十分谨慎。

[7] 这部分内容主要是依据佩斯金和塞斯金（Peskin and Seskin, 1975）的资料编写的。

[8] 有形价值和无形价值的区分也是随着技术的改进而变化的，观光效益直到旅行成本法出现以前一直都被当做无形效益来处理。

[9] 参见 Glickman and Gough (1990)，其中包含了有关这个主题的很多很好的文章。

[10] 年贴现率可以在以下网站找到：http://www.whitehouse.gov/omb/。

[11] 一个新近所做的成本评估发现，成本估计中既有过高估计，也有过低估计（Harrington, et al., 1999），不过更多的还是过高估计。作者将产生过高估计的原因归结为没有预计到技术的创新。

[12] 83 Stat. 853.

[13] Kenneth Arrow, et al. "Is There a Role for Benefit-Cost Analysis in Environmental, Health and Safety Regulation?" *Science* 272 (April 12, 1996): 221-222.

第 4 章　产权、外部性和环境问题

> 今天早上我看见的迷人的风景，无疑是由二三十个农场组成的。这个农场是米勒的，那个农场是洛克的，更远的那一个是曼宁的，但他们谁也不拥有这一片风景。大地上有一种财产，谁也不拥有它，只有诗人能用眼睛感知一切。这些都是农场中最美好的风景，不过，他们的地契中对此却没有做任何界定。
>
> ——选自拉尔夫·沃尔多·爱默生：《论自然》（1836 年）

4.1 引言

在第 2 章中，我们介绍了一些具体的、规范的评价标准，使得我们可以在经济体系和环境的关系之间作出理性的选择。按照这些评价标准，只要资源无效配置，就存在环境问题。

何时会发生无效率的情形呢？为什么个体或团体的利益会与社会总体利益不相符合呢？什么情形下会产生这种利益分歧呢？对此我们又能

做点什么？以所谓**产权**（property right）概念为基础来分析这个问题就是一个有效的途径。我们将在本章探讨产权概念以及如何利用产权概念来理解市场和政府政策会低估环境资产的原因。我们还要论述政府和市场是如何利用产权知识及其激励效应，协同解决这些问题的。

4.2 产权

产权和有效市场配置

生产者和消费者利用环境资源的方式取决于支配这些资源的产权关系。在经济学上，产权是指一整套定义所有者使用这些资源的权利、特权以及限制的约定。我们通过分析这些约定以及它们对人类行为的影响，就可以更好地理解政府配置和市场配置是怎样引发环境问题的。

这些产权既可以归属于个人（例如资本主义经济），也可以归属于国家（例如中央计划经济）。我们经常听到这样的说法，即在资本主义经济中，环境问题的产生根源在于市场体系本身，或者更具体地讲，就是追逐利润。我们可能听到过这样一种说法："与对人们的需求相比，企业对利润更感兴趣。"那些赞同这种观点的人热切地期盼中央计划经济作为一种途径可以避免环境超负荷的问题。

简单的答案不足以解决复杂的问题，环境和自然资源问题也不例外。中央计划经济（例如苏联）历史上也未曾避免过度污染的问题，参见例4.1 "中央计划经济条件下的污染控制"。一方面，追逐利润并不一定与实现人们的需求相悖。尽管追逐利润有时会与满足人们的需求不协调，但并非总是如此。我们如何知道何时追逐利润与社会目标（例如效率）相一致，何时又不一致呢？

例 4.1 ☞ **中央计划经济条件下的污染控制**

由于人们认为环境问题是因为个人积极性和集体积极性的背离而产生的，因此，中央计划经济可以避免环境问题的信念表面上看起来似乎有道理。早先学者曾认为国家集权（例如中央计划经济中所发生的情形）可能会按集体的意志作出决策。

然而，对苏联以及其他东欧国家的空气和水污染的研究表明，在市场经济中发现的环境问题与东方集团的罗马尼亚小科普沙市的环境污染一样严重，该市号称欧洲污染最严重的城市。酸雨将波兰克拉科夫市的纪念碑侵蚀得斑驳不堪。捷克斯洛伐克的产妇可以优先得到瓶装水,因为人们认为自来水对婴儿的健康有害。

为何会如此呢?戈德曼(Goldman)认为,中央计划经济体制也会产生个体与集体激励相背离的情形,且这种差异还不小。按照俄罗斯环境部(State of the Environment)的报告,俄罗斯2/3的人口生活在被不清洁的空气污染的国土上。到2000年,在俄罗斯积累的有毒废物达20亿吨之多。防治污染无法列上优先考虑的议程,因为污染企业的管理者们不会因为控制污染而得到奖赏,他们只追求产出。设立国家优先目标的中央计划将经济增长置于环境保护之上。

戈德曼在总结中指出:

> ……产生环境恶化的主要原因不是私人企业,而是工业化。这表明,国家拥有所有生产性资源的所有权对环境保护也并非灵丹妙药。

资料来源:Marshall I. Goldman. "Economics of Environmental and Renewable Resources in Socialist Systems," in Allen V. Kneese and James L. Sweeney, ed. *Handbook of Natural Resource and Energy Economics*, Vol. II (Amsterdam: North-Holland, 1985): 725 - 745; State of the Environment in Russia (http://eco.priroda.ru/); Louis Berney. "Black Town of Transylvania is Called Europe's Most Polluted," *The Boston Globe* (March 28, 1990): 2; Hilary F. French. "Industrial Wasteland," *Worldwatch* (November/December 1988): 21 - 30; Vladimir Kotov and Elena Nikitina. "Russia in Transition: Obstacles to Environmental Protection," *Environment* 35 (December 1993): 10 - 19.

有效的产权结构

现在我们分析在一个功能健全的市场经济体系中能够产生有效配置的产权结构。有效的产权结构具有三个主要特征:

(1) **排他性**(exclusivity):因拥有和使用资源而产生的所有效益和成本应归所有者所有或承担,而且只归所有者所有或承担;对于其他人而言,只能通过直接或间接的销售方式获得。

(2) **可转让性**(transferability):所有产权可以在所有者之间自由转让。

(3) **强制性**(enforceability):产权应该受到保护,不容他人掠夺和侵犯。

如果一种资源的产权关系定义明确,那么它的所有者就具有很强的动力促使他有效地利用这种资源，因为资源价值的下降意味着个人的损失。拥有土地的农民会努力为土地施肥和灌溉，因为这样做可以增加产量，提高收入；同样，他们也会采取轮作的办法，以提高土地生产率。

当产权关系明晰，并且可以交换时（例如市场经济），这种交换有利于提高效率。我们可以通过分析消费者和生产者在产权关系明晰时面对的激励因素来阐明这一观点。因为销售者有权阻止消费者免费消费其产品，所以消费者必须付钱才能得到产品。如果某个市场的价格已知，那么，消费者就可以根据个人净效益最大化原则决定其购买量，如图 4—1 所示。

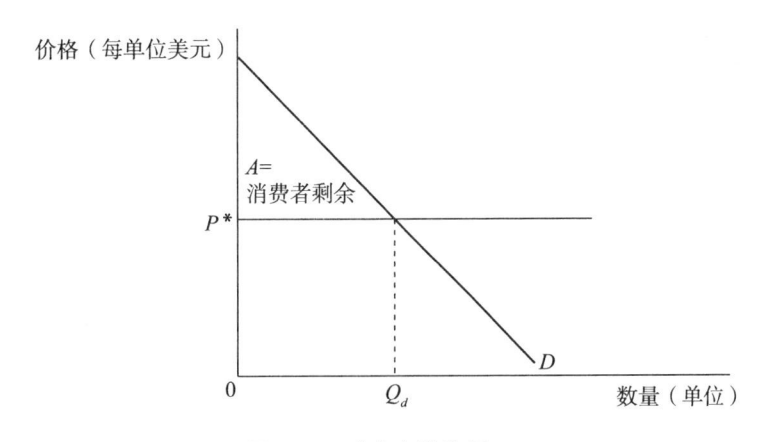

图 4—1 消费者的选择

消费者的净效益等于需求曲线以下的面积减去表示成本的面积。消费者成本等于价格线以下的面积，因为该面积表示对这种商品的支出。很显然，对于一个给定的价格 P^*，当选择购买 Q_d 个单位商品时，消费者净效益达到最大化。然后，面积 A 就是所得到的净效益的几何表示，这种净效益又称为**消费者剩余**（consumer surplus）。消费者剩余等于价格线以上、需求曲线以下的面积，左边界为纵轴，右边界以所分析的商品量为界。

与此同时，销售者也面临同样的选择，如图 4—2 所示。已知价格 P^*，销售者会选择销售 Q_s 个单位的商品，使其自己的净效益达到最大化。销售者得到的净效益（面积 B）称为**生产者剩余**（producer surplus）。生产者剩余等于边际成本曲线以上、价格线以下的面积，左边界为纵轴，右边界以所分析的商品量为界。

生产者和消费者面临的价格水平将进行调整，直至供应量等于需求量，如图 4—3 所示。在这种价格条件下，消费者可以使其剩余达到最大化；生产者也可以使其剩余达到最大化，此时市场达到出清状态。

这种配置是有效配置吗？按照我们上一章对静态效率的定义，很显然，答案是肯定的。如图 4—3 所示，这种市场配置可以使得净效益达到

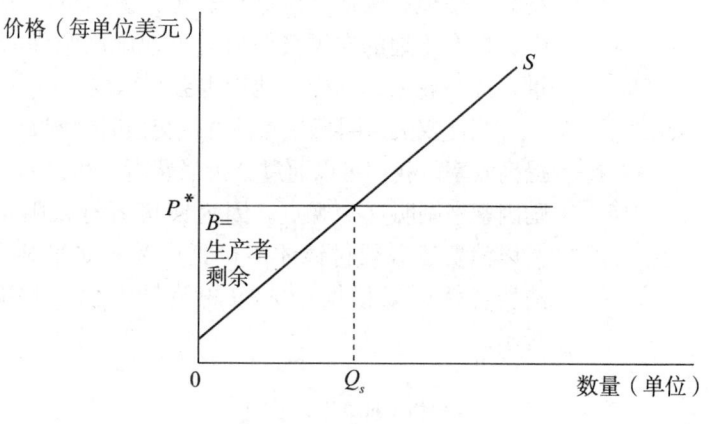

图 4—2 生产者的选择

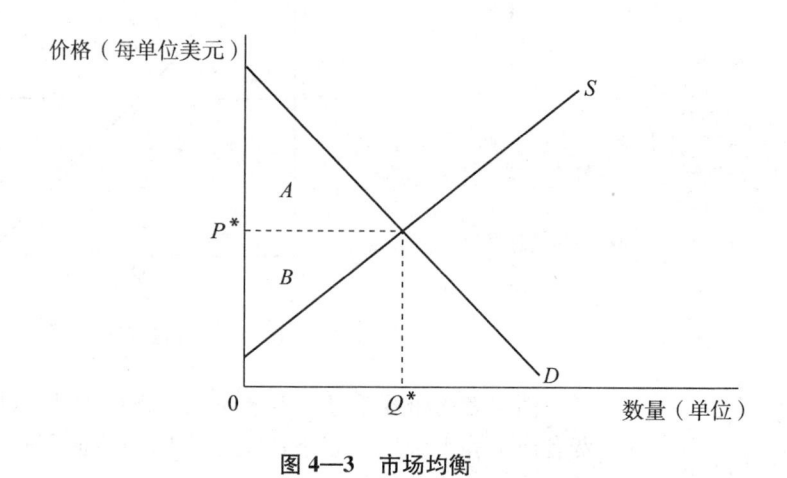

图 4—3 市场均衡

最大化，此时净效益等于消费者和生产者的剩余之和。因此，我们已经建立了一种测算净效益的程序，并且给出了一种描述净效益在消费者和生产者之间分配的方式。

有效性非常重要。有效性并不会因为消费者和生产者都追求效率而达到。在一个产权明晰以及这些产权可以出售的竞争性市场体系中，生产者试图使其剩余最大化，消费者也试图使其剩余最大化。价格机制能够引导这些自利的团体作出选择，使之从整个社会的角度来看，达到有效状态。价格机制可以将自利而引发的能量导向有利于整个社会富有生产性的轨道。

尽管我们对有些事情熟悉却不敏感，但值得注意的是，让消费者和生产者自由地作出选择，就会有一种机制有效地运作起来，使得生产者按照消费者的要求生产。

生产者剩余、稀缺性租金和长期竞争性均衡

由于价格线以下的面积等于总收入,边际成本曲线以下的面积等于总可变成本,因此,生产者剩余与利润相关。从短期看,有些成本是固定的,因此生产者剩余等于利润加固定成本;从长期看,所有成本都是可变成本,因此生产者剩余等于利润加租金,这种租金即是对生产者所拥有的稀缺性投入要素的回报。只要新企业可以进入可获利性产业,而又不会提高购买的投入要素的利润,那么,长期利润和租金将为零。

稀缺性租金

不过,大多数自然资源产业确实会产生租金,因此,竞争并不会消除生产者剩余,即便新企业可以自由进入也是如此。在长期竞争性均衡条件下保持的这种生产者剩余又称为**稀缺性租金**(scarcity rent)。

大卫·李嘉图是第一个认识到稀缺性租金存在的经济学家。李嘉图认为,土地的价格是由最贫瘠的边际土地单位决定的。因为价格必须足够高,才能让最差的土地进入生产过程,而其他更肥沃的土地则更有利可图。竞争不会侵蚀掉这种利润,因为土地的数量是有限的,而且较低的价格应该只有利于将土地的供应量降低到需求量以下。扩大生产的唯一途径应该是将额外的较贫瘠的(种植成本更大的)土地投入生产;因此,额外的产量不会降低土地价格,就好像成本不变的产业一样。我们还将看到,其他一些情况也会产生自然资源的稀缺性租金。

4.3 外部性作为市场失灵的一种来源

概念的引入

排他性是一个有效的产权结构的主要特性,但是,在实践中这个特性常常会被违背。如果一个作出决定的行为人没有承担其行为的所有后果,就会产生违背这个特性的现象。

假设两家企业位于同一条河流。第一家企业生产钢铁,第二家企业经营一家度假酒店,位于第一家企业的下游。尽管经营不同,但两家企业都使用这条河流。钢铁厂利用河流排放废弃物;度假酒店则利用河流

吸引游客开展水上游乐活动。如果这两家企业的所有者不同，那么，就不可能有效地利用这条河流。因为钢铁厂向河流倾泻的废弃物会减少旅游生意，但钢铁厂并不承担由此产生的成本，因此，它在作出决策的时候就不太可能关心这种成本。其结果可以预料，钢铁厂会向河流中倾泻大量的废弃物，河流资源就得不到有效配置。

我们将这种情形称为**外部性**（externality）。当某个行为人（企业或家庭）的福利不仅取决于其自身的行为，而且取决于其他行为人控制下的行为时，就存在外部性。在上述例子中，钢铁厂向河流排放废弃物对度假酒店产生了一种外部性成本，我们不能指望钢铁企业在决定排放多少废弃物时会恰当地考虑这个成本。

外部性成本对钢铁企业的影响如图 4—4 所示，该图显示了钢铁市场的情况。生产钢铁不可避免要产生污染。需求曲线 D 表示对钢铁的需求情况；生产钢铁的私人边际成本则由 MC_p 表示。因为社会既要考虑污染的成本，又要考虑生产钢铁的成本，因此，社会边际成本曲线（MC）涵盖了这两种成本。

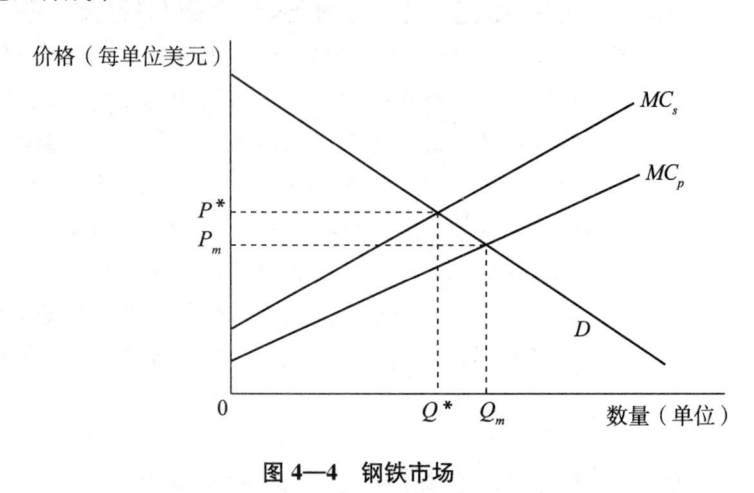

图 4—4 钢铁市场

如果钢铁企业没有面临外部对其排放量控制的压力，它会设法生产 Q_m。在竞争性环境条件下，这种选择会使得它的私人生产者剩余达到最大化。但是，这显然是没有效率的，因为净效益在 Q^* 而不是在 Q_m 处达到最大化。

借助于图 4—4，我们可以得出许多会产生污染的外部性商品的市场配置的结论：

（1）商品的产量太大；

（2）产生的污染太多；

（3）造成污染的产品的价格太低；

（4）只要成本是外部性的，市场就不会引入激励机制，寻求降低单位产出污染水平的途径；

（5）由于向环境排放废弃物的成本是如此之低，以至于没有任何动力对污染物质进行循环再利用。

对一种商品而言，市场不完美的效应最后会影响到对原材料和劳动力等的需求，最终的结果将由整个经济情况来决定。

外部性的种类

外部性效应既可以是正效应，也可以是负效应。传统上，曾经用**外部不经济性**（external diseconomy）和**外部经济性**（external economy）的术语分别指受影响方受外部性伤害或从外部性获益的情形。很显然，水污染的例子代表着一种外部不经济性。不过，外部经济性的情形也不难找到。某人购买了一片特别漂亮的景区，他就为所有路过这个景区的人提供了一种外部经济性。一般而言，当外部经济性存在时，市场对这种资源的供应就不足。

另外一个特性是很重要的。有一类外部性被称为**货币外部性**（pecuniary externality），它们不会产生污染所产生的同样类型的问题。外部性效应通过改变价格而传导时会产生货币外部性。假设某家企业迁入一个地区，从而促使该地区的地租上涨。地租的上涨会对该地区所有必须支付地租的人产生负效应，因此，它是一种外部不经济性。

不过，这种货币不经济性不会产生市场失灵，因为产生的较高地租正好反映了土地的稀缺性。土地市场提供了一种机制，使得各方通过这种机制竞标获得土地；竞标的土地的价格反映了土地在各种用途方面的价值。如果没有货币外部性，那么价格信号将无法维持土地资源的有效配置。

上述水污染的例子则不是货币外部性，因为其外部性效应不会通过价格机制进行传导。在水污染的例子中，价格并不会作出调整以反映日益增加的废弃物。水资源的稀缺性并不会向钢铁厂发出价格信号，因此，水污染并不具有货币外部性具有的基本反馈机制。

外部性是一类涉及范围很宽的概念，它涵盖了大量的市场失灵的产生源（参见例4.2"泰国虾养殖的外部性"）。在接下来的章节中，我们将分析一些可以产生外部性的具体情形。

例 4.2 ☞ **泰国虾养殖的外部性**

在泰国苏拉特省有一个靠海岸的小村，名为大浦村（Tha Po），那里有550多公顷的红树林被砍伐，用于虾类的商业性养殖。尽管养殖虾类是一项有利可图的事情，但是，红树林是天然的渔场，而且可以阻挡台风，避免土壤侵蚀。由于局部的红树林遭到破坏，大浦村的捕鱼量明显下降，而且遭受台风的袭击和水质污染。市场力量能够在保护和开发现存的红树林之间作出有效的平衡吗？

经济学家沙提拉他博士和巴比尔博士（Dr. Sathirathai and Dr. Barbier）曾做过计算，结果表明，进一步破坏而损失的生态服务的价值会超过在同一地方养殖鱼虾的价值。对现存红树林湿地的保护应该是一种有效的选择。

一个鱼虾养殖商会作出这种选择吗？答案是否定的。据该项研究估计，红树林在森林资源、海岸渔业以及海岸防护等方面的经济价值达到每公顷27 264～35 921美元。相反，虾类养殖的经济回报只有每公顷194～209美元。然而，由于养虾的补贴很高，而且不用考虑污染的外部成本，因此，一般情形下，虾养殖的经济回报高达每公顷7 706.95～8 336.47美元。如果对外部没有施加任何影响，那么，即便无效率，红树林的开发也应当是正常的结果。红树林可以提供生态服务，与此关联的外部性会使得决策有失偏颇，从而使得社会净效益减少，私人净效益增加。

资料来源：Suthawan Sathirathai and Edward B. Barbier. "Valuing Mangrove Conservation in Southern Thailand," *Contemporary Economic Policy* Vol. 19, No. 2 (April 2001)：109-122.

4.4 设计不当的产权制度

其他产权制度[1]

当然，私人产权并不是授权利用资源的唯一可能方式。其他方式还包括国家财产制度（政府拥有并控制财产）、共有财产制度（一组特定的所有者联合拥有和管理财产），以及无主财产或开放式财产制度（没有人拥有或管理的资源）。各种制度对资源利用产生的激励差别很大。

国家财产制度不仅仅存在于社会主义国家（如例4.1所示），实际上在世界上所有国家都不同程度地存在。例如，资本主义国家和社会主义国家一样，公园和森林常常由政府所有并管理。如例4.1所示，当实施和（或）制定资源利用规则的官僚受到的激励与集体利益发生冲突时，国家财产制度就会产生效率和可持续性的问题。

共有财产资源（common-property resources）是指共同管理而不是私人管理的资源。共有财产资源的使用授权可以是正式的，受特定的法律规定所保护；也可以是非正式的，受传统和习俗所保护。共有财产制度表现出的不同程度的效率和可持续性，取决于从集体决策中所产生的规则。尽管也存在一些非常成功的共有财产制度的例子，但不成功的例子更为常见。[2]

瑞士的放牧权配置体系就是共有财产制度的一个成功范例。尽管瑞士一般都将农地视为私有财产，但是，几个世纪以来，阿尔卑斯山牧场的放牧权一直都是作为共有财产来看待的。他们通过具体的规则来避免过度放牧，这些规则是由一个牧民协会制定颁布的，规则能够限制牧场许可放养牲畜的数量。牧民协会的成员家庭一直很稳定，其权利和义务可以一代一代传承下去。这种稳定性很明显有利于互惠互信，为协会成员持续地服从这些规则提供了基础。

遗憾的是，这种稳定的情形或许只是一个特例，特别是面对强大的污染压力时，情况并非总是如此。Mawelle 是斯里兰卡的一个小渔村，它的经历更能说明常见的情形。村民们设计了一个捕鱼权轮换机制，这个机制起初很复杂，也很有效，它可以保证村民在最好的时间、最好的地点平等地捕鱼，而且还保护了鱼类的存量。随着时间的推移，人口压力越来越大，外来人口越来越多，二者使得对鱼类的需求越来越大，集体的凝聚力受到了破坏，传统的规则无法维持下去，从而导致资源的过度捕捞，所有渔民的收入都下降了。

无主财产资源（res nullius property resources）是本节的主要关注点，我们可以按照先来后到的原则使用这类资源，因为没有任何个人或任何团体具有法定权利限制对这类资源的使用。**开放性资源**（open-access resources）业已产生了众所周知的"公地悲剧"（tragedy of the commons）的问题。

回想一下美洲野牛的命运，就可说明开放性资源产生的问题。美洲野牛就是一种共有性资源。共有性资源具有非排他性和可分割性的特点。非排他性意味着任何人都可以利用它；可分割性意味着一部分人得到一部分资源，那么其他人可用的资源量就要扣除这部分资源（注意共有性资源与公共物品的区别，我们在4.5节中将论述公共物品）。在美国早期的历史中，美洲野牛资源是非常丰富的，无节制的捕杀并不成为一个问题。边境上需要兽皮或牛肉的人可以很容易地得到他们想得到的东西。任何外来猎人的侵入也不会影响其他猎人捕猎需要付出的时间和精力。在没有稀缺性的情况下，效率并没有因为资源的开放性而受到威胁。

然而，随着时间的推移，对美洲野牛的需求日益增长，资源的稀缺性成为了一个问题。由于猎人数量增加了，最终每增加一个单位的捕猎活动都会增加捕杀某一给定数量的野牛所需要花费的时间和精力。如图 4—5 所示，该图显示了捕杀野牛的社会效益和成本。对于捕猎活动的每个水平，用捕获量乘以野牛的价格（假设为常数），就可以计算总效益。边际效益曲线为下斜线，因为随着投入捕猎的精力增加，野牛的种群规模会下降。种群规模越小,每投入一个单位精力所获得的收获量就越小。

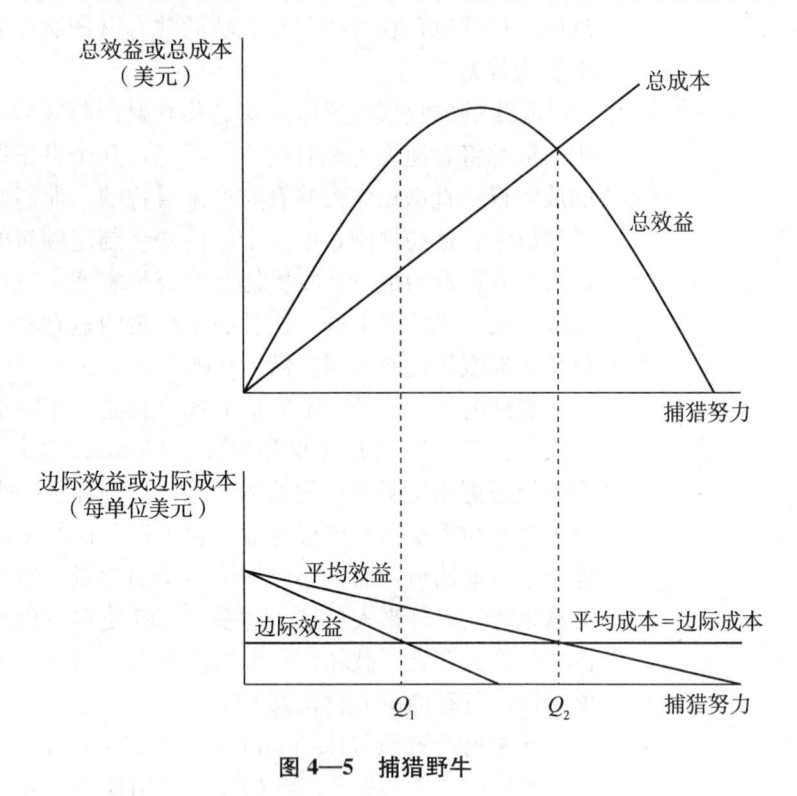

图 4—5　捕猎野牛

在该模型中,捕猎活动的有效水平 Q_1 就是边际效益曲线与边际成本曲线相交时的捕获量。在这个收获量水平上,边际效益等于边际成本,这意味着净效益应该达到最大化。

由于所有猎人都可以不加限制地捕杀野牛,由此而产生的资源配置应该是没有效率的。没有一个猎人有努力限制狩猎的积极性,以保护稀缺租金。由于没有排他性的权利,每个猎人都会利用这种资源,直到他们的总效益等于总成本,这也意味着他们的努力程度等于 Q_2。之所以会产生过度捕猎,其原因是每个猎人都不可能将稀缺租金据为己有。因此,他们会忽略这种稀缺租金。与排他性资源的所有者会避免进一步的捕猎所产生的损失(过度捕猎的机会成本)相比,开放性资源的猎人做决策时不会考虑这个问题。

开放性资源的配置方式具有两个特点:(1)在存在有效需求的情况下,无限制的利用会使得资源过度利用;(2)稀缺性租金会消失,没有任何一个人可以将这种租金据为己有,因此,租金损失了。

为什么会发生这种情形呢?是因为没有约束地利用使得保护资源的动力遭到了破坏。如果一个猎人能够排除其他人捕杀现有的资源,那么他就有积极性保护这种资源,使其维持在一个有效的水平上。这种约束可以降低成本,即减少捕杀给定数量的野牛所需要的时间。另一方面,一个利用开放性资源的猎人，没有保护这种资源的积极性，因为其自我约束所产生的效益，至少在某种程度上会归其他猎人所获得。因此，无约束地利用资源会促使资源无效率配置。由于过度捕猎以及土地转做耕地和牧场而导致栖息地的丧失，大平原野牛（Great Plains bison）几乎到了濒临灭绝的境地（Lueck，2002）。

4.5 公共物品

按照定义，**公共物品**（public goods）不仅具有消费的不可分割性，而且具有消费的非排他性，它们是一类特别复杂的环境资源。**非排他性**（nonexcludability）是指资源一旦被利用，即便是那些没有为此付出的人也不能被排除在外，他们也能享受资源所赋予的效益。当一个人消费某种物品又不会减少其他人对这种物品的消费量时，我们就说这种消费是**不可分割的**（indivisible）。有几种常见的自然资源属于公共物品，其中不仅包括爱默生所说的"迷人的风景"，而且也包括清新的空气、纯净的水以及生物多样性。[3]

生物多样性（biological diversity）包括两个相关的概念：（1）单个物种的不同个体之间的遗传变异性；（2）一个生物群落中的物种数量。**遗传多样性**（genetic diversity）对物种在自然界中的生存至关重要，也已证明，它对农作物和牲畜新品种的培育也很重要。遗传多样性有利于杂交育种，且可以促进优质品系的培育。例如，要培育一种抗病的大麦新品种，关键是各种品系的有效性如何。

由于物种在生态群落内的相互依赖性，任何特定物种对于该群落的价值都远高于其本身的内在价值。一些物种提供食物来源，一些物种维持物种的种群规模，以此来维持生态群落的平衡和稳定。

丰富的种内或种间多样性为食物、能源、工业化学品、原材料以及医药提供了新的来源。但是，有充分的证据表明，生物多样性正在下降。

我们能够依靠私人部门提供足量的诸如生物多样性之类的公共物品吗？答案是否定的！假设为了应对日益下降的生物多样性的问题，我们决定采取捐款的方式，为保护濒危物种提供一些途径。这种捐赠是否可以获得足够的收入用于使得生态多样性保持在某个有效的水平呢？一般来说答案是否定的，下面我们说明其原因。

假设某个市场只有两个消费者，即消费者 A 和消费者 B。图 4—6 分别显示了他们的保护生物多样性的个体需求曲线。两个个体需求曲线垂直累加即为市场需求曲线。因为每个人同时消费等量的生物多样性，因此垂直累加是有必要的。因此，我们可以计算他们为消费该水平的多样性而愿意支付的钱数之和来确定市场的需求量。

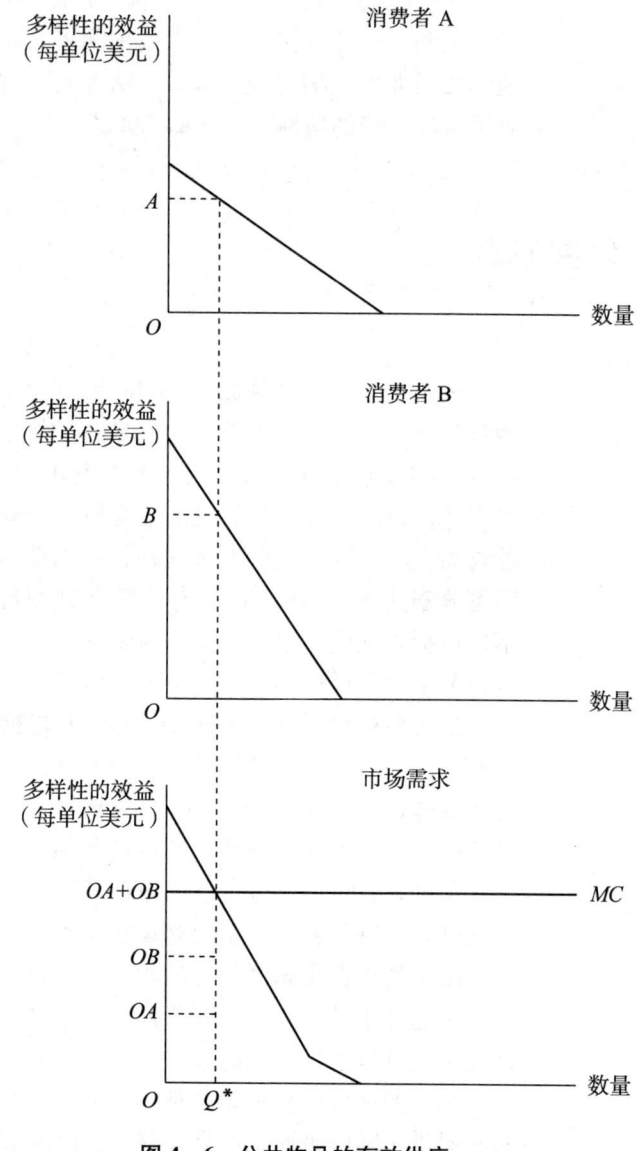

图4—6 公共物品的有效供应

生物多样性的有效水平是多少？我们可以直接运用效率定义来确定该有效水平。有效配置可以使得净效益最大化，在几何上，它由市场需求曲线以下、边际成本曲线以上的面积表示。使净效益达到最大化的配置数量为 Q^*，即需求曲线与边际成本曲线相交处的数量。

两个消费者的消费量都等于 Q^*，这时，消费者 B 的边际净效益等于 OB，消费者 A 的边际净效益等于 OA。二者相加 $OA+AB$，即社会边际净效益，它等于边际成本。

私人市场会供应这个数量的生物多样性吗？一般来讲，不会。典型市场对生物多样性的供应是不足的。

从图 4—6 我们还获得了进一步的认识，正是这种认识导致我们在本节一开始就将公共物品问题刻画成"复杂的"问题。某种公共物品的有效市场均衡对每个消费者的要价是不同的。如图 4—6 所示，如果对消费者 A 的要价为 P_a（=OA），而对消费者 B 的要价为 P_b（=OB），那么，两个消费者都将满足于有效的配置（这种有效配置应该使得他们在给定价格条件下最大化他们的净效益）。

另外，所获得的收入将足以为这种公共物品的供应提供资金支持（因为 $P_b \times Q^* + P_a \times Q^* = MC \times Q^*$）。因此，尽管存在一个有效的定价体系，但是，要执行这个体系则是非常困难的。有效的定价体系对每个消费者的要价是不同的；在没有排他性的情况下，消费者会选择不显示他们对这种商品的偏好强度。因此，生产者就不可能知道向消费者要价多少。

由于每个人都可能成为搭便车者，而让别人去作贡献，这样就会产生无效率。搭便车者（free rider）是指没有对某种商品的供应出任何力而只享受其效益的人。由于公共物品具有消费不可分割性和非排他性的特点，不管其他人购买多少生物多样性，消费者都可以获得其效益。当这种情形发生时，人们为生物多样性的供应而出力的积极性将下降，捐赠的数额将不足以为公共物品的足额供应提供资金支持，因此，公共物品会供应不足。

公共物品的私人供应量不可能等于 0，私人也会提供某种程度的生物多样性。如例 4.3 "私人提供的公共物品：大自然保护协会"所示，私人供应量可能也很大。

例 4.3 ☞　　　　　**私人提供的公共物品：大自然保护协会**

在现实中，我们能够观察到对一种公共物品（例如生物多样性）的需求曲线吗？市场对这种需求会作出反应吗？大自然保护协会的建立，使得答案是肯定的。

大自然保护协会（The Nature Conservancy）的前身为生态联盟（Ecologist Union），1950 年 9 月 11 日改名为大自然保护协会，该协会旨在对具有科学的、教育的或审美价值的重点区域、物体以及动植物区系建立保护区加以保护。该组织通过购买或接受捐赠的方式，将一些具有独特的生态学意义和美学价值的地方保护起来以免他用。在这样做的过程中，它保护了环境，进而保护了许多物种。

开始时，该协会很弱小，到 2004 年，大自然保护协会在全世界范围内已经保护了 1.17 亿英亩的森林、湿地、草原、遗址和岛屿。这些地方成为了珍稀濒危野生动植物的家园。该协会拥有并管理着世界上范围最大的私人自然保护体系。

这种方法的好处很多。私人组织比公共部门的行动更加快捷。因为财政限制,大自然保护协会优先注重那些生态上独具特色的地区。不过,公共物品理论提醒我们,如果这是保护生物多样性的唯一途径的话,那么,保护量将低于有效的水平。

资料来源:The Nature Conservancy,http://nature.org/aboutus/.

4.6 不完全市场结构

在产权交换的参与者中,如果有一方对结果的掌控权力过大,那么也会产生环境问题。例如,当某项产品只有一个卖家(即垄断)时,就会产生这种情况。

很容易说明垄断违背了我们对商品市场**效率**(efficiency)的定义,如图4—7所示。按照我们对静态效率的定义(参见第2章),当供应量等于OB时即可达到有效配置。这时,净效益应该等于三角形HIC。然而,垄断者的生产和销售量等于OA,这时其边际收入等于边际成本,而且其价格为OF。在这一点上,生产者剩余虽然达到最大化,但是,显然是无效率的,因为这种选择会导致社会的净效益损失,损失量等于三角形EDC。[4] 垄断造成这种商品的供应量太小。

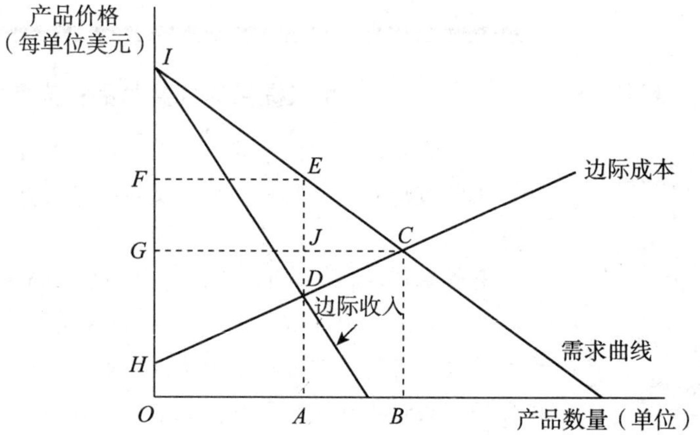

图4—7 垄断和无效率

很显然,不完全市场在环境问题中扮演着某种角色。例如,主要的石油出口国已经形成了一个**卡特尔**(cartel),这使得石油价格高于正常价,而产量却低于正常产量。卡特尔就是指生产者之间达成某种共谋协议,以限制产量并抬高价格。这种共谋协议使得该组织的行为类似于垄断者。需要注意的是,减少石油使用量会使得污染水平下降,进而降低社会成本,因此,商品市场中的这种无效率可以得到某种程度的抵消。例4.4"欧佩克应该如何为其石油定价?"分析了欧佩克的定价行为。

例 4.4 ☞ **欧佩克应该如何为其石油定价?**

作为一个卡特尔,欧佩克(石油输出国组织)对其石油的价格具有一定的控制能力。如图4—7所示,如果欧佩克限量供应,它的利润即可增加,限量供应是一种使得价格高于竞争性市场价格水平的策略。限量供应会使价格提高多少呢?

利润最大化的价格取决于几个因素,其中包括需求的价格弹性(高价格会使需求量下降多少)、对非欧佩克成员国的供应的价格弹性(外部生产者的产量会提高多少)以及成员国之间的信任程度(产量高于指定的配额)。盖特利(Gately, 1995)对这些因素以及其他一些因素进行了模拟运算,结论表明,欧佩克采取中等产量增长水平获利最大,即增长率不高于世界收入增长率。

然而,正如盖特利所指出的,欧佩克历史上并不总是这样谨慎。1979—1980年,欧佩克就曾无法抗拒连续的高价格诱惑,欧佩克选择了一种实质性限产的价格策略。结果不仅需求的价格弹性和非成员国供应的价格弹性比欧佩克预期的要高得多,而且石油高价也引发了世界范围的经济衰退(这进一步降低了需求)。欧佩克不仅减少了收入,而且丧失了市场份额。即便是对垄断而言,市场也会迫使它们按规则办事;最高的价格并不总是最好的价格。

资料来源:Dermot Gately. "Strategies for OPEC's Pricing and Output Decisions," *Energy Journal* Vol. 16, No. 3 (1995): 1-38.

4.7 社会贴现率和私人贴现率的分野

我们早先已经断定,生产者在试图最大化其生产者剩余时,也会使得在"适宜的"条件下净效益的现值达到最大化,这种所谓的"适宜的"条件包括不存在外部性、产权定义明晰、存在竞争性市场且产权可以在竞争性市场中进行交换。

现在我们分析另外一种情形。如果资源有效配置,企业用于对未来的净效益进行贴现计算的贴现率与整个社会总体的贴现率是一样的。如果企业采用较高的贴现率，那么，它们的资源开采量和销售量就应该高于有效水平；如果企业采用较低的贴现率，那么它们将过于保守。

私人和社会的贴现率为什么会有不同？正如上一章所述，社会贴现率等于资本的社会机会成本。资本的社会机会成本可以分成两个组成部分：资本的无风险成本和风险溢价。[5] 所谓**资本的无风险成本**（risk-free cost of capital）是指绝对无风险地获得期望回报时所获得的回报率。所谓**风险溢价**（risk premium）是指当期望回报与实际回报存在差异时，用于补偿资本所有者的资本的额外成本。因此，由于风险溢价的原因，风险行业的资本成本高于无风险行业。

私人贴现率和社会贴现率存在差异可能是因为社会风险溢价与私人风险溢价之间存在不同。如果某项私人决策的风险不同于整个社会所面对的风险，那么，社会风险溢价就可能与私人风险溢价不同。一个很明显的例子就是政府产生的风险。如果企业担心它的财产会被政府没收，它可能就会选择更高的贴现率，以便在国有化之前获取利润。从社会（政府代表社会）的观点来看，这不是一个风险，因此，采用较低的贴现率更合适。如果私人贴现率超过社会贴现率，那么当前的产量将高于使得社会净效益达到最大化时的期望产量。电力行业和林业一直受制于这类无效率的影响。

尽管私人贴现率和社会贴现率并不总是不同，但它们确实存在差异。如果这些情形产生，那么市场决策就不是有效的。

4.8 政府失灵

市场过程并不是产生无效率的唯一来源，政治过程也难逃其责。正如我们在随后的章节中将要论述的，某些环境问题正是源于政治体制问题，而非经济体制问题。为了全面研究制度对配置环境资源的能力，我们也必须理解引发无效率的政治体制根源。

政府失灵与市场失灵具有相同的特征，即不合理的激励是问题的根本所在。特殊利益集团会利用政治过程从事众所周知的**寻租**（rent seeking）行为。寻租是指将资源用于游说和可以获得保护性法律支持的活动。成功的寻租活动将增加该特殊利益集团的净效益，但是，它常常会降低社会整体的净效益。例如，有一块馅饼，有人不顾一切地要分割到一大块，结果是不仅得不到大块的馅饼，连馅饼也变小了，这就是一个典型的寻租例子。

为什么受损失的人不联合起来保护他们自身的利益呢？一个主要原

因就是有权投票的人的愚昧无知。有权投票的人对于许多问题都愚昧无知，这在经济上是合理的，因为要做到消息灵通，成本太高；而且单个人的票数无足轻重。另外，每个个体所受到的影响程度很小，将分散的个体组织联合成一个反对派非常困难。成功的反对派在某种意义上来说，也是一种公共物品，因为每个人都会让别人去反对，而自己则搭便车。对特殊利益集团的反对通常得不到足够的资金支持。

寻租的形式有许多种。生产者可以寻求保护，免于承受进口带来的竞争压力；或是寻求最低限价，以使其价格维持在有效水平以上。消费者群体可能会寻求最高限价或者特殊补贴，将其部分成本转嫁给一般纳税人。寻租不是政府政策产生无效率的唯一原因。有时，政府不具有完全信息，制定的政策最终会很没有效率。例如，正如我们在第 18 章中将要论述的，政府选择用来控制摩托车尾气排放的一项技术性策略涉及在汽油中增加化学物质甲基叔丁基醚（MTBE）。这种添加物本来是用来使得汽油充分燃烧，但它却转而引发了一种明显的水污染问题。

政府可能追逐一些会引发环境无效率的副作用的社会政策目标。例如，在第 8 章中我们将论述，我们想为消费者着想而抑制天然气的价格，结果却导致了天然气供应的严重短缺。不管政府失灵采取的是什么形式，它都对一种前提假设——政府更多地直接干预市场会自动导致更高的效率或是更强的可持续性——提出了直接挑战。

这些事例充分说明了一个普通的经济学假设，即环境问题是因个体和集体目标的不同而产生的。这是一个具有很强解释力的工具，因为它不仅表明了这些问题产生的原因，而且也提出了解决这些问题的方法，即调整个体的激励因素，使其与集体的目标相一致。这种方法的好处或许是不言而喻的，但同时它也颇具争议。争议的焦点在于：是我们的价值标准本身不正确，还是我们将非常合适的价值标准转换为行动的方式不正确？

经济学家总是不愿意认为消费者的价值观被扭曲了，因为这样就会迫使他们提出一套所谓的"正确的"价值标准。不论是资本主义还是民主体制，它们都是基于大多数人都知道正在发生什么事情这样一种假设，不管是为代理人投票还是为商品和服务投金钱票。

4.9　追求效率

我们已经论述过，当产权定义不明确、产权在非竞争性市场条件下进行交换，以及社会贴现率与私人贴现率不同时，都会引发环境问题。现在，我们用效率来分析可能的补救措施，这些补救措施包括：私人协商、司法介入、立法部门和政府部门的规制等。

通过协商的私人解决办法

当受影响方数量很少且协商具有可行性时，即可采取这种最简单的办法来恢复效率。例如，假设我们回顾一下本章前面分析外部性时用到的案例：产生污染的钢铁厂和下游的度假酒店。

图 4—8 给出了答案。如果度假酒店提供一项贿赂 $C+D$，产量就会从 Q_m 下降到 Q^*，二者的损失都应该因此而得以降低。我们假设贿赂在数量上等于减少的损失量，那么，钢铁厂愿意将产量降低到期望达到的水平吗？如果钢铁厂拒绝接受贿赂，那么，其生产者剩余应该等于 $A+B+D$。如果钢铁厂接受贿赂，那么，其生产者剩余则应该等于 $A+B$ 再加上贿赂，因此，其总回报应该等于 $A+B+C+D$。很显然，如果钢铁厂接受贿赂，其好处将增加 C。由于由 Q_m 产生的净效益等于 $A-C$，而且由 Q^* 产生的净效益等于 A，因此，整个社会得到的好处将增加 C。

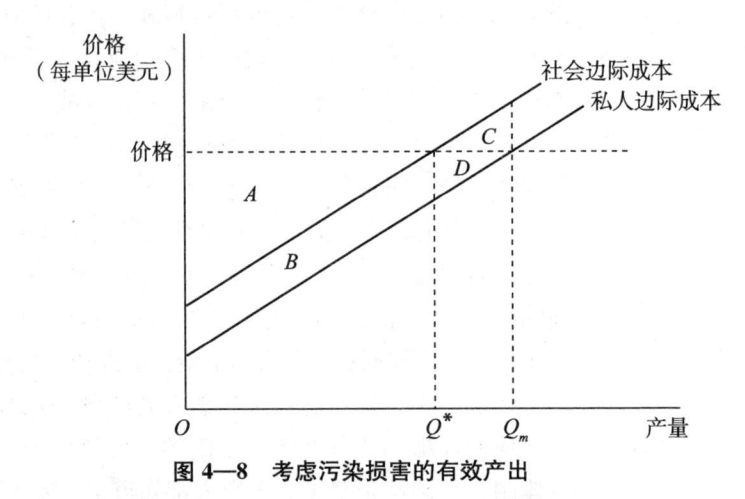

图 4—8 考虑污染损害的有效产出

我们对个人之间的协商的讨论产生了两个问题：（1）产权是否应该总是属于首先获得或占有的一方（例如本例中的钢铁厂）？（2）事先协商不可行时如何处理风险？这些问题只有通过法院系统按照程序来给予解答。

法庭：产权条款和责任条款

法院系统可以按照产权条款或责任条款来处理环境冲突问题。产权条款规定了权利的最初分配。在我们的例子中，所谓权利，一方面是指钢铁厂向河流增排废弃物的权利；另一方面是指度假酒店保护河流的权利。法院只有在决定哪种权利占优，并且发布禁令避免对这种权利的侵犯时，财产条款才适用。只有在得到权利受害方的同意时，禁令才可以解除。通常只有达成法庭外金钱的和解协议的情况下，权利受害方才会同意解除禁令。

注意，在法庭没有作出决定时，权利自然会分配给很容易占有资源的一方。在我们的例子中，权利很自然地分配给了钢铁厂。法院必须决定是否要推翻这种自然的配置方式。

法院如何作出决定呢？其不同决定之间存在什么差别呢？答案或许会让你大吃一惊。

经济学家罗纳德·科斯（Ronald Coase，1960）在一篇经典的文章中认为，只要协商的成本可以忽略不计，而且受影响的消费者之间可以彼此自由地协商（当受影响方数量很少时），法院就可将权利授予任何一方，结果都会产生有效配置。法院决定的唯一影响就是改变了成本和效益在受影响各方之间的分配。这是一个了不起的结论，它就是著名的科斯定律（Coase theorem）。

为什么会如此呢？我们已经说明（参见图4—8），如果钢铁厂拥有产权，那么，度假酒店就会提供贿赂，使得钢铁厂的产量控制在期望的水平上。现在我们假设度假酒店拥有产权。钢铁厂为了在这种情形下能够产生污染，就必须贿赂度假酒店。假设只有当钢铁厂补偿度假酒店所有损失时（换句话说，钢铁厂愿意补偿的量等于两条边际成本曲线在实际产出量时的差），钢铁厂才可以产生污染。只要这种补偿得到满足，钢铁厂就会选择生产量 Q^*，因为这时的私人净效益达到最大化（注意，由于要补偿度假酒店，因此，钢铁厂计算其私人净效益的曲线是社会边际成本曲线）。

两种不同的产权配置方式之间的区别在于获得有效产出量的成本如何在各方之间分配。如果将产权指定给钢铁厂，那么，成本则由度假酒店承担（一部分成本是由损失造成的，另一部分成本则是为减少损失而提供的贿赂）；如果将产权指定给度假酒店，那么，成本则由钢铁厂承担（钢铁厂必须补偿所有的损失）。这两种情形都会产生有效的产量水平。科斯定律表明，正是由于无效率的存在，才引发了改进的推动力。另外，这种推动力的产生并不取决于产权指定给谁。

这一点很重要。正如我们将在下一章中论述的，无效率引发的私人努力常常会避免环境的过度退化。不过，科斯定律的重要性也不应被高估。无论在理论上，还是在实践上，都可以提出反对意见。理论方面的意见主要针对这样一种假设，即财富效应无关紧要。将产权赋予某一方，就会导致财富也转向这一方。只要高收入导致高需求，那么这种转换就可以使得钢铁厂或者度假酒店的需求曲线向外移动。只要财富效应很显著，法院授权的财产原则类型就可通过移动边际效益曲线的位置而影响产出。

财富效应通常很小，因此，零财富效应假设或许并不是一个致命性的缺陷。不过，一些实际性的严重缺陷确实损害了科斯定律的有效性。首先，当产权指定给污染者时，就为污染者提供了一些激励。因为按照这种产权关系，污染会变成一项有利可图的活动，其他污染者就会受到鼓励而增加产量和污染，以获取贿赂。这肯定是没有效率的。

当受污染影响的人太多时，采取协商的办法也很困难。你可能已经注意到，在只有几个受影响方时，减少污染是一项公共物品。搭便车问题会使得受影响方步调一致且有效地恢复效率变得很困难。

当个人之间的协商因为这样或那样的问题而不能实现时，法院可以转向责任条款，即在事实发生之后，将处罚金补偿给受害方。处罚金的数量与造成的伤害程度相一致。因此，我们回顾图 4—8，按照责任条款，钢铁厂将被迫补偿其给度假酒店造成的所有损失。在这个案例中，钢铁厂可以选择任何它想要的产量水平，但是，它不得不对度假酒店作出相应的补偿，补偿额等于两条边际成本曲线从原点到选择的产量水平之间的面积。在这个案例中，钢铁厂选择 Q^* 就应该使其净效益达到最大化。（为什么钢铁厂不选择比此更高或更低的产量呢？）

这个故事的寓意是，设计合理的责任条款可以强迫产生损害一方承担损害引发的成本，从而纠正无效率现象。将前面所说的外部成本内部化就可以使效益最大化决策与效率统一起来。

从经济学家的观点看，责任条款非常有趣，因为早先的决策为后来者创造了先例。例如，设想一旦石油公司有法律义务，在石油泄漏之后必须负责清除油污，并且要补偿渔民因捕捞量下降而产生的损失，那么，石油公司就会避免漏油事件发生。很显然，避免发生漏油事件比等漏油事件发生之后再去处理其造成的损失省钱。

不过，这种方法也有其局限性。它要基于每个案例的独特情形，就逐个案例作出决定。从管理上看，这种决定方式是非常昂贵的。经济学家将由此而产生的费用（例如占用的法庭时间、律师费等）称为**交易成本**（transaction costs）。在上述内容中，这些都是试图纠正无效率现象而产生的管理成本。当争议方数量很大且情况很一般时，人们则一般会通过法规或条例而不是法院判决来纠正无效率现象。

立法条令和行政法规

立法条令和行政法规的形式有多种。立法机构可以规定，任何人生产钢或产生污染的水平都不能超过 Q^*。然后，规定如果违反这些法律规定，将被处以严厉的刑罚或罚款，以阻止可能的违抗者。另外，立法机构可以对钢材或污染强征税收。单位税收等于两条边际成本曲线之间的垂直距离（参见图4—8）。

立法机构也可以设立一些规定，使得弹性更大，损失更小。例如，分区制可以为钢铁厂和度假酒店建立一些分割的区域。这种方法假定，如果将不相容的用途分割开来，它们所产生的损害要小得多。

立法机构也可以要求安装一些特殊的污染控制设施（例如要求汽车上安装催化式排气净化器），或是拒绝使用某种特殊的生产成分（例如除铅汽油）。换句话说，它们可以调节产出、投入、生产过程、排放物，甚至生产地点，试图产生有效的结果。在随后的章节中，我们还将分析各种选项，分析政策制定者不得不说明这些选项是如何纠正对环境的破坏性行为，而且必须确定这些选项提高效率的程度。

当然，贿赂并不是任由受害人用于降低污染的唯一方式。如果受害人也消费污染者生产的产品，消费者就有可能采取联合抵制的行为。如果受害人被生产者所雇佣，受害人也可以采取罢工或其他形式的劳工抵抗行动。在第19章中，我们将分析这些途径用于恢复效率的可能性。

4.10 政府的有效作用

虽然经济方法表明，我们可以很好地利用政府行为来恢复效率，但是也表明，无效率并不是政府干预的一个充分条件。任何纠错机制都涉及交易成本。如果交易成本足够高，而且从纠正无效率现象得到的效益又足够小，那么，最好的办法就是听之任之。

例如，我们来分析一个污染问题。19世纪后期，美国曾广泛应用木材燃烧炉煮饭烧菜和取暖，这也是污染源，但由于空气吸收排放物的能力巨大，因此无须对其进行管理。然而，到了20世纪80年代，由于石油价格很高，使得对木材燃烧炉的需求重新高涨，因此而导致对木材燃烧炉排放物实行严格管控。

随着社会的发展，经济活动（以及排放物）的规模也扩大了。各个城市由于活动的集聚，都正在经历各种空气和水污染的问题。不论是经济活动规模的扩大，还是城市活动的集聚，二者都会使得单位体积空气或水中的排放物浓度增加。其结果是，污染物浓度已经对人类健康、植被生长以及美学价值产生了显而易见的问题。

历史上，随着收入的增加，对休闲活动的需求也会上升。许多休闲活动（例如漂流和徒步野营）都只能在环境独特、原始的地区进行。随着土地用地的改变，这些地区的面积正日益缩小，保存下来的地方的价值就得以增加。因此，保护这些地方所带来的效益一直在增加，直至超过了保护它们为避免污染和（或）开发所需的交易成本。

经济活动的水平和聚集程度已经成为政府行为的前提条件，它们不仅会增加污染，而且抬高了对清洁空气和原始地区的需求。政府会对此作出反应吗？寻租将阻止有效的政治解决办法吗？我们将用本书的大部分篇幅来寻找这个问题的答案。

4.11 小结

生产者和消费者如何利用资源，使其成为环境资产，取决于支配资源利用的产权性质。如果产权体系具有排他性、可转让性和可操作性，那么，资源的所有者就具有强烈的动力去有效地利用这种资源，否则就会造成个人的损失。

然而，经济体制并不总是维持有效的资源配置。能够导致无效率配置的具体情形包括外部性、定义不清晰的产权体系（例如开放性资源和公共物品）、资源产权交易的不完全市场（例如垄断）以及社会贴现率和私人贴现率的背离。当这些情形产生时，市场配置就不会使得净效益的现值达到最大化。

由于特殊利益集团的寻租行为，或是有效计划的不完全执行，政治体制也会产生无效率。投票人对许多问题的愚昧无知与任何政治活动结果的公共物品性质结合在一起就会产生一种情况，即私人而不是社会的净效益达到最大化。

效率评价标准可以用来帮助我们甄别政治制度和经济制度是不是将我们引向了歧途，而且，它通过推动行政司法体系建设，试图帮助我们找到补救的办法。

讨论题

1. 有一个著名的法律案件，即米勒诉舍尼案件（*Miller v. Schoene*,

287 U.S. 272），是以经典的产权冲突为其典型特征。红雪松是一种观赏树种，它携带一种疾病，这种疾病可以摧毁半径为 2 英里的苹果园。目前尚不知其防治的办法，除非将红雪松毁掉，或是确保苹果园远离红雪松 2 英里以外。我们运用科斯定律来分析这一情况。将产权授予红雪松的所有者以保留红雪松，或是授予种植苹果的果农，使他们免受红雪松病之害，这二者之间有什么差异吗？为什么？

2. 在原始社会，土地权通常是指占有权，而非所有权。生活在土地上的人，只要他们愿意，他们就可以使用它，但是，他们不可以将土地转让给其他任何人。一个人只要占据一块地并且使用它，他就可以获得一块新地，而将旧地让给别人使用。与所有权制度相比，这类土地权制度对土地的保护的激励作用是大还是小？为什么？占有权制度是在现代社会还是在原始社会更有效率？为什么？

练习题

1. 假设政府正在考虑这样一个问题，即对一条景色非常优美的河流应该保护多长的距离？这个社会一共有 100 个人，每个人的反需求函数都相同，即 $P=10-1.0q$，其中 q 为保护河流的长度（英里）。(a) 如果保护河流的边际成本等于每英里 500 美元，那么，应该保护多长的河流才算是有效配置？(b) 净效益是多少？

2. (a) 如第 2 章练习题 1 所述的产品由某种竞争性产业供应，分别计算其消费者剩余和生产者剩余。以此证明二者之和等于有效率的净效益。

(b) 假设同样的产品由某个垄断商供应，计算消费者剩余和生产者剩余。（提示：边际收入曲线的斜率是需求曲线的 2 倍。）

(c) 证明如果这个市场受某个垄断商控制，生产者剩余更大，而消费者剩余更小，且比受竞争性产业控制时，其净效益更小。

3. 假设要求你对某项控制石油泄漏的政策建议进行评论。由于一次石油泄漏的平均成本已经算出，为 X 美元，政策建议要求任何对此石油泄漏负责的企业立即向政府支付 X 美元。这样是否能够使得石油泄漏控制在有效的水平上呢？为什么？

4. "在环境责任案例中，法院对迫使污染者对其造成的环境事件支付补偿的尺度有某种判断。然而，一般情况下，要求支付的补偿量越大越好。"请对此加以讨论。

进一步阅读的材料

Bromley, Daniel W. *Environment and Economy: Property Rights and Public Policy* (Oxford: Basil Blackwell, Inc., 1991). 该书对用产权途径解决环境问题进行了详细的分析。

Bromley, Daniel W., ed. *Making the Commons Work: Theory, Practice and Policy* (San Francisco: ICS Press, 1992). 该文集包括13篇文章，对各种正式和非正式的控制公共财产性资源利用的途径作出了精彩的分析。

Lueck, Dean. "The Extermination and Conservation of the American Bison," *Journal of Legal Studies* (2002). 该文对产权在美国野牛的命运中所起的作用进行了奇妙的观察。

Ostrom, Elinor. *Crafting Institutions for Self-Governing Irrigation Systems* (San Francisco: ICS Press, 1992). 该书认为，公共资源问题有时要通过自愿性组织而不是某个强制性的国家机构来解决。分析的案例包括牧地和森林、水利和渔业的公共使用权问题。

Sandler, Todd. *Collective Action: Theory and Application* (Ann Arbor: University of Michigan, 1992). 该书对集体性行动的失败和成功的原因进行了正式的分析。

Satvins, Robert N. "Harnessing Marker Forces to Protect the Environment," *Environment* 31 (1989): 4-7, 28-35. 该文对许多非技术性的方式进行了精彩的评论，按照这些方式，我们可以创造性地利用经济政策以产生最优的环境结果。

有兴趣的读者，还可以阅读以下补充材料：

Bromley, Daniel W. *The Handbook of Environmental Economics* (Cambridge, MA: Blackwell, 1995).

Krishnan, Rajaram, Jonathan M. Harris, and Neva Goodwin, eds. *A Survey of Ecological Economics* (Washington, DC: Island Press, 1995).

Markandya, Anil, and Julie Richardson, eds. *Environmental Economics: A Reader* (New York: St. Martin's Press, 1992).

Oates, Wallace E., ed. *The Economics of the Environment* (Brookfield, VT: Edward Elgar, 1992).

van den Berg, Jeroen C. J. M., ed. *Handbook of Environmental and Resource Economics* (Cheltenham, UK: Edward Elgar, 1999).

【注释】

[1] 这部分内容主要是以布罗姆利（Bromley，1991）提出的分类体系为准。

[2] 下面的两个案例以及其他许多案例都是奥斯特罗姆（Ostrom，1990）论述过的。

[3] 注意，公共"坏品"（public 'bads'）也是可能存在的，例如污浊的空气和肮脏的水。

[4] 与有效配置相比，生产者的损失为 JDC，但是，它们获得的部分为 $FEJG$，这部分面积比 JDC 要大得多。与此同时，消费者福利会受到损失，他们的损失为 $FECJG$。在这部分面积中，$FEJG$ 转移给了垄断者，而 EJC 则是对社会的纯损失。总的纯社会损失（EDC）称为**净损失**（deadweight loss）。

[5] 谢尔拉加和萨斯曼（Scheraga and Sussman，1998）对此作了更为详尽的讨论。

第 5 章 可持续发展：概念定义

> 我们通常只能看到我们正在寻找的东西，我们是那么地痴迷，以至于我们在这些东西根本不存在的地方有时还会看见它。
> ——选自埃里克·霍弗（Eric Hoffer）：《满怀热情的心境》
> （*The Passionate State of Mind*）

5.1 引言

在前面几章中，我们已经提出了两种认识环境问题的具体方式。首先，当时间因素不是配置问题的一个关键因素时，我们可以利用静态效率对环境问题进行评价。典型的例子包括水及太阳能等资源的配置，对于这些资源而言，其当年的选择对来年的资源流不会产生影响。其次，当时间因素成为资源配置的一个关键因素时，我们则可以采用另外一个更为复杂的评价标准，即动态效率。一个典型的例子就是对石油等可耗竭性资源的消耗，因为这种资源现在消耗了，后代就没有了。

在定义了这些评价标准并表明操作上如何使用它们之后，我们曾展示了它们的能力和作用。它们不仅可用于认识环境问题并找出产生环境问题的根源,而且可以为认识各类补救措施提供基础。这些评价标准甚至可以帮助我们设计各种政策手段,恢复某种平衡感。

但是,这些评价标准虽然在寻求经济和环境的和谐方面是功能强大而且实用的工具,但是,这并不意味着它们是我们应该感兴趣的唯一的评价标准。从一般意义上看,效率标准是用于避免挥霍环境资源和自然资源的。这是一个令人满意的属性,但它不是唯一的令人满意的属性。例如,我们或许不仅要关心环境的价值(馅饼的大小),而且也要关心这种价值如何分配(所有参与者所分得的每块馅饼的大小)。也就是说,我们不仅要考虑效率问题,而且应该同时考虑公平或公正的问题。

在本章中我们将分析一个特殊的公平性问题,即如何对待后代的问题。我们首先分析一个具体的、在伦理道德上具有挑战意义的情形,即可耗竭性资源在时间上的配置问题。我们将利用一个数字事例来描绘可耗竭性资源的代际配置,并说明贴现率的变化对这种配置的影响。为了对公平性评价打下基础,我们将对代际间的公平配置作出定义。最后,我们利用这个理论定义来分析操作中如何使它变得可测算。

5.2 两期模型

动态效率可以按照因可耗竭性资源利用而产生的净效益现值最大化原则,对它当前的和未来的利用作出权衡。这意味着资源存在着跨越时间的某种特定的配置方式。我们可以借助于简单的数字示例研究这种配置方式的特性以及诸如贴现率之类的关键参数对这种配置方式的影响。在随后的章节中,我们还将说明如何将这里分析的一些结论推广到更长的时期以及更复杂的情形。

假设某种供应量固定的可耗竭性资源在两个时期之间进行配置。进一步假设两个时期的需求是恒定的,边际支付意愿 $P=8-0.4q$,且边际成本不变,为每单位 2 美元,如图 5—1 所示。注意,如果总供应量等于 30 或者更多,而且我们只分析这两个时期,那么,在不考虑贴现率的情况下,一种有效的配置方式就是每个时期各分配 15 个单位。该供应量足以满足这两个时期的需求,即时期 1 的消费不会降低时期 2 的消费。在这种情况下,静态效率标准是充分满足的,因为两期之间的配置量是相互独立的。

然而,我们要分析如果有效供应量低于 30 个单位时会发生什么情形。假设有效供应量为 20 个单位。我们如何来确定有效的配置方式呢?按照动态效率的评价标准,有效配置是指使得净效益现值最大化的配置方式。两时期的净效益现值正好等于每个时期净效益现值之和。例如，我们有这样一种具体的配置方式：时期1分配15个单位，时期2分配5个单位。我们如何计算这种配置方式的现值呢？

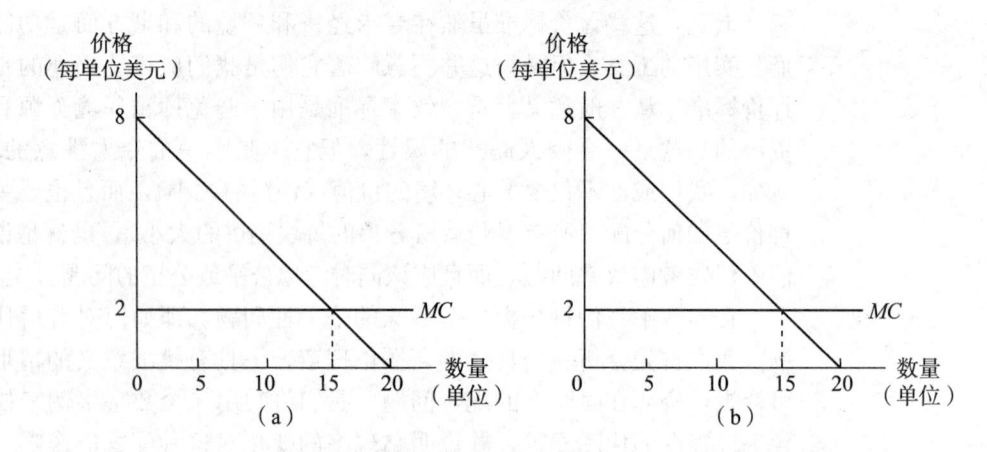

图5—1　某种资源量很丰富的可耗竭资源的配置；(a) 时期1，(b) 时期2

时期1的现值应该等于供应曲线以上、需求曲线以下的几何面积，即45.00美元。[1]时期2的现值等于供应曲线以上、需求曲线以下且从原点到5个单位区间的面积乘以$1/(1+r)$。如果$r=0.10$，那么，时期2得到的净效益的现值则为22.73美元[2]，而且两年的净效益现值一共为67.73美元。

现在，我们知道了如何计算任意配置的净效益现值。如何才能找到使得现值最大化的配置方式呢？一种方法就是借助计算器，对q_1和q_2加起来等于20的所有可能组合都计算一遍，这样即可从中选出一种使得净效益现值最大化的配置方式。但是，这样做太麻烦，而且对于具有数学基础的人来讲，也没有必要。

对于这种资源而言，动态有效配置必须满足这样一种条件：时期1最后1个单位的边际净效益现值等于时期2的边际净效益现值（参见本章的附录）。即使没有数学基础，这项原则也很容易理解。如图5—2所示，我们可以利用一个简单的图形表示两期的配置问题。

图5—2描绘了两个时期各自的边际净效益现值。时期1的净效益曲线从左向右看。净效益曲线与纵轴相交于6美元处；在8美元处需求量等于0，而且边际成本等于2美元，因此，二者之差（即边际净效益）等于6美元。在15个单位时，时期1的边际净效益等于0，因为此时获得1个单位的支付意愿刚好等于它的成本。

该图唯一一个巧妙之处就是在同一个图上显示了时期2的净效益现值曲线。有两点值得注意：首先，时期2净效益的纵坐标不是位于左边，而是位于右边。因此，时期2供应量从右向左依次递增。按照这种方式，横坐标上的每个点使得两个时期分配的单位之和都等于20。在这个轴上

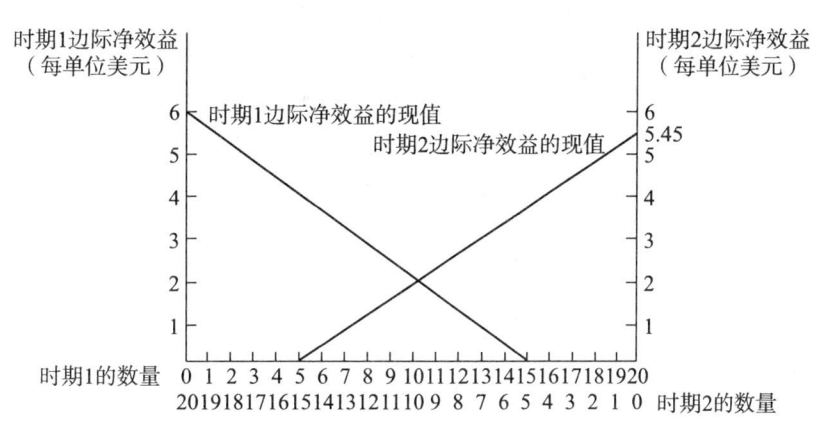

图 5—2 动态有效配置

任意挑出一个点,都代表了两期之间某种独一无二的分配方式。[3]

其次,时期 2 边际净效益现值曲线与纵轴相交于不同的位置,这与时期 1 的情况不同。(为什么?)交叉的位置更低,因为时期 2 的边际净效益要到后一年才发生,所以要做贴现计算(即乘以 $1/(1+r)$),转化为现值形式。因此,按照我们采用的贴现率 10% 计算,边际净效益为 6 美元,其现值等于 6 美元/1.10=5.45 美元。注意,贴现率越大,时期 2 的边际效益曲线会绕着净效益 0 点处(即 $q_1=5$,$q_2=15$)顺时针方向旋转。我们马上就会用到这个性质。

现在我们已经找到了有效配置的位置了,即代表边际净效益现值的两条曲线的相交处。那么,总的净效益现值等于时期 1 边际净效益曲线以下直到有效配置位置的面积,加上时期 2 边际净效益现值曲线以下、从右轴开始向左直到它的有效配置位置的面积。由于这是一个有效的配置方式,因此,这两块面积之和达到最大化。[4]

由于我们提出的效率评价标准没有考虑体制条件,因此,无论资源的配置方式是由市场还是由政府分配甚至是某个暴君的一时之念所产生的,这些评价标准都同等地适用于资源配置方式的评价。虽然任何有效的配置方法都必须考虑稀缺性问题,但具体如何做,则需要具体问题具体分析。

代际稀缺性会产生一种机会成本,我们将它称之为**边际用户成本**(marginal user cost)。如果资源是稀缺性的,那么,现在利用得越多,未来利用的机会就越小。边际用户成本等于放弃的边际机会的现值。更具体地说,当不存在稀缺性问题时,这些资源的利用都是合理的,一旦出现稀缺性问题,它就不再是合理的了。使用大量的水浇灌草坪以保持绿色茵茵,在有足够大的补给水资源供应的地区,这样做完全合理;但是,如果这样做是以牺牲后代的饮用水为代价,就非常不合适了。如果当前没有考虑水资源的高稀缺性价值问题,就会产生一种无效率现象;

或是由于给未来造成了额外的稀缺性,从而对社会产生了额外的成本。因稀缺性而产生的这种额外的边际价值就是边际用户成本。

回顾前面的数字示例,我们可以说明如何使用这个概念。如果供应量为 30 个单位或更多,那么,每一期都会分配到 15 个单位,而且资源不会变得稀缺。因此,当供应量为 30 个单位或更多时,边际用户成本应该为 0。

然而,如果只有 20 个单位,则确实存在稀缺性问题。每一个时期不再分配到 15 个单位,每个时期分配到的量必定少于没有稀缺性问题时应该分配的量。在这种情形下,边际用户成本则不等于 0。如图 5—2 所示,边际用户成本的现值(即稀缺性所产生的价值增量)等于横轴与两条现值曲线交点之间的垂直距离。这与每个时期边际净效益现值是相等的。这个数值既可以从图上看出来,也可以按照本章附录中论述的方法精确地计算出来,其价值为 1.905 美元。

通过对这个概念在市场条件下的实际应用,我们可以对这个概念作出更为具体的认识。一个有效市场不仅仅要考虑资源开采的边际成本,而且要考虑边际用户成本。在不存在稀缺性的情况下,价格等于边际开采成本;在存在稀缺性的情况下,价格则应该等于边际开采成本与边际用户成本之和。

为了理解这一点,我们来计算一个面临稀缺性的有效市场的价格。我们将因子量(分别为 10.238 和 9.762)带入支付意愿函数($P=8-0.4q$),于是有 $P_1=3.905$ 和 $P_2=4.095$。对应的供应曲线和需求曲线图如图 5—3 所示。比较图 5—3 和图 5—1,我们可以看出稀缺性对价格的影响。需要注意的是,不存在稀缺性的情况下,边际用户成本等于 0。

在有效市场中,时期 1 的边际用户成本都等于资源的价格和资源开采的边际成本之差。注意,时期 1 的边际用户成本为 1.905 美元,时期 2 为 2.095 美元。两年的边际用户成本的现值为 1.905 美元。在第二年,实际边际用户成本为 1.905 美元 $\times(1+r)$。由于该例中 $r=0.10$,因此第二年的边际用户成本为 2.095 美元。[5]因此,尽管两年的边际用户成本的现值相等,但实际边际用户成本会随着时间的推移而增加。

边际用户成本的大小以及两年之间的资源配置方式都会受到贴现率的影响。如图 5—2 所示,由于贴现计算的原因,在有效配置时,时期 1 分配的量比时期 2 稍微多一点。如果贴现率大于 0.10,那么在该图中的具体表现为,时期 2 的曲线以其与横轴的交点为原点,向右边轴方向按贴现率增加的大小对应旋转。(你知道为什么吗?)贴现率越大,需要旋转的幅度也越大,那么配置给时期 2 的量也一定更少。我们分析的所有模型都有一个共同的结论,即较高的贴现率会使得资源的开采更倾向于当前,因为在平衡当前的资源利用和未来的资源利用的相对价值方面,赋予未来的权重更低。

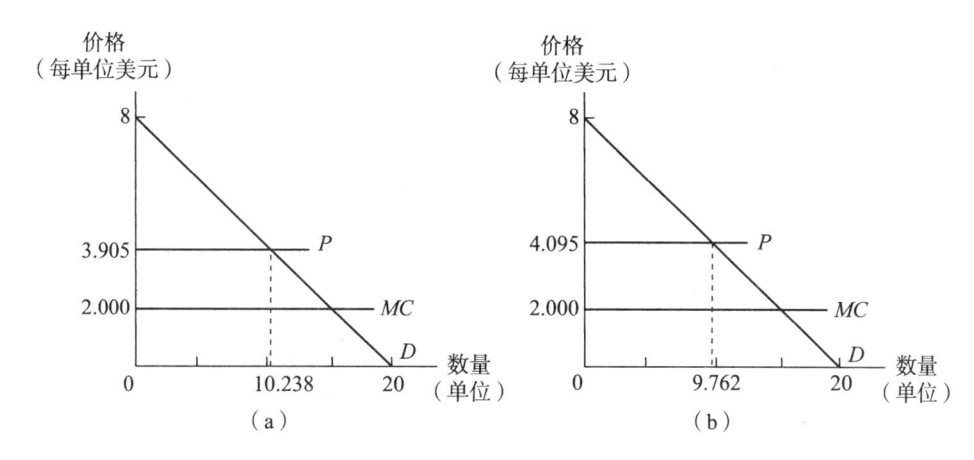

图 5—3　一种可耗竭性资源的有效市场配置：边际成本不变的情形；(a) 时期 1，(b) 时期 2

5.3　代际公平的定义

尽管不存在普遍接受的公平或公正的评判标准，但是，有些评判标准获得的支持比其他的评判标准更多。先辈应该留给后代什么遗产呢？这是一个特别难回答的问题，因为与其他我们希望保证公平对待的群体形成对照的是，后代不能将他们的愿望明确地表达出来（例如"如果你们给我们留下大量的钛资源，我们将接纳你们的放射性废弃物"），也就是说，后代无法与当代人协商。

哲学家约翰·罗尔斯（John Rawls）在其伟大的著作《正义论》（*A Theory of Justice*）中给出了代际公平的起点。罗尔斯提出了推断正义的一般原则的一种方式就是，想象将所有人放到一个"无知面纱"（veil of ignorance）后面的最初状态。该"无知面纱"会使人们不知道他们在社会中的实际地位。一旦位于"无知面纱"之后，人们就要决定按照原则管理社会，在对这些原则作出决策之后，他们必须在这个社会里生活。

按照这种方式来分析我们的代际公平，我们可以假设举行一次会议，所有当代以及后代的成员都来参加，由他们按照原则决定资源在代际之间如何分配。由于这些成员都被"无知面纱"隔开了，所以他们不知道自己属于哪一代，而且他们既不是极端的自然资源保护论者（以免他们成为前辈的一员），也不是极端的自然资源开发论者（以免他们成为后辈的一员）。

这个会议会产生一个什么类型的配置原则呢？一个可能的配置原则

就是**可持续性评价标准**（sustainability criterion）。该评价标准认为，至少后代的福利不能比当代更差。按照这个评价标准，使得当代富裕而导致后代贫穷的配置方式显然是不公平的。

其实，可持续性评价标准认为，如果前代人随意地利用资源，后代人则不可接受，除非后代的福利要维持与所有前代的水平一样高。换句话说就是利用子孙的资源，会使得后代的福利降低到先辈们享受的水平之下，这违背了可持续性评价标准。

可持续性定义的一个含义就是，只要后代的利益得到保护，资源是可以利用的，甚至可耗竭性资源也是如此。我们的制度对后代的利益提供了足够的保护吗？我们首先来分析有效配置满足可持续性评价标准的情形。所有的有效配置都是可持续的吗？

5.4 有效配置是公平的吗？

在我们前面分析的数字示例中，可以肯定有效配置并不满足可持续性评价标准。在两期模型的例子中，配置给第一期的资源比第二期多。因此，第二期的净效益比第一期低。可持续性原则不允许前代以牺牲后代的利益为代价获取利益，而且可以肯定的是，上例正是如此。

但是，选择这种特定的资源配置方式并不妨碍第一期为第二期保留一部分净效益。如果资源配置是动态有效的，那么，将第一期产生的净效益留下足够的部分给第二期总是可能的，这样，第二期的福利至少不会比采用其他资源配置方式更差。

我们利用一个数字例子来说明这一点，该例将一种动态有效配置方式与代际之间平均分配的配置方式进行对比分析。例如，假设你认为每一代分配一半的可用资源（10个单位）比动态效率配置更好。那么，按照这种配置方式，每一代的净效益应该为 40.00 美元。你知道为什么吗？

现在，我们将这个净效益与动态有效配置可以达到的净效益进行比较。如果动态有效配置必须满足可持续性评价标准，我们一定能够看到这样一种结果，即每一代获得的福利至少不会比平均配置差。能对此加以证明吗？

在动态有效配置情形下，第一期的净效益为 40.466 美元，第二期为 39.512 美元。[6] 显然，如果不在两期之间均分，就会违背可持续性评价准则；第二代的福利受到了损失。

但是，假设资源在两期之间均分。第一期保持 40.00 美元的净效益（其福利水平刚好等于每年等量开采资源的福利水平），并且将额外的 0.466 美元按 10% 的利息率存起来给第二期（动态有效配置条件下，第一年赚取的净效益 40.466 美元减去本金 40 美元），到第二期这笔存款就应该涨到 0.513 美元（＝0.466×1.10）。将这笔存款加上第二期动态有效配置的直接净效益 39.512 美元，第二期就可以得到 40.025 美元。因此，接受动态配置效率会使得第二期的福利比两期等量均分的方式更好。

这个例子表明，尽管动态有效配置不会自发地满足可持续性评价标准，但是，它们也不会自发地违背可持续性，即使是高度依赖可耗竭性资源的经济体也是如此。第二期福利更好的可能性并不确定，必然要求一定程度的再分配。这种分配有时确实会发生，如例 5.1"阿拉斯加永久基金"所示。我们在随后的章节中将对两种情形进行分析：一是适度的重新分配；二是不重新分配。

例 5.1 ☞ 　　　　　　　　　　　　　**阿拉斯加永久基金**

我们以阿拉斯加州为例阐述符合可持续性理念的代际分享机制。从阿拉斯加油井开采石油会带来可观的收入，但是它也要损耗该州的一种主要的环境资产。为了保护后代的利益，在 1976 年阿拉斯加输油管道接近完成之际，阿拉斯加选民通过了一项宪法修正案，设立一项专门基金：阿拉斯加永久基金（Alaska Permanent Fund）。该基金打算从该州的石油销售收入中拿出一部分来分配给后代人享用。这项修正案要求：

> 从该州得到的所有矿产租赁金、特许权使用费、特许权出售佣金、联邦矿产收入中拿出至少 25％存入一个固定的基金，其本金只能用于有收入的投资。

只有大多数阿拉斯加人投票通过，该项基金的本金才能用于支付当前的支出。

该基金完全投入资本市场，并在各种资产方面做多样性的投资，从债券利息、股票红利、房地产租金以及出售资产的资本所得等方面产生收入。至今，立法机构已经利用了每年收入中的一部分，给符合条件的阿拉斯加居民发放津贴，其余的部分则用于增加本金的规模，以确保本金不会因通货膨胀而贬值。

尽管该基金确实为后代保存了一些收入，但是有两点值得注意：第一，如果当代的大部分选民同意，本金就可以用于当前的支出。到目前为止，还没有发生过这类情况，但确实曾经讨论过。第二，只有 25％的石油收入投入基金，完全的可持续性要求所有的收入都应该投入基金。当代得到了 75％的石油收益，外加固定基金产生的部分收入。

资料来源：阿拉斯加永久基金网站：http://www.apfc.org/homeobjects/tab-permfund.cfm/.

5.5 应用可持续性评价标准

在利用上述可持续性评价标准衡量代际间配置的公平性时，一个难点就是应用。要预测后代的福利是否比当代差，这要求我们不仅要知道资源如何按时间配置，而且要知道后代的偏好（以便了解各种不同的资源流对他们具有多大的价值）。这可是一个难以（几乎不可能）完成的目标！

有更具操作性的可持续性评价标准吗？很幸运，"哈特威克准则"（Hartwick Rule），我们可以做到这一点。约翰·哈特威克（John Hartwick, 1977）指出，如果所有的稀缺性租金都投入资本，那么，即可永久地维持一个恒定的消费水平。另外，投资的水平将足以保证总资本存量（我们在随后的章节中将对其作出定义）的价值不会下降。

从上述对可持续性评价标准的再解释中，我们可以得到两点重要认识：首先，按照这种解释，我们可以通过分析总资本存量是否下降来判断某种配置方式的可持续性。在不了解未来配置或偏好的情况下，每年都可以做这种检验。其次，这种分析可以提出具体的分配比例，这种分配比例是产生某个可持续的结果所必需的，也就是说，所有稀缺性租金必须用于投资。

让我们深思一下，以便对上述论述以及为何有如此说法加以深入理解。尽管我们在随后的章节中还会回顾这个问题，但是，现在我们对这个分析的含义至少要有一些直观的理解。让我们来做一个推理。假设祖父留给你一笔 10 000 美元的遗产，而且你将这笔遗产存入某家银行，利率为 10%。

随时间分配这些钱的方式有哪些？这些方式具有什么含义？如果你每年刚好花掉 1 000 美元，那么，你在银行里依然存有 10 000 美元本金，而且你永远都可以拿到利息；你只花掉了利息，本金保持不动。如果你每年的花费多于 1 000 美元，那么，本金必定会随着时间的推移而下降，你的账户最终将为零。按照本章的分析，每年花 1 000 美元或更少，就可以满足可持续性评价标准；如果花费多于 1 000 美元，则违背了可持续性评价标准。

在这种情形下，哈特威克准则意味着什么呢？该准则认为，要知道某种配置方式是不是可持续性的，一种方式就是分析本金随着时间的推移将如何变化。如果本金下降，那么，这种配置方式（花钱的方式）就不是可持续性的；如果本金增加或保持不变，那么，这种配置方式（花钱的方式）就是可持续性的。

如何将这个准则运用于环境问题的分析呢？一般来讲，哈特威克准则认为，当代人已经获得了某种禀赋，其中包括环境和自然资源（又称为"自然资本"）和实物资本（例如建筑物、设备、学校、道路等）。这些禀赋的可持续利用意味着我们应该保留本金（禀赋的价值）不动，只依靠禀赋提供的服务流来维持生计。也就是说，我们不应该将所有的树木都砍掉，将所有的石油都耗尽，让后人自谋生路。更确切地说，我们需要保证能够维持总资本存量的价值，而不是将它耗尽。

可持续性评价标准的可取性，关键取决于两种形式的资本的可替代性。如果实物资本很容易替代自然资本，那么维持二者的价值之和就是有效率的。然而，如果实物资本不能完全替代自然资本，那么在实物资本上的投资就不足以保证可持续性。

实物资本和自然资本之间的完全替代性假设的可靠性有多大？很显然，对于某些类别的环境资源，它是站不住脚的。虽然我们可以幻想在太空城市利用通用空调系统来替代可呼吸的自然空气，但它的费用和人为性都使得它成为一个很荒谬的补偿装置。很显然，我们必须认真对待代际之间的补偿问题（参见例5.2"瑙鲁：极端的不可持续性"）。

例 5.2　　　　　　　　　　　　**瑙鲁：极端的不可持续性**

我们可以利用弱可持续性评价标准来判定，实物资本或金融资本是否足够大，足以弥补自然资本的损耗从而避免总资本的下降。违背这种评价标准确实是一种不可持续的行为，且这种推测是十分自然的。但是，实施弱可持续性评价标准可以为可持续性行为提供一个检验标准吗？我们现在以瑙鲁的案例加以说明。

瑙鲁是一个太平洋岛国，位于澳大利亚东北约3 000公里。该国蕴藏着至今已发现的品质最高的一种磷酸盐矿石。磷酸盐是肥料的一个主要成分。

瑙鲁被殖民统治了一个世纪，独立后，瑙鲁人决定大量地开采磷酸盐矿石。这个决定使当地居民富裕了（他们还创立了一项信用基金，金额为10美元以上），但也破坏了当地的大部分生态系统。现在，瑙鲁的日用品主要依赖进口，进口所需的资金主要来源于磷酸盐的销售所得。

不管瑙鲁人的这种选择是否明智，但这种做法都不可能在全球其他地方重复采用。不可能每个人都仅依靠信用基金进口日用品来维持生存，因为有进口就要有其他人来出口！瑙鲁的情况表明，有必要采用更多的评价标准，对弱可持续性评价标准做补充。满足弱可持续性评价标准或许只是可持续性发展的一个必要条件，但并不总是充分条件。

资料来源： J. W. Gowdy and C. N. McDaniel. "The Physical Destruction of Nauru: An Example of Weak Sustainability," *Land Economics* Vol. 75, No. 2 (1999): 333-338.

经济学家认识到，在面临替代可能性很有限的时候，总资本恒定的定义存在脆弱性，这促使某些经济学家提出一个新的定义，即可持续性配置是指维持自然资本存量价值的一种配置方式。这个定义假定，正是自然资本增进了未来的福利，而且进一步假定，实物资本和自然资本之间的替代作用可能很小，甚至没有。为了区分这两种定义，我们将维持总资本的价值定义称之为"弱可持续性"；而将维持自然资本的价值定义称之为"强可持续性"。

还有一个定义称为"环境可持续性"，这个定义要求维持某种单一资源的某种实物流。该定义认为，维持某个**总体**（aggregate）的**价值**（value）是不够的。例如，对于某种鱼类而言，该定义强调要保证捕获量不超过这种鱼类生物量的生长量；对于某种湿地而言，则指对具体的生态功能的保护。

5.6 对环境政策的意义

为用于指导政策，我们的可持续性评价标准和效率评价标准必须既不会完全一样，也不应该对立而不可调和。这些评价标准能满足这些条件吗？

这两个评价标准可以满足这些条件。正如本书将要论述的，不是所有有效的配置都是可持续性的，也不是所有可持续的配置都是有效的。不过，有些可持续的配置是有效率的，而且某些有效配置是可持续的。另外，市场配置既可以是有效率的，也可以是无效率的；既可以是可持续的，也可以是不可持续的。

这些区别有什么政策含义吗？它们确实有政策含义。尤其是它们为政策制定提出了一项具体策略。在所有满足可持续性评价标准的可能的资源利用方式中，选择一种使得动态效率或静态效率都最大化的方式是合理的。在这种表达中，我们将可持续性评价标准看做凌驾于一切之上的社会决策约束。不过，仅此还不够，因为可持续性配置方式数不胜数，它没有为我们应该选择哪种配置方式提供任何指导。这就是效率的根源所在。它提供了一种途径，能够使得由所有这些可能的可持续性配置产生的财富达到最大化。

效率与可持续性结合，非常有助于指导政策的制定。许多不可持续的配置都是无效率行为的结果。纠正这些无效率既可以恢复可持续性，也可以使经济按照这个方向进一步发展下去。另外，也是很重要的一点，纠正无效率常常可以产生双赢的结局。在双赢的转变中，各个利益攸关者在这种转变之后都会变得比之前更好。这与一方赢就意味着另一方输的转变形式形成了鲜明的对照。

双赢是可能的，因为消除无效率就可以增加净效益。净效益增加提供了一种手段，以补偿那些因转变而导致损失的人。补偿损失者会降低人们对这种转变的反对，遂使得这种转变更可能发生。我们的经济和政治制度通常都会产生这种既有效率又可持续的结果吗？我们在随后的章节中将对这个重要问题给出明确的答案。

5.7　小结

效率和伦理方面的考虑能够指导私人和社会对涉及环境方面的问题进行选择。前者主要关心消除资源使用中的废弃物；后者主要关心确保公平地对待所有利益攸关方。

在前面几章中，我们重点讨论了静态效率和动态效率评价标准。随后讨论了环境恶化对公平性的意义以及对当代人的补救措施。本章分析了上一代人对下一代人所应承担义务的一个可能特征以及接受该义务的政策含义。

本章分析的具体义务（即可持续发展）是建立在这样一种观念之上的，即只要不减少后代的福利，先辈们就可以自由地追求自己的福利。这个观念产生了三个可持续性配置的定义：

弱可持续性：前几代人对资源的利用程度不应该超过某个水平，否则就会阻碍后代人达到至少同等高的福利水平。这个定义的一个含义就是资本存量的价值（自然资本加实物资本）不应该下降。只要其他个体的价值增加（通过投资的方式）足以使总体价值不变，总体的某些个体的价值可以下降。

强可持续性：按照对可持续性的重新定义，自然资本现有存量的价值不应该下降。这个定义在自然资本和实物资本相互替代的可能性是有限的假设前提下，强调对自然资本（不同于总资本）的保护。该定义保留了前述定义对保护价值（而不是某个具体的实物流量）和对自然资本总体（而不是任何具体的组成部分）的保护。

环境可持续性：按照该定义，我们不仅仅要保持总体的价值不减少，而且要保持每种单一资源的实物流量不减少。例如，对于鱼类而言，该定义强调维持某个恒定的捕鱼量（又称为可持续捕获量），而不是该鱼类的某个恒定的价值量。对于湿地而言，则应该保护其特殊的生态功能，而不仅仅是其价值。

各种配置方式都具有其理论背景,按照定义,某种可持续性配置方式也必定具有其特定的前提条件,对这种背景和前提条件进行分析和比较是可能的。按照"哈特威克准则"的定理,如果将利用稀缺性资源而产生的所有稀缺性租金全部投入资本,那么所产生的配置方式将满足可持续性的第一个定义。

一般来讲,并不是所有有效配置都是可持续性的,也并不是所有可持续性的配置都是有效的。另外,市场配置可以是:(1)有效的,但不可持续;(2)可持续,但不是有效的;(3)无效率且不可持续;(4)有效且可持续。有一类情形,我们将它称为"双赢",为我们提供了一种同时增加当代和后代福利的机会。

在随后的章节中我们还将更深入地讨论这些问题。我们尤其要探究的问题是:市场配置如何才能按照预期产生出满足可持续性定义的配置呢?何时不能?我们也将论述,如何巧妙地利用经济激励因素,让政策制定者创造出"双赢"的局面,以促进向未来可持续发展道路的转变?

讨论题

1. 在自然科学和经济学中,可持续性理念是不相同的。在自然科学中,可持续性通常意味着维持每一种资源(例如,海洋鱼类或森林木材)的实物流不变;而在经济学方面,它意味着维持这些服务流的价值不变。这两个评价标准在什么情况下会导致不同的政策选择?为什么?

练习题

1. 在正文列举的数字示例中,可耗竭性资源的反需求函数为 $P=8-0.4q$,供应的边际成本为 2.00 美元。(a) 假设有 20 个单位要在两期之间分配。如果贴现率为零,那么,按照动态有效配置原则,第一期应该分配多少?第二期应该分配多少?(b) 两期的有效价格应该是多少?(c) 每一期的边际用户成本应该是多少?

2. 假设需求条件与上题一样,但贴现率为 0.10,开采的边际成本为 4.00 美元。按照有效配置原则,每一期的产量分别等于多少?每一期的边际用户成本各是多少?对于这个问题,按照静态效率和动态效率评价标准,得到的答案相同吗?

3. 比较两个两期可耗竭性资源模型，二者之间的唯一区别就是对待边际开采成本的方式不同。假设在第二个模型中，边际开采成本不变，而且第二期的边际开采成本低于第一期（或许因为提前出现了一种新的先进开采技术）。在第一个模型中，两年的不变边际开采成本是相同的，而且等于第二个模型中的第一期的边际开采成本。按照动态效率配置原则，两个模型中的开采方式（第一期和第二期的开采量）有什么区别？第二个模型相对于第一个模型而言，分配给第二期的数量是多还是少？第二个模型与第一个模型比较，其边际用户成本是多还是少？

进一步阅读的材料

Atkinson, G., et al. *Measuring Sustainable Development: Macroeconomics and the Environment* (Cheltenham, UK: Edward Elgar, 1997). 该书分析了一个棘手的问题——人们如何知道发展是可持续的，还是不可持续的。

Desimone, L. D. *Eco-Efficiency: The Business Link to Sustainable Development* (Cambridge, MA: MIT Press, 1997). 该书论述了在可持续发展中，私人部门起什么作用？对"底线"的关切与促进可持续发展的期望是协调一致的吗？

May, P., and R. S. D. Motta, eds. *Pricing the Planet: Economic Analysis for Sustainable Development* (New York: Columbia University Press, 1996). 该书中的 10 篇文章分析了如何实施可持续发展。

Perrings, C. *Sustainable Development and Poverty Alleviation in Sub-Saharan Africa: The Case of Botswana* (New York: Macmillan, 1996). 本领域的一个开拓者对非洲国家博茨瓦纳可持续发展中存在的问题进行了分析，并展望了其发展。

Pezzey, J. V. C., and Michael A. Toman. "Progress and Problem in the Economics of Sustainability," in T. Tietenberg and H. Folmer, eds. *The International Yearbook of Environmental and Resource Economics: A Survey of Current Issues* (Cheltenham, UK: Edward Elgar, 2002): 165-232. 该书对可持续发展经济学文献做了极好的评述。

附录：两期模型的数学说明

使用我们在第 2 章附录中推导的方程，可以推导出两期模型的精确解。

两期模型例子假设的参数如下：

$$a = 8, c = 2 \text{ 美元}, b = 0.4, Q = 20, r = 0.10$$

将这些参数代入方程，于是有

$$8 - 0.4q_1 - 2 - \lambda = 0 \tag{1}$$

$$\frac{8 - 0.4q_2 - 2}{1.10} - \lambda = 0 \tag{2}$$

$$q_1 + q_2 = 20$$

现在已经得到的参数解如下（精确到小数点后三位）：

$$q_1 = 10.238, q_2 = 9.762, \lambda = 1.905 \text{ 美元}$$

我们可以证明正文中讨论的如下观点：

1. 式（1）表明，在某个有效配置中，第一期的边际净效益的现值（$8-0.4q_1-2$）必须等于 λ；式（2）表明，第二期的边际净效益的现值也应该等于 λ。因此，二者必须彼此相等。这证实了图 5—2 表示的观点。

2. λ 表示边际用户成本的现值。因此，式（1）表明，第一期的价格（$8-0.4q_1$）应该等于边际开采成本（2 美元）与边际用户成本（1.905 美元）之和。用 $1+r$ 乘以式（2），很显然，第二期的价格（$8-0.4q_2$）等于边际开采成本（2 美元）加上第二期更高的边际用户成本 [$\lambda(1+r)=1.905\times1.10=2.905$ 美元]。这些结果显示了图 5—3 所具有的特性的原因，而且也说明了边际用户成本会随着时间的推移而上升的原因。

【注释】

[1] 三角形的高为 6 美元（=8 美元-2 美元），底为 15 个单位。因此面积等于 $(1/2)\times(6 \text{ 美元})\times(15)=45$ 美元。

[2] 未贴现的净效益为 25.00 美元，即 $(6-2)\times5+(1/2)\times(8-6)\times5=25$ 美元。贴现的净效益为 $25/1.10=22.73$ 美元。

[3] 注意，图 5—2 中两期分配额之和总是等于 20 个单位。左边轴表示所有 20 个单位全部分配给时期 2；右边轴表示全部分配给时期 1。

[4] 稍微多分配一点给时期 2（因此时期 1 就少一点），可以看出总面积会减少；

反之亦然。

［5］2.095 美元的现值为 1.905 美元，以此来检验上述计算的正确性。

［6］第一期的计算方法为：1.905×10.238＋0.5×4.905×10.238；第二期为：2.905×9.762＋0.5×3.905×9.762。

第 6 章 人口问题

> 下一个十年的选择将决定下一个世纪大部分时间里的人口增长速度；……它们将决定环境破坏的速度是加快还是减缓；……它们也将决定地球作为人类居住环境的未来。
>
> ——选自联合国人口基金执行主任
> 纳菲斯·萨迪克博士（Dr. Nafis Sadik）：《世界人口状况报告》
> （*The State of the World Population*）（1990 年）

6.1 引言

我们在第 1 章中论述过两种截然不同的看待未来世界经济体系的观点，其核心是看待世界人口问题的角度截然不同。一种观点认为，人口将持续不断地增长，给食物和环境资源造成巨大压力；一种观点认为，人类将依靠其创造天才，一如既往地消除食物与环境的约束。

这些观点只是某种争论的前奏曲，这种争论具有深刻的历史根源。18 世纪末 19 世纪初的古典经济学家托马斯·马尔萨斯断言，人口增长将使寻求发展的国家陷入一种困境。暂时性的收入增长将引发人口增长，直至土地不再提供充足的食物为止。康奈尔大学的戴维·皮门特尔（David Pimentel，1994）将这一论点带入了20世纪，他认为全球最合理的人口（按照定义，是指可以持续地支撑小康水平的最大人口量）大约为20亿。由于这个数字大约是现有人口的1/3，因此他认为，现有的人口水平应该大幅度地降低，而不是增长。

第三世界国家的一些代表以及某些重量级的人口经济学家则持相反的观点。已故经济学家朱利安·西蒙（Julian Simon）认为，悲观论者不仅过高地估计了问题的严重性，而且他们也没有认识到许多发展中国家是需要人口增长的。很显然，对人口问题的认识还莫衷一是。

本章将分析人口与经济发展进程的相互影响方式，还将分析影响出生率的决定因素的微观经济学问题。从经济学的角度分析人口问题，不仅为我们理解人口增长产生的原因及其结果提供了一个基础，而且也为人口控制提供了一种途径。

6.2 历史透视

世界人口增长

据估计，在公元伊始，世界人口徘徊于2.5亿上下，每年按0.04%（不是4%！）的速度增长。当世界人口超过60亿时，人口增长率却提高到了1.5%。自公元以来的2 000多年时间里人口增长超过60多亿人，如果继续按照1.5%的增长率增长，下一个60亿人口将只需要50年。

近年来，平均人口增长率有所下降，如表6—1所示，发达国家和发展中国家均如此，不过发展中国家仍高于发达国家。世界生育率调查（World Fertility Survey）对61个国家约400 000名妇女进行了一项多国调查，调查结果发现了人口增长率下降的几个很明显的原因，其中包括：使用避孕法的人增多、人们越来越偏好少生少育以及晚婚。

尽管出生率普遍呈下降趋势，但大多数发展中国家的人口仍然在增长，且预期在将来还要继续增长。预计在1998—2025年，约98%的人口增长发生在穷国。

例如，预计卢旺达和利比亚在1995—2025年间，人口增长率将分别达到7.9%和8.6%。同一时期，意大利和葡萄牙将经历一个增长率低于0.1%的时期。匈牙利、保加利亚和拉脱维亚的人口都已经开始下降。[1]

表 6—1　　　　　　　　分区域和发展类别的年均人口增长率（%）

区域	1950—1960年	1960—1970年	1970—1980年	1980—1990年	1990—2000年	2000—2010年	2010—2025年	2025—2050年
全世界	1.7	2.0	1.8	1.7	1.4	1.1	0.9	0.6
发展中国家	2.0	2.4	2.2	2.0	1.7	1.3	1.1	0.7
比较发达国家	1.2	1.0	0.7	0.6	0.4	0.3	0.1	(Z)
非洲	2.2	2.4	2.7	2.8	2.5	2.0	1.6	1.4
撒哈拉以南非洲国家	2.1	2.5	2.7	2.8	2.6	2.0	1.7	1.6
北非	2.4	2.4	2.5	2.7	2.1	1.7	1.3	0.8
近东	2.7	2.6	3.0	2.9	2.3	2.2	1.9	1.4
亚洲	1.7	2.2	2.0	1.8	1.4	1.1	0.9	0.4
拉丁美洲及加勒比国家	2.7	2.7	2.4	2.0	1.7	1.3	1.0	0.5
欧洲及新独立国家	1.1	0.9	0.7	0.5	0.2	0.1	(Z)	−0.2
西欧	0.7	0.8	0.4	0.3	0.3	0.2	(Z)	−0.3
东欧	1.2	0.8	0.8	0.4	−0.1	−0.1	−0.2	−0.5
新独立国家	1.7	1.3	0.9	0.8	0.1	0.1	0.2	(Z)
北美洲	1.8	1.3	1.1	1.0	1.2	0.9	0.8	0.7
大洋洲	2.3	2.1	1.6	1.6	1.5	1.2	0.9	0.5
除中国外：								
全世界	1.8	1.9	1.8	1.8	1.5	1.3	1.0	0.7
发展中国家	2.2	2.4	2.4	2.3	1.9	1.6	1.3	0.9
亚洲	1.9	2.2	2.2	2.0	1.7	1.4	1.1	0.6
发展中国家	2.0	2.3	2.2	2.1	1.8	1.5	1.1	0.7

说明：(1) (Z) 表示介于 −0.05%~+0.05%之间。

(2) 有关中国的数据包括中国大陆、香港特别行政区、澳门特别行政区和台湾。该表的相关数据和表格以及"国际数据库"请访问：www.census.gov/ipc/www。

资料来源：U. S. Census Bureau, International Programs Center, International Data Base. Internet Release Date：March 22, 2004.

美国的人口增长

美国的人口增长与大多数发达国家一样呈下降的趋势，不过，以往大部分时期美国的增长率都大幅度超过了欧洲的平均水平。美国人口增长率大幅度下降的原因主要是生育率的下降，从1820年每千人活产55.2人下降到2001年只有14.1人，如图6—1所示。

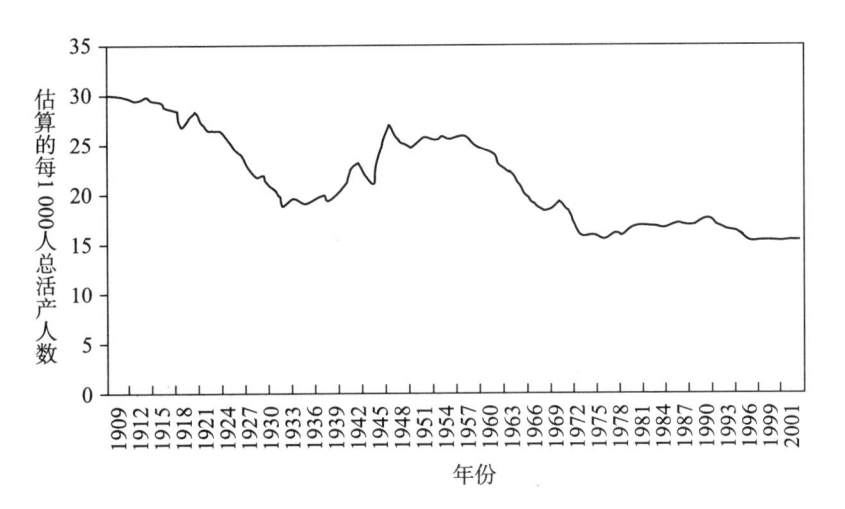

图6—1 美国的人口出生率，1909—2001年

说明：1959年以前的生育率对未登记的人数进行了调整。

资料来源：Vital Statistics of the United States Vol. 1 (1993)：1 - 2 for 1909 - 1990; *National Vital Statistics Reports* Vol. 51, No. 12（August 2003）for 1990 -2001.

不过，对于潜在的人口发展趋势而言，出生率只是一个相当粗略的指标，主要原因是出生率并未考虑年龄结构。为了理解年龄结构的影响，我们将出生率分解成两个组成部分：(1) 育龄期人数；(2) 育龄妇女想生的婴儿数。

为了对第二个组成部分进行定量计算，人口普查局（Census Bureau）采用了**总生育率**（total fertility rate）的概念，即如果一个普通妇女，每年都按照人口中相同年龄的一般妇女的平均生育率计算，她一生可以安全生产的婴儿数量。我们可以利用这个概念来确定总人口稳定时的生育率水平。所谓**稳定人口**（stationary population）是指特定年龄和性别的生育率得到一个出生率，该出生率不变，而且等于死亡率，因此，增长率为零。与稳定人口相对应的总生育率水平称为**人口置换率**（replacement rate）。如果总生育率高于人口置换率，人口将增长，否则，人口将下降。一旦生育率达到人口置换率，世界银行估计，必须经过大约25年人口才能稳定下来，因为大量的家庭正处于生育年龄。由于年龄结构达到了原有的均衡，增长率就会下降，直至达到稳定人口状态。

美国的人口置换率为2.11，即两个小孩置换一对夫妇，额外多出0.11个人，一是补偿那些育龄期以前就已经死亡了的妇女；二是因为男性婴儿的比例略高于50%。美国的总生育率在1972年就已经降到了置换率水平，从那以后，一直低于置换率水平，如图6—2所示。2001年（有数据的最后一年），人口置换率达到了2.034。

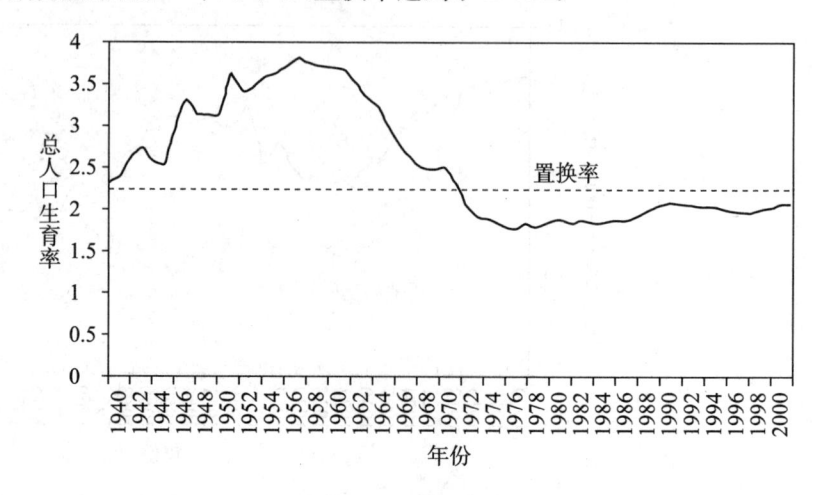

图6—2 美国的总人口生育率，1940—2001年

说明：1950年以前的出生人数对未登记的人数进行了调整。

资料来源：*The Statistical History of the United States, Colonial Times to the Present*, p. 50; *Vital Statistics of the United States* Vol. 1 (1993): 10; *National Vital Statistics Reports* Vol. 51, No. 12 (August 2003) for 1990-2001.

如果我们思考人口增长对可持续性的影响，就会产生两个问题：（1）人口增长与经济发展是什么关系？（2）当人口增长处于适当水平时，人口增长率如何变化？第一个问题为我们分析人口增长对生活质量的影响提供了一个基础；第二个问题则让我们可以考虑一些公共政策问题，这些公共政策的目的在于促使人口增长率按所期望的方向发展。

6.3 人口增长对经济发展的影响

问题越多，就越促使我们探寻问题的本质。人口增长会提高还是会抑制一个国家居民的机遇？这个问题的答案是否取决于这个国家所处的发展阶段呢？现在有若干国家已经进入了人口增长递减的阶段，它对经济增长会产生什么可能的影响呢？

人口增长会影响经济增长，而且只要每个人都有所贡献的话，那么这些影响通常都具有积极意义。只要他们的边际产量为正值，多一个人就多一份产量。由于给出的条件不够严格，因此上述道理通常就是正确的。

但是，存在一个正的边际产量并不是检验人口增长期许的一个非常合理的指标！或许，一个更好的方式就是询问人口增长是否对每个公民都具有积极的影响。只要新增加的一个人的边际产量低于平均产量，那么，人口增加得越多，一般公民的福利就下降得越多。为什么？

边际生产率在零至平均产量之间时，经济总量就应该增长，但是，如果按照人均来算，则会下降。同样，如果边际生产率大于平均产量，那么，无论按总量还是按人均量计算，经济都是增长的。因此，普通公民的生活水平是否会因人口增长而改善这样一个问题也就演变成另外一个问题，即每新增一个人的边际产量是高于还是低于平均产量？

为了分析经济增长与人口有关的决定因素，我们来分析一个相当简单的产出定义，即

$$O = L \times X$$

式中，O 为产量；X 为劳均产量①；L 为劳动力的数量。该式两边除以人口，即可得到人均量的表达式，令人口为 P，于是有

$$\frac{O}{P} = \frac{L}{P} \times X$$

上式表明，人均产量是由两个因素决定的：劳动力占总人口的比例和劳均产量。每一个决定因素都为人口增长影响经济增长提供了一条途径。

人口增长对就业人口百分比的最直接影响（即年龄结构效应）产生于年龄分布的诱致变化。假设我们要比较两个国家的人口，一个国家人口增长快，另一个国家人口增长慢。那么，在快速增长的那个国家中，年轻人的比例会高很多，如图6—3所示。

由于人口增长缓慢，美国的人口总体来讲比墨西哥人口更老。墨西哥人口中，14岁或更年轻的人占45.1%，美国对应的比例为21.4%。这个结论在年龄结构的另一端再次得到印证——美国人口中约有12.4%的人大于或等于65岁，而墨西哥只有3.8%。

年龄结构上存在的上述差异，会对可就业劳动力占总人口的比例产生影响。人口快速增长的国家拥有众多的年轻人，由于年龄太小，有些甚至不能工作，这种情形被称之为**青年效应**（youth effect）。另一方面，

---

① 由于劳动力只是所有人口中的一部分人，因此劳均产量不同于人均产量，前者指平均每个劳动力的产量，后者则指所有人口的平均产量。——译者注

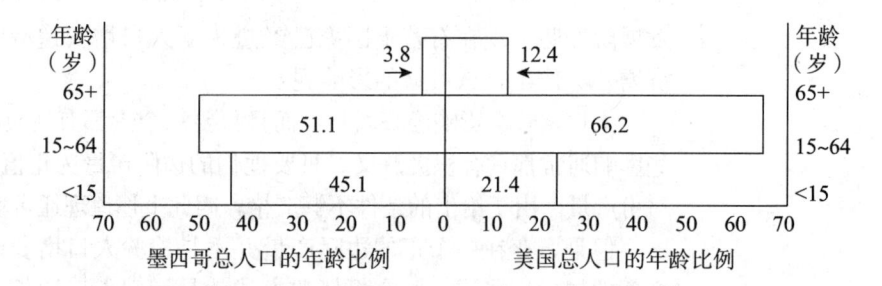

年龄(岁)				年龄(岁)
65+	3.8→	←12.4		65+
15~64	51.1	66.2		15~64
<15	45.1	21.4		<15

70 60 50 40 30 20 10 0 10 20 30 40 50 60 70
墨西哥总人口的年龄比例　　　　美国总人口的年龄比例

图6—3　两个国家人口的年龄结构，2000年

资料来源：World Resource Institute, *World Resources*: *1998-1999*（New York: Oxford University Press, 1999): 246-247.

一个以人口慢速增长为特征的国家，其达到或超过传统退休年龄65岁的人口比例相当大，我们将这种情形称之为**退休效应**（retirement effect）。由于有些国家公共卫生改善，死亡率下降，而出生率依然很高，因此这些国家正在同时经历这两种效应。青年效应和退休效应如何相互影响，以确定劳动力人口占总人口的比例呢？二者之间哪一种效应占主导地位呢？

下面我们分析主要工作年龄段（15~64岁）的人口比例。如图6—3所示，美国主要工作年龄段的人口占总人口的比例比墨西哥高很多。对于墨西哥而言，青年效应占主导地位。

青年效应占主导地位的情形也适用于其他国家。例如，2000年非洲国家的主要工作年龄段的人口比例平均为53.8%，而欧洲国家平均为65.5%。[2]人口高速增长会降低劳动人口占总人口的比例，进而阻碍人均经济增长。

人口快速增长使得**女性就业效应**（female availability effect）也会影响可就业劳动力占总人口的比例。随着人口增长率放缓，而且需要照顾的孩子越来越少，越来越多的妇女会成为劳动力。不论是青年效应占主导（其作用超过退休效应），还是女性就业效应占主导，二者都表明，快速的人口增长会降低劳动力人口占总人口的百分比，继而对人均经济增长具有一种抑制效应。

人口增长与第二个因素（劳均产量）之间的关系又如何呢？提高生产率最普通的方式就是通过资本积累。随着资本存量的扩大（例如通过引入新的安装线或生产机器），工人的生产能力得以提高。在人口增长和资本积累之间是否存在某种关系呢？

一个主要关系就是储蓄和资本积累相关。储蓄的有效性会限制资本存量的递增水平，反过来，它又在某种程度上受到人口年龄结构的影响。一般认为老龄人口储蓄更多，因为在护理和抚养小孩方面的直接开支较少。因此，当其他条件相同时，可以预料人口快速增长的社会其储蓄会成比例地减少。由于储蓄有效性的降低，资本存量的增量也会下降，并进而使得劳均生产率下降。

很明显，20世纪60—70年代，人口变化对储蓄的影响程度是很小的，但是，这种情形已经改变了。凯利和施米特（Kelley and Schmidt，1994）所做的一项大型研究业已发现，人口增长和人口依附性[①]对20世纪80年代的储蓄产生的影响很大。

引发人口增长对经济增长产生影响的最后一个方式就是由于存在某种固定的基本要素（例如土地或原材料），因此，要素之间的替代可能性会受到限制。在这种情况下，边际生产率递减定律有效。该定律表明，在存在某种数量固定的要素（例如土地）情况下，随着某种可变要素（例如劳动）的继续增加，这种可变要素的边际生产率最终会下降。这表明，在存在固定要素的情况下，继续增加劳动力将导致劳动的边际产量下降。如果边际产量降低到平均产量以下，人均收入就会随着人口的进一步增加而下降。

并不是所有的观点都认为人均产量增长会受到人口增长的限制。对于人口增长会促进人均产量增长的观点而言，最有说服力的证据或许就是技术进步和规模经济，如图6—4所示。

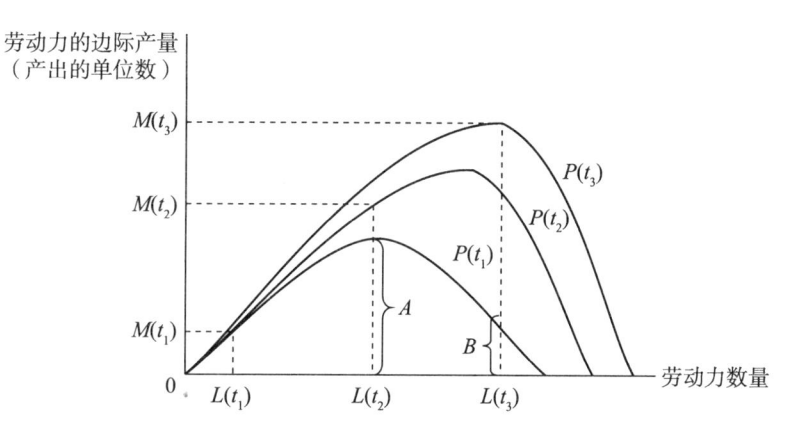

图6—4 技术进步与回报递减定律

如图6—4所示，纵轴表示边际生产率，单位为产量。横轴表示土地数量固定条件下的就业劳动力数量。人口增长意味着劳动力的增长，表示为曲线沿横轴向右偏移。

曲线 $P(t_1)$ 表示某个特定的时间点（t_1），劳动的边际产量和固定土地量条件下的就业劳动力数量之间的函数关系。不同的曲线代表不同的时间点，因为在每个时间周期内，有关最有效地利用劳动力的知识状态都是独一无二的。因此，随着时间的推移，技术进步就会产生，从而推动技术水平的进步，生产率曲线会向外移动，如 $P(t_2)$ 和 $P(t_3)$ 所示。

图6—4显示了三种情形。当时间为 t_1 时，投入 $L(t_1)$ 的劳动力得到的边际产量为 $M(t_1)$。当时间为 t_2 和 t_3 时，分别投入 $L(t_2)$ 和 $L(t_3)$

[①] 人口依附性（demographic dependency）是指工作年龄段人口（15～64岁）与非劳动人口（小于15岁、大于或等于65岁的人口）之比。——译者注

个单位的劳动力,边际产量分别为 $M(t_2)$ 和 $M(t_3)$。劳动量的增加量越大,边际产量也会随之增加。

然而,如果技术知识没有增加,我们来分析会发生什么情况。假设劳动力从 $L(t_2)$ 增加到 $L(t_3)$,且由曲线 $P(t_1)$ 支配,这时,边际产量会从 A 下降到 B。这刚好是边际生产率递减定律预期的结果。技术进步提供了一种摆脱边际生产率递减律的手段。

劳均产量的第二个增长源就是规模经济。当投入增加,且产出以更大的比例增加时,规模经济即可产生。人口增长会增加对产出的需求,因而可以达到规模经济。至少在美国历史上,规模经济是推动经济增长的一个强有力的因素。虽然美国的人口水平足以发挥规模经济效应,但对所有发展中国家而言,情况却未必如此。

然而,没有贸易限制时,所涉及的市场是全球市场,而非国内市场。在现代全球经济中,国内的人口水平几乎没有什么能力发挥其规模经济效应,除非采取关税、配额或其他贸易壁垒阻止国外市场进入。如果贸易限制成为一种重要的障碍,那么,合理的补救措施则应该是降低贸易限制,而不是加大本国人口规模。

由于这些推理而来的论点认为,人口增长应该促进或阻碍经济增长,因此我们有必要依据一些实证研究来区分这些影响的相对重要性。有几个研究人员一直试图证明这样一种论述有其合理性,即人口增长会阻碍人均经济增长。他们的努力是建立在这样一种理念之上的:如果论述是正确的,那么人们就应该可以观察到,在人口增长率较高的国家里,在所有其他条件都相同的情况下,人均收入的增长会比较低。

一项为国家研究委员会(National Research Council,1986)所做的研究对上述观点的论据做了深入的评述。结果会像我们所期望的那样吗?一般来讲,研究人员并没有发现人口增长和人均收入之间存在很强的相关性。不过,他们也确实发现:

(1) 较低的人口增长率会提高劳均资本量,并因此而提高劳均生产率;

(2) 较低的人口增长不会导致农业生产率绝对降低,相反,有可能使其提高;

(3) 国家人口密度与规模经济没有密切的联系;

(4) 快速人口增长对可耗竭性资源和可再生性资源都会产生较大的压力。

凯利和施米特(Kelley and Schmidt,1994)随后所做的一项研究发现,"20 世纪 80 年代,已经显现人口增长对人均产出增长具有统计学上显著、数量上重要的负面影响"。该结论与这样一种信念是吻合的,即人口增长最初是有利因素,但是,由于生产规模的约束,人口增长最后会成为一个阻碍因素。凯利和施米特还发现,人口变化的净负面影响会随着经济发展水平的提高而递减,即在相对较穷的国家,影响较大;而在发达国家,影响较小。根据这个分析可知,最需要提高生活水平的人也是受人口增长负面影响最深的人。

快速的人口增长也会加重收入的不平等性。高人口增长率会提高收入不平等性的原因有很多,但是,最重要的原因是会对子女的创收能力以及工资产生抑制作用。

如果时间和金钱预算不变,那么,为子女提供接受教育和培训的能力与家庭中子女的数量成函数关系,即一个家庭的子女越少,这个家庭可用于开发每个子女创收能力的收入占总收入(以及财富,例如土地)的比重就越高。由于低收入家庭的人数往往比高收入家庭多,因此,低收入家庭的子女的生活条件往往更差。结果是,富人和穷人的差距越来越大。

随着子女数量的增加,每增加一个子女的边际成本会发生什么变化?根据表6—2可知,现有的估计数字表明,单子家庭供养子女的支出占家庭总支出的1/4,而三个子女的家庭则要占到1/2。这些估计数字也表明,用在子女身上的总费用会随着家庭收入的增加而增加,但它占净收入的比例却会随着家庭收入的增加而下降。

表6—2　　　　　　　　　抚养子女费用的估计值

研究者及其研究年份	数据年份[a]	抚养子女的平均费用占家庭总支出的百分比		
		一个子女(%)	两个子女(%)	三个子女(%)
Espenshade (1984)	1972—1973年	24	41	51
Betson (1990)	1980—1986年	25	37	44
Lino (2000)	1990—1992年	26	42	48
Betson (2001)[b]	1996—1998年	25	35	41
Betson (2001)[b]	1996—1998年	30	44	52

说明:a. 所有数据都基于联邦劳工统计局消费者支出调查(Federal Bureau of Labor Statistics Consumer Expenditure Survey)的数据估计而得。

b. 贝特森(Betson, 2001)采用了两种稍微不同的方法分别估算了两套数据。

资料来源:Policy Studies, Inc. "Report on Improving Michigan's Child Support Formula" submitted to the Michigan State Court Administrative Office on April 12, 2002. Available on the Web at http: //www. courts. mi. gov/scao/services/focb/formula/psireport. htm/.

人口增长与收入不平等性的另一个联系产生于人口增长对劳动力供应的影响。高人口增长率可以更快地提高劳动力的供应量,从而抑制工资率以及利润率的增长。由于与富人相比,低收入者的收入更倚赖于工资,因此,这种影响也会增加收入不平等的程度。

历史学家彼得·林德特(Peter Lindert)在对美国的历史记录进行

深入的评述之后，得出结论认为：

> 我们有充分的理由相信，过高的生育率可以通过提高收入的不平等性来影响劳动力的规模和"素质"。人口生产与移民一样，往往会通过降低家庭和公立学校花在每个孩子身上的资源量来降低劳动力的平均"素质"。劳动力素质在历史性的改进进程中曾停滞不前，以至于阻碍了普通工人与技工和财富所有者在收入上的相对比例的提高。(p.258)

林德特对美国历史记录的解释，对发展中国家似乎也是合理的。国家研究委员会的研究曾发现，较低的人口增长率会降低收入的不平等性，并且会提高子女的教育和健康水平。快速的人口增长和收入不平等性之间的这种联系，为我们控制人口增添了强有力的新动力。较低的人口增长可以降低收入的不平等性。

6.4　人口与环境的联系

历史上，人口增长也一直被看做环境恶化的一个主要原因。如果有事实根据，那么它可以为控制人口提供又一个强有力的理由。事实根据是什么？

就单一国家而言，在人口密度（尤其是伴随着贫困）的负面影响方面，业已显现出某种富有说服力的事实根据。世界上有些地方的林地，由于要砍伐树木为新增人口提供燃料，或是转做农地以满足食物的供应，其面积正在缩小。一些土地传统上都要休耕 7 年或更长时间，以休养生息，然而，现在却迫不得已，在土地没有完全恢复之前就要用于耕种。

由于人口膨胀而土地没有增加，后代人必须高强度使用现有土地进行生产，或是将边际土地用于生产。世袭制常常会将家庭所有的土地分割给他们的孩子们（一般都只分配给男孩子）。经过几代之后，地块会变得越来越小，越来越精耕细作，以至于不能为一个家庭提供足够的食物。

迁移到边际土地上也存在很多问题。通常这些土地之所以撂荒自有它的道理。很多这样的土地很容易受到侵蚀，随着表层土壤以及其中所含的养分被冲刷掉，这些土壤退化非常严重。迁移到海岸地带，起初土壤肥沃，生产率很高，但由于地理位置的原因，这些地方很容易遭到飓风所产生的巨浪的破坏。

从长期的角度思考，我们有必要将具有反馈效应的某些知识一并纳入考虑。对土地的最初污染会产生一种正反馈效应（自增强效应）还是负反馈效应（自限制效应）呢？（参见争论6.1"人口增长会不可逆地恶化环境吗？"）

争论6.1　人口增长会不可逆地恶化环境吗？

传统上，这个领域的研究一直集中在两个竞争性的假设之上。

丹麦经济学家埃斯特尔·博斯鲁普（Ester Boserup）提出了一种负反馈机制，这就是著名的诱致性创新假设（induced innovation hypothesis）。按照她的观点，人口增加会引发对农产品需求的增加。随着土地相对于劳动变得更加稀缺，对农业创新的激励会逐渐地增多。而且，为了满足人们对食物的需求，这种创新会导致更加集约，然而也是更加可持续性的土地管理技术的发展。在这种情况下，环境恶化是自约束的，因为人类具有的创造天赋能够找到更集约但又不会引发土地退化的耕种方式。

相反的观点被称之为向下螺旋假设（downward spiral hypothesis），该观点认为，存在某种正反馈机制，在这种正反馈机制中，土地退化会引发退化的加剧，使问题变得更糟。例如，有些穷人发现，他们用完了当地的木材燃料资源，因此，他们必须到更远的地方采伐他们需要的木材。采伐既定数量的木材所需要的时间就会增加。这些家庭对采伐木材时间成本增加的一种反应方式就是通过生养更多的孩子来增加这个家庭的总可用劳动时间。虽然这个策略从每个家庭的角度看，短期是有意义的，但是，它恰恰加重了整个社会的木材稀缺性问题。

很显然，这些截然不同的观点对人口在环境退化中的作用具有迥异的含义。证据表明，哪种观点是正确的？

尽管对此问题的研究非常少，但是，二者哪个也不占上风。很明显，反馈机制的性质是具体问题具体分析。彭德（Pender，1998）利用一个理论上相当普通的模型进行分析，结果发现两种情形都有可能出现——必须视具体条件而定。蒂芬和莫蒂莫尔（Tiffen and Mortimore，2002）发现，由于人口增长，田块会变得越来越小，一些人会迁移到新的地方或是改行做别的事，而其他人则试图提高单位土地的产出（作物或牲畜）价值。按照他们的观点，典型国家和地区的长期数据为负反馈机制（像博斯鲁普假设所预言的那样）提供了某种证据。案例所揭示的小农场自适应策略包括"提高生育率、保护水源、管理树木、增加牲畜并且充分利用日益变化的市场的技术"。然而，他们也发现，在改良土地和提高生产率方面的投资会受到贫穷的制约。

集约利用土地，即便是可持续性的，也不一定意味着贫穷就会减少。尽管农业集约化非常成功，但是，我们在6.3节中论述的所有效应（包括劳动力供应增加会使得工资下降、对每个小孩的投资更少、依存率的上升以及储蓄的递减）都能够阻碍减贫，由此对引致创新施加了一个减速阀。因此，创新能够产生（并且已经产生），但它肯定不会自动地产生。

经济发展是传统的扶贫手段。那么，经济发展会对人口增长产生什么反馈效应呢？经济发展和降低人口增长对环境的压力的目的是协调一致的，还是相互冲突的呢？下一节中，我们将论述这些问题。

6.5 经济发展对人口增长的影响

迄今为止，我们已经分析了人口增长对经济发展的影响。现在，我们分析与其相反的一对关系。经济发展会影响人口增长吗？表6—1表明，这种影响是存在的，因为高收入国家往往是以较低的人口增长率为其特征的。

我们可以通过某些进一步的事实来强化这一观念。大多数工业化国家业已经过了人口增长的三个阶段。阐述这一事实的概念框架，我们称之为**人口过渡理论**（theory of demographic transition）。该理论认为，随着国家的发展，它们最终会达到出生率下降的这样一个点，如图6—5所示。

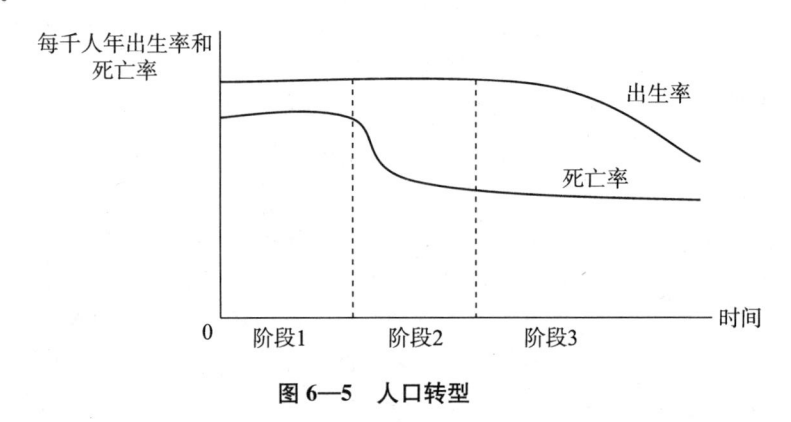

图6—5 人口转型

第一阶段刚好位于工业化之前，出生率很稳定，而且略高于死亡率，它确保了人口增长。第二阶段紧随着工业化的初期，死亡率明显下降，而且出生率不变。死亡率下降会导致期望寿命的明显增加，人口增长率上升。据估计，西欧在第二阶段大致持续了50年。

第三阶段亦即人口过渡时期，出生率明显下降，下降的速度超过了死亡率连续下降的速度。因此，在人口过渡时期，期望寿命进一步增加，但人口增长率比第二阶段小得多。图6—6显示的是智利所经历的人口过渡。你能看出它的三个阶段吗？

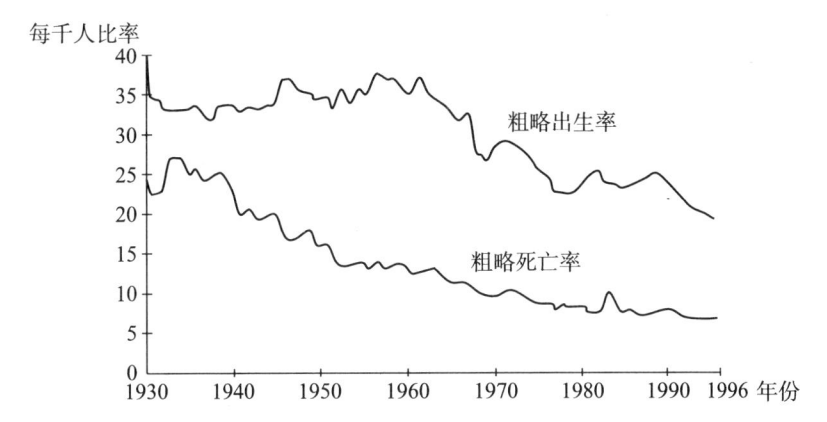

图 6—6　智利人口年出生率、死亡率和自然增长率，1929—1996 年

资料来源：*International Historical Statistics：The Americas*（1750－1988）(New York：Stockton, 1993)：76 and 78，*1993 Demographic Yearbook*（United Nations 1995）：294 and 321；*1997 Demographic Yearbook*（United Nations 1999）：373 and 403.

人口过渡理论用于指导未来的一个明显的缺陷在于——没有考虑艾滋病对死亡率的影响。人口过渡理论假定，随着经济的发展，死亡率会随之下降，期望寿命会随之增加，人口会随之增长，直至出生率下降。艾滋病在某些撒哈拉以南非洲国家如此流行，以至于死亡率大量增加，期望寿命明显下降，由此导致人口下降而不是增加。按照美国人口普查局的调查，博茨瓦纳、南非和赞比亚就属于这种情况。

人口过渡理论在死亡率已经下降的国家也适用，因为它认为人口增长的下降可以伴随着生活水平的提高而产生，至少从长期的角度看是如此。然而，它也还留下了许多问题没有解答：出生率为什么会下降？这个过程会加速吗？低收入国家会随着生活水平的改善而自动地经历人口过渡吗？工业化或设计良好的农业生产体系是解决"人口问题"的可能之道吗？

为了回答这些问题，我们有必要先深入地了解一下潜藏在人口过渡背后的变化原因。一旦我们知晓并理解了这些原因，我们就可以应对自如，并产生最大的社会效益。

6.6 控制人口的经济途径

当前的人口增长率是有效的吗？是可持续性的吗？在具体的自然资源背景中（例如生产足够食品的能力）处理可持续性的问题非常容易，因此，我们将在随后的章节中深入分析这些问题。

然而，人口增长会降低人均收入并不足以证明就存在某种无效率状态。如果减少的产出完全由增加人口的家庭来负担，那么，这种降低就表示，父母宁愿牺牲生产也要生养更多的孩子。生养更多的孩子所获得的净效益应该超过因人均产量下降而造成的损失。

为了确定人口控制是否有效，我们必须发现任何可能的对待人口过度的行为倾向。父母总会作出有效的生育决策吗？

否定的答案似乎更合理，原因有三：第一，生育决策对社会产生了外部成本；第二，与生养孩子有关的关键商品或服务的价格可以是无效率的，因此会发出错误的价格信号；第三，父母对控制生孩子的恰当方法或许不完全熟知，或是没有合理的渠道掌握节育的方法。

这里我们立即便可以看出两个产生市场失灵的原因。给某个有限的空间增加更多的人会产生"拥挤的外部性"，即由于试图按高于合理容量的强度利用资源而产生的较高的成本。例如，人口太多，而可耕种的土地又太少；某一条道路的游客太多。如果将资源存量看做可免费使用的公共财产，成本还会进一步增加。而且，如上所述，人口高增长可以加剧收入的不平等性。收入平等也是一种公共物品。在某种程度上享受现存的收入平等这种公共物品，人口作为一个整体是不能被排除在外的。此外，收入平等是不可分割的，因为在一个既定的社会里，所有国民的收入分配方式都是一样的。

为什么个人会关心其本身的不平等性而不是只关心他自己的收入呢？即便不考虑对他人某种纯粹的人道关爱，尤其是对穷人，人们也会关心不平等性，因为不平等性会造成社会紧张。当社会处于紧张状态时，它就不适于人类居住。

显然，现代社会存在降低收入不平等性的愿望。为了实现这种愿望，大量的私人慈善组织业已建立起来。不过，由于收入不平等性降低是一种公共物品，所以，我们也知道不能依靠这些组织将不平等性降低到整个社会认为合理的水平。

在作生育决策时，父母们既不可能考虑更多的孩子对收入不平等性的影响，也不会考虑拥挤的外部性。对于每个家庭很合理的决策，最后将导致人口过于膨胀。

关键商品的价格过低，也会产生某种人口膨胀的倾向。主要包括两方面：食物成本和教育成本。将食物价格控制在市场价格以下，以此来补贴食物，这种做法在发展中国家很常见。只要政府补贴可以维持正常的供应量，那么，食物价格低于正常价格就会人为地降低养育子女的成本（我们将在第11章中详细论述这个问题）。[3]

另一个是教育成本。初等教育通常都由国家利用税收的资金来资助。这并不是说父母不支付这些成本，他们确实也承担了一部分。确切地讲，父母的贡献通常与他们生养的孩子数没有关系。不管父母是生两个孩子，还是10个，或是不生孩子，他们缴纳的教育税通常都是一样的。因此，对于某一对父母而言，他们的边际教育支出（即多一个孩子额外增加的教育成本）肯定低于教育孩子的真实社会成本。

遗憾的是，在对这些外部性的实证重要性评价方面我们研究较少。尽管我们缺乏证据，但是，在许多（即便不是大多数）国家中，控制人口的好处是显而易见的。

控制人口是一项很艰巨的任务。在许多文化中，生育孩子的权利被认为是不受外部影响的不可剥夺的权利。印度总理英迪拉·甘地（Indira Gandhi）20世纪70年代就是因为她的积极和直接的人口控制政策而落选。尽管随后她重新获得了她的地位，但其他民主国家的政治人物绝不会忘记这一点。在当时，"一个家庭不要超过两个孩子"这句口号在政治上并不是很得人心。有些人在精神上、体力上和经济上都足以养活一大家子人，因此，这句口号在当时被看做对他们的权利的不道德的侵害。

不过，可以证明，没有控制人口的增长对生活质量的提高是极其有害的，在人口高增长的低收入国家尤其如此。帕塔·达斯古普塔（Partha Dasgupta, 1993）描述了它可能产生的长期的、有害的作用：

> 孩子生于贫困，长于贫困。大部分人营养不良，他们目不识丁，发育不良且身体虚弱。营养不良会阻碍他们的认知能力（往往是神经上）的发育和发展……

那么，一个民主国家又会做什么呢？它能够让每个家庭灵活地选择家庭规模而又达到控制人口增长的目的吗？

成功地控制人口涉及两个要素：(1) 降低期望的家庭规模；(2) 充分接受计划生育信息和避孕方法，以使期望的家庭规模得以实现。

人口控制的经济途径可以通过降低期望的家庭规模，从而间接地达到控制人口的目的。通过认识期望的家庭规模的影响因素并且改变这些因素,我们就可以实现这个目的。为了采取经济途径控制人口,我们需要知道,生育决策是如何受到每个家庭所处的经济环境影响的。

试图从经济视角评价生育决策的决定因素,我们称之为**生育的微观经济学理论**(microeconomic theory of fertility)。该理论的出发点就是将子女看做耐用消费品。主要观点是:对子女的需求曲线,与其他更常规的商品一样,是向下倾斜的。在其他条件都相同的情况下,养育孩子越贵,需求的数量就越少。

有了这个出发点,我们就可以按照传统的供需理论来分析生育决策,如图6—7所示。我们将指定一个初始状态,即没有采取任何控制措施,这时我们令边际效益为MB_1,边际成本为MC_1,边际效益等于边际成本。这时,子女期望数等于q_1。需要注意的是,根据分析可知,通过向内移动边际效益曲线到MB_2,或是向上移动边际成本曲线到MC_2,或是两者同时移动,都可以使得子女期望数下降。

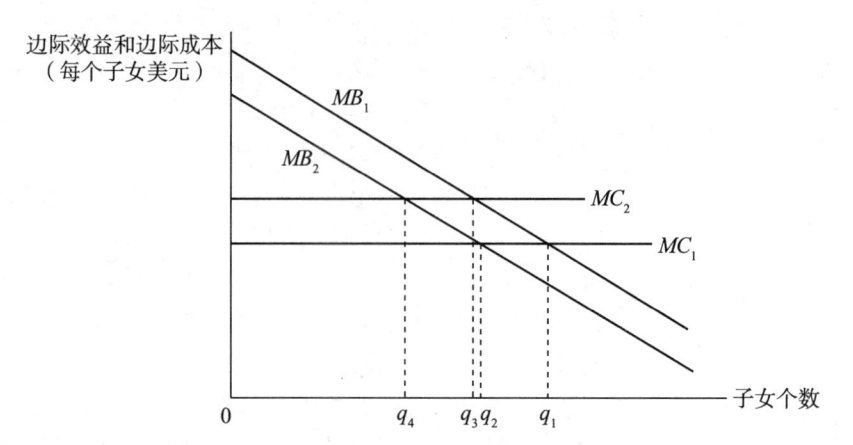

图6—7 子女的边际效益和边际成本

现在我们分析需求曲线。为什么需求曲线在人口过渡期间可以向内移动呢?有以下几方面的原因:

(1)从农业经济向工业经济转变的过程中,子女的生产率会下降。在农业经济中,多一双手就多一份力;但是,在工业经济中,童工法使得子女对家庭的贡献明显下降。因此,对子女的投资需求就会下降。

(2)在储蓄体系很原始的国家里,一个人为老人提供保险的途径极少,只有靠多生孩子来养老。乍看上去,我们不应该将子女看做一种社会保障体系,但是,在许多国家,它们恰恰是如此。如果提供一些替代的办法为老年人提供保障,增加子女的边际效益就会下降。

(3)一些国家妇女的社会地位几乎只是按照她生育的子女数来确定的。如果人的社会地位与期望的家庭规模正相关,那么多生子女就可提高边际效益。

（4）婴儿死亡率下降也会使边际效益曲线向内移动。当婴儿死亡率很高时，人们就必须生更多的孩子以确保子女的期望数。

（5）某些证据也表明，经济增长会使得边际效益曲线向内移动，它的移动量取决于与发展相关的就业增长在社会成员中分享的方式。一些国家尽管人均收入水平很低，但已经进入了生育率持续下降的典型时期，它们通常以收入分配相对均匀、增长效益相对共享为其特征。韩国1960—1974年，生育率出现了明显的下降，这就是最好的历史说明。

期望的家庭规模也会受到养育子女的成本变化的影响。抚养孩子的成本变化可以作为控制人口的一个手段。

（1）抚养子女的一个主要成本就是母亲的时间机会成本。通过提高妇女的受教育机会和劳动力市场机会，抚养子女的机会成本就会提高。于是，由于结婚年龄的后推，子女期望数会下降，现实生育率也将受到影响。

（2）随着社会的城市化和工业化，住房空间变得更加昂贵，因为特定位置的住房需求更为集中。因此，虽然在农村，多生孩子所需的额外空间成本很低，但在城市里，成本很高。

（3）子女给父母产生的成本在很大程度上也会受到教育成本的影响。国家通过普及义务教育，努力降低文盲率，这也可能会提高抚养子女的成本。这些成本的提高，不仅因为在子女教育方面会直接增加父母的开支，而且也因为子女上学而不做工从而会放弃收入。

（4）随着经济的发展，父母通常也需要接受更多的教育，并且需要为他们的子女提供更高素质的教育。由于教育资助体制的不同，素质教育也会提高每个孩子的成本，即便某个既定的素质教育水平的成本不提高，情况也会如此。

所有这些为人口控制提供了一系列的机会。上面列出的各种理由表示变化的力量很大。不过，我们还是应该小心使用这些方法。引导某个家庭少生少育，但又无法满足这个家庭的一些基本需求（例如老年人保障问题），如果多生子女能够提供这方面的保障，这也是不公平的。

中国所采取的政策可以说明经济激励能够产生多大的作用。在已经发布的规章中，独生子女的父母可以得到健康支出上的补贴；教育、保健和住房上的优先权；食品的额外补贴。与此同时，对于两个以上孩子的父母，如果生第三个孩子，其总收入要下降5%（第四个孩子下降6%，等等）。超过两个孩子的家庭，从第三个孩子开始，就再也不允许进一步获得生前两个孩子时应该获得的补贴。1968年，中国的总生育率为5.97%，到2000年，总生育率下降到了1.8%。

寻求降低生育率的国家没必要都采取这类措施，还可以采取其他一些政策，例如提高妇女地位、提供老年人的保障，以及提供就业机会使得收入分配平均化等。而且，很重要的一点就是，这些政策即使在收入非常低的地区也可以取得成效（参见例6.1"低收入国家实现生育率下降的目标：喀拉拉邦案例"）。

例 6.1 ☞ **低收入国家实现生育率下降的目标：喀拉拉邦案例**

根据常识，低收入国家要实现生育率下降的目标是非常困难的。因此，克服低收入的障碍可能很具启发意义。

喀拉拉邦（Kerala）就是这样一个例子。喀拉拉邦是印度最穷的一个邦，虽然按人均收入计算它在印度几乎垫底，但是，该邦却提前20多年实现了生育率低于置换率的水平，而全印度实现这个目标的年份是2011年。喀拉拉邦总生育率从1951—1961年每个妇女5.6个子女降低到1993年的1.7个左右。

很显然，喀拉拉邦实现了生育率下降的目标，这是因为国家和邦政府注重生殖健康保健、教育（尤其是女性教育）以及为居民提供卫生服务。在这种转变过程中，还有一个关键因素就是，喀拉拉邦妇女拥有较高的社会地位。

然而，社会发展领域的进步并没有推动经济的发展。20世纪80年代喀拉拉邦的人均收入很低，甚至低于全国平均水平。在人力资本和社会资本方面加大投资以刺激经济可持续发展，其目标并没有实现。问题依然如故，它们包括：农业停滞不前、大量的"受过良好教育的"人失业、贫穷依然故我（尤其是部落人群以及孤寡老人）、年轻人中居高不下的自杀率以及持续不断的环境恶化。

印度政府认识到了这些不足，现在正在追寻一条目标更为远大的道路，不仅要改善居民的经济状况，而且还要改善他们赖以生存的环境。新喀拉拉模式以社区为基础，充分调动当地各个部落的知识和热情，实现可持续发展。

尽管现在判断这条新路是否成功还为时尚早，但其前景令人鼓舞。例如，一个项目已经解开了横亘于降低土地利用强度和降低劳动生产率之间的死结。从1988年开始实施后两年，该项目不仅使得农业集约化程度提高了，而且创造了许多就业机会，环境恶化的湿地也得到了恢复。这种制度创新在经济上很明显已经惠及参加这个项目的劳工和农民。

这是一个值得继续关注的实验。

资料来源：S. Irudaya Rajan and K. C. Zachariah. "Long-term Implications of Low Fertility in Kerala, India," *Asia-Pacific Population Journal* Vol. 13, No. 3 (1998): 41 - 66; René Véron. "The 'New' Kerala Model: Lessons for Sustainable Development," *World Development* Vol. 29, Issue 4 (April 2001): 601 - 617.

对采用经济途径控制人口的效果进行评价的研究发现：（a）家庭财富越多，可提供的教育水平就越高，健康状况也越好；（b）母亲的时间价格上升对避孕服务的需求具有正面影响，对生育率具有负面影响；（c）父亲收入价值的上升对整个家庭规模、子女健康以及教育都具有正面影响；（d）母亲上学年限增多对生育率和儿童死亡率具有负面影响，但对

子女的营养和就学具有正面影响。

增强妇女能力的一种方式就是增强她们获取收入的能力。增强获取收入能力的一种典型方式就是在人力资本（教育和培训）或实物资本（织布机、农机设备等等）上加大投资，所需资金通常可以从银行获得。为了使风险最小化，银行一般会要求担保抵押，即在无法归还的情况下，可以变卖抵押品，代替借贷的收益。在许多发展中国家，妇女都不允许拥有财产，因此她们没有抵押品。其结果是，传统的信用机制向她们关上了大门，良好的投资机会不得不被放弃。

解决这个问题的一个富有创新意义的方法是由孟加拉国格莱珉银行（Grameen Bank）提出来的。该银行采用同伴间的监督而不是抵押品来降低拒绝还款的风险。小额贷款发放给单个妇女，她是某个小组的成员，每个小组的成员数约为5人。如果这个小组的所有成员都还清了贷款，那么，这个小组的成员就有资格再贷款。如果该小组的任何一个成员没有还钱，那么，所有的成员都没有资格再贷款，除非还清全部贷款。据报告，这样做不仅还款率非常之高，而且这些贷款使得妇女获取收入的能力大大提高，并且增强了计划生育项目的效果（参见例6.2"提高收入，控制生育：孟加拉国"）。

例6.2 ☞ 提高收入，控制生育：孟加拉国

在孟加拉国，格莱珉银行以及其他一些组织已经开始将计划生育和促进妇女增收的项目结合起来。这些项目依靠贷款人相互之间的监督，鼓励她们偿还小额贷款，并且已经取得了成功，贷款偿还率达到了96%～100%。这个结果表明，信用已经与生产性的自我就业、收入增加、资本积累以及满足贫穷的借款人的基本需求紧密地联系起来了。

参与小额贷款的妇女可以参加许多增收活动，以便她们偿还贷款。这类活动包括：稻谷除壳、家禽饲养、编织、饲养山羊以及园艺。除此之外，政府通过三项计划为其他社会发展活动提供辅助，例如公共卫生、卫生保健、营养、职业教育以及全民教育等都得到了政府资助。计划生育在小组会议、贷款讲习班以及培训班上讨论积极，而且成为例行性的内容，这些都得到了有关部门的支持。

这个案例的结果表明，在增收项目的获益人中，（通过全民教育以及与工作人员的小组会议获取的）避孕知识以及不再生更多孩子的期望比对照组都高。项目受益人中当前采取避孕措施的比例达到60%，对照组只有38%。而且，大约有80%的受益人不希望生更多的孩子，对照组只有63%。

不管受教育背景如何，增收项目都提高了避孕妇女的人数。有超过50%的没有参加全民教育的妇女现在采取了避孕措施，而对照组的比例只有38.4%。这表明，增收项目对计划生育以及避孕的需求产生了独立的影响作用。

资料来源：J. Chowdhury, Ruhul Amin, and A. U. Amhed. "Poor Women's Participation in Income Generating Projects and Their Fertility Regulation in Rural Bangladesh: Evidence from a Recent Survey," *World Development*（April 1994）：555－564；网址：http：//www.colby.edu/personal/thtieten/pop-ban.html。

在人口增长、儿童营养以及健康等方面，这些研究表明，在第三世界国家，大量小额贷款资金的回收，使得妇女成为追求生活质量改善的重要力量。劳伦斯·萨默斯（Lawrence Summers）当时是世界银行的首席经济学家，根据他的报告（Lawrence Summers，1992），发展中国家发电厂的投资回报率（一般投资）平均低于4%，而给女孩的教育投资回报率则高达20%以上。

联合国人口基金（the U. N. Population Fund）执行主任纳菲斯·萨迪克（Nafis Sadik）如是说：

> 妇女在多大程度上可以自主地作出影响她们生活的决策，这一点不仅对贫穷国家的未来很关键，而且对富国也是如此。妇女既是母亲，也是食物、燃料和水的生产者或供应者，又是商人和制造商，还是政治和社会的领袖，她们将处于变革进程的中心位置。(p.3)

然而，如果缺少获得计划生育信息和避孕措施的途径，那么，只是期望降低家庭规模是不够的。计划生育项目的合适程度，即使是相同大陆不同的国家之间的差异也很大。当然，在信息渠道畅通且很容易采取避孕措施的地方，生育率已经下降，尤其是妇女可以接受良好教育且充满机遇的地方更是如此。

6.7 小结

近年来，世界人口增长已经明显放缓。在德国，人口已开始下降，预计在不远的将来，许多北欧国家的人口也将开始下降。现在，美国的总生育率低于人口置换率。如果再持续若干年，美国也将迎来一个人口零增长或负增长的时代。

这些正体验人口下降的国家也将经历人口平均年龄的上升。人口向老龄化的过渡可以提高劳动力占总人口的比例，并且让更多的财富集中使用到子女的营养、健康和教育上来，因此，它将促使人均收入的增长。

如果所有方面都一样，那么，人口增长缓慢也有助于降低收入的不平等性。总体上说，低收入家庭感受尤其明显，尤其是那些人口多的家庭。低收入家庭的收入增长比高收入家庭快，这种趋势会受到劳动力供应效应的进一步加强。通过避免劳动力的过度供应（过度供应会造成工资下降），人口增长缓慢有利于工薪阶层。对于低收入家庭而言，工资是其收入的重要来源。

总之，虽然人口增长不是不可持续性的唯一原因，抑或是不可持续性的一个最重要的原因，但可以肯定的是，人口增长在不可持续性方面扮演着重要角色。如果经济活动存在某个最高水平，在这个水平上，经济可以在不破坏其赖以发展的资源基数的条件下持续发展，那么，人口增长就将决定人们如何分享经济活动的成果。虽然全球人口减少可以提高人均生活水平，但是，现在人口如此之多，我们只能勉强维持生计。

讨论题

1. 在美国，不同的民族之间，生育率差异很大。例如，黑人和说西班牙语的美国人的生育率高于平均水平，而犹太人则低于平均水平。这可能是由于不同的民族信仰造成的，但是可能也有经济的因素。你如何利用经济学的知识来解释这些生育率的差异呢？你可以做一个什么实验来观察一下你的解释是否具有合理性呢？

2. 人口生产的微观经济学理论提供了一种机会，以确定为不同的目的而设计的公共政策是如何影响人口的生育率的。指出一些对生育率具有某种影响的公共政策（例如对有私房的人给予补贴或是对日托的家庭给予补贴），并且说明它们之间的关系。

练习题

1. 某种教育是由财产税资助的，而其他一些形式的教育则是通过替每个学生交学费的形式来资助的。试想某个社会的教育需要增加投资。假设每个家庭筹集到的钱款相同，请问：不管教育体系是由财产税资助的还是通过学费的方式资助的，提高教育成本对孩子的期望数的影响会一样吗？利用人口生产的微观经济学理论找出预期的影响。

2. "根据人口过渡理论，工业化会降低人口增长率。"请讨论之。

进一步阅读的材料

Dasgupta, Partha. *An Inquiry into Well-Being and Destitution* (Oxford: Oxford University Press, 1993). 这是一本奠基性的著作,全面分析了贫穷产生和加重的原因,包括人口增长。

Kelley, Allen C. "Economic Consequences of Population Change in the Third World," *Journal of Economic Literature* Vol. 26 (December 1988): 1685-1728. 这是一篇精彩的文献综述,包括一份详尽的参考书目。

Kelley, Allen C., and Robert M. Schmidt. "Population and Income Change: Recent Evidence" (Washington, DC: The World Bank, 1994). 该文对人口增长与经济发展之间的关系所蕴涵的理论和论据做了精彩的评述。该文还包括一些实证研究的原始数据,揭示了一些截然不同的新的人口变化模式。

Simon, Julian. *Population and Development in Poor Countries: Selected Essay* (Princeton, NJ: Princeton University Press, 1992). 这是一本论文集,作者大都是支持中等(与零增长和高增长对照)人口增长有助于发展中国家这种观念的。

【注释】

[1] 有关的人口增长率数据可以在下述文献中找到:World Resources Institute. *World Resources: 1998-1999* (New York: Oxford University Press, 1999): 244-245.

[2] World Resources Institute. *World Resources: 1998-1999* (New York: Oxford University Press, 1999): 246-247.

[3] 应注意,如果食物是国内生产的,而且价格控制效应会降低农民从农作物中得到的价格,那么,这种效应也会降低农村地区对子女的需求。(为什么?)

第 7 章 可耗竭、可更新资源的配置：综述

> 我们的整个智力系统、我们的一般思想和规律、固定对象和外部对象、原则、人以及神，有这么多具有象征意义的、代数式的表达方式。它们象征着经验；一种我们没有能力保持并测量其各式各样的紧迫性的经验。假如我们不设法使自己不沉沦，并依靠这些智力手段指导我们前进的方向，我们就会挣扎于绝望之中，就像动物一样。理论可以帮助我们克服对事实的无知。
>
> ——乔治·桑塔亚纳（George Santayana）：
> 《美的感觉》（*The Sense of Beauty*）（1896 年）

7.1 引言

当可耗竭资源的有限存量变得稀缺时，社会将作何反应？是否可以预料自我约束反馈机制将推动其向某个可持续性的稳定状态过渡呢？还是自我强化反馈机制会使得系统超过资源基数，最终使得某种社会性的

崩溃更为合理呢？

通过对有效决策和利润最大化决策的含义的研究，我们可以寻找出问题的答案。按照效率原则和利润最大化原则作出的决策各自代表了哪种类型的反馈机制呢？它们是与某种平稳的过渡协调一致的，还是更有可能产生过度利用甚至崩溃的结果呢？

我们分步来探讨这个问题。首先定义并讨论一个简单但十分有用的资源分类方法（分类体系），并对忽略这个分类体系的特点所引发的危险性作出解释。我们将对任何有效配置必须满足的条件作出分析，并利用数学例子说明这些条件的含义，在此基础上，对某种可枯竭性资源在没有可更新的替代品时的有效配置作出说明。

首先分析可更新资源可能存在的一种最简单情形，即资源供应量和丰足度固定不变且开发的边际成本固定不变。太阳能以及可补充的地表水资源就是两个大致符合这个条件的例子。我们将这种可更新资源模型和基础性的可耗竭资源模型结合起来，以突出这两类资源的有效开采路径，这里我们假定它们是完全可替代的。我们要分析这些有效路径是如何受到成本函数性质以及市场开采路径的性质变化的影响的。在有或没有可更新替代品时，市场是否能够产生一种动态有效的配置，这为我们提供了一个分析的重点。我们在随后的章节中将运用这些原理分析能源、粮食和水资源的配置，而且也要使用这些原理作为一个基础，为可更新的生物种群（例如鱼类和森林）构造更完善的分析模型。

7.2　资源分类法

三个独立的概念可以用于对可耗竭资源存量进行分类：（1）现有存量；（2）潜在存量；（3）资源禀赋。在美国，地质调查局（Geological Survey, USGS）是官方负责保存美国资源数据的部门，该局提出了一套资源分类体系，如表7—1所示。

注意，表7—1有两个维度：经济维度和地质维度。从上往下表示开采成本从低到高；从左到右表示资源总量规模的不确定性由低到高。

按照定义，**现有储量**（current reserves，表7—1的阴影部分）是指按照当前的价格开采有利可图的已知资源，资源量可以用数字表示。

另一方面，**潜在储量**（potential reserves）准确地讲是一个函数，而不是一个数值。潜在的有效储量的大小，取决于人们愿意为这些资源支付的价格，即价格越高，潜在储量也越大。例如，通过强化回收技术（例如向油井注入溶剂或蒸汽以降低石油的密度），从现有油井可以回收的额外油量的研究表明，随着价格的上升，经济上可以回收的石油量也会增加。

表 7—1 资源分类体系

资源					
	已探明资源			未探明资源	
	已证明资源		推算的资源	假设性资源	推测性资源
	已证实资源	已显示资源			
经济性	存量				
亚经济性 泛边际性					
亚经济性 亚边际性					

术语说明：

已探明资源（identified resources）：地点、品质、数量业已被地质学证实，并且得到工程测量的含矿物质的具体资源；

已证实资源（measured resources）：根据地质上著名的样点，品质和数量的估计值介于 20% 误差以内的资源；

已显示资源（indicated resources）：通过样品分析和合理的地质预测，估计了品质和数量的资源；

推算的资源（inferred resources）：已证实资源中，基于地质预测但尚未勘探的资源；

未探明资源（undiscovered resources）：根据宽泛的地质学知识和理论推测存在的含矿物质未探明的资源；

假设性资源（hypothetical resources）：在某个已知地质条件下的某个已知矿区预测应该存在的但尚未发现的资源；

推测性资源（speculative resources）：在合适的地质条件下，已知类型的矿藏，或者矿藏的类型尚未明确时尚未发现的资源。

资料来源：U. S. Bureau of Mines and the U. S. Geological Survey. "Principle of the Mineral Resource Classification System of the U. S. Bureau of Mines and the U. S. Geological Survey," *Geological Survey Bulletin* (1976)：1450-A.

资源禀赋（resource endowment）表示地壳中自然存在的资源量。由于价格与资源禀赋的规模无关，因此，资源禀赋是一个地质学概念，而不是一个经济学概念。这个概念很重要，因为它表示的是陆地资源有效性的上限。

　　这三个概念的区别也是非常明显的。不注意这些区别很容易产生一个常见的错误，即将现有储量的数据当成最大的潜在储量的数据来使用。这个本质性的错误会使得我们大大地低估资源枯竭所需要的时间。

　　另一个常见的错误是，认定在人们愿意支付的某个价格条件下，整个资源禀赋与潜在储量一样是可利用的。很显然，如果价格可以无限大，那么，整个资源禀赋可能都会被开采。然而，无限大的价格是不可能存在的。

　　我们在第14章中将论述，某些矿产资源开采的成本是如此之高，以至于任何当代或未来社会愿意支付其开采所需的价格都是不可思议的。因此，潜在储量的最大可开采量似乎很可能小于资源禀赋。尽管我们在第14章中对现有的证据做了评述，但是，潜在存量的最大可开采量究竟比资源禀赋小多少，我们至今还不能确切地认定。

　　资源类别之间的其他一些区别也很有用处。第一类包括所有可耗竭可再生资源，例如铜。**可耗竭资源**（depletable resource）是指天然补充反馈回路确实可以忽略不计的资源。这些资源的补充率很低，在任何合理的时间范围内都不具有扩大储藏量的潜力。

　　可回收资源（recyclable resource）是指这样一种资源，即尽管它当前用于某种目的，一旦这一目的不再是必需的或人们所期望的，那么，就会以某种形式存在，使得其物质可回收。例如，汽车废弃在废旧汽车堆放场后，汽车上的铜线可以回收。资源再生的程度是由经济条件决定的，我们在第9章中将论述这个话题。

　　一种可耗竭可再生资源的现有储量可以通过经济补给的方式，即再循环利用，而得到扩大。经济补给的形式很多，其共同的特征就是将原先不可恢复的资源转化为可恢复的资源。价格是这种补给的一个明显的刺激物。随着价格的上升，生产者会发现，更大范围的开采、挖掘得更深、使用较低含量的矿石等等都会有利可图。

　　高价格也会促进技术进步。技术进步只不过意味着知识状态的某种增进，有了这种知识，我们就能够做过去没有能力做的事情。尽管存在争议，我们仍然能够发现，核能的成功利用就是一个具有深远意义的例子。

　　事情的另外一面是，可耗竭可再生资源的潜在储量可能会枯竭。影响资源枯竭速率的因素包括资源制成品的需求及其耐用性以及重复利用这些制成品的能力。只要其需求不是完全富有弹性的（即对价格敏感的），价格提高一般都会使得需求量下降。耐用性产品使用的时间较长，它会降低对新制成品的需求。可重复利用的制成品可以替代新制成品。可重复利用的软饮料瓶就是商业方面的一个例子，而跳蚤市场（销售二手货的市场）则是家居市场方面的又一个例子。

对于某些资源，其潜在储量的大小取决于我们储藏它们的能力。例如，氦通常是与天然气混杂在一起的。在开采和储藏天然气时，如果没有同时将氦固定并存储起来，那么，氦就会扩散到空气中。于是，氦的浓度就会变得很低，我们再以当前的甚至未来的可能价格，从空气中抽提氦就会变得很不划算。因此，氦的可用存量关键取决于我们决定要储藏的量有多少。

并不是所有可耗竭资源都允许再循环或重复利用。可耗竭能源，例如煤、石油和天然气，用完了也就消耗掉了。这些资源一旦被燃烧并转化成热能，就会以热能的形式消散到大气中，并变得不可恢复。

可耗竭资源的禀赋、规模是有限的。对于可耗竭不可再生资源而言，当前使用了，未来就不能再使用，因此，我们要非常直白、毫不客气地提出这样一个问题：代际之间如何分享这些资源？

可耗竭可再生资源也会产生同样的问题，只是没有那么明显而已。资源的可再生性和重复利用使得资源的有效存量可维持更长时间。如果可耗竭可再生资源能够100%循环利用就好了，这样，这类资源就可以永远利用下去，遗憾的是，循环利用的物理理论上限不可能超过100%，即我们在第2章中定义的熵律的另一种解释。在循环过程中，总是会有一些物质质量被消散。

例如，铜币可以再熔解为铜，但是，铜币使用过程中摩擦掉的部分不可能再恢复。只要再循环的质量不等于100%，有效存量最终必将归结于0。即便对于可耗竭可再生资源而言，有效存量的累积量也是有限的，当前对这种资源的消费模式对后代仍然具有影响。

可再生资源（renewable resources）与可耗竭资源不同，主要是因为可再生资源的自然补给可以扩大它的流量，扩大的比率不可忽略不计。太阳能、水、粮食、鱼类、森林以及动物都属可再生资源。因此，尽管不那么绝对，这些资源的流量能够永久地维持下去还是有可能的。[1]

对于某些可再生资源而言，流量的延续时间和数量取决于人类。土壤侵蚀和养分损耗会降低食物的流量；过度的捕捞会减少鱼类的存量，并进而降低鱼类种群自然增长率；新闻纸可以循环利用。还有很多其他例子。对于其他一些可再生资源而言，例如太阳能，其流量与人类无关。一代人的消耗并不会减少其后代可以消耗的量。

有些可再生资源可以储藏，有些则不能。对于那些可以储藏的资源而言，资源的储藏为资源在时间上的配置提供了一种颇为有用的方式。我们不能只是受制于自然资源原始存量的衰退。保存不当的食物会迅速腐烂，但如果储存得当，则可以用于应饥荒之需。没有存储的太阳能会辐射到地球的表面以外，并且消散于大气之中。尽管存储太阳能的方式多种多样，但最常见的自然的存储形式就是通过光合作用将太阳能转化为生物质。

可再生资源的存储通常不同于可耗竭资源的存储。存储可耗竭资源只是延长其经济寿命；而在另一方面，存储可再生资源则可以作为消除周期性的供需不平衡的一种途径。富余的资源可以存储起来，以备亏空的时候使用。储存食品以及利用大坝储藏水能就是两个相似的例子。

与管理可耗竭资源不同，管理可再生资源提出了一个挑战，但是二者同样重要。对于可耗竭资源而言，这种挑战就是如何在代际间配置逐渐减少的存量，从而使其最终向可再生资源过渡。而对于管理可再生资源而言，这种挑战只涉及维持一个有效的、可持续的流量。我们在随后的 6 章中将论述经济上和政治上是如何应对尤其重要的资源引发的挑战的。

7.3 代际间的有效配置

如果要判断市场配置是否恰当，我们必须弄明白，效率与可耗竭和可再生资源配置的管理之间的关系。因为资源在时间上的配置是一个关键的问题，因此，动态效率就成为了核心概念。动态效率评价标准假定社会的目标就是要使得来自资源的净效益现值达到最大化。对于一种可耗竭且不可再生的资源而言，这就要求对资源的利用在当前和未来之间作出权衡。为了回顾动态效率评价标准如何定义这种平衡，我们首先将详细论述我们在第 5 章中介绍的非常简单的两期模型。我们将阐明如何将两期模型分析的结论推广到更长的时间范围以及更复杂的情形。

两期模型的回顾

在第 5 章中，我们界定了这样一种情形：一种数量有限的资源在两期上的配置，且该资源可以按不变的边际成本进行开采。由于这种资源的需求曲线是稳定的，资源的有效配置是指将多于一半的资源配置给时期 1，而配置给时期 2 的资源少于一半。有效配置方式既受边际开采成本影响，也受边际用户成本影响。

由于可耗竭资源的供应量是固定的、有限的，因此，今天多生产 1

个单位也就意味着明天少生产1个单位。因此，今天的生产决策必须考虑未来将被放弃了的净效益。边际用户成本就是代际间平衡的机会成本的度量标准。

我们假定边际开采成本不变，但是，边际用户成本的当时价值会随着时间的推移而上升。事实上，正如我们在第5章附录中所论述的，如果需求曲线在时间上是稳定的，而且边际开采成本不变，那么，边际用户成本的当时价值增长率就为r，即贴现率。因此，在时期2，边际用户成本则应该等于时期1的$1+r$倍。[2] 边际用户成本按r的比例上升，这样才能保持当前产量和未来产量之间的平衡。

总之，两期模型表明，一种边际开采成本不变且数量有限的资源，其有效配置会使得边际用户成本上升、消费量下降。现在，我们可以将这些结论推广到更长的时间阶段以及各种不同的开采模式中。

N 期成本不变的情形

我们首先维持边际开采成本不变的假设，而扩展资源配置的时间范围。如图7—1（a）和图7—1（b）所示，我们保留两期模型的需求曲线和边际成本曲线。唯一与两期模型的不同之处就是配置的年限增加为多年，且总的不可恢复的供应量由20个单位增加到40个单位（本例以及后续例子所需的数学知识参见本章附录）。

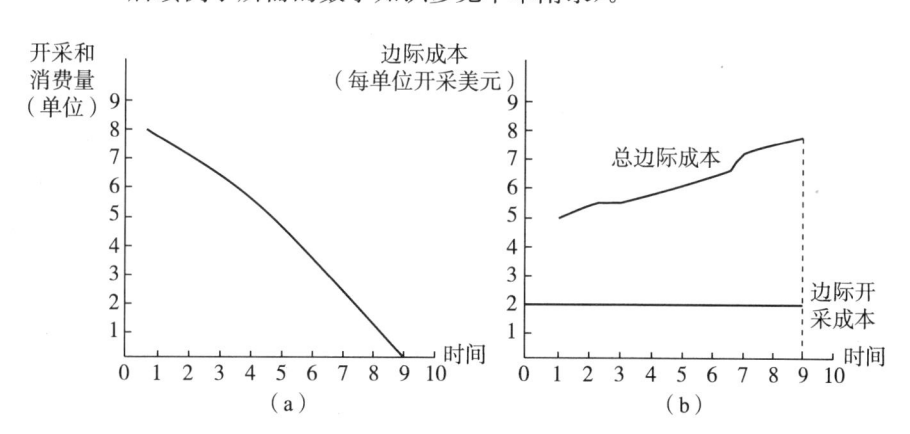

图7—1 （a）没有替代资源的不变的边际开采成本：数量；
（b）没有替代资源的不变的边际开采成本：边际成本

图7—1（a）显示的是不同时间有效开采量的变化情况；图7—1（b）则显示的是边际用户成本和边际开采成本的变化情况。总边际成本是指二者之和。边际开采成本由下面一根线表示；边际用户成本则由边际开采成本与总边际成本之间的垂直距离表示。为了避免混淆，我们必须注

意,横轴表示时间,而常规做法是,横轴表示数量。

有几种趋势是值得注意的。首先,和两期模型一样,尽管边际开采成本保持不变,但多期模型的有效边际用户成本总是上升的。有效边际用户成本的这种上升,反映了稀缺性的日益增加以及随之而产生的当前消费的机会成本的上升。

随着时间的推移,由于这些成本的上升,开采的数量将随之下降,直至为零,这时总边际成本刚好为 8 美元。在这一点上,总边际成本等于人们愿意支付的最高价格,因此需求量和供应量同时为零。这样,即使在此例开采成本没有增加的情形下,我们也可预见,有效配置的结果将使得某种资源平稳地过渡到枯竭的程度。尽管此例中的资源最终将耗尽,但却不会"突然地"用完。

过渡到一种可再生的替代资源

迄今为止,我们论述了没有替代品的某种可耗竭资源的配置。假若存在某种可再生的替代资源,而且边际成本不变,那么可耗竭资源的有效配置情况又将如何呢?例如,石油或天然气可以用太阳能替代;地下水会耗竭,可以用地表水来替代。它们的配置情况都可以得到说明和解释。但是,我们如何定义这种情形下的有效配置呢?

由于这种情形与我们论述过的问题很类似,所以可以用我们已经掌握的知识作为一个基础来分析这种新情形。在该例中,可耗竭资源最终将枯竭,这与我们前面分析的例子一样,但这不是什么问题,因为我们只是在恰当的时间转换到一种可再生的资源。我们假设,对于可耗竭资源,存在一种完全的替代资源,它可以按每单位 6 美元的成本而无限制地使用。因为可耗竭资源的边际成本(6 美元)小于最大的支付意愿(8 美元),可耗竭资源最终会过渡到这种可再生资源。(如果替代资源的边际成本为 9 美元,而不是 6 美元,你能够计算出有效配置应该是多少吗?)

如果存在一种价格为 6 美元的完全替代资源,那么,可耗竭资源的总边际成本绝不应该超过 6 美元,因为人们总是会使用可再生资源,只要它比较便宜。因此,虽然最大支付意愿(**窒息价**(choke price))设定了没有替代品时的总边际成本上限,替代资源的边际开采成本则设定了有替代资源且其边际成本低于窒息价时的上限。如图 7—2 (a) 和图 7—2 (b) 所示,可以看出这种情况的曲线变化情况。

在这种有效配置的情形下,从可耗竭资源向可再生资源的过渡还是平滑的。随着边际用户成本上升,直至转换为替代资源,开采量都是逐渐降低的。不论是边际成本,还是开采量方面,都没有突然的变化,这

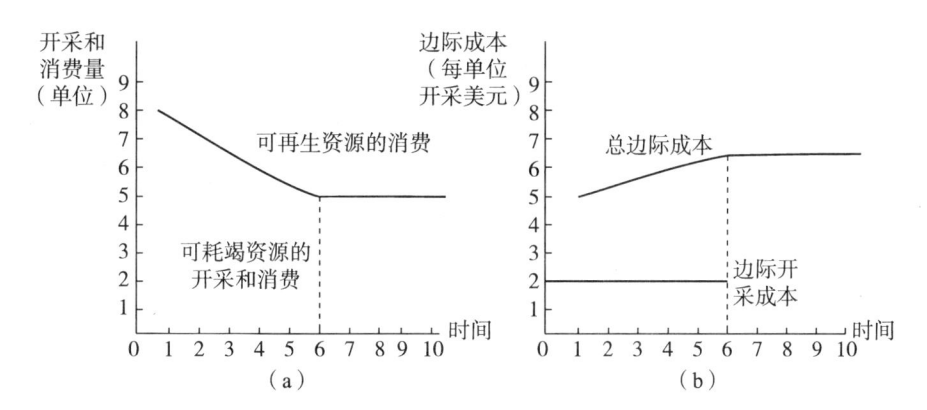

图 7—2 （a）有替代资源的不变的边际开采成本：数量；
（b）有替代资源的不变的边际开采成本：边际成本

一点一目了然。

由于存在可再生资源，与我们论述过的没有可再生资源的情形相比，可耗竭资源的早期开采会更多。因此，与没有可再生替代资源的情形相比，有可再生替代资源时，可耗竭资源的枯竭速度更快。在这个例子中，转换点发生在第 6 期，而在上一个例子中，最后一个单位的资源在第 8 期被用完。

在转换点上，可再生资源开始被消耗。在此之前，仅消耗可耗竭资源；在此之后，仅消耗可再生资源。这种有序的消耗模式是由成本模式造成的。在转换点之前，可耗竭资源比较便宜。在转换点上，可耗竭资源的边际成本（包括边际用户成本）上升到与替代资源的边际成本相等，而且这时出现了转换。由于替代资源用之不竭，因此，替代资源的消耗在任何时期都不会下降到 5 个单位以下。之所以能够维持这个水平，是因为 5 个单位是边际成本为 6 美元（替代资源的价格）时能够使得净效益达到最大化的数量（将 6 美元代入支付意愿函数，计算出需求量，即可知这种说法的合理性）。

虽然我们在这里不再采用数例说明，我们仍然不难看出，当一种边际成本不变的可耗竭资源向另一种边际成本不变但边际成本更高的可耗竭资源转换时，我们应该如何定义一种有效配置方式，如图 7—3 所示。第一种资源的总边际成本会随着时间的推移而上升，直至它等于第二种资源在转换时的总边际成本。在转换点（T^*）之前，只消耗最便宜的资源；在点 T^*，所有的最便宜的资源都被消耗完。

对总边际成本变化路径的深入分析揭示了两个有趣的值得注意的特点。第一，即使是在这种情形下，转换也是一个平滑的过程，总边际成本绝不会跳到较高的水平上去；第二，在转换之后，总边际成本的增长速率将下降。

第一个特点很容易解释。在转换的时候，两种资源的总边际成本必须相等。如果它们不相等，那么从比较贵的资源转向成本比较低的资源即可提高净效益。在其他时候，总边际成本不会相等。在转换之前，第一种资源比较便宜，因此只会使用这种资源；而在转换之后，第一种资源用完了，只留下第二种资源。

转换之后，之所以边际成本的增长速率比较低，只是因为与第一种资源相比，第二种资源正在增加的总边际成本（即边际用户成本）只占总边际成本的一小部分。每种资源的总边际成本是由边际开采成本加边际用户成本来确定的。在两种情形下，边际用户成本按 r 的速率增加，而边际开采成本不变。如图 7—3 所示，在转换的时候，第二种资源的边际开采成本仍然保持不变，但其占总边际成本的比例比第一种资源大很多。因此，第二种资源的总边际成本上升的速度较慢，至少开始时是这样的。

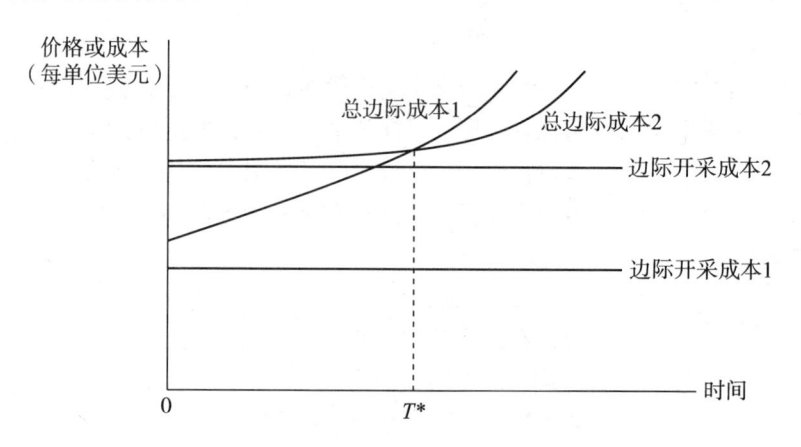

图 7—3　从成本不变的可耗竭资源向另一种的转换

增加的边际开采成本

现在，我们已经扩展了对可耗竭资源的有效配置的分析，且配置的时间更长，我们还分析了其他可以作为完全替代品的可耗竭资源或可再生资源的有效性问题。为了进一步接近现实，我们接下来分析这样一种情形，即可耗竭资源的边际开采成本随着累计开采量的增加而增加。这种情形很常见，例如矿产，高品质的矿产总是会先被开采，随后再开采低品质的矿产。

从分析的角度看，我们可以用前面的方法分析这种情形，唯一的不同是，边际开采成本函数稍微复杂一些。[3]边际开采成本会随着累计开采量的增加而增加。我们使用修正的开采成本函数，当净效益现值达到最大化时，即为这种资源的动态有效配置，最大化的结果如图 7—4（a）和

图7—4（b）所示。

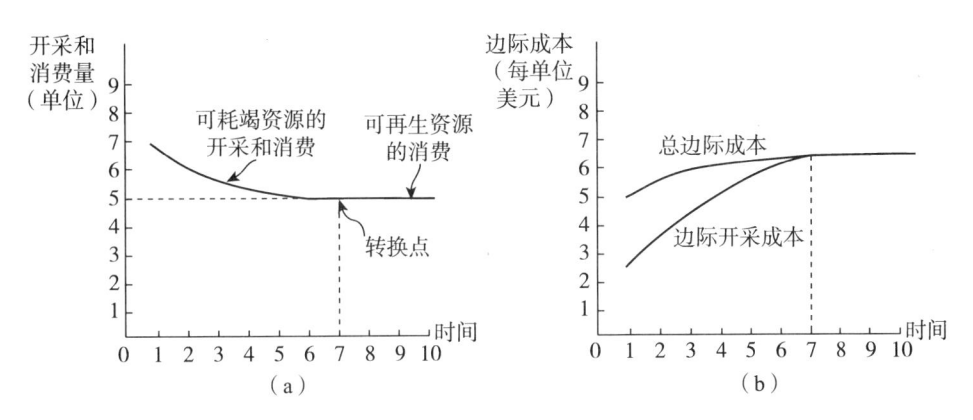

图7—4 （a）有替代资源的边际开采成本增加的情形：数量；
　　　　 （b）有替代资源的边际开采成本增加的情形：边际成本

这种情形与众不同的原因在于边际用户成本的行为不同。在前一案例中，边际用户成本按速率 r 随着时间的推移而增加。如果边际开采成本随着累计开采量的增加而增加，则边际用户成本随着时间的推移而下降，直至为零，这时开始转换到可再生资源。这是为什么？

记住，边际用户成本等于一种机会成本，它反映了被放弃了的未来的边际净效益。与边际成本不变的情形相比，在成本增加的情形下，每开采一个单位的资源都会提高开采成本。因此，当前的边际成本会随着时间的推移而增加，那么后代所作出的牺牲（稍早每多消耗的一个单位）将逐渐减少；随着这种资源的边际开采成本变得越来越大，每留下一个单位资源给后代，后代所能得到的净效益将变得越来越小。到最后，边际开采成本会变得如此之高，以至于前一时期每多消费一个单位的资源都不会造成后代的任何牺牲。当前开采的机会成本将降为零，且在转换点上，总边际成本将等于边际开采成本。[4]

成本增加的情形与成本不变的情形在另外一个重要的方面也存在不同。在成本不变的情形下，可耗竭资源的存量会完全消耗完；在成本递增的情形下，储量并不会完全耗尽，因为开采成本太昂贵而无法开采出来，因此地底下还留有一些资源。

至此，我们已经论述了在各种背景条件下，如何定义一种有效配置。首先，我们分析了一种数量有限的资源按照不变的边际成本进行开采的情形。尽管开采成本不递增，一种有效的资源配置也会涉及：如果有替代资源，该资源就会向该替代资源平滑地过渡；如果没有替代资源，也会平滑地过渡到节制使用。边际成本递增的情形更为复杂一些，因为它会改变边际用户成本在时间上的分配方式，但却不会改变这样一个基本结论，即随着可耗竭资源的消费递减，其总边际成本递增。

回顾历史就可以知道，随着时间的推移，大多数可耗竭资源的消费会增加，而不是减少。这就是资源无法有效配置的初步证据吗？

资源勘探与技术进步

历史经验表明，对可耗竭资源的消费是增长的，但就此断定可耗竭资源无法有效配置，这并不意味着我们正确地使用了可耗竭资源的理论。涉及这一问题的模型尚未考虑新资源勘探或技术进步的作用，从历史上看，这两个因素是决定实际消费情况的重要因素。

寻找新资源的代价很高。由于原来发现的资源已经枯竭，我们必须在条件较差的地方寻找新的资源，例如海洋底部或地球深处。这表明，随着时间的推移，资源**勘探的边际成本**（marginal cost of exploration），即每新找到一个单位资源额外增加的边际成本，预料将会与边际开采成本一样上升。

由于一种资源的总边际成本会随着时间的推移上升，因此社会会积极地勘探这种新资源。对已探明资源的边际开采成本预期增长得越大，那么，资源勘探可能获得的净效益就增长得越多。

一些资源的勘探应该会成功，于是，我们就可以发现新资源。如果新发现的资源的边际开采成本足够低，那么，这些新发现就可以降低（至少阻止）总边际生产成本的增长。该模型与不勘探新资源的模型相比，消费上的下降将变得越来越小、越来越慢，总边际成本的上升应该可以被抑制。

我们很容易就可以将资源有效配置的概念做一个扩展，使其包括技术进步因素，所谓技术进步，按照经济学家的解释就是知识水平的增进。在我们的分析中，技术进步应表现为开采成本的下降。对于一种可以按照不变边际成本开采的资源而言，降低边际开采成本方面的某种一次性的突破，都会加速资源转换的过程。另外，对于开采成本递增的资源而言，存在技术进步时，资源的可利用量比没有技术进步时更多。（为什么？）

在某个时期，资源的开采成本曲线会持续地向下移动，这是技术进步最常见的影响。如果技术进步使得降低成本变得如此有效，以至于对劣质矿石的边际开采成本都能下降，那么，随着时间的推移，这种资源的总边际成本实际上也会下降（参见例 7.1"铁矿业的技术进步"）。由于这种资源的数量有限，总边际成本上的下降应该是过渡性的，因为最终它将不得不上升，但是，正如我们在随后的章节中将要论述的，这种转换的时间可能会很长。

例 7.1 ☞

铁矿业的技术进步

"技术进步"这个术语在矿产资源的经济分析中扮演着一个重要角色。不过,它有时显得很抽象,甚至有点神秘。但事实并非如此!技术进步远不是脱离现实地盲目崇拜,而是指许许多多富有独创性的方式——人们的想象力极为丰富——人们按照这些方式应对迫在眉睫的资源短缺,以至于可以使得资源的有效供应扩大一个数量级,而且成本很合理。为了更加具体地说明技术进步,我们现在举例分析。

1947 年,共和钢铁公司(Republic Steel)总裁 C. M. 怀特(C. M. White)曾计算过明尼苏达北部梅萨比岭(Mesabi range,第二次世界大战期间大约 60% 的铁矿石来自该地区)的期望开采寿命为 5~7 年。到 1955 年,仅仅 8 年后,《美国新闻与世界报道》(*U. S. News and World Report*)就断言,人们不必再对铁矿石的稀缺性担心了。问题已经发生了显著变化,资源由稀缺转变为丰富,其原因是发现了一种称为造粒工艺(pelletization)的技术来加工铁矿石。

在造粒工艺发现之前,提取铁的标准原矿其含量达到 50%~65% 以上。大量的铁燧岩矿石有效含量不到 30%,但是,没有人知道如何在合理的成本下生产它。造粒工艺是指在运往熔炼炉之前,在矿井就对矿石进行处理加工和汰选的工艺。造粒工艺的出现,使得人类对铁燧岩矿石的利用变得有利可图。

造粒工艺不仅扩展了铁矿石的供应,而且还降低了其成本,即便采用低品质的矿石也是如此。降低成本的途径有几个方面:第一,消耗的能源大为降低;第二,虽然造粒工艺本身也需要更多的能源,但采用造粒技术后,净能源节省了 17%。能源降低的原因主要是采用造粒技术后,熔炼炉的运行效率大为提高。该工艺在提高熔炼炉产出的同时,也使得单位产出的劳动力需求降低了 8.2%。俄亥俄州米德尔顿市的阿姆科钢铁厂(Armco Steel)的一座熔炼炉,其额定容量约为每天熔化铁产量 1 500 吨,到 1960 年,如果 90% 的原料采用颗粒化的铁矿石,其产量水平每天为 2 700 吨~2 800 吨。颗粒化的铁矿石几乎使熔炼炉的生产率翻了一番!

资料来源:Peter J. Kakela. "Iron Ore: Energy Labor and Capital Change with Technology," *Science* Vol. 202 (December 15, 1978): 1151 - 1157; Peter J. Kakela. "Iron Ore: From Depletion to Abundance," *Science* Vol. 212 (April 10, 1981): 132 - 136.

7.4 市场配置

在前面几节中，我们已经详细分析了不同条件下，如何定义可替代资源、可耗竭资源和可再生资源在时间上的有效配置。现在，我们必须强调这样一个问题，即实际的市场是否会按我们所预料的那样产生一个有效配置？私人市场涉及成千上万消费者和生产者，他们按照自己的偏好相互影响，这种市场会产生动态的有效平衡吗？利润最大化与动态效率一致吗？

合理的产权结构

一些人认为，即便是一个完全市场也绝不可能达到一种有效配置。他们最一般的误解就是，他们认为生产者总想尽可能快地开采并销售资源，因为这样他们才能获取资源的价值。这种误解使得人们将市场看做短视的，而且对未来漠不关心。

只要自然资源的产权具有排他性、可转让性和强制性等特征（参见第4章），那么，买卖这些资源的市场就不一定会导致短视的选择。如果边际用户成本由生产者承担，那么，生产者的行为就会是一种有效率的行为。地下的某种资源对于所有者而言具有两种潜在的价值：（1）资源出售后的使用价值；（2）资源留在地下的资产价值。只要资源的价格持续上升，地下的资源就会变得越来越值钱。这种资源的所有者就可以从中获取好处，不过他们必须保护好这些资源。如果他们早早地就将这些资源销售一空，那么，他们只能对未来的高价望而兴叹了。

一个有先见之明的利润最大化的生产者总是会设法在当前的生产和未来的生产之间作出平衡，以使得其资源的价值达到最大化。未来的高价格对生产者会产生某种激励，促使他保护好资源，而对这种激励视而不见的生产者则不会使其资源的价值达到最大化。我们总是希望这种资源被那些愿意保护并准备最大化其价值的商家购买。只要社会贴现率等于私人贴现率，产权结构就是明晰的，而且关于未来的价格信息就是可靠的，一个自利的追求其个体最大利润的生产者同时也为社会提供了最大的净利润现值。

这个分析的含义是，在具有预见性的、竞争性的资源市场中，资源的价格等于开采和利用资源的总成本。因此，图7—1（a）到图7—4

(b)，不仅分析了有效配置，而且也分析了有效市场产生的配置。当我们利用总边际成本曲线来分析一个有效市场的时候，我们也用它分析了预期的价格随时间的推移的变化情况。

环境成本

产权结构不明晰的一个最重要的例子就是，生产者开采自然资源会产生一种环境成本，且这种成本不是由生产者承担，而是施加给社会了。露天矿对美丽风景的破坏、铀矿渣对健康的危险以及开矿泄漏的酸流进河流，所有这些都是与环境成本相关的例子。环境成本不仅在实践中很重要，而且在概念上也很重要，因为它形成了环境经济学和自然资源经济学的传统的、各自独立的领域之间的联系桥梁。

例如，假定开采可耗竭资源对环境产生了某种破坏，但是，在开采企业的成本中没有得到充分的反映。按照我们在第4章中的论述，这种成本就是一种外部成本。资源所有者既要考虑将资源从地下开采出来的成本，以及加工成本和运输成本，而且在计算资源开采量时要将这些成本考虑在内。但是，资源所有者对环境遭受到的破坏并不负责，而且，在外部不要求其内部化这些成本的情况下，他们也不会在开采决策中考虑对环境造成的破坏。不考虑环境成本的市场配置与有效配置有什么不同呢？是市场配置还是有效配置既考虑了开采成本，又考虑了环境成本呢？

对本章前面分析过的例子稍作修改，即可用来分析这个问题。假如增加1美元的边际成本为环境成本。[5]额外增加的1美元反映了多产出1个单位的资源对环境造成破坏的成本。你认为这对开采量的有效时间配置会产生什么影响？

答案如图7—5（a）和图7—5（b）所示。在转换的时候计算环境成本，其结果是很有趣的，因为它涉及两种作用方向相反的不同影响。在需求量方面，算入环境成本会使得价格更高，这往往会抑制需求的增加，并降低资源的消耗速率。在其他条件不变的情况下，这会使得资源的消耗维持更长的时间。

不过，并不是其他所有条件都不变。较高的边际成本也会使得可耗竭资源的累计开采量在有效配置时变得更小。（为什么？）在图7—5（a）和图7—5（b）所示的例子中，有效累计开采量应该是30个单位，而不是未计算环境成本时的40个单位。在其他条件都不变的情况下，这种供应方面的影响往往会加速转向可再生资源。哪种影响占主导地位？是需求方面的影响重要还是供应方面的影响重要呢？在我们的例子中，供应方面的影响占主导地位，其结果是，有效配置的转换期比市场配置的转换期短。一般来讲，答案取决于边际开采成本函数的形状。例如，如果

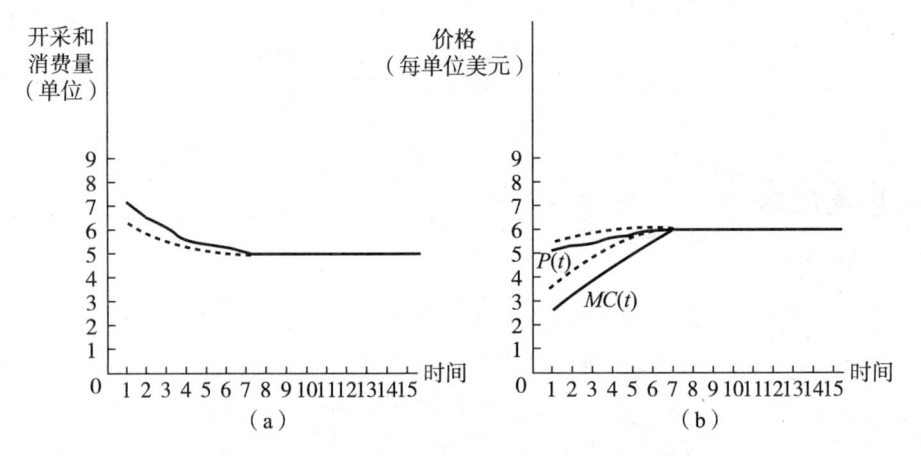

图7—5 (a) 存在环境成本的情况下，具有替代资源的边际开采成本增加的情形：数量；

(b) 存在环境成本的情况下，具有替代资源的边际开采成本增加的情形：价格（实线表示不存在环境成本；虚线表示存在环境成本）

边际成本不变，那么，供应方面的影响则不存在，市场配置的转换期则比较晚；如果环境成本与可再生资源的成本有关，而不是与可耗竭资源的成本有关，那么，有效配置的转换时间就比市场配置的转换时间晚。

当环境产生的负面影响不由确定开采速率的部门承担时，我们能够从表示可耗竭资源在时间上的配置图形中了解到什么情况呢？可耗竭资源的价格会变得太低，而且这种资源的开采量会变得太大。这再一次表明，关于未来我们所不得不作出的各种各样的决策之间是相互依赖的。各种环境和自然资源的决策之间是紧密地、不可避免地联系在一起的。

7.5 小结

可耗竭可再生资源的有效配置应具体情况具体分析。如果资源开采的边际成本不变，那么可耗竭资源的有效开采量就会随着时间的推移而下降。如果没有替代资源，开采量将平滑地下降到零。如果存在一种开采成本不变的替代资源，那么，这种可耗竭资源的开采量将平滑地下降到可再生资源的有效量。在这两种情况下，所有可利用的可耗竭资源最终都将用光，而且，其边际用户成本会随着时间的推移而上升，在开采最后一个单位的可耗竭资源时达到最大值。

在开采量随时间的推移而下降方面，边际成本递增的资源配置与边际成本不变的配置类似，但在边际用户成本的行为以及累计开采量方面却存在不同。当边际开采成本不变时，边际用户成本会随着时间的推移明显上升；但如果边际开采成本上升，那么边际用户成本则会随着时间的推移而下降。另外，在成本不变的情形下，累计开采量等于有效供应量；而在成本递增的情况下，累计开采量小于有效供应量。

在模型中引入技术进步和资源勘探因素，往往会推延向可再生资源的过渡。资源勘探会扩大现有储量的规模；而技术进步则会抑制边际开采成本的上升。如果这些影响足够大，那么，边际成本实际上会在某个时期下降，从而使得开采量上升。

当产权结构明晰时，可耗竭资源的市场配置也是有效的。自利和效率未必不相容。

不过，如果资源的开采对环境产生了某种外部成本，那么，市场配置一般都不是有效率的。可耗竭资源的市场价格会太低，而资源的开采量又会太大。

在一个有效市场配置中，从可耗竭资源向可再生资源的过渡是平滑的，而且不会显示崩塌的特征。各式各样的这类资源的实际市场配置是否有效还有待观察。就现在的情况而言，放任主义政策应该是政府的一个合适的反应。另外一方面，如果市场不能够获得一种有效的配置，那么，政府采取某种形式的干预或许是必要的。

在随后的章节中，我们将对许多不同类型的可耗竭可再生资源做同样的分析。然后，我们将回顾总稀缺性问题，并对一般意义上的资源稀缺性是不是正在上升的实证资料进行评述。

练习题

1. 我们在随后的章节中将介绍一些更为复杂的可再生资源模型，我们将对两期可耗竭资源模型稍微做点改动。假如一种生物资源是可更新的，即第1期留下的未开采的任何资源都将按 k 的速率增加。请读者与以下情形进行比较，即一种边际开采成本不变的资源，其总量是固定的，看看这种资源在两个时期的有效配置有什么不同？提示：这种关系可以表示为 $MNB_1/MNB_2=(1+k)/(1+r)$，其中，MNB 为边际净效益。

2. 分析一种可耗竭资源，其边际成本递增，而且没有有效的替代资源。(a) 概括性地说明需求曲线对这种资源早期的用户成本的影响。如果随着时间的推移，需求曲线是稳定不变的，影响如何？如果需求曲线向上移动，影响又如何？(b) 随着时间的推移，这种资源的配置应该受到怎样的影响？

3. 现在，许多国家都对在其国家开采的资源征收开采税。为了理解开采税对矿产资源在时间上的配置会产生什么影响，我们假定需求曲线是稳定不变的。(a) 如果存在一种边际成本不变的替代资源，那么，征收的单位税收（比如说每吨 4.00 美元）对一种边际成本递增的可耗竭资源的竞争性配置会产生什么影响？(b) 将征税的配置和不征税的配置进行比较，概括地讲，累计开采量和价格变化路径有什么不同？

4. 某种可耗竭资源，其边际开采成本是递增的，对于这种资源的配置模型而言，下列因素对其最终累计开采量会产生什么影响？(a) 贴现率增加；(b) 开采企业为垄断企业，而不是竞争性企业；(c) 每使用一个单位储量丰富的替代资源，政府都按单位给予补贴。

进一步阅读的材料

Bohi, Douglas R., and Michael A. Toman. *Analyzing Nonrenewable Resource Supply* (Washington, DC: Resources for the Future, 1984). 该书对有关可耗竭资源管理的理论的、经验的以及实践的观点的研究进行了重新解释和评价。

Chapman, Duane. "Computation Techniques for Intertemporal Allocation of Natural Resources," *American Journal of Agricultural Economics* Vol. 69 (February 1987): 134-142. 该文说明了如何为本章分析的各种类型的可耗竭资源问题找到数字上的解决办法。

Conrad, Jon M., and Colin W. Clark. *Natural Resource Economics: Notes and Problems* (Cambridge: Cambridge University Press, 1987). 该书对动态优化技术进行了评述，并表明了如何将动态优化技术应用于各种资源系统的管理。

Toman, Michael A. "'Depletion Effects' and Nonrenewable Resource Supply," *Land Economics* Vol. 62 (November 1986): 341-353. 这篇文章对成本递增的情形做了精彩的非技术性的讨论，还论述了有无资源开发、储量增加或不增加的情形。

附 录

可耗竭资源基本模型的扩展

在第 5 章的附录中,我们推导了一个简单的模型,论述了边际成本不变的可耗竭资源随着时间的推移有效配置的情形,并给出了两期模型的数字解。在本附录中,我们对这一基础模型进行了扩展,并对其数学推导进行了证明,且分析了更加复杂的案例的数字解。

N 期成本不变无替代资源的情形

模型的扩展首先涉及在开采期数无限的情形下可耗竭资源在时间上有效配置的计算。这个比较难计算,因为资源可以利用多长时间不再是预设的;耗竭的时间以及资源耗竭之前的开采路径必须推导出来。

回顾我们在第 2 章的附录中推导出来的净效益现值最大化的配置方程,即

$$\frac{a - bq_t - c}{(1+r)^{t-1}} - \lambda = 0, \ t = 1, \cdots, T \tag{1}$$

$$\sum_{t=1}^{T} q_t - \bar{Q} = 0 \tag{2}$$

在正文给出的例子中,上述参数为

$$a = 8(美元), b = 0.4, c = 2(美元), \bar{Q} = 40, r = 0.10$$

满足这些条件的配置如下:

$$q_1 = 8.004 \quad q_4 = 5.689 \quad q_7 = 2.607 \quad T = 9$$
$$q_2 = 7.305 \quad q_5 = 4.758 \quad q_8 = 1.368 \quad \lambda = 2.7983$$
$$q_3 = 6.535 \quad q_6 = 3.733 \quad q_9 = 0.000$$

这种配置的最优性可以通过将这些值带入上述方程而得以检验(由于四舍五入的原因,这些值必须加上 39.999,而不是 40.000)。

实事求是地讲,解这些方程以找到最优解也并不是一件没有意义的事情,而且也不是很难。其中一种方法就是设计一个计算机程序,得出拟合结果。就该例而言,程序可以按照下列过程编制:(1) 给 λ 假设一

个值。(2) 利用方程 (1) 解出所有的 q 值。(3) 如果计算的 q 值之和超过了 Q，则调大 λ 值；如果计算的 q 值之和小于 Q，则调小 λ 值（利用前一步调整的信息，以确保下一步调整更接近于结果）。(4) 利用调整后的 λ 值重复第 (2) 步和第 (3) 步。(5) 如果 q 值之和非常接近 Q 值，则停止计算。作为一个练习，对计算机程序有兴趣的读者可以编制一个程序来完成上述五步的工作。

具有丰富的可再生替代品的情形下边际成本不变的情形

下一步我们假设存在一种资源，其数量丰富，而且可再生，并具有完全的替代品，其单位成本为每单位 6 美元。为了推导可耗竭资源及其替代品的动态有效配置，令 q_t 为第 t 年这种边际成本不变的可耗竭资源开采的数量；q_{st} 为另外一种边际成本不变的资源的使用数量，这种资源可以完全替代可耗竭资源。假设替代品的边际成本为 d 美元。

根据这些变化，总效益和总成本公式可以表示为

$$\text{总效益} = \sum_{t=1}^{T} a(q_t+q_{st}) - \frac{b}{2}(q_t+q_{st})^2 \tag{3}$$

$$\text{总成本} = \sum_{t=1}^{T} cq_t + dq_{st} \tag{4}$$

因此，目标函数为

$$PVNB = \sum_{t=1}^{T} \frac{a(q_t+q_{st}) - \frac{b}{2}(q_t^2+q_{st}^2+2q_tq_{st}) - cq_t - dq_{st}}{(1+r)^{t-1}} \tag{5}$$

由于可耗竭资源总有效性的限制，于是有

$$\overline{Q} - \sum_{t=1}^{T} q_t \geqslant 0 \tag{6}$$

能够使得上述函数最大化的必要和充分条件为

$$\frac{a-b(q_t+q_{st})-c}{(1+r)^{t-1}} - \lambda \leqslant 0, \quad t=1,\cdots,T \tag{7}$$

（当 $q_t > 0$ 时，方程 (7) 中的任何部分将相等，如果存在下列情况，其数字为负数：

$$a - b(q_t+q_{st}) - d \leqslant 0, \quad t=1,\cdots,T \tag{8}$$

当 $q_{st} > 0$ 时，方程 (8) 中的任何部分都保持相等，如果 $q_{st} = 0$，这些数字将为负数。）

$$\overline{Q} - \sum_{t=1}^{T} q_t \geqslant 0 \tag{9}$$

我们现在使用一个数字例子来进行检验,假设下列参数:$a=8$(美元),$b=0.4$,$c=2$(美元),$d=6$(美元),$Q=40$,$r=0.10$。满足最优解的条件为

$q_1 = 8.798 \quad q_3 = 7.495 \quad q_5 = 5.919$

$q_2 = 8.177 \quad q_4 = 6.744$

$q_{s6} = 2.137 \qquad q_{st} = \begin{cases} 5.000 & \text{当 } t > 6 \text{ 时} \\ 0 & \text{当 } t < 6 \text{ 时} \end{cases}$

$q_6 = 2.863 \quad \lambda = 2.481$

可耗竭资源在第 6 期结束之前全部耗尽,而且在此时转向替代资源。从方程(8)可知,竞争性市场正好在资源价格上涨到替代资源的边际成本时,开始转向替代资源。

在这个例子中,转换点比前一个例子更早(第 6 期而不是第 9 期)。在这两个例子中,除替代品的有效性之外,问题的其他所有特征都一样,这种差异主要归因于可再生替代资源的有效性不同。

边际成本增加的情形

在这种情形下,可耗竭资源的成本函数与前一个案例不同。具体来讲,在转换点之前,函数 $TC_t = cq_t$ 变为如下形式,即

$$TC_t = cq_t + cq_t \sum_{i=1}^{t-1} q_i + \frac{f}{2} q_t^2$$

在转换点之后,则为 $TC_t = cq_{st}$。另外,不存在有效性的约束问题;在这种情形下,有效性取决于成本,而不是可用量上的限制。由于存在这些变化,目标函数为

$$PVNB = \sum_{t=1}^{T} \frac{a(q_t+q_{st}) - \frac{b}{2}(q_t^2+q_{st}^2+2q_t q_{st}) - cq_t - dq_{st}}{(1+r)^{t-1}}$$

$$- c\sum_{t=2}^{T} \frac{q_i \cdot \sum_{i=1}^{t-1} q_i}{(1+r)^{t-1}} - \frac{f}{2} \sum_{t=1}^{T} \frac{q_t^2}{(1+r)^{t-1}} \tag{10}$$

满足这个函数的任意配置的必要和充分条件为

$$\frac{a - b(q_t + q_{st}) - c - f(\sum_{i=1}^{t} q_i)}{(1+r)^{t-1}} - \sum_{i=t+1}^{T} \frac{fq_i}{(1+r)^{i-1}} \leqslant 0,$$

$$t = 1, \cdots, T \tag{11}$$

(当 $q_t>0$ 时,方程(11)中的任何部分都保持相等,且当 $q_t=0$ 时,各部分都为负数:

$$a - b(q_t + q_{st}) - d \leqslant 0$$

当 $q_{st}>0$ 时,方程(12)中的任何部分都保持相等,且当 $q_{st}=0$ 时,各部分都为负数。)

在方程(11)中,紧挨着小于等于号之前的那部分表示边际用户成本。需要注意的是,随着时间的推移,它是递减的,直至 t 达到转换点。

对于忽略环境成本且成本递增的数字例子而言,参数的假定值分别为 $a=8$(美元),$b=0.4$,$c=2$(美元),$d=6$(美元),$r=0.10$,$f=0.10$。我们很容易检验,满足最优解的条件为

$q_1 = 7.132 \quad q_3 = 6.017 \quad q_5 = 5.304 \quad q_7 = 4.316$
$q_2 = 6.523 \quad q_4 = 5.610 \quad q_6 = 5.077 \quad n = 7$

$$q_{st} = \begin{cases} 0 & \text{当 } t < 7 \text{ 时} \\ 0.684 & \text{当 } t = 7 \text{ 时} \\ 5.000 & \text{当 } t > 7 \text{ 时} \end{cases}$$

在转换点之前,所有低于替代品成本时可用的可耗竭资源都被耗尽,并且在第 7 期发生。

存在环境成本的情形

在存在环境成本的情形下,所有公式都相同,只有一个参数值发生了变化。具体来讲,假设环境成本 $c=3$(美元),而不是 $c=2$(美元),这在前一个例子中是正确的。区别就在于必须反映与开采这种资源有关的环境成本。

根据这些数字变化,新的最优解为

$q_1 = 6.297 \quad q_3 = 5.470 \quad q_5 = 5.048$
$q_2 = 5.834 \quad q_4 = 5.207 \quad q_6 = 2.144 \quad$ 当 $t > 6$ 时,$q_{st} = 5.0$
$n = 6 \quad\quad Q = 30 \quad\quad q_{s6} = 2.856 \quad$ 当 $t < 6$ 时,$q_{st} = 0.00$

【注释】

[1] 即便是可更新资源,最终也还是有限的,因为它们的可更新性取决于太阳能,而据预测,太阳能还能维持 50 亿或 60 亿年。这个事实要求我们在尚未到终结的时候,依然要有效地管理好这些资源。另外,可更新资源的有效性特点即便是在

遥远的未来也是有用的。

〔2〕只有当边际开采成本不变时,边际用户成本按 r 的比率上升才成立。在本章随后的章节中我们将论述,在边际开采成本不是固定不变的情况下,对边际用户成本会产生何种影响。

〔3〕边际开采成本为 $MC_t = 2$ 美元 $+ 0.1 Q_t$,其中,Q_t 为累计开采量。

〔4〕总边际成本不可能大于替代资源的边际成本。不过,在边际开采成本递增的情形下,在转换点上,边际开采成本也必须等于替代资源的边际成本。假若不是如此,那么就意味着,这种资源当其边际成本低于替代资源的边际成本时仍不会被利用。显然,这是无效率的,因为更少地利用更贵的替代资源,就可增加净效益。因此,在转换点上,在边际成本递增的情形下,边际开采成本不得不等于总边际成本,这意味着边际用户成本为零。

〔5〕增加环境成本之后,边际成本函数应该改写为 3 美元 $+ 0.1Q$,而不是 2 美元 $+ 0.1Q$。

第 8 章 可耗竭、不可回收利用的能源：石油、天然气、煤和铀

> 如果东西还没坏，就别去修理它。
>
> ——缅因古谚语

8.1 引言

能源是最重要的资源之一，如果没有能源，生命就将终止。人类是从所食用的食物中获取能量。我们直接或是通过食用肉类的方式而间接消耗植物，植物通过光合作用依赖于来自太阳的能量维持其生命。我们用来建造房屋、生产消耗品的物质均取自地壳，然后通过能源消耗，将其转化为最终产品。

当前，大多数工业化国家都依赖石油和天然气以满足它们对能源的大部分需求。在世界范围内，这两类资源一共占全部能源消费的 62%。二者都是可耗竭、不可回收利用的能源。在美国和欧洲，已证实的原油储量在 20 世纪 70 年代达到最高，天然气在 80 年代达到最高。自此以来，开采量一直超过了储量的新增量。[1]

据肯尼思·德费耶（Kenneth Deffeyes，2001）、坎贝尔和拉埃勒尔

(Campbell and Laherrere, 1998) 估算, 全球石油产量在 21 世纪的第一个十年将达到最高。不过, 正如例 8.1 "哈伯特高峰"所指出的, 由于估算方法的不同, 这些预测数据也颇具争议。

例 8.1 ☞

哈伯特高峰

我们能够预测石油何时枯竭吗? 这是一个很简单的问题, 但要回答它却很复杂。1956 年, 曾经在壳牌公司位于休斯敦的研究室工作过的地质学家 M·金·哈伯特 (M. King Hubbert) 预测, 美国的石油产量在 20 世纪 70 年代初将达到顶峰。虽然哈伯特的分析既没有赢得石油企业界专家的认同, 也没有得到学术界的接受, 但是, 他的预言在 20 世纪 70 年代初成为了事实。对他所使用的方法稍作修改, 就一直被用来预测全球每年石油产量低落时期, 以及预测石油何时会枯竭。

这些预测数据以及预测所使用的方法都颇具争议, 部分原因在于它们忽略了一些明显的经济要素, 例如价格。哈伯特模型假设石油年生产率的变化遵循一条钟形曲线, 而与石油市场无关, 也不受石油价格的影响。然而, 我们似乎有理由相信, 通过鼓励勘探新资源并将它们投入生产, 石油的价格应该会对生产曲线的形状产生影响。

考虑价格会产生什么不同呢? 佩萨兰和萨米伊 (Pesaran and Samiei, 1995) 发现, 将价格纳入模型进行分析, 他们估计最终资源的恢复要比哈伯特模型大得多。另外, 考夫曼和克利夫兰 (Kaufman and Cleveland, 2001) 的一项研究发现, 利用哈伯特一类的模型进行预测是极其危险的:

> ……在产量比较低的 48 个州, 其产量在 20 世纪 70 年代末期和 80 年代初期基本稳定下来, 这与哈伯特模型预言的稳定下降相矛盾。我们的结果表明, 哈伯特能够准确地预测没有石油产量的高峰期, 是因为真实的石油价格、真实的生产成本以及[政府决策]会以一种共同方式进行演化, 产量随着时间推移的演化路径为一种对称的钟形曲线。这些变量中任何一种变量的演化路径都不同, 都可以产生一种产量模式, 它明显不同于钟形曲线, 而且, 产量也不可能在 1970 年达到顶峰。实际上, 哈伯特是侥幸预测准的。(p. 46)

这是否就意味着我们不可能用完石油呢? 回答是否定的。它只是意味着我们在解释能源过渡时机的预测结果时, 不得不格外小心。

资料来源: M. Pesaran and H. Samiei. "Forecasting Ultimate Resource Recovery," *International Journal of Forecasting* Vol. 11, No. 4 (1995): 543–555; R. Kaufman and C. Cleveland. "Oil Production in the Lower 48 States: Economic, Geological, and Institutional Determinants," *Energy Journal* Vol. 22, No. 1 (2001): 27–49.

既然不能精确地估计我们现在严重倚赖的燃料何时用完，至少我们必须思考向新能源过渡的过程。按照可耗竭资源模型，只要进一步利用石油和天然气的边际成本不超过替代资源的边际成本，我们就应该继续利用它们，这些替代品既包括更加丰裕的可耗竭资源，例如煤；也包括可再生资源，例如太阳能。[2]在一个有效市场路径中，向这些替代能源的过渡应该是平滑和温和的。最近几十年的配置一直是有效率的还是无效率的呢？市场机制在其对可耗竭、不可回收利用的资源的配置中是否存在缺陷？如果是，这种缺陷是关键缺陷吗？如果不是，产生无效率配置的原因又是什么？这个问题是否可以被矫正？

在本章中，我们将分析与能源在时间上的配置相关的一些主要问题，并探讨如何利用经济分析的方法，阐明我们对问题产生的原因以及解决问题的办法的理解。

8.2 天然气：价格控制

在1974年末和1975年初的冬天，美国发生了严重的天然气短缺。许多订了货的消费者都得不到他们想要的天然气。1974—1975年，天然气短缺（或是像联邦能源管理委员会所称的天然气紧缩）量达到20亿立方英尺，大致相当于1975年上市交易量的10%。在有效配置下，绝不可能发生如此规模的短缺。那么，发生这种短缺的原因是什么呢？

问题产生的原因可以直接追溯到政府对天然气价格的控制。这个问题首先是因为汽车的增加而开始出现的，很奇怪，因为汽车一般都不使用天然气作为燃料。由于汽车运输的重要性与日俱增，因而对汽油的需求日益增加，从而刺激了勘探新的原油来源。勘探活动不仅发现了大量原油，而且也发现了大量的天然气（又被称之为"伴生气"），这也是勘探的目的。

随着天然气的被发现，在发现天然气的地理区域内，天然气曾取代了人造煤气以及一部分煤。可利用的天然气越来越多，但其地理分布却很分散，为适应这种情况，人们设计并建造了长距离的天然气管道系统。第二次世界大战以后，天然气成为了美国能源的一个重要来源。

随着1938年《天然气法》（Natural Gas Act）的被通过，美国开始了能源管制。根据这一法律，联邦动力委员会（Federal Power Commission，FPC）转型为一个联邦管理机构，负责维持"公平的"价格。1954年，美国高等法院（Supreme Court）在飞利浦石油公司诉威斯康星案（*Phillips Petroleum Co. v. Wisconsin*）的判决中，迫使联邦电力委员会扩大价格控制范围，使其管制的范围扩大到生产者。在此之前，它们仅管制管道公司。

由于设定价格上限的过程很麻烦，因此，当初匆忙构想的"过渡性的"限价维持了几乎10年的有效期，直到联邦能源委员会能够实施更加深思熟虑的限价为止。这项管制规定的效果如何呢？

回顾上一节的模型，我们可以看出由此而产生的大混乱。限价措施会阻止价格达到它们的正常价格水平。由于价格的上升是激励资源保护的动因所在，因此，较低的价格则会使得更多的资源在早期就被用光。存在价格控制时，早年的消费水平比没有价格控制时更高。

对供应方的影响也很大。生产者在有利可图时才会生产，一旦边际成本上升到限制价格，生产就不会再继续了，即便资源需求量很大，生产者也不会继续生产。因此，只要价格控制固定化，那么，采取价格控制比不采取价格控制，其生产量更少。另外，早期生产得越多，使用得也就越多。

需求和供应两方面的联合影响也会明显地扭曲资源的配置，如图8—1（a）和图8—1（b）所示。尽管这种配置与有效配置存在很多差异，但有两点尤其重要：(1) 在价格控制下，过渡的时间更早；(2) 由于价格突然跳跃到更高的新的价格水平，因此，这种过渡是突然性的。这两种情形都是有害的。第一种影响意味着我们不会在消费者愿意支付的价格水平上利用所有可用的天然气，这有可能使得在利用天然气的技术尚未充分开发出来之前就过渡到了替代资源。

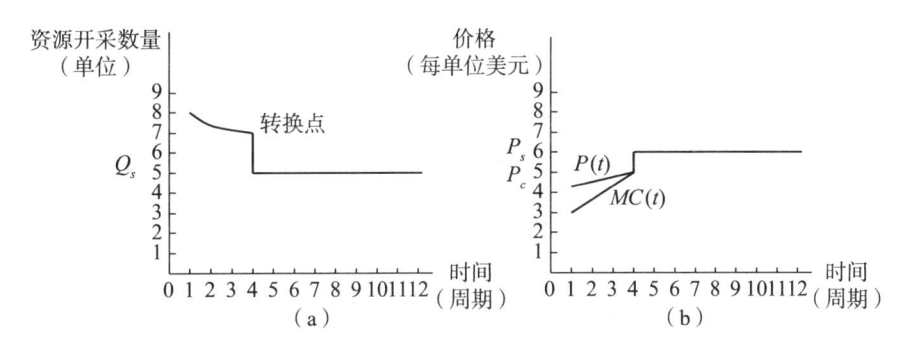

图8—1 （a）存在价格控制的情况下，具有替代资源的边际开采成本增加的情形：数量；

（b）没有价格控制的情况下，具有替代资源的边际开采成本增加的情形：价格

价格控制会突变式地跳跃到一种新的技术上去，这也会对消费者产生相当大的负担。在过渡之后，亦即天然气不再可用之后，消费者受人为的低价格诱惑，会投资于利用天然气的设备，而不是勘探新的天然气来源。

价格上限的一个有趣特征就是即便它们不是约束性的（比如市场价

格低于上限价格），也会影响到消费者的行为。[3]图8—1（a）和图8—1（b）清晰地阐述了这种早期的影响。尽管第1年的价格低于价格上限，但是，它并不等于有效价格。价格上限会使得一种资源更多地配置给当代的再配置，反过来，这又会影响到早期的价格。

价格控制也会引发其他一些问题。到目前为止，我们已经讨论了固定式的价格控制问题。并不是所有的价格控制都是固定式的，它们可能也会因政治上的一时冲动而以一种无法预知的方式发生变化。当限价抬升之时，市场价格可能会突然上升，这个事实也会产生灾难性的激励。如果生产者预期价格在近期将大幅提升，那么，他们就会获得一种激励而停止生产，以等待后续更高的价格出现。这种情形也会对消费者造成严重的影响。

鉴于法律上的原因，天然气的价格控制只针对跨州运输的天然气。而生产地所在的州内部消费的天然气则可按市场价格定价。其结果是，州内部生产并销售的天然气，其价格高于天然气在其他州销售的价格。生产者会发现，增加州内市场而不是州际市场的销量有利可图，因此，州际市场的份额会随着时间的推移而下降。1964—1969年，平均每年约33%的新增储量投放到了州际市场；而1970—1974年，这个比例下降到不足5%。

将较少的天然气投放于州际市场，其实际影响将使得短缺主要集中在依靠管道供气和依赖州际间船运天然气的那些州。其结果是，这样产生的损失更大，如果在短缺时期所有地区都更平均地分天然气，这样的损失则较小。价格控制系统不仅会产生损失，而且还会强化这种损失！

似乎可以很合理地断定，由于价格控制削弱了经济系统对正在变化着的环境的反应能力，因此，对天然气的价格控制引发了很大的混乱。如果这类政治控制有可能引发某种规律性的再现，那么，崩溃的情形或许就具有了某种合理性。这种情形应该是由于政府的干预而引发的，而不是任何纯粹的市场行为。如果果真如此，那么，本章开篇引用的谚语就非常恰当了！

为什么国会会采取这样一种不利于生产的政策呢？我们可以在寻租行为中寻找答案，使用消费者剩余和生产者剩余模型，我们就可以解释这种寻租行为。我们现在使用一个简单的模型来分析这种政治上的激励因素。

如图8—2所示，对于一个有效市场配置而言，在价格P^*处的供应量等于Q^*。该国得到的净效益则由A和B表示的两块几何面积表示。在这两块净效益中，A为消费者剩余，由消费者获得；而B则为生产者剩余，由生产者获得。

现在，我们假定设立了一个价格上限。从上述讨论中我们知道，这个价格上限会降低边际用户成本，因为未来不可能出现更高的价格了。

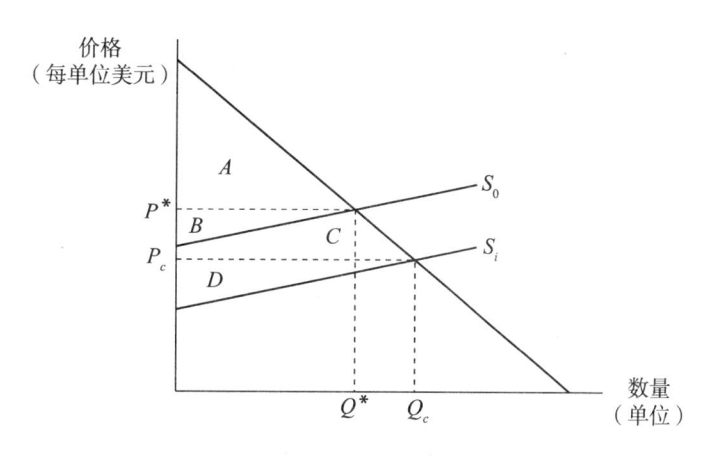

图8—2 价格管制的效果

在图8—2中，这对当前的生产者会产生一种影响，即由于较低的边际用户成本，生产者会降低其供应曲线，其结果是当前的生产会扩大到Q_c，价格会降低到P_c。毫无疑问，这对当前的消费者是有好处的，因为消费者剩余为$A+B+C$，而不仅仅是A。消费者获得了$B+C$的净效益。

如果$D>B$，生产者似乎也可以获得好处，其实不然。因为生产者会超额生产，他们会放弃没有价格控制时他们本该获得的稀缺租金。D只测量了当前的利润，而没有考虑稀缺租金。如果考虑稀缺租金方面的损失，毫无疑问会造成生产者净效益的损失。

很显然，对未来的消费者的福利也将造成损失。图8—2显示的是某一个指定年份的配置情况，它表明，随着资源被耗竭，与上一年相比，后续每一年的供应曲线都会向上移动，因此，对于剩下的资源禀赋而言，其边际开采成本会越来越高。当边际开采成本最终达到价格上限的水平时，供应量就会降为零。对于生产者而言，继续开采资源将没有任何意义，因为他们的成本将超过价格上限。由于在这个价格上限下，需求量并不为零，因此短缺由此而产生。尽管消费者愿意支付比价格上限更高的价格，供应商也愿意在消费者愿意支付的价格水平上（就像不存在价格上限一样）供应更多的资源，但价格上限迫使这些资源不能开采出来而保存在地下。

国会会将稀缺租金看做收入的一种可能来源，这种收入会从生产者转嫁给消费者。不过，正如我们已经论述过的，稀缺租金是服务于某种独特目的（即对未来消费者的保护）的一种机会成本。如果政府试图通过价格控制降低稀缺租金，其结果是资源过多地配置给当代，而对未来的消费者的配置则过低。因此，这种配置看似从生产者转移给消费者了，其实，更重要的是从未来消费者转移给当前的消费者了。因为现在的消费者是现在的投票人，而未来的消费者并不知道出现资源短缺时应怪罪于谁，因此，价格控制在政治上是很具吸引力的。遗憾的是，价格控制也很没效率，对未来的消费者和生产者造成的损失大于带给当前的消费者的好处。因为价格控制会扭曲资源配置,使得资源更多地配置给了当代,所以它也是不公平的。因此,存在价格控制的市场是短视的市场,但是,问题不在于市场本身,而在于价格控制。

从长期看,价格控制最终会伤害消费者而不是有助于消费者。在资源配置过程中,稀缺租金扮演了一种重要角色,与其使其不发生,不如让它发生后再解决,因为前者会引发更多的问题。关于价格控制问题,美国国会经过长时间的争论后,于1978年11月9日通过了《天然气政策法》(Natural Gas Policy Act),这项法规正式启动了天然气价格控制的最后阶段。在许多条款中,有一条是放弃工业用替代天然气平均成本定价法,并且开始对州内天然气也采取价格控制措施,直到所有的价格都取消控制为止。1989年7月27日,美国总统乔治·H·布什签署了一项法案,分步骤取消所有对天然气的价格控制。截至1993年1月,天然气再也不受价格控制了。

从这以后,对天然气的需求一直在增长(部分因为它的燃烧产物对空气质量产生的负面影响比石油或煤要小),而且在许多工业化国家(包括美国),其国内生产一直不同步。这对价格形成了一个上抬的压力。例如,在美国,民用天然气的价格从1992年每千立方英尺5.89美元上升到2003年的9.51美元。

天然气的进口不可避免地会增加。虽然有些天然气是通过管道的方式从邻国进口的,但是,大量新增进口的天然气则是以液化气的形式进口的。当天然气冷却到-161℃即成为液化天然气。液化天然气是一种清澈、无色、无味的液体。冷却的液化天然气可以装入特制的容器在水上运输,这种容器长达1 000英尺,满载时要求最小水深达40英尺。

尽管从保持空气质量的角度看,液化天然气的吸引力相当大,但液化天然气的运输和存储可能也会引发一些重大危险。按照美国国会研究局(U. S. Congressional Research Service)的研究结果,如果在一个火源的附近泄漏液化气,空气中天然气达到可燃浓度时,浓缩的天然气就会骤然燃烧,燃烧的热度比石油或汽油还高,速度还快。火势不可能自灭,在熄灭之前,所有液化气必须烧掉。因为液化气的火热度太高,火球放射出来的热度可以灼伤并损毁距离着火点相当远的人和财产。

尽管历史上液化气的安全记录表现很好,但也产生了会被恐怖主义者利用的可能性,因而引起了人们对液化气的安全的关注。一些专家认为,液化气设施会成为恐怖主义者攻击的目标,以至于液化气设施已经被看做具有高度安全风险的设施。考虑到这些风险,人们试图将一些新的天然气储存装置安装在沿海地区,但这也引发了当地居民的强烈反对。这些政治上的顾虑对天然气进口国未来的进口量正在产生且将继续产生巨大影响,其影响的程度不亚于现有天然气存量规模对进口量的影响。

8.3　石油：卡特尔问题

虽然我们已经分析了与天然气相似的影响，但我们只注意到了价格控制是造成石油市场混乱的主要原因。[4]然而，石油市场不良配置的第二个原因值得进一步分析。世界大部分石油都是由石油输出国组织——欧佩克（Organization of Petroleum Exporting Countries，OPEC）的卡特尔生产的。该组织的成员国通过串谋，控制石油的生产和价格。我们在第4章已经分析过，由于缺乏竞争，销售商对资源具有支配权，这会导致无效率配置。如果销售商具有市场支配力，他们就能够限制供应，从而迫使价格高于正常价格。

尽管这些结论都是我们在第4章论述非耗竭资源时推导出来的，但它们也适用于可耗竭资源。一个垄断者可以从一种可耗竭资源基数中获取比竞争性供应者能获得的更多的稀缺租金，他们只需简单地限制供应即可。垄断性的过渡会导致产量更低，价格更高。[5]因此，垄断性地过渡到一种替代资源发生的时间比竞争性过渡要晚。这也会使得社会从这些资源所获得的净现值减少。

石油供应商组成卡特尔企业联盟一直是非常有效的。为什么？使其有利可图的条件唯独是针对石油吗？或者，石油企业联盟能够成为自然资源卡特尔企业联盟浪潮的先行者吗？为了回答这些问题，我们必须将那些使企业卡特尔联盟成为可能的因素分别进行分析，其中四个因素尤其突出：(1) 长期和短期对欧佩克石油的需求价格弹性；(2) 石油的需求收入弹性；(3) 非欧佩克成员国的石油生产者对供应的敏感性；(4) 欧佩克成员国之间利益的一致性。

需求的价格弹性

需求弹性是一个重要的因素，因为它能够确定需求对价格的敏感程度。如果需求弹性介于0～-1.0之间，那么，价格上升就会导致收入增加。当价格上升时究竟收入增加多少，这取决于需求价格弹性。一般而言，需求价格弹性的绝对值越小，组成卡特尔企业联盟所获得的利益就越大。

石油的需求价格弹性既取决于资源保护的机会，也取决于替代资源的有效性。由于遮挡风雪的护窗可以减少热量损失，所以使用较少的石油即可维持相同的温度。机会越大而且勘探所需的经费越少，需求就越富有价格弹性。这表明，长期需求（有足够的时间进行调整）比短期需求更加富有价格弹性。

替代资源的有效性也很重要，因为它可以限制生产者联盟组织抬高价格的程度。如果存在大量的替代资源，其价格与竞争性的石油价格相差不大，那么，这些替代资源就可以为生产者联盟组织价格设置一个上限价格。如果欧佩克也不控制这些资源，任何想将价格抬高到限价以上的企图都会使得消费资源的国家简单地转向这些替代资源；欧佩克本身会在市场之外进行定价。

很显然，替代资源是存在的，不过它们很贵，而且过渡的时间很长。尽管石油可以从其他非常规来源提取，例如深海油井、极地海域的油井、重油、增强型恢复技术、油页岩、沥青砂以及人工合成石油等，但这些来源都非常昂贵。尽管从某种意义上说煤是石油的一种替代资源，而且可以大规模供应，但是，正如我们在 8.4 节将要论述的，使用煤会引发许多环境问题。

显然，最终的替代资源就是太阳能，正是太阳能的成本对欧佩克抬高其价格的能力设置了长期的上限。由于在美国许多地方，太阳能在空调和水加热方面，其成本都很有竞争力，因此，这个限制价格可能不会比当前欧佩克的价格高太多。尽管太阳能利用技术的完善需要很长的时间，而且它已经开始大规模渗入市场，但是，资源从石油向太阳能的过渡似乎已在进行之中。

需求的收入弹性

石油的需求收入弹性很重要，因为它表示了石油需求对世界经济增长的敏感程度。如果价格不变，那么，随着收入的提高，石油需求也会增加。这种持续增长的需求增强了欧佩克提高其价格的能力。需求收入弹性高，对石油企业的联盟是一种支持。假设所有其他条件相同，那么，在没有替代资源的情况下，需求越大，使需求量为零所不得不提高的价格也越高；在存在替代资源的情况下，需求越大，价格提高到替代资源价格水平的速度就越快。

需求收入弹性之所以重要，还因为它表示了需求对经济周期的敏感程度。需求的收入弹性越大，需求就越敏感。这也是 1983 年发生而后得到强化的企业联盟受到削弱的一个主要原因。石油需求的大幅下降引发了经济衰退，并且对企业联盟施加了新的压力，迫使它们消化这些需求上的下降。当世界石油需求得以恢复并得到增强之时，石油企业联盟所获得的好处是不成比例的。

159

非欧佩克供应商

在生产国支配某种自然资源市场的能力中，另一个关键因素就是它们阻止非企业联盟的新供应商进入市场并压低资源价格的能力。现在，欧佩克的石油产量占全世界石油产量的 2/3。如果现有生产者能够在面临更高价格的情况下，大幅度地提高它们的供应量，那么，欧佩克的市场份额就会下降。如果这种反应足够强，石油配置就会接近竞争性配置。

当前，似乎只有墨西哥能够在世界石油市场中具有足够大的持有储量而独树一帜。然而，由于墨西哥的储量规模及其生产状况都具有不确定性，因此我们很难评价墨西哥对未来世界市场最终会产生什么影响。

然而，这并不意味着整个非欧佩克成员国对价格没有影响。它们确实会产生影响。石油企业联盟在设定其价格的时候，必须将非成员国纳入考虑范畴。萨伦特（Salant，1976）曾提出过一个非常有趣的模型作为分析这个问题的基础，模拟垄断者在有许多小规模的非成员生产国的情况下的定价行为。他的模型中包括许多供应商，一些供应商形成了企业联盟；一些小的供应商形成了"竞争性的边缘企业"（competitive fringe）。假设企业联盟通过限制产量、设定价格以使其整体利润最大化，并将竞争性边缘企业的产量纳入模型进行分析。竞争性边缘企业不能直接设定价格，但由于它可以自由地选择使其自身利润最大化的产量水平，因此它的产出量确实会影响到企业联盟的定价策略。

这个模型能够得出什么结论？该模型认为，一个资源企业联盟，当它面对竞争性边缘企业的时候，它设定的价格是不同的。由于存在竞争性边缘企业，企业联盟会设定一个稍微低一点的起始价，并且允许其价格上升的速度比没有竞争性边缘企业时更快。这种策略会迫使竞争性边缘企业在早期生产更多（以回应较大的需求）并且最终耗尽它们的供应，从而使得企业联盟自身的利润达到最大化。在竞争性边缘企业耗尽它们的储藏量后，企业联盟就会抬高其价格，并且，自此以后价格会以很缓慢的速度上升。

因此，从企业联盟的角度看，合理的策略就是在初期控制住自己的销量，让其他供应商耗尽其供应量。在企业联盟的这个合理的策略中，竞争性边缘企业的销售量和利润会随着时间的推移而下降，企业联盟的销售量和利润则会随着时间的推移和价格的上升而增加，而且，企业联盟会占据市场的大部分份额。

该模型的一个令人不解的含义就是，企业联盟的形成会提高竞争性边缘企业利润的现值,其提高的百分比比企业联盟利润的现值甚至还要高。按百分比算,没有支配权的企业比有支配权的企业获得的利益更大!

这似乎与人们的直觉相违背,实际上,我们很容易解释它。企业联盟为了维持价格,必定会控制其自身的产量水平。然而,竞争性边缘企业则没有这种限制,而且自由地占据高价格之利,而不用控制其自身的产量。因此,竞争性边缘企业的利润在早期比较高。企业联盟所有能做的事就是等待竞争性边缘企业缺乏市场竞争力。该模型的含义就是,竞争性边缘企业在石油市场上是一股集体的力量,即便其只控制了石油产量的1/3也是如此。

竞争性边缘企业对欧佩克行为的影响在1985—1986年发生的一些事件中得到了生动的体现。1979年,欧佩克的石油产量占世界石油产量的约50%,而1986年这个比例下降到约30%。考虑到这一时期对于所有生产者而言,世界石油总产量下降了10%,对企业联盟的压力也上升了,而且价格最终降下来了。美国原油进口的真实成本从1981年的每桶34.95美元下降到1986年的11.41美元,如图8—3所示。欧佩克之所以不能维持价格水平,只是因为不可避免下降的产量太大,以至于企业联盟成员都无法维持价格水平。

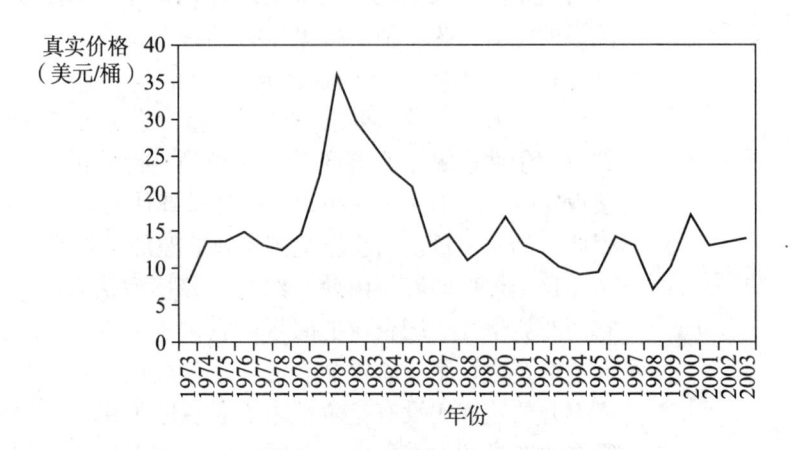

图8—3 原油真实价格,1973—2003年

2004年,原油的价格狂飙到每桶50.00美元(每桶真实价格超过27.00美元)。价格上升的原因是世界需求强劲,同时伊拉克原油的供应因战争而受到限制。不过,这些高价格也增加了主要石油公司在欧佩克国家之外的地方寻找新原油的难度。20世纪70年代,石油高价促使西方的跨国石油公司远离低成本的中东石油,而转向高成本地区的石油,例如北海地区和阿拉斯加州。大多数石油公司现在正在耗尽非欧佩克成员国的石油禀赋,以削弱这些国家平抑石油价格的能力。

成员利益的一致性

我们现在将要分析的决定自然资源市场企业联盟的最后一个因素就是企业联盟的内部凝聚力。如果只有一个卖者,那么,这个卖者就不必担心其他卖者破坏其获利能力,可以专心追求自己的目标。在一个由许多卖者构成的企业联盟中,这种自由则不复存在。每个成员的动机和企业联盟整体的动机可能会出现分歧。

企业联盟成员国都具有很强烈的欺骗动机。如果其他成员没有察觉,那么,一个欺骗者就能够偷偷地降低自己的价格,并偷取其他成员的部分市场。规范地讲,单个成员面对的需求价格弹性远高于企业联盟整体的需求价格弹性,因为单个企业按低价销售得越多,那么,其他成员的销售量下降得也越多。由于价格弹性较高,因此,较低的价格可使其利润达到最大化。因此,为了发现欺骗行为和强化共谋协议,成功的企业联盟都会预设一种手段。

不过,除了欺骗以外,企业联盟的稳定性还存在另外一种威胁,即成员国不能达成定价和产量决策协议的程度。这方面的纠纷是如何产生的,石油提供了一个绝佳的例子。自从1974年欧佩克作为世界一强的势头上升以来,沙特阿拉伯对欧佩克的石油定价决策一直施加着某种适度的影响。为什么?

一个十分重要的原因源于沙特阿拉伯石油储量的规模巨大,如表8—1所示。沙特阿拉伯的石油储量占欧佩克业已探明的石油储量的33%左右;其储量大于其他任何成员国。因此,沙特阿拉伯有保护这些资源的价值的积极性。它很担心设定的价格如此之高,以至于会削弱未来对它的石油的需求。正如我们在前面的章节中论述的,与对石油的短期需求相比,长期需求的价格更具有弹性。与此同时,资源储量少的国家知道,从长远的角度看,它们的储量将被用完,因此,它们对近期的需求更为关心。由于替代资源的供应会因开发时间很长而不会在近期产生很大的威胁,因此,其他国家希望现在就尽可能多地获取资源租金。

沙特阿拉伯石油产量的规模也被人们感觉到其影响力。它的生产能力如此之大,以至于它可以单独地影响世界石油价格。

对于生产者而言,企业联盟也不易达成,但是,如果有可能组成企业联盟,就非常有利可图。如果资源成为一种战略性的通用物资,那么,企业联盟就会使得消费国付出高昂的代价。

战略性物资企业联盟不仅可以使得成员国拥有政治实力,而且也会拥有经济实力。当收入用于购买武器或是提高其生产武器的能力时,经

表 8—1　　　　　　　　　世界最大的石油储量国

国家	储量（十亿桶）
沙特阿拉伯	261.5
伊拉克	112.5
阿拉伯联合酋长国	97.8
科威特	96.5
伊朗	93.0
委内瑞拉	71.7
俄罗斯	48.6
墨西哥	40.0
利比亚	29.5
中国	24.0
美国	22.5
尼日利亚	16.8

资料来源：*Oil and Gas Journal*（http：//www.eia.doe.gov/emeu/iea/table81.htm）.

济实力就可以变成政治实力。石油生产国就可以将物资禁运作为一个手段，诱骗难以驾驭的敌人陷入外国政策的困境。如果物资是具有战略重要性的物资，那么，禁运就为国与国之间清晰而合理的自由贸易投下了一缕烟霾。解决这个问题的有效途径是什么？

8.4　石油：国家安全问题

从经济的观点看，易损性战略进口会产生附加成本，这种成本并不会在市场得到反映。国家安全是一种典型的公共物品。任何一个单一的进口商在决策进口量时都无法正确地代表国家安全利益。因此，让市场来对进口量和国内产量作出合理的平衡，一般都会导致过度地依赖进口，如图 8—4 所示。

这里涉及三条供应曲线。第一条曲线（S_d）是指国内长期供应曲线。该供应曲线向上倾斜，它反映了在已知有足够的时间开发资源且价格较高的条件下，国内石油日益增加的有效性。进口外国石油的供应曲线有两条：S_{f0} 表示世界石油价格；S_{f1} 除世界价格外，还包括"易损性溢价"（vulnerability premium）。该溢价是指由进口产生的额外的国家安全成

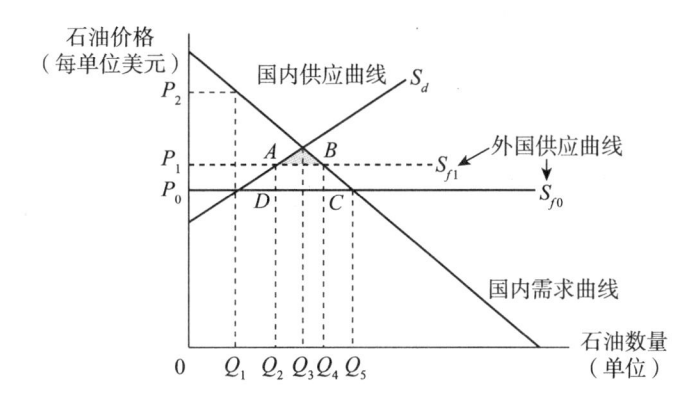

图 8—4 国家安全问题

本。两条曲线与横轴平行,它表示这样一种假设,即任何石油进口国的进口行为都不可能影响世界石油价格。

在图 8—4 中,一般而言,市场需求并且得到的石油总量为 Q_5,其中,国内产量为 Q_1,Q_5-Q_1 则依靠进口。(为什么?)然而,在考虑了国家安全成本的有效配置中,应该消费的量为 Q_4。其中,国内生产 Q_2,Q_4-Q_2 必须靠进口。注意,当国家安全成为一个问题时,一般而言,市场往往会消耗太多的石油,而且国内产量太小。这两方面因素都会使得易损性进口量提高到它们的有效水平以上。

在禁运期间会发生什么情况呢?这时一定要小心。乍看上去,你会猜测我们会消耗掉国内产量 Q_3。当然,我们最好仅依靠国内产量。但是实际消耗量却是 Q_1,且价格为 P_2,为什么?

记住,S_d 表示国内供应曲线,并假定有足够的时间开发资源。如果碰上禁运,则没有足够的时间开发额外的资源(一般而言,需要 6 年的时间)。因此,在短期方面,供应曲线将在 Q_1 处变为完全非弹性曲线(即垂直线)。价格将上升到 P_2,以使得供应和需求相等。如图 8—4 所示,在禁运期间,消费者剩余的损失确实非常大。

进口国对这种无效率会作出何种反应呢?如争论 8.1 "美国应该如何处理石油进口的风险问题?"所示,有几个策略可以采用。

争论 8.1 👉 **美国应该如何处理石油进口的风险问题?**

现在,美国大部分的石油依靠进口,它对欧佩克的依赖越来越大。由于石油是一种战略物资,因此,如何来处理它的风险呢?2004 年总统竞选中提出了两种不同的方法。

布什总统清晰地提出了一种策略——不仅要提高国内的石油产量,而且也要提高国内天然气和煤的产量。他的观点还包括开放北极国家野生动物保护区(Arctic National Wildlife Refuge)的一部分用于石油钻探。还要采取税收优惠和补贴等措施，提高产量。

参议员约翰·克里（John Kerry）则认为，应该提高能源效率和节约能源的作用。他指出，扩大国内生产会恶化环境问题（包括气候变化），他支持这样的策略，即颁布汽车燃料标准和电器能源效率标准。他强烈反对在北极国家野生动物保护区内钻探。

从长期的角度看，两位候选人都同意过渡到更多地依靠氢作为可替代的一种燃料。虽然氢是一种清洁燃料，但是，氢的产生过程可能会对环境造成很大影响；一些生产氢的工艺（例如以烧煤为基础的工艺）比其他工艺（例如利用太阳能来生产氢）的污染更加厉害。

进口国是否应该变得自给自足呢？如果图 8—4 能够充分地反映事实，那么，答案显然是否定的。自给自足（在这种配置中，消费等于 Q_3，进口等于零）的净效益明显低于有效配置（Q_4）的净效益。效率损失的大小由图 8—4 中的阴影部分表示。

你或许会问，当禁运明显地产生了如此之大的破坏而自给自足可以避免这种破坏之时，自给自足为什么还是这般无效率呢？当国家安全受到威胁之时，为什么我们无论多少都还是必须进口呢？

简单的答案就是，易损性溢价低于变成自给自足的成本，但是，这种答案回避了问题的实质。为什么易损性溢价比较低呢？有三个主要原因：（1）禁运并不是确定的事情，或许它们永远都不会发生；（2）国内可以采取步骤降低现有进口的易损性；（3）加速国内产量会引发一种用户成本，因为它会降低未来用户可使用的资源量。

预期由一次或多次禁运造成的破坏程度既取决于禁运发生的可能性，也取决于禁运的强度大小和持续时间的长短。这也表示，遭禁运概率低的进口国其 S_f 曲线也将比较低。从非敌对国家进口更加保险，而且其易损性溢价也比较小。[6]

对于易损性进口而言，我们可以采取某些应急性的项目，以降低禁运可能造成的损失。最显而易见的措施就是在国内储备石油，以应禁运时期之需。美国一直就是这样做的。以这种方式存储石油我们称之为**战略石油储备**（strategic petroleum reserve），美国计划维持 10 亿桶石油的储备量。按每天 300 万桶用量计算，这个储备量可以维持将近一年时间，如果时间更短些，则日用量可以更大。这种储备石油可以作为石油供应的一种替代来源，但与其他石油资源不同，它可以迅速地投入应急使用。简言之，这是一种很保险的自我保护形式。这种保护的代价越低，S_f 曲线也越低，进口也就越有吸引力。

为了理解支付易损性溢价比自给自足更划算的第三个也是最后一个原因，我们必须在一个动态而不是静态的框架下来分析易损性。由于石油是一种可耗竭资源，因此，总会产生一个与其有效使用相关联的用户成本。自给自足策略会使得资源的开采更多地导向当前，这样就会降低未来的净效益。因此，自给自足策略往往是短视的，它只解决了短期的易损性问题，却会对未来引发更为严重的问题。支付易损性溢价，既在当前和未来之间作出了更为有效的平衡，也使当前的进口和国内生产之间得到了平衡。

我们已经确认，政府可以降低进口易损性，从而使得风险溢价尽可能低。然而，对于石油而言，即使建立起石油储备以后，风险溢价肯定不会为零，S_{f0}和S_{f1}也不会完全吻合。因此，政府必须既关心资源消耗的有效水平，也必须关心资源消耗中进口承担的比例。我们现在对一些政策选择作出分析。

节能是解决这个问题的一种普遍做法。为了达到额外的节约资源的目的，一种方式就是对能源消费征税，例如征收汽油税。从图上来看，这种方式表现为税后需求曲线向内移动。汽油税会使得资源的消费下降（一种有效率的结果），但是不会达到有效的进口比例（一种无效率的结果）。所有的能源消费都必须征收能源税，而国家安全性问题只涉及进口。虽然节能可以增加净效益，但是，任何时候它都不可能是所采用的唯一一种政策手段，也就是说，有效配置不可能达成。

另一种可能的策略即对国内的供应进行补贴。如图8—4所示，国内供应曲线会向右移动。要注意的是，补贴会使得进口在总消费中的比例下降（一种期望的效果），但是，却不能降低消费量（一种无效率的结果）。虽然有补贴总比没有补贴好，但它们也不是解决问题的唯一办法。

解决这个问题最好的办法是关税和配额。我们既可以对进口实行关税制，关税等于S_{f0}和S_{f1}之间的垂直距离；也可以采取配额制，配额等于Q_4-Q_2。不管利用哪种办法，对消费者而言，价格都会上升到P_1，总消费量会下降到Q_4，进口量等于Q_4-Q_2。简言之，回顾我们前面讨论的应急项目，不管是使用关税还是配额，只要正确地使用，我们都可以获得一种有效配置。

利用关税或者配额，都会产生一些重新分配的效果。假设对进口征收P_1-P_2的关税，那么，面积$ABCD$则表示政府得到的关税收入。

如果不采取关税的办法，而是采用配额制，而且配额只针对进口国，那么，图8—4中的面积$ABCD$应该表示进口国的配额价值，即石油成本与石油售价之差。这样，我们就解释了进口国为什么宁愿采取配额制，而不愿意采取关税制的原因。

两种方式对国内生产者剩余的影响都应该引起注意。对进口的石油征收关税或实行配额，与不采取这些措施相比，国内石油生产者应该获利更多。每种方法都会提高外国替代资源的成本，或是降低其有效性，最终抬高国内产品价格。这种结果会引导国内的生产商提高产量，但是，这也意味着它们可以从已经生产的石油中获取更高的利润，以此回应这样一种承诺：公共政策可以恢复效率，但也会重新分配财富。

8.5 改变燃料：环境问题

当前，工业化国家主要依赖石油和天然气作为燃料。在遥远的未来，我们终将过渡到可再生能源。过渡时期怎么办？

尽管一些观察家认为，向可再生能源的过渡速度非常快，以至于不需要过渡性燃料；但是，大多数观察家认为，过渡性燃料将扮演重要的角色。虽然还有其他一些过渡性燃料，例如深井天然气，但是，最受到关注的过渡性燃料是煤和铀。尤其是煤，储藏量极其丰富，而且可以使我们不必依赖于外国。

技术的作用非常重要。只要我们依赖常规反应器，铀资源的有效性就是一个问题。不过，如果我们转向能够利用更多燃料种类的新一代增殖反应器，那么，资源有效性就不再是一个重要的问题了。例如，按照热等值基础计算，如果采用常规反应器，美国国内的铀资源量是国内石油和天然气资源量的 4.2 倍。如果采用增殖反应器，美国的铀资源量则是其石油和天然气资源量的 252 倍。

限制使用煤和铀的主要原因在于它们会对环境造成影响。煤的主要缺点是，它会对空气产生污染。煤的含硫量很高，这使得煤可能成为二氧化硫排放的一个主要来源，二氧化硫是造成酸雨的主要罪因之一。煤也是颗粒排放物和二氧化碳的一个主要来源，后者也是影响气候变化的一种温室气体。由于我们在第 15 章和第 16 章还要详细分析这些环境问题，因而在此暂不对它们做进一步分析，而仅仅提一下，即如果烧煤的人没有考虑这些环境成本，市场将会促使我们过多地依赖于煤。

另一种主要的过渡性燃料就是用于核电厂发电的铀，它也有它自己的限制，主要是安全性问题。产生问题的突出原因在于：（1）核事故；（2）放射性废弃物的储藏。市场能够对这些问题作出正确的决策吗？就当前的决策环境而言，对这两个问题的回答都是否定的。现在我们逐一分析这些问题。

核反应器发电需要使用放射性元素。如果放射性元素逃逸出来进入大气并与人类接触，且达到一定的浓度水平，即可造成婴儿出生缺陷、癌症，甚至死亡。在核电厂正常运转期间，也会产生某些放射性元素的逃逸，但是，核能最大的危险仍然在于核事故的威胁。

核事故会产生大剂量的核辐射。最危险的核辐射就是核心崩溃 (core meltdown)。与其他发电形式不同，核处理在反应器关闭之后，仍然会继续产生热。这意味着核燃料必须连续不断地冷却，否则，热水平将迅速升高，超过反应器防护罩耐温的设计能力。在这种情况下，如果反应器容器破裂，放射性的气体和颗粒云就会释放到大气之中。

有一段时间，大家一般都认为，由核心崩溃引发的核事故发生的概率微乎其微。但是，1986年4月25日，在苏联切尔诺贝利核电站就发生了一次核心崩溃的核事故。虽然我们一般认为西方工业化国家的安全标准比苏联高，但这次事故还是给这一麻烦不已的产业增添了新的麻烦。

核能不仅会受经济上的困扰，也会受到政治上的困扰。建设新的核电厂，其代价越来越高，部分原因在于对安全系统的管制要求越来越高。核电厂对煤的经济优势已经荡然无存，对新建的核电厂的需求也越来越少。例如，1973年，美国计划建造或已在运营之中的核电厂有219家。到1998年末，这个数字下降到了104家，其余的都被取消了。尽管人们普遍关注高价石油和温室气体，但现在没有任何一家新建核电厂的申请不被批准。

在核选择方面，并不是所有国家都会作出相同的抉择。瑞典不仅发誓不再建设新的核电站，而且计划在21世纪初关闭当前正在运营的核电站。然而，法国和日本对核电站设计规范，管制可靠，它们的核电成本比煤电还低。这两个国家都在大力拓展核能的作用。

另一个关切点与核废料的储藏相关。核废料储藏问题与核燃料循环的两个顶端——铀矿加工的尾砂和反应器的废料——相关，后者更为人注意。铀矿尾砂含有几种元素，最主要的就是钍-230，它可以衰减为一种放射性的化学惰性物质氡-222，半衰期为78 000年。氡一旦形成，氡气的半衰期则非常短，只有38天。

核反应器的废料中含有许多放射性元素，它们的半衰期有很大的不同。在公元最初的几个世纪里，主要的放射性物质都是裂变的产物，主要有锶-90和铯-137。大约1 000年后，这些元素大多都衰减掉了，只剩下超铀元素，它的半衰期非常长。这些剩下的元素的危险期长达240 000年。因此，我们今天的决策不仅会以核事故的形式给当代人造成危险，而且也会给子子孙孙造成危险（由于核废料放射性危险的长期性）。

我们可以期望市场对核能作出正确的选择吗？对核事故而言，或许我们期望这个答案是"不"，因为这显然是外部性的一个范例。生活在核反应器附近的人，作为第三方，他们会受到核事故的伤害。电力公司有积极性促使我们选择有效的预防水平吗？

如果我们不得不将取得的效用全部用于补偿产生的所有损失，那么，答案就应该是肯定的了。为了解释其中的原因，我们分析图8—5。曲线MC_a表示避免损害的边际成本。采取的预防措施越多，额外再增加预防措施的成本就越高。曲线MC_d表示损害的边际成本，它表明采取的预防性措施越多，由这些预防措施减少的额外损失量也会下降。

采取预防措施的有效水平等于使得预防成本和未减少损失的成本之和达到最小化时的水平。如图8—5所示，这一点即是点q^*，这时的社

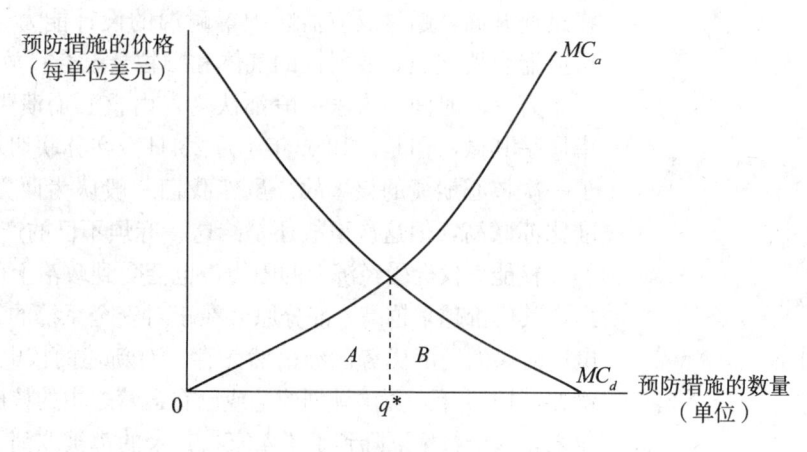

图 8—5　预防措施的有效水平

会成本等于 A 与 B 之和。

一家私人电力公司会选择点 q^* 吗？如果它的实际情况确实是 MC_a 和 MC_d，它大概会这样选择。该电力公司必须负担预防工作的成本，因此，它面对的曲线为 MC_a。MC_d 如何呢？我们或许猜想这家电力公司面临的曲线应该是 MC_d，因为遭受伤害的人能够通过司法系统对所受到的伤害进行起诉。在美国，这种猜测是不正确的，原因有两个：(1) 政府在分担风险方面的作用；(2) 保险的作用。

在政府最初允许私人企业利用原子能发电时，没人愿意承担这个风险。如果事故真的发生，没有哪家企业能够承担得起这种损失。1957 年，情况有了变化，这一年通过了《普赖斯-安德森法》(Price-Anderson Act)，政府来替责任担保。该法案提供了一个责任上限为 5.60 亿美元（一旦超过这个上限，政府就不再担保），其中政府承担 5.00 亿美元责任，企业承担其余的 6 000 万美元责任。这个法案原来预计 10 年有效期，届时企业就要承担所有的责任。

尽管过期之后政府所承担的份额稳定地下降了，但这个法案并没有终止执行。现在责任上限依然存在，只是额度更高了。私人保险额度也已经增加，并且已经建立起评估体系，通过追溯保险金的方式，对所有与事故有关的电力企业进行责任评估。

《普赖斯-安德森法》的效果就是，将电力企业的边际损害曲线向内移动了。责任上限以及政府承担部分责任使得企业必须支付的可能补偿降低了。由于企业承担责任的比例越来越大，在追溯保险金制度中规定风险分担，这打破了私人电力企业的预防行为与它必须支付赔偿金之间的联系。在这种制度之下，企业安全度增加并不会使它的保险费减少。

个别的发电厂会给某种基金投入资金，以对受害者给予补偿。重要的是，事故给这个发电厂造成的实际成本对这个发电厂所采取的预防措施的强度是不敏感的。对于所有发电厂而言，不论它们是否会碰到事故，其成本都等于事故之前或之后支付的保险费。由于这些保险费并不反映某个发电厂所采取的预防措施的数量，因此，对某个具体的发电厂而言，它并没有太大的积极性来提供足够的安全保障。

美国政府认识到企业不能有效地关注安全问题，因而设立了核管理委员会（Nuclear Regulatory Commission），监督核反应器的安全，这是该委员会的主要职责之一。1979年3月28日三里岛（Three Mile Island）核事故发生后，美国设立了一个总统调查委员会，对三里岛核电站的安全管理进行了独立的评估。最终报告发表于1979年10月30日，该报告对现有安全系统作出了严厉批评，并提出了一系列改善安全系统的建议。虽然核事故问题原则上是可以解决的，但事实上，或许可以解决，或许不可以解决。

私人部门并不是产生核废料过多的唯一原因。例如，美国能源部（U. S. Department of Energy）主管了一个大型的核武器联合企业，它拥有15个大型核设施以及12个小型核设施。

不论是运行安全问题，还是核废料储藏问题，它们都可以被视为一个确定合理补偿的问题。我们应该迫使那些从核能中获利的人对因核能而遭受损失的人给予补偿。如果他们不补偿，在没有外部性的条件下，采用核能所获得的净效益就不可能为正值。如果核能是有效率的，按照定义，获利者所得就应该超过受害者所失。尽管如此，给予受害者以实际上的补偿，这一点很重要，因为如果没有补偿，受害者可以阻止这种有效配置。

在那些依然加强核能作用的国家，补偿法已经被采用了。例如，法国政府发布了一项政策，对生活在核电站附近的居民调低电费费率15%左右。1980年，日本东北电力公司（Tohoku Electric Power Company）支付了430万美元给日本北部牡鹿岛的居民，让他们不要再反对正在那里建设的核电站。

补偿法也有助于解决核废料处理场选址问题的政治争论。现在，大多数计划都是将核废料埋藏在地理上比较稳定成形的地方。选址附近的居民，不管是当代还是后代，他们都存在一种倾向，就是反对使用核能，因为他们承受的成本超过了他们获得的利益。不过，对于可以选择离埋藏点很远的地方生活而且可以享受核能产生的电力的居民而言，他们的利益或许超过了成本。基于这个原因，许多州都通过法律，允许核能建设，但禁止建设固定的核废料场。

按照补偿计划，消费核能的用户都应该被征税，以补偿生活在核废料处理场附近的居民。如果这种补偿足以让这些居民接受核废料场，那么，核能就是一种可行的选择，而且，处理核废料的成本最终要由消费者自身来承担。有些城镇——例如科罗拉多州的Naurita就积极地希望建设核废料处理场。如果为了获得足够多的核废料处理场而征收太高的税，以至于核能变得没有竞争力,那么,核能就不再是一种有效的能源了。

8.6 电力

我们在前面论述过,与过渡性燃料有关的环境问题表明,发电尤其困难。虽然替代性燃料和太阳能终将能够发挥越来越重要的作用,但是,大多数专家似乎觉得,随着它们变得越来越普及以及可用性越来越高,它们将缓慢地渗透到能源市场中。那么,对与过渡性燃料有关的问题而言,电力公司如何设法来解决这种长期的过渡性问题呢?

对于许多电力公司而言,节约的作用越来越大。在很大程度上,市场力对节约已经起到了促进作用。石油和天然气的价格居高不下,加之核电和火电的成本迅速增加,以至于电力需求已经明显下降。但是,许多管理机构得出结论认为,还需要更多的节约。

节约电力最重要的作用或许就是它具有限制电力容量扩充的能力。每一个新建的发电厂,其成本往往比老发电厂高,而且成本经常增加得很大。新电厂投产时,增加费率是必要的,这样才有资金支持新电厂。节约用电会降低电力需求,这会使得为满足更高电力需求所需新增电力容量的时间向后推延。建设新厂的推延也就是费率上涨的推延。

现行的调节电力的计价系统不利于促进有效的电力节约。平均成本计价法是最常用的电力计价法,它是将新的更高成本的电力与低成本的电力进行平均计算得到一个费率,这个费率明显低于新发电的边际成本。因此,如果按平均成本计价法对节省的电力进行计价,消费者投资于节约电力措施,还不如按真实边际成本计价更省钱。可以预料,电力节约量绝对是不充分的。

电力公司对这种情形的反应方式有许多种。一种方式就是,当节约是一种比较便宜的选项时,考虑投资于节约电力,而不是建设新的电厂。通过一些典型的项目,我们已经建立起了各种折扣制度,例如,让消费者在家里安装节电装置;为合格的廉价房的所有者提供家庭御寒措施;鼓励多户合用房住户安装太阳能水暖系统;对各种能源补贴方式进行核算,让消费者知晓节电省钱的机会和办法。同样,还要为商业、农业和工业部门提供相同的鼓励措施。尽管投资成本必须由消费者来承担,但电力公司报告,这些措施的节约效果非常明显,而且消费者的满意度也很高。电力消耗得越少,也就意味着可用能源的供应期越长。

电力公司不仅关心某一指定年份所需的电能总量,也关心一年内能源需求是如何分布的。电力系统的容量必须足够大,足以满足**用电高峰期**(peak periods)的用电需求。在其他时期,大部分电力容量会闲置。

高峰期用电需求对电力公司会产生两种非常特殊的成本。第一，与正常机组（即几乎所有时期都发电的机组）相比，调峰机组（即仅高峰期开机发电的机组）发电的边际成本较高。具体来讲，高峰机组的建造成本比正常机组低，但是，它们的运行成本则要高。减缓高峰电力需求的增长，可以推迟对新的、更加昂贵的扩充容量的需求，而且可以由最有效率的发电厂来满足大部分电力需求。

电力公司解决这个问题的办法是采取负荷管理技术，使得全年更加平衡地使用电力容量。一种经济的负荷管理技术称为**高峰负荷定价法**（peak-load pricing）。高峰负荷定价法试图通过提高高峰期的电价，将高峰期供电的全部（也即更高的）边际成本施加给高峰期的电力用户。

虽然许多电力公司现在都已经开始采用这种方法的简化版，但是，有些公司正在对高峰负荷定价法的实施进行创新性试验，而不是对它精雕细琢。例如，有一种系统，每5分钟通过常规的输电线传送电价。在某个用户的家里，连接一个或多个电器的线路可以通过开关进行控制，任何时候只要某一线路的电的即时价格超过了用户设定的上限，这一线路的电就会自动关闭。而不够尖端的计价系统只是在预设的高峰期来临之前，提前告知用户电价。

经济学家的研究表明，即便高峰负荷定价系统很不成熟，但其作用也很大——用电大户以及家用电器较多的居民得到了很多益处。有趣的是，美国从高峰负荷定价法获得的好处比欧洲国家少，欧洲实施高峰负荷定价法的时间更长。

电力部门的第三个创新实施的是环境成本内部化的程序。被委派来管理电力企业定价行为的管理机构，几乎无一例外地注重通过选择最便宜的电源来抑制电价。遗憾的是，它们只考虑了发电和送电的成本，却忽略了发电废弃物产生的损害。如果将所有的成本都考虑进去，那么它们的选择就不是最便宜的。

为了纠正选择能源程序中的偏差，有些州开始将环境成本纳入决策过程予以考虑。例如，纽约州估算了用化石燃料发电的成本，每千瓦小时增加1.4美分，以此作为各种负面环境影响的成本。这项技术为各种能源创建了一个平等竞争的平台，从而增强了可再生能源（例如水能、太阳能和风能）的竞争力。

能源领域最新的一个发展就是取消对电力生产的管制。历史上，电力都是由受管制的垄断企业提供的。这种企业既要接受政府的价格管制，又有义务服务于所有消费者，当然，它们也获得了排他权，以服务于某些特定的地理区域。

最近，人们认识到，虽然输电部门具有某种自然垄断的成分，但发电部门却没有。因此，有几个州和许多国家的政府都取消了对发电部门的管制，而输电部门仍然在某种垄断的排他性控制之下。美国官方1992

年就取消了电力管制，国会允许独立的电力公司在电力市场上批量销售其电力。人们相信，用这种办法可以迫使发电厂相互之间展开对消费者的竞争，这样将使得消费者从中受益。事实上，情况并非总是如此（参见例8.2"加利福尼亚州取消电力管制"）。

例 8.2　加利福尼亚州取消电力管制

1995年，加利福尼亚州的电价比美国平均电价高50%，州立法机构对电价采取了行动，一致通过了一项法案，对该州生产的电力取消价格管制。该法案具有三个重要的特点：(1) 所有电力公司都必须与它们的运营资产脱钩；(2) 电的零售价格应该封顶，直到与运营资产全部脱钩为止；(3) 强迫电力公司到一个大型的、开放的电力拍卖市场购买电力，这个市场又称为现货市场，在这个市场上，每天每个小时供应量和需求量都要进行匹配。

一系列限制供应和提高价格的事件，使得这项制度变得非常被动。

尽管需求量一直快速增长，但是，在十几年内没有新建一项新的发电设施，现有大部分装机容量也停机保养。一个少见的夏旱，使得俄勒冈州和华盛顿州的水电大坝和发电机组减少了发电容量，加利福尼亚州主要从这两个州购买电力。另外，由于现存的天然气的价格已经上升，而这种天然气几乎要占到这个州用于发电的天然气的1/3。

这一系列事件结合在一起，使得电的批发价如人们所预料的那样飙升，但是，封顶价使得它没有嫁祸于消费者。由于价格不能使得零售市场平衡，采取限电措施（某些区域某段时间完全停止供电）就在所难免了。使得事情变得更糟的是，有证据表明，批发供应商能够充分利用供应和需求的短期不灵活性，从市场上扣留一部分电力，以此使价格更高，由此形成垄断利润。2001年4月6日，太平洋天然气和电力公司（Pacific Gas and Electric）宣布破产，这家公司原来服务的地区占整个加利福尼亚州的1/3强。

为什么一个相当简单的寻求低电价的做法会产生如此悲惨的结局呢？其他州取消对电力的价格管制也会是同样的情形吗？当然，时间会证明一切，但是，看来似乎不可能。供应的下降也能够影响到其他区域，不过，加利福尼亚事件的影响程度之大实属罕见。另外，加利福尼亚州取消管制的计划明显存在设计缺陷。一是封顶价，二是全部依赖现货市场，它们形成了一种市场环境，使得市场对短缺不能作出反应，而且会以某种方式使得问题变得更糟。由于这两个特点都不是取消管制必不可少的要素，因此，其他地区可以选择更为谨慎的设计。

资料来源：Severin Borenstein, Jim Bushnell, and Frank Wolak. "Measuring Market Inefficiencies in California's Restructured Wholesale Electricity Market," a paper presented at the American Association meetings in Atlanta, January 2001; P. L. Joskow. "California's Electricity Market Meltdown," *Economies et Sociétés* Vol.

然而，取消电力管制也会提高人们对某些环境问题的关切（Palmer and Burtraw，1997）。由于电的成本显然没有包括所有因环境遭到破坏而产生的成本，因此，所谓能够提供最低价格的电力来源很可能就是某些严重的污染源。在这种情形下，环境友好型的电厂就不可能在一个公平的平台上与其他电厂竞争。

回应这些关切的一项政策措施就是实行可转让的能源许可证制度。可再生能源（例如风能或太阳能）最显著的特点就是固定成本相当高，而可变成本却相当低（因为燃料是不花成本的），且污染物排放低。能源市场可能会忽略低污染物排放的优势（因为污染物会产生外部成本），而有可能突出表现为短期销售量和价格的波动（这对投资者是有害的，实际上，投资者更愿意投资固定成本低、回报期短的项目）。在这样一些情形下，在资本密集型的可再生能源技术方面的投资就不可能成功。

可转让的能源许可证制度（tradable energy certificates，TECs）就是用于克服这些障碍，促进向可再生能源过渡的一种制度。按照这种制度，发电企业可以按其占总发电量的一定比例获得授权，即可按授权的比例，利用可再生能源进行发电。许可证是可以交易的，而且可独立地销售。由于可再生能源和常规能源实质上是没有区别的，因此二者都可以在能源市场上按相同的价格销售。发电企业可以通过许可证的销售，寻求挽回生产可再生能源的额外成本（可再生能源生产企业既可以从实质性的能源销售中获得收入，也可以从许可证的销售中获得收入）。这种收入是否足以抵消额外的成本，取决于许可证的价格，而许可证的价格取决于需求的强度。

对许可证的需求通常受政府的指令所驱动。例如，2001年9月，欧盟部长理事会（European Union Council of Ministers）和欧洲议会（European Parliament）采取了一项旨在促进其内部电力市场上提高可再生能源份额的措施。具体来讲，欧盟的目标就是到2010年，合格的可再生能源生产的电力要占到份额的22%。按照这个总体要求，每个国家都得到了自己的配额，且这些配额最终分配到了每一个具体的公司。

是否遵从了配额要求，可以通过在每个检查期末，检查让渡了多少许可证来得以证实。许可证可以直接通过其合格的能源产量获得，也可以间接地通过向发电企业购买获得。许可证的价格部分由需求决定（在这种情况下，需求会受政府指令的严厉程度所影响）；部分由供给决定（供给取决于各种可再生能源的有效性和成本）。由于这些许可证具备了可转让性，因此实现政府指令的灵活性得以提高，委托管理的成本得以降低。但是，如果要求每个公司都达到22%的目标，其成本相当高。一些公司由于所处地理位置优越，可做的选择很多（比如日照天数多或是风力强、频度高），它们要达到目标就容易得多（也即成本更低）。

不过，可交易的能源许可证制度也并非灵丹妙药。美国有几个州的经验表明，如果制度设计不妥，那么，这个制度对增加可再生能源发电也无济于事（Rader，2000）。另一方面，如果制度设计合理的话，对促进可再生能源利用的作用则非常明显（参见例8.3"可交易的能源许可证制度：得克萨斯州的经验"）。

例 8.3 ☞   **可交易的能源许可证制度：得克萨斯州的经验**

得克萨斯州作为美国主要的风能市场之一已快速显现出来，这尤其归功于其拥有一个设计良好、谨慎实施的政府规定，这个规定称为可再生能源配额制（Renewable Portfolio Standard，PRS），而且还实行了能源许可证转让制度。可再生能源配额制明确规定了使用可再生能源（在这里特指风能）发电的具体比例，而许可证转让制度则通过给任何需要遵从该制度的人提供了多种选择，从而降低了他们履行纳税义务的费用。

早期的结果一直令人印象深刻。得克萨斯州最初设立的目标在2001年底就达成了，仅仅在这一年安装的风能装机容量就达915兆瓦。反响非常强烈，很显然，随后几年可再生能源配额制规定的装机容量目标也会提前实现。据报道，实行可再生能源配额制所需履行的纳税义务费用非常低，主要是因为补充生产税收优惠（给生产商的一种补贴）的作用，尤其是得克萨斯州的风能资源得天独厚，而且可再生能源配额制的目标远大，雄心勃勃，使得规模经济效应得以实现。项目管理成本也非常低，这得益于高效率的以Web为基础的报告和核算系统。

值得注意的是，零售供应商一直愿意与可再生能源发电厂签订长期合同，以减少生产商和消费者受潜在的价格和销售量的波动的影响。长期合同确保了开发商具有一个稳定的收入流，以至于可以获得低成本的资金支持，与此同时，可以向消费者提供一个可靠的、稳定的电力供应。

资料来源：O. Langniss and R. Wiser. "The Renewables Portfolio Standard in Texas: An Early Assessment," *Energy Policy* Vol. 31 (2003)：527-535；N. Rader. "The Hazards of Implementing Renewable Portfolio Standards," *Energy and Environment* Vol. 11, No. 4 (2000)：391-405；L. Nielsen and T. Jeppesen. "Tradable Green Certificates in Selected European Countries—Overview and Assessment," *Energy Policy* Vol. 31 (2003)：3-14.

最后一种方法由某些司法管辖权所采信,就是消费者的知情权法。这些法律要求发电厂不仅要公布它们使用的燃料的类型,而且还要公布它们在能源生产过程中排放的废弃物。一般而言,人们会将企业公布的指标与所在区域的标准进行比较,这样做的目的是,这些信息必须告知具有环境意识的消费者们,在选择购买电力的时候,不仅要考虑成本,还要考虑环境要求。

8.7 长期

我们最终将不得不靠可再生能源来满足我们对能源的需求,既因为可耗竭能源终将枯竭,更因为利用可耗竭能源的环境成本将变得非常高,以至于变得比可再生能源更昂贵。

科学上的不确定性能否解决还要视情况而定,但最令人关注的一种情形就是,大量的证据表明,全球气候正在受到当前以及未来的能源消费模式的危害(这个问题我们将在第 17 章中详细分析)。如果第三世界国家也像工业化国家所经历的那样,采取能源密集型、以化石燃料为基础的发展道路,那么,排入大气的二氧化碳数量将会是史无前例的。按照美国国际开发署(U. S. Agency for International Development, 1986)的报告,有一半的发展中国家依赖进口石油,进口石油占它们的商业能源需求的 75% 强。在任何降低二氧化碳排放的策略中,从化石燃料过渡到其他形式的能源,不但对工业化国家,而且对第三世界国家,都是一个重要的成分。我们的体制能够及时、有效地管理这种过渡吗?

可再生能源的形式有多种。流水可以产生水电;生物质可以燃烧;太阳能可以用来产生热量,以驱动蒸汽涡轮,或是通过光伏电的方法直接转化为电;风能可以驱动涡轮;通过太阳能从空气中提取的氢气可以驱动汽车或锅炉;可以集聚地壳下的地热能并加以使用。

这些能源在多大程度上可以渗入能源市场,取决于它们的相对成本和消费者的认可度。随着研究工作的不断深入,我们可以不断地找到新的利用可再生能源的办法,因此,相对成本毫无疑问会随着时间的推移而改变。或许,如何降低成本的一个最好的例子就是光伏电的开发经历。

光伏电是指将太阳能直接转化为电(与间接转化——例如蒸汽用于驱动涡轮,再通过涡轮产生电——相反)。由于我们预期光伏电的市场巨大,私人企业一直对光伏电技术非常感兴趣,而且已经投入了大量的研究经费,用于提高其商业可行性。研发工作已经得到了回报。

1976年，光伏电模组的平均市场价格为30.00美元，到2002年，这个价格下降到了3.75美元。[7]采用光伏电实施农村电气化工程，这在发展中国家已经慢慢开展。在尚未建设传统的大型发电和输送电电网系统的地区，光伏电尤其具有吸引力。发展中国家可以使用光伏电系统给偏远地区提供电力，这样可以节约在这些地区布设传统电网系统需要花费的昂贵的固定成本。

风能也开始渗入能源市场，而且规模相当大。新的涡轮技术已经降低了风能发电的成本，而且提高了其可靠性，现在，在合适的地方（所谓合适的地方是指有效风力稳定而且强劲），它能够与传统能源展开竞争，即使不将环境成本内部化，它也具有较强的竞争力。尽管全世界还有许多适合开发风能的地方没有开发风能，但风能在总能源中的份额最终会受到限制，因为这些地方的能源有效性是递减的。

从长期看，当前得到高度重视的一种燃料就是氢气（例如，冰岛公布它打算成为一个氢经济体）。尽管氢是宇宙中最为丰富的元素，但是，它通常都与其他元素结合在一起。例如，水就结合了两个氢原子和一个氧原子（H_2O）。"碳氢化合物"中也有氢，它是许多化石燃料如汽油、天然气、甲醇和丙烷的主要组成部分。

"改性"氢可以通过加热分离碳氢化合物的方法来制取。现在，大多数氢气都是利用这种办法从天然气中制取的。另外，氢气也可以从水中产生。如果电流（比如通过光伏的办法产生电）传导通过一个储水容器，水即可分解为它组成元素氢和氧。自从20世纪70年代以来，美国宇航局（NASA）就一直利用液态氢，推动航天飞机以及其他火箭进入轨道。

氢除了可以直接燃烧以外，还可以用于燃料电池。燃料电池是一种非常具有前途的技术，它既可以用于为建筑物取暖和提供电力，也可以为电动汽车提供动力。美国宇航局就是用氢燃料电池为航天飞机的电力系统提供动力，它产生的废料是清洁的，即纯水，这种纯水可以供宇航员饮用。

虽然从理论上说，燃料电池的氢会漏失，但是，短时间内它们可以从天然气、甲醇甚至汽油中得到补充。虽然我们将这些化石燃料当做氢的给料使用，但它产生的污染比使用纯粹的氢燃料电池大，但是，由于燃料电池是逐步引入的，我们将这些燃料转而用来产生氢，就可以利用大多数现有的能源设施，例如天然气站、天然气管道等等。

如果氢经济要成为现实，有几个障碍需要克服：利用氢作为燃料的技术现在还非常昂贵；将氢传送给用户所需要的基础设施还不完备。

如果政府不采取特别的措施，氢能源就无法与其他更为传统的能源全面竞争。使用氢燃料可以节省很大的成本，因为氢能源的利用不会造成空气污染，但这是一种外部性。由于消费者在他们选择能源的时候可能会忽视或者至少不重视外部成本，因此，如果没有政府的矫正政策（例如对产生更多污染的能源征收税），消费者就不会垂青氢能源，潜在的供应商在进入市场时也会受到阻碍。

在向任何可替代能源的过渡中，消费者的认可度也是一个重要的因素。与旧系统相比，新系统一般都更不可靠，而且也更加昂贵。一旦它们得到充分利用，可靠性就会提高，成本也会下降。经验就是一个好老师！由于早期的消费者，即开路人，不仅经历了较差的可靠性，而且经历了较高的成本，因此，推迟使用新系统可以成为一个合理的个体策略。直至所有的缺陷都已经排除，成本已经下降，这时，新系统的不确定性也就下降了。然而，如果每个消费者都推迟使用新系统，这项产业将不可能达到足够的规模，而且也不可能获得足够的经验来提高可靠性和降低成本，可靠性和成本可以保证市场的规模与稳定。

一种策略就是，使用税收对最早购买新系统的人予以补贴。一旦市场足够大，新系统就可以开始利用规模经济的优势，并可以消除最初的产生不稳定性的原因，这时，补贴就可以取消。有实证证据表明（Durham, et al., 1988; Fry, 1986），税收抵免的办法能够明显地提高太阳能设备占领美国市场的程度。

在美国，不仅联邦政府授权使用大规模的税收抵免政策，州政府也这样做，这些政策在引导独立的生产商接受与开发风能有关的风险方面的影响力非常大。虽然1985年联邦税收抵免的政策终止执行了，但1992年，又对利用风能发电的厂商给予每千瓦小时1.5美分的补贴。从那以后，这项政策时断时续，没有规律。

与美国"时断时续"的补贴做法不同，欧洲国家一直在稳定地加大利用风能的力度，结果是欧洲在风能的生产方面已经占据支配地位。预期英国、丹麦、德国和荷兰会处于领先地位。

一个替代的办法就是，取消一些没有效率的补贴，为各种可持续的能源创建一个平等的竞争环境。补贴的具体形式有多种。现在，政府不仅通过税收优惠的方式，对某些能源的生产给予补贴；还通过承担大部分事故责任成本的方式来为核能生产提供补贴（这样可以明显地降低保险费）。政府还对与未来利用这些能源有关的研发工作提供补贴。

补贴会破坏竞争的公平性，从这个意义上说，没有内部化的外部性的作用就好像补贴的作用一样。由于生产商不承担这些成本，因此，它们更偏向于会产生污染的能源，背弃产生污染较少的能源。由于能源也是一种主要的污染源，这些外部性在某种程度上也不会得到内部化（二氧化碳就是一个明显的例子，它会影响气候变化，但这种污染气体目前尚未得到管制），因此，基于私人成本而不是基于社会成本所作出的决策将对污染性能源有利，这样的决策是没有效率的。

这些补贴有多大呢？取消这些补贴又会产生什么不同呢？一项研究认为（Myers and Kent, 2001），全世界对化石能源和核能的补贴每年大约为1 310亿美元，而且，这些能源产生的尚未内部化的外部性每年为2 000亿美元左右。也就是说，超过3 000亿美元的补贴是这些尚未得到优惠政策的能源（例如可再生能源）必须克服的巨大障碍。

取消补贴在政治上也会产生一定的影响。取消补贴可以减少政府支出（或者因取消税收优惠而提高税收收入），在预算拮据时期，这是很受欢迎的。取消补贴可以提高效率，然而，这个事实并不意味着取消补贴很容易。得到优惠的能源厂商显然会从这些补贴中获得利益，它们会反对取消补贴。

如果企业联盟真的能够一直维持很高的油价，20世纪80年代初就是如此，那么，可再生能源就应该占据更大的市场。由于按真实价格计算，油价实际上是下降了，不论是居民还是商业部门，他们想过渡到太阳能的积极性都受到了伤害。省钱是改变使用能源类型的一个主要动力，由于油价低，改变能源不仅不能省钱，甚至可能赔钱。与未来石油和天然气价格走势相关的不稳定性还将继续成为能源过渡的一个障碍。

8.8 小结

我们已经论述过，政府和市场的关系并不总是和谐有效的。例如，价格控制往往不利于能源节约；阻碍能源的开发和供应；对替代能源产生偏见，从而对后代造成伤害；形成突然转向可再生能源的可能性。

然而，情况并非都是如此。能源问题的其他一些方面也表明，需要政府发挥一定的作用。尤其是在某些外部资源不可靠的情况下，政府应该采取关税和储备的手段，降低资源的风险性，并且要对进口成本和国内生产的成本进行权衡。另外，政府应该确保能源的成本要完全反映可能产生的大的环境成本，而且要保证波动的资源价格以及无效率的补贴不会阻碍向具有长远意义的能源过渡。政府还应该监督核反应器的安全，应该确保接受核废料处理场的居民完全得到补偿。考虑到传统过渡性能源（煤和铀）在环境方面存在的难度，电力部门在能源节约和负荷管理技术方面正在发挥并且将继续发挥更大的作用，尤其是当节约能源比扩容对于电力公司更为便宜之时，它们就是最好的经济手段。尽管从历史上看，能源并非总能实现有效配置，但在经济和政治手段的调控之下，有效配置能源的可能性显然是存在的。

讨论题

1. 在决定核能发电占总电力的比例时，成本—效益分析能否发挥主要作用？为什么？

2. 经济学家阿巴·勒纳（Abba Lerner）曾经建议对进口石油征收100%的关税。按照他的设计，这种关税不仅必须阻碍欧佩克提高油价（由于关税的作用，石油的交货价提高的幅度是欧佩克抬高价格的2倍，这样会使得随后的消费出现大幅度下降），而且必须降低对外国资源的依赖。这项建议应该成为一项公共政策吗？为什么？

练习题

1. 在1983年的全世界经济衰退时期，石油企业联盟开始降低油价。为什么经济衰退会使得企业联盟降价呢？没有降价时，竞争性边缘企业和企业联盟成员是如何分配已下降了的需求的？

2. 假设存在某一个竞争性市场，其需求量以及边际成本如第2章中的练习题1所示。还假设政府强行设定一个控制价格 $P=80/3$ 美元。（a）计算与这种配置结果有关的消费者剩余和生产者剩余；（b）将这种配置与第4章练习题2中的垄断配置进行对比分析。

3. 不久前，一家造纸厂和一个环境组织联盟就缅因州的一条河流进行水力发电产生了争执。作为这一事件的一方，造纸厂认为，如果没有水电，运行5台特殊的造纸机消耗的能源成本会很高，以至于它们不得不全部停机。环境组织则反驳说，造纸厂估算的能源成本太高，因为造纸厂对每台机器都是按最高成本（燃油）进行核算的。这是不合理的，因为所有机器都可以使用相同的电网，它们可以从所有供电部门接电，而不仅仅是采用高成本的供电部门。因此，它们认为，这些机器的合理成本应该远低于平均成本。它们估计这些机器产生的收入足以抵偿这个平均成本。请问：谁是正确的？

4. 在本章分析电力公司负荷管理问题的一节中，我们论述过高峰机组的建造成本很低（与正常机组相比），但是，其运行成本相当高。请解释：电力公司在高峰期利用低固定成本、高运行成本的机组，在一般负荷时则利用高固定成本、低运行成本的机组，这对电力公司有什么意义？

进一步阅读的材料

Goldemberg, J. "Solving the Energy Problems in Developing Countries," *Energy Journal* Vol. 11, No. 1 (1990): 19-24. 该文论述了来自发展中国家的有关能源与发展关系的观点。

Griffin, James M., and Steven L. Puller. *Electricity Deregulation: Choices and Challenges* (Chicago: University of Chicago Press, 2005). 来自学术界、政府和大型企业的权威专家们,在这本综合性的著作中,对实际中取消电力管制可能产生的各种风险和回报提供了一个及时的、深入的讨论。

International Energy Agency. *Renewable Energy: Market and Policy Trends in IEA Countries* (Paris: International Energy Agency, 2004). 本书对 IEA 国家采用的旨在为提高可再生能源效率的政策和措施进行了分析,并对这些政策和措施的效果进行了评价。

International Energy Agency. *Taxing Energy: Why and How?* (Paris: OECD, 1993). 该著作分析了 5 个 OECD 国家的能源税。

【注释】

[1] 相反,20 世纪 80 年代,石油和天然气的世界储量持续增长。参见 U.S. Energy Information Administration. *International Energy Annual* (Washington, DC: Government Printing Office): various issues。

[2] 当石油用于其他目的时,它可以是可再生的。按常规,废弃的润滑油现在可以再循环利用。

[3] 关于这一点的完整分析,参见 Lee (1978)。

[4] 石油的价格控制与天然气的价格控制类似,但不完全一样。

[5] 垄断性矿产业比竞争性矿产业开采某种资源的速度更慢,这个结论并不全面。我们有可能构造出这样一些需求曲线,即垄断者的开采量大于或等于竞争性产业的开采量。就实际方面看,这似乎不可能。垄断者会限制其产出量,虽然不是必然的,但它是最可能作出的结论。

[6] 虽然从历史上看,墨西哥的石油从来就不便宜,但正是这个事实解释了为什么美国从墨西哥石油中仍然可以获得巨大利益。

[7] U.S. Department of Energy Renewable Energy Annual (REA): http://www.eia.doe.gov/cneaf/solar.renewables/page/pubs.html/.

第 9 章 可回收利用的资源：矿产、纸张、玻璃及其他

> 人类生来就具有智慧和创造力的天赋，文明不断积淀和繁衍；然而直到现在，它没有创造任何东西，只有破坏。森林凋萎；河流干枯；生灵涂炭；气候异常；每一天，地球都变得更加满目疮痍，更加破败不堪。
>
> ——安东·契诃夫：《万尼亚舅舅》第一幕

9.1 引言

能源一旦利用过了，就耗散为热能，不能再回收利用。与此相反，一些资源在使用过程中能够保持其基本物理属性和化学属性不变，而且在合适的条件下可以再回收利用。因此，它们是我们要分析的一类不同的资源。

回收利用的有效数量是多少呢？在没有政府干预的条件下，市场会自动地产生这种有效的回收利用量吗？可回收利用和不可回收利用资源之间，在时间上的有效配置有什么不同？我们有时会使用**有计划的报废**（planned obsolescence）这个短语来表示工业企业生产某种短寿命产品的

积极性。市场会产生某个有效水平的产品耐用性吗？产品耐用性对原始材料和回收利用材料的配置具有什么影响？

我们的研究从阐明一个可回收利用的可耗竭资源的有效市场是如何运转的开始。然后，我们用其作为一个基准，对回收利用资源做略为详细的分析。最后，我们将分析的结论与发展的中心问题相联系，这种发展是指在一个有限的环境中的发展。

9.2 可回收利用资源的有效配置

开采成本和处置成本

一个不存在任何不完全性的有效市场是如何配置一种可回收利用的可耗竭资源的？我们在第7章中提出的模型为回答这个问题提供了一个起点。在最早的时期，人类一般都只依赖原生矿，因为原生矿非常便宜。随着越来越多的精矿被开采利用，采矿工业会转向开采低品质的矿石，并且会到国外开采高品质矿石。

在不存在技术进步的情况下，对低品质矿石日益增加的依赖性并不一定会导致成本的上升（如例7.1所示），至少在初期是这样的。然而，随着资源开采的难度越来越大，最终会达到一个转折点，此后开采成本和原生材料的价格开始上升。

同时，由于人口密度越来越大，人类财富用于处理废弃物的水平会越来越高，产品的处置成本或许也将上升。近200年以来，全世界都经历了大规模的人口在地理区域上的集中。城市的吸引以及农村的迁离使得大量的人口进城生活，或是迁到靠近城市的环境里生活。

人口集中产生了废弃物处置问题。历史上，土地十分丰裕，废液也不那么有害，残余物可以堆埋在垃圾场。但是，由于土地变得越来越稀缺，垃圾堆埋的做法越来越不合算。另外，考虑到对自来水的环境影响以及对周边土地价值的经济影响，垃圾堆埋的做法越来越不被接受。

由于原生材料成本以及废弃物处置成本的上升，资源回收利用的吸引力得到提高。通过回收利用和重新投入使用，由此提供了一种替代原生矿石的办法，并且可以降低废弃物处置的负荷量（参见例9.1"人口密度与资源再生：日本的经验"）。

例 9.1 ☞

人口密度与资源再生：日本的经验

由于日本的人口密度比任何其他工业化国家都大，因此，日本必然比其他有更多土地用于处理垃圾的国家更早重视固体废弃物的处理问题。日本采取的措施包括技术进步、节约策略和废弃物再生利用。

当前，在日本，纸张的再生利用率为50%、钢罐为80%、玻璃瓶为75%。美国分别为45%、59%和21%。

自20世纪70年代以来，日本国民就一直被要求必须区分可燃烧的垃圾与不可燃烧的垃圾。可燃烧的垃圾约占总量的72%，燃烧炉为1 850个（美国有140个大型燃烧炉）。按体积算，日本约80%的废弃物是通过焚烧用于发电；9%通过填埋处理（在美国，填埋的垃圾占总量的56%）。

日本在电器回收再生利用的管理方面也走在前面，回收的电器包括洗衣机、冰箱、电视机和空调。2001年4月，《家用电器回收利用法》（Home Appliances Recycling Law）开始生效。虽然该法律要求制造商承担大部分义务，同时它也要求消费者将废电器交给合适的回收站，并且交付适当的处理费用。如果消费者以旧换新，或是将旧电器交给回收站，他们必须支付一定的费用，费用足以抵偿回收利用的成本。制造商有义务回收利用废旧电器，而且有义务确保未来生产的产品既采用再生材料，还必须更加便于回收利用。

资料来源：Japanese recycling statistics, http://web-japan.org/stat/stats/19ENV51.html；U. S. statistics, http://www.epa.gov/epaoswer/non-hw/muncpl/facts.htm/.

制造商对市场的供需双方会产生影响，消费者也一样。在需求方面，消费者会发现，使用原生材料做成的产品比使用再生材料做成的产品价格更高。因此，只要产品质量不受影响，消费者就会产生一种倾向，转而使用由再生的、更便宜的原材料做成的产品。这种强烈的动力被称为**需求的复合效应**（composition of demand effect）。

只要处置成本由消费者承担，消费者就会受到额外的激励，促使他们将用过的可回收利用的产品返回给废品中心。这样做可以使得他们不必支付处置成本，与此同时，他们也可以因为为需要废品的人提供了某种废品而获得经济上的回报。

高度程序化的市场运行机制必须与实际的市场现实相吻合。为了使回收利用得以彻底地进行下去，最基本的要求是必须存在对再生产品的某种需求。新的市场最终会出现，但是，新市场产生的过渡时期还是会产生某种紊乱。如果只是简单地将废品倾倒到附近的一个垃圾场，或是废品的价格低于最低价，而强行采取回收利用法的形式来增加废品供应量，废品回收量就会少之又少。再生废品的纯度在解释其需求强度时也很重要。铝的回收率之所以很高、塑料的回收率之所以很低,其中一个原因就是利用其废品生产高品质再生产品的难度不同。由于大量的铝罐具有相对一致的品质,而废弃塑料往往会被非塑料物质污染得很严重,而且,塑料的制造工艺对杂质的耐性很差。如果金属中存在杂质,可以通过高温的办法予以去除,但是,塑料则不耐高温,甚至会被高温破坏。

回收利用:更细致的审视

我们在前面提出的模型使我们可以期望,随着原生矿石的成本以及废弃物处置成本的上升,资源的回收利用会越来越多。事实似乎就是如此。以铜为例,1910年,美国的再生铜占其精炼铜总产量的18%;到2001年,这个比例已经提高到了70%。

然而,在大多数情况下,回收利用也并不便宜,它涉及几类成本。运输成本和处理成本一般都很大。大部分产品都是在城市里消耗,废品源往往也集中在城市周围。由于历史的缘故,处理设施则位于原生矿源附近,因此,废料必须运输到那里去处理,废料加工后还必须运回市场。

劳动力成本也很重要。收集、分类和处理废品是典型的劳动密集型产业。劳动力成本越高,废品再生产品在投入要素市场就越没有竞争力。由于认识到劳动力成本的重要性,因此,在劳动力成本比较低的地方,其回收利用的比率也越高。例如,波特(Porter,1997)认为,非洲已经出现了非常活跃的废品市场。

总之,由于废品作为投入生产过程的一种要素,其本身的处理也会对环境产生影响,遵守环境管理规定也会增加回收利用的投入要素成本。例如在美国,由于世界铜价很低,而且废品处理的环境成本很高,使得所有的重熔冶炼厂和电解精炼厂2001年都关闭了。

然而,如果再生市场运行平稳,而且废品成本低,具有很强的竞争力,那么制造工艺可能就会出现很大的变化。制造商不仅仅更多地依赖再生的投入要素,它们也开始按照资源再生的要求来设计它们的产品。在制造业和废品回收产业,通过产品设计,使之方便于资源的回收利用已经变得尤其重要。飞机制造业通常会在飞机制造过程中,在零部件上加贴标签,表明铝的含量,这样有利于回收利用。这种理念正在扩展到其他产业。瑞士的滑雪靴制造商也开始在所有的靴子上加盖一个代码,标明其构成。

资源回收利用与原生矿的枯竭

一种可回收利用资源在时间上的有效配置与一种不可回收利用资源有什么区别呢？回顾第 7 章给出的模型，或许最重要的区别在于转换点的时机上存在不同。只要资源在其边际成本低于替代资源的边际成本的情况下就可以回收利用，那么，市场往往会更长时间地依靠可回收利用资源，而不是不可回收利用资源，但二者的开采成本曲线是一致的。这并不让人吃惊，因为回收利用的一个作用就是增加更多的资源。

我们可以利用一个简单的数字例子来说明这一点。假设某种产品使用期为 1 年，其中包含某种资源 100 个单位。进一步假设一年后有 90% 的资源可以回收利用。

在第 1 年，全部 100 个单位都被使用了；到第 2 年末，剩余的 90 个单位又有 90% 可以再次回收利用；到第 3 年，还剩下 81 个单位可以使用，依此类推。

通过回收利用，这种资源还有多少可以利用呢？代数上可以做如下计算：如果最初存量为 A，回收率为 a，那么，可利用的资源总量就应该是一个无穷累加式 $A+Aa^1+Aa^2+Aa^3+\cdots$ 该式表明，如果时间无限长，那么数列之和就等于 $A/(1-a)$。[1] 需要注意的是，不可回收利用资源代表了一种特例，即 $a=0$。在这种情况下，资源总数等于有效资源存量。然而，任何时候只要 $a>0$，就像任何可回收利用的资源一样，资源流总数都会超过其存量的规模。a 值越接近于 1.0，资源流量总数就越大。例如，若上例 $a=0.9$，资源流总数就为资源存量规模的 10 倍。回收利用的效果就是使得资源可有效利用的规模提高了 9 倍。

这个公式也表明了资源回收利用的另一个特点。只要回收率不等于 100%（即 $a=1.0$），资源总数就是一个有限量。这意味着，尽管有一部分回收了的材料可以永远地再循环利用，但是随着时间的推移，它的数量将变得无限小。

一个有效的经济系统可以协调好可耗竭材料消耗和回收材料消耗之间、废旧品处置和回收利用之间，以及进口和国内生产之间的平衡。如何通过改变经济环境，促进资源的回收利用，参见例 9.2 "铅的回收利用"。

例 9.2 ☞　　　　　　　　　　　铅的回收利用

在过去 30 年间，美国国内对铅的需求发生了极大的变化。据报告，1972 年消耗掉而且未回收利用的铅占总消费的 30%，主要包括汽油添加剂、涂料中的颜色剂和弹药成分。所有生产的铅中，有 30% 来自回收利用的材料。

不过，在过去 30 年间，美国国会承认铅对儿童的健康有害，从而制定了一系列在汽油和涂料中限制铅含量的法律。这不仅使得铅的使用量下降，而且铅的消耗性用量下降十分明显（到 1997 年，消耗性用量只占总需求量的 13%）。铅的消耗性使用下降，意味着适用于回收利用的铅产品的产量所占比例上升。事实上，现在有更多的铅产品可以回收利用。截至 2002 年，在美国国内消耗的铅中，有 77% 来自废料的回收利用。

在回收利用的铅废料总量中，旧废料占大约 96%。旧电池占旧废料的 90% 左右。电池制造商已经开始安排零售商回购旧电池，此举既可以作为新电池销售的一种市场工具，也是确保下游制造过程原材料投入供应的一种手段。

资料来源：U. S. Department of the Interior. *Minerals Yearbook*. 参见网页 http://minerals.usgs.gov/minerals/pubs/commodity/lead/。

如何提高效率呢？美国是否已经在进口和国内生产之间达到了某种有效的平衡呢？美国是一个"冷漠的社会"，这句贬损语准确吗？假如真是如此，就回收利用的时间尚未来临这个意义上来说，市场是不是有效地运行呢？或者是不是意味着市场发出了错误的价格信号，而确定无疑地存在市场失灵呢？下面，我们从美国国内资源和国外资源的平衡入手进行分析。

9.3 再论战略性物资问题

一般原则

在美国，石油并不是唯一的需求超过了国内供应而不得不进口的物资。某些战略性矿物也符合这个条件。如果进口在战时条件下具有战略重要性，或者只由几个少数国外生产商供应，那么，它们就需要特别对待了。正如我们在第 8 章所述，这种情况意味着这些资源的真实社会成本大于它们的市场价格。如果这个分歧足够大，那么，政府采取某种矫正性的行动或许是合理的。

合理的政策反应应该是，对战略性物资的进口加收关税，并且利用关税所得，为战略储备提供资金支持。这种储备提供了一种快速反应的供应源，为这种战略物资的供应提供了一种保险的形式，以免供应的突然中断。关税发出了这种资源的社会成本的信号,因此会鼓励国内提高产量,并且寻找替代性资源。是那些需要资源的人导致了资源的脆弱性,因此,将他们支付的关税收入来为战略储备提供资金支持,实际上就是让他们支付保护资源以防资源风险的成本。

定义一个脆弱的战略物资清单的第一步就是要明确那些明显依赖国外供应的资源类型。尽管每个进口国的具体清单各有不同,但每份清单都可以显现出每个进口国对外国的依赖性都很强。

美国政府确定了24种最关键的矿物,其中超过50%必须依赖外国供应。在24种矿物中,有四种最受关注,即钴、铬、锰和铂。南非实施种族隔离政策时期,与美国的关系动荡不安,它是这四种矿物中的三种的主要供应国。第四种,即钴,主要来自非洲国家赞比亚和民主刚果共和国。显然,战略物资问题对于美国而言非常重要。

政府的反应

187　　美国政府是如何对进口依赖性作出反应的呢?《1946年战略及关键物资储备法》(Strategic and Critical Materials Stockpiling Act of 1946)发起了第一个主要的战时保证国防安全需要的政府项目。但该项目充满波折。例如,1954年,《农业贸易发展与援助法》(Agricultural Trade Development and Assistance Act)就曾授权使用剩余农产品销售获得的外币来获取战略性物资。这个授权1966年又被《粮食换和平法》(Food for Peace Act)取代。

现在指导战略物资政策的两项法律是《1979年战略及关键物资储备法修正案》(Strategic and Critical Materials Stockpiling Revision Act of 1979)和《1980年国家物资及矿物政策、研究和开发法》(National Materials and Minerals Policy, Research and Development Act of 1980)。这些法律将许多独立授权管理的项目整合为一个项目,而且为总统决定储备的物资种类以及每种物资储备的数量提供了具体的指导。

《1979年战略及关键物资储备法修正案》还创立了国防储备交易基金(National Defense Stockpile Transaction Fund),该基金的资金来源于储备资源的销售所得,当实际储备数量低于期望水平时,就必须用该基金购买储备资源。当前,国防储备的目标要求是,储备量在扣除国内生产量和确保国外进口量之后,必须足以提供一场常规战争前三年对物资的需求。

钴：案例研究

钴是一种特别吸引人的矿物，它通常被认为是美国进口矿物中最具有战略性而且也是最容易受影响的矿物之一。那么，政府政策的有效性又如何呢？

钴合金对美国的许多工业都很重要，尤其是航空航天工业和国防工业。它的特性使它在高温环境中尤其有用，例如喷气式发动机。短期内要找到替代资源的可能性很有限。

现在，美国自己不产钴。因此，所有钴的供应均来自战略储备、回收利用或是从国外进口。当前，美国大约28％的钴来自回收利用。

钴的供应状况一直在波动。例如，20世纪70年代，钴的价格从每磅5.50美元上升到每磅25美元；现货价格最高时达到50美元。2003年，每磅9.40美元。

美国政府对此作出的反应也反复无常。虽然将钴作为战略储备已经有一段时间了，但是，究竟应该储备多大规模的钴一直是争论的焦点。进口主要发生在20世纪50年代，但是，1973年尼克松政府执政期间，储备中的几百万磅钴被售出。到1976年末，福特政府才扭转了这项决策，设定了8 540万磅的新的储备目标。

战略储备量没有达到目标水平，还不是当前政策存在的唯一问题。截至2004年1月1日，所有的钴矿石及其浓缩物的进口都是免关税的。由于关税是一项有效的战略物资政策的重要组成部分，因此，美国迄今仍然没有达到钴资源的有效配置。

替代性和脆弱性

一国进口某种战略物资的脆弱性不仅取决于该国经历的短缺的严重程度，也取决于它应对短缺的能力。在短缺情况下，我们可以利用替代资源来替代供应短缺的资源，否则就必须忍受由此而造成的产出量的下降。因此，在评价资源脆弱性时，既要考虑替代资源的成本，也要考虑节制使用所产生的成本，这一点很重要。

哈齐拉和科普（Hazilla and Kopp，1984）试图使用一个详细的生产过程的经济计量学模型来完成这项艰难的任务。各种生产过程都涉及五种具体的战略矿物，即钛、钒、钴、铌和镉，他们对这些矿物都进行了建模分析。他们的模型不仅包括替代资源利用的可能性及其相关成本，也包括任何产出量下降造成的社会成本。为了对脆弱程度进行定量分析，他们还估计了这些战略物资的预期的各种短缺水平对美国经济产生的总成本，如表9—1所示。

表9—1　矿物供应中断情景（成本单位为百万美元，以1974年美元计）

短缺（%）	钛	钒	钴	铌	镉
5	23	19	6	6	—
15	69	38	12	11	—
25	140	98	30	35	—
35	198	159	49	46	1
50	340	21 532	25 667	17 136	2
85	33 475	80 752	74 976	78 800	4

资料来源：Data extracted from Michael Hazilla and Raymond J. Kopp. "Assessing U. S. Vulnerability to Raw Material Supply Disruptions: An Application to Non-fuel Minerals," *Southern Economic Journal* Vol. 52 (Southern Economic Association: October 1984): Table Ⅳ, p. 351.

　　从这些信息中，我们可以得出两点有趣的认识。第一，小规模短缺（例如35%及其以下供应不足）对经济不会产生严重影响，但是，大规模的短缺就会产生严重的影响；第二，脆弱性的大小排序取决于短缺的规模。对于小规模短缺而言，钛的稀缺性对社会产生的成本最大。不过，我们也要注意，当处于50%范围内的短缺时，钴也会出现比较严重的问题。如果短缺85%，钒的短缺产生的成本最大。总之，没有任何一种矿物在所有短缺程度下成本都是最高的。

　　经济计量学的分析方法的好处很大，即它允许分析人员提出"如果怎样……结果怎样"的问题，从而得到如表9—1中所示的估计值。但是，它也存在不足，这种方法太概括了，以至于替代资源的一些具体的细节都淹没在数学之中了。为此，其他学者开始对某些特殊的矿物作案例研究，试图了解更多的细节。

　　蒂尔顿（Tilton，1985）就作了这样一项研究，他分析了20世纪70年代锡价飙涨而产生的替代资源效应。他研究了锡的三种用途：饮料罐、焊接材料和用于制造塑料管的锡基化学制品。锡的替代品大量出现。例如，锡饮料罐在市场份额经历了多年增长后，从20世纪60年代开始，逐渐地失去它的市场份额，首先让位于铝罐，最终让位于塑料罐。随着锡被其他替代资源取代，新技术使得锡在饮料罐方面的用量在1950—1977年下降了93%以上。由于低含量锡合金的引入使得汽车车体焊接对高含量锡焊接材料的需求降低,焊接材料对锡的利用也降低了,许多人都认为,即便作为焊接材料,锡也会被其他材料所取代。同样,在塑料管工业,新的第二代、第三代稳定剂的引入曾使得锡含量下降了50%以上。

基于上述分析,蒂尔顿的研究认为,矿物价格的变化对矿物短期的使用似乎不会产生影响,因为生产商会受到现有技术和设备的限制。但是,从长期看,其影响似乎很大。

9.4 废弃物的处置和污染造成的破坏

战略性矿产资源问题表明,由于市场对进口矿产和国产矿产存在不同的反应方式,所以就会产生市场的不完全性。如果进口矿产至关重要,而且进口来源风险很大,那么,市场所察觉到的价格比率不会体现进口所产生的某些社会成本。其结果是,对进口会产生无效的、过度的依赖。

其他市场不完全性也很明显。生产商和消费者如何对待废弃物,可能会使得在回收利用和原生矿石利用之间的市场平衡方面产生偏差。由于废弃物处置成本在决定回收利用的有效数量中是一个关键因素,因此,如果某个经济部门不承担所有处置成本,则意味着会产生某种偏差,使得原生矿产受到宠爱,而回收利用受到冷落。对潜在的可回收利用的废弃物的处置给予资金支持,其方法有多种,我们现在分析这些方法对回收利用水平的影响。

处置成本和效率

我们必须明确边际处置成本与回收利用的效率水平之间的关系。例如,假设某个社区处理某种特殊的废品每吨需要花费20美元的成本,处理后的产品卖给当地的一家制造商,价格为每吨10美元。我们能就此得出结论认为,由于这样做会亏本,因此它就是一项无效率的回收利用工作了吗?答案是否定的,我们不能这样认为!除销售回收利用的产品每吨获得10美元以外,这个社区还避免了处置废品的成本。将这种避免了的边际成本看做回收利用产生的边际效益是合理的。假设避免了的边际处置成本为每吨20美元。这时,该社区从回收利用所获得的效益就应该等于30美元(每吨20美元避免了的成本加上每吨10美元的再出售的价值),而成本应该是每吨20美元,这就是一项有效的回收利用工作了。直接影响回收利用有效水平的因素既包括边际处置成本，也包括再生产品的价格。

处置决策

潜在的可回收利用的废弃物可以分成两类：旧废料和新废料。**新废料**（new scrap）是指生产过程中产生的残余物。例如，钢梁做成后，剩下的小碎钢片就是新废料。**旧废料**（old scrap）则是指消费者用过后废弃的产品。

为了说明新、旧废料的相对重要性，我们现在分析美国铝业的情形。在美国，在回收利用的铝废料中，约40%来自旧废料。回收利用新废料比回收利用旧废料容易得多。新废料位于生产的原地，而且不需要额外的运输成本，即可很简单地重新用于生产。运输成本是回收利用旧废料的一个主要成本。

新、旧废料处理所涉及的激励是同等重要的。由于新废料不必离开工厂，它依然由制造商完全控制。制造商由于具有生产产品和处理废料的双重义务，因此它就具有某种动力，在生产产品时就制定如何利用废料。例如，建立各种程序，确保废料的同质性，并且使得必须回收处理的量达到最小化，这样做好处应该很多。鉴于上述理由，新废料市场不仅效率很高，而且效益很好，这一点是很有可能的。

遗憾的是，旧废料却未必如此。市场之所以会无效运行，是因为产品的用户并不承担该产品用过后所产生废品的全部边际社会成本。其结果是，市场会冷落旧废料的回收利用，而偏爱于使用原生材料。

要理解为什么这些成本没有内部化，关键在于各个产品用户面对的激励不一样。假设你有一些小的不再使用的铝制品。如果你不回收利用它们，这通常意味着你必须将这些铝制品送到回收中心；当然，你也可以将它们扔到垃圾堆中。在比较这两种选择时，需要注意的是，回收利用会对你产生一种成本（运输成本），而第二种选择也会产生另外一种成本（处置成本）。

对于消费者而言，他很难做到有效率，因为垃圾收集传统上都会得到资助，如表9—2所示。如果垃圾由公共部门收集，那么，城区通常是用税收的方式来资助；如果垃圾由私人部门收集，则使用统一的收费方式来资助。二者都没有直接将个人的支付与废弃物的数量相联系。户主再多扔一个单位的垃圾，对户主而言，其边际成本可以小到忽略不计，即使这时社会成本不可忽略，也是如此。这意味着，边际私人处置成本和社会总成本出现了分歧，如图9—1所示。

表 9—2　　　　　　　　典型国家城市垃圾收费标准说明

国家	费用计算	目标群
澳大利亚	按统一费率计价	住户；企业
比利时	按统一费率计价或按体积计算	住户
加拿大	按统一费率计价	住户
	按统一费率计价＋有上限的按体积计算	企业
丹麦	按统一费率计价	住户
	按废物体积计价	企业
芬兰	按废物体积计价	住户
	按标识＋类型＋运输距离计价	企业
法国	按住所面积计价（占人口的80%）	住户；企业
（或）	按废弃物体积计价（占人口的4%）	住户；企业
（或）	不收费；由公共财政支付垃圾收集	
意大利	按住所面积计价	住户；企业
荷兰	按统一费率计价	住户；企业
挪威	按统一费率计价	住户；企业
瑞典	按统一费率计价（53%的城市）	住户；企业
（或）	按收集结构计价（45%的城市）	住户；企业
英国	按统一费率计价	住户
	按废物体积计价	企业

资料来源：Adapted from Table 3.9 in J. B. Opschoor and Dr. Hans B. Vos. *Economic Instruments for Environmental Protection*（Paris：Organization for Economic Cooperation and Development）：53.

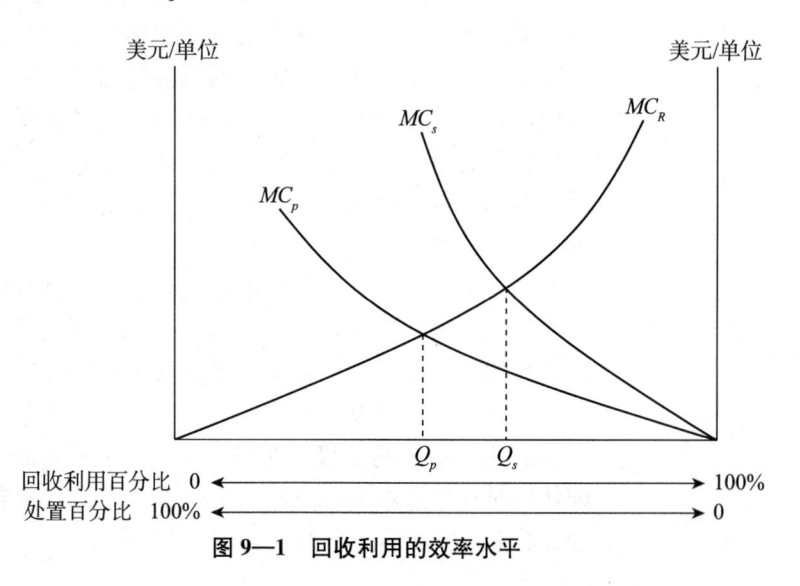

图 9—1　回收利用的效率水平

如果私人边际处置成本（MC_p）低于社会边际处置成本（MC_s），市场的回收利用水平（此时边际回收利用成本（MC_R）等于私人边际处置成本）就是无效率的。只有当边际处置成本包含了全部社会成本，才可以得到有效的回收利用量（Q_s）。[2]

我们可以列举一个数字例子，来强化对这一结论的认识。假设你所在的城市提供垃圾收集服务，为此你必须上交 150 美元的税。不管你扔了多少垃圾（在合理的范围内），你的成本都是 150 美元。在这一年，你多扔一件垃圾的额外（边际）成本为零。当然，边际社会成本并不等于零，因此，从各个住户的角度而言，他们更乐意将垃圾扔出去而不加处理。[3]

乱扔杂物是我们一直讨论的一个极端例子。如果政府不采取任何干预措施，乱扔杂物的社会成本还包括有失观瞻、伤害汽车轮胎、废弃罐或玻璃锋利的边角会对行人造成伤害。将用过的罐子扔到车外，对个人而言，几乎没有成本，但对社会而言，代价可能不菲。[4]

处置成本和废料市场

市场对迫使产品用户承担真实边际处置成本的政策应该作出什么反应呢？主要的影响应该是对回收利用材料供应的影响。消费者应该能够避免处置成本，甚至可以为废弃物支付一定的费用。这样可以使得某些材料转移到回收中心重新加以利用。如果这种扩增了的供应让商人可以充分利用原先没有得到发挥的规模经济，那么，这种扩增就可以极大地降低平均处理成本，也会使得回收利用的材料更多。

由于价格下降，以至于投入要素的总消耗量会增加。回收利用的材料也会增加，而原生矿石的用量则会下降。因此，正确地纳入处置成本，往往会增加回收利用的数量，而且会延长可耗竭、可回收利用资源的经济使用寿命。

对原生材料提供补贴

处置成本只是一方面。回收利用产生的投入要素只能在公平的环境下与原生材料进行竞争。对原生材料的补贴是产生无效率的另一个原因，这会使得回收利用的投入要素受到冷落。

补贴的形式有多种。《1872 年美国矿产法》（U. S. Mining Law of 1872）就阐述了一种补贴形式。该法 150 多年以前颁布，旨在促进公共土地的矿产开发，然而，该法至今没有废除。按照《1872年美国矿产法》，矿主可以在公共用地上打桩标出脉矿（地下矿产）和砂矿（地面矿产）的勘探权。每年只要支付100美元即可维持这种勘探权。如果在区域内发现了矿产，而且已经投入了至少500美元用于开发或开采，那么，对于脉矿而言，矿主只需花每英亩5美元就买到了这块土地；对于砂矿，则只需要2.50美元。1999年，美国国会颁布法令，停止了土地的购买，但并未禁止勘探权。

公共土地的价格相对于市场价格是如此之低，以至于形同补贴。作为这种补贴的一种结果，纳税人不仅没有得到公共土地矿产服务的真实价值，而且这种补贴也降低了开采这些原生材料的成本。其结果是，原生材料是人为地便宜了，但是，它却会破坏回收利用投入要素的市场，使市场变得无效率。

矫正性公共政策

为什么回收利用率如此之低？毫无疑问，责任主要在于不合理的定价方式产生了不恰当的激励。由缺乏效率的低处置成本引发的不良配置能够得到矫正吗？

一种方法（即按体积定价法）就是强征处置费，以反映处置的真实社会成本（参见例9.3"佐治亚州玛丽埃塔地区垃圾的定价"）。关于按体积定价法，执行前我们需要考虑的就是它可能会给所在地区穷人带来困难。基于较高价格的策略总是会增加人们的忧虑，最终结果将使得穷人的负担无法忍受。

例9.3 ☞　　　　　　　　**佐治亚州玛丽埃塔地区垃圾的定价**

1994年，佐治亚州玛丽埃塔人参加了一个改变废弃物处理定价方式的示范项目。传统上垃圾清理费为每月15美元，现在减少到每月8美元。另外，一半的居民必须缴纳垃圾收集袋的费用（每个袋子0.75美元）；另外一半的居民则按消费者每月希望收集的最大垃圾罐数量来缴纳费用。这个数量应由消费者提前约定好，而且月与月之间不能改变。每罐垃圾的费用为3～4美元（依罐数而定）。

经济学理论认为，虽然两种方案都会减少垃圾的产生，而且能够提高垃圾的回收利用量，但是，缴纳垃圾袋费用的方案作用更大。（你知道为什么吗？）

确实，所发生的情况正是如此。垃圾罐项目使得非回收利用的垃圾量下降了约20%，而垃圾袋项目的下降比例则高达51%。对于鼓励家庭回收利用废弃物而言,这两个项目产生了明显的效果,它们不仅引导了废弃物回收利用,而且也降低了垃圾量。

按照成本—效益分析,与这两个项目有关的成本合理吗?经济学家的研究表明,它们确实是合理的。据估计,垃圾袋项目使得这个城市获得的净效益达到每天586美元,垃圾罐项目每天为234美元。

资料来源:G. L. Van Houtven and G. E. Morris. "Household Behavior Under Alternative Pay-as-You-Throw Systems for Solid Waste Disposal," *Land Economics* Vol. 75, No. 4 (November 1999): 515–537.

这种方法显然有误。在旧的资助垃圾收集的制度下,不管每个家庭产生多少垃圾,它们都是按照统一费率缴费的。由于低收入家庭产生的垃圾较少,它们实际上补贴了比较富裕的家庭。在新的制度下,较低收入的家庭只支付统一费率,因为它们不必购买需要额外处理的标签。购买这些标签的费用少于平均处置成本,而这种平均处置成本则是前面提及的统一费率的基础。在新的定价体系下,贫穷家庭会变得更好,而不是更糟。

另外一个促进回收利用的建议,也是许多地方广为用之的,就是有偿性抵押。这种方法在饮料罐的处理上广为采用,对其他产品也是一种补救办法。

有偿抵押法按设计必须达到两个目的:(1)最初的费用必须反映处置成本,并且产生预期的需求结构变化效果;(2)有偿抵押法可以使人们热衷使用再生产品,从而有助于处理废旧汽车。

有偿抵押法为铝制饮料罐的回收利用带来了很多好处。[5]虽然并不是所有州都通过了废旧瓶子的回收法令,但是,美国现在有超过50%的铝制饮料罐被回收利用了。其结果是,旧铝制废料越来越成为铝总供应的一个重要组成部分。回收利用铝比从铝矿中精炼铝,可以节省95%的能源。由于成本意识比较强的生产商正在寻找新的降低能源成本的方式,因此节省的能源对再生铝的需求的影响很大。

饮料罐的回收利用也降低了乱扔垃圾的现象,因为它产生了一种激励,促使人们将饮料罐送到回收中心。在一些城市,清洗和收回这些饮料罐为无家可归者提供了一种重要的收入来源。加拿大人的一项研究发现,回收利用创造的就业机会是填埋法的6倍。

有偿抵押法也有利于电池和轮胎的回收利用。例如,美国新罕布什尔州和缅因州对新的汽车电池征收附加费。如果这两个州的消费者对电池以旧换新,他们就可以得到一定的折扣。俄克拉何马州对售出的每只新轮胎征收1.00美元的附加费,然后,返还一部分给经过认定的旧轮胎回收机构,即每回收一只轮胎返还50美分。

第9章 可回收利用的资源:矿产、纸张、玻璃及其他美国一些州以及一些发展中国家也采取有偿抵押法确保农药容器用后被回收。由于这些容器通常在使用后会残留一些有害物质，这些有害残留物会污染水源和土壤，因此，回收这些容器，或是重新利用，或是做净化处理，都可以消除这种污染威胁。

一些地区采取对产品征收处置或回收利用附加费的方式，试图产生经济上的激励作用。按照设计，通常在购买新产品时支付这种附加费，以抵偿产品使用寿命结束后回收利用的成本；越难回收利用的产品，其附加费越高。这些附加费一般都有一个附加要求，即产品销售者因附加费获得的收入必须用于建立回收利用系统。假定这些附加费使回收利用的成本正确地内部化了，那么，越容易回收利用的产品，其价格就越低（包括附加费），因而征收附加费就可以为消费者提供某种激励，促使他们考虑产品的回收利用和处置成本。需要注意的是，这些购置附加费并未提供任何避免非法处置（乱扔杂物）的激励，因为消费者将废品送到收集中心并未得到任何回报。另一方面，与垃圾收集费不同，购置附加费也没有为非法处置垃圾产生抑制作用。从这个意义上说，抵押补偿法显然优于购置附加费或垃圾按体积的定价方法。

对原生矿产征税以及对废品回收利用给予补贴，也可以促进废品的回收利用。因为进口原油的成本很高，欧洲更加重视废油的回收利用，要求居民以及商业用户对其所产生的全部废油进行回收利用。原生润滑油也要征税，而且税收收入必须用于补贴回收利用工业。其结果是，许多国家回收了65%的可用废油。

美国对废油的回收利用没有进行补贴，因此其废油的回收利用很不成功。目前的废油回收利用率只有15%。第二次世界大战以来，其废油的回收利用一直呈下降的趋势，只有20世纪70年代石油危机刚结束时除外，当时，石油的价格飙升。

许多地区现在都在采取税收政策，对公共部门和私人部门购买回收利用设备给予补贴。通常采取的方式为对私人企业免除营业税；对投资赋税优惠；对当地社区给予贷款或补助，以使回收利用项目开始启动，使这些项目能够自我维持。带头者还有补贴。

俄勒冈州的项目有助于说明税收法如何发生作用。1981—1987年，为了降低能源消耗，也为了促进回收利用，俄勒冈州能源部（Oregon Department of Energy）对163个项目实行了税收优惠。税收优惠对企业的优惠期为5年，这期间，对企业只用于回收利用的设备，按其成本的35%从其税收中抵扣。俄勒冈州还提供了一个范围更宽的税收优惠，优惠的对象涉及设备、土地和建筑物的购买。纸业公司是这两种优惠措施的主要受惠者，能够利用优惠政策，提高它们在造纸过程中利用再生新闻纸和纸板的能力。按照谢伊（Shea，1988）的研究，这些激励措施有助于提高俄勒冈州新闻纸的回收利用率（65%），使其达到全国平均水平对固体废弃物的长期解决办法不仅会影响消费者对购买、包装和处置的选择，也会影响生产者在生产过程中的产品设计（提高回收利用率）、产品包装和再生品利用的选择。扩展的生产者责任（expanded producer responsibility）甚至要求生产者在其产品使用期届满时回收其包装，以及产品本身（参见例 9.4 "实行'回收'原则"）。

例 9.4

实行"回收"原则

"回收"原则要求所有生产商，一旦其产品的使用期届满，就必须对其产品（包括包装）进行回收。原则上，这种要求的目的是鼓励生产商消除不必要的包装，刺激生产商生产容易回收利用的产品和包装，并且支持利用再生资源替代原生资源进行生产。

德国一直要求生产商（以及零售商和中间商）回收所有与产品有关的包装，包括各种类型的包装——例如，将成百上千只牙刷运送到零售商的纸板箱。而且鼓励消费者返还产品的包装，返还的方式包括交给便利的回收中心、对某些包装收取可偿还的押金，以及对丢弃的包装收取高额的处置费用。

生产商的反应是，建立一个新的非营利的私人公司双向回收系统（Duales System Deutschland, DSD，即"绿点公司"），收集产品的包装，并回收利用这些资源。绿点公司的运营费用由生产商资助。费用按生产商使用的包装重量（公斤）收取。绿点公司只接收已经确认可以回收的包装。生产商一旦获得绿点公司许可，就可以在其产品上打上绿点标记，向消费者表明该产品经过绿点公司的认可。未经绿点公司认可的包装必须直接返回给生产商，或是返还给零售商，再由零售商交给生产商。

很明显，这项法律不仅可以减少包装的数量，而且可以使得大量的包装不必焚烧和填埋。不过，一个值得重视的缺陷是，绿点公司不能为其收集的再生资源找到市场，以至于一些德国的回收利用的包装销售到了邻国，从而引发数起国际风波。再生资源的供应超过需求的情形也很常见，不仅在德国，其他国家也是如此，进一步提高回收利用率可能很困难，除非出现新的再生资源市场。

尽管起初执行"回收"原则很困难，但是，生产商应该对其产品负最终责任这个理念具有足够的吸引力，它已远远超越了回收利用包装这个范畴，现在正扩展到产品本身。2002 年，欧盟通过了一项法律，使得生产商在经济上必须对其生产的电器进行回收利用。

资料来源：A. S. Rousso and S. P. Shah. "Packaging Taxes and Recycling Incentives: The German Green Dot Program," *National Tax Journal* Vol. 47, No. 3 (September 1994): 689-701; Meagan Ryan. "Packaging a Revolution," *World Watch*

(September-October 1993): 28 - 34; Christopher Boerner and Kenneth Chilton, "False Economy: The Folly of Demand-Side Recycling," *Environment* Vol. 36 (January/February 1994): 6 - 15, 32 - 33.

这种方法现在也迅速推广到了美国。有些州由于意识到不合理处置电子设备引发的危险，已经采取了经济激励的办法，促进回收利用。例如，2003 年，加利福尼亚州通过了一项法令，对购买计算机监视器或电视机的消费者征收一定费用，当用户不再使用这些物品时，对安全回收这些物品给予一定的补贴。2004 年，加利福尼亚州曾通过一项法令，要求手机零售商截至 2006 年 7 月必须建立一套废旧手机的收集和回收利用的体系，否则就认定为非法行为。这项法令只是对企业界设定了应履行的义务，具体的执行办法交由企业制定。虽然这些办法使得企业回收利用的成本最小化了，但是，实际执行的政策是否促进了废料按有利于人类健康和环境安全的方式被重新利用，还有待进一步观察。

污染的破坏性

还有一个情况会影响再生矿石和原生矿石的回收利用。如果环境破坏源于原生矿产的开采和使用，而不是再生材料的使用，那么，市场配置将冷落废物的回收利用。这种破坏性既可以发生在采矿的地方（例如露天矿引起的水土流失和美学观赏成本），也可以发生在矿石加工的地方，矿石在这里会被加工成某种可用的资源。

假设采掘业被迫承担环境破坏引发的成本。环境成本对废品市场会产生什么影响呢？内化这种成本会使得原生矿石的供应曲线向左移动，进而会使得总供应曲线向左移动。市场对这种资源的使用量会减少（由于价格较高），而更多采取回收利用的资源。因此，环境成本应该与处置成本享有相同的趋势，即提高回收利用的作用。

废物处理也会引发外部环境成本，例如产生气味、有害物质以及泄漏的污染物流入自来水；有碍景观，等等。金纳曼和富勒顿（Kinnaman and Fullerton，2000）强调，在美国，虽然废弃物填埋量已经下降了，但是，填埋废弃物的总能力却提高了，因为大型的区域性的填埋场替代了小型城镇的填埋设施。随着填埋场规模越来越大，当地社区的反对会增大，因此，对填埋场选址的争议非常大。

虽然政府现在对填埋场采取了管理措施以保护公共安全，但是，这些管理措施的作用仅是为当地社区消除了所有不愉快的东西。其结果是，许多社区都期盼填埋场不要选择在自己的社区。如果每个社区都如此，那么，为新填埋场选址，即便不是不可能，至少也很困难。

解决这个问题的一种方式就是征收选址费。选址费用于补偿当地社区（有时也包括其周边地区），让当地人同意在他们的社区建设填埋场。这种方式给予当地社区以否决权，使其有权否决将他们的社区作为填埋场，但是，它也可以让当地社区分享区域性的填埋设施获取的收益，因而可以使得当地社区的净收益足以抵偿其损失，从而接受新的填埋设施。

波特（Porter，2002）在一个案例中介绍了布朗宁-费里斯工业公司（Browning Ferris Industries）和密歇根州的塞勒姆镇签订的一份选址费协议。该协议规定，该镇可以获得全部填埋处理收入的2.5%以及全部混合肥料收入的4%。而且该镇还可以从填埋产生的燃气（可以用做能源）的销售额中分成，企业以支付选址费的方式避免了全镇的反对，而且填埋的体积上没有限制。据估算，这些收益价值人均400美元，很显然，这足以克服当地人的反对。

选址费并不是解决选址问题的一个尽善尽美的办法。例如，有人注意到，塞勒姆镇免费处理垃圾这个事实并没有为垃圾减少提供任何动力。另外，确保新的垃圾处理设施不会引起社会更多的对环境公平的关切，这一点也很重要。尽管我们在第21章还将深入地探讨这个问题，但是，在这里我们还是要指出，当地社区至少必须完全知道他们将面对的某个区域性垃圾填埋场所产生的危险，并且必须完全有权接受或反对拟议中的补偿计划。我们将看到，在过去这些前提条件常常是不存在的。

9.5 对矿产征税

针对一些典型的有吸引力的产业，美国税法中纳入了一系列条款，避免征税只是作为一种资产变现来获取回报。在这种情况下，资产只是被消耗了的自然资源的储备金。因此，这些条款被认为是对资源耗竭的许可，对资本资产的常规处理进行了扩展，使之包括了可耗竭资源。也就是说，这些条款通过隐性的降税，对采掘业进行补贴，从而刺激了目标矿产和燃料的开采。

虽然补贴的形式各式各样，但总的目标是降低原生矿石开采的税后成本。按照我们的模型，这样会产生增加原生矿石开采量的效应。

其他对矿产的税收优惠也一样，因为这些减税是由某些矿产所得到的，因此，它们会产生某种偏差，使得游说集团有足够的能力获得享受税收优惠的矿产。其中有一条条款，即外国税收减免，使得由美国利用外国资源生产的矿产品得到税收优惠，但是，这一条款可能会恶化战略性矿产问题。对这些资源在税收上给予优惠待遇，可能会产生另外一种偏差,那就是冷落资源的回收利用,因为再生材料得不到这些特殊的税收优惠。

但是,并不是所有的税收都有利于原生矿。特别是**采掘税**(severance tax),它往往会抵消其他税款引发的偏差。采掘税是矿产开采时征收的。正在征收开采税的地区认为,税收收入应该用于补偿现在的居民,以抵消因开采而引起的环境破坏;而且也要通过公共投资以补偿后代,抵消给后代造成的资源损失。一些人怀疑,开采税也用在了其他方面,使得其他州的消费者也承担了税收义务。不管执行这项条款的理由如何,所设计的税率并没有消除不利于资源回收利用的因素。

不管目的如何,开采税在提高收入方面很有效,但它们对矫正环境资源和原生资源的失衡却毫无作为。另外,它们使得战略矿产资源问题变得更糟——因为只对矿石的国内供应商征税,不对外国的供应商征收此税。

9.6 产品的耐用性

威利·洛曼(Willy Loman)在《推销员之死》(Death of a Salesman)这篇值得纪念的短文中悲叹道:

在我的一生中,我曾异想天开地希望我的东西在破损之前我能够好好地使用它!我们总是在与废品收购站赛跑!我刚刚付完购车款,车子就快报废了。冰箱像一个该死的疯子一样消耗着皮带。这些东西的寿命就像是算计好了似的,当你最后付完购货款的时候,这些东西也就快完蛋了。

威利的苦恼绝不是独一无二的。20世纪60年代早期,著名作家万斯·帕卡德(Vance Packard)在其著作《废品制造者》(*The Waste Makers*)中解释了威利苦恼的根源:企业的一个聪明的市场策略的产物。按照他的观点,如果产品用坏的速度越快,消费者就不得不更加频繁地购买这些产品,销售量也随之增长。这是一个合理的论点吗?如果是,那么资源基数枯竭的水平就被人为地抬高到很高的程度,为此我们有必要找到矫正的办法。

帕卡德认为,产品淘汰的类型可能有三种:**功能性淘汰**(functional obsolescence)是指新产品的功能优于老产品,而使得老产品被淘汰。真空管被半导体所取代就是功能性淘汰。**时尚性淘汰**(fashion obsolescence)是指消费者因为欣赏品位的改变而偏爱于新产品的式样造成的一种产品淘汰。消费者品位转向窄领带和长裙子之时，宽领带和短裙子也就被淘汰了。**耐用性淘汰**（durability obsolescence）是指产品因损耗而不再具有其原有的功能。当冰箱不再保持其内部的平稳低温时也就被淘汰了。这三类淘汰的经济含义截然不同。

功能性淘汰

因为功能性淘汰并不是一个很重要的问题，因此，我们只花少许时间论述它。大量的发明创造活动是市场经济的一个很自然的理想结果。那些找到更好方法进行生产的人，不论是鸡炸得更加美味，还是复印文件的方法更加便宜、质量更高，都将从其生产的产品销售中获得利益而变得富有。功能性淘汰只是成功地发明了更好的产品所产生的一个非常自然的结果。

时尚性淘汰

我们必须慎重对待时尚性淘汰。一方面，如果样式是消费者很重视的一个特征，那么，我们可能就会认为时尚性淘汰只是功能性淘汰的一个特例。如果新样式是因为更好地满足消费者的要求而替代旧样式，按照这个观点，时尚性淘汰就是持续不断地满足消费者偏好的结果。

相反的观点则起因于这样一种假设，即得到市场满足的消费者的偏好是市场本身创造出来的。如果消费者偏好是由生产商创造出来的，那么，我们有理由质疑，消费者是自身确实感觉更好，还是受到某种操纵而自我感觉良好？

服装工业肯定是时尚性淘汰最明显的行业。然而，服装工业的时尚性淘汰是否也像其他行业一样重要，我们尚不明确。汽车工业肯定具有一定的时尚性淘汰特征，或许最能说明问题的就是20世纪50年代非常时兴的安装明显的尾翼。不过，对于汽车工业而言，也仅此而已。例如，我们很难说明，20世纪70年代末和80年代初，消费者更愿意购买小型的进口汽车，这是否就是时尚变化所引起的。

确实，一些观察家相信，20世纪80年代美国汽车工业不景气，主要是因为汽车工业没有能力预测消费者的偏好，并作出正确的反应。这很重要，因为汽车市场是这样一个市场，即消费者偏好被认为是由美国三家大汽车制造商所操纵的。但是，情况并非如此。

即便样式会影响消费者的偏好，我们也无法证实，消费者的口味是否就是由制造商规定的，或者消费者的口味只是偏爱新产品。古老的家具和老汽车也很时髦，但是，这些时尚肯定不是制造商创造出来的，而且也无助于新汽车或新家具的销售。

总体分析消费者的决策，我们不能断言，消费者的口味系统性地受到了产业的操控。市场确实存在人为操控的情况，但似乎只是一些孤立的特例。

耐用性淘汰

现在，我们分析耐用性淘汰，也就是引发威利·洛曼悲叹的一类产品的淘汰问题。我们必须回答两个问题：(1) 什么是耐用性的有效水平？(2) 市场会提供这种水平的耐用性吗？所谓**耐用性有效水平**（efficient level of durability）是指使产品的净效益达到最大化的耐用性水平。使用寿命长的产品会给社会带来更多效益，但是它们产生的成本也越大。因此，我们并不能肯定，最耐用的产品也就是最有效率的。我们能够相信市场可以找到耐用性的有效水平吗？为了分析这个问题，我们现在对市场的供需两方做一分析。

一方面，消费者会综合收益和成本两方面的情况以作出他们的选择。消费者购买耐用品的资本成本是购买时就必须支付的（即便是借钱分摊购货款也是如此），不仅运行和维护成本是一个时间流，所产生的收益（服务流）也是一个时间流。只有耐用性水平使得消费者的净效益达到最大化时，消费者才会购买这个商品。耐用性水平是指消费者每多购买一件耐用商品所获得的额外收益，即能够证明消费者因此而额外增加的成本合理的水平。在对成本和耐用性所做的这种平衡中，消费者会作出有效的选择吗？由于缺乏信息或存在其他的市场不完全性，消费者是否会低估或高估商品的耐用性呢？

对此作出检验的一种方式就是案例分析，在案例中，收益和成本的计算都相当容易，因此使得我们能够将消费者购买耐用商品的折旧率与市场利率进行比较。如果消费者个人的折旧率高于资本的社会机会成本（用利率衡量），消费者就低估了商品的耐用性；如果消费者采用较低的折旧率，那么他们就高估了商品的耐用性。

科尔曼（Kooreman, 1996）曾做过与此问题相关的一项趣味研究。他获得了个体消费者购买电灯泡的数据，并计算了每次购买电灯泡的收益（较长的寿命加较高的能源效率带来的能源节省）和成本（购买价格以及预期的使用和维护成本）。利用这些信息，他可以计算出一般消费者购买商品所隐含的折旧率。高折旧率反映出消费者对初始成本具有特殊的敏感性。

非常有趣,在这个案例中,隐含的折旧率高于市场利率。他还发现,收入最低的人群,其折旧率最高。这表明,消费者(尤其是低收入消费者)评判的耐用性与能源效率低于动态效率评价标准规定的水平。

为了构架合适的政策反应,政府就应该知道隐含折旧率较高的原因。如果这个原因是消费者信息不充分,那么,合理的政策反应就应该是增加可靠的信息流,增加信息流的方式有加强检验、标签注明商品规格等等。如果纯粹是因为低收入者拖欠还款的概率较高,而使得市场利率对于低收入消费者而言较高的话,那么,政府就应该提供一些途径,让消费者更加容易地获得资本市场的支持。否则,采取类似补贴或强制性标准之类的措施或许就是合理的选择。

我们也必须考虑市场的供应方。如果生产商可以随意处置的话,那么,生产商总体上就会获得一种激励,促使它们将产品的耐用性降低到有效水平之下。只有这样做,才会降低它们的单位成本,而且随着时间的推移,它们可以消费更多的产品。例如,对某种寿命为10年的电器而言,如果某个家庭使用该电器的寿命达到10年,他们就满足了;如果该电器的寿命只有5年,他们就不得不购买两个。只要购买两个电器的效益高于购买一个,企业就可以按其淘汰计划如期获得更多的收益。

但是,关键的问题是,生产商是否能够随意处置呢?只要竞争性的供应商或是潜在的竞争性供应商进入市场,也供应更具耐用性的物品,消费者就会转而选择这些供应商。在一个正常的市场过程中,竞争可以阻止某个企业生产无效率的耐用品。销售耐用性能不佳的产品的商家将发现,它们的市场将萎缩。

这种市场过程在以下两种情形下不会有效运作。第一种情形是,消费者并不完全知道产品耐用性的差异,因此他们没有足够的信息作出有效选择。这在某种程度上,会使生产商面对的是一些受蒙蔽的消费者,因此,生产商会刻意地将自己的产品定位于初始价格较低的市场位置,以使其产品的耐用性较差。

一旦意识到信息的重要性,就会有一些组织专门为消费者提供信息。消费者联盟就是这样一种组织,它向消费者发表《消费者报告》(*Consumer Reports*)。消费者联盟通过独立的检验和评价,为消费者提供一种服务,从而在合理的成本条件下纠正信息的不足。它的主要缺陷或许就是与技术快速变革的产品有关,因为一些产品等到通过检验并发表产品检验报告时,其他一些还未检验的产品,或者可能更为先进的产品已经出现在市场上了。不过,这个缺陷并不是致命的——它只意味着产品的采纳速度不如效率规定得那么快而已。

第二种情形是,企业在没有竞争的情况下生产的某种商品,其耐用性会无效率地低下,企业由此可以获得利益。这种情况的产生,前提是这个企业或是一个垄断企业(这种情况非常罕见),或是该产业的所有成员串谋起来偷工减料。由于竞争既来自国内企业，也来自国外企业，既来自现有企业，也来自潜在的新进入企业，因此这种串谋的情形必定很罕见。

美国的汽车工业提供了一个非常有趣的例子，用以分析这样一种假设：竞争的加剧可以提高产品的耐用性，因为产业面临日益激烈的国外竞争。在美国市场上，进口所占据的份额从1976年的14.8％上升到了1988年的29.2％。[6]这会导致耐用性提高吗？

按照两个可能的指标，汽车的耐用性确实会提高。耐用汽车的寿命应该更长，而且更安全。客车的平均寿命从1976年的6.2年提高到了1988年的7.6年。而且，每1亿英里行驶里程的死亡人数从1976年的3.33人下降到了1988年的2.46人。尽管其他一些因素也会影响汽车耐用性的提高，但竞争或许确实发挥着主要作用。

9.7　小结

市场机制会自发地产生各种压力，从而促进资源的回收利用，通常来讲，其方向正确，但其强度并不总是合适的。处置成本高，原生矿物的稀缺性增加，这些确实对回收利用产生了更大的需求。这一点对于许多产品，比如铜制品或铝制品，都是不言而喻的。

不过，市场也存在许多不完善的地方，这往往会使得回收利用的程度比有效水平低。由于缺乏足够的储备，而且没有采取关税措施，这意味着美国在作出有关战略性矿产资源的市场决策时没有充分地考虑到国家的安全利益。从效率的角度看，美国往往会过于严重地依赖于脆弱的进口。

人为压低处置成本，以及对某些矿产实行税收优惠，这些综合起来，对旧废弃物能够而且也应该发挥的作用产生了抑制。如果只是对某些矿产给予可怜的补贴，那么，采掘税的作用就很有限。

我们推测美国制造商生产产品的耐用性低于有效水平，这表面上看是市场的一个不完善的地方，实际上有点言过其实。不过，科尔曼的研究表明，一些人购买的产品的耐用性能低于有效水平，其实是能效水平更高的产品，其市场渗透能力可能低于有效水平。就产品耐用性问题而言，这个观点比万斯·帕卡德等所持的观点更具局限性，且这也是一个令人困扰的问题。

我们不得不重视这些问题，例如城市垃圾处理费的定价以及政府对原生矿产给予税收优惠问题等。因此，政府在这些领域的恰当的作为显然就是有选择性地退出，辅之以某些政策性的微调。

然而，对于乱扔垃圾、空气污染、水污染以及露天采矿所产生的破坏环境问题，则应该另当别论。如果某种产品产自原生矿物，而不是产自回收利用的材料，而且任何与破坏环境有关的成本都没有内部化，那么，政府就有必要采取某种行动。

政府在某些领域有选择性地退出必须辅以某些强制性的项目，以使得破坏环境的成本内部化。我们听得最多的所谓理想的解决环境问题的办法就是：要么终止政府的干预，要么加大政府的控制力度。其实这二者都不准确。政府要想在实现经济系统和环境系统的平衡中发挥有效作用，就必须在某些领域减少控制，而在另外一些领域强化控制。

讨论题

1. 玻璃瓶既可以回收利用（破碎后再熔化），也可以重复利用。市场往往会选择最便宜的方式。什么因素会影响这两种方式的相对成本？市场可以作出有效的选择吗？许多州都通过了对玻璃瓶收取押金的"瓶子法案"（bottle bills），这些法案会提高效率吗？为什么？

2. 许多领域都已试图提高废弃润滑油的回收利用量，采取的办法包括要求服务站设立回收中心或是采取偿还式的押金制度。即便要采取政府干预的手段，又是基于什么理由？各州的做法不一样，有的州没有采取政府干预；有的州要求所有服务站都设立回收中心；有的州采取了偿还式押金制度。从对废弃润滑油市场的影响方面看，这三类州之间存在什么差异？为什么？

3. "时尚"对收入分配具有什么影响？富人买新车，穷人就可以购买到质量更好、价格更低的旧车，我们可以将富人开新车看成是对穷人的一种恩惠吗？

练习题

1. 假设利用原生矿物生产某种产品，其边际成本为 $MC_1 = 0.5q_1$；利用再生材料生产这种产品，其边际成本为 $MC_2 = 5 + 0.1q_2$。(a) 如果倒需求曲线为 $P = 10 - 0.5(q_1 + q_2)$，那么，利用原生矿物生产这种产品的数量是多少？利用再生材料生产这种产品的数量又是多少？(b) 如果倒需求曲线为 $P = 20 - 0.5(q_1 + q_2)$，答案又是多少？

2. 如果政府允许私人企业在离海或公地上开采矿产资源，分享利润的常见办法有两种，即红利投标和生产许可权费。前者授予竞标价格最高的企业有权开采，而后者则按每吨开采的资源收取许可权费。红利投标为一次性的预先支付，而生产许可权费当开采资源时才需要支付。

(a) 如果这两种方法得到的收入相同，那么，它们对矿山在时间上的配置是否具有相同的影响？为什么？

(b) 在这两种方法中，是其中一种符合有效配置，还是二者都符合有效配置？为什么？

(c) 假设矿藏量以及未来的价格变化未知。这两种方法如何在采矿企业和政府之间分担风险？

3. "由于垃圾的处理成本会随着时间的推移而提高，因此，回收利用率也应该自动地提高。"请对此加以讨论。

进一步阅读的材料

Dinan, Terry. "Economic Efficiency Aspects of Alternative Policies for Reducing Waste Disposal," *Journal of Environmental Economics and Management* Vol. 25 (1993): 242-256. 该文认为对原生矿产征税不足以提高效率，还需要对资源的利用给予补贴。

Jenkings, Robin R. "The Economics of Solid Waste Reduction: The Impact of User Fees" (Cheltenham, UK: Edward Elgar, 1993). 该文分析了用户费是否能够鼓励人们循环利用废弃物。作者利用9个美国社区的资料，证实确实如此。

Kinnaman, T. C., and D. Fullerton. "The Economics of Residential Solid Waste Management," in T. Tietenberg and H. Folmer, eds. *The International Yearbook of Environmental and Resource Economics 2000/2001* (Cheltenham, UK: Edward Elgar, 2000): 100-147. 该文对有关家庭固体废弃物收集和处理的经济学文献进行了综合述评。

Porter, Richard C. "The Economics of Waste" (Washington, DC: Resources for the Future, Inc., 2002). 这是一篇可读性非常强、内容非常全面的文章，涉及利用经济学原理和政策手段改善各种工业废弃物和家庭废弃物的管理。

Reschovsky, J. D., and S. E. Stone. "Market Incentives to Encourage Household Waste Recycling: Paying for What You Throw Away," *Journal of Policy Analysis and Management* Vol. 13 (1994): 120-139. 该文就当前实施的许多废弃物处理项目，分析了它们的各种处理

方式的零边际处置成本的变化情况。

Tilton, John E., ed. "Mineral Wealth and Economic Development" (Washington, DC: Resources for the Future, Inc., 1992). 该文探讨了为什么许多矿产输出国一直认为它们在以往几十年中, 其人均收入呈下降趋势, 其生活水平处于停滞不前的状态。

【注释】

［1］注意 $1/(1-a)$ 与初级宏观经济学中采用的类似乘数 $1/(1-MPC)$ 的相似性。

［2］按照图 9—1 所示, 100% 的再循环通常就是有效的吗? 这个结论对你有什么意义? 为什么?

［3］问题不在于 150 美元太少了, 它的确是太高了! 关键是废物处置成本并没有随着需要回收的废物量的增加而增加。

［4］通过经济分析, 你是否认为路人或居民对乱扔杂物具有较高的偏好呢?（为什么?）

［5］对铝制品废料的旺盛需求也是有很大影响的。实际上, 1988 年, 铝制品废料的价格猛涨, 以至于小偷去偷盗高速公路上的标志牌, 因为这些标志牌是铝制的。

［6］本自然段和下一自然段的数据来自 Motor Vehicles Manufacturing Association, *Motor Vehicle Facts Figures*, 1989 (Detroit: Motor Vehicles Manufacturing Association, 1989): 16, 26, and 90。

第 10 章 可补给但可耗竭的资源：水

> 井枯方知水可贵。
>
> 威廉·克里斯托弗·汉迪（William Christopher Handy）：
> 《乔·特纳的布鲁斯》（*Joe Turner's Blues*）（1915 年）

10.1 引言

对于俄克拉何马州的红土地乃至部分灰土地而言，这最后的雨水来得太温柔了，连龟裂的土壤也没能打湿……骄阳似火的太阳日复一日直晒着正在生长的玉米，直到每颗绿色玉米的梢上晒出了焦黄的边线。云彩来了又去，再隔上一段时间，就不再做下雨的尝试了。

约翰·斯坦贝克（John Steinbeck，1939）在其著名小说《愤怒的葡萄》（*The Grapes of Wrath*）中用上述话语描述了一种景象。自从有人在俄克拉何马州定居以来，农业就一直为俄克拉何马人提供食物和生计，然而干旱加上水土缺乏，使得整个农业体系遭到破坏。无可奈何，一直在这块土地上劳作的俄克拉何马人不仅被迫放弃他们的财产，而且被迫放弃他们拥有的过去。他们背井离乡，到加利福尼亚州谋生，然而，这恰恰又使他们陷入了被剥削和绝望的圈套。

《愤怒的葡萄》这本小说反映了一种实际情况，展示了在巨大的压力（例如有效水不足）之下，社会架构是如何崩溃的以及这种崩溃会给人们带来多大的痛苦。[1]显然，我们应该对这类问题有所预见，并尽可能避免其发生。

水是生命的基本元素之一。人类不仅依赖摄入的水以替换不断散失的体液，而且还依赖于食物，而食物本身需要水才能生存，所以我们必须格外重视水这种资源。

本章将论述经济和政治体制是如何配置水这种重要资源的，今后将如何改善水资源的配置。我们首先探究水稀缺的可能性和严重性。其次，论述水资源的管理，对地下水资源和地表水资源在时间上的配置效率作出定义，并将这些配置状况与当前的（尤其是美国的）实际情况进行比较。最后，我们将论述各种有目的性的制度改革机会。

10.2　水资源稀缺的可能性

地球上的水的可更新供应是受水循环所掌控的，水循环是指一个持续不断的水循环系统，如图 10—1 所示。每年都有大量的水通过这一系统进行循环，但每年只有一小部分循环的水可供人类加以利用。

据估计，在地球上水体积的总量中，只有 2.5%（14 亿立方米）是淡水。淡水中，只有 200 000 立方米（不足所有淡水资源的 1%）可供人类和生态系统消耗（只占全球水资源的 0.01%）（Gleick，1993）。

如果我们只是简单地将全球可供使用的淡水累加起来，与当前水的消耗量进行比较，我们会发现，供应量大约是消耗量的 10 倍。尽管这个统计数令人鼓舞，但是，也很容易产生误解，因为它掩盖了日益增长的需求的影响以及在世界某些地方业已存在的水资源极其稀缺的现实。总的来看，这些情形表明，在世界的许多地方，正日益面临水资源的稀缺。据推测，世界上还有一些地方（包括美国的几个州）在今后几十年内将出现水资源稀缺。

水的有效供应主要有两个截然不同的来源：地表水和地下水。**地表水**（surface water）由河流、湖泊以及地球表面的集水器组成；**地下水**（groundwater）则聚集在地下岩石的渗水层，又称为蓄水层。虽然一些地下水可以通过雨水或雪融水的下渗得到更新，但是，大多数地下水是经过地质年代累积而成，而且由于所处位置的原因，这种地下水一旦耗竭，将不能得到补充。

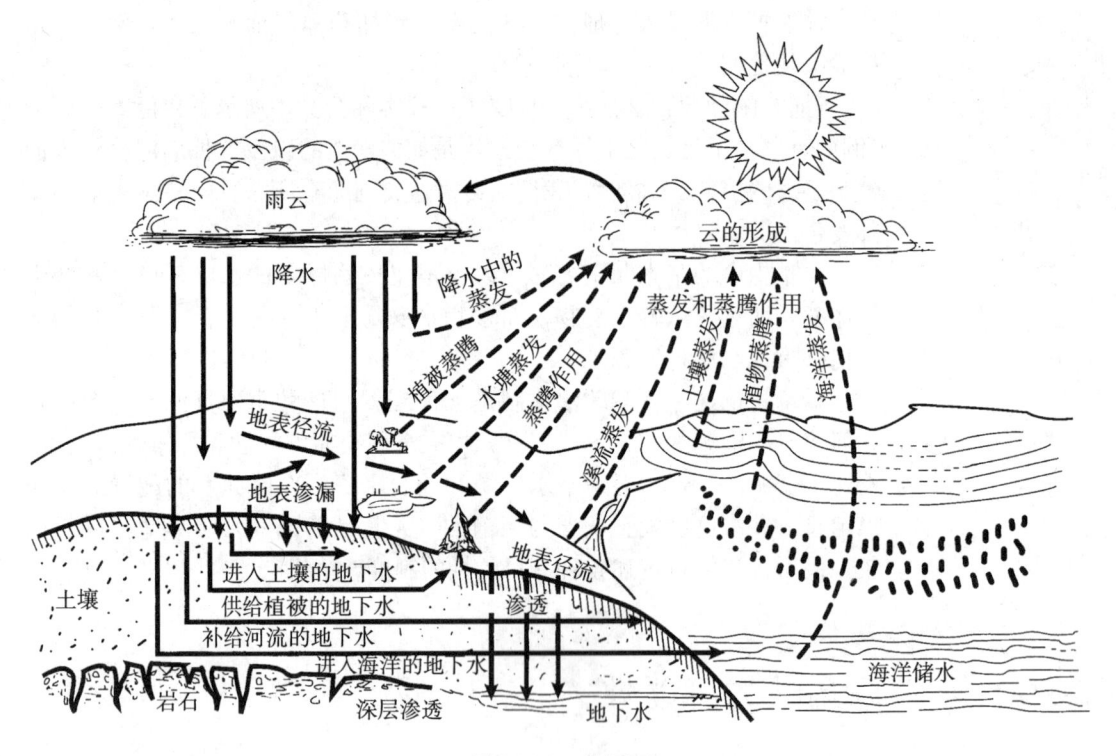

图 10—1　水循环

资料来源：Council on Environmental Quality, *Environmental Trends* (Washington, DC: Government Printing Office, 1981): 210.

按照联合国环境规划署（UN Environment Programme（UNEP），2002）的报告，全世界可供利用的水资源中，90%是地下水，其中只有2.5%可以得到补充，其余都是有限的、可耗竭性资源。

2000年，美国每天利用的水量达到了2 620亿加仑，其中，大约830亿加仑取自地下水。不论是地表水还是地下水，其利用程度在地理上的变化非常之大。图10—2显示了美国各州地表水和地下水的利用情况。加利福尼亚州、得克萨斯州、内布拉斯加州、阿肯色州和佛罗里达州是地下水抽取量最大的5个州。

自1985年以来，虽然美国的地表水利用量相对稳定，但是地下取水量上升到14%（Hutson, et al., 2000）。从全球范围看，据推测，每隔10年年取水量就会增长10%～12%。预计大部分增长都发生在南美洲和非洲（UNESCO, 1999）。

世界上大约有15亿人的饮用水依赖于地下水（UNEP, 2002）。农业仍然是水的最大消耗者。在美国，灌溉水占总取水量的65%左右，占被消耗水量的80%强（Hudson, et al., 2004）。这个数字在西南部则较高。2000年，全世界农业用水占淡水取水量的67%，占淡水利用量的86%（UNESCO，2000）。[2]

我们使用亚利桑那州图森市的例子阐述西方社会是如何处理水资源问题的。图森市在中央亚利桑那工程（Central Arizona Project，该项目从科罗拉多河引水）完成以前，一直都是美国完全依赖地下水的最大城市，其年均降雨量约为11英寸。图森市一些水井的水位10年内下降了100英尺，且每年抽取的地下水量是自然补给水量的5倍。按照现在的消耗率，向图森市供水的蓄水层不到100年就将枯竭。尽管按照这个消耗率水资源供应将枯竭，然而图森市的水资源消耗率仍然在持续地快速增长。水资源的消耗不断增长，水资源供应却不断下降，为了阻止二者之间差距的日益扩大，中央亚利桑那工程建造了一个大型的大坝、水管、隧道和水渠网络，从科罗拉多河引水到图森市。引水已经成为一个常用的但用处越来越不大的政策反应。

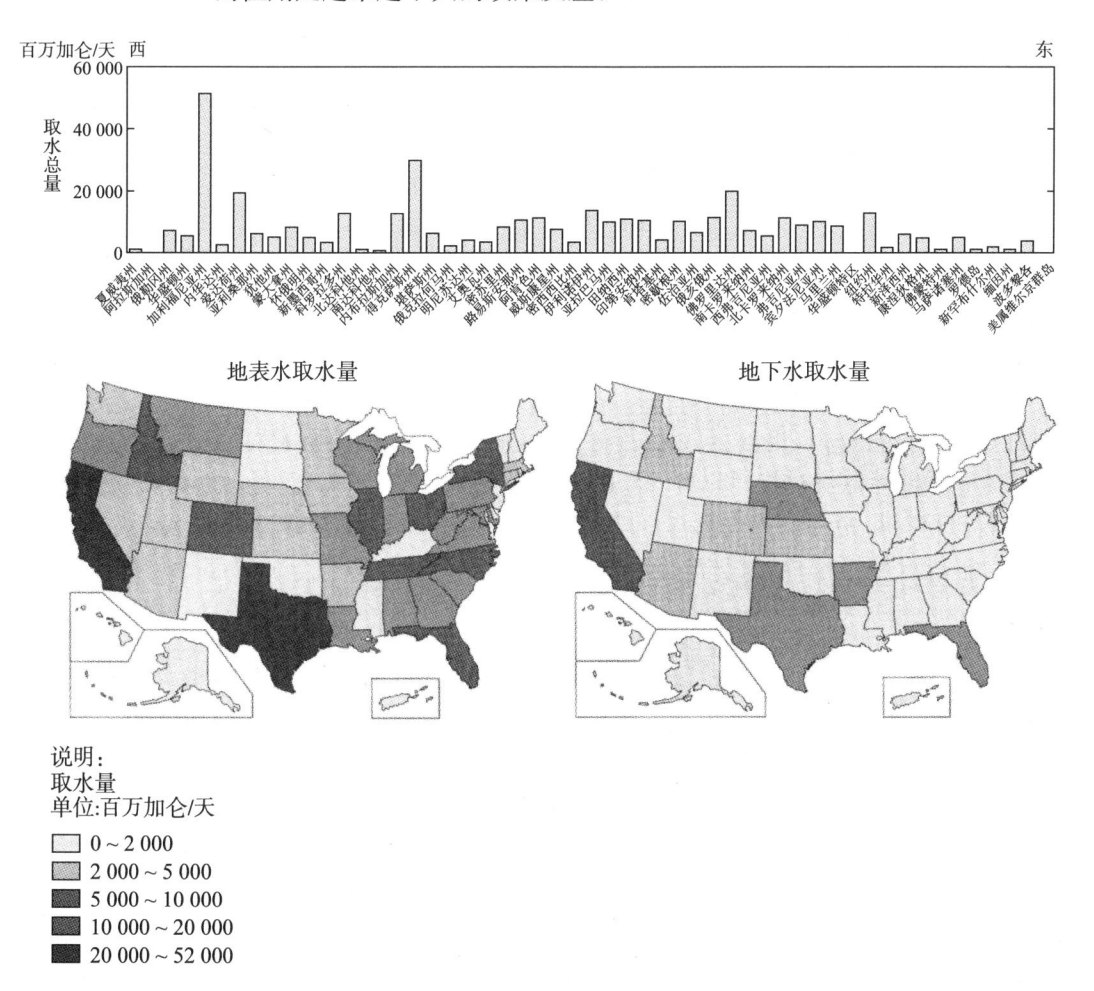

说明：
取水量
单位：百万加仑/天

- 0～2 000
- 2 000～5 000
- 5 000～10 000
- 10 000～20 000
- 20 000～52 000

图10—2 美国水资源利用的估计（含地表水和地下水的取水量），2000年

资料来源：USGS，2000.

迄今为止，我们一直关注水的数量问题，其实水的质量也是一个问题。大部分可饮用水都受到了化学物质、放射性物质、盐或者细菌的污染。我们在第 19 章将详细地论述水污染问题，在这里我们简要论述一下水资源稀缺的一个重要方面就是水的质量问题，它进一步限制了饮用水的供应。

自来水的枯竭和污染并不是唯一的问题。从蓄水层过量地抽取地下水是造成地面下沉的一个主要原因（地面下沉是指由于地球物质——例如水在地下的运动，导致地面逐渐下陷或是地球表面突然下沉）。1997 年，美国地质勘探局（USGS）估计拉斯韦加斯下沉了 6 英尺，休斯敦下沉了 9 英尺，亚利桑那州的菲尼克斯市大约下沉了 18 英尺。

墨西哥城一直在按每年 1 英寸～3 英寸的速率下沉。20 世纪，该城已经下沉了 30 英尺！独立纪念碑（Monumento a la Independencia）建于 1910 年，是为纪念墨西哥独立战争胜利 100 周年而建的，现在要多爬 23 级台阶才能到其塔基。墨西哥城大约有 2 000 万人口，现在正面临严重的水资源稀缺。不仅仅是城市下沉的问题，其人口平均每年增加 35 万人，该市的水都快要用完了（Rudolph，2001）。

上述简要评述表明，在世界的某些地方，地下水正在枯竭，可能会殃及后代。用于各种目的的水供应，如果得不到补给，那么这种供应就相当于"开采出来"以满足当代的需求。一旦用完，它们也就没有了。这种配置是有效率的吗？也就是说，是否存在显而易见的无效率的原因呢？要回答这些问题，就要求我们清楚地了解地表水和地下水的有效配置的含义。

10.3 稀缺水资源的有效配置

水资源配置的效率意味着什么？这取决于利用的水资源是地表水还是地下水。在不存在存储水的情况下，地表水的问题就是指一种可更新的水资源在相互竞争的用户之间进行配置的问题。代际效应并不重要，因为未来的水资源供应取决于自然现象（例如降雨），而不取决于当前的取水作业。另一方面，对于地下水而言，现在取水确实会影响到后代的可用资源。在这种情况下，时间上的配置就是分析中的一个关键因素。由于地表水比较容易分析，因此，我们首先论述地表水的有效配置。

地表水

地表水的有效配置：（1）必须在大量的相互竞争的用户之间保持公平；（2）必须提供可接受的办法处理地表水流量的年际变化。第一个问题很尖锐，因为具有合法竞争诉求的各种潜在用户很多。一些水是用于消耗性的（例如城市饮用自来水或农民用水），而其他方面的用途则不消耗水（例如游泳和划船）。第二个问题之所以会产生，是因为地表水供应年与年不同，甚至月与月之间都不同。由于不同年份之间，降雨、径流和蒸发都会发生变化，以至于可用于配置的水资源，有些年份多，有些年份少。一种水资源的配置系统不仅要对平均水量进行配置，而且还必须预见到水量是高于还是低于平均流量，并对其加以配置。

就第一个问题而言，效率的要求很清楚，即水资源的配置应该使得所有用户的边际净效益相等（记住，边际净效益等于水资源的需求曲线和开采、配送最后一个单位消费用水的边际成本之差）。为了说明为什么要求边际净效益相等，我们现在分析边际净效益不相等的情形。我们将论述，在这种情况下总能找到某种水资源的重新配置的方式，使得净效益增加。由于净效益能够通过资源的再配置得以增加，因此，最初的配置就不能使得净效益达到最大化。由于有效配置必须使得净效益达到最大化，因此，任何无法使得净效益相等的配置方式都不是有效的配置方式。

如果边际净效益不相等，那么，我们总是能够通过将水从净边际效益低的用户转移给净边际效益高的用户，从而使得净效益增加。将水转移给对边际水资源估价更高的用户，水资源利用的净效益会得到增加；因而那些因转移而失去水资源的用户所放弃的效益要比接受水的用户所获得的效益少。如果边际净效益相等，那么，既不降低净效益又想转移水资源是不可能的，如图10—3所示。

两个个体的净效益曲线（A和B）沿两个个体的总净效益曲线绘出。[3]对于供应为S_T^0的情形，可用水量为Q^0。个体B的有效配置量为Q_B^0，个体A的有效配置量为Q_A^0，此时$Q_A^0+Q_B^0=Q_T^0$。对于这种配置，需要注意的是，这两个个体的边际净效益（MNB_0）是相等的。

我们也需注意，在图10—3中，两个用户的边际净效益都是正值。这意味着水的销售涉及一个正的边际稀缺租金。我们能够画出一个使得边际净效益（因而边际稀缺租金）为零的图形吗？如何画？

如果水资源不稀缺，水的边际稀缺租金就应该为零。如果由供应曲线给出的水的有效性大于总边际净效益曲线与坐标轴相交点所表示的量，

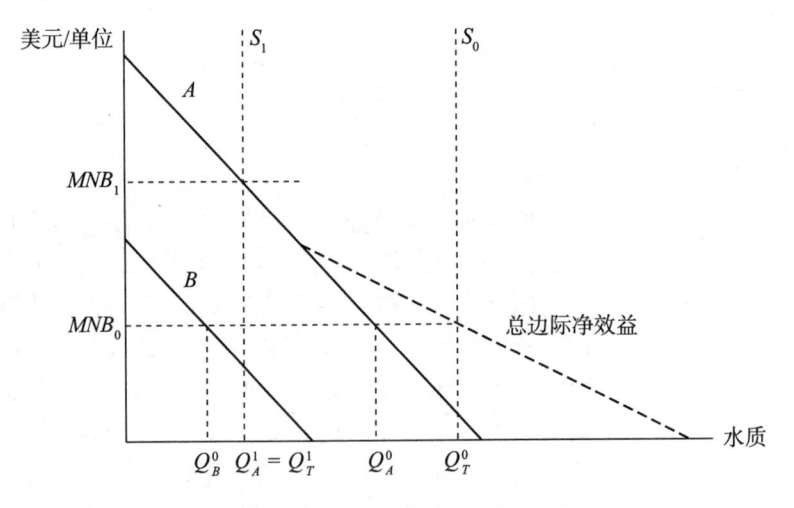

图 10—3　地表水的有效配置

那么，水资源就是不稀缺的。其边际净效益仍然应该相等，但是，在这种情形下，它们二者都应该为零。

现在，我们分析第二个问题，即处理供应波动的问题。只要能够提前预知供应水平，等边际净效益就仍然有效，但是，不同的供应水平意味着用户间的配置也不同。这是问题的一个重要的特性，因为它意味着简单的配置原则（即每个用户都得到一定比例的有效水量，或是，高等级用户可以得到保证供应的水量）不可能是有效的。

回顾图 10—3，现在我们关注标记为 S_1 的水供应情况，即水的供应受到了限制。对于 S_1 而言，有效配置的情形与供应没有限制的情况差别很大。具体来说，用户 B 没有得到水，全部的水都分配给用户 A 了。为什么 S_0 和 S_1 的有效配置变化如此之大呢？答案在于两条水需求曲线的形状不同。

用户 A 用水的边际净效益曲线位于用户 B 之上，这意味着，随着供应量的递减，用户 A 因没有水而产生的成本（即放弃了的净效益）远高于用户 B。为了使成本最小化，分配给用户 B 承担的短缺负担就比用户 A 高。在一个有效配置中，如果供应量是递减的，那么，最容易找到替代品或最节约用水的用户所得到的份额与没有其他选择的用户相比比较小。实际上，这个问题可以通过现货市场得到解决（Zarnikau，1994）。

地下水

为了将上述分析扩展到对地下水的分析，我们必须明确地考虑地下水供应的可枯竭性质。如果从某一特定的蓄水层抽取的水量超过了补给的水量，那么，地下水资源将可以使用到供应量枯竭为止，或是会使得继续取水的边际成本变得很高，以至于继续取水成为不可能。这与我们在第 7 章中论述的成本递增的可枯竭资源模型相似，这种相似性使得我们可以了解地下水在时间上的有效配置问题。

第一层可借鉴的含义是，边际用户成本与地下取水量有关，因此，它反映的是与当前使用的任何单位的水在未来的有效性有关的机会成本。有效配置应该考虑这种用户成本。

对于需求量恒定的情况而言，水的有效开采路径涉及地下水用量会随着时间的推移递减。由于地表水位下降，边际取水成本（抽取最后一个单位的水到地表所需的成本）也会随着时间的推移而上升。在以下两种情况下，取水应该停止：（1）地下水水位太低，水被抽干了；（2）取水的边际成本大于水的边际效益，或是大于从其他途径获取水的边际成本。

如果地下水所处地点的附近存在丰富的地表水资源，那么这将有助于替代地下水，从而对地下水取水的边际成本有效地设置了一个上限值。用户抽取一个单位的地下水的花费不可能超过获取一个单位地表水的成本。遗憾的是，在许多地下水透支严重的地方，地表水的竞争非常激烈，根本不存在便宜的地表水源。

在一个有效的地下水市场中，水价应该随着时间的推移而上升。水价会一直上升到枯竭点，这时，边际取水成本太高，使得继续取用地下水变得不可能；或是取用地下水的边际成本等于其他成本最低水源取水的边际成本。在枯竭点时，边际取水成本应该等于水价。在所有三种情况下，净水价（水价与边际取水成本之差）应该随着时间的推移而下降，最后达到转换点（存在替代水源），或是达到枯竭点（没有替代水源）。对净水价下降的判断与事实是相符的（参见 Torrell, Libbin, and Miller, 1990, Table 3）。

在一些区域，地下水和地表水的供应物理上是不隔离的。例如，由于阿肯色河流域土壤多孔透气，因此在这个地区抽取地下水会对科罗拉多州和堪萨斯州边界附近的地表水流量产生影响（Bennett, 2000）。由于缺乏对水资源的联合管理，从而导致堪萨斯州因边界上地表水流量的枯竭而起诉科罗拉多州。所谓**联合利用**（conjunctive use）是指对地表水和地下水实行综合管理，使得二者的利用达到最优化，并且使得过度依赖某种单一水源所产生的副作用最小化。如果要避免这类问题产生，那么在设计水资源配置方案时，我们就必须考虑水源的水文特征。

10.4 当前的配置体系

河岸权和优先占用权

在美国，水资源配置的方式随着地理区域的不同而不同，对于那些管理冲突的立法原则而言，尤其如此。本节将着重论述西南部干旱地区通行的水资源配置体系，这些地区必须应对可能是最严重而且也是最急迫的水资源稀缺问题。

在美国西南部和西部，在有人定居的最早时期，政府出面解决水问题的机会很少。居民都能自发地形成良好的管理秩序。产权在降低可能产生的不稳定情形引发的冲突中，发挥着十分重要的作用。

水在某个地区的发展中总是一个非常重要的因素，因此，最初的定居者们总是傍水而居。由此而产生的产权称为**河岸权**（riparian right），即分配给邻近水体的土地所有者使用水体的权利。这曾经是一种很实际的解决办法，因为凭借水体位置进行配置，土地所有者能够很便利地取得水。而且，当时地广人稀，实际上所有需要用水的人都能够取到水。

随着人口的增长，对土地的需求也随之上升，上述配置体系变得越来越不适应了。随着需求的增加，邻近水体的土地数量也越来越稀缺了，因而迫使一些人不得不迁移到离水体较远的地方居住。在这些地方，土地所有者开始设法获取水源，以使得其土地更加具有生产力。

几乎同时，在加利福尼亚州发现了金子，采掘业成为了主要的就业方向。随着采矿业的兴起，将河流中的水引入其他地方的需求也开始出现。遗憾的是，河岸权并不允许将水引流到其他地点。水权和土地牢牢地联系在一起，不能够独立地进行转移。

按照经济理论的预测，这种状况将产生某种改变产权结构的需求，即将河岸权转变为一种与可转移性需求更适应的产权结构。由于缺乏可转移性而导致的浪费是如此之大，以至于其超过了改变这种产权体系的任何交易成本。在矿区所发生的这种演化也就成为了实行广为人知的**优先占用权**（prior appropriation doctrine）的先驱。

矿工们形成了一个惯例，即最先到达的人对水具有优先占用权。实际上，这种惯例切断了河岸权规定之下的土地权和水权之间的联系。由于这种新的立法原则在立法机构、法庭裁定和7个州的法规中逐步得到采纳，基于优先占用权使得大范围的调水成为可能。将水转移至更有价值的用途，这样做可以产生利润，在利润的驱动下，私人企业纷纷成立起来，建造灌溉系统，并且将水从富水地区运往缺水地区。农业因而得以兴旺起来。

尽管1860年以前政府的作用很小，但后来情况开始改变，最初这种改变很缓慢，但是20世纪之初改变即开始加速。最初的做法是，水的所有权收归州所有，提出水权要求者则仅给予其使用权，即广为人知的**用益权**（usufructory right），而不是所有权。随着公共所有原则的建立，随即就开始监控私人灌溉公司应缴纳的费用，对向外地输出水的能力也采取了限制，而且建立起了一个集中式的官僚机构，专门管理这一过程。

这仅仅是个开始。在西部和西南部地区，对土地的需求依然在增加，由此而产生了一个对水的互补性需求，以使得荒漠地区开始繁荣。大规模调水产生了巨大的利润，为政府的参与创造了必要的政治气候。

政府参与水资源管理始于19世纪初，主要是出于国家的区域发展和经济增长考虑。就其目标而言，联邦政府想建立一个内陆水渠网来运水。自《1902年开垦法》（Reclamation Act of 1902）颁布以来，联邦政府已经建设了大约700座大坝，用于供水和发电，帮助人们在西部地区定居下来。

为了促进经济增长和区域发展，美国联邦政府承担了这些项目70%的联合建设费用和运行成本，州政府、所在地以及私人用户承担了其余的30%。这类补贴甚至涵盖了某些可以在市场交易的自来水的供应成本。例如，根据鲁宾（Rubin, 1983）的研究，联邦政府支付了81%的灌溉供水成本和64%的城市供水成本。

简单地讲，这就是美国西南部地区当前的用水的基本情况。州政府和联邦政府都发挥了很大的作用。州法律变化也比较大，尤其是针对取用地下水的法律。虽然这种配置体系以优先占用权作为基础，但是，它受到了政府规制以及政府直接占用大量水资源的制约。

产生无效率的原因

当前的配置体系不是有效的。无效率的主要原因是，对水资源转移设置了诸多限制，尽管还存在着其他一些原因，例如价格太低，但对水资源转移的限制会阻碍水资源流向最具价值的用途。

转移的限制

为了达到水资源的有效配置，水的所有用途之间（包括非消耗性的内流用途）的边际净效益必须相等。如果具有结构良好的水产权体系，那么，产权的可转移性的直接结果就是效率（Griffin and Hsu, 1993）。从当前配置中获得低边际净效益的用户应该将其产权与可以获得更高净效益的用户进行交换，这样，双方都将获益。卖出方得到的报酬应该超过其放弃的净效益，而购买方所得到的报酬则应该小于其获得的水的价值。

遗憾的是，现存的优先占用权与联邦和州严苛的法律所构成的混合体系已经使得本可以发生的可转移性程度大为下降。转移性下降反过来又降低了迫使边际净效益均等的压力。单纯这个原因不足以说明现存体系的无效率。如果能够证实这种管理体系能够替代某些官僚过程，以发现和维持这种均等，那么，有效率的目的仍然是可能达到的。遗憾的是，情况并非如此，我们只要更详细地分析一下这些限制的具体性质即可证明这一点。

最早期的一种限制要求用户完全行使其水权，否则他们就将失去水权。很典型，"有益使用"（beneficial use）原则已经应用于河道外消耗性用水。不难看出，"非用即失"（use it or loss it）原则确实能够促进用水。尤其是对于那些自费用水的用户，他们会设法找到节约用水的方式，从而相应地应该发现他们的配置也会下降。显然，规制不利于节约用水。

第二种限制就是广为人知的"优先用水"原则，它试图从官僚体制内建立某种用水的价值等级体系。按照这种原则，政府试图在整个用水等级体系中建立一系列配置优先权。在各类等级内部（例如农业灌溉），优先权是通过优先占用权（即"先来先到"原则）决定的；但是，在各类等级之间，则受"优先用水"原则所支配。

"优先用水"原则会产生三类不同的无效率。第一，它是用官僚决定优先权的形式来替代市场决定优先权，从而使得边际净效益相等的概率比较低；第二，由于优先权较低的类别的用水，会因为高等级类别需求的增长，而不自愿地被抽取掉，因此，"优先用水"原则会降低投资的激励，使得低优先权用途的用水获得的投资激励下降；第三，它以一种无效率的方式分配了短缺的风险。

虽然前两种无效率不言自明，但第三种情况则需要进一步说明。因为水的供应随着时间的推移是有波动的，在任何一个具体年份，非正常短缺都有可能发生。如果产权体系定义明确、具体，那么由这种风险所产生的损害就可以最小化，因为我们可以让那些受到水短缺伤害最严重的人在干旱期间向受伤较小的人购买水。

在需求矛盾比较尖锐的时期，短缺所产生的伤害就极为重要，因为可以降低（有时甚至消除）从所谓"高优先用水"类别向"低优先用水"类别转移的能力。本质上说，"优先用水"原则没有充分考虑到短暂的用水短缺所产生的破坏，但是，一个结构明确的产权体系能够自动地考虑到这一点。

阻碍转移具有很深的实践含义。由于低能源成本和联邦补贴，农业灌溉是西部主要用水大户。然而，农业用水的边际净效益较低，有时远远低于城市和工业用水的边际净效益。水从农业灌溉转移到其他用途，可以使得净效益提高。因此，用水从农业向城市的转移现在正变得越来越常见也就不足为奇了。

联邦开垦计划和农业用水定价

通过给某些已经得到批准的工程项目提供补贴，联邦开垦计划甚至在净效益为负时也会调水给这些项目。为什么会出现这样的情形？是什么促使了这些无效率的项目的开工建设？

豪（Howe，1986）的研究为此提供了一个可能解释。他分析了科罗拉多州东北的汤普森大工程（Big Thompson Project）的建造成本和效益。这项工程将水抽到一定的高度，让水通过水渠流到大山的东坡。在东坡，有几个发电站可以用水力发电。在低高程的地方，水通过水渠流入自然的溪流和水渠，为灌溉区以及下游的城市供水。

豪计算了该项目的全国净效益（包括所有效益和成本之差），根据计算的年份不同，为−3.414 亿～2.370 亿美元之间。项目的建造成本明显高于其回报的效益。然而，该项目直接服务的地理区域则明显为正效益（分别为 7.669 亿美元或 11.870 亿美元）。这项工程对于当地而言，绝对是一个不同寻常的恩赐，因为总成本中绝大部分是由全国的纳税人承担的。尽管这个项目具有内在的无效率特性，但当地的政治压力也能够保证该项目得以通过。

虽然这些水利设施由联邦政府承担的保险是无效率的一个来源，但是，水的定价方式则是另一个来源。补贴一直很高。据弗雷德里克（Frederick，1989）报告，自然资源保护委员会（Natural Resources Defense Council）计算了对韦斯特兰供水管理区（Westlands Water District）农业灌溉的补贴，这一地区是世界上最富裕的农业地区之一，位于加利福尼亚州圣华金河谷的西部。韦斯特兰供水管理区每英亩英尺（1 英亩—英尺是指淹没 1 英亩面积土地 1 英尺深所需的水量）支付 10～12 美元，不足送水到达该区未补贴成本的 10%。据估计，因此而发生的补贴达到每英亩灌溉地 217 美元，或是对于平均规模的农场每年 500 000 美元。

城市用水和工业用水定价

对调水的限制并不是当前水资源配置体系中无效率的唯一原因。供水企业支付的水价也不会提高用水的效率。

价格水平和费率结构都存在问题。一般而言，价格水平太低，而且费率结构不足以反映对不同类型消费者提供服务的成本。供水企业采用的水费或收费标准各式各样。一些能够比较好地反映供水成本，一些则不然。水费要反映存储、处理和配送到消费者所消耗的成本。然而，费率极少能够反映水的实际价值。

部分原因或许在于水被认为是人们的必需消费品，以至于公共供水公司收取的水价太低。对于地表水而言，费率太低的原因有两个，而且区别明显：(1) 用于确定费率的历史平均成本；(2) 极少计算边际稀缺租金。

有效定价要求采用边际成本而不是平均成本。为了充分地平衡水资源的保护和利用，消费者应该按最后一个单位供水的边际成本支付水费。不过，受规制的供水企业所允许的水价要足以抵消企业运行的成本，企业运行的成本可以通过近期已经发生的成本数据得到揭示。水厂是资本密集型企业，在短期内固定成本很大。这意味着短期的平均成本将会下降，即边际成本下降到低于平均成本。在这种情况下，按边际成本进行定价会使得水厂无法获得足够多的收入以抵消其成本。(你知道为什么吗？)

但是，情况是可以改变的。现在，长期成本会上升，因为发展新的供水企业的费用尤其高，而且，老的供水企业会受其固定容量的限制（Hanneman，1998）。

问题产生的第二个原因是，管理者没有监督好供水企业的运营，使其在计算合理的水价时将稀缺租金纳入计算，对地下水而言，这个问题尤其严重。马丁等人（Martin, et al., 1984）所做的一项研究曾发现，由于没有计算用户成本，亚利桑那州图森市的费率尽管已经增加，但仍然比正常费率低58%左右。农业用水定价和城市用水定价之间存在的矛盾，参见争论10.1"水的价值是什么？"。

争论 10.1　　　　　　　　　　　水的价值是什么？

正如我们在本章前面所论述的，科罗拉多州大汤普森工程将科罗拉多河的水引到了科罗拉多的东坡。科罗拉多州北部自然保护区（Northern Colorado Conservancy District）每年给科罗拉多东北部的灌溉者、乡镇、城市以及工业输送的水量大约为250 000英亩—英尺。具有原始权的灌溉者为每一份额的支付大约为3.50美元（1份额平均为每年0.7英亩—英尺）。如果城市持有原始权，那么每一份额需要支付7.00美元。

科罗拉多州大汤普森工程的水的份额是可以转让的，而且在这个地区交易非常活跃。市场最低价为每一份额1 800美元，折算为长期供应每英亩—英尺2 600美元左右，或是按8%的贴现率计算每年约208美元。另外，出租市场的价格（对于想以一年为期出售或买入的用户）介于每英亩—英尺7.50～25.00美元之间。

用水的城市会向其消费者收取不同的水价。博尔德市采用了一种递增的分段费率结构，初始段为第一个5 000加仑，其价格为每千加仑1.65美元；下一段为16 000加仑，其价格为每千加仑3.30美元；再下一段为每月超过21 000加仑，其价格为每千加仑5.50美元。科林斯市有一些没有计量的用户，这些用户按月支付固定的月费，但是额外用量不支付边际成本。对于计量的用户而言，他们必须支付12.72美元的固定费用，外加按递增分段费率计算的水费。第一段为 7 000 加仑，费率为每千加仑 1.72 美元；最高段的费率为 3.07 美元，是指用量超过每月 20 000 加仑的用户。朗蒙特市既有计量用户，也有不计量用户，对居民用户都采取递增的分段费率，而对商业用户则采取递减的分段费率。

经济理论不仅表明某一指定水利项目的所有用途和用户的边际净效益都应该相等，而且边际净效益指标表示了边际单位水对所有用户的价值。

如何理解这些价格为何存在如此巨大的差异呢？我们所看到的价格的唯一差异应该在于给用户输送水的边际成本上的差异（由于对于所有用户而言，边际净效益都是相同的）。科罗拉多州大汤普森工程的价格变化比边际运输成本所能解释的变化大得多，因此，仅用边际成本来解释是不够的，且它们为这类水的价值传递了一个非常混杂的信号。

资料来源：Charles Howe. "Forms and Functions of Water Pricing: An Overview," in Baumann, Boland, and Hanneman, eds. *Urban Water Demand Management and Planning* (McGraw-Hill, Inc.: New York, 1998). With rate updates from the cities of Boulder, Longmont, and Ft. Collins, Colorado, and the Northern Colorado Conservancy District (2004).

定价太低，而且忽略边际稀缺租金，它们都推动了对水的过度需求。当水价过低时，一些简单的行为（例如水龙头漏水、用水浇灌草坪）都不会引人注意。然而，在诸如纽约这样的城市里，浪费水量最大的要属水龙头漏水。

河道内水流

河道外用水和河道内用水之间一般不会引发矛盾。2001 年，联邦政府减少了克拉马斯河盆地农民的用水，以保护濒危物种银大马哈鱼（Coho Salmon），该物种是受《联邦濒危物种保护法案》（Federal Endangered Species Act）所保护的。农场主对强行打开闸门造成水倾盆而入到他们的田里作出了反应。内政部长盖尔·诺顿（Gale Norton）随后决定恢复传统的调水方式，从克拉马斯河调水给 1 400 多个农场主。6 个月后，大量的鱼死了（估计至少有 35 000 尾大马哈鱼），主要归咎于河流的流量太小。这一争端揭示了水资源管理的法律和制度结构中存在的问题。如果无法对河道内水流形成正确的规范认识，物种的价值（包括大马哈鱼）就不能正确地纳入水资源配置决策中予以考虑。

公共财产问题

地下水的配置必须面对一个额外的问题——如果许多用户都从同一个蓄水层取水，这个蓄水层就会成为一种开放性资源。对开放性资源的取用往往会使其过快枯竭；用户也没有积极性保护这种资源。人们将会忽略这种资源的边际稀缺租金。

在一个有效市场中,有两种保护地下水资源的方式,一方面,期望能够阻止取水成本过快上升;另一方面,期望利用未来可以合理预期的高价格。对于开放性资源而言,这些期望都不可能转化为对资源的保护,原因很简单,即一方保护下来的水很容易被别人利用,因为对于被保护者保护下来的水而言,保护者并不具有排他权。一方为了利用高价格优势而节省下来的水在高价格成为现实之前,很容易被别的用户取走了。

对于开放性资源而言,经济理论给出了几个直接结论,例如:抽水成本上升太快、初始价格太低、早期用户消耗的水量太大。这些浪费所产生的负担并不是均等承担。因为典型的蓄水层都是碗形的,在蓄水层周边地区的用户尤其难以取水。如果水位下降,蓄水层的边缘会先变干,但是中心地区可以持续长时期供水。与当前的用户相比,未来的用户更不易取水。[4]对于沿海的蓄水层而言,盐水侵入可能就会产生一种额外的潜在成本。

10.5 可能的补救措施

经济分析对美国西南部当前存在的用水状况给出了许多可能采取的补救措施。这些改革措施在更多地保护子孙后代的用水利益的同时,也应该促进用水效率的提升。

第一种改革措施是,降低对水转移的限制数量。"非用即失"原则伴之以优先占用权原则会引发奢侈性的用水浪费,并阻碍节约用水。具体来讲,用户也得不到节约用水的利益。如果用户自己可以将其节省下来的水卖出,从而获得节水的价值,这样就会刺激节约用水,并且让水转向具有更高价值的用途(参见例 10.1 "利用经济原理保护加利福尼亚州的水资源")。

例 10.1 　　　　　　　　利用经济原理保护加利福尼亚州的水资源

1977 年,加利福尼亚州前州长杰里·布朗(Jerry Brown)谈判解决该州长期存在的水战,即修建一个新的调水工程,但是,环保团体很反对。反对是预料之中的事情,只是反对的形式出乎预料。环境保护基金组织(Environmental Defense Fund,EDF)让该项目的支持者们知道,可以采取更好的方式供水,而又不对环境产生额外的压力。

按照这一策略,如果水区西部的农用土地的所有者通过采用新的节水灌溉技术确信能够减少用水,那么将节约下来的水转送给东部就无须建设这一水利工程。但是，种植者没有节约用水的积极性，因为这样的话就需要安装昂贵的新设备，而且，即便节约了用水，也会因为"非用即失"原则失去这些水。如何是好呢？

1989年1月17日，通过环境保护基金组织的努力，种植者协会（灌溉用水的主要用户）和加利福尼亚州都市水务所（Metropolitan Water District, MWD）达成了一项历史性的协议，后者是洛杉矶地区的一家公共供水部门。按照这项协议，都市水务所必须承担资本和运营成本，以及一个大型计划的间接成本（例如水电的下降），这个大型计划旨在减少水运送给种植者的过程中的渗漏，并且在田间安装新的节水灌溉设备。作为回报，环境保护基金组织将获得所有节省下来的水。双方都各有所获——都市水务所以一个合理的价格获得了它所需的水；种植者实际上也维持了等量的灌溉效益，而且还不必负担很大的额外费用。

因为现存的管理制度产生了非常大的无效率，所以采用更为有效的水的配置方式必定会提高净效益。以一种富有创造性的方式利用这些额外增加的净效益，我们就可以消除严重的环境威胁。

这项协议的成功使得其他地区纷纷效仿。例如，作为帝王谷（Imperial Valley）采取节水措施并由市政财政支持的一项结果，2003年10月确定下来的两项调水协议每年给圣迭戈地区额外提供了200 000英亩—英尺的水。

资料来源：Robert E. Taylor. *Ahead of the Curve*: *Shaping New Solutions to Environmental Problems* (New York: Environmental Defense Fund, 1990); San Diego County Water Autority, http://www.sdcwo.org/manage/pdf/QSA_2004.pdf.

水市场和水银行越来越多地被用于季节性地转移水、短期或长期的出租，或者多年出租，或者永久转移。虽然大多数水市场和水银行都限定在一定的地理区域内，但是，在一定的范围内，水可以被允许转移到更高价值的用途上去。在加利福尼亚州，干旱年份，水银行一直很成功（Howitt, 1994; Israel and Lund, 1995）。不过，水的转移也会在两个方面产生很高的交易成本：获得许可所必需的时间（在一些情况下最长达到两年）以及可能会对下游造成影响（Saliba, 1987）。

在河道内用水和消耗性用水之间达到某种平衡并不是一件容易的事情。由于对水的竞争越来越激烈，将较大数量的河道用水配置给消耗性用途的压力也在增加。最终水位将变得太低，不足以支持水生生物的生存和某些娱乐活动的开展。

尽管内河水流维持水权确实存在（参见例10.2"通过获取水权保护内河"），但相对于消耗性用水的水权而言，数量上是少之又少。这些少之又少的内河水权相对于更高级的消耗性水权而言，其优先等级是比较低的。从实际上来看，这意味着在低流量时期，内河水权实际上被剥夺了，水只是用于消耗性用途。只要"有益使用"的定义要求调水，那么就像许多州所做的那样,留下来养鱼和娱乐的水,其价值就被低估了。

例 10.2 ☞ 通过获取水权保护内河

环保团体试图保护内河水,他们必定会碰到两个问题:第一,任何获得的权利通常都是公共物品,这意味着其他人可以免费搭车,而无须付出。其结果是,对内河水权的需求尤其低。私人获得内河水权也不足以补救。第二,一旦获得水权,用水权来保护内河水流就不会被认为是"有益的使用"(并且因此会被没收,授予其他人用于消费性的用途);而且,或者在低水流时被认为是完全无效的,而此时恰恰是最需要水的时候。

然而,一些保护内河水权的运动已经发生了。大自然保护协会是一家公共环境组织,1979 年该组织向亚利桑那州水资源部(Department of Water Resources)要求获得拉姆西峡谷保护区(Ramsey Canyon Preserve)的内河水权许可,实质上是要求获得一定的水量,并将水留在河道里。1983 年许可获得了认可,这是亚利桑那州第一次从野生生物和观光用途而不是从河床分流的水的角度承认其法律水权。由于受到这些水权以及其他一些保护性措施的保护,这个保护区已经成为了美国许多植物和动物物种的天堂。这个峡谷已经发现了大约 210 种鸟类(包括 14 种世界上最小的鸟类)、420 种植物、45 种哺乳动物和 20 种爬行动物和两栖动物。现在许多参观者到此参观,他们支付的参观费为保护区提供了财政上的补充。

拉姆西峡谷保护区所做的工作极其简单明了,但是对许多其他地方而言,却未必完全适合。按照优先占用原则,任何 1983 年授予水权之前获得的水权都使得持有者具有优先使用水的权利。

科罗拉多州则采取了另外一种方法。几年以前,雪佛龙集团的一个子公司赠送给大自然保护协会一份礼物,授权使用科罗拉多甘尼森河黑峡谷的水,水流速率为每秒 300 立方英尺。尽管雪佛龙持有水的消费权,但是大自然保护协会对内河水权也很有兴趣。因为科罗拉多的法律规定,内河水权只能归国家所有,因此,大自然保护协会按照优先占用原则必定面临"非用即失"的规则。采取的唯一可用的措施,就是与该州就内河水权问题进行协商谈判。

资料来源:Ken Wiley. "Untying the Western Water Knot," *The Nature Conservancy* Vol. 40 (March/April 1990): 5 – 13; Bonnie Colby Saliba and David B. Bush. *Water Markets in Theory and Practice*: *Market Transfers and Public Policy* (Boulder, CO: Westview Press, 1987): 74 – 77.

然而,这种对内河用水价值低估的现象并非不可避免,一些渔民已经发现了这一点。[5] 在蒙大拿州的黄石河流域(Yellowstone River Valley），有几条小溪完全处于一个土地所有者所拥有的产权界限之内。由于这些小溪没有交叉产权的法律限制问题，因此它的所有者可以出卖其每日钓鱼权。由此而获得的收入为所有者提供了某种激励，促使他铺设产卵床，保护鱼类生境，从而使得钓鱼者尽可能如愿以偿。通过限制钓鱼的人数，土地所有者可以避免资源的过度利用。

与美国相比，英格兰和苏格兰更加依赖对内河的保护。私人钓鱼协会业已组建起来，它们从土地所有者那里将钓鱼权购买过来。一旦获得这种钓鱼权，该协会就要对钓鱼收取适当的费用，并使用这些收入保护和改善鱼类生境。由于在英格兰钓鱼权售价高达 220 000 美元，因此，钓鱼权的持有者们有很高的积极性来保护他们的投资。他们所采取的保护措施之一是建立钓鱼者合作协会（Anglers Cooperative Association），协会负责监督河流的污染，如果存在任何可能发生的问题，它必须向管理部门提出警示。

获得价格权是改革的另一个途径。美国国会认识到，对稀缺性资源的消费采取补贴的方式会产生无效率，因而于 1992 年通过了《中央谷地项目促进法》（Central Valley Project Improvement Act）。该法提高了联邦政府征收灌溉用水的价格，但是即便这样，也只能收回 20% 的成本。所征收入被放入一个基金，以缓解中央谷地的环境破坏。该法也允许将水转移到其他新的用途。

楚尔等人（Tsur, et al., 2004）对发展中国家灌溉用水的实际定价实践进行了回顾和评价。他们发现的定价系统的类型和特性等两个方面的情形，如表 10—1 所示。他们发现，在水管理者可用信息有限的情况下，实际发生的效率与可能发生的效率之间存在某种明显的权衡。

表 10—1 定价方法及其特点

定价方法	执行	达到的效率	效率的时间性	控制需求的能力
体积定价法	复杂	最优	短期	容易
产出定价法	相对容易	次优	短期	相对容易
投入定价法	容易	次优	短期	相对容易
单位面积定价法	最容易	无	无	难
分层定价法	相对复杂	最优	短期	相对容易
两部分定价法	相对复杂	最优	长期	相对容易
水市场定价法	如果没有制度安排则很困难	最优	短期	不适用

资料来源：Tsur Yacov, Terry Roe, Rachid Doukkali, and Ariel Dinar. *Pricing Irrigation Water Principles and Cases from Developing Countries* (Washington, DC: Resources for the Future, 2004).

两部分定价法和体积计价法虽然都很有效，但是，它们需要每个农户的用水量信息，而且只用于发展中国家（两部分定价法即体积计价法和月费结合的办法，不管消耗多少水量，月费都不变化，月费主要用来抵消固定成本）。单个用户的水表可以获得用水体积的数据，但是，每家每户都安装水表则费用比较高。另一方面，产出定价法（水费与农业产出联系起来，与用水量无关）不大有效，但是，它只需要每个用户的产量数据。投入定价法比较容易实施，因为它并不要求监督用水量，也不用监督其产出量。分层定价法在季节性的需求高峰时是很常见的一种定价方式，以色列和加利福尼亚州经常采用这种定价方式。采用投入定价法，灌溉者必须对其与水有关的投入（例如单位用量化肥的费用）的税收进行评估。单位面积定价法是最容易实施的一种定价方式，因为它所需要的唯一信息就是灌溉土地的面积以及在灌溉土地上种植的庄稼类型。尽管单位面积定价法是最常见的一种定价方式，由于额外用水的边际成本为零，因此它并不是一种有效的定价方式。

楚尔等人为发展中国家提出了一系列水管理的改革建议，例如，尽可能采用边际成本定价，并且利用分层费率在水的供应商和农户之间进行转移。这种特殊的费率结构要求相对比较富裕的城市人口也要承担一部分固定成本，城市富裕人口进而也可以从比较便宜的食物中获取利益。

对于配水企业而言，只考虑配水成本，并且将水本身看做一种免费商品，这些观念必须抛弃。相反，配水企业应该采取能够反映边际成本日益增加的定价系统，这种定价系统应该包括地下水的稀缺价值。由于稀缺水在任何意义上都不是一种免费商品，因此，稀缺水的用户成本必须由当前用户来承担。只有按照这种方式，才可以产生适当的激励，鼓励节约用水，这样才能保护后代的用水利益。

将这种用户成本计入水价，比不计入水价的难度大很多。配水企业是典型的受规制企业，因为它们在当地具有垄断性。对于一个受规制的垄断企业而言，对其费率结构的典型要求就是它只能赚取一个"公平的"回报率，超额利润是不允许的。当价格中包括用户成本时，对所有用户按统一的水价收费应该能够为售水者带来利润（回顾我们在第4章论述的稀缺租金）。作为将用户成本纳入价格计算的一个结果，售水者所获得的稀缺租金应该代表了运行成本和资本成本之外的收入。

配水企业向用户收取费用具有多种选择。图10—4说明了最常见的以体积为基础的价格结构体系。在美国，令人惊讶的是，大量的配水企业采用的是固定费率的收费办法，从稀缺性的观点看，这是最差的一种定价方式。由于固定费率并不是以体积为基础核算的，因此，额外消耗水的边际成本为零，于是，单个用户的用水甚至不计水表。

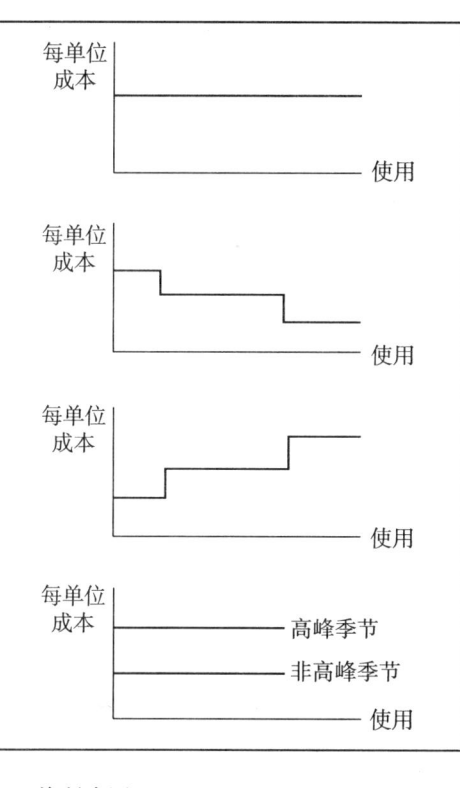

（统一费率图）	**统一费率结构** 按照统一费率结构，每多消耗一个单位水的成本不会随着额外消耗的水量而增减。
（递减费率图）	**递减的分段费率结构** 按照递减的分段费率结构，每多消耗一个单位水的成本会随着消耗的水量的增加而递减。
（倒分段费率图）	**倒分段费率结构** 按照倒分段费率结构，每多消耗一个单位水的成本会随着额外消耗水量的增加而增加。
（季节费率图：高峰季节／非高峰季节）	**季节费率结构** 按照季节费率结构，每多消耗一个单位水的成本会随着季节的变化而变化，用水高峰季节的水价最高。

资料来源：City of Boulder—Volume 1—Evaluation of Water Rate Structures，2004.

图 10—4　各种可变费率结构的评述

虽然更加复杂的固定费率计价系统当然有可能存在，但它们并不能解决激励与保护的问题。至少直到 20 世纪 70 年代后期，科罗拉多州首府丹佛市曾经利用八个不同的因素（其中包括房间的数量、人数、洗手间数等等）来计算月费。尽管这种计价系统非常复杂，但由于费用与实际用水的体积无关（不用水表计算用水量），额外消耗的水的边际成本仍然为零。

递减式的分段计价方法也是一种无效率的计价系统，它比递增式的分段计价方法还流行。这种计价系统对用水少的消费者按较高的边际成本收费，而对用水多的消费者则按较低的边际成本收费，也就是说，管理者对用水很少的低收入者设置了一种不均等的经济负担，而且让高收入者承担较低的边际成本，这种边际成本太低，以至于无法提供足够的激励以节约用水。递减式的分段计价法在超容量的大城市很流行，尤其是在美国东部地区，因为它们鼓励高消费，以此在更大的范围内分散固定成本。试图吸引商业的大城市也发现这种费率很有吸引力。

配水企业虽然在促进节约用水，但是也关心回报率，它们所采用的一种方式就是使用倒分段费率结构，即递增式的分段费率结构。在这种计价系统下，每消耗 1 单位水的价格会随着消耗量的增加而上升。

倒分段费率结构能够保证额外消耗水的边际成本很高，从而鼓励节约用水。在边际上，消费者决定额外多消耗多少水量时，如果考虑节约用水就可以省下很多钱。不过，对所消耗的第一个单位用水按较低的价格收费也会使得收入受到抑制。这样做有一个好处，就是那些需要用水但又不能按奢侈用水的用户所支付的边际价格付费的人也能够用到水，并且不会使得他们的支出置于统一价格法所产生的危险的境地中。许多配水企业都以冬天（户内）平均用水为第一段，以此为基础确定分段计价标准。

有多少美国的配水企业正在采用递增式的分段计价体系呢？如表10—2所示，数量并不多。来自欧洲的某种证据表明，递增式的分段计价系统并不常见（Harrington, 1987），不过某些独立的城市，例如瑞士的苏黎世，还是存在很大的不同（参见例10.3"瑞士苏黎世的水资源定价"）。

表10—2　美国公共供水系统的计价结构，1982—1997年（%）

	1982年	1987年	1991年	1997年	2002年
固定费率	1	—	3	2	2
统一按体积收费	35	32	35	33	36
递减式的分段计价方法	60	51	45	34	30
递增式的分段计价方法	4	17	17	31	32
总计	100	100	100	100	100

资料来源：*Household Water Pricing in OECD Countries*. Copyright OECD 1999 and 2002 Water and Waste-water Rate Survey, Raftelis Financial Consulting, 2002.

例 10.3　瑞士苏黎世的水资源定价

1975年，苏黎世为应对当地的地下水污染，实行了超量收费办法，只要消费者超过某个预先确定的消费量上限，就收取其超量费。例如，家庭用户每天消耗水量低于1 000升水，按基本价格收费，如果超过这个上限，每升翻倍加收水费。其他一些用户（例如商业用户或企业用户）也采取类似的水费定价办法，每一类用户都有自己的上限值和费率。

苏黎世对废水的定价体系也做了较大改革，与上述费率结构一起，似乎产生了很大的影响。1970—1997年，尽管人口增加了，但总消耗水量却下降了23%（同期瑞士只下降了1%）。在苏黎世，超量的用水（上限以上的用水量）占总消耗水量的比例从7.3%下降到了3.7%。

资料来源：Paul Harrinton. *Household Water Pricing in OECD Countries* (Paris: Organization for Economic Cooperation and Development, 1999): 28-29.

费率结构的其他方面也很重要。按照效率的定义，价格必须等于供水的边际成本（还应该包括边际用户成本）。以下推论符合这个法则。第一，需求高峰时期的水价应该高于非高峰时期的水价。水的需求高峰一般都在夏天。正是高峰期间的用水使得供水系统供水能力紧张，并因此引发增容的需求。因此，季节性用户应该支付与系统增容相关的额外成本，即按较高的费率缴费。尽管西南部有几个城市采取了季节性费率的收费办法，但是，实际上当前所采用的计价系统中很少有满足这些条件的。对于采用按第一段等于冬季平均消耗水量计算的分段费率的城市而言，人们也可以认为，对于一般用户而言，这也是一种季节性的费率。一般用户只要不是在夏季，就不可能按第二段或第三段计价。如图10—4所示，最后一个图形显示的是季节性的统一费率的情形。

边际成本定价法则的另一个推论是，水厂的成本对于不同类别的消费者是不同的，每类消费者都应该按照水厂为其提供服务所需的成本进行缴费。具体来讲，这意味着离水源较远的用户、海拔更高的用户应该支付更高的水价。但是，实际上水厂的费率对不同类别的消费者几乎没有区别。其结果是，高成本用户实际上是得到了补贴，以至于他们既没有节约用水的积极性，也没有搬到成本较低的地方的积极性。

直到最近，海水淡化的价格一直高不可攀，致使中东之外的地区几乎是一个不可能的选项。不过，最近反向渗透和蒸馏技术的进步，使得海水淡化的价格降低了，从而使得海水淡化成为缺水地区的一个潜在的新来源。反向渗透是指在高压下抽取海水，使其通过过滤膜进行过滤。按照世界银行的研究，5年内海水淡化的成本已经从每立方米1.00美元下降到了0.50美元。加利福尼亚州的圣迭戈市和佛罗里达州的坦帕湾最近都使用这项新技术，为居民提供饮用水。虽然海水淡化作为一种选项具有一定的吸引力，但是，它至今也仅仅是针对沿海城市具有经济上的可行性，至于有关环境影响（例如能源的消耗以及盐水的处置问题）仍有待观察（World Bank，2004；California Coastal Commission，1993）。

一般来讲，任何一种解决问题之道都应该涉及更广泛地采纳边际成本定价的原则。服务成本越高的用户应该支付更高的用水价格。同样，如果供水系统引入一种成本更高的新水源，以满足某一特定类别的用户，那么，这些用户也应该按照这种新水源的边际成本来支付水价，而不是按照所有供水的平均成本来支付水价。总之，如果高峰需求的上升引起增容，无论是水量上的增容还是增加配水系统，高峰时期的需求者都应该支付与这种增容有关的更高的成本。

这些原则表明，水的费率结构比每个人都按相同的费率缴费要复杂得多。如例10.4"政治和稀缺水资源的定价"所示，引入这些变化的政治结果可能也是相当激烈的。

例 10.4 ☞　　　　　　　　　　　　**政治和稀缺水资源的定价**

经济学可以对水价的水平和结构提出具体的建议，政治学则可以对这些建议的执行提供深刻的见解。正如亚利桑那州图森市的民众所指出的，执行过程并不总是平缓或可预见的。

1976 年，图森市面临一场水危机。该市用水设施的建设没能跟上人口快速增长的步伐，而且人为设置的水价很低，使得市民没有节约用水的动力。该市所依赖的地下水即将枯竭。

水厂得到了一个新选举成立的市议会的支持，它采取了一种新的水费费率结构，总体的价格更高，而且在确定费率结构时更加重视服务的成本。一个意外的干旱年份（产生了不正常的高需求），加上采取了一种新的递增式的分段费率结构，正好使得需水量明显增加。当地居民极其愤怒，发起了一场罢免运动，在这场运动中，对这种费率增加富有责任的议员们被迫隐退。

价格上的变化在政治上是不可行的吗？图森案例的研究者们认为是可行的，尽管他们确实认为合理地增加费率也需谨慎实施。具体来讲，他们相信当地的政治人物必须愿意承担风险，当地的居民也必须确信，确实存在水资源枯竭的问题，而且，水费增加所带来的负担必须合理分配，不能让任何一类人承担过多的份额。

在极端的情形下，例如极干旱年份，许多城市都成功地改变了费率结构，费率结构改变的目的在于克服干旱所引发的困难。1987—1992 年，加利福尼亚州圣巴巴拉市经历了本世纪最为严重的一次干旱。为了应对过度需求多引发的危机，圣巴巴拉市 1987—1995 年 10 次改变其费率和费率结构（Loaiciga and Renehan, 1997）。1990 年 3—10 月，递增式的分段费率的最高段费率上升到每 ccf 29.43 美元（1ccf 等于 748 加仑）！后来费率还是降下来了，但是高费率却使得水的用量下降了几乎 50%。这似乎表明，当某个社会面临极端干旱的局面时，很显然会支持采取定价措施来应对，价格上采取重大变化确实是可能的。

资料来源：William E. Manin, Helen M. Ingram, Nancy K. Laney, and Adrian H. Griffin. *Saving Water in a Desert City* (Washington, DC: Resources for the Future, 1984); Hugo A. Loaiciga and Stephen Renehan. "Municipal Water Use and Water Rates Driven by Severe Drought: A Case Study," *Journal of the American Water Resources Association* Vol. 33, No. 6 (1997): 1313-1326.

在过去的 20 年中得到重视的一个策略就是供水私有化。关于这个策略的争论非常激烈（参见争论 10.2 "供水系统应该私有化吗?"）。

争论 10.2 ☞ 供水系统应该私有化吗？

面对残破不堪的供水系统以及对用水给予补贴所引发的经济负担，工业化国家以及发展中国家的许多城市和地区已经将它们的供水系统私有化。私有化的一般做法就是将公共拥有的供水和输水资产卖给私营公司。这场运动背后的动力就是，人们相信私人企业能更有效率地运营这些资产（由此降低成本并进而降低水价），通过新的投资，能够更好地改进水质和水的利用。

这一做法所存在的问题在于，尽管从理论上说，水费都是受制于规制的，但是许多地方的自来水公司好像一个垄断企业，它们会利用其垄断权将水费抬高到竞争性水价以上。发生在玻利维亚科恰班巴市的例子正好能够说明这个问题有多么严重。

科恰班巴市的自来水公司私有化之后，水费立即上涨，在一些情况下，甚至上涨了 1～2 倍。穷人受到的冲击尤其大。2000 年 1 月，民众发起了为期 4 天的罢工以反对自来水私有化，这使得该市陷入完全停顿。2 月，玻利维亚政府宣布这些抗议为非法，并且对城市实施了军管。尽管一死百伤，但抗议持续到 4 月，直至政府终止了与私人企业的合同。

科恰班巴市的情形具有代表性吗？它的确不是私有化失败的唯一例子。失败（指草率地终止私有化合同）也发生在佐治亚州的亚特兰大市。其他情形下的总体影响的证据仍然不足，但是，无论如何我们都可以为其成功引入而梳理出一些前提条件，但是我们非常清楚，自来水供应系统的私有化不是万灵药，而且可能会成为一种灾难。

然而，由于不同类型的私有化具有不同的结果，因此，区别私有化的类型很重要。供水的私有化可能会产生垄断和过高的费率，但是，用水权的私有化则不会产生这类问题（如例 10.1、例 10.2、例 10.4 和争论 10.1 所示）。

尽管供水私有化将整个供水系统转为私人所有，但用水权的私有化只是建立了特定数量的使用公共部门供应的水的权利。正如我们在本章前面所论述的，用水权的私有化是解决免费水过度使用问题的一种方式，因为按照使用权配置的用水量与满足可持续使用要求的水量应该是对应的。如果公平地分配这些使用权（这可是一个大胆的假设），而且，如果始终如一地公平分配（这是另一个大胆的假设），这种强制力所提供的安全保障就能够保护用户（包括穷人以及本地用户）免受侵害。所剩下的问题就是："这些使用权能够公平地分配并始终如一吗？"如果确实如此，那么使用权的私有化就不仅仅有利于富人，而且也有利于所有用户。

10.6　小结

尽管从全球范围看，可用水量超过了需求量，然而，在具体的时间和具体的地点，水资源短缺已经成为一个严重的问题。在许多地方，当前对水的利用超过了对水的补充供应，这意味着地下蓄水层正在不可逆转地被抽干。

即便在水的供应高于或低于正常的情况下，效率原则都要求补充更新的水的配置要使得水的某种用途的边际净效益得到平衡。地下水的有效配置要求我们必须考虑这种可耗竭资源的用户成本。如果我们按照边际成本定价法（包括边际用户成本）定价，那么，水资源的消费模式就会严重影响水资源在当前和未来利用之间的有效平衡。具体来讲，边际抽水成本会随着时间的推移而上升，直至超过由此而产生的边际效益，直到将蓄水层抽干为止。

在美国建国初期，市场在配置水资源中发挥着重要的作用。但是，最近以来，政府在这种关键资源的配置中扮演着一个更为重要的角色。

在美国西南部当前的水资源配置系统中，有几个产生无效率的原因非常明显。水资源在不同用户之间的转让受到了严格限制，于是水资源留给了低价值的用户，而那些高价值用户则受到了限制；西部各州河道内的用水明显受到了阻碍；公共供水部门制定的水价没有涵盖成本，而且费率结构也不利于促进水资源的有效利用。对于地下水而言，水价很少包括用户成本；对于所有的水源而言，费率结构通常都不反映服务的成本。这些不足结合起来形成了这样一种情形，即美国没有从水的利用中获得最大的利益，而且也没有为未来保护好足够多的水资源。

改革是可行之道。让节约用水的人能够将节约的水卖出，以使其获得水的价值，这样才可以促进节约用水。设立一些独立的垂钓权，让这些权利可以出售；或是让环保团体获得和保留内河水权，这样会产生一些激励，促进对内河的保护。越来越多的自来水公司可以采取递增式的分段定价制度，以此迫使用户意识并考虑到供水的所有成本。

水资源短缺并不只是在遥远未来的某个时间将要面临的一个问题。在世界的许多地方，它已经成为了一个严重的问题，而且除非采取防治措施，否则情况会变得更糟。问题不是不可以解决，而是迄今为止，解决问题必须采取的措施依旧未能执行。

讨论题

1. 哪种定价系统最能描述你所在的学校所采取的水价系统？这种定价系统对你用水的行为（例如淋浴的时间长短）会产生什么影响？如何产生影响？对于这种情况，你能就定价系统给出更好的建议吗？应该如何定价？

2. 你的家乡采取了哪种水价定价系统为公共自来水定价？为什么选择这种定价系统？给出一个更好的建议方案。

3. 假设你来自一个水资源特别丰富的地方。需求量远达不到可用水量。对于你而言，是应该节约用水还是应该想用多少就用多少呢？

练习题

1. 假设在某个特定的地方，一年中水的消费量变化很大，对于一般的家庭而言，夏天的用水量远超过冬天的用水量。这种情况对有效的费率结构会产生什么影响？

2. 对于短缺情况下的水价而言，统一费率和包干费用两种定价方法，哪一种更有效率？为什么？

进一步阅读的材料

Anderson, Terry L. *Water Crisis: Ending the Policy Drought* (Washington, DC: Cato Institute, 1983): 81-85. 本书对水的政治经济学进行了概括性的评述，认为我们不得不更多地依赖市场解决水危机的问题。

Dinar, Ariel, and David Zilberman, eds. *The Economics and Management of Water and Drainage in Agriculture* (Norwell, MA: Kluwer Academic Publishers, 1991). 本书分析了与农业用水相关的具体问题。

Easter, K. William, M. W. Rosegrant, and Ariel Dinar, eds. *Markets for Water: Potential and Performance* (Dordrecht: Kluwer Academic

Publishers, 1998). 本书不仅提出了水资源市场必备的条件，而且分析了它们是如何改进水资源管理和经济效率的，还分析了许多国家水资源市场的各种做法，包括美国、智利和印度。

Gibbons, Diana. *The Economic Value of Water* (Washington, DC: Resources for the Future, 1986). 本书对有关水的各种用途的经济价值的研究进行了详细的评述和综合。

Harrington, Paul. *Pricing of Water Services* (Organization for Economic Cooperation and Development, 1987). 本书对 OECD 国家水的定价进行了非常精彩的评述。

MacDonnell, L. J., and D. J. Guy. "Approaches to Groundwater Protection in the Western United States," *Water Resources Research* Vol. 27 (1991): 259-265. 本文对地下水的实际保护措施进行了讨论。

Martin, William E., Helen M. Ingram, Nancy K. Laney, and Adrian H. Griffin. *Saving Water in a Desert City* (Washington, DC: Resources for the Future, 1984). 本书对亚利桑那州图森市改进其导致供水日渐减少的定价体系的企图的政治和经济结果进行了详细的讨论。

Saliba, Bonnie Colby, and David B. Bush. *Water Markets in Theory and Practice: Market Transfers and Public Policy* (Boulder, CO: Westview Press, 1987): 74-77. 本书对美国实施的西部水资源市场的运作方式的研究进行了高度推荐。

Spulber, Nicholas, and Asghar Sabbaghi. *Economics of Water Resources: From Regulation to Privatization* (Hingham, MA: Kluwer Academic Publishers, 1993). 本书详细分析了各种水资源管理体系所产生的各种激励结构。

【注释】

[1] 著名电影《豆田战役》(*The Milagro Beanfield War*) 和《中国城》(*Chinatown*) 表现了相似的主题。

[2] "利用量"是指不以回流的形式返回系统的取水量。

[3] 记住，对于一个个体的净效益曲线可以从需求曲线和该个体获得的水的边际成本之间的距离推算出来。

[4] 在 *Salt River User's Association v. Kavocovich* [411 P. 2d 201 (1996)] 案例中，亚利桑那州上诉法院 (Arizona Court of Appeals) 裁定，开水渠的人不可以把"节约"下来的水用于相邻的土地灌溉。

[5] 这些例子均取自 Anderson (1983)。

第 11 章 可再生的私人财产性资源：农业

《罗马宣言》(Rome Declaration) 要求我们到 2015 年，使地球上长期营养不良的人数减少一半……如果我们每个人都尽其所能，我相信我们就能够甚至超过我们为自己所设定的目标。

——H. E. 罗马诺·普罗迪（H. E. Romano Prodi），
意大利共和国部长会议主席和世界粮食首脑会议主席（Chairman of the World Food Summit）(1996 年)

我们有可能，我们有知识，我们有资源，而且由于我们有《罗马宣言》以及《行动计划》(Plan of Action)，因此我们也已经表明我们有愿望。

——雅克·迪乌夫（Dr. Jacques Diouf），
联合国粮农组织总干事，世界粮食首脑会议 (1996 年)

11.1 引言

1974 年，世界粮食会议（World Food Conference）设定了十年内消

除饥饿、粮食不安全性和营养不良的目标。但这个目标从来就没有实现过。据联合国粮农组织（Food and Agriculture Organization of the United Nations，FAO）估计，如果没有取得更大的进展，到2010年，还有6.80亿人仍将面临饥饿，而且其中仅撒哈拉以南非洲就将有超过2.50亿人。世界对大面积的营养不良以及农业满足未来粮食需求的能力普遍关心，因此世界粮食首脑会议得以召开。世界粮食首脑会议于1996年11月在联合国粮农组织总部召开。来自185个国家和欧洲共同体的10 000名代表出席了会议。

《世界粮食安全罗马宣言》（the Rome Declaration on World Food Security）是由世界粮食首脑会议提出来的，该宣言规定，到2015年世界营养不良的人口数量要减少一半。在2002年6月举行的另一次世界粮食首脑会议上，来自179个国家和欧盟委员会的一些代表重申了要实现这一目标。我们离这个目标有多远？事实并不令人鼓舞。

按照联合国饥荒计划（U. N. Hunger Project）、国际农业发展基金（International Fund of Agricultural Development，2002）和联合国粮农组织的报告（FAO，2003），现在：

- 仍然遭受长期性饥荒和营养不良的人口超过8亿人。
- 其中，超过1/4（即2.15亿人）是儿童。
- 从1995—1997年到1999—2001年，营养不良的人口数量实际上增加了1 800万人。
- 每天大约有24 000人死于饥荒或是与饥荒有关的原因；在每年1 080万死亡儿童中，有超过一半是因营养不良引起的。
- 在发展中国家中，1/3的儿童营养不良。这个问题在南亚和撒哈拉以南非洲最为严重。

在美国，大约每十个家庭中就有一个家庭（或是3 360万人）经历过饥荒或饥荒的危险（Nord，et al.，2002）。

按照联合国粮农组织的报告，可用的粮食总量并不是一个问题，世界生产的粮食足以养活每个人。尽管最近30年来人口增长了70%，但与30年前相比，现在世界农业生产的卡路里每人多17%（FAO，2002；FAO，1998）。如果情况确实如此，为什么还有这么多人挨饿呢？

谷物是世界的主要粮食，它是一种可再生的私人财产性资源，如果管理得当，它就可以是可持续性的，除非我们无法接收来自太阳的能源。当前的农业种植方式是可持续的吗？它们是有效的吗？因为土地很典型，它不是一种开放式的资源，农民有积极性投资于灌溉以及其他增产措施，因为这样做他们可以增加额外的收入。从表面上看，市场过程中并不存在明显的缺陷，但是，我们必须深究问题所产生的原因。

本章将探究用于解释大范围营养不良产生原因的三个通用假设的合理性：（1）持久性的全球粮食短缺；（2）国家之间以及国家内部粮食的

不良分配；(3) 气候或其他自然原因所产生的暂时性短缺。这些假设并不是相互排斥的，它们都可以是问题产生的部分原因。正如我们将论述的，区别这些原因并对它们的相对重要性进行评价是非常重要的，因为每一种原因都意味着解决问题的政策途径是不同的。

11.2 全球性短缺

在某种程度上，粮食危机的冲击都会产生某种需求，使得我们对农业剩余的国家和其他国家的关系作出重大调整。人类生态学家加勒特·哈丁（Garrett Hardin，1974）一直认为，粮食状况相当危急，传统道德伦理认为我们应该分享可用的资源，但这不仅是不够的，而且也是达不到预期目的的。他认为，我们必须更新一些陈旧的观念，例如分享更为严肃的"救生艇伦理学"。

他的这个比喻想象大海上漂浮着一只救生艇，救生艇只能保证50个人——最多60个人——的安全。救生艇周围有几百人在游泳，嚷嚷着要登上救生艇来，这是他们生存的唯一机会。哈丁认为，如果救生艇上的人遵循传统的伦理道德，让水中的人登上救生艇，那么，救生艇最终就会下沉，于是所有人都将葬身海底。相反，他认为，按照救生艇伦理学，应该给出解决这一困境的更好的办法，也就是救生艇上的50或60人排在一边，让一部分运气好的人能登上救生艇，其他不能上艇的人就只好淹死。这个比喻的含义是，平均分享粮食不仅不能救到所有的人，而且可能招致相反的结果。它会促使人口增加，最终在将来产生不可逆转的甚至更为严重的短缺。

如果饥荒是不可避免的，而且分享粮食的结果适得其反，那么，这种观点所隐含的前提就是，存在全球性的粮食短缺。在不存在全球性的粮食短缺的情况下（救生艇足够大，可以承载所有人），人们就可以分享粮食，全球性的饥荒即可避免。确实存在全球性粮食短缺这个前提吗？

11.3 阐述全球性短缺假设

大多数权威人士似乎都同意，当前生产的粮食是足够了。然而，由于单一时间点上的证据非常有限，粮食短缺的程度是在增加还是在下降，尚没有任何证据予以证实。如果我们要确认并评价粮食短缺的发展趋势，我们就必须提出一个有关市场是如何配置粮食的更为精确的、可测度的概念。

谷物作为一种可再生资源，它可以无期限地生产下去，只要管理得当。不过，关于世界饥荒的问题，有两个方面不得不考虑：第一，虽然人口增长已经减速了，但并没有停止增长。因此，预期对粮食的需求还将继续上升，这一点是非常合理的。第二，生产粮食的主要投入就是土地，而且土地的供应量最终是固定的。因此，我们的分析必须解释，在利用固定的生产要素生产的某种可再生资源的需求量持续上升的情况下，市场如何作出反应。

西方国家的绝大部分可耕地都是私人所有的。利用这些土地是有限制的，土地所有者有权排除其他人使用其土地并收获其种植的庄稼。对于典型的农地所有者而言，他们有足够的控制其资源的能力，避免其土地不恰当地贬值，但是，他们没有足够的能力控制整个市场，以提高其垄断利润。

对于需求上升但土地供应量固定不变的市场而言，我们期望得到哪种类型的结果呢？粮食短缺意味着什么？我们如何感到它的存在？答案的关键取决于供应曲线的特性，如图11—1所示。

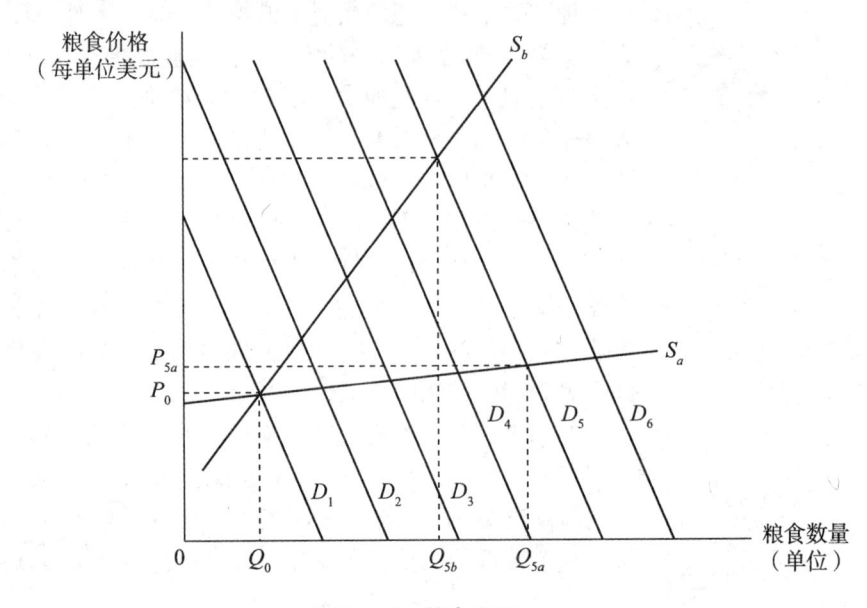

图11—1 粮食市场

假设市场最初的均衡时供应量为Q_0，价格为P_0。随着时间的推移，需求曲线会向外移动，我们将移动的过程记录下来。现在分析第五阶段所发生的情形。如果供应曲线为S_a，供应量应该上升到Q_{5a}。然而，如果供应曲线为S_b，供应量则应该上升到Q_{5b}，且价格应该上升到P_{5b}。

这个分析可以使得我们能够渐渐地观察出世界粮食市场的短缺意味着什么。世界粮食市场并没有出现短缺。即使是在供应曲线S_b所显示的相对不利的环境下，粮食供应量也应该等于需求量。随着价格上升，潜在的需求会受到抑制,而且会引发额外的供应。

一些评论家认为,粮食的需求对价格是不敏感的。他们认为,由于粮食是生存的必需品,对它的需求是固定不变的,而且不会对价格作出反应。虽然有些食品是必需的,但并不是所有的食品都如此。我们没有必要死盯住某个发达国家的一台普通的自动贩卖机,就认为某种食品绝不是一种必需品。

我们也不乏食品买卖会对价格作出反应的例子。其中一个例子发生在20世纪60年代,当时,肉类的价格暴涨,但持续的时间很短。之所以时间很短,是因为完全由大豆粉做成的汉堡包这个替代品在市场上出现了。其结果是肉类的消费急剧下降。这是一个非常重要的例子,因为西方国家生产肉类的牲畜产量上升消耗了大量的谷类。这个事实表明,在对谷物的直接消费和通过肉类的间接消费之间的平衡会受到价格的影响。

关于需求,我们就论述到这里。就供应而言,我们知道什么呢?是什么因素决定究竟是用 S_a 还是 S_b 代表过去和未来更为合适呢?

虽然价格上升肯定会刺激供应方作出反应,但问题是:这种反应的程度有多大?随着粮食需求的上升,粮食的供应量也会增加,增加供应量的方法无非是增加种植面积,或是提高现有种植面积的产量,或是二者兼而有之。从历史上看,两种方法都很重要。

具体来讲,最先种植的土地总是最肥沃的土地。随后,会对这类土地精耕细作,直到最后用其他土地生产粮食变得更为便宜为止。因为新增的土地不够肥沃,只有当粮价很高,足以使得利用这种土地耕种粮食变得有利可图,才会在这种土地上进行农业生产。因此,我们可以预期,可耕地的供应曲线(进而对粮食的供应曲线,只要土地依然是一个重要的生产要素)应该是向上倾斜的。

对全球性短缺假设的检验存在两种形式。全球性粮食短缺的**强式**(strong form)假设认为,人均粮食产量正在下降。如图11—1所示,全球性粮食短缺的强式假设意味着供应曲线的斜率很陡,足以使得产量无法与因人口增长而引发的需求增长同步。如果全球性粮食短缺的强式假设是合理的,那么,我们就能证实,人均粮食产量正在下降。如果全球性粮食短缺的强式假设是合理的,那么,这种形式则为救生艇伦理学提供了某种支持。

即便人均粮食产量正在随着时间的推移而增加,全球性粮食短缺的**弱式**(weak form)假设也成立。它认为,供应曲线很陡,足以使得粮食的价格比其他一般用品的价格上涨得更快,因此,随着时间的推移,粮食的相对价格正在上升。如果全球性粮食短缺的弱式假设是合理的,那么,人均福利正在下降,即便产量上升也是如此。问题的关键在于粮食的成本,而不是粮食的有效性,随着粮食供应的增加,粮食的成本相对于其他商品的成本而言也上升了。

11.4 检验假设

既然我们已经有了一个可检验的假设，我们就可以对历史事实在多大的程度上支持存在日益严重的全球性短缺问题进行评估。就人均产量而言，证据是很明确的，无论是发达国家还是发展中国家，粮食产量增长都比人口增长要快。尽管人均产量增长的幅度不大，但它确实是一直在增长的。因此，至少在刚刚过去的不长的时间里，我们可以排除全球性粮食短缺的强式假设。

全球性粮食短缺的弱式假设又如何呢？按照事实来看，约有一半的国家，其农产品的供应曲线比其他一般产品的供应曲线更陡。至少这些国家的经历为全球性粮食短缺的弱式假设提供了一定的支持。由于并不是所有的市场价格都是有效的，正如我们在本章后面将要论述的，我们绝不能迷信纯粹地基于价格的研究。虽然如此，事实还是表明，农产品供应的增加速度一直比人口增长更快，不过相对成本也日益在提高。

展望未来

什么因素会影响粮食的相对成本？如果按照过去的发展趋势继续发展下去，那么，发展中国家供应的粮食在世界粮食产量中的比例将逐渐提高，以满足其人口比例日益增长的要求，而且，发达国家将继续充当粮食主要出口国的角色。我们在下一节中会将发展中国家扩大其作用的能力视为粮食分配问题的一个部分。在本节中，我们主要论述工业化国家影响生产率的能力。

历史上，农业机械的改良刺激了作物生产率的明显提高；越来越多地利用化肥、杀虫剂和除草剂；动植物良种繁育取得进展；大范围使用灌溉用水；作物生产地点上的调整，这些都促进了农业生产率的明显提高。例如，在美国，玉米的种植面积比其他任何作物的种植面积都大。1930—2000年，单产翻了4倍，从每英亩约30蒲式耳提高到每英亩约130蒲式耳。奶制品的生产率也得到了明显改善。1944年，每头牛的平均产奶量为4 572磅；到1971年，平均产奶量提高到了10 000磅。到20世纪末，每头牛的产奶量竟然提高到了17 000磅！畜牧业的其他领域也显示了类似的态势。

表11—1显示了20世纪的农业呈现出的某些趋势。业已表明，机械

化大规模的应用使得农业机械替代了动物，前者依赖于可耗竭化石燃料驱动，后者则依靠可再生的生物资源。这种趋势为农场规模的扩大以及农场数量的减少提供了基础，但是，它也对这种发展方式的可持续性提出了问题。

表 11—1　　20 世纪美国农业发展趋势概要

	20 世纪初（1900 年）	20 世纪末（1997 年）
农场的数量	5 739 657	1 911 859
农场的平均种植面积（英亩）	147	487
种植业		
种植作物农场的比例：		
玉米	82%	23%
干草	62%	46%
蔬菜	61%	3%
爱尔兰马铃薯	49%	1%
果树[1]	48%	6%
燕麦	37%	5%
大豆	0	19%
畜牧业		
养殖的农场的比例：		
牛	85%	55%
奶牛	79%	6%
猪	76%	6%
鸡[2]	97%	5%
农场机械化		
采用农机的农场比例：		
轮式拖拉机[3]	4%	89%
马	79%	20%
骡子	26%	2%
政府支付	0	50 亿美元
生活在农场的人口比例[4]	39.2%	1.8%（1990 年）
农场的劳动力所占比例[5]	38.8%	1.7%（1990 年）

资料来源：USDA, National Agricultural Statistics Service on Web at http://www.usda.gov/nass/pubs/trends/timecapsule.htm/.

1. 1929 年农业普查；
2. 1910 年农业普查；
3. 1920 年农业普查；
4. 人口普查局（Bureau of the Census）；
5. 劳工统计局（Bureau of Labor Statistics）。

技术进步

技术进步为生产率在持续增长的乐观主义者们提供了重要支持。有三项技术尤其令人鼓舞：(1) DNA 重组技术，使得一个物种的基因可以与其他物种的基因进行重组；(2) 细胞培养技术，使得单细胞可以长成整株植物；(3) 细胞融合技术，使得通常情况下不能配对产生新的不同于"母"细胞的物种类型的细胞可以融合起来，产生新的物种。这些基因工程技术可以应用于以下几个方面：

1. 提高粮食作物对病虫害的抗性；
2. 创造出能够在边缘土壤上存活的新作物品种；
3. 使得大宗农作物（例如玉米、小麦和水稻）能够通过太阳能利用空气中的氮合成氨，以此来形成它们自身的富氮肥料；
4. 改进植物光合作用利用太阳能的方式，提高作物产量。

工业化国家进一步提高生产率的能力存在五个方面的问题：农业用地比例下降、能源成本上升、传统农业的环境成本上升、农业政策的价格扭曲作用和新遗传修饰作物的潜在副作用。对这些问题深入分析，我们可以知道，当前工业化国家的农业生产方式既不是有效的，也不是可持续的，而且，向有效且可持续的农业过渡意味着农业生产率水平的下降。

农业用地的配置

按照 2002 年美国农业普查资料，估计农业用地为 9.38 亿英亩，低于 1997 年的 9.55 亿英亩，而 1974 年农业用地面积则为 11 亿英亩[①]。2002 年，作物面积大约为 4.34 亿英亩，其中 5 500 万英亩进行了灌溉。1974 年对应的灌溉面积为 4 100 万英亩。虽然农业用地面积下降明显，但灌溉面积却一直在增加。

自 1920 年以来，已经有超过 50% 的耕地转做他用。如果按照这种趋势简单地外推，那么，要想按照历史的增长速率继续提高农业生产率，可能就会产生一些问题。简单的外推合理吗？决定土地是用于农业还是非农业的因素是什么？

如果土地用于非农目的有利可图，那么，农业用地就将转变为非农业用地。如果我们要解释历史上曾经发生的经历，我们就必须能够解释农业用地的价值下降的原因。

凸显出来的因素有两个。第一，社会的快速城市化和工业化提高了非农用地的价值；第二，剩余土地生产率的提高，使得我们利用较少的土地即可生产更多的粮食，满足粮食需求所需要的土地较少。

简单地将 1920 年以来农业用地面积下降的这个趋势外推似乎是不精确的。自 20 世纪 70 年代中期以来，城市化进程已经减速到了某个转折

---

① 原书为 1.1 million acres，疑为 1.1 billion acres。——译者注

点，许多城市地区都正在经历着人口的下降。郊区已经越过边界向原来被认为是城区的地方扩张，这不仅仅从一方面对上述转折做了解释。人类历史上第一次有大量的人口从城市转移到农村。

另外，由于伴随着食物需求的增长，食物的价格也在上升，农业用地的价值也应该提高。较高的粮价往往会降低这种转折的速度，甚至可能逆转这种趋势。为了加大这种影响，有几个州现在减免了农业用地的财产税（直至其转卖，用于非农用地）。事实上，大部分农业用地土地利用性质的转变实际上发生在第二次世界大战以前，这也进一步证实了我们所做的乐观评价。

能源成本

工业国家的农业生产是能源高度密集型的，生产率的提高主要源于能源的利用，也就是说，越来越多地利用机械以及杀虫剂和除草剂，这些都是从石油原料和天然气中提取出来的。正如我们在第8章中论述的，由于化石燃料的有效供应正在枯竭，对全球变暖的关注也促使石油的利用终将萎缩，因此，石油和天然气的成本已经明显上升，而且我们可以预期，这种成本的真实成本还将继续上升。从某种意义上说，能源密集型的生产者如果不能开发出更加便宜的替代品，那么，供应曲线就必定向左移动，以反映日益增加的商业成本。

如表11—1所示，在工业化国家的农业中，能源和资本已经成为了互补品。由于这种互补关系，可以预料能源价格的上涨会引发资本一定的下降，对于那些典型的能源密集型农场而言，能源的消耗也将下降，进而单位面积的产量也会下降。

环境成本

过去农业生产率得到了明显提高，但其代价是农业也产生了环境问题。不仅农地利用更加集约化了（其结果是，化学用品和化肥的用量日益增加），而且草地和森林也已经转用于耕作。

产生的另一个环境问题就是水土流失。水土流失的原因是不同的，当然，有些水土流失是自然造成的，而且在一定的容忍范围之内，不会对农业生产率造成伤害。关键是有些农业生产方式（连续耕种，而不是采取与牧草或其他土壤恢复性作物轮作）往往会使水土流失加重。可怕的是农业集约化还将进一步深化，所造成的水土流失在一代人的时间内将是不可逆转的。

如果发生了水土流失现象，为什么私人财产的所有者会放任不管呢？在过去，水土保持是完全不必支付成本的。避免水土流失的技术非常昂贵，但是现成的肥料非常便宜，它可以替代水土流失造成的养分损失，这意味着水土流失的成本很低。再者，水土流失对河流的破坏也不必农

第 11 章 可再生的私人财产性资源：农业

场主承担责任，但只有农场主才能最好地控制水土流失。

现在，妨碍水土保持的因素已经消失了。由于表土的厚度已经到达了容忍的极限，土壤肥力受到了影响。由于化肥成本的提高以及环境污染，因此它不再是水土保持的很值得的一种替代品，公共政策已经开始对水土保持技术进行补贴。1985年，美国国会授权实施了保护与储备计划（Conservation Reserve Program），按预期该计划将减少水土流失，鼓励植树造林。1996年，该计划保护的面积最高达到3 640万英亩，预计每年可以减少土壤流失几亿吨，明显减少水库和河床的泥沙沉积，保护旅游资源，而且保持了土地的长期生产率。在不远的将来，我们也可以看到更多的水土保持技术付诸实施，因为这样做是有利可图的。

过去，有些农业生产方式已经对环境造成了破坏，而且，如果继续采取这些农业生产方式，则会使得环境成本越来越高。近年来，农用化学品使用的频度和数量已经明显增加了，结果是饮用水中氮含量明显提高。另外，化肥产生的某些养分流进了湖泊，促使藻类的过度生长。植物过度繁殖会造成水体空气稀少，从而影响水体的美学价值，除此之外，水体富营养化可能也会耗尽水体中的氧，使得其他生物无法继续生存。

杀虫剂的用量也在增加。近年来，许多病虫害防治都依赖杀虫剂。大量的杀虫剂存留在环境中，而且有些杀虫剂往往对其他物种是有害的。除草剂和杀虫剂会污染水厂，致使水不能饮用，而且无法维持鱼类正常种群的生存和繁殖。

在整个经济合作与发展组织（Organization for Economic Cooperation and Development，OECD）国家，"可持续农业"与降低杀虫剂和矿物肥料使用的关系日益紧密。而且，它们也已采取了一系列政策，推动"可持续农业"的发展。丹麦和瑞典两国正在积极实施降低农业化学品使用的目标。最近，奥地利、芬兰、荷兰以及瑞典采取了征收各种投入税的办法，促使农民少用农业化学品，税收所得用于资助替代方法的研究以及信息的传播，从而有利于顺利地过渡。按照OECD的预测（OECD，1988），这些措施对许多OECD国家的作物产量影响甚微，甚至没有影响。

虽然大多数欧洲国家正在集中注意力，消除对投入要素（例如杀虫剂和除草剂）的补贴和税收，甚至直接限制这些投入要素的使用，但是，新西兰则采取了一个更为合理的做法——取消了对农业的大多数扶持。新西兰农业部（New Zealand Ministry of Agriculture）所做的一项研究表明（Reynolds, et al., 1993），环境效果非常明显。化肥用量下降了，农场变得更加多样化，大多数边际土地不再过度放牧，过度地改变土地利用性质的现象已经停止。

灌溉可以使大多数农作物的产量提高100%~400%。据联合国粮农组织估计，今后30年内，70%的谷物产量将产自灌溉的土地，到2030年，发展中国家的土壤灌溉面积将增加27%。

然而，传统上灌溉就是生产率提高的主要原因，它的效果也将达到极限，尤其是在美国的西部更是如此。传统上地下水为农业灌溉提供了重要的水源，但是它的水量却得不到及时的补给。地下水的供应得到了很多补贴，由于这种补贴实际上提高了纳税人的成本，因此地下水的供应正日益枯竭。尚未枯竭的水源又遭到盐化的危害。对自然盐化的土壤进行灌溉，会使得盐在近土层集中。盐化的土壤生产率很低，极端情况下，这种土壤甚至会毒死作物。

有机食品工业在美国食品业中的增长速度最快。自1990年设立美国农业部国家有机计划（USDA National Organic Program）以来，有机食品工业的年增长速度达到了20%。1992—1997年，美国认证的有机农作物耕种面积翻了1倍多，有机产品的销售量将翻3倍。

有机食品销售量大约占美国食品销售总量的2%，其中，鲜果和蔬菜占43%，面包和谷物占13%，牛奶制品占11%，其余为包装和精制食品、饮料、豆制品、肉类和家禽类食品。尽管肉类和家禽类食品只占有机食品销量的3%，但它是市场上销量增长速度最快的，年增长率达到78%。[1]

消费者愿意为有机水果和蔬菜支付额外的费用，这也是促使有机农业发展的一个重要原因。[2] 由于生产者很轻易地就可以声称他们生产的食品是有机食品，即便不是有机食品，他们也可以称之为有机食品，因此，有机食品的种植户需要一个可靠的认证过程，以确保消费者相信他们消费的确实是有机食品。另外，由于担心不能进入某些重要的国外市场，例如欧盟市场，致使整个行业强行实行标签标准化制度。由于贴标的价值在很大程度上取决于贴标服务的可信度，因此，有机食品的种植户必须寻求具有国家性的统一图标来标识其有机食品。美国自愿认证计划并不确保其有机食品能够进入国外市场，例如欧盟市场，因为美国各州的标准很不统一。

为了应对这些压力，《有机食品生产法》（Organic Foods Production Act, OFPA）于1990年开始生效，该法案的第21款陈述了下述目的："(1) 建立管理特定农产品，例如有机产品的全国性标准；(2) 使得消费者确信有机产品满足统一的标准；(3) 促进州际之间有机生产的新鲜食品和加工食品的商业活动。"[3]

作为该法律的组成部分，美国建立了美国农业部国家有机计划，负责对有机生产实行强制性的论证制度。该法律还建立了国家有机标准委员会（National Organic Standards Board, NOSB），负责定义"有机"的标准。于2002年开始生效的新规则要求有机食品必须由美国农业部贴牌认证。贴有"百分之百有机"（100 percent organic）标签的食品必须只含有有机成分；贴有"有机"（organic）标签的食品必须含有至少95%的有机农产品成分（不含水和盐）；贴有"用有机成分制作"（Made with Organic Ingredients）标签的产品必须包含至少70%的有机农产品成分。

欧盟也采取了类似的政策，但还是有一些差异。表11—2对美国和欧盟的计划进行了比较。按照美国现行的标准，美国和欧盟的官员们正在共同制定一个等价协议，加速促进两个区域的贸易。

贴标就是最好的政策手段吗？它产生了有效的激励吗？正如例11.1"强制性贴标能够矫正外部性吗？"所指出的，贴标肯定代表了向效率方向的靠拢，但是，它并没有将所有的重要的外部性全部内部化，仅这一项措施就能让我们万事大吉也是不可能的。

表11—2　　　　　　　　　　欧盟和美国的比较

Ⅰ. 两个体系共有的内容：
1. 第三方认证；
2. 跟踪核查；
3. 年度检查；
4. 鉴定；
5. 原材料列表；
6. 明确过渡期；
7. 可持续农业发展计划。

Ⅱ. 农业转变期
1. 美国：无一例外地要求3年过渡期；
2. 欧盟：通常对1年生作物要求2年过渡期，对多年生作物要求3年过渡期，个别情况例外。

Ⅲ. 肥料限制：欧盟对家畜和其他有机农作物生产方式使用肥料有数量限制；美国要求在收获之前要有一个过渡期，在这个过渡期内，肥料有最低使用量的限制。

Ⅳ. 缓冲带：美国要求设立缓冲带，欧盟不要求设立缓冲带。

Ⅴ. 牛奶生产：美国对100％的有机项目，在设立12个月后，可以认定为有机产品；而欧盟则要求在6个月后。

Ⅵ. 有机饲料：在欧盟，过渡期内有机家畜生产可以使用30％～60％有机饲料；而美国则要求100％。

Ⅶ. 卫生要求：美国不允许使用抗生素和激素；欧盟则可以使用合成兽药，每年可以使用三次。

Ⅷ. 贴标要求是相似的：
1. "Organic"：二者都要求有机成分至少要达到95％。
2. "Made with"：二者都要求有机成分必须达到70％以上。在欧盟，其余30％的成分必须是公布列表中规定为"尚未商业化的有效成分"。这个列表由认证者或会员国成员负责解释。
3. "Below 70％"：欧盟不允许在标签的任何位置出现"有机"的字样；美国允许有机成分含量达50％及其以上的产品在其信息栏内予以表明。
4. 美国并不强制要求标明有机成分含量；而在有些欧盟成员国，这是必需的。
5. 按照欧盟的规定，可以允许采用"transition to organic"（有机产品过渡）标签；但美国不允许。

资料来源：Organic Trade Association，2003.

例 11.1　☞　　　　　　　**强制性贴标能够矫正外部性吗？**

政府可以用许多政策工具来处理信息非对称问题，这些政策工具也可以用来控制外部性，例如与常规农业有关的外部性问题。政策选项包括庇古税、禁令、配额、教育项目、公布信息（例如贴标）以及直接管理生产和市场。从理论上说，只有当所有消费选择的成本和效益都由消费者承担时，贴标才能够成为足以发挥作用的一种政策工具。然而，如果某种食物的消费产生了一种外部性，那么，以信息为基础的政策将不会导致有效的政策选择。

这与外部性相关吗？很显然，外部性与此相关。例如，购买有机食品对饮用水的质量具有潜在的影响。如果传统农业由于采用化肥和杀虫剂而影响了当地的饮用水，那么，转而生产有机食品将消除对环境的破坏。有机产品的消费者能够获得所有的收益吗？一般来讲不可能。不管饮用水的用户是否购买有机食品，他们都将从中获得好处。有机食品的消费者将对其他人产生某种外部收益。

强制性贴标确实可以减轻信息非对称的问题（这时，生产者了解生产技术，但如果没有贴标，消费者则不了解生产技术）。在这种情形下，消费者可以利用贴标信息，按照其自身的偏好，作出最优的选择。不过，在处理与环境外部性相关的问题以及其他与粮食生产或消费有关的外溢效应时，强制性贴标的作用很小。

资料来源：Elise Golan, et al. "Economics of Food Labeling," *Journal of Consumer Policy* Vol. 24, No. 2 (2001)：117-184.

11.5　农业政策的作用

过去在农业生产率方面取得巨大进步的国家一直存在着巨大的环境成本。为什么？我们可以通过分析与农业有关的外部性了解部分答案。许多农业成本都不由农民承担，而是由地下水和溪流被污染的人来承担。但是，这并不是事实的全部。政府政策也难逃其责。

政府政策会搅乱价格机制正常的功能。这里涉及三类农业政策：（1）对特定的农业投入给予补贴，例如农业机械、肥料或杀虫剂；（2）农产品的保护价；（3）为避免进口竞争而设置的贸易壁垒。

补贴会对购买性投入产生一种依赖性。[4] 安德森和布莱克赫斯特（Anderson and Blackhurst, 1992）所做的一项研究分析了不同国家农业补贴的规模（用补贴占总收入的比例表示）与这些国家的肥料使用量是否有关。结论是，确实有关。补贴最多的国家比补贴很少甚至没有补贴的国家，其化肥用量明显要大。补贴使得化肥用量有可能达到无效率且不可持续的水平。

补贴已经成为农民收入的一个重要组成部分，这使得我们很难取消农业补贴。美国和欧盟的农业补贴分别占农民全部收入的 1/3 和 1/2 左右。日本农民从补贴中得到的收入是从农业生产中获得收入的 2 倍，瑞士则是 4 倍。

不过，最近政府已经开始鼓励可持续农业，不仅要避免传统农业有害的负面影响，而且更多学习可持续农业生产的知识，并且传播学习过程中掌握的信息。另外，美国和欧盟都在为可持续农业的过渡和转型提供财政支持。

11.6 一个小结

可以预料，工业化国家的农业生产率未来还将进一步提高，但提高的速率会比较低。历史上农业生产率的极大提高，部分基于不可持续的、无效率的以及对环境具有破坏作用的农业生产方式，而这些生产方式得到了农业补贴的支持和鼓励。我们可以预料，未来随着补贴的取消，农民将越来越难以避免因能源和环境成本引发的困扰，技术进步带来的部分预期利益都将被这种困扰抵消。

在未来，除了农业生产率会发生变化之外，我们也可以预料，农业生产方式也会发生变化。向替代农业的过渡势在必行。有机食品工业的增长提供了一个例子，另一个例子是转基因生物方面的新技术。转基因食品已经引发了很大的争论（参见争论 11.1 "应该禁止转基因生物吗？"）。由于转基因生物在经济、社会和生态的成本与效益等方面具有多面性，而且不确定，因此，消费者是支持还是反对这项新技术，我们还有待进一步观察（参见例 11.2 "消费者愿意为非转基因食品支付保险费吗？"）。

争论 11.1   **应该禁止转基因生物吗？**

有关转基因物质的一个争论就是，转基因植物或动物是否因为它们潜在的环境影响而应该被禁止或推迟使用？由于转基因动植物遗传组合体在常规的演化中是不会产生的，因此，转基因动植物属于外生物种。如果将这些转基因动植物引入开放的复杂生态系统，那么，就有可能产生明显的社会外部性。由于这些转基因动植物对于生态系统而言属于新物种，因此，它们对生态系统其他所有组成部分的影响是完全未知的。我们可以证实，有些影响是非常有害的,而且是不可逆的(NRC,2002)。即使从理论上说,我们可以对这些影响进行管理(这也是一个争议点),但是,是否能够成功地对转基因动植物进行管理,关键取决于农民监控是否到位。

经济上,也与转基因动植物有关。一些观察家认为,新技术更有利于大规模农场或跨国企业,而对小型农场不利(Nelson, et al., 1999)。

相反,转基因技术的支持者们则认为,转基因动植物具有大幅度提高世界粮食产量的潜力,而且成本比较合理。降低粮食和纤维的生产成本也能够降低全球性粮食短缺的弱式假设引发的威胁。利用转基因动植物降低化学杀虫剂的应用率,可以减轻化学污染物对水资源的污染,并且能够降低农场工人接触控制病虫害的化学物质。转基因粮食为引入更多的营养成分并降低对身体有害的物质提供了可能性,也为创造出在恶劣气候或土壤条件下更具生产率的一些植物提供了可能性。

禁止使用转基因物质能够避免外部性,并避免与不可逆破坏相关的一些可能性成为现实,但是,它也能够降低粮食的有效性,并且增加粮食生产的成本。

资料来源:Sandra S. Batie. "The Environmental Impacts of Genetically Modified Plants: Challenges to Decision-Making," *American Journal of Agricultural Economics* Vol. 85, No. 5 (2003): 1107 - 1111; Wallace E. Huffman. "Consumers' Countries: Effects of Labels and Information in an Uncertain Environment," *American Journal of Agricultural Economics* Vol. 85, No. 5 (2003): 1112 - 1118; National Research Council (NRC). *Environmental Effects of Transgenic Plants: The Scope and Adequacy of Regulation* (Washington, DC: National Academy Press, 2002); Gerald Nelson, et al. *The Economics and Politics of Genetically Modified Organisms: Implications for WTO 2000* (University of Illinois, Bulletin 809, 1999).

例 11.2　消费者愿意为非转基因食品支付保险费吗?

在欧盟,任何含有1%以上转基因成分的食品都必须标记"内含转基因成分"(contains GMOs)字样。尽管生物技术有助于提高农作物产量、增强作物抗性并提高营养成分,但是食品中加入转基因成分一直面临相当大的反对,欧洲国家的消费者尤其如此。这种反对面有多大呢?它是否表明,消费者愿意为非转基因食品支付一个保险价呢?

根据经济学家查尔斯·纳赛尔、斯特凡娜·罗宾、伯纳德·拉菲伊克斯(Charles Noussair, Stéphane Robin, and Bernard Ruffieux)报告,法国79%的受访者认同"转基因物质应该被禁止"的陈述;89%的受访者反对食品中使用转基因物质。由于他们对反对转基因物质的情绪是否会反映在消费者的购买行为中感到困惑,因此,他们设计了一个实验来对此作出检验。

由于缺乏现场数据,他们使用一项实验方法,以揭示和比较非转基因产品和转基因产品的支付意愿。具体来讲,就是设计一种实验室的实验,以测度支付意愿是如何影响转基因产品的含量。大约有100位法国消费者参与了这项实验。

有趣的是，与早先的研究不同，只有35%的实验对象完全反对购买含转基因物质的产品。如果转基因产品足够便宜，大约42%的实验对象就愿意购买含转基因物质的产品；23%的实验对象对是否含有转基因物质无所谓。

这项研究表明，利用标签来分割市场有其优点。作者发现，与不标明是否含有转基因物质的产品相比，受访者愿意为标记为非转基因物质标签的产品多支付8%的保险费。不过，对标记为非转基因产品和已知为含转基因产品而言，受访者愿意为非转基因产品多支付46.7%。

资料来源：Charles Noussair, Stéphane Robin, and Bernard Ruffieux. "Do Consumers Really Refuse to Buy Genetically Modified Food?" *The Economic Journal* Vol. 114 (January 2004): 102-120; W. E. Huffman, M. Rousu, J. F. Shogren, and A. Tegene. "The Public Good Value of Information from Agribusinesses on Genetically Modified Foods," *American Journal of Agricultural Economics* Vol. 85, No. 5 (2003): 1309-1315.

11.7 粮食资源的分配

用以解释大面积营养不良的第二个假设是指引起营养不良的原因在于粮食在不同的国家之间以及在国家内部分配不合理，这个假设坚持认为，产生营养不良问题的根源在于食物的分配，而不是全球粮食有效性的不足。按照这个观点，根本原因在于贫穷。因此，我们可以预料，社会中最穷的人也是营养最不良的人，最穷的国家也是营养不良的人所占比例最大的国家。

如果确实如此，那么由此而产生的政策导向与全球性短缺所产生的政策导向就应该存在很大的不同。如果营养不良问题不是短缺而是分配不良，那么，问题就是如何将食物分配给穷人，能够缓解营养不良问题的一种策略就是扶贫，即提高穷人支付食物的能力；如果营养不良问题是食物短缺，这种策略则可能根本就没有效果。

定义问题

大量的具有说服力的证据表明，营养不良问题源于分配，如表

11—3所示。尽管数据远非完善，但是，我们可以从中得到许多有趣的结论。首先看第一行，我们发现一般的发展中国家都有足够的卡路里摄入量。这再一次强调了我们所得到的结论，即问题并不在于食物的全球性短缺。不过，同样很清楚，食物在世界人口中的分布也是不均匀的。对于最不发达国家而言，一般饮食中所含的卡路里比避免营养不良所必需的量要少。

表11—3　　　　　　　　　发展中国家的食物状况

	1988—1990年粮食产量（人均指数）（1989—1991年＝100）	1996年日卡路里供应量（人均）
所有发展中国家	132	2 628
最不发达国家	115	2 095
撒哈拉以南非洲国家	116	2 205

资料来源：United Nations Development Programme, *Human Development Report 1993* (New York: Oxford University Press, 1999), Table 20, p. 214.

然而，具有同等启示意义的是变化的趋势。尽管对于整个发展中国家而言，人均粮食产量增长方面取得的进步显而易见，但最不发达国家的产量却没有跟上人口增长的步伐。对于最贫穷国家而言，在这一时期的开始时，不仅一般的饮食差得可怜，而且20年间其状况已经严重恶化。另外，对进口食物的依赖性一直在增长。

正如我们在有关人口增长的章节中所阐述的，贫困、人口增长和粮食生产的充足性三者之间是高度相关的。高度的贫困通常都会引发高速的人口增长，而且高速的人口增长率可以提高收入的不平等程度。另外，过多的人口与过度的贫困，二者都会增加达到食物充足性的难度。由于我们在第6章已经分析了人口控制策略，现在我们将重点论述对最贫穷人口有效食物量的策略。我们能做点什么呢？

最不发达国家的国内产量

我们需要强调的第一个问题就是增加最不发达国家（less developed

countries，LDCs）国内产量而不是从国外更多地进口所涉及的相对优点。我们有几个理由确信，许多发展中国家增加它们对国内生产产品消费的比例是有利可图的。最重要的一点就是粮食进口会耗尽它们少得可怜的外汇。

大多数发展中国家都不能利用它们自己的货币支付进口。它们必须用国际上可接受的某种货币来进行支付，例如美元，且这些外币只能通过出口来获得。由于将更多的外汇用于农业方面的进口，可用于进口资本商品的外汇就更少，而这些资本品可以提高当地劳动力的生产率（并进而提高他们的收入）。

在高油价时期，缺乏外汇的状况会进一步加剧。许多发展中国家必须花费大量的出口所得用于进口能源。例如，1993年，肯尼亚燃料进口占到所有进口的 1/3，以至于用于资本品或农业进口的外汇所剩无几。

虽然外汇的压力表明，有必要更加依靠国内农业生产，但是，将这个问题极端化，认为所有国家都应该在粮食上自给自足则是不正确的。自给自足并非总是有效，其理由可以通过**比较优势法则**（law of comparative advantage）加以说明。

如果每个国家只生产它们具有相对优势的产品，它们将从中获益。如果某个国家的相对优势不是在粮食生产方面，而是在纺织品生产方面，那么，这个国家生产并出口纺织品，利用出口赚取的外汇去购买粮食对这个国家而言将更有益处，如表 11—4 所示。我们用一个假想的最不发达国家和一个发达国家的例子来说明生产纺织品和小麦的机会成本（用单位产出劳动时间表示）。假设每个国家都是 8 小时工作制。如果每个国家的工人平均每天花 4 小时做某件事，那么，两个国家每天可以生产 8 个单位的纺织品（最不发达国家 4 个单位，发达国家 4 个单位）以及 5⅓ 个单位的小麦（最不发达国家 1⅓ 个单位，发达国家 4 个单位）（你可以从表 11—4 计算出这些数字）。

表 11—4　　　　　　　　一个假想的比较优势法则的例子

	生产一个单位纺织品所需时间	生产一个单位小麦所需时间
最不发达国家	1	3
发达国家	1	1

然而，我们假设在该例中最不发达国家擅长生产纺织品（8 个小时全部用于生产纺织品），而发达国家擅长生产小麦。我们很容易证实，全世界的总产量应该等于 8 个单位的纺织品和 8 个单位的小麦。如果每个国家都只生产它们具有比较优势的产品，总产量就可以增加！

在我们的这个例子中会怎样呢？结果也是如此，因为最不发达国家生产纺织品的机会成本（用不种植小麦的产量表示）将低于发达国家；而发达国家种植小麦的机会成本（用不生产纺织品的产量表示）则低于最不发达国家。用发达国家不生产纺织品而释放出来的劳动力，最不发达国家应该能够从小麦产量增加的效益中获得一定的利益。

尽管这是一个假想的例子，但它所揭示的原理是真实的。所有国家的粮食都自给自足并不是一个合理的目标。由于气候、土壤、可利用土地等条件的原因，美国这类在农业上具有比较优势的国家应该继续保持净粮食出口，而日本这类在其他产品生产上具有比较优势的国家，则应该继续保持粮食进口。然而，我们既不应该过度地依赖国内生产，也不应该过度地依赖进口，否则这种平衡将不可能维持。

由于农业部门的价格扭曲和外部性的存在，大多数发展中国家都已经形成了过度依赖进口的局面。在降低这种依赖性方面，我们取得了哪种进步呢？如表11—3所示，依赖性是增加了，而不是降低了。而且，就最低收入国家整体而言，农业生产的增长甚至与人口增长都不同步，在降低进口方面进展甚微。看来，未来的情况仍然难以捉摸。

低估的偏差

为什么如此多年粮食生产一直赶不上人口增长呢？累积的大量事实表明，粮食增产的限制主要在于经济和政治方面，而不在于物质或生物方面。低收入国家的农业一直被低估了，这意味着如果我们对农业产出的社会价值进行全面评估，那么，农业投资的回报率远低于它应该具有的水平。其结果是，农业投资低于它应该具有的水平，生产率也会受到影响。

政府实行的许多机制已经产生了一些不合乎需要的负面影响，不仅低估了农业的重要性，而且措施在实施的过程中伤害了农民的积极性。两个做法很突出，即市场局（marketing boards）和出口税。

许多国家建立了国家市场局以稳定农产品价格，并抑制食物价格以保护穷人免遭营养不良。一种典型的做法就是，市场局以补贴价卖出粮食。随着补贴的增加，市场局会到处寻找降低补贴数量的方法。

市场局通常采取两种策略：一是从美国批量进口粮食，并且人为地将粮食价格设置得很低（一般以粮食补贴项目的形式实施，这些项目原本是为了消除小麦剩余的）；二是抑制支付给国内农民的粮食价格。当然，这两种策略对当地农业生产的破坏都具有长期的影响。

许多发展中国家都依赖出口税作为其收入的主要来源，出口税即对所有运往国外的商品征收的一个税种。有些税只对出口的商品征收（例如香蕉、可可豆、咖啡等）。出口税的作用就是提高外国购买者的成本，从而降低需求量。需求上的降低通常意味着农民产品价格的降低以及收入的降低。因此，这种策略也会削弱粮食生产的积极性。

发展中国家的政府政策不仅会影响农业生产的水平，而且会影响农业生产所采用的技术。据世界银行所做的一项研究报告（World Bank，1987），在9个发展中国家中，对杀虫剂的补贴占所有零售成本的15%～90%。农业机械化也受到了补贴的刺激。作为价格扭曲的一个结果，农民一直以来都受到某种鼓励，严重地依赖杀虫剂，欣然接受机械化，而这些策略从长期来看没有任何意义。如果按照这条路继续走下去，对补贴的依赖就会越来越严重，以至于向可持续农业生产方式过渡的农民的境况会变得越来越差。

尽管如此，乐观的理由还是存在的。在发展中国家的环境中，既可持续又有利可图的农业技术确实存在。世界资源研究所（World Resources Institute）在印度、菲律宾和智利做了一系列的研究（Faeth，1993），以考察向更具可持续性农业的过渡对农民收入的影响。所得到的结论认为，可持续农业是有利可图的，但通常都会改变当前的定价结构，以反映生产的全部环境成本。因此，我们需要更好地向农民传播可持续农业技术信息的途径和方法。

养活穷人

我们试图利用价格控制方式为穷人提供足够的粮食，其实这是一个误导。之所以事与愿违，是因为价格控制会降低粮食有效性。是否存在一种办法，既可以降低穷人的营养不足，又可以维持足够的粮食供应呢？

在一些国家，例如斯里兰卡、哥伦比亚和美国都在采用食物券项目的形式以补贴购买粮食的穷人。当前，哥伦比亚主要为低收入的妇女和儿童发放粮食配给票，他们尤其容易受到营养不良的伤害。配给票的接受者可以使用这种配给票购买许多高营养、低成本的食物。这些项目提高了最需要食物的人的购买能力，从而既为他们提供了食物，也保护了农民的积极性。对每个人实行低粮食价格的国家的政府不得不付出相当高的财政支出，以补贴农民。当政府设法寻求资金支持这些补贴时，政府更愿意按低于市场的价格向农民支付，以降低这种补贴；或是更多地依赖人为压低的价格进口粮食。从长期看，这两种策略都只能弄巧成拙。

将扶持需要扶持的人作为目标的策略是一种有效的策略。养活穷人的另外一种途径就是，确保农业政策对收入分布的影响要惠及穷人。一个与"绿色革命"有关的巨大希望就是，科学研究产生的新品种将扩大粮食的供应，并进而抑制粮食价格，使得穷人能够得到更好的食物，同时，为穷人提供更多的就业机会。如何才能实现这个目标呢？

绿色革命起源于 20 世纪 50 年代种植杂交玉米，首先是美国和罗得西亚①，随后扩展到中美洲和东部非洲。20 世纪 60 年代实行玉米矮化，从这以后，肥料敏感性的水稻新品种已经扩展到整个东亚，小麦新品种则广泛种于墨西哥、印度与巴基斯坦的旁遮普地区。

在许多采用杂交品种的地区，在 30 年的期间里，生产率翻了 1 倍或 2 倍。短轮作期作物使得许多农民一年可以收获两次，而原来一年只能收获一次。这种转变是史无前例的。

杂交品种的影响是十分明显的。按照利普顿和朗赫斯特（Lipton and Longhurst，1989）的研究，在大多数采用这些现代品种的地区，小农户并不比其他农户逊色，种植范围广，集约程度高，产量也一样高。由于单位种植面积投入的劳动增加，使得穷人的收入也得到了增加。穷人如果采用新品种，其消费以及营养都比不采用新品种更好。

不过，采用这些新品种也存在不足的一面。正如 19 世纪初爱尔兰的土豆荒所揭示的现象一样，仅依赖于很少的几种杂种粮食作物会增加病虫害的风险。多样性的种源关系有利于降低这种风险。农作物品种的多样性所带来的安全性会随着新品种的大范围种植而降低。在没有采用这些新品种的其他地区，它们或许会因为大宗杂种粮食进入市场而败下阵来，在与其他更为传统的一些品种的竞争中而被排除于市场之外。小农场主并不总是农业新品种的受益人。

现在，我们已经可以定义来自发达国家的援助的作用了。当传统粮食来源由于自然灾害而十分不足之时，或是当粮食援助不会妨碍国内农民收成之时，暂时性的粮食援助就是有意义的。从长期看，发达国家既能够提供适宜技术（例如太阳能灌溉系统），也能够为农民所有的本地合作组织转移到其他行业提供金融资本。然后，这些合作组织应该具有一些规模优势（例如风险分担和分配），同时又维持现有的小规模农业的结构不变。这种方法与提高大众生活水平和有效控制人口的某个平衡发展项目相结合，就能够为解决世界粮食分配问题提供一种渠道。

11.8 饱餐与饥荒的轮回

世界粮食问题的最后一个方面就是指由于气候以及种植决策的反复无常而产生的粮食有效性的年际波动。即便食物有效性的平均水平

---

① 津巴布韦的旧称。——译者注

是合理的，也存在这样一种事实，即平均值是由一系列生产过量和生产不足所构成的，这意味着控制这种波动对整个社会而言是有益的。

我们可以用一个生动的比喻来说明这一点。如果有一个人站立在两桶水中，第一桶水是热开水，第二桶水是冷冰水，那么，有一个朋友告诉他，平均水温很适合人体需要，但这丝毫不能减轻这个人的痛苦。平均值并不能说明一切。

如果粮食供应的波动看起来很大，那么，粮食价格的摆幅就更大。为什么？农业部门的一个特点就是，农业生产决策实际上会加剧这种波动，或是至少会延长波动的时间。这种趋势可以通过蛛网模型得到说明，如图11—2所示。顾名思义，其含义非常明确。

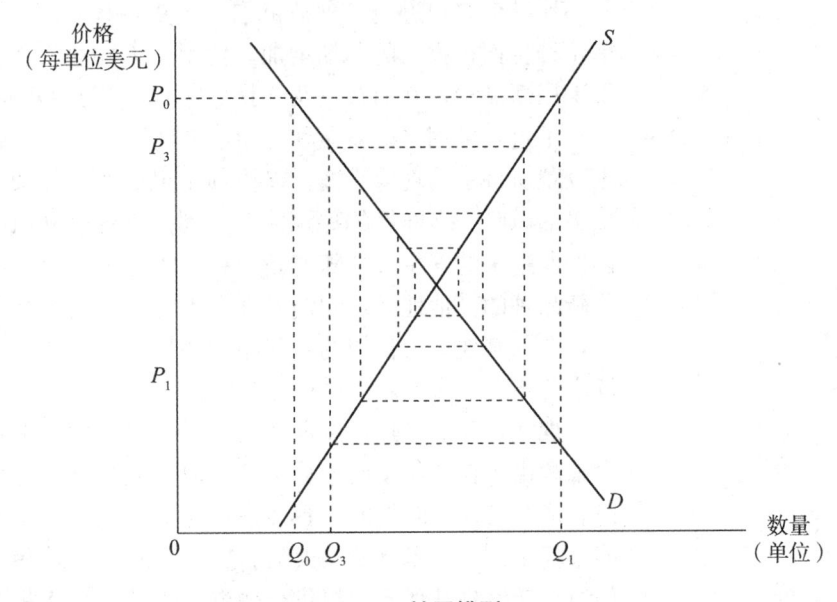

图11—2 蛛网模型

假设由于气候无常引发粮食供应短缺，供应量为Q_0，这会驱使价格上升到P_0。对下一个生长季而言，农民不得不在收获前做好播种准备。他们将依赖他们将获得的粮食期望价格来决定播种量，比如说，他们会使用今年的价格作为来年价格的推测值。

这样，农民计划的供应量将为Q_1（假设来年天气不会再失常）。在价格等于P_0时，市场不可能吸纳所有的农产品，因此，价格将降低到P_1。如果农民利用这个价格计划下年的收成，那么，产量将等于Q_3。这又将使得价格上升到P_3。如此循环往复。

这里所发生的就称为**减幅振荡**（damped oscillation）。在没有进一步的供应波动时，价格和产量波动的幅度会随着时间的推移而逐渐下降，直至达到均衡价格和产量。[5]

粮食需求往往是价格非弹性的，发展中国家尤其如此，这一点具有重要意义。需求曲线越是价格非弹性的，那么，当因气候变化引起的短缺发生时，为了使得需求满足供应，价格就不得不更高，如图 11—3 所示。

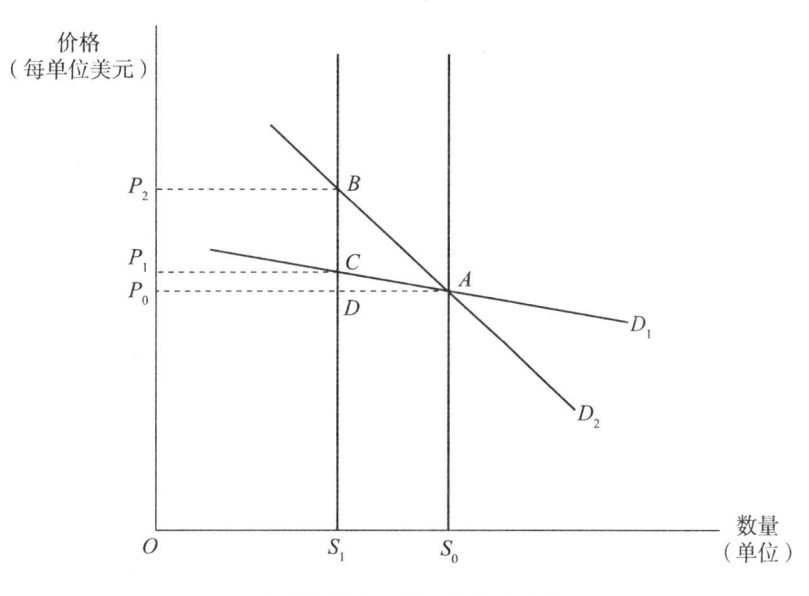

图 11—3 价格的需求弹性和价格波动的大小

图 11—3 给出了初始均衡状态 A，这时需求量为 D_1，供应量为 S_0。供应短缺是指供应曲线从 S_0 移动到 S_1。在两条需求曲线中，D_1 是最具有价格弹性的。需要注意的是，需求曲线越是具有价格弹性，例如 D_2，市场出清的价格就越高。

图 11—3 也显示了价格变化对农民收入的影响。供应的波动如何影响农民的收入呢？乍看起来，结果似乎模棱两可，因为在短缺期间，农民可以获得高价（一个加数！），但卖出的量也更少（一个减数！）。究竟哪种影响占主导呢？

由于生产者的收入等于价格乘以供应量，因此，收入为一个矩形。矩形的大小要具体问题具体分析。在供应变化之前，农民得到的收入为矩形 OP_0AS_0；供应变动之后，对于弹性需求曲线（D_1）而言，其收入为 OP_1CS_1，而对于非弹性需求曲线而言，其收入为 OP_2BS_1。

收入已经随着供应的变动而增加了吗？为了回答这个问题，我们不得不将 P_0P_1CD（弹性需求曲线所获得的收入净值）和 P_0P_2BD（非弹性需求曲线所获得的收入净值）的面积与 DAS_0S_1（由于生产水平降低而引起的收入损失）的面积进行比较。

很显然，我们立即就可以得到一个结论，即需求曲线越是非弹性的，农民作为一个整体而言，就越可能从供应的短缺中获得利益。只要需求曲线在一个恰当的范围内是价格非弹性的（粮食产品通常在短期内都能满足的一种条件），农民作为一个整体而言，就越是会从供应的短缺中获得好处。[6]

对于消费者而言，情形存在很大差异。如果粮食短缺，消费者无疑会受到伤害；如果粮食过度供应，消费者无疑会得到好处。需求曲线越是价格弹性的，因短缺而引起的消费者剩余的损失也就越大，而且，从过度供应所获得的消费者剩余的好处也越大。

这种情形产生了一些有趣的（从政策角度看，也是很困难的）激励因素。生产者总体上看，在抑制供应短缺方面并没有什么特别的利益。另一方面，消费者对过度供应并不会有所抱怨，但是，他们肯定会预防供应短缺。

虽然价格和供应量的稳定对整个社会而言是有好处的，但对于社会的不同层面而言，对价格和供应量应该如何保持稳定，看法则截然不同。只要平均价格很高，农民就乐于价格的稳定；而如果价格维持在很低的水平上，消费者也乐于价格的稳定。

稳定价格和供应量的主要手段就是建立储备。在粮食短缺时期，储备的粮食可以应急使用；而在粮食过度供应时期，则可以将多余的粮食储备起来。现在存在两种不同类型的粮食储备。第一种粮食储备是指一种特殊的国际性的应急储备，这种储备一般用来应付自然灾害（例如干旱）产生的饥荒之需。联合国大会第七届特别会议（Seventh Special Session of the U. N. General Assemble）于1975年建立的世界粮食应急储备计划（World Emergency Stockpile）设定的储备目标是每年50万吨，这个计划对世界粮食市场（贸易量达7 000万吨）不会产生不良影响，而且能够减轻饥荒带来的痛苦。遗憾的是，该计划的储备能力至今尚未达到。每年储备的粮食都分配给了那些需要粮食的国家，分配之后所剩无几。

第二种粮食储备是指由每个国家分别进行储备。虽然人们希望这种粮食储备具有国家间的协调性，但这个目的很难达到。粮食储备具有增加世界范围内粮食安全的潜力，但是，业已证明，要实施一个有效的储备系统是非常困难的。关于粮食储备管理的政治决策是最困难的，何时购买粮食，何时售出粮食，诸如此类的问题，至今尚未达成一致意见。由于粮食生产国和消费国利益的截然不同，因此，任何一个不协调的系统要充分有效地发挥作用是不可能的。

11.9　小结

世界性的饥饿问题正在逼近我们，而且这是事实。在世界上，已经有许多国家现在正在经历严重的营养不良。这种长期性问题的根源在于贫穷，即没有能力支付日益上升的粮食价格。粮食有效性的波动加剧了贫穷引发的伤害。

这些问题并不是无法解决的，而且也不需要发达国家作出大量的节约。解决问题的主要障碍在于政治因素和经济因素，而非物质因素。

联合国粮农组织已经断定，发展中国家在不远的将来可以使得它们的粮食产量每年增长4%，远远超过人口增长率。不过，它们也认为，只有在发达国家与发展中国家分享技术，向发展中国家开放市场，且发展中国家有意愿采取不限制产出的价格政策的情况下，才能达到上述增长目标。只要采取直接粮食补贴（例如粮食供给券）而不是价格控制的方式，我们就可以既实现上述目标，又不伤害到穷人。

由于世界饥饿问题的主要原因在于贫穷，因此，只是简单地生产更多的粮食还是不够的。穷人支付食物的能力也应该得到改善。考虑到农业投入（例如化肥）的成本迅速提高，这一点就显得尤其重要。鼓励创造非农就业机会以及提高小规模农户的回报率都可以有效地减少贫困。

有证据表明，就规模经济而言，效率和公平之间似乎看不出什么权衡。小规模农业可以是完全竞争性的，只要它们能够进入信用市场，并且使用改进了的新技术。

我们已经建立了粮食储备（保证粮食安全项目中的一个关键因素），但并不完全有效。应急储备一直没有达到它的设计能力，虽然国家储备系统很大，但管理不善。曙光已现，车已启动，但是，行程遥远而缓慢。

讨论题

1. "美国将现代技术应用于农业，使其成为世界上最具粮食生产力的国家。解决世界粮食问题的秘密在于将这些技术应用于发展中国家。"请讨论之。

2. 按照《美国公法480号》（Public Law 480），美国向发展中国家销售其富余粮食，发展中国家以当地的货币予以支付。由于美国几乎不可能将所有这些货币花费掉，因此，大多数粮食的转移实际上几乎就是一种礼品。对美国而言，用这种方式处置其富余粮食是平等和有效的吗？为什么？

练习题

1. 两个国家分别称为北地国和南地国，它们能够生产商品 A 和商品 B。每小时劳动生产商品 A 和商品 B 的数量如下表所示：

	一个小时生产商品 A 的数量	一个小时生产商品 B 的数量
北地国	4	8
南地国	2	6

请问，哪个国家生产商品 A 具有比较优势？为什么？

2. "粮票项目只会将粮食价格抬高，而不会增加穷人可用的粮食数量。"如果这个论述是正确的，那么，供应的弹性应该如何？如果采取粮票的方式增加了穷人的粮食有效性，且又不抬高粮食价格，那么，供应的弹性又该如何？

3. 1985 年《华尔街日报》（Wall Street Journal）的一篇文章认为，外居地主①可能是水土流失问题的一个原因（就这个问题而言，我们假设外居地主按固定的年价将土地出租给农民）。利用有关产权的知识，论述水土流失是不是与外居地主有关的一个比较严重的问题。

进一步阅读的材料

Carlson, Gerald R., David Zilberman, and John A. Miranowski, eds. *Agricultural and Environmental Resource Economics* (New York: Oxford University Press, 1993). 这是一本教材，它对本章提出的问题，提供了更为详细的说明。

Crosson, Pierre R., and Sterling Brubaker. *Resource and Environmental Effects of U.S. Agriculture* (Baltimore: Johns Hopkins University Press for Resources for the Future, 1982). 该书确定了与未来粮食产

---

① 外居地主是指居住在外地而将土地租借给农民经营的土地所有者。——译者注

量提高相关的环境成本,并给出了一些指标用以处理这些成本。

Meier, Gerald M. *Leading Issues in Economic Development*, 5th ed. (New York: Oxford University Press, 1989). 这是一部关于发展过程各个方面的文集,内容全面,颇具影响。其中包含农业发展部分,非常精彩,而且所列参考书目非常全面。

Streeten, Paul. *What Price Food? Agricultural Policies in Developing Countries* (New York: St. Martin's Press, 1987). 该项研究对发展中国家的农业政策进行了精辟的论述。

Williams, Jeffrey C., and Brian D. Wright. *Storage and Commodity Markets* (Cambridge: Cambridge University Press, 1991). 该书主要对以下问题进行了理论探讨,即粮食储备的规模应该多大?粮食储备是以原粮的形式为好还是处理之后再储备为好?以及储备粮对商品粮的价格和产量有什么影响?

【注释】

[1] USDA and Organic Trade Association's 2004 Manufacturer Survey.

[2] 汤普森和基德韦尔(Thompson and Kidwell, 1998)发现,有机水果和蔬菜的这种额外费用为40%~175%。

[3] Golan, et al. (2001).

[4] 也有人认为,补贴一直是设计用于帮助贫苦农民的,但是,这个观点并不具有说服力。因为,贫苦农民只生产了1/10的农产品,在政府每支付的10美元的补贴中,他们只得到了1美元。参见"The Economist Survey of Agriculture" (1993): 7。

[5] 理论上说,在一定条件下,随着时间的推移,摆幅加大的非减幅摆动也是有可能的,但是,现有粮食市场似乎看不出存在这种特征。

[6] 当然,这并不是指对每个农民都必定如此。如果供应下降只是集中在少数几个农民那里,那么,他们毫无疑问会受到损失,而其他农民却可以从中获得好处。也就是说,后者获得的好处要超过前者遭受的损失。

第 12 章 可储存、可更新资源：森林

> 再也没有任何事情比建立一种事物的新秩序更难执行，成败更加不确定，处理起来更加危险。对于改革者而言，能够从旧秩序中获得利益的人，都成为了他们的敌人；能够从新秩序中获取利益的人，都成为了他们的漠然的拥护者。之所以拥护者会持漠然的态度，部分原因在于拥护者担心其敌人拥有有利于其自身的法律；部分原因在于人类不轻易信任的心理，人类在没有切实体验过新事物之前，不会真正相信任何新的事物。
>
> ——选自尼科洛·马基雅维里（Niccolò Machiavelli）：《君主论》（1513 年）

12.1 引言

森林可以提供大量的林产品和服务。房屋和木制品的原材料取自森林；在世界上许多地方，木材是重要的燃料；纸制品则取自木材纤维；

树木通过吸收二氧化碳增加空气中的氧，从而可以清洁空气；森林为野生动物提供栖息地以及避难所，而且在维护饮用水供应的流域方面起着重要的作用。

尽管我们很容易忽略树木对我们日常生活所作出的贡献，但是，即使经过最粗浅的计算也能发现树木的重要性。在美国，几乎 1/3 的土地覆盖着森林，是除牧业用地以外，占地面积最大的一类用地。缅因州是美国森林覆盖率最好的州，95%的土地面积被森林覆盖。1995 年，全世界对应的数字为 31.7%（OECD，1997：111）。

管理这些森林并不是一件容易的事情。森林与谷类粮食不同，森林中的树木成熟得非常缓慢，而谷类粮食的种植和收获每年一个循环。管理者不仅要决定在某个给定面积的土地上如何使得收获量达到最大，而且要决定何时采伐和造林。在森林的各种可能的用途中，我们要作出巧妙的平衡。由于采伐森林还会降低森林的其他价值（例如森林景观的美学价值），因此，建立合理的平衡要求利用一些手段，比较潜在的可能发生冲突的各种用途之间的价值。很显然，效率评价标准就是手段之一。

稍微观察一下森林资源的变化情况，我们就无法相信，森林资源的管理是有效或可持续的。当前，森林采伐的速率史无前例。据世界资源研究所 1992 年报告，每年有 4 200 万英亩热带森林遭到破坏，这个面积相当于华盛顿州的面积，砍伐森林或是为了取用木材，或是为了垦荒用于农业或其他开发目的。这个数字是通过卫星遥感获得的，比早前联合国粮农组织于 1980 年估计的数字高出 50%。

砍伐森林之所以成为一个严重问题，是因为它会加剧气候的变化，减少生物多样性，导致农业生产率下降，加剧水土流失和沙漠化，以及导致森林土著人传统文化的弱化。森林的利用不再以可持续为基础——既要满足当代人的需求，也要满足子孙后代的需求，而是成为了一种"兑现"的资源。联合国粮农组织在《2000 年全球森林资源评估》（Global Forest Resources Assessment 2000）中报告，在 20 世纪 90 年代，全世界由于森林采伐，已经失去了 4.2%的天然林。同一时期，全世界通过更新造林（人工造林）、荒山造林（非林地转为有林地）和森林的自然增长仅使天然林增加了 1.8%。结果是，在 10 年期间，天然林净减少 2.4%。[1]当前的林业生产方式似乎既违反了可持续性评价标准，也违反了效率评价标准。为什么会发生这种情形呢？对此我们能做点什么呢？

本章后面的章节将探讨如何将经济学与森林生态学结合起来，帮助我们有效地管理这种重要的资源。首先，我们论述在只考虑木材价值的条件下，森林资源有效配置的特点和含义。通过对树木生长的生物学模型叠加经济学的考虑，对某个单株或林分采伐的有效决策进行建模分析。其次，我们对该模型进行细化，说明森林资源的多重价值如何影响采伐决策，以及如果在有限的时间范围内合理计划，森林在采伐之后是否重新造林。最后，我们将讨论制度合理性问题，对公共部门和私人部门在管理决策以及恢复效率的策略等方面产生的或预期将要产生的无效率进行讨论。

12.2 森林收获决策的特点

木材资源的特殊属性

尽管木材与其他活资源具有许多共同特征，然而，木材也具有一些独特的性质。共同的特征是，它们既是一种产出，也是一种资本品。树木，当其被采伐时，就提供了一种可买卖的商品；但是，留在林分中，它们就是一种资本品，留待来年继续生长。森林管理者每年都要决定，某块具体的林分是采伐，还是留着继续生长。然而，森林与其他许多活资源不同，在初始投资（造林）和投资的回收（收获）之间的时间周期特别长。在林业中，25年甚至更长的间隔期是很常见的，但其他产业未必如此。总之，林业会产生不同寻常的大量的外部性，这些外部性既与立木有关，也与木材采伐活动有关。这些外部性的存在，不仅使得确定有效配置变得更为困难，而且使得激励作用大受影响，从而降低了有效管理的组织能力。

生物学特征

树木的生长是按特定立地上的蓄积来计算的，具体来讲就是立方英尺。这个指标只计算树桩到树顶以下4英寸位置的树干体积，不计算树皮和树枝。对于比较大的树而言，树桩是指离地24英寸的树基部分。只计算立木的蓄积，枯倒木不算在内。按照这层意思，蓄积是指净值，而不是总生长量。

按照蓄积指标来看，林分的生长经过了几个截然不同的阶段。最初，树木很小，树木蓄积增长缓慢，但树高增长很快；随后，蓄积持续快速增长；最后，随着林分的成熟，生长速度下降，直至停止。

一片林分的实际生长取决于许多因素，其中包括气候、土壤肥力、病虫害的易感性、树种、培育水平以及森林火灾或空气污染等。因此，林分与林分之间，树木生长的差异相当大。有些促进林木生长或抑制林木生长的因素，林农可以控制；但有些因素，林农却无法控制。

对这些差异进行抽象分析，我们就可能提出一个林分树木生长的生物学模型，这个模型虽然是假设性的，但有其实际意义。图12—1给出的模型是以太平洋西北部的花旗松林分生长为基础的。[2]

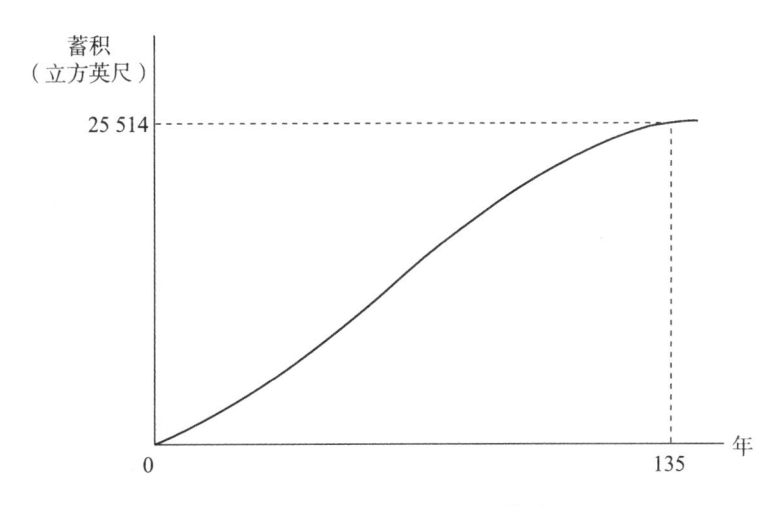

图12—1 花旗松林分树木生长模型

注意，图12—1与前文中论述的林木生长阶段是一致的，初期慢，中期快，生长在135年之后基本停止。

这个林分应该何时采伐呢？林务人员会使用**平均年增量**（mean annual increment, MAI）进行计算，这种方法为从生物学途径回答这个问题提供了基础，也为在本章后面的内容中提出的经济学模型提供了一个有用的对比。

平均年增量等于每十年期末林分蓄积的累计值除以林分生长的累计年数。对于像图12—1所表示的树木生长阶段而言，平均年增量在早期是上升的，随后是下降的，如表12—1所示。

按照生物学决策规则，森林应该在平均年增量达到最大的林龄时采伐。对于花旗松的这个例子，平均年增量在林龄为100年时达到最大。表12—1中第（4）列的数字可以帮助我们理解这个林龄有什么特殊性。从一开始，年生长量一直上升，直至林龄为70年，随后开始下降。平均年增量在100年之前呈上升趋势，这是因为年生长量大于这一时期的平均年增量；在后续年份中，平均年增量呈下降趋势，这是因为年生长量小于平均年增量。

表 12—1　　　　　　　　　　生物采伐决策：花旗松

林龄（年）(1)	蓄积[a]（立方英尺）(2)	MAI[b]（立方英尺）(3)	年生长量[c]（立方英尺）(4)
10	694	69.4	69.4
20	1 912	95.6	121.8
30	3 558	118.6	164.6
40	5 536	138.4	197.8
50	7 750	155.0	221.4
60	10 104	168.0	235.4
70	12 502	178.6	239.8
80	14 848	185.6	234.6
90	17 046	189.4	219.8
100	19 000	190.0	195.4
110	20 614	187.4	161.4
120	21 792	181.6	117.8
130	22 438	172.6	64.6
135	22 514	166.8	11.6

说明：a. 利用绘制图 12—1 的方程计算，参见注释 [2]。b. 第（2）列除以第（1）列。c. 第（2）列间隔期间的变化量除以第（1）列年数的变化量。

森林收获经济学

对于一名经济学家而言，这种生物学的评价标准似乎是非常武断的，因为它没有考虑到木材的价值、货币的时间价值或者与造林以及采伐有关的成本等要素，这些要素在一个有效的收获决策中应该起中心作用。然而，利用图 12—1 所描绘的基础生物学生长模型作为收获决策的经济模型的基础是有可能的。

按照效率的定义，收获该林分的合理时间应该是使得木材净效益的价值达到最大化的时间。木材净效益的大小取决于林地在收获之后是否永远用于林业或是让其自然更新。对于第一个模型，我们将假设该林分仅收获一次，土地闲置至下一次收获。该模型将有助于说明林业的经济学原理如何应用于这种简单的情形，且为分析更为复杂和现实的例子提供必要的背景。

我们假定在这项决策中有两项成本非常重要，即造林成本和收获成本。不论它们是多少，都存在一个重要的特征——这两项成本是有区别的，即成本发生的时间不同。造林成本在造林时就发生了，而收获成本则要到收获时才发生。按照现值计算的方法，收获成本要进行贴现计算，因为这项成本要到未来才需要支付，而造林成本则不需要贴现，因为它们现在就必须支付。就我们的例子而言，我们假设该林分的造林成本为1 000美元，每收获1立方英尺木材的收获成本为0.30美元。

现在我们将这些因素加入到模型中，就可以计算该林分不同林龄时收获的净效益价值，如表12—2所示。某一个林龄时的净效益等于该林龄时的木材价值减去成本的现值。我们采用了三个不同的贴现率，以说明贴现对收获决策的影响。未贴现的计算值（即 $r=0.0$）只是表示每个林龄时应该获得的实际价值，而正的贴现率则将货币的时间价值纳入考虑了。

我们可以从表12—2得到一些有趣的结论。第一，贴现缩短了收获的时间。虽然未贴现时最大的净收益出现在135年，但如果仅仅采用0.02的贴现率，最大值会提前到68年，大约只是未贴现时的一半。

第二，改变造林和收获的成本大小并不会改变合理的收获时间点。需要注意的是，木材价值和净收益这两行的最大值对于每个贴现率都刚好出现在同一年。也就是说，即使成本为0，收获决策也应该出现在同一个时间点上。第三，如果采用足够高的贴现率，那么，重新造林都不可能是有效的。我们注意到，当 $r=0.04$ 时，如果假设成本为1 000美元，那么，净收益的现值一律为负值。在这种情况下，如果收获一片自然更新的森林，合理收获期大约在40年，但是，重新造林的成本会超过收益。

较高的贴现率意味着采伐期较短，因为随着林分接近成熟，树木的生长会下降，贴现率的选择对此显得没有多大余地。采用正的贴现率意味着在木材采伐前的价值增量和树木采伐销售后价值的增量之间进行直接的比较。在没有贴现的情况下，资本的机会成本为零，因此只要树木还在生长，这个机会成本就算是在树木生长上的投资。然而，只要贴现率为正值，一旦树木生长率下降得足够大，树木就将被采伐，这样在经济投资上的获利更大。

收获成本和造林成本都不会影响采伐期，产生这一事实的原因在于我们在模型中所使用的成本类型。由于它们都是即时支付的，造林成本的现值等于造林的实际支出，且它不会随着林分何时收获而变化。从本质上说，任何林龄木材的价值都必须扣除的造林成本是一个常数。使得木材价值最大化的林龄也必定会使得木材的现值与造林成本的现值（常数）之差最大化。

表12—2　经济收获决策:花旗松

蓄积(年)	10	20	30	40	50	60	68	70	80	90	100	110	120	130	135
蓄积量(立方英尺)	694	1 912	3 558	5 536	7 750	10 104	12 023	12 502	14 848	17 046	19 000	20 614	21 792	22 438	22 514
无贴现($r=0.0$)															
木材价值(美元)	694	1 912	3 558	5 536	7 750	10 104	12 023	12 502	14 848	17 046	19 000	20 614	21 792	22 438	22 514
成本(美元)	1 208	1 574	2 067	2 661	3 325	4 031	4 607	4 751	5 454	6 114	6 700	7 184	7 538	7 731	7 754
净收益(美元)	−514	338	1 491	2 875	4 425	6 073	7 416	7 751	9 394	10 932	12 300	13 430	14 254	14 707	**14 760**
贴现($r=0.01$)															
木材价值(美元)	628	1 567	2 640	3 718	4 712	5 562	6 112	6 230	6 698	6 961	7 025	6 899	6 603	6 155	5 876
成本(美元)	1 188	1 470	1 792	2 115	2 414	2 669	2 833	2 869	3 009	3 088	3 107	3 070	2 981	2 846	2 763
净收益(美元)	−560	97	848	1 603	2 299	2 893	3 278	3 361	3 689	3 873	**3 917**	3 830	3 622	3 308	3 113

续前表

贴现($r=0.02$)											
木材价值(美元)	567	1 288	1 964	2 507	2 879	3 080	3 128	3 126	3 046	2 868	2 623	2 334	2 024	1 710	1 449
成本(美元)	1 170	1 386	1 589	1 752	1 864	1 924	1 938	1 938	1 914	1 860	1 787	1 700	1 607	1 513	1 435
净收益(美元)	−603	−98	375	755	1 015	1 156	1 190	1 188	1 132	1 008	836	634	417	197	14
贴现($r=0.04$)											
木材价值(美元)	469	873	1 097	1 153	1 091	960	835	803	644	500	376	276	197	137	113
成本(美元)	1 141	1 262	1 329	1 346	1 327	1 288	1 251	1 241	1 193	1 150	1 113	1 083	1 059	1 041	1 034
净收益(美元)	−672	−389	−232	−193	−237	−328	−415	−438	−549	−650	−737	−807	−862	−904	−921

说明：木材蓄积取自表12-1；
　　　木材价值＝价格×蓄积/$(1+r)^t$；
　　　成本＝1 000美元＋(0.30美元×蓄积)/$(1+r)^t$；
　　　净收益＝木材价值−成本；
　　　价格＝1.00美元。

然而，这并不意味着造林成本与采伐决策无关。如果造林成本过高，就会超过木材的最大价值。在这种情形下，对于任何林龄的采伐，它的净收益都会是一个负值，因而从商业的角度看，造这样的树木都是无效率的。

收获成本则是另外一回事，它在两个方面不同于造林成本。收获成本不仅只在收获的时候才会产生，而且总收获成本与收获的木材数量呈一定的比例关系（每立方英尺 0.30 美元）。总收获成本的现值会随着收获期长短的变化而变化，因为收获时间决定了成本贴现的数量，而且成本也会随着收获木材的体积的增加而提高。

只要认识到任何林龄时每收获一个立方英尺木材的净收益都等于木材的价格减去收获这个单位立方英尺木材的边际成本并加以适当的贴现，我们就能够很容易地看出这类成本对收获决策的影响。按照假设，一个立方英尺木材的价格和边际成本并不会随着林龄的增长而变化，它们都是一个常数。在上述例子中，这个恒定的净价值在贴现前为 0.70 美元（1.00 美元的价格减去 0.30 美元的边际收获成本）。如果收获的边际成本为零，那么，这个净价值就应该为 1.00 美元。不管收获的边际成本是多少，这个净价值在贴现之前都是一个常数乘以木材的蓄积，并除以 $(1+r)^t$。它的作用仅仅是提高或降低净收益曲线，不会改变净收益曲线的形状。因此，无论边际收获成本的价值是多少，只要边际收获成本低于木材的价格，那么，净收益就将在相同的林龄时达到最大。收获的边际成本上升就不会影响到合理的收获年龄。

在这个模型中，如果对每立方英尺木材加征 0.20 美元的税收又会产生什么效果呢？由于这种税会将收获的成本从每立方英尺 0.30 美元提高到 0.50 美元，那么，它所产生的影响与收获成本提高所产生的影响是一样的，而且可以使得合理的收获年龄不变。

从上述例子中我们得到的最后一个结论与收获后造林方式的决策相关。如果高贴现率结合高再造林成本，那么，以商业为目的的更新造林将得不到正的净收益。对于这种特殊情形，由于树木生长太慢，抵偿不了造林的费用；以利润最大化为目的的林农则更愿意采伐之后不进行更新造林。

基础模型的扩展

基础模型在几个方面有点不太现实。或许最重要的是，它将收获看做某个单一的事件，而不是某个无限的更新造林和收获组成的序列的一部分。尤其是在林业中，林分采伐后又成为林地，并再一次开始下一轮林分培育，这是一个永无终点的循环。

乍看起来，似乎这与上述情形并无两样。但是，归根到底，人们可以使用这个模型对每个循环周期的造林和收获的间隔时间作出具体说明。数学告诉我们（Bowles and Krutilla, 1985），这并不是思考问题的正确方式，我们只要稍加思索，就不难发现其中的道理。

只有当所有的循环周期都是彼此独立的，我们提出的单一收获模型才是合理的。但是，如果在不同轮伐期之间彼此相互依赖，那么，收获决策就必须反映这种相互依赖的关系。

相互依赖的关系确实存在。推迟收获的决策对一个无限循环的规划模型会产生一个额外的成本，但在单一收获模型中则不存在对应的成本，即推迟下一个造林和收获循环的开始时间所产生的成本。在单一收获模型中，最优收获时间为当额外一年的生长量的边际收益等于资本的边际机会成本时。如果让树木继续生长一年所获得的资本收益等于采伐树木所获得的回报，那么，该林分就会被采伐。在无限循环模型中，推迟下一个循环的机会成本将由树木生长所产生的收益得到补偿。

将这种新成本纳入计算，其效果非常显著。假设问题的其他方面（例如造林和收获的成本、贴现率、生长函数以及价格）都相同，那么，无限循环模型中的合理收获时间（在无限循环模型中又称为"最佳轮伐期"）将比单一收获模型短。这也直接符合这样一个事实，即由于后一个循环的起始时间推迟而产生的机会成本，会使得推迟收获的边际成本更高。对于一个有效率的林农而言，在他采伐一块林分之后，他就会尽快地更新造林，而不是让该林地闲置。

从这个更为复杂的模型中我们也可以得到一些与原来的模型非常不同的结论，这些结论是从观察世界的特殊视角中所得出的，而且真正捕捉到了问题的本质。例如，我们现在分析造林成本上升的影响。在单一收获模型中，造林成本对最佳的收获时间没有影响。但在无限循环模型中，造林成本对最佳轮伐期具有影响。具体来讲，造林成本较高，则会降低推迟下一轮循环的边际机会成本。如果这样做的话，与比较低的造林成本相比，它们就会使得推迟下一轮循环产生正的净收益。其结果是，最佳轮伐期（造林和收获之间的间隔期）会随着造林成本的增加而增加。当收获成本增加时，我们也可以得到相似的结果。最佳轮伐期应该延长。

由于无限循环模型中成本的增加延长了最佳轮伐期，对收获的木材征收单位税也应该延长最佳轮伐期。另外，延长轮伐期意味着被采伐的树木树龄更大，因此，每一次收获的木材蓄积会更多一点。

按照这些模型，管理完善的森林应该包括一系列的林分，且每一块林分的林龄都不同。只要林分的数量足够多，那么每个林龄的林分都可以拥有，而且达到收获年龄的林分也存在。如果某一块特定的林分达到了最佳轮伐期，那么，这块林分就可被采伐并重新造林。下一年，只要另一块林分也达到了经济成熟林龄，那么这块林分也可以被采伐。按照这种方式，每年都可以进行采伐，并且对森林的可持续性不构成威胁。

基础模型的另外一个限制在于它假设木材的价格会随着时间的推移而保持恒定。事实上，木材的相对价格随着时间的推移是上升的。如果木材价格随时间的推移按固定的速率上升，那么，最佳轮伐期就会延长。实际上，按固定速率上升的价格可以抵消贴现的作用。由于我们已经知道较低的贴现率意味着轮伐期更长，因此我们可以立即得出，正在上升的价格也会导致有效轮伐期更长。

到目前为止，我们已描述的各种模型的最后一个问题就是它们都只关心木材作为一种产品来销售。实际上，森林还具有其他几方面的作用，例如为野生动植物提供生境、提供休闲的机会以及稳定流域水系等。对于这些方面的作用，立木具有额外的效益，如果林分被采伐，那么这些效益将荡然无存。

我们也可以将这些效益纳入我们的模型中予以考虑，由此反映它们对有效轮伐期的影响。假设立木产生的娱乐效益与林龄呈正相关。在这种情形下，最佳轮伐期又会在推迟轮伐的边际收益等于边际成本时出现。在所分析的情形下，推迟轮伐的边际收益应该比我们前面分析的模型更高，因为存在娱乐效益。鉴于这个原因，考虑娱乐效益会使得最佳轮伐期延长。如果娱乐效益足够大，那么采伐就有可能被永远推迟，这片森林就成为野生动植物保护区了。

12.3 土地用途的变更

我们在上一节中论述了高贴现率是如何提高收获量（通过缩短轮伐期）以及如何阻碍重新造林的。本节中我们将论述有林地转做其他用途时产生的森林采伐。我们尤其要分析土地用途变更的经济学，以便我们不仅理解其变更的原因，而且理解变更速率过高的原因。

一般而言，与其他资源一样，土地也应该配置到其价值最高的用途中。当土地在互为竞争的用途之间，其相对价值发生变化时，土地就会从一种用途变更为另一种用途。

我们假设存在两种假想的土地利用方式：农业用地和林业用地，如图12—2所示。横轴表示市场的位置，由左向右表示土地与市场的距离由近及远。

纵轴表示每英亩土地的价值。两个函数分别表示与市场的距离和每种土地利用方式所产生的净收益之间的关系。距离越远，运输成本会使得每英亩所产生的收益降低得越多，所以两个函数都是向下倾斜的。对于该图中的某一个特定的距离而言，在距离市场比较近的地方，农业用

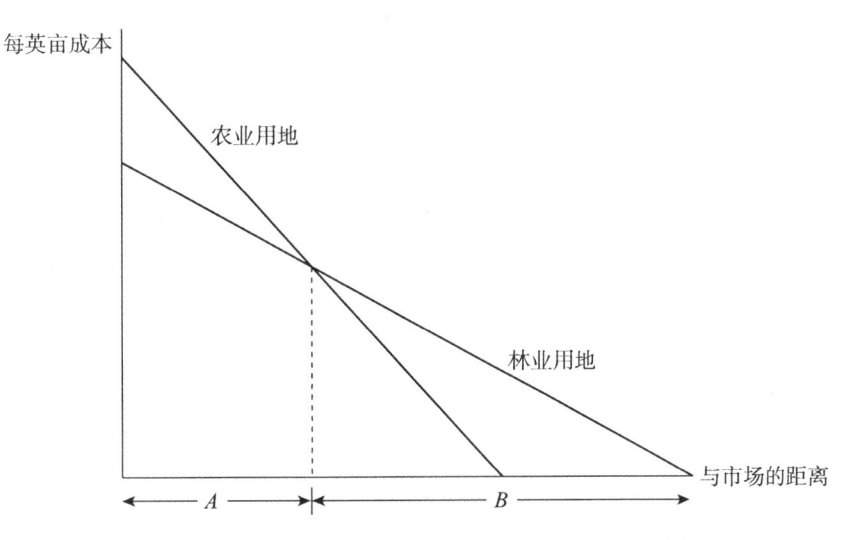

图 12—2 不同的具有竞争性的用途之间的土地配置

地单位面积的价值比较高；而在与市场距离比较远的地方，林业用地单位面积的价值则比较高。

市场将土地配置到价值最高利用方式的过程，应该将接近市场的农业用地（如图 12—2 中 A 所示）配置给农业用地，而将距离较远的森林依然保持为林业用地不变（从 A 到 A+B）。这种配置方式会使得土地所产生的净收益达到最大化。

收益函数的移动会引发土地利用方式的变更。农业用地的净收益函数上移，或者林业用地的净收益函数下移，或者二者同时移动，都会促使林业用地转做农业用地使用。

导致农业净收益增加的因素有：
- 国内人口增长，从而增加国内粮食需求；
- 农产品出口市场开放，提高国外对当地农产品的需求；
- 出口农产品类型从口粮作物（subsistence crop）向商品作物（cash crop，例如咖啡或可可）的转变；
- 引入新品种，提高单位面积产量；
- 新技术使得农业生产成本下降，获利性提高；
- 由于各种原因，例如建设了新的通向林区的道路，从而降低了农产品的运输成本。

导致林业用地净收益下降的因素有：
- 国内或国外市场对林产品的需求下降；
- 有关政策提高了森林采伐或重新造林的成本；
- 森林病虫害降低了森林木材的产量；
- 贴现率下降，降低了净收益的现值。

当然，图 12—2 没有考虑到的因素可能也会引发土地利用方式的变更。最明显的例子就是其他土地利用方式（例如房地产和工业开发）会导致土地利用价值的变化。如果这些土地利用方式所产生的净收益超过了林业用地，土地利用方式就有可能发生变更。

12.4 产生无效率的原因

在前面两节中我们论述了收获和土地利用方式变更的性质。本节将论述这些决策中产生无效率的原因。这些无效率对偏离利润最大化决策从而使得森林采伐速率过高具有重要影响。

对土地所有者的不当激励

当决策者面对的激励模式不当时，利润最大化原则不会产生有效率的结果。在林业中，激励不当产生极其无效率与不可持续结果的情形比比皆是。

森林私有化在全世界都是一股重要的力量，但是，在某些国家（例如美国），它们则是主导力量。林地利用的私人决策会受到各类外部成本的困扰。外部因素（例如空气污染）对森林的收获量会产生负面影响。如果在林地上的大量投资可以完全通过土地所有者控制范围以外的因素来还清，那么投资的激励因素将遭到破坏。

但是，可持续地供应木材并不是林业的唯一社会目的。如果收获木材的行为对森林的其他有价值的方面（例如水源保护、避免水土流失以及生物多样性保护等）产生了成本，那么，这些成本在决策中可以不被（通常以后也不会）予以充分考虑。

林分作为野生动植物生境或作为局部生态系统的一个组成部分，其价值也是一种外部成本，这个事实可以导致无效率决策，从而威胁到生物多样性。没有全面认识林分的社会价值，不仅为过量地采伐现有森林提供了激励，而且，即使保护森林是一个首要的选择，也为采伐木材提供了某种激励。例如，环境学家和伐木工人在美国太平洋西北部所爆发的有关生境破坏的争论，环境学家关心对北部花斑猫头鹰生境的保护，而伐木工人所关心的则与环境学家不同。伐木工人将北部花斑猫头鹰的损失看做一种外部成本，而环境学家则将因保护生境而产生的木材收获损失看做一种外部成本。

政府政策也会对土地所有者产生某些不当激励。例如，历史上亚马逊流域森林曾被过度采伐，部分原因就在于巴西政府的推动（Binswager，1991；Mahar，1989）。当时，巴西政府曾降低农业税（主要是对牧业），这种有差别地对待农业收入的政策过于偏重了农业，使得农民砍伐森林，将林地改做农业变得有利可图。如果不采取这种有差异性的税收政策，这些区域的农业一直是很难获利的。这种税收体制使得土地利用方式从林业用地向牧业用地的转变速率过快，并进而对社会生产活动给予了补贴，这种社会生产活动在不实行差异性税收政策时，在经济上通常一直是不可行的。实质上，是巴西的纳税人对森林采伐给予了补贴。

巴西的土地产权体系在采伐森林的早期历史中也扮演着重要的角色。自1850年以来，通过霸占的方式获得土地一直是众所周知的事情。一个霸占者获得一种用益权（继续使用土地的权利）的方式有：（1）在一块所有者不明的公共土地上生活；（2）在所需的时间周期内"有效地"利用这块土地。如果5年内都满足这两个条件，那么，霸占者就可以要求获得这块土地的所有权，甚至包括转让这块土地的权利。某个要求获得土地所有权的人，为了获得一定数量的土地所有权，其采伐的森林面积高达3倍；因此，霸占者滥伐的森林越多，他所获得的土地数量也越多。实际上，没有土地的农民只有通过滥伐森林才能获得土地。

后来，政府政策不再鼓励滥伐森林获得土地所有权，补贴牧业的做法也被放弃。在最初的政府定居项目中一般都已经建立了完善的产权制度，然而，在能够定居的亚马逊流域的其他许多地区，情况却并非如此。另外，业已通过了一系列法律，这些法律规定烧荒面积超过50%就是违法行为，但是滥伐森林依然在继续，这表明过多地皆伐森林还存在其他一些原因。

政府的定居计划肯定起到了一定的作用。这些定居计划除了自由分配土地之外，还促进了道路的建设，这些道路通向了亚马逊中部盆地（Central Amazonia），而且建设了港口、航道、铁路甚至发电厂。所有这些政府政策从根本上改变了与保护森林具有竞争关系的土地利用方式的价值，其结果就是滥伐森林。

作为定居计划的一个结果，许多移民都从事着农业。卡维利亚-哈里斯（Caviglia-Harris，2004）在研究了农民作出的决策之后发现，正如土地利用方式变更模型所表明的，农民滥伐森林的程度既受市场条件的影响，也受政府政策的影响。市场作用不仅促使农民加大滥伐森林的规模，而且也促使他们选择特定形式的种植方式。例如，作者的经验结论表明，牧业主会明显地提高他们滥伐森林的比例。因此，随着牧业及其相关产品（牛奶和牛肉）的市场越来越完善，滥伐森林的程度也会加大。

由于自然条件会影响农业的获利水平，因此，也会影响到土地利用方式的变更。例如，肖米茨和托马斯（Chomitz and Thomas，2003）发现，亚马逊流域的土地用于农业或牧业的获利性，在其他条件不变的情况下会随着降雨量的增加而明显下降。这一点非常重要，因为它表明，由于湿度的加大，亚马逊西部流域不太适合发展农业，因此也不容易产生滥伐森林从而将林地转变为农地的现象。

在远东以及美国，不当激励的表现形式有所不同。在这两个区域，伐木业是滥伐森林的主要原因。伐木工人的作为为什么不是有效的呢？如上所述，其中的一个原因就在于，林分的许多价值对于伐木工人而言都是外部的，因此在他们的决策中起不了太大的作用。

在各种特许协议中，我们也能发现产生无效率的另外一种原因，这些特许协议明确了一些条款，它们规定公共森林可以采伐。对于伐木工人而言，现有林分相比新造林分具有很大的优势：老林分可以立即采伐，立即获利。由于大树的商业价值更大，因此，现有林分具有相当大的经济租金（在工业中又称为"立木蓄积价格"）。

原则上讲，政府可以采用许多政策工具从特许权获得者那里留住这种经济租金，但是，政府发放了许多采伐木材的特许权，以至于无论在哪里也无法获得这些经济租金。[3]其结果是，采伐森林的成本被人为地降低了，因此伐木工人会更多地采伐森林，并且能够支付采伐的成本。政府没有获得这些经济租金也意味着与这些森林联系在一起的财富流向了少数几个现在已经很富裕的人和企业，而没有流向政府用于扶贫或其他造福社会的事情。

特许协议租金的丧失并不是唯一的问题。特许协议中的其他一些合同条款也发挥了一定的作用。由于采伐森林特许权只是按照有限的条款授予的，因此，特许权获得者并没有重新造林的积极性，采伐过程中也不考虑林分更新，甚至连幼树也一并采伐。对于采伐者而言，森林未来的价值并不是他们要考虑的事情。采伐作业由于下述几种情况会对周边的林分产生破坏作用：（1）林道建设；（2）伐倒木破坏附近树种；（3）遮蔽层的消失。尽管许多国家可能都实施可持续林业，但是，这些有限条款的特许权协议使得实施可持续林业成为不可能。[4]

因无效率的林业生产方式而导致损失的人中就有当地土生土长的人，他们长时间以来一直生活在这里，靠这里的森林为生。随着伐木工人和圈地的老板们进入到越来越偏远的森林进行采伐，当地人由于缺乏阻挡这种潮流的能力，因而被迫迁居到与他们传统的土地越来越远的地方谋生。

对国家的不恰当激励

滥伐森林的另一个原因就是跨越国界的外部成本，这使得我们寄希望于通过国家政策来解决问题成为不现实。因此，有必要采取某种国际行动。

生物多样性

由于物种灭绝，生活在我们这个地球上的生命形式的多样性正在以前所未有的速率递减。而且，物种灭绝是一种不可逆转的过程。滥伐森林（尤其是对热带雨林的破坏）是物种灭绝的一个主要原因，因为它破坏了生物学上最具活力的生境。具体来讲，正如诺曼·迈尔斯（Norman Myers, 1984）所刻画的，亚马逊一直是"热带生物群落唯一最为丰富的区域"。鸟类、鱼类、植物以及昆虫等该区域独有的生物物种数量是世界其他任何地方无法比拟的。

一个极富悲剧色彩的讽刺就是，这些物种灭绝之时，也正是有史以来我们最能够充分利用代表着生物多样性的基因库的时候。现在先进的技术使得我们能够将所需要的基因从一个物种植入另一个物种，从而创造出具有新特征的新物种，例如这些新物种具有更强的病虫害抗性。但是，基因库必须是具有多样性的，这样才能有利于作为基因移植体的一个来源。热带森林已经对提供遗传物质以提高商品作物（例如咖啡和可可）的抗病性作出了贡献，并且已经成为某些全新作物的主要基因来源。所有处方药中大约有1/4的药物成分一直是取自热带植物中发现的物质。然而，滥伐森林对生境造成的有害影响对进一步发现新药用植物会造成很大的威胁。

气候变化

滥伐森林对气候变化也会产生影响。由于树木可以吸收二氧化碳（一种主要的温室气体），滥伐森林消除了可以抑制二氧化碳排放量上升的一个潜在的重要途径。另外，炼山是与整地相关的常见农业生产活动，但是，它会释放出固定在树木中的碳，从而增加空气中的二氧化碳。

既然任何人都认为未采伐的森林是如此之重要，为什么滥伐森林还如此迅速呢？外部性的概念为解开这个悖论提供了一把钥匙。不论气候变化还是生物多样性，其效益对于森林拥有国而言都是外部性的，但是，保护森林的成本则主要是内部性的。滥伐森林会造成生物多样性的损失，对于工业化国家而言感受最深，但对控制森林的国家而言却未必如此。当前，具有多样性的基因库技术在工业化国家得到了最为广泛的应用。同样，由气候变化而造成的大部分破坏也主要是国界以外的地方感受更深。不过，采伐森林或者森林皆伐后可从林地上收获其他作物，因此，停止滥伐森林意味着放弃工作和收入。因此，工业化国家反对破坏生物多样性最为积极，热带森林所在国却并非如此，这一点都不奇怪了。由于具有这种全球性的外部性，因此，我们不仅对市场失灵具有某种清晰的认识，

第12章 可储存、可更新资源：森林

而且也明确理解了，我们不能期望相关政府会主动解决这个问题。

12.5 贫穷与债务

贫穷和债务也是对森林造成威胁的主要原因。农民会将没有归属的林地看做自己成为地主的一种机会。农民数量较多的国家会将无主的或公共所有的森林看做政治上更为可行的来源，为无地农民提供土地，这比强行从富人手里收回土地的做法较优。农民如果没有土地，他们就会自发地流入城市寻找工作，其数量比在城市劳动力市场寻找工作机会的农民更多。农民就业遭受的挫折和无望造成政治上的紧张气氛，迫使政府开放有林地给农民，或是至少接受农民立桩为界，画地为牢。

非洲东部和南部，已经形成一种恶性循环，即贫穷和滥伐森林相互恶化。很早以前，大部分天然林被采伐，以获取木材和燃料，并且开荒务农。随着森林的消失，农村的穷人要花更多的时间取用燃料。如果燃料没有了，他们就燃烧动物粪便，此举又断绝了土壤肥料的来源。树木的减少会加剧水土流失，土壤肥力的过度消耗会使得土壤养分减少，无力找到（即使找到也支付不起）用于煮饭和煮沸不清洁的水的燃料或动物粪便。营养不良会导致人的精力渐渐委靡，增加疾病的感染，甚至降低人的生产率。生存的策略是，不得不牺牲长远目标，从而躲避饥荒或死亡。这一切，滥伐森林是罪魁祸首。

国家层面的贫穷表现在，与它获取外汇的能力相比，其债务较高，令人惊愕。当真实利率维持在很高的时期，维持这些债务尚不需要全部的外汇。利用这些外汇来维持这些债务，势必会削弱利用外汇维持进口以保持可持续的扶贫活动的可能性。

许多发展中国家举借的大量外债也迫使这些国家过度开发它们的资源，以维持其必要的外汇。木材出口就是一例。正如世界资源研究所前主任格斯·斯佩思（Gus Speth, 1989）曾指出的："由于历史和地理的原因，第三世界国家有一半的外债以及全球有超过 2/3 的滥伐森林都发生在 14 个相同的发展中国家。"

12.6 可持续林业

我们已经分析了土地所有者作出的两类会影响滥伐森林速率的决策，

即收获决策和土地利用方式变更决策。收获决策涉及采伐多少木材、采伐木材的频度以及采伐后是否重新造林；土地利用方式变更决策则关心是否以及何时改变一片森林的土地利用方式，并将其用于其他不同的土地利用方式。

在这两种情况下，按利润最大化原则进行决策都不是最有效的决策方式，由此而产生的无效率往往会产生某种偏差，导致更多的森林遭到滥伐。这些情形既是挑战，也是机会。当前滥伐森林的水平是一种挑战，但如果矫正了这些无效率，由此而产生的机会则能促进效率和可持续性。

效率的重建能够保证产生可持续性的结果吗？答案取决于可持续林业的具体含义。如果补偿的可能性与"不导致代际间的福利下降"的定义保持一致，那么，只要将采伐树木所获得的经济收益重新用于投资并且与后代分享，那么，效率就与可持续性一致。在这种情形下，即使因提高效率而导致某种程度的森林采伐，子孙后代也不会遭受损失。

现在我们假设，可持续林业只有当森林得到有效保护且可以永续利用时才可实现可持续林业。按照这个定义，只要收获量限制在森林的生长量以下，林木蓄积量未受到某个特定时期影响，可持续林业就应该得以实现。

效率并不一定与可持续林业的这个定义保持一致。现值最大化隐含着这样的含义，即将推迟收获木材而增加的价值（主要是因为材积的生长）与收获木材并将其所得用于投资所增加的价值（主要是用于储蓄获取收益的利率 r 的一个函数）进行比较。对于生长速度很慢的树种而言，材积生长率很小；现值最大化与材积的关系比与森林净生长量的关系更为密切。

为了实现经济上也是可持续的可持续林业生产方式，我们就必须重视速生树种和人工林。速生树种会提高重新造林的吸引力，因为投资期很短，造林和收获的成本都很低。人工林造林的目的有很多，既可以是薪炭林，也可以是纸浆林，在工业化国家和发展中国家都一样。

不过，人工林颇具争议。典型的人工林不仅树种单一，而且会导致野生动植物的生境不良，还必须投入大量的肥料和杀虫剂。

世界上有些地方，尽管过去几十年森林过度砍伐，但森林生态系统通过自然恢复，依然使得可持续性最终得以实现。例如，20 世纪 40 年代的美国，有一段时间全国有林地的净生长量超过了木材采伐量。但是，后续的森林调查却证实，尽管木材的需求量很大，而且日益增长，但木材的净生长量还是超过了采伐量。在美国，至少从第二次世界大战以来，尽管个别地区个别树种的采伐不是可持续性的，但全国森林生物量总蓄积量一直有增无减。

12.7 公共政策

森林国有化能够给出一种解决办法吗？由于政府可以处置的资源量很大，而且有能力通过征用程序获取土地，因此，政府可以非常容易地达到有效的采伐规模。另外，由于政府没有使利润达到最大化的义务，因此，政府很容易考虑到对野生动植物或观光等所产生的外部效应。遗憾的是，如果美国的经验是一个典型，那么通过所有权国有化来解决这些问题的潜力与其说是实际的，不如说是一种幻觉。

美国早在建国初始还没有制定宪法之前，土地所有权国有化就已开始。第一片国有土地主要是林地，是由联邦国会（Confederation of Congress）于1782年10月29日捐献的。尽管这些土地由政府所有，但直到一个世纪以后，才由政府对其进行管理。森林则被看做公共财产。

到19世纪下半叶，许多人开始谴责对森林肆无忌惮的破坏，并且要求更加文明地利用资源。为了对这种呼吁作出反应，所设计的第一项法律就是《1891年森林储备法》（Forest Reserve Act of 1891），这项法律建立了第一个保护森林的固定体系。但是该法并不包括私人在森林保护区采伐森林的条款。直到1897年，随着一项通用管理法案的通过，国会才开始提供基金，并建立了一套程序管理这一体系。这项法律授权私人在其他一些限制性条件下可以在森林保护区内采伐木材。

1905年，对这些保护区的管理转移到了美国农业部林务局（Forest Service）。当时的林务局局长吉福德·平肖（Gifford Pinchot）对林务局的影响长达几十年。与他同时代的人例如约翰·缪尔（John Muir）希望取消对这些土地的利用，平肖则满怀信心地追求这样一种理念，即这些土地应该得到利用。他的目标首先关注木材生产，在此基础上，促进国家森林达到可持续性收获水平。对野生动植物以及观光的关心则是后来的事情了。

由于希望维持可持续的收获水平，林务局根据生物学原理提出的大量的林业生产程序得到了接受。其中包括我们前面曾提及的最大平均年增量法，以及国家森林可允许采伐量要求。这样一来，私人森林所有者面临的潜在不稳定性降低了，而公共用地所生产的木材充斥市场则可能会导致这种不稳定性的存在。

尽管林务局开始时在某种程度上遵循了多用途利用的理念，但第二次世界大战以后，森林在非木材用途方面的公共利益上升很快，以至于林务局为达到某种平衡的相当特别的做法似乎不再有效。

《多用途持续高产法》（Multiple-Use Sustained Yield Act）融合了多

用途的理念，但是对如何实施这些理念并没有给出太多的指导。部分原因在于林务局一直努力利用这项法律来维护它的多用途理念，以免遭受为个体利益而寻求国会或司法支持的人的攻击。然而，随后的法律迫使林务局在如何设法定义和实施多用途理念方面更加系统化。

《荒原法》（Wilderness Act）规定，某些特殊的林地应按其原始的状态保护起来。在保护区内不允许建设道路，采伐木材是被禁止的。尽管最初设置这些传统意义上不能采伐的保护区是有一定限制的，但是，实际上，该法案引发的保护区土地面积比法案在国会通过时讨论这项法案的人所预想的要多。

尽管自1782年以来，美国对公共森林的管理已经发生了很多变化，但是，至今仍然没有达到产生有效结果的状态。纳税人对公共森林的采伐进行了补贴。[5] 森林的野生动植物以及观光效益并没有得到足够的保护。[6] 影响这一程序的政治压力太大。其他政策途径则为更迅速地过渡到有效率的状态提供了希望。

改变激励

一种途径是，恢复有效的激励。特许权获得者应该支付公有林地采伐权的所有成本，且对周边树木造成的破坏要进行补偿。土地转让给圈地者的数量不应该是皆伐林地面积的若干倍数，而且应当尊重当地人的权利。

另一条途径是，调动消费者的积极性发展可持续林业，尤其要建立可持续林业标准，雇用独立的认证方，确认遵守这些标准，并且要求经过认证的产品供应商在其产品上贴上标签予以标明（参见例12.1"通过认证建设可持续林业"）。

例 12.1 ☞　　　　　　　　　　**通过认证建设可持续林业**

森林管理委员会（Forest Stewardship Council，FSC）是一个国际性的非营利性组织，总部设在墨西哥的瓦哈卡。森林管理委员会得到了环境组织的认可，主要是世界自然基金会（World Wide Fund for Nature，WWF）的认可。森林管理委员会的主要目的在于促进"世界森林的环境友好、社会有益以及经济上可行的管理"。它通过对管理良好的森林作出独立的第三方认证的方式来实现这一目标。

森林管理委员会已经提出了各种评价标准，用以评价林业生产方式的表现。这些标准突出强调了环境的、社会的和经济的问题。森林评价要求有一个由多学科组成的专家组进行的一次或多次的野外实地考察，专家组所涵盖的专业主要包括林学、生态学/野生动植物管理/生物学专业以及社会学/人类学。另外，该委员会还要求，森林评价报告要经过独立的审查。该委员会所做的任何评价都需要通过一个正式的投诉程序。该委员会认证的产品都应以标签表明其所采用的材料。

尽管森林管理委员会得到了大量的产业联盟代表、社会正义组织以及环境组织的支持，但是它也遭到了一些主流的产业组织的反对，尤其是在北美，在欧洲也遭到了一些土地所有者的反对。一个尚未解决的问题就是，如何对中小型的土地所有者进行认证，因为常规的认证非常昂贵。

资料来源：The Forest Stewardship web site：http：//www.fsc.org/fsc（Accessed 11/18/04）.

这套体系要正常运转需要满足几个前提条件。消费者必须信任认证过程，且认证必须说明消费者关心的问题。另外，消费者必须充分地关心可持续林业，并为此而支付某个价格贴水（即与未认证产品相比，高出其价格的部分），这种贴水要足够高，以使得认证成为林业公司的一个具有吸引力的选项。这意味着，收入必须足够多，至少要包含认证的木材生产引起的更高成本。一般来讲，我们并不能保证这些条件都能够得到满足。

对于个别国家而言，这些激励方式的改变，大部分都能够被实施，从而保护它们自己的森林。而且，这样做应该符合它们自己的利益。按照定义，无效率的生产方式所产生的成本大于得到的收益。采取一套更为有效的政策必定会产生更多的净收益，且支持这些改变的政治团体也能够分享这些收益。但是，全球性的无效率的情形又如何呢？如何解决全球性的无效率问题呢？

应对这些问题的经济策略有几种，它们具有共同的特点，即都必须对产生外部收益的国家给予补偿，以鼓励它们的保护行动，使其与全球性的效率保持一致。

债务—自然互换

一个策略就是，减少许多发展中国家因欠国际债务而对森林造成的破坏。私人银行拥有大部分这种债务，而且它们尤其没有保护生物多样性的积极性。尽管如此，我们仍然有可能找到一些共同点，以谈判解决这些债务。银行认识到，发展中国家完全偿还贷款或许是不可能的，不能全部取消这些贷款，否则既可能会对收入损益造成伤害，也可能会对偿还未来的贷款产生负面激励，因此有必要考虑其他替代性的策略。

在国际性协商时寻找共同点的许多策略中，一项富有创意的策略就是著名的债务—自然互换（debt-nature swap）。它在两层意思上富有创意：(1) 政策手段的唯一性；(2) 非政府组织（nongovernmental organizations，NGOs）直接介入政策的实施过程。债务—自然互换是指一个非政府环境组织（按次级债务市场的贴现价值）购买某个发展中国家的债务。新的债权人（即非政府组织）以借债国的某项与环境有关的行动作为回报，取消借债国的债务。

第一个债务—自然互换的项目源于 1987 年的玻利维亚。从那时以后，许多发展中国家已经就债务—自然互换项目进行协商或讨论，这些国家包括厄瓜多尔、菲律宾、赞比亚、牙买加、马达加斯加、危地马拉、委内瑞拉、阿根廷、洪都拉斯和巴西。

我们对马达加斯加的情况做一简单分析，以说明债务—自然互换是如何进行的。马达加斯加绝大多数的哺乳动物、爬行动物和植物在世界上都是独有的，它们是生物多样性的最主要来源。马达加斯加也是世界上最为贫穷的国家之一，它向国外举借了大量的外债。由于国内财政资源有限，马达加斯加无法阻止它正在经受的环境退化。1989—1996 年，保护国际（Conservation International）、密苏里植物园（Missouri Botanical Garden）以及世界自然基金会在马达加斯加通过了 9 个商业性的债务—自然互换项目。马达加斯加政府和参与保护的组织之间签署协议以确定资助的项目。其中有一个项目，规定对 320 个自然保护代理机构进行培训，这些代理机构主要负责当地森林的管理。

从此以后，一系列的协商在不同的政府与环境组织之间按此模式展开。这些协商对借债国的主要优点就是，大量的外债可以利用国内货币予以支付。债务—自然互换计划为将产生不可持续经济活动（债务危机）的主要压力转变为资源保护的动力提供了现实的可能性。

持续利用性保护区

既保护林区本地人又避免滥伐森林的一项策略就是，建立持续利用性保护区。在被保护的区域内，当地人可以从事一些传统的捕猎、采集活动。

在巴西的阿克里地区已经建立了持续利用性的保护区。当地人的主要活动就是，成千上万的男人从森林中的橡胶树上割胶，这一生产习俗延续了 100 多年。奇科·门德斯（Chico Mendes）是割胶者的一个领袖人物，后来他遭到了暗杀，在他的领导下，截至 1988 年 6 月，巴西政府已经建立了 4 个持续利用性保护区，用以保护割胶者的利益不受损害。

保护土地使用权和土地信用

保护使用权制度是保护土地的途径之一，也是全世界采用越来越多的一种途径。保护使用权就是土地所有者与土地信托单位或政府机构之间签订的一项法律协议，为了保护土地的价值，这项协议会对土地的利用进行限制（土地信托单位是指专门建立的一种组织，它拥有土地，并确保土地的使用符合使用权协议）。

保护使用权既可以出售，也可以捐赠。如果一项捐赠可以永久地保护一些重要的资源，并满足其他联邦税法的要求，并有利于大众，那么，它就具备免税的资格。免税的数量等于具有使用权的土地价值和不具有使用权的土地价值之差。

从经济学观点看，保护使用权允许各种与土地所有权相关的权利可以分割为可转让的单位。分割权利以及让土地流转到价值最高的用户手里可以使得土地的价值得到提高，同时，还可以保护土地。

例如，假设有一位土地所有者希望继续从他的土地上收获木材，但是这些木材不用于建造房子。在没有保护使用权时，土地所有者可能要按照最高价值用途而不是当前用途缴纳财产税。根据所处的地点不同，土地的评估价（财产税的税基）刚好是以其转做房地产的地价来计算的，而不是按照其当前的使用方式来估算价值。然而，如果土地所有者履行一项与土地信托单位签署的协议，管理一项土地保护使用权，那么财产税将下降（因为评估价现在很低），而且他既可以获得客观的收入税优惠（在使用权作为慈善捐献时），也可以获得收入（在使用权被出售时）。与此同时，土地就可以被永久地保护起来，不能用于开发，而且，当前的土地所有者可以用土地来从事任何事情，除了使用权协议明确规定不能做的事情之外。

保护使用权还有许多可取之处。由于它们是自愿交易，因此没有任何人会被强迫放弃开发权；任何转让都必须取得双方同意。这种方式也使得土地信托单位可以以更为省钱的方式既保护土地，又避免土地开发，如果我们的唯一选择只是出卖土地本身而非土地开发权，那么保护土地的代价则会高很多。

不过，保护使用权也会产生一些问题。土地信托单位不得不监视土地，确保协议条文得到执行，如果协议条文没有得到执行，那么强行执行协议，其执法行为也会产生成本。这些执法行为并不便宜。另外，如果在很远的将来，土地开发成为首选的用途，那么，保护使用权的永久性质可能也会成为一个问题。

《世界遗产公约》

《世界遗产公约》（World Heritage Convention）1972年开始生效，主要任务就是确定并保护全世界著名的文化遗产和自然遗产，并保证通过国际合作，对世界遗产进行保护。现在已经有178个国家和地区签署了这项公约。

公约签署国有机会让其突出的具有世界价值的自然财产添加到世界

遗产目录（World Heritage list）中。采取这一步骤的动力就是获得世界对这一遗产的认同，并利用由此而产生的威望，提高遗产保护意识以及保护遗产的可能性。一个签署国既可以得到世界遗产委员会（World Heritage Committee）的财政支持，也可以得到该委员专家提供的咨询，不仅可以提供许多教育材料，而且可以支持自然遗产保护的推进活动。

东道国有责任对这些遗产进行保护和管理，但是，批准为世界遗产的一个关键好处（尤其是对发展中国家而言）就是可以利用世界遗产基金（World Heritage Fund）。该基金的资金来源为各签署国，签署国按1‰的贡献率对管理机构联合国教科文组织（UNESCO）出资。每年可以利用的资金大约为300万美元，主要资助低收入国家，对其技术援助和培训项目进行资助，同时也支持这些国家提名或开发保护项目。该基金还设立了紧急援助项目，用以资助对人为的或自然灾害造成的遗产破坏进行紧急维修。

特许使用

保护生物多样性的一个潜在资金来源就是充分利用制药业在寻找新药中产生的极高的利息，这些新药取自生物学上具有多样性的动植物种群。富有生物资源的国家应该有资格对任何用保护的基因开发出来的产品享有约定的特许权，建立这种原则既为保护资源提供了激励，也为完成资源的保护提供了资金来源。

生物资源富有国已经开始认识到生物资源的价值，并且开始从制药业获取一定的收入。这些收入部分用于更多地清查和了解这些资源，也用于保护这些资源。例如，1996年，伊利诺伊州Medichem Research制药公司开始与沙捞越政府合资。这家合资企业有权对两种混合物申请排他性的专利，有迹象表明，这两种混合物可以治疗癌症。现在，合作协议规定，一旦这种药物进入市场，那么特许权费双方将五五分成。沙捞越政府已经获得提供胶乳原材料的排他权，利用这些原材料可以提取这两种混合物。沙捞越的科学家也参加筛选和分离这两种混合物，而且沙捞越的医生们也参与临床试验。这项协议不仅为保护生物资源提供了坚实的基础，而且使得东道国能够建立起它自己在未来获取其生物多样性价值的能力（Laird and ten Kate，2002）。达成这些协议尤其重要，因为它们推动了跨国分摊生物资源保护的成本。在世界上富裕国家是主要受益者的情况下，期望资源保护国承担所有的保护成本是不切合实际的；假设制药需求很高，足以满足资源保护的要求，这也是不现实的（参见例12.2"制药需求能够为生物多样性提供足够的保护吗？"）。

例 12.2　　制药需求能够为生物多样性提供足够的保护吗？

理论是很清晰的，即如果某种植物对人类而言是有价值的，那么对这种植物进行保护的激励就越强。可是，实践也是同等地明确吗？

紫杉醇的情形就具有启发意义。紫杉醇是从生长速度很慢的太平洋紫杉中提取的一种物质，业已证明，这种物质对治疗晚期乳腺癌和子宫癌具有疗效。从1998年起，它就一直是销售得最好的抗癌药物。

由于这种树木主要生长在太平洋西北部的古老森林中，因此环境组织希望紫杉醇重要性的提高或许可以为古老的森林提供可持续的利用和保护。

事实并非如此。用于化学实验的紫杉醇是从树皮中提取出来的，然而将树皮剥掉后，树木就会死亡。而且，为了提供足够的树皮用于化学实验，对资源造成了巨大的破坏。

最终，一家销售紫杉醇产品的私人公司百时美施贵宝公司（Bristol-Squibb）开发出了一种半合成的替代品，这种替代品可以用进口的可更新树种来制取。

太平洋紫杉是20世纪发现的一种最重要的药物原料之一，但是，它并没有完全得到保护。提供树皮的产业也破产了。最终证明，其价值是暂时的，而且它可以维持太平洋西北部可持续生计的能力也是一种错觉。

资料来源：Jordan Goodman and Vivian Walsh. *The Story of Taxol: Nature and Politics in the Pursuit of an Anti-Cancer Drug*（New York: Cambridge University Press, 2001）.

债务—自然互换计划、持续利用性保护区、特许费以及保护使用权等方式都涉及对这样一种事实的认识，即解决全球性滥伐森林的外部性问题与解决滥伐森林在其他方面的问题，其解决途径存在很大的不同。一般而言，这种途径涉及资金从工业化国家向热带国家转移，建立这种转移，是为了在有关热带森林未来的决策中，考虑全球的利益。

由于认识到了生物多样性保护的国际援助的有效性的局限性很大，许多国家已经开始选择其他收入来源。旅游收入已经成为一种越来越重要的收入来源，尤其是在旅游与以保护为目的的资源有关的地方。许多国家不是将这些收入与其他公共基金混合使用，而是拨专款，专门用于保护资源（参见例12.3"生境保护的信用基金"）。

例 12.3　　生境保护的信用基金

在面临国际、国内资金有限的情况下，当地政府如何为生物多样性保护提供资金保证呢？世界自然基金会极力采用的一项选择就是信托基金。信托基金是指按法律要求限定其只能用于某种特定目的的基金（与政府的一般国库基金不同）。该基金由受托人负责管理，确保它的使用符合信托条款的要求。大多数信托基金（不是全部）都是保险基金，也就是说，受托人只能使用基金的利息和红利，不能使用本金。这样就保证了基金无限期的连续性。

基金的钱从何而来？许多建立了生物多样性保护区的国家都没有足够的资源来保护这些保护区。一种可能性就是，利用外国对保护自然的需求。在伯利兹，资金从所有外国观光者上缴的"保护费"中获得。最初于1996年1月伯利兹议会通过的保护费为3.75美元，于是，每年可以为信托基金筹集50万美元的资金。纳米比亚、巴布亚新几内亚也收取类似的管理费。

从信托基金获得的收入可以用于许多方面，其中包括培训护林员、开发生物资讯、支付主要人员的薪酬，以及执行环境教育项目，具体必须根据信托协议的条款来定。

依赖于一般国库的基金进行生物多样性保护，受财政压力的变化影响较大。在资金竞争非常激烈时，资金可能就会被取消，或是严重缩水。不过，信托基金的优点就在于它为生物多样性保护提供了可持续的资金保障。

资料来源：Barry Spergel. "Trust Funds for Conservation," *FEEM Newsletter* Vol. 1 (April 1996)：13 - 16.

12.8 小结

森林代表了可储存和可再生资源的一个例子。具体来讲，立木具有三个截然不同的生长阶段，即早期是材积慢速生长期，随后是中期的快速生长期，随着林分达到完全成熟时，生长速度又比较慢。对于森林所有者而言，如果他收获木材，即可通过木材的销售而获得收入；如果他推迟收获，那么即可获得木材的额外生长。生长量取决于林分所处的生长阶段。

从经济的观点看，收获一片林分的木材的有效时间即是净效益现值最大化的时候，也就是推迟一年收获木材所获得的边际收益等于这种推迟所产生的边际成本。如果推迟的时间超过了有效水平，那么，所产生的额外成本就会超过由于推迟收获而增加的收益；如果推迟收获的时间早于有效水平，那么，所放弃的收益（即木材增加的价值）将大于所节省的成本。对于许多树种而言，有效的收获林龄一般都在25年或更老。

有效收获林龄取决于森林所有者面临的情形。如果森林收获后采伐迹地留作休耕地，那么，有效收获林龄将比立即更新造林进入新的一轮生长循环要晚。如果采伐后立即更新造林，那么，推迟收获时间将会产生一种额外的成本，即因推迟下一轮收获而产生的成本，如果在分析中考虑这一因素，那么，这种成本将会使得更早地收获木材变得更为可取。

许多其他因素也会影响到有效轮伐期。一般而言，贴现率越高，收获木材的时间越早。对于无限循环更新模型而言，造林和收获成本的增加往往会拉长最佳轮伐期；而对于单一收获模型而言，它们对有效轮伐期的长度没有影响。如果木材的价格随着时间的推移按固定的比率上升，其有效轮伐期将比价格保持不变时更长。总之，如果林分还能够提供享乐服务功能（例如观光和野生动植物管理），并且这种享乐服务功能与立木的材积成一定的比例关系，那么，有效轮伐期就比不提供任何享乐服务功能的林分的有效轮伐期长。

在合适的情况下，利润最大化能够与有效森林管理保持一致。尤其是对于追求利润最大化的私人所有者而言，如果享乐服务功能很弱，而且投资可以提高森林的收获量，那么，他们就具有积极性采用有效轮伐期。

实际上，并不是所有的私人企业都会遵循有效森林管理方式，因为它们可能会选择利润非最大化目标，或是采取过小规模的生产方式，甚至外部性也会产生无效激励。许多森林所有者确实不是按利润最大化原则办事。即使他们确实是以利润最大化为原则，但小规模的林分通常也不能得到有效的经营，因为在学习科学造林并在实践中实施科学造林中，规模经济尤其重要。学习这种知识并将其付诸实践的成本有可能太大，以至于会抵消任何可能的收益。总而言之，如果森林的享乐价值很大，且森林所有者没有占有这种价值，那么，对于私人所有者而言，在确定轮伐期时可能就不会考虑这些价值，因而使得轮伐期无效率地缩短。

由于没有考虑林分的综合效益，因此无效率地滥伐森林得到了某种程度的鼓励。例如，特许权协议为更多更快地采伐林木提供了激励，但同时又没有为保护后代的利益提供足够的激励；土地的产权体系使得圈地者获得的土地数量是其皆伐林地面积的几倍；税收体制对林分采取了歧视性的对待政策。

只要认识到并纠正这种不合理的激励方式，我们就可以大幅度地提高效率以及森林的可持续性，这对于热带森林国家而言，是可以也应该做到的事情。但是，它们自身并没有采取这些行动，也未对热带森林的全球性利益给予足够的保护。为了将这些利益内部化，人们设计了五种解决方案，即债务—自然互换、持续利用性保护区、特许使用权、森林认证以及保护使用权，这些解决方案已经在实践中开始实施。

讨论题

1. 美国的国家森林是否应该"被私有化"（即卖给私人所有）？为什么？

2. 玛丽恩·克劳森（Marion Clawson）在他的《回顾联邦土地》（*The Federal Land Revisited*）的著作中提出了"撤回概念"（pullback concept）：

> 按照"撤回概念"，任何人或任何团体，按照适用的法律要求都可以申请一块广阔的联邦土地，用于任何他们所选择的用途；但是，任何其他人或团体在最初的申请提出和获得其他的租约，或是"撤回"一部分申请的土地面积之间只有很有限的时间……撤回土地的使用者则应该成为被撤回了的土地面积的申请者，他也必须满足最初申请时所适用的相同的条款……但是，土地的用途可以是申请者所选择的用途，而不一定是最初的那个申请者提出的用途。(p.216)

保护主义者借此概念作为一种手段，阻止在联邦土地上开采某种矿物或采伐木材，据此对撤回概念作出评价。

练习题

1. 假设有两块林地，一块采伐之后继续作为林业用地，另一块皆伐后转做房屋开发。按照效率的概念，哪块林地的采伐年龄应该更长？为什么？

2. 在表12—2中，$r=0.02$，在林龄为68年之前，成本的现值上升，而后开始下降。为什么？

进一步阅读的材料

Bowles, Michael D., and John V. Krutilla. "Multiple Use Management of Public Forestlands," in Allen V. Kneese and James L. Sweeney, eds. *Handbook of Natural Resource and Energy Economics* Vol. 11 (Amsterdam: North-Holland, 1985). 本文对多用途策略在美国林业政策中的应用进行了精彩的分析,其中使用了一些数学知识。

Deacon, R. T. "The Simple Analytics of Forest Economics," in R. T. Deacon and M. B. Johnson, eds. *Forestlands: Public and Private* (San Francisco: Pacific Institute for Public Policy Research, 1985). 本文对林业经济学进行了特别容易理解的论述。

Gregory, G. Robinson. *Resource Economics for Foresters* (New York: Wiley, 1987). 这是一本本科生适用的林业经济学教材,可以作为本章的补充材料。

Pagiola, Stefano, Joshua Bishop, and Natasha Landell-Mills. *Selling Forest Environmental Services: Market-Based Mechanisms for Conservation and Development* (London, UK: Earthscan, 2002). 以市场为基础的途径为推进森林保护以及作为农村社会的新收入来源提供了很大的帮助。本书在广泛研究和各种案例分析的基础之上,论述了支付系统的可行性以及有效性,并论述了它对穷人的意义。

Price, Colin. *The Theory and Application of Forest Economics* (Oxford: Basil Blackwell, 1989). 本书适用于"林业专业和自然资源管理专业的本科生和研究生"。

Repetto, Robert. *The Forest for the Trees? Government Policies and the Misuse of Forest Resources* (Washington, DC: World Resources Institute, 1988). 本书强力推荐了对几个国家的林业生产方式的研究结果。

VanKooten, G. C., R. A. Sedjo, et al. "Tropical Deforestation: Issue and Policies," in T. Tietenberg and H. Folmer, eds. *The International Yearbook of Environmental and Resource Economics 1999/2000* (Cheltenham UK: Edward Elgar, 1999): 198–249. 这是一篇调查文章,对我们熟知的热带滥伐森林现象进行了调查。

Wibe, Sören, and Tom Jones, eds. *Forests: Market and Intervention Failures* (London: Earthscan Publications Ltd., 1992). 该书对英国、瑞典、意大利、德国和西班牙的林业政策的案例进行了研究。

附录：森林的收获决策

假设有一片同龄林分要在某个林龄时收获，这时会使得收获木材的现值达到最大化。计算采伐林龄的方法是：(1) 将收获木材的现值定义为林龄的函数；(2) 对林龄取函数的最大值。

$$现值 = [P \cdot V(t) - C_b \cdot V(t)] \cdot e^{rt} - C_p \tag{1}$$

其中：

P：收获一个单位蓄积所得到的价格；
$V(t)$：在林龄为 t 时收获的木材蓄积；
C_b：收获木材的单位成本；
T：林龄；
C_p：造林的固定成本。

对林龄求函数的导数，并令其收获量为零：[7]

$$(P - C_b) \frac{\mathrm{d}V(t)}{\mathrm{d}t} = (P - C_b) \cdot V(t) \cdot r \tag{2}$$

整理后，有

$$\frac{\frac{\mathrm{d}V(t)}{\mathrm{d}t}}{V(t)} = r \tag{3}$$

具体说来，这个条件意味着，让林分继续多生长一年所获得的回报率应该等于市场的回报率。

注意，固定的造林成本对收获林龄没有影响。由于它严格按照造林的成本数量提高或降低现值，因此，它并不会改变函数达到最大值的位置。不过，如果它足够高，它可以使得函数的最大值成为一个负数。在这种情形下，不植树则应该使得现值达到最大，不过这意味着未来没有收获（造林必定使现值为负，因此，零现值总是大于负现值）。

同时还要注意，价格或收获成本都不会影响最佳的选择。从数学上看，这是因为它们在方程（2）中被消掉了；从经济上看，这是因为收获一个单位木材的价值并不会随着林龄的变化而变化，因此，现值会随着林龄产生变化，其原因在于**材积**（volume）上的变化，而不是每个单位材积的价值的变化（因为价值变化为零）。

【注释】

[1] 在此，可持续性是指收获量不多于增长量；可持续性收获应该确保剩余木

材不随时间的推移而下降,从而保护后代的利益。这个评判标准与第 5 章中论述的环境可持续性评价标准是一致的,但是,它比满足弱可持续性评价标准更为刚性。更让人信服的是,它能够使后代变得更好,即使木材蓄积会随着时间的推移而下降,但它可以提供一些更具价值的商品或服务以作为补偿。

[2] 数字模型大体基于马丽恩·克劳森给出的数据而建立。参见 Marion Clawson. "Decision Making in Timber Production, Harvest, and Marketing," Research Paper R-4 (Washington, DC: Resources for the Future, 1977): 13, Table 1。图 12—1 中的蓄积与林分年龄的数学函数三次方的多项式为 $v=a+bt+ct^2+dt^3$,其中,v 为蓄积,单位为立方英尺;t 为林龄;a、b、c、d 均为系数,它们的值分别为 0、40、3.1 和 −0.016。

[3] 政府获得这种经济租的一种方式是,对采伐木材的特许权进行招标。投标人应该具有积极性支付足够的钱,以达到这些特许权的立木蓄积价格。参与竞争的投标者越多,政府获得所有租金的可能性就越高。实际上,许多特许权都以远低于市场费率的价格授予了那些在政府里颇有影响的人。参见 Jeffrey R. Vincent. "Rent Capture and the Feasibility of Tropical Forest Management," *Land Economics* Vol. 66, No. 2 (May 1990): 212-223。

[4] 当前,林业人员认为,最靠近热带雨林的地方的可持续收获量几乎为零,因为他们到现在都还没有学会在主林层遭到破坏后如何更新采伐迹地的物种。由于主林层被破坏,光线可以直射林地,从而改变林地的生长条件和土壤的营养水平,足以使得重新造林以更新林下物种成为不可能。

[5] 在雷佩托(Repetto, 1988)的综述中,有几项研究对这些补贴的规模进行了估算。

[6] 按照与木材采伐相关的公共利益来看,林务局一般认为,木材按低于成本的价格销售是合理的(这样可以增加观光的机会并增强对野生动植物的保护)。这种观点很难被接受,正如雷佩托所指出的,"这些假想的受益人(既包括环境团体,也包括受到影响的州的渔业和野生动植物保护部门)大声反对并请求林务局停止为他们提供非法所得"。(op. cit., p. 97)

[7] 如果我们利用离散的时间结构(即用 $(1+r)^t$ 取代 e^{rt} 来作贴现计算),那么,最佳条件应该是相同的,除非用 $\ln(1+r)$ 替换 r。你能够核实,对于我们正在使用的 r 值而言,这两个表达式是大致相等的。

第 13 章 可再生公共产权资源：鱼类及其他物种

> 在一个人口过剩（或过度利用）的世界里，公共产权体系走入了破产……即使个别人充分地意识到了其行为的最终后果，他也不可能改变他的行为方式，因为他不能指望约束自己的良心，其他人或许也是如此。
>
> ——选自加勒特·哈丁（Garrett Hardin）：《作为一个伦理概念的承载力》（*Carrying Capacity as an Ethical Concept*）（1967 年）

13.1 引言

人类与许多其他生命物种分享着同一个地球。如何对待这些生物种群取决于它们在商业上是否有价值，取决于最具有条件保护这些生物种群的人们是否具有足够的积极性。

正如我们在第 12 章中所论述的，对野生动植物的一个主要威胁就是对其生境的破坏。低估某个现存生境的价值，或是高估某个与其竞争的土地利用方式的价值，可能都会破坏这个生境，就好比土地利用方式发生了变化。改变这些不当激励，都可以被看做通过保护野生动植物生境的方式从而间接保护它们的一种手段。

如果物种具有商业价值，那么，仅仅保护生境是不够的。商业上具有价值的物种就像一把双刃剑。一方面，物种对人类的价值为人类关心其未来提供了一个很强烈的现实理由。另一方面，利用的水平可能会过度，商业上被利用的生物资源，如果管理不善，可能就会枯竭。如果由于人类的活动，迫使某种生物种群的数量下降到某个关键的阈值，即使是商业上很有价值的物种，也有可能灭绝。

尽管物种灭绝很严重，但它本身并不是唯一的可再生资源管理的问题。由于任何可持续的收获水平都将避免物种的灭绝，我们如何在其中作出选择？哪个可持续收获水平是合理的水平？

生物种群属于一类我们称之为**互动式资源**（interactive resources）的可再生资源，这种资源的存量规模（种群）由其生物学特性以及社会所施加的影响共同决定。收获后的种群规模反过来决定资源未来的有效性，因此人类的活动决定了这些资源的时间流。因为这种时间流并不纯粹是一种自然现象，所以资源收获的速率就具有跨期效应，即明天的收获选择会受到今天的收获行为的影响。

以水产业为例，我们首先分析一下有效可持续收获水平的含义，然后论述效率原则是不是避免物种灭绝的一个足够强的评价标准。有效的收获水平会导致可持续的结果吗？

在比较详细地提出社会选择评价准则之后，我们将进一步分析制度是如何满足这些评价准则的要求的。正常的激励方式与有效可持续收获水平是协调一致的吗？

遗憾的是，我们将发现，在许多情况下正常的激励既不符合效率评价准则，也不符合可持续性评价准则。本章将重点论述这些不协调的主要激励方式，并论述如何通过改革，对不同的经济激励方式进行调整，从而恢复效率和可持续性。总而言之，我们将指出，如何利用资源收获中没有涉及的其他类型的商业机会来保护特定类型的野生动植物。

13.2　有效配置

生物方面

与其他许多研究一样，我们也采用谢弗（Schaefer，1957）最早提出来的生物学模型来论述水产业的特征。谢弗模型强调,在鱼类种群生长量与鱼类种群规模之间存在一种特定的平衡关系。这种平衡关系是从各种影响因素(例如水温和种群年龄结构)中抽象出来的。因此,模型并没有试图按照逐日的模式来刻画渔业的特征,而是按照某种长期的平衡值来模拟渔业的特征,在这种长期的过程中,各种随机的影响因素往往会彼此相互作用,最终取得平衡,如图13—1所示。

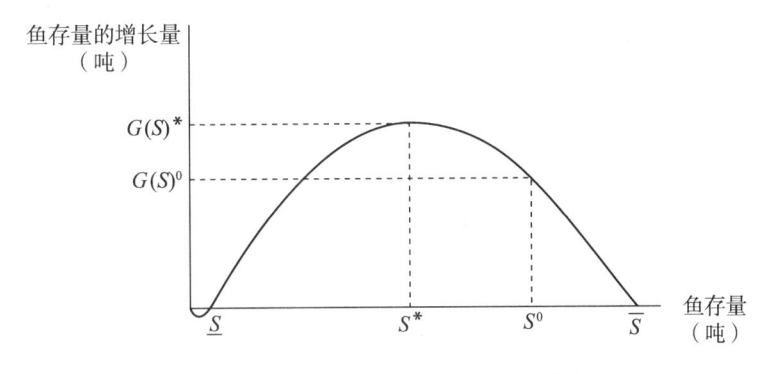

图 13—1 鱼类种群与其生长量之间的关系

横轴表示种群的规模,纵轴表示种群的生长量。图13—1表明,在一个特定范围内($\underline{S}\sim S^*$),种群生长量会随着种群规模的增加而增加;在另外一个范围内($S^*\sim \overline{S}$),种群规模初始的增加最终会导致种群生长量的下降。

我们可以通过对两个点(点$\underline{S}$和点$\overline{S}$)的深入分析,进一步揭示其中的关系,这两个点是函数与横轴的交叉点,因此,存量的生长量为零。点$\overline{S}$又称为**自然均衡点**(natural equilibrium),因为在这一点上,如果没有外界影响,种群规模应该保持不变。死亡或外迁作用会使得种群规模下降,下降的量应该刚好抵消掉出生、现有存量的生长量以及迁入作用所产生的存量增量。

该自然均衡点应该是不变的,因为它是稳定的。**稳定均衡点**(stable equilibrium)是指这样一种状态,即种群规模偏离这种状态,即会产生一种作用力,使其恢复到原来的状态。例如,如果存量暂时性地超过了$\overline{S}$,那么,它也就超过了它的生境的容量(又称为"承载能力")。结果是死亡率上升,迁出增加,直至存量再一次回到生境的承载力范围之内,即点$\overline{S}$。

种群规模回到点$\overline{S}$的趋势在另外一个方向也是一样。假设种群临时性地降低到$\overline{S}$以下。由于现在存量比较小,存量呈正生长,存量的规模应该增加。随着时间的推移,鱼类种群应该沿着函数曲线向右移动,直至再一次达到点$\overline{S}$。

曲线上的另外一个点的情况又将如何呢?点$\underline{S}$,我们将它称之为**最

小生存种群（minimum viable population），它表示这样一种种群的规模，即在这一点之下，种群将呈负增长（死亡和迁出超过了出生和迁入）。与点 $\overline{S}$ 相反，点 $\underline{S}$ 的均衡是不稳定的。在点 $\underline{S}$ 右边的种群规模会导致正生长，这将使得种群规模沿曲线向 $\overline{S}$ 靠近，并远离 $\underline{S}$。如果种群规模移到点 $\underline{S}$ 的左边，那么种群规模将下降，直至种群灭绝。这时，再也没有力量推动种群回到生存水平。

对于捕捞量而言，任何时候只要它等于种群的生长量，我们就可以说它代表了**可持续收获量**（sustainable yield），因为这时的捕捞量可以永远地维持下去。只要种群规模保持不变，生长量（也就是捕捞量）也将保持不变。

S^* 在生物学上被称之为**最大可持续收获种群**（maximum sustainable yield population），按照定义，它是指可以收获最大生长量的种群规模；因此，最大可持续收获量等于这个最大生长量，而且它也代表了可以永远维持下去的最大捕捞量。由于捕捞量等于生长量，因此，对于任何种群规模而言（介于 $\underline{S}$ 和 $\overline{S}$ 之间），可持续收获量都可以按照这种方法来确定：在横轴上找到所指定的存量规模，从这一点画一条垂直线，与函数曲线相交，然后从函数曲线的相交点画一条水平线到纵坐标。这条水平线与纵轴的相交点表示生物量生长量，可持续收获量就等于该生长量。按照图 13—1 所示，$G(S^0)$ 就是种群规模为 S^0 时的可持续收获量。由于捕捞量等于生长量，因此，种群规模（以及下一年的生长量）应该保持不变。

我们已经论述了为什么 $G(S^*)$ 是最大可持续收获量的原因。在短期内，捕捞量有可能更大，但是，它们是不可持续的；它们会导致种群规模下降，如果种群降低到小于 $\underline{S}$，那么种群最终就会灭绝。

静态有效可持续收获量

最大可持续收获量与效率是同义词吗？答案是否定的。我们回忆一下，效率是与资源利用所产生的净收益最大化相联系的。如果要确定有效配置，那么我们必定既要确定收获的成本，也要确定收益。

首先确定不考虑贴现问题的有效可持续收获量。静态有效可持续收获量是指能够持久产生最大年净收益的收获量。我们将此收获量称之为**静态有效可持续收获量**（static efficient sustainable yield），以区别于**动态有效可持续收获量**（dynamic efficient sustainable yield），后者要考虑贴现问题。在分析更为复杂的贴现作用之前，使用静态概念使得我们能够更为牢固地建立其必要的关系。随后我们再提出一个问题，即效率是否总是控制着某个可持续收获量的选择，并将之与某个随时间而推移的捕捞量进行对照。

我们的分析有三个前提假设,这三个条件可以使得分析更为简单化,而又不失其真实性:(1)鱼价不变,而且与销售量无关;(2)单位捕捞努力量(fishing effort)的边际成本不变;(3)单位捕捞努力量捕获的鱼量与鱼类种群规模成比例关系(种群越小,单位投入量所捕获的数量越少)。

在任何一个可持续的捕捞量中,捕捞量、种群、投入量以及净收益都不随时间的推移而变化。静态有效可持续收获配置将使得恒定不变的净收益达到最大化。

如图13—2所示,收益(收入)和成本是捕捞努力量的函数,并且可以用捕捞的船年数、船小时数或者其他指标衡量。因为我们假设鱼价不变,所以收入函数的形状会受到图13—1中所示的函数的支配。为了避免混淆,请注意,在图13—1中,如果捕捞努力量增加,则会导致种群规模缩小,在图13—2的横轴上表示为从右向左移动。如本章附录中方程(5)所示,种群规模与投入量成负线性关系。最大的种群规模(捕捞努力量为零)等于承载力,而最小的种群规模则等于零。因为图13—2的横轴表示捕捞努力量而不是种群规模,因此,捕捞努力量的增加在图形中意味着从左向右移动。

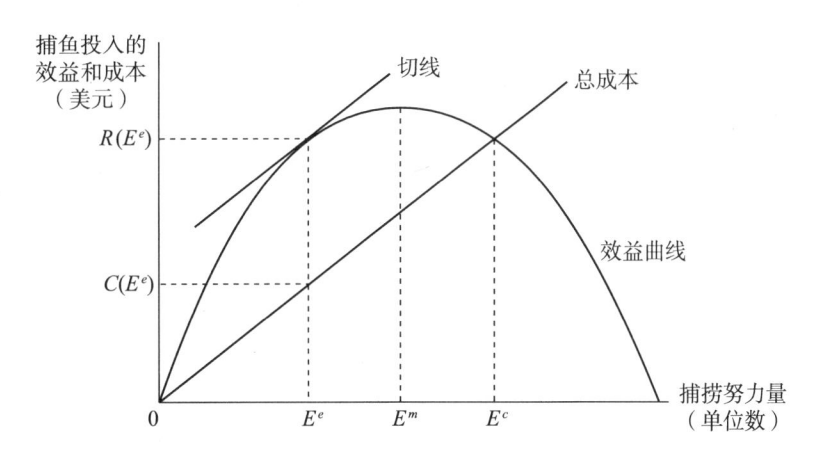

图13—2 一家渔场的有效可持续收获量

随着可持续投入量的增加,最终会达到点 E^m,这时,如果再继续增加投入量,就会降低所有年份的可持续捕捞量和收入。当然,点 E^m 对应着图13—1的最大可持续收获量,但种群规模和生长量不变。图13—2所示的每个投入量都对应着图13—1的某个种群规模。

如图13—2所示,净收益等于收益(鱼价乘以捕捞量)与成本(不变投入边际成本乘以已用掉了的投入单位数)之差(垂直距离)。投入的有效水平等于 E^e,在图13—2的这一点上,收益和成本之间的垂直距离达到了最大化。

E^e 为投入的有效水平,因为这时边际收益(图形上指总收益曲线的斜率)等于边际成本(即总成本曲线的斜率,即一个常数)。高于 E^e 的投入水平都是无效率的,因为与此有关的额外成本超过了所捕获鱼的价值。你能回答出为什么较低的投入水平是无效率的吗?

我们现在已经掌握了足够的信息以确定最大可持续收获量是否有效。答案显然是否定的。最大可持续收获量应该只有在额外的投入量的边际成本等于零时才是有效的。你知道为什么吗?(提示:在最大可持续收获量时,边际收益是多少?)由于我们现在的情形并非如此,因而投入的有效水平小于收获最大可持续收获量所必需的投入量。因此,静态有效投入水平会导致鱼类种群比最大可持续收获量更大。

为了牢记这些概念,我们来分析一下,如果发生某项技术变化(例如声呐探测)使得捕鱼的边际成本下降及其对静态有效可持续收获量应该产生的影响。较低的边际成本应该使得总成本曲线向右旋转。对于这种新的成本结构,原有的投入水平就不再是有效的了。捕鱼的边际成本(总成本曲线的斜率)现在小于边际收益(总收益曲线的斜率)。由于边际成本不变,边际成本和边际收益的等式将只受边际收益下降的影响,这意味着捕捞努力量的增加。新的静态有效可持续收获量均衡意味着投入量更大、种群规模更小、捕捞量更大,而且渔业的净收益更高。

动态有效可持续收获量

可以证明,静态有效可持续收获量原来只是动态有效可持续收获量的一个特例,即当其贴现率为零时。理解其中的道理并不难:静态有效可持续收获量也就是使得每个时期的(相同的)净收益达到最大化的一种配置方式。比这更高的任何投入水平都应该获得暂时性的更大的捕捞量(和净收益),但是,随着存量接近一个更低的新水平,未来净收益的降低将不足以弥补更大捕捞量而造成的损失。因此,未贴现的净收益应该降低。

对于渔业资源管理而言,正贴现率的效应与它对可耗竭资源配置的影响效应是相似的,即贴现率越高,资源所有者维持任意给定的资源存量所付出的成本(即被放弃的当前收入)也越高。如果引入正贴现率,那么,有效投入水平应该得到增加,其数量会超过静态有效可持续收获量的投入量,且种群规模的均衡点相应会下降。

如果年度捕捞努力量的增量超过了有效可持续收获量水平,那么它最初会使得净收益因捕捞量的增加而增加(记住,单位投入量的捕鱼量与种群规模成正比)。然而,由于捕捞量超过了这个种群规模的可持续收获量,因此,鱼类种群的规模会下降,而且未来的种群规模和捕捞量会更低。最终，如果维持这个投入量水平不变，那么，当捕捞量再一次等于种群生长量时，则会产生一个新的更低的均衡水平。科林·克拉克（Colin Clark，1976）从数学上作出了解释，如图13—2所示，随着贴现率增加，动态有效投入水平也增加，如果贴现率可以无限增加，动态有效投入水平将达到 E^c，这时，净收益将接近于零。

我们很容易看出，为什么采用一个没有限制的贴现率来定义动态有效可持续收获量最终会导致产生点 E^c 的配置结果。我们已经看出，随着时间的推移，各个独立的配置都会产生一个边际用户成本，以衡量增加当前的投入水平所产生的机会成本。这个机会成本反映了因现在利用了更多的资源而使得未来不得不放弃的净收益。对于各个有效的独立配置而言，边际支付意愿等于边际用户成本与边际利用成本之和。

如果贴现率可以无限大，边际用户成本则为零，因为未来无论如何配置，都不会产生价值。这意味着：(1) 边际利用成本等于边际支付意愿，而边际支付意愿等于恒定不变的价格；(2) 总收益等于总成本。[1]我们在前面的章节中论证了静态有效可持续收获量意味着鱼类种群比最大可持续收获量要大。一旦引入贴现，动态有效可持续收获量不可避免地表明鱼类种群数量小于静态有效可持续收获量，而且尽管并非不可避免，但可持续捕捞量有可能更小。你知道为什么吗？如图13—2所示，如果贴现率可以是无穷大，那么可持续捕捞量显然更低。

种群规模降低到提供最大可持续收获量的规模以下的可能性取决于贴现率。一般而言，捕捞成本越低，贴现率越高，那么，动态有效投入水平就越有可能超过最大可持续收获量所需的投入水平。如果边际捕捞成本为零，那么，静态有效可持续收获量和最大可持续收获量就应该相等。

因此，如果边际捕捞成本为零，而且贴现率为正值，那么，动态有效投入水平必定会超过静态投入水平以及获得最大可持续收获量所需的投入水平。较高的捕捞成本会降低静态有效可持续收获量，但不会降低最大可持续收获量。较高的捕捞成本可能会降低贴现，迫使种群数量降低到最大可持续收获量以下。

动态有效管理方案会导致鱼类的灭绝吗？如图13—2所示，在上述情形下或许不可能，因为 E^c 是该模型中最高的动态有效水平，而且，这个水平与迫使种群灭绝所需的水平相差还很大。不过，在其他情形下，可能性还是存在的（Cheng, et al., 1981）。

鉴于在一个动态有效的管理方案中会发生灭绝现象，因此捕捞最后一个单位的效益就不得不超过捕捞这个单位的成本（包括对后代所产生的成本）。只要种群生长量超过贴现率，这种情况就不会发生。不过，如果生长率超过或低于贴现率，那么，只要捕捞最后一个单位的成本足够低，在一个有效的管理方案中可能就会发生物种灭绝。

为什么生物生长率和有效捕捞量与物种灭绝相关呢？保护物种的捕捞投入的生产率是由生长率决定的。[2]如果生长率很高，那么就很容易满足后代的要求。另外一方面，当生长率非常低的时候，当代人为了让后代能够生产更多的鱼，就必须作出很大的牺牲。在极端的情况下，如果生长率等于零，那么这种资源就是一种总量固定的资源，即是一种可耗竭资源。只要资源支配的价格足够高，达到了捕捞最后一个单位的边际成本，这时可能就会全部消耗掉这种资源。

动态效率评价准则并不能自动地与一种互动式可再生资源永久持续不变的收获量保持一致，因为，从数学上看，一种鱼类资源的有效配置可能会导致资源的灭绝。那么，这种评价准则在实践中产生冲突的可能性有多大呢？

尽管相关的信息还很粗浅，但是，大多数经验研究都表明，由于捕捞成本非常重要，因此，动态有效捕捞率通常都小于最大可持续收获量，物种灭绝很少会是有效率的。[3]捕捞最后几个单位的鱼，其成本通常都要比由此而获得的收益大得多。通常情况下，两种评价准则完全一致，不过我们必须牢记，它们并不必然一致。

13.3 合理性以及市场解决办法

现在，我们已经论述了鱼类在时间上的有效配置。下一步将论述正常的市场配置特征，并对这两种配置方式进行对比。如果我们知道它们的差异所在，那么我们就可以想到各种不同的公共政策的矫正措施。

首先我们论述由唯一的竞争性所有者管理的某种渔业的配置情况。唯一所有者对鱼类资源的产权定义应该非常明确。如图13—3所示，我们可以通过详细说明图13—2的方式，来确定唯一所有者的行为。注意，两个图块共用一个横轴，这使得我们可以基于两个图块来分析各种捕捞投入水平的效应。

这个唯一所有者应该想使得他的利润达到最大化。我们暂时不考虑贴现的问题，那么这个所有者可以通过增加捕捞努力量直至边际收入等于边际成本，从而增加其利润。很显然，这时的投入水平等于E^e，即静态有效可持续收获量。这将产生正的利润，利润值等于$R(E^e)$和$C(E^e)$之差。

然而，对于海洋鱼类而言，唯一所有者是不可能存在的。海洋鱼类是典型的开放性资源，即没有一个人可以完全控制海洋鱼类。由于这种鱼类的产权并不会授予任何个人，因此，没有任何渔民可以排斥其他人捕捞这种鱼类。

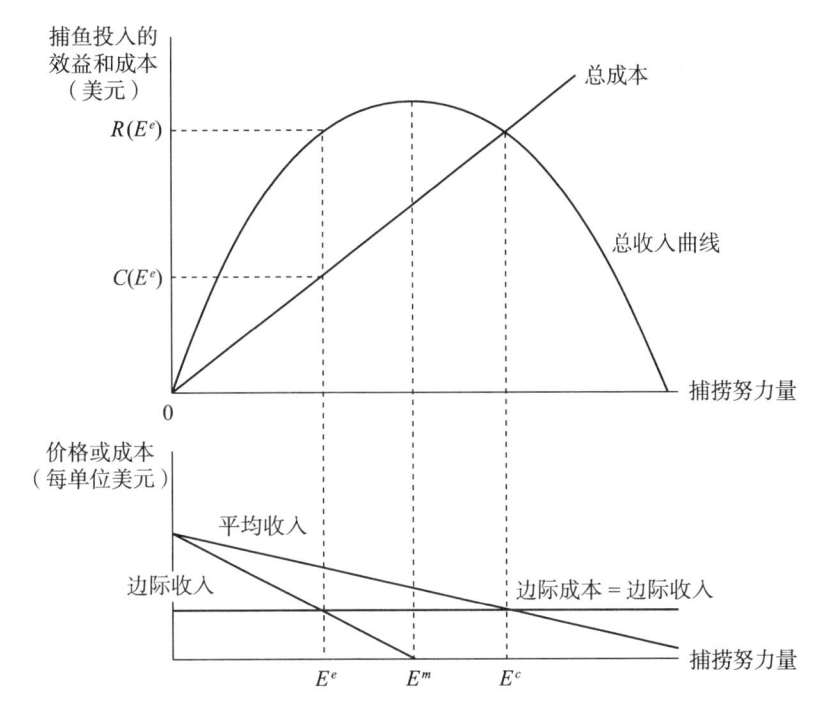

图 13—3 一种渔业的市场配置

如果鱼类的捕捞完全不受限制，那么，这时又会产生什么问题呢？开放性资源会产生两类外部成本：一种是对当代人产生的外部成本；另一种是对后代产生的外部成本。对当代人产生的外部成本由当代人承担，它是指对鱼类资源的捕捞授权过度，即太多的人、太多的船投入捕捞，因而捕捞努力量会过大。其结果是，当代人相对于他们的投入量而言，获得的回报率太低。对后代所产生的外部成本则由后代来承担，它是因为过度捕捞会降低存量，并进而降低后代捕鱼的利润所致。[4]

我们可以利用图 13—3 来看看这些外部成本是如何上升的。[5]一旦太多的渔民无限制地到公共区域捕鱼，那么，就不再能有效地界定清楚鱼类的产权。在有效的水平上，每只捕鱼船得到的利润应该等于它所分得的稀缺租金。然而，这个租金有利于刺激新的渔民进入这个区域捕鱼，从而会抬高成本，以至于租金消失。

如果是唯一的所有者，那么他选择的投入量将不会大于 E^e，否则，就会降低他的渔业利润，从而导致其个人的损失。如果捕鱼是不受限制的，那么，渔民的捕鱼投入量就会超过 E^e，因此会降低渔业的总体利润，但未必会降低每个具体渔民的利润。大部分利润的下降都落在了其他渔民的头上。

对于开放性资源而言，每个渔民都会积极地加大投入，直至利润为零。如图 13—3 所示，此时的投入水平为点 E^c，在这一点上，平均收益等于平均成本。现在我们可以很容易看出,当代的外部成本(即投入太大,捕鱼太少)明显大于有效配置状况下应有的成本。

这一点乍一看似乎很抽象,其实并非如此。许多鱼类现在正好受困于这些问题。胡珀特(Huppert,1990)对白令海和阿留申群岛一种很有价值的鱼类进行了研究,他发现,确实存在投资过多的现象。根据估计,补给船的有效数量(为捕鱼船提供补给,这样捕鱼船就不必经常回港口)为 9 艘,但实际上达到了 140 艘。结果是捕捞的速度很慢,按照每只渔船的捕捞能力而言,只要几艘船即可达到同样的捕捞量。

之所以会产生代际间的外部成本,是因为种群规模下降了,使得未来的利润变得更低。由于现有的种群过度捕捞,因此,开放性的捕捞量开始时很高,但是,由于种群生长率受到影响,一旦达到稳态利润水平,捕捞量就较低。

我们曾在第 7 章中论述了具有排他性产权的资源所有者会对资源的使用价值和资产价值作出权衡。如果开发性资源的利用是没有限制的,那么排他性将会丧失。其结果是,一个渔民会忽略资产价值具有其合理性,因为这个渔民绝不可能占有这种价值,而只会使其使用价值达到最大化。在这个过程中,所有的稀缺租金都被浪费掉了。渔民会无限制地利用开放性鱼类,这种配置与采用无穷大的贴现率时某个动态有效可持续收获量是一样的。

开放性资源并不会自动地导致存量低于可持续收获量的最大值。我们可以画一条成本函数曲线,它的斜率很陡,且与收益曲线相交于 E^m 左边的某一点。尽管如此,对于成熟的开放性鱼类而言,捕捞量远远超过最大可持续收获量还是不常见的。

开放性鱼类是否会对物种的灭绝产生威胁,主要取决于物种的特性以及捕捞量小于最小生存种群时的收益和成本。由于我们只有在经验研究中才能确定是否存在灭绝的威胁,因此,对于物种的灭绝问题,还须具体问题具体分析(参见例 13.1 "对小须鲸的开放性捕捞")。

例 13.1 ☞   **对小须鲸的开放性捕捞**

阿蒙森、比约恩达尔和康拉德(Amundsen, Bjørndal, and Conrad)利用类似于本章提出的经济模型对开放性的捕捞小须鲸的效果进行了分析。他们的模型抓住了收获行为、存量动态以及捕捞船队的规模对获利性的反应。他们的模型既能够模拟有效均衡,也能够模拟开放性资源的均衡。

虽然在南、北半球都可以发现小须鲸,但是这项研究只分析了北大西洋的存量,区域包括斯匹茨卑尔根岛附近、巴伦支海,以及挪威海岸和不列颠群岛附近区域。

他们的研究结果表明,有效存量规模为 52 000~82 000 尾成年雄性小须鲸，而开放性水域的存量水平为10 000～41 000尾。按照这些结论，开放性水域确实会产生明显的存量消耗，但是不会导致小须鲸灭绝。如果继续捕捞小须鲸，其效益将低于成本。

因为直到1973年，小须鲸的捕捞都没有得到妥善的管理（在这之后，也只采取了比较宽松的管理措施），所以我们将这一模拟的结果与规制前（开放性水域）的历史经验进行比较。虽然在第二次世界大战以后收获量明显地增加了，但是，截至1973年，收获量下降到了一个相对稳定的水平，即1 700～1 800尾鲸鱼，而且这一水平还将持续一段时间，直至最终采取有效的管理措施，对捕捞努力量进行限制。

管理规定明显地发挥了效应。据北大西洋海洋哺乳动物委员会科学委员会（Scientific Committee of the North Atlantic Marine Mammal Commission, NAMMCO）估计，小须鲸现在的存量为72 130尾，处于有效存量规模的上限。

资料来源：Eirik S. Amundsen, Trond Bjørndal, and Jon M. Conrad. "Open Access Harvesting of the Northeast Atlantic Minke Whale," *Environmental and Resource Economics* Vol. 6, No. 2 (September 1995), 167–185.

开放性资源和公共产权资源的概念相同吗？答案是否定的。一方面，政府可以限制进入，我们在下一节中将对此进行论述；另一方面，那些利用公共产权资源的人们可以作出非正式的安排，从而限制对资源的利用[6]（参见例13.2"缅因州的龙虾帮"）。

例13.2　　　　　　　　　　缅因州的龙虾帮

不加限制地捕捞公共性资源会使得净效益明显地降低，以至于由此造成的损失会迫使那些利用这些资源的人尽可能地限制对这种资源的开放性捕捞。缅因龙虾渔业就是这样一种情形，即采取各种非正规的制度性安排，限制开放性捕捞，并且取得了很大的成功。

在这些非正规的制度性安排中，最关键的就是建立了一套辖区管理的体系，在不同的捕捞区域之间建立边界区分。尤其是在近海岸区域内，这些辖区的捕捞行为往往都具有排他性特征，且在这些辖区内捕捞的捕捞者团体组织严密，纪律严明。他们组成所谓的"帮"，这些"帮"通过各种方式严格限制其他人进入他们的辖区从事捕捞活动（一些方式甚至是秘密和非法的，例如为新进入者的龙虾捕捉器划定界限）。

艾奇逊（Acheson, 2003）发现，在保护区域内，每个季节、每个捕捉器捕捉到的龙虾的重量和体积都更大。龙虾重量更重不仅可以增加收入，而且龙虾的体积更大也能够提高龙虾的价格。

如果我们认为公共资源的特点也即开放性捕捞是一个错误的话，那么，如果我们认为所有非正规的制度性安排都会自动地产生有效的社会方式以达到有效的收获量，同样也是一个错误。例如，缅因州通过对捕捞龙虾的规格加以限制（设定体积最小和最大的范围）并禁止捕捞正在孵蛋的母龙虾，对龙虾存量进行了保护。这些非正规的制度性安排的主要作用已经消除了对资源产生的压力，而且避免了过度投资。如果只有少数渔民参与捕捞，而且努力保护好存量，那么存量的规模就可增加，而且捕捞者的收入水平也可以提高。

资料来源：J. M. Acheson. *Capturing the Commons*: *Devising Institutions to Manage the Maine Lobster Fishery* (Hanover, NH: University Press of New England, 2003).

开放性资源一般既违反效率评价准则，也违反可持续评价准则。如果要满足这些评价准则，那么我们有必要对决策环境进行某种重构。我们在13.4节中将论述如何重构决策环境。

13.4 有关渔业的公共政策

我们能做点什么？可能采取的政策有很多，或许首先让市场发挥作用是比较合适的。

水产业

我们已经论述过了将鱼类当做公共产权资源而不是私人产权资源来对待，会产生无效率管理，因此，一个明显的解决办法就是，让有些鱼类资源成为私人所有，而非公共所有。如果鱼类移动性不强时，即人为设置障碍使得鱼类限制在一定的范围内，或是鱼类会本能地回到其繁殖地来产卵的情况下，这种途径可能有效。

这样做的好处远不止于排除过度捕捞。它将鼓励资源拥有者对资源进行投资，并采取措施提高鱼类的生产率（即产量）。例如，为水体增加某些养分，或者控制水温，这些措施都会明显地提高某些鱼种的产量。这种人为控制下的提高鱼类产量的活动被称之为水产业，成功的例子并非罕见。或许，水产业达到的最高产量是通过木筏养殖贝类的方式获得的。例如，西班牙加利西亚湾利用这种生产方式养殖的贝类产量达到了每公顷约300 000公斤。[7]这个生产率水平接近家禽养殖达到的水平，后者普遍被认为是提高动物蛋白农产品生产率的最为成功的做法之一。

在美国，由于水体一直被当做开放性资源来对待，以至于水产业受到了严重制约。当然，也并非事事如此。美国有些牡蛎是在开放性的河床上养殖的，但也有一些是在私人所属的河床上养殖的。由于开放性资源的鱼类越来越稀少，从而引发鱼价的上升，水产业或许会变得更加有利可图，养殖鱼类的人也会越来越多。

日本是一个人口稠密的国家，主要依赖鱼类保证其蛋白质供应，现在，完全依赖海洋捕捞业已不足以以低成本的方式满足市场需求。为此，日本已经成为水产养殖业的领先国家，是世界上最先进的水产养殖国之一。日本政府对水产养殖业一直给予支持，对原属公共资源的水域实行私人产权所有。地方政府（相当于美国的州）划定水域用于水产养殖业。然后，由当地渔民合作组织分割这些水域，并分配给个体渔民，个体渔民具有排他性的使用权。这种排他性的使用权鼓励所有者对资源进行有效的投资和管理，实施的效果也非常好。

另一种促进水产养殖业发展的市场途径就是放养而不是围养。围养是指鱼类一直在一个受控的环境内进行养殖；放养则是指鱼类仅在最初的几年内围起来养殖。

放养的鱼类必须具有强烈的返巢本能，例如太平洋大马哈鱼或海鳟鱼就具有这种本能，只有这样，鱼类返巢后才可以集中捕捞。年幼的大马哈鱼或海鳟鱼必须限制在一个合适的捕捞区域内孵化并养殖两年左右，然后放归海洋。成熟时，鱼类本能地会回归到它们出生的地方，这时即可捕捞。

毫无疑问，围养对鱼类的总供应会产生影响。据估计，1984年，全世界消费的鱼产品中有8%是围养的，到1995年，这个比例提高到了20%。美国每年消费的海产品有1/3是围养的。

水产养殖肯定并不适用于所有鱼类。尽管现在某些鱼类养殖得很好，但确实也有些鱼类养殖后在国内根本不会收获。另外，鱼类养殖也会产生环境问题，鱼类排泄物会污染水体，开发渔场可能会对具有生态价值的景观产生破坏。尽管如此，令人宽慰的是，水产养殖在某些区域，为某种鱼类仍然提供了一种安全的屏障，而且，在这一过程中，为天然状态下遭遇环境压力的鱼类减轻了压力。[8]

提高捕鱼的真实成本

为了说明经济分析有助于政策设计的优点，一个最好的方式或许就是指出忽视经济分析给政策造成的不良影响。因为最早采取的渔业管理措施总是死盯着这样一个焦点——在很少甚至不顾及净效益的最大化的情况下获得最大可持续收获量，因此，它们提供了一个有用的对照。

或许最具有说服力的例子就是许多最初设计旨在处理美国太平洋大马哈鱼类过度捕捞问题的政策。因为太平洋大马哈鱼类的洄游特点，使得这种鱼类成为了一种极易受到过度捕捞甚至灭绝的鱼类。太平洋大马哈鱼往往在沙砾的河床上产卵。当成为鱼苗时，洄游至海洋，只有到产卵时才回到它们出生的河床上。产卵后，这种鱼就会死去。当成年鱼因其回到出生地而本能地逆流而上的时候，这种鱼类很容易被鱼夹子、鱼网或其他捕捞设备捕获。

政府在认识到问题的紧迫性之后就采取了行动。为了降低对这种鱼类的捕捞，政府提高了捕捞这种鱼类的成本。起初主要是禁止在河流上使用任何拦鱼设施，并且在鱼类丰产区内禁止使用鱼夹子（最有效的捕鱼设施）。这些措施都被证明是没有效率的，因为移动性的技术（拖捕、网鱼等等）本身被证实具有过度利用资源的特性。随后，政府官员开始对指定的捕捞区实行禁渔，对其他区域在某些时间段暂停捕捞。如图13—3所示，这些措施表现为成本曲线向左旋转，直至与效益曲线相交，这时捕捞投入水平为 E^e。所有这些措施的总体预期效果就是削减了大马哈鱼的收获量。

这些政策是有效的吗？这些政策是无效率的，即便它们产生了有效的捕捞结果，也不应该成为有效的政策！这样说似乎不合乎逻辑，但是确实是如此。效率不仅意味着捕捞量必须等于有效水平，而且捕捞成本也必须是最低的。这些政策违反了成本要求，如图13—4所示。

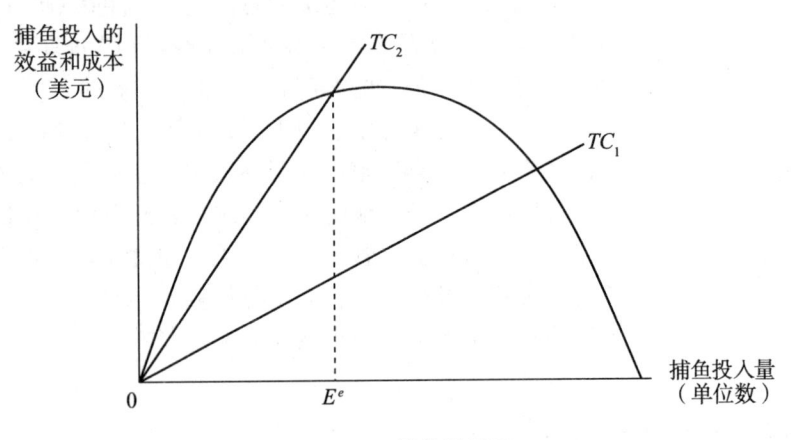

图 13—4 措施的效果

如图13—4所示，有效配置状态下的总成本（TC_1）和采取这些政策之后的总成本（TC_2）都是强加的成本。从图上可以看出，实施一项有效的政策所获得的净效益等于总成本和总效益之间的垂直距离。然而，在政策实施以后,净效益降低为零;社会净效益(等于垂直距离)受到了损失。为什么?

由于采用了一些过于昂贵的办法以捕捞到期望的捕鱼量,净效益被浪费了。由于捕鱼夹子被禁止使用,因此无法使用捕鱼夹子以降低捕鱼成本。为了达到相同的捕捞量,需要将大笔的费用用在捕鱼资本品和劳动力上。这种额外增加的资本品和劳动力是产生净效益浪费的一个原因。

捕鱼时间的限制对成本的影响相同。由于禁止渔民们在更长的时间内分配他们的投入,以便其渔船和捕鱼设施得到更为充分的利用,渔民们不得不购买大型的渔船,从而可以在较短的捕鱼期内捕到尽可能多的鱼(作为一个极端的例子,据蒂利翁(Tillion,1985)报告,1982 年,威廉王子湾的鲱鱼捕捞季节仅仅持续了 4 小时,但其捕捞量还是超过了区域配额)。这样就会产生明显的投资过剩。

捕鱼的政策规制也会产生其他一些成本。我们很快就会发现,尽管上述规制措施足以保护鱼类种群不至于耗竭,但是,它们对鼓励每个渔民增加其捕捞份额没有任何影响。即便因为成本太高而导致利润很小,新技术的应用能够让采用新技术的人增加其市场份额,并且迫使别人退出市场。但是,渔民们为了保护他们自己成功地排斥了新技术的应用。限制措施的形式各异,但有两种限制措施尤其值得重视。第一种限制措施是,禁止使用薄边单丝渔网。白天,大马哈鱼可以看见宽边渔网,因此可以躲避捕捞,其结果是,宽边渔网只能在晚上使用。相反,薄边单丝渔网既可以在白天使用,也可以在晚上使用。薄边单丝渔网出现后不久,美国和加拿大都开始取缔它。

最臭名昭著的一种无效率措施出现在阿拉斯加州。阿拉斯加州禁止在布里斯托尔湾使用机动刺网船。这个规制措施持续到 20 世纪 50 年代才结束,而且,这项规制措施还提高了公众对它的时代错误性的认识。世界上技术最先进的国家仍用帆船的方式从白令海捕捞鱼类,而其他国家(例如日本和苏联)则正在快速使其捕鱼船队现代化!

时间限制方面的规制措施也具有相似的效果。限制捕捞的时间只会促使渔民尽可能密集地利用受限制的有限时间。在有限的时间内,采用大型的捕鱼船获取更大的收获量,这样才可以有利可图,但是,这样做是非常无效率的——因为采用少量的小型船只尽其最大的能力也能获得相同的收获量。

如果只局限于获得最大可持续收获量而忽略成本,那么这些政策就会使得渔民们获得的净效益出现明显损失。成本是问题的一个很重要的方面,如果忽略成本问题,渔民们的收入将会遭受损失。如果收入受到损失,那么采取进一步的保护措施就会变得更加困难,违背管理规定的激励将会得到进一步强化。

对于增加规制措施的成本以降低捕鱼投入量的做法而言,技术创新

第 13 章 可再生公共产权资源:鱼类及其他物种

则会引起更深层次的问题。技术创新可以降低捕鱼的成本，因此可以抵消规制措施引发的成本增加。例如，吉恩等人（Jin，et al.，2002）的报告认为，虽然新英格兰渔业管理更加严格，但新技术的应用（例如20世纪70—80年代使用超声波探鱼器和电子助航仪器）不仅提高了捕捞量，而且使得存量下降。

税 收

存在既能够确保收获量降低到有效水平又为降低成本提供激励的措施吗？我们能够想出一个更为有效的政策吗？研究过这个问题的经济学家们都认为，我们有可能设计出更为有效的政策。

我们现在分析一下对捕鱼投入征税的情况。如图13—4所示，对捕鱼投入征税也会使得 TC 线转动，而且渔民的税后成本完全可以由 TC_2 表示。由于税后曲线与 TC_2 一致（即所有无效率的规制措施的成本曲线），这不意味着税收制度正好也是无效率的吗？不！理解它们之间差异的关键在于**转让成本**（transfer costs）和**真实资源成本**（real-resource costs）的不同。

按照我们在本章前面论述的规制，TC_2 所包含的所有成本就是真实资源成本，这类成本只涉及资源的利用。相反，转让成本涉及的是资源从一方向另一方转移，而不涉及资源的利用。转让确实代表了社会上承担成本的那一方的成本，但是，这个成本刚好能够抵消接受者获得的收益。资源并不会用完，它们只是被转移了。因此，计算净效益时应该从效益中减去真实资源成本，而不是转让成本。对于整个社会而言，转让成本仍然作为净效益的一部分来对待。

如图13—3所示，在某种税制体系下，净效益与一种有效配置下的净效益是一致的。净效益表示渔民的一种转让成本，这种转让成本刚好能够抵消收税者所得到的收入。上述讨论并不会掩盖这样一个事实，即只要涉及每一个渔民，这些成本确实是真实成本。只不过通常由某个全权业主得到的租金现在归政府所得了。由于有关的税收收入很大，因此希望有效管理渔业的渔民们可能会反对这种特别的方式。他们宁愿一项政策限制捕捞量，而让他们保留这种租金。这可能吗？

独立的可转让配额

一项可能的政策就是对鱼类的捕捞量合理地设置配额。所谓"合理地设置"是很重要的，因为配额计划的类型各式各样，而且并不是所有的配额计划都具有同等的好处。每一种有效的配额计划都具有以下几个相似的特征[9]：

（1）配额授权持有者在某种指定鱼类的总授权捕捞量中捕捞某个指定的份额；

（2）所有渔民持有的配额授权的捕捞量应该等于这种鱼类的有效捕捞量；

（3）在渔民之间可以自由转让这些配额。

为了获得有效的配置，这三个特征都具有非常重要的作用。例如，假设配额是按照拥有或利用一种捕捞船而不是捕捞量（并非罕见的一种配额类型）的权利的方式所定义的。类似这样的一种配额就不是一种有效的配额方式，因为按照这种配额方式，对每艘捕捞船的所有者依然存在某种无效率的激励，会促使他们建造大型的捕捞船、采用更多的捕捞设备、增加更多的捕捞时间。这些行为会扩大每艘捕捞船的捕捞能力，并且使得实际的捕捞量超过目标（有效）捕捞量。简言之，按捕捞船设置配额虽然可以限制捕鱼船的数量，但是却无法限制每艘捕鱼船实际捕鱼的数量。如果我们想达到并维持有效的配置，最终我们必须限制的正是捕捞量。

虽然第二个特征的目的很明确，但是，可转让性还是值得我们更多地加以考虑。对于可转让性而言，配额很自然地会授权给那些能从配额中获取最大效益的人，因为他们的成本较低。因为配额是有价值的，因此可转让的配额会产生一个正的售价。持有配额且成本很高的人会发现，出售这些配额比自己利用这些配额进行捕捞更能赚钱。与此同时，成本较低的人则会发现，他们可以购买更多的配额且依然有钱可赚。

配额的可转让性也促进了技术进步。新技术可以降低成本，采用新技术可以利用现有配额赚取更多的钱，而且从没有采用新技术的渔民那里购买配额也有利可图。因此，与前面所述的用以提高成本的规制方法明显不同的是，无论是税收制还是可转让的配额制，它们都鼓励发展新技术。

租金的分配又如何呢？按照配额制，租金分配关键取决于配额的初始配置。不同的情况会产生不同的结果。第一种可能性就是，政府拍卖这些配额。但是政府会独占所有的租金，其结果非常类似于税收制。如果渔民不喜欢税收制，他们也不会喜欢拍卖法。

一个替代的办法就是，政府可以将配额送给渔民，例如按照历史捕捞量的比例送给渔民。渔民随后可以在他们之间相互转让，直至达到市场的某种均衡。当代的渔民得到了所有的租金。那些想进入市场的渔民们则不得不从拥有配额的渔民那里购买配额。潜在竞争者之间的竞争会抬高可转让配额的价格，直至这种价格反映出未来租金的真实价值，当然，必须进行恰当的贴现计算。[10]

因此，这类配额制将租金留给了渔民，但只是留给当代渔民。后代看不出这种配额制和税收制之间有什么区别。在这两种情况下，他们想进入这个市场，都不得不付出，不管是通过税收制交税还是通过配额制购买配额，都是如此。

1983年，新西兰建立了一种限量的可转让配额制度，以保护其深水拖网渔业（Muse and Schelle，1988）。尽管这种制度远不是独立可转让配额制度唯一的一次应用（参见表13—1），也不是最早的应用，但是，它却使得我们能够了解这种制度在实践中是如何操作的。

表13—1　　　　　　　　采用独立的可转让配额制度的国家

国家	涵盖物种的数量
澳大利亚	4
加拿大	14
智利	3
冰岛	16
荷兰	4
新西兰	33
美国	4

资料来源：Information compiled from OECD. *Implementing Domestic Tradable Permits for Environmental Protection* (Paris: Organization for Economic Cooperation and Development, 1999): 19 and P. Bernal and B. Aliaga. "ITQs in Chilean Fisheries," in A. Hatcher and K. Robinson, eds. *The Definition and Allocation of Use Rights in European Fisheries*. Proceedings of the Second Concerted Workshop on Economics and the Common Fisheries Policy (Brest, France. May 5–7, 1999). (University of Portsmouth, UK: Center for the Economics and Management of Aquatic Resources): 117–130.

由于可转让配额制度新近才开始使用，因此分配其配额相对比较容易。七种基本鱼类总许可捕捞量被分割成独立的可转让配额，并且按照现有捕鱼企业的捕捞设备投资、岸上生产设备投资以及岸上产量等因素进行分配。收获权以具体的捕鱼量命名，授权期限为10年期。

与此同时，由于深海渔业受到重视，近海渔业开始陷入低潮。捕鱼的人太多，捕捞量过大。一些销路特别好的鱼种被过度捕捞。很明显，有必要降低对种群形成的压力，然而达成这一目的的具体措施却不突出。尽管禁止新的渔民进入渔业这一行业较为容易，但是要降低多年甚至几十年来一直在这一区域捕捞的渔民们对鱼类种群产生的压力则较困难。因为捕鱼具有明显的规模经济特征，只是成比例地降低每个人的捕捞量没有什么意义。这样做只不过增加了每个人的成本，而且还浪费了大量的捕捞能力，因为所有的捕捞船大部分时间都闲置。显然，一个更好的解决办法就是减少捕捞的船只。按照这种方法，每条渔船都可以充分利用其生产能力，同时又不至于使种群灭绝。我们应该要求哪一些渔民放弃他们的生计并离开这项产业呢？

政府采取经济激励的方式可以解决这个问题，政府从愿意出售配额的渔民那里购回捕捞量配额。虽然最初用于购回配额的资金来自一般性收入，但是随后发放捕鱼配额时收取的费用也可用于购回配额。实际上每个渔民都会给出其离开这项产业的最低价格；管理者则会选择那些在最低价格被引导离开产业的渔民，并从收费收入中支付给这些渔民规定的收入，取消他们捕捞这些鱼种的许可证。当足够的许可证被取消后，这种鱼类就得到了保护。因为这个项目是自愿参加的，因此离开这项产业的渔民们只有在他们能够得到足够的补偿后才会歇业。与此同时，支付了费用的渔民们则意识到，由于鱼类种群得到了保护，他们作出这点微薄的投资就会使得他们在未来获得很大的利益。通过创造性地改变经济激励的方式，严重威胁一种有价值的自然资源的压力就得到了缓解。

然而，在临近1987年末的时候，新的问题又出现了。生物学家严重地高估了一个物种——新西兰红鱼——的初始存量。由于配额总量是按照这个估计值推算出来的，因此其实际含义是，授权的配额水平达到了不可持续的高水平，存量受到了威胁。政府面对这一无法接受的巨大亏空，必须购回大量的配额，因此政府最终会采取比例式配额制度。按照比例式配额制度，配额的份额不是按照鱼类的某个具体的数量来定义，而是指渔民在配额许可的总量中拥有百分之多少的份额。总许可捕捞量每年都由政府确定。按照比例式配额制度，政府每年都可以按照最新的存量估计数来调整总许可捕捞量，这样就无须购回（或出售）大量的配额。这种方式对存量给予了较大的保护，但是却增加了渔民的风险。

其他一些执行问题也已显现出来——捕鱼投入量常常很难达到目标；最终捕获的鱼种常常不是目的鱼种，通常称为"混获鱼种"。如果也通过配额进行管理，且渔民没有足够的独立可转让配额来涵盖这些混获鱼种，那么，渔民就会遇到这样一种情况，即如果他们将一些未授权的鱼种捕捞上岸，他们就会受到处罚。为此，渔民们就会将一些混获鱼种抛到船外以避免处罚，但是由于被放掉的鱼通常都不能继续存活，这就产生了双重浪费，即不仅存量降低，而且捕获到的鱼也会被浪费。

"择优捕鱼"是管理者不得不处理的另一个问题。择优捕鱼通常是按照某一特定鱼种重量指定捕捞量配额，但捕捞价值会受单个鱼体规格的影响。为了从配额中获取最大化的价值，渔民们都有一种积极性，将价值不高的渔获（尤其是小鱼）放回海中，而只保留最优价值的渔获。对于混获鱼种而言，如果回放的鱼的死亡率很高，那么择优捕鱼不仅会导致存量下降，而且也会使得渔获浪费。

一些渔业管理者已经成功地解决了这两个问题,他们让渔民们自己从其他人那里购买或租借限额以补齐这种临时性的超额捕鱼。只要这种"额外"捕捞的渔获的市场价值超过租借配额的成本,渔民就有积极性将混获鱼种捕捞上岸并进入市场,而且存量也就不会被置于危险境地。

尽管独立可转让配额制远非完美,但它们确实为改进传统渔业管理提供了机会(参见例13.3"大西洋海岸扇贝业可转让配额以及限制捕捞规格和投入努力量的相对有效性")。这一管理制度正迅速扩展到新的渔业管理领域,这一事实表明,人们越来越认识到它们所具有的潜力。

例 13.3 ☞ 大西洋海岸扇贝业可转让配额以及限制捕捞规格和投入努力量的相对有效性

理论上,我们认为可转让配额制比其他传统的限制(例如设定最小合法规模、对最大捕捞努力量进行控制)能够产生成本—效益更大的渔业结果。这种理论上的愿望和实际实行的各种制度的经验结果是一致的吗?

经济学罗伯特·雷佩托(Robert Repetto,2001)在一项引人注目的研究中分析了这个问题,他对加拿大和美国控制太平洋沿海扇贝业的管控方式进行了对比分析。加拿大采取了一种可转让的配额制,而美国则采取了一种规模、捕捞努力量和区域控制的混合制度。由于扇贝是非迁移性的,而且两国采用类似的捕捞技术,所以这个比较为进行一项自然实验提供了极好的机会。因此,认为实验的差异主要就是管理方式上的差异是合理的。

对于两个国家的扇贝业而言,这些管理策略的生物学反应是什么呢?

● 加拿大的扇贝业不仅能够使得存量维持在一个比较高的丰裕度水平上,而且也能够制止对规格过小的扇贝进行捕捞(p. 257);

● 在美国,存量的丰裕水平下降了,而且规格过小的扇贝捕捞的程度也很严重(p. 257)。

经济结果如何呢?

● 加拿大扇贝业的每个出海日的收入明显提高了,因为存量的丰裕度较高,每个出海日的捕捞量提高了6倍(pp. 258-260);

● 在美国,每个出海日的渔业收入下降了,不仅因为存量丰裕度下降导致每天捕捞量下降,而且因为捕捞了规格过小的扇贝(pp. 258-260);

● 尽管在14年内,加拿大的配额持有者的数量从9个下降为7个,但是65%的配额仍然为原始持有者持有。事实表明,小配额持有者不会处于明显的竞争劣势地位(p. 262)。

对公平具有何意义呢?

● 不论是美国还是加拿大,它们的扇贝业都采取了一种所谓"平摊式"的模式运作,即收入在减去一定的运营费用之后,按照预先商定的比例在船员、船长以及所有者之间分割。这意味着经过管制之后仍然留在扇贝业的所有各方都可以分享到增加的资源租金(p. 261)。

至少在扇贝业,理论似乎得到了实践的检验。

资料来源:Robert Repetto. "A Natural Experiment in Fisheries Management," *Marine Policy* Vol. 25 (2001):252-264.

海洋保护区

对捕获量进行管制既无法控制所采用的渔具类型,也无法控制捕捞场所。如果对这些问题不加以控制,就会使得鱼类赖以生存的生境遭到破坏。一些渔具的破坏性尤其大,不仅对目的鱼种(例如捕捞的幼鱼不能出售,但是幼鱼也不能再存活),对非目的鱼种也是如此——例如混获鱼种。同样,在某些地理区域内捕捞(例如产卵场)可能会对渔业的可持续性产生不可估量的损失。

保护生物学家已经建议,建立海洋保护区体系对当前的政策作出补充。一个海洋保护区是指禁止捕捞并受到严格保护以免受威胁(例如污染)的一片区域。

生物学家认为,海洋保护区具有以下几个维护功能和恢复功能。第一,在保护区范围内禁止捕捞,从而对个别物种(individual species)进行保护;第二,减少渔具或改变生物结构的作业方式对生境的破坏(habitat damage);第三,与对单个物种设置配额不同,保护区防止生态上的关键物种(目的鱼种或混获鱼种)的迁移,从而促进生态系统的平衡(ecosystem balance),否则可能就会改变生态系统多样性及其生产率并进而促使生态系统失衡(Palumbi,2002)。

降低这些区域的捕捞量可以保护存量、生境以及赖以生存的生态系统。这可以使得种群规模扩大,如果鱼类可以在不同的保护区之间迁移,那么最终就可以使得在所剩下的捕捞区的捕捞量增加。

保护区如何促进可持续性的提高,这一点似乎很清楚,因为保护区可以促进种群的恢复。然而,这与当代人的福利的关系却不是那么明显。赞成海洋保护区的人认为,海洋保护区可以以双赢的方式促进可持续性的提高(这意味着当代人也能从海洋保护区的建设中获得利益)。这一点很重要,因为如果不获利,这些人也会反对建设海洋保护区的提案,因此使得海洋保护区的建设变得非常困难。

建立一个海洋保护区会使得渔民的净效益价值最大化吗?如果海洋保护区的建设有计划地进行,短期内会减少捕捞量(宣布原来可以捕捞的某些区域现在为禁止进入),但是从长期看,捕捞量会增加(因为种群得到恢复)。然而,时间的延迟也会产生成本(回顾贴现率)。下面我们分析会产生延迟成本的具体例子，即捕捞者不得不在他们的船上就付清一种抵押。即使银行准许他们延期支付，但是总支付额却会上升。因此，未来捕获量的上升，其本身并不能保证建立这个保护区能使得现值最大化，除非捕获量上升得足够大、足够快，以补偿延迟造成的成本。

由于这项政策的现值取决于具体问题的特性，所以通过一个案例研究是很有启示意义的。史密斯和维伦（Smith and Wilen，2003）在对加利福尼亚州的海胆产业所做的一项非常有趣的案例研究中发现：

> 将保护区作为一种渔业政策工具，我们总体的评价是比较矛盾的，不如生物学文献中所说的那样准确……我们发现……在某一种年龄结构的模型中，保护区可以取得捕获上的收益，但是，只有在生物量严重超捕时才能如此。我们也发现……即使在一个封闭的空间内稳态捕获量会增加，但是所获得的回报经过贴现后常常为负数，这表明相对于贴现率而言，生物恢复的速率更慢。（p. 204）

这意味着海洋保护区是一个坏主意吗？答案是否定的！在一些区域，它们是实现可持续发展的必要步骤；而在其他区域，它们则代表了实现可持续性的最有效方式。然而，它确实意味着，我们对于"海洋保护区总是会创造出双赢的结果"这样一种理念确实必须持谨慎的态度；当地渔民作出一些牺牲或许是必要的。海洋保护区政策必须认识到这些问题产生的可能性以及直接解决这些问题的困难，而不是仅仅假设其不存在。

200海里范围限制

最后一个政策因素涉及渔业问题的国际方面。很显然，有效的渔业管理的各种政策手段都要求主管单位对渔业具有司法管辖权，这样它才可以执法。

对于许多海洋渔业而言，当前的情形并非如此。许多开放性的海洋水域对于政府而言是公共性资源，对于各个渔民而言也是如此。没有任何一个单位可以控制这种资源。只要这种情况不加改变，矫正性的行动就很难执行。由于存在这样一个事实，所以需要通过国际条约的形式对海洋法进行修改。例如，海洋法的一个具体措施就是对捕鲸进行了某些区域限制。这一进程最终是否会形成一个具有一贯性的综合管理体系尚有待观察。

沿海国家已经宣称它们的所有权扩展到沿海以外约200海里的范围。在这些区域内，这些国家具有排他性的司法管辖权，并且实施有效的管理政策。这些声明在国际法中已经得到牢固的支持,并且现在得到了明确的确认。因此,沿海水域的许多渔业都得到了保护,不过,开放性水域的渔业开发尚待国际谈判达成一致。

执法的经济学

传统上对执法的分析不太多,但是这个领域已经逐步被看做渔业管理的一个关键方面。只要每个人都自愿遵纪守法,政策就可以设计得完全有效,但是,由于执法的成本很高,而且执法很难完全到位,在这样一个严酷的现实面前,同样还是这些政策,其结果却惨不忍睹。

渔业政策尤其难以执行。由于海岸线特别长,而且崎岖不平,如果渔民非法越界捕鱼或是捕捞禁捕的鱼类,要躲过检查并不是很困难。

面对的这些现实问题立即给出了两个政策含义:第一,政策设计应该考虑到执法难度问题;第二,忽略执法问题而设计的政策是有效政策并不意味着考虑执法问题时所设计的政策也是有效的。

政策的设计应该使得政策的执法成本尽可能地低。成本很高的法规比成本与管理目的相称的法规更可能受到违抗。法规也应该包含处理违抗现象的条款。一个通用的做法就是对那些违规者处以经济上的惩罚。惩罚的强度要足够厉害,以使得违抗规定的成本(包括罚金)与服从管理规定的成本取得平衡。

执行问题指出了渔业管理中私有产权的另一个优势,即私有产权条件下,渔民们会"自我强制执行"。渔民或渔场主不会主动地偏离有效率的方案,因为那样做只会伤害他们自己,这时就没有必要采取执法行动。从另一方面看,如果没有有效的执法措施,那么对于那些在公共资源区域捕捞的人而言,违抗某些具有约束性的管理规定则是有利可图的。这些执法努力则是与公共渔业管理相关的另一项成本。

由于执法活动的代价很大,所以它应该纳入我们对效率的定义。在我们的分析中,如何计算执法成本呢?一项研究(Sutinen and Anderson,1985)表明,计算实际的执法成本往往会使得有效的种群量降低到在完全无执法成本时宣称的有效水平以下。

说明其理由并不难。假设采取某种配额制实际分配许可权。执法活动应该包括监督这些配额的执行情况,并且对违规人员指定处罚方式。[11]如果配额很大,足以与开放性资源均衡状态保持一致,那么,执法成本则应该为零,无须采取执法措施即可确保法规得到遵从。偏离开放性资源均衡状态既会增加净效益,又会提高执法成本。对于这个模型而言,随着稳态种群规模的增加,边际执法成本也会增加,但是边际净效益却会下降。在种群规模处于有效水平时(含执法成本),边际净效益等于边际执法成本。这样,种群规模比忽略执法成本时的有效种群规模必定更小,因为后者只在边际净效益为零的时候才会发生。

禁止偷捕

对具有商业价值的鱼类的第二类威胁就是偷捕,即非法捕捞某一种鱼类。即便在保护鱼类种群的法律结构生效的情况下,偷捕可能也会产生不可持续性。

从经济学的观点看,如果有可能提高非法捕捞的成本,那么偷捕就有可能受到限制。虽然从理论上讲,加大对偷捕者的处罚可以达到这一目的,但是,实际上只有在对非法捕捞现象的监督有效,并且对偷捕者的处罚有效时才能完成这一任务。在许多情况下,这都是一件很难办得到的事情,因为监督的范围很大,而且执法的资金很有限。然而,如例13.4"当地人走向野生动植物保护:津巴布韦"所示,我们可以利用经济激励的手段,促进当地居民更多地参与监管,而且也可以为执法活动提供更多的收入。

例 13.4　　　　　　　　　　**当地人走向野生动植物保护:津巴布韦**

1989年,津巴布韦发起了一项具有创新意义的项目,该项目是非洲野生动植物保护计划中的一个成功的典范。该项目将国有的野生动植物保护职能转型为公地上的商业化农民和小农控制并使用的一种活动资源。这种转型有利于经济以及野生动植物保护。

这项倡议称为本土资源公共区域管理计划(Communal Areas Management Program for Indigenous Resources,CAMPFIRE)。最初是由与津巴布韦政府合作的几家机构发起的,这些机构包括津巴布韦应用研究中心大学(University of Zimbabwe's Center for Applied Study)、津巴布韦信托(Zimbabwe Trust)和世界自然基金会。

按照本土资源公共区域管理计划,村民们可以按照可持续的方式集体利用当地的野生动植物资源。外国游客的狩猎捕获的猎物或许就是收入的最重要来源,因为狩猎者所需要的设备很少,但其非常愿意支付可观的费用捕杀限额的大型动物。政府设定捕猎许可证的价格,而且为每年某个具体位置可以捕杀的动物数量设置配额。个别的团体可以出售这些许可证,并与运营公地摄影和游猎探险业务的运营商签订合同。

相关的经济收益归村民所有,村民们随后再决定如何利用这些收入。这些钱可以以现金红利的形式支付给农户,这项收入可以占到农户平均家庭收入的20%以上;这些钱也可以用于社区的资本投入,例如建设学校、诊所或节省劳动力。至少在一个地区，这些收入也可以用于补偿因野生动物而遭受财产损失的人。农户也可以获得非货币性的效益，例如问题动物和被淘汰兽群的兽肉。当地社区以可持续发展为基础，用自己的资源持续地满足自身的需求，从而实现了自力更生。这种自愿性的项目从开始以来已经得到了稳步的发展，现在它几乎涵盖了津巴布韦55个区的一半范围。

资料来源：Edward Barbier. "Community Based Development in Africa," in Timothy Swanson and Edward Barbier, eds. *Economics for the Wilds: Wildlife, Diversity, and Development* (Washington, DC: Island Press, 1992): 107 - 118; Jan Bojö. "The Economics of Wildlife: Case Studies from Ghana, Kenya, Namibia and Zimbabwe," AFTES Working Paper No. 19 (the World Bank, February 1996); and the Web site http://www.colby edu/personal/thtieten/end-zim.html.

例13.4也指出，即便没有任何捕捞量，许多鱼类在商业上都具有很大的价值。生态旅游（ecotourism）的兴起表明，许多人支付可观的钱，只是为了在原产地目睹这些壮观的生灵。所得收入可以与当地人分享，为保护这些物种提供了一种激励，而且减少了参与非法偷捕活动的激励，非法偷捕活动对生态旅游收入会产生威胁。

并不是所有国家都充分利用了这一机会。例如，虽然肯尼亚的大象种群在明显下降，但肯尼亚并没有建立这样一种制度。而在津巴布韦，村民们都认为保护象群与他们的收入休戚相关，肯尼亚则认为保护大象与他们无关。潜在的观光收入很大，可以用于保护大象的制度化建设。经济学家加德纳·布朗和韦斯·亨利（Gardner Brown and Wes Henry, 1989）估计，每年肯尼亚游客观看和拍照大象的收入可达到约2 500万美元。

调整经济激励的方式，既可以使得当地人从他们的保护行为中获得利益，又为保护某些生物种群提供了一种强有力的途径。开放性资源则会削弱这些经济激励机制。

13.5 小结

不加限制地捕捞具有商业价值的鱼类，通常都会导致过度捕捞。这种过度捕捞反过来又会导致投资过度、降低捕捞者的收入、消耗资源的存量。甚至有可能使某些鱼类灭绝，对于捕捞成本非常低的鱼类尤其如此，例如太平洋大马哈鱼。如果捕捞成本比较高，则不太可能出现灭绝的情形，即使对捕捞不加限制也是如此。

私人部门和公共部门都已经开始解决与过去野生生物种群管理不善有关的问题。通过重申私人产权的方式，日本和其他一些国家已经促进了水产业的发展。加拿大和美国政府已经开始对太平洋大马哈鱼的过度捕捞加以限制。国际上已经通过协议的方式对捕鲸加以约束。这些项目是否完全满足效率准则，目前还不是很清楚，但是却会产生可持续捕捞量这一点是毋庸置疑的。

可以证明，为获得因资源有效利用水平的提高所带来的利益而采取的各种富有创造性的策略，在保护各种生物资源免遭过度利用的技术库中是一种非常重要的武器。可转让配额为保护资源存量而又不伤害当前以这些存量为生计的人的收入提供了可能。另外，保护象群与当地社会的利益攸关，这为建立政治联盟以避免对这种资源的过度利用提供了一种动力。

忽视对进一步行为设置障碍是非常愚蠢的做法，例如每个捕捞者都不愿意服从各种类型的规章制度，缺乏一项坚定的政策管理开放性海洋水域，很难执行各项措施等。这些障碍是否会在迫切需要有效管理之前解决，还有待我们进一步观察。

讨论题

1. 建立 200 海里限制区是确保在 200 海里限制区内部不出现渔业的公共地悲剧的一种有效的政府干预形式吗？为什么？

2. 利用贴现的办法，使得有效的鱼类种群位于产生最大持续收获量水平以下是有可能的。这样做违背了可持续准则吗？为什么？

练习题

1. 假设某种鱼类种群的增长量与种群规模之间的关系可以表示为：$g=4P-0.1P^2$，其中，g 为增长量（单位为吨）；P 为种群规模（单位为千吨）。已知每吨的价格为 100 美元，较小的种群规模的边际效益可以按下式计算：$20P-400$。（a）计算符合最大可持续收获量的种群规模。如果种群要维持在这个水平上，年捕捞量应该是多少？（b）如果新增捕捞量的边际成本（用种群规模表示）等于 $MC=2\times(160-P)$，符合有效可持续收获量的种群规模应该是多少？

2. 假设当地渔业委员会对某种特殊的捕鱼方式设置了一种可以执行的配额,配额为一年捕捞 100 吨。再假设每年 100 吨为有效持续收获量水平。一旦第 100 吨已经捕捞完毕,这种方式的捕鱼就得歇业,等待来年开业。(a) 这是解决公共产权问题的一个有效办法吗?为什么?(b) 如果将 100 吨的配额分割成 100 份可转让的配额,每一份配额授权持有者捕捞 1 吨鱼,而且按照渔民们过去的捕捞量来进行配额的分配。这样做,你的回答会有什么不同吗?为什么?

3. 按照上述提出的渔业经济学模型,请比较捕捞许可成本增加对捕捞努力的影响与单位税增加对提高同等收入量的捕捞努力的影响。假设渔业是私人产权;假设渔业是一种开放性公共资源,请分别分析。

进一步阅读的材料

Acheson, James M. *Capturing the Commons: Devising Institutions to Manage the Maine Lobster Industry* (Hanover, NH: University Press of New England, 2003). 这是一部令人印象深刻的理论和经验著作,加上对完成这些研究工作的组织和认识的内情的了解,从而使之对美国最重要的一项渔业的历史进行了颇具说服力的分析。

Clark, Colin W. *Mathematical Bioeconomics: The Optimal Management of Renewable Resources*, 2nd ed. (New York: Wiley-Interscience, 1990). 该书对数学模型做了仔细的扩展,这些数学模型突出强调了对一系列产权制度下可再生资源开发的理解。

National Research Council Committee to Review Individual Fishing Quotas. *Sharing the Fish: Toward a National Policy on Fishing Quotas.* (Washington, DC: National Academy Press, 1999). 该书详细地总结了全世界独立的可转让配额制度的经验。

Schlager, Edella, and Elinor Ostrom. "Property Right Regimes and Natural Resources: A Conceptual Analysis," *Land Economic* Vol. 68 (1992): 249-262. 该书作者提出了一个概念框架,用以分析许多产权制度问题,并使用这一框架解释许多经验研究的结论。

Swanson, Timothy M., and Edward Barbier, eds. *Economics for the Wilds* (Washington, DC: Island Press, 1992). 该书作者认为,如果经济系统能够正确计算野生动植物价值,那么它将为野生动植物保护提供最好的保障。作者还给出了如何完成这一任务的方法。

Townsend, Ralph E. "Entry Restrictions in the Fishery: A Survey of the Evidence," *Land Economics* Vol. 66 (1990): 361-378. 该文对全世

界30个左右的限制性进入项目的相关经验进行了评述,并且指出了限制性项目能够成功的一些特征。

附录:渔业的收获决策

为了确定一个渔场的有效可持续收获量,首先必须知道生物量增长和生物量规模之间的生物学关系特征。这种关系可以表示为

$$g = rS\left(1 - \frac{S}{k}\right) \tag{1}$$

其中:

g:生物量增长率;
r:该物种的内在生长率;
S:生物量的规模;
k:生境的承载力。

由于我们想选择最有效的持续收获量,所以我们必须对可持续的可能结果加以限定。在此,我们用 h_s 表示可持续收获量水平,它等于种群的增长率。于是有

$$h_s = rS\left(1 - \frac{S}{k}\right) \tag{2}$$

下一步就是将收获量规模定义为捕捞努力量的一个函数。通常可以表示为

$$h = qES \tag{3}$$

其中:

q:常量(又称为"可捕捞性系数");
E:捕捞努力量。

下一步就是解出可持续收获量,收获量等于捕捞努力量的一个函数。这个持续收获量可以通过两步法推导而来。首先用 E 表示 S,然后利用 S 的新表达式和式(3)一起,推导出捕捞努力量表示的可持续收获量。

为了用 E 表示 S,我们将式(3)带入式(2),于是有

$$qES = rS\left(1 - \frac{S}{k}\right) \tag{4}$$

调整上式,就可以将收获量表示为

$$S = k\left(1 - \frac{qE}{r}\right) \tag{5}$$

从式（3）可知，$S=h/qE$，调整之后，收获量 h 可以表示为

$$h_s = qEk - \frac{q^2kE^2}{r} \tag{6}$$

计算式（6）右边对捕捞努力量的导数，并且令其结果为零，我们就可以计算最大可持续努力量水平。

最大化条件如下：

$$qk - 2\frac{q^2kE}{r} = 0 \tag{7}$$

因此有：

$$E_{msy} = \frac{r}{2q} \tag{8}$$

其中：

E_{msy}＝符合最大可持续收获量水平的捕捞努力量。

你知道如何解出最大可持续收获量（h_{msy}）吗？（提示：回顾最大可持续收获量在式（6）中是如何用捕捞努力量进行定义的。）

为了作出经济分析，我们需要将这个生物学知识转换为净效益的计算公式。按照定义，净效益函数等于式（6）乘以单位收获量所得到的价格 P。假设捕捞投入的边际成本为一个常数 a，于是总成本就等于 aE。用总收入函数减去捕捞投入的总成本即可得到净效益函数，即

$$\text{净效益} = PqEk - \frac{Pq^2kE^2}{r} - aE \tag{9}$$

由于有效持续捕捞努力量等于使得式（9）达到最大化时的水平，所以我们可以取式（9）对 E 的导数并令其结果为零，就可以计算出有效持续捕捞努力量，即

$$Pqk - \frac{2Pkq^2E}{r} - a = 0 \tag{10}$$

重新调整之后，于是有

$$E = \frac{r}{2q}\left(1 - \frac{a}{Pqk}\right) \tag{11}$$

注意，这里计算的捕捞努力量小于产生最大可持续收获量所需的水平。你知道如何计算有效可持续收获量吗？最后，令净效益函数（式（9））为零，并解出捕捞努力量，这样我们就可以推导出开放性资源的均衡值。

重新调整之后，有

$$E = \frac{r}{q}\left(1 - \frac{a}{Pqk}\right) \tag{12}$$

注意，这个值大于有效持续捕捞努力量。它是大于还是小于产生最大可持续收获量所需的捕捞投入水平，主要取决于具体的参数值。

【注释】

[1] 从数学上证明这一点并不难。在我们的模型中，收获量（h）可以表示为 $h = qES$，其中，q 为一个单位的投入可以收获的种群比例；s 为种群规模；E 为投入水平。如果贴现率可以无限大，那么，动态有效配置不得不满足的条件之一就是 $P = a/qE$，其中，P 为恒定不变的价格；a 为恒定不变的单位投入所产生的边际成本；qE 为单位投入收获的鱼的数量。两边同时乘以 h，即可得到 $Ph = aE$。该式的左边表示总收益，右边表示总成本，这意味着净收益为零。

[2] 注意，这与前一章所论述的生长率在有效木材收获中的作用相似。

[3] 参见克拉克（Clark, 1976）的讨论。

[4] 如果当代人的投入水平超过了最大可持续收获水平对应的投入量，则既会使得后代能捕捞的鱼很少，又会使得后代能获取的利润也很少。如果开放式的投入水平低于最大可持续收获量所需的投入水平（当捕捞成本非常高时），那么，当前捕捞量的降低应该会增加存量，从而为后代提供更多的（虽然净收益更低）鱼类资源。

[5] 这种分析方法是戈登（Gordon, 1954）最先使用的。

[6] 有关这些安排的其他一些例子，参见 Berkes, et al.（1989）。

[7] 1 公顷等于 1 万平方米，等于 2.471 英亩。

[8] 在另一个例子中，弗雷德里克·贝尔（Frederick Bell, 1986）指出，由于私营龙虾养殖场的存在，因过度利用开放式野生龙虾而导致的社会福利损失估计减少了 1 068 933 美元。如果没有这些私营养殖场，社会福利损失应该大 4.16 倍。

[9] 独立的可转让配额制度只有在没有存量外部性的情况下才会是完全有效的（Boyce, 1992）。如果一个单位收获努力的生产率取决于存量的密度，那么就存在存量外部性。存量外部性会产生某种激励，促使在生物量耗竭之前的季节前期（这时每单位努力的捕捞量较高）过度捕捞。

[10] 这种情况会发生，因为任何潜在的市场进入者给出的最高价都等于按照拥有这种配额的人推算出来的价值。这个价值等于未来租金的现值（出售每个单位鱼的价格和边际成本之差）。竞争会促使购买者支付的价格更加接近最大价值，以免其失去这份配额。

[11] 从理论上讲，我们可能会将处罚的额度设定得足够高，以至于只需采取有限的执法活动。由于在实践中极少给予高额处罚，所以标准模式不考虑这些高额处罚，并且假定有必要增加执法费用，以执行日益增加的紧俏配额。

第 14 章 普遍性的资源稀缺性

> 作为一个国家，我们总是面临选择，也总是面临希望。重要的是我们选择的范围有多大，迫使我们作出选择的紧迫性到底如何。
>
> ——人口增长和美国未来委员会（Commission on Population Growth and the American Future）

14.1 引言

公众对自然资源稀缺性的关心并不是一件新鲜事。国家自然保护委员会（National Conservation Commission）成立于西奥多·罗斯福当政期间，由吉福德·平肖（Gifford Pinchot）领导，1908 年该委员会就曾对自然资源进行过第一次全国性的普查。它的成立归因于大众对自然资源稀缺性的日益关注，其职责就是提供数据和资料，以便对资源状况进行评估，并制定合适的公共政策。此后，类似的调查层出不穷。

大众的普遍关注表明我们对此需要抱持连续不断的警惕。例如，我们已经知道，即便世界人口出生率现在正在下降，但是，目前人口的年龄结构对人口的增长会产生某种惯性，即使按照最乐观的估计，这种惯性都将使得近期的世界人口处于不稳定状态。人口增长将使得资源需求加大，其作用非常明显，对于像美国这样的工业国家尤其如此，因为它们的人均消费水平很高。

我们在前面的几章中已经阐明，虽然市场会对稀缺性自动地作出某些矫正性的反应，但是，市场和公共政策的不完备性已经降低了这些反应的效率。不完备性包括价格控制、开放性资源、外部性和资源税赋。对于所关心的某个特定的资源问题，我们能够提出某种公共政策。在某些情形下，合适的反应就是排除原先强加给市场的一些限制。

面对这种日益增长的需求，个别的矿山或矿井终将会枯竭。但是，这只是一些孤立的事件吗？它们是否会累积起来形成某种资源普遍稀缺性的一种模式呢？普遍性的稀缺对当代以及后代的生活质量都会产生一种有害的影响。

首先，我们必须对市场经济处理日益增长的稀缺性的某种方式进行回顾，尤其必须对资源的勘探与开采、技术进步以及富有资源替代稀缺资源的作用加以详尽的说明。其次，我们要分析：如何察觉资源稀缺性？采用哪些指标？这些指标的优缺点是什么？一旦我们获得了对察觉资源稀缺性方法的理解和认识，我们就将分析这些指标所揭示的证据，并探讨如何解释这些证据。

本章主要有两个目的：一个是结论本身；一个是对全球性资源稀缺性的一种理解方式。所谓结论，是指是否存在普遍的资源稀缺性，其本身就很重要。同时，它也是关于未来经济增长的期望与必然性的争论中存在的分歧所在。我们在第 22 章将对此加以论述，届时我们将分析在有限环境和自然资源条件下的经济增长过程。

14.2　降低资源稀缺性的因素

市场经济处理由人口和收入增长而引发的对环境资产的压力的能力取决于分散这些压力的手段。有三种手段尤其重要：(1) 资源的勘探与发现；(2) 技术进步；(3) 替代品。

资源的勘探与发现

一个企业会一直实施它的勘探活动，直到该企业的边际找矿成本等于销售每个单位资源所获得的边际稀缺租金为止。[1] 由于边际稀缺租金（销售价格与边际开采成本之差）是企业从事勘探活动所得到的边际效益，因此，勘探活动的强度应该会增加，直至利润达到最大化，这时，边际效益等于边际成本。

理解稀缺租金与边际勘探成本之间的关系，使得我们能够思考勘探活动是如何对人口和收入的增长作出反应的。由于这两个因素都会对资源的需求日益增长产生作用，以至于它们会提高边际用户成本和稀缺租金，从而促使生产者承担更大的边际找矿成本。

如何释放这种需求的压力，取决于勘探活动的数量以及每单位勘探活动所发现的资源量。如果边际找矿成本曲线很平（意味着资源的相对有效量很大），那么，稀缺租金的增加能够促使大量的勘探活动获得成功。如果边际找矿成本曲线很陡（例如勘探活动引发了不良的非生产性的环境问题），那么，稀缺租金的增加就会使得勘探活动成功的概率下降。

技术进步

技术进步使得我们可以发现新的开采、加工和利用矿石的一些方法，从而降低矿石开采成本。例如在第 7 章中，我们论述了造粒工艺对铁矿石炼钢的成本会产生显著影响。这种影响是如此之大，以至于随着时间的推移，矿石的品位会越来越差，但炼钢的成本实际上会下降。

认识到技术进步的速率和形式会受资源稀缺程度的影响，这一点非常重要。日益提高的矿石开采成本为新技术的发展创造了新的盈利机会。对于能够节约稀缺资源且能有效利用富有资源的技术而言，盈利机会非常大。在劳动稀缺且资本富足的时期，新技术往往会倾向于利用资本而节约劳动。如果人口增长会逆转这种相对稀缺性，那么，随后的技术进步将集中在使用劳动且节约资本的方面。在过去，如果化石燃料充足而且便宜，那么，新技术发明将主要集中在这种能源上。随着化石燃料供应的下降，可以预料技术进步将使得单位化石燃料的有效能量得到提高，或是用太阳能替代化石燃料。

替代品

减轻资源稀缺性负面影响的最后一种方式就是用富有资源替代稀缺资源。丰富的可枯竭资源或可再生资源，其替代越容易，那么，资源有效性下降及其成本的日益上升所产生的影响就越小，如图 14—1 所示。

图 14—1 描绘了三个等值线（S_1，F_1，F_2）图。一条等值线表示能够产生某一给定产出水平的所有投入的可能组合。两条直角等值线（F_1 和 F_2）表示固定比例的情形，即不存在替代的可能性。离原点更近的固定比例等值线（即 F_2）表示比其他等值线（例如 F_1）的产出水平更低。第三条等值线（即 S_1）承认投入替代的存在，按照图示，它也可以产生如 F_1 一样的产出水平（O_1）。很自然，这意味着它的生产技术或技术集与 F_1 不同。

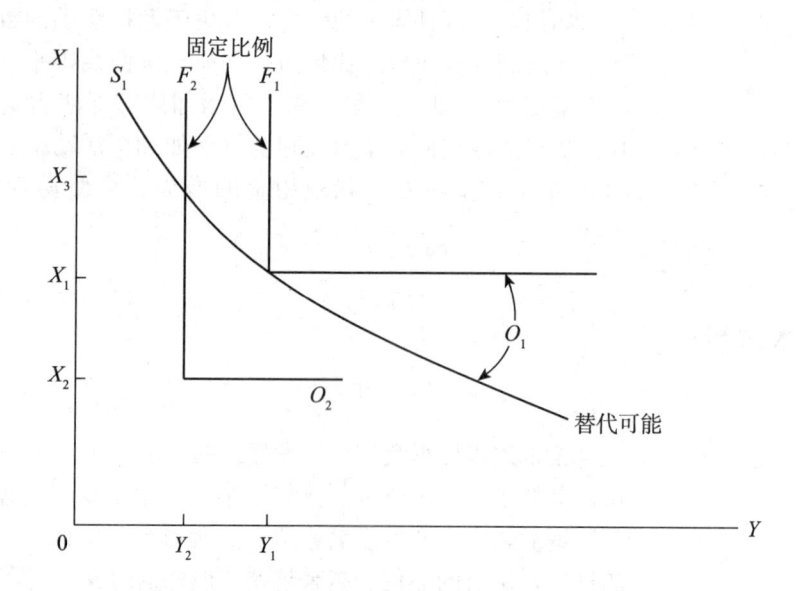

图 14—1　产出水平和投入替代品的可能性

我们可以使用图 14—1 分析投入替代对产出的重要影响。假设同一种投入 Y（某种可枯竭资源）的数量从 Y_1 下降到 Y_2。如果所涉及的技术为 S_1，那么，增加其他资源的利用量（从 X_1 到 X_3）即可维持产出水平（O_1）不变。X 的增加对 Y 的下降作出了补偿，从而保持产出不受影响。

然而，需要注意的是，如果采用的生产工艺是 F_1 而不是 S_1，情况又会如何呢？Y 的有效性从 Y_1 下降到 Y_2，必定会使得产出从 O_1 下降到 O_2。X 对 Y 的替代不可能存在。另外，因为投入必须按固定比例使用，因此，X 的量就应该从 X_1 下降到 X_2。任何更多的 X 都是多余的，它不会导致任何额外的产出。

这些例子说明了一个基本的前提，即替代可能性的范围越大，资源稀缺性对产出的影响就越小。木材稀缺性的问题就是一个实例（参见例 14.1 "从历史角度看资源稀缺性：木材"），这提醒我们，对事实的回顾必须很小心，要顾及一些具体的情况，例如替代的可能性和技术进步。

例 14.1 ☞ **从历史角度看资源稀缺性：木材**

早期木材资源非常丰富。对于那些想种田且不得不清除林木用于农业的人而言，木材实在太丰富了！由于木材价格很低，为了利用这种丰富的资源，美国人开始开发一些新技术。这些技术包括整个木工行业所需的机器，例如锯、刨、成形加工以及钻子等，对斧头的设计也做了改良。

这些机器的使用节省了大量劳动力（在当时看来，劳动力也是一种稀缺商品）。当时的锯子很容易使用，但是它会产生大量的木屑。有趣的是，在英格兰，劳动力很丰富，但木材却很稀缺，因此，生产工艺主要依靠劳动力，而且使用了大量的木料。

如果日益增加的需求对美国森林资源产生了压力，而且价格开始上升，那么，节省木材的积极性就会提高。利用木材燃烧炉以提高木材燃烧的效率变得普及起来。替代品（性能更加优越）开始使用。用煤替代木材提供能源、钢铁替代木材建造桥梁、混凝土替代木材建造房子、塑料替代木材用于包装和制作玩具，甚至利用原先废弃的木材下脚料制作新产品（例如碎木板）。

与此同时，其他方面的技术进步也有利于提高森林资源基数的规模。林学家们发现了许多提高树木生长速度的方法，木材加工业也发现了一些更好地利用有用资源的方式。20 世纪 20 年代造纸工艺的改进就是技术进步的一个例子。造纸工艺的改进使得利用南部速生松树成为可能，然而这种速生树种原来是没有什么用途的。

这似乎表明，技术进步已经开创了新的途径，但是对这些途径的认识原本不够清晰。价格上涨触发了这些途径的发展，而且也促进了对它们的开发。稀缺性日益增加自动地产生了激励，促进了发明及创新。这些激励在未来是否足以引起及时的有益反应，仍然是一个悬而未决的问题。

资料来源：Nathan Rosenberg. "Innovative Responses to Materials Shortages," *American Economic Review* Vol. 63 (May 1983): 111-125.

上述简短回顾表明，一些因素（例如人口和收入日益提高）可能会提高资源的稀缺性，而其他的一些因素（例如勘探与发现新矿、技术进步以及投入要素的替代）可能会降低稀缺的严重性。为了确定哪种因素占主导，我们必须对事实作出分析。

14.3　查明资源的稀缺性

选择查明稀缺性的一种方法是评估资源稀缺严重性的第一步。虽然这种方法好像是一件简单明了的事情，其实不然。我们首先必须考虑，理想的指标应该具备什么样的属性，而且要考虑我们常用的指标符合这些标准的程度。

理想的稀缺性指标的评价标准

320　　　任何一个理想的指标都应该具有至少下列三种属性：

（1）前瞻性（foresight）。理想的指标应该具有预测性，它应该预料到资源的稀缺性的产生，而不是仅仅在它发生时记录这种稀缺性。因此，理想的指标应该体现这样一些东西，例如未来的需求模式、资源的替代源、开采成本的变化，等等。

321　　　（2）可比较性（comparability）。理想的指标应该使得我们在不同的资源之间能够进行直接的比较，从而确认最严重的稀缺性问题。这种比较应该使得我们不仅可以对稀缺的程度作出评估，而且也能评估其严重性。因此，理想的指标应该能够体现某些方面的差异，例如资源的重要性以及替代的有效性。

（3）可计算性（computability）。理想的指标应该可以利用可靠的已公布的信息进行计算，或是这些信息可以很方便地收集到。

评价标准的应用

物理指标

在讨论四类经济指标之前，我们先采用以上三种评价标准来评价存量/用量比这个指标。通常我们使用当前的消费量除以存量即可计算出资源枯竭的时间。乍一看，这个指标好像可以满足评价标准的所有三个属性。它具有前瞻性，而且可以进行比较，也很容易计算。

不过，这种表面情形颇具欺骗性。虽然存量/用量比具有前瞻性，但对未来的预测在几个方面都很狭窄。它没有考虑资源存量的增加，其结果是，当使用这些指标将过去所作出的预测与实际情况进行比较时，这些预测无一不是过分悲观的。就好像一个照看羊群的小孩，当他发现你呼叫"狼来了"的时候，常常狼并没有来，他慢慢也就不会理你了。可是，某一天狼真的来了，你再怎么喊他也不会理你了。因此，存量/用量比这个指标只能以一个很有限的方式满足前瞻性标准。

同理，存量/用量比可以进行比较，但排序的结果对问题的严重性并不会给出任何提示。这些比率值不仅对枯竭的时间估计不准，而且，对枯竭之后将产生的严重问题没有作出估计。例如，某种原料只用于化妆品的生产，它的资源即将枯竭，但其严重程度就不如氦资源枯竭严重，因为氦对于某些科学研究而言非常重要，且没有已知的替代品。在这种情形下，存量/用量比对于这二者作出关键性区分就显得无能为力了。因此，这种可比较性对于设置资源管理的优先级别就不是一个很有用的指标了。

存量/用量比无法判断可再生资源稀缺性的严重程度。该指标仅关注某个固定的资源存量，当应用于可枯竭资源时其合理性就很有限，应用于可再生资源时则毫无意义。正如我们在前面两章中所论述的，可再生资源的稀缺性甚至比可枯竭资源的稀缺性更为严重。因此，该指标使得我们无法对这类重要的资源问题作出判断，更不用说将它们集成到一个可比较的综合指标中去对所有的资源进行评价，这个事实确实是一个很严重的缺陷。

存量/用量比这个指标最突出的优点就在于它很容易利用现已公布的数据进行计算，而且公众很容易（但往往是错误地）将它解释为"资源直至枯竭的时间"，或许正是这个事实造就了它的成功。

标准的物理指标并不是理想的指标，这个事实很有趣，而且也很重要，但是，我们不能完全放弃这个指标，除非我们能给出更好的指标。但这样的指标存在吗？

在本章以及前面几章的分析中，我们已经提出了四个候选的经济指标，即（1）资源价格；（2）稀缺租金；（3）边际找矿成本；（4）边际开采成本。为了确定这些指标是否更为出众，我们必须在各种不同环境条件下分析它们的属性。

资源价格

在前面几章中，我们发现，区分有效资源价格和市场价格非常有用，前者使得社会净效益达到最大化，后者可能是有效的，也可能是没有效率的。我们在这里继续这种区分。

有效资源价格不仅满足前瞻性评价标准的要求，而且也满足可比较性评价标准的要求。当前价格对未来具有一定的预示作用，它们受需求增加、存量扩大和替代可能性、开采成本变化等因素影响。相对价格也受到需求的价格弹性影响，所谓价格弹性，即资源稀缺造成的困难越大，价格越高。因此，价格水平和相对价格变化使得我们可以对可枯竭资源和可再生资源进行直接比较，它们能够反映问题的严重性。

利用有效资源价格变化趋势作为唯一指标所存在的问题在于，在某些特定的市场中，它们不能直接观察或计算。只要其他容易获得的指标（例如市场价格）与有效价格不同时，这种情况就会发生。在前面几章中，我们曾讨论过这两个价格有可能不相等的情形，例如开放性资源市场、政府控制价格或给予人为补贴的市场、具有明显外部性（例如环境污染）但又没有内部化的市场。

在这些情形下，市场的价格趋势甚至不能合理地接近于有效价格趋势。我们以开放性资源为例加以说明。对于开放性资源而言，所存在的问题在于早期过度开采，随后，由于存量明显减少，在后期会出现开采不足的情形。因此，问题的关键并不在于价格没有上升以反映资源的稀缺性。价格最终还是会上升的。问题是前期较低的价格（因为市场供大于求）发出了一个表明资源丰盈的错误信号。当资源被当做开放性资源处理时，其市场价格无法显示前瞻性特性。

没有内部化的外部性同样存在这个问题。我们已经知道，当市场无法识别这些外部性时，市场的价格会过低。而且，与开放性资源问题相反，市场没有自动调节机制，促使市场价格反映这种日益增加的稀缺性。由于在这种情形下（例如开采成本上升，污染所产生的破坏日益增加），稀缺性会影响到非市场化的商品（例如清洁空气和水），从而市场价格不能反映所存在的问题。

我们现在在论述市场价格的预测性问题。资源市场显示前瞻性的能力取决于供应商对未来的评估能力。如果他们不能对未来可能会发生替代、技术变迁、需求模式等作出正确的预测，那么，市场价格将无法反映这些因素所带来的后果。价格所包含的信息内涵仅仅是那些采取集体行动确定价格的人们所拥有的信息内涵。

总之，对于在有效或接近有效的市场中交易的资源而言，资源价格是一个很好的指标。如果市场是无效率市场，那么，这个指标的优势就不再那么明显。其他指标则可用来补充或替代这些市场的资源价格。

稀缺租金

第二个经济指标是指稀缺租金的趋势，所谓稀缺租金，是指当使用者的成本为正时，向某个资源所有者支付的费用。有效的稀缺租金具有前瞻性，当然，如果未来无关紧要，那么就根本不存在稀缺租金！我们利用稀缺租金，就应该可以预测出未来的需求和开采成本都会随着资源的枯竭而增加。稀缺租金既可以是表示可再生资源稀缺性的一个指标，也可以是表示可枯竭资源稀缺性的一个指标。

至此我们可以总结出，作为指标而言，稀缺租金趋势大致可与资源价格趋势做比较。然而，对于某些类型的资源而言，稀缺租金或许会优于开采产品的价格，后者是最容易获得的一种价格。林业经济学家 L. C. 伊兰（L. C. Irland, 1974）给出了一个精彩的历史事例：

> 从南北战争到 1900 年前后，尽管木材价格上升了，但木料价格很稳定。主要的原因在于运输成本下降，加工技术得到改善。

用木料价格作为指示木材稀缺性的一个指标可能会得出错误的结论。木材价格上升所反映的稀缺性会因交通成本和加工成本的下降而被掩盖。只有木材的稀缺租金（林产工业上又称为立木山价）才能正确地反映资源的稀缺性。[2]

就其他资源而言，稀缺租金仍然可以作为一个虽不完善但可以使用的指标。正如我们在前面所论述的，开放性资源的稀缺租金在任何时期都为零。对于这类资源而言，稀缺租金则是表示稀缺性的一个不完善的指标。

即便对于有效市场而言，稀缺租金和资源枯竭的程度二者之间的关系也不总是很明显。对于可枯竭资源而言，由于其边际开采成本不变，因此，我们期望稀缺租金会随着资源的枯竭而上升。另一方面，如果开采成本随着开采量的增加而上升，那么，稀缺租金就应该随着稀缺性的增加而下降。为了解释稀缺租金的这种行为，我们需要了解开采成本的内在结构。

其结果是，如何解释成为了一个重要问题。稀缺租金下降既表示资源有效性的增加（这是我们所期望的），也表示开采成本的上升（这是我们所不期望的）。由于这对于解释正确与否关系密切，因此，基于这一个指标得出结论风险很大。

边际找矿成本

尽管在一些情形下，稀缺租金被证明是一个有用的指标，但它并不总是可观测的。前面我们提出了一种关系，能够解决这一困境。我们注意到，边际找矿成本是可观察的，它应该等于边际稀缺租金。因此，在找矿成本的数据可用但缺乏稀缺租金的数据时，我们就可以用边际找矿成本作为边际稀缺租金的替代值。遗憾的是，边际找矿成本的公开信息也极其少见。

边际开采成本

传统分析提出的最后一个反映资源稀缺性的指标就是边际开采成本的变化趋势。对于某项指定的开采技术而言，随着低品位矿石的开采，我们通常预料边际开采成本会上升。因此，边际开采成本的上升可以作为一个信号，表示获取一个单位资源所需要作出的牺牲量。值得注意的是，在资源被当做开放性的、公共产权的资源来处理时，表示稀缺性的这个指标的有效性并不会受到影响。或许，这个指标正是用来表示开放性、公共产权的资源（例如鱼类和鲸类）稀缺性的一个最好指标。

然而，开采成本远不是一个完美无缺的指标。在目前我们所考虑的三个经济指标中，开采成本是唯一不满足前瞻性评价标准的指标。由于开采成本是以当前的开采成本为基础而得到的，因此，它对未来可能出现的问题没有作出任何指示，例如需求或开采成本在未来可能迅速增加，或许这种情形的发生就在眼前。对于那些必须在稀缺发生时作出及时反应，并希望预测稀缺性的商业巨头或者政府领袖们而言，这个指标给他们提供的帮助将十分有限。

单位开采成本也是一个很难用公布的信息精确测算的概念。其结果是，分析师们提出了一种方法，利用现有的信息对它进行估计。引用最多的一个例子是哈罗德·巴尼特和钱德勒·莫尔斯（Harold Barnett and Chandler Morse，1963）提出的单位开采成本测量指标，即

$$C_i = \frac{\alpha_i L_i + \beta_i K_i}{Q_i}$$

其中：

C_i：资源 i 的单位开采成本；

L_i：投入产业 i 的劳动，用就业量来计算；

K_i：可再生资本（设备与建筑物）；

Q_i：第 i 种资源的净开采量；

α_i, β_i：用于计算不同资本和劳动投入合计值的权重。

上式表明，资本和劳动是资源开采的主要投入要素；当社会开始使用越来越差的资源时，单位资源的开采所需的资本量和劳动量则更大。这时，指数呈上升趋势。相反，如果指数随着时间的推移而下降，那么就表明我们已经持续不断地发现了新的低成本矿源，或是表明技术进步已经使得开采一个单位的资源所需的资本和劳动下降到了一个相当的程度，使其抵消了矿石等级下降所产生的影响。

如果能够获得开采成本的真实数据，那么这种特殊情形所产生的问题就不会出现。其中最突出的一个问题就是除资本和劳动以外，还遗漏了一些要素，而且资源开采涉及这些要素。能源就是一个明显的例子。如果资本品随着时间的推移必须消耗更多的能源（直至1974年，能源价格一直在下降，可以预料，能源的消耗也越来越多），那么，巴尼特-莫尔斯的测量指标就无法反映开采成本——能源成本日益上升的原因。

能源成本被遗漏了，而且没有涵盖环境成本（估计也呈上升趋势），因此，我们很难完全信任这个近似值。

总之，不存在任何一个资源稀缺性指标在所有情况下都优于其他指标的情形。资源的真实价格趋势或许在有效市场上拥有绝对的优势。稀缺租金趋势或许在诸如木材市场一类的市场上拥有绝对优势，在这类市场中不存在开放性资源问题，而且资源的价值一般是就地收集。如果边际稀缺租金无法直接测算，那么，可以用边际找矿成本作为它的一个近似值。对于被视为开放性资源的资源而言，一般是采用开采成本的趋势进行估算。从道理上说，我们似乎不能相信任何单一的指标可以提供所

期望的所有信息。对于名目繁多的指标,我们必须根据实际情况,具体问题具体分析。

14.4 有关资源稀缺性的证据

许多研究都试图对我们现在所面临的稀缺程度作出评估。由于这些研究所采用的方法各式各样,因此它们所得到的解决办法也截然不同,对此我们无须吃惊。我们现在论述一下这些研究,我们先从分析基于物理性指标的研究开始,然后探讨基于经济指标所做的研究。

物理指标

为了对物理指标进行讨论,首先我们分析20世纪70年代的存量/用量比数据。按照比率数据所示,比率低于30年的资源有金、铅、水银、银、锡和锌。然而,现在30年已经过去了,但是这些矿产资源依然没有枯竭。

在需求方面,一个关键因素就在于利用可再生资源替代可枯竭自然资源的能力。评价自然资源与其他商品可替代性的潜在能力的一种方法就是对一个众所周知的指标作出估算,即**替代弹性**(elasticity of substitution)。替代弹性(σ)是指衡量两个投入要素在生产过程中相互补充或替代的程度。[3]

如果 σ 为正值,则要素为替代品;如果 σ 为负值,则要素为互补品。[4] 正值越大,要素替代越容易,而且替代越完全。一般而言,如果某个要素的替代弹性大于1,那么就表明要素替代很容易。对于图14—1所示的具有固定比例等值线的要素,其替代弹性为零。如果要对关于要素替代方面的堆积如山的文献做一个全面回顾,我们必定会步入歧途,但是我们作出这样一个总结还是比较合理的,即资本和资源是替代品,而且有时是很强的替代品(Berndt and Field, 1981)。不过,资本和能源之间则不同。

在美国以及其他一些国家,许多有关能源与资源以及能源与劳动力之间可替代性的研究业已完成(Berndt and Wood, 1975; Halvorsen and Ford, 1978; Fuss, 1977; Atkinson and Halvorsen, 1976; Fisher, 1981)。一般而言,结果都是很确定的。能源和劳动力自始至终都表现为替代品,根据行业的不同,不同国家的弹性系数从0.48到3.80。能源与资本的情况则比较复杂。基于某个单一国家的研究常常发现资本和能源是互补品，而不是替代品。我们很容易理解这一点。从历史上看，如果能源的相对价格正在下降，那么，经济系统所产生的自然反应就是建造和使用耗能型资本。但这并不必定意味着能源相对价格上升期间资本和能源仍然会成为互补品。我们将在第 22 章详细分析。

替代的可能性会如何变化呢？一般而言，尽管某些特定行业的问题层出不穷，但总体来讲情况比较好。不论是资本还是劳动力，它们都能够在合理的范围内成为彼此或资源的替代品。如果资本和能源的互补性关系是不可逆的，那么，随着能源价格越来越高，这种历史性的关系则有可能在未来转化为一种替代性。[5]

从供方情况看，或者从长期的角度看，情况又会怎么样呢？两名物理学家戈勒和温伯格（Goeller and Weinberg, 1978）对资源在未来长期的有效性做了最透彻的评估。他们查遍了整个元素周期表以及某些重要的化合物，对当前的使用情况以及未来资源的有效性进行了估算。他们对未来资源有效性的定义是广义的，包括来自大气、海洋以及地壳 1 公里深度以内的所有潜在供应源。本质上说，他们对供应量的估计与我们在第 7 章中论述的资源禀赋是对应的。

戈勒和温伯格利用资源禀赋作为资源存量的定义，计算了每种物质的静态存量指数。按照他们的计算，第一种将被用完的资源是磷，但是还可以使用 1 300 年。对于其他大多数资源而言，他们的计算表明，其枯竭的时间尺度都达到百万年计。基于这个分析，以及其他辅助分析，戈勒和温伯格得出了两个主要结论：

（1）除三种物质以外（磷、少数几种农业上用到的微量元素以及化石能源），其他资源的资源供应量实际上没有限制。

（2）从这些真正有限的资源过渡到其他资源，即使有可能导致生活标准下降，其可能性也很小。在大多数情况下，资源的真实价格不会超过当前价格水平的 2 倍。

如果我们能够像某个占卜者一样，使用一个水晶球以某种方式窥视未来，我们或许能够发现，未来实际的境况或许正处于悲观和乐观之间，前者是依靠存量/用量比的分析所得到的，后者是戈勒和温伯格所预测的。戈勒和温伯格的乐观分析部分基于这样一种假设，即所有他们所认识到的资源禀赋事实上都可以再生，而且它们的利用不会产生环境问题，例如气候变化。这种理想与传统的地理学观点是吻合的，按照传统的地理学观点，资源仅仅分布在地壳之内。传统的地理学观点表明，矿产资源的等级越低，有效资源的供应量就越大，它的供应曲线相当平滑，中间没有一点不连续性。

然而，传统观点也并非总是一致的。著名地球化学家 B. J. 斯金纳（B. J. Skinner）曾认为，在地壳中，某些地球稀缺的化学元素，它们的分布往往与众不同。该分析认为，矿物质可以分为三类。第一类，例如铁、铝、钛、镁和硅，矿石的分布导致矿石品位和吨位呈反向关系。高品位矿石的枯竭会导致矿石品位下降，但是，更大吨位的低品位矿石变得可以利用。

对于第二类资源（锰、钡、钒、锆、硫、磷、氟和氯）而言，它们受限于品位—吨位的反向关系，但是，这些矿石的供应量很大，以至于这些限制无法抑制资源在可预见的未来的有效性。

对于其他金属而言（斯金纳曾将它们称之为地球化学稀有金属，例如铜、铅、锌、钼和金），矿产的分布截然不同。我们将传统的观点和斯金纳的观点做一比较，如图 14—2 所示。图 14—2（a）表示的是传统函数，即单峰函数，一般代表比较丰富的资源的分布情况；图 14—2（b）表示的是双峰函数。

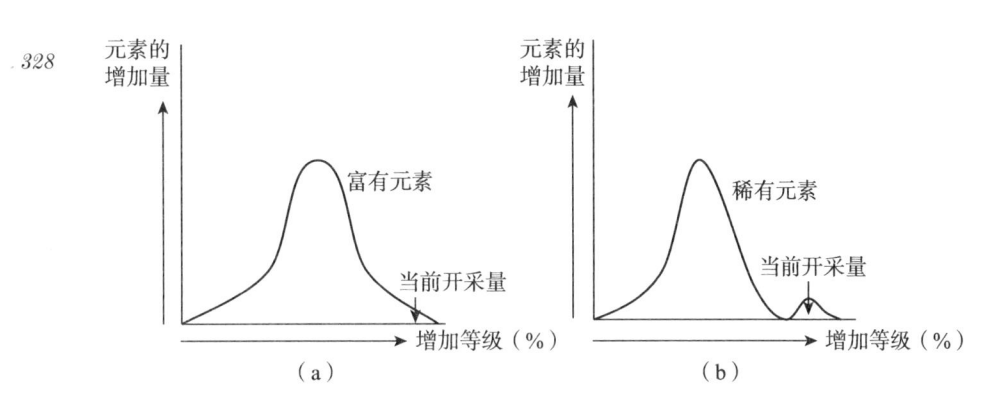

图 14—2 矿石分布的非正统观点

资料来源：B. J. Skinner. "A Second Iron Age Ahead?" *American Scientist* Vol. 64 (1976): 263.

斯金纳假设的含义是，随着对较低品位的地球化学稀有资源的开采，我们将发现，在相当大的品位范围内，可开采的较低品位的矿石会越来越少，而不是越来越多。斯金纳进一步认为，在两个分布峰之间，存在一个矿物学阈值（mineralogical threshold），它显示了一个明显的间断，在这个间断处，或是按该阈值的左边开采，或是按照右边开采。阈值的这个特点如图 14—3 所示。

对于大量元素而言，单位产出所利用的能源会随着矿石品位的下降而平滑上升。对于地球化学稀有资源而言，斯金纳认为，当个别矿物的供应（如图 14—2 的小峰）枯竭之时，而且所剩资源被用于替代矿物晶体结构更加丰富的金属，那么，能源的利用就会呈现明显的不连续性。

我们不再利用传统的矿物浓缩工艺来分离这些矿物。我们不得不打碎主矿石，以释放那些紧密结合在一起的金属元素。一些研究（Brobst, 1979）认为，想成功地实施这些转换，单位产出所需要的能源是现在水平的 100 倍或者 1 000 倍。表 14—1 给出了铜的这种关系。

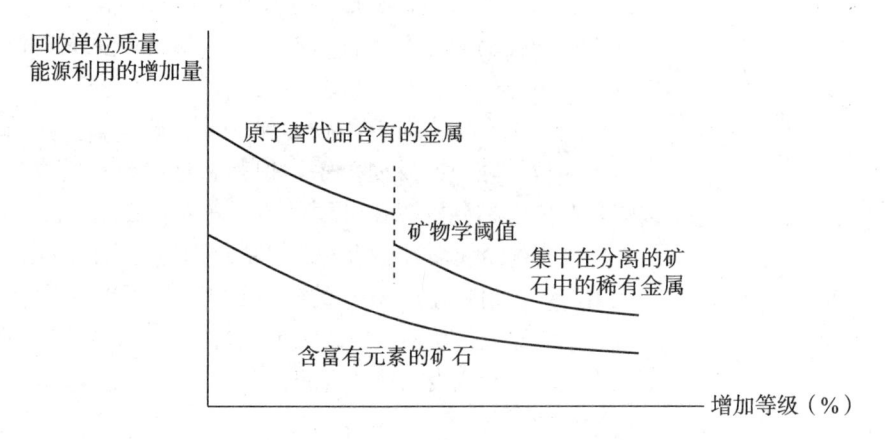

图 14—3　矿物学阈值的性质

资料来源：B. J. Skinner. "A Second Iron Age Ahead?" *American Scientist* Vol. 64 (1976)：267.

表 14—1　　　　　开采和加工一种铜矿所使用的能源

	能源利用（英国热量单位/磅，铜）		
品位，铜的百分比	0.7	0.1	0.01
开采及浓缩	19 300	135 000	1 250 000
铜盐的准备	326 858	2 288 010	22 880 100
精炼	20 000	20 000	20 000
合计	366 158	2 443 010	24 250 100
烟煤的等价热能，单位为煤的磅数	28	188	1 866

资料来源：V. Kerry Smith and John V. Krutilla, *Explorations in Natural Resource Economics*, pp. 1 fig. ©1982. (Baltimore, MD：Johns Hopkins University Press).

即便斯金纳的假设是合理的，除非能源无限便宜，否则戈勒和温伯格的分析都过于乐观了。对于地球化学稀有金属而言，尤其如此。开采这些金属的价格非常高，经济的反应如何呢？参见例 14.2 "地球化学稀有金属：经济如何作出反应？"它似乎表明，日益增加的稀缺性将迎来某些明显的变化，这些变化会减弱对经济的冲击。只有铜的这种情形完全或近乎完全消失，才会产生大的经济损失。

例 14.2　　　　　　　　地球化学稀有金属：经济如何作出反应？

随着矿石供应下降，地球化学稀有金属（例如铜）对经济系统提出了一个特别的挑战。为了理解经济上如何对这种挑战作出反应，由三名经济学家和一名地球化学家组成的小组,对美国未来的铜市场构造了一个模型。这个模型包含了大范围的当前以及未来对铜的需求分析、一大堆的可能替代品以及对生产和回收利用的估计。

从该模型的分析中,他们得到如下结论:

(1) 未来100年,铜的开采率将快速提高。开采的高峰期约在2100年前后出现,随后缓慢下降。高峰时期的开采率大约是当前新铜生产率的8倍。

(2) 铜矿将在2070年枯竭。因此,铜将只能从铜岩中获得,其最高含量为0.05%,而现在的铜矿含铜量为0.5%。一旦必须从铜岩中获取铜,那么,铜的内在稀缺性将消失;随后铜将非常昂贵,且不再是在可枯竭意义上的"稀缺"。

(3) 随着时间的推移,当前或历史上由铜提供的服务将逐渐地由大量的替代材料提供,例如铝、钛、不锈钢、塑料以及玻璃。到21世纪末,铜的应用将剧减。

(4) 回收利用将是一门很大的生意。到下个世纪中叶,所有来自废弃物的铜都将得到回收利用。

(5) 下个世纪,铜的价格将明显提高,价格从每公斤2美元指数级增长为每公斤120美元,那时替代资源(一般的岩石)将开始发挥作用;此后,铜的真实价格将保持稳定。

(6) 尽管在下个世纪铜的价格将提高50倍,但铜的等价品的成本则仅上升10倍。

(7) 据估计,因铜短缺而引发的成本大致只占国民收入的0.5%。然而,完全不使用铜的总成本估计将高达国民收入的22%。

资料来源:Robert B. Gordon, Tjalling C. Koopmans, William D. Nordhaus, and Brian J. Skinner. *Toward a New Iron Age? Quantitative Modeling of Resource Exhaustion* (Cambridge, MA: Harvard University Press, 1987).

经济指标

开采成本

最早关注自然资源稀缺性的著作是1963年巴尼特和莫尔斯所著的《短缺与增长:自然资源有效性的经济学》(*Scarcity and Growth: The Economics of Natural Resource Availability*)。这本开创性的著作之所以引人关注,既在于它提出的方法,也在于它所得到的结论。

巴尼特-莫尔斯的经验评价主要集中在两个指标上,这两个指标是使用1870—1957年的数据构造出来的。第一个指标称为单位—成本指标,是指对于任意给定质量的产出，其开采所需要花费的增加量。这个指标我们在前一节中已经论述过了。第二个指标记录了自然资源相对于非采掘资源价格指数的价格趋势。很明确，作者更偏爱前一个指标。

在分析了这两个指标的变化趋势之后，巴尼特和莫尔斯认为，除林业部门以外，没有明显的证据表明稀缺性会增加。另外，他们还发现，这个结论对于他们在分析期间被迫作出的各种主观判断不敏感，例如，定义计算劳动力和资本的权重或选择用于计算非采掘部门的价格趋势的指数。基于其他合理的判断所作出的各种不同的计算，也可以得到相同的结论。

面临日益增长的需求以及有限的资源数量，都不存在任何稀缺性的证据——如何解释这种情况呢？巴尼特和莫尔斯提供了四个解释：(a) 从历史上看，如果较高品位的资源枯竭了，那么较低品位的资源将变得有用，而且数量更大；(b) 由于可能会产生稀缺，因此，资源用户开始转向其他并不怎么稀缺的资源；(c) 随着价格上升，对其他新矿源的勘探得到鼓励，而且这种勘探往往非常成功；(d) 技术变迁降低了开采成本，从而扩大了可再生资源的范围。他们认为，从历史上看，这些缓和因素的联合效应非常大，以至于它们消除了当前或未来稀缺性存在的迹象，但是，森林产品除外。

这种对过去发生事物的乐观认识通常得到了对未来将发生的事物的乐观认识的补充。他们认为：

> 由于增长的结果是有定论的，人类将面临一系列的特定资源的短缺，且这些短缺将产生普遍的稀缺（即成本日益增加），这些结论并不是一个必然的结果。20 世纪对能源与物质一致性的发现使得替代的可能性提高到了无法想象的程度，人类处置这类问题的方式很多，可选择的替代办法不胜枚举。我们可以想象，这些替代办法最终都会受到限制（相对于人类的欲望而言），成本的日益增加在所难免，然而，我们没有任何证据来证明这些想象的合理性。对于摆脱资源短缺的可能性而言，或许存在某种绝对的限制，但是，我们无法定义它或是指定它。地球的边界是有限的，且其简单性不言而喻，以至于我们无法作出确切的考究。

怀疑论对于否定这个结论或许比较合适。例如，我们也已提及，巴尼特和莫尔斯在测算开采成本时并没有考虑能源成本。这种忽略的严重性有多大？克里夫兰（Cleveland, 1991）使用能源成本测算了边际开采成本的变化，重新计算了对巴尼特和莫尔斯的分析。在分析了单位能源投入所获得的物理产出趋势后，克里夫兰发现，对于许多资源而言，化石燃料用量的大量增加是资本和劳动随时间的推移而下降的主要来源。通过提高劳动和资本的生产率，能源的注入降低了单纯以资本和劳动核算的开采成本。因此，短缺的发生是否紧迫，取决于能源是否短缺，而不仅仅取决于劳动和资本的有效性与成本。

对巴尼特和莫尔斯所得出的结论的研究还涉及分析的时间尺度（巴尼特和莫尔斯的数据截至1957年）和仅仅对美国单一国家的分析。利用后来的数据，对更广泛的地理区域进行分析，而且采用更多的指标，所得出的研究结果能够支持巴尼特和莫尔斯的结论吗？

这类研究至少为巴尼特和莫尔斯的数据的历史解释提供了某种支持。约翰逊、贝尔和巴尼特（Johnson, Bell, and Bennett, 1980）扩展了这一分析，将美国截至1970年（少数情况下截至1966年）的单位成本数据纳入了分析。按照传统的假设检验，他们发现：

（1）巴尼特-莫尔斯关于林业部门稀缺性日益增加的结论在1958—1970年期间是相反的。

（2）在所研究的15种农产品组合中，1958—1972年，其单位开采成本全部是下降的。其中，只有三种农产品（粮食、油料作物和蔬菜）在这一时期比巴尼特和莫尔斯所研究的稍早时期呈较小的下降。

（3）在所研究的11类矿物和燃料商品组合中，1958—1972年，单位开采成本全部下降了。其中，只有铜在稍后的时期内下降的幅度较小。

（4）1962年以来，商业捕捞的单位开采成本已经上升了。这是三位作者所发现的唯一有案可查的稀缺性增加的案例，而且，我们在第13章中已论述，这种独特的稀缺性现象不会令任何人感到吃惊。

哈罗德·巴尼特（Harold Barnett, 1979）是《短缺与增长：自然资源有效性的经济学》一书的作者之一，他后来使用更新的数据对他早期的分析做了扩展，这些数据涵盖了全球的资源状况，而不仅仅是美国的数据。在对大量的数据进行分析之后，他发现：

（1）所有时期、所有国家和所有商品的单位开采成本（用单位产出所需的劳动力来衡量）都是下降的。

（2）在所分析的20个案例中，与制造业的单位开采成本下降的速度相比，只有三例矿产业的单位开采成本（用单位产出所需的劳动力来衡量）下降得更慢。

随后的一系列研究的结论与这些相当乐观的结论并不矛盾。尽管霍尔和霍尔（Hall and Hall, 1984）发现，从统计学上看，美国20世纪70年代煤和石油的开采成本明显增加，但这种增加是因为短缺引发的还是因欧佩克的行为引发的，还无法证实。对于其他物质而言，例如铁合金和非铁金属，他们发现，开采成本在20世纪70年代持续下降。尤里和博伊德（Uri and Boyd, 1995）随后所做的一项研究并没有发现几种矿产资源的单位开采成本有任何提高。

因此，技术将开采成本的分析扩展到其他国家和其他时期，开采成本日益下降的结论似乎成立。然而，开采成本这个指标并不具有前瞻性特征，因此，如果我们要评估未来的资源是否短缺，我们就必须分析资源价格的行为。仅仅分析开采成本是不够的。

资源价格趋势研究

如果在某种意义上资源的稀缺性正在增加，那么，我们就应该能够发现自然资源的价格比一般物品的价格上涨更快（参见例14.3"打赌"）。

例14.3 ☞   **打 赌**

1980年，在稀缺性争论中的两个著名人物都是"将他的钱放在嘴上"。保罗·埃利希（Paul Ehrlich）是一名生态学家，他坚定地认为，资源的稀缺性迫在眉睫，并接受朱利安·西蒙（Julian Simon）的挑战。朱利安·西蒙是一名经济学家，他同样坚定地认为，对迫在眉睫的稀缺性过于担忧是没有根据的。按照打赌的规则，假设埃利希对他选择的5种商品各投资200美元（他选择了铜、铬、镍、锡和钨）。10年后，按照真实价格的方式计算数量相等的这5种商品的总价值（按照正常通货膨胀率进行贴现计算）。如果价值增加了，西蒙送给埃利希一张支票，价值为前后之间的价差；如果价值下降了，埃利希则送给西蒙一张支票，价值为前后之间的价差。

1990年，埃利希做了计算，并送给了西蒙一张支票，价值576.07美元。这5种商品的真实价格都下降了，其中一些商品的价格下降了一半。新的矿源已经发现，许多用途方面（尤其是计算机）已经出现了不用这些矿物的替代品，而且，锡的联合企业一直抬高锡的价格，结果这些企业倒闭了。

这些证据为未来提供了一种经验吗？你自己判断吧！

资料来源：John Tierney. "Betting the Planet." *New York Times Magazine* (December 2, 1990): 52 - 53, 74, 76, 78, 80 - 81.

在我们前面论述的哈罗德·巴尼特的研究中，他既分析了资源的价格，也分析了单位开采成本。他有关价格的结论是：

（1）在所分析的53种资源中，与23种资源的一种通用的总体价格指数相比，农业部门的价格上升得更快；

（2）联邦德国在1950—1971年期间，与所研究的6种资源中的3种资源的总体价格水平相比，矿物以及原材料的价格上升得更快。

上述事实表明，自然资源部门的价格上涨速度比其他部门更快，这与未来资源稀缺性增加的预测是吻合的。

V·克里·史密斯（V. Kerry Smith, 1978, 1979, 1980）的研究对

巴尼特的研究做了补充,他对美国稍后的数据进行了分析。史密斯采用了比巴尼特的研究更为复杂的统计分析方法,结果发现,有关自然资源价格涨跌的结论对分析中使用的时期选择很敏感。不同的时期可以得出不同的结论。即便如此,资源相对价格历史性的下降幅度在更近的时期中显得比较小,而且有些资源还呈现相反的趋势(因此,出现价格的增加)。他得出结论认为:

> 本文的分析提出了这样的问题,即利用巴尼特和莫尔斯所采用的经验数据所得到的结论是否有其合理性,既要考虑所采用指标的内在局限,又要考虑数据本身。我们利用更新后的数据所做的分析表明,仅仅依靠这些证据不足以将巴尼特和莫尔斯的解释作为一种普遍的共识,也就是说,自然资源短缺的证据是不存在的。[1978, p.165]

上述分析的依据是线性函数,它无法刻画最初的相对价格下降,而后上升的情形。不过,按照我们在第 7 章对技术进步作用的描述,预料这种情形正好会出现。这种非线性的价格变化模式确实存在吗?

玛格丽特·斯莱德(Margaret Slade,1982)使用多类资源对这个问题进行了具体分析。利用统计技术,她拟合了一种二次方程,形式如下:

$$P_{it} = (b_{0i} + b_{1i}t + b_{2i}t^2 + V_{it})$$

其中:

P_{it}:第 i 种商品在时间 t 的通缩价格;

t:时间,按年数计算(起始年为 1800 年,即 1800 年=0);

V_{it}:随机误差。

这种方法的优点在于采用了一个能够开始上升随后下降的函数[6],这种分布模式的存在在统计学上得到了证实[7],而且,如果这种关系是一种合理的关系,那么,我们就可利用函数中的一些参数来确定下降停止且上升开始的年份。[8]

事实上,斯莱德发现,与线性函数相比,二次函数能够更好地拟合数据,但有一个例外,即铅,这意味着 U 形曲线的最低点已经过去了。[9]至少对于这些资源而言,相对价格先降后升的模式是一种普遍现象,转折点似乎已经过去了。

斯莱德对这些事实总结道:"因此,如果使用相对价格衡量资源的稀缺性,那么有证据表明,非再生自然资源物品正在变得稀缺。"[p.136]

这些早期的研究一般都没有得到一些后续研究的肯定,后续研究则采用了更为新近的数据。克劳特克雷默(Krautkramer,1998)对最新的数据进行了分析，他报告称，所分析的11中资源中有8种呈现负的（非二次性的）时间趋势，而且只有铜、铅和锡的负值系数在统计学上具有显著性。煤、天然气和石油的价格则具有一个正的（非二次性的）时间趋势，不过只有天然气的系数估计值具有统计显著性。他指出，没有一种资源的价格变化趋势遵循斯莱德发现的二次方程。豪伊（Howie, 2003，未发表，参见蒂尔顿（Tilton, 2003）的报告）做了一个类似的分析发现，只有镍的价格与二次方程相吻合。从历史的角度看，价格是资源稀缺性的信号这种争论不具说服力。

找矿成本

为了深入了解最后一个指标，即找矿成本，费希尔（Fisher, 1981）用美国1950—1971年（按1947—1949年不变价格计算）的石油和天然气的平均找矿成本与其价格信息做了比较。由于缺乏首选指标（即边际找矿成本）的数据，所以使用平均找矿成本代替。

尽管这个时期原油价格没有实质性的增加，从而表明不存在稀缺性的问题，但是，费希尔发现，找矿成本的变化趋势则不然。尽管这种变化趋势并不十分稳定，但后期年份里，找矿成本似乎呈明显上升趋势。这条信息看起来似乎很清楚，但是，到20世纪70年代初期，找矿成本的变化趋势似乎表明短缺正日益临近。

稍后的研究与费希尔的工作类似，但在解释任何找矿成本的结果时保持了谨慎的态度。正如当代最著名的石油专家M. A. 阿德尔曼（M. A. Adelman, 1997）所强调的，对边际找矿成本作出一致的估计是不可能的，因为任意指定年份找矿的数量是未知的。尽管每一年的石油开采活动是很清楚的，但找到的石油的数量大小变化很大。

并列的可替代指标

没有任何单一指标能够优于其他指标，但是，只要有可能，我们就有必要采用几个指标，从这些指标得到尽可能多的有用信息，不论是利用单个指标，还是联合采用各个指标，只要可行即可。克里夫兰（Cleveland, 1993）正是按这种思路分析美国的石油和天然气的。他的见解（支持斯莱德的论点）是，美国已经经历了一个稀缺性下降的时期，紧随其后的则是一个稀缺性增加的时期。如果石油和天然气在现代社会的燃料供应方面具有举足轻重的作用，那么这些结论则预示存在着一种普遍性的短缺，且这种普遍短缺的严重性将超过仅仅与石油和天然气有关的单一资源的短缺。

14.5 小结

对资源稀缺性的评价正处于快速发展的过程,我们能否得出一些确定性的结论呢?幸运的是,答案是肯定的。

1. 问题不在于我们是否会消耗完我们的资源。正如戈勒和温伯格所阐明的,空气、水和地壳恰恰为我们所使用的资源提供了一个大仓库。对于大多数资源而言,这个大仓库所储藏的资源几百万年都不会枯竭。问题不在于物理上有无足够多的资源,而在于我们愿意支付多高的价格去开采和利用它们。

2. 尽管有关资源稀缺性的事实很混杂,但是,历史也没能提供有足够说服力的证据,表明资源稀缺性正在日益迫近,不过,石油和天然气除外。

3. 我们探测资源稀缺性的能力目前还受到一些限制,因为我们不具备任何一个单一指标,这个指标既具有前瞻性,而且易于理解和计算。虽然我们现在也在采用几个指标,但是,没有一个指标能够适合于所有资源和所有市场条件。

4. 在我们的探测系统以及对稀缺性的反应能力方面,我们最严重的不足就是没有将增加资源利用所引发的各种环境成本纳入市场体系一并考虑,这些环境成本包括辐射灾害、遗传多样性或审美价值上的损失、污染的空气和饮用水、气候变化。由于没有包含这些成本,因此我们的探测指标错误地发出了乐观的信号,而且市场作出的选择迫使社会处于无效率的风险之中。

5. 历史指标并没有表明资源存在着系统性的短缺,这个事实并不排除其未来的表现也是如此。

正如诺伊迈尔(Neumayer,2000)所指出的:

> 世界经济远没有展示出一个十分强大的能够克服资源约束的能力。我们曾担心会变得稀缺的资源,常常在仅仅几年之后又变得丰富起来。这让我们有理由充满憧憬。不过,我们也有理由保持谨慎:从来就没有任何保证:过去的幸运会在未来复制。当今时代,世界风云变幻,我们尤其要保持谨慎。我们根本就不知道有限的自然资源是否会制约经济增长。(p.328)

进一步阅读的材料

Adelman, M. A. (1997). "My Education in Mineral (Especially Oil) Economics," *Annual Review of Energy and the Environment*（November）: 13-46.

Howie, P. (Unpublished). "Long-Run Price Behavior of Nonrenewable Resources Using Time-Series Models," Golden, CO: Colorado School of Mines.

Krautkramer, J. A. (1998). "Nonrenewable Resource Scarcity," *Journal of Economic Literature* Vol. 36 (4): 2065-2107. 该文对自然资源稀缺性评价理论以及经验工作进行了全面分析。

Neumayer, E. (2000). "Scarce or Abundant? The Economics of Natural Resource Availability," *Journal of Economic Surveys* Vol. 14 (3): 307-335. 这是一篇很出色的与本章所涉及领域相关的文献综述。

Norgard, Richard B. "Economic Indicators of Resource Scarcity: A Critical Essay," *Journal of Environmental Economics and Management* Vol. 19 (July 1990): 19-25. 资源稀缺性的经济指标本质上讲都是有缺陷的，本文提出了这一见解，并进行了支持性的讨论。

Tilton, J. E. (2003). *On Borrowed Time? Assessing the Threat of Mineral Depletion*. Washington, DC, Resources for the Future, Inc. 该书阐述了主要矿产经济学家对资源稀缺性相关证据的评价。

Uri, N. D. and R. Boyd (1995). "Scarcity and Growth Revisited," *Environment and Planning* Vol. A 27 (11): 1815-1832。

【注释】

[1] 如果开采不存在不确定性，这是严格正确的。不过，即便存在不确定性，边际勘探成本也与稀缺租金密切相关。参见 Devarajan and Fisher (1982)。

[2] 立木山价是指林地所有者允许采伐者采伐并取得木材且支付给林地所有者的价格。

[3] 按照定义，两个生产要素（例如 X 和 Y）之间的替代弹性是指要素比率变化的百分率与它们的相对价格（P_x 和 P_y）变化的百分率之比。即

$$\sigma = \frac{(\Delta X/Y)(P_y/P_x)}{(\Delta P_y/P_x)(X/Y)}$$

[4] 如果一个要素的增加导致另外一个要素也增加，那么这两个要素就是互补

品；如果一个要素增加导致另一个要素下降，那么这两个要素就是替代品。

［5］例如，使用计算机控制供暖系统的效率更高，从而极大地节约能源。

［6］当$b_0>0$，$b_1<0$，且$b_2>0$时，函数表达的就是这种模式。

［7］如果$b_2=0$，那么方程为线性方程。因此，所做的检验就是$b_2=0$或$b_2>0$。

［8］利用微积分知识，可以计算出，当$t=-b_1/2b_2$时，价格的下降达到最低点。由于$b_1<0$，因此t值是一个正数。

［9］对进一步的推导过程感兴趣，或是希望对这些结论的争论做深入探讨的读者，可参见米勒和戈林（Mueller and Gorin, 1985）的批评以及斯莱德（Slade, 1985）的回应。

第 15 章 防治污染的经济学：综述

> 民主不关乎情感之事，但是却关乎于未来。任何一种制度，如无远虑，必有近忧。
>
> ——查尔斯·约斯特（Charles Yost）：《成功与挫折的时代》
> （The Age of Triumph and Frustration）

15.1 引言

我们在第 2 章中对自然系统和经济系统的关系做了概要性的介绍。既论述了进入经济系统的物流和能流，又论述了进入环境的废弃物流。我们在前面的章节中宽泛地分析了一系列平衡的能流和物流关系，现在我们探讨废弃物在返回到环境中去的逆向流中是如何达到某种平衡的。因为废弃物流与物流和能流在经济中会相互纠缠在一起，以至于废弃物流平衡关系的建立也会对要素投入产生反馈效应。

必须强调两个问题：(1) 流的合理水平是多少？(2) 为了达到这种水平，各种污染源应该下降的水平是多少？

本章将提出一套分析污染控制的一般框架，为理解控制废弃物流的政策途径打下基础。这个框架使得我们能够为各种类型的污染物确定有效而经济的配置方式，将这种配置与市场配置进行比较，且我们可以利用效率和经济性来规划所期望的政策反应。我们在随后的章节中将运用这些原理，分析美国以及其他国家是如何运用政策途径，对废弃物流进行控制的。

15.2　污染物分类

废弃物的排放数量决定了对环境的压力。这种压力所产生的破坏大小取决于环境吸收和消化这些废弃物的能力，如图 15—1 所示。我们将环境吸收污染物的这种能力称为吸收能力（absorptive capacity）。如果排放的废弃物超过了环境的吸收能力，污染物就会在环境中积累。

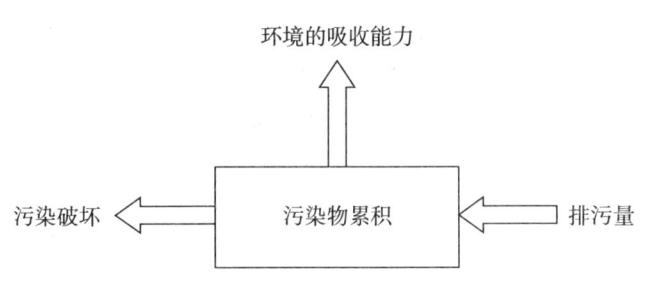

图 15—1　排污与污染破坏之间的关系

环境无法吸收或是吸收能力很小的污染物，我们称为**累积型污染物**（stock pollutants）。累积型污染物随着它们被排放到环境中的时间的推移而积累。沉积型污染物的例子包括随地乱扔的无法生物降解的瓶子、在排放源附近的土壤中积累的重金属（例如铅）以及难以分解的合成化合物，例如二噁英和多氯联苯。

我们将环境具有一定吸收能力的污染物称为**可吸收型污染物**（fund pollutants）。对于这类污染物而言，只要排放率不超过环境的吸收能力，污染物就不会积累。可吸收型污染物的例子有很多——例如，注入富营养化河流的许多有机污染物可以被驻留细菌分解成无害的无机物；植物和海洋可以吸收二氧化碳。

这个观点并不是说物质毁灭了，物质不灭定律证明物质永恒。不过，如果可吸收型污染物进入空气或水中，它们就会转化成为对人类或生态系统无害的物质，或是稀释，或是分散，使其浓度降低，不足以造成伤害。

污染物也可以按照它们影响的区域（水平和垂直两个方向）来进行划分。水平方向是指某种排放的污染物所影响的水平范围。**局部性污染物**（local pollutants）所产生的破坏只涉及排放源附近，而**区域性污染物**（regional pollutants）所涉及的范围则离排放源的距离更远。局部性污染物和区域性污染物彼此存在交叉，某种污染物既是局部性的，又是区域性的，例如，二氧化硫和二氧化氮。

影响的垂直区域是指破坏主要是由某种空气污染物在地面聚集或是在上层大气中聚集所造成。如果某种污染物所产生的破坏主要取决于污染物在地表的聚集，那么，我们称这种污染物为**地表污染物**（surface pollutant）。如果污染物的破坏主要与上层大气有关，那么这种物质我们称为**全球性污染物**（global pollutant）。

水体污染物显然是地表污染物，但是，空气污染物可以是地表污染物，也可以是全球性污染物，或者二者都是。二氧化碳就是一种常见的全球性污染物，化石燃料燃烧后产生二氧化碳，并排入大气，通过温室效应而与气候变化相关。另外，全氯氟烃的排放会破坏臭氧层，而臭氧层可以阻止有害的太阳辐射保护地表。我们还将论述，各国对全球性污染物和地表性污染物的政策反应是截然不同的。

我们的分类方法，在为各种类型的污染问题设计应对政策时非常有用。每种类型的污染物需要某种独特的应对政策，认识不到这些政策区别，政策也就达不到目的。

15.3 污染的有效配置定义

污染物是生产和消费的残余物。这些残余物最终都必定会以某种形式返回环境。由于它们在环境中的存在会使得环境提供的服务贬值，所以，资源的有效配置必须将这种成本纳入考虑。污染是否可以有效配置则取决于污染物的性质。

累积型污染物

累积型污染物的有效配置必须考虑到这样一个事实，即随着时间的推移，污染物会在环境中积累，由此对环境产生的破坏也会持续增加。就其本质而言，累积型污染使得当前和未来产生了某种相互依赖关系，对未来的破坏取决于当前的行为。

在这些情形下，认识某种有效配置的含义并不很困难。例如，我们现在分析某种商品（X）的配置。进一步假设商品 X 的生产会产生一定比例的某种累积型污染物。我们可以降低这种污染的量，但必须从商品 X 的生产上拿走某些资源。再进一步假设，环境中由于这种污染物的出现而产生的破坏与污染物的累积量成正比。只要污染物的存量留存在环境中，那么，对环境的破坏就会持续不断。

按照定义，有效配置是指使得净效益现值最大化的一种配置方式。在这种情形下，在任何时间点（t）上的净效益都等于消费 X 所得到的效益减去环境中由这种累积型污染物所产生的破坏而引发的成本。

对环境的破坏就是一种社会必须承担的成本，从它对有效配置的影响看，其成本与开采矿物和燃料有关的成本不同。虽然矿物的开采成本会随着可枯竭资源开采量的累积而提高，但是，某种累积型污染物对环境的破坏也会随着污染物在环境中沉积量的累积而增加。累积型污染物的增量与商品 X 的生产量成正比，这使得商品 X 的产量与这种污染成本之间产生了某种联系，这种联系与某种矿物的开采成本和产量之间的联系一样。随着所产生的累积量的增加，这二者都会上升。一个主要的差异就是，开采成本只在开采的时候产生，而只要累积型污染物存在于环境之中，它对环境的破坏就会发生。

通过这种相似性的比较，使用对某种开采成本上升的可枯竭资源的有效配置的知识，我们可以推导出某种累积型污染物的有效配置。正如我们在第 7 章所述，如果某种可枯竭资源的开采成本上升，那么它的开采量和消费量就会随着时间的推移而下降。

对于某种生产时会产生污染的商品而言，也会出现相同的情况。随着对环境的破坏的边际成本上升，商品 X 的有效量（因此，这种污染物在环境中的累积增量）就会随着时间的推移而下降。商品 X 的价格随着时间的推移而上升，这意味着生产的社会成本日益上升。为了处理这种日益上升的边际破坏成本，需要控制的污染物的资源数量也应该会随着时间的推移而增加。最终将达到某个稳定状态，这时环境中的污染物不再增加，存量将保持稳定。在这种状态下，因生产商品 X 所产生的所有新污染物就可以（通过再循环）得到控制。商品 X 的价格以及消费量就可以保持恒定。因累积型污染物而产生的对环境的破坏也将持续不变。

与开采成本日益上升的情形一样，技术进步也会影响这种有效配置。具体而言，技术进步可以降低生产每个单位商品 X 所产生的污染物数量。它可以创造出各种方式，使得累积型污染物能够循环利用，而不是将这种污染物注入环境；通过技术进步，我们可以开发出能够使得污染物的致害程度下降的很多方法。这些方法能够降低与商品 X 的某个给定生产水平相关联的边际破坏成本。因此，技术进步可以使得商品 X 的生产量比没有技术进步时更大。

从某种意义上说，累积型污染物也是可枯竭资源代际公平问题的一个方面。对于可枯竭资源而言，当代对资源的利用，可能会对后代产生某种负担，从而使得现存的自然禀赋递减。累积型污染物也会对后代产生某种负担，当代人会为了获利而对环境造成破坏，由于对环境的破坏的持续性，因而会传递给后代人。尽管这两种情况都不会自动地违背我们的可持续性准则，但是显然我们必须对此保持谨慎。我们在第23章中既要分析资源与可持续性之间的关系，也要分析累积型污染物与可持续性之间的关系。

可吸收型污染物

如果可吸收型污染物的排放量超过了环境的同化能力，那么，污染物将积累，并与累积型污染物具有相同的特征。不过，如果排放率足够低，环境能够同化，那么其结果是，当前的排放与未来的损害之间的联系可以被切断。

如果这种情况发生，那么当前排放的污染物只会对当前的环境造成破坏，未来的排放物会对未来的环境造成破坏，但是未来对环境的破坏程度与当前的排放量无关。时间上的这种配置独立性使得我们可以利用静态效率而不是动态效率的概念来探讨可吸收型污染物的有效配置。因为静态概念比较简单，这使得我们有机会无须进行复杂的分析即可考虑问题的更多方面。

分析的基准应该就是使得由废弃物产生的净效益达到最大化。如果我们只分析两种非常不同的成本，即破坏成本和防治（或避免）成本，那么，我们就比较容易分析。

为了用图示法分析有效配置，我们既需要知道防治成本是如何随着防治力度的变化而变化的，也需要知道污染所产生的破坏是如何随着排放量的变化而变化的。尽管我们在这个领域的知识还远非完善，但是，经济学家们通常都认同这些理论。

一般来讲，一个单位污染对环境所产生的破坏会随着排放量的增加而增加。如果污染物排放量很小，那么边际破坏成本也非常小。然而，如果排放量很大，那么，边际单位污染物对环境所产生的破坏将很大。理解这一点并不难。少量的污染在环境中很容易就被稀释，而人体也可以忍受少量的污染。不过，随着污染物在大气中含量的增加，稀释作用将失去效用，且人体的忍受能力也会下降。

边际防治成本通常都会随着控制量的增加而增加。例如，假设排污单位试图通过购买一台静电式除尘器以降低其颗粒物的排放量，该除尘器可以消除80%的颗粒物。如果这个排污单位希望进一步防治污染，它可以再买一台除尘器,与第一台除尘器一起使用。第二台除尘器可以消除剩余的20%的颗粒物中的80%的颗粒物,即控制颗粒排放量的16%,虽然第二台除尘器的成本与第一台相同,但它的除尘量只占16%。很显然,第二台除尘器每降低一个单位的排放物,其成本远大于第一台除尘器。

如图15—2所示,我们利用两条相关曲线的形状所传达的信息来分析有效配置。曲线从右向左移动,表示控制强度越大,排放量越少。有效配置用 Q^* 表示,即边际单位污染对环境所产生的破坏恰好等于控制这种污染的边际成本。[1]

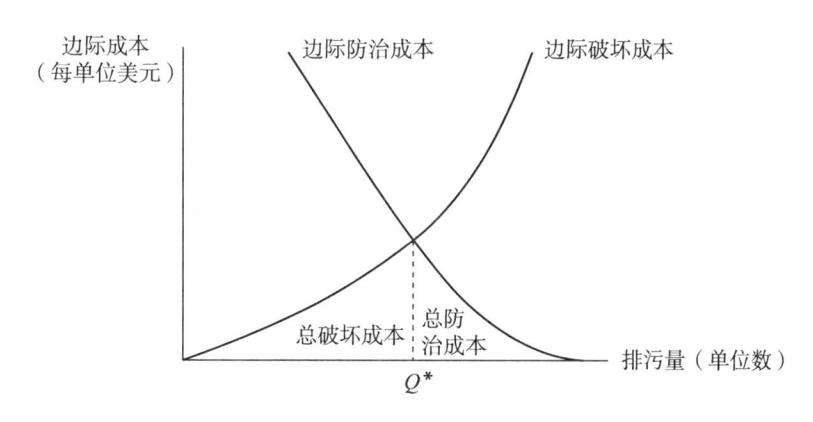

图15—2 一种可吸收型污染物的有效配置

加大防治力度(即位于 Q^* 左边)也是无效率的,因为防治成本的进一步提高会使得成本增加量超过破坏降低量。因此,总成本会上升。同样,低于 Q^* 的防治水平会导致防治成本降低,但是破坏成本会上升得更多,从而也会使得总成本增加。不论是增加防治量还是减少防治量,都会使得总成本增加。因此, Q^* 必定是有效的平衡点。

图15—2表明,在所给出的情形下,合理的污染水平并非零污染。如果你觉得这不好理解,请记住,其实我们每天都会碰到类似情形。例如我们以车祸所产生的破坏量为例,很显然,车祸所产生的破坏量特别大。不过,我们并未将车祸减少到零,因为这样做的成本太高。

这一论点并不是说我们不知道如何杜绝车祸。取消所有的汽车就可以做到!不过,这一论点表明,由于我们看重汽车存在的效益,所以我们必须采取措施(比如限速)降低车祸,措施的强度又必须使得因减少车祸而产生的成本必须通过所达到的损失量的下降来补偿。这时车祸的有效水平并不是零车祸水平。

还必须强调的就是,在某些情形下,污染的合理水平可以等于零,或接近于零。如果第一个单位的污染所产生的破坏足够大,以至于大于最后一个单位的边际防治成本,这时就会产生上述情形。如图15—2所示，这种情形表示破坏成本曲线向左移动，直至与纵轴相交，而且它与纵轴的相交点位于边际成本曲线与纵轴的相交点之上。高度危险的放射性污染物（例如钚）似乎就具有这种特点。

通过有效配置的特征，我们可以推演出另一个观点。例如，图15—2清楚地表明，污染的合理水平在一个国家的不同地区通常是不一样的。人口密度较高或者对污染尤其敏感的地区，其边际破坏成本曲线与边际防治成本曲线的相交点更靠近纵轴。这种情形意味着，污染的水平较低。而人口密度较低或者对污染不够敏感的地区，其污染水平则比较高。

有关生态敏感性的例子不胜枚举。例如，一些地区对酸雨的敏感性不如其他地区高，因为局部的生态带可以发挥缓和作用。因此，在这些地区每个单位的酸雨所产生的边际破坏成本比其他地区小。另一个例子是，污染物对国家公园的可视性比其他地区更具破坏力，因为国家公园的可视性对人的美学体验比其他工业区更为重要。

15.4 污染的市场配置

由于在我们的立法体系内，空气和水都被看做公共资源，但是迄今为止，我们都没有论述过它的市场不良配置。我们的一般结论是，开放性资源会产生过度利用，这一结论也适合于我们这里的分析。空气资源和水资源一直被过度地开发和利用了，然而，这个结论只触及了表面，我们还必须更多地了解相关的污染的市场配置。

企业生产产品时，它在将原材料转化为产品的过程中，极少会百分之百地使用完这些原材料。我们将剩余的一些原材料称为**残余物**（residual）。如果残余物有价值，企业可以重复利用它；如果没有什么价值，那么，企业就会积极想办法，用尽可能便宜的方式处理它。

企业有几种选择。它可以更完全地利用投入要素以减少残余物，从而控制残余物的数量；也可以减少产量，从而减少残余物的数量；有时回收利用残余物也是一个选择，将最具破坏性的废物成分清除之后，就可以重新使用。

因为损害成本具有外部性，而防治成本则不具有外部性，所以，对于企业而言，最合算的做法对整个社会而言并不总是最合算的。如果污染物被排入水体或大气中，那么，它们将对下游或下风口的企业和消费者产生损害。由于污染物的排放单位不必承担这些成本，因此它们也不会考虑这些成本，然而这些成本最终都要由整个社会承担。[2] 鉴于其他一些被系统地低估了的服务，对排入空气或水体中的废弃物的处理变得不那么有吸引力了。正如我们在第4章中所述，无效率的防治污染方式会进一步加剧产品和要素市场的无效率。

累积型污染物的问题尤其严重。无节制的市场会导致商品 X 的过量生产，得到污染防治的资源很少，并且会使得环境中堆积大量的累积型污染物。因此，当前所产生的这些污染物给后代造成的负担尤其大。

与污染防治有关的无效率与我们前面论述的矿物、能源和粮食等资源的利用与生产有关的无效率具有重要的区别。对于私有产权资源而言，市场力会对迫在眉睫的稀缺性自动地提供信号。这种市场机制很容易被理解（就像进口的脆弱性会被忽略一样），但是，这种市场机制的运行方向是正确的。即使在某些资源被当做开放性资源（例如鱼类）来处理时，对于某种私有产权的措施（例如鱼类养殖），其可能性会得到加强。如果私有产权资源和开放性资源在同一个市场中出售，那么，私有产权的所有者往往会节制他们对开放性资源的过度利用。这种企业将会获取更加高额的利润。

环境污染很显然不存在类似的节制机制。[3]因为污染成本部分是由不知情的受害者而不是生产者承担，因此，污染成本确实没有办法在产品的价格中得到体现。如果企业单方面试图防治污染，那么，企业将被置于竞争的劣势地位；由于这种附加成本的存在，企业的生产成本将高于那些不自觉的竞争者。常规市场不仅不能产生有效的污染防治水平，而且会使那些试图防治某种有效污染量的企业处于不利地位。因此，政府施加某种干预对于污染防治而言尤其有效。

15.5 有效的政策反应

我们运用效率评价准则论述了市场无法产生有效污染防治水平的原因，也论述了这种欠合理的防治水平对其他相关商品市场的影响。效率评价准则也可用于分析有效的政策反应。

当每个排污者的边际防治成本等于污染所产生的边际损害时，就达到了效率准则的要求。达到这种均衡的一种方式就是对每个排污者所允许排放的污染量施加某种法律约束。如果这种约束精确地选择在边际防治成本等于边际损害（图 15—2 中的点 Q^*）时所处的污染水平上，那么，效率准则就可以达到。

一个替代的办法就是通过对每个单位的排放物附加某种税收或收费，将每个单位排放物所产生的边际损害做内部化处理（参见例 15.1 "中国的环境税"）。否则，这种单位费用就会随着污染水平的增加而增加，且只要税率等于边际社会损害和边际防治成本相交处（参见图 15—2）的边际社会损害，税率就保持不变。由于排污者在上缴了这些费用之后也就支付了边际社会损害,因此污染成本就可以被内部化了。对于排污者而言,这种有效的选择也应该是成本最小化的选择。[4]

例 15.1 ☞ 　　　　　　　　**中国的环境税**

中国的环境污染水平很高,对人类健康产生了相当大的伤害。防治污染的传统做法一直不是十分有效。为了防治污染,中国已经建立了一个涉及范围很广的环境税收体系,按照历史的标准看,其税率非常高。

中国的环境税收体系涉及两种税率制度。低税率针对低于官方标准的排污;高税率则针对高于官方标准的所有排污。中国不仅希望征税能够降低污染以及它所产生的破坏,而且为地方环保局提供所需的收入。

按照世界银行(World Bank,1997)的报告,这一策略对经济的意义重大。世界银行在中国两个城市(北京和郑州)对空气污染进行了详细的分析,并采取了"封底法"(back of the envelope)测算了减排控污的收益。结果发现,进一步减排控污的边际成本明显低于边际收益,对于任意合理的人类生命价值都是如此。他们发现,郑州要达到有效的结果(假设一个"统计学意义上"的人的生命价值为 8 000 美元),则需要减排 79% 左右。按照他们的调查结果,只有在中国的决策者认为一个城市居民的生命价值大约为 270 美元时,当前很低的减排水平才有意义。我们很难想象,如此低的生命价值是合理的。

资料来源:Robert Bohm, et al. "Environmental Taxes: China's Bold Initiative," *Environment* Vol. 40, No. 7 (September 1998): 10-13, 33-38; Susmita Dasgupta, Hua Wang, and David Wheeler. "Surviving Success: Policy Reform and the Future of Industrial Pollution in China" (Washington, DC: The World Bank 1997) available online at http://www.worldbank.org/NIPR/work_paper/survive/china-htmp6.htm (August 1998).

虽然这些政策手段的有效水平在理论上很容易明确,但在实践中很难执行。为了实施每一种政策手段,我们都必须知道每个排污者的两种边际成本曲线相交处的污染水平。这的确是一件很难办到的事情,这对控污当局而言,信息成本高得不切合实际。控污当局尤其缺乏控制成本方面的信息,对边际破坏函数方面的可靠信息也极少。

当信息成本如此不切合实际之时,环保当局如何配置这种污染防治的责任呢?一种方式(包括美国在内的几个国家所选择的)就是基于其他某些评价准则(例如为人类健康或生态安全预留一定的空间)来选择某些具体的污染水平。不论通过哪种方式,即便这些安全阈值得以确认,问题也只解决了一半。另一半则要决定如何在大量的排污者之间分配这种责任,以满足原先确定的污染水平的要求。

成本有效性准则应运而生。一旦目标是满足原先确定的成本最小化的污染水平，那么任何符合成本有效性准则的责任分摊可能都必须得到满足。这些条件随后可以用来作为某个基础，在不同的政策措施之间作出选择，而这些政策措施能够使得控污当局具有比较合理的信息责任。

15.6 对均匀混合可吸收型污染物的成本有效性政策

定义成本有效性配置

我们从均匀混合可吸收型污染物开始分析，因为从分析上说这是最容易的。这些污染物对环境所产生的破坏取决于进入大气中的数量。与非均匀混合型污染物相比，均匀混合型污染物对环境所产生的破坏对于排放物进入大气的数量相对不敏感。因此，所采取的政策可以着重控制排放物的总重量，并使得防治成本最小化。我们如何分析均匀混合可吸收型污染物的防治责任的成本有效性配置呢？

下面举一个简单的例子加以说明。假设有两个污染源，当前的排污总量为30个单位。再假设控污当局确定环境可以吸收15个单位，因此还有15个单位必须减排。如何在这两个污染源之间分配这15个单位的减排任务才可以使得总减排成本最小化呢？

借助于图15—3，我们来分析这个问题。MC_1表示第一个污染源的减排边际成本，MC_2表示第二个污染源的减排边际成本。需要注意的是，图上每个点都表示总共15个单位的减排，每个点都表示两个污染源

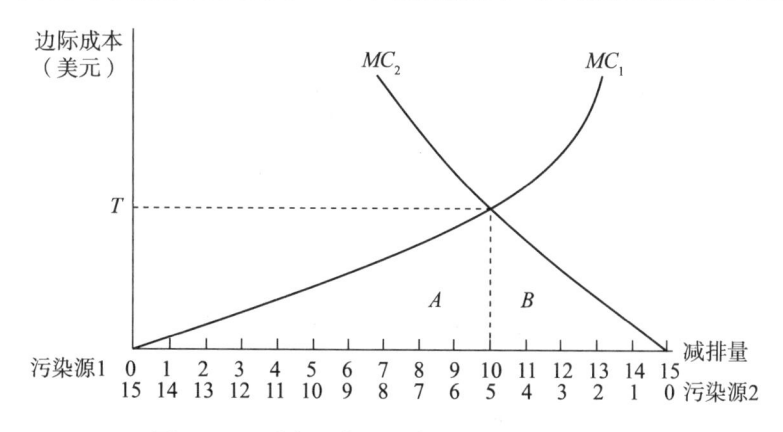

图15—3 均匀混合型污染物的成本有效性配置

减排任务的不同组合。该图显示了 15 个单位的减排量在两个污染源之间所有可能的配置。例如，MC_1 表示第二个污染源负担整个减排量；MC_2 表示第一个污染源负担全部责任。二者之间的所有点表示两个污染源分担不同的责任。哪种配置会使得减排成本最小化呢？

按照成本有效性配置原则，第一个污染源减排 10 个单位，第二个污染源减排 5 个单位。对于减排责任的这种特定配置而言，其可变成本由面积 A 加上面积 B 表示。面积 A 为第一个污染源的减排成本；面积 B 为第二个污染源的减排成本。任何其他配置方式都会产生更高的减排成本。

图 15—3 也说明了我们在第 3 章中论述的成本有效性等边际法则，即当且仅当所有排污者的减排边际成本相等时，达到某个指定减排量的成本就可以实现最小化。[5] 这说明在成本有效性状态下，边际成本曲线相交。

成本有效性的污染防治政策

这种主张可以作为某种基准，使得控污当局能够在各种政策手段之间作出选择，并达到成本有效性配置的目的。排污源可以选择控制进入环境的污染量。其中，最节约的控污办法不仅在产业之间的差别很大，而且在相同产业的不同工厂之间的差别也很大。选择最节约的办法需要有关可能的控污技术及其关联成本方面的详细信息。

一般而言，如果工厂的管理者们感兴趣，他们是能够获得其工厂的详细信息。不过，政府当局负责控污目标，它们不可能获得这类信息。由于对排污企业加以规制的力度取决于成本信息，因此，希望这些企业的管理者们不偏不倚地将这些信息转达给政府是不现实的。所以，存在某种很强烈的激励因素，促使工厂管理者过高地估计控污成本，以期减少他们的最终负担。

这种情形会将控污当局置于困境之中。在不同排污者之间不正确地分配控污责任，其成本可能相当高。然而，控污当局并不拥有现成的信息，促使它们作出正确的分配。掌握信息的人（工厂管理者们）又不愿意与当局分享这些信息。在这种情况下我们能够找到成本有效性的分配办法吗？答案取决于控污当局所采取的策略。

排放标准

假设控污当局对每个污染源分别采取不同的排放标准，以此达到传统意义上的合法性。在经济学的文献中，这种策略被称之为**强制法**（command-and-control approach）。**排放标准**（emission standard）是指一个污染源被允许排放的污染物数量的法定限制。在我们的例子中，很明显两个污染源加起来许可排放的量为 15 个单位,但是,我们尚不清楚,在缺乏控污成本信息的情况下,这 15 个单位如何在这两个污染源之间进行分配?解决这个困境的最简单的办法(也是最早期采取的控污办法)就是每个污染源的减排量相等。图 15—3 清楚地表明,这种策略并不是成本有效的。虽然第一个污染源的成本比较低,但是,第一个污染源降低的成本小于第二个污染源增加的成本。与成本有效配置相比,如果两个污染源被迫减排等量的污染物,其总成本就会增加。

如果实施排放标准,那么我们没有理由相信,控污当局将以一种成本最小化的方式分配减排任务。这种情况或许并不令人吃惊。但是,谁又会相信其他的减排方式呢?

出乎意料的是,某些政策手段确实可以让控污当局以某种成本有效的方式分配减排任务,即使在缺乏控污成本信息的情况下也是如此。这些政策措施依赖于为获取期望结果而产生的经济激励。两种最常用的办法就是**排污费**(emission charges)和**排污许可证**(emission permits)。

排污费

排污费是指政府对排入空气或水体中的每个单位污染物征收的一种费用。任何污染源向政府上缴的排污费都等于费率乘以排污量。因为污染会使得企业付出代价,所以排污费可以降低污染。为了节省成本,排污企业会寻求减少污染的途径和办法。

企业应该选择购买多少减排量呢?如果事实证明减排可以节省企业成本,那么以利润最大化为目标的企业应该会选择控制污染,而不会选择排放污染。图 15—4 显示的是一个企业的决策。未控污的排污水平为 15 个单位,排污费为 T。因此,如果企业决定全部减排,那么企业的成本等于 T 乘以 15,即 $0TBC$。

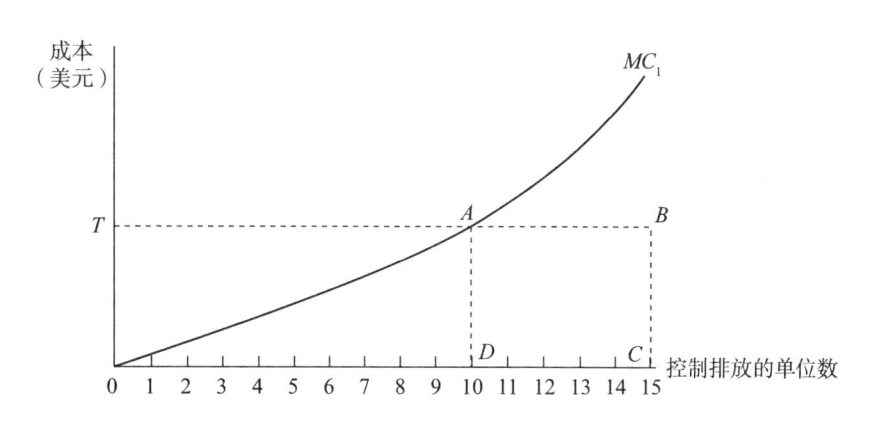

图 15—4 利用排污费实现成本最小化的污染控制

这是企业最好的决策吗?显然不是,因为企业还能以比支付排污费更低的成本进行控污。因为直到企业减排的边际成本等于排污费之前，企业通过减排都有利可图。企业减排10个单位并且排放5个单位，这样仍然可以使其成本最小化。这时企业付出的控污成本为三角形0AD，总排污费为四边形ABCD，其总成本为四边形0ABC。很显然，如果企业选择不清污，企业付出的成本就小于0TBC。

我们再做更进一步的计算。假设对两家污染源征收相同的排污费，如图15—3所示。每个污染源控制其排放量，直至边际成本等于排污费（排污费为T，第二个污染源清污5个单位）。由于两家企业都面临相同的排污费，因此它们将独立地选择与等边际控污成本一致的水平。这正好就是成本最小化的分配方式。

这是一个很重要的发现。业已表明，只要控污当局对所有的污染源征收相同的排污费，那么，所带来的减排任务的分配将自动地使得控污成本最小化。即便控污当局或许没有任何控污成本方面的信息，其结果也是如此。

然而，我们尚未分析如何确定排污费的合理水平。每个水平的排污费都将导致某种水平的减排。更进一步说，为了满足减排任务，减排责任的分配将使得控污成本最小化。为了保证所产生的减排达到希望的减排水平，排污费应该定多高呢？

一开始，控污当局由于不知道控污成本，因此不能确定准确的费率。不过，控污当局可以通过试错，找到合理的费率。也就是说，先随意地确定费率，并观察征收这个费率所引发的减排量。如果实际减排量大于期望减排量，那么，这意味着费率应该降低；如果实际减排量小于期望减排量，那么费率应该提高。随后，对调整费率后的减排量进行观察，并与期望减排量进行比较。只要需要就对费率做进一步调整。这个过程反复进行，直至实际减排量等于期望减排量。这样，就可以找出正确的排污费率。

排污费不仅使得污染源对控污责任选择某种具有成本—效益的分配方式，而且也可以激发企业开发新的更节省成本的控制污染的方式，从而促进技术进步。这个过程如图15—5所示。

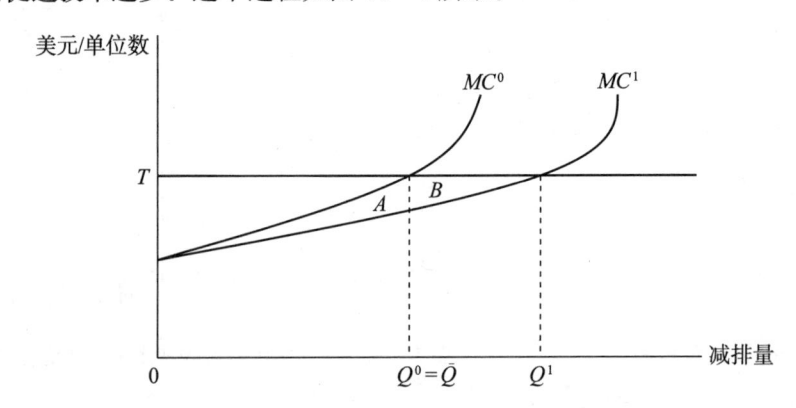

图15—5 技术进步带来的成本节约：排污费和排污标准

理由很直观。控污当局是在特定的技术条件下设定排污标准的。随着各种新技术被控污当局发现，排污标准也必须进一步完善。更严厉的标准会使得企业承担更高的成本。因此，由于排污标准的作用，企业会受到某种激励，掩盖其技术变迁，不让控污当局知道。

根据排污费制度，企业采取经济上更加节省的新技术可以降低成本。只要企业能够将它的污染水平降低到边际成本低于 T 的水平，那么企业采用新技术就有利可图。如图 15—5 所示，企业采取新技术和自愿将减排量从 Q^1 减少到 Q^0，企业节省的成本分别为 A 和 B。

控污当局即使没有控污成本方面的信息，利用排污费的方式，也能找到满足某种预设的减排任务量的最小成本配置方式。排污费也能刺激减排技术的进步。遗憾的是，寻找合理费率的过程是一个试错过程。在试错过程中，某些污染源必须面临某种不确定的排污费。变化不定的排污费会使得企业在制定规划时遇到困难。在排污费很高时是合理的投资，在排污费下降时就不一定合理了。不论是从政策决策者的角度，还是从企业管理者的角度，这个过程都还远非完美。

可转让的排污许可证

控污当局不通过试错过程也能够找到成本最小化的配置方式吗？如果采用**可转让的排污许可证**（transferable emission permits）来控制污染，这种可能性是存在的。按照这种制度，所有污染源都必须持有许可证才能排污。每份许可证都明确了企业的排污量。许可证可以自由转让，可以自由买卖。控污当局发布确切的达到期望排污水平所需的许可证数量。任何超过许可证规定的排污量的污染源都会面临严重的经济制裁。

与图 15—3 一样，图 15—6 显示了许可证制度是如何自动地产生某种具有成本—效益的排污分配方式的。假设第一个污染源不管用何种方式知道了它自己的排污许可为 7 个单位。由于总控污量为 15 个单位，因此，这意味着它必须减排 8 个单位。同样，假设第二个污染源还剩下 8 个单位的许可，亦即它必须清污 7 个单位。注意，两家污染源都有进行交换的积极性。第二个污染源的控污边际成本（C）明显地高于第一个单位（A）。如果第二个污染源能够以低于 C 的价格从第一个污染源购买排污许可，那么，它就能够降低它的成本。同时，如果第一个污染源能够以高于 A 的价格销售它的排污许可，那么，它也能够从中获益。由于 C 大于 A，交易的空间一定存在。

直到第一个污染源只剩下 5 个单位的许可，而第二个污染源有 10 个单位的许可（正在减排 5 个单位），许可的转让都可以发生。这时，排污许可的价格应该为 B，因为这正好等于两个污染源排污许可的边际价值，任何一个污染源都没有做进一步交易的积极性。此时，排污许可市场应该处于均衡状态。

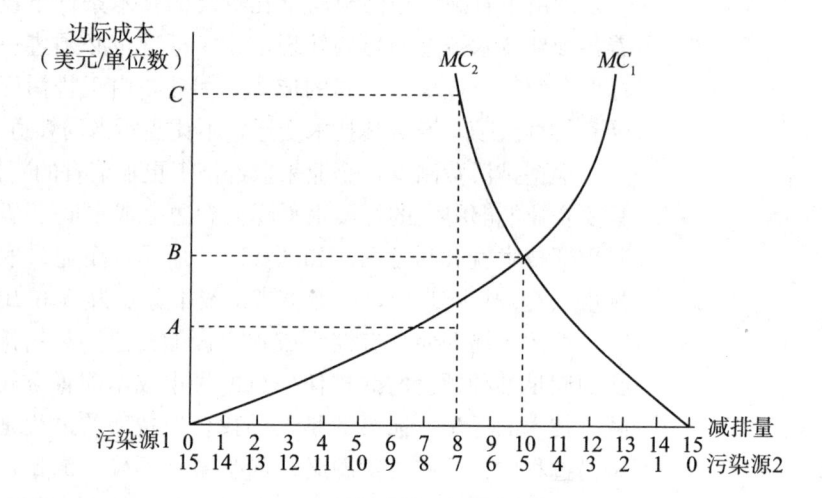

图15—6 成本有效性和排污许可证制度

注意，排污许可证制度的市场均衡是一种成本有效性的配置！只要发布合理的排污许可数量（15个单位），并且让市场去完成其他工作，控污当局就能够在对控污成本的知识知之甚少时达到成本有效性的配置。这种制度使得政府既可以达到它的政策目标，又可以使得目标的实现具有更大的灵活性。

这种制度所产生的激励确保污染源可以利用这种灵活性以尽可能低的成本达到排污目标。正如我们在随后的两章中将要论述的，这一非凡的特性正是这类措施在当前的改革规制过程中的优异表现的根源。改革还能走多远？发展中国家是否能够利用工业化国家的这些经验转而采用这些以市场为基础的手段控制污染？正如争论15.1"发展中国家是否应该利用市场化手段控制污染？"所指出的，这说起来容易做起来难。

争论15.1   **发展中国家是否应该利用市场化手段控制污染？**

由于从理论上讲，利用市场化手段的理由很充分，所以一些观察家认为，发展中国家应该充分利用工业化国家的经验，直接转向市场化手段控制污染，持这一观点最突出的有世界银行（World Bank，2000，pp. 40 and 43）。这一愿望被看做解决发展中国家贫困问题的一种希望；对于比较贫穷的国家而言，以最经济的方式消除污染似乎尤其重要。另外，由于发展中国家常常急需收入，所以增加收入的控污手段（例如排污费和许可证拍卖）似乎可以一举两得，达到两个重要的社会目的。支持者还指出，许多发展中国家已经在采用市场化的手段。

另一派（例如 Russell and Vaughan（2003））则认为，发展中国家和发达国家在基础设施方面的差异使得发达国家获得的经验向发展中国家推广时存在着很大的风险。为了说明其更一般的观点，他们强调市场化手段的有效性必须取决于一个有效的监管和执行体系，然而，市场化手段的优越性并不是太明显。

中间派则正在清晰地浮现出来。拉塞尔和沃恩（Russell and Vaughan）并不认为市场化手段不应该在发展中国家应用，而是这些手段不是像狂热的支持者所认为的那样普遍合理。他们认为自己是在讲述警世恒言。支持者们肯定知道基础设施至关重要。由于认识到有些发展中国家（因其基础设施）比其他国家更适合实施市场化制度，因此支持者意识到必须为需要市场化的国家建立一种逻辑优先步骤的能力。

对于市场化手段以及其他一些措施而言，一些东西看似很好，其实不然，市场化或许也是如此。

资料来源：World Bank. *Greening Industry*：*New Roles for Communities*，*Markets and Governments*（Washington，DC：World Bank and Oxford University Press，2000）；C. S. Russell and W. J. Vaughan. "The Choice of Pollution Control Policy Instruments in Developing Countries：Arguments，Evidence and Suggestions," in H. Folmer and T. Tietenberg，eds. *The International Yearbook of Environmental and Resource Economics 2003/2004*（Cheltenham，UK：Edward Elgar，2003）：331 – 371.

15.7 非均匀混合型地表污染的成本有效性政策

如果我们处理的是非均匀混合型地表污染物而不是均匀混合型污染物，那么问题就会变得更加复杂。对于这些污染物而言，政策不仅仅必须考虑到排入大气的污染物的重量，也必须考虑到排放的地点。就非均匀混合型污染物而言，要计算的是进入空气、土壤和水体中的浓度。**浓度**是指在某个特定地点、特定时间、特定体积内的空气、土壤或水体中发现的污染物数量。

我们很容易知道，为什么污染物的浓度对排放地点很敏感。假设有三个污染源聚集在一起，排放量都相同，就好像三个彼此独立且不相同的污染源。这个聚集的污染源所产生的污染通常会产生更为严重的污染水平，因为它们都会进入同一空气或水体中。因为两个污染源并不会共享一个共同的接受空间，因此来自两个相距较远的污染源可能就会使得污染物的浓度下降。这就是城市面临的污染问题通常都比农村更为严重的主要原因，城市的污染源往往更加密集。

由于非均匀混合型地表污染对环境所产生的破坏与它们在空气、土壤或水体中的浓度水平有关，因此我们寻找控制这些污染物的成本有效性政策很自然就会关注环境标准的获取方面。**环境标准**（ambient standards）是指对空气、土壤或水体中特定污染物的浓度水平设置的法定上限。环境标准表示了不能超过的目标浓度水平。一项成本有效性政策在确保控污责任的成本最低配置的同时，必须确保被称之为**受场**（receptor sites）的特定地点预先设定的环境标准得到满足。

单受场的情形

我们先从一种简单的情形开始分析，即我们希望控制一个（而且只有一个）受场的污染。我们知道，各个污染源排放的污染物对受场产生的影响并不都是一样的，如图15—7所示。

假设处在不同时间点的每个污染源都将10个单位的污染物排入河流。进一步假设我们在受场R所在的位置测量各个污染源注入的污染物浓度。一般会发现，即便每个污染源所排放的量都相等，但从A和B两个位置排放的污染物会比从C和D两个位置排放的污染物所测到的浓度更高一些。其中的道理是，从C和D两个位置排放的污染物在到达受场R所在位置时被明显地稀释了，而从A和B两个位置排放的污染物到达受场R所在位置时浓度较高。

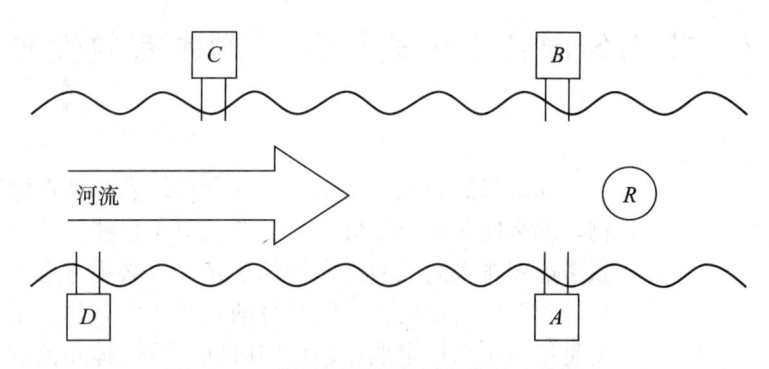

图15—7 位置对局部性污染物浓度的影响

由于排放物可以控制，受场R的浓度是政策要达到的目标，我们的第一个目标必须与二者都有关。这项工作可以利用一个转换系数来完成。如果某个污染源i每多排放一个单位的污染物，都会使得受场的浓度提高，那么，转换系数（a_i）将保持恒定不变。利用这个定义以及各个a_i都是常数的这种知识，我们可以将受场R的浓度水平与所有污染源的排污联系起来，即

$$K_R = \sum_{i=1}^{I} a_i E_i + B \tag{1}$$

其中：

K_R：受场的浓度；

E_i：第 i 个污染源的排污水平；

I：区域内污染源的总数；

B：基础浓度水平（自然产生或控制区的外部污染源产生的浓度水平）。

现在，我们可以对责任的成本有效性配置作出定义。表 15—1 显示的是两个污染源的数字示例。在这个例子中，假设这两个污染源清污的边际成本曲线相同。这个假设反映了这样一个事实，即两个污染源的前两列都一样。[6] 两个污染源之间的主要差异就在于它们与受场之间的位置不同。第一个污染源更接近受场，因此它的转换系数比第二个污染源更大（1.0∶0.5）。

表 15—1　非均匀混合型污染物的成本—效益分析：一个假想的例子

减排单位数	减排的边际成本（每单位美元数）	降低的浓度单位数[a]	浓度降低的边际成本[b]（每单位的美元数）
污染源 1（$a_1=1.0$）			
1	1	1.0	1
2	2	2.0	2
3	3	3.0	3
4	4	4.0	4
5	5	5.0	5
6	6	6.0	6
7	7	7.0	7
污染源 2（$a_2=0.5$）			
1	1	0.5	2
2	2	1.0	4
3	3	1.5	6
4	4	2.0	8
5	5	2.5	10
6	6	3.0	12
7	7	3.5	14

a. 等于转换系数（a_i）乘以减排量（第 1 列）；

b. 等于减排边际成本（第 2 列）除以转换系数 a_i。

目的是以最小的成本达到某个指定的浓度目标。表格的第 3 列将每个污染源的减排量转换为浓度的下降量，第 4 列是降低每个单位浓度的边际成本。前者刚好等于减排量乘以转换系数，而后者等于减排边际成本除以转换系数（这样就可以将减排的边际成本转换为浓度下降的边际成本）。

假设受场的浓度不得不降低 7.5 个单位以符合环境标准。当所有污染源的浓度降低的边际成本都相等时，就应该达到成本有效性的配置目的。在表15—1中，这种情形出现在第一个污染源减排6个单位（亦即6个浓度单位）、第二个污染源减排3个单位（亦即1.5个浓度单位）之时。按照这种分配办法，两个污染源的浓度降低的边际成本都等于6美元。将每个单位的减排所产生的所有边际成本加起来，我们就可以计算出这种分配方式的总可变成本为27美元。从成本—效益的定义看，不存在其他的能够降低7.5个浓度单位而又更节省的分配方式了。

政策途径

现在我们使用这种分析框架评估控污当局可以采用的各种政策途径。我们先分析环境费（ambient charge），环境费常常对非均匀混合型污染物会产生成本有效性的分配。这种税费的形式如下，即

$$t_i = a_i F \tag{2}$$

式中，t_i为第i个污染源每排放一个单位所支付的单位费用；a_i为第i个污染源的转换系数；F为浓度降低一个单位的边际成本，所有污染源的F值都相同。在上例中，F为6美元，因此第一个污染源支付的单位排放费为6美元，而第二个污染源为3美元。需要注意的是，因为每个污染源的转换系数是不同的，如果目的是以最小成本满足环境标准，那么一般来讲各个污染源都将支付不同的环境费。这种情况与均匀混合型污染物的情形截然不同，在均匀混合型污染物的情况下，一种成本有效性的分配方式要求所有污染源都支付相同的环境费。

控污当局在具有控污成本信息的情况下是如何计算具有成本—效益的t_i值呢？利用水文学和气象学方面的知识，我们可以计算出转换系数，但是如何计算F值呢？很明显，与均匀混合型污染物的情况非常相似。任意F值都会得到一个具有成本—效益的控污责任分配方式，以使某个受场污染物浓度降低某个水平。然而，这个水平能够与环境标准相一致。

我们可以通过反复试错，直至达到期望的浓度，用这种方式改变F值，从而确保一致性。如果实际污染浓度低于环境标准，那么环境税就应该降低；如果高于环境标准，则应该提高环境税。当实际污染浓度为期望水平时，就可以得到正确的F值。这个均衡的分配方式应该是以最小成本满足环境标准的分配方式。

利用表15—1可以分析另外一个重要的问题。为达到地表浓度目标的具有成本—效益的控污责任分配方式对控污当局而言信息负担较大，它们不得不计算转换系数。如果采用比较简单的排污收费制度（每个污染源都具有相同的费用）也必须达到某种地表浓度的目标，这将会失去什么呢？我们确实可以忽略排污位置这个因素吗？

在表15—1中，均匀排污费为5美元时即可达到减排7.5个单位的

期望目标(第一个污染源减排 5 个单位,第二个污染源减排 2.5 个单位)。不过,这种分配方式的总可变成本(即两个污染源的边际成本之和)为 30 美元(每个污染源各支付 15 美元)。这比我们在前面论述过的环境费所产生的分配方式要高出 3 美元。我们在接下来的章节中将计算出实际的空气污染和水污染中这种成本增加的经验估计值。一般而言,成本增加很大,主要与排污位置有关。

表 15—1 也有助于我们理解为什么成本与排污位置相关。值得注意的是,采用统一的排污费,清污的单位数为 10 个单位;而采用环境费的方式,则只有 9 个单位。二者都可以达到浓度目标,但是,采用统一的排放费方式导致的排污结果较少。环境费比排污费所产生的成本低,因为它的控污成本较低。对受场测量浓度影响较小的污染源被强制的控污量少于采用统一排污费时的控污量。

环境费与均匀混合型污染物情形下排污费所遇到的问题相同,即具成本—效益的水平只能通过反复的试错过程来确定。当我们处理非均匀混合型污染物时,许可证制度能够处理好这类问题吗?

如果能够正确地设计许可量,排污许可证制度就能够解决这类问题。一份环境许可证能够授权某个企业所有者在受场位置上将污染物浓度提高到某个指定水平,但不允许每个企业所有者都排放同样多的污染物。我们用 ΔK_R 表示许可提高的污染物浓度,E 表示第 i 个污染源持有的每份许可允许排放的数量,从式(1)我们可以推导出:

$$\frac{\Delta K_R}{a_i} = \Delta E_i \tag{3}$$

转换系数越大(即距离受场的距离越大),一份许可证法定允许排放的量越小。距离受场距离近的污染源比距离远的污染源应购买更多的许可才能按照法定的要求排放到某个指定的水平。在这种许可证制度下,污染源为每份许可支付的价格一样,但是每份许可允许排放的量因所在位置不同而不同。市场可以自动地确定这种统一价,而且所产生的许可份额的分配是具有成本—效益的。就表 15—1 而言,环境许可价格应该为 6 美元。这种具有成本—效益的制度安排就称为**环境许可证制度**(ambient permit system),它不同于**排污许可证制度**(emission permit system),后者用于计算对均匀混合型污染物的控污责任作出具有成本—效益的配置。

我们可以通过分析一种特定的交易,强化我们对环境许可证制度的认知。如表 15—1 所示,假设两个污染源想进行交易,第一个污染源向第二个污染源购买许可。为了保持交易前后的浓度水平相同,必须确保

$$a_i \Delta E_1 = a_2 \Delta E_2$$

式中,下标是指第一个和第二个污染源;ΔE_i 为第 i 个污染源排放量的

变化。重新调整该式，就可以得到购买的许可排放量为

$$\Delta E_1 = \frac{a_2}{a_1}\Delta E_2 \tag{4}$$

令 $a_2=0.5$，$a_1=1.0$，上式表明，每交易一个单位的许可，同样的许可允许购买者（即第一个污染源）排放的数量只有出售者允许排放的数量的一半。经过交易之后，两个污染源的排放总量下降了。[7]在环境许可证制度下，这种情况不可能发生，因为这些许可的设计都会使得排放量（而不是浓度！）保持不变。

多受场的情形

上述分析很容易推广到多受场的情形。在多受场情形下，任何污染源支付的具有成本—效益的环境费用应该为

$$T_i = \sum_{j=1}^{J} a_{ij} F_j$$

其中：

T_i：第 i 个污染源为每单位排放物支付的费用；

a_{ij}：将第 i 个污染源的排放量转换为第 j 个受场的浓度增加值；

J：受场的个数；

F_j：与第 j 个受场有关的费用金额。

因此，污染源都不得不支付其对所有受场的影响而产生的费用。控污当局可以根据每个受场的位置调整其 F_j 值，直至受场达到其所期望的浓度水平。[8]

将环境许可证制度扩展到多受场的情形，就要求每一个受场设立一个独立的许可证市场。市场价格应该反映满足该受场环境标准的难度。如果其他所有条件都一样，那么污染源很密集的地区与很稀疏的地区相比，前者与受场相关的价格就高于后者。

无论是环境许可证制度还是环境费用制度，它们都考虑了受场的位置，因此，如果选择这些政策，控污的边际成本就会因受场位置的变化而变化。人口稠密区的污染源支付的边际成本更高，因为它们的排污对相关受场的影响更大。由于控污成本取决于受场的位置，这会促使新的污染源在选择它们的位置时格外小心。由于重污染区的控污成本很高，这促使污染源会在其他地方选址，即便控污费用只是一个企业在选址时必须考虑的成本中的一部分，情况也是如此。对于非均匀混合型污染问题而言，排污的位置至关重要。因此，通过污染源重新选址而将成本的位置因素内部化也至关重要。就环境许可证制度和环境费用制度而言，

实际情况就是如此。

然而，从实践上说，无论是环境费用制度，还是环境许可证制度，都已经证明它们执行起来过于复杂。其结果是，控污当局提出了许多经验做法，充分考虑空间问题，并提高成本效率。一种方法就是在事先定好的区域内允许以一对一的方式进行交易，但是，区域之间只有在调整交易比率以考虑位置因素之后才可以进行交易。另外一种方法就是允许不加限制的交易，即根据获取许可的污染源的周边情况来确定其是否可以使用这种许可。有关这些方法的应用情况以及其成功的事实，参见蒂滕伯格（Tietenberg，1995）。

15.8 其他政策方面

两个主要的控污政策手段——排污费和可转让的排污许可证——都仰赖经济激励。二者都让控污当局以一种具有成本—效益的方式分配控污责任。就目前已经讨论的内容而言，它们之间的主要差别在于排污费只能通过反复试错的办法来确定其合理的费用，而许可证的价格则可以通过市场即时确定。还存在其他差别吗？

税收效应

区分这些政策手段的一个主要特征在于它们提高税收收入的能力有多大。环境税和拍卖许可证可以提高税收收入，但是将许可证免费派发给污染源的许可计划则不具有这种能力。这种差异会产生什么效应呢？

这种差异确实存在影响，理由至少有两个。[9]第一，许多作者（Parry，1995；Bovenberg and Goulder，1996；Bovenbery and Goulder，1997）都注意到，通过这种方式获取的收入可以替代扭曲税收所获得的收入，从而降低这些税并减少它们所产生的扭曲。如果发生这种替代作用，那么，计算结果表明，运用这种政策手段所产生的净效益现值会增加，这就是我们称之为**双重利益**（double dividend）的效应。只要政治上可以采取增收手段，并按照这种方式具体利用这种收入，那么，这种效应就会促成那些能够提高收入的政策手段付诸实施。

第二个结果恰恰涉及政治上的可行性问题。乍一看似乎很清楚，至少到目前为止，采取免费分配许可证的途径来进行排污许可的初次分配，在构建实施这种途径所必需的政治支持上，一直存在一个要素（Raymond, 2003)。现存的污染源常常有能力阻止这种政策手段的实施,而未来的潜在污染源则不能。这使得政治上不得不采取权宜之计,将这些资源提供的大部分经济租金分配给现有的污染源,以确保它们的支持(参见例15.2"瑞典的氮排污税")。尽管这个策略会降低现有污染源的管理成本,但它通常都会提高新污染源的成本。有趣的是,在研究气候变化时候,经验分析表明,总收入中只有一半需要维持碳供应者的利润不变(Bovenberg and Goulder, 2001)。因此,即便政治可行性会影响我们的政策设计,但免费分配所有排污许可证从理论上说还是可以避免的。

例 15.2

瑞典的氮排污税

对于利用排污税控制污染的人而言,他们所面临的困境就是:税收收入很大,且这项费用可以对这项政策产生很多政治上的阻力。如果这些收入以退税的形式返回给纳税人,这种阻力就可以降低,但是,如果所有的企业都知道它们可以拿回上缴的税收,那么限制排污的经济激励就会丧失。我们是否能够设计出一套退税制度,既提高政治上的可行性,又不破坏控污的激励?

瑞典氮排污税(Swedish nitrogen charge)就是为解决这类问题而特别设计出来的。瑞典在1992年就开始对大型能源生产企业征收二氧化氮排污税。大约有120家供热企业和工业设施的180个锅炉必须上缴这种税。

初始想法是产生明显的激励效应,而不是提高税收收入。尽管按照国际标准看,费率很高(因此能够产生有效的经济激励),但是政府并不截留这些税收收入,而是退回给排污企业(从而提高受规制管理的企业对这项政策的接受程度)。正是这种退税的做法使得这项计划颇具吸引力。虽然税收是按照排污量的基础来征收的,但退税则是以能源产量为基础进行计算的。实际上这项制度奖赏了单位能源排污量很小的企业,惩罚了单位能源排污量较高的企业,因而为降低单位能源生产排污量提供了激励。

不出所料,单位生产能源的排污量明显地下降了。据瑞典环境与自然资源部(Swedish Ministry of the Environment and Natural Resources)估计,这项计划所取得的效益是其成本的3倍。然而,我们要注意的是,退税意味着这项税收不能产生双重利益,而且对降低能源消费没有激励。

资料来源:R. Anderson and A. Lohof. "Foreign Experience with Incentive Systems," Section 11 in *The United States Experience with Economic Incentives in Environmental Pollution Control Policy* (Washington, DC: Environmental Law Institute, 1997);T. Sterner. *Policy Instruments for Environmental and Natural Resource Management* (Washington, DC: Resources for the Future, 2003): 286-288.

对监管环境变化的反应

另外一个主要差异就是,这两种制度安排在控污当局没有作出进一步决策的情况下,它们对外部环境变化的反应如何。这一点很重要,因为官僚程序的懒散众人皆知,通常会使得政策的变化非常缓慢。[10]我们现在分析三种情形:污染源数量增加、通货膨胀和技术进步。

如果某个排污许可证市场计划增加污染源,那么,排污许可证的需求曲线则会向右移动。假定排污许可证的供应曲线是固定的,那么,价格就会像控污成本一样上升,但是,排污量或污染物浓度(在环境排污许可证制度安排下)应该保持一样。如果计划采取排污费制度,那么,在控污当局没有采取额外行动的情况下,排污费水平应该保持一样。这意味着,现有的污染源只能控制其没有增长时应该控制的量。因此,新污染源加入则会恶化所在区域的空气或水质。清污成本将会上升,因为必须计算新加入的污染源所支付的控污成本,但是,其数量比排污许可证允许的排放量少,因为控污量降低了。如果选择介于增长经济体的排污许可证的固定费用和固定数量之间,那么,随着时间的推移,许可证制度比固定费率制度越来越优越(Butler and Maher, 1982)。

就排污许可证制度而言,控污成本会因通货膨胀而增加,从而使得排污许可证价格自动上涨,但是,对于排污费制度而言,则会使得控污量下降。如果名义费用保持不变,那么真实费用(名义费用按通货膨胀调整后的费用)实质上会因通货膨胀而下降。

然而我们不应就此得出结论认为,随着时间的推移,排污费制度所产生的控污量总是比排污许可证制度少。例如,假设控污设备设计中的技术进步使得清污的边际成本下降。在排污许可证制度下,这将使得价格和清污成本下降,但是,最终的控污程度是一样的。对于排污费制度而言,控污量实际上会增加(见图15—5),并因此而使得控污量比排污许可证制度允许的控污量还多,后者在成本下降之前,控污量是一样的。

如果控污当局计划合理地调整上述费用,其结果就与排污许可证市场所达到的结果一致。排污许可证市场会自动地对这些环境的变化作出反应,而排污费制度则要求采取刻意的管理行为来达到相同的结果。

在不确定条件下的政策措施选择

排污许可证和排污费之间的另一个主要差异就是由于出错所产生的

成本。假定我们对污染产生的破坏以及各种污染水平所导致的规避成本方面的信息非常不准确,然而我们又不得不选择并适应某种许可水平或者费用水平。当面临这种不确定性的时候,许可证制度和排污费制度的相对优缺点是什么呢?

答案应具体情况具体分析。许可证制度在排污数量方面的确定性比较大,而排污费制度在边际控污成本方面的确定性比较大。因此,排污许可证制度正是这样一种制度设计,它允许某种环境标准或者某种综合排放标准达到确定性的要求。然而,在其他情况下,如果我们的目的是使总成本最小化(破坏成本和控污成本之和),那么,当出错成本对排放量的变化比对边际控污成本更为敏感时,排污许可证制度更具有优势。当控污成本更重要时,排污费制度则更为有利。何时才会如此呢?

如果边际破坏曲线很陡且边际成本曲线很平时,有关排污量方面的确定性比控污成本方面的确定性更为重要。实际排污量与期望排污量之间的一个轻微偏差就会使得破坏成本产生相当大的偏差,而控污成本对控污的程度则相当不敏感。许可证制度应该能够避免破坏成本的大波动,因而其出错成本比排污费制度的成本低。

然而,假定边际控污成本曲线很陡,而边际破坏曲线很平。这时,控污程度上的一个轻微变化就会对清污成本产生很大的影响,但是,对破坏成本的影响不大。在这种情形下,依靠排污费制度对控污成本进行更为精确的控制,接受破坏成本的波动可能产生的不太可怕的结果,看来是比较明智的选择。

这些情况表明,当面临不确定性时,无论是选择许可证制度还是排污费制度,都不具有普遍意义,这要具体情况具体分析。理论不足以强大到可以支配某种选择。为了确定在某种具体条件下具体实施哪种制度,我们还需要做很多的实验研究。

一个有趣的实例就是对**温室气体**(greenhouse gases,GHG)的控制,温室气体会加剧气候变化。尽管防治污染的成本和收益都会受到不确定性的影响,但是,大多数温室气体在大气中的长效性几乎肯定会使得边际收益成本曲线(按现价计算)比边际防治成本曲线更为平坦(Pizer,2002)。因此,按照韦茨曼(Weitzman,1974)的主张,与采用许可证制度控制排放量相比,采用某种以税收为基础的政策手段控制温室气体排放的价格更为可取。正如我们将论述的,控制温室气体的国际协定《京都议定书》(Kyoto Protocol)并没有遵循这一原则。

产品费:另一种形式的环境税

采用排污费制度,其前提是我们能够监控并跟踪排污量,否则就不能确定征收的税收是合理的。不过，有时这是无法做得到的，或是不现实的。

在这种情形下，我们所采取的一个策略就是对与排污直接有关的商品而不是对排污本身征税。例如，我们可以对汽油征税，而无须试图对每辆汽油动力车测定其排放量并且按排放量征税。有几个县直接对化肥本身征税，而不是试图测定售出的每袋化肥所造成的地下水污染量。爱尔兰甚至对塑料袋征税，以避免乱扔垃圾（参见例15.3"爱尔兰的塑料袋税"）。

例 15.3　　爱尔兰的塑料袋税

20世纪90年代爱尔兰经济取得了快速增长，其中一个突出特点就是人均固体废弃物的数量明显增加了。由于缺乏足够的垃圾填埋场，废弃物的处置成本非常大，这又导致了更多非法的乱扔垃圾。旅游业是爱尔兰最重要的产业之一，人们担心旅游业会因环境的退化而受到负面影响。食品产业的市场策略与人类健康密切相关，由于公众认知到垃圾成堆对该产业会产生影响，因而食品产业也遭受了负面影响。

垃圾中最显眼的就是塑料袋，因此，2002年政府开始征收垃圾袋环境税（Plastic Bag Environmental Levy），对所有的塑料购物袋征税，只有少数情况例外，例如因健康和安全原因而获准使用的塑料袋。每只塑料袋政府要向零售商征收15欧分的税，这个税最终由消费者承担。按照设计，征收塑料袋税的目的是改变消费者的行为，鼓励消费者选择环境更为友好型的塑料替代品，例如生命袋（bags-for-life，生命袋是指一种耐用性能好、可重复利用的布袋或编织袋，适用于所有的超级市场，平均成本每只为1.27欧元）。

按照预期，征收塑料袋税会使得塑料袋的使用下降50%，据估计，实际上下降比率达到了95%！在一年中，爱尔兰消费者就将其塑料袋的消耗量从12.6亿只下降到了120 000只，同时，政府的税收收入提高了大约1 000万欧元。收入放入环境基金（Environmental Fund），用于资助一些环保项目，例如回收利用、废弃物管理，以及十分重要的反对乱扔垃圾运动。

政府和环保团体一样，都认为征收塑料袋税取得了成功。为配合这项政策，政府发起了环保意识运动，因此这项政策也得到了爱尔兰消费者的热烈拥护。对于爱尔兰的零售商而言，尽管开始时他们有些怀疑，但后来他们也认识到征收塑料袋税带来的巨大好处。据估计，由于不再为消费者免费提供一次性的商品袋，销售商节省的费用足以抵偿他们的成本，而且其销售生命袋还可以获得利润，由于征收塑料袋税，生命袋的销售量增加了5～6倍。垃圾处理厂处理的塑料量明显降低了，空气的可视性也得到了明显改善。

资料来源：Linda Dungan. "What Were the Effects of the Plastic Bag Environmental Levy on the Litter Problem in Ireland?" http：//www.colby.edu/～thtieten/litter.htm/.

尽管产品税从管理上而言往往会比较简单，但是，产品税并不等于排污费，记住这一点非常重要。并不是征税的每个单位的产品对环境都具有相同的影响。例如，一些人将购买的化肥用于一些比较敏感的地区（因而从效率方面讲应该加重征税），而一些化肥则用于一些自然缓冲作用比较强的地方（因而无须加重征税）。由于每一袋化肥所征收的产品税都是相同的，因而产品税无法区分袋与袋之间的税收。当所有售出的化肥其对环境的边际破坏成本都刚好相等时，产品税才非常有效率。尽管产品税要达到完全的效率或许极其罕见，但比不征收产品税要更好（甚至好得多）。

15.9 小结

在本章中我们提出了一个概念性的框架，用以对当前控污政策途径进行评价。我们已经论述过，污染物的种类很多，我们可以采取不同的政策途径控制这些污染物。

累积型污染物会产生最严重的代际问题。一种商品，如果会产生某种沉积型污染物，那么其有效产量按预期会随着时间的推移而下降。最终会达到某个平衡点，这时所有的污染物都应该是可再循环利用的。经过这个点之后，环境中的污染物数量就不会继续增加了。不过，积累的污染量会长期地产生破坏，直至自然分解过程随着时间的推移能够降低污染物的数量。

按照定义，可吸收型污染物的有效量是指使得破坏成本和控污成本之和达到最小化的量。按照这个定义，我们能够推导出两个论点：（1）不同区域其污染的有效水平是不同的；（2）污染的有效水平通常都不为零，不过，某种特殊情况下也可能为零。

由于污染具有典型的外部性特征，因此，市场通常会使得可吸收型污染物和累积型污染物的产生量高于有效量。对于这两类污染物而言，这意味着破坏量高于有效量，控制成本则低于有效量。对于累积型污染物，超过有效量的过度污染会在环境中积累，不仅对当代，而且对后代都会产生不利的外部性。

市场没有像自然资源稀缺的情形下那样提供任何对污染累积作出自动改善的反应。试图单方面控制污染的企业可能会将自己置于竞争劣势的地位。因此，政府尤其必须采取强硬的干预措施以控制污染。

尽管从理论上说，政策手段应该使得每个污染物排放者都达到有效的排放水平，但实际上却很困难，因为控污当局所需要的信息量特别大，不太切合实际。

成本—效益分析为摆脱这一困境提供了一种方式。在均匀混合型可吸收污染物的情形下，我们可以采取均一的排污费或排污许可证制度，即便控污当局既不掌握控污成本方面的信息，也不掌握破坏成本方面的信息，仍然可以达到有成本—效益的配置结果。除非个别情况，均匀排放标准一般都不会是具有成本—效益的。另外，与排放标准制度相比，无论是许可证制度，还是费用制度，它们都能够更大程度地促进控污技术的进步。

非均匀混合型污染物的控污政策既要考虑数量问题，也要考虑位置问题。利用设计合理的环境许可制度或环境费用制度均可解决这一问题，二者都可以在控污当局不掌握控污成本的情况下，对控污责任进行具有成本—效益的配置。而一项基于排放标准而制定的政策则不能。

忽略这些区别的政策不是成本有效性政策。如果政策过于狭窄地注重局部污染问题，那么它就会使得区域性的污染问题变得更为严重。同样，采取均匀排污费用或排污许可证制度（它适合均匀混合型污染）配置排污责任，以控制某个局部或区域非均匀混合型面源污染，只要转换系数不同，它们都不会是具有成本—效益的。

拍卖排污许可证或排污费都能够提高收入，这也是一个重要的特征。如果我们能够将从排污费或许可证拍卖中所获得的收入用于降低来自其他方面的收入，那么税收的扭曲就会更加明显（例如劳动力或收入税），从增收的政策手段方面所获得的福利将比没有增收的其他政策手段获得的福利更多。另一方面，至少从历史上看，通过免费授权排污许可证或部分退税的办法，将部分或全部收入转移给污染源，一直是确保执行这一制度的政治支持的一个很重要的方面。当然，如果收入用于这一目的，就无法用于减少扭曲税收。

排污许可证制度和排污费制度对排放源数量增长、通货膨胀、技术进步以及不确定性等所作出的反应是不同的。正如我们在随后的章节中将论述的，有一些国家（主要是欧洲国家）选择排污费的方式，而其他国家（主要是美国）则选择排污许可证方式。现在，我们可以利用这一分析框架，对一直用来处理主要污染源的各种迥异的政策途径进行评价。

讨论题

1. 史蒂文·克尔曼（Steven Kelman）在他的著作《什么是价格的激励因素？》(*What Price Incentives?*) 中认为，从伦理的观点看，在特定的环境政策中采用经济激励的办法会不尽如人意。他认为，将我们的环境心智图像从神圣的保护转换为某种可交易的商品，不仅对我们利用环境，而且对我们对待环境的态度都会产生不利影响。他认为将经济激励因素应用于环境政策的制定将削弱我们对待环境的传统价值。

（a）分析经济激励制度对穷人支付的价格的影响、对就业的影响、对遵守污染控制法的速度的影响（以及克尔曼的一些观点）。与传统的规制方法相比，经济激励制度或多或少地都更为合法吗？

（b）克尔曼似乎认识到，由于排污许可证制度会自动地避免环境退化，因此它们比排污费用制度在伦理上更为可取。你同意这个观点吗？为什么？

练习题

1. 两个企业按照以下边际成本控制排污：$MC_1 = 200q_1$ 美元，$MC_2 = 100q_2$ 美元，其中 q_1 和 q_2 分别表示这两个企业的减排量。假设如果完全不控制污染，每个企业排放 20 个单位，两个企业总共排放 40 个单位。

（a）如果必须减排总共 21 个单位，计算控污责任的具有成本—效益的配置；

（b）如果环境标准为 27ppm，转换系数（即将受场一个单位的排放量转换为浓度值）分别为 $a_1=2.0$，$a_2=1.0$。

2. 假定控污当局想通过采用排污费制度达到它的目标，如问题 1 （a）所述：

（a）应该向每个单位的排污征收多少费用？

（b）控污当局应该得到多少收入？

进一步阅读的材料

Baumol, W. J., and W. E. Oates. *The Theory of Environmental Policy*, 2nd ed. (Cambridge, UK: Cambridge University Press, 1988). 这是一部有关外部性经济分析方面的经典著作。熟悉多变量分析的读者可以选读。

Harrington, W., R. D. Morgenstern, and T. Sterner. *Choosing Environmental Policy: Comparing Instruments and Outcomes in the United States and Europe* (Washington, DC: Resources for the Future, 2002). 该书使用美国和欧洲的成对的案例研究,对直接规制和以激励为基础的政策的成本与结果进行了对比。

OECD. *Economic Instruments for Environmental Protection* (Paris: OECD, 1989). 该书概要介绍了OECD工业化国家采用经济激励途径控制污染法的情况。

OECD. *Environment and Taxation: The Cases of the Netherlands, Sweden, and the United States* (Paris: OECD, 1994). 这是一个大型研究项目的背景案例研究,该项目试图找出财政政策和环境政策执行的程度及其相互促进的程度。

Rock, M. *Pollution Control in East Asia: Lessons from Newly Industrializing Countries* (Washington, DC: Resources for the Future, Inc., 2002). 本书介绍了东亚新兴工业化经济体(East Asia's newly industrialized economies, NIEs)环境保护管理的案例研究,包括新加坡和中国台湾成功的当局反应、中国和印度尼西亚取得的优良结果,以及泰国和马来西亚所取得的成功。

Stavins, R. N. "Experience with Market Based Environmental Policy Instruments," in K. G. Maler and J. R. Vincent, eds. *Handbook of Environmental Economics, Volume 1: Environmental Degradation and Institutional Responses* (Amsterdam: Elsevier, 2003): 355-435. 该文对基于市场的政策手段进行了评述。

Sterner, T. *Policy Instruments for Environmental and Natural Resource Management* (Washington, DC: Resources for the Future, Inc., 2003). 本书是专门为发展中国家和转型国家的读者撰写的,作者比较了美国和欧洲采用经济政策手段所积累的丰富经验,涉及亚洲、非洲和拉丁美洲的典型富国和穷国。

Tietenberg, T., ed. *Emissions Trading Programs: Volume Ⅰ Implementation and Evolution and Volume Ⅱ Theory and Design*. International Library of Environmental Economics and Policy (Aldershot, UK: Ashgate, 2001). 这是一本关于排放物贸易方面的文集,编者写了导言,对美国的这类政策手段的历史知识进行了跟踪和回顾。

附 录

成本有效性污染控制的简单数学

假设有 N 个污染源，每个污染源在没有任何控污的情况下排放 u_n 个单位，某个受场的污染物浓度为 K_R，它们的关系可以表示为

$$K_R = \sum_{n=1}^{N} a_n u_n + B \tag{1}$$

式中，B 为背景浓度；a_n 为转换系数。按照假设，$K_R > \Phi$，即法定浓度水平。因此，管控的问题就在于为 n 个污染源中的每个污染源选择 q_n 的成本有效性水平。从数学上看，这可以表述为使得 N 个 q_n 控制变量的拉格朗日函数最小化，即

$$\min \sum_{n=1}^{N} C_n(q_n) + \lambda \left[\sum_{n=1}^{N} a_n(u_n - q_n) - \Phi \right] \tag{2}$$

式中，$C_n(q_n)$ 为第 n 个污染源达到 q_n 的控制水平所产生的成本；λ 为拉格朗日乘数。

对 λ 和 N 个 q_n 做偏微分计算，于是有

$$\frac{\partial C_n(q_n)}{\partial q} - \lambda^* a_n \geqslant 0 \qquad n = 1, \cdots, N$$

$$\sum_{n=1}^{N} a_n(u_n - q_n) + B - \Phi = 0$$

解这个方程，就可以计算出 N 维向量 q^0 以及标量 λ^*。

需要注意的是，这个公式既可用于表示均匀混合型单一受场的情形，也可用于表示非均匀混合型单一受场的情形。在均匀混合型情形下，所有的 a_n 都等于 1。这意味着所有要求防治污染的排污者，其控污边际成本应该相等（除去防治第一个单位的边际成本大于满足目标所必需的边际成本，前面 N 个等式都相等）。对于非均匀混合型单一受场的情况而言，在成本有效性配置中，控污责任的配置应该确保两个污染源的边际控污成本的比率等于它们的转换系数的比率。对于 J 个受场的情况而言，λ^* 和 Φ^* 应该变成 J 维向量。

政策手段

λ 附带一个特殊的含义。如果我们采用可交易的排污许可证方式，它就等于某个许可证市场的出清价格。在均匀混合型情形下，λ 等于一份许可排放一个单位的价格；在非均匀混合型情况下，λ 等于受场浓度提高一个单位的价格。在税收制度下，λ 表示成本有效性的税收价值。

值得注意的是，在许可价格或者税收为 λ 时，企业如何选择排污防治方式。假定每个企业的排污许可量为 Ω_n，这时，控污当局应确保：

$$\sum_{n=1}^{N} a_n \Omega_n + B = \Phi$$

这是对所有企业总的情况。每个企业希望达到的目的为

$$\min c_n(q_n) + P^0[\Omega_n - a_n(u_n - q_n)]$$

使得 q_n（q_n^0）满足如下条件的值即可使得成本最小化，即

$$\frac{\partial C_n(q_n)}{\partial q_n} - P^* a_n = 0$$

每个企业都应该符合这个条件（边际成本等于浓度下降一个单位的价格）。因为 P^* 应该等于 λ^*，许可量要确保满足环境标准，这种配置就是成本有效性的。用 P^* 替代 T^*（即成本有效性的税率）刚好可以达到同样的结果。

【注释】

[1] 此时，我们可以看出这个公式为什么等于净效益公式。由于这种效益等于破坏的降低，因此换一种说法就是，边际效益必须等于边际成本。当然，这种说法也是从净效益最大化的说法中推演出来的。

[2] 实际上，即便只是为了避免一些负面的公共关系，排放单位肯定也会考虑到其中的一些成本。不过，这种考虑很可能是不全面的；排放单位不可能将所有的损害成本全部内部化。

[3] 我们在第 4 章中曾提及，遭受影响的单位确实没有积极性彼此进行协商。然而，正如第 4 章所述，这种方式只有在受影响的单位数量很少时才可有效使用。

[4] 另外一种政策选择就是将受污染地区的人员迁出。政府在非常严重的污染地区一直采取这种策略，比如泰晤士海滩、密苏里州、拉夫运河和纽约州。参见第 20 章。

[5] 当边际成本随着排放量的减少而增加时，这个论述是成立的（见图 15—3）。假设某些污染物其边际成本会随着排放量的减少而下降。在这种毫无疑问是不正常的情况下，成本有效性配置应该如何呢？

[6] 这个假设与我们将达到的结果无关，它主要用于说明位置作为一个因素对消除控污成本的差异所起到的作用。

[7] 排放量可能也会因环境许可交易而上升。只要出售者的转换系数大于购买者的转换系数，就会出现这种情况。

[8] 因为任何较高的 F_j 都会降低几个受场而不是第 j 个受场的浓度，因此，并不是所有能够满足环境标准的 F_j 都会导致具有成本—效益的配置。在单一受场的情形下，费用的均衡点并不是唯一的，并且等于具有成本—效益的环境费。对于控污当局采用排污费制度而非许可证制度而言，这是一个额外的负担，后者的均衡是唯一的和具有成本—效益的。许可证制度的均衡之所以是唯一的，这是因为除了具有成本—效益的均衡点之外，其他所有的均衡点的成本都更高，因而存在进一步交易的机会。

[9] 文献中还包括第三个理由。这个理由认为，除非通过增加税收的手段使排污者承担全部的外部成本，否则，生产成本将被人为地压低，而生产量将人为地抬高，而且产业内的企业数将会过多。正如佩泽（Pezzey，2003）所指出的，这个结论对补贴和产权定义的方式很敏感。将某个允许排污的水平当做一种产权来处理（现在有些法律似乎就是如此，至少是不言而明的），这意味着免费分配的排污许可证数量并不是一种补贴，因此也不会引发产业的无效率发生。

[10] 当政策的修订涉及企业上缴排污费的比率变化时，情况尤其如此。

第 16 章 固定污染源的局部空气污染

如果要在两个恶魔之间选择一个，我总是喜欢选择以前从没有尝试选择过的那一个。

——梅·韦斯特（Mae West），女演员

16.1 引言

获得并维护洁净的空气是一项极端困难的政策任务。以美国为例，估计有 27 000 个主要的固定式的空气污染源需要管制，同时还存在数十万个更小的污染源。许多不同类型的生产流程会释放不同类型的污染物。污染的破坏性体现在多方面，从对植物和植被的微观影响到对全球气候可能造成的破坏。

对此问题的政策反应一直在不停演变。美国的经验并非典型，1955 年国会针对这些问题首次通过立法制定了第一部法律，即《1955 年空气污染防治法》（Air Pollution Control Act of 1955），当年制定的这部法律主要对空气污染方面的研究给予补贴。接下来的 14 年内整个美国都致力

于为防治污染而积极地立法。

然而，立法数量的多少误导了人们对于实际污染防治成果的认识。直到1967年，联邦政府除对研究工作给予补贴之外，都没有发挥更大作用，即使是1967年颁布的法规也主要是试图说服各州加入对空气污染的管制行动中。在那个时期，法令主要还是依靠各州的相互协作。

到1970年，联邦政府已经发现这样的举措无法取得实效，各州之间并未像预期的那样相互协作。由于害怕对工业污染源强行施加严格的管制从而导致本州在增加就业和税收方面处于劣势，每个州都不愿意在空气污染防治政策方面率先采取行动。

在沮丧气氛之下，通过了《1970年清洁空气法修正案》（Clean Air Act Amendments of 1970），随后的一系列举措为该条款标明了一个大胆的新的前进方向。基于这些举措，联邦政府所起的直接作用将更大，也更为积极。美国环境保护署（U. S. Environmental Protection Agency，EPA）成立，其职责是执行并监督任何将废气排入大气的企图。对于汽车尾气和固定式污染源专门制定了特别的相关政策，而划分政策的依据则基于排放的是"传统的"还是"有害的"污染物。

16.2　传统污染物

传统污染物通常指普通物质，在国内随处可见，仅在浓度较高时才会产生危险。美国称之为**标准污染物**（criteria pollutants），因为要求美国环境保护署建立"标准文档"为这些污染物建立可接受的标准。这些"标准文档"归纳并评估了与这些污染物有关的会对健康和环境产生影响的现有研究成果。20世纪70年代，标准污染物就是空气污染防治的重点。

强制性政策框架

我们在第15章中从理论上阐述并分析了几种可行的污染防治手段。历史上采取的措施主要基于排放标准，这是一种传统的强制型手段（command-and-control，CAC）。本节将略述这些手段的本质特征，从效率和成本效应角度分析并揭示近年来的一系列基于经济激励因素而进行的改革是如何纠正这些缺陷的。

对于每种传统污染物，我们通常都是先建立环境空气质量标准，确立在某一特定时段内所允许的平均室外空气中污染物浓度的法定峰值。根据长期平均值（一般定义为每年平均值）和短期平均值（每3小时的平均值）制定污染物的排放标准。短期平均值通常在一年中不能超过一次。尽管实际操作中必须对大量的具体地点进行监督，但标准一旦制定，所有地方都必须遵守。短期平均值对于污染防治成本十分敏感。

美国设定了两个环境标准。[1]首先确定的是用于保护人类健康的**基本标准**（primary standard），它设定了必须严格遵循的最早期限。所有污染物都有基本排放标准。为了保护人类福利免受会产生特殊效应的污染物的损害，美国还设定了**附加标准**（secondary standard）。但目前仅有氧化硫具有独立的附加标准。附加标准主要用于保护美学体验（尤其是能见度）、建筑（房屋、纪念碑等）以及植被。当某一污染物既有基本标准也有附加标准时，二者都必须严格遵守。现有的两类标准见表16—1。

在确定法令要求的标准时并未考虑到成本因素，只是假定这些标准能够满足对环境污染最为敏感的人群的要求。

虽然美国环境保护署负责确定标准，但确保空气质量标准达标的主要责任由各州的管制部门负责。这些部门通过开发并执行某个可接受的州执行计划（acceptable state implementation plan，SIP）来履行上述责任，SIP必须得到美国环境保护署的批准。该计划将整个州划分为许多独立的空气质量管制区。对于那些穿越多个州边界的地区（例如纽约），则必须采取特殊流程以管制空气质量。

表16—1	国家环境空气质量标准	
污染物	标准值*	标准
一氧化碳（CO）		
8小时平均值[1]	9ppm（10mg/m³）	基本标准
1小时平均值[1]	35ppm（40 mg/m³）	基本标准
二氧化氮（NO_2）		基本标准和附加标准
年算术平均值	0.053ppm（100ug/m³）	基本标准和附加标准
臭氧（O_3）		
1小时平均值[6]	0.12ppm（235 ug/m³）	基本标准和附加标准
8小时平均值[5]	0.08ppm（157 ug/m³）	基本标准和附加标准
铅（Pb）		
季度平均值	1.5 ug/m³	基本标准和附加标准
直径≤10mm的微粒		
年算术平均值[2]	50 ug/m³	基本标准和附加标准

续前表

污染物	标准值*	标准
24 小时平均值[1]	150 ug/m³	基本标准和附加标准
直径≤2.5mm 的微粒		
年算术平均值[3]	15 ug/m³	基本标准和附加标准
24 小时平均值[4]	65 ug/m³	基本标准和附加标准
二氧化硫（SO_2）		
年算术平均值	0.03ppm（80 ug/m³）	基本标准
24 小时平均值[1]	0.14ppm（365 ug/m³）	基本标准
3 小时平均值[1]	0.05ppm（1 300 ug/m³）	附加标准

注释：标准的度量单位是体积计量单位 ppm，气体是 mg/m³ 和 ug/m³。括号中的值是大致相等的浓度。

1. 每年不能超过一次；

2. 要达到这个标准，一个地区每个监视点晚上 10 点的年期望算术平均浓度不能超过 50 ug/m³；

3. 要达到这个标准，一个或多个社区型监督点下午 2 点半 3 年的年期望算术平均浓度的平均值不能超过 15.0 ug/m³；

4. 要达到这个标准，一个地区每个人口型监督点 98％的 3 年的 24 小时浓度的平均值不能超过 65 ug/m³；

5. 要达到这个标准，一个地区每个监视点 3 年的第四高的日最大 8 小时平均臭氧浓度不能超过 0.08ppm；

6. (a) 当每年最高每小时平均浓度在 0.12ppm 以上的预期天数小于等于 1 时，达到标准。

(b) 某个地区适用 8 小时臭氧国家环境空气质量标准后 1 年的地区不再适用 1 小时国家环境空气质量标准。对大部分地区，生效日期是 2004 年 6 月 15 日。（40 CFR 50.9；见 Federal Register of April 30，2004（69 FR 23 996）。）

资料来源：http://www.epa.gov/air/criteria.html.

SIP 负责为每个管制区制定达到局部空气污染管制标准的流程和时间表，同时还必须消除本地区空气污染排放物对其他地区造成的污染。各地区所需要的管制程度取决于每个管制区污染问题的严重程度，未满足最基本空气污染管制标准的地区统称为**未达标地区**（nonattainment regions）。

对未达标地区将执行特别严苛的管制措施。未达标地区可以归属 1～7 个等级类别（即基础、边缘、适度、严重、两级特别严重和极度）。通常等级越高，所需要执行的管制措施就越多。为使各州付诸实施，国会授予美国环境保护署权力，对无法提交达标时间和举措的州，有权停止其新建或翻新污染源的建设，或是收回联邦对其运输和排水设施建设的授权。

由于认识到管制新污染源比管制已有污染源更加简单和便宜，《清洁空气法》建立了新污染源评估程序（New Source Review Program, NSR），该程序要求所有新固定式污染源（含翻修），无论其所在区域是污染区还是非污染区，都必须获得运行许可，以达到特定的污染管制标准（对非污染区比污染区更为严苛）。这一方法基于一个考虑：由于老式工厂越来越少且过时，新污染源评估程序可确保老厂的替换者将产生很少的污染。正如争论16.1"新污染源评估程序应当修改吗？"所指出的，新污染源评估程序目前仍存在争议。

争论16.1　　　　　　　　　　　**新污染源评估程序应当修改吗？**

新污染源评估程序的一个特点是，它要求大部分正在进行改建的（不仅是常规维修的）固定式污染源和新污染源遵循同样严厉的标准。由于例行维修不受影响，许多旧式发电厂从来都没有被强制提升它们的污染防治设备，结果这些旧发电厂总是成为总污染排放的主要来源。例如，美国审计总署（U.S. General Accounting Office, 1990）发现，与火力发电厂相比，老式发电厂排放的氧化硫占总污染排放量的88%，氧化氮为79%。

1999年，克林顿政府执政期间，美国环境保护署开始对小型企业采取强制措施，这些小型企业包括在东南部和中西部拥有和运转燃煤电厂的众多电力企业。法律宣称，在"例行维修"的掩盖下，早该停产的发电厂被重建并继续正常使用。这样的做法显然违背了建设新式工厂替换老厂以达到更严厉（费用更多）的新污染源的管制要求。

布什政府执政期间，新污染源评估程序被看成多余的负担且开始被修改。按照新污染源评估程序，安全许可（securing permit）是一项耗时的计划，平均需要18个月完成。在按照新污染源评估程序进行了综合评估后，美国环境保护署断定，正是通过使得新建设投资（包括延期和资源消耗）如此巨大，以至于实施新污染源评估程序的费用阻止或者导致了一些工程的取消，这些工程应该维护或者改良现有的发电厂的可靠性、效率或安全性。基于这些发现，为了避开新污染源评估程序，布什政府的美国环境保护署建议，为了使得工厂更容易避免评估程序，允许工厂每年支出高达20%的置换成本。本质上，如果不启动新污染源评估程序，整套发电厂设备五年就必须更换。布什执政时期的美国环境保护署还建议，用设定排污上限的办法代替新污染源评估程序。因为排污者不得不将其所有的发电设施（新的和旧的）的排污量限制在排污上限以下，所以他们将可以在减排最便宜的地方自由地削减排放。

有趣的是，当美国环境保护署按照自己制定的例行维修概念执行时，上限计划原本是要取代新污染源评估程序，而且不得不由国会批准。即使提议的排污上限非常严苛，足以产生预期的减排量（争论的另一个方面），但执行修正后的规定而不设定上限，最终只会放松空气质量管理，而不是强化它们。

基本达到空气质量标准的地区，还必须遵守另一系列管制措施，即**防止洁净区域空气显著恶化**（prevention of significant deterioration，PSD）政策。这个环境标准体系能够防止空气恶化超出原有空气质量的标准，但是，当没有PSD政策时，比标准要求更为清洁的空气也会变坏，直至空气质量达到标准。

PSD政策详细规定了空气中污染物浓度超出基准值以上的最大许可增加的量。为了容许在这些增加量范围内有一些可变性，国会将PSD区域分为三类，每类区域允许不同的污染物浓度增加值。Ⅰ类地区包括国家公园和荒野地区，允许的污染物浓度增加值最低，实际上这些区域内任何空气质量的下降均被认为是显著且不被允许的。

其他区域在开始时均被划分为Ⅱ类地区，允许适度地提高污染物浓度。各州可以将任意Ⅱ类地区重新划分为Ⅰ类地区（因此以后空气更少恶化）；或是重新划分为Ⅲ类地区（可以污染更严重）。Ⅲ类地区允许的污染物浓度增加值最高。当然，任何PSD区域的污染物浓度均不能超过政府规定的环境空气质量标准。

PSD区域内的新建污染源必须获得安全许可，作为该许可的条件之一，这些新污染源必须安装**最佳污染防治技术**（best available control technology，BACT）。满足要求的技术必须根据各州的具体情况决定。每个新建污染源都被分配一个允许增加值，该增加值完全消耗之后就不再允许任何空气质量的恶化，即使空气比主要环境标准规定的还清洁。因此，在与PSD增加量捆绑的地方，从实际出发，它们都定义了第三标准，地区与地区之间，标准的许可值可以不同。

除了确定环境空气质量标准以及要求各州确定排放标准之外，美国环境保护署还针对新建污染源和已有污染源的改造建立了国内统一的排放标准，称为新污染源行为标准（New Source Performance Standards，NSPS）。该标准仅为各州设定排放标准的最低值。国会希望无论其身处何处都要确保所有污染源达到最低排放标准。这种做法的目的是防止各州之间出于利益目的竞相制定最低排放标准。州排放标准比新污染源行为标准更宽松。

仅仅强调规定是不够的，当违规情况发生时，必须有恰当的制裁措施。国会因此制定了**违规惩罚**（noncompliance penalty）措施。如果没有制裁，污染源就可从拖延中获得好处。清洁空气质量的设备非常昂贵，而且不会增加利润。此外，当地法庭执法缓慢且有时会对这类企业抱有同情心。违规惩罚就是为了追求社会利益而协调这些私人的动机。

惩罚力度取决于污染企业拖延空气质量治理所获得的经济价值。企业不执行相关规定所获得的利润都将被纳入违规惩罚中并转移给美国环境保护署；违规惩罚消除了拖延执行标准的任何经济动机。

洁净空气行动的一个重要特点是，它取消了从前根据地区气象情况制定不同程度管制的做法。所有的政策制定都是通过保证在不利的情况下也能够严格地减少污染物排放以获得更好的空气质量。

强制法的效率

效率假定环境标准设置在有效的水平上。为了确定当前标准是否有效，有必要探究标准设定过程的五个方面：(1)确定标准的阈值概念；(2)标准级别；(3)在统一标准和该地区定制的标准中进行选择；(4)排放持续时间；(5)在标准设定过程中没有考虑人员暴露在污染环境中的程度。

阈值概念

环境标准的设立必须基于一定的基准。由于《清洁空气法》禁止在成本和利益之间进行平衡，因此必须使用一些替代标准。对于基本标准（与人类健康相关），这个替代标准被称之为**健康阈值**（health threshold）。标准的制定必须具有足够的安全余地，只要空气质量达到标准值，任何人的健康状况都不会受到负面影响。这种方法假设存在一个污染物阈值，即污染物浓度超过阈值将损害人体健康，反之亦然。

如果阈值概念是正确的，除非污染物浓度达到阈值水平，否则边际损害函数应该为零；如果浓度更高，边际损害函数将为正值。然而这种观念与实际发生的情况并不相符——即使空气中污染物浓度低于环境标准，也会让人体感到不适。对普通人群（当然包括特殊易感群体）的身体不会产生影响的排放标准可能是零或接近零。这一标准的确低于已公布的环境标准。环境标准的初衷与它所能实际达到的效果截然不同。

环境标准级别

缺乏可靠的防护性健康阈值会使得分析更为复杂（参见争论16.2"颗粒物和烟尘环境标准的争论"）。必须采用其他方法来划分级别以制定环境标准。按照效率原则，环境标准的设置应该使得净效益最大化，这不仅必须考虑效益，也必须考虑成本。

当前的政策完全摒弃了在制定环境标准时考虑成本因素。在明确界定了用以满足环境标准的政策法规时，才会考虑成本因素。很难想象在制定环境标准时完全不考虑成本因素的情况下还能获得有效的成果。

遗憾的是，鉴于第3章中所做的比较详细的讨论，我们当前使用的效益指标并非完全可靠，我们很难依据其来确定有效性水平。正如第2章所述，美国环境保护署对《清洁空气法》的研究结果显示，《清洁空气法》1970—1990年实现的经济效益为5.6万亿~49.4万亿美元不等，中值估计为22.2万亿美元。这显然是一个变化范围相当大且不确定的数值。

研究结果进一步说明：

> 中值估计为22.2万亿美元的效益显然被低估，因为很大部分的经济效益估计值都未包含在该数值中（例如空气中所有有毒物质的影响、生态系统影响、对人体健康的巨大影响等）。(p. ES-8)

这些数据表明，我们有足够的信心认为，美国政府对空气污染防治进行干预具有其合理性；但是政府到目前为止还没有提供任何证据显示当前政策在防止空气污染方面是有效的。

争论 16.2　　　　　　　　　颗粒物和烟尘环境标准的争论

美国环境保护署推断，有1.25亿美国人，其中包括3 500万儿童，在目前的污染排放标准下没有得到很好的保护，所以它提议对臭氧和颗粒物实行更严格的环境标准。新标准估计每年可使100万人免于严重的呼吸道疾病，并避免15 000个未成年人死亡。

该提议颇具争议，因为执行的费用非常高。在可选择的水平中不存在健康阈值（对健康的影响必须在比该提议更严格的水平中才能被关注），且依照法律，美国环境保护署被禁止利用成本—效益作为合理性的判断理由。面对合法的挑战，美国环境保护署发现，从稍微严格的或稍微宽松的标准中选择标准的优点进行辩护非常困难。

在1999年5月14日发布的一项决定中，哥伦比亚特区联邦上诉法院（U. S. Court of Appeals for the District of Columbia Circuit）推翻了美国环境保护署的提议。在2对1的裁决中，三法官小组驳回了美国环境保护署设定标准水平的方法：

> 在颁布的国家环境空气质量标准（NAAQS）争论中，美国环境保护署依赖的《清洁空气法》的构建引起了立法权的违法授权……虽然美国环境保护署在决定与不同水平上的臭氧和PM相关的公众健康关切的程度方面所利用的因素合情合理，但美国环境保护署开始利用非"可理解的法则"引导这些因素的应用……美国环境保护署的政策规定，浓度值在零和引发伦敦杀人之雾事件（London's Killer Fog）的浓度以下一点点之间可以随意选择。

虽然美国最高法院（U. S. Supreme Court）最终推翻了对美国环境保护署权威的威胁，但缺乏强制性的健康阈值导致的尴尬依然存在。

一致性

同样的基本标准和附加标准应用于美国的所有地方，却没有考虑到不同地区暴露于污染的人数、当地生态系统的敏感度、执行标准的成本。所有这些都对有效率的标准产生了一些影响，因此效率为不同地区指定了不同的标准。一般来说，有证据表明，与一致性有关的无效性在农村地区最大，我们将在第21章中完整叙述和解释这个证据。

防止洁净区域空气显著恶化计划为了在最清洁空气区域建立更严厉的标准确实引入了一些可变性。如果国家公园和Ⅰ类地区对污染尤其敏感，计划的那一部分则表示更为有效。因为各州在选择什么区域可定位为Ⅱ类地区和Ⅲ类地区时有一定的灵活性，它们可能会作出有效的选择，但绝不明显。

排污流的时间安排

因为浓度对标准污染物的排放很重要，所以排放的时间安排颇受政策关注。在时间上集中排污和在空间上集中排污一样棘手。如果逆温现象阻止了污染物正常的扩散和稀释，如何处理这种罕见但极具破坏性的情况呢？

从经济效率的观点看，最明显的方法就是使得管制的力度切合实际。当气象情况相对停滞时可行使严厉的管制，而在正常的气候环境下使用较少的管制。如果管制的力度不变，而不是根据实际情况采取不同力度的管制措施，就会明显提高执行成本，当管制要求很高时尤其如此。但是，《洁净空气法》坚决反对根据实际情况采取不同力度的管制措施，从而排除了这种管制方式的可能性。

污染物浓度与暴露于污染物的程度

目前的环境标准是根据户外空气中污染物质的浓度制定的。然而，污染物对人类健康的影响与人们接触污染物的程度密切相关（与污染物接触的程度取决于人们所处位置的空气污染物浓度以及在每个位置停留时间的长度）。因为人们一生中只有10%的时间待在户外，所以在制定降低污染物对健康产生危险的政策时，室内空气质量的好坏就非常重要。[2]一些研究表明，人们接触室内污染物的程度比室外高若干倍（Smith，1988）。尽管室内空气质量的好坏很重要，但到目前为止，人们还很少关注对室内空气质量的控制。[3]

强制性政策的成本有效性

虽然环境标准没有效率，但由于不确定性的存在，所以很难确定无效性的程度。我们不可能清楚表述环境标准是多么地无效率。

成本有效性基于更确定的证据。虽然它无法使我们明白一个特定的环境标准是否有效率,但成本有效性的研究确实能够让我们明白我们在前面论述过的强制性政策是否可以以成本最小的方式达到环境标准。

我们在第15章中阐述的理论清楚地说明了强制性政策通常都不具有成本有效性,但没有清楚表达这个政策与最低成本的理想的分歧程度有多大。如果分歧很小,改革支持者或许不太可能扭转现状的惯性;如果分歧很大,对改革成功更有利。

强制性政策的成本有效性取决于实际情况,例如气象情况、排放源的位置分布、焚化塔的高度以及费用如何因被管制的数量而改变。研究人员已经构建了一些模拟模型,模拟模型能够处理这些复杂性,并可以用于分析多种空气条件和许多污染物,如表16—2所示。

表16—2　　空气污染防治的经验研究

研究者和时间	污染物类型	地理区域	CAC政策基准	假定的污染物类型	强制性政策的成本与最低成本比率
Atkinson and Lewis (1974)	微尘	圣路易大都市区	SIP规则	非均匀混合	6.00
Roach, et al. (1981)	SO_2	犹他州、科罗拉多州、亚利桑那州和新墨西哥州的四个拐角	SIP规则	非均匀混合	4.25
Hahn and Noll (1982)	硫酸盐	洛杉矶	加利福尼亚州排放标准	非均匀混合	1.07
Krupnick (1986)	NO_2	巴尔的摩	提议的RACT规则	非均匀混合	5.96
Seskin, Anderson, and Reid (1983)	NO_2	芝加哥	提议的RACT规则	非均匀混合	14.40
McGartland (1984)	微尘	巴尔的摩	SIP规则	非均匀混合	4.18
Spofford (1984)	SO_2	特拉华流域下游	统一比例减少	非均匀混合	1.78
	微尘	特拉华流域下游	统一比例减少	非均匀混合	22.00
Maloney and Yandle (1984)	碳氢化合物	国内所有杜邦发电厂	统一比例减少	均匀混合	4.15
O'Ryan (1995)	微尘	圣地亚哥、智利	统一比例减少	非均匀混合	1.31

CAC:强制式,传统的管制方法;

SIP:州执行计划;

RACT:合理、可用的管制技术,对未达标地区存在的污染源强加的一组标准。

因为一些原因，估计成本不能直接在交叉研究中比较，所以开发一种比较成本的方法以使得可比较性问题最小化是很合适的。我们选择的一项技术包括为每一项研究计算一个比率值，即强制性政策成本与达到相同目的所需的最低成本之比。比率 1.0 意味着控制性政策的配置是具有成本—效益的。在表格中从比率中减去 1.0 再乘以 100，我们就可以将这个余数解释为依靠强制性政策所产生的成本比实现成本最小的理想所产生的成本高出的比例。

在对 9 份报告的比较中，有 8 份报告发现强制性政策的成本比最小成本配置至少高 78％。如果我们忽略哈恩和诺尔（Hahn and Noll, 1982）的研究（原因我们随后论述），涉及最小节省成本（在特拉华流域下游（Lower Delaware Valley）对 SO_2 防治的研究）表明，强制性政策产生的清污成本比满足环境标准所必需的成本高 78％。在芝加哥的研究中，强制性政策的成本大约比必需成本高 14 倍，在特拉华流域下游估计高 22 倍。

哈恩和诺尔关于强制性政策接近于具有成本—效益的发现具有两方面的独特性。因为我们从研究中了解到强制性政策不可能完全错误，所以我们必须深入研究它。

哈恩和诺尔研究的城市是洛杉矶，这个城市硫酸盐的污染很严重，需要很高程度的管制。事实上，只要经济上可行，每个污染源都有必要被有效地管制起来。德国利用强制性政策管制 SO_2 的排放产生了相似的结果（成本有效性很高），而且理由也很相似（严格的管制导致了相似的边际防治成本），参见例 16.1"德国强制性管制二氧化硫的排放"。在这种情况下，成本无效性主要是因为当时的政策缺乏灵活性。

例 16.1

德国强制性管制二氧化硫的排放

381

德国和美国采取了不同的方法管制二氧化硫的排放。美国使用的是排放交易权的策略，而德国则使用传统的强制性策略。理论引导我们相信，美国的策略因其灵活性以很低的成本达到了它的目标。有证据表明，事实确实如此，但理由比我们想象的更复杂。

在德国二氧化硫的排放问题非常复杂，由于二氧化硫的排放会导致大量森林死亡（即瓦尔德施泰滕森林死亡现象），要在相对较短的时间内显著地减少大型燃烧源的二氧化硫排放，压力非常大。管制程度和达标期限都非常严厉。

目标的急迫性意味着污染源没有多少管制弹性；只有一种主要技术可达到要求，所以每个有燃烧源的地方都必须采用这种技术。设备一旦安装就允许公司进行排污权交易，交易前的边际成本也差不多。因为交易的目的是使得边际成本相等，而交易前边际成本相似的事实无法为通过交易节约费用留下多少空间。

德国政策的主要成本缺陷不是因为不平等的边际成本，而应归因于当时所采取的强制性政策僵硬死板。正如沃茨奥尔德（Wätzold, 2004）所述：

> 整个德国的大型耗能产业（Large Combustion Plants, LCPs）几乎同时安装了脱硫设备，以至于对这种设备的需求飙升，从而导致其价格上涨。此外，因为德国对必需的技术缺乏经验，所有没能达成学习效果……当整个发电厂的所有设备都安装脱硫设备时，问题一定会暴露出来……不得不维修所有电站。(p.35)

这与美国的经验完全不同。在美国的计划中（我们在下一章中将详细分析），银行能发放许可证，这对许多公司较早遵守管制产生了激励，且分阶段完成限制的目标对安装清污设备提供了更多的灵活性；当然，并不是所有的公司都必须同时执行规制标准。

资料来源：F. Frank Wätzold. "SO_2 Emissions in Germany: Regulations to Fight Waldsterben," in W. Harrington, R. D. Morgenstern, and T. Sterner, eds. *Choosing Environmental Policy: Comparing Instruments and Outcomes in the United States and Europe* (Washington, DC: Resources for the Future, 2004): 23-40.

空气质量

美国环境保护署每年都要利用分布在全国的监控器测量的数据推导出空气质量趋势。表16—3显示了美国空气质量的改善情况（环境中大气的污染物浓度），以及1983—2002年的20年内已经减少的标准污染物排放量。

表16—3　美国排污和空气质量变化趋势

	空气质量的比例变化	
	1983—2002年	1993—2002年
NO_2	−21	−11
O_3 1-h	−22	−2[a]
8-h	−14	+4[a]
SO_2	−54	−39
PM_{10}	—	−13
$PM_{2.5}$	—	−8[b]
CO	−65	−42
Pb	−94	−57

续前表

	排放的比例变化	
	1983—2002 年	1993—2002 年
NO_x	−15	−12
VOC	−40	−25
SO_2	−33	−31
PM_{10} [c]	−34[d]	−22
$PM_{2.5}$ [c]	—	−17
CO	−41	−21
Pb[e]	−93	−5

—表示无可用的趋势数据。

a. 统计学不显著。

b. 基于 1999 年的比例变化。

c. 仅包括直接排放的颗粒物。

d. 基于 1985 年的比例变化。1985 年以前的排放估计不确定。

e. 铅排放包括有毒空气污染物质排放总量和 1982—2001 年呈现的。

＋号表示空气质量的改良或排放减少；—号表示排放增加或空气质量变得更差的地方。

资料来源：USEPA http://www.epa.gov/airtrends/sixpoll.html.

虽然在 20 年内已经有六种污染物的排放得到了控制，但必须注意到空气质量污染物浓度的下降与全国范围的排放量的下降相匹配。美国环境保护署为此找出了几个原因：

● 大多数的监控器设置在城市，所以空气质量最有可能追踪城市空气排放的改变，而不是在表 16—3 中测算的总排放。

● 直接排放的气体（NO_2 和挥发性有机化合物 VOC_S）发生化学反应后会形成臭氧，因此它的浓度仰赖化学的反应和排放，且这些化学反应依赖天气。例如，臭氧浓度高峰一般发生在炎热、干旱、不流通的夏天。

● 在这些数据中，当直接检测空气质量时，部分污染物的排放是被估计的而不是检测的。

美国的经验有多大的代表性呢？从全球范围看，污染正在下降吗？由世界卫生组织（World Health Organization）赞助和联合国环境规划署（United Nations Environment Program）管理的全球环境监测系统（Global Environmental Monitoring System，GEMS）负责检测全球的空气质量。它发表的报告认为，美国的经验对已经减少污染（根据排放和户外环境空气质量）的工业化国家来说很典型。一些国家（例如日本和挪威）已完成的一些减排引人瞩目。但是，大多数发展中国家的空气质量正在逐步恶化，而且在这些国家，接触不健康污染物水平的人数通常非常高。[4]因为这些国家正在为民众提供足够的就业和收入而奋斗，所以无法在无效率的环境政策上浪费大量金钱，特别是如果无效率是牺牲贫穷者、补贴富人时更是如此，所以必须找出具有成本—效益且公平的改良空气质量的方法。

16.3 创新方法

幸运的是，我们可以使用一些创新方法。因为创新方法的各种版本已经在世界范围内被实施，所以我们能够从执行的经验中学习。

排污权交易制度

透过现象看本质，处理固定污染源的强制性策略规定了对所有主要排放源的污染排放标准（合法的上限）。这些标准被强加于很多特定的排放点，例如焚烧塔、排气口或储藏槽。

20世纪70年代中期，美国开始采用排污权交易制度，试图增加更多的弹性，以达到清洁空气的目的。该项制度鼓励排放源改变标准中拟采用的各种管制技术，并且必须确保这种改变能够改善空气质量，至少不会产生负面影响。该制度通过四条独立的政策加以实施，这四条政策由减排信用证（emission reduction credit，ERC）这个普遍的因素联系起来。减排信用证是用于排放点之间的相互交易的凭证，而污染物抵换办法、泡泡政策、抵扣政策、排污储存政策等则控制着这些凭证的使用。[5]

减排信用证

如果某一排放源决定其任一排污点污染减排的程度高于其法定要求所必需的排污量，那么，该排放源就可以向控污当局申请许可证，将其超过部分作为减排信用。这些授信的信用证明可以储存起来，也可以用于排污权交易、污染物抵换以及抵扣。为了获得信用证明，减排量必须是：（1）超额的；（2）可实施的；（3）持久的；（4）可以计量的。

污染物抵换办法

设立污染物抵换办法，主要用于解决未达标地区更好地满足环境标准和经济增长之间的冲突。这个冲突造成的一种困局就是：新排放源或者扩大的污染源如何尽可能快捷地使得固定污染源满足环境标准的要求。因为这些排放源增加了这个地区的排污量,所以不得不寻找一些抵消它们的方法。

污染物抵换办法允许非污染区的合格的新排放源或扩大的排放源在获得足够的污染物抵换权的条件下才能开始运营。具体来讲,减排量必须在比新设备运转后增加的排污量多20%的情况下才可以获得排污信用。新污染源可以通过购买排污信用对现有排放源所采取的减排措施提供资金支持,从而成为有效地改善空气质量的一种动力。因为区域排污量在新排放源开始运行后(计算获得的减排信用)比运行前更低,经济增长就成为了改善空气质量的一种手段,而不是环境进一步恶化的罪魁祸首。

主要的新污染源或改进的污染源只有使得它们自己的排放量达到申请的排放标准,且它们在相同州拥有或运营的排放源规范地履行其合法管制义务,它们才有资格采用污染物抵换办法。

泡泡政策

泡泡政策允许现有排放源使用减排信用证满足各州实施计划规定的管制义务。例如,未达标地区的现有排放源可以采取两种方式满足制定的标准,即采取标准规定的控污技术;或是采取某种技术,虽然污染物的排放量比较高,但利用它们获得的减排信用证可以补齐高出的部分。减排信用之和加上实际减排量必须等于指定的减排量。

泡泡政策的名字不同寻常,主要是因为存在多重排放点,以至这些排放点好像被包含于一个想象的泡沫中,可以将控污量限制在泡泡中。当然,这些泡泡可以被撑大,不仅包含同一个工厂的其他排污点,也包括其他工厂中的排放点。

抵扣政策

当全厂区范围内的排污净增量(含减排信用)不显著时,抵扣政策就允许正在改装或扩容的污染源可以规避新污染源的审计要求。传统上,是通过计算污染源在改装或扩容之后发生的预期排放增量来确定该排放源是否必须履行新排放源审计程序。如果排放增量增加了预定的阈值,那么排放源就必须接受审计。为了确定是否超过了,抵扣政策允许该厂利用在其他地方赚取的减排信用来抵消因改装或扩容而引起的预期排放增量。通过净额结算的审计,相应的设施既无须满足相关的要求,例如模拟或监测新污染源对空气质量的影响、安装必要的控污装备,或是满足一定的抵偿要求,也无须施工前获取施工许可证;它也可以豁免任何适用于新工程的禁令。如果这些设施满足了增量阈值的要求,那么它们还必须使得新污染源达到标准设定的排污量上限。但工厂不能利用这些减排信用来规避这一国家标准。

第16章　固定污染源的局部空气污染

排污储存政策

在排污贸易项目中，排污储存政策建立了这样一些程序，使得企业可以储存减排信用用于泡泡政策项目、污染物抵换办法项目、抵扣政策项目。只要规则详细说明储蓄信用的所用权，污染源具有储存减排信用的资格，以及符合证明、持有、使用这些信用的条件，各州都有权设计自己的排污储存计划。

排放权交易的有效性

虽然排放权交易基本由地方管理，而且没有人系统地收集信息，以至于无法获得排放权交易制度效果方面的综合数据，但我们还是能够了解其实施过程中的一些主要经验。

毫无疑问，排放权交易制度明显地减少了遵循《清洁空气法》所需要的成本。大多数的估计值认为，这个制度节省的资金累积超过100亿美元，这还不包括运转费用的重复节约。另一方面，与大部分支持者最初预想的超大规模的成本节约相比，排放权交易制度节约的成本并不是太多。

遵循《清洁空气法》基本规定的要求更高了。排放权交易制度扩大了制度执行的可能途径以及排放源作出反应的范围。

排污权交易已经交易了成千上万次。各个交易都是自发的，且表现出了超越传统管制方法的进步。一些交易还引入了创新的管制技术。

相当多的排放权贸易交易涉及大型污染源对减排信用的贸易，这些减排信用是由均匀混合型污染物质（其排放地点并不是政策关注的重点）的过量管制产生的，或是由一些彼此相互接近的设施所产生。排放权交易制度似乎对均匀混合型污染物特别有效。由于没有必要建立扩散模型对环境浓度的影响进行分析，所以管制者不必担忧交易会造成高污染浓度的"热点"地区或局部化。贸易可以按一对一的方式进行。

排放权交易特别顺利地就整合进了任何基于直接（通过排放标准）或非直接（通过委托管制技术或要素投入的限制）调节排放的政策结构。在这种情形下，运营执照中所包含的排污限制可作为贸易基准。

因为排放权交易将谁为管制付费和谁安装控污设施问题分割开了，由此而获得了额外的灵活性。这种灵活性在非污染地区尤其重要，因为其边际控污成本很高。有的污染源没有能力采取控污措施但又没有退出市场，利用排污贸易的方式，它们都得到了管制。销售减排信用而获得的收入可以用于为控污提供经费，从而有效地避免了破产。

我们也了解到，只要每项交易都必须经过管制者的验证，那么减排信用交易的交易成本就比我们原先理解的高。当涉及非均匀混合型污染物的时候，与估计的大气质量效果相联系的交易成本尤其高。将贸易许可的责任转移给低级别的政府部门，从理论上说，这样可以加快审批速度，但除非低级别的政府部门中的官员支持这个计划，否则没有什么益处。

排放权交易经常出现的一个问题是，市场力量对排污贸易的好特性的破坏程度。哈恩（Hahn, 1984）发现，排放许可权是以不收费的形式（就像在排放权交易制度中一样）分配给排污者，而不是通过拍卖的方式分配。他最重要的发现就是，在没有市场力作用的情况下，这种初始分配对排污权的最终分配（交易后的）和排污权的价格都会产生影响。这一发现正好直接与完全竞争市场中（第 15 章所述）发生的情形形成对比，在完全竞争市场中，排污权的最终价格和最终分配都与初始分配无关。

直观地理解初始分配对价格设定行为的能力会产生影响的原因并不难。无论何时只要对一个单独设定价格的污染源进行初始分配，这种配置或是高于、或是低于其成本有效性的配置，就会产生某种排污贸易的激励。如果某个设定价格的污染源在初始配置中获得的排污许可低于其成本有效性配置，那么它就会对市场的买方行使权力。如果初始配置与成本效益的配置产生进一步的分歧，那么价格设定者对市场的支配权力的能力就更大。

价格操纵能力在许可证市场是一个严重的潜在缺陷吗？现有的模拟研究表明，答案是否定的。哈恩在模拟洛杉矶硫酸盐市场时发现，除非价格设定企业得到足够多的许可证使得它事实上变成垄断卖方，否则总成本函数相对于初始分配非常平坦。

杜邦公司发布的另一份数据集中分析了大约 52 个发电厂和 548 个碳氢化合物污染源，马洛尼和扬德尔（Maloney and Yandle, 1984）认真研究了企业联盟对许可证市场的影响。假设所有的排放源都基于它们未管制的排污量获得一定比例的初始分配的许可证，且它们会计算它们相互串谋对控污成本会产生多大的影响。他们的分析结果表明，买方和卖方都会独立地勾结串谋，串谋的工厂数量占买方或卖方双方总厂数的 10%～90%。

这些数据大体上支持这样一个观点，即在控污成本受影响的程度达到可接受的程度之前，高程度的企业联盟是必需的，而且高程度的企业联盟不会显著地减少排放权市场所能达到的大量成本节约。例如，如果信用垄断达到 90%（即当企业联盟控制了所有售出的信用的 90% 时），其控污成本会增加 41%，据此马洛尼和扬德尔指出，在这种严酷的市场条件下，与管制型措施比较，信用垄断依然达到 66%（而非 76%）。市场势力的存在好像不会降低太多节约成本的能力。即便利用市场势力，但与强制性配置相比,许可证转让制度的控污成本似乎更低。

总之,早期的排污许可证转让制度的改革表明我们朝着成本有效性迈出了一大步,不过这一步还不够全面。

烟雾贸易

尽管联邦政府发起并推进了美国排污权贸易计划,但最新的一些计划已经在各州兴起。面对大幅度降低臭氧浓度使之符合臭氧环境标准的需要,各州已经选择排污权贸易计划作为一种手段,以使得先期选择的几种污染物排放大幅度下降。

在排污权贸易计划中,最野心勃勃的一个计划就是加利福尼亚州区域清洁空气激励市场(California's Regional Clean Air Incentives Market,RECLAIM),这项计划由南海岸空气质量管理区(South Coast Air Quality Management District)建立,该区域涵盖洛杉矶区域,范围更大。按照"加利福尼亚州区域清洁空气激励市场"计划,在400个左右参与该项计划的工业污染者中,每一个污染者都按年度分配了氮氧化物和硫的排污量上限,在接下来的10年内,氮氧化物和硫的排放量每年下降5%~8%。污染者在遵循其排放限制时的弹性很大,可以从其他控污量已经超过其法律义务的企业购买减排信用。

"加利福尼亚州区域清洁空气激励市场"计划在许多方面脱离了传统惯例。首先,它为参与这项计划的所有污染源设定了一个总排污量的上限,而不是为每个污染源分别设定排污量;总排污量上限能够确保污染物的增加必须限定在这个控制总量之内(通过削减其他地方的排污量而进行补偿)而不允许排放量的增加。其次,它改变了管制程序的性质,使得选择适当的管制策略的负担从控污当局转嫁给了污染者。从某种意义上说,这种转嫁是一种需要(因为传统方法没有能力选择足够合理的技术以使得减排量足够大),同时也希望管制程序尽可能灵活。

灵活性导致的一个结果就是许多新的控污策略可以呈现出来。与传统的集中于末端治理的技术不同,这项计划为防治污染提供了一个经济支撑,即所有可能的污染减排策略第一次可以在一个公平的舞台上展开竞争。

"加利福尼亚州区域清洁空气激励市场"计划也阐明了排污许可证市场的一些潜在问题。为获得制度上的政治可行性而作出的妥协可能会影响控污总量水平,至少在开始时是这样的。作为最初配置的"加利福尼亚州区域清洁空气激励市场"计划的规模确实过大(Harrison,2004)。美国环境保护署对该项计划的早期评估认为,由于该项计划在开始的几年里,初始配置过大了,因此,"加利福尼亚州区域清洁空气激励市场"

计划比更传统的规则所产生的减排量更少。更长期的影响则有待观察。

"加利福尼亚州区域清洁空气激励市场"计划的第二个问题起因于力量的会合。由于电力放松管制和进口电力的短缺,在实施"加利福尼亚州区域清洁空气激励市场"计划的地区,其发电厂被要求满负荷运行。这些反常的高生产水平产生了反常的高排放。因为控污总量限定了排污许可证的供应,所以,排污许可证的价格急升至政治上无法接受的水平。

价格的大幅上涨引发了一个"安全阀"机制。按照"加利福尼亚州区域清洁空气激励市场"程序的规定,如果排污许可证的价格超过某一阈值(就如同这个案例一样),该计划将暂时搁置,并且按吨位收费的方式取而代之,直到该计划的运转恢复正常。当然,这种收费的方式其实是替代了不可接受的市场高价格,但是,它比政治上可接受的行政定价稍低。按照设计,收取的这些费用可以对发电厂维持一定的经济压力,迫使其降低排放,而又不使得整个体系超过其可接受的限度,所获得的收入用于确保其他污染源的减排。

这一经验为了解问题的本质和寻找解决问题的办法提供了一些办法。如果价格升高到危害该计划的完整性,那么只要排污许可证的固定供应遇到临时性的排污量激增,可能就会转而采取收费的办法,直到恢复正常。

排污费制度

许多国家已经实施了空气污染排污收费制度,例如法国和日本。法国的空气污染收费制度的目的是为了鼓励尽早采用控污设备,其收入会以设备安装补助金的形式返回给支付排污费的企业。在日本,排污费制度旨在提高收入以补偿空气污染的受害者。

法国排污费制度1985年开始生效。原本计划设计运行到1990年,但1990年又加以更新和扩展。按照规定,排污费是对所有发电能力超过20兆瓦或有害污染源排放量超过150公吨的工业企业征收。大约有1 400家企业受到影响。大约90%的排污费收入以补贴的形式返回给了缴费企业,用于控污设备的补助,其余10%用于新技术的开发。

虽然数据有限,但其精华似乎很清楚。收费水平太低则不会产生任何激励。据估计,要使得法国工业符合欧洲共同体空气污染防治规定,排污费收入只够其成本的1/10左右(Opschoor and Vos,1989,34-35)。

经济学家关注两种类型的工业废水或排污费。首先,一项有效率的收费制度就要迫使污染者对其所造成的所有损害作出完全补偿,从而产生有效结果;其次,一项具有成本—效益的收费制度就要以尽可能低的控污成本达到预定的环境标准的要求。实际上，法国实施的政策都不符合这两个要求。

在日本，排污费具有不同的作用。日本企业被迫补偿污染受害者的四个重要法律案例所产生的一个结果就是，1973年日本通过了《与污染相关的健康损害补偿法》（Law for the Compensation of Pollution-Related Health Injury）。根据这个法律，经过一个由医学的、法律的和其他方面的专家组成的委员会证明的指定疾病的受害者对于医疗费、因病失去的收入以及其他开支有资格获得补偿；对于其他损失，例如痛苦和受难，则没有资格获得补偿。两种类型的疾病——具体污染源非常清楚，由此而产生的特定疾病；假定所有污染源都负有一定责任，由此而产生的非特定的呼吸性疾病——可以得到补偿。

该计划得到了征收的二氧化硫排污费和汽车重量税的资助。税费的高低取决于补偿基金对收入的需求。

在排污权贸易中，减排信用证的价格会自动地对变化无常的市场情况作出反应，与此相反，排污费的高低则必须通过行政程序来作出决定。如果排污费的功能就是为特定的目的而提高收入，那么，排污费的水平则必须提高到一定的程度，以确保额外收入的增加。[6]

有时，这一过程也会引发一些意料之外的作用。例如在日本，排污费是按照前一年支付给空气污染受害者的补偿金额度来计算的。虽然补偿金额度一直在增加，但排污量（征收排污费的基数）却一直在下降。其结果是，有必要将费率提高到出乎意料的水平，这样才可以增加收入，使之满足补偿的需要。

有害污染物

有害污染物是指对人类健康会产生局部性的严重伤害的危险的污染物。这种污染物与标准污染源有两个明显的区分点：对接触污染物人所产生的伤害程度不同；通常只在少数几个关键部位发生排放物。由于认识到它们独特的性质，《清洁空气法》为处置有害污染源设定了特别程序。

管制步骤的第一步就是识别有害污染物且必须接受特殊处理的物质。《清洁空气法》要求美国环境保护署署长制定并定期更新有害污染物清单。在选择区分有害污染物和标准污染物的标准时，或是确定某种污染物列入清单的时间长度时，该法提供了一定的灵活性。

一种物质一旦被列入清单，美国环境保护署必须以最快的速度（180天）开始行动，要么对这种物质的排放进行管制，要么在发现证据暂时不能证实其为有害物质时将它从清单中取消。决定对某种物质实行管制，这对美国环境保护署提出了某种要求,要求其建立一个国家排放标准,或为每种受控物质设定场所标准。为保护人类健康,这些标准的设计必须留有足够的安全余地。

《清洁空气法》对有害污染物的表述有点模棱两可,不仅因其含义不清而引发了一系列法律诉讼,也引发了很多争议。通常认为,空气传播的致癌物质不存在安全阈值水平。因此,环保人士坚持主张,为留有余地地保护民众,清单中所列的物质就不允许排放。完全消除有害物质的排放,即便只是使之保持在最低水平也是非常昂贵的,除非让工厂关门。

不仅污染物清单变化很慢,美国环境保护署还开始将风险评估和效益成本分析纳入它们的决策。在这一过程中,第一步就是决定污染物质引发的风险是否为"显著"。不会引发显著风险的物质不列入清单。第二步只涉及清单所列污染物,必须确定其需要管制的水平。这需要对各种不同防治措施的成本、各种防治措施避免了污染物对人们健康的损害进行比较。

黑格、哈里森和尼科尔斯(Haigh, Harrison, and Nichols, 1983)的经济分析方法可以应用于有害污染物的防治。在他们的研究中,他们对三种有害污染物——苯、焦炉排气和丙烯腈——进行了成本—效益分析。苯是一种主要的工业化学药品,按体积算,其产量列前15位。在烤炉中对煤进行提炼可以获得焦炭,它是炼钢的基本原料。丙烯腈是一种重要的工业化学药品,用于各种消费产品的生产,包括毯子、衣服、塑料管和汽车用管子。

分析涉及几个步骤。对每种物质都要确定其排放量和位置,计算接触这些有害物质的人数和存在健康风险的人数。还必须对这些风险赋予美元价值,这样它就能直接与控污成本进行比较。对每项拟采用的管制措施,都必须不断重复所有这些步骤。

每种污染物我们都可以考虑采取三种管制策略。第一种管制策略,制定一组相当严格的统一采用的排放标准,按照这些标准的要求,需要利用最好的适用技术(对于苯而言,必须对顺丁烯二酸酐厂实行管制,因为它是苯的最大排放源)。第二种管制策略比第一种策略略微宽松。在这种情形下,虽然标准的应用仍然要统一,但要求管制水平比较低。第三种管制策略是,对不同的污染接触水平采取差异性的管制措施。在这种情况下,我们不采取平均的管制办法,而是对健康最有威胁的排放源施以更严格的管制。

黑格、哈里森和尼科尔斯以两种主要的形式表达他们的结果。第一种形式计算了判定特定管制措施合理有效所需的人类生命价值。这种表现形式通过让读者自己感觉人类生命价值应该是多少来让他们决定管制措施是否合理。第二种形式认为,人类生命价值为100万美元,并基于这个假设计算每个选项的净效益。

第16章 固定污染源的局部空气污染

使用人类生命的价值100万美元计算每个选项的净效益,其结果表明,对于所有三种污染物而言,标准的最适用技术(best available technology, BAT)策略均会产生负的净效益,如表16—4所示。将统一的标准与非常严厉的管制水平结合起来,所产生的结果是,成本大于效益。相对宽松的统一标准能够减少负的净效益,但不会完全消除。虽然降低管制的统一程度在某种意义上表现的成本和效益更为相称,但是,在某些致命风险下降最大的地方仍然没有达到减排的目的。

表16—4 为节约100万美元的生命价值的替代方案的净效益(单位:百万美元/年)

管制策略	苯	焦炉排气	丙烯腈
最适用技术	−2.2	−8.7	−28.8
宽松的统一管制	−1.1	−3.2	−8.0
差异性管制	−0.6	2.3	−4.9

资料来源:John A. Haigh, David Harrison, Jr., and Albert L. Nichols. "Benefits Assessment and Environmental Regulation: Case Studies of Hazardous Air Pollutants," John F. Kennedy School of Government Energy and Environment Policy Center Discussion Paper E-83-07 (August 1983). Reprinted by permission.

通过将成本分摊给那些会给人们的健康造成最大危险的排放者(差异化策略)的方式来设定管制措施,我们即可在所有三种污染物的净效益上取得巨大进步。但只有焦炉排气产生了正的净效益。对其他的污染物而言,即使采取差异化策略,效益也不能证明其合理性。

这些数据的意义不在于告诉我们应该选择哪种管制措施治理特殊污染物,而在于它们在总体上为我们提供了正确的政策方向,以使得有害污染物管制达到更高的效率水平。首先,为特定的环境选取管制策略可以使得成本明显下降,同时使得风险下降到同等的水平,或是可以以同等的成本使得风险水平的下降更大。简言之,一致性引发的成本非常大。其次,在管制有害污染物方面追求的政策,意味着人们生命的价值相差超过100倍。这一发现表明:如果给具有较低生命价值的污染物的防治配置较多资源、给被证明只具较高生命价值的污染物防治配置较少资源,那么利用相同的费用支出即可挽救更多的生命。

这些经验教训如何转化为政策呢?一个答案就是,考虑采用一种方法,即不对排污量征收费用,而是按污染物接触人体的程度收费。我们必须迫使那些将大量的人置于健康危险境地的排污者付出更大的清污成本,而让那些将较少人置于同等健康危险境地的排污者付出较少的代价,这样,我们就可以利用同等的资源挽救更多人的生命。在这个背景下,平均收费法就值得商榷了。

环境管制对更多环境友好型技术的扩散具有什么影响呢?证据是否

表明我们是否正在开发和采用可以降低环境影响的新技术呢?正如例 16.2"氯制造业部门的技术扩散"所指出的,对氯制造业而言,答案是肯定的,但这个答案却出乎人们的预料。

例 16.2 ☞ 　　　　　　　　　**氯制造业部门的技术扩散**

世界上大部分氯都是采用三种类型的电解槽中的一种生产出来的,即水银电解槽、隔膜电解槽和薄膜电解槽。通常,水银电解槽技术产生的环境危险最大,隔膜电解槽技术次之。

过去 25 年,利用水银电解槽技术生产的氯占氯总产量的份额已从 22% 降至 10%;隔膜电解槽生产的氯占氯总产量的份额则从 73% 降至 67%;薄膜电解槽生产的氯占氯总产量的份额则从低于 1% 上升至 20%。

规制起到了什么作用呢?我们可能会认为,由于规制的刺激作用,氯制造商已经越来越多地采用了环境更友好型生产技术。但事实并不是这样。相反,其他的规制使得那些转而使用非氯漂白剂的用户获益匪浅,从而降低了对氯的需求。为了应对氯需求下降的局面,许多生产商倒闭,而几家能够维持运营的工厂就是使用了更清洁的薄膜电解槽技术生产的工厂。

资料来源:L. D. Snyder, N. H. Miller, and R. N. Stavins. "The Effects of Environmental Regulation on Technology Diffusion: The Case of Chlorine Manufacturing," *American Economic Review* Vol. 93, No. 2 (2003): 431-435.

16.4　小结

工业化国家的空气质量虽然得到了改善,但发展中国家的空气质量已经恶化了。防治污染的历史方法是传统的强制式方法,它既没有效率,也没有成本—效益。

强制式政策之所以无效率,部分原因在于它基于一个法律的虚拟假设,即污染物浓度在阈值以下就不会对任何人造成健康损害。事实上,污染物浓度低于环境标准水平时,污染对某些特别敏感的人群就会产生伤害,例如那些有呼吸疾病的人。由于缺乏科学的可预防的健康性阈值,这阻碍了不参考管制成本而建立标准的企图。此外,政策无法充分地考虑排放流的时间安排。由于在造成最大的损害的时期内没有执行最大量的管制,当前的政策鼓励在高损害期进行管制的量太少,而在低损害期却过量管制。目前的政策也未对室内空气污染给予足够的重视,而室内空气污染比室外空气污染对健康的威胁更大。遗憾的是，由于现有的效益估计存在很大的置信区间，以至于无法精确测度与政策相关的无效率程度。

政策也不是具有成本—效益的。在排放者之间分配减排责任也会产生某种成本，这种成本比实现空气质量管理目标所必需的量高好几倍。这个事实表明，在许多地理环境条件下许多污染物的情形都是如此。

美国环境保护署以经济激励为基础，发起了排放权贸易计划，该计划旨在提供更大的灵活性，以实现空气质量达标，同时降低成本和减少经济增长与保护空气质量之间的冲突。这些改革，也就是所谓的泡泡政策、抵扣政策、污染物抵换办法以及排污储存政策，也会刺激新控污技术比传统管制措施更快速地发展。这是一种进步，但难以达成预想。

法国和日本均采用排污费制度作为防治污染的方法之一，但其实际应用均不如教科书分析的那么好。在法国，由于收费水平太低，以至于无法起到适当的激励效果。在日本，收费制度主要旨在提高收入，并对遭受呼吸性伤害的受害者给予补偿。

防治有害污染物的计划在程序操作的速度和决策的质量这两个方面都是无效率的。由于将某种有害污染物列入清单后立即公之于众不太现实，因此美国环境保护署将有害污染物列入清单时非常谨慎。过去的决策已经使得我们对所有的排污者都统一地使用严苛的标准。有证据表明，更加接近于所产生的风险的策略（排放造成的危险越大，减排量越多）与均匀地使用标准一样，使用相同的费用可以使得风险降低更多。基于这个分析的一个改革建议就是对排污者征收一种接触污染物的费用（与按排污量征收费用相反），这种费用不仅考虑了污染物浓度（即对每个接触污染物的人的健康造成的危险），而且还要考虑接触污染物的人数。

讨论题

1. 有害污染物的有效管制应该考虑接触污染物的情形，即接触某种指定浓度的污染物的人越多，污染物造成的损害越大，因此在其他条件都相同的情况下，其有效浓度水平越小。不管接触污染物的人数有多少，换一个角度看，污染物浓度应该维持在某种平均阈值之下。对于这种观点而言，公共政策目标就是让所有人接触相同浓度水平的污染物，即接触污染物的情况不能用于为不同的情况设立不同的浓度标准。每种方法的优点和缺点是什么？你认为表现最好的方法是什么？为什么？

2. 欧洲国家比美国对排污费的依赖程度更大，美国更多地采用的是可转让排污许可证的方式。从效率的观点看，美国是否应该效仿欧洲采用排污费的方式呢？为什么？

练习题

1. 假设对同一受体产生影响的两个空气污染源的边际成本曲线分别为 $MC_1=0.3q_1$ 美元和 $MC_2=0.5q_2$ 美元，其中 q_1 和 q_2 是减排量。其各自的转让系数分别为 $a_1=1.5$ 和 $a_2=1.0$。如果没有管制的话，其各自排放 20 个单位。环境标准是 12ppm。

（a）如果建立环境许可证制度，应该发放多少许可证？许可证的价格应该是多少？

（b）如果许可证可以拍卖，每个排放源在排污许可证上会花费多少钱？如果每个排放源开始时有一半排污许可证是免费的，每个排放源在许可证上最终会花费多少钱？

进一步阅读的材料

Kosobud, Richard F., William A. Testa, and Donald A. Hanson, eds. *Cost-effective Control of Urban Smog* (Chicago: Federal Reserve Bank of Chicago, 1993). 该会议论文集为伊利诺伊烟雾贸易项目提供了背景信息。

National Center for Environmental Economics. "The United States Experience with Economic Incentives in Environmental Pollution Control Policy" (Washington, DC: U.S. Environmental Protection Agency, 2001). 本文对美国所采取的控污政策以及这些政策的实行效果进行了评述，参见网页 http://yosemite.epa.gov/ee/epa/eed.nsf/web-pages/homepage。

Nichols, Albert L. "Targeting Economic Incentives for Environmental Protection" (Cambridge, MA: MIT Press, 1984). 本文对利用经济激励的方式防治污染作出了精彩的评述，还详细论述了如何按照接触污染物的程度征收费用的方式防治气体致癌物质。

Opschoor, J. B., and Hans B. Vos. "Economic Instruments for Environmental Protection" (Paris: OECD, 1989). 本文详细论述了 OECD 国家采用经济手段进行环境保护的情形。

Tietenberg, T. H. "Economic Instruments for Environmental Regulation," *Oxford Review of Economic Policy* Vol. 6（Spring 1990）：17-33. 本文详细分析了早期运用经济激励手段进行污染防治中的经验和教训。

【注释】

［1］我们在一些细节上论述了美国的方法，显示抽象的应急式观念怎样能够转化为特殊的政策。许多工业化国家的政策相当相似。关于欧洲和日本的环境政策的更多细节，参见博洛廷（Bolotin，1989）。我们将在随后的章节中论述截然不同的日本方法的更多细节。

［2］对美国的估计。

［3］对室内空气污染物质最重要的政策就是，很多州通过了在公共场所设立"吸烟区"以保护不吸烟者。

［4］例如，对 SO_2 的GEMS研究估计只有30%～35%的世界人口生活在与世界卫生组织方针指定的空气至少一样清洁的地方。

［5］正如我们在第17章中将论述的，这些政策的改良版本也被用于管制酸雨和臭氧消耗化合物。

［6］虽然税收升高会导致收入降低在理论上可能（依靠对污染消除的需求弹性），但实际情况并不是这样。

第 17 章　区域与全球性污染物：酸雨和气候变化

> 做事应尽可能简单，但不要过犹不及。
>
> ——阿尔伯特·爱因斯坦

17.1　引言

当污染物的影响范围跨越到边界以外，实施全面而有经济效益的控污措施，在政治上会很复杂。跨越边界的污染物会产生外部成本，但无论是排污者还是排污国，它们都没有合理防治污染的积极性。

将不合理激励混杂在一起，就会产生不确定性，这种不确定性限制了我们对大部分污染问题的理解。理解污染问题的难度和各种不同控污策略的有效性要求我们对它们之间的各种关系有所认识，但是，我们对这些关系的认识还远远不够。然而，遗憾的是，这些问题很重要，漠视这些问题会有潜在后果，拖延不是一个好的解决办法。为了避免将来在选择余地很小的紧急情况下才采取行动，我们现在就必须依据现有信息制定具有期望特性的策略，这样的策略虽然有一定的局限性，但也应该如此。总之；我们一定要保留选择权。

不采取行动的代价并不仅限于污染所造成的损害。美国、墨西哥、加拿大和欧洲各国的传统盟国之间的国际合作关系，就是因为在合理控制酸雨和气候变化方面发生了争吵而遭到了削弱。

我们在本章中将论述全球性污染和区域性污染的严重性以及解决这些问题的策略的潜在有效性方面的科学证据。我们还将论述政府在解决这些问题时面临的各种困难以及经济分析在理解如何克服这些困难方面所起的作用。

17.2 区域性污染物

区域性污染物和局部性污染物之间最大的差异就是污染物在空气中传输的距离。尽管局部性污染物所产生的损害只发生在排放点的邻近地区，但对于区域性污染物而言，距离排放点很远的地区也会受到损害。

一些污染物既是区域性污染物，又是局部性污染物。例如，氧化硫、氧化氮和臭氧一直被认为是局部性污染物，但它们也是区域性污染物。例如，硫排放作为大部分酸雨立法中的焦点，普遍认为其从排放点到最终回到土壤可以传输 200 英里～600 英里距离。由于这些物质靠风力传输，因此它们会经历一系列复杂的化学反应。在适当的条件下，硫和氧化氮均会转化为硫酸和硝酸。氧化氮和碳氢化合物遇光即可结合生成臭氧。

酸 雨

什么是酸雨？

酸雨，一般认为是酸性物质在大气中的沉降物，实际上这种说法用词不当。酸性物质不仅通过雨或其他潮湿空气形式沉积，也可以以干颗粒物的形式发生沉积。相较于湿沉积，在世界一些地区，例如美国的西南部，酸更多来源于干沉积。

降水通常为弱酸性，其全球背景 pH 值为 5.0（pH 值是测度酸性的通用指标；pH 值数值越低，表示物质越酸；pH 值等于 7.0 是酸性和碱性的分界值）。工业化地区产生的降雨一般会超过全球背景 pH 值。例如，北美洲东部的降雨其典型的 pH 值为 4.4。弗吉尼亚西部也经历了一次 pH 值为 1.5 的暴风雨。电池 pH 值为 1.0 的事实可能可以帮助我们更透彻地理解这一事件。

虽然自然的酸沉降作用确实存在，但近几年发生的事实却清楚表明，主要的酸性物质沉降是人为造成的。例如，对格陵兰的冰核所做的分析表明，自从20世纪初以来，产生硫沉积的主要原因是人为排放的硫酸盐，而大约从1960年起，氮沉积的主要原因就在于人为排放硝酸盐。

影　响

1980年，美国国会开始资助一个10年研究计划，即国家酸雨沉降评估计划（National Acid Rain Precipitation Assessment Program），该计划旨在确定酸雨的形成原因及其影响，并为制定有关的防治方案提出建议。该报告认为，按照当前和历史的酸雨水平看，酸雨造成的破坏介于轻微（对作物）到中度（对一些湖泊和小溪中的水生生物）之间。

该项研究的结果显然没有我们预期的那么可怕，且与酸雨在欧洲造成严重损害的研究结果形成很大反差。据文献记载，瑞典大约有4 000个高度酸化的湖泊；挪威总面积为13 000平方公里的南部湖泊完全没有鱼类存在；德国、苏格兰和加拿大也有相似的报道。

例 17.1　　阿迪朗达克的酸化

纽约州的阿迪朗达克山脉拥有180个湖泊，大部分湖泊的海拔较高，20世纪30年代，湖泊中还有大量的溪红点鲑（brook trout），但到70年代就绝迹了。一些湖泊中，6种以上的鱼类群落就整个绝迹了。

这些湖泊位于当地污染源的东面，这样的位置清楚表明，大部分酸性沉降物来自区域外。由于这个地区的湖泊缺乏缓冲酸性的石灰石或其他形式的基岩，所以相对来说这些湖泊中和沉降酸性物质的能力很弱。

这些湖泊是重要的娱乐场所，是钓鱼爱好者的天堂。这些湖泊位于600万英亩的阿迪朗达克公园边界之内，是美国东北部最不发达的地区。公园幽静偏远，重峦叠嶂，湖泊繁多，一日生活圈范围内的人口达到5 500万人，这些湖泊为他们提供了户外休闲的条件。

在几个新的立法提议提出后，《1990年清洁空气法修正案》（我们将在随后的章节中论述）立即使得酸性沉降物显著减少，此后的政策问题则是：按照净效益的标准，进一步减排是合理的吗？条件价值评估法包括使用价值和非使用价值，班茨哈夫、伯特罗、埃文斯和克鲁普尼克（Banzhaf, Burtraw, Evans, and Krupnick, 2004）分析了进一步降低二氧化硫和氧化氮所产生的效益，并将其与为达到减排目标而产生的成本进行了比较。

他们估计，在纽约州，生态改良的平均支付意愿（willingness to pay，WTP）为每个家庭48～107美元不等。这些估计值是以人口数量为权重计算得出的，将这些估计值乘以纽约州的家庭数量得出的效益为每年3.36亿～11亿美元。

他们还对阿迪朗达克环境改善所需的成本进行了评估，计算结果认为，2010年为8 600万美元，2020年为1.26亿美元。由于成本估计值明显低于效益估计值，因此即使减排量已经不小，但从经济的角度看，进一步减排还应该是合理的。

资料来源：Spencer Banzhaf, Dallas Burtraw, David Evans, and Alan Kruplnick. "Valuation of Natural Resource Improvements in the Adirondacks," a Report to the Environment Protection Agency by Resources for the Future, Inc. (September 2004).

酸雨不仅会导致欧洲森林生长迟缓、受伤甚至死亡，尤其是德国森林（参见例16.2），美国森林也一样。酸雨使得美国东部许多地区的森林和土壤退化，对从缅因州到佐治亚州之间的阿巴拉契亚山脉的高海拔森林影响最大，影响区域包括谢南多厄（Shenandoah）和大雾山国家公园（Great Smoky Mountain National Parks）的高能见度区域。

这项研究认为，酸雨通常不会直接使树木死亡。相反，它更多的是通过损害叶片、限制营养物质的供给，或是使树木暴露于含有酸性沉降物质的土壤缓慢释放的有毒物质等形式削弱树木的生长。一般情况下，树木的损伤或死亡是酸雨与其他一种或几种胁迫作用——例如干旱、病害或暴露于其他污染物等——共同作用的结果。

跨界问题

许多采取联邦政府形式的国家，例如美国，过去实行的政策是将所有的污染都看做局部性污染物进行处理，忽略了在此过程中对区域产生的后果。如果让当地政府承担更大的以达到预期的空气质量的责任，并由联邦政府来衡量当地监管部门的工作进展，这样做不仅不会使得区域性污染治理得更好，相反却会越来越糟。

在污染防治的早期，地方政府恪守"稀释就是解决之道"的箴言。实施的结果表明，控制局部性污染物的办法就是让烟囱变得更高，使得污染物从更高处排放。使用这种方法，当污染物质到达地面时，其浓度被稀释变低，从而使其很容易达到设在附近的监管部门设定的环境标准。

这种方法引发了几个后果。首先，它降低了达到环境标准所需的减排量，因为与低烟囱的排污相比，高烟囱排放的污染物浓度的地面浓度更低；其次，以更低的投入成本即可达到环境标准的要求。阿特金森（Atkinson，1983）以俄亥俄州的克利夫兰为例进行了研究，结果表明，如果实施局部性防治策略而不是区域性防治策略，防治污染的成本大约降低了30%，但污染物的排放量将是原来的2.5倍。从本质上看，局部地区能够通过将污染物输送到其他区域的方式来降低它们自己的防治成本。《清洁空气法》因过于重视局部性污染,从而使得区域性污染问题变得更糟。

精心制定政策

20世纪70年代后期,美国清楚地认识到,传统的方法并不适合解决区域性的污染问题。因此,开始将重心集中在修补立法,从而更好地处理如酸雨等区域性污染物质。

政治上,这是一件很难办的事情。由于污染物质长距离扩散的事实,遭受损害的地区显然不能与排污且对损害负责的地区相提并论。在许多情况下,接受者和排放者甚至位于不同的国家中!在这种政治背景下,我们毋庸惊奇,那些无辜遭受损害的地区会要求大量且快速地降低排污量,而那些必须负担清污成本的地区则希望缓慢而谨慎地处理问题。

经济分析有助于我们找出一种可行的办法以突破这种政治障碍。具体来讲,美国国会预算办公室(Congressional Budget Office,CBO)开展了一项研究,通过对各种不同行动过程的结果进行定量分析,以帮助设定一些争论的限制性因素。1986年,美国国会预算办公室(CBO,1986)使用一个计算机模型分析了任何地方的发电厂二氧化硫排放量从1980年的水平下降800万吨~1 200万吨所采取的各种策略的经济和政治后果,这个模型考虑到了这样一些相关因素,例如发电厂的排污量、发电成本以及煤炭市场的供需水平。

我们分两部分论述这项模拟分析的结果。在第一部分中,我们分析了一些基本的实用策略,包括一种传统的强制性策略和一种排污费策略,强制性策略只是按照一个特定的公式计算的结果对减排量进行分配。这个分析阐述了防治成本对各种不同减排量的敏感性,并突出说明了实施这些策略引发的政治后果。随后,这项分析的第二部分对各种旨在缓和负面政治影响的各种基本策略进行了说明,以此确定政治上的某些妥协可能引发的得与失。

这项分析的第一个含义就是,污染防治的边际成本正在迅速上升,尤其是减排量超过1 000万吨以后更是如此,如表17—1所示。当减排量为800万吨范围内时,减排1吨SO_2的成本为270美元;当减排量为1 000万吨时,减排1吨的成本为360美元;当减排量达到1 200万吨时,每吨的减排成本飙升到779美元。随着要求的减排量增大,因需要更加昂贵的清洗设备与之配套,所以成本升高得越快(清洗设备包括一个化学的程序,即含硫气体排入到空气中之前浓缩或者"擦除")。

表 17—1　　　　　　　　与减少硫排放的基本策略有关的成本

策略	总项目费用[a] （10亿美元）	电厂的年度费用[b] （10亿美元）	主要州的就业变化[c] （♯失业）	成本效益[d] （美元/吨）
800万吨减排	20.4	1.9	14 100	270
1 000万吨减排	34.5	3.2	21 900	360
1 200万吨减排	93.6	8.8	13 400	779
排放收费	37.5	7.7	17 900	327

　　a. 发电厂从1986—2015年的成本贴现计算后所得的现值（按1985年美元价格计算），真实贴现率为0.03。不包括任何发电厂支付的排污费。

　　b. 按1985年美元价格计算，以1995年为基准，该项策略对发电厂产生的成本。

　　c. 如果实施这项策略而不实施目前的基准政策，对煤矿业额外产生的失业人数。

　　d. 项目成本除以每年二氧化硫减排量，二者均为贴现量，计算期为1986—2015年。

资料来源：Congress of the United States, Congressional Budget Office. *Curbing Acid Rain: Cost, Budget, and Coal-Market Effects* (Washington, DC: U. S. Government Printing Office, 1986): xx, xxii, 23, 80.

　　对于本书读者而言，毋庸惊奇的第二点就是，与强制性策略相比，排污费制度更具成本—效益。同样减排1 000万吨，强制性策略每吨成本360美元，但实施排污费只要327美元。排污费制度的优越性就在于这样一个事实，即排污费制度使得边际成本相等，这是使其具有成本—效益的一个必要条件。[1]

　　第三点就是，排污费制度的成本有效性的优越性程度并不是非常大，尤其与我们在第16章中列举的数据相比更是如此。

　　美国直到1990年才实施酸雨立法，其中的一个原因就是害怕造成美国几个主要州出现预期的煤炭工业的大量失业。如果发电厂采取改煤策略，那些生产高硫煤的地区将受到严重打击，因为生产低硫煤的州将抢走它们的生意。然而，如果煤炭工业采用清除设备，高硫煤则可以继续使用，这样就不会对这些州的就业情况产生影响。

　　虽然排污费制度可能是最具有成本—效益的政策，但并不是最普遍采用的政策，特别是在拥有很多旧发电厂、污染很严重的州。按照排污费制度，发电厂不仅必须支付与减排相关的高额设备成本和运营成本，还必须为所有的防治的排污支付费用。通过排污费制度防治酸雨而产生的额外经济负担非常大。如果实施强制性管制措施，减排1 000万吨污染物需要支付32亿美元，而如果实施排污费制度，发电厂则要承担77亿美元的经济负担。但排污费制度的成本—效益更高，使得设备费用和运营成本降低，由此而节省的费用不足以抵消在排污费上的额外支出。在这种情形下，对社会来说成本最低，但对发电厂而言，成本不是最低的。

硫限额排放计划

采用硫限额排放计划（sulfur allowance program）之类的排放权交易制度，即可解除这种额外经济负担造成的政治困境（参见例17.2"硫限额排放计划"）。作为《1990年清洁空气法修正案》(Clean Air Act Amendment of 1990) 的一部分，硫限额排放计划的采用是作为传统途径的补充，而不是替代，传统途径强调达到局部环境空气指标标准。

例 17.2　　　　　　　　　　　　　　**硫限额排放计划**

401

按照这一具有创新性的方法，排放二氧化硫的份额被配置给排放硫的各个旧发电厂；配额限制在这样一个范围，即确保2010年的排放水平在1980年的基础上减排1 000万吨。

这些配额为排放1吨硫提供了有限度的授权，而且配额是按照日历年度配置的，但未使用的配额可顺延至下一年。配额可以在相关污染源之间转让。任何减排量超过配额要求的工厂都可将其剩下的配额转让给其他工厂。任何工厂的排放量法律上都不可以超出该厂管理者所持有的配额（等于分配到的份额加上购买的份额）所许可的水平。年末的审计将对排放量和配额进行平衡。排放量超过所持份额授权量的发电厂必须支付2 000美元/吨的处罚金，并且第二年将在其配额中扣除超标数量的排放量。

该项计划一个重要的创新点就是，通过设立一个拍卖市场以确保配额的有效性。每年，美国环境保护署扣留2.24%的配额进行拍卖。这些扣留的配额分配给最高的出价者，中标买主支付投标价格。拍卖收入用于奖励按一定比例扣留配额的发电厂。

私人配额持有者也可以在这些拍卖中出售他们的配额。潜在的卖方指定最低可接受价格。一旦扣留的配额被分配出去，美国环境保护署就会用私人提供的最低的可接受价格与剩余配额的最高竞标价进行比对，同时比对买卖双方，直到所有剩余配额的竞标价低于剩余的最低可接受价格。

资料来源：Dallas Burtraw. "The SO$_2$ Emissions Trading Program: Cost Savings without Allowance Trades," *Contemporary Economic Policy* Vol. XIV, No. 2 (1996): 79-94; Nancy Kete. "The U. S. Acid Rain Control Allowance Trading System," in T. Jones and J. Corfee-Morlot, eds. *Climate Change: Designing a Tradable Permit System* (Pairs: Organisation for Economic Cooperation and Development Publication, 1992): 69-93; Renee Rico. "The U. S. Allowance Trading System for Sulfur Dioxide: An Update on Market Experience," *Environmental and Resource Economics* Vol. 5, No. 2 (1995): 115-129.

硫限额排放计划又称为**限额交易计划**（cap-and-trade program），这样称呼更恰如其分。限额交易计划为所涉及的所有排污者设定了一个排污总量限制（上限），同时参照排污总量分配排污配额（排放授权）。这个计划的总量限制特征很重要，因为它表示与旧的管制制度相比，其在政策方面有了根本性的改变。传统的制度是直接管制每个单位的排污，而不是总量控制。因此，随着排污者数量的增加，总排污量也增加。在总量控制中这种情况不可能发生。新排污者的排污量只能在排污总量范围以内增加（因为排污总量不能增加），而且只有在现有排污者降低的排污量足以满足新排污者增加排污量的需要时，排污量才可能增加。配额计划不仅将排污总量限制在上限额度之内，还为超额完成减排任务的排污者提供经济刺激（因为可以出售剩余配额）。

按照硫限额排放计划，任何人都可以购买配额。环境组织逐渐倾向于选择购买配额作为减少硫排放量的一种方法，以使硫排放量比法律允许的量更低（参见例 17.3"环境保护论者为何以及如何购买污染？"）。

例 17.3　　环境保护论者为何以及如何购买污染？

在硫限额排放计划诸多独有的特征之中，环保人士特别喜欢其中两点。该计划不仅为发电厂的年度硫排放总量设定了上限，还允许环境组织借由获得的配额降低到该上限。

在芝加哥商品交易所（Chicago Board of Trade）主持的拍卖中，任何人都可以参加竞标，包括环境组织。环境组织的竞标费用由那些想减少污染的个人捐赠。不管出于什么目的，中标者将获得排放配额，即使他们将其作废从而降低污染物排放。每 1 吨作废的硫氧化物排放配额都代表合法地减少了 1 吨排放物。

1996 年的拍卖会上，一个首字母简称为 INHALE 的非营利性组织购买了 454 份配额。1994 年的拍卖会上，马里兰州环境法协会（Maryland Environmental Law Society，MELS）购买并作废了 1 份排放配额，由此而成为这样做的第一个学生组织。之后，至少 11 个法学院参与了排放配额的作废行动。

另一个筹集资金作废排放配额的组织是"流动资产资助来源"（Working Assets Funding Source）。这个非营利性的公益公司经常拿出其收入的 1% 支持公众服务组织的工作，同时因不同性质原因每月从客户那里获得慈善捐赠。1993 年夏天，活动方通过长途电话向 80 000 个客户请求增加小量的捐赠以筹集资金支持口号为"我们的目标就是减少 300 吨 SO_2 的排放……让大家行动起来做得更多"的减排行动。共筹集到 55 000 美元，使活动组织能够购买 289 份排放配额。

慈善捐赠也曾使得排放配额作废。例如，亚利桑那州公共服务公司（Arizona Public Service Company）和尼亚加拉莫霍克电力公司（Niagara Mohawk Power Corporation）的一份协议，使得美国环境保护基金组织获得 25 000 份排放配额的捐赠物。在另一个交易中，康涅狄格东北公用事业公司（Northeast Utilities of Connecticut）将 10 000 份排放配额捐赠给美国肺脏协会（American Lung Association）。此后，美国肺脏协会通过当地的分部不断努力联络其他捐赠者，获得了更多的捐赠以减少污染。

资料来源：EPA Web page：http：//www. epa. gov/docs/acidrain/update3/all-ws. html（July 1996）.

计划的结果

根据美国环境保护署的官方报告，2003 年，硫排放管制使得电力工业的 SO_2 排放水平与 1980 年相比降低了 38%。重要的是，除一家工厂超出其排放配额许可的 SO_2 排放量之外，电力工业几乎 100% 达到计划要求。

虽然污染物排放已剧减，但是减排对敏感区域有什么影响呢？为了解这一问题，美国环境保护署基于 1990—2000 年的数据，对新英格兰、纽约、宾夕法尼亚、弗吉尼亚、威斯康星、密歇根和西弗吉尼亚等几个州进行了调查。在这些州，虽然他们发现，从前酸性水面大约有 1/4～1/3 已不再呈酸性，但在新英格兰或弗吉尼亚州，他们几乎没有发现水体酸性状态的区域性变化的证据。很明显，减排并没有立即引起水质相应的改善。

这是自然条件造成的还是减排的地理环境造成的？在针对硫限额排放计划的争论早期，许多评论者指出，只有在实施排污贸易制度的条件下总排放量才会减少。由于贸易制度赋予的灵活性，从理论上讲，减排有可能只集中在一小部分地区，而其他地区的排放量不变（可能还会增加）。的确如此吗？

答案是否定的。伯特罗和曼苏尔（Burtraw and Mansur，1999）发现，因为市场贸易，美国东部和东北部的硫沉降物和污染物浓度都降低了，且实际上健康效益也增加了。按照他们的估计，2005 年，美国的健康效益比没有贸易制度所达到的相同减排量所具有的健康效益高出近 1.25 亿美元。

该项计划节省了费用吗？埃勒曼等人（Ellerman, et al.，2000）的研究证明，该项计划确实节省了费用。他们发现，在阶段 I 它比非交易方式节约了 33%～67% 的成本。成本节约的主要原因显然在于低硫煤的使用、低硫煤价格下跌（主要因为铁路运煤的费率下降）以及技术进步使得净化的成本下降。埃勒曼（Ellerman，2003）所做的一项后续研究表明，阶段 II 的估计成本也很低。除上述提到的降低成本的因素外，银行资助也会节约成本，银行为工厂的减排投资提供了很大的灵活性。

我们很容易理解可交易的排污配额制度是怎样以较低的成本促成环

第 17 章　区域与全球性污染物：酸雨和气候变化

境目标的实现的。达到国会预期要求完成的减排量需要一部分发电厂而不是全部发电厂安装除尘器。强迫所有旧电厂采用除尘技术成本太高，而且对完成要求的减排目标来说也不是很必要。然而在传统的制度下，仅让少数几家发电厂为公众利益承担额外的负担，这无论是在政治上还是法律上都很困难。

排放配额的交易解决了这个问题，它让一些发电厂自愿地接受更多的控污量，并通过提供适当的经济鼓励来保证计划实施。排放标准非常严格，一些发电厂不得不选择除尘器或过于严苛的一些防治措施。虽然所有发电厂都将面对相似而不是相同的许可排放标准，但是，一些发电厂还是会选择安装除尘器，比如说对于那些安装除尘器就是最便宜的选择的电厂就是如此。这一行动将会使它们自动超额完成它们合法的减排要求。

当与其他额外的管制结合时，由于购买足够的排放配额可以满足它们自己的排放标准，以至于购买配额的企业会降低安装除尘器的需求。充分但不过量的排放配额将导致这些发电厂安装除尘设备。重要的是，排放权交易也给所有的发电厂提供了分摊安装除尘设备成本的途径。实际上，购买排放配额的企业将会出售污染防治设备企业的一部分补贴。排放配额交易制度促进了成本的自愿分摊，而不是受追求公平的误导而让少数几家发电厂忍受不成比例的分摊污染物防治的负担，或是要求所有的发电厂都承受过量控污的额外负担。正确地选择政策手段可以使得公平和效率协调一致。

17.3 全球性污染物

臭氧损耗

对流层位于大气的最底层，最接近地球。在对流层中，臭氧（O_3）是一种污染物质，它会对农业造成损害，且还会危害人类的健康。我们在第18章中将仔细探讨这种形式的对流层污染。

然而，紧邻对流层上面的是平流层，平流层的少量臭氧对地球上的生活品质具有决定性的积极作用。具体来讲，通过吸收紫外线波段，平流层中的臭氧可保护人、植物和动物远离有害的紫外线辐射，同时臭氧还可吸收红外线，而红外线是决定地球气候的因素之一。

全氯氟烃通过一系列复杂的化学反应，会消耗平流层中的臭氧。这些高度稳定的化合物通常被用做气溶胶喷射剂、泡沫缓冲剂、包装和绝缘泡沫、金属和电子元器件的工业清洁剂、食物冷冻、医学器械消毒、家庭和商店食物冷藏，以及汽车和商业建筑的空调制冷。

臭氧损耗会使得紫外线增加，其主要影响就是增加人类患非黑素瘤性皮肤癌的机会。其他的潜在影响，例如更严重的黑素瘤性皮肤癌的增加、对人类免疫系统的伤害、对植物的损害、家养牲畜患眼癌，以及某些高分子材料的加速降解等，这些也都被怀疑与之有关，但证据尚不充分。

1978年6月30日，美国环境保护署发布了一项规定，禁止生产、处理和分配任何"完全卤化的氟氯代烷"用做气溶胶喷射剂，这些喷射剂的使用受制于《有毒物质管制法》(Toxic Substances Control Act, 45 FR 43721)。这一禁令使得美国完全卤化的氟氯代烷占世界产量的份额从1/2降至1/3。尽管如此，全球范围内两个主要的全氯氟烃（CFC-11和CFC-12）的排放量还在继续增加。

由于在此议题上深入发展将需要对非喷雾剂的使用设立新的管制，美国环境保护署委任兰德公司（Rand Corporation）的一组经济学家对各种管制选项进行模型分析（Palmer, et al., 1980）。该研究收集了美国控制这些气体用于非喷雾剂的成本的详细信息，并建立了一个10年期模拟模型，以模拟各种不同管制措施的效果。因为全氯氟烃在大气中的累积（它们能在大气中保持大约一个世纪），期望的减排量要以10年期间的累积量进行定义。

兰德公司的经济学家在分析中考虑了三项具体政策：（1）为生产者和使用者指定全氯氟烃排放标准体系，这个体系应该强迫他们采用特定的技术；（2）在10年期内每排放1磅污染物要缴纳0.50美元的固定费率（按真实价格计算）；（3）可转让的许可证制度。在模拟模型中，所有的方法都被局限于使得减排量达到大致相等的水平，如表17—2所示。

表17—2	具有相似累积减排量的政策比较					
政策设计	减排量（百万磅的许可证）			执行成本（1976年百万美元）		
	1980年	1990年	累积 1980—1990年	1980年	1990年	累积 1980—1990年[a]
强制管制	54.4	102.5	812.3	20.9	37.0	185.3
经济激励						
固定费率[b]	54.8	96.9	816.9	12.3	21.8	107.8
许可证制度[c]	36.6	119.4	806.1	5.2	35.0	94.7

a. 年度执行成本的现值，贴现率为11%；
b. 基于1980—1990年（以1976年美元计算）的0.50美元的不变税率；
c. 基于许可证价格或排污费从1980年的0.25美元上升至1990年的0.71美元。

资料来源：Palmer, Mooz, Quinn, and Wolf（p. 225, Table 4.7）.

由于这是一种累积型污染物，所以在这种情况下，许可证旨在允许一次性的排放，而不像其他旨在管制更为传统的污染物的许可制度一样，允许连续的排放。许可证的持有人有权在 10 年内随时排放固定量的全氯氟烃。也就是说，管制发行的许可证数量，进而控制全氯氟烃的累积排放。

在这类模拟系统中，随着未使用的许可证剩余量的减少，预料许可证的价格会随着时间的推移而上升。许可证的使用在开始几年里会很高，但当设计出替代的选项时，在 10 年期末将会降到零。

理论告诉我们，在这个研究中，模拟的恒定排污费并非完全具有成本—效益的，因为模拟的收费不会随着时间的推移而上升。排污费不变将会使得每个时期内的边际成本相等，这是一项具有成本—效益的策略的一个组成部分；但它无法发出全氯氟烃随着时间的推移其稀缺性逐渐增加的信号，从而导致许可证使用的暂时扭曲形式。具体来讲，由于恒定的费率不得不达到与许可证制度大约相同的减排累积水平，恒定费率在开始几年将会比具有成本—效益的费率高，而在后几年则比具有成本—效益的费率低。反过来，这也意味着恒定费率制会使得前几年的排放量太少，后几年的排放量又过多。

在表 17—2 中，我们可以看到许可制的优越性。它利用大约一半的成本就可大致达到与强制性管制一样的减排量。许可制和恒定费率的关系完全与我们预想的理论相符。在开始几年，恒定费率的成本较高（因为允许排放量更少），而在后几年时间内则较低。在 10 年期限内，恒定费率制因中间暂时的扭曲会产生更高的成本的现值，增加比例约 14％。

为了应对臭氧损耗的威胁，1988 年 9 月，24 个国家签署了《蒙特利尔议定书》（Montreal Protocol）。根据这项协议，签约国家将在 1998 年 6 月 30 日之前限制有关气体的生产和消费，使之降至 1986 年水平的 50％。在这个协议签署后不久，有新证据表明，行动还远远不够；损害显然以比先前预想的速度更快地增加。为了解决问题，一系列新的协议被批准实行。这些协议总的来讲增加了有关物质的数量，并建立特定的时间表以逐渐停止这些物质的生产和使用。由于这些协议颁布，目前 96 种化学品已在一定程度上被管制住了。

控制臭氧损耗一般被视为国际环境协议的成功示例之一。尽管工业化国家认识到了减少有害化学品的生产和使用的重要性，但是它们同时也了解到，有必要采取全球性的减排行动。为了促进发展中国家积极参与，这些协议包括两项关键条款：（1）推迟发展中国家实施协议的最后期限；（2）多边基金（Multilateral Fund）。

1990 年，参与方同意建立多边基金以帮助发展中国家达到逐步淘汰《蒙特利尔议定书》中涵盖的化学品的要求。该基金旨在填补发展中国家因采取行动停止生产和使用损耗臭氧的化学品而增加的成本。多边基金的资金源于工业化国家的贡献。这个基金得到了5次补充：2.40亿美元（1991—1993年）；4.55亿美元（1994—1996年）；4.66亿美元（1997—1999年）；4.40亿美元（2000—2002年）；4.74亿美元（2003—2005年）。

多边基金促进了技术变迁，并推动了环境更安全的产品、材料和设备向发展中国家转移。它为批准了该协议的发展中国家提供了技术专家、替代技术的信息、培训和示范项目，也为停止使用消耗臭氧的物质的项目提供了经济上的资助。

然而，这项特别的计划并不能涵盖一切。在不小的程度上，臭氧保护可以取得成功，因为生产者能够开发和商业化一些损耗臭氧的化学品的替代品。由于这些替代品的有效性，发达国家结束使用全氯氟烃比原先预料的更快，成本更低。

尽管协议详细说明了各个国家逐渐淘汰的目标，但得由各个国家自己制定具体政策措施以达成这些目标。美国使用了一个独特的结合产品费和交易许可制的组合方式以控制臭氧损耗物质的生产和消费（参见例17.4 "臭氧损耗化学品的交易许可证制度"）。大多数观察家认为，这种组合对鼓励减少使用臭氧损耗物质是非常有效的。

例17.4 ☞ 臭氧损耗化学品的交易许可证制度

1988年8月12日，美国环境保护署为了达到减少臭氧损耗物质的目标发布了第一批实行许可证交易制度的规定。按照这些规定，美国所有受管制物质的主要生产者和消费者都以1986年水平作为规定产量的基础，都配置了生产和消费的允许限额。由于在预先确定的截止期限后准予的排放配额较小，每个生产者和消费者最初被允许按配额基数的100%进行排放。伦敦会议（London conference）之后，这些按百分制方式设定基数的配置降低了，以反映更新的、更早的截止期限以及更低的限额。

排污限额可以在生产者和消费者内部转让，如果交易被美国环境保护署核准并且对买方或卖方各自国家的排放限额进行适当调整，排污限额可以越过国界转让给其他签约国的生产者。

如果以批准的方式确认了受管制物质的量达到了安全水平，那么产量限额则可增加。在污染物分类列表中所列的污染物之间，有些污染物的交叉交易也是可能的（按照定义，污染物的类别是指使得产生相似环境效果的一类污染物质集合）。所有交易的资讯都是机密的（只有交易者和管理者知道），所以很难知道这个项目的效果如何。

由于对这些排污限额的需求非常缺乏弹性，限制供应即可增加收入。由于对生产全氯氟烃和哈龙（halons）产品的7个国内生产商分配了排污限额，美国环境保护署因它的规定可以给生产商带来相当大的额外利润而受到普遍关注（估计在数十亿美元内）。美国环境保护署使用按产量来征收税收的方式，吸收了由规定引发的稀缺性所产生的租金，以此来解决了这个问题。

这一方法在两个方面很独特。它不仅允许排污限额的国际贸易，它还允许同时使用许可制和纳税制。如果与限额制一起使用，按产量征税的做法也能产生降低许可证价格的效果。然而，这种组合政策和单独政策实施一样具有成本—效益，同时许可制使得政府可以获得一些租金，否则这些租金会以别的方式被排放许可证持有者获得。

资料来源：Tom Tietenbery. "Design Lessons from Existing Air Pollution Control Systems: The United States," in S. Hanna and M. Munasinghe, eds. *Property Rights in a Social and Ecological Context: Case Studies and Design Applications* (Washington, DC: The World Bank, 1995): 15–32.

这些协议对全球性污染物的排放和臭氧层产生了什么影响？2002年，一个评估小组发现，在较低的大气层中，臭氧损耗化合物的总联合有效峰度从1992—1994年的高峰持续缓慢地下降。科学家预测，如果这些现行协议完全被实行，臭氧损耗在接下来的几年将达到最高点，然后逐渐地降低，至2050年左右臭氧层将恢复其正常水平。

气候变化

温室气体是一类全球性污染物，它们能够吸收来自地球表面和大气中的长波（红外线）辐射，这些射线能捕获热能，否则这些热能就会辐射至太空。温室气体在大气中的混合和扩散既可以形成地球上的宜人气候，也可以形成其他星球的恶劣气候。改变这些温室气体的混合方式即可改变气候。

在温室气体中最丰富的以及研究得最多的是二氧化碳，但许多其他气体也有相似的热辐射特性，其中包括全氯氟烃、氧化氮、甲烷以及对流层的臭氧。有新证据表明，这些气体将来在改变气候方面可能比数量最多的二氧化碳更重要。

因为这些气体的排放量正逐年增加，它们在大气中的混合比例也一直在改变，所以目前关于这类污染物对气候影响的关注度不断上升。燃烧化石燃料、砍伐热带森林、向大气中排入更多其他温室气体，诸如此类，证据不断增加，人类正在创造一个热毯，这个热毯能够吸收足够的热量以提高地球表面的温度。

政府间气候变化专门委员会（Intergovernmental Panel on Climate Change）负责编制和评价有关气候变化的科学信息，该委员会于2001年公布了它的报告，报告阐明了气候变化产生的原因和可能造成的后果。[2] 报告发现，过去50多年所观察到的增温现象主要归因于人类活动。关于气候变化的预测方面，报告认为：
- 1990—2100 年，全球平均表面温度预计提高 1.4℃～5.8℃；
- 预计增温的速率比 20 世纪观察到的变化更大，很可能至少是 10 000 年来史无前例的；
- 降雨在年际间的变化可能更大；
- 主要由于暖水的热膨胀效应以及冰河和冰帽的融化，预计 1990—2100 年期间，全球平均海平面将升高 0.09 米～0.88 米。

最近科学家也公开证据以说明气候变化可能会比先前预想的更突然地发生。因为增温速率是生态系统更好地适应温度变化的一个重要决定因素，于是它引起了人们的普遍关注。引起这种关注的两个例子就是北方冰冻苔原蕴涵的甲烷和大海的热盐循环系统。

冷冻苔原中蕴涵着大量的甲烷气体。随着温度升高，苔原会融解，甲烷会被释放出来。由于甲烷是一种吸热性很强的温室气体，甲烷的释放可以加速增温的速率。

热盐循环一般又被称为"海洋输送带"，它是指海洋近表面从南半球到挪威海的暖流海洋深层回水的冷流。周围海水的盐分会影响这种循环的能量变化过程，即冷水向下沉。由于气候变化导致冰帽和冰河融化，多余的淡水会流进大海，科学家认为，由此而产生的盐分变化可能会关闭热盐循环系统。热盐循环系统的关闭会延长北欧的极寒时间。

气温上升、海平面升高、暴风雨可能更加频繁而剧烈，三者同时出现会产生什么影响？政府间气候变化专门委员会的另一个工作小组负责这一问题的研究，他们得出的一些结论认为：[3]

- 最近的区域性气候变化，特别是温度上升，已经使得许多物理系统和生物系统受到影响。
- 自然系统（其中包括珊瑚暗礁、红树林和热带森林等）易受气候变化影响且很脆弱，有些影响是不可逆的。
- 很多人类系统对气候变化很敏感，而且其中一些相当容易受伤害。这些系统包括水的有效性、粮食安全、人类健康以及面对海平面上升和风暴潮的海岸社区。
- 预计发展中国家感觉受气候变化的影响最大，因为它们只拥有很少的资源以适应气候的改变。

这些威胁对我们的经济和政治制度提出了重要的挑战。我们的制度能够克服这些挑战吗？答案尚不清楚，因为任何寻找解决问题的尝试都会遇到很多障碍。我们在前面的章节中阐述的观点有助于我们了解这些障碍的性质。

任何为调节气候变化而采取的行动都提供了一种全球性的公共物品，这意味着"搭便车"行为的巨大可能性（即不能阻止不控制温室气体的人们获得控制污染行动取得的利益）。"搭便车"效应不仅阻止了气候变化协议的参与者，也阻止了参与者矫正行动的大小。而且，与常规的市场商品不同，稳定舒适的气候的稀缺性并不能通过这种商品价格的升高而得到反映。

更为复杂的情况是，由温室污染物所导致的损害无论是在空间上还是在时间上都具有外部性。在空间上，最大的排放者（工业化国家）减少排放的能力最大，但是，它们并不像发展中国家一样会遭受行动不积极造成的很大损害。在时间上，控制温室气体的成本由当代人承担，而控制温室气体的利益由后人享受，这使得说服当代人参与缓解温室气体的行动变得更加困难。这其中蕴涵的意思就是，市场和政府的分散行动可能会违背效率和可持续性标准。国际集体行动是必需的，也是非常困难的。

我们可以做什么呢？存在以下四个策略：（1）气候工程策略；（2）适应策略；（3）缓解策略；（4）预防策略。气候工程策略设想采取行动，例如射击特别微粒子物质进入大气提供补偿性冷却；适应策略是指采取积极措施，有效适应温度变化的策略；缓解策略是指通过增加行星吸收温室气体的能力以试图缓和温度的上升；预防策略是指减少温室气体排放的策略。我们详细论述引起公共政策关注的最后两项策略。

最重要的预防策略就是控制化石能源的使用。燃烧化石能源会产生二氧化碳。少使用能源或使用不产生二氧化碳的替代能源（例如风能、光伏能源或氢能等）可以降低二氧化碳排放。任何二氧化碳排放的大量减少都会引起我们的能源消费方式的剧烈变化，且经济成本很高。因此，针对如何积极有效地实施这个策略的争论成为了一个颇具争议的公共政策议题。

另一个可能的策略就是鼓励通过树木或土壤吸收更多碳的各类活动。然而，在当前的气候变化的谈判中，这一方法的吸引力仍颇具争议，参见争论17.1"碳封存能抵换吗？"

争论 17.1   **碳封存能抵换吗？**

森林和土壤中储存着大部分的碳。研究表明，实际上只要进行适当的改变，它们就可以储存更多的碳。土壤和森林中不断增长的碳封存意味着空气中碳的减少。由于认识到这种潜力，由此而产生了巨大的推动力，促成就气候变化的相关问题进行谈判，鼓励采取使得土壤和森林能够固定更多碳的行动。是否应该允许采取生物固碳行动？如果允许则又如何实施？目前这些问题还颇具争议。

支持者认为，碳封存策略尤其具有成本—效益。成本有效性不仅意味着能以较低的成本达成给定的目标，它也可以使承担更严格目标的人在接近截止期限时更乐意支付费用。允许碳吸收抵扣也可增加可持续经营方式的经济价值（例如限制采伐森林或避免土壤腐蚀），从而给这些经营方式提供额外的激励。支持者进一步指出，这种价值增加的主要受益人是最贫穷的国家中最贫穷的人。

反对者指出，有关碳封存方面的科学知识还很幼稚，因此，应该发放多少抵扣额度尚不清楚。要获得碳封存数量的估计值（即使方法正确），不仅代价不菲，而且不确定性很大。碳吸收在任何时候可能都会轻易反弹（例如砍伐树林或农业生产方式的改变），所以需要持续不断地监督和加强，并增加更多费用。甚至在谨慎运行的强制型体制中，碳固定可能也是暂时的（举例来说，在完全被保护的森林中的碳最终可能会因腐烂而释放到大气中）。总之，借由碳封存抵扣而激发的生产行动并不一定如预想所料，正如会砍伐掉生长期很慢的古老森林，而以速生林取代之，以此提高碳的固定量。

气候变化政策选项的谈判

毫无疑问，在有关气候变化问题的谈判早期，我们会优先考虑具有成本—效益的策略。正如我们在第15章中论述过的，政策选择很快会集中到排污费和排污权交易上。大体上，欧洲往往会采取排污费制度，而美国则偏爱排污权交易制度。

在处理气候变化问题中，排污费制度尤其简单。因为温室气体是均匀混合型污染物，对所有排放源统一按照单位排污费的形式收费应该是具有成本—效益的。人们期望排污费不仅能鼓励环境友好型新技术的出现，而且也能产生丰厚的收入。

然而，当知道排污费收入总量非常庞大时，人们就会关注排污费。由一些国际权威机构（并由其控制所有收费收入）征收排污税的观念很快会被另一个观念——税收应保留在征收国家这样一个协调的国家税收制度——所取代。国家不是唯一关心税金收入多少的一方；纳税企业也很关心这些税收会给其企业带来多少经济负担。仅简单地知道税收被它们自己国家的政府保留下来了，这并不能解除它们对税收的关切。

对税收数量和分配的关注很快被只对一部分参与者征税所取代。美国非常不赞同排污费制度，这就清楚地说明了这一点。我们不可能要求发展中国家承担这些成本，至少在管制的早期。不公平的纳税制度可能会导致遗漏（弥补非参与国的温室气体排放）并引发重大的竞争性问题。

当纳税的生产者试图将额外成本转嫁给消费者时就会发生遗漏。如果消费者能选择从不实行排污费制度的国家进口产品，他们往往就倾向于这些进口产品而非本地（要纳税）产品，因为这样他们可以降低成本。同时，在缴纳排污税的国家，生产者注意到他们的市场占有率会被未实施排污费的国家的竞争者所侵占，因此促使他们将生产设备转移到不必

第17章　区域与全球性污染物：酸雨和气候变化

缴纳排污费的国家以节约成本。总之，不仅缴纳排污费的国家失去了产量和就业，如果缴纳排污费的国家的减排量补偿不了未缴纳排污费的国家所增加的排放量，那么，总的温室气体排放量就会增加。

因此，人们开始关注排污权交易制度。在有关气候变化的政策方面，一个很滑稽的事情就是《京都议定书》，这是一份控制温室气体的国际协议，该协议结合了排污权交易制度，但这项制度的主要支持者——美国却因无法批准该协议，从而失去了参与制定、改进、使用这一协议的权利。

关于气候变化的国际协议

《1992年联合国气候变化框架公约》（The 1992 United Nations Framework Convention on Climate Change, UNFCCC）承认了减排的全球成本有效性原则并开始灵活执行。由于早期的协议没有为任何一个国家绑定一个排放目标，因此在国内或国外的减排方面进行投资的需求都不是很紧迫。

1997年12月，在京都会议上工业化国家和经济转型国家（主要是苏联的加盟共和国）同意合法地给各个国家指定固定的排放目标，并作为《1992年联合国气候变化框架公约——京都议定书》框架下的一个法律框架。一旦得到占总二氧化碳排放量55%以上的至少55个成员国批准，2005年2月这个协议就开始生效。俄罗斯的批准让参与国家的总SO_2排放量超过55%；55个参与国的总数也提前达到。

《京都议定书》为每个国家遵循的排放目标定义了一个五年的承诺期（2008—2012年），又称为"责任配额"（assigned amount obligations），列于该协议的附件B（Annex B）。每个国家的定额是这样计算的，即某国1990年的排放水平乘以一个减排系数，再乘以数字5（以涵盖五年承诺期），这样即可得到定量的国家排放目标。如果成员国都共同完成计划，那么这些目标就表示每年温室气体平均排放量在1990年排放量的基础上削减了5%。实际的履行目标是按6种温室气体的加权平均数计算的，这6种温室气体是：二氧化碳、甲烷、氮氧化物、氢氟碳化合物、全氟碳化合物和六氟化硫。根据多气体指数的方式而不仅仅根据二氧化碳定义目标，估计能降低22%的执行费用（Reilly, et al., 2002）。

《京都议定书》批准了包括交易许可证制度的三个合作执行机制。这三个机制是排污权交易机制（Emission Trading, ET）、联合履行机制（Joint Implementation, JI）和清洁发展机制（Clean Development Mechanism, CDM）。

● 排污权交易机制允许被列于《京都议定书》附件B中的国家之间就"责任配额"（这是《京都议定书》设立的国家配额）进行交易，这些国家主要是工业化国家和经济转型国家。

● 联合履行机制，即当附件B中所列成员国资助另外一个附件B所列成员国并使得净排放量下降时,前者即可获得减排信用。这种"以项目为基础"的计划旨在给上述还不完全具备参加排污权交易资格的附件 B 中的国家提供开发机会。

● 清洁发展机制,即附件 B 中所列国家能给非附件 B 中所列国家(主要是发展中国家)的减排项目提供经费,并为此获得经核证的减排量(certified emission reductions,CERs)。这些核证减排量能被用来履行"责任配额"。

这些机制也会产生其他一些方面的影响,甚至会涉及个别的一些公司。英国石油公司(BP)是一家能源公司,该公司已经建立了公司目标和公司内交易计划,帮助公司中的个别子公司实现其目标。尽管美国还没有签署《京都议定书》,但美国的企业、州和直辖市已经自发地接受二氧化碳和甲烷排放的上限,并利用贸易的方式促进目标达成。另外,美国还建立了芝加哥气候交易所(Chicago Climate Exchange)以推动交易顺利进行。

最大也最重要的一项制度就是欧盟提出的以推动执行《京都议定书》的许可权交易制度(参见例 17.5 "欧洲的排污权交易制度")。

例 17.5 ☞ 　　　　　　　　**欧洲的排污权交易制度**

欧洲的排污权交易制度(EU ETS)适用于欧洲 25 个国家,包括 10 个"新加入"的国家,它们大部分都是苏联加盟共和国。第一阶段,2005—2007 年,被认为是试验状态。第二阶段刚好与第一个京都协议承诺期相一致,从 2008 年开始延续到 2012 年。接下来我们将详细说明未来阶段的细节。

最初,计划只关注四个主要部门排放的二氧化碳,即铁钢部门、矿产部门、能源部门、制浆造纸部门。这些部门所有的大于设定阈值的装备都包含在该计划之中。该计划预计涉及 12 000 多台设备,使其成为了已建立的最大排污权交易项目。

每个国家确定其最初配置的方式有两个步骤。首先,确定在预设的国家限额中,每个部门各应该分配到多少;其次,确定在每个部门的总量限额中,应该给每台装备分配多少。按照这种方式进行初始分配,分配的过程颇具争议,因为它意味着在不同的欧洲国家的竞争者之间,最终的配额可能存在很大的不同(因此其执行成本也存在很大的不同)。

虽然这种配置方案为装备提供了免费的许可证,将来这种许可证的拍卖也会举行。在第一阶段,每个国家会被允许选择 5% 的排污许可证进行拍卖,在第二阶段这个比例达到 10%。

各个国家可以利用从欧盟外面(通过联合履行机制或者清洁发展机制)获得的减排量履行欧洲排污权交易制度规定的义务。克里基和基托斯(Criqui and Kitous,2003)估计,不限制排污交易或许可以减少执行成本 24%。

资料来源：J. A. Kruger and William A. Pizer. "Greenhouse Gas Trading in Europe: The New Grand Policy Experiment," *Environment* Vol. 46, No. 8 (2004): 8-23; P. Criqui and A. Kitous. *Kyoto Protocol Implementation: (KPI) Technical Report: Impacts of Linking JI and CDM Credits to the European Emissions Allowance Trading Scheme*, CNRS-IEPE and ENERDATA S. A. for Directorate General Environment, Service Contract No. B4-3 040/2001/330760/MAR/E1 (2003) as cited in Kruger and Pizer (2004, Table 2).

排污权交易机制是一系列合作机制的驱动力，清洁发展机制则提供了一种途径，以推动工业化国家（或个别公司）在发展中国家投资项目，降低温室气体的排放。是这样一种事实提供了激励，即投资者可以获得减排信用，否则就必须完成额外的减排量。一旦核实，这些减排信用随后就可以作为一种方式，以履行投资者的减排义务。发展中国家参与该计划的激励源于这样一个事实，即许多项目在减排的同时也能提高生产率。用光伏或天然气为基础的新发电厂替换旧的燃煤发电厂就能充分地说明这一点。

互补策略

假设污染与成功计划的识别、减排量多少的确定以及结果的监督有关，我们则明确要求一些减少这些障碍的方法。为了解决这个问题，世界银行于 1999 年建立了原型碳基金（Prototype Carbon Fund, PCF），为鼓励采取清洁发展机制减排温室气体提供一种中介。原型碳基金作为温室气体共同基金，企业和政府都可以以项目的形式对其进行投资，这些计划旨在达到与《京都议定书》一致的减排任务。在原型碳基金中，投资者按比例获得一定的减排份额。这些减排量必须进行核实，以符合各主办项目的国家所要达到的协议要求。

另一个补充性的机构是全球环境基金（Global Environmental Facility, GEF），该基金已开始在一些保护类项目的资助中发挥重要作用。全球环境基金与全球环境信托基金（Global Environmental Trust Fund, GETF）类似，其资金源于 26 个国家的直接捐献，它为一些具有全球性影响力的项目提供贷款和补贴，其中包括降低气候改变的项目。全球环境基金利用边际外部成本原则（marginal external-cost rule）确定项目的适宜性和提供的基金数量。

由于认识到许多项目都可以带来超越国家边界的效益，而且单个国家不可能考虑这些全球性效益，因此全球环境基金承担了一些国内认为不合理但从全球范围内考虑则是合理的成本。例如，假定建造一家燃煤发电厂是中国为其人民提供电力的一种最便宜的方式,但费用稍微贵一点的风力发电厂会使得二氧化碳排放明显降低。因为较低的二氧化碳排放主要是全球性而非国家性的效益,所以中国在决策时并没有很大的积极性考虑风力发电,于是就会选择建立燃煤发电厂。全球环境基金通过承担风力发电厂的额外费用,就可以提高风力发电的吸引力,从而保证中国的决策不仅符合本国利益,而且符合全球利益。

排污权交易情况

排污权交易机制是以它与其他政治上可行的替代方法比较后所得到的优点为基础制定的。从短期看,正如例17.5所举证的,排污权交易机制提供了这样一种可能性,即以较低的成本达到环境目标,否则,如果每个国家都限定在自己的国界内的一些减排选择,那么要达到环境目标,其成本则更高。政府间气候变化专门委员会的研究人员回顾了一系列研究以了解不同的排污权交易制度对成本有什么不同影响。他们认为:

> 如果在附录B中所列国家之间缺乏排污权交易,那么,大多数全球性的研究都表明,预计2010年不同地区GDP大约要下降0.2%~2%。如果这些国家之间具有完善的排污权交易,预计2010年GDP将下降0.1%~1.1%。(p.10)

值得注意的是,这些研究预测,控制气候变化的效果是缓慢显现的,气候变化不会停止,更不会逆转。阿扎尔和施尼德(Azar and Schnieder, 2002)指出,如果要将排放量稳定在350ppm~550ppm范围内,在这种情况下,就必须认识到,如果要达到更新、更高的财富水平则要后推1~3年。

从长期看,控污成本主要取决于控制气候变化的创新性方式的发展和实现程度。如果给每个国家提供一种经济激励,以使其减排量超过其指定义务(从而额外创造出对具有成本—效益的策略的需求),那么,排污权交易制度则可以促进科技的发展。如果给完成减排任务提供更大的机动性(也为非传统方法的采纳和使用提供经济激励),排污权交易制度则可以显著地降低长期成本。为了获得国际上对排放限度观念的更大程度的接受,并降低其执行难度,较低的长期成本就是一个很重要的因素。

因为排污权交易机制将谁污染和谁治理的问题分离开来了,所以它促进了跨界费用的分摊(对发展中国家以及东欧的经济转型国家而言都是非常重要的),而且有助于私人资本用于控制气候的变化。只要公共资金不足以单独用于减排,私人资本就可以成为任何有效的气候变化策略的一个重要组成部分。

争 论

然而，排污权交易机制并不是不存在问题。争论 17.1 探讨了这样一些相关问题，即让碳封存所取得的信用经核实后，可以作为贸易的限额。其他有争议的问题，范围很广，从基本议题例如全球排污权交易的道德问题（参见争论 17.2 "全球温室气体贸易是不道德的吗？"），到对执行细节上的弱点的关注。

争论 17.2 ☞　　　　　　　　　全球温室气体贸易是不道德的吗？

迈克尔·桑德尔（Michael Sandel）是哈佛大学政府管理学教授，他在《纽约时报》（*New York Time*）1997 年 12 月的一篇社论中，提出温室气体排污权贸易是不道德的。他争论的焦点就是将污染当做可买卖的商品进行处理，不仅消除了与之相关的道德污名，而且对减排量进行交易还破坏了全球合作中所需要的责任共担意识。他是这样来解释这个问题的，即他认为，通过从更贫穷的国家的项目得到排污信用，从而使更多的排放合法化，这与直接处罚排污者存在很大的不同，甚至获得排放许可的成本等于处罚的成本时也是如此。不仅现在批准的排放成为了不适当的"社会可接受"，而且较富有的国家还可以以资助某个穷国来履行某种义务的方式满足其自身的道德义务，而这种义务本来就是其国内应该达到的减排义务。

针对这篇社论出现了许多不同观点。首先，有人指出，这个交易是自愿的，国家间的排污权交易对两个国家都有利；一个国家没有将它的意志强加给另一个国家。其次，这些计划的历史经验表明，许多国家以很低的成本得到了更加干净的空气，否则，这种情况是不可能发生的，所以结果能说明一切。最后，除少数例外，事实上所有的污染防治规定都允许存在一些排污而不受到处罚；这个道理很简单：零污染很少是有效率的或政治上可行的。

资料来源：Michael J. Sandel. "It's Immoral to Buy the Right to Pollute" with replies by Steven Shavell, Robert Stavins, Stanford Gaines, and Eric Maskin from the December 17, 1997, *New York Times*, excerpts reprinted in Robert N. Stavins, ed. *Economics of the Environment: Selected Readings*, 4th ed. (New York: W. W. Norton & Company, 2000): 449-452.

执行上缺乏效率也引起了人们的广泛关注。首先，温室气体排放只有在监督和执法的力度足够的情况下才可以达到《京都议定书》的目标。监督和执行国际协议比执行本国法律和规章制度更为困难。在国际背景下有效地监督和执行协议，其结果如何，我们知之甚少。其次，由于协

议目标设定的方法问题，一些国家（特别是俄罗斯和乌克兰）发现，它们相当可观的"自然得到的"排污额度可以出售（因为协议的排放量是根据1990年的排放水平定义的，由于国家经济低迷，这些国家的排放量跌落至排放水平之下，由此而产生的差额往往会当做"热空气"（hot air）来卖给其他的国家）。这些盈余额度很自然会降低价格，而且会导致这些国家采取更少的减排措施。

政策的时间安排

目前应在温室气体减排方面投资多少？为了回答这个疑问，我们首先必须要了解污染问题有多严重，而后确定因操之过急或无所作为而犯错所产生的成本。事实上，由于从人类活动到后续结果的逻辑链上，每个关节点上都存在许多不可控制的不确定性，在这些关节点上，我们只能含糊地估计损害将有多严重。但是，我们可以详细分析可能性的范围，了解结果对我们的选择究竟有多敏感。

在我们现有的知识水平下，我们可能会忽视很多不确定性，在这种情况下，如果我们对控制气候的各种选项进行成本—效益分析，结果会发现，我们会采取"慢慢走"或"静观其变"的政策。成本—效益研究的理由很具指导意义。首先，当前防治污染所产生的效益会惠及未来，但成本却产生于现在。在成本—效益分析的现值评价标准中，对未来价值的贴现比对现在价值的贴现更多。其次，利用能源的资本和生产能源的资本都是长期性的。在接近其使用寿命终点时替换它们比现在就加快步伐全部替换它们可能更加昂贵。最后，根据模型预测，未来新的减排技术的数量会更大，且由于存在更多的选择，因此推迟减排可以降低减排费用。

在气候变化的讨论中，使用基于现值评价标准的成本—效益分析颇具争议。虽然这个方法并不是对后代天生有偏见，但只有在对后人受到的伤害给予足够的补偿之后，后人的利益才能够得到充分的保护。因为我们还不清楚经济增长所产生的任何物质补偿是否足够，所以与这个特殊问题有关的前置期很长，于是将后代在维护其稳定的气候方面的利益置于危险之中，从而引起了重要的伦理方面的关注（Portney and Weyant，1999）。

其他理由具有经济价值，但是并不意味着要采取"静观其变"的政策。在时间上分散资本投资决策，其前提是，当现在的资本就被替换时，一些资本投资决策现在就必须发生。此外，如果预期未来的技术进步可以降低减排的成本，那么，也只有现在就产生出技术改进激励，我们才可能实现这种预期。在这两种情况下，等待只是推迟它们的开始。

在控污投资的时间安排的争论中，另一个重要的考虑事项涉及气候变化成本和利益的不确定性。政府必须在没有完整知识的情况下行动。

政府如何合理地对这种不确定性作出反应呢？

出错的风险显然是不对称的。如果我们现在的减排量超过了我们必须减排的量，那么，我们这代人将承担更多不必要的成本。另一方面，如果问题变得与最坏的预想一样严重，那么，对地球巨大的、灾难性的、不可逆的损害就会给后代带来痛苦。

约埃、安德罗诺娃和施莱辛格（Yohe, Andronova, and Schlesinger, 2004）在研究这两种出错后果时使用了一个标准且权威的全球气候模型。模型假定决策人在2005年选择了有效期为30年的全球变暖政策，但2035年政策制定者在修正政策时，肯定会考虑这30年发生的气候变化结果。模型中产生不确定性的原因在于我们对大气中温室气体的浓度以及由此而导致温度上升这二者之间关系的认识还很不完整。他们分析的具体问题是：现在，什么是最好的策略？

他们发现，一个避险策略支配着"静观其变"策略，该策略只涉及适度的减排。目前的行动不仅开始了资金周转过程，并为技术进步提供了激励，也可以避免稍后犯下代价很高且可能不可逆的错误。如果采取"静观其变"的策略，那么到2035年所产生的排放量应该会高得多，因此，在一段很短的时间内，要完成指定浓度目标，减排量将更大、更集中。例如，科学家发现，如果在2035年需要将温室气体浓度稳定在某个指定的水平，以避免超过一些重要的阈值（例如我们前面讨论的热盐循环或者甲烷例子），那么不仅更困难，而且花费更大，可能也完全挽回不了。

为参与气候变化协议创造激励

因为签署气候变化协议是自愿行为，所以我们采用经济学的一个分支学科，即博弈论，来研究鼓励参与者解决这一严重的公共物品问题的机制，产生这一公共物品的事实是："搭便车"者不能被排除在签署协议国应得的利益之外（Barrett, 1990）。这是很重要的工作，因为这个理论表明，"搭便车"问题对寻找气候变化的解决办法并不必定是一个致命的缺点（Carraro, 2002）。

我们论述过的一个策略就是采取具有成本—效益的政策。由于具有成本—效益的政策可以降低参与者的成本，且不会减少他们的效益，所以政策应该增加净效益，从而使得参与者更愿意参加。

另一个策略就是"议题关联"，在"议题关联"中，各个国家同时就气候变化的协议和与之联系的经济协议进行谈判。典型的关联是就贸易自由化、研究和发展合作，或是国际债务等方面达成的协定。这一方法的核心就在于，一些国家从解决第一策略的问题中获益，一些国家从解决第二策略的问题中获益。将两个问题关联起来即可增加合作双方双赢的机会，因而可以增加参与者批准气候变化协议联盟的积极性。

为了理解这项工作，我们现在分析卡拉拉（Cararro，2002）分析的有关研究和发展的例子。为了在气候变化利益上阻止"搭便车"者获得激励，假设只有批准协议的两个国家能够分享研究和发展所得到的利益。只有既批准气候变化协议，也批准研发协议才能获得利益，这个事实为两个协议的签署提供了激励。因为不批准协议的那些国家会被排除在研究和发展的利益之外，因此，为了获得利益，它们不得不加入这些协议。

鼓励签署协议的另一个策略就是获益者向损失者的转移支付。对于某个有效的协议而言，一些国家获益比其他国家大。如果获益国愿意与某些尚未参与的国家分享一部分利益，后者得到激励可能就会参加该协议。一些有趣的工作（Chandler and Tulkens，1997）已经表明，我们可以明确一个具体的转移对象国，这样的话，每个国家参与协议比不参与协议都更好。这是一个多么令人欣慰的结果啊！

17.4 小结

区域性污染物不同于局部性污染物，主要在于它们在空气中传播的距离不同。区域性污染物对距离排放源很远的地方也会造成损害，而局部性污染物会对排放源附近的环境造成损害。一些物质既是局部性污染物，又是区域性污染物，如硫氧化物、氧化氮和臭氧。

当污染物的影响范围延伸越过区域边界时，就会增加实施综合的且具有成本—效益的防治措施的政治困难。横越在政治边界上的污染物强加了外部成本——不论是排污者，还是排污者所处的国家，它们都没有恰当的积极性采取有效的控污措施。

酸雨就是一个很好的例子。硫酸盐和硝酸盐沉降物已经引起一个国家内各地区间以及国家与国家之间的环境污染问题。在美国，截至1990年，《清洁空气法》一直都只关注局部性的环境污染问题，州政府要求安装高烟囱，使污染物到达地面前被稀释。在这一过程中，很大一部分的污染物被输送到其他地区，到达离排污点几百公里以外的地面。将注意力全部放在局部污染的控制上，这样会使得区域性污染问题更加恶化。

寻找酸雨问题的解决办法非常困难，因为负担控污成本的人不是将受益于控污的人。举例来说，由于美国中西部和阿巴拉契亚山脉等的反对，有关酸雨立法的行动被推迟了。主要的障碍包括控污会导致更高的电价以及对高硫煤采矿业的就业造成冲击。

《1990年清洁空气法修正案》通过设立硫排放限额计划克服了这些障碍。该方案首次对电力部门的排放总量设定了上限，并实施一种具有成本—效益的减排方式使得排放水平控制在上限限定的水平以内。

臭氧消耗性气体是我们最先论述的全球性污染物，而今也成了一个问题，因为它们与平流层臭氧层的破坏有关，平流层臭氧层可以保护地球表面免受紫外线辐射的伤害。因为臭氧消耗性气体是一种累积型污染物，所以应对这一问题的有效办法就是随着时间的推移逐步减少使用这种物质。一般而言，采取随着时间的推移而提高排污费制度或允许固定排放量的许可证制度就可以实现这一目标。

全氯氟烃是主要的臭氧消耗性气体，对其在非喷雾剂方面使用情况的预研究发现，经济激励方法可利用大约一半的管制标准成本完成排放目标。不过，这些研究也指出，排污费会给排污者造成很大的额外财务负担（对没有采取防治措施的排污征收的排污费是对采取了防治措施的排污征收的排污费的 15 倍）。为了限制这些臭氧消耗性物质在大气中积累，关于臭氧消耗性物质的国际协议制定了限制它们生产和销售的一套制度。为了履行该协议规定的义务，美国已经采用了可转让限额制度，同时对限制限额供应而产生的额外利润加征税收。从国际上看，该协议被认为是成功的，这是因为"多边基金"和其他的激励因素（例如推迟截止期限）推动了发展中国家的参与。

气候变化是一个更难解决的问题。它除了与臭氧消耗具有相同的特征——例如"搭便车"问题和当代人负担费用而后代获益的事实——之外，气候变化还呈现出一些独特的挑战。举例来说，一些国家可能受益于气候变化而不是受其伤害，这样就削弱了这些国家进一步控污的积极性。而且，与已有替代品的臭氧消耗性物质相反，控制温室气体意味着必须控制化石燃料的能源使用，而化石燃料是现代社会的关键能源。

幸运的是，气候变化问题的经济分析不仅明确了我们必须采取行动，而且也阐明了所采取行动的有效形式。经验研究表明，现在就采取措施减少温室气体排放是很有意义的，否则可能就会产生负面影响，如果产生的破坏比预料的更为严重，甚至可能就会产生不可逆的结果。虽然《京都议定书》中规定的一些机制（例如排污权交易机制、联合履行机制、清洁发展机制）使用了一些基本的经济概念提炼出一些控制气候变化的具有成本—效益的实用方法，但我们已经发现还有一些细节问题需要探讨。

经济学既阐明了有效参与气候变化协议的一些障碍，也揭示了一些潜在的解决办法。"搭便车"效应对参与协议是一个重要障碍，但产生于博弈论的各种策略（例如国际间转移和问题连接）均可用于为参与协议提供激励。与臭氧消耗的情形一样，国际间分摊成本在成功解决气候变化问题中可能是一个必要的组成部分。

在往后的几十年间，我们不仅要保护各种政策选项，而且还要进一步强化它们。及时且有效地解决全球性污染问题和区域性污染问题并不是一件很容易的事情。我们的政治制度设置尚不适应对全球性问题作出决策。国际组织的存在必须取得它所服务国家的同意。我们在本章中所论述的各种国际协议的机制是否能够胜任这一工作,只有时间才能证明一切。

练习题

1. 解释利用排污费收入为购置除尘器提供资金和运营补贴的酸雨政策比单独实施排污费政策更不具有成本—效益的原因。
2. 利用排污费途径防治全氯氟烃污染,其转移成本比防治其他污染物的转移成本大很多。什么情况会导致这么高的转移成本?

进一步阅读的材料

OECD. *Climate Change: Designing a Practical Tax System* (Pairs: OECD, 1992). 本书收集了14篇文章,分析了与基于税收的控制全球变暖的途径有关的实际问题。

OECD. *Climate Change: Designing a Tradeable Permit System* (Pairs: OECD, 1992). 本书收集了11篇文章,分析了与基于许可证的控制全球变暖的途径有关的实际问题。

Tietenbery, T., ed. The *Economics of Global Warming*. The International Library of Critical Writing in Economics (Cheltenham, UK: Edward Elgar Publishing Limited, 1997). 本书收集了31篇文章,分析了控制气候变化的各项政策的经济问题。

Van Ierland, Ekko, ed. *International Environmental Economics* (Amsterdam: Elsevier, 1994). 本书收集了5篇关于气候变化经济学方面的文章。

【注释】

[1] 谨慎的读者可能会问,为什么不考虑排放位置?因为陈诉的目标是保证减排,而不是达标,当边际控制费用相等时就达到了具有成本—效益的配置。

[2] 这部分的证据来自IPCC. *Climate Change 2001: The Scientific Basis Contribution of Working Group I to the Third Assessment Report of the Intergovernmental Panel on Climate Change*. J. T. Houghton, Y. Ding, D. J. Griggs, M. Noguer, P. J. van der Linden, X. Dai, K. Maskell, and C. A. Johnson, eds. (Cambridge,

UK: Cambridge University Press, 2001).

[3] 这部分的证据来自 IPCC. *Climate Change 2001: Impacts, Adaptation, and Vulnerability. Contribution of Working Group II to the Third Assessment Report of the Intergovernmental Panel on Climate Change*. J. J. McCarthy, O. F. Canziani, N. A. Leary, D. J. Dokken, and K. S. White, eds. (Cambridge, UK: Cambridge University Press, 2001).

第18章 移动污染源的空气污染

有两样东西，你不能看它是怎样制造出来的，那就是香肠和法律。

——匿名

18.1 引言

虽然移动污染源与一些固定污染源一样，会排放出许多相同的污染物，但在处理方面应该采取不同的政策手段。之所以如此，主要源于污染源的移动性、机动车的数量以及在现代生活方式中汽车所扮演的角色。

移动性对政策会产生两方面的影响。一方面，污染主要是由具有临时性位置的污染源所产生的，也就是说，在错误的时间位于错误的位置。例如，大都市区的高峰时期。因为人在哪里车就必须在哪里，挪动它们的位置（就像搬迁发电厂一样）并不是一个可行的策略。另一方面，按照局部的污染状况来调整车辆的排污速率非常困难，因为任何一部特定的机动车在其使用寿命内会抵达许多不同的城市和乡村。

移动污染源的数量比固定污染源的数量多很多。例如，美国大约有

27 000个主要的固定污染源，而在道路上的移动污染源却超过了1个亿。随着控制的污染源的数量增加，实施起来则明显更为困难。

固定污染源一般都比较大且由专业人员操控，汽车则很小，而且由业余人员操作。由于汽车体积较小，这使得在不影响其性能的情况下很难控制其排放量。由于缺乏可靠的维修和保养，私家车主有可能会使得排放更难控制。

这些复杂性可能会使我们得出这样的结论——或许我们应该忽略移动污染源，从而将控污的注意力只集中在固定污染源上。遗憾的是，这是不可能的。虽然每辆车可能只代表了问题的很小部分，但是，所有移动污染源在三种标准污染物中所占的份额很大，这三种标准污染物是臭氧、一氧化碳和二氧化氮，它们还是温室气体的主要来源。

对于其中两类污染物——臭氧和一氧化氮而言，达标的过程特别缓慢。由于柴油机的增加，移动污染源排放的颗粒物比重越来越大，而且在没有立法改变这种情况之前，使用含铅汽油的机动车是空气传播铅的一个主要来源。

既然有必要控制移动污染源，那么又存在什么政策选项呢？控制的着力点在哪里？每个着力点的优点或缺点是什么呢？在控制这些污染源上，政府必须首先明确谁负有减排的责任。很明显主要是厂家和车主。在二者之间如何平衡这种责任，主要取决于成本和效益的比较分析，还取决于以下一些重要的参考因素：(1) 管制对象的数量；(2) 使用时老化的速率；(3) 汽车的平均寿命；(4) 生产方和使用方实施减排项目的有效性、效率和成本。

汽车数量庞大，无所不在，但是它们的制造商却很有限。如果一个体系只控制很少的几家污染源，那么管理一个体系则比较容易，而且费用不高，因此，对生产方实行管制就具有很大的吸引力。

但是，仅仅控制生产方也会引发一些问题。如果在正常使用时期受管制的工厂的排放速率恶化，那么控制生产方则可能会使得工厂只购买临时性的减排指标。虽然排污控制的恶化问题可能会通过保质书和召回的方式予以解决，但是这些支撑计划的成本就不得不与局部的控制成本进行平衡。

因为汽车是耐用品，所以新机动车只占所有机动车的一小部分。因此，从生产方控制排放量只能影响到新车，由于机动车新老替换的速度非常缓慢，所以使得总的减排量达到某一指定水平所花费的时间很长。与既控制新车的减排量，也控制旧车的减排量相比，从生产方控制减排量所花的时间更长。

还有一些减少移动污染源污染的可能方法不能借用控制生产方的排放量来实现，因为它们取决于车主如何作出选择。控制生产方的策略是按某种特定类型的机动车驾驶每1英里的减排量来核算的，但只有车主能够决定开哪一类型的汽车，以及何时何地开车。

这些事并不是微不足道的。柴油混合动力车、公共汽车、卡车和摩托车，它们各自的排污量与标准汽油车的排污量都不同。即使行程公里数没有改变，改变道路上各种机动车的比例就会影响排放量和污染物的类型。

机动车行驶的地点和时间也很重要。由于集中排放比分散排放产生的污染物浓度水平更高，所以在市区驾驶比在乡下驾驶对环境的破坏更大。局部控制策略则可以将这些位置成本内部化，而只局限于控制生产方污染的国家统一策略则不能做到这一点。

因为传统的通勤模式会导致早晨和傍晚高峰期集中排放污染物，所以排放的时间安排尤其重要。与这两个交通高峰相对应，城市污染物浓度平均日分布图典型地呈现出一个双峰曲线图。[1] 因为高浓度比低浓度更危险，可以证明，在24小时内分散排放是有好处的。

18.2 移动污染源污染的经济学

因为车主并不负担行车污染所产生的全部成本，所以机动车排污的水平尤其高。车主成本很低的原因主要有两个：（1）道路交通的隐性补贴；（2）外部成本没有内部化。

隐性补贴

与道路货物运输和旅客运输有关的几类社会成本都与行车公里数有关，但私人成本并不反映这种关系。例如：

● 道路建设和维护成本：主要取决于机动车行驶公里数，在资金上主要由税金支持；额外行驶1公里对道路建设和维护所产生的边际私人成本为零，但社会成本不为零。

● 尽管建设和维护停车场很费钱，但雇主通常会为雇员提供停车位，且没有边际成本。免费停车使得私人更愿意使用私车，因为采取其他交通方式得不到相应的补贴。

外部性

道路使用者也没有承担他们所做选择的全部成本，因为与他们所做选择相关的许多成本实际上是由别人替他们承担了。例如：

● 与意外事故相关的社会成本与机动车行驶里程是一种函数关系。随着机动车行驶里程的增加，意外事故数也会增加。一般而言，与这些意外事故相关的费用由保险公司支付，但是，保险费却很少能够反映里程与意外事故的这种关系。其结果是，尽管社会成本肯定不为零，但为额外里程提供保险而产生的额外私人成本实质上也为零。

● 道路拥挤会增加行驶某一给定距离的时间，由此会产生外部性。

● 最新研究表明，车内污染主要是由于前面汽车排放的尾气造成的。

图18—1对拥挤的无效率性进行了详细说明。随着交通量越来越接近道路的设计能力，交通流量也随之下降；在两个点之间行驶的时间更长。在这个点上，边际社会成本和私人社会成本开始分离。尽管驱车进入拥堵车道的人肯定会考虑他在这条路径上行驶要增加额外的时间，但是，他不会考虑他的存在也给其他人增加了额外的时间——这就是外部性。

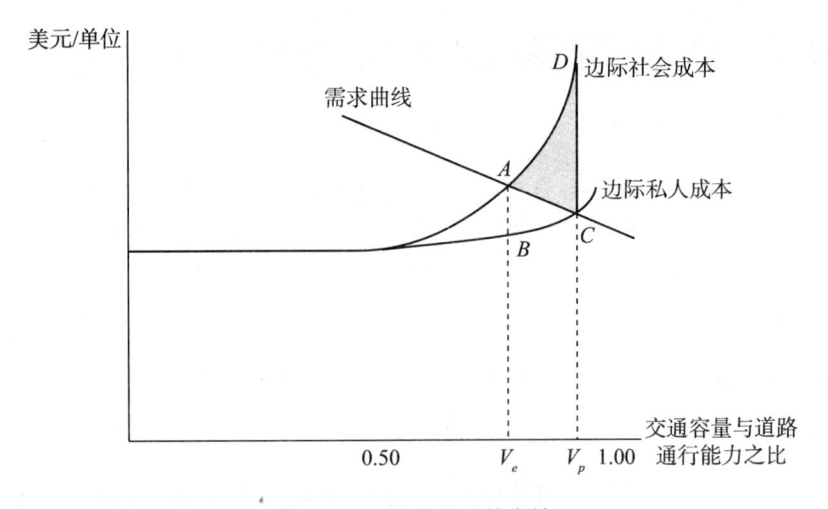

图 18—1 拥挤的无效率性

当边际效益（例如需求曲线）等于边际社会成本时，交通容量与道路通行能力（V_e）之比处于有效状态。因为每个驾驶员都不会将他们出现在这条道路上所产生的外部成本内部化，所以使用这条道路的驾驶员会过多，而且交通容量将会过高（V_p），由此而产生的效率损失为三角形ACD（阴影部分）。

结　果

低估道路交通成本会产生许多不恰当的激励，以至于会使得道路上的车辆过多、行驶的路程过长、出行的次数太多、交通的能耗太高、交通污染过度。其他的出行方式的需求全都会因此而低下，例如公共交通、自行车和步行。

然而，低估交通成本最不好的影响或许就在于它对土地使用的影响。交通成本低下，会鼓励分散式的定居方式。因为交通成本如此之低，使得居民远离工作区和商业区居住。遗憾的是，这种分散式的居住模式产生了一种路径依赖，而且这种路径依赖很难逆转。一旦居住模式呈分散式，我们就很难认为高容量的交通方式——例如火车或公共汽车——是合理的。这两种交通方式都需要高密度的交通走廊，以便有足够的运量，足以支付建设和运营这些交通体系所必需的高固定成本。如果采取分散式的居住模式，那么想创造出高交通密度来，即便不是不可能，也是非常困难的。

18.3　处理移动污染源的政策

历　史

对移动污染源污染的关注始于 20 世纪 50 年代初，加利福尼亚理工学院（California Institute of Technology）A. J. 哈根-斯米特博士（Dr. A. J. Haagen-Smit）在南加利福尼亚州开展了一项开创性的研究。哈根-斯米特博士的研究认为，机动车排污是形成光化学烟雾的罪魁祸首，南加利福尼亚州也因此而名誉扫地。

在美国，《1965 年清洁空气法修正案》（Clean Air Act Amendments of 1965）为机动车排放碳水化合物和一氧化碳设定了国家标准，这项国家标准于 1968 年生效。有趣的是，推动这项法案的因素不仅包括机动车污染影响方面的科学数据，而且还包括汽车工业本身。汽车工业将统一的联邦标准看做为了避免每个州都通过它自己的一套排放标准，汽车工业很希望逃避这种排放标准。汽车工业成功地施加了压力，使得法律禁止除加利福尼亚州之外的所有州都可以设定自己的标准。

到 1970 年，在空气污染控制方面，总体上进展缓慢，特别是汽车污染导致政治上采取行动的意愿。1970 年在"遇事强硬"的气氛下提出了《1970 年清洁空气法修正案》，国会要求新排放标准要使得排放量降低到未管制水平的 90% 以下。1975 年碳水化合物和一氧化碳的减排量就必须达到这个目标，1976 年二氧化氮的减排量也必须达到这个减排目标。在修正法案通过的时候大家都认为满足标准要求的技术并不存在。国会通过这个强硬的修正案希望推动适用技术的发展。

修正案没能解决污染问题。随后的几年里，截止期后延的现象层出不穷。1972年，汽车制造商要求延迟一年实施这个标准。美国环境保护署的官员们拒绝了这种请求并诉诸法庭。在1973年4月的诉讼结论中，官员们同意对碳氢化合物和一氧化碳标准的1975年截止期延迟一年。随后，1973年7月，对氮氧化物标准的实施也准许了延迟一年。[2]这只是许多延缓截止期中的第一个。

美国策略的结构

427　　　现在，美国处理移动污染源空气污染的策略已经成为许多其他国家（特别是欧洲国家）的移动污染源控制的典范。因此我们对这一策略做更详细的分析。

美国策略是一种混合体，既控制制造方的排污，又控制在用机动车的排污。新车排放标准则是通过一个认证计划和一个与此计划关联的执行计划进行管理的。

认证计划

认证计划对汽车模型的原型车检验其是否符合联邦标准。在测试期间，每个发动机系列取一辆原型车，在规定的道路上或是一个动力计上行驶50 000英里，且严格按照规定的模式——速度变化、空载、冷启动和热启动——行驶。制造商每隔5 000英里测试并记录排放水平。如果在整个50 000英里距离内机动车都满足了标准，那么，它就通过了认证测试的劣化测试部分。

认证过程的第二步就是对同一系列发动机的另外三台原型车进行弱需求测试（费用便宜）。在0英里和4 000英里点上记录其排放量，然后利用第一步测试得到的劣化率，计算50 000英里点上的排放量。如果这些计算的排放量符合标准，那么这一发动机系列就可以获得合格证。只有得到合格证的发动机系列才被允许销售。

联合执行计划

联合执行计划是对认证计划的一个补充，它包括装配线测试、召回和抗干扰程序以及保修规定。为了保证原型车辆具有代表性，美国环境保护署按照统计学方法对装配线上车辆进行抽样检查。如果测试结果有超过40％的汽车不符合联邦标准，证书即被中止或吊销。

美国环境保护署有权要求制造商召回产品并纠正其排放超标的制造缺陷。如果美国环境保护署发现了一个制造缺陷，那么，它通常都会要求制造商召回车辆，并采取纠正行动。如果制造商拒绝召回，美国环境保护署可以强制召回。

《清洁空气法》也要求单独设置两种分开的保修规定。保修规定旨在确保制造业者有积极性生产在整个使用期内（如果适当维护）都符合排放标准的车辆。第一条保修规定要求车辆不存在导致超标排放的缺陷。按照这一规定，只要消费者发现任何这类缺陷，维修费都要由制造商承担。

第二条保修规定要求制造商必须使其在最初 24 个月或是 24 000 英里（无论哪个先发生）期间未通过检验和维护测试（下面说明）的任何汽车符合标准。24 个月或 24 000 英里之后，保修就只局限于更换特别为排污控制设计的装置，例如催化式排气净化器。这一过程可以持续 60 个月。

最早用于控制污染的控污装置有两个特性——它们对机动车的性能会产生负面影响，而且它们很容易规避——使得它们易于被改装。其结果是，《1970 年清洁空气法修正案》禁止任何人在一辆汽车售出前改装尾气排放控制系统，但奇怪的是，仅禁止经销商和制造商在出售之后改装尾气排放系统。1977 年的修正案扩大了禁止改装的覆盖面，机动车维修厂和车队运营商也不许改装尾气排放系统。

铅

美国《清洁空气法》第 211 节（Section 211）授权美国环境保护署对汽油中加铅和其他燃料添加剂进行管制。该规定要求汽油供应商制造无铅汽油。通过确保无铅汽油的可用性，该规定不但保护了催化式排气净化器的有效性（这种装置易被铅毒化）[3]，而且试图减少空气中传播的大量铅污染。

1985 年 3 月 7 日，美国环境保护署发布规定，对精制汽油的含铅量实行严厉的新标准。到 1986 年基本停止使用含铅汽油。之所以采取这些行动，主要是因为一系列医学研究结果的披露，这些结果表明，铅对健康和发育会产生严重的影响，尤其是对儿童，即使大气中铅含量很低也会产生伤害。行动奏效了。1994 年的一项研究表明，美国的血铅水平含量 1978—1991 年下降了 78%。

地方的职责

《1977 年清洁空气法修正案》意识到了未达标地区的存在，从而对环保当局给出了具体要求，要求未达标地区达标。由于许多未达标地区被认定为是移动污染源产生的污染物污染的地区，所以要求这些地区的地方主管部门采取进一步的措施以减少移动污染源的污染。

授权地方主管部门可以采取的措施包括：要求新车在该地区注册，以满足更为严厉的加利福尼亚州立标准（得到了美国环境保护署的正式批准）；发展综合交通计划。这些计划包括的措施有：街道停车管制、道路交通费以及减少行驶车辆数量的各种措施。

如果1982年12月31日前尚未达到光化学氧化剂和一氧化碳排放标准，或是两种污染物都未达到排放标准的地区，并且这些地区同意采取各种附加约束，那么它们的达标期限可以推迟到1987年12月31日。就本章的目的而言，其中最重要的一点就是要求得到延长期的每个地区一定要建立一套车辆排放检验和维护（inspection and maintenance，I&M）计划。

车辆排放检验和维护计划的目的是：识别违规车辆且迫使它们达标、阻止车辆改装、加强日常维护。因为在认证计划中使用的联邦检验程序太贵，不能在大量的机动车上使用，为此，车辆排放检验和维护计划特别开发了一套检验办法，省时又省钱。由于代价高昂，而且其效率又颇受质疑，它们也因此而成为移动性污染源排污控制政策中最具争论性的一部分。

替代燃料和车辆

为了推动对环境破坏更小的替代车辆和替代能源的发展，国会和一些州通过立法，要求增加替代车辆和替代能源的使用。《1990年清洁空气法修正案》第Ⅱ章（Title Ⅱ）要求，在一氧化碳某种程度不达标和臭氧严重超标的地区，强制销售更清洁的新配方汽油。在1992年通过的《能源政策法》（Energy Policy Act）中，国会要求联邦政府（和私人车队所有者）购买使用替代能源的车辆。政府也已尝试引入一些弹性政策，旨在为车队业主提供进一步的激励（参见例18.1"计划——寻求有效且灵活的管理规定"）。加利福尼亚州走得更远。1990年9月，加利福尼亚州空气资源委员会（California Air Resources Board，CARB）通过了低排放机动车（low emission vehicle，LEV）和零排放机动车（zero emission vehicle，ZEV）管理规定。前者要求使用传统能源的车辆随着时间的推移必须实施越来越严厉的排放标准；后者要求各州必须销售一定比例的零排放的新车和轻卡车（所谓零排放机动车是指不直接排放挥发性有机化合物、氧化氮或一氧化碳的机动车；因发电而产生的任何间接排放不计算在内）。

一旦实施零排放规定，焦点就集中在电动车上了，但是随着时间的推移，重点还包括混合动力车（即汽油和电力结合驱动的机动车）和电池燃料车。为了应对这一趋势，2004年加利福尼亚州修改了规定。按照新规定，汽车制造商可在两种方式中选择一种以履行其零排放义务。

按照第一种方式，汽车制造商销售的车辆必须混合2%的纯零排放车辆，2%的高级部分零排放车辆（即具有先进技术的部分零排放信用的机动车）和6%的部分零排放车辆（即极其清洁的传统车辆）。在加利福尼亚州，零排放义务是以一个制造商在该州销售的客车和小卡车数量为基础来设定的。

制造商也可以选择另一个新的零排放达标策略，即以销售量为权重计算市场占有率，到2008年生产大约250辆燃料电池车，从而达到零排放要求。剩余的零排放要求则通过生产4%的高级部分零排放车辆和6%的部分零排放车辆来完成。要求生产的燃料电池车（按市场占有率计算）2009—2011年将增加到2 500辆；2012—2014年将增加到25 000辆；2015—2017年将增加到50 000辆。允许汽车制造商用电池车替代燃料电池车，替代比率高达50%。

这显然是一种强迫汽车制造使用颇具创新性技术的一个方法，即清洁车强制设定销售配额。需要注意的是，这种清洁汽车的销售量不仅取决于生产量，还取决于对这些车的需求是否充分。如果需求不够，制造商将不得不仰赖工厂退货，或是通过其他策略促进足额需求。需求不足并不是不达标的法律保护伞。

这一策略在推动汽车新技术发展和市场渗透方面成效如何尚有待观察。其他的州，尤其是东北部的一些州，现在已经开始跟进，因此，潜在市场的规模正在进一步扩大。

例 18.1　计划——寻求有效且灵活的管理规定

优秀环境管理计划（Project XL）是美国的一个示范计划，该计划允许州和地方政府、工商企业、联邦发电厂采用美国环境保护署创新性的发展策略，以更多更具有成本—效益的方式达到保护环境和公共卫生的目的。作为交换，美国环境保护署对这项计划的实施授以足够的管制上的灵活性。目的就是与传统的"一刀切"式的规定相比，既要产生更好的环境质量，又要降低执行成本。

该计划的一个例子涉及美国邮政局（United States Postal Service，USPS）、科罗拉多州以及美国环境保护署。美国邮政局想在丹佛地区替换掉一些老化的高污染车辆。丹佛是一氧化碳非达标地区。科罗拉多规则（Colorado rules）要求，在丹佛地区购买全新的交通运输车辆，必须要有50%被检定为低排放车辆。由于美国邮政局对车辆设置了特殊需求，所以唯一能够达到美国邮政局规定的竞标车辆的车就是过渡性低排放汽车（transitional low-emitting vehicles，TLEVs），但是，这种车辆并不符合低排放机动车的要求。

美国邮政局不再继续使用老化的高污染车辆，进而向科罗拉多州和美国环境保护署提出申请，在丹佛用过渡性低排放汽车取代512辆破旧的邮政车辆，这一申请获得了批准。新车辆能够使用含量高达85%的乙醇燃料。此外，美国邮政局重新配置了1987—1991年生产的282辆过时车辆到减排要求较低的地区。

美国邮政局的建议有可能使得一氧化碳的排放量降低，甚至低于科罗拉多州原先的规定所能达到的水平。这个建议将成为科罗拉多州落实达标计划的一个组成部分。

资料来源：http://www.epa.gov/projectxl/usps/index.htm.

欧洲的方法

从1983年开始模仿美国标准，到20世纪80年代末，奥地利、瑞典、瑞士、挪威和芬兰等国家也要求对新车实行排放标准。联邦德国、丹麦和荷兰为清洁汽车提供纳税激励机制，并降低注册费用。

1989年10月1日，欧洲共同体12个成员国对所有新车实行了美国式的排放标准，开始时只针对2.0升以上发动机的汽车。到1993年扩展到各种规格的发动机。2000年，欧盟禁止使用含铅汽油。

大体而言，苏联同意实施西欧的方式，引入更加严厉的排放管制。在苏联，无铅汽油并未得到普及，所以不能期望苏联能够立即使用接触反应器。

在规定生效前，荷兰、挪威和瑞典要求所有的汽车做到低排放，现在，它们都正在采用不同的税率以鼓励消费者购买（制造商生产）低排放汽车。区别性的税率使得税收制度对清洁汽车具有一个明显的优势（税后的价格优势）。税收的数量通常取决于：（1）汽车的排放特性（对重污染汽车征收更重的税）；（2）汽车的大小（在德国，重型车可以获得较大的税收优惠，以弥补对它们相对更高的管制需求）；（3）购买年份（因为所有车最终都不得不达标，所以区别性税率正在降低）。区别性税率显然发挥了作用。在瑞典，销售的87%的新车获得了税收优惠，德国新车的税收优惠比例超过90%（Opschoor and Vos, 1989, 69-71）。

欧洲不仅汽油价格非常高，它也发展了一些策略以更好地利用运输资本。其城际轨道交通比美国发达，城市里的公共交通客流量尤其大。合伙用车方法就是欧洲最先采用的（参见例18.2"合伙用车：能够更好地利用汽车资本吗？"）。

例18.2　合伙用车：能够更好地利用汽车资本吗？

对可持续发展的威胁之一是道路上的车辆越来越多。虽然自从20世纪70年代以来，在限制单位行驶里程单车污染方面取得了很大进展，但是，随着车辆以及车辆行驶里程数的增加，汽车所产生的污染也明显增加，这抵消了许多环保车所带来的收益。

如何限制机动车的数量呢？欧洲普遍采用一项对策，这项对策也引起了美国的关注，这就是"合伙用车"（car-sharing）。"合伙用车"对策的提出者认识到，大部分时间汽车都是空闲的，这是一个能力过剩的经典例子（德国的一项研究表明，平均一辆汽车每天只使用一小时）。因此合伙用车策略就是将一辆汽车的所有权分散给几个所有者，让他们共同分担费用，共同使用。

合伙用车俱乐部收取的费用包括预付的使用费和实际的使用费，实际的使用费根据实际使用时间和里程来计算（在高峰期使用费通常更多）。一些合伙用车俱乐部提供按键式自动化预约、24小时调度器和其他一些方便设施，例如儿童安全座椅、脚踏车架、行李架等。

瑞士和德国的合伙用车俱乐部始于20世纪80年代后期。截至1998年，估计德国有25 000人、瑞士有20 000人进入了合伙用车团体。

在合伙用车流行的地区，合伙用车对空气污染管制有什么贡献呢？它确实降低了车辆的数量和道路拥挤。此外，高峰期定价策略可能可以鼓励人们在低污染期使用汽车。另一方面，它不一定会降低汽车行驶里程，而这是降低污染的关键之一。这一特殊创新做法的实际贡献尚需通过某种扎实的实证研究来加以阐明。

资料来源：Mary Williams Walsh. "Car-Sharing Holds the Road in Germany," *Los Angeles Times*（July 23, 1998）：A1.

18.4 经济上和政治上的评估

美国经验表明，管制移动性污染源的污染非常困难。《1970年清洁空气法修正案》为移动性污染源污染建立了一份不切合实际的达标时间表。地方为达标而采取的主要手段是，为新车设立排放标准。因为这些手段只适用于新车，而且新车占总车数的比例很小，所以即使在达标之后很久，也没有使得汽车排放明显下降。这也使得地方产生了一种非常困难的情形，因为它们必须在排放标准（主要污染源减排）产生显著影响之前就被迫达标。

它们可以采取的唯一策略就是，采取局部策略弥补这一差距。美国环境保护署认识到了各州面对的困难，进而准予延长提交运输管制计划的截止期限，该运输管制计划应该清楚地说明达标的方式。在法庭上，延迟达标受到了自然资源保护委员会的挑战，该委员会成功地证实了美国环境保护署没有权力允许延迟达标。面对法院的裁决，美国环境保护署被迫拒绝了大多数州在不充分条件下递交的州实施计划，因为这些计划不能确保在期限内达标。因为法律清楚地规定，美国环境保护署必须用自己的计划替换那些不充分的计划，结果美国环境保护署发现自己被迫陷入了一种陌生而令人不悦的尴尬境地，被迫为那些受到州执行计划（state implementation plans，SIPs）反对的州确定运输管制计划。

这一做法引发了两个主要问题：美国环境保护署并没有配备行政人员和行政资源来设计和执行这些计划，而且，因为截止期限和落实期限之间严重不匹配，即使配备足够的人员和资源，美国环境保护署实际上也无所作为。

美国环境保护署做了一个英勇却无用的尝试，试图履行它的法律职责。结果表明，解决困境的最好办法就是从过去的做法方面倒退回来，不仅需要运输管制计划，而且一旦制定了计划，即要求各州强制实施这些计划。为了确保各州配合，它还建立了一套民事处罚系统，用于处罚那些不配合的州。

实际上，由此产生的一些计划因其过于严厉而无法实施。例如，洛杉矶为了确保在截止期限之前达标，按照环境保护署设计的计划，要求洛杉矶盆地内的汽油消费减少82%。在那年烟雾最为严重的6个月中，通过汽油限量供应使这一减排目标达到了。在颁布该计划时，美国环境保护署官员威廉·拉克尔肖斯（William Ruckelshaus）承认，这项计划不可行，如果实施该计划，就会有效地破坏该州的经济，但他争辩说，按照法律，他没有其他选择。

各州对这一方法提出了许多合法挑战，国会1977年修正该法案时，法庭上也从来没有解决这一问题。《1977年清洁空气法修正案》通过延长截止期限对此情形进行了补救。

这一教训似乎表明，严苛的法律不一定必然导致快速达标。如果法律要求不可能达到，即使各方都试图通过法庭解决问题，但事实上会一事无成。

技术强制和制裁

在要求汽车制造业商达到国家排放标准方面，美国环境保护署的经验强调了一个教训。在达到国家排放标准方面，工业界有能力获得许多延迟。如果法律过于严苛，那么很难按照国会预想的时间表行事。

为确保法律的执行，该法案制定的制裁机制对这一问题进行了强化。由于制裁机制过于残忍，以至于美国环境保护署不愿意采用。它们确实不代表一种可信的威胁。举例来说，如果某一系列的发动机没有获得认证测试，那么法律很明确地规定，没有认证为达标的机动车系列不得出售！考虑到汽车业在美国经济中的重要性，这不可能被采用。其结果是，美国环境保护署必须承受相当大的压力,为了避免制裁,它们会将认证程序制定得更容易达到,并且将截止期限设定得足够灵活,使得制造商都能达标。

差异性规制

在流动性污染源和固定性污染源的排放控制方面,新污染源受到的冲击最大。这一冲击提高了控制新污染源的成本,而且从买方的角度看,相对于新车而言,提高了旧车的吸引力。控制空气污染所产生的效益(更清洁的空气)是一种公共物品,因此不可能仅为新车买主独占。如果控污仅集中于新车,那么这一策略就会抑制新车的需求,从而强化旧车的使用。

显然,这正是美国发生的情况(Gruenspecht,1982)。为了应对新车较高的成本,人们更长时间地开旧车。这产生了一些不幸的副作用。由于实质上新车比旧车更环保,故减排效果只能推迟显现。实际上,交通运输工具组成上的转变与减排时间表后推3~4年相吻合(Crandall,et al.,1986,96)。同时,由于旧车每公里油耗更大,汽油消费也更高了。在某种程度上,集中于新污染源上控污是不可避免的;汲取的教训是:由于忽略对差异性规定的这些行为反应,政策制定者可能更期待更快地产生效果,而不论其是否可行。

管制的一致性

除了加利福尼亚州的标准比较严厉以外,《清洁空气法》对所有汽车实行相同的排放标准。计算的方法必须确保控污水平足以达到洛杉矶或高海拔城市(例如丹佛市)的环境标准。其结果是,美国其他地方(特别是乡村地区)的人们承担的许多成本并没有获得太多效益。

这听起来像是一项没有效率的政策,因为管制的严厉程度没有适应地理需要,而且,许多研究表明,情况确实如此。

一般认为汽车污染控制的成本会超过其效益(Crandall,et al.,1986,109-116)。效益估算存在很大的不确定性,这也是我们在前几章论述过的一个主题,由于我们的研究没有考虑汽车碳排放在气候变化中所起的作用,因而我们不得不对这些结果持保留态度。尽管如此,有趣的是,当前的政策会使得制造商的边际控污成本函数非常陡峭,利益的不确定性似乎不影响这样一个结论,即相对于当前的技术而言,当前的排放标准过于严苛了。新技术以及控制二氧化碳的需要可能会改变上述结论。

新车排放速率的劣化

作为《清洁空气法》研究的一部分,国家空气质量委员会(National Commission on Air Quality)对正在使用的机动车的排放水平进行了调查,并对这些排放标准的水平进行了比较。委员会的估计值是两个方面的混合体,即已经投入运营的模式年份实测的排放量与未来模式年份的预测值之和,预测值是根据所采用技术的知识作出的。尤其是碳氢化合物和一氧化碳,使用过程中排放速率的劣化非常明显。

该委员会也调查了导致使用过程中排放性能不佳的因素。调查发现,性能不佳的主要原因是维护不善。化油器和点火时间失调是主要因素。调查还发现,元器件失效和改装均会影响排放水平,不过影响的程度不大。

检验和维护计划

应对排放率劣化的一项政策(连同要求制造商为排放管制制度扩大延长保质期)就是要求在未达标地区开展检验和维护计划。这一方法取得了多大的成功呢?

检验和维护计划在过去的10年内毁誉参半。汽车驾驶人员几乎没有积极性去满足这些要求,除非强制他们这样做,因为维护费用很高,而且维护所带来的利益主要是外部性的。这就意味着强制是其关键要素,但是,由于牵涉的机动车数量实在太多,强制执行非常困难。

证据是什么?有评述发现(Harrington, et al., 2000),尽管确定计划目标的重要机会还未开拓出来,但是检验和维护计划还是具有成本—效益的。检验和维护计划除了将目标确定在机动车空气污染问题很严重的地区,且针对问题车辆方面的工作也做得很好。调查表明,真正造成移动污染源空气污染的机动车在数量上其实很少。这意味着对大部分机动车来说,测试是很破费的,且它产生的私人利益或社会利益却很小。从这个意义上说,检验和维护计划可以以合理的费用识别出少量的高排放机动车(例如通过遥感),并使它们按规定办事,因此,检验和维护计划应该具有成本—效益。

有几个州已经采用了检验和维护计划,对道路排放遥测起到了辅助作用。在一些州(例如得克萨斯州),路旁执行官使用遥感器识别排放控制系统有故障的机动车(类似雷达用来识别超速者)。执行官将超标的执照号码记录下来,然后与车主取得联系,并要求其采取适当措施予以纠正。科罗拉多和密苏里等州则实施了一项"清洁审计"(clean screening)计划,在该计划中,路边遥测的使用使得被测车辆免除进行中心测试的要求。

然而,扩大遥感器的使用范围仍然存在挑战。为了改善质量控制,有必要对遥感设备做进一步的控制性检测,而且这项技术必须进一步发展，使之能够检测各种类型的汽车污染物（尤其是一些特殊物质）。

替代燃料

除了通过检验和维护计划控制污染排放之外，《1990年清洁空气法修正案》要求一部分未达标地区仅在冬季使用清洁燃烧的汽车燃料（含氧燃料），在污染非常严重的地区则全年使用（新配方汽油）。乙醇和甲基叔丁基醚是两种汽油添加剂，它们在达到氧含量标准中应用最广泛。

主要是因为成本问题，大多数美国非中西部州选择含添加剂甲基叔丁基醚而非乙醇的汽油。添加甲基叔丁基醚的目的在于使汽油燃烧得更干净和更有效率。遗憾的是，一旦广泛使用它，就会发现汽油从地下储油罐泄漏出来后会快速地扩散，从而污染地下水和饮用水源。一旦进入土壤或水体，甲基叔丁基醚分解很慢，而且会加速汽油中其他污染物的扩散，例如致癌物质苯等。这些特性已众所周知，所以几个州已经禁止或者大幅度限制甲基叔丁基醚在汽油中的使用。

对解决空气污染问题中的"唯技术论"策略所产生的问题，甲基叔丁基醚给出了一个很有趣的案例研究。有时所谓"解决问题"，其实会使得问题变得更糟。

即使在甲基叔丁基醚污染水问题凸显出来之前，关于使用含氧燃料的成本—效益问题就已经暴露出来了。例如，拉斯克（Rask，2004）曾经将含氧燃料的烟雾检测结果和排放系统维修对排放性能的改进结果进行了比较，他发现，与含氧燃料相比，增加维护和修理对降低一氧化碳和碳氢化合物排放，在成本—效益上更为合理。

1989年，南海岸空气质量管理区为减少挥发性碳氢化合物的排放确定了120项措施。68项措施的平均成本—效益为每吨12 250美元。虽然这类早期的估计值不应该决定各种政策选择的搜寻结果，但是，它们确实也表明，沿着这个方向谨慎前行是恰当的。

铅淘汰计划

当解决路径被排污权交易机制打破之后，政府就开始更广泛应用可转让许可证途径。20世纪80年代中期，在发布更严厉的控制含铅汽油的新规定之前，美国环境保护署宣布了其对预期影响的成本—效益分析结果。分析结果表明，拟议中的每加仑含铅汽油的含铅量为0.01克的标准会对炼油业产生360亿美元的效益（以1983年美元计算，主要会减少对健康的负面影响），估计成本为260亿美元。

虽然这项规定毫无疑问在效率层面上是合理的，但是美国环境保护署仍然希望给予一些弹性，以便在不增加铅用量的前提下按期达标。虽然一些炼油企业能够较轻松地按期达标，然而一些企业要做到这一点，其成本会很快提高。由于意识到达标并不要求每个炼油企业达到每个截止期限，美国环境保护署发起了一个具有创新性的计划，为达标提供了额外的灵活性（参见例18.3"让铅退出：铅淘汰计划"）。这项计划成功地降低了铅排放和大气环境中的铅浓度。1981—2001年，铅排放量降低了93%，空气中的铅浓度降低了94%。

例 18.3 ☞   **让铅退出：铅淘汰计划**

按照铅淘汰计划，铅权（授权在此期间生产的汽油中含有固定数量的铅）的量是固定的，它被分配到195家精炼厂。（由于规则中的一个漏洞，一些精炼厂从中捣乱，想占这项计划的便宜，但其影响非常小。）铅权发放的数量随着时间的推移会下降。不需要全部配额的精炼厂可以将其份额出售给其他精炼厂。

最初，开展铅权银行业务是不允许的（铅权必须在同一地区发放和使用），但美国环境保护署后来允许了银行业务的开展。这项业务一开始，发放的铅权可以在发放的时候使用，也可以留待后来使用，直到1987年计划结束。刚开始时，铅权的价格大约为每克0.75美分，银行业务开展后，价格上升到每克4美分。

因为早期减排使得铅权可以用于出售，所以精炼厂有积极性迅速消除铅。获得这些信用使得其他精炼厂按期达标成为可能，即使碰到设备故障或天灾人祸也是如此；按照传统的做法，在法庭上就截止期限去争吵是没有必要的。铅权银行业务计划旨在促进向新制度的过渡，根据安排，铅淘汰计划将在1987年12月31日结束。

资料来源：Barry D. Nussbaum. "Phasing Down Lead in Gasoline in the U. S.：Mandates, Incentives, Trading and Banking," in T. Jones and J. Corfee-Morlot, eds. *Climate Change: Designing a Tradeable Permit System* (Pairs: Organisation for Economic Cooperation and Development Publication, 1992): 21-34; Robert W. Hahn and Gordon L. Hester. "Marketable Permits: Lessons from Theory and Practice," *Ecology Law Quarterly* Vol. 16 (1989): 361-406.

18.5 可能的改革

我们已经论述过目前的方法存在一些明显的缺陷。只控制生产方的排放虽然可以使得汽车在下线时的排放标准明显改善，但是，汽车在使用过程中，排放率会明显恶化。使用统一的标准会使得农村地区的排放控制过量，而对最严重的污染地区则控制不足。制造业者可以延迟达标期限，由于对未达标者的制裁非常严厉，以至于美国环境保护署不愿意拒绝任何一份达标执照。

燃料税

由于对制造商的管制已经更加普遍，机动车也变得更加环保，以至于现在的管制已逐渐地转向用户。因为当前的政策并没有将道路运输的全部社会成本内部化，所以驾驶者并没有积极性以最小化排放的方式驾驶或维修他们的汽车。我们离成本完全内部化有多远呢？表18—1从燃料税的角度分析了这个问题。如表18—1所示，为了将道路交通的全部社会成本内部化，有关国家必须征收燃料税。燃料税增加的总量可能会很庞大。虽然它没被包含在这项研究之中，但是，美国的汽油税异常地低，它支持了这样一个推测，即美国也需要大幅度地提高燃料税。

表18—1　目前燃料税占道路运输全部社会成本内部化需求水平的百分比，1992年

国家	汽油	柴油
澳大利亚	25	23
丹麦	40	30
法国	39	23
德国	50	33
意大利	59	44
荷兰	59	29
挪威[a]	52	—
西班牙	52	39
瑞典[b]	60	40
瑞士	27	31
英国	47	45

a. 柴油税提高的中值。
b. 1993年。

资料来源：Adapted from Table 10.4 in Per Kgeson. *Getting the Price Right: A European Scheme for Making Transport Pay Its True Cost* (Stockholm: European Federation for Transport and Environment, 1993): 170.

但是燃料税并不是使成本内部化的唯一方法，而且，燃料税本身无论如何也不过是一种愚钝的手段，因为燃料税根本就不考虑排放的时间和地点。关注时间和空间问题的一种方式就是实行高峰期收费制度。

高峰期收费制度

一些远东城市已经采取了一些创新的方法。新加坡方法最具有创新意义,新加坡采用定价制度以减少拥挤(参见例18.4"移动污染源污染控制的创新策略:新加坡")。曼谷则在各高峰期内禁止机动车在市区运输货物,把通路留给公共汽车、汽车、机动三轮车。

例18.4 ☞　　**移动污染源污染控制的创新策略:新加坡**

新加坡是全世界在控制机动车污染方面采取策略最全面的国家之一。除了强制收取非常高的车辆注册费用之外,新加坡策略还包括:

● 正常营业时间内中心商业区的停车费高于晚间和周末停车费。

● 实行区域执照方案,即要求车主出示特别购买的区域机动车执照,以便在限定时间内进入限制区域。区域执照非常昂贵,如果在要求出示执照的地方没有出示,处罚将非常严厉。

● 在公路上实行高峰期电子自动计费。费用根据使用道路以及使用时间的不同,变化很大,而且采取"智能卡"技术自动扣除。每三个月进行一次检查并调整收费。

● 给予人们可以购买一辆"非高峰期"汽车的选择。发放与众不同的红色执照,执照焊接到车上,凡持这种执照的机动车只能在非高峰期使用。车主支付的注册费和养路费都非常低。

● 限制每年注册的新车数量。为了确保能够注册一辆新车,潜在买主首先必须通过竞标的方式获得一份执照,且执照的总量是固定的。

● 极好的轨道交通系统为汽车交通提供了可行的替代方案。

该计划一直很有效吗?显然,在以下两个方面都非常有效。首先,它为政府提供了可观的收入,政府能用这些收入减少苛捐杂税(收入上缴国库,而不指定用于交通运输部门);其次,在受影响区,它使得交通引发的污染大幅度减少。一氧化碳、铅、二氧化硫和二氧化氮的总体水平都处在世界卫生组织和美国环境保护署制定的人类健康指导方针之内。

资料来源:N. C. Chia and S. Y. Phang. "Motor Vehicle Taxes as an Environmental Management Instrument: The Case of Singapore," *Environmental Economics and Policy Studies* Vol. 4, No. 2 (2001): 67-93.

有一段时间挪威的奥斯陆和意大利的米兰也采用过收费环的办法。目前在美国,在圣莫尼卡高速公路(加利福尼亚州)、俄克拉何马州收费公路、达拉斯北收费公路(得克萨斯州)和庞恰特雷恩湖堤道(路易斯

安那州)实行了电子自动计费系统。公共汽车专用车道的做法在美国也很普遍(为公共汽车保留专用车道的做法降低了公共汽车乘客的乘车时间,从而为乘客搭乘公共汽车而不自行开车提供了某种激励)。

私人收费公路

新政策也应考虑能够保证道路使用者承担公路维护的全部成本,而不是将这一负担转嫁给纳税人。墨西哥以及加利福尼亚州的奥兰治县已经实施的一项策略就是允许建设新的私人收费公路。通行费设定得很高,足以收回所有的建造和维护成本,且在一些情形中可能采取高峰期定价。

公司平均燃油经济性标准

公司平均燃油经济性(Corporate Average Fuel Economy,CAFE)计划始于1975年,该计划旨在通过生产更多的节能汽车以减少美国对国外汽油的依赖。虽然它不是一个排放控制计划,但是燃料效率确实会影响排放。

该计划要求每个汽车制造商每年在美国销售的所有汽车和轻卡车都要符合政府设定的每加仑英里里程目标(即CAFE标准)。该标准独一无二的特征就在于它只针对所有车辆的平均值而言,而不针对每辆车。其结果是,只要汽车制造商销售足够多的高里程数车辆以使其平均水平达到标准,它们就可以销售一些低里程数的车辆。1978年,CAFE标准开始生效,要求汽车平均要达到每加仑18英里(即18mpg)。标准每年都在增加,直到1985年达到每加仑27.5mpg。

虽然不是全部,但大部分观察者认为,CAFE标准实际上减少了进口。1977—1986年,进口石油占总石油消费的比例从47%下降到了27%。

然而,CAFE标准有其自身的问题。在国会颁布CAFE标准时,轻卡车是允许遵循较低的燃料经济标准的,因为其只占机动车市场的20%且主要是工作用车。我们以1979年为模式年,轻卡车的标准设定为17.2 mpg,1985年上升至20.7 mpg。随着SUV的流行(SUV也被认为是轻卡车),现在卡车几乎占据了一半的市场。此外,汽车业对议员的强烈游说导致国会在1985—2004年一直没有提高标准。卡车和SUV采用较低标准,卡车和SUV在道路上总交通工具中的重要性不断增加,这些因素产生的最终结果是:所有车辆的平均每加仑里程数都降低了,而不是改善了。

相对于燃料税来说，针对公司平均燃油经济性标准的更基本的争议在于它的效率（参见争论18.1"公司平均燃油经济性标准或燃料税？"）。

争论 18.1   **公司平均燃油经济性标准或燃料税？**

从理论上说，通过增加燃油税或燃油效率标准，即可达到提高燃料效率的目的。通过提高行车成本、增加燃油税可以鼓励汽车买主寻求更为省油的车辆；而提高燃油效率标准则可确保出售的新车都是节能型的。这两个策略会产生不同的结果吗？

答案是肯定的，经济学能够帮助我们解释其中的原因。试想每种策略对多行驶1英里的边际成本。提高燃料税也就是提高每行驶1英里的边际成本，但燃油经济性标准却会使之降低。在第一种情形下，其单位里程消耗的燃料更多，因而燃料成本更高。在第二种情形下，汽车越是节能，其单位行驶里程消耗的燃料就越少，因而成本也更低。

按照经济逻辑，我们立即可以得出这样的结论：即使两种策略产生的燃料经济性相同，但燃料税可以减少石油的消费，主要因为它有助于减少行驶里程。因此，我们可以认为燃料税比燃油经济性标准更好。

然而，燃油经济性标准的支持者们则提出了一个政治上的可行性问题。他们指出，在美国，燃油税已足够高了，但减排的效果也不过如此，这种燃油税绝对不可能通过国会批准，所以燃油经济性标准更好，且比不采取任何措施要好得多。

停车费

雇主为雇员提供停车位，这样会使雇主增加成本，不过大多数雇主都会免费提供停车位。雇主给雇员提供的经济上的补贴可以降低开车上班的成本。因为这种补贴只惠及那些开车上班的人，与其他交通方式——例如步行、骑自行车、乘公共交通等等——相比，免费停车可以降低开车上班的相对成本。因为其他交通方式产生的大气污染较少，所以免费停车使得雇员倾向于开车上班，这样会明显提高污染水平。

矫正这一问题的一个办法就是，让雇主为不使用停车位的雇员予以补偿，即提高其收入水平，提高的幅度等于停车位的价格。这样既可将雇主不提供停车位而节省下来的钱转移给雇员，又可以消除开车上班的倾向。

效能环保退费系统

这个策略是针对购买新车的消费者的。效能环保退费系统将高排放新车购置税与购买低排放新车补贴结合在一起,即通过提升高排放车辆的相对成本,鼓励消费者考虑这些车辆的环境效应。税收收入用于为补贴提供资金来源,但经验表明,类似这样的政策很少能做到收入中立。

按实际行驶里程收取保险费

将与汽车行驶有关的环境外部性内部化并降低事故和污染的另一种措施是改变汽车保险的经费负担方式。小改变可能能够带来大变化,如例18.5"将改变汽车保险方式作为一个环境策略"所述。

例 18.5 ☞　　　　　　　**将改变汽车保险方式作为一个环境策略**

尽管汽车技术的进步(例如安全气囊和防死锁刹车)使得驾驶比过去更安全,但是道路死伤人数仍然非常高。由于人们在决定行驶多长距离和多长时间时,并没有考虑意外事故风险的全部社会成本,所以车辆行驶里程数往往会过量。虽然驾驶员可能会考虑汽车事故对他们自己和家庭带来的风险,但其他的风险可能会被外部化。这些风险包括:给其他驾驶者和步行者造成伤害的风险、保险书涵盖的车辆损害费用、事故产生的交通拥堵给其他驾车者产生的成本。将这些成本外部化,人为地降低了驾车的边缘成本,从而由于机动车行驶里程数的提高而无效率地增加了污染。

实行按实际行驶里程收取保险费可以降低这些无效率。使用按实际行驶里程收取保险费,保险公司可以利用现有额定因素(例如年龄、性别和驾驶经验)确定驾驶者的每英里费率,而且,将该费率乘以每年的行驶里程即可计算每年的保险费。这个方法可在不增加人们每年保险费的情况下大幅度提高每多行驶1英里的边缘成本。据哈林顿和帕里(Harrington and Parry, 2004)估算,按照每英里基础计算保险费用与对达到20mpg标准的车辆征收的联邦燃油税从每加仑0.184美元提高到1.50美元具有同样的效果。燃油税的增加非常可观,而且对人们选择交通方式(以及它们产生的污染)会产生明显的影响,不过事实上它并没有给人们增加额外的经济负担。

资料来源：Winston Harrington and Ian Parry. "Pay-As-You-Drive for Car Insurance," in R. Morgenstern and P. Portney, eds. *New Approaches on Energy and the Environment: Policy Advice for the President* (Washington, DC: Resources of the Future, 2004): 53-56.

加速报废的策略

加速报废的策略就是加速对产生污染的旧车的报废。提高留用旧车的成本（机动车污染越大，车辆注册费越高）或给及早报废重污染车辆提供某种奖励，即可达到加速报废的目标。

奖励计划的一种方式就是众所周知的"老车金"（cash for clunkers）。按照这个计划，固定污染源允许为退出服务的重污染车辆认领减排信用。高污染车辆通过检验和维护计划或遥感方式被识别。车主可以提出为他们的车辆编码，但这样做通常很昂贵；他们也可以将车卖给正在实行"老车金"计划的公司。公司将购来的车辆拆解，剩余的部件可再循环利用。公司执行这项计划所赚取的减排信用数量取决于如下因素：汽车的剩余使用寿命、汽车可行驶的里程估计数，以及减排信用必须受到控制，以便汽车买卖最终可以使得空气质量得到净改善。

加速报废策略往往会与延长机动车使用寿命的趋势相冲突，而延长汽车使用寿命是当前机动车管理规定对新污染源关注的焦点。通过提前消除这些重污染车辆，我们可以提前达到更大的减排目标。这个方法可有选择性地应用于一些局部地区，使它与众不同。

什么措施的效果不好我们也略知一二。一个逐渐流行的做法就是限制某类特殊车辆被使用的天数，这一做法与限制行驶里程数的做法类似。如例18.6"与愿望相反的政策设计"所述，这一策略可能会产生事与愿违的后果！

例18.6　　　　　　与愿望相反的政策设计

为了应对严重的交通阻塞和空气污染，墨西哥市政当局强制推行了一项管理规定，即在每星期的一个特定日子禁止汽车出行。这个特定日子由汽车牌照的最后一位数字决定。

这个方法看似为以低成本减少交通拥挤和大气污染提供了机会。然而，在这种情况下，表面上它颇具欺骗性，因为不同的人对这一禁令产生的反应不同。

世界银行对这一规定进行了评估，结果发现从短期看规则是有效的。污染和交通拥挤都减少了。但从长远看,该规定不仅无效,还产生了事与愿违的结果(它反而提高了交通拥挤和污染的水平)。之所以会产生这一悖论,是因为许多居民会额外地多买一部汽车(与其牌照规定的禁行日不同),这样反而使得机动车总行驶里程数增加了。没有将行为反应纳入考虑范畴的政策可能会产生这样一种风险,即真实的和预期的结果可能相差巨大。

资料来源:Gunnar S. Eskeland and Tarhan Feyzioglu. "Rationing Can Backfire: The 'Day Without a Car Program' in Mexico City," World Bank Policy Research Working Paper 1554 (December 1995).

18.6　小结

当前处理机动车排放问题的政策都是将生产方管制与使用方管制混合在一起的。这开启了统一排放标准。

按行驶每英里排放多少克的污染物来设定排放标准,这是美国和欧洲当前所采用方法的核心,实际上其存在许多缺陷。虽然它们可以降低每英里的污染物排放量,但是,在降低总排放量和确保减排具有成本—效益方面,它们缺乏效率。

总移动性污染源的减排量不如预期,因为行驶里程数增加很大,产生了抵消作用。与发电厂的硫排放不同,总移动性污染源没有限定排放上限,以至于随着行驶里程的增加,排放量也增加。

排放标准的效率被它们的地理一致性削弱了。在高污染地区实行的管制太少,而在空气质量超过环境标准的地区实行的管制又太多。

诸如检验和维护策略及加速报废策略之类的局部措施在纠正这种不平衡方面取得的成功也是含混不清的。因为只有少量的车辆对大部分排放负责,这不成比例,对高污染机动车的识别越来越依赖遥感技术,这使得政策可以针对那些能够产生最大净效益的排放点。

汽车行驶的历史性低成本导致了分散型的开发模式。因为分散型的开发模式使得轨道交通缺乏可行性,从而产生了人口分布的恶性循环以及轨道交通客流量的低下。从长远看,为满足环境标准而采取的部分措施必定涉及土地利用模式的改变,从而产生一种高密度行驶走廊,这种走廊适合轨道交通工具使用。虽然这些情况在欧洲大部分地区已经存在,但是,美国可能还需要很长时间才能形成。确保那些作出居住和交通方式选择的人负担交通运输的真实社会成本,这将使得我们朝正确的方向发展。

关于传统环境政策智慧的一些重要观点可能源于移动性污染源控制的历史。传统的观念认为，法律越严厉，产生的环境问题也越多；与此相反，按每英里排放多少克污染物的方式设定排放标准，如果没有达标，则采取严厉制裁。制裁是如此地严厉，以至于当局不愿意强制执行，即使在紧要关头也是如此。如果威胁可信的话，对威胁性的制裁只会促进获得想达成的目标。最大的"俱乐部"不一定是最好的"俱乐部"。

第二个传统观念就是"唯技术论"，即只要简单地应用技术就能解决环境问题。汽油添加剂 MTBE 被提升为改善全国性空气质量的一种方式。我们现在知道，MTBE 会对地下水造成污染，以至于它对空气质量的正面影响显得相形见绌，不过这也只是我们事后诸葛亮而已。虽然"唯技术论"在环境政策中确实能够占有一席之地，但它们也会产生一些重大的负面后果。

展望未来，对于移动性污染源空气污染控制而言，出现了两个重要方面：第一，鼓励新的环保型汽车技术的发展，例如汽电混合动力车和氢燃料电池车。我们采取了许多政策，例如燃料经济性标准、燃料税、效能环保退费系统、为汽车制造商生产低排放车配发销售配额等，其目的就在于使得新型汽车更快地成为正式的交通工具。

第二，影响驾车人员的选择。有效政策的范围令人印象深刻。一组策略就是通过高峰期定价和按量收费等措施使私人驾车的边际成本更接近于社会边际成本。免费停车等措施也试图为交通模式选择创造一个更好的平台，例如上班交通模式的选择。

为了控制移动性污染源排放，我们应制定合理规定，这就要求我们不仅仅是在车辆离开工厂时控制其排放。车辆购买、驾驶行为、燃料选择，甚至居住模式和就业方式的选择，最终都必定受到移动性污染源减排需求的影响。如果与这些选择有关的经济激励结构合理，对车主的选择的影响才能显现出来。

讨论题

1. 与控制空气污染一样，如果利用阈值浓度作为污染控制的基础，以最小成本达到阈值要求的一种可能性就是分散排放的时间。要做到这一点，一个方法就是建立高峰期定价制度，即对高峰期的排放收取更高的费用。

(a) 这是不是表示更有效率呢？为什么？

（b）这个政策对公共交通工具的使用、汽油销售、商业区购物以及交通模式有什么影响？

2. 通过提高燃料税的办法，提高道路交通决策的效率和持续性。这样做有什么优点和缺点？

进一步阅读的材料

Button, Kenneth J. "Market and Government Failures in Environmental Management: The Case of Transport" (Paris: OECD, 1992). 本文分析了各类政府干预措施，例如定价方式、税收以及其他一些经常会导致环境恶化的管理规定。

Crandall, Robert W., Howard K. Gruenspecht, Theodore E. Keeler, and Lester B. Lave. "Regulating the Automobile" (Washington, DC: Brookings Institution, 1986). 本文对美国燃料经济性以及效率进行了分析。

Harrington, W., and V. McConnell. "Motor Vehicles and the Environment," in H. Folmer and T. Tietenberg, eds. *International Yearbook of Environmental and Resource Economics 2003/2004* (Cheltenham, UK: Edward Elgar, 2003): 190-268. 本文对各种机动车污染控制的成本有效方式进行的经济学分析进行了综合评述。

MacKenzie, James J. "The Keys to the Car: Electric and Hydrogen Vehicles for the 21st Century" (Washington, DC: World Resources Institute, 1994). 本文对各种替代能源和替代车辆的环境与经济成本和效益进行了评述。

Mackenzie, James J., Roger C. Dower, and Donald D. T. Chen. "The Going Rate: What It Really Costs to Drive" (Washington, DC: World Resources Institute, 1992). 本文分析了以汽车为主的交通运输系统的全部成本。

OECD. "Cars and Climate Change" (Pairs: OECD, 1993). 本文分析了提高能源效率、选择替代能源、降低交通部门的温室气体排放等方面的各种可能性。

【注释】

[1] 这个例外就是阳光下的碳氢化合物和氮的化学反应所形成的臭氧。因为对于晚上交通高峰时的排放，完成化学反应所必需的太阳照射时间太少，日臭氧浓度曲线图一般呈现单峰。

[2] 允许延长的唯一合法基础是技术的不可行性。在允许延长期限之前不久，日本本田 CVCC 引擎应用最初的标准被检查。如果是美国而不是日本的公司接受这些标准检查，猜测一下结果会如何将会很有趣。

[3] 一辆装备了催化式排气净化器的汽车，如果装满三槽含铅汽油，净化器的效率就会下降 50%。

第 19 章 水污染

> 一个美好的时代，一个糟糕的时代；一个明智的时代，一个愚蠢的时代；一个值得信任的时代，一个值得怀疑的时代……
> ——查尔斯·狄更斯：《双城记》（1859 年）

19.1 引言

虽然不同类型的污染存在着共同的属性，但是，它们之间也存在明显的差异。正是这些差异构成了不同污染物应采取不同政策的基础。众所周知，尽管移动式污染源和固定式污染源排放的各种污染物是完全一样的，但是，针对这些污染源采取的政策措施却大不相同。

水污染控制有其独有的特点，水污染控制政策具有三个突出特点：

(1) 水污染控制对观光效益的影响比大气污染控制更为重要；

(2) 治理污水或其他废弃物带来的巨大规模经济，使得建立大型化、集约化的污水处理厂治理污水的策略成为可能，而对于大气污染，则只能采取定点治理的标准方法。

（3）与大气污染不同，水污染无法找到像烟囱、汽车等确切的污染源。街道和农田的冲刷物、大气中的污染颗粒，都是水污染的主要**非点源**（nonpoint sources）污染（非点源污染分散广，没有确切的排污点），这就给水污染防治增加了复杂性。

也正是由于这些特点，使得水污染防治需要寻找其他的政策途径。我们在本章中将深入探讨这些问题，并且希望这种独特而又重要的水污染能够得到控制。

19.2　水污染问题的本质

承载废弃物的水体类型

两种主要的水体类型容易受到污染。第一，地表水，包括河流、湖泊，以及覆盖地球大部分表面的海洋。历史上，政策决策者们常常将焦点放在河流与湖泊的防治和清理上，直到现在，海洋污染问题才引起他们的重视。

第二，地下水，曾经一度被视为未受到破坏的水资源，如今也遭到了有毒化学物质的严重污染。地下水是亚地表水资源，常存在于地表水、岩石或者水分饱和的地质构成下面。

地下水是一种数量巨大的天然资源。据估计，地下水的储量大约是年地表水流量的 88 倍。地下水主要用于灌溉，并作为一种饮用水的水源。

虽然地表水资源也是一种重要的饮用水水源，但是，它还有着其他许多重要的用途。当地表水不作为饮用水时，观光效益（例如游泳、钓鱼、划船等）就会成为制定防治水污染政策的重要决定因素。

污染源

尽管有些水污染是偶发性的，即废弃物无目的无意识地排入水体，但是，有一部分水源污染是人为因素故意造成的。水流经过的地方通常会成为人们排放城市垃圾、家庭生活垃圾以及工业垃圾的方便之地。在湖泊和河流的岸边铺设着大量的排污管道，直接将生活垃圾和工业废弃物排放入水体，在立法明确限制这些行为之前，这些现象非常常见。

被污染物污染的水饱和地区，其地下水资源常常也会遭到污染。许多潜在的污染物经过水体缓慢地流过岩石层或土壤层后，会因过滤或是吸附作用而被清除。但是，有毒化学物质是水体流动时无法过滤的重要污染物之一。一旦这些物质污染了地下水，除非进行人工清除，否则很难被清除掉。另外，相对于水体的储存量而言，其补给率非常小，因此，对这些污染物质很难起到混合和稀释作用（参见例 19.1 "地下水污染事件"）。

例 19.1 ☞

地下水污染事件

传统的水污染政策很少关注地下水的污染，部分原因在于检验费和检测费太高。然而收集的证据表明，许多地区的地下水已经被有毒的化学物质污染了。在地下水被广泛作为饮用水的情况下，这将对公众的健康产生不可接受的风险。在被污染的饮用水中发现的许多化学物质被公认为或被怀疑为是致癌物质或者诱变剂。

被有毒有机物质污染的地下水资源的案例有：

（1）马萨诸塞州水供应立法委员会（Massachusetts Legislative Commission on Water Supply）调查发现，该州的 351 个居民区中至少 1/3 地区的饮用水被化学物质污染，其中已经有 22 个城镇的水井被封闭或限制使用。

（2）马萨诸塞州的格罗夫兰和罗利两个地区的所有水井，由于受到三氯乙酸（TCE）的污染而全部封闭。三氯乙酸是一种能使动物致癌的物质。

（3）加利福尼亚州公共健康方面的官员封闭了圣加布里埃尔谷的 37 座供应 400 000 人口饮用水的水井，原因是其饮用水遭到了 TCE 的污染。

（4）位于密歇根州的 11 英亩奥西尼克地下水污染场是由一系列相互间并无关联的泄漏事故引起的，这些泄漏事故污染了拉贝尔地段居民的地下水源。这些事故包括地下储油罐的泄漏、燃油突发性地泄漏到地面，以及一些疑似燃油和其他有机化合物流入地下的事件。另一个污染源是洗衣店及其废水池。

（5）在犹他州供应默里市的井水中发现了砷污染，这可能与以前的一座矿井有关。

资料来源：EPA Web site at http://www.epa.gov/superfund/index.htm/.

为了制定防治湖泊与河流污染的政策，有必要对点源（point sources）污染与非点源（nonpoint sources）污染加以区分，不过它们之间的界限有时并不十分清晰。点源污染一般通过确切位置的管道、排水口或沟渠排入地表水；非点源污染则是通过更为间接、扩散的途径污染水体。从政策角度看，非点源污染的治理更加困难，并且直到目前它才引起立法的注意。作为对点源污染防治所取得的成效之一，非点源污染的控制力度也得到了加强，有一半以上的国家水体承载的废弃物是由非点源污染造成的。

河流与湖泊

河流与湖泊最重要的非点源污染主要包括农业生产、城市雨水径流、森林培育和个体排放系统。农业污染包括表土侵蚀、杀虫剂和化肥。城市雨水径流会携带许多污染物质，其中最典型的就是高浓度铅。森林如果没有得到很好的管理，也会造成水土流失，而且由于植被的消失，对所遮蔽的河流水体的温度会产生很大影响。在一些发展中国家，超过95%的污水未经过任何处理就直接排入地表水。

地下水污染通常是由于高浓度的有害化学物质的扩散所造成的，这包括工业废弃物堆积地、垃圾填埋场以及农场。

点源污染主要是指工业污染和城市污染。非点源污染主要是指某种农业生产方式或其他形式的污染。

未污染的水资源的有效配置要求水资源的各种利用方式的边际效益全部相等（见图 10—3）。然而，如果回流受到污染，那么可能就会改变有效配置。[1] 图 19—1 显示了两种用户使用的情形下，回流受污染时的有效配置，这两种用户是：上游用户（UB）与下游用户（LB）。如果它们对非污染水的边际效益相同，它们就应该获得同等的水量（见图 10—3）。然而，如果减去上游污染了的回流的影响，边际效益函数（MB'_{UB}）将会使水资源出现不平等分配现象。具体来讲，下游用户分配到的水量

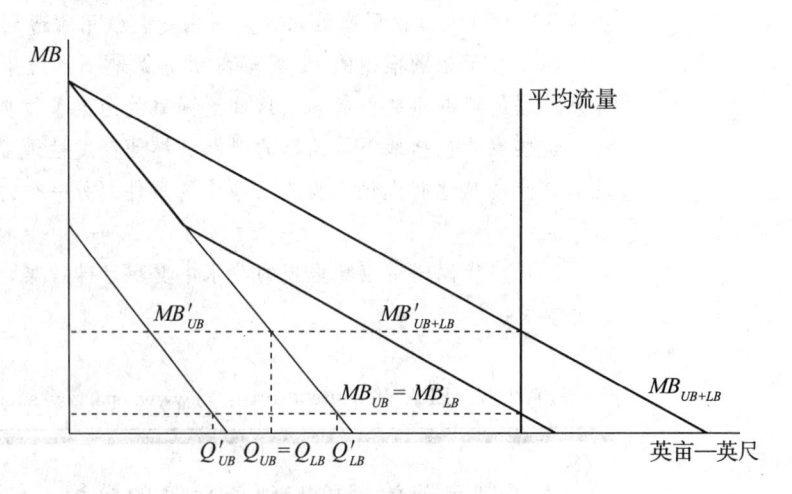

图 19—1　回流水遭到污染时的经济效益

资料来源：Lynne Lewis Bennett. "The Integration of Water Quality into Transboundary Allocation Agreements: Lessons from the Southwestern United States," *Agricultural Economics* Vol. 24 (2000): 113–125.

（Q'_{LB}）更多，而上游用户分配到的水量则较少（Q'_{UB}）（更详细的讨论参见 Bennett（2000））。在水资源配置中，水资源的质量是一个非常重要的因素，但经常被忽视。

海洋污染

我们将讨论的两种主要的海洋污染源是：海上石油泄漏和海洋排放垃圾。目前，大量的石油是由海上石油钻井平台生产的，并通过海洋运输，因而海洋石油泄漏事故时常发生，如表 19—1 所示。由于人们错误地认为海洋具有巨大的吸附垃圾的潜力，因而不会受到显著的破坏，以致现在大量的生活垃圾直接排入海洋。向海洋排放的废弃物包括：废水、污泥、化学物质、痕量金属甚至放射性物质。

表 19—1 著名的石油泄漏事故

编号	泄漏量（吨）	油轮名称	年份	事故地点
1	287 000	Atlantic Empress	1979	西印度群岛，多巴哥岛
2	260 000	ABT Summer	1991	安哥拉 700 海里处
3	252 000	Castillo de Bellver	1983	南非，萨尔达尼亚湾
4	223 000	Amoco Cadiz	1978	法国，布列塔尼
5	144 000	Haven	1991	意大利，热那亚
6	132 000	Odyssey	1988	加拿大，新斯科舍省 700 海里处
7	119 000	Torrey Canyon	1967	英国，锡利群岛
8	115 000	Sea Star	1972	阿曼海峡
9	100 000	Irenes Serenade	1980	希腊，纳瓦里诺湾
10	100 000	Urquiola	1976	西班牙，拉科鲁尼亚
11	95 000	Hawaiian Patriot	1977	火奴鲁鲁 300 海里处
12	95 000	Independenta	1979	土耳其，博斯普鲁斯海峡
13	88 000	Jakob Maersk	1975	葡萄牙，波尔图
14	85 000	Braer	1993	英国，设得兰群岛
15	80 000	Khark5	1989	摩洛哥 120 海里的大西洋海岸
16	77 000	Prestige	2002	西班牙海岸线
17	74 000	Aegean Sea	1992	西班牙，拉科鲁尼亚
18	72 000	Sea Empress	1996	英国，米尔福德港
19	72 000	Katina P	1992	莫桑比克，马普托
35	37 000	Exxon Valdez	1989	美国，阿拉斯加，威廉王子海湾

资料来源：International Tanker Owners Pollution Limit Web Site：http://www.itopf.com/stats.html（accessed 1/17/05）.

污染物类型

为了达到我们的目的，我们采用第15章中的分类方法对大量的水污染物进行了有效的分类。

环境可吸收型污染物

环境可吸收型污染物是指环境对其具有一定同化作用的污染物。如果相对于污染物的排放率而言，水体的吸附能力足够大，那么污染物根本就不会在水体中积累。一种类型的环境可吸收型水污染物由于其能被水体降解或者分解成它的组成部分而被称为可降解性污染物（degradable）。可降解性废物通常是有机残留物，能够被水体中的细菌利用和降解。

有机废物的降解过程需要消耗氧气，氧的消耗量取决于废物体积的大小。水体中的高等生物都是好氧型生物（aerobic），它们的生存需要氧气。随着水体溶氧量的降低，承受能力小的鱼群将会是第一个受害者，它们的死亡率会上升。当水体中的溶氧进一步降低时，好氧型细菌也会死亡。当这种现象发生时，河流就会变成一个厌氧环境，其生态将会发生急剧改变。环境将变得非常糟糕，河流中的水呈现黑色，而且散发着恶臭。

为了控制水体对这种废物的负载，需要监测两种不同的水体指标：（1）监测水体环境的情况；（2）监控废弃物的排放量。对于这些传统的环境可吸收型污染物而言，用于检测环境条件的一个常用指标就是溶解氧（dissolved oxygen，DO）。水体中的溶氧量是水环境状况的一种参数，就如水温、水流流速以及废弃物负载量等。[2] 衡量某一河流任意特定流量下对氧气的需求量的指标通常称为生化需氧量（biochemical oxygen demand，BOD）。

利用建模技术，可以将河流上一个点的排放量（用生化需氧量 BOD 表示）转换成河流上其他各点的溶氧量值。为了实行环境许可制度或环境排污费制度，这一步是非常重要的。

假如我们能够针对某一条有有机废水注入的河流编制出一份数据图表，那么，该数据图表就能够显示一个或多个最小值点，这些点被称为氧垂（oxygen sags）。氧垂表示这些地区的水体溶氧量比其他地区低。在这些地区就有必要实施环境许可制度或排污费制度，以使这些地区的水体溶氧量达到期望水平，同时，排污许可证制度或排污费制度的目的就在于使水体的生化需氧量降低到某个特定的水平。前一种措施需要考虑排放装置的地点，而后面一种方法则不需要。在随后的章节中，对于具体的水污染,我们模拟了这些系统并进行了研究分析。

第二种类型的环境可吸收型污染物是指由流入水中的热量造成的热污染。具体来讲,当工厂或发电厂利用水作为冷却剂,将大量的热水回流到河道时,就会造成热污染。这些热量通过蒸发的方式得到释放。由于排水口附近水体温度的升高,热污染会造成水体溶氧量的降低,进而导致整个地区生态的急剧变化。

另一种类型的污染是由氮和磷这样的植物营养元素引起的污染。这些污染物会促进藻类和水草等水生植物的生长。除此之外,这些植物能够造成恶臭、水质变化和有碍观瞻等严重问题。湖泊中这些营养元素的过量富集又称为富营养化(eutrophic)。

各种不同类型的环境可吸收型污染物可以排成一个谱系,在谱系的一端是那些环境对其有很大吸附能力的污染物,而在另一端则是环境对其几乎没有吸附能力的污染物。取极端现象,即环境对其没有吸附能力的污染物又称为累积型污染物。

靠近序列底部的一类无机合成化合物质被称为持久型污染物(persistent pollutants)。之所以称之为持久型,就在于它们的化学结构复杂,很难被水体有效地分解。这些物质在水体中能够发生一些降解,但是速度非常慢,以至于这些物质能够随着水流迁移非常远的距离而不发生改变。

持久型污染物不仅能够在水体中富集,而且也能在食物链中富集。在生物体的组织中,这类污染物的浓度水平会随着食物链的上升而升高。在低等生物例如浮游生物体内,这些污染物的累积浓度相对较低,但是由于小鱼会摄食大量这些浮游生物,而不代谢这些污染物,以至于小鱼体内这些污染物的浓度很高。大鱼又会吃小鱼,因此大鱼体内的这类污染物的浓度就会更高。

由于能够在食物链中富集,持久型污染物向水体质量监测技术发起了挑战。传统的监测方法适用于监测水体中污染物的浓度,但这不是唯一可变的因素。环境的破坏不仅与它们在水体中的浓度有关,而且与它们在食物链中的浓度有关。监测持久型污染物对环境的影响比监测其他污染物更为重要,同时难度也更大。

最后一类环境可吸收型污染物是传染性有机体(infectious organisms),例如细菌和病毒。它们以家庭垃圾、动物粪便以及皮革工厂和肉制品工厂的废弃物的形式进入地表水和地下水源。这些生物在水体中可以大量繁殖,其种群也会随着时间的推移而下降,但这取决于水体是否适合于这些生物的持续生长。

累积型污染物

大多数的环境污染问题是由累积型污染物造成的,这是由于它们很难被环境代谢，自然过程不能转化或消除累积型污染物，水体同样也不能消除它们。

累积型污染物主要由无机化合物和矿物质构成，其中重金属例如铅、钙、汞等的污染最严重。日本曾经发生过重金属中毒的案例。水俣病（Minamata disease）是以其发生地命名的一种疾病，这种疾病与向海洋排放废弃物有关，它造成了 52 人死亡，150 人大脑和神经受到严重的破坏。科学家们被这种疾病的根源困惑了很久，直到发现当地居民一日三餐食用的鱼体内富含高浓度的有机汞才揭开了这个谜。

在美国由于汞污染鱼，政府投入了大量的人力调查水资源以及迁移的鱼群。孕妇和儿童尤其被告知不要大量食用海产品。

在日本发生了另一宗痛痛病（itai itai disease，书面语 ouch-ouch），科学家追根溯源，发现人体出现消化不良，特别是骨痛疾病与镉的摄取有关。在镉矿床附近的居民就是因为食用了被镉污染的大米和大豆才患上这种疾病的。

最近，在水体和鱼体内也发现了医疗废物。2002 年，美国地质调查局对 30 个地区的 139 条河流进行了抽样检测，发现 80% 的河流中检测到了药品残余物，例如避孕药和抗抑郁药等。肥皂和香水的残余物在河流中同样能被检测得到。尽管这些物质对水资源的破坏性还不确定，但是这在水污染防治政策上是一项新的任务。

与持久型污染物一样，一些累积型污染物也非常难以检测。它们在食物链中的富集造成的危害与持久型污染物一样危险。因此环境取样必须由食物链成员们的组织取样加以补充。为了获得更为详细的信息，必须使重金属快速沉淀到水体底部，让其保留在底泥之中。这样的话，重金属就可以在底泥样品中进行检测，只从水体本身取样，可能会使一些污染物逃过检测。

19.3 传统的水污染防治政策

全世界有许多水污染的防治政策。在本节中，我们首先详细论述美国的污水防治政策，它们提供了一个相当丰富的典型案例，以说明如何通过法律手段控制水污染。然后我们论述欧洲的方法，它们更多地依赖经济激励。

美国对水污染的防治政策源于对大气污染的防治政策。人们可能认为这种污水防治政策更具优越性，因为政府官员们有大量的时间从大气防治的错误中汲取经验。然而，遗憾的是，事实并非如此。

早期立法

第一部防治向国家航道排放垃圾的联邦法律是美国国会通过的《1899年垃圾法》（1899 Refuse Act）。法律的初衷是为了保护航海，其焦点是，禁止向用于航行的河流中排放任何形式的垃圾，以免影响河流的运输。任何形式的垃圾都禁止向河流排放，除非得到美国工程协会主席（Chief of the U. S. Engineers）发放的许可证。大多数许可证发放给了疏浚河道的承包商，他们清除河道内的垃圾污染物。这项法律实际上忽视了其他污染物的影响，直到1970年，这项许可证计划才被重新发现和简洁化（几乎没有成功），作为联邦政府执行强制行为的基础。

《1984年水污染控制法》（Water Pollution Control Act of 1948）第一次尝试由联邦政府对过去由州政府和地方政府管辖的职能施加直接的影响。尽管踌躇不决，但因为这部法律重申水污染控制的主要责任在各个州，所以它仍然开创性地赋予联邦政府指导调查、研究和考察等行动的权力。

《水污染控制法修正案》是1956年通过的，它第一次提及了现行的污染物防治方法。这项法令有两项特别重要的条款：（1）联邦政府为建造垃圾处理厂提供资金支持；（2）使用"执行管制会议"（enforcement conference）的机制对垃圾排放进行直接的联邦管制。

一个特别重要的条款是，在对某种特定的水污染防治活动（即垃圾处理厂）给予补贴的基础上防治水污染。地方政府建造城市污水处理厂可以从联邦政府那里获得补贴，补贴的额度高达建造成本的55%。这种方法不仅降低了地方政府建造污水处理厂的成本，同时也降低了用户的成本。由于联邦政府的支持是补贴，而不是贷款，因此，用户缴纳的费用与联邦政府资助的资金无关。收缴的费率比较低，但足以弥补建造成本与补贴的差额部分，当然也包括污水处理厂的运行费用和维护费用。

《1956年水污染控制法修正案》将排放物的管制控制在一个相对较小的范围。开始时，只包括排放会造成州际之间污染的污染源。但是，随后的法令扩大了控制范围，到1961年，垃圾排入任何航道都被纳入了管制范畴。

《1956年水污染控制法修正案》创立的对排放物加强管理的机制就是执行管制会议制度。按照这种方法，指定的联邦管制当局可以召集会议，防治任何州际的水污染问题；受污染地区的地方官员也可以要求管制当局召开会议讨论州际间的水污染问题。事实上，这种权力是自行决定的而不是强制的，以致管理部门很少能够强化预先制定好的决定，会议常常很难达到预期的结果。

《1965年水质法》(Water Quality Act of 1965)企图通过建立州际水域环境质量标准以及要求地方政府提交执行计划的方法强化过程。这种方法与目前的大气污染控制方法很相似,但是它们存在着很大的区别。为了应对1965年的法令,地方政府提交的计划常常很模糊,它们并不打算将排放物质的特殊排放标准与环境标准联系起来。它们一般采取简单的办法,并要求对污水进行二次治理,以去除80%～90%的生化需氧量和85%的固体漂浮物。事实上,这些标准并没有打通与环境质量之间的关系,使得它们很难强化其法律效应,因为它们之间的法律权威性是建立在这种关系基础之上的。

后续法规

点源污染

正如我们在前一章中所述,20世纪70年代,治理污染的挫败感弥漫在华盛顿上空。与对空气污染的立法管制一样,这种挫败感导致对水污染采取了过于强硬的法律措施。法律文本的前言中就定了调,要求完成两项目标:(1)"……到1985年,必须清除航道水域中的所有排放物";(2)"……到1983年6月1日,必须使鱼类、贝类和野生动物生存和繁殖的水体,以及用于娱乐的水体的质量达到指定的水体质量的中期目标"。这些目标的缩小标志着与过去法律的分离。

为了执行这项法律,同样引入了新的程序。所有的污水排放者都必须采用许可证的形式(代替《1899年垃圾法》,因为水道过于集中,所以这项法律非常难以执行),只有当排放达到技术要求的排放标准时才能获得许可证。由于这些污水排放标准具有执行上的统一性,因此它们不取决于局部的水环境条件,于是,它们完全绕过了各种环境标准的制约。[3]

根据《1972年水污染控制法修正案》,污水排放标准分为两个阶段执行。到1977年,作为获得许可的一个条件,污水排放者必须满足污水排放限量的要求,污水排放限量是根据"当前可得的最可行的控制污染技术"(best practicable control technology currently available,BPT)来确定的。在建立这些国家标准时,美国环境保护署必须考虑这些技术的总成本及其与所获得效益的关系,但是不会考虑个别污染源或受污染的特定水域的条件。此外,所有公营污水处理厂都必须在1977年前达到二级处理标准。到1983年,工业排污企业必须达到根据更为严格的"经济上可达到的最适宜的控制污染技术"(best available technology economically achievable,BAT)为基础设定的污水排放限额,公营污水处理厂则要求达到根据"最可行的废弃物处理技术"(best practicable waste treatment technology)制定的污水排放限额。

始于1956年的对地方污水处理厂进行补贴的计划,对《1972年水污染控制法修正案》作了微调后继续执行。虽然《1965年水污染控制法》允许联邦政府对地方政府建造污水处理厂提供的补贴高达55%,但《1972年水污染控制法修正案》则将补贴的上限调整为75%,同时增加整个项目的资金。1981年,则又将补贴比例降回到55%。

《1977年水污染控制法修正案》继续沿用了这种管制方法,同时也作了一些重要调整。这部法律对传统污染物和有毒污染物进行了更为仔细的区分,对有毒污染物的排放要求更加严格。《1972年水污染控制法修正案》实际上放宽了所有达标日期的最后期限。

对于传统污染物而言,启用了新的处理标准取代BAT标准。传统污染物的排放限额是建立在"最好的传统技术"(best conventional technology)理论基础之上的,新标准执行的最后期限是1984年7月1日。在建立这些标准时,按要求美国环境保护署必须考虑添加污染控制设备的成本与水质改善相比是否合理。对于非传统的污染物和有毒物质(未列入传统污染物清单中的其他任何污染物)而言,BAT标准仍然发挥作用,但是达标的最后期限推迟到1984年。

其他标准的最后期限相应也放宽了,地方政府达到二级处理标准的期限从1977年推迟到1983年。由于目前的法律体系预期可以适用于整个工业,所以BPT标准的达标期限推迟到1983年。

最后的修订是在《1977年水污染控制法修正案》中加入了对送往某个公营污水处理厂的废弃物进行处理前的预处理标准。这些标准的制定是为了防止排放物中断处理过程,防止污水处理厂不能处理的有毒污染物的引入。按要求,现有处理厂都应该在修正案颁布后的3年内达标,而以后再建的处理厂必须在运营前达到预处理标准。

非点源污染

非点源污染与点源污染的防治政策正好相反,美国环境保护署没有得到特别的授权来防治非点源污染。在美国国会看来,这类污染的治理应该是地方政府的责任。

《清洁水法》第208条(Section 208 of the Clean Water Act)授权联邦政府对各州发起为区域内污水处理管理提供了可行计划的项目提供联邦补助款。该条款进一步指明,这种区域性的污染控制计划必须对重要的非点源污染加以区分,并提出相应的控制步骤与方法。1987年2月,不顾里根总统的否决,重新授权的《清洁水法》授权对每个新建项目增加4亿美元的补贴,以帮助地方政府控制污水排放,但是控制非点源污染的重任仍然由各州承担。

联邦政府在控制非点源污染方面的主要作用就是实施保育休耕计划

(conservation reserve program)。这项计划要求政府为农民提供补贴，让4 000万英亩～5 000万英亩易侵蚀地免耕，并种草植树。这些补贴的目的在于减少水土流失并减少氮磷和漂浮固体物的富集。

20世纪80年代以后，人们对非点源污染的关注明显加强了，自发式的项目以及与土地拥有者共同承担费用的项目已经成为防治非点源污染最常用的方法。在雨水排水管的管制方面也得到了应用。《清洁水法》第319条（Section 319 of the Clean Water Act）为各州执行非点源污染管理计划具体指定了原则。2003年，美国环境保护署投入了大部分《清洁水法》第319条法令涉及的资金（1亿美元），用于修复被非点源污染破坏的水源。[4]

《安全饮用水法》

1972年，政策的关注点在于改善水质，利于钓鱼和游泳。由于水质没有达到饮用水的标准，《1974年安全饮用水法》（Safe Drinking Water Act of 1974）对居民用水系统制定了更为严格的标准。饮用水主要的控制指标包括水体中细菌、污泥以及放射性化学污染物的最大值。同时建立了国家二级饮用水法规，以保护"公共福利"，因为水体的气味与观赏性会使很多人停止使用受污染的水源。二级饮用水标准为各州提出了建议，但美国环境保护署不能强制推行这一标准。

《1986年水污染控制法修正案》要求美国环境保护署依据最有效技术在三年内对83种污染物制定基本标准，到1991年对至少25种污染物制定基本标准，并且监测公共水系统中规定的以及未规定的污染物。大约有60 000个公共水源系统接受这样的管理。《1986年水污染控制法修正案》对任何违反这一标准的行为提高了民事处罚和刑事处罚的标准。

海洋污染

石油泄漏

《清洁水法》明令禁止向通航水域排放"有害量"的石油。由于美国环境保护署将"有害的"定义为"违背可适用的水质标准或是会使水面形成膜状物"的排放物，实际上，任何形式的排放物都是被禁止排入海洋的。

企业的责任包括遵守海岸警备队的规定（这些规定主要是为了处理偶然泄漏事件以及避免各种突发事件的发生）和评估事故的经济责任。

一旦发生泄漏事故，企业必须立刻向海岸警备队或美国环境保护署报告。如果没有报告泄漏事故，将会被罚款 10 000 美元，甚至还会被监禁 1 年。

除了发出通告外，排放者还必须清除这些排放物或是支付政府机构清除泄漏物的费用。排放者向政府机构支付的清除泄漏物的费用一般限制在 5 000 万美元以下。如果被证明是重大过失或者故意的不法行为所致，这种上额限制将会被取消。除了支付清除费用，还要支付修复污染物对自然资源造成破坏的费用（按照定义，所谓自然资源被破坏是指"联邦政府或任何地方政府为恢复或更新被石油泄漏破坏的自然资源而产生的任何成本或费用……"）。

废弃物倾弃于海洋

除了《清洁水法》和《1990 年油污法》(Oil Pollution Act of 1990) 涉及石油泄漏外，向海洋倾倒废弃物还受到《1972 年海洋保护研究和禁猎区法》(Marine Protection Research and Sanctuaries Act of 1972) 的管制。这些立法对所有向美国领土范围以内的海洋倾倒废弃物以及美国船只和个人向海洋水域倾倒废弃物的行为，无论倾倒的地点发生在何处，都进行了管制。除个别例外情况，美国不允许向海洋倾倒任何工业废弃物或下水道污物，法律明令禁止放射性物质、化学物质、生化试剂以及辐射性的废弃物排入海洋。在修订的法令中，只有腐土、鱼废弃物、骨灰和潜水艇允许进入海洋，但是这些排放物同样也会受到特定的管制，但具体情况具体分析。

公民诉讼

公共政策对环境质量的改善程度不仅取决于公共政策的类型，而且与政策的执行程度有关。一些乍看起来有效的法律，由于执行难或执行不力，事后证明并不适合。

一直以来环境法令的执行都是州和联邦环境部门共同的责任。在州政府和联邦政府的层面上，环境法律一般是通过行政程序或者民法和刑法的形式得以执行。由于人员和资源的限制，使得政府部门不能彻底执行所有的环境法律，然而，这些独立的方法都不能够达到期望的执行力度。

20 世纪 70 年代人们就普遍意识到，政府既没有时间也没有资源去充分地执行法律，这使得国会成立了一个民间替代组织，即公民诉讼 (citizen suits)，尽管现在各种环境法律为公民诉讼赋予了权力，但是只有在实施《清洁水法》的项目实施中取得了成功。

公民诉讼作为民间的代理机构，公民有权力监督政府的行为，有权力发起民事诉讼程序反对违反排放标准的私人的或公共的污染行为。自然资源保护委员会和峰峦俱乐部（Sierra Club）等类似的环保组织也活跃地介入其中。公民可以进行控告，以获得强制令（即一种法庭颁令，要求停止非法的废弃物排放），此外他们还被赋予"……采取适当的民事处罚"的权力，罚金控制在每天每次 10 000～25 000 美元。

19.4 效率和成本有效性

环境标准与零排放目标

《1956 年水污染控制法修正案》将环境标准定义为将被寻找的目标定量化的一种方法。一套环境标准体系允许环保当局改善某一特定水体的水质以达到使用标准。饮用水的标准最高，游泳水的标准其次，等等。一旦明确了环境标准，控污责任就可以在各污染源之间进行分配。在实际水质与预期目标的差距最大的地方，投入污染治理的力度也应该更大。

遗憾的是，水资源环境标准的早期经验还不够成熟，以至于国会没有强化排放标准的法律基础，而是保留与环境标准的联系，从而通过规定零排放目标的方式来降低环境标准的重要性。此外，排放标准还具有不与环境标准保持任何联系的法律地位，这种错误的推论是由于早期缺乏法律的成功经验所致。

马克·吐温（Mark Twain, 1893）以其独特的风格，非常好地提出了关键要点：

> 除非存在智者，我们必须小心地摒弃经验，否则我们会像被热锅盖烫伤过的小猫一样，再也不敢坐热铁盖了，甚至连凉锅盖也不敢坐了。(p. 125)

当前所采取方法的最大问题就在于这种方法建立在一种错误的假设之上，认为法律越严格，它所完成的任务就越多。零排放目标就是一个类似的案例，零排放目标的标准非常严格，但是事与愿违，效果却非常差。克内斯和舒尔茨（Kneese and Schultze, 1975）指出，20 世纪 60 年代末期，法国实施了一部要求零排放的法律，对违法者给予重罚。结果这部法律并没有得到实施，因为人们普遍认为这部法律的要求不合理。

这部缺乏可操作性的法律所降低的污染治理量比标准较低但具有可操作性的法律少得多。

美国的情况是否也如此呢？事实好像也是如此。1972年美国环境保护署公布了实现零排放目标所需成本的估算值，并假定这项计划是可行的。结果表明，1971—1981年10年间，清除所有工厂和城市污水中85%~90%污染物的成本为620亿美元，但清除所有污染物的成本为3 170亿美元，是前者的5倍之多，而且这个数字可能还低估了真实成本(Kneese and Schultze，1975，78)。

这种成本估算合理吗？尽管对某些污染物而言可能是合理的，但对所有污染物并非都如此。遗憾的是，零排放目标对各类污染物是不加区分的。对于一些环境可吸收型污染物来说，这似乎很偏激。或许立法人员也认识到了这个问题，因为在制定法律时，并没有指定确切的时间表或程序以确保到1985年或其他什么时间实现零排放目标。

国家排放标准

国会对水污染政策的批评，一个针对的是国家排放标准，另一个针对的是对建立公营垃圾处理厂予以补贴的政策。为大约60 000个排放源制定恰当的排放标准不是一件容易的事。不必吃惊，困难重重。

执行中的问题

《1972年水污染控制法修正案》通过之后，美国环境保护署作了相应的调整，以配合法律的严肃性。依托众多的咨询机构，美国环境保护署开始研究适合于每个产业的污水控制技术，以建立合理的排污限制标准。在建立这些指导方针时，美国环境保护署必须考虑到"设备的使用年限、所采用的工艺、各类污水控制技术的工程特点、工艺变化情况、水质以外的环境影响（包括能源的影响）以及行政管理是否合理等方面的要素……"。

这个规定是否意味着对于每个污染源需要制定个别的标准，还是为更大范围内的污染源制定普遍性的标准，我们对此尚不清楚。从成本有效性的方面看，或许应该选择前者，但是在一个采取该排放标准的体系内，与这一做法相关联的交易成本高得令人无法负担，而且达标拖延的时间也长得令人无法接受。因此，美国环境保护署只选择了一种做法，就是为更大范围内的污染源制定具有普遍意义的标准。虽然在不同类别的污染源之间，排放标准可以存在差异，但必须能够适用于每一类别中的大量污染源。

美国环境保护署没能在国会规定的最后期限完成减排任务。事实上，没有哪一部排放标准能在规定的期限之内达标。标准一面世，立即就会遭到法律上的挑战。截至1977年，已经发生过250起挑战排放标准的案件（Freeman，1978，46）。有些挑战能够成功，它们要求美国环境保护署修改这些标准，这一切都需要时间来完成。

到1977年，美国环境保护署在制定BPT时遇到的麻烦特别多，以至于BAT的最后期限完全不合理。另外，对于传统污染物而言，不仅最后期限不合理，标准本身也不合理。许多水体质量都能够达到环境标准的要求，但是不符合BAT的标准；而一些水体无法达到排放标准，特别是在存在大量非点源污染的地方。此外，在一些案例中，一旦BAT标准生效，那么BPT所要求的技术要求与标准不符（或者不需要），以至于会将事情搞得一团糟。

《1977年水污染控制法修正案》更改了BAT标准的最后期限（推迟了最后期限）和它们关注的焦点（针对有毒物质的污染而忽略传统污染物）。修正后，美国环境保护署必须依据BAT的指导原则，为65类有毒污染物制定工业排放标准。在1979年的一次调查中，美国环境保护署发现，几乎所有的初级产业都会排放一种或多种有毒污染物质。1980年，美国环境保护署对9类初级产业制定优先控制的有毒污染物时设定了BAT排放限制标准。

《1977年水污染控制法修正案》肯定使形势有所好转。因为有毒物质是一个更为严峻的问题，针对有毒污染物制定更为严厉的控制标准是很有意义的。放宽期限非常有必要，别无选择。

然而，修正案并没能制定出具有成本—效益的策略。具体而言，它们往往会阻碍技术的发展，使得防治责任的分配方式非常不划算。

控污责任分配

因为排放标准是美国环境保护署依据特定的技术建立的，而企业非常熟悉这些技术。因此，尽管企业可以选择任何能使其排放量控制在标准规定限量以下的技术，但是在实践中，企业往往更愿意选择美国环境保护署建立排放标准时引用的技术与设备。企业解释说，这是为了使得风险最小化。如果出现差错并被告上法庭，那么它们就可以辩解说它们的所作所为完全是在执行美国环境保护署制定的排放标准。

真正的问题在于排放标准过于狭窄，且只针对了某项特定的技术，而不是为了减排。排放标准不应该过分注重购买什么具体的技术，而应更多地考虑怎样做才能减排，例如维护、改变工艺等等。在技术快速变化的领域，不应将所有的污染防治努力都捆在某一项特定的技术上（说不定标准修订以前，它就已经过时了）。遗憾的是，技术停滞已经成为当前政策中一个常规性的负面效应，这对确保水源清洁很不利。

在不同的污染源之间分配控污责任时，美国环境保护署不仅要为每一个污染源制定排放标准，同时还会受法律本身的限制，例如实施相对一致的标准。在第 15 章中我们论述过，实施相同的排放标准的成本很高，且悬而未决的一个问题是，如果成本增加得足够大，是否应该推荐选择其他方法，例如排污费或者许可证制度？控制固定污染源的大气污染的成本很高，但这个事实并不意味着水污染控制成本也会很高。

许多经验研究已经分析了国家排放标准与最低成本分配模式的接近程度，如表 19—2 所示。这些研究支持这样一种观点，即尽管美国环境保护署的标准的成本无效性的程度比大气污染控制标准小得多，但它仍然是没有成本效率的。

将统一标准与环境排污费和许可证制度进行对比的最著名的研究是在特拉华河口进行的（Kneese and Bower，1968）。这条河的河床与密西西比河或其他主要河流的河床相比较小，但是生活着超过 600 万的居民。这是一个工业发达、人口密集的地方。

表 19—2　　　　　　　　　　　水污染控制的经验研究

研究者及年份	涉及污染	地理位置	CAC 基准	DO 目标 (mg/l)	CAC 成本/最低成本
Johnson (1967)	生物化学氧需求	特拉华河口 86 米处	等比率处理	2.0	3.13
				3.0	1.62
				4.0	1.43
O'Neil (1980)	生物化学氧需求	威斯康星州福克斯莱克下游 20 米处区域	等比率处理	2.0	2.29
				4.0	1.71
				6.2	1.45
				7.9	1.38
Eheart, Brill, and Lyon (1983)	生物化学氧需求	俄勒冈州威拉米特河	等比率处理	4.8	1.12
				7.4	1.19
		宾夕法尼亚——特拉华——新泽西交界的特拉华河流	等比率处理	3.0	3.00
				3.6	2.92
		纽约哈得孙河上游	等比率处理	5.1	1.54
				5.9	1.62
		纽约莫霍克河	等比率处理	6.8	1.22

CAC：强制性管制，一种传统的水资源管理方法。
DO：溶氧量，DO 值越高，表明水质越好。

这项研究构建了一个模型，以便获取不同地点的大量污染源排放出的各种污染物对周边环境溶解氧量的影响。此外，我们可以采取各种方式来分配达到溶氧标准所需的控污责任，该模型可以对这些方式所产生的成本作出模拟计算。

我们仅对四种特殊的责任分配方式加以讨论。第一种是最低成本法（least-cost，LC），它与排污费或排污许可证制度有关，这种方法同时考虑了排放地点和控制成本。

第二种方法是统一防治策略（uniform treatment，UT），这一策略要求所有的排出物都必须遵照排放标准，要求排出物在排入河流以前，必须从其中清除指定比例的废弃物。该策略大致借鉴了当前美国环境保护署的策略。

第三种方法是统一排污费（uniform emission charge，UEC）或排放许可证制度。这种方法考虑了控制成本，但是没有考虑排放地点。

第四种方法是分地域收取排污费（zoned effluent charge，ZEC）方法。这种方法是将河床细分成一系列区域。对同一区域内的所有排污者都采取相同的收费标准，而对不同区域的排污者收取不同的收费标准。第四种方法是介于第一种与第三种策略之间的一种方法。这种方法比第三种方法多了一个地域的因素，而比第一种方法少了一个成本因素。当第四种方法中划分的区域面积足够小，小到每一个排污者就是一个独立的区域时，第一种方法的模拟结果就与第四种方法的结果一样；而当第四种方法中的区域面积足够大，大到一个地区包含所有的污染源时，它模拟的结果就与第三种方法的结果一致，如表19—3所示。

表19—3　　　　特拉华河流不同治理方案的成本—效益

溶解氧目标值	方案			
（ppm）	LC	UT	UEC	ZEC
	（百万美元/年）			
2	1.6	5.0	2.4	2.4
3～4	7.0	20.0	12.0	8.6

资料来源：Table 16 Cost of Treatment under Alternative Programs（p.164）from *Economics and the Environment* by Allen V. Kneese（Penguin Books，1977）. Copyright © Allen V. Kneese，1977. Reproduced by permission of Penguin Books Ltd.

就水污染防治而言，统一防治策略确实明显地提高了成本。对于任意一种溶氧目标而言，它的成本大约是其他方法的3倍。有趣的是，分地域收取排污费法的成本与高溶氧目标的最小值所需成本很接近，但统一排污费法却不是。即使将位置因素考虑进去，也会对水污染的治理带来很大的不同，就像大气污染的情形一样。

尽管事实如此，但是水污染管理方面管理制度的改革不如大气污染管理重要。威斯康星州福克斯莱克早期进行过排污贸易的尝试，但是在前十年只进行过一次排污贸易。

目前，基于流域性质的贸易计划引起了人们的注意，美国环境保护署对此也进行了讨论。1996年，美国环境保护署发布了《基于流域性质的贸易草案》(Draft Framework for Watershed Based Trading)，并且开始为一些流域探索贸易计划，这些流域包括：北卡罗来纳州的塔尔-帕姆利科河、长岛海峡、切萨皮克湾以及爱达荷州的斯内克河和下博伊西河。目前，大多数运营中的氮贸易市场或磷贸易市场，都因为运行时间不长而无法作出合理评估。然而，事前的研究表明，它们的经济效益很大，参见例19.2"污水排放交易与降低长岛海峡排放废弃物的处理成本"。在分析长岛海峡的缺氧条件时，我们还探讨了许可证贸易计划在节省成本方面的效果。让企业在污染控制技术上充分利用经济范围可以获得更大的经济利润。

例 19.2 　　**污水排放交易与降低长岛海峡排放废弃物的处理成本**

夏季的长岛海峡会经历严重的缺氧（低水平溶解氧），这种富氧化现象主要是由于城市污水处理厂过量排放氮造成的。正如本章前面所论述的，过去大部分的水污染控制政策主要集中在控制污水排放的技术标准方面。经济学理论认为，许可证贸易计划可以为污水处理厂提供降低成本的灵活机制。20世纪90年代后期，康涅狄格州、纽约州和美国环境保护署开始探索污水处理厂与长岛海峡排放废弃物贸易的可能性。该方案着眼于管理区域内的排放贸易，目标是达到1994年管理计划中规定的治理缺氧的三期目标。其总体目标是从1999年开始，用15年的时间，使氮的排放量减少58.5%。

贝内特等人（Bennett, et al., 2000）对长岛海峡研究课题组（Long Island Sound Study）提出的将排放贸易限制在11个管理区的提案进行了成本估算。然后他们又对两套扩大交易区范围的方案所节省的成本进行了估算，他们认为：(1) 除了在州内，还可实行污染源之间的跨区域交易；(2) 交易可以在所有的污染源之间进行。对于每一项交易，污染源都按地理位置划分为不同的交易"保障区"，交易只允许在保障区内进行，不允许在保障区之间进行。首次交易包括11个保障区（即管理区）。第二次交易有两个保障区，一个是康涅狄格州，另一个是纽约州。第三次交易则由一个大型的保障区组成。

贝内特等人发现，经济学理论能够预测，随着交易范围的扩大（意味着更少的保障区），成本节约幅度会上升（或者大幅度上升）。据他们估算，跨两个保障区的扩大交易可以节省成本20%或1.56亿美元。下表是他们的研究结果：

交易保障区数量	总体成本的现值（百万美元）	与11个保障区相比成本节约量（百万美元）	节约百分比（%）
11	781.44	—	—
2	740.55	40.89	5.23
1	625.14	156.30	20.00

并不是所有排放物都会对环境问题造成同样的影响。结果表明,长岛海峡东部和康涅狄格州北部区域的排放物所造成的影响就没有纽约市临近区域的严重。

尽管清污成本存在差异,但是,按照管理方案的建议,每个管理区对氮减排的任务所负担的责任应该均等。

虽然不同的管理区之间的边际清污成本变化很大(因此,彼此之间贸易可以降低成本),但是,对破坏的边际贡献变化也非常大,因此,不可能采取按排放量一吨对一吨的方式进行交易(正如我们在第15章所指出的,对于这种非一致性的混合污染物而言,为了达到成本有效性的目的,应该采取更为复杂的排放贸易形式)。当前,由于我们已经认识到这种复杂性,以至于虽然在11个管理区之间进行贸易可以节省成本,但我们仍然不予考虑。

资料来源:Bennett, Lynne Lewis, Steven G. Thorpe, and A. Joseph Guse. "Cost-Effective Control of Nitrogen Loadings in Long Island Sound," *Water Resources Research* Vol. 36, No. 12 (December 2000):3711-3720.

2003年,美国环境保护署发布了"水质交易政策"(Water Quality Trading Policy)。如果这项政策有助于达到《清洁水法》目标(Clean Water Act Goals)(USEPA, 2004),那么这项政策将支持针对特定污染物的以市场为基础的污染控制计划。

欧洲经验

经济激励在欧洲水污染防治中发挥了重要作用,排污费在欧洲许多国家中扮演着重要的角色。[5]收费制度的形式有多种,其中捷克斯洛伐克实行的是一种常见的方法,即通过收取排污费使环境达到预期的标准。其他国家,例如联邦德国,收取排污费主要是为了鼓励企业在污染防治方面比法律规定的做得更好。以匈牙利和民主德国为代表的国家采取的是排污费制度和排放标准相结合的办法。

数十年来,捷克斯洛伐克利用排污费制度将水质维持在预定水平。其基本收费的依据是水体的BOD和水体中的固体悬浮物,并且辅之以附加费,附加费的比例为10%~100%,具体比例根据私人排放物对环境污染物浓度的影响程度决定。排污费的基本费率可以根据受影响水体的水质进行调整。从概念上讲,这种收费制度与环境排污收费制度十分相似且具有合理的成本—效益。

1976年,联邦德国颁布了排污费制度并于1981年开始施行。收费水平与排放标准的执行程度有关。达不到排放标准的企业需要支付其全部排放的费用。根据颁发的许可证,如果达到联邦排放标准(根据不同工业部门分别设立),且排放的量低于最低标准的规定,那么其支付的排污费可以降低到排放基本费率的50%。如果公司能够证明其污染排放量低于最低排放标准的75%，那么企业只需要支付实际排放费率一半的费用。如果企业在安装新污染控制设备之前，承诺将进一步减排至少20%，那么它们将获得三年减免排污费的优惠。通过排污费获得的资金，可以被官方管理人员用于支付管理费用、资助公共部门以及私人的清污活动。

匈牙利和民主德国使用的方法是将排污费制度与排放标准相结合，按照超出固定的排放限额的程度来收取费用。按照匈牙利的做法，排污费的高低取决于受污染水体的水质条件以及其他一些因素。起初，匈牙利的收费制度收效甚微，但是当收费水平提高时，一大批治理污染的行动被激发出来。

尽管欧洲各国采用的方法各不相同，并且不都具有成本—效益，但是这些方法的存在表明排污费制度可行而且实用。据德国环境问题专家委员会（German Council of Experts on Environmental Questions）估计，德国排污费政策对污染者而言，其成本的总体水平比统一治理方法的成本便宜1/3。此外，当这种努力被证明在成本上是合理的时候，它将鼓励企业超越统一的标准。

比斯特龙（Bystrom，1998）分析了瑞典建造湿地降低非点源氮污染的方法，在瑞典，减少波罗的海氮化合物的排放是一项重要的政策目标。尽管湿地通过生物量的吸收而有助于减少氮的积累这一点是众所周知的，但是与可替代且更传统的控制方法相比，这种方法是不是更具有成本—效益呢？

为了回答这一问题，比斯特龙对建造湿地减少非点源污染的成本进行了估算，并与通过改变土地用途的方法（例如种植能源树种）降低氮浓度的成本进行了比较。他的研究表明，与种植其他作物的成本相比，湿地法的边际清污成本较低，但是仍然高于单纯较少使用氮肥的边际成本。

城市废弃物处理的补贴

水污染控制项目的第二阶段包括向废物处理厂提供补贴。这项计划的补贴分配和激励机制都存在问题。

基金分配

由于可利用的基金最初是基于先来先得的基础进行分配的，因此基金不能用于污染最严重的地方也就没什么可惊讶的，就如污水处理厂排放出的水比进入污水处理厂的水清洁一样。而且传统上，联邦基金主要用于城郊社区而非污染问题严重的大城市。

《1977年水污染控制法修正案》试图通过赋予美国环境保护署权利并且要求自治州确立优先资助处理工程以解决这一问题，在举行公众听证会后，不仅要求通过投票确立一个州的优先资助名单，而且要求确立一份修正的名单。确保最优先项目基金分配的趋势随着《1981年市政污水治理建设拨款法修正案》（Municipal Wastewater Treatment Construction Grant Amendments of 1981）的通过而得到强化。按照该法案的要求，各州必须建立项目优先次序，以使得在水质和公众健康方面效果最明显的项目获得资助。

操作与维护

这种方法虽然为建造排污处理设施提供了补贴，但是没有提出一套使之有效运转操作的激励措施。城市污水处理厂的存在，其本身并不能够保证为人们带来清洁的水源。美国环境保护署在于1976年和1977年所做的两次年检调查中发现，大约只有一半的污水处理厂的运行令人满意。最近展开的更多调查发现，目前垃圾处理的总体水平与过去相比并没有实质性的改变。

如果一个城市的污水处理厂长期或关键时候不能正常运行，美国环境保护署可以将它告上法院，以使其强制服从一项直接的命令或接受处罚。但是由于各种体制上的障碍，要让一个城市向国库交纳罚金是很困难的。由于缺少一种有效且可信的制裁措施，美国环境保护署很难与市镇当局相抗衡。因此，污水处理厂不能正常运行这个问题的最终解决很难得到任何保证。

资本成本

由于联邦政府提供资金补贴，地方政府最终仅需要支付建造排污处理设施真实成本的一部分。由于这些资金大部分都来自纳税人的钱，所以地方政府缺乏降低建造成本的积极性。国会预算办公室（Congressional Budget Office, 1985）曾估计，如果大幅度提高地方政府建造排污处理设施承担费用的比例，地方政府将会更加谨慎地使用它们的资金，这样就可以使得建造排污处理设施的成本降低30%。

预处理标准

为了使得含有危险物质而无法直接处理的污水能够进入污水处理厂

进行处理，美国环境保护署制定了污水进入处理厂前的预处理标准——这些标准与其他排放标准的缺陷相同，且也不具有成本—效益（参见例19.3"具有成本—效益的预处理标准"）。控制污水进入处理厂前的质量提供了更多方面的环境政策，为了达到降低成本的目的，经济刺激的方法提供了另一种选择的机会。

例 19.3 ☞ 　　　　　　**具有成本—效益的预处理标准**

　　罗德岛珠宝工业的电镀作业产生了含有高浓度氰化物、铜、镍和锌的废水，这些废水按照常规直接排入城市污水处理系统。由于污水处理厂并未安装清除这些危险物的设施，美国环境保护署建立起了污水预处理标准，以防止含有超高浓度的金属元素的废水直接进入污水处理厂。这些标准给企业在资金上带来了很大的负担，据估计，如果执行污水预处理标准，大约会有30%~60%的小企业停止运营。

　　奥帕卢克和卡什马尼亚（Opaluch and Kashmanian, 1985）分析了各种满足美国环境保护署设定的浓度目标的替代政策，结果表明，为了达到相同的浓度水平，预处理标准的成本比最低成本法高大约50%。定价为每英镑排放物40美元的排污许可证制度，经过贸易，实现标准规定的目标的成本为1 250万美元，与污水预处理成本1 930万美元相比非常节约。

　　如果这些许可证被竞拍，政府可以从中获得500万美元的收益。尽管通过拍卖的方式发放许可证也存在经济成本，但是在珠宝加工业中，即使将500万美元的收益算在其中，它也比污水预处理标准的成本低得多。当然，并非珠宝加工业的所有部门都应采取拍卖制度。具体来讲，大企业支付的许可证费用足够高，以至于它们在竞拍中承受的经济负担比污水预处理标准更多。假如这些许可证是免费派送的而非竞拍，那么，所有企业按照许可证制度执行都比按照污水预处理标准执行好得多。

　　资料来源：James J. Opaluch and Richard M. Kashmanian. "Assessing the Viability of Marketable Permit Systems: An Application in Hazardous Waste Management," *Land Economics* Vol. 61（August 1985）：263-271.

非点源污染

　　当前的法律在控制非点源污染上发挥的作用不大，但是在很多地区非点源污染已经成为突出的问题。在许多方面，政府试图通过以补偿的方式来弥补由于只重视点源污染而造成的发展不平衡，但是这种强调确实有效吗？

从两个方面可以看出，突出重点确实有其合理性。首先，如果非点源污染造成的边际破坏比点源污染造成的边际破坏小得多，那么对于非点源污染的控制力度将会调整到一个较低的水平。在许多案例中，非点源污染造成的边际破坏与点源污染常常是不一样的，这种现象符合逻辑原理。

其次，如果控制一小部分非点源污染所需要的费用很高的话，那么这种善意的忽视也是有道理的。但是，这些情况是否都符合事实？

成 本

由于缺乏非点源污染控制的成本信息，因此有关非点源污染控制的经济激励方面的研究很少。然而，一些特殊案例的研究能够带给我们经济分析的意识。目前大部分研究都集中在农业非点源污染方面。

麦卡恩和伊斯特尔（McCann and Easter，1999）测算了各种农业非点源污染控制政策的交易成本。交易成本（执行一项政策的管理费用）对非点源污染的控制是一项值得考虑的重要因素，这是由于相对点源污染而言，非点源污染的监测成本较高。执行这一政策得到的净收益等于节省的清污成本减去交易成本；如果交易成本过高，交易成本能够抵消全部或者大部分实施政策而节省的清污成本。

麦卡恩和伊斯特尔尤其关注明尼苏达河流域，严重的水质问题使得这条邻近双子城的河流变成了无人游泳、无人垂钓、无人荡桨的景象。麦卡恩和伊斯特尔研究了四项旨在减少农业磷污染源的排放政策：最好的农业管理措施的教育；一项保护性耕作的要求；扩大获得土地永久开发权计划；对磷肥征税。他们发现，对磷肥征税的交易成本最低（94万美元），教育计划以311万美元位列其次，保护性耕作和扩大获得土地永久开发权计划的交易成本最高，分别为785万美元和937万美元。按照交易成本看，他们认为，与其他政策相比，对要素投入征税具有比较优势。然而，对磷肥需求的价格弹性介于 $-0.25 \sim -0.29$ 美元之间，为了使水质改善达到期望水平的目标，就必须大幅度提高对磷肥的税收。

施瓦布（Schwabe，2001）分析了治理北卡罗来纳州纽斯河非点源污染的各项政策。他比较了北卡罗来纳州最初和最终方案的成本有效性。1998年，纽斯河盆地水体的营养成分含量如此高，以至于盆地被划分为养分敏感水域（Nutrient Sensitive Waters）。在他从事研究的两年前，纽斯河流上有两个大型的养猪场，其排泄物曾使得河流水体发生大面积的藻花，并造成了1 100万条鱼死亡。最初北卡罗来纳州政府提出了一项规定，要求纽斯河流附近的所有农场都必须营造植被过滤带。这就好比是一种均匀回落策略，它使总氮排放目标均下降了30%。施瓦布使用一种最低成本的数字编程模型，发现均匀回落策略是一种成本—效益较高的策略,尤其是如果使用初始制定的规定,则很难实现30%的减排目标。然而他注意到,均匀回落策略主要是针对这一特殊背景而言的,但不应该被视为一般的做法。

美国环境保护署对点源污染和非点源污染采取不同的治理政策的事实表明,通过仔细寻找这些政策之间的平衡点可以降低控制污染的成本。产业经济学公司(Industrial Economics,Inc.,1984)在科罗拉多州的狄龙水库(Dillon reservoir)对控制磷污染进行的一项研究,证实了这一猜测的有效性。

在狄龙水库地区,四个城市组成了唯一的磷点污染源,但是存在不计其数的未控制的非点源污染源。点源污染和非点源污染中累积的磷远远超过了狄龙水库吸附磷的最大能力。

减少水库磷元素累积的传统方法是,严格控制点源污染物的排放。然而研究发现,如果执行平衡计划,既控制点源污染,也控制非点源污染,不仅能够实现控制磷浓度的目的,而且可以使得每年控制污染的费用比单纯地严格控制点源污染降低磷污染的费用低100万美元。从这项研究中还可以得出更多的结论,随着对点源污染的控制力度越来越大,其边际成本也会升高,因而对非点源污染的控制也越来越具有吸引力。

石油泄漏

当前防治石油泄漏政策的突出特点之一就是:严格地取决于通过债务法将某次石油泄漏的成本内部化的法律体系的能力。理论上,这种政策直截了当,即迫使船舶业主承担清理油污所需的成本,包括对造成的自然资源破坏作出补偿,这些都使得船舶业主在作业时必须格外小心。但这一结果在实际中有效吗?

法定赔偿的一个问题是高昂的管理费用;制定合适的罚金并不是一件小事。即使法院能够迅速采取措施,但是由于清理溢油的资金责任受到法规限制,所以实行的政策并不是十分有效,如图19—2所示。图19—2的描述激励了船舶业主采取预防措施。当船舶业主选择采取预防措施的水平使得额外的防范措施的边际成本与减少的期望的边际罚金相同时,就可以使费用降到最低。预期罚金中的边际削减成本取决于石油泄漏的可能性以及所触发的承担资金责任的大小。这一功能曲线呈下滑状,这是因为假定大量的预防措施在石油泄漏事故发生的可能性以及事故级别上的边际降低作用很小。

船舶业主对含无限责任的成本最小化选择如 Q^* 所示。只要他所执行的罚金与造成的实际损失相等,并且当发生石油泄漏事故时必须赔偿损失的概率为1.0,那么这个结论通常是有效的。这些外部成本将被内部

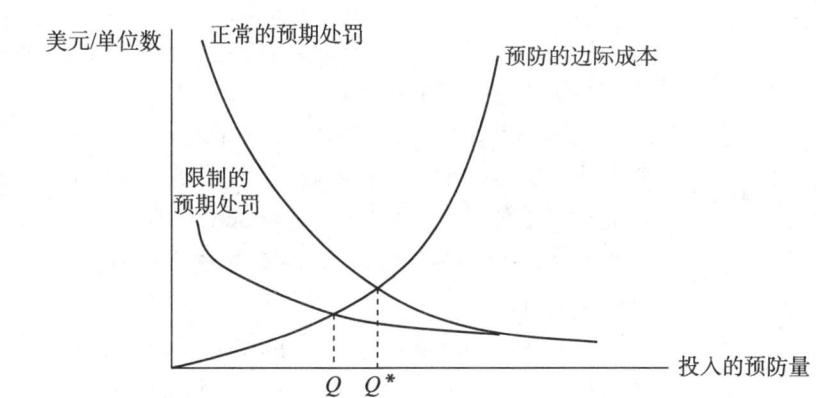

图 19—2 石油泄漏责任

化。船舶业主采用所有成本合理的预防措施来减少石油泄漏事故的发生概率以及降低泄漏造成破坏的程度,这样就可以使得业主的私人成本最小化;实施预防措施的成本显然比支付清理油污的成本低很多。

然而,有限责任可能会产生一种完全不同的结果。如果责任是有限的,由于预防措施水平低于引发造成损失的事故水平,期望处罚函数会向内旋转,这种损失与限度完全相等。[6] 低水平防范意味着损失将超出限度,但船舶业主不会对超出限度的部分支付任何罚金。(船舶业主面对在较低防范水平的有限责任下增大防范力度的唯一利益就是降低泄漏石油的可能性。在此范围内,增大防范力度不会降低因泄漏石油所应支付的罚金额度。)在较低水平的预防措施条件下,有限的预期处罚函数与正常的预期处罚函数之间的背离值最大;在预防措施的水平上,当事故发生的预期值与有限责任相等时,这一背离值为零。

有限责任对船舶业主在选择防范水平上的影响如何?只要责任的大小是限定死了的(像近来石油泄漏事故所表现的情形一样),船舶业主将采取过低的防范力度(船舶业主的选择如图 19—2 中的点 Q 所示)。因此,石油泄漏的次数和数量都过大。[7]

公民诉讼[8]

创立于 20 世纪 70 年代的公民诉讼(citizen suits)为官方在纠正环境市场失灵方面增添了另外一个可供选择的私人执法方式,官方和私人执法都是部分可替代的。如果官方执法完善,所有污染排放者都遵守规则,那么公民诉讼就起不到任何作用了。不遵守规则是一次成功的公民诉讼应具备的必要条件。20 世纪 80 年代初,当政府执法力度下降,私人执法(公民诉讼)弥补了这种弊端。在公民诉讼逐渐增加的情况下,宽松的官方执法似乎也发挥了很大的作用。

按照《清洁水法》,公民组织执行的所有成功活动的全部律师费都应由被告偿付。偿付的律师费用已影响到诉讼行为的水平和焦点。通过降低公民诉讼的成本，偿付的律师费用允许公民组织更频繁地参与执法过程。由于法院只支付适当的索赔（法庭支持违反行为的索赔），它鼓励公民组织起诉索赔案件。

公民诉讼的存在会影响污染企业的决策过程。将公民诉讼纳入执法范围，不仅会提高企业面临执法行动的概率，也会增大违法企业遭到的预期处罚。虽然这一举措预期有助于加大企业采取防范措施的力度，但是，由于遵守法纪方面的数据的不可利用性，使得我们无法确定这一期望一定能实现。

虽然公民诉讼可能使得遵守规则的情况会增多，然而这不一定都是有效的，尤其当作为被告的污染排放者面对非常糟糕的标准时更是如此。如果标准定得过高，那么在边际效益低于边际成本时强制公司达到标准，公民诉讼就有可能进一步降低效率。然而，如果排放标准定得很低，或者说是有效的，那么，公民诉讼会使得效率更高。在这些情况中，遵守规则就能与效率取得完全一致。

全面评估

尽管水污染控制产生的效益估计值存在很大的不确定性，但是效益的确存在。虽然我们不应过于依赖它们，但是我们能够从现有的研究中获得一些信息。

弗里曼（Freeman，1990）对这些研究进行了总结，他将1985年作为研究的重点。他在这一领域的调查发现，1985年传统水污染控制政策带来的经济效益为57亿～277亿美元，最可能的估计值为140亿美元（按1984年美元价格计算）。与此对照，1985年的成本估计为250亿～300亿美元（按1978年美元价格计算）。因此弗里曼估计，传统水污染控制政策带来的净效益可能为负值。

更近的一项研究采取一种不同的方法得出了当前的净效益为正值的结论，但随着成本的上升，净效益很可能会变为负值。根据条件价值评估法，卡森和米切尔（Carson and Mitchell，1993）估计，1990年总效益高出总成本64亿美元。然而，他们同时也发现，预期的总成本将超过总效益，因为将剩余水体净化到可供游泳的水质条件所产生的边际成本很高，而边际效益很低。

利用具有成本—效益的政策而非当前的方法，可以明显地降低成本且不会影响效益。成本有效性的原则要求我们必须提出更好的策略以控制点源污染，并且在点源污染和非点源污染控制之间实现更好的平衡。由此而产生的成本下降可能会使得将来的净收益保持正值。然而，由于控制水平过高或过低,这一结果不一定会使得政策更有效。遗憾的是,证据尚不足以证明,污染控制的整体水平能否使净效益最大化。

除了促进当前的成本有效性外,与以技术为基础的标准系统相比,经济激励法能够产生更多的刺激和促进变化的作用。拉塞尔(Russell,1981)通过模拟各种因素对控污责任的分配的影响,对这种影响的重要性进行了评价,这些因素包括区域经济增长、技术的变化以及产品结构的变化。他的研究着重分析了特拉华河口区域11个县的钢铁、纸业和石油冶炼工业,按照他的估计,如果1940—1978年市场化的许可证制度能够到位,那么三种水污染物(生物需氧量、总悬浮物和氨)的许可证交易就能够取得成功。拉塞尔的计算假定1940年的处理厂需要颁发许可证使得它们的排放合法化,新污染源必须购买许可证,关闭或压缩老的污水处理厂会使其他的处理厂容易购买到许可证。

这一研究发现,就大约每十年和每种污染物而言,通过关闭园区、压缩产能、产品结构的变化和/或新技术的有效性,这些都使我们能够获得大量许可证。在缺乏市场化的许可证计划的情况下,环保当局不仅会与所有的技术发展齐头并进——因此排放标准可以作出相应的调整;而且必须确保排放量的增加与减少之间的整体平衡,以保护水质。在市场化的许可证体系中,这一艰巨的任务由市场来完成,从而通过灵活的预见性应对变化,促进经济的变革。

市场化的许可证制度鼓励并促进了这一变革。由于许可证具有价值,为了使成本最低,企业必须不断寻找新的机遇以较低的成本控制排放。这种寻找最终会使得新技术得到采用,并且引起产品结构的变化,最终使得排放量降低。不断寻找更好的方法以控制污染对污染源造成的压力是一个明显的优势,即经济刺激系统定制了过度官僚化的标准。

19.5 小结

历史上,控制水污染的政策只关注排入地表水的传统污染物。最近才开始关注有毒污染物,之前并不认为有毒污染物非常普遍:地下水污染,传统观念认为地下水是一种不会受到破坏的原始的水资源;海洋污染,人们曾经错误地认为海洋具有巨大的体积,能够抵抗大多数污染物的破坏。

早期控制水污染的方法与大气污染控制相类似。20世纪70年代之前的法规对水污染控制问题的影响很小。在处理污水问题中遇到的挫折引发了施行一项强大的联邦法律,但是由于过于雄心勃勃且不切实际,以致最终没有取得任何成果。

虽然目的一样，但与大气污染控制相反，在控制水污染过程中采取了一系列的近代改革措施，通过降低成本改善空气污染处理的方法，在水污染控制中不存在相类似的方法。当今控制河流与湖泊水体清洁的政策建立在政府对城市建设污水处理设施实施补贴以及对工业实施国家排放标准之上。

由于延迟、基金分配因素，以及大约一半建好的污水处理厂不能够正常运营因素的影响，以前控制水污染的方法受到了阻碍。后来的方法导致了延迟时间的延长以及一系列法庭诉讼中标准定制的需求。另外，排放标准在控制点源污染的有限限制责任最终导致了控制污染的成本过高。直到最近，非点源污染实际上受到了忽视。当前的政策实际上阻碍了而不是促进了技术的进步。

缺乏技术进步的现象能够避免，它并不是由于缺乏坚持造成的。造成这一结果的原因是因为过多地依赖直接的规则，而不是依靠排污费制度或者排污许可证制度，从动态或者静态角度理解，排污费制度和排污许可证制度都具有更大的灵活性以及成本—效益性。在这方面，美国也许可以从欧洲的经验中吸取很多教训。

法院系统为控制石油泄漏承担了大部分的责任。因石油泄漏而需要承担的责任包括支付清理石油污染场所需要的费用以及补偿因泄漏造成的任何自然资源的破坏。在理论上，这种方法是切实有效的，但在实际中会受到责任限制以及巨额的石油泄漏管理费用的限制。

执行往往是影响环境和自然资源政策成功的关键因素。在政策执行方面，最近的一项创新就是赋予民间私人组织权利，将不遵守政策的企业告上法院。创新的体系增加了不遵守政策的企业被送上法庭的可能性，并为不遵守政策的企业制定了罚金，因而预计这一新制度的实施将会增加企业遵守规定的可能性。

讨论题

1. "如果所有副产品都可以正常回收利用，那么就可以出现水污染问题的唯一固定的解决办法。零排放目标认识到了这种现实，并且迫使所有排放者义无反顾地照此行事。放松管制就是最好的权宜之计。"请加以讨论。

2. "政府在履行其保护国家饮用水源的责任时，只需要对公营水厂实施管制，私营水厂在没有政府干预的情况下将得到充分的管制。"请加以讨论。

练习题

1. 回顾第 15 章的练习题 1 (a)，回答下列问题：

(a) 假如要向第二个污染源发放 10 个排污许可证，且在第一个污染源发 9 个，计算该分配情况。许可证的市场价格会是多少？许可证经过交易之后，每个污染源拥有多少个许可证？经过交易之后，每个污染源的净许可证收益是多少？

(b) 假定一种新污染源排入一个区域，它的边际控制成本是固定的，减排每单位污染物的成本为 1 600 美元。进一步假设在没有任何控制的情况下，污染物的排放将会增加 10 个单位。那么，如何分配控制污染的责任？每一家公司必须支付多少清理费用？许可证价格将会发生什么变化？交易会有何变化？

进一步阅读的材料

Letson, D. "Point/Nonpoint Source Pollution Reduction Trading: An Interpretive Survey," *Natural Resources Journal* Vol. 32 (1992): 219-232. 如果想挖掘点源污染/非点源污染的排污许可证交易的潜能，就有必要考虑执行的一些细节问题。

Russell, Clifford, and Jason Shogren, ed. *Theory, Modeling and Experience in the Management of Nonpoint-Source Pollution* (Hingham, MA: Kluwer Academic Publishers, 1993). 对从经济角度展示了非点源污染控制的现状的 12 篇论文作了综述。

【注释】

[1] 回流（return flows）是表示尚未利用的那部分水资源的一个指标。例如，在农业上，总取水量等于从某个水源取水并浇灌到田地中的水量；消耗性利用（consumptive use）是指植物实际利用的水量；回流则是指尚未消耗并且最终会回到水道的那部分水量，通常由下游用户使用。回流会携带淋溶性的污染物、杀虫剂、化肥以及土壤盐分。

[2] 在夏末秋初，厌氧条件的危险性最高，这时水温很高，水流流速很低。

[3] 实际上，环境标准不可能完全绕得过去。如果统一的控制措施不足以满足期望标准的要求，那么我们就不得不加紧对污水排放的限制。

［4］ *U. S. Federal Register* Vol. 68，No. 205（October 2003）。

［5］ 关于这一经验的总结，参见 Opschoor and Vos（1989）。

［6］ 为了避免混淆，需要说明的是，如果破坏的力度超过了限量，那么对于新增加的防范措施而言，其边际预期处罚将不为零。虽然采取进一步的防范措施并不会降低最后的处罚金，但是它确实会降低事故发生的概率，并因此而降低期望处罚金。

［7］ 假设防范措施的力度处于有效水平，产生一次石油泄漏的规模将低于责任限量。在图形上如何表示这一点呢？你认为船舶业主的选择有效率吗？

［8］ 本节主要参考 Naysnerski and Tietenberg（1992）。

第 20 章　有毒物质

> 解决一个问题需要花很长的时间，甚至需要集中几代人的智慧，拖延对问题的研究是不合理的……此刻我们遇到的困难最终将会得到解决，但是我们永远的困难是时时刻刻都会遇到的。
>
> ——T. S. 埃利奥特（T. S. Eliot）：《基督教和文化》
> （*Christianity and Culture*）（1949 年）

20.1　引言

极具讽刺意味的是，在美国引发人们关注有毒物质的地方称为"爱情河"（Love Canal）。并不是任何一位公正的观察者都会选择"爱"这个字眼来描述与对方的关系的。

在很多方面爱情河都象征着有毒物质造成的尴尬境地。一直到 1953 年，胡克电子化工公司（Hooker Electrochemical，现在的胡克化工公司是西方石油公司（Occidental Petroleum）的一个子公司）都向纽约尼亚加拉大瀑布附近的古老的废弃的爱情河河道中排放化学废弃物（胡克化工公司于1968年被西方石油公司收购）。由于化学物质被埋入了被认为是不透水的黏土中，这在当时被视为一种合理的解决方法。

1953年，胡克以1美元的价格将爱情河转让给了尼亚加拉大瀑布教育局（Niagara Falls Board of Education），随后尼亚加拉大瀑布教育局在当地建造了一所小学。这一契约使得胡克化工公司免受了由化学物质引发的任何损害。学校周边地区的居民区也随之发展起来。

但是，1978年，这片地区却成了人们争论的中心，居民抱怨化学物质渗透到地面。新闻曾报道地下室发生自燃和蒸汽的现象。医学报道也发现当地居民反常性地出现高流产率、先天缺陷和肝脏疾病。

欧洲和亚洲也发生过类似的污染。1976年，位于思维思科的罗氏公司（F. Hoffmann-La Roche & Co.）的一家工厂发生了向意大利乡村泄漏二噁英的事故。接着，印度博帕尔的一家联合碳化物工厂发生爆炸，导致致命的有毒气体散布到居民区的上空，事故造成了巨大的生命损失。莱茵河为德国许多城镇居民供应饮用水源，然而扑灭一家位于瑞士巴塞尔地区的山度士（Sandoz）仓库大火的水，估计将大约30吨的有毒化学物质带入了莱茵河。

在前面几章中我们探讨了用于处理有毒物质问题的一些政策方法。废气排放标准规定了能排入大气中的物质种类和数量；污水排放标准规定了能直接排入水源的物质；污水预处理标准控制了进入污水处理厂的有毒物。在饮用水中，许多物质均制定了最大浓度标准。

这样一系列令人印象深刻的政策仍不足以解决爱情河或是其他具有相似特征的污染问题。例如，当监测到水体的质量违反了饮用水标准时，那时水源已经被污染了。虽然规定最大的污染水平有助于确定问题何时发生，但是对于防止或处理此问题却无济于事。虽然各种空气和水污染排放标准有助于防止点源污染，但是对于防止非点源污染却没有多少作用。此外，大多数水溶性有毒污染物都是累积型污染物而非环境可吸收型污染物，它们不能被水体所吸收。水体中这类有毒污染物的浓度会随着时间的推移而增加，因此，时间上一直控制其排放量恒定不变（这是一种控制环境可吸收型污染物的传统方法）不适合控制这类污染物的排放。这类有毒污染物的排放控制需要辅以其他的一些控制手段。

我们在本章中将分析和评价专门针对制造、使用、运输和处置有毒物质的政策。这需要从多个方面进行考虑：有毒物质的最佳处置途径是什么？政府如何确保所有的废弃物都得到妥当处理？我们如何防止暗中排放废弃物？谁应该去清理破旧的垃圾堆积场地？受控的有毒物质仍然会造成破坏，受害人是否应该得到赔偿？如果答案是肯定的，那么由谁来赔偿？立法机关和司法在建立适当的激励措施中应该扮演何种恰当的角色？

20.2 有毒污染物质的性质

当前控制有毒物质的法律体系最主要的目标是为了保护人类健康，次要目标是保护其他形式的生命。一种物质对健康的潜在危险取决于这种物质对人体的毒性以及人们与这种物质的接触程度。所谓毒性（toxicity）就是当生命体接触物质后出现的不良反应。在正常浓度范围内，大多数化学物质是没有毒性的。一些化学物质（比如说农药）人们会故意设计成具有毒性的。不过，如果超过正常浓度范围，即使是良性物质（例如食盐）都会成为毒药。

任何化学物质的使用都存在一定的风险，但是它们同样也可以带来利益。公共政策的任务就是通过控制化学物质的使用成本和效益的平衡以达到一个可以接受的风险。

健康影响

与有毒物质相关的两大健康问题是癌症以及对生育的影响。

癌 症

自20世纪初以来，大多数致命因素造成的死亡率都在降低，但癌症例外。20世纪70年代中期到1992年，所有类型的癌症总发病率都有所增加；1992—1995年，癌症总发病率有所下降；1995—2000年，癌症总发病率保持稳定。

人们怀疑癌症的死亡率与接触致癌物质增多有关，但是由于癌症的病发存在一定的潜伏期，所以很难证实或否定这一猜测。癌症潜伏期是指从接触致癌物到诊断出患有癌症之间的保持隐秘状态的时期。癌症潜伏期一般为15~40年，但是也有长达75年的癌症潜伏期。

在美国，癌症发病率升高与吸烟有关，特别是女性。吸烟女性的比例增大，肺癌的发病率也随之增大。但是，吸烟并不是诱发所有癌症发病率升高的因素。

尽管我们并不完全清楚还有什么因素会诱发癌症，但是第二次世界大战后，制造业和使用合成化学物质的增多被认为是诱发癌症的因素。实验室里的很多化学物质都是致癌的，但是由于没有将接触这些物质的机会考虑在内，因此没有必要将它们视为造成癌症发病率上升的因素。

在实验室可以通过动物实验揭示药物剂量与结果之间的关系。为了追踪化学物质在一般人群中诱发癌症的可能性,需要对相当大比例的人数接触不同剂量的化学物质作出评估。目前的数据资料还不足以让我们信心十足地去进行各种致癌物质的实验。

对生育的影响

探索环境因素对人类生育的影响仍然是一门新型学科。越来越多的科学证据表明,吸烟、饮酒和接触化学物质可能会导致不孕,可能会影响胎儿的存活率和影响出生后婴儿的健康,也可能会诱发能够遗传给后代的基因缺陷的疾病。

对男性和女性而言都存在这些问题。对男性而言,接触有毒物质会导致精子数量减少、畸形精子和基因损伤;对女性而言,接触有毒物质会导致不孕症或是孩子先天性缺陷。

政策问题

我们很难解决有毒物质的问题。有毒物质的三个重要方面是指:有毒物质的数量、潜伏期及其不确定性。

有毒物质的数量

在已知的 200 万种化合物中,大约 70 000 种化合物频繁地应用于商业,其中超过 30 000 种化合物的使用量很大。许多物质的毒性很小甚至没有毒性,即使一种剧毒的物质,如果它被隔离开来,那么引发的危险性也不大。解决这一问题的诀窍就是找出问题物质并制定恰当的对策。由于涉及的物质数量庞大,所以这是一项非常艰巨的任务。

潜伏期

由于潜伏期涉及的关系错综复杂,以至于这一问题相当复杂。毒性表现为两种形式:急性和慢性。急性毒性(acute toxicity)是指当有机体短时间内接触有毒物质,机体出现不良反应的现象。慢性毒性(chronic toxicity)是指当有机体多次或者长时间接触毒性物质后,机体出现不良反应的现象。

筛选潜在的会引发严重慢性疾病的化学物质的过程比筛选引发急性疾病的化学物质的过程更为复杂。确定急性毒性的传统方法是采用致死剂量法,致死剂量法是一种相对快速的动物实验方法,它必须计算出导致 50% 数量的动物死亡的剂量。但这种测试方法不太适合慢性毒性物质的筛选。

确定慢性毒性的试验很显然必须在很长一段时间内给一定数量的动物注射低水平剂量的物质。这些试验费用很昂贵且很费时。对单一化合物质为期两年的致癌作用的生物评价需要花费 125 万美元的费用。如果美国环境保护署要进行这项试验，在有限资源的前提下，每年只能对 500 种新化学物质中的很少一部分进行测试。如果让企业进行这些试验，因费用十分昂贵，许多具有潜在价值且市场有限的新化学物质可能就很难获得应用。

美国环境保护署试图通过发展一系列能够在短时间以较低成本完成筛选试验的方法以应对这个问题。那些从筛选试验中确定的具有不可接受的风险性的化学物质需要接受更加昂贵的测试。只要这些短期筛选试验足够可信，测试中的问题才可以缩小到可管控的范围之内。

一种特殊类型的筛选试验方法是将一种化学物质添加到没有生长能力的细菌中。如果这种物质是一种诱变剂，细菌可以重新得到生长，因此它可能是一种致癌物质。这种测试方法的费用不高，但是它并未能对诱变物和致癌物之间的界限作出明确的区分。利用这种诱变剂筛选的方法可能会使一些致癌物质逃过检测。例如，苯是一种已知的致癌物质，但它并不是诱变剂。

不确定性

另一项使得政策制定者感到难堪的是基于调控的科学证据的不确定性。从动物研究实验中所揭示的化学物质对动物的影响并不完全与它对人体的影响相关。3 年试验周期的大剂量试验结果可能与 20 年试验周期相同剂量的试验结果不一样。所造成的一些影响是协同效应（synergistic）的结果，即这些影响会与其他各种因素混合在一起共同产生作用。在有其他物质或者其他条件存在时的最终结果比不存在其他物质或者其他条件时的结果更加严峻或者更加不严峻（例如吸烟的石棉工人患肺癌的可能性比不吸烟的高出 30 倍）。一旦检查出患有癌症时，多数情况下找不出某一种特定的污染源。政策制定者不得不面对有限的信息采取行动。

从经济学的观点看，政策过程如何摆脱这种尴尬应取决于市场如何处理有毒物质问题。如果市场能够在某种程度上产生正确的信息并提供适当的激励，那么可能就不需要采取政策措施。另一方面，如果政府能够更好地提供信息或合理的激励，那么我们就可以对市场进行一定的干预。正如我们在随后的章节中将论述的，最佳对策取决于有毒物质的来源和受影响方之间的关系类型。

20.3 市场配置与有毒物质

在很多情况下，都会发生有毒物质的污染。为了制定有效的对策，我们必须分析在正常的市场运作下应该采取哪些对策。污染源与受害方之间存在三种可能的关系：雇主—雇员、生产者—消费者、生产者—第三方。前两种关系中包含了这几方之间正常的契约关系，而后者仅包含了由污染确立关联的非契约方。

职业危害

许多职业都存在风险，包括某些人群会接触有毒物质。能否充分激励雇主和雇员共同行动起来保障工作环境的安全？

法规最热心的支持者从市场经济的角度认为这不可能。这种观点认为，雇主渴望排除安全费用以获得利益的最大化。生病的工人会被替换掉。因此，工人对此无能为力，如果他们抱怨就会被开除，被其他没抱怨的工人所替代。

法规最积极的反对者则认为，这种观点忽略了重要的市场压力，不能起到精准导向的作用。他们认为，这没有考虑到对雇员的激励以及这些激励对雇主的反馈效应。

只有在被给予恰当的补偿时，雇员才会接受在一种存在潜在危险的环境中工作。风险越大，工资越高。工资的增加必须足以补偿他们所承担的风险的增加。高昂的工资意味着雇主对危险环境的工作所付出的真实成本。由于安全系数越高，雇主们支付给员工的工资就会越低，因此雇主们鼓励员工创造一个安全的工作环境。一项成本能够被另一项成本所平衡。安全上的投入会从支付较低的工资中得到补偿，如图20—1所示。

第一类成本是工资的边际增长，它反映了一种实情：防范水平越低，工资越高。两条曲线分别表示与有毒物质接触程度高和低。高接触是指很多工人接触有毒物质，而低接触是指接触有毒物质的人很少。由于在边际上的情况不是很危险，因此低接触的成本曲线上升缓慢。但在高接触情况下，由于边际上产生的破坏很大，所以工资对防范力度的敏感性也很大。

第二种曲线是指提供防范措施的边际成本，它反映了边际成本增长的情形。这两种不同的曲线描述了不同的生产环境。如果一家企业可选

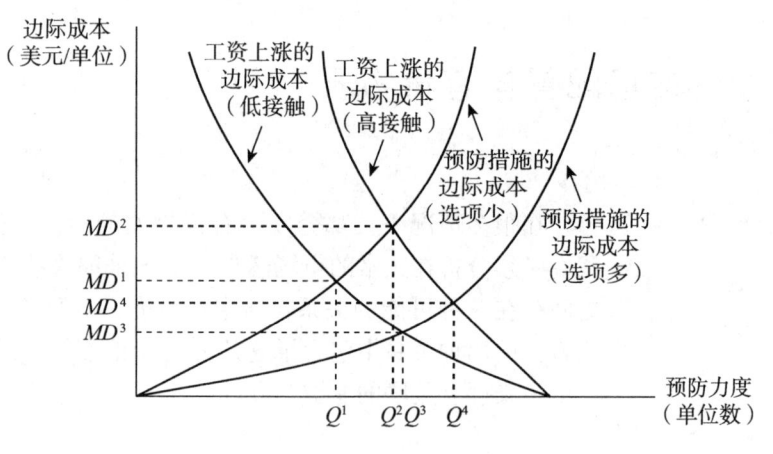

图 20—1 市场提供职业安全

择的防范措施很昂贵，而且数量很少，那么它的边际成本曲线会很陡；如果一家企业可选择的防范措施很多而且便宜，那么相对于每一个所选择的防范力度，它的边际成本都较低。

图 20—1 显示了 4 种可能的结果，每一种结果代表这 4 种边际成本曲线可能的组合。注意，必须根据不同的情况作出不同的选择。同时也要注意，所选择的风险水平（用边际损坏表示，记作 MD）和防范力度之间不完全相关。最高的边际风险为 MD^2，但是相关的防范力度（Q^2）不是最大值。当然，其原因在于采取防范措施是需要成本的，有时接受风险并给予赔偿比避免风险更为划算。

由于工资的边际增长曲线精准反映了边际损失（由于工人要求高昂的工资以补偿其损失），这些市场平衡也是有效率的。因此，有效解决职业危害问题，不仅随着有害物质的不同而不同，而且随着工厂的不同也有不同。只要这一象征性的世界观是正确的，那么市场将针对所处的环境条件产生出恰当的防范力度。

支持者指出，与其他做法相比，这一配置能够使工人有更多的选择，比如说，要求所有工作场所都同样安全。职业风险存在多样性，高风险的工作（例如从事放射性物质的工作）会吸引那些不太规避风险的人们。从事这种工作的工人会得到比平均工资更高的工资（用于补偿他们承担的更大的风险），但是对企业而言，支付稍高的工资比给普通员工提供足够安全的工作环境划算。风险规避型的员工能够自由地选择风险较小的工作。

现有的研究表明，风险行业的工资中确实包含一种风险溢价（Viscusi and Aldy，2003）。从这些研究中可以明确地得出两个关于风险溢价的结论：(1) 相似的降低风险的支付意愿在不同的个体之间变化很大；(2) 对降低风险的支付意愿也很大。

公共部门在工作场所污染的控制中所扮演的角色是什么呢？由法院系统提出的一种观点是，市场的解决方法是否符合道德规范。例如，如果雇员是一个孕妇，并且工作环境对胎儿有潜在的危害，准妈妈有权让未出生的孩子承受风险吗？还是为胎儿提供一些额外的保护呢？此外，如果按照最低成本的解决方案就是禁止怀孕，甚至禁止生育，那么，妇女在会给胎儿带来危险的工作场所工作就是一种解决办法，但这是否可以认为是对妇女的一种不公平歧视呢？这些疑问都不是空洞的问题，参见例20.1"有害工作环境中的易感人群"。

例 20.1 ☞ **有害工作环境中的易感人群**

有些雇员对职业危害极其敏感。孕妇和产妇尤其脆弱。如果一个雇主试图管理一个存在有害威胁的工作场所，那么他可以将易感人群与这种危害隔离开来，或是将危害控制到足够低的水平，使得最易感雇员都可接受。

这一选择在经济方面的作用可以从图 20—1 中很容易地推断出来。假设企业在控制上没有多少选择，并且处于两种边际防范成本曲线的最上部分。通过辞退易感人群的方式，它可以面临低接触的曲线。辞退易感人群会给员工带来较低的边际风险，给企业带来较低的成本，使得企业实施的防范力度较小。但是，此举对被辞退的那些员工而言公平吗？

这个问题在 1978 年成为一个主要的问题，美国氰胺公司（American Cyanamid）决定禁止所有孕育妇女在位于西弗吉尼亚州威洛艾兰（Willow Island）铅铬颜料的制造部门中工作，据此对职业风险作出回应。在对这些决定进行检讨后，职业安全与健康管理局（Occupational Safety and Health Administration，OSHA）依据《职业安全与健康法》（Occupational Safety and Health Act）的一般责任条款对这家企业进行了传讯，要求雇主提供没有危害的工作场所，并处以 10 000 美元的罚金。但是这还没有结束。1980 年初，石油、化学和原子工人工会（Oil, Chemical, and Atomic Workers Union）依据《1964 年民权法》（Civil Rights Act of 1964）对该公司提出了起诉，原因是该公司不公平地歧视了妇女。1991 年 3 月最高法院规定，禁止孕妇出入给胎儿带来风险的任何工作场所不是一种控制风险的可接受的方法，必须减少工作场所的危险。

资料来源：*International Union v. Johnson Controls*, 499 U. S. 187（1991）.

道德关注并不是对市场解决途径的唯一挑战。工人对有害环境作出回应的能力取决于他对风险危害性的认识。对有毒物质而言，这些认识是不完备的。于是，边际增长工资函数人为地围绕原点旋转；雇主将会选择更低的防范措施。通过查询所有雇员的健康状况，雇主处于有利的地位，对危害程度作出评估，但是雇主也有隐瞒这一信息的动机。公开

风险意味着不仅需要提高补偿性工资，还可能会产生法律诉讼。

公布接触某种特定有毒物质可能存在危险的信息，对雇员而言这是一种公共物品；每个雇员都有成为其他人发现危险存在的"搭便车"者的激励。揭示这种风险需要开展必要的研究，但是个别雇员没有积极性承担这种研究的成本。因此，我们似乎既不能期望雇主也不能期望雇员提供充足的有关风险大小的信息。[1]

因此，政府在道德反应边界的设定、促进危害性质的研究以及给受影响方传播信息上发挥了实质性的作用。人们并不一定必须遵从，然而，当信息真实且确定了道德反应边界，政府就有责任对工作场所的安全水平负责。

分析显示，市场并不能提供充分的相关职业风险的信息，这与许多国家执行的"知情权"法规是一致的。这些法规要求企业为其雇员和公众公开任何潜在的与工作中使用的有害物质有关的健康危害信息。一般要求雇主做到：（1）为装有有毒物质的容器贴上标签；（2）妥善存放工作场所使用的全部有毒物质；（3）培训所有会接触有毒物质的雇员。更重要的是，这些法规的支持者认为，目标不是针对大型化工企业，大型企业一般都有比较完善的信息披露计划，而是针对小型的、没有加入工会的化工厂。

产品安全

当人们使用一种产品时，可能也会受到某种有害物质或具有潜在危害的物质的影响，例如食用含化学添加剂的食品或者使用杀虫剂。市场能够提供安全的产品吗？

一种观点认为，市场给食品的生产者和消费者带来的压力足以产生一种有效的安全水平。一般来讲，越安全的产品，生产成本越高，卖价也越高。如果消费者认为提高安全在成本上是合理的，那么他们就会购买更安全的产品，否则他们就不会购买。提供超高风险性产品的生产商会发现，他们已经没有市场了，因为消费者会转向更昂贵但更安全的竞争性品牌。同样，销售超高安全性产品的生产商（也就是说，企业以高成本消除风险，但消费者更愿意选择一个较低销售价格的商品）会发现，他们也没有市场了，因为消费者会选择价廉但风险较大的产品。

这一理论也认为，市场不会（也不应该）为所有的产品只制定一个统一的安全水准。不同消费者的风险规避心理是不一样的。一些消费者可能会购买风险较高但价廉的产品，而其他一些人则偏好安全但更贵的产品。[2]

因此，同时供应多种安全水平的产品的现象很常见，这样能够反映和满足不同消费者对风险的偏好。强制所有同类产品都遵守单一的风险水准，这是没有效率的做法。与统一职业的安全性相比，统一产品的安全性并不意味着更有效率。

如果这一市场观点完全准确，那么政府就没有必要采取保护消费者的干预措施以确保有效的风险水平了。通过集体的购买习惯的作用，消费者可以进行自我保护。

与市场提供这种自我调节的能力有关的问题是，相关产品的安全性信息的有效性如何。消费者通常是从个人经历中获取对某种产品的安全信息。对于有毒物质而言，其潜伏期也许足够长，足以抵消任何有效的市场反应。甚至当伤害发生时，消费者还很难将它和这种特定的有毒物质联系起来。虽然通过对大量的消费者的购买模式和他们的健康进行分析也许会揭示出一些有意义的联系，但是，对单个的消费者而言，要推断出这一联系非常困难。

虽然政府必须保证消费者获得足够多的有关产品风险的信息，但是对通行的安全水平作出规定的需求则不是很明确，尤其是在统一应用标准的安全水平时更是如此。如果产品风险的信息很充分，消费者可以通过购买行为来选择其可接受的风险水平，政府就发挥了实质性的作用。

第三方

484　　第三方（third parties），即与污染源没有契约关系的受害方。如果地下水被相邻的污水处理厂所污染——例如被隐秘排放的有毒废弃物污染，或是杀虫剂使用不当产生了污染，受害者就应该属于第三方。在这些情况下，受影响的一方不能使污染源承受任何直接的市场压力。由于这些非点源污染一般不受空气和水污染政策的管制，政府采取额外的干预措施对第三方而言是最有效的。

然而，这并不意味着行政或法律的补救是合适的。最合适的方法可能是更好地获取风险的信息，正如第 4 章所述，应该使用司法制度对污染者施加法律责任。

"责任法"（liability law）为将第三方的成本内部化提供了一条司法途径。如果法院发现伤害发生了，它是由一种有毒物质引起的，而且某个特定的污染源对此负有责任，那么，根据"责任法"，这一污染源必须为其产生的伤害补偿受害方。与统一（因而也是无效率的）使用的法规不同，法院可以根据案件所涉及的准确情况作出裁定。此外，任何特定的责任裁定的影响都能够超越案件涉及的任何一方。对一个原告的裁定能提醒其他污染源，现在就应该采取有效的防范措施，以免将来发生损失。

原则上，"责任法"能够迫使污染源（包括非点源污染）选择有效的防范水平。与一些管理规定不同，"责任法"能够使得受害方得到补偿。我们在本章的余下部分将论述它是如何在实践中发挥作用的。我们列举一次泄漏事故，分析司法是如何使得一家企业改变其对环境治理的态度的，参见例 20.2 "有毒物质控制的司法补救方法：十氯铜案例"。

例 20.2 ☞　　　　　　**有毒物质控制的司法补救方法：十氯铜案例**

十氯铜（kepone）是一种用于生产杀虫剂的高毒性物质。十氯铜由生命科学产品公司（Life Science Products Company）生产，这家公司位于弗吉尼亚州的霍普韦尔，由联合化学公司（Allied Chemical Corporation）的前雇员创办。生命科学产品公司生产的十氯铜销售给联合化学公司。

工厂的条件和向詹姆士河排泄废弃物使得河流产生了高度污染，从而影响了食用河鱼的员工和市民。1976 年 5 月，联合化学公司被大陪审团提出了刑事指控，之后又被各种受害方起诉。最终，该公司支付了高达 2 000 万美元的资金用于赔偿、罚金和法律费用。

由于这起诉讼，联合化学公司和许多其他公司开始大幅度增加预防污染的费用。1977 年，联合化学公司聘请理特咨询公司（Arthur D. Little）开展了一项涉及面很宽的计划，对未来可能发生的事故作出预测和预防。到 1981 年，联合化学公司有超过 400 名雇员参与了环境治理的工作。

有趣的是，员工发现，有时污染控制会产生意想不到的效益。过去，联合化学公司将巴吞鲁日（Baton Rouge）工厂产生的包括氯化钙在内的废弃物排入河流中。美国环境保护署制定的新管理规定明显提高了治理废弃物的成本。联合化学公司决定为氯化钙寻找市场并且找到了一家买主，最终将不利因素转变成了财富。

十氯铜诉讼案改变了这家公司的行为，也改变了其他化学公司的行为。它们发现，与其污染了再治理，不如提前做好打算，早预防早治理，这样更划算。

资料来源：This example is based upon Georgette Jasen. "Like Other New-Breed Environmental Managers, Hillman of Allied Isn't Merely a Trouble Shooter," *The Wall Street Journal* (July 30, 1981): 50.

20.4 当前政策

普通法

普通法体系是一种控制风险的极端复杂的方法。当受害人通过法律手段寻求索赔时，必须应用大量法规论据来进行申诉。由于恰当的政策部分取决于提起诉讼的司法制度中的法定传统，所以并不是所有的法律对每个原告都适合（受害者提出上诉），也不是所有的司法制度都允许原告基于全部论据提起上诉。两种更为常见的法律论据是过失行为法和严格责任法。

过失行为法

过失行为法可能是原告用于提出上诉的最常见的法律理论。过失行为法指出，被告（对造成污染负责的一方）有义务履行对原告（受害的一方）提供应有的保护。如果被告违反了这一义务，被告就会被视为犯有过失行为罪，并且强制其对受害者给予赔偿。如果被告履行了对原告提供保护的义务，那么原告就不必承担任何法律责任。过失行为的法律条文规定，如果受害者不能提供被告过失行为的证据，那么受害者只有自己承担责任。

有趣的是，由法院施行的判断被告是否对原告履行了保护义务的试验，即汉德公式（Learned Hand formula），实际上是一种经济方法。它以最早使它公式化的法官的名字命名（即勒尼德·汉德（Learned Hand））。按照汉德公式，如果污染导致的边际损失与造成污染的概率的乘积超过了预防污染的边际成本，则认为被告犯有过失行为罪。这是我们在第3章中论述过的期望净效益公式的另一个版本。只要社会是风险中性的，期望净效益的最大值就是有效率的。因此，过失行为法规中的普通法方法与效率在理论上是一致的。

有时候，原告可以站在被告的角度，通过向法院展示被告违反了一项法规而证明被告的过失行为。在很多情况下，任何没有违背法律的行为都可以作为过失行为的有力证据。

严格责任法

在某些情况下和某些环境中，原告可以行使严格责任法。按照这一法律，原告不需要证明被告的过失行为。只要被告的行为造成了损害，即使他的行为完全合法和遵守所有相关法律，也可以判定被告负有责任。

严格责任法也适用于被质疑的行为具有内在风险的情形。由于处理有毒物质常被视为这样一种行为，因此，各州越来越多地允许涉及有毒物质类的案件适用于严格责任法。与过失行为法律相反，严格责任法将损失的责任转嫁给了污染源，不论污染源是否履行了其职责。

严格责任法与效率标准是一致的。[3]治理有毒废弃物的代理人必须在防范成本与法律诉讼的可能性和预期成本之间作出平衡。如果防范费用特别高而损失很小，那么采取的防范措施就很有限。然而，对于真正危险的物质而言，采取特别防范措施和避免巨大损失的益处极大。

刑　法

严格责任法和过失行为法都属于民法，都是一方控诉另一方。在环境政策方面，刑法对民法的补充作用越来越大，在刑法中，政府以检察官的身份充当民众的代理。如例20.2所示，十氯铜一案就涉及了民法和刑法。

刑法给管理者提供了一套不同于民法的补救方案。在刑法中施加的经济处罚不能像民事处罚一样可以被保险而免受损失。违反刑法的人可能会被判入狱。例如，公司执行者如果严重违反刑法可被判入狱5年，也可以对犯罪者处以罚金。

除了补救措施方面，刑法在控制污染的许多重要方面也区别于民法。刑法只能没收违反一种或多种法律而获得的非法收入，而民法可以没收因造成损害而获得的任何收入，且不必考虑其是否违反了法律。在刑事审判过程中举证责任很重要。为了给一个人定罪，法庭必须证实此被告人是"被高度怀疑"的罪犯，而在民事审判中，判决仅取决于"证据优势"。无罪假设在刑事审判中非常重要，而在民事审判中不存在无罪假设。民事审判不创造有利于任何一方的假设。

民法和刑法之间最主要的一个区别就是民事责任法可以直接补偿受害人，而刑法注重对犯罪者的处罚而不是对受害人的赔偿。[4]尽管犯罪者受罚的程度取决于他造成的伤害的大小，但是，刑期和造成的伤害大小之间却不存在直接的关系，而强制被告对其造成的经济损害作出精确赔偿则更加直接一些。通过打破造成经济损失与接受惩罚程度之间的联系（这是严格责任法的基石），刑法在解决有毒物质污染的问题上并不比民法更有效。刑法在解决有毒物质污染的问题上可以取得效率，但是，与其将它视为刑法执行过程中固有的特征，不如说这只是一种巧合。

成文法

民事和刑事普通法律体系的补救方案以一系列有立法权的补救方案为辅助。这些法规在治理一些毒性特别大的物质方面也经过了一段时间的演变。每当遇到一个新问题并且人们能够唤起立法者的重视时,为了解决这个问题就会通过一项新的法律。结果是成堆的法律拼凑在一起成篇成册,每一项法律都有它自己独特的关注重点。在此我们论述几组主要法律。

《联邦食品、药品和化妆品法》

第一个关注点就是食品添加剂中所含的有毒物质,因为添加剂可以被消化并且对健康造成严重的危险和急性反应。食品和药品添加剂受《联邦食品、药品和化妆品法》(Federal Food, Drug and Cosmetic Act)的管制。执行这一法规的组织机构是食品和药品监督管理局(Food and Drug Administration, FDA)。

这项法规制定了一般安全条款,它授权食品和药品监督管理局禁止销售任何"含有损害健康的有毒或有害物质"的食品。1958 年,一项以立法者名字命名的法规,即《德莱尼条款》(Delaney Clause),对《联邦食品、药品和化妆品法》进行了补充。《德莱尼条款》指出,如果添加剂会导致人体和动物致癌,那么,就不应该相信有任何添加剂是安全的。与《联邦食品、药品和化妆品法》一样,《德莱尼条款》禁止向食品中添加任何剂量的食品和药品监督管理局确定能够致癌的食品添加剂。

几十年来,美国环境保护署与食品和药品监督管理局都试图通过规定各种例外法规和限制性法规等办法来规避《德莱尼条款》的不灵活性。如果法院支持《德莱尼条款》指定的零风险标准,而且这被认为给社会带来了不可承受的负担,那么国会就会介入,对食品安全法进行修改。《1996 年食品质量保护法》(Food Quality Protection Act of 1996)为评估食品中的添加剂和杀虫剂含量建立了一个"合理的确定性"标准,它替代了《德莱尼条款》的零容忍度政策。

希望向市场引入新型食品添加剂或药品的制造商必须通过上市前的检验以展示其产品很安全。但是对化妆品不要求做上市前的检验。对食品和药品监督管理局来说,如果要对化妆品采取任何行动,那么它必须举证说明此产品存在不安全性。对食品添加剂和药品的安全性而言,举证责任在制造商一方。

《职业安全与健康法》

《职业安全与健康法》创立了职业安全与健康管理局(OSHA),其对工人的工作场所安全负有管理责任。该法还创立了国家职业安全与健康研究所（National Institute of Occupational Safety and Health, NIOSH），该研究所除其自身的职责外，还必须对职业安全与健康管理局的管理标准提出建议。

1974年，职业安全与健康管理局实施了第一个法规，建立了工作环境中可接受的污染物含量的标准。这项法令要求这些标准必须建立在一个足够严厉的水平之上，这样雇员就不会遭受到因有毒物质引发的健康损害，即使员工在其整个工作生涯中有规律地接触到有毒物质。另外，职业标准采纳或接受了对工作场所的大量污染物采取特殊防范并保护设施的建议。

对致癌物的处理更加严格。一旦证实某种物质是致癌物，将立即建立工作环境标准，并迅速施行特殊的治理、安装保护设施和制定最小接触范围。

职业安全与健康管理局采取的方法非常具体，它制定了可接受的污染物的标准，雇主按照该标准控制污染物的水平。[5] 为了回应公众对这一愚蠢的管理规定的负面评价，职业安全与健康管理局对它的各项管理规定进行了简化。

《环境杀虫剂控制法》

《环境杀虫剂控制法》（Environmental Pesticide Control Act）的目的是为所有杀虫剂提供注册，为使用杀虫剂的个人提供证明，并且为所有新杀虫剂提供入市前的检验。

所有杀虫剂的注册每五年自动作废。为了确保获得新注册，制造商必须证实消费者从这种杀虫剂中获得的效益大于它的社会成本。如果证据确凿，美国环境保护署有权禁止销售杀虫剂或将其使用限定在特定的范围内。美国环境保护署利用这项权力，极大地减少了许多杀虫剂的使用量，DTT就是最早和最具宣传力的例子。

个人使用杀虫剂的注册程序代表了一种认识，即使用杀虫剂引发的危险很大程度上取决于如何使用这一物质。按照这一注册程序，美国环境保护署能够确保为商业申请人提供恰当的培训。而且，通过威胁可能会撤销此注册（申请人的营生），美国环境保护署就可以影响商业申请人的行为。

《资源保护与恢复法》

为了消除有毒废弃物的排放造成的不安全，美国国会通过了《资源保护与恢复法》（Resource Conservation and Recovery Act）的C节（Subtitle C）。这项法规为有毒废弃物的处理、运输以及处置设立了标准。

执行此法案的管理规定给危险废弃物下了定义，并设立了一套自始至终的全面管理体系,包括对危险废弃物的生产者和运输者建立标准,对治理、储存或处理危险废品的设备拥有者和操作者建立标准与许可资格。

这个庞大的管理系统的核心在于拥有一个记录有毒物质从产生到消除过程的清晰体系。法规要求有毒废弃物制造者为所有可控物质准备一份清单。如果美国环境保护署的清单上列有该有毒废弃物,那么有毒废弃物制造者必须将有毒废弃物恰当包装,贴上标签并运送到一个指定的废物处理站进行处理。通过这一记录系统,美国环境保护署希望能够监测所有的危害物质,并且及时发现任何暗中处理这些有害物质的行为。违反此法规的行为将会受到民事处罚,在特定情况下将处以罚款和监禁。

《1984年有害固体废弃物修正案》(Hazardous and Solid Waste Amendments of 1984)对《资源保护与恢复法》进行了修正。《1984年有害固体废弃物修正案》包括三个方面的主要变化:(1)扩大了法规所涵盖的有毒废弃物的数量;(2)限制或是在某些情况下禁止某些废弃物在地下处理;(3)对一些原先没有进行控制的行为实行管制,例如将化学品储藏于地下。

《有毒物质控制法》

《有毒物质控制法》(Toxic Substances Control Act)是对《资源保护与恢复法》的补充。虽然《资源保护与恢复法》旨在确保对现存的有毒物质进行处理和处置,但《有毒物质控制法》的目的则在于为那些不被以上法规控制的化学物质能够进行商业化生产提供更加坚固的基础。

此法规要求美国环境保护署记录的大约55 000种化学物质用于商业;要求所有新化学物质在生产前必须向美国环境保护署通报;强化记录、试验和报告制度,这样美国环境保护署就能对化学物质的相对危险性进行评估和管理。企业在制造或引进一种新化学物质时,至少在90天前必须向美国环境保护署提交新化学物质的实验结果或其他信息,以证明新化学物质不会给人类健康或环境带来"不合理的风险"。

在新化学物质预生产的通告信息基础上,美国环境保护署可以限定某种物质的制造、使用或处置。如果关于产品应该上市的举证责任在制造商一方,而不是迫使美国环境保护署表明它不应该上市,在这种情况下,《有毒物质控制法》就非常重要。

《环境应对、赔偿和责任综合法》

《超级基金法案》(Superfund Act)、《环境应对、赔偿和责任综合法》创立了一项基金,用于清除现存的有毒废品场所。其资金主要源于化工产业的税收。它对州或联邦政府控制的自然资源遭受的损失或破坏提供补偿,但是它不为个体受害者提供任何补偿。

作为修正案，这一法规授权联邦政府和地方政府对类似密苏里州泰晤士海滩的事件作出迅速反应。泰晤士海滩是一个拥有2 800名居民的位于圣路易斯西南部30英里的一个小镇，曾经被二噁英污染。二噁英是生产某些化合物时产生的附带废弃物，是一种橙色落叶剂，曾在越战中被当做落叶剂使用。1971年，一个地方运油工人从一个现已去世的制造商那里购买了55磅二噁英，他将二噁英和油混合并与当地政府签约，将其作为一种控制粉尘的措施铺洒在还未铺好的路面上，造成了二噁英污染。1982年12月23日，在对土壤进行检测后发现土壤中含有危险浓度的二噁英，疾病控制中心（Center for Disease Control）建议集体疏散城镇居民。

1983年2月22日，联邦政府从"超级基金"中抽出3 300万美元作为支付迁移全部企业和居民并重新安置他们的费用。对此，密苏里州同意向超级基金注入3 300万美元的10%，基金代表方有权要求责任方补偿所造成的损失。到1983年6月，40户家庭得到了重新安置。联邦和地方机构烧毁了265 000吨被污染的土壤。1999年，密苏里州在当地开放了"66号公路州立公园"（Route 66 State Park），现在"超级基金"的名单上已经没有它了。

"超级基金"的存在使得政府能够作出迅速反应。它们不必再等待法院诉讼的结果，这些结果要么是提高费用，要么是面对申述最终能否成功的不确定性。

除了以建立标准为重点的项目外，另一套政策的重点是，策略性地利用信息，通告并推动变革。

有毒物质排放清单计划

有毒物质排放清单（Toxic Release Inventory，TRI）是1986年1月由美国国会通过生效的，它是《环保与社区知情权法》（Environmental Protection and Community Right to Know Act，EPCRKA）的一部分。该法旨在为公众提供向环境排放的有毒物质的信息。它涉及的许多物质并不受制于排放标准。

有毒物质排放清单指出，在既定的公历年份中使用10 000磅以上的清单中所列化合物的企业，或者进口、运输或生产25 000磅以上的清单中所列化合物的企业，并且如果企业拥有10个以上的全职员工，企业就必须提交工厂中存在的每一种化学物质的报告。

美国环境保护署每年都要对清单中所列的化合物的排放或使用情况作出报告（信息可以查询http://www.epa.gov/tri/网站）。报告包括如下信息：企业名称、母公司名称（如果有的话）、有毒释放物和释放频率，以及化学物质释放的途径。这些信息必须对公众开放。企业必须单独向所在州、当地管理机构以及消防部门报告其排放情况。

有毒物质排放清单是否减少了有毒物质向环境的排放呢？据美国环境保护署的年度报告显示，有毒物质排放清单确实明显降低了有毒物质向环境的排放。尽管对档案仔细检查后发现（Natan and Miller，1998），某些有毒物质的减排仅仅反映了名义上的变化，但是其他有毒物质的减排则是名副其实的。显然，报告夸大了有毒物质的减排量，但减排却是真实的。

33/50 计划

为了补充和强化有毒物质排放清单计划，美国环境保护署于1991年2月发起了"33/50 计划"（33/50 Program）。此计划的目标是，到1992年使得17种主要的有毒化学物质的排放减少33%，到1995年减排50%。由计划的参与者自发地完成减排目标，使用有毒物质排放清单报告作为计划的指导方针。

该项计划强调污染防治而不是末端治理。起初，被邀请加入该计划的企业有555家，后来增加到5 000家，最终大约有1 300家公司签约加入计划。截至1994年，即结束这一计划的头一年，参与者总体减排量超过50%，即总共减排污染物7.57亿磅。

我们是否可以了解，何种企业会加入这样的计划？它们加入的动机何在？阿罗拉和卡森（Arora and Cason，1996）试图分离出影响企业参与计划的因素。研究发现：（1）排放有毒物质最多的大型企业最有可能参与这一自愿计划；（2）很显然，在计划设立前，或者参与计划以分散人们的注意力之前，公司是不会刻意减少排放量的；（3）与终端客户联系较多的企业比仅将产品销售给其他公司的企业更有可能参与此计划。

《第65号提案》

1986年11月，加利福尼亚州通过直接投票的方式通过了《第65号提案》（Proposition 65），这在美国环境保护署设立有毒物质排放清单之后。《第65号提案》要求生产、使用或运输一种以上的清单所列化学物质的企业，对那些可能会受到影响的人们给予告知。化学物质分列为致癌物或是会对生育产生危害的物质两类。如果它们的使用或潜在的接触水平超过了"安全阈值"（这一阈值是由一个核准的科学家设立的），就必须向会受化学物质影响的人们告知。每种化学物质的"安全阈值"底线都是特定的，这取决于它的内部效力或是所排放的混合物的效力。

《第65号提案》包含三种形式的通告：（1）长期使用会导致不利于健康的所有产品上都贴上警告标识；（2）如果某个企业向大气、地面或水体中排放的有毒物质超过长期接触的安全水平，必须向公众发出告示；（3）如果有《第65号提案》所列的有毒化学物质被用于产品制造或是生产的副产品，必须向工人警示这一潜在危险。

雇用10个以上全职工人的企业被要求必须告知工人接触有毒物质的危险性。医院、回收站和政府机构等非营利性组织产生的污染占到加利福尼亚州污染的65%，但是它们不必遵守《第65号提案》。

按照这项提案，公民、其他企业和环境组织可以控告那些没有以恰当的方式通告公众接触危险性物质的企业。因为成功获得依法索赔的公民所占比率较大，这激励了私人执法并减少了政府的监控，同时也强烈地激励了企业之间的相互监督，这样企业就不会相互欺诈并且会比竞争对手更环保。

国际协定

将危险废弃物出口到愿意接受它的地区，以换取大量补偿，由此而产生的效率和道德问题是20世纪90年代突然发生的主要问题之一。许多国家特别是贫困国家，似乎准备在"恰当的条件"下接受危险废弃物。所谓"恰当的条件"，常常包含缓和安全顾虑，并且提供足够的赔偿金（在就业机会、金钱和公共服务方面），以便按接受国家的观点接受危险废弃物。一般而言，所要求的赔偿金少于通过其他方式处理危险废弃物品的成本，因此危险废弃物出口国有将废弃物品出口到贫困国家的激励。

当反对者认为对方没有告知接受危险废弃物品的社区所面临的风险，并且社区缺乏安全处理那些通过国际边界运来的大量废弃物时，就会产生对国际协定的强烈反对。在极端情况下，危险废弃物的堆放场所是由个别人秘密安置的，全程根本没有公众参与，因此就不会告知社区。

1989年通过的《控制危险废物越境转移及其处置的巴塞尔公约》(Basel Convention on the Control of Transboundary Movements of Hazardous Wastes and Their Disposal) 给出口有毒废弃物的企业提供了一个满意的答复。按照这一公约，在因处理或循环利用而将有毒废弃物出口到发展中国家之前，经济合作与发展组织（Organisation for Economic Cooperation and Development，OECD）的24个成员国必须从发展中国家的政府那里得到书面许可。1994年，该公约增加了一个附加协议，要求部分（而非全部）工业化国家完全禁止有毒废弃物从任何一个经济合作与发展组织成员国出口到任何一个非成员国。

20.5 法律补救方案的评估

普通法

司法—立法的互补性

普通法为职业、消费产品和第三方危害的成文法提供了有效辅助。对三种全部有毒物质问题而言，市场可以产生压力，阻止这些物质危险性的信息的流动。能够传送这些信息的各方（雇主或生产者）往往不愿意将信息传达给能够评估风险的那一方（雇员、消费者或第三方）。在一个污染源不承担伤害责任的市场中，污染源没有积极性告知这些潜在的问题。告知只会降低销售额或增加工人的工资。

如果可分享的信息太少，那么我们在前面论述过的一些法律补救措施（例如"知情权"法）就不够充分。因为法院强迫污染源必须对其所造成的损害负责，以至于企业不得不关注会危害健康的信息，所以激励它们保持良好的记录并分析其结果。由于不能确切地知道健康风险会给企业带来巨大的经济负担，所以在成本变得过高前就做好预防工作，成本会低很多。

即使由政府对消费产品做上市前的检验也不能够完全代替司法途径。政府缺乏作为健康危险信息唯一提供者的人员和资源。无法避免一些物质逃过政府提供的安全测试网。从本质上说，如果生产者承担主要检验责任，那么其成本会以产品价格上涨的形式转嫁给消费者。因此，政府应该有责任确保检验过程的有效性。

司法补救措施在处理第三方污染问题上特别重要。如果不用承担责任，生产者、运输者、消费者和废弃物处理者的责任心就会很低。《资源保护与恢复法》增加了运用法律体系控制第三方的污染问题。

由于这项法律创立了清单系统，法院就能获得可以销售或运输的物质的种类和数量的良好信息。这样就能确定信息来源并且可以当面对证，也有助于追究责任。但该系统耗资巨大，事后我们才发现，这一做法太好高骛远了。更有甚者，从未离开生产厂家的有害废弃物占有害废弃物总量的比重很大，但却没有被清单系统包含在内。

司法补救措施的两个附加特征使其成为立法补救措施的有效辅助。首先，责任法可能给会遭受有毒物质事故伤害的受害人提供了唯一的补偿手段。即便是"超级基金"，也不会给个人提供与健康相关的损害赔偿，它只为财产损害提供赔偿。

司法补救的第二个吸引人的特征就是它非常适应个别的环境。在本章，从大气污染和水污染防治中，我们可以看到统一行使补救措施的强劲趋势。我们也了解到，统一的补偿措施并不太有效，并且造成的净效益损失很大。如果法院正确施行责任补救措施，那么一种高效的预防污染的配置方式就会自动地适应特定的环境。

司法补救措施的局限性

普通法远非万能药。它无法应对最大的或最复杂的问题，如果排放有害废弃物的污染源太多，受影响的人也太多，在这种情况下，普通法就不太有效了。这一点在罗杰·F·戴蒙德诉通用汽车公司案（*Roger F. Diamond v. General Motors*）中得到了很好的说明，这是一件发生在加利福尼亚州的案件，法官宣判法院体系不是解决洛杉矶空气污染问题的合适场所。这一问题是如此复杂，牵涉方又如此之多，以致不得不通过立法机关来解决。执行这一方案不仅耗资巨大，而且只有有节制地使用这种方法才能取得效果。

普通法目前也使得原告难以承受巨大的举证负担。一般而言，原告方必须能做到：（1）识别有害物质；（2）证明被告是有害物质的污染源；（3）证明由于此物的存在引发了可确定的损害。在实际中最后两点很难做到。

例如，假设一口井的主人发现井水中含有一种有害的物质，与此同时，他患上一系列疾病，但是他并没有这种疾病的病史。井的主人可能在井的附近找到了一个排放相同化学物质的源头，但是这些证据并不足以让他赢得这场诉讼。法院要求原告不仅要证明这种有害物质是从这个特定的源头移动到这口特定的井中的，而且还要提供这种物质造成的所有疾病的记录，并且这些疾病不是由其他因素造成的。由于我们常常不能够建立起这些因素之间的相互关系，因此降低了普通法的激励功能。

日本的法院体系解决了这一问题，它将举证责任从受损害的原告转移给了企业。在案件中，原告必须确定疾病的性质和造成的原因以及他们受到感染的机制。为了建立与被告之间的联系，原告必须能够在被告的行为和疾病的发生之间引入一种高显著度的统计相关性。一旦建立了这些要素，我们就创立了一种可予驳回的推定，即将举证责任转移给被告方。除非能证明其行为不是造成此损害的原因，否则被告就必须承担责任。

如果美国法院体系也向这个方向发展，那么它就会从根本上脱离当前实际。[6]由于在活动水平和发病率之间建立的一种正相关关系并不是因果关系，因此该统计方法缺乏美国法院通常所要求的严谨性。其他与被告活动相关的因素也有责任。

然而，日本法院体系确实有效地提出了谁应承担举证责任的问题。如果让污染源承担举证责任，那么就有可能产生因相邻侵害所生的诉讼。因相邻侵害所生的诉讼主要是通过使其在辩护上花费大量钱来侵扰被告方。这样的诉讼毫无法律依据。不过，正如我们所了解的，如果让原告承担举证责任，原告的负担太大，因为被告一般对污染行为了解得最多。

日本的方法通过对双方分配一系列举证责任来解决这一难题。原告必须承担足够大的负担，以消除因相邻侵害所生的诉讼。另一方面，对于原告能够承担举证责任的一些严重的案件而言，被告（假设他是对此了解最多的人）必须自己去收集可提供的信息。

尽管我们可以对日本法院体系设定的初始举证责任是高还是低争论不休，由于其共同承担责任的本质，这套体系既降低了因相邻侵害所生的诉讼的可能，同时也促进了对有毒废弃物了解最多的一方必须提供必要的信息以作出最终的判决。

我们应该注意司法补救措施的最后一个方面。有时有毒物质问题源于"判决无法执行的问题"引发的问题，也就是说，被告没有资产（或资产太少）对损害作出赔偿。对于污染源而言，额外损害的边际成本为零，且利益最大化行为会使得污染源减弱防范意识。

与常规污染物相比，这个问题对有毒物质更为严重，因为效应的潜伏期意味着，提起此类诉讼的时间晚于其他种类的诉讼。同时，污染源可以停止经营，或是变成另外一家企业法人，它不受过去违法犯罪行为的影响。

连带责任学说

在阐述《超级基金法》时，法院允许政府在连带责任学说（joint and several liability doctrine）下，为损害和环境恢复成本起诉潜在的责任方（potentially responsible parties, PRPs，即处罚场地主和操纵者、废弃物的产生者和运输者）。[7] 其实质是，不考虑个体贡献大小，连带责任学说每一次成功地控诉被告，都会使得被告潜在地承担大部分甚至全部的责任。基于此学说，政府可以选择起诉那些最为富有的责任方，以降低诉讼成本。在某种情况下，美国环境保护署只起诉10%的责任方，而不追究其他人的责任。

成功地起诉被告维护了贡献权，这种贡献权使支付赔偿的各方从其他没有支付赔偿的潜在责任方那里找到补偿（不论是通过以法院外方式还是以回应法庭判决的方式）。贡献权既可以通过法院外解决，也可以由审判中评估损失的人来行使这一贡献的权利。然而，一旦一方签订了一种赞同的法令，它就能不被其他方因贡献而控诉。

政府鼓励潜在的责任方自己清除废弃物场地，以此强化这项法律。如果有必要，可以从该法律创立的几十亿美元的有害物质应对信托基金

(Hazardous Substance Response Trust Fund) 中得到资助，以发起调查研究并清理已确定了的有害废弃物堆积场地。而后从对每一特定有害物质堆积场地有责任的潜在责任方寻求补偿。潜在责任方有义务承担将危险废弃物堆积场地恢复至安全水平的所有费用，同时负担"造成伤害的损毁，对自然资源的破坏或损失，包括评估这种伤害、破坏或由于排放造成的损失的合理的费用"。

如果任何责任方"不能为撤销或补救行为提供充分的理由"，他们可能就会遭受到"由于没有采取恰当的行动，而使得基金担负3倍的成本费用"的惩罚性损害。

连带责任学说最初旨在作为筹集私人基金用于清理有害废弃物堆积场所的一种手段，实际上其运作并不像预期的那样好。至少有一项研究（Dower，1990）认为，按照"超级基金"，诉讼的管理成本达到实际清理成本的55%。1981—1992年期间，仅有4%的清理费用收据得到了潜在责任方的补偿（Congressional Budget Office，1994，5）。

连带责任学说也创设了多种不恰当激励。[8] 按照连带责任学说，潜在责任方面对的预期责任很不确定；如果不考虑所采取防范措施的力度，清理成本可以介于0~100%之间。由于美国环境保护署通常将大型企业作为超级基金诉讼的目标，因此大型企业有积极性采取极其有效的防范措施。同时，由于诉讼的法定费用超过了潜在的赔付范围，因此小企业可能希望摆脱约束，它们没有积极性采取恰当的防范措施。

与预期的损害赔偿有关的不确定性引发了保险市场的混乱。保险公司不清楚如何设定保金，而且许多保险公司会使得市场完全蒙受了环境风险。如果没有了保险，破产的可能性就会增加。破产企业对废弃物的清理贡献很小。

成文法

普通法值得借鉴的是，可以对各方所处的独特环境进行补救。但是普通法的补救措施实施起来不仅耗资巨大，而且也不适宜解决会对许多人造成影响的广泛问题。因此，成文法也具有补充作用。

平衡成本

由于当前的法律无法使得执行成本与所保护的损害之间取得平衡，因此，当前的成文法并没有有效地发挥其对普通法的潜在补充功能。

正如我们在前面所讨论的，最臭名昭著的一个案例就是《德莱尼条款》，它排除了食品添加剂成本的任何平衡。一种物质已知其任意剂量都能致癌，即使其补偿性效益很大[9]，足以抵消它所产生的风险，但也不能作为食品添加剂使用。由于试图避免它，严厉的规定会引发很大的政治分歧。

《德莱尼条款》并不是唯一的犯罪者，其他法律也没能平衡成本。《资源保护与恢复法》要求对废弃物生产者、运输者和场地清理者设定高标准，以保护环境与人类健康，但是它没有提及成本。

这只是一些极端的案例，但是，即使在不太极端的案例中，政策制定者也必须面对如何平衡成本的问题。例如，《职业安全与健康法》要求标准必须确保"在可行程度上雇员不会遭受有害物质对健康或感官上的损伤……"。美国环境保护署更改了工作中接触苯的标准，使其从10ppm降至1ppm，但是，美国环境保护署并没有数据证明10ppm的标准会引发白血病。美国环境保护署是基于一系列假设作出这个决定的，这些假设认为，10ppm含量会引发某些白血病，而1ppm引发的病例则很少。

在一个引发众人注意的案件中，最高法院以证据不充分为由，取消了一项苯标准。法官在提交他们的看法时说道：

> 部长必须知道，讨论中的工作场所是不安全的。但是，"安全"不等同于"没有风险"。除非工人们受到很大伤害风险的威胁，否则难以认定工作场所是"不安全"的（100 S. Ct. 2847）。

由于其他法官没有充分支持这一看法，也没有作出最终的决定，鲍威尔法官（Powell）进一步说道：

> ……法令也要求代理机构必须确定标准的经济效应与预期的效益间存在一种合理的关系（100 S. Ct. 2848）。

很显然，没有风险的环境这种观念被高级法院否定了，本该如此。但是，"可接受的风险"是什么意思呢？很清楚，按照效率的规定，一种可接受的风险就是使得净效益最大化的风险。因此效率标准支持鲍威尔法官对于苯标准的观点。

缓和困局的可能原因是很重要的。由于基本数据不精确而难以使用利润/成本分析制定精确标准，这并不意味着某些利润与成本之间不可能达成平衡，或是不应该达成平衡。实际上，它能够达成平衡，而且也应该达成平衡。例如，由于成本—效益分析不够精确，也不够可靠，还不足以说明8ppm的标准就是有效的，但是，它的精度和可靠性已经足够高了，足以清楚地表明1ppm和15ppm是无效率的。由于在确定可接受的风险时没有考虑到执行成本，因此法令很可能比我们希望的必须尝试的更多，而所得很少。

干预的程度和形式

对目前的成文法途径的第二种批评是,干预的程度与采取干预的形式。前一个问题与政府的控污深度有关,而后者与规定的运作方式有关。

20.3节的分析表明,消费产品和劳动力市场比第三方要求的政府干预少。这两个领域中存在的主要问题是缺乏充分的信息供生产者、消费者、雇员和雇主作出有见地的选择。《德莱尼条款》显然是一个例外,大多数消费产品安全法令主要关注的是研究和贴标,这在很大程度上与我们的分析结果相一致。

然而,职业性地接触有害物质不属于这种情况。政府的管理规定对工作场所都具有有益的影响,但并非事事如此。职业安全与健康管理局涉及的潜在问题很多,但它的覆盖范围太小,而且对真正存在的问题产生的影响不是很大。但在职业安全与健康管理局发挥作用的地方选择性地实施干预措施的效果很大,会取得更多的结果。

职业安全与健康管理局的管理规定所采取的形式也很不灵活。内容仅涉及具体的接触限度,且要求所采取的防范措施必须精确化。这种方法与空气污染防治市场化的许可证方法存在很大的区别。

按照污染排放贸易制度,美国环境保护署明确了排放的最高限度,但是允许污染源灵活调整以达到这一限度。通过对具体的参与防治活动或是不参与防治活动作出规定,职业安全与健康管理局的规定否定了这种灵活性。面对迅速的技术变革,即使最初的具体的参与防治活动是有效率的,但不灵活性也会导致效率低下。而且,如此多的详细规则会使得执行更为困难且效率低下。

当前控制有害废弃物的管理规定存在着一个严重的缺陷,即没有充分强调必须减少这些废弃物的产生和回收利用。对产生或处理过的有害废弃物征收可变的单位税收(废弃物终端税),不仅可以促进产业向低毒物质转移,也会对减少这些物质的使用数量产生必要的促进作用,还可以鼓励消费者减少使用在生产过程中大量使用有害材料的产品,因为高昂的生产成本会转变成昂贵的产品价格。尽管很多州都采取了废弃物终端税收制度,然而遗憾的是,超级基金却没有这样做。

规　模

有害废弃物问题的规模影响了美国环境保护署配置对其进行防治的员工数量和预算。用于清理现存的有害废弃物场地的超级基金计划就是一个现成的案例。在头12年内,超级基金计划在国家重点清单(National Priorities List)上列出了1 275个需要紧急补救性清理的场所。尽管到1992年花费了公共和私人超过130亿美元的费用,1 275个场所中也只有149个完成了所有与清理相关的建设工作,而且只有40个完成了全部清理工作（CBO，1994）。根据美国环境保护署（USEPA，2004）的调查，尽管在过去的25年中取得了实质性的进展，但是仍然有相当多的清理工作要做。依据美国当前的场地清理水平（每年大约60亿～80亿美元），完成大部分清理工作还需要30～35年。按照当前的管理规定和执行情况，估计还有294 000个场地需要清理。估计清理这些场地的费用约为2 090亿美元。

大规模控制有毒物质对当局及其公民都有重要的意义。我们必须确定优先顺序，首先解决最严重的问题。仅仅依赖当局提供安全是不可行的，这是一个无可争辩的现实。由于错误地认定当局会并且应该提供恰当的保护，公民陷入了一种不真实的安全感之中，公民不应该放弃他们自己的责任。

履约保证金：一项具有创新性的方案

当前的污染防治体系必须面对大量与有毒物质的使用和治理相关的未来环境成本大小的不确定性。通过诉讼从责任方中征收的费用很高。当征收清理费用时，许多潜在的责任方会宣布破产，因而它们不必承担正常的责任。一项建议解决方案（Russell，1988；Costanza and Perrings，1990）要求，发行一项有时间性的履约保证，作为处置有害废弃物的必要条件。要求缴纳的保证金数量与预期损失的现值相等。对有害废弃物泄漏破坏的场地进行的任何重建都可以立即从积累的资金中获得资助；接受清理场地所必需的资金无须经过昂贵而且耗时的法定程序。如果环境成本低于预期成本，任何未使用的资金都可以在指定的日期退回。正如例20.3"溴化阻燃剂的履约保证金"所指出的，履约保证金也可以应用于潜在的有毒物质的生产者身上。

例20.3 ☞ **溴化阻燃剂的履约保证金**

溴化阻燃剂（brominated flame retardants，BFRs）是一种有机复合物，它可以作为添加剂，降低塑料和纺织品的易燃性。它的使用不仅受到政府的试图降低易燃性风险的管理规定的鼓励，而且由于禁止溴化剂在诸如农业等方面的使用（因而降低了需求），从而使得溴化剂的价格下降（较低的溴化剂价格使得溴化阻燃剂的制造成本更低廉，因此增加了对塑料生产者的吸引力）。尽管溴化阻燃剂的数量很大，而且数量越来越多，但是许多化合物在环境危害和长期毒性方面也存在着相当大的不确定性。

诸如禁止使用特定化合物之类的传统补救措施似乎并不完善，因为禁止物品的某些替代品的使用结果更加糟糕。由于在早期阶段政府无法判断出优胜者和失败者,而且因易燃性引起的真实风险表明,有一些溴化阻燃剂还是可以使用的,至少在开发出更为安全的复合物之前。

履约保证金被认为是解决这一困境的一种方法。按照要求,火焰阻燃剂的生产者必须储备充足的资金以防止将来可能的损失。在一定程度上,这些损失并不一定会发生,如果不发生,那么这些保证金将会被退还(包括累积的利息)。

履约保证金方法将损失的经济风险从受害方转嫁给了生产者,这样做就可以为确保产品的安全性提供激励。将产生毒性成本内部化,不仅可以使得生产者对特殊的溴化阻燃剂(或替代品)引起的风险产生敏感,而且对阻燃剂使用的数量产生敏感。履约金也为促进企业监督自己的选择结果提供了激励,因为企业承担了事后证实其产品安全性的举证负担(以支持对未使用基金的索赔)。尽管在将破坏成本内部化的能力方面,履约保证金类似于责任法,但是,履约保证金补偿给受害者的钱是提前缴纳的。

然而,履约保证金也存在其自身的问题。正确地计算保证金的数量要求我们对潜在损失的规模有一些了解。此外,我们仍然有必要建立履约保证金和任何损失量之间的因果关系,以便补偿受害人和确立应该归还的保证金数目。

资料来源:Molly K. Macauley, Michael D. Bowes, and Karen L. Palmer. *Using Economic Incentives to Regulate Toxic Substances* (Washington, DC: Resources for the Future, Inc., 1992); J. F. Shogren, J. A. Herriges, and R. Govindasamy. "Limits to Environmental Bonds," *Ecological Economics* Vol. 8, No. 2 (1993): 109-133.

20.6 小结

环境资产可能会受到有毒物质的污染是最复杂的环境问题之一。能够证明可能具有毒性的物质数量确切地讲高达数百万,其中被经常使用的大约有55 000种。

由于有毒物质会影响雇员和消费者,市场对此问题的解决施加了很大压力。如果各方都拥有可靠的信息,那么他们都有积极性将有毒物质的危害降低到可接受的水平。然而,在涉及第三方的情况下,这种压力就不复存在。在这种情况下,问题常常以这样一种形式表现出来,即会给无辜者造成一种外部成本。

政府的有效职能是保证提供充足的信息(以便市场参与者能作出明智的选择)和制定接触有害物质的标准。然而遗憾的是,决策的科学基础很薄弱。因为我们要想获得完全信息，其成本高不可攀，所以我们只能获得有关这些物质的影响方面的有限信息。因此，我们必须确定重点物质，开发出检验手段对这些物质进行筛选，这样才能集中精力治理最危险的物质。

与空气污染和水污染防治相反，法院在解决有毒物质的问题上发挥了特别重要的作用。尽管筛选检验永远都不可能做到万无一失，总会有某些物质成为漏网之鱼，但是它们确实为设立有毒物质防治的优先次序提供了一种合理的手段。责任法不仅为获得更多更好的与化学物质有关的潜在损害的信息创造了一种市场压力，而且也为有毒物质的制造者、生产者、运输者和利用预防措施处理它的人提供了更大的动力。司法补救措施允许预防工作的力度随着工作环境的变化而变化，并提供了一种补偿受害者的手段。

然而，司法补救并不完善。它们耗资巨大，而且不适合处理影响人数众多的环境问题。尽管日本已提出了一些全新的方法，用于解决举证责任问题，但在美国当前的体制下，举证责任的问题仍难以解决。连带责任学说则产生了一些逆向激励，对环境保险市场造成了严重破坏。

成文法很明显是一项积极的举措，但它在控制行为方面似乎走得太远了。在很多情况下，接触有害物质的标准无法使得成本与效益之间保持平衡。此外，职业安全与健康管理局和美国环境保护署通过设定哪些活动应该参与或哪些活动应该规避，其职能已经远不止设定接触限度。已经证实，这些标准的执行很困难，而且可利用资源的传播很少。

神学家莱因霍尔德·尼布尔（Reinhold Niebuhr）曾经说过："民主是对不能解决的问题的最直接的解决途径。"这似乎是对解决有毒物质问题的体制性反应最恰当的一个描述。我们的政治体制为解决此问题在立法和司法方面提出的应对措施汗牛充栋，但是，它们既无效率也不完善。不过，在演变过程中，它们确实代表了在正确的方向上迈出了积极的第一步。

讨论题

1. 法院应该如何解决例20.1中涉及的尴尬处境？为什么？
2. 在产品责任法实施的最近几十年中，法院体系所扮演的角色存在一个从买者自慎（"买方当心"）到卖者责任自负（"卖方当心"）的演变过程。使用和消费风险产品的责任已从买方转移给了卖方。这种转变是朝着风险有效配置的方向发展呢，还是背离风险有效配置的方向？为什么？

3. 有害废弃物出口到发展中国家是有效率的吗？是偶尔出口，还是一直出口，抑或从不出口？哪种情形才是有效率的呢？这样做是否道德呢？是偶尔出口、还是一直出口，抑或从不出口？哪种情形才是有道德的呢？请为你的判断提供清晰而有力的证据。

进一步阅读的材料

Crandall, Robert W., and Lester B. Lave. *The Scientific Basis of Health and Safety Regulation* (Washington, DC: Brookings Institution, 1981). 本书按照管理规定的科学基础和决策的预期结果，分别对五种健康与安全管理行为，分析了一位科学家、一位经济学家和一位管理者的观点。所分析的案例都是以下几种情况的受害者：汽车、棉花粉尘、糖精、水性致癌物和二氧化硫。

Dower, Roger C. "Hazardous Waste," in Paul R. Portney, ed. *Public Policies for Environmental Protection* (Washington, DC: Resources for the Future, 1990): 151-194. 该文分析了与有害废弃物处理有关的各项政策。

Graham, John D, Laura C. Green and Marc J. Roberts. *In Search of Safety: Chemicals and Cancer Risk* (Cambridge, MA: Harvard University Press, 1988). 该书对两种疑似致癌物质进行了详细研究，这两种致癌物质是苯和甲醛。

Macauley, Molly K., Michael D. Bowes, and Karen Palmer. *Using Economic Incentives to Regulate Toxic Substances* (Baltimore, MD: Johns Hopkins University Press for Resources for the Future, Inc., 1992). 作者应用案例研究，评估了经济激励方法在四种特殊物质管理上的吸引力，这四种物质是氯化剂、甲醛、镉和溴化阻燃剂。

Magat, Wesley A., and W. Kip Viscusi. *Information Approaches to Regulation* (Cambridge, MA: The MIT Press, 1992). 该书从多种经验研究中推导出评估控制环境风险的信息策略的有效性。

Shapiro, Michael. "Toxic Substances Policy," in Paul R. Portney, ed. *Public Policies for Environmental Protection* (Washington, DC: Resources for the Future, 1990): 195-242. 该文综合分析了用于反对有毒物质引发的环境风险的美国成文法和实施程序。

Viscusi, W. Kip. *Risk by Choice: Regulating Health and Safety in the Workplace* (Cambridge, MA: Harvard University Press, 1983). 该书

分析了市场背景下职业风险的管理政策所扮演的合适角色。

【注释】

[1] 我们可以期望工会能够提供充足的信息,因为工会是工人的代表,并且可以充分利用规模经济的优势,收集、解释和散布有关风险的信息。有证据表明,我们可以根据没有参加工会的工人的工资来推算工资的风险溢价的优势。

[2] 美国人选择汽车就是一个经典例子。很显然,大车比小车更安全,但更贵。有些消费者更愿意花钱购买安全,而有些消费者却不尽然。

[3] 严格责任法是无效率的一个著名案例,也就是说,受害人可以影响污染发生的概率以及造成破坏的程度。如果得到完全补偿,受害人采取预防措施的积极性就遭到了削弱。在大多数有害物质方面的案例中,受害人的作用很小,因此这种无效率的潜在原因并不重要。

[4] 刑法强制补偿的做法确实也是对受害人进行补偿,但是,这只是极个别的现象。通过强制方式,犯罪一方不得不支付给受害人规定数量的钱,这种赔偿也是对犯罪一方进行惩罚的一个方面。

[5] 这一做法非常幽默,一位反对美国职业安全与健康管理局的政治候选人在一则广告中对此做了精彩的说明。茫茫草原上,牛仔扬鞭策马,可是,马背上拴着一个塑料马桶,这是讽刺美国职业安全与健康管理局的一项规定,这项规定为任何受雇人设定了远离某个公共厕所的最大距离。

[6] 现在很明显是在向这一方向发展。例如,一名原告是石棉沉滞症患者,他只要证明他的病可能是由几家石棉厂造成的。这种举证责任使得原告可以将举证责任转嫁给石棉厂,让石棉厂去证明它对患者的疾病不负责任。参见 *Abel v. Eli Lilly & Co.*, 343 N. W. 2d 164 (1984)。

[7] 按照连带责任学说,胡克化学公司应该对爱情河的应对成本负责。参见 *U. S. v. Hooker Chemical and Plastics Corporation*, 18 ELR 20580。

[8] 关于这些激励的正式分析,参见 Tietenberg (1989)。

[9] 有趣的是,许多常见食品中都含有这样一些天然物质,即在量很大时也能成为致癌物质。例如,萝卜就因为《德莱尼条款》而没能获得食品添加剂的许可。

第 21 章 环境公平

> 在我们这个陈旧的世界里，我们相信，即便对我们所有的人而言，有很多事情都需要打破。例如，我已经观察到，我们所有人都可以拥有等量的冰，可是富人在夏天拥有它，而穷人却只能在冬天拥有它。
>
> ——巴特·马斯特森（Bat Masterson），战地记者

21.1 引言

环境风险的分配是公平的吗？控制这些环境风险的成本的分配是公平的吗？我们在前面的章节中已经论述过，尽管现行的政策并不有效，但是，一般而言其净效益还是为正。虽然正净效益意味着从整个社会看，环境政策的收益超过了其损失。然而，社会的有些阶层分担的成本或许不成比例。

关心环境公平问题很有意义，理由有两条：一是伦理方面；一是实效方面。伦理方面关心的是风险、收益以及成本的分配是否符合社会伦理的规范。对公平政策的期望是对有效政策的期望的一种常规的补充。实效方面则强调负担的分配与环境立法通过的可能性及其最终的形式之

间的关系。即便政策和计划有可能提高效率和可持续性,但是,如果被认为是不公平的,那么这些政策和计划几乎也没有获得通过的可能性。确认产生不公平性的原因并且调整计划以消除这种不公平性,会提高这些计划继续实施的可能性。

经济学与其他学科一样,很难全面地界定社会公平的规范,因而没有一项规范是无可指责的。尽管如此,我们仍然要提出一些传统的方法来指导我们对规范的探究。这里涉及两个概念,我们称之为横向公平和纵向公平。

横向公平(horizontal equity)是指收入相等的人受到同等的待遇(在经济学上,"同等"的常规定义是基于收入水平而言的)。就控制污染而言,如果所有收入相同的人得到同等的净效益,那么也就满足了横向公平的原则。这条原则可以用来评价政策的地理公平性和种族公平性。一个国家来自不同地方或者具有不同种族背景的人,他们的收入是相当的,如果他们得到的净效益不同,那么就违背了横向公平原则。

纵向公平(vertical equity)是用于解决不平等待遇问题的,也就是说,以收入为基础,处理收入不相同的人的待遇问题。评价某项政策是否满足垂直公平,第一步就是计算净效益如何在不同的收入组人群之间进行分配——渐进式、回归式还是比例式分配。

如果各收入组得到的净效益与收入组的收入成一定比例,那么我们称之为比例式分配(proportional);如果富人获得的净效益占其收入的比例大于穷人,我们称之为回归式分配(regressive);如果以收入的比例来计算,穷人获得的份额大于富人,我们称之为渐进式分配(progressive)。[1]这个定义的一个含义就是,一项政策如果将净效益赋予富人比穷人多,并不一定是回归式的。回归式的分配方式,只有在净效益相对于收入的比率,富人大于穷人时才会发生。按照常规做法,回归式分配的政策违反了垂直公平原则。这种做法与社会明显关心穷人(主要表现在卫生、住房以及只用于改善他们的经济状况的收入转移项目方面)的现象是一致的。不论是回归式政策,还是违反垂直公平原则的政策,按照这些标准,它们都被认为是不公平的政策。下面我们来看看一些事实。

21.2 有害废弃物选址决策的影响范围

历　史

1979年,得克萨斯南部大学(Texas Southern University)前社会学家

罗伯特·布拉德（Robert Bullard）完成了一份报告，这份报告描述了得克萨斯州休斯敦市非常富裕的一个非裔美国人所做的一件徒劳之事，他反对一家有害废弃物处理场选址在他所在的那个社区。他的分析表明，不仅仅收入状况，种族也是影响土地利用决策的一个可能因素。

1982年，环境公平问题成为了一个国家性的问题，当年，大约500名示威者反对印刷电路板垃圾填埋场选址在北卡罗来纳州的一个收入特别低的社区。沃尔特·方特罗伊（Walter Fauntroy）是哥伦比亚区的一名国会议员，在示威回来的路上，他要求审计总署（General Accounting Office, GAO）研究美国环境保护署确定的第四区（包括佐治亚州、佛罗里达州、密西西比州、亚拉巴马州、肯塔基州、田纳西州、北卡罗来纳州和南卡罗来纳州）有害废弃物处理场的特征。1983年所做的一项研究发现，在四个商业性有害废弃物处理设施中，三个主要分布在非裔美国人社区中，另外一个分布在低收入社区中。

1987年，美国联合基督教会种族正义委员会（United Church of Christ Commission for Racial Justice）分析了美国的有害废弃物填埋场的选址问题。按照他们对商业性质的有害废弃物处理场的统计分析，结果表明：

● 已经证明，种族是所检验的变量中最重要的变量；

● 建立商业性废弃物处理场数量最多的社区，其种族组成最复杂。在建有两个以上处理场或是建有一个国家前五大填埋场的社区中，少数民族人口是没有这类处理场的社区的三倍（38%∶12%）。

在具有未控制的有毒废弃物处理场的社区中，他们发现：

● 每5个黑人和西班牙裔美国人中，有3个居住在这些没有控制的有毒废弃物处理场的社区中；

● 在所有亚太裔美国人以及美洲印第安人中，差不多一半人居住在建有未控制的有害废弃物处理场的社区。

1994年，政策选择中心（Center for Policy Alternatives, CPA）发表了《有毒废弃物和种族回顾：对1987年报告的更新》（Toxic Wastes and Race Revisited: An Update of the 1987 Report）。报告发现，尽管美国对这个问题的重视程度越来越大，但是，商业性质的有毒废弃物处理场在最近几年甚至比1980年更可能选址在少数民族社区。

并不是所有的研究都得出这样的结论，但是，在对文献进行了详细的分析之后，汉密尔顿（Hamilton, 2003）发现，对于大多数美国的研究而言，低收入和少数民族居民面临有害废弃物处理场的风险确实更大。至于其他工业化国家有关居民（按收入）接触有害废弃物的风险方面的信息则不够详细。

当前的研究以及日益兴起的 GIS 技术的作用

地理信息系统（geographic information system，GIS）技术的应用使得我们能够利用人口抽样调查数据对有害废弃物处理场选址问题进行研究。例如，大多数区域性的环境管理部门现在都开始使用美国人口普查局（U. S. Census Bureau）提供的数据与 GIS 结合进行制图。这种技术可以将人口调查数据与围绕某个有害废弃物处理场的同心圆（又称为超级基金污染场址）进行叠加处理，以找出生活在场址周围的人。最新的这些研究发现了什么呢？

这些研究的结果变化非常大。我们使用一个刻画公平的指标（例如低收入）以证明会产生错误的结论。例如，汉密尔顿和维斯库西（Hamilton and Viscusi, 1999）分析了多重指标的公平性问题，包括种族分布、家庭平均收入以及潜在的癌症风险，他们的分析显示出其结果与所采用的指标的敏感程度。

其他一些研究则采用了美国环境保护署的有毒物质排放清单的数据。该数据集包含了所有上报数据的工厂自己上报的有毒物质排放的信息。布鲁克斯和塞西（Brooks and Sethi, 1997）使用按邮政编码分别计算的空气污染指数，结果发现最可能受到有毒空气排放威胁的人口群包括少数族裔、租房子的人、收入在贫困线以下的人，以及读书年数很少的人。萨德等人（Sadd, et al., 1999）对特大城市洛杉矶的研究也得出了相似的结果。他们利用 GIS 和人口普查的单位（Census Tract）调查数据分析发现，有毒物质排放清单区（数据集中建有一家排放企业的普查区）少数族裔（包括拉丁族裔的居民）的比例较高、收入较低（人均收入和家庭收入都比较低）、工业用地的比例比较高、财产价值较低以及制造业工人比例较高。对佛罗里达州希尔斯伯勒县的研究也发现了类似的结果（Chakraborty, 2001）。如何解释这些结果呢？这些研究结果对政策意味着什么呢？

选址的经济学

一个出发点就是试图理解场址选择的激励机制以及收入和种族如何发挥作用。我们的分析首先认为，与有害废弃物处理场为邻，即使处理有害废弃物对整个社会而言很有意义，但是，所有潜在的受众必须面临地区性自我保护主义的反对。

理解选址经济学要求我们对拟建有害废弃物处理场的所有者的积极性和受众的积极性都必须予以考虑。由于所有者希望净效益达到最大化，他们希望找到使其以最低的成本处理废弃物的场地。在废弃物产生的地方选址应该具有很大的吸引力，这样可以降低运输成本。土地成本低也应该具有吸引力，因为这些处理场通常都是土地密集型的。总之，场址的选择应该使其产生的风险尽可能小，以便控制未来的责任和义务。

受众有其自己的议事规则，以确保收益大于成本。他们也想确保在尽可能的范围内，场址对雇员以及周边社区的居民都是安全的。假如存在风险，他们也希望对这种风险作出足够的补偿。补偿的形式不拘一格（例如就业、提高税收、提供新的服务等等）。

按照效率准则，我们对受众的特征有什么看法呢？低收入社区之所以对成为有害废弃物处理场很有吸引力，不仅因为这些社区的土地价格比较低，而且也因为这些社区为了接受这种风险所需要的补偿尤其少。瞄准低收入社区应该是预料之中的事情，此外，一旦有害废弃物处理场选址在某个社区，那么，这个社区的人员的收入组成很可能会变得更低，其原因包括人员迁移以及对周边财产价格的负面影响。假定高收入家庭为避免风险愿意支付较高的价格，那么，较低的土地价格（或租金）对于更多的低收入家庭可能更有吸引力，而收入较高的家庭可能会搬到风险不大的地方去。即便在选址时所在社区并不是低收入社区，但随着时间的推移，被选中的这个社区的收入有可能会更低。

虽然一个有效的选址过程或许也会使得有害废弃物处理场过多地选择在低收入社区，但是，要有效地解释为什么种族是一个比收入更为重要的指标则非常困难。解释这种结果，需要我们更加注意市场失灵的问题。

有效的选址既要求充分地执行协议，也要求具有完全信息。在信息不充分的情况下，受众可能不能完全理解风险，因此很可能会低估风险。解释种族重要性的一个假设就是，与白人社区相比，少数民族社区的信息更加不充分。这意味着这些社区很可能受制于有瑕疵的协议。另一个假设就是，这些社区或许因为在管理层的代表名额不足而缺乏资源去体现社区的意愿。这个假设意味着，甚至是潜在的有效协议也会执行不力（Bullard, 1990）。总之，种族作为一个独立的预测变量（甚至超过收入）这个事实表明，当前的选址过程不仅违背了横向公平原则，而且它也不是有效的。只有保证受众既具有完全信息，又体现社区的意愿，否则，有害废弃物选址过程依然存在缺陷。

政策反应

意识到这些问题后，美国环境保护署于1992年11月6日成立了环境公平办公室（Office of Environmental Equity）。其任务就是解决有关环境对种族和低收入社区的影响问题。虽然环境公平办公室的创建主要集中在有害废弃物处理场的选址问题上，但是，环境公平办公室所涉及的问题远非仅此而已。最初，环境公平办公室集中在收集更多关于选址问题的信息上，并且强化对受影响社区的执行监督。

1994年，克林顿总统发布"美国总统令第12898号"（Executive Order 12898）《关于少数族裔人群和低收入人群环境公平的联邦政府行动计划》（Federal Action to Address Environmental Justice in Minority Populations and Low-Income Populations）。这项行政命令的目的就是必须确保少数族裔人群和低收入人群不会承担过高的环境风险。

这项总统令的有效性如何呢？2004年，美国环境保护署发表了一份关于这项总统令的评价报告，而且没有给出高分。事实上，这份报告认为，"美国总统令第12898号"并没有得到充分的执行，而且美国环境保护署"并没有始终如一地将环境公平问题纳入到该局的日常工作"。这份报告还认为，"美国环境保护署并没有……区分出政府行政命令针对的人群，对于确定谁受到了不公平待遇这个问题上，也没有给出明确的界定。"[2]

有趣的是，虽然计算技术为我们更为精密而详细的分析提供了条件，但是，这反而使得环境公平的测度上缺乏一致性，因而由此产生的结果也缺乏一致性。在2004年关于环境公平问题的评价报告中，检察总长办公室（Office of the Inspector General）发现，"美国环境保护署的决策并没有对如何确定少数族裔、低收入以及受到过高环境风险影响的社区作出明确的界定，从而导致了各地方的环保局采取了不一致的标准。"[3] 由于缺乏统一的全国性的界定，地区环保局则只能按它们自己的界定行事，其结果是，对于诸如"低收入"这样的一些因素，现在都采用了各自不同的界限值。这意味着按照某一个地区的标准，这个地区可能会被认为是低收入社区，但是，如果按照另一个地区的标准，同一个地区则可能不会被认为是低收入地区。不同地区按照一个统一的定义进行比较是不可能的。

从经验上看，这存在什么问题吗？答案是肯定的，确实存在问题。这份报告给出了在马萨诸塞州伍斯特市所做的一项检验。该市有人口172 648人，按照《美国环境保护署第6区议定书》（EPA Region 6's protocol），102 885人被认定为可能受到环境公平问题影响的人[4]，但是，按照《第5区议定书》（Region 5's protocol），只有59 731人被作出同样的认定。二者之间相差43 154人！伍斯特市实际所在的第1区，有72 416人被认定为可能会受到环境公平问题影响。很显然，按照当前的评价标准，"受到不公平待遇的人"的数量取决于你的调查对象以及调查所采用的具体定义是什么。

加拿大和欧洲的环境公平

尽管美国以外的经验研究数量很有限,但还是存在一些研究案例,尤其是关于加拿大和欧洲的。这些案例研究有助于我们理解在有害废弃物处理场选址问题中达到环境公平的有效策略。

公共参与是加拿大阿尔伯塔省和曼尼托巴省有害废弃物处理场成功选址中的一个重要因素(在这个案例中,所谓"成功"是指不仅处理场能够找到安家之处,而且对东道主而言没有引起环境公平问题)。这些省份的选址过程不仅仅是自愿性的,而且包括多个阶段,社区在这些阶段中可以对拟议中的项目行使否决权。

有趣的是,所选定的位置并不总是在低收入地区。斯旺希尔斯镇(Swan Hills)的平均家庭收入比该省全省平均水平高很多,而且失业率很低(Rabe, 1994)。

为什么有些社区会接受有害废弃物处理场呢?很明显,潜在的就业机会是社区接纳有害废弃物处理场的一个很重要的因素。这一结果存在多大的普遍意义呢?

就业机会假说的一个推论或许就是,我们可以预料当地的失业率很高,从而增加了社区接受有害废弃物处理场的可能性。情况似乎就是如此。例如,在对法国、匈牙利、荷兰以及西班牙的一系列成功的选址案例调查中,登特等人(Dente, et al., 1998)发现,失业率较高的地区正如预料的那样,更可能接受处理场。不过他们也发现,当地居民可以在产生废弃物的工厂就业,由此而获得利益。

风险意识的作用

经济学和认知心理学文献中都深入论述了地方保护主义的态度,即"别在我家后院堆放垃圾"。有些研究认为,尽管许多调控政策都是基于感知的风险而制定的,但是,感知风险和实际风险之间的差异仍然会产生"别在我家后院堆放垃圾"这一现象(Hamilton, 2003)。

梅瑟等人(Messer, et al., 2004)在深入研究了风险意识的心理学之后对一项研究的结果进行了总结,这项研究对按照《环境应对、赔偿和责任综合法》(更多的人称之为超级基金)清除有害废弃物所产生的效益进行了评估。尽管这项法律在1980年就通过了,但是,该项法规在法律上的复杂性使得许多有毒废物堆放场的清除被迫延迟。梅瑟等人希望知道,延迟的时间长度是否会影响到清除之后最终恢复的财产价值。

梅瑟等人分析了四个有毒废物堆放场:位于洛杉矶的一家垃圾填埋场,即运营工业废弃物填埋场(Operating Industries landfill);位于新泽西州的蒙特克莱、西奥兰治以及格伦里奇的几个城镇,这里原来是美国镭公司(U.S. Radium Corporation)的垃圾处理场;位于马萨诸塞州沃本市的 Indistriplex 和 Water Wells G&H 垃圾处理场；以及位于科罗拉多州的鹰矿（Eagle Mine）。所有这些处理场的清除工作都被延误或者受到严重阻碍。

他们发现，这些有毒废弃物堆放场的设计、堆放场清除本身以及有关的一些新的项目都对财产价值具有负面影响。媒体的宣传能够对公众的风险意识产生如此之大的影响，以至于会产生财产"规避"的结果。对于当地的居民而言，如果他们意识到留下来的感知成本大于他们房屋的价值，而且潜在的购买者可能很少而且距离很远，那么现在这些房屋的所有者可能就不愿意待在他们的房子里。在这项研究中，由于填埋场清除的延误，财产价值也会随着时间的推移而下降。例如，如果清除工作延误 20 年，那么，清除工作所带来的收益（按财产价值的回本计算）就可以忽略不计，因为财产价值的回收还需要花上 5～10 年（Messer, et al., 2004）。

补偿作为一种政策手段

一项试图取得环境公平的政策手段就是，对接受有害废弃物处理场的社区给予补偿，或交"场地费"（host fees）。从理论上说，这样做可以确保当地社区不仅仅增加成本也增加收益，而且支付补偿也可以将环境风险的成本内部化，从而使得产生废弃物的人也承担环境风险成本。

尽管补偿是寻找到共识的一个有效手段，但是，正如争论 21.1 "提供补偿以便接受环境风险总是会提高接受这种风险的意愿吗？"所分析的，情况并非总是如此！

争论 21.1 提供补偿以便接受环境风险总是会提高接受这种风险的意愿吗？

瑞士在就一个核废料处理场选址举行全民公决的前一周，在处理场将要落户的社区进行了一次民意调查。研究人员发现，为当地居民提供补偿甚至会降低他们接受这一处理场的意愿！具体来讲，弗雷、奥伯霍尔泽-吉（Frey and Oberholzer-Gee, 1997）以及弗雷等人（Frey, et al., 1996）发现，假如询问他们："如果没有补偿，你们是否同意在当地建设核废料处理场？" 50.8%的被访者回答"同意"。如果给予补偿，回答同意的被访者人数下降到 24.6%！研究人员认为，补偿使得同意率下降的原因在于：提供补偿排斥了当地居民履行公民义务的感觉。如果受访者觉得同意建立处理场是其公民义务的一部分，那么，一旦支付费用，他们就不太能感觉到这是一种义务和责任。在这种条件下，作者相信，补偿被看做一种道德上不可接受的贿赂，因此，应该遭到拒绝。

另一个可能的解释就是，补偿可以起到一种信号式的作用。或许在没有提供补偿的时候，人们不太意识到风险。一旦引入补偿机制，社区的居民就会将其看做某种信号,即风险比他们原先想象得大。他们会思考——风险太高,所以必须给予补偿!

这个结果具有多大的普遍意义呢?在一个完全不同的条件下(日本),莱斯比瑞尔(Lesbirel,1998)对发电厂的选址问题进行了分析。他发现,补偿正如预料的那样,实际上确实推进了这些电厂的选址工作。作者是这样解释这一现象的,他认为在日本,体制性的结构有利于工厂和当地社区之间达成有关风险管理策略方面的协议。这一过程有效地排除了道德上的担心,消除了补偿的信号作用。

道德的规范究竟是什么?这些事实表明,补偿可能会提高一个社区接受一家有害废弃物处理场的概率,但并不是自发性的。具体问题必须具体分析。

资料来源:Bruno S. Frey and Felix Oberholzer-Gee. "The Cost of Price Incentives: An Empirical Analysis of Motivation Crowding Out," *American Economic Review* Vol. 87, No. 4 (1997): 746 - 755; Bruno S. Frey, Felix Oberholzer-Gee, and Reiner Eichenberger, "The Old Lady Visits Your Backyard: A Tale of Morals and Markets," *Journal of Political Economy* Vol. 104, No. 6 (1996): 1297 - 1313; S. Hayden Lesbriel. *NIMBY Politics in Japan: Energy Siting and the Management of Environmental Conflict* (New York: Cornell University Press, 1998).

21.3 污染控制成本的影响:单一产业

传统的空气污染和水污染的情形是怎样的呢?关于风险的分担以及政策的收益和成本的分配问题又存在什么证据呢?当前大多数的环保政策一般是针对产业界的。为了遵守空气、水和固体废弃物的管理规定,各个企业都不得不投入大量的资本用于添置控污设备。

对一般的企业而言,尽管自20世纪70年代以来,为控制污染而建设新厂房和添置新装备的费用已经下降了,但它所占的比例还是很大。企业间成本负担的分摊也很不平均。

控制污染的成本最初要由产生污染的源头承担,不过这个事实并不意味着整个成本负担最终都由企业承担。一般而言,污染控制成本的最终影响范围是由市场决定的。根据市场的进入障碍以及需求弹性的不同,这些成本都会以更高价格的形式向前传递给消费者、以低就业率或工资率的形式向后传递给工人,或者以资本投资低回报率的形式传递给资本所有者(或者三者兼而有之)。

竞争性产业

影响范围

为了理解在什么条件下成本是向前传递还是向后传递,我们有必要十分明确地知道,一个企业对它的成本结构的变化究竟会如何作出反应。为了了解问题的本质,而又不过多地追求细节,我们以一个只由完全一样的企业构成的完全竞争市场为例加以说明。假设这一产业最初处于长期均衡状态,如图21—1所示。代表性企业面临市场决定的价格 p^0 时,其产量为 q^0 时可以使得其收益最大,这时边际成本等于价格。由于价格也等于产量为 q^0 时的平均成本,因此经济利润为零。企业再也没有积极性进入或退出这一产业。

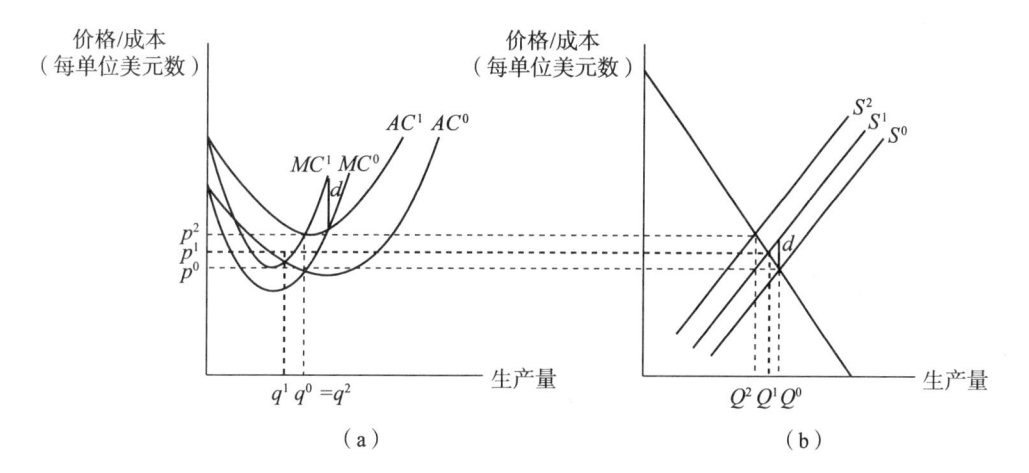

图 21—1 市场对污染控制成本的反应

现在假设,美国环境保护署的一项调控规定迫使每个企业不得不减少它们的污染量,由此而打破了该均衡。假设这项调控规定对产业的影响是使得边际成本曲线和平均成本曲线都垂直向上移动 d。因为市场供应曲线等于单一企业的边际成本曲线之和(所有企业的边际成本曲线都上移 d),因此,市场供应曲线也上移 d。因此,市场价格将从 p^0 上升到 p^1,增加的幅度小于 d。从短期看,价格上升的幅度将小于边际成本增加的幅度。

对单个企业的影响现在清晰可见。企业生产量比较小,为 q^1,于是企业的收益应该最大化,因为这时新的边际成本曲线(MC^1)等于新的价格(p^1)。不过必须注意的是,当产量为 q^1 时,$p^1 < AC^1$,经济利润则为负数。因此,企业应该退出这一产业,直到经济利润恢复到零为止。

这一过程在市场供应方面表现为曲线进一步向左移动。移动的幅度取决于恢复到价格等于平均成本的状态所需退出的企业数量。在价格等于 p^2 时就会出现这种情况，即 $p^2 > p^0$，幅度正好等于 d。市场的产量应该等于一个更小的数量，即 Q^2，但是留下来的每家企业的生产量应该等于成本增加以前的生产量。

从短期看，对边际成本一致上升 d 所作出的反应是，价格也应该上升，但上升的幅度小于 d，所有企业都应该减产，而且企业的利润为负数。从长期看，企业退出这一产业会使得利润恢复到零，但是，所有留下来的企业，其产量都应该等于成本上升之前的产量。价格应该上升，上升的幅度正好等于边际成本上升的幅度。需要注意的是，在这种情况下，消费者和工人都应该承担一部分成本。由于生产水平降低，消费者必须支付的价格更高；而较低的生产水平最终意味着对劳动的需求量较低，因此就业率和工资率也都更低。

消费者和劳动者这两类人各承担多少成本，这取决于产品的需求弹性。比如说，设想产品的需求曲线在 Q^0 时是完全无弹性的（一条垂直线）。在这种情形下，短期的价格上升幅度应该等于 d，短期的经济利润应该为零。由于生产水平和对劳动的需求都不会受到影响，因此，消费者将承担全部成本。

这时，我们很容易看出，需求曲线越具有弹性，对生产（因此对劳动力）的影响也越大。这种关系表明，污染控制的影响不仅取决于产业的劳动密集型程度（它决定了产量的下降对劳动力的影响有多严重），而且还取决于需求的弹性（它决定了产量下降的幅度应该有多大）。例如，进口产品并不受制于同样的环境管控，因此，对面临严重的进口产品竞争的产业而言，就业率下降对它们所产生的威胁比生产没有有效替代品（国内的或者国外的）产品的企业大。

规模效应

在我们的分析中，管制并不会影响企业的规模分布，这一事实是由我们的假设引起的，我们的假设是：成本曲线会一致地上移，移动的幅度都为 d；产业内的所有企业都一样；规制对产业内每个企业成本结构的影响完全一样。如果成本曲线并不是一致地向上移动，那么企业在管制之后的产量就不会等同于管制之前，因为规模经济会受到影响。另外，因为各个产业不会真的由完全一样的企业构成，而且对各个企业管制的程度也不会是一致的，不论是某一产业中的企业数量，还是企业的平均规模，都会受到规制的影响。

最近的一些研究也表明，控制空气和水污染的管制规定对不同规模企业的影响不可能是不偏不倚的，但是，这方面的证据还不充分，而且也不是结论性的。关于规制一致性应用问题，埃文斯（Evans，1986）发现，由单个工厂组成的小企业，其消除污染的雇员人均成本比由多家工厂组成的大企业低很多。他将这种情况归结为"分类调控"（regulatory tiering）这样一种策略，设计这一策略的部分意图在于为小企业提供特别的保护。按照分类调控的方法，小企业面临的环境标准较不严苛，执行的力度也较不严格。

单单基于这一证据，我们就有理由期望，规制结构会使得大型企业的成本提高幅度高于小企业，从而可能会降低大型企业的市场份额。例如，帕辛金（Pashigian，1984）发现，在管制使得燃料成本、市场规模和其他管制项目发生变化之后，环境管制成本相对较高的产业，其资本密集程度有所提高，平均工厂规模有很大的增长，而且管制期内该产业的工厂数量也下降得较多。皮特曼（Pittman，1981）也发现，对于水污染控制而言，规制往往会增加遵守规章制度的工厂的规模经济，从而导致规模上合理的工厂，其生产量会明显地提高。

从表面上看，埃文斯的证据似乎与帕辛金和皮特曼的证据相互矛盾，但事实并非如此。第一，皮特曼的结果主要涉及规模对遵守规章制度的工厂的影响，而不涉及大型工厂和小型工厂之间的关系本身。第二，虽然规制非常有利于现有的小型工厂，但是，它们也会阻碍潜在的小型工厂进入这个行业。第三，尽管市场份额的变动正好与管制活动的高峰期契合，但是这种相关性并不必然意味着二者之间存在某种因果关系；可能因为其他非环境规制方面的原因使得企业规模发生变化。更多的研究可以更加明确地阐述这些关系，并且有助于我们消除疑惑。

垄　断

污染控制费对任何产业的影响取决于该产业的市场结构。在一个垄断行业中，新企业的进入并不会因为是否存在环境管控而改变。如果没有管制，则会改变一个典型企业对规制所作出反应的方式。

控制成本的增加，对一个垄断行业的影响如图21—2所示。最初，垄断行业处在一种利润最大化的均衡状态，这时，产量为 Q^0，价格为 P^0。如果一项环境规制迫使它的边际成本一致地从 MC^1 上升到 MC^2，那么企业的产量将不再最大化为 Q^0。企业必须调整其产出水平。当产量为 Q^0 时，边际成本会超过边际收入，因此，减产可以增加利润，直至边际成本再一次等于边际收入为止。这时，产量水平为 Q^1。相应的价格为 P^1。

控污成本上升对垄断企业和竞争性企业会产生不同的影响，它们之间的有趣差异很明显。例如，垄断性产业的价格不会像竞争性产业上升得那么高。如果边际成本曲线上移的幅度为 d，那么竞争性产业的价格最终也将上移同样的幅度。在垄断性产业中，价格上移的幅度小于 d。

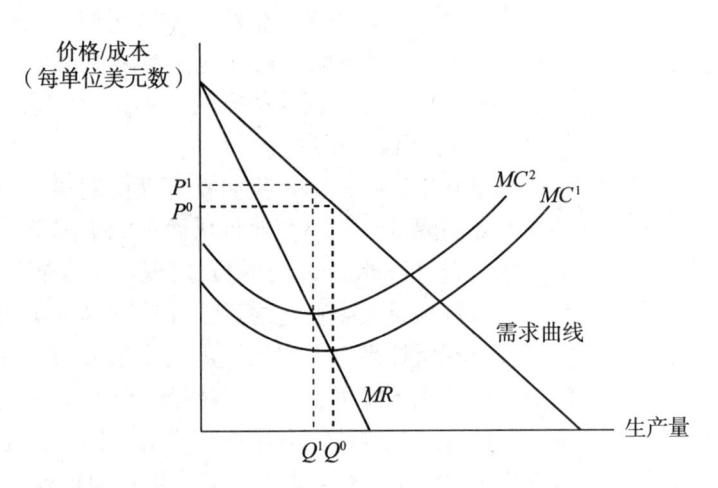

图 21—2 污染控制成本对垄断行业的影响

这个结果与通常预料的观点矛盾,通常认为,一个垄断性企业,它会自动地将所有成本传递给别人,因为这样才会使得需求大为降低。最终会使得垄断者吸收部分成本。

只要竞争性企业和垄断性企业都面临相同的市场需求曲线,那么,垄断性企业将会降低产量,降低的幅度小于竞争性企业。垄断性企业对就业的影响比一个相当规模的竞争性企业小。在某种程度上,一个垄断者会使其工人免受成本的冲击。

新污染源误差

当前的污控体系还存在另外一个特征,我们在分析中尚未给予足够的重视。按照当前的管制渠道,新的污染源比现有的污染源面临更为严苛的污控要求,从而导致新污染源承担更高的执行成本。在需求稳定的条件下,没有新的企业会进入,因此也就没有企业会承担更高的新污染源成本。

如果需求稳定,那么差异性的规制就不会产生任何不同。不过,如果需求随着时间的推移而增加,那么,新企业就会进入市场。当某一产业正处在增长时期,如果只增加新企业的污控成本,老企业的污控成本不变,这样就会推迟新企业的进入,而且相对于规制对新老企业一视同仁而言,提高新企业的污控成本则会降低它们的市场份额。

在对电力产业资金周转的一项研究中,马洛尼和布雷迪(Maloney and Brady, 1988)以及纳尔逊等人(Nelson, et al., 1993)发现,管制体系中包含的新污染源误差对延长现有污控设施的使用寿命具有独立的显著影响。由于新的污控设施的污控成本过高,投资新工厂的愿望破灭了。由于老企业的污染更为严重,资金周转率的下降会使得所能达到的任何减排目标都要往后延迟。

老企业实际上能够从规制的新污染源误差中获利,最终创造出正的利润。这些利润通常都不会局限于零利润,因为完成这一任务(与新的低成本企业的竞争)的正常机制不能得到有效发挥。

由于新企业是成本更高的生产者,而且其污控成本更高,因此,它们的利润只能为零。与此同时,现有企业获得了一种李嘉图式的租金(Ricardian rent)。

其他一些研究也确认了这样一种事实,即现有的规制提高了而不是降低了现有企业的价值,它们限制了潜在进入企业参与竞争。例如,马洛尼和麦考密克(Maloney and McCormick,1982)就曾在几个不同的产业中发现了这类证据。[5]

如果职业安全与健康管理局推出一项规定,限制纺织厂工人接触棉尘的数量,那么,新老企业所面临的执行成本的差异会很大。对股票价格的分析表明,许多受到这一规定影响的纺织企业,在职业安全与健康管理局发布这项规定建议的同时,其价值都增加了。更有甚者,价值的增加与企业在生产中所使用的棉花数量正相关。

这一发现表明,现有企业的价值因规制而增加了,而不是下降了。

马洛尼和麦考密克还发现,拥有冶炼厂的企业的股票价格,在1973年高等法院决定维持防治重大环境恶化计划(Prevention of Significant Deterioration Program)之后立即上涨了。这项决定限制了新的冶炼厂进入的竞争,从而提高了现有企业的价值,否则这些新冶炼厂也会选择落户于重大环境恶化区。很显然,环境规制对产业的影响相当复杂,但是,如果说这些规制会迫使许多企业破产,则言过其实了。

环境政策对就业的影响很复杂。有些证据表明,环境方面的支出会牺牲就业机会,而其他分析则认为,环境方面的开销实际上会促进就业。正如争论21.2"就业与环境:哪一方是正确的?"所指出的,二者可能都是正确的,这取决于我们如何测度环境政策对就业所产生的影响。

争论 21.2　　　　　　　　　　就业与环境:哪一方是正确的?

关于环境管制的争论,归根到底还在于企业安装减污设备与否,是否会减少就业机会,以便为清污支付费用。如果预期会减少就业机会,那么,就会使得选民和立法者更加倾向于实施更为宽松的环境标准。

摩根斯坦等人(Morgenstern, et al., 2002)对四个行业的就业机会与环境的关系进行了分析,这四个行业是:造纸业、塑料制造业、石油提炼业和钢铁业。他们发现,提高环境政策的严厉程度不会明显地降低就业机会。

这项研究的关键在于如何测度就业机会的丧失。环境管制会使得工人从当前的工作岗位转换到别的岗位,但是,它也会创造出减污的工作机会。有一些行业会丧失一部分就业岗位,但是其他行业的就业岗位可能会增加。因此，各个行业的就业人数加在一起，全国总的就业岗位数变化不大，但是，它或许会掩盖这样一个事实，即确实有些行业受到的影响尤其严重。一个国家总的就业岗位变化与就业岗位的净丧失是相关的，但是，它们对社会而言具有不同的含义。

摩根斯坦等人（Morgenstern, et al., 2002）利用美国人口普查局的纵向研究数据库（Longitudinal Research Database）、减污成本与费用调查（Pollution Abatement Cost and Expenditure Survey）数据以及制造业能源消耗调查（Manufacturing Energy Consumption Survey）数据，对环境管制对就业净岗位的影响进行了估算，他们认为，每100万美元管制费用支出，会减少就业岗位2.8个，增加就业岗位5.9个。从全国来看，每新增100万美元减污支出（全部四个行业），就业岗位会净增1.5个。

作者在对分析结果作出评价之后认为，无论如何测算，制造业减少的就业岗位中只有很少的一部分（2%）是因为环境管制而引起的（1984—1994年共减少了632 000个就业岗位，其中只有14 000个就业岗位是因环境管制而减少的）。另外，环境支出同期已经创造了29 000个就业岗位。

虽然这项研究并没有解决所有争论的问题，但是它确实为解决这个问题提供了一些线索。政策制定者们不应该只分析保护环境所产生的支出可能会减少就业岗位，还应该分析就业岗位可能产生的变动以及新增的就业岗位。

资料来源：Richard D. Morgenstern, William Pizer, and Jhih-Shyang Shih, "Jobs Versus the Environment: An Industry-Level Perspective," *Journal of Environmental Economics and Management* Vol. 43 (2002): 412-436.

21.4 污染物的产生

企业在生产产品以满足国内家庭、出口市场以及政府需求的过程中会产生污染物。在这层意义上，家庭也必须对污染物的产生承担某种责任。家庭需要的产品数量和类型会对排放的污染物的数量和类型产生影响。按照这种逻辑，我们不仅可能知道各个不同收入层次的家庭所购买的产品的数量和类型，而且能够利用这些信息，推演出由此而造成的污染物排放的格局。利用现有的这些信息，我们可能可以估算出各收入阶层产生污染的分布情况。

以一个大型的投入—产出模型作为计算的基础，宾厄姆等人（Bingham, et al., 1987）分析发现，每个家庭平均产生的污染量会随着家庭收入的增加而增加。尽管这项研究发现，总体上说，低收入家庭1美元的花费所产生的污染与高收入家庭 1 美元花费所产生的污染同样多,但是,高收入家庭的花费更多。

21.5 对家庭的影响范围

环境成本的增加在许多方面会影响到家庭。家庭购买的产品,其价格的增加会使得某个固定收入的购买力下降。工资率或就业的下降也会导致收入降低,产业的收益下降会使得企业红利减少,同样也会使得企业的市场能力下降。

不过,问题不仅止于此,家庭最终还是必须负担污控的成本。市政当局必须对废弃物处理设施的建设给予补贴,补贴的资金来源于税收。污控成本的最终影响范围不仅仅取决于需求的性质和产业的市场结构,还取决于税收结构。

为了估计控污经费的最终影响范围,近几十年来已经完成了许多项研究,以追溯各项费用在整个影响过程的变动情况。因为这些关系非常复杂,所以所得到的一些估计值一定是很粗略的,但是,确实也得到了一些较精确的估计值。

空气污染

家庭从固定污染源和移动污染源所产生的空气污染控制中所得到的净收益是截然不同的,因为它们各自成本负担的分配方式有很大的不同。因此,我们需要对每种情况分别进行分析,以便从总体上评价它们的影响。

汽车控制

20 世纪 70 年代初期,美国环境保护署发表的一项研究报告指出,汽车尾气控制的成本或许是渐进式分布的。从本质上说,其理由就是由于穷人的汽车拥有率较低,而且政策控制集中于新车,因此,中等收入阶层和高收入阶层所承担的负担最大。

随后的一些研究并不支持这个结论。更有甚者,它们认为问题比早前美国环境保护署所得到的结论更为复杂。具体而言,新车尾气排放的控污成本上升会影响到旧车的价格。

这些间接影响使得影响的格局复杂化了。虽然新车购买者明显必须面对更高的价格，但是旧车所有者却会获得某种收益，因为他们的车再转手的价格更高了。不过，这种收益很短暂。不管是购买新车还是购买旧车，今后所有购买汽车的人都必须支付更高的价格。

一些研究试图跟踪这些影响。只有弗里曼（Freeman, 1977）试图说明短期的影响。他得到了两个非常有趣的结论：(1) 在每个收入阶层中，旧车所有者所获得的收益（因旧车转手价值增加而产生的）总的来讲要大于在同一收入阶层的新车所有者的损失（因控制尾气排放的成本而产生的）。(2) 收益是累进式分布的。因此，从短期看，汽车污染的控制成本大于旧车的收益，并且低收入阶层的人获得的收益最大。

与这个结果一样有趣的是，我们也不应该对其收益估计过高。旧车的收益是一次性的，不能重复。另外，它只有在汽车转手时才能够实现。当另外购买一辆车，不管是旧车还是新车，都不得不支付更高的与尾气排放控制有关的成本。

鉴于这些原因，汽车尾气控制成本的影响范围的最有趣点就是，从长期看，对于所有的汽车而言，其成本都更高。我们应该再一次考虑以下几个因素：(1) 增加新车购买者的成本；(2) 增加旧车购买者的成本；(3) 每个收入阶层的新车和旧车购买者的数量。

所有的研究都发现，从长期看，汽车的污染控制成本都是累进式分布的。哈里森（Harrison, 1975）对其影响范围做了最为全面的描述。例如他发现，郊区的成本比城市中心高；小城市比大城市高。他还发现，郊区以及小城市的递减程度也更大（洛杉矶除外，它是一个大城市，但它的递减范围很大）。

这些证据只说明了一部分原因。为了确定最终的影响范围，我们有必要使用一些效益方面的估计数据对这些成本影响范围方面的数据进行补充。为了对成本负担分配的分析作出补充，哈里森还对汽车污染控制政策的收益范围进行了详细研究。因为以货币的方式估算收益的价值很困难，所以他只用三种汽车排放物（一氧化碳、氧化氮和臭氧）的浓度的变化来测度收益。他计算了每个地区这些排放物浓度的变化，并且使用这些地区人们的收入水平数据，计算了各类人员接触这些排放物的下降程度。

他发现，对于生活在城区的人们而言，空气质量的改善所带来的效益是累进式的。另外，在非常大的城市地区，它们大多是累进式分布的。之所以产生这种情况，是因为在最大型的城市中，污染最严重的地区穷人也太多。

当他将成本和效益的估计数据结合起来，说明该国其他地区的情况时，哈里森总结道：

生活在郊区、小城镇地区以及非城市地区的家庭（占美国家庭总数的 2/3），在当前的安排下境况非常不好。在这些地区的家庭，尽管他们支付了很高的成本，但获得的空气质量收益却非常一般。在这些地区的低收入家庭的境况尤其不好，因为按照当前的安排，他们负担的成本太重。(p.109)

一般来讲，哈里森的研究表明，控制汽车对环境造成污染的政策，尽管经过精心设计，并且统一执行，但是也会产生极度不平衡的收益分布。这种失调的情形，既表现在不同地区之间净收益的分布上，也表现在不同社会经济阶层的分布上。生活在农村地区的人们，尤其是穷人，比其他社会阶层的人所承担的负担似乎相对更多。

固定污染源的控制

这些结论只针对移动污染源控制吗？由于对象不同，因此我们在没有进行分析之前不能假设它们之间具有某种相似性。固定污染源的控制也会产生较高的价格，但是，受影响的商品不相同。另外，尽管穷人的汽车拥有率很低——城市里的穷人尤其如此，但是，更多的穷人可能会受到其他一些商品价格上涨的影响。

大多数研究都假设，固定污染源控制的成本增加，会通过更高价格的形式，向前传递给消费者。因此，其会根据每个家庭消费某种商品的数量而成比例地影响到每个家庭。一般而言，穷人在这些商品上的花费占其收入的比例也更高，这意味着他们的储蓄更少。因此，得出这些估计数据的研究人员发现，这些成本也是累进式分布的，这也就不足为奇了（Dorfman，1977；Gianessi，et al.，1979）。

对控制空气污染的效益所做的一些研究则给出了一个完全不同的情形。阿施和塞尼卡（Asch and Seneca，1978）曾分析过美国的空气污染分布问题。他们希望了解，受空气污染影响的状况是否与人口的经济和社会特征具有系统的关系。

为了回答这个问题，他们构造了两类不同样本的数据。第一类样本由这样一些观察对象构成，即 284 个城市的颗粒物年度几何平均浓度。他们收集了这些城市的社会经济变量（例如收入水平、年龄构成和受教育水平）数据。对每个州分别进行计算，结果表明，颗粒物污染水平与这些社会经济特征具有相关性。实际上，在所有州他们都发现，低收入人群比例较高、老龄人口比例较高以及非白种人比例较高的城市，污染物的浓度也较高。

他们使用另外一类样本对这一分析做了补充，使用这一类样本，他们分析了空气质量在城市内的变化情况。这一类样本受三种污染物（二氧化硫、二氧化氮和颗粒物）影响的程度与三个城市内部的社会经济特征相关，这三个城市是：芝加哥市、克利夫兰市和纳什维尔市。在每个

第 21 章 环境公平

城市的许多地方都分别测算污染水平和社会经济特征,这样就可以更为精确地建立起当地的污染水平与即时影响到的人口之间的联系。

收入分布指标一致表明,这些城市中最贫穷的人受到污染的程度也更为严重。较为严重的污染水平通常都位于财产价值比较低的地区。对于不同种族的情况而言,所得到的结果很混杂。在芝加哥市,高污染地区多半位于非白种人比例比较高的地区。但是,克利夫兰市的情形正好相反,即在白种人比例较高的地区,二氧化氮的浓度也比较高。布拉耶尔和霍尔(Brajer and Hall, 1992)对加利福尼亚州南部沿海空气品质区所做的分析明确地确认,少数民族(以及儿童)受到污染的程度最大。

阿施和塞尼卡对 20 世纪 70 年初即已实现了的空气质量的改善进行了分析,他们想知道,这些改进的方式是累进式、比例式还是递减式的。他们发现,物理性的改善是累进式分布的,即城市中低收入人群所接触到的污染物浓度下降幅度最大。他们还发现,在同一时期,许多高收入地区,实际上污染变得更为严重了。纽约区的结果与此类似(Zupan, 1973)。

联合评价

阿施-塞尼卡和朱潘(Zupan)的研究都只分析了受污染影响的程度,而没有分析经济效益。二者之间也不一样,因为经济效益的概念是指因受污染影响的程度降低而产生的价值,而不仅仅指受污染程度的降低。贾内西、佩斯金和沃尔夫(Gianessi, Peskin, and Wolff, 1979)试图将美国环境保护署计算的全国性的损失数据分配给各个区,然后以收入污染程度为基础,在各个社会经济阶层重新分配这些效益,以此试图填平二者之间的鸿沟。

他们的第一个结论是,各区域和各收入组之间,平均每个家庭效益估计值的变异程度比成本的变异程度大几倍。虽然在大型的城市地区,一个一般家庭从这项计划中所得到的效益是郊区和农村地区一个一般家庭所得到效益的许多倍,但是,他们在成本上的差距则较小。因此,美国工业化程度很高、人口很密集的地区位于获益最大者列表的榜首,而农村地区则位于末尾。

贾内西、佩斯金和沃尔夫还分析了这样一些具体的地区,即这些地区的效益为正或为负。对于汽车空气污染而言,他们发现,美国只有 4 个地区(泽西城、纽约、帕特森和纽瓦克)的净收益为正。对于固定污染源的污染而言,他们发现,有 61 个地区(总共 274 个地区)的净收益为正。如果将移动式污染源和固定式污染源的净收益结合起来分析,他们发现,有 24 个地区的净收益为正。这 24 个地区占总人口的比例约为 28%。这些地区(和人口)中,大部分人支付的空气污染控制的成本都比获得的效益高。

贾内西、佩斯金和沃尔夫分析了各收入阶层净收益分布的情况后发现，源于固定式污染源污染所产生的净收益是累进式分布的；源于移动式污染源控制的净收益则是递减式分布的。综合这些政策来看，所得到的结果是模棱两可的，尚未呈现清晰的格局。尽管穷人中最穷的人最终承受的负担也最小，但一般来讲，穷人和中低收入阶层受到的伤害更为严重。

或许我们不应该过于重视哪些地区是净收益者，哪些地区是净损失者这类列表排序，如上所述，因为确定净效益的量值还存在很大的不确定性，在效益的计算上尤其如此。然而，汽车空气污染的控制政策以及（在较小的程度上）固定式污染源污染空气的控制政策，二者显然都违背了水平公正和垂直公正的标准。在美国，相同的人在不同的地方所受到的待遇不同，而且空气污染的控制政策的净收益是按照递减的方式分布的。

温室气体控制

对于气候变化方面的政策而言，它的分配效果如何呢？美国利用各种不同的方法使其二氧化碳排放量降低到比1998年水平低15％的水平，迪南和罗杰斯（Dinan and Rogers, 2002）对此项政策的分配效果进行了分析。他们的结果表明，分配效果不仅取决于排污许可是溯及既往式的还是拍卖式的，而且也取决于任何收缴来的收入应该如何使用。

总的来讲，他们发现，如果采取溯及既往式的方式，收入位于最低1/5的家庭福利最差，而由于其股权价值有了很大增长，收入位于最高1/5的家庭福利则最好。另外他们还发现，如果征收许可费所得到的收入被用来减少工资税，那么拍卖式的排污许可则是累退式的。然而，如果拍卖式的排污许可证或税收按平均的方式（或者以穷人优先的方式）平均分配给每个家庭，那么，收入位于最低1/5家庭的福利将得到增进，而最高1/5家庭的福利将变得更差。

帕里（Parry, 2004）对使用排污许可证制度以及其他一些控污手段控制电厂二氧化硫、碳以及氧化氮排放上的效果进行了分析。他的结果表明，利用溯及既往式排污许可证制度，可以使得碳排放量降低10％，使得氧化氮的排放量降低30％，而且可能是高度累退式的。他还发现，《1990年清洁空气法修正案》设定的二氧化硫最高排放量限值也是累退式的，但是比碳和氧化氮方面的政策宽松。利用一种提高收入的政策手段以及将收入平均分配给每个家庭，就会使得所有这些计划都成为累进式的。

这些结果不仅表明，设计出既有效又公平的政策是可能的，而且指出，要达到这样一个目标，在当前政策的执行方面必须作出相当大的改变。

水污染

水污染提供了一个有趣的例子。防止水污染的控污项目不仅包括工业污水排放标准（它与用于防止空气污染的工业排污标准类似），而且也包括联邦政府对废弃物处理场的补贴。由于这些补贴是通过税收系统提供资金的，因此，我们可以想象，它们的影响与主要通过提高产品价格的方式所产生的影响截然不同。

点源污染

三项独立开展的研究（Dorfman, 1977; Gianessi, et al., 1979; Lake, et al., 1979），分别分析了对点源污染所产生的水污染进行控制的联邦政府政策的成本分摊情形。三项研究得到的结论类似。

他们发现，总的来看，这些成本的分摊是累退式的。工业污水排放标准施加了很大的累退式的成本费用，而对城镇污水处理厂的补贴费用则是累进式的。他们发现，工业排污标准也是累退式的，因为它们会提高消费者的价格。因为穷人的花费占其收入的比例更大，储蓄较少，因此他们受到的影响相应地也更大。对城镇污水处理厂的补贴，之所以具有累进性，主要是因为它们的财源源于具有累进性质的税收系统。

为了对这些结果进行分析，贾内西和佩斯金（Gianessi and Peskin, 1981）分析了水污染成本的影响范围和空气污染成本的影响范围。他们发现，水污染防治的成本，其累退性不明显，部分原因在于对城镇污水处理厂的补贴提供资金的方式，而且在水污染防治政策中缺乏任何类似于具有高度累退性质的汽车污染防治政策的元素。

对城镇污水处理厂的补贴具有累进性，对这个结论并不是不存在质疑。在对美国环境保护署设定的第Ⅶ区（艾奥瓦州、密苏里州、堪萨斯州和内布拉斯加州）的补贴费用的分析中，柯林斯（Collins, 1977）发现，它们往往会将收入从中等收入阶层向非常富裕的人进行再分配。这个结论取决于分析中的一个特别假设以及研究对象存在独一无二的特征。

这项研究假设，污水处理厂的工业用水者们得到的补贴不会以降低价格的形式传递给消费者，而是在某种程度上被接受补贴的人保留下来了。由于资本的所有者一般来讲都处于收入分配的上等位置，因此，这个假设会使得这类人得到很大的好处。如果对这个假设做一改变，将补贴分配给产品消费者而不是企业所有者，那么，城镇污水处理的补贴费用就会具有很强的累进性。

在柯林斯的研究中，假设资本的所有者保留了补贴，这一点被证明是尤其重要的，因为在他所研究的那个地区，有超过一半的补贴是补给了企业。奥斯特罗（Ostro，1981）利用与柯林斯估算污水处理补贴费用分配完全一样的方法，对波士顿大都市区进行了研究，结果发现，费用的分摊具有明显的累进性。之所以产生完全不同的结论，主要在于这样一个事实，即在波士顿，工业占补贴的份额只有 7.85%，从而使得分析结果对工业补贴的假设缺乏敏感性。

有关防治水污染的效益分配方面的文献极为少见。在一项研究中，温斯顿·哈林顿（Winston Harrington，1981）对执行《1972 年水污染控制法修正案》最可行的控制污染技术所产生的水上观光效益的分配进行了研究。哈林顿利用 RFF 水网模型（RFF Water Network Model）模拟了政策对水质的影响，利用经济计量学模型估算了水质改善引发的观光需求上的变化，他发现，效益的分配很不均匀。具体来讲，他发现，白人比非白人占便宜；中等收入家庭比穷人占便宜；城镇居民比生活在农村的人占便宜；东北部居民比其他地区的人占便宜。

21.6　政策含义

上述分析表明，不论是效率评价准则还是可持续性评价准则，都不足以确保环境的公平。虽然效率准则能够保证净收益最大化，但是它没有回答谁得到这些收益的问题。虽然可持续性评价准则保护了后代的利益，但是它对成本和收益在当代人之间的分配却只字未提。

由于穷人过高地承担了大部分的环境风险，这诱使人们作出这样的假设，即降低这些风险也会过高地惠及这些人。虽然这里面有一定的真实成分，但这远非全部真相。

我们现在分析一下与降低环境风险有关的任何政策的净收益成分。在收益方面，某项特定的政策使得环境质量的改善并不一定出现在穷人和少数族裔人群集中的地理区域。在成本方面，我们已经知道，政策手段的选择既会对成本费用的多少产生影响，而且也会影响成本的分摊。对于旨在提高收入的政策手段而言，决定费用累进性的主要因素取决于如何分配这些收入。

这些观点既为乐观主义提供了一个基础，也使我们感觉到前面的道路还十分艰巨。之所以产生乐观情绪，原因在于效率和可持续性从本质上说都是与社会公平不相符合的。按照设计，政策可以是公平的，也可以是有效率和可持续的。我们之所以觉得道路还十分艰巨，原因不仅在于公平并不就是有效率的和可持续的政策的正常结果，而且，要达到公平的结果，还需要我们对政策作出改革。

如例 21.1"回收利用对分配的影响"所述，溯及既往式的排污贸易，其最初的分配比传统的管制性政策更为公平。[6]本章中论述的其他研究也指出，加入以某种特别的方式来分配收入，那么利用旨在提高收入的政策手段（例如拍卖排污许可证或者排污费）甚至可以产生比溯及既往式的排污贸易更为公平的结果。如果收入不按规定的方式进行分配，那么费用的分摊就更加不公平。从历史上看，至少在美国，完全执行旨在提高收入的政策手段是很困难的事情。即便它们在政治上可行，仍然也不能保证这些收入能够按照我们要求的方式进行分配。

例 21.1 ☞ 回收利用对分配的影响

正如我们在第 16 章所述，区域清洁空气激励市场计划是加利福尼亚州南海岸空气质量管理区（California South Coast Air Quality Management District，SCAQMD）建立的用于防治烟雾污染的一项排污贸易计划。尽管执行该项计划背后的一个主要动力就是希望采取一项成本更为有效的政策，但是，区域清洁空气激励市场计划对穷人、小企业以及就业情况会产生什么影响，也是执行该项计划的一个主要目的。为了推动这项计划，加利福尼亚州南海岸空气质量管理区聘请了一家顾问公司，详细分析了从管制性的政策转变为区域清洁空气激励市场计划对成本和效益的分配产生的影响。分析指出：

● 与对应的管制性规制相比，排污贸易会使总污染防治成本降低约 40%；
● 这些成本的下降往往最有利于低收入家庭；
● 假定小企业最初的排污许可证分配与采取管制性政策一样，那么，小企业可能可以从排污贸易中获得很大好处；
● 单个企业的情况如何，很大程度上取决于排污许可证的最初分配；
● 区域清洁空气激励市场计划通常会通过降低成本和扩大产出的方式来提高就业。

从本质上看，尽管分配的影响在很大程度上取决于排污许可证的最初分配上，但是，按照管制方式作出的最初分配同时也能达到公平和成本有效的目的。

资料来源：David Harrison, Jr. *The Distributive Effects of Economic Instruments for Environmental Protection* (Paris: Organisation of Economic Cooperation and Development, 1994).

有害废弃物处理场的选址也为我们提出了若干重要的政策问题。合理的政策反应可以归为以下两个不同的类别：

第一，政府必须对受政策影响的对象作出一致的界定，这样不仅有利于理解问题的深度，而且能够确定哪里最需要资源。不一致的界定可能会产生缺乏效率的政策反应。

第二，环境公平的进步取决于少数族裔以及低收入人群获得的授权有多大，因为这些人最可能受到政策实施的负面影响。只要他们意识不到附近的有害废弃物处理场会给他们带来风险，而且他们被排除在决策过程之外，那么，他们就将继续承担过高的费用负担。正如本章论述的加拿大和欧洲的例子一样，不仅可以提供充分的信息，而且可以将受风险影响的人们纳入决策过程，这样才能使得当地社区愿意接受有害废弃物处理场。

21.7 小结

我们可以利用环境政策公平地降低环境风险吗？答案是否定的。例如，有害废弃物处理场的选址似乎就会使得风险的分配违背水平公平原则。在低收入人群中，少数族裔似乎就承担了过高比例的成本费用。这个结果表明，当前的选址政策既不是有效的，也不是公平的。这项政策之所以失败，其原因似乎在于没有确保当地居民的同意，而且现有法律保护的实施也十分不均衡。

分析控污政策的公平性要求我们知道成本和效益最初是如何分配的，以及市场是如何改变这些成本费用的分摊方式的。我们首先分析了控污成本对产业的最初影响范围，我们发现，不同产业之间变化很大。产业有多大能力将成本费用转嫁给消费者或者雇员，取决于下列一些因素：市场对产品的需求、生产过程的劳动密集程度以及市场结构。有些产业受到的影响比其他产业更为严重。

对最终的成本费用分摊的经验证据表明，对于空气污染而言，其成本费用的分摊一般都是累退式的，而收益的分配则是累进式的。低收入人群和少数族裔人群通常接触到的污染物水平都比较高。有证据进一步表明，固定式污染源污染防治的净效益是累进式分配的，但是移动式污染源污染防治的净效益则是累退式分配的。

对于整个空气污染防治而言，经济效益的分配略具累退性质，因为汽车污染的防治占了主导。环境政策达不到垂直公平标准，不过程度并不严重。

当前的控污政策也违背了水平公平原则。大城市居民的净收益比郊区和农村地区的居民高得多。

对于水污染防治的净效益的分配而言，证据尚不充分，尽管如此，我们仍然可以认为，它们既违背了水平公平原则，也违背了垂直公平原则。尽管水污染防治的成本不如空气污染防治的成本分配的累退性明显，但是，效益的分配似乎具有很强的累退性质，而且地理区域之间的变化很大。

虽然空气污染和水污染防治政策的结果明显表明，当前的收益分配并不如其应该的那样公平，但是，我们没有什么证据表明对穷人存在任何有意图的剥削。防治政策的许多部分都涉及累进式分配的净收益，对城市里的穷人而言尤其如此。从整个情况看，累退式性质并不那么明显，如果富人剥削穷人，那么情况就另当别论了。

当前的污染防治政策缺乏公平性，很明显，这并未打消公众对环境政策的支持。按照民意调查的结果，公众的支持度依然很高。然而，在决定环境立法的形式时，区域性的自利行为一直是一个问题。

尽管以前的政策通常并不如意，至少在美国是这样，但是，制定更为有效的政策，同时提高环境公平水平还是有可能的。在防治固定式污染源的污染方面，政策越来越有针对性，而且越来越仰赖于成本有效性的政策，方向是正确的。为低收入者和少数族裔人群提供更多的信息，让他们更多地参与决策过程，其境况必定会有很大的改善。

讨论题

1. "环境政策的目标以及我们对穷人的关心，二者之间不可避免会产生矛盾。任何改善环境的企图，其成本费用必定要让穷人过高比例地分担。"请加以讨论。

2. "美国的环境政策在执行的一致性方面已经是极为公平了。例如，在统一的环境大气质量标准、统一的新污染源排放标准、统一的有害废弃物排放标准、统一的新车排污标准和统一的污水排放收费标准等方面，这一点非常明显。"在这些政策上的统一性能够保证"公平"吗？请对"公平"作出定义，并解释其原因。

进一步阅读的材料

Christiansen, G. B., and T. H. Tietenberg. "Distributional and Macro-economic Aspects of Environmental Policy," in Allen V. Kneese and James L. Sweeney, eds. *Handbook of Natural Resource and Energy Economics* (Amsterdam: North-Holland, 1985). 该文对本章涉及的材料给出了更为详细和更为技术性的评述。

Elliott, Donald, Bruce A. Ackerman, and John C. Millian. "Toward a Theory of Statutory Evolution: The Federalization of Environmental Law," *Journal of Law, Economics, and Organization* (Fall 1985): 313-340. 该文试图对某些经济的和政治的力量作出解释，当环境的特殊利益群体在院外活动中作用很小时，这些力量可以推进非常严格的环境立法。

Gordon, David, ed. "Environment," in *Problems in Political Economy: An Urban Perspective* (Lexington, MA: DC Heath, 1981). 该文分析了防治污染的政策收益分配方面的激进的、保守的和自由的观点。遗憾的是，这一部分的讨论在第二版中被漏掉了。

Harrison, David, Jr. *The Distributive Effects of Economic Instruments for Environmental Policy* (Paris: OECD, 1994). 该文对各种环境政策手段对低收入群体产生的影响进行了评述，同时也分析了消除各种可能的负面影响的措施。

Peskin, Henry. "Environmental Policy and the Distribution of Benefits and Costs," in Paul R. Portney, ed. *Current Issues in U.S. Environmental Policy* (Baltimore: Johns Hopkins University Press for Resources for the Future, 1978). 该文对《1970年清洁空气法修正案》的成本和收益分配，从政策角度进行了分析，其内容更为全面。

【注释】

[1] 我们也可使用这些概念来指收益或成本的分配。如果富人得到的份额较大，那么收益就是渐进式的；如果穷人得到的份额更大，那么成本就是回归式的。要搞清楚这些概念的最简单办法就是记住，渐进式意味着对穷人有利。

[2] Report of the Office of the Inspector General, March 1, 2004.

[3] Office of the Inspector General, 2004, 19.

[4] 受环境公平问题影响的人是指"受到了不公平对待的人"，按照美国环境保护署的定义，即"使少数族裔和低收入人群比一般人群承担更大负担的环境行动所产生的负面影响"（Office of the Inspector General, 2004, i）。

[5] 休斯、马加特和里克斯（Hughes, Magat, and Ricks, 1986）对其中的部分证据提出了质疑。

[6] 这并不具有普遍意义。帕里（Parry, 2004）认为，如果所有的排污许可证租金都以提高产品价格的形式向前传递给消费者，那么，排污贸易实际上就比管制性分配方式更具累退性质。

第22章 发展、贫困和环境

> 如果有人想在某个时代降生，难道不是革命的年代吗？在革命的年代里，新旧并存且容许比较；所有男人的精力都被恐惧和希望所牵引；旧时代的历史性辉煌可以由新时代的众多机遇所补偿。这个时代像所有时代一样，是一个非常美好的时代，只是我们必须知道如何把握这个时代。
>
> ——拉尔夫·沃尔多·爱默生（Ralph Waldo Emerson）：
> 《美国学者》（*The American Scholar*）（1873年）

22.1 引言

在前面几章中，我们使用相当长的篇幅分析了单个的环境和自然资源问题，以及解决这些问题我们已经而且能够采取的政策反应。解决环境污染问题是可能的，除个别例外，一般而言，我们的经济和政治组织似乎也都是摸着石头过河。

接下来，我们必须考虑全球经济系统以及在21世纪中它所面临的挑战性规模。主要的挑战或许就在于寻找到一种方式，在不破坏环境或不导致自然资源基础退化的条件下，为子孙后代有效地处理全球贫困问题。

贫困是环境污染产生的一个重要原因。最差的控污记录并不像人们想象的那样出现在高收入国家的高度工业化的城市，而是出现在低收入国家的主要城市。失地农民迁移到林区寻求土地耕作，这是森林采伐的部分原因所在。穷人为了生存被迫到高侵蚀性的土地上耕种，这是水土流失产生的部分原因所在。有效地处理好这些环境问题，受困于这些问题的人类就可以提高他们的生活水准。

传统上，这个目标可以通过经济发展来达到。[1] 发展中国家发展的一个模型就是像现在的工业化国家一样，走经济快速增长之路。这个模型的合理性如何呢？

分析传统经济增长模式的合理性，首先应该研究该模式作为消除贫困的一种手段成功与否。我们先论述经济增长是如何发生的，以及经济增长是如何受到日益增长的资源稀缺性和环境成本的影响的。随后，我们使用这些知识来预测工业化国家经济增长过程中将如何发生变化。

最后，我们将探讨工业化国家经济增长与发展的相互关系。经济增长增进了发达国家一般公民的福利吗？也就是说，明显提高了的物质商品消费，由于经济增长存在着巨大的抵偿性问题，而有可能会使得合理测度的生活水平下降而不是上升呢？

当然，一般公民的命运并非总能说明穷人的命运。在经济快速增长时期，穷人的命运又如何呢？约翰·肯尼迪的比喻"潮涨船高"是否贴切？也就是说，潮涨了，是否会让更多的人居孤岛而求生呢？

虽然可以借鉴工业化国家的历史经验，但发展中国家无法照搬发达国家的经验。经济增长在多大的程度上能够消除发展中国家的贫困问题呢？发展中国家的穷人在资源有限的世界中提高生活水平的障碍是什么？

22.2 增长过程

过程的性质

经济增长是如何发生的？经济增长发生的方式有两种：通过诸如资本、劳动、能源和其他资源等投入要素的增加；通过技术进步使得这些资源的生产率提高。前一种方式在保持现有技术水平不变的基础上可以提高产出；后一种方式则涉及技术水平的改进。

投入的增加

投入增加引起的经济增长量受两个主要经济概念支配：规模经济和报酬递减律。规模经济（economies of scale）是指当所有的要素投入同比例增加时所获得的产出的增加量。报酬递减律（law of diminishing returns）则支配着某些要素增加而其他要素固定不变时的投入与产出之间的关系。

如果所有要素投入的增加都会导致产出同比例增加，那么，我们就说规模报酬不变。规模报酬递增（increasing returns to scale）或规模报酬递减（decreasing returns to scale）是指这样一种状况，即产出增加的比例大于（或低于）要素投入增加的比例。

当一些要素投入（但不是所有要素投入）增加时，报酬递减律支配着产出的多少。例如，假定除资本以外的所有投入要素固定不变，产出的增长情况如何？随着资本的连续增量增加到其他固定不变的资源中，报酬递减律表明，最终将达到某一点，此时要素投入的每个增量所产生的产出增量越来越小。

技术进步

经济增长的终极源泉在于技术进步，也就是以更好、更节省的方式做事。通过技术进步，即使没有增加要素的投入，经济也会增长，因为我们能以更为有效的方式利用投入要素。例如，利用一项新的生产技术，可以减少能源浪费，或是使得制造某个产品所消耗的资源更少。

增长减速的潜在原因

从历史上看，要素投入的增加和技术进步，二者都是经济增长的主要原因。然而，我们不能机械地认为，它们未来也将以历史增长率的水平促进经济增长。许多理由表明，在将历史上合理的论点外推到未来时，我们必须极其谨慎。

降低投入流

并不是所有的投入流都可以持续维持在历史增长率之上。许多国家的人口增长已经明显下降了，这会使得劳动力的增长下降甚至有可能停止。劳动力增长引发的经济增长正在递减，并将在未来继续递减。

能源和原材料的成本似乎正在上升，即使按照真实价格计算也是如此。生产者对较高的相对价格的反应就是削减这些投入要素的使用，从而降低它们对增长过程的贡献。

资本形成在过去起着关键的作用，而且今后也可能继续如此（Jorgenson, et al., 1988）。由于工人们工作中所使用的精良设备越来越多，他们的生产率也会随之提高。

资本已经打破了由人类的局限性所产生的障碍。超出劳动力强度和耐力的极限后，使用推土机就会使得推土的工作不再受到限制。马匹和小推车运输商品在时间和强度上受到限制后，市场的规模就会随着铁路、卡车和飞机的出现而迅速膨胀。簿记员工曾经试图停留在信息和纸张流使用的最前沿，但是他们数量的多寡和技能的高低限制了企业可控性，当计算机能够即时访问使用实用格式编辑的重要信息时，这种限制已经不再那么重要了。

尽管资本是一种可再生产的资产，但是，一些间接的限制未来仍然可以削弱它们的作用。这些限制包括对其他要素可替代性的限制、对未来投资的生产率的限制，以及对投资积极性的限制。下面我们逐一分析这些情况。

资本维持其历史增长率的能力部分地取决于它替代某些投入要素的能力，这些投入要素正处于其极限状态。我们在第14章中论述了替代弹性的概念，并且强调，如果替代弹性系数等于或大于1，那么替代就很容易发生，而且增长就不会受到抑制。

我们分析的第一种替代现象是资本与劳动的相互替代。随着人口增长逐渐下降，劳动力供应的增长率也会逐渐下降。从历史上看，由于资本不断地替代劳动，经济增长率一直超过了劳动力供应的增长率。大多数关于生产的研究已经发现，资本和劳动具有很强的替代关系。如果我们思考一下现代制造业部门的情况，这个结论似乎很合理。因此，人口增长率的日益下降本身并不是经济增长的一个特别大的障碍。

不过，如果要阐释其他资源之间的相互替代关系，问题会变得更加复杂。有关资本和各种资源之间现有的可替代性程度方面的经验工作并没有显现出一般的共识。替代的程度似乎取决于所分析的产业类型。

资本与能源之间的替代关系则更加令人迷惑。对美国的资本—能源历史数据的分析表明，二者之间是互补品而非替代品。因此，资本和能源可以共同替代劳动和其他资源，但是不能逆向替代。如果一个人想想拖拉机、推土机以及飞机，这似乎是一个很自然的结论。

我们所关心的问题是，在未来资本和能源是否依然是互补品，或者资本是否可能替代能源？鉴于化石能源利用与气候变化之间的关系，因此这是一个尤其重要的问题。如果对气候变化的影响涉及减少使用化石能源，而且是能源的一种互补品，那么，气候变化策略就会对降低资本形成率具有副作用。

很显然，在一些情况下替代能源是可行的，因为已经采用了节能设备（例如计算机控制加热和制冷）。另外，一些资本投资明显加速了向被动式太阳能系统的转变,该系统可以更好地利用可用能源。

在其他行业,例如运输业,替代关系并不十分明显,但是,这并不意味着它们之间就不存在替代关系。在许多欧洲国家,自行车被用来替代汽车。在某种程度上,通信甚至可以替代运输,因为越来越多的人无须离开家庭,而是采取家庭式计算机终端和电话来工作。尽管历史经验表明,替代的可能性是有限的,但是,我们不清楚未来是否也如此。因此,确认未来资本和能源之间的替代弹性一律大于 1.0 为时尚早。虽然资本和劳动之间的替代弹性可能非常高,但是,这并不能为劳动力增长下降时期的经济增长提供太多保证。较高的能源价格对经济增长很可能会产生某些阻力。

阻碍经济增长的第二个原因与将来的资本生产率有关。随着污染越来越严重,用于治污的资源数量也会增加。大部分的新机械和新设备必须用于控制污染。然而,与常规的投资不同,这些新机械和新设备并不能生产更多的商品,它们只生产了一个更加清洁的环境。因为更加清洁的环境的价值常常并不计入经济产出的常规指标,那么,由于更大比例的投入要素从提高生产率方面转移到改善环境方面,因而用常规方法测算出来的产出指标其上升的速度就会更加缓慢。

阻碍经济增长的第三个原因涉及投资的积极性问题。资本的投资量取决于投资的回报率。投资越是有利可图,投资的量就越大。然而,我们已经论述过两个会降低投资回报率的相关要素:规制上偏向新资源以及投资结构。由于注重新资源,管制体系削弱了新投资获利的相对能力,而增强了现有资本存量的获利能力。这种偏向新资源的现象削弱了投资新资本品的积极性。与此同时,由于大部分经费用于增加新机械和新设备,往往会削弱这些投资的获利能力,因为环境改善一般都不会增加利润。

总之,预期资本的增加可以完全补偿其他投入要素的降低是非常冒险的,一些重要的转变正在发生。虽然它们并不意味着经济增长会出现灾难性的停滞,但是这些转变肯定暗示着经济增长率会因投入要素的下降而下降。

技术进步的极限

技术进步能够缓解这对矛盾吗?如果技术进步必须补偿日益下降的要素投入,那么,技术进步速率就必须提高。这可能吗?

一些观察家开始认识到,技术进步能够继续扮演其作为经济增长的一种促进因素的历史性作用,但是其作用的强度受到了限制。一些限制被视为制度性的以及与选择有关,其他一些限制则被视为很自然且不可变更。

控污政策中的新资源规制性偏差为制度性限制提供了一个例证。因为大多数技术进步当其内化于新的或改进的生产设施中时就已经取得了成果,因此,这种新资源的偏差通过减少这些设施的数量就可以显示出技术的进步。

另一个制度性的障碍就是投入基础研究的资源越来越少,公共部门尤其如此。由于基础研究经常表现为技术进步的先导,因此这种趋势也会降低技术进步的速率。

自然资源魔咒

532　　最后一个尤其令人感兴趣的阻碍经济增长的可能原因或许就是资源非常丰富的国家的特殊问题。一般认为,这些有幸拥有丰富资源天赋的国家更可能经济繁荣。但是事实正好相反,即资源丰富的国家很少经历经济的快速发展(参见例22.1"'自然资源魔咒'假说")。

例 22.1 ☞　　　　　　　　　"自然资源魔咒"假说

令人不可思议的是,有确凿的证据表明,自然资源丰富的国家,其发展的速度可能并不快。而且,这不仅仅是因为资源富裕的国家其商品价格的不稳定性。

为什么资源禀赋会拖累经济增长呢?可能性有几种,大多都具有共同的特征,即资源富裕的部门,其投资往往会被"挤满",如果投资于其他部门,或许更能支撑发展。

● 一个流行的解释就是"荷兰病"(Dutch Disease),是指原材料出口引起收入的显著增加而引发的一种现象。原材料出口的突然增加会使得大量的劳动和资本从传统制造业转向这一部门,从而使得传统制造业萎缩。

● 另一种解释是,国内资源价格的上升伴随着资源的激增阻碍了制造业出口的国际竞争力,因此阻碍了出口导向型经济的发展。

● 第三种解释认为,资源富裕型国家,从资源部门获得的大量租金也会使得企业家和创新从其他部门"虹吸"到资源部门。因此,可以预料,资源富裕型国家的创新率比较低,进而导致发展速率较低。

虽然许多资源禀赋很好的国家没有按照预期把握发展的机遇,但是,我们仍然要强调,许多资源禀赋匮乏的国家也没被排除在高水平发展国家之外。

资料来源：J. D. Sachs and A. M. Warner. "The Curse of Natural Resources," *European Economic Review* Vol. 45, No. 4-6 (2001): 827-838; R. M. Auty. *Sustaining Development in Mineral Economies: The Resource Curse Thesis* (London: Routledge, Inc.); T. Kromenberg. "The Curse of Natural Resources in the Transition Economies," *Economics of Transition* Vol. 12, No. 3 (2004): 399-426.

环境政策

533　　我们已经论述过，控污法会使产业增加很大的执行成本。这些成本对通货膨胀（提高产品价格）、就业和经济增长具有一定的影响。我们所关心的问题是，这些影响以往到底有多大以及预期将来会有多大。

一般而言，传统的环境政策对通货膨胀率（按城市消费价格指数计算）的影响非常小。控污费用占生产成本的百分比相当小。

对就业的影响尤其有趣。我们在上一章中论述过，新资源偏向的一个影响会降低对现有污染源就业的负面影响。所发生的任何对就业的负面影响都在某种程度上被生产控污设备的企业增加的就业所抵消。这些产业的销售额和就业一直因环境的管制而增加。控污成本增加从而引发价格上升，由此而产生对就业的负面影响，上述影响足以抵消这种负面影响吗？

至少在洛杉矶地区，证据似乎表明，严格的环境政策并没有引起失业的增加（参见例22.2"就业机会与环境的关系：何以为证？"）。

例22.2　就业机会与环境的关系：何以为证？

环境调控对就业的影响是一个热点政治话题。对公众的调查表明，公众非常支持产生清洁环境的指标，但是，工人们常常觉得这些指标会威胁到他们的就业机会。

工人们的焦虑合理吗？理论告诉我们，环境管制通过提高边际成本、降低销售量，可以减少就业机会；它也告诉我们，管制也可以通过增加工人监管和维护控污设备而增加就业机会。经验研究得出了相互矛盾的结论。

为了收集这个话题的证据而采取的一项非常有趣的方式就是分析某个已经采取了严格管制的地理区域内，管制对就业机会的影响。有一项研究，正好是讨论洛杉矶制造业工厂控制空气污染的。因为洛杉矶是美国空气质量最差的地区，南海岸空气质量管理区已经被迫采取管制措施，管制的严格程度前所未有，目的是达到国家空气质量标准。研究分析了洛杉矶管制区企业的就业机会增长情况，并将这些工厂的就业增长情况与得克萨斯州和路易斯安那州相似工厂的就业增长情况进行比较，后者在空气质量管制方面没有明显的增加。

结果表明，1979—1991年，在洛杉矶盆地，空气质量的管制明显增加了成本，然而加强空气质量管制并没有明显影响就业。事实上，研究发现，就业还有所增加。尽管从统计学的意义上说，这种增加并不显著，但是，它们足以排除这样一种可能性，即管制必定会导致就业机会的明显减少。

资料来源：E. Berman and L. T. M. Bui. "Environmental Regulation and Labor Demand: Evidence from the South Coast Air Basin," *Journal of Public Economics* Vol. 79 (February 2001): 265 - 295.

然而，环境政策对就业状况影响的这种正面预测并不应掩盖问题本身。就业方面所获得的好处通常都会得益于不同的人群。新的工作机会往往不会与失去工作机会的人同处一地，而且所涉及的技能水平也极少相同。即便总体上对就业的影响是正面的，随着控制环境污染的成本的日益增加，它可能也会引发严重的局部化问题。

20世纪70年代生产率的下降在多大的程度上应该归咎于环境政策呢？康拉德和莫里森（Conrad and Morrison, 1989）比较了美国、加拿大和联邦德国的数据后发现，只有很小一部分的生产率下降可以归咎于投资转向于控制环境污染。事实上，政府对安装清洁设备的某些要求也提高了生产率，因为它强迫企业投资更新的、更有效率的设备。就美国产业而言，我们普遍认为，控制环境污染只占生产率下降责任的12%（Barbera and McConnell, 1990; Gray, 1987; Christainsen and Haveman, 1981; Norsworthy, Harper, and Kunze, 1979）。如果这些模拟数据完全准确的话，那么环境政策确实无须对20世纪70年代经济增长率下降负很大的责任。

22.3 能源

我们在22.2节中分析的第二个可能会阻碍经济增长的原因就是能源。由于1973—1974年发生了能源价格的猛涨，因此，这个时期为我们分析能源阻碍经济增长的程度提供了一个独一无二的机会。

我们可以得出什么结论呢？由于历史上能源和资本一直是互补品，因此我们会发现，能源价格的上升会降低资本形成。同时，由于能源和劳动是替代品，增加劳动，会使得劳动的平均生产率下降。

从总体上说，事实与我们的这一组预测是一致的，即投资较低，而且平均劳动生产率下降。乔根森（Jorgenson, 1981）以及尤里和哈桑

(Uri and Hassanein, 1982) 强化了这种认识。

乔根森尤其关注 1973—1976 年的能源价格飞涨，他首先分析了这样一个问题，即经济增长的下降是归因于投入的下降还是归因于生产率的下降。他发现，投入下降远没有生产率下降重要。随后，他分析了 35 个不同产业的具体经历以找出引起这种生产率下降的原因。

不难想象，整个经济体的生产率下降原因不外乎资源从高生产率产业向低生产率产业转移，或是每个产业内部生产率的下降，乔根森发现，后者比前者重要。他分析了生产率下降的原因，结果表明，在所分析的 35 个产业部门中，有 29 个产业部门的技术变迁偏向了能源的利用。这个结果表明，1973—1976 年，随着能源价格的上涨，技术进步引发的生产率增长下降了。如果未来也像过去一样，那么，这个事实就证明了（虽然很微弱），较高的能源价格可以抑制技术进步的速率。

那些相信能源价格在生产率下降中发挥着重要作用的人的困惑就是，如果能源成本的份额很小，情况还会如此吗？一般而言，成本份额很小的要素对产出的影响也很小。

伯恩特和伍德（Berndt and Wood, 1987）提出的可以解释这一困惑的方式似乎与事实是一致的。他们认为，从短期看，资本存量提供的资本服务与其操作特性一样主要是固定的。一旦资本存量就位，能源与实际利用的资本服务的比率也就固定了。能源价格的明显变化就会影响资本被利用的程度，而且这也是能源效率最低、使用最少的时期。较高的能源价格是通过降低使用现有资本存量，从而降低总要素生产率的。

在上述情形下，较低的生产率并不一定会持续下去。只要可以购买到耗能较少的新资本，能源的利用率将会提高，生产率也会随着机器设备的安装而得到恢复。一旦资本的存量调整到新的更高能源价格的状态，生产率增长就会反弹。

思考长期问题的关键在于，正视事后替代可能性和事前替代可能性之间的差异。事前是指投资前的时间段；事后是指设备安装后的时间段。有限的事后替代可能性似乎在 20 世纪 70 年代以及 80 年代早期的能源价格上涨之后的生产率下降中发挥着重要作用，但它并不自然地表明事前替代可能性会很小。正是事前替代可能性决定着经济长期增长的未来。

20 世纪 90 年代，美国经济处于相对繁荣时期，以数字革命形式呈现的生机勃勃的技术变迁景象，对劳动生产率的提高具有非常重要的意义（Jorgenson, et al., 2002）。当时，生机勃勃的技术变迁景象是由相对较低的能源价格推动的吗？或者与此无关？21 世纪初能源价格达到高峰，只要经过足够的时间我们就可以来评价它们的影响，这将为我们提供一个新的可供分析的原因。我们拭目以待。

支持可持续发展的大多数观点认为，有必要提高能源利用效率。实际上，这意味着必须在能源保护方面进行投资，以便更充分地利用少量的化石能源。在能源保护方面的投资预期将对就业和收入产生什么影响呢?

盖勒等人(Geller, et al., 1992)研究了这个问题,他们构想出两种定量的情景:一般商业情景和能源高效率情景。能源高效率情景是指在能源效率方面每年额外增加490亿美元的投资。他们得出结论认为,除了使得污染物明显下降(例如,二氧化碳下降24%)以外,能源高效率情景既可以使得个人收入增加(到2010年增加0.5%),也可以使得工作岗位得到净增加(到2010年增加就业岗位110万个)。估计就业岗位增加最多的行业是建筑业、零售业和服务业,传统能源供应部门的就业岗位的下降最大。其他一些研究也发现,能源从可枯竭能源向可再生能源的转变很可能也会增加(而不是减少)就业(Renner, 1991, 25)。

22.4 展望未来

美国和其他发达国家的未来现在正逐渐清晰可见。因为我们正处在一个转型时期,在我们当前的经历与不远的将来将要碰到的情形之间正在呈现出一些突出的差异。尽管详细的分析超出了我们研究的范围,但我们仍将强调某些正在凸显的变化。

人口影响

世界上大多数国家所经历的出生率的明显下降的影响很显著。不可避免,人口平均年龄的上升,会对社会保障制度产生压力。由于美国的社会保障制度是非累积式的,因此当前支付给退休人员的报酬主要来自当前仍在工作的工人们。

当美国总统乔治·W·布什将社会保障制度的改革列为其第二任期的一个主要重点之时,我们就能够理解社会保障制度的重要性了。只要人口继续增长,在职工人与退休人员之比就依然很高,这样也就足以为退休人员提供充足的福利水平且对在职工人不会产生过大的压力。然而,如果人口增长下降,就像现在一样,那么,在职工人与退休人员的比率也将下降。为了保持社会保障体系的经费,福利的增长就不得不下降,而且(或者)在职工人的支出不得不提高。在政治上,这二者都不是具有吸引力的选项。人口变迁是一件很麻烦的事情。

经济学家的研究表明,人口增长下降对其他劳动力市场的影响也非常显著。一个非常正面的影响或许就是青壮年失业率的下降，也就是说，劳动力市场可以吸收少量缺乏经验的工人。

随着人口增长的下降，劳动力的增加也会更加缓慢，这会使得工资增加。较高的工资会增强和支持妇女劳动参与率的上升，而且也会诱使老年人更长时间地处于未退休状态。妇女就业机会的增加会使得出生率保持在较低的水平，从而强化人口低增长率的趋势。在劳动力市场的紧俏时期，对收入的分配也会产生一种均等化的作用，除非经济体从外面引进劳动力，或是利用资本（例如计算机）替代劳动。

信息经济

美国经济中资本和资源的地位很重要，这是工业革命所带来的一个结果。工业革命开创了物质生产的新时代，制造业替代农业成为了就业和收入的主要来源。这种转型取决于大量的资本投入以及大规模建设引起的大量的资源消费。

美国的经济现在正处在从工业社会向信息经济转型过程中。这种转型的关键元素就是商品生产向服务经济的变化，即理论知识作为经济增长来源的重要性得到提升，而且对信息处理的依赖日益增加。

这种转型对美国的社会具有重要意义。计算机控制的机器人可以弥补空缺的职位，从而以资本直接替代劳动的方式降低人口增长。由于计算机通信为运输提供了一种替代，因此在家里工作对大多数的人来说已经成为可能。这些变化可以提高生产率、降低污染以及对原材料和能源的依赖。智力最终将替代石油成为经济系统的主要推动者。因此，教育的重要性正在提高，它不仅可以提供高素质的劳动力，而且也是推动新经济增长的思想源泉。

信息经济的其他一些方面也将直接影响环境政策。收集、存贮和结构化信息的成本已经降低，大众访问这些信息的成本也已降低，这些都使得大量公开性的新策略成为可能。这些策略都有助于提高政策的有效性和环境的公平性。新的快速有效的信息分享能力使得政府与非政府组织直接的合作效率更高，二者可以联合起来寻求可持续的发展。发达信息技术也将增强环境政策的实施及其监管，历史上这是最薄弱的一个环节。信息经济提供的新分析技术（例如地理信息系统）也将为政策的制定与实施提供更好的基础。

然而，信息技术也是一把双刃剑。"9·11"事件之后，发达信息技术也会使得那些肆意破坏而不是建设的人更加容易协调。为了应对这种威胁，美国政府已经允许采取一些针对隐私边界的措施。信息技术看来似乎是一个包含五花八门东西的杂合体。

22.5 增长与发展的关系

经济增长历史上一直是发展的一个推动器吗？经济增长确实使得一般人生活得更好了吗？美国和世界上收入最低的人受惠于经济增长了吗？

对于这些问题，要给出一个放之四海而皆准的答案是非常困难的，但是，我们必须回答这个问题。一个合适的起点就是阐明经济增长究竟意味着什么。对经济增长的认识可以追溯到测度经济增长的方式上。我们并不是说所有的经济增长都是不好的，但是，常规经济增长指标的增加并非总是好的。一些人钟情于零经济增长，他们是基于这样一个事实，即按照我们现在测度的方法，经济增长显现出几个不合乎需要的特征。

传统指标

真正测度发展水平的指标应该在我们（作为一个国家或者整个世界）的福利更好时增加，在我们感觉更差时下降。这样的指标我们称之为福利指标（welfare measure），按照我们的设计，当前所采用的常规指标并不是福利指标。

当前我们采用的指标是产出指标（output measures），产出指标试图表示已经生产出来的商品和服务的数量，而不是我们的感觉有多好。测算产出说起来很简单，其实不然。大家熟悉的经济增长指标是建立在国内生产总值（domestic gross product，GDP）之上的。GDP 表示经济体在任何年份生产的商品和服务的总和。我们利用价格来衡量这些商品和服务在 GDP 中的重要性。从概念上说，在将产品从生产到销售出去的整个生产过程中，每个部门增加的产值相加即可计算 GDP。

我们为什么要使用价格来衡量商品和服务呢？我们需要采取一些手段来比较不同的商品的价值。价格可以提供一种衡量体系，它考虑了商品对于消费者的价值。从前面几章的分析中我们知道，价格既能够反映生产者的边际成本，也能够反映消费者的边际效益。

GDP 并不是一个福利指标，而且经济学家从未打算让 GDP 成为一个福利指标。如果将 GDP 作为福利指标就会存在某种局限性，例如新设备的价值，新设备一般用于替换旧设备，而不是扩大资本存量的规模。一些投资仅仅是替换旧机器，而不是扩大资本存量的规模，在此，我们引入一个新的概念，即国内生产净值（net domestic product，NDP）。按照定义，NDP 等于国内生产总值减去折旧。

NDP 和 GDP 都会受通货膨胀的影响。如果所有的商品和服务流都保持不变，但是价格翻倍，那么 NDP 和 GDP 也会翻倍。由于福利和产出都没有增加，因此，我们需要有一个指标来准确地反映这一事实。

为了解决这个问题，国民收入会计师们给出了不变价美元的 GDP 和不变价美元的 NDP。这些数值是通过"去除"实际 GDP 和 NDP 中的价格因素推算出来的。从概念上说，要完成这一工作，我们就需要定义一套商品束。每年相同的商品束都重新定价。如果商品束中的商品的成本提高了 10%，那么，由于产量不变，我们知道商品的价格就会提高 10%。我们可以使用这一信息去除价格对指标的影响——指标的增加归因于商品和服务的产量的增加。

这种校正并不能解决所有的问题。其一，并不是所有组成 GDP 的成分对福利的贡献都是相等的。或许我们在现有核算制度中能够用到的最近的成分应该是消费，即家庭消费的商品和服务的数量。但它没有考虑政府支出、投资、出口和进口。

对现有核算体系最容易作出的一种校正就是将真实消费除以人口以得到人均真实消费（real consumption per capita）。通过这一校正，我们能够对两方面的增加加以区分，一是为维持日益增长人口的生活水平所需的产出方面的增长，一是表示人口中一般成员所消费的商品和服务方面的增加。

人均真实消费是我们使用现有数据所能得到的最接近以福利为导向的产出指标。不过，它距离理想的福利指标的要求还较远。

具体来讲，人均真实消费上的变化并没有对导致经济增长的两个原因作出区分，即是收入上的真实增长所产生的经济增长，还是经济学家所称的"自然资本"减值所产生的经济增长？这种"自然资本"是指环境所提供的资产存量，例如土壤、大气、森林、野生动物和水。

约翰·希克斯爵士（Sir John Hicks, 1947）为收入给出的传统定义是：

> 实际上，计算收入的目的就在于给人们一个量的指示，表示他们在没有使他们自己变得更穷的条件下能够消费的数量。按照这一思想，看来我们还是应该将一个人的收入定义为他一周内可以消费的最大价值量，并且希望周末仍然像一周开始时那样富裕。(p. 172)

尽管我们认为人造资本（例如建筑物、桥梁等等）与这个定义是一致的，但是，自然资本则不然。由于人造资本会磨损，核算时必须用折旧量来补偿设备折旧所减少的价值。除非从总回报中扣除折旧，否则经济活动的增加就不能作为收入的增加来看待。仅仅是用来替换损耗资本的这部分不宜看做收入。

在标准的国民收入核算体系中,我们并没有为自然资本做这样的调整。我们将自然资本存量的折旧计作收入是不正确的。在国民收入核算中"兑现"自然资源禀赋的发展策略无异于自然资本存量不折旧的发展策略;二者的回报都可以视为收入。

我们现在分析一个类似的情形。美国许多高水平的私人教育机构都有巨额财政资助。分析其年度预算,我们会发现,这些机构会将学费、其他收费、由财政资助获取的一部分资本收益和利息作为它们的收入。除特殊情况外,标准的财政实践并不允许教育机构责难校长。而且,不允许减除财政资助并将财政资助的增加视为收入。

然而,这正是传统国民核算对自然资源的核算方法。我们能够耗尽我们的土壤、采伐我们的森林、用土壤填满海湾,我们可以将由此而产生的经济活动视为收入,而不视为自然资本禀赋的下降。

由于自然资本违反了希克斯定义,因此,政策制定者们被误导了。政策制定者们依赖于误导的信息,从而更有可能采取不可持续的发展战略。

在资源依赖型国家,对人造资本和自然资本统一运用希克斯定义来调整国民收入核算会产生相当大的差异。例如,罗伯特·雷佩托(Robert Repetto,1989)及其世界资源研究所(World Resources Institute)的同事们曾经使用常规的未调整的数据和按自然资本折旧调整后的数据,分析了印度尼西亚国民生产总值的增长率。他们发现,尽管 1971—1984 年印度尼西亚的国民生产总值平均年增长率为 7.1%,但是,经过调整后的估计值则只有 4.0%。

鉴于当前核算体系中存在严重的缺陷,许多工业化国家——挪威、法国、加拿大、日本、荷兰以及德国现在已经提出(少数国家已经建立起)调整的核算体系。这种调整是应该作为当前核算体系的一个补充还是完全成为一种新的标准核算体系,关于这个问题的观点分歧明显,而且有待厘清。

美国经济分析局(Bureau of Economic Analysis,1994)对美国某些矿产(石油、天然气、煤和非燃料矿石)的存量价值进行了初步概算,并对这些矿产的存量价值(按美元不变价格核算)随着时间推移的动态变化进行了分析。目的就是要确定这些矿产按当前的利用方式是否符合可持续性的价值不变准则。如果价值下降,就违背了这一准则;如果价值不变或增加,就符合这一准则。他们发现,一般而言,价值的增加大约正好可以抵消消耗的价值,他们的估计值表明,1958—1991 年,并没有违反可持续性的价值不变准则。不过,由于经费问题,他们没有对这些估计值做连续估算,因此也不可能确定其后的动态变化情况。

第 22 章 发展、贫困和环境

替代指标

我们是否达到了可持续性标准呢？尽管这是一个很难回答的问题，但是我们已经提出了许多指标，并取得了一些进展。这些指标在指标的构造以及指标的含义方面均存在差异。

调整后的净储蓄

我们首先分析这样一个指标，它试图为判断我们是否达到了弱可持续性标准提供一种经验办法。正如我们在第 5 章中所论述的，按照弱可持续性准则，总资本的下降表明是不可持续性的。这意味着，净储蓄（即总资本价值的增量）必须是正的。负净储蓄意味着总资本存量下降了，这不符合弱可持续性准则。

调整后的净储蓄（先前我们称之为"真实储蓄"）是一个考核可持续性的指标，它明确考虑了自然资本的净储蓄概念，是世界银行环境经济组（Environmental Economics Group of the World Bank）所构造的一个指标。调整后的净储蓄估值可以通过对标准的国民总储蓄核算指标做四种调整推算得到。第一，减去人工生产资产的资本消费，即可得到净国民储蓄。第二，当前的教育支出加上净国内储蓄，作为人力资本投资额（在标准的国民核算中，这些支出被当做消费来处理）。第三，减去各类资源的消耗，以反映资产价值的下降，这些资产的价值与其开采和收获有关。资源消耗的估计值以计算出的资源租金为基础。租金等于世界价格和单位开采成本或单位收获成本之差（包括资本的"正常"回报）。第四，扣除污染所造成的损失。由于许多污染造成的损失就其影响而言是局部性的，因此没有特定的数据，我们很难对这种损失作出估计，世界银行的估计值仅包括二氧化碳排放引起的气候变化所造成的损失。

这些估计值说明了什么呢？一般而言，调整后的净储蓄表明，违反弱可持续性准则的国家大多是苏联加盟共和国以及一些撒哈拉以南非洲和中东国家。[2]据估算，高收入国家的可持续性较差，因为它们的储蓄以及教育支出很大，足以抵消自然资本价值的下降。

真实发展指标

真实发展指标（Genuine Progress Indicator，GPI）是由旧金山重新界定进步组织（Redefining Progress in San Francisco）提出并主张的，它在两个方面不同于调整后的净储蓄指标：（1）它的重点在于调整后的消费而不是储蓄；（2）它的调整类别更多。[3]

GPI可以按几种方式调整国民的个人消费。最独特的（也是最具有争议的）就是调整收入分配中的个人消费支出。收入分配越均匀，GPI越高；收入分配越不均匀，GPI越低。[4]将收入分配所做调整后的个人消费支出作为基础，然后用GPI加上或减去各类支出，加减的依据是，这些支出是否增强或减弱了国民福利。增强国民福利的例子有：用于做家务、抚养子女和其他志愿工作的时间的价值；耐用消费品（例如汽车和冰箱）以及道路和街道的服务价值。减弱国民福利的例子包括：防御性支出，即用于维持家庭舒适、安全或满足的支出，例如个人滤水器、安保系统、重大车祸的医疗账单，或者空气污染墙面引起的屋面粉刷；社会成本，例如离婚、犯罪或休闲时间减少引发的成本；环境资产和自然资源的贬值（农田、湿地和老龄森林的丧失；能源和其他自然资源存量的下降；废弃物和污染所产生的破坏）。

按照真实发展指标，不仅传统的核算指标（例如GDP）会高估经济体的健康程度，而且在20世纪70年代的几年中，人均福利实际上也下降了。这期间，收入不平等性和休闲时间的下降，加上犯罪、污染以及其他社会成本的增加，这些都大于由于较大规模经济活动带来的增加以及社会性生产活动（例如志愿活动）的增加。

生态足迹

生态足迹（Ecological Footprint）与其他两个指标明显不同，生态足迹是基于物理性指标而不是经济指标。生态足迹指标试图测度满足资源需求以及吸收某个给定人口或特定活动所产生的废弃物，在生态上可再生和不可再生的生产性土地面积的数量。[5]足迹用"全球英亩"（global acres）来表示。一个单位足迹对应1英亩具有"世界平均生产率"的生物性生产空间。由于土地生产率会随着时间的推移而变化，因此，每年都有其自己的一套评价因素。将足迹与生态上可用的土地数量进行比较，我们就可揭示足迹是亏空还是盈余。

与其他指标一样，生态足迹指标也偏离于国民消费的计算值，国民消费等于国内产值加上进口并减去出口。通过对72类物品的估算来得到这种平衡，例如粮食、木材、鱼类、煤和棉花等。用每类资源的消费总量除以它的生态生产率（或单位面积的收获量）就可以计算出每类资源利用的足迹（按英亩计算）。我们以二氧化碳排放为例，森林吸收二氧化碳污染物所需要的英亩数，即足迹等于森林平均吸收能力除以排放量。

按照生态足迹指标，工业化国家的消费水平是最不可持续的（即按照它们的消费水平而言，其所需的生态生产性土地比它们国内可用的土地多）。这个分析也表明，当前的生态生产性土地的数量不足以继续维持当前的全球消费水平，也就是说，我们已经处于亏空的状态。

人类发展指数

所有测度福利的指标存在的一个缺点就是它们都是针对一般国民而言的。从某种意义上说，最严重的贫困并不是社会一般成员所经受的，因此，这一福利水平会产生严重的误导。为了纠正这种错误做法，1990年联合国开发计划署（United Nations Development Program，UNDP）提出了一个替代指标，即人类发展指数（Human Development Index，HDI）。这个指数有3个部分：寿命、知识和收入。

由于人类发展指数中的3个指标及其权重都是很主观的，因此人类发展指数颇具争议，尽管如此，2004年，联合国开发计划署仍然从不同国家的人类发展指数比较中得出了一些有趣的结论：

● 人均国民收入和人类发展之间的联系并不是必然的，这取决于收入的支出方式。一些收入相对较高的国家（例如南非和波斯湾国家）其人类发展状况并不如预期的那么好；一些低收入国家（例如斯里兰卡和古巴）所能达到的人类发展水平却高于按其收入水平预期应该达到的水平。

● 尽管如此，收入仍然是提高人类发展状态能力的一个主要决定因素。人类发展指数最高的5个国家（挪威、瑞典、澳大利亚、加拿大和荷兰）都是收入非常高的国家，这并非偶然。

22.6 增长与贫困：工业化国家

仅从一般国民的福利状况来构想增长与发展之间的关系会掩盖许多真实的社会现实。两个国家按照平均福利水平而言，可能具有相同的人均增长水平，但是，如果一个国家增长成果的分享很均匀，而另一个国家却很不均匀，在这种情形下，如果还认为这两个国家的福利水平的增长相同，这种认识未免太过于简单化了。

尽管有证据表明，经济增长已经改善了发达国家一般国民的福利，但是，它却没有阐述社会中最贫穷的民众的感觉。为了确定穷人是否也从增长中获得利益，我们必须深入研究增长进程的本质。

历史是阐明这一关系的一个信息来源。为了探讨来源，我们将分析美国在某个经济增长速度特别高的时期的数据。经济增长曾经使穷人受益吗？

对收入不平等性的影响

增长在两个主要方面对穷人有益。第一，增加就业岗位、提高就业机会以获取更多的收入；提高工资水平，或者二者兼而有之。第二，一般认为，当受益人数增加时，从政治上说，收入的转移则更加容易。一些人会捐献钱财，从而放弃他们的一部分收入，但其福利水平维持不变。如果在没有增长的情况下，任何分享都会使得捐献者的真实收入下降。

美国的经验表明，经济增长期会降低贫困的程度。尽管增长本身也已经成为了一个要素，但是，政府的转移支付产生了最大的差异。在没有转移支付的情况下，经济增长不可能使得许多贫困线以下的人提高到贫困线以上。增长和穷人之间的关联更多地取决于它对转移支付意愿的影响，而不是直接的市场影响。尽管增长不能被视为一种手段，且这一手段必然会创造穷人和富人之间的收入平等性，但是，至少在美国，穷人的生活质量确实已经因经济增长而改善了。这种改善既表现在一般生活水平的提高上，也表现在从富人向穷人的转移的上升上。

22.7 发展中国家的贫困问题

工业化国家的历史经验说明，经济增长可以是经济发展的一个手段，而且这种形式的发展既可以惠及富人，也可以惠及穷人。尽管经济增长和贫困之间既不存在必然的联系，也不是普遍的真理，但是，它确实为解决贫困问题提供了一种可能的途径。

发展中国家可以借鉴工业化国家的历史经验吗？经济发展是不是正在解决贫困问题？

2000年9月，联合国成员国一致通过了千年宣言（Millennium Declaration），确定了许多千年发展目标（Millennium Development Goals），其中，这些目标要求：

● 到2015年，使生活水平在每天1美元以下的人口降低到1990年的一半，即全球人口中，中低收入国家人口的比例从27.9%降低到14.0%；

● 1990—2015年，使遭受饥饿的人口比例降低一半；

● 到2015年，确保任何地方的儿童，无论是男孩还是女孩，都能够完成小学的课程；

- 1990—2015 年，5 岁以下儿童的死亡率下降 2/3；
- 到 2015 年，制止和抑制艾滋病病毒/艾滋病的扩散。

这些目标可以作为判断进步的有用基准。实际情况又如何呢？

按照世界银行（World Bank, 2004）的报告，1981—2001 年，生活在 1 美元以下的人口比例几乎下降了一半，即从占全球人口的 40% 下降到了 21%，但是，这仍然没有达到 14% 的目标。但是，已经实现了的目标在全球范围内的分布也不均匀。尽管仅东亚和南亚这两个区域，由于其经济快速增长，5 亿多人口脱离了贫困，但是，在非洲、拉丁美洲、东欧和中亚地区的许多国家，贫困人口的比例只是有了轻微的增减。

不仅区域之间贫困不均匀，穷人所面临的各种危险也不均匀。例如，估计世界范围内有 8.4 亿人口（大部分是低收入国家的人口）长期处于营养不良的状态，而且经济增长本身无法解决这个问题。例如，南亚地区尽管其经济增长很快，但是这个区域儿童营养不良的比例几乎达到 50%，而且入学率和学业完成率长期以来都处于很低的水平。根据世界银行的报告，如果按照当前的情形持续下去，到 2015 年，中等以上的发展中国家的儿童仍将无法完成小学教育。

穷人常常得不到卫生、营养和教育等方面的公共服务。例如，对 20 个发展中国家的数据分析显示，最穷 20% 人口的儿童死亡率下降的速度仅为全部人口中的儿童死亡率下降速度的一半。另外，全世界艾滋病感染者超过 6 000 万，其中 95% 以上在发展中国家，且 70% 在撒哈拉以南非洲国家。

传统模型的合理性

传统的经济增长模型是否适合于这些国家呢？它指出了脱贫的路径吗？

规　模

如果世界其他地区也采取亚洲、欧洲和非洲的工业化国家所遵循的发展模式，那么，与传统发展模式不相适应的一个指标就是消灭贫困所必需的全球范围的经济活动的生态影响。正如世界环境与发展委员会（World Commission on Environment and Development）前主任吉姆·麦克尼尔（Jim MacNeill）所指出的：“如果继续按照当前的发展模式发展下去，那么，今后 50 年人口就会是现在的 52 亿人口的 2 倍，要满足他们的需要，经济活动就必须增加 5～10 倍，开始减少大量的贫困人口时也是如此。”所有的经济活动最终都取决于大气和生态系统的状况，因此，这种规模上的扩张是否能够完成，我们一点都不清楚。

为了支持新型工业，能源的消耗就必须增加，进而温室气体也会增加。制冷技术的应用也会增加更多的气体，消耗平流层的臭氧含量。工业化国家过去可以免费使用大气层的巨大能力来吸收这些气体。但是，现在大气层的吸纳能力所剩无几。大多数观察家似乎都认为，为了迎接这种挑战，我们必须保持积极的立场，控制污染，严格地降低发达国家的气体排放，并且寻找到新的可持续发展模式。

发展模式

经济有助于发展模式的形成过程。合适的发展模式应该有利于扬长避短，但是对要素的价格非常敏感。

尽管并非大多数，但许多国家的经济都是劳动富余型的。它们的发展战略，至少在起始阶段，应该是劳动密集型的。劳动密集型的工艺有利于两个相关的目的，即充分利用资源丰富的优势；为更多的人提供收入来源。[6]

虽然工业化国家的发展模式越来越依赖于高素质劳动力，但这对当前的教育体系尚不能提供足够数量的高技能人才以满足这种需求的国家而言是不合适的。通过有效地利用低技能劳动力，发展中国家也能够提高收入，降低人口增长率，并且最终可以创造出支持强大教育体系所需的财富。

工业化国家的发展对化石燃料的依赖非常严重。尽管化石燃料供应充足时，这种发展模式是合适的，但是，环境吸纳其副产品气体的能力是有限的，因此，随着化石燃料供应的日趋紧张以及气候的变化，这种发展模式肯定不适合于未来。

发展的障碍

发展中国家提高生活水平的主要障碍是什么？人口日益增加，土地、卫生服务、教育以及金融资源的有限性越来越明显。许多这类问题因当前的国际经济状况而日益加剧。繁重的债务负担、出口价格日趋下降、本来可以用来创造就业机会和提高收入的资本外流，所有这些都是可持续发展的重要障碍性因素。

人口的增长

贫困会引发贫困。人口增长和贫困之间的正反馈机制就是一个很具说服力的例子。低收入人口的人口增长率尤其高，而且高很多。婴儿死亡率越高，父母越要生育更多的孩子。生儿育女是养老的途径之一。缺乏节育知识，避孕的有效性也很有限。妇女受教育的水平常常很低，在一些文化传统中，大家庭是妇女显示其身份的唯一途径。人口越多的家庭，由于收入下降，家庭资源必须分配给更多的孩子，因此会增加其贫困的程度。

人口增长对自然资源也会产生越来越大的压力。大量的人口被迫到边远的地区生活和生产，从而使得土壤侵蚀日益加剧，滥砍滥伐日益严重。人口密度的日益提高，会使得土地的承载能力超过负荷。在非洲的某些地方，游牧民族祖祖辈辈与脆弱的生态系统共生共息，由于人口日益增加，死亡率日益下降，以至于生态系统严重退化，无法继续满足人类的基本需求。

土地所有制模式

在许多低收入国家中，人口的增长对土地产生了很大的压力，这种压力会由于土地所有制模式而变得更为严重。在农业经济中，土地使用是消除贫困的一个主要因素，但是，土地往往集中在少数极其富有的地主手里。如果农民无法使用他们自己的土地，那么农业技术进步就无助于生活水平的提高。

在土地所有权方面，测度不平等性的一个常用指标就是基尼系数。基尼系数的值介于 0.0（表示完全平等）和 1.0（表示完全不平等）之间。如果每个农民所拥有的土地数量刚好相等，那么就是完全平等；如果所有土地只为一个农民所有，那么就是完全不平等。

在拉丁美洲，基尼系数超过 0.75 是很常见的。拉丁美洲是全球土地所有权模式扭曲得最为厉害的地区，这是殖民时期留下的一个后遗症，殖民统治者往往会聚敛大量的土地。亚洲国家稍好一些，基尼系数为 0.51～0.64。但是，非洲的情况有所不同，非洲大量土地按部落集中所有的现象是很普遍的，其基尼系数为 0.36～0.55。

贸易政策

发展中国家在试图提高其生活水平时所面临的一些障碍，工业化国家也面临过。贸易政策就是一个例子。许多发展中国家的贸易条件最近已经严重恶化。如果贸易条件恶化，那么发展中国家通过出口来进口商品，所能购买到的东西就很少。

产生这种贸易条件恶化的原因与其说是政策误导所致，不如说是市场的自然效应。其中包括工业化国家的进口替代（例如光纤替代铜做电话线）和工业化国家经济低增长引发的对发展中国家出口的低需求。

但是，政治因素也很重要。如果发达国家的政治力量图谋消除或极大地降低发展中国家的自然市场，那么，这些政策不仅会加剧发展中国家的贫困，而且会对环境产生直接的消极影响。

《多边纤维协定》（Multi-Fiber Arrangement）恰好就是一个例子，

该协定从1974年开始执行。该协定严重影响了发展中国家纺织品以及其他纤维产品的出口。在发展中国家中，纤维产品是劳动密集型产品，对就业的影响很大。纤维原材料的供应为当地可持续农业提供了一个就业机会。该协议人为地降低了纤维产品的市场容量，从而迫使一些国家开展资源密集型的经济活动（例如木材出口），替代环境上更为友好的以纤维为基础的制造业以赚取外汇。

农业贸易不仅表明价格扭曲可以转化为不可持续的发展，而且也表明它们可以加剧贫困。一般而言，价格扭曲和人为调控汇率都会导致这样一种贸易模式，即发达国家的农产品过多，而发展中国家的农产品太少。发达国家的农业获得了各种补贴的支持，而发展中国家的补贴往往会产生生产不足，而不是过度生产。高估的汇率会提高粮食进口，降低粮食出口。

农业补贴不利于发展中国家的小规模农业，而小规模农业为遭遇最严重贫困问题的一小部分人提供收入，因此，农业补贴政策也会加剧贫困问题。另外，由于这一特定群体收入的增加又会导致人口增长率的下降，使得某些人对环境施加的压力最终会与当前贸易模式中的补贴政策关联起来。

发达国家和发展中国家之间的一个常见的差异在于它们各自的矿产资源的不同。一般而言，发展中国家控制着世界上大多数的矿产资源，而发达国家创造了对这些矿产资源的需求。如果确实如此，那么这个观点表明，矿产价格的提高应该为大多数发展中国家创造出有利的贸易条件。

遗憾的是，通过深入的观察我们发现，这一观点过于简单化了。虽然发展中国家向发达国家的矿产出口增加了，但是，并不是所有的发展中国家的出口水平都较高。少数几个国家拥有大量的石油储量或非燃料矿产的储藏，但是，大多数发展中国家并非如此。增加矿产价格的效益往往会与大多数发展中国家擦肩而过。

债务问题

许多发展中国家的债务水平都很高。遗憾的是，甚至是私人资本都正在从一些急需资本的资本匮乏国家流向资本富余的国家。据世界银行估计，在一些严重欠债的国家中，其居民在国外所拥有的外逃资本总量占该国外债的比例相当大。

在真实利率很高的时期，这些外债几乎会用光该国所赚取的外汇。由于赚取的外汇被用来还债，因此不可能用它们来支持有利于可持续发展的进口活动和扶贫活动。根据《经济学家》杂志估计（1989年），几乎所有的欠债国家，1982—1988年，其投资与国内生产总值的比率都明显低于前6年。阿根廷从25％下降到了15％，委内瑞拉从33％下降到了

18%。投资的下降反过来又会降低借债国家的产出和出口的增长，从而进一步伤害其还债的能力。

只有极少数几个富油国家例外，大多数发展中国家都必须进口大量的能源。因为石油需求的价格弹性很低，因此，它们用于进口的支出明显上升，而出口却没有相应的增长。

许多石油出口国的情况正好相反，它们拥有石油的定价权，往往会将油价定价过高。不过，这种贸易有利条件并不能避开在发展过程中遇到的困难。尼日利亚就是一个典型例子。由于大量出口石油，尼日利亚当地的工资结构以及汇率最终严重地伤害到了农业生产。大量的资源从农业生产领域流向石油生产领域，以至于收入分配也受到了严重的消极影响，使得收入分配严重地不平等（Hogendorn，1997）。

鉴于债务对发展产生的严重威胁，世界银行和国际货币基金组织于1996年联合发起了重债穷国减债计划（Heavily Indebted Poor Countries Initiative，HIPC）。该项计划的目标就是降低世界最贫穷国家面临的过重的债务负担。

从2004年9月起，27个国家在该计划之下得到了债务免除。重债穷国债务免除计划与其他债务免除计划一起惠及27个国家，使得这些国家的债务总量下降了2/3。债务偿还与出口的比率也显著地下降了，达到10%的平均水平，这使得更多的资源可以用于公共支出。其结果是，用于扶贫的政府支出预期将从还债支出的2倍增加到4倍左右。得到重债穷国减债计划资助的27国的扶贫支出占GDP的比重预期将从1999年的6.4%提高到2003年的7.9%。[7]

重债穷国减债计划并不是一剂万能药。即使这些国家的所有外债都被免除，大部分国家依然要依赖于外援。总体上说，多年来它们所得到的外援已经超过了它们必须归还的外债。

事实表明，尽管经济增长不是解决发展中国家问题的万能药，但是增长总比不增长好。不过，工业化国家经历的增长模式很可能并不是发展中国家最合适的未来发展模式。工业革命以来，环境发生了很大的变化。另外，发展中国家的要素禀赋与工业化国家也不相同。变化中的环境呼唤新的经济增长途径和手段。

自然灾害

2004年12月的亚洲大海啸证明，自然灾害也会对发展造成毁灭性的打击。海啸不仅使成千上万的人殉难，而且经济的基础设施（例如旅游、渔业、农业等）也遭到了严重的破坏和毁灭。

虽然我们不能像控制污染那样控制自然灾害，但是，我们也并不是无能为力。对于某个已知的危险，报警系统和防灾规划有助于我们降低损害。风险可以通过降低人口的脆弱性而得到控制。由于人口数量增加而土地数量却没有增加，开发灾害易发地带的趋势也会增加。这是否表明，是建设加利福尼亚州易被山火威胁的易侵蚀山坡还是在易受风暴影响的孟加拉三角洲耕种，人类的选择会影响风险的大小。人口压力使得我们更可能作出更具风险性的选择。

22.8 小结

从历史上看，投入的增加和技术进步是工业化国家经济增长的主要源泉。未来，某些生产要素（例如劳动）将不会像过去那样快速增长。这种要素的下降对增长的影响取决于边际生产率递减律、替代可能性和技术进步三者之间的相互作用。边际生产率递减律会使得增长率下降，而技术进步和替代可能性的有效性则会抵消这种不利影响。一种观点认为，第二热力学定律会限制技术进步，这意味着增长过程必须在一个稳定的状态或一种固定的状态达到极点，这时经济增长最终递减为零。

我们对经验证据的分析表明，增加对环境的控制尽管对某些产业影响很大，但对当前的经济整体的影响不是很大。环境政策只能引起通货膨胀率小幅上升，使经济增长小幅下降。很显然，环境政策对就业机会的贡献大于它所产生的成本。

能源的情形也相似。尽管能源价格上升较快，然而20世纪70年代经济增长的下降对能源价格的上升的影响并不是很大。经济增长速度下降确实已经发生，但是，就此认为日益上升的能源价格已经迫使我们进入低增长时期的观点似乎为时尚早。

然而，这并不是说经济没有转型。实际上，经济已经转型了。转型主要表现在两个尤其重要的方面：人口增长率的下降、信息作为经济驱动力的重要性上升。这两个方面往往会降低物理性的限制约束经济增长的程度，而且当前福利水平的可持续性程度上升了。

我们在本章中分析了一系列指标，这些指标试图揭示当前经济活动的可持续性程度。尽管这些指标并非十全十美，但是它们都揭示了一些重要的信息。

因为调整后的净储蓄以弱可持续性准则为基础，且弱可持续性准则在规模上是有限的，因此，调整后的净储蓄指标在判断使用弱可持续性指标来确定其经济活动是否具有可持续性的国家是否合理时并不是特别有用。但是，它有助于确定不具有可持续性的国家（以及导致它们不可持续性的原因），因为如果没有通过这种弱测试，就等于传达出了一种强烈的信号，表明问题很严重。许多没有通过这种弱测试的国家大多都是一些低收入国家,这个事实提醒我们,贫困既可以是一种原因,也可以是不可持续性的一种结果。

真实发展指标提供了一个有益的提示,传统核算指标的增长或许根本不表示福利的增加。传统核算技术测度的是经济活动,而不是福利水平。

生态足迹给出了许多有益的提示,经济活动的规模确实很重要,而且我们所有人类依赖的地球在满足人类无限制的欲望中,其能力最终都会受到限制。尽管生态足迹发现,人口已经超过了地球的承载能力,但是,我们有必要摈弃幼稚的想法,理性思考我们如何在资源有限的世界中生活。生态足迹也指出,财富对可持续性就像对贫困一样,完全是一个很大的挑战。

人类发展指数提醒我们,世界上最贫困民众的收入增长和福利水平之间远非一种想当然的关系,这与我们通常的认识大相径庭。虽然收入增长可以提高穷人的权益,但是它只有在采取合适的政策时才能做到这一点,比如普及的卫生保健和教育;限制腐败。该指数也表明,许多低收入国家在确保其发展成果惠及穷人方面取得了巨大进步。

展望发展中国家的未来,结果众多且含混不清。为了解决发展中国家未来的环境污染,就必须提高其生活水平。然而,按照工业化国家所走过的发展道路,经济增长肯定会伴随着严重的全球环境污染,问题的解决办法也将成为一个问题。我们需要新的发展模式。

如果发展将成为一个现实,发展中国家必须克服许多重要的障碍。从局域水平上看,随着人口的日益增加,可用土地和资产的限制也越来越显著;从国家水平看,腐败和发展政策都是排斥穷人的;从全球范围看,日益增加的债务负担、出口产品价格的下降以及本可以用来创造就业机会和提高收入的资本的外逃,这些都会使情况变得越来越糟糕。

如何克服这些障碍呢?可以采取哪种新的发展模式呢?通过什么途径采取新的发展模式呢?我们在第 23 章中将重点讨论这些问题。

讨论题

1. "从历史上看,经济增长为提高生活水平提供了一种有价值的途径。现在,生活水平已经够高了,经济的继续增长是不必要的了。如果我们必须考虑这种不合时宜的负面影响,或许是无益于生产的。经济增长就是一种已经不合时宜的过程。"请讨论之。

2. 环境污染是富裕的问题还是解决问题的方式问题?为什么?

进一步阅读的材料

Dasgupta, Partha. *An Inquiry into Well-Being and Destitution* (Oxford: Oxford University Press, 1993). 这是一部重要的著作，它全面讨论了产生和加剧贫困的主要原因及其与经济增长的相互作用。

Durning, Alan B. "Poverty and the Environment: Reversing the Downward Spiral," Paper No. 92 (Washington, DC: Worldwatch Institute, 1989). 该文对发展中国家的贫困问题、产生贫困的原因、贫困对环境的影响以及解决这些问题的某些策略进行了全面分析。

Neumayer, E. "Indicators of Sustainability," in T. Tietenberg and H. Folmer, eds. *The International Yearbook of Environmental and Resource Economics: 2004/2005* (Cheltenham, UK: Edward Elgar, 2004): 139-188. 这本文集回顾了判断可持续性的经验方法，并对各种方法的优缺点作出了严谨的评论。

Renner, Michael. "Jobs in a Sustainable Economy," Paper No. 104 (Washington, DC: Worldwatch Institute, 1991). 该文对可持续发展转变是如何影响就业的机会以及能够消除就业负面影响的政策选择进行了综述。

【注释】

[1] 这里我们采用了赫尔曼·戴利（Herman Daly）对增长和发展所做的区分。发展是指福利上的定量增加；增长是指商品和服务的物质产出上的扩增。二者是有关联的概念，但绝不是同义词。从概念上看，有可能存在没有发展的增长和没有增长的发展，但是，从历史上看，二者的关系一直是一个无法解开的结。参见 Daly and Cobb (1989)。

[2] 最新的数据参见 World Bank's Environmental Economics and Indicators Web site: http://lnweb18.worldbank.org/ESSD/envext.nsf/44ByDocName/GreenAccounting-AdjustedNetSavings/。

[3] 关于这个指标的详细说明（包括数据及其计算），参见 Redefining Progress Web site at http://www.redefiningprogress.org/。

[4] 这个步骤依赖于测度不平等性的指标，即基尼系数，其定义参见本书词汇表。

[5] 关于这个指标的详细说明，参见 Redefining Progress Web site at http://www.redefiningprogress.org/footprint/。任何人只要回答下列网站上列出的几个问题，就可以计算他自己的生态足迹：http://www.myfootprint.org/。

[6] 与资本密集型工艺相对照，资本密集型工艺利用的劳动较少，以至于可以将更多的回报分配给资本的所有者，因此资本所有者非常富裕。

[7] 关于这一计划的最新资料，参见 informational Web site http://www.imf.org/external/np/exr/facts/hipc.htm/。

第 23 章 探求可持续发展

> 寻求可持续发展道路是一项艰巨而重大的任务，为此我们应该推动重新寻找多边解决途径，改组国际经济体系，的确，这一点非常重要。完成这些艰巨而重大的任务，需要我们超越国家主权的纷争，弥合各种局部的经济收益战略，融合各种相互独立的学科。
>
> ——挪威首相格罗·哈莱姆·布伦特兰（Gro Harlem Brundtland）：
> 《我们共同的未来》（*Our Common Future*）（1987 年）

23.1 引言

1992 年 6 月的前两个星期，来自 178 个国家的代表团齐聚里约热内卢，由此开始了规划未来全球经济可持续发展的进程。组织者声称，这是联合国环境与发展会议（United Nations Conference on Environment and Development，通称为地球高峰论坛）为解决全球环境问题而举办的最大规模的峰会。这次会议的中心议题就是可持续发展。

什么是可持续发展？人们普遍认为是《布伦特兰报告》（Brundtland Report）将这个概念提高到它现在的重要水平，按照这个报告，"可持续发展是指这样一种发展模式，既满足当代人的需要而又不危害后代人满足他们自己需要的能力"（World Commission on Environment and Development，1987）。但是，这个定义远非唯一的可能定义。[1]可持续发展的概念定义仍然不是很成熟，仍处在进一步完善和阐明的过程之中。

按照许多评论家的观点，这个概念之所以受到如此广泛的关注，部分原因在于概念的本身含糊不清。概念的界定试图面面俱到，以博得众人的认可，但是，这样做存在明显的缺陷。深入思考之后，我们会发现，这个概念其实没有什么意义。好像皇帝发现了新衣，其实事物的本来面目并非皇帝所看见的那样。

本章将深入分析可持续发展的概念，并仔细研究可持续发展是否对未来的发展具有指导意义。可持续发展的基本原理是什么？对于我们的体系的运行方式的变化，可持续发展意味着什么？如何管理向可持续发展的转型？全球经济体系将会自动地产生可持续发展吗？也就是说，我们是否需要对政策作出调整？政策如何改变？

23.2　发展的可持续性

假如我们想画出未来普通人长期福利的可能发展趋势。以时间（以世纪为单位）为横轴，如图23—1所示，则会出现四种基本的文明发展趋势，即 A、B、C 和 D，t^0 表示当前；第一种情形（D）表示指数增长，即未来只是过去的简单重复。尽管一般认为这种情形不可能做到，但是它所蕴涵的意义值得思考。如果出现这种情形，不仅当前的福利水平是可持续的，而且福利的增长也是可持续的。我们对代际公平的关注就应该使得我们对当代给予更多的关切，因为当代人是最贫穷的。如果无限增长的可能性存在，那么，对后代的担忧就没有必要了。

第二种情形（C）预料增长将缓慢递减，直至递减为零时，达到稳定的极限。后代的福利至少都会像前一代的福利一样好。当前的福利水平是可持续的，不过，当前福利的增长水平却是不可持续的。由于每一代的福利水平都是可持续的，因此，对这种进程的人为约束则是不必要的。限制增长将会伤及所有的后代。

按照第三种情形（B），初期有所增长，随后处于一个稳定状态，但是存在一个重要区别：t^1 和 t^2 之间的几代人相比其先辈们，福利都会变得更差。当代的增长水平和福利水平都是可持续的，但是，可持续性评价准则要求立即向可持续性福利水平转型。

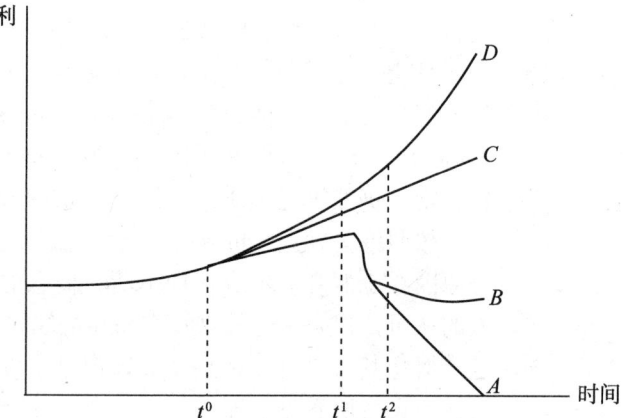

图 23—1　未来可能出现的几种情形

第四种情形（A）不承认人均福利水平具有可持续性，这表明唯一可能存在的可持续水平为零。当代的所有消费都不会加速文明的终结。

这些情形提出了三个方面的可持续性问题：（1）存在一个正的可持续福利水平；（2）最终的可持续福利水平与当前的福利水平在数量上的比较；（3）后代的福利水平对其先辈们行动的敏感性。第一个方面之所以重要，是因为如果正的可持续性福利水平可能存在，那么，情形 A（从哲理上说，在某些方面这种情形的出现是最困难的）则将被排除在外。第二个方面之所以重要，是因为如果最终的可持续福利水平高于当前的水平，那么我们就没有必要采取过激的行为降低当前的生活水平。第三个方面则提出了这样一个问题，即当代人的行为是提高还是降低了最终的可持续福利水平。如果当代人的行为确实有影响，那么，按照可持续性准则，我们就应该考虑到这些影响，以免福利无意中转移到前代而使得后代没有必要地变得贫穷。

处理第一个方面的问题相当容易。由于可再生资源（尤其是太阳能）的存在，以及自然具有吸纳一定数量的废弃物的能力，因此对正的可持续福利水平的存在提供了保证。[2]因此，我们可以将情形 A 排除在外。

没有人确切地知道经济活动的水平最终将维持在一个什么样的水平上，但是，早期的社会崩溃论确实是太言过其实了。由于增长的下降是一个自然的过程，因此，最严重的没有约束（比如污染）的增长必将得到缓和，而且，太阳能是充足的，尽管按照当前的知识水平，没有人可以完全排除情形 B，但是，情形 C 出现的可能性似乎更大。

当代对后代可持续的福利水平既有正面的影响，也有负面的影响。我们可以利用我们的资源积累资本存量，为后代提供居所、生产力和交通，但是，衰败不堪的旧城区表明，机器和建筑物不是永恒的。即使物理上经受得住时间考验的资本在经济上也会变得过时，因为它们将不再适合后代人的需要。

我们对后代的最持久的贡献或许来自经济学家们所说的人力资本，即对人的投资。尽管接受教育和培训的人终有一死，但人所产生的思想永恒。知识是永恒的。[3]

不过，当代人的行为也会降低后代的福利水平。燃烧化石燃料会改变气候，对未来的农业产生危害；全氯氟烃的排放会消耗大气中的臭氧，从而提高皮肤癌的发病率；放射性废弃物的堆积会提高未来遗传伤害的概率；植物和动物遗传多样性的降低则可能大大降低未来的医学发现。

假如高水平的可持续福利可能实现，我们的经济体系会自动地选择产生可持续福利水平的增长道路吗？或者，它可能选择一种以牺牲后代人的福利为代价而使得当代人富裕的增长道路吗？

市场配置

市场不完全性（包括跨期外部性、开放性资源以及市场支配力量）会产生某些诱因，这些诱因在某些重要的方面对可持续发展的探索会产生干扰。

允许资源的开放性利用会推动不可持续的资源配置产生。因为当代人会过度地利用开放性资源，因此留给后代人的资源存量就会减少。极端的情形下，某些物种会濒临灭绝。

跨期外部性也会破坏市场产生可持续发展的能力。温室气体排放会对后代产生某种成本，而这种成本对于当代人是外在性的。当代人减少其排放的行为将会对其自身产生某些成本，但是，它所带来的效益直到很长时间以后才能感受到。经济学理论明确预言，为了满足可持续准则，我们很快就会看出，温室气体的排放量太多了。

一般的结论认为，市场的不完全性将会恶化不可持续性的问题，不过，这个结论不正确。例如，石油卡特尔高抬油价，这样可以抑制对石油的需求，从而为后代留下更多的石油。

市场有时会提供一个安全阀门，以确保在某种可再生资源的供应受到威胁时具有可持续性。渔业养殖就是一个例子，在这个例子中，一种可再生资源的供应量不断下降，会引起另一种可再生的替代资源有效性的提高。即使在政府以某种牺牲后代利益而有利于当代的方式施加干预时，市场也能对这种伤害产生约束，例如天然气的例子。可再生能源市场为天然气提供了一种替代品，因此，政府管制会使得经济转型，这样做只是使得经济转型远不如它过去那样平顺，而不是完全阻止转型。

有一种观点很幼稚，即让市场自行设法去解决问题将自动为未来提供解决方案,除非市场过去在解决代际间问题时明显很成功。

效率与可持续性

假设未来的政府能够消除所有的市场不完全性,从而使全球经济体系恢复效率。在这个理想化的世界中,代际之间以及当代的外部性应该降低到有效的水平。对公共资源的利用也应该被限制在有效的水平上,而且超出能力的收获将被消除。竞争将恢复到原先的联合性的自然资源市场。这一系列的政策是否足以实现可持续性?或是还需要采取其他措施?

分析这个问题的一种方式就是对大量的不同模型进行分析,这些模型能够体现代际之间的资源配置的本质。对于每个模型而言,所要提出的问题就成为:"有效市场将自动地产生可持续发展吗?"从这些模型所得出的结论非常清楚,即恢复效率不足以产生可持续性。

我们以可枯竭资源在时间上的动态配置为例加以说明。假设有这样一个简单的经济体,其唯一的经济活动就是开采和消费一种可枯竭资源。即使人口恒定,而且需求曲线稳定,那么,随着时间的推移,资源的有效消费量也会持续下降。在这个假想的世界中,后代的福利将毫无疑问地变得更糟,除非当代人将一部分净收益转移给后代。在没有转移的情况下,即便是有效市场配置也将是不可持续的。

即便存在一种丰富的可再生保底资源也不能解决这个问题;即使条件再好,可枯竭资源储藏量的消费仍然会下降,直至利用保底资源为止。在没有给予补偿性转移的情况下,即便是有效市场,也会利用可枯竭资源以支持当前的生活水平,但该生活水平高于可枯竭资源的支撑能力。

在一篇很重要的历史性论文中,达斯古普塔和希尔(Dasgupta and Heal, 1979)发现了一个相似的结论,他们所使用的模型较真实。他们假设存在这样一个经济体,其中仅利用资本和一种可枯竭资源生产唯一的一种消费商品。这种可枯竭资源的供应量是有限的,既可以用来生产资本,也可以用来与资本结合,生产消费商品。生产的资本越多,剩余的可枯竭资源的边际产量就越高。

他们证明,在这个模型中,存在一个可持续的恒定的消费水平。资本存量上升(意味着这种可枯竭资源的边际产量上升)将对递减的可枯竭资源的有效性作出补偿。不过,他们也证实,利用任何正的贴现率都必定导致消费水平递减,这违反了可持续性评价准则。当然,贴现是动态有效配置的一个内在要求。

在这些模型中,可持续发展是可能的,但是,这并不是市场所作出的选择,即便是有效市场也如此。为什么不是市场的选择呢?如何才能确保可持续性配置？哈特威克（Hartwick，1977）认为，如果所有的稀缺性租金都投入到资本中，那么，人均消费量就将维持恒定的水平（这满足我们对可持续性的定义）。而当代人不消费任何稀缺租金。

这应该是一种正常的结果吗？答案是否定的。如果贴现率为正，那么一部分稀缺性租金将被消费掉，这违反了哈特威克原则（Hartwick rule）。这一点非常重要。具体来讲，恢复效率表示向可持续性移动，但是，其本身并不总是有效的。必须采取更进一步的政策来确保可持续性。

我们在第5章中曾指出，维持资本存量（实物资本和自然资本）的价值不下降，为检验当前经济活动的可持续性提供了一种可观测的途径。如果资本存量的价值下降，那么，这种经济活动就是不可持续的（参见例23.1"资源枯竭与经济可持续性：马来西亚"）。我们能否就此认为，资本存量的价值不下降意味着当前的消费水平具有可持续性呢？按照阿什海姆（Asheim，1994）的著作以及佩泽（Pezzey，1994）所做的分析，我们不能得出这样的结论。如果按错误的（也即不可持续的）价格估价资本存量，那么上升的净财富与不可持续性是一致的。如果不可再生资源利用的速度过快，那么，它将驱使价格下降。使用这些价格进行分析可能就会得出错误的结论，即价值的消耗小于新增投资的价值，并且资本存量的价值会因此而上升。事实上，在正确的价格条件下，资本存量的价值可以下降。

例 23.1 ☞ **资源枯竭与经济可持续性：马来西亚**

特别古怪，历史记录表明，丰富的自然资源往往对经济发展不利。为什么？对自然资源魔咒的一个可能解释就是，资源丰富的国家一直没有对可再生资本进行足够的投资，以抵消资源的消耗。自然资源是一种资本，如果某个国家消耗了这种资源，而且这个国家还想扩大它的资本基数，并维持它的消费水平，那么，被消耗的资产就必须得到补充或替代。

马来西亚是分析这个问题的一个非常有趣的国家。尽管马来西亚是世界上资源最丰富的国家之一，而且马来西亚在之前的30年间，其人均GDP增长率一直是世界上最高的国家之一。但是，马来西亚资源丰富的独特性提出了一个麻烦的问题：这个国家确实是处在一种可持续的增长轨道上吗？也就是说，它只是设法通过开发新资源来保持经济的增长吗？

在一项研究中，文森特（Vincent，1979）对马来西亚及其三个选民区（马来西亚半岛、沙巴和沙捞越）1970—1990年所有年份的净投资（总投资减去实物资本和自然资本折旧）和净国内生产总值（NDP-GDP减去两类资本的折旧）进行了估算。这个估计值反映了两类自然资源（矿产和木材）的损耗，这两类自然资源是马来西亚最重要的资源。

从国家水平上看，作者发现，除一年以外，所有年份的人均净投资都为正。因此，在20世纪70—80年代，尽管马来西亚的矿产资源和木材都有消耗，但马来西亚的人均总资本存量一直都是增加的。不过，其他三个区则并非如此。马来西亚半岛所有年份的人均净投资都是正数，但是，沙巴在1975年以后每年都是负数，而在沙捞越，1983年以后除一年之外，其他年份都是负数。

对于其他资源丰富的国家而言，就是仿效马来西亚半岛，采取一些政策，将大部分的资源租金用于生产性的再投资。沙巴和沙捞越则相反，只是提高自然资源的产量，并将自然资源产生的租金的大部分消费掉。尽管马来西亚的发展在国家水平上看是可持续的，但各区域的情况却并非都是如此。

资料来源：Jeffrey R. Vincent. "Resource Depletion and Sustainability in Malaysia," *Environment and Development Economics* Vol. 2, Part 1 (February 1997): 19-37.

豪沃思和诺加德（Howarth and Norgard, 1990）在另一项研究中从不同角度得到了一个相似的结论。他们论证了竞争性自然资源在代际之间的配置，他们假定每一代都会对有效的可枯竭资源赋予一个具体的比例。这个比例是变化的，且据此计算了一个新的配置数量，以揭示这种资源产权在代际之间的配置效果。他们得出的两个结论证实了我们的分析：(1) 所产生的配置对资源产权在代际之间的配置是敏感的；(2) 将所有产权配置给第一代，将不会产生可持续的结果。可枯竭资源的有效配置并不必定产生可持续性的发展。

对于可再生资源而言，情况又怎么样呢？从理论上说，可再生资源流至少可以永远维持下去。可再生资源的有效市场配置与可持续发展一致吗？约翰·佩泽（John Pezzey, 1992）曾分析过一种单一的可再生资源（例如玉米）在时间上配置的可持续性。在这个模型中，福利的持续增长是可以发生的，但是必须满足两个条件：(1) 资源增长率大于贴现率与人口增长率之和；(2) 初始的粮食供应足以供应现有的人口。第一个条件有时很难满足，对于快速增长的人口和生长速度缓慢的生物资源尤其如此。在人口快速增长的情况下，可再生资源的可持续发展很难实现，因为超出可持续收获率的压力变得无法抗拒。

第二个条件提出了一个更为普遍且更难解决的问题。它清楚地表明，如果起始条件与可持续发展路径偏离足够远，那么，在没有外在干预的情况下，可持续的结果是不可能实现的。理解这一点，最简单的方式就是注意这样一种现象：一个国家特别贫穷，以至于不得不吃掉所有的玉米种子，也就是说，这个国家只能牺牲它的未来，以便当代人能够生存下来。从这些结果中我们可以推导出两条信息：(1) 确保条件不恶化到这种程度很重要；(2) 外援或许是维持最贫穷国家可持续性发展的基础。

全球气候变化给出了一个不同的例子，即效率对于可持续性而言是不够的。由于动态效率的现价因素对短期结果的强调甚过长期结果，因此，控制排放所产生的当前成本，其权重甚过气候变化对未来所产生的破坏。尽管这种途径并非铁定不利于后代，如果愿意接受因某一气候变化而给出的货币补偿，而且如果当代人愿意预留出足够的收益来提供这种补偿，那么，他们的利益就应该得到足够的保护。在实践中，两个条件中任何一个条件要得到满足都不是很容易的事情，因此，与这个特殊问题联系在一起的长前置期将损害后代在维持一个稳定的气候方面的利益。

从更深的层次而言，有效配置可能也会违反可持续性理念。因为我们对弱可持续性的定义是建立在总福利水平不下降的基础之上，因此，它并不要求对每种资源都进行保护。例如，只要后代能够得到足够的补偿，即便竭泽而渔也依然是符合弱可持续性定义的。

但是，我们确实不知道鱼类的存量继续存在的价值如何。我们的知识很有限，对任何物种的灭绝对生态系统所产生的最终影响还缺乏足够的认识，无法了解某些鱼类对后代的价值。后代对物种种群继续存在的估价可能远高于我们。我们不仅很难确定补偿的合理量（因为我们不知道后代的偏好），而且如果后代对种群继续存在的价值评估高于我们所能支付的任何合理补偿（包括应纳入计算的利息），那么对后代作出补偿就非常可笑了。

处理这种不确定性的一个简单做法就是将对资源本身的保护纳入可持续性的定义之内。按照这种逻辑，由于我们不可能知道后代对特定的可再生资源赋予什么价值，我们只能通过确保后代有资源可用以维持后代的选择权。效率肯定不能保证这种结果。

对我们所论述过的以及我们还没有论述过的，我们必须小心地加以区分。恢复效率一般都会导致可持续性的改进，但是，它不可能既是必要的，又是有效的。可能会出现三种情形。第一种情形，私人无效率结果是可持续的，而且有效的结果也是可持续的。在这种情形下，恢复效率可以提高福利水平，但是它对可持续性并不是必要的。如果资源量相对于其利用而言极其丰富，这种情形就可以盛行。第二种情形，私人无效率均衡是不可持续的，但是，有效结果是可持续的。在这种情形下，恢复效率不仅可以提高当前的福利，而且足以确保可持续性。第三种情形，私人无效结果和有效结果都不是可持续的。在这种情形下，恢复效率将不足以产生一个可持续的结果。当代作出的某些牺牲以确保后代的福利是必需的。

虽然有效市场不可能总是实现可持续发展，但这并不意味着有效市场从来没有实现可持续性配置！确实，从我们在前面的章节中分析的历史记录看，效率准则和可持续性准则的矛盾只是一个例外，而非常理。资本积累和技术进步都已经拓展了资源利用的方式，尽管资源基数已经下降，但是依然增加了人类的福利。尽管如此，这两种准则并不必然吻合。随着资源基数的下降以及全球外部性的增加，这两个准则之间的冲突预计将变得更加严重。

贸易与环境

一个传统的发展道路就是开放经济，开展贸易。更加自由的国际市场为消费品（由于进口商品的有效性和竞争）提供了更低的价格，并且为国内生产商从事国际贸易提供了机会。正如我们在前面所论述的，比较优势法则认为，贸易可以使得双方都获得利益。有人或许会怀疑（正确地），从理论到现实，事情或许会更加复杂。

产权的作用

正如我们在前面所论述的，如果某些国家（例如某些发展中国家）的产权定义不清，或是没有使其外部性内部化（例如污染），那么很显然，贸易就会对环境产生不良（和无效率的）影响。奇奇尼斯基（Chichilnisky，1994）认为，在这种情况下，自由贸易将极大地强化公共地悲剧现象。出口国的产权不清（通过人为地压低价格）会鼓励进口国极大地增加对定价过低的资源的消费。在这种情形下，贸易就会通过增加对开放性资源的压力并且加速资源的退化，从而加剧环境问题。

"污染天堂"和竞次效应

如果不控制诸如污染方面的外部性，就会为贸易引起环境退化提供一条新的途径，这就是所谓的"污染天堂"假设（pollution havens hypothesis）。按照这种假设，环境规制比较严格的国家的生产商会将其生产设施转移到环境规制不够严格的国家（例如低收入国家），否则就会丧失其市场份额。环境规制严格的国家的消费者更偏爱在"污染天堂"生产的更加便宜的商品。

"污染天堂"的污染水平基于三个方面的理由也会有所变化：（1）复合效应；（2）技术效应；（3）规模效应。按照复合效应（composition effect），排放量会随着清洁工业和污染工业的变化而变化，即随着污染工业与清洁工业的比率上升，即便总产出维持不变，排放量也会增加（注意，这是按照"污染天堂"假设所得出的预想结果）。技术效应（technique effect）是指每一种产业单位产出的排污量。如果"污染天堂"的每一个企业都因为贸易的开放而使得污染更为严重，那么"污染天堂"的排污量就会增加。规模效应（scale effect）是指产量水平对排污量的作用。即使复合效应和技术效应都为零，只要产量水平增加，"污染天堂"的排放量也会增加。

除了认为这是环境退化的途径之一外,如果正确的话,这种假设为发展中国家接受较低的环境标准提供了一种正当的理由。按照这个观点,降低环境标准就可以保护就业机会,也就是说,这里存在一种"竞次"(race to the bottom)的反馈机制,即国与国之间的竞争,会迫使发展中国家放松其环境标准要求,以便创造就业机会,而且也可以使得就业机会转移到环境标准较低因而成本也较低的地方。

有何经验证据证明"污染天堂"假设的合理性及其竞次机制的含义呢?早期的经验研究——例如迪安(Dean,1992)表明,环境规制无论是对贸易流还是资本流的影响都不支持这一假设。贾菲等人(Jaffe, et al.,1995)在他们对环境规制对美国竞争性影响的研究中得到了相同的结论。然而,科普兰和泰勒(Copeland and Taylor,2004)在对最新的几项研究进行评述时发现,在其他条件都相同的情况下,环境规制能够影响贸易流和工厂厂址的选择,但是这种影响甚微。

一些研究主要集中在环境规制对生产在美国国内州与州之间移动的影响上,而未涉及向发展中国家的移动。例如,卡恩(Kahn,1997)、格林斯通(Greenstone,2002)、贝克尔和亨德森(Becker and Hendson,2000)发现,制造业活动、就业以及新污染工厂的建立等这样一些指标的增长,达标地区比严格管制的非达标地区都更高。

是否存在污染工业向发展中国家迁移的明显趋势呢?答案是否定的。试图分离组成效应、技术效应和规模效应的一些研究一般都认为,与规模效应相比,组成效应(支持"污染天堂"假设的最重要的一种效应)的影响甚微。另外,技术效应通常都会使得污染更轻而不是更重(Hettige, Mani, and Wheeler,2000)。尽管贸易可以通过规模效应增加污染,但是,这些研究结果表明,其效果也远非竞次机制所表现的那样明显。

实际上,这些研究结果并不令人吃惊。因为污染控制成本只占生产成本的一小部分,如果降低环境标准可以成为企业选址决策或者贸易方向的一个主要决定因素的话,那才会让人觉得奇怪。

"波特诱致性创新假说"

哈佛商学院教授迈克尔·波特(Michael Porter,1991)认为,在合适的条件下,对环境采取更多的保护可以促进就业,而不会导致就业机会的丧失。这一观点现在被称之为"波特诱致性创新假说"(Porter induced innovation hypothesis),该假说认为,在采取最为严格的环境规制的国家里,其企业将获得某种竞争优势而不是劣势。按照这种非传统观点,严格的环境规制会迫使企业创新,而创新型企业往往更具竞争力。这种优势对于生产控污设备(这些设备随后出口到其他一些国家,并提高这些国家的环境标准）的企业而言尤其明显，但是，对于因环境问题被迫改变它们的生产工艺的企业而言，它们也许会发现，它们的生产成本将更低而不是更高。一些文章也列举了一些规制引起生产成本下降的例子（Barbera and McConnell，1990），但是，试图全面地分析"波特诱致性创新假说"的研究则很罕见。

环境规制诱致创新能够同时提高生产率（降低成本）和减少排污量，虽然这一点似乎很清楚，但是其产生的原因我们尚不清楚。而且，如果这确实是一种普遍现象，那么我们仍不清楚为什么所有的企业在没有规制的情况下就不采用这些技术呢？

"波特诱致性创新假说"很有价值，因为它提醒我们，根植于人们意识中的某些常识（例如"环境规制会降低企业竞争力"）往往是错误的。不过，据此认为环境规制普遍有利于竞争力的主张也是错误的。

环境库兹涅茨曲线

尽管自由贸易的拥护者们已经开始认识到自由贸易所产生的潜在环境问题，尤其是当出口国存在体制性的外部性和产权不清时，他们往往认为这些问题将会自我纠正。具体来讲，他们认为自由贸易会提高收入，更高的收入将促进更多的环境保护。

这个观点隐含着一种特定的函数关系，这种关系是西蒙·库兹涅茨（Simon Kuznets）在他早期的著作中予以论述的。西蒙是哈佛大学教授，他所提出的这种函数关系已经成为著名的环境库兹涅茨曲线（Environmental Kuznets Curve）。按照这一函数关系，随着收入的提高，直到某个水平（转折点），环境退化会变得越来越严重。不过，在经过这一点之后，更高的收入则会导致环境的逐步改善。这一观点得到了一些早期研究的确认，这些研究以国家为观察单位（数据点），以人均收入为横轴，以 SO_2 含量为变量画散点图，即可得到这种关系。

这些早期的研究证明了这一函数关系的存在，且被用于说明贸易引发的环境问题具有自纠正的性质，但是，现实给予的支持却很少（Neumayer，2001）。早期的研究是以不同的国家为数据点，但是，在对这一函数关系进行解释时，却认为某个单一国家随着收入的增加，最终将增加对环境的保护。随后开展的一系列研究，分析了单一国家随着收入的增加，其环境保护随着时间的推移的变化情况，结果并未发现预期的关系存在（Vincent，1997）。其他一些研究则发现，这一关系对有些污染物适用（例如 SO_2），但对其他一些污染物则不适用（例如 CO_2）（World Bank，1992；List and Gallet，1999）。总之，如例 23.2"《北美自由贸易协定》改善了墨西哥的环境吗？"所述，一些已经实行过自由贸易体制的国家一般都经历了环境退化（而不是改善）过程。

例 23.2 ☞ 《北美自由贸易协定》改善了墨西哥的环境吗？

《北美自由贸易协定》（North American Free Trade Agreement，NAFTA）于 1994 年生效。通过降低关税壁垒，促进商品和资本的自由流通，《北美自由贸易协定》将美国、加拿大和墨西哥集合成为一个巨大的单一市场。该协议在促进贸易和投资方面显然是成功的。但是，它在促进墨西哥的环境保护方面也是成功的吗？

凯文·加拉格尔（Kevin Gallagher，2004）认为，答案是否定的，但这并不一定是"污染天堂"假设所产生作用的结果。该协议在某些方面减少了污染，而在某些方面却增加了污染，不过总的来讲，空气质量是下降了。

按照"污染天堂"假设，我们或许会料想重污染企业会从美国迁移到墨西哥，但是，这种情况并没有发生。作者所做的许多统计检验，都不支持这一假设。

就贸易对空气质量的有利影响而言，加拉格尔发现，墨西哥的工业从重污染行业转出非常明显；贸易后的墨西哥产业结构相比贸易前的产业结构，污染性降低了（这与"污染天堂"假设预料的结果相反）。他甚至发现，有些墨西哥产业（特别是钢材和水泥）比美国同行的污染还要轻，这归功于它们对更加现代化的工厂给予了新的投资，并采用了清洁技术。

与贸易有关的、导致空气质量下降的原因就是规模效应。尽管贸易后产业结构会从重污染部门转出（即单位产出量的平均排放量更少），出口的增加也会明显地提高产出水平。增加出口意味着排放量更多（在墨西哥，排放量几乎翻了 1 倍）。

按照环境库兹涅茨曲线的预计，贸易使收入增加后，会对环境的管制更多，反过来，它又会限制污染物的排放。但该预计也未必正确。加拉格尔发现，无论是政府对环境政策的支出，还是墨西哥对企业环境政策依从性的检查数量，在《北美自由贸易协定》签订之后都下降了 45%，而且收入水平达到了贸易前所做的研究预期的拐点。

资料来源：K. P. Gallagher. *Free Trade and the Environment：Mexico，NAFTA and Beyond*（Palo Alto，CA：Stanford University Press，2004）.

我们该如何看待这一证据呢？很明显，环境规制在确定企业厂址和确定贸易方向的决策中都不是主要的决定性因素。这意味着合理的环境规制不应该成为一张挡箭牌，迫使污染者离开某些地方，并且自行其是。除个别企业外，有些将要搬迁的企业无论如何都是要搬迁的，而不打算搬迁的企业，无论环境控制如何严厉，它还是会留在原地不搬迁。

如果环境的恶化是由于局部的产权制度不完善，或是外部性没有完全内部化引发的,那么就没有必要阻碍贸易了,而是应该纠正市场失灵产生的原因。与贸易有关的这些无效率可以通过完善的产权制度和恰当的控污机制加以解决。另一方面,如果建立合理的产权制度或控污机制在政治上不可行性,那么,我们就必须找到其他保护资源的办法,其中包括可能会对贸易加以限制。不过,在实行这些贸易限制时,我们必须十分谨慎,因为在这种情况下存在一种次优政策手段,它甚至会使得这些贸易限制事与愿违。[4]

虽然原先的观点认为,反对自由贸易会对环境产生影响的主张经不起推敲,但是,认为开放自由贸易不可避免地会促进效率和可持续性的观点同样也是错误的。看来具体情况必须具体分析,纯理想的东西并不能让我们信服。

由于新的贸易制度正在兴起,与环境相关的各种问题也随之而生。这些问题包括:(1)保护企业在环境管制具有负面影响的国家的投资;(2)《关税和贸易总协定》和世界贸易组织的国际贸易规则。

投资者保护:《北美自由贸易协定》第11章

《北美自由贸易协定》包括一系列新的企业投资的权益和保护条款,在范围和强度上都是史无前例的。如果企业觉得某项规定或政府决策违反了《北美自由贸易协定》的新权益条款,并对它们的投资产生了不良影响,那么,《北美自由贸易协定》允许企业向秘密仲裁委员会提出起诉,控告某个协定签约国的政府。如果企业胜诉,那么,"败诉国"的纳税人必须埋单。

这一条款对环境的意义在于,我们可以利用这一条款,要求政府对因合法的环境规制产生经济上损失的企业给予补偿,但是,从历史上看,有些事情却并非如此。如果要求政府对公司给予补偿,这样又会严重影响到环境立法的有效性。

这种影响究竟有多大呢?对此,我们还有待观察,但是,涉及环境立法方面的案例已经出现了几例。例如,我们回顾一下我们在第18章中论述过的取消汽油添加剂甲基叔丁基醚(MTBE)运动的案例,以此来分析环境条款对这一运动的影响。1999年,加利福尼亚州决定逐步淘汰MTBE。世界卫生组织怀疑MTBE含有致癌物质,并且发现MTBE已经污染了该州至少1万口水井。MTBE禁令于2004年1月1日开始生效。

梅撒尼克斯公司(Methanex Corporation)是一家加拿大的公司,它在美国有一家子公司。梅撒尼克斯公司曾经依据《北美自由贸易协定》第11章的规定,向美国提出了索赔。该公司生产甲醇,它是MTBE的一个组成成分,该公司声称,加利福尼亚州禁止使用MTBE侵犯了它们投资的利益,伤害了它们的经营能力。梅撒尼克斯公司要求赔偿9 700万美元。直到2004年6月,这起诉讼案还在审理中。

包括许多自由贸易的拥护者在内的不少观察家认为，这条规则定得太过分了。很难想象，秘密的法律程序如何才能合理合法。这与一个强调信息自由的社会是格格不入的。另外，《北美自由贸易协定》第 11 章规定，原告必须证明政府部门对外国企业实行了歧视性对待。而且，同样的一个条款对不同的企业的影响大小不一，因此，一项裁决也不足以认定补偿具有合理性。

《关税和贸易总协定》与世界贸易组织的贸易规则

《关税和贸易总协定》（General Agreement on Tariffs and Trade，GATT）是 1947 年签订的一项国际协定，该协定为世界贸易组织（World Trade Organization，WTO）奠定了基础。该协定通过控制和降低贸易商品的关税，为解决贸易纠纷提供了一个共同机制，为鼓励成员国之间的自由贸易提供了一个国际论坛。现在 WTO 已经取代 GATT，成为处理国与国之间的贸易规则的唯一全球性国际组织。

作为一个致力于自由贸易的组织，WTO 透过它对贸易的影响效果，裁决贸易国之间的争端。国内任何类型的贸易限制（包括环境限制）除非其符合要求，否则都要受到质疑。为了确定贸易是否符合规定，WTO 逐渐形成了一系列规则，以确定各种可接受和不可接受的行为之间的界限。

例如，WTO 规则要检查差别待遇之类的问题。在环境方面歧视他国商品的行为（而不是将进口商品和国内生产的商品一视同仁）是不可接受的。可以用来处理特殊的环境问题，即便其成本并非最低（而且对贸易的伤害最小），那些有争议的行为也是不可接受的。

最有争议的一条原则就是如何区分"产品"和"工艺"，参见争论 23.1 "进口国应该利用贸易限制手段影响出口国的有害的渔业生产吗？"。认为处理产品方面（例如设定食品中杀虫剂残留量的最高水平）的规定是可接受的，而处理生产或收获（例如禁用某些特定国家的钢材，因为它们是通过燃煤方式生产钢材）产品的工艺方面的规定是不可接受的，这种观点未免太简单化了。在后一种情况下，燃煤厂炼的钢和采用其他工艺炼的钢，二者之间无法区分，因此，这两类产品可以看做同类产品，区别对待它们是不可接受的。

争论 23.1 ☞ **进口国应该利用贸易限制手段影响出口国的有害的渔业生产吗？**

热带太平洋东部的黄鳍金枪鱼常常与海豚结伴而行。于是，人们就利用这种信息，从而更加方便地确定金枪鱼的位置。由于捕猎金枪鱼的渔民们利用这种信息提高他们的捕捞量,这对海豚具有致命的影响。确定了海豚的位置之后,捕鱼船就会张开巨大的捕鱼网将金枪鱼围住,同时也捕获了(常常杀死)海豚。

为了对这一骇人听闻的捕鱼方式作出反应,美国颁布了《海洋哺乳动物保护法》(Marine Mammal Protection Act,MMPA)。这一法律禁止进口使用商业捕鱼技术捕捞的鱼类,这种捕捞技术会附带地超过美国标准杀害或严重伤害海洋哺乳动物。

1991年,关税和贸易总协定委员会对墨西哥提出的一项动议进行裁定,声明美国的法律违反了关税和贸易总协定的规则,因为该法律对物理上一致的商品(金枪鱼)给予了区别对待。按照关税和贸易总协定的规则,国家可以控制有害产品(只要对国内产品和进口产品一视同仁),但是,并不能控制收获产品或产品在外国生产的过程。利用国内的规定有选择性地取缔某些商品,以此作为一种手段,确保其他国家的生产或收获决策的变化违反了国际贸易规则。

美国通过授权生态标签计划对此作出了回应。按照这项法律,以捕杀海豚的方式捕捞的金枪鱼可以进口,但是,不允许出口商贴"海豚—安全"标签。用拖网方式捕捞的金枪鱼,如果船上的观察员证明没有杀害海豚,则可以贴"海豚—安全"标签。此后,墨西哥一直认为,这种情况并没有满足1991年关税和贸易总协定所确定的规则,于是继续在世界贸易组织对美国提起诉讼。

资料来源:The official GATT history of the case can be found at http://www.wto.org/english/tratop_e/envir_e/envir_backgrnd_e/c8s1_e.htm#united_states_tuna_mexico and an environmental take on it can be found on the Public citizen Web site at http://www.citizen.org/trade/wto/ENVIRONMENT/articles.cfm?ID=9298/.

任何国家如果不能在其出口产品中清楚地说明产品工艺也会限制它们将外部性内部化的能力。为方便解释起见,将其他国家的外部性内部化的一种方式就是采取非贸易的方式(例如限制碳排放的国际协议)。另外,正如争论23.1所述,另外一种方式就是利用生态标签对争议的事项至少施加一些市场影响。这种贴标签的方式在不引起WTO规则否定的情况下能够走多远,我们拭目以待。

23.3 机遇菜单

567　可持续发展只是不切合实际地为应对未来提供了一个乐观思想吗?

人类的本质就在于——只要可能，我们就有希望。如果我们完全无望了，人类自然就会倾向于创造出一种希望的假象。可持续发展是不是就是这样一种假象呢？也就是说，好奇而且理性的人们是否能够找到依据，相信存在一种新的发展模式，它能够提高人类的生活水平，而又顾及到了环境以及后代的权利呢？

虽然详细了解实现这一理想的各式各样的具体技术是不可能的，但是，我们可以表达某种趋势。这种趋势足以说明可持续发展具有现实的可能性，而不只是一种假象。

农 业

大多数专家认为，粮食供应的增长足以满足预期人口增长的需求，但是，可持续发展要求粮食增长不能破坏自然环境（Crosson and Rosenberg, 1989）。前景如何？

多季复种（包括轮作）、间作（有时可以与林木和一年生作物间作）、谷类植物与豆荚交播以及双季复种等等农业技术，都是具有降低农药用量、提高生产率、减少水土流失、高效利用水资源潜力的技术。这些并不是什么新概念。前哥伦比亚时期，中美洲就采用过其中一种耕作制度，即混种麦子、大豆和南瓜。麦子为大豆搭建遮荫架；大豆则可以增加土壤中的氮从而为土壤增肥；南瓜遮盖地面，从而降低水土的流失，阻止土壤板结，抑制杂草生长。

在多季复种模式下，树木可以得到利用。在西非国家，有一种植物（acacia alba）的枯落叶可以使土壤增肥，为生长在其中的各种谷类作物和蔬菜提供营养。在美国中西部地区，农民正试验让玉米与其他生长速度很慢的植物混种。在内布拉斯加州的一项试验中，每15行甜菜间种两行玉米，玉米还具有防风作用。玉米防风带可以使糖产量增加11%。由于光照增加，二氧化碳吸收量提高，以至玉米产量也增加了150%。

在蒙大拿州，有一种多年生植物名为麦草，麦草一直被用来保护冬季小麦。在冬天，麦草形成的栅栏可以阻挡雪，形成一个均匀的阻隔层，避免了休眠作物免受极端低温之害。在春季，雪融化又为冬小麦早春的生长提供了充足的水分。一旦冬小麦开始生长，麦草则又是一道防风篱笆。

多季复种可以降低农药的使用。在经常轮作的农田里，一些有害的东西（例如杂草、害虫和病原体等）由于无法适应单一的环境条件，从而其数量不会快速地大量增加。

生物技术以及灌溉新技术也为减少化肥使用量和节约水资源提供了前景。培养固氮植物可以削减氮肥的需求量；将抗病虫害的基因植入经济作物则可以减少对农药的需求；滴灌（或点灌）系统可以提高水的利用效率，从而减少对水资源的需求。滴灌系统在以色列以及美国的部分地区广为使用，这一系统也有利于解决与盐碱化有关的问题。

能　源

20世纪70年代以前，GNP的增加总是伴随着能源消耗而成比例地增加。这种关系非常稳定，以至于我们可以用这种关系预测未来的能源消耗。一些观察家将这种关系看做一种证据，证明能源消费成比例增长是经济增长的必要条件。

由于20世纪70年代的石油禁运以及由此引发的石油价格上涨，以至于经济增长与能源消费二者之间未必亦步亦趋。工业化国家的能源密度（生产一个单位的国内生产总值消耗的能源数量）1973—1985年下降了1/5。在美国，同期GNP增长了40%，而能源消耗保持不变。

能源效率（以较小的能源投入获得相同的能源服务）和能源节约（使用较少的能源服务）是能源可持续性的两个短期的关键因素，它们使得能源这种可枯竭资源可以持续使用更长的时间。我们已经列举了各种能源节约的现象，例如通信替代交通（例如，网上购物使得去商场的行程减少；利用计算机在家工作使得往返于办公室的行程减少）。我们现在列举几个能源效率的例子：新型灯泡更加节能；与老旧型号的冰箱和空调相比，新型冰箱和空调使用更少的电力就可以提供一个舒适的环境。新兴的绿色建筑对环境的要求较小。而且，对未来可能发生的情况的研究表明，我们对未来的了解相当肤浅。

从长期的角度看，我们可以转向能源的替代品。可再生能源替代品有很多，例如被动式和主动式太阳能、风能、光伏能、水能、氢燃料电池以及海洋潮汐能等，都得到了重视。据推测，受化石燃料供应下降以及化石燃料燃烧引起的污染两个因素的刺激，人类将会创造出大量的能源替代品，在未来实现与过去截然不同的能源多元化的理想。

减少废弃物

可持续发展是指比传统生产方式更为综合的一种生产方式，从而使得对原材料的需求下降，废弃物的排放减少。在这样一个综合性的体系中，能源和材料的消耗是最优化的；废弃物的产生是最小化的；一种工艺的排放物（例如石油提炼工艺产生的催化剂、发电厂排出的飞尘和底灰、消费品的塑料包装物）就是另一个流程的原材料。

随着废弃物处置成本的提高，以及对有害废弃物处置的要求越来越严格，工业上采取这类综合治理办法的例子也越来越多（Frosch and Gallopoulos，1989）。Meridian National 公司是中西部的一家钢铁公司，它将去除钢板表面铁锈的硫酸回收再利用，并将硫酸亚铁混合物出售给磁带生产厂家。

太平洋里奇菲尔德公司（Atlantic Richfield Company）对洛杉矶的炼油厂采取了一系列相对低成本的改造，从而使其废弃物排放体积从20世纪80年代初期的每年约12 000吨减少到80年代末期的3 400吨左右。由于处置成本每吨约300美元，因此该公司仅仅在处置成本一项上就节省了200多万美元。

市场已经发现，太平洋里奇菲尔德公司原来的废弃物具有很大的用途，这又进一步为该公司增加了收入。该公司将其用过的氧化铝催化剂出售给联合化学公司（Allied Chemical），并将用过的氧化硅催化剂出售给水泥厂。该炼油厂的水软化工艺产生的碱金属碳酸盐出售给了几公里以外的硫酸制造厂，用于中和酸性废水。

可持续发展通常要求经济活动的执行方式必须有所改变。一些改变已经发生（参见例23.3"可持续发展：三个成功的例子"），其他改变还有待于更进一步的政策刺激。

例 23.3　　　　　　　　　　可持续发展：三个成功的例子

肯尼亚83％的城市人口和17％的农村家庭都使用一种称为 jikos 的炭炉。在内罗毕，一个只有一个人赚取工资的典型家庭，单在木炭上就要花费其全部收入的1/5以上。jikos 炭炉非常耗能，它不仅消耗了一个家庭的收入，而且也消耗了大量的木材，因为木炭是木材做的。

1981年，肯尼亚政府和当地一个非政府组织启动了一项计划，推广一种更加节能的新炉子。到1985年，新炉子占据了市场10％的份额。从全国看，每年在燃料上节省了200万美元左右。

大多数中美洲国家都面临水土流失和单一耕作制度引发的土壤肥力下降问题。洪都拉斯的圭诺普（Guinope）也不例外。农民纷纷从这些地区迁出，剩下的人则收入低下，穷困潦倒。

1981年，一个私营自发性组织世界邻居（World Neighbors）引入了一项可持续农业项目，它的主要目的就是推广中美洲其他地区使用的水土保持技术。具体做法包括开沟、植草、筑石墙、培训农民施用鸡粪肥、间种豆科植物以及使用一些化肥。最重要的是，这个项目根本没有补贴。所有费用都由农民自己承担。

第一年的收成就翻了3番，有些地方甚至翻了4番。附近村庄也要求培训，因此该项目很快得到了推广。

在巴西，自19世纪以来，大约有500 000名橡胶原住民（即采胶人）依靠亚马逊河为生。最近他们的生计受到了威胁，因为大量的移民迁入毁林造地。政府对此加以鼓励，并给移民发放补贴，然而，移民最终发现，一旦森林被伐，森林的遮蔽作用就不复存在，毁林造的地也不适合于种植庄稼。一种可持续的土地利用方式遭到了另一种不可持续的土地利用方式的危害。

1987年6月30日，巴西政府为橡胶原住民建立了一个采伐保护区，对森林里发现的无数基因物种进行保护。在采伐保护区内，可以继续采胶（以及干果和其他可更新产品），但是不能毁坏森林，从而对森林以及林农加以保护。

资料来源：Walter V. C. Reid. "Sustainable Development: Lessons from Success," *Environment* Vol. 31 (May 1989): 7-9, 29-35.

23.4 转型的管理

事实上，如果可持续发展是可能的，而且没有约束的市场其本身不能管理这种转型，那么，我们能做什么呢？如何才能完成向可持续发展的转型呢？

我们所处的情况类似于缅因州的民间故事中一个迷失了方向的游客，他是这个民间故事的主角。他受到一片巨大的落叶诱惑，甚至不顾交通要道上路牌的安全提醒，去走鲜有人走的乡间小路。驱车行驶一个小时后，他无法判断他的方向是对还是错。他看到一个当地的缅因人在修理栅栏，就将车子停在路旁，下车问路。这个当地人在听到这个游客说的目的地之后，很惋惜地摇了摇头，然后用地道的缅因话回答说："如果你要去那个地方，嗯，我肯定不应该从这里出发哦！"

很久以前，我们就已经知道人类活动会对环境的生命支持系统产生严重的影响，而且不接受后代的生活质量也像我们这一代人习惯的那样，我们或许已经选择了一条不同的改善人类福利的更加可持续的发展道路。我们并没有这方面的知识，因此多年前我们没有作出这种选择，这个事实意味着，当代人将面临更加困难的选择，而且可选择的空间很小。这些选择将检验我们解决问题的创造性以及我们这个社会的组织弹性。

管理可持续发展转型越发困难的原因在于这样一个事实，即有些固守发展道路的人，不仅仅他们本身是不可持续的，而且他们如此牢固地主宰着发展的战略，使得从一种发展模式向另外一种模式的转变变得非常困难。

南加利福尼亚州提供了一个很好的案例。为了保护人们的健康，洛杉矶空气品质区设定了环境空气质量标准，结果每年365天，该区域有150天不符合标准。由于城市发展的方式存在问题，洛杉矶的管理者们面临一个非常困难的问题。洛杉矶是汽车城市的一个典型例子，洛杉矶人口的增长已经引起土地利用方式为适应汽车剧增的需要而发生了改变，而汽车的发展也必须适应这种土地利用方式的改变。由于大规模高速公路项目的建设以及很低的汽油价格，洛杉矶的规模扩展得很快，城市人口分散，工作地点也很不集中。由于有效地利用公共交通必须拥有高密度的交通通道，因此，洛杉矶很难实行有效的公共交通，而在高度分散的土地利用模式牢固地确立之前，建立有效的公共交通通道是有可能的。可供管理者们所做的选择随着时间的推移越来越少。在洛杉矶，整个生活的组织结构与汽车的通达条件密切地交织在一起，以至于如果不能合理地预测生活方式的彻底变化，要解决这个问题几乎不可能。

过去的土地利用方式似乎与可持续发展的目标不一致，改变这种情况很困难，除这种困难之外，我们还面临这样一个问题，那就是如何避免今后继续发生比这更加没有效率的发展。全国的地方官员正在推出一系列措施以保护开放性空间。因此，市场也可以被用来作为这种保护策略的一个组成部分（参见例23.4"使用可转让开发权控制土地开发"）。

例23.4　　使用可转让开发权控制土地开发

如何保护一些独特的环境场所免受开发的威胁呢？一种方式就是将它们买下来，并且加以保护，买主可以是政府，也可以是致力于保护工作的私人团体，例如大自然保护协会（Nature Conservancy）。但是，此举需要巨额经济资源支持，因而其影响受到了限制。

一种替代的做法就是使用可转让的开发权（transferable development rights，TDRs）以调动私人资金。纽约在20世纪70年代就开始采用这种办法保护历史古迹，对于某些具有独特意义的土地而言，这种办法切断了土地所有权和开发权的历史性联系。

应受保护土地的所有者尤其反对保护，因为他们承担所有成本，而整个社会却享受利益。可转让的开发权使得所有者可以将开发权出售给开发商，从而改变了这一关系。出售开发权所获得的收入可以补偿没有能力开发其土地的土地所有者。

我们现在列举一个例子。新泽西州松原保护区（New Jersey Pinelands）是一片很大的尚未开发的沼泽地，位于该州的东南部，面积约100万英亩。该保护区为几种濒危物种提供了栖息地。为了对这片极易受到污染的地区进行直接开发，松原开发委员会（Pinelands Development Commission）创立了松原开发信贷（Pineland Development Credits，PDCs），它是可转让开发权的一种形式。

环境敏感区的土地所有者可以用其限制性开发来交换松原开发信贷指标，1个松原开发信贷指标交换39英亩现有农地或山地，0.2个松原开发信贷指标交换39英亩湿地。为了创造出对这些信贷的需求，欲提高开发区土地标准密度的开发商必须获得松原开发信贷指标，每增加4个单位的开发区土地标准密度，需要获得1个松原开发信贷指标。

该委员会还建立了松原开发信贷银行（Pinelands Development Credits Bank），作为松原开发信贷指标的最后购买者，购买价格为每份信贷10 000美元。1990年，银行将其全部库存进行了拍卖，拍卖价为每份松原开发信贷20 200美元。截至1997年，开发商妥善地使用了100多个松原开发信贷指标。

资料来源：Robert C. Anderson and Andrew Q. Lohof. *The United States Experience with Economic Incentives in Environmental Pollution Control Policy* (Washington, DC: Environmental Law Institute, 1997).

为了应对下一个世纪的挑战，我们必须促进和支持制度性的变革，以更加富有创造性的方式制定环境问题的政策。开拓这些机遇的关键在于以环境友好的方式，利用市场的作用减少贫困，甚至消除贫困。

合作的机会

虽然国际合作存在很多障碍，但是，新的全球性环境问题也为合作提供了许多新的机会，在某些方面，这些合作机会是史无前例的。尽管各个国家受环境的影响程度不一，但是，如上所述，确实可能存在一些一致的地方。

之所以存在一致之处，一个重要的基础就在于当前的许多经济活动存在着无效率。在很多情况下，这些无效率确实很大；资源被无谓地浪费掉了。只要有资源浪费的现象发生，那么当前的支出就可以更多地改善环境，也就是说，使用更少的资源就可以实现相同的环境改善。按照定义，从无效率政策向有效率政策的转移能够创造共同的利益。我们可以以各合作方共同分享这些利益的协议来建立各种同盟关系。

然而，协议中通常不会清晰地阐明成本分担的水平和形式。如果能够选择合适的政策，通过正常的市场力量即可处理大多数这类成本分担问题。

如果能够确保实施的政策的成本是有效的，那么，各个国家在其国界范围内就可以较为容易地实行越来越严格的环境政策。我们生活在这样一个时代里，每发现一种新的会对现代社会造成污染的污染源，我们就会呼唤对环境采取更为严格的控制措施。但是，由于采取更为严格的控制措施，其成本也会随着治理污染的简单技术日益枯竭而上升，以至于反对采用更加严格的环境控制措施的力量也在上升。通过选择经济上合算且容易执行的政策手段，反对的声音可能就可以降低。

政策手段的选择也会影响到政策的可执行性。在发展中国家，当地人不仅对其本地的资源最为了解，对本地的生物资源的使用也最为方便。由于发展中国家经历过政治集权的时代，其中就包括控制资源，因此当地人的一部分权利就会丧失。采取促进当地人保护这些资源的政策手段可以提高政策的可执行性。在接下来的章节中，我们将列举如何实现这一目的的具体例子。

如果政策手段的设计更富创新性，我们就可以协调局部利益和全局利益。在一些情况下，创新需要我们以一种非常规的方式来使用常规的经济手段；在一些情况下，我们需要以一种非常规的方式来使用非常规的经济手段。

使用非常规的经济手段并非做白日梦。世界上许多地方所采取的大多数非常规手段都很成功。各地取得的各种非常规手段的经验为它们在国际上的利用提供了样板。这个样板是否适合还有待观察，但是，我们最好还是耐心地坐下来就餐，丰富的菜谱为我们提供的都是一些崭新的且有趣的佳肴，而不是仅有几道老生常谈式的倒胃口的菜肴。

激励机制的重构

我们如何利用各种经济激励措施以使可持续发展成为可能？回答这一问题的最好的方式或许就是回顾这种方法在实践中具体实施的几个例子。

我们从前面的章节中摘录几个例子：

- 为某个渔场建立单一的可转让配额制度，这样既可以提高收入，又可以保护鱼类资源的存量。捕鱼管理方式的改变可以获得生态上和经济上都可取的结果。
- 实行森林许可制度可以使得有责任心的买主只购买可持续收获的木材，而债务自然交换制度可以使得债务有利于保护森林，而不是破坏森林。
- 取消用水补贴，淘汰"用进废退"的管理规定，此举可以保护水资源，使得水资源有效供应的时间更长。
- 要求新排污者到某个非污染区去购买"排污抵扣"，此举可以使得经济增长成为改善空气质量的一个驱动力量，而不是成为恶化环境的一个因素。

- 按体积计算垃圾的价格，对制造业者施加更大的责任，这样既鼓励生产者，也鼓励消费者多循环利用这些垃圾，从而使得需要处理的垃圾减少。
- 实行可再生能源组合标准，鼓励企业提高对可再生能源的利用，而能源许可的转让制度则可降低这种转换的成本。

现在，唯一的问题就是如何将整个经济激励政策汇编在一起，促进国际合作，解决全球环境问题。为此，经济分析提出了5项原则。

完全成本原则

按照完全成本原则（full-cost principle），环境资源的所有使用者必须支付他们的完全成本。例如，那些利用环境作为废弃物填埋场的人，不仅必须完全按照法律的要求控制污染，而且必须对超过最低免责规定以外所造成的对环境资源的破坏进行恢复，对所造成的损失作出补偿。

完全成本原则基于这样一种假设，即人类具有享受适当的安全和健康环境的权利。由于这种权利在平流层和国际海域是共有的，因此，没有任何行政当局有职权保护这种权利。其结果是，我们已经不由自主地陷入了"先来先到"且无须支付补偿的困局。

尽管气候变化既会造成国际环境成本，也会造成代际环境成本，但是，目前，没有签订《京都议定书》的国家则不必承担这部分成本，甚至没有意识到这种成本的存在。另外，选择单边削减排污量的国家，会使得它们自身承担更高的与减排策略有关的成本。运用完全成本原则，应该对这种环境的所有用户传达一个强烈的信号，即地球的大气层也是一种珍贵的稀缺性资源，我们应该正确地对待这种资源。一种产品，如果它是通过对环境具有破坏性的工艺生产出来的，那么它的价格相应地就应该比较高；而通过有利于环境改善的工艺生产出来的产品，其价格相应地应该比较低。实行完全成本原则就应该终止隐性补贴，隐性补贴一开始就是所有的污染活动都可以得到。如果经济活动的规模很小，对应的补贴也很小，可能不值得引起政治上的重视。不过，随着经济活动的规模不断扩大，隐性补贴确实越来越大，忽略这个问题，将会导致严重的资源扭曲。

能否向一个更加可持续的经济体系转换，这取决于新技术开发以及比现在所能达到的水平高很多的能源效率。只有各种主要的经济激励因素都支持和推动能源效率的提高，这些转变才会发生。不过，一旦完全成本原则生效，经济的激励因素就会发生变化；更高的能源利用效率以及新技术的开发应该成为最优先考虑的目标。

完全成本原则对法律体系也会产生影响。例如，国际法应该规定必须全面修复因石油泄漏或其他环境事故造成的破坏。受污染的地方不仅要在尽可能的范围内给予回复，而且必须对遭受巨大损失的人给予完全补偿。

将隐性的环境成本公开化只是事物的一个方面；另一方面就是必须取消各种不合理的补贴。与完全成本原则不符的各种补贴都应该被取消。明补和暗补都要取消。例如，如果环境资源的定价是受政府管制的（例如美国西南部的水资源），那么，价格就不应该按照历史的平均成本简单地加以确定，它们应该反映这种资源的稀缺性。

要实现这一目标，我们先回顾一下我们论述过的分级定价体系。分级定价体系提供了一种可行的办法，而且不违反法定约束；即配水企业不能赚取比合理回报率更高的回报。按照分级定价体系，随着单位时间消费量的增加，新消费的水的价格也应该上升。虽然每个月消费的水量从第一个单位直到某个预设的限量，其价格都相对比较低，但超过这个限量之后所消费的水量，其价格将高很多，以此来反映水资源的稀缺性。通过确保所消费的边际单位水量按照完全成本定价，这样就为节约用水引入了合适的激励因素。

向完全成本原则的过渡只能逐步实行，先在某些部门实行，随着大家越来越熟悉这一原则，然后再推广到其他部门。过渡太快太全面，并非一项合理措施的本质要求。

成本有效性原则

如果一项政策以尽可能低的成本达到了政策的目的，那么这项政策就是成本有效的。成本有效性是一个很重要的特征，因为它可以约束奢侈浪费，所以消除了政治上对政策的强烈反对。

恰当地实行完全成本原则，作为一种附带效益，它会自动产生成本有效性。然而，如果暂不接受完全成本原则，成本有效性原则（cost-effectiveness principle）就会上升为主要的政策目标。尽管成本有效性原则并不尽善尽美，但它指出了一条可取的退路。

由于在政治上接受完全成本原则根本就不是预料之中的事情，因此许可证交易制度为污染控制和其他一些政策提供了一种实现成本有效性原则的可行方式。许可证交易制度具有这样一个优点，即它允许与其他政治上可行的政策进行比较。

我们现在分析一下成本有效性原则在气候变化问题中所起的作用。从短期看，《京都议定书》批准的三个交易机制（排污权交易机制、联合履行机制和清洁发展机制）为以尽可能低的成本实现既定目标提供了可能性，使得目标更容易达到，这样可以提高各国遵守协议的积极性，而且为更多的国家加入《京都议定书》提供了基础条件。说服俄罗斯加入《京都议定书》就是一个实例。

第 23 章　探求可持续发展

因为这些机制区分谁实施控污措施和谁为控污埋单的问题,从而使成本得以跨界分担(这一点对于发展中国家和东欧转型经济体尤为重要)。许可证交易制度也使得私人资本为控制气候变化流动起来;只要公共资本对于任何有效的应对气候变化的策略还是没有效率,那么私人资本对于这些应对策略而言就至关重要。

总之,最重要的是,排放权交易机制促进了应对气候变化的新颖措施的开发和应用。资格授权交易机制为达到减排目的提供了比较大的灵活性(也为非常规技术的采纳和应用提供了经济上的激励),因此,它们显著地降低了长期成本。较低的长期成本是一个很重要的因素,不仅有利于国际上接受更为严格的环境保护的理念,而且可以使得各方控制污染较为容易。

此外,资格授权交易的概念在诸如渔业管理、水资源和土地资源利用的管理等方面的应用越来越多。[5] 一般来讲,在任何时候,只要我们给资源利用定出一个上限,这种方法就可以采用,而且,这样可以使得资源的利用者获得一种正式的权利。随着资源越来越稀缺,这些上限就成为各种政策组合中的一个非常重要的组成部分。

产权原则

在现代环境问题中,效率损失的部分原因在于产权指定的错误产生的错误激励。按照产权原则(property rights principle),本地社区对其社区范围内的动植物种群具有产权。这种产权使得本地社区有权分享因保护这些物种而产生的任何收益。本地社区对基因资源享有产权,我们必须对这种产权作出明确界定,并使这种产权得到尊重,只有这样,我们才能够使得本地社区在利用这些资源所产生的全部收益中享受更大的权益,并且应该加强对这种产权的保护力度。

我们以大象种群的保护为例对遏制大象种群下降的措施存在的一些问题做一分析。按照大象迁移性的特点,产权原则应该授予与大象生活在同一片土地上的本地人一种产权,让他们有权捕杀固定数量的大象。只要对大象进行保护,那么拥有捕杀大象权利的人就应该确保本地社区的收入,使得他们可以在保护大象的过程中获得收益。此举就可以禁止偷猎行为,因为偷猎者不仅仅是对遥远的国家政府的一个威胁,而且是对本地社区的一个威胁。

一个与产权原则相关的应用能够提供一种额外的途径,以解决生物物种极其丰富的热带雨林日益萎缩的问题。主张保护生物多样性的一种观点认为,热带雨林提供了一种有价值的基因库,有利于未来的产品开发,例如医药和粮食作物。然而,管理着丰富的生物基因库林地的国家并没有从产品开发所创造的财富中获得实际利益。这个问题的一个解决之道就是普遍接受这样一条原则,即生物资源非常丰富的国家，对用其国界范围内基因库开发的所有产品，应该有权得到规定的特许费。

在缺乏特许费安排的情况之下，那些砍伐它们自己热带雨林的国家，几乎没有保护受这些雨林庇护的基因库的积极性，因为它们不可能获得经济回报。基因库的开发以及由此而产生的经济回报只会惠及有能力开展大规模研究工作的国家和企业。通过建立这样一种制度，即将特许费惠及基因库的原产国，只有这样，才能协调局部利益与全局利益。

此举意义重大。尽管难以要求所有企业都必须获得许可才能开展研究或收集生物样本，但是，更难保证对每种新衍生出来的遗传发现也征收许可费。发展中国家要了解这些新发现非常困难，但是，要求分布在其他国家的企业执行许可证条款非常耗时而且代价很大。

产权原则中一个经常被忽略的问题就是如何促进人权。本地人传统上对资源的利用常常会产生各种非正式的使用权问题。只要权利竞争的压力不是太大，那么非正式的使用权就能有效运作。不过，如果拥有现代技术的产权使用者开始扩展资源的用途（例如渔业上的拖网渔船或大型的水灌装厂），非正式的权利就会落空。保护当地人权利的一种途径就是使这种权利规范化，通过强制实行这些规范化的权利，从而增强当地人的安全保障。

可持续性原则

按照可持续性原则（sustainability principle），所有资源的利用都应该尊重后代的需要。采取前三项原则，对恢复效率大有好处，而且恢复效率可以开启可持续性发展的进程。然而，如前所述，仅恢复效率还不够。为了满足可持续性原则，还需要采取其他政策措施。

在利用可枯竭资源方面恢复代际公平或许是一个合适的起点。正如经济学模型所阐明的，当前分享因可枯竭资源利用所产生的财富，其激励因素是偏向于当代人的，即使在有效市场条件下也是如此。很显然，如果将一部分创造的财富转移支付给后代人，这个问题就能够得到纠正。问题是：应该转移给后代多少财富呢？

萨拉赫·塞拉芬（Salah El Serafy, 1981）提出了一个独创性的方法。某种可枯竭资源的开采可以产生收益，计算这种收益在其整个寿命期内的净效益的现值，就可以得到可用于分享的财富。利用标准的分析表格，计算这个基数一直可以提供的固定年金（年金表示红利以及财富所产生的利息；本金则毫发未损）。固定年金就等于这种可枯竭资源所产生的财富中可以被消费的那部分。超过年金之外的收入（在资源被开采并售出的年份里）都必须扣回到本金。所有后代将得到相同的年金，而且可以持续到永远。

这种年金可以投入到研究中去，不必为形成某种经济回报而用于购买设备。例如，通过税收的办法将一部分可枯竭资源利用的所得用于资助研发替代品，这些替代品就可以为后代所利用。例如，对于化石燃料而言，我们可以对燃料电池或风能利用的研究给予补贴，随着化石燃料的日益枯竭，后代应该有能力转而利用可替代能源，同时在这一过程中不降低后代的生活水平。

另一项调整就是必须应对物种灭绝的可能性。因物种的灭绝而对后代作出补偿是不够的（在有效配置条件下隐含的一种策略）。我们不仅不知道补偿的合理水平，而且可能会猜测后代人的偏好认为，被保护物种的价值超过了我们这一代愿意支付的任何补偿。如果后代人的偏好存在这些不确定性，那么，我们的一项对策就是将物种保护纳入到我们对可持续性的定义之中，让后代自己对物种的价值作出评价。按照这种办法，会导致物种灭绝的策略都没有可行性，不管其净收益多大都是如此；因此也绝不应该选择这种策略。我们应该通过保护后代人的选择而不是试图猜测他们的偏好的方式来保护后代人的利益。

调整国民收入核算对可持续原则而言具有现实意义。收入核算必须与希克斯关于收入的定义相符。所有成本（包括自然资本的折旧）都应该从国民收入的总数中予以扣除。如果不这样做（我们现在就是这样做的），就会给予公共部门一个误导的信号。这些误导的信号会促使公众人物致力于违反可持续性原则的经济活动。

信息原则

民意调查通常表明，无论人们所处的社会环境如何，人们都很关心环境，并且愿意将资源投入到环境保护中。不过，为了激发民众的这种热情，我们有必要确保民众是知情的。认识到这种民意，就为一系列新策略的提出铺平了道路，这些策略就是要让国民参与到环境政策的制定中。

信息原则（information principle）的实行可以采取多种形式。一些国家已经意识到应该提高出版的自由度以报道环境事务；一些国家则意识到，让公众更好地接触到政府信息，以显示排入空气和水体的污染物的数量和类型。计算机为公众了解政府信息提供了方便。

人们也意识到，绿色产品标签让那些具有环境意识的消费者们用做商品选择的一个基本要素。"海豚—安全"标签就是一个很好的例子，它说明这一方法取得了很大的成功。

与传统方法相比，信息策略吸引人的地方就是它们能够达到目的。例如，许多发展中国家人力资源和金融资源都很稀缺，以至于很多传统的控污办法都行不通。所幸的是，这并不意味着就无法控制污染。即使在没有采取传统的监测措施和强制性手段的情况下，只要信息策略设计合理，仍然可以很好地控制污染（参见例23.5"印度尼西亚著名的控污策略")。

例 23.5 ☞

印度尼西亚著名的控污策略

印度尼西亚由于缺乏资源而不能全面执行水污染控制法规，这使得该国政府于1993年发起了一项独特的补充计划，以提高法规的执行程度。通过污染控制、评价和分级计划（Program of Pollution Control, Evaluation and Rating, POPCER），该国对187家工厂进行了评估。根据各工厂的排污量，将它们分成5类，分别用颜色代码表示。颜色类别从黑色（没有进行污染控制）到金黄色（空气、水体和有害废弃物排放超标50%以上，并且全面采用清洁技术、采取污染防治技术，等等）。

这种做法的关键在于，不仅要将各工厂及其等级公之于众，而且必须定期更新等级排位，从而获得公众对企业等级的改善的认可。希望企业得到足够的激励，否则负面宣传会对它们的名声产生影响。

早期的结果令人鼓舞。在等级排名公布的前6个月，黑色类的企业数量下降了一半（从6家下降到3家），而达标或超标的企业数从66家增加到76家。

1997年，由于亚洲金融危机，该计划被迫暂停。2002年，经济条件改善之后又重新实行该计划。

资料来源：S. Afsah and D. Wheeler. "Indonesia's New Pollution Control Program: Using Public Pressure to Get Compliance," *East Asian Executive Reports* Vol. 18, No. 5 (May 1996): 11-13; Shakeb Afsah, et al. "What Is POPCER? Reputational Incentives for Pollution Control in Indonesia," World Bank Working Paper (November 1995).

23.5 强制性转型

假设当前的福利水平不可持续，为了保护后代的利益，我们有必要立即过渡到一个更低的新生活水平。进一步假设，"有指导的强制性转型"应该比自由放任式的强制性转型的痛苦更少一些。那么，我们如何议定这种更加急剧性的转型呢？

世界银行前经济学家赫尔曼·戴利（Herman Daly, 1991）为向稳定状态实施强制性的过渡提出了一个最具体的建议。戴利非常支持快速向可持续发展的目标转型，而且在他的职业生涯中，他花费了很大精力去寻找实现这一目标的方式。如何迫使一个经济体比正常情况下更快速地进入新的可持续发展道路，我们以他的建议为例进行分析。

定义目标

戴利首先试图对稳定状态、他提出的强制性的过渡目标以及我们如何知道在何时可以实现这个目标等问题作出明确界定。他使用物理性的术语而不是用价值术语来表达他的这种界定。戴利认为，稳态经济（steady-state economy）的特征是人口存量不变，物质性的财富维持在某种可选择的合乎需要的水平之上，通量（throughput）的速率很低。这种通量（即资源和能源流）提供了各种直接的消费效益（例如食物和住房）以及投资，至少必须能够抵消资本存量的折旧。

以物理性的术语而不是价值术语来表述稳定状态很重要，因为这是戴利与其他分析者之间的一个重要区别，其他人仅将稳定状态简单地看做没有任何发展的一种状态。戴利认识到，即使在人口和物质性的财富存量不变的情况下，某些发展也应该发生。例如，随着社会了解了更有效地利用能源的方式，即使能流本身并没有增加，由能流所产生的价值还是会增加。由于技术进步，即使物质性的存量和流量没有变化，所得到的服务价值也会增加。稳态和经济零增长不一定相同。

体制性的结构

戴利认为，为了迅速地获得稳定状态，有必要对体制性结构做三点改革：

（1）一个使人口稳定的制度；
（2）一个使物质性的财富存量和通量保持稳定的制度；
（3）一个确保存量和流量在人口中公平分配的制度。

各种用途如何配置必须由市场决定。共同决策按照规模和分布来作出，但是配置仍然由市场决定。戴利认为，规模、分布和配置的问题涉及三个独立的政策目标，三者不能共同使用同一个价格工具。市场价格必须达到有效配置的目标；其他制度性的安排则是达到某个合理的（可持续的）规模和某个合理的（公平的）分配目标所必需的。

人口稳定性

按照戴利的建议，利用肯尼思·博尔丁（Kenneth Boulding, 1964）首先提出的一种观点，人口应该保持长期的稳定水平。按照这个观点，每个人都有权生一个孩子,而且只生一个!因为按照这个观点,在一代人的水平上,当前人口中每个成员只允许替换他自己,出生率必定等于死亡率,这样人口稳定的目的也就达到了。

按照这个观点,每个人都应该得到一个准生证,这个准生证令持有者可以生一个孩子。夫妻双方可以将准生证合在一起,这样就可以有两个孩子。孩子出生后,准生证就作废。没有准生证就出生的孩子必须让别人领养。

准生证完全是可交换的。认为孩子的价值尤其高的家庭可以购买到额外的准生证,而将为人父母看得不如激情重要的人则会出售他们的准生证。这个观点的优点就在于,它确保可以达到人口稳定的总目标,但是,我们不应该要求哪个家庭维持某个特定的家庭人数。尽管确保了每对夫妇有权生两个孩子,但他们可以选择是多生还是少生。

存量和通量的稳定性

戴利认为,对于所有的可枯竭资源而言,都应该通过定额消耗而将通量维持在某个最小的水平上。定额应明确界定资源可以开采并加以利用的数量。任何超过这个定额的开采和利用都不合法。

定额指标由政府官员们确定,但是,按照戴利的说法,这些官员也必须遵循某个指定的原则。定额的设定很严格,而且应该设定在资源的价格等于与这种资源最相似的可再生替代品的价格的水平上。如果没有相似的可再生替代品,官员们就有权决定最合乎道德的水平。因为定额可以由政府拍卖,所以政府应该获得与这种可枯竭资源相关的所有稀缺租金。定额的价格应该等于资源的稀缺租金。

确保分配公平

戴利也意识到,在稳态经济条件下,有必要推翻收入分配的规范渠道。在一个增长的经济体中,富人和穷人之间的紧张关系可以通过该经济体提供的社会的和经济的灵活性而得到缓和。在稳态经济体中,由于新创造的就业机会数量较小,缓和富人和穷人之间的紧张关系的机会也会减少。

为了缓和富人和穷人之间的紧张关系,戴利建议设立最大收入水平和最小收入水平,这意味着对财富设立了一个最大值。最小收入水平应该部分地由累进税按最大收入水平和财富最大值之上的100%的边际率予以资助。如果按照100%的税率计算,富人能够获得的收入或许很少(就没有赚取更多收入的积极性了),因此,大部分收入主要来自消耗配额的出售以及最低收入水平和最高收入水平之间的较低的税率。

管 理

戴利的想法实施起来代价太大。确定配额、拍卖以及确保人们执行，这些都需要很多官员努力工作。在人们希望裁减官僚机构的时代里，这个建议有悖潮流。可枯竭资源和可再生资源实行统一的配额制度，除了在官僚制度上很不灵活，而且可能会打破现行的运行顺畅的组织结构。回顾历史，配额制度唯一能够实施的时期就是战争期间。[6]

准生证在管理上也很不方便，而且在大多数工业化国家也没有必要。另外，准生证也会产生伦理问题。例如，这一制度往往会保护现存的种族组成状况。对于出生率高于平均出生率，且收入低于平均收入的少数民族而言，这看起来似乎是要限制他们在人口中的比例。很显然，这并不是美国的目标，但是，此举会引发不必要的紧张。

23.6 小结

可持续发展是指这样一种过程，既满足当代人的需要（尤其是处于贫困中的那些人），又不伤害后代满足他们自己的需要的能力。

市场的不完全性常常会影响可持续发展。诸如气候变化之类的代际间的外部性对后代产生了过大的成本。免费使用具有公共产权性质的生物资源会导致资源的过度利用，甚至导致物种的灭绝。

即便是有效率的市场也不一定能够可持续发展。恢复效率是我们所期望的，而且也是有益的，但是，还不足以作为维持可持续福利水平的一种途径。理论上，动态有效配置会使得可枯竭资源的开采安排与后代的利益相符，但是，实际上情况并非必定如此。为了确保可持续性，常常要求当代对后代作出补偿，但是，具有利益最大化特征的行为所作出的补偿水平往往过低。另外，我们也很难对充分的补偿作出明确的界定，而且，我们也不清楚后代要求我们必须补偿多少。

如果将贸易视为发展战略的组成部分，对此我们必须十分谨慎。贸易对环境的影响既不是总是有利的，也非总是有害的，要视所处的环境，具体问题具体分析。

对于发展中国家而言，贸易和环境的历史经验发出了两点强烈的信息：

（1）降低环境标准以便到国际上争取就业机会，这只是一种弄巧成拙的策略；

(2) 待经济发展后收入提高了，再来治理环境污染，这将大幅度地提高治理环境污染的成本。

新的可持续发展模式可能存在，但是，它们不会自发地到来。经济激励政策可以促进经济活动从不可持续性向可持续性过渡。五项原则提供了一个政策框架，以利用经济激励管理这种过渡：

(1) 所有环境资源的使用者都应该支付完全成本，以确保资源的利用介于破坏环境和不破坏环境之间（即完全成本原则）；

(2) 所有的环境政策都应该以成本合算的方式加以实施，以确保这个成本应该获得最好的环境质量（成本有效性原则）；

(3) 环境资源产权的配置应该有助于促进权利的平等（产权原则）；

(4) 当代人对资源的所有利用都不应该与后代的需要发生矛盾，而且，现值标准应该只用于对满足这一可持续性检验的各种资源配置作出选择（可持续性原则）；

(5) 关于当前决策的后果，所有公民都应该知情，以便让所有公民尽可能全面地参与到可持续发展的转型过程中（信息原则）。

如果不超过地球的承载力就不能维持普遍的高水平生活，那么，就应该快速地过渡到一个新的稳定状态，这个稳定状态的福利水平比当前的福利水平更低。为了分析这种现象是如何发生的，我们分析了经济学家赫尔曼·戴利提出的建议。他认为，有必要对制度做三个方面的改革：(1) 建立一种新的机制，以控制收入和财富的分配；(2) 设立一种年度配额制度，管理可枯竭资源和可再生资源的消费速率；(3) 建立一项污染控制计划。如果要实行戴利提出的制度改革，其成本非常高。

为了寻找解决途径，我们必须认识到，市场的作用极其有效。试图通过协商达成协议，以设法阻碍这种市场的作用，或许注定会失败。尽管如此，我们还是有可能通过协商达成协议，利用市场作用，并引导市场向有利于加强国际合作的方向发展。为了采取这些步骤，我们将需要按不太正统的方式进行思考和行动。国际社会能否做到这一点，我们拭目以待。

讨论题

1. 对戴利支持的控制人口增长的机制做一讨论。它具有哪些优缺点？美国现在适合实行这项政策吗？如果你认为应该实行这项政策，请说明其关键理由。如果你认为不适合，那么，哪个国家在哪种情况下适合实行这项政策？请说明理由。

2. "对于一种非再生资源而言，今天每使用一点，就意味着后代将少用一点。因此，对于任何一代人在道德上都站得住脚的政策就是只使用可再生资源。"对此加以讨论。

3. "后代人既不能给当前的选举投票，也不能给现在的市场决策投票。因此，在一个市场经济体中，忽略后代的利益，任何人都不会觉得很意外。"对此加以讨论。

4. "贸易就是帝国主义，就是一个国家剥削另一个国家。"对此加以讨论。

进一步阅读的材料

Battie, Sandra S. "Sustainable Development: Challenges to the Agricultural Economics Profession," *American Journal of Agricultural Economics* Vol. 71 (December 1989): 1083-1101. 该文将"深生态学"可持续发展理论与传统经济学家的理论进行对比，认为一些事物是彼此相互学习的。

Copeland, B. R., and M. S. Taylor. "Trade, Growth, and the Environment," *Journal of Economic Literature* Vol. 42 (March 2004): 7-71. 该文对讨论贸易与环境关系的理论和经验工作所得到的教训作了精彩的评论。

Jansson, Ann Mari, et al., eds. *Investing in Natural Capital: The Ecological Economics Approach to Sustainability* (Washington, DC: Island Press, 1994). 这是一本关于生态学家和经济学家的学术研讨会的论文汇编，论述了实现可持续发展的新途径。

OECD. *The Environmental Effects of Trade* (Paris: OECD, 1994). 该书收集了OECD有关贸易对环境影响方面讨论的背景资料，包括分部门的研究，例如农业、林业、渔业、濒危物种以及交通。

Pearce, David, Anil Markandya, and Edward B. Barbier. *Blueprint for a Green Economy* (London: Earthscan, 2000). 该书试图解答这样一个问题："如果我们将可持续发展作为一个行动的理念，那么，它对我们管理现代经济具有什么意义？"

Pezzey, J. C. V., and M. A. Toman. "Progress and Problem in the Economics of Sustainability," in T. Tietenberg and H. Folmer, eds. *The International Yearbook of Environmental and Resource Economics: A Survey of Current Issues* (Cheltenham, UK: Edward Elgar,

2002）。两位作者对我们从可持续性的性质和后果的经济分析中所得到的结果作了全面的评述。

Sterner, Thomas, ed. *Economic Policies for Sustainable Development* (Norwell, MA: Kluwer Academic Publishers, 1994). 这是一本论文集，包括 17 篇论文，描述了使用新的经济手段实现可持续发展方面的现状。

Stewart, Richard B. "Environmental Regulation and International Competitiveness," *Yale Law Journal* Vol. 102 (June 1993): 2039 – 2106. 该文全面论述了贸易和环境方面的文献。

【注释】

［1］有人搜索之后发现，定义有 61 种之多，不过许多是非常相似的。参见 Pezzey（1992）。

［2］据一项研究估计，通过光合作用，人类现在利用的可再生能源的比例大约为 19%～25%。在陆地上，这个估计值接近 40%（Vitousek, et al., 1986）。

［3］虽然知识可以永恒，但由于旧知识会被新知识更新，所以旧知识的价值会下降。构想出马蹄铁的人对当时的社会作出了巨大的贡献，但是，这种见识对社会的价值会随着我们依靠马作为运输工具而递减。

［4］巴比尔和舒尔茨（Barbier and Schulz, 1997）给出了这样一种情形，即有一种贸易限制，其目的是限制为出口木材而采伐森林，但是，这种贸易限制足以降低森林的价值，以至于森林被采伐后，林地会转作农业用地使用。

［5］有关资格授权交易机制在环境政策方面的各种应用情况的一系列的分析，详情请参见作者在下列网站提供的一个综合书目：http://www.colby.edu/~thtieten/trade.html/。

［6］在应我的要求写的个人通信中，赫尔曼·戴利对本章及其前一章的内容进行评论之后说："按照我的观点，对自由最真正的威胁以及激发政府当局加以控制的是危机，通过一些集体行动来避免危机，现在看来是维持自由长期最大化的好策略。"

第 24 章　重新展望未来

> 人类注定会永远生活在灾难的边缘。我们是人类，因为我们活下来了。我们不注重细节，但是我们确实活下来了。
> ——保罗·亚当森（Paul Adamson），詹姆斯·A·米切纳（James A. Michener）所著《切萨皮克》（*Chesapeake*）中的一个虚构人物

现在，我们重新展望未来。我们在前面的章节中分析了未来的两个美好的愿景之后，对这些愿景的各个要素（人口、可枯竭资源和可再生资源的管理、污染以及增长过程本身）进行了详细的讨论。在探究这些问题的过程中，我们对环境和自然资源问题获得了许多认识。现在，我们将这些认识综合起来，系统评价一下这两个愿景。

24.1　提出问题

我们在第 1 章中曾提出许多疑问，以便将分析重点集中到这样一个问题上，即有限环境中的经济增长问题。通过这些疑问我们提出了三个

主要问题：(1) 如何从概念上给这些问题作出定义？(2) 经济体制和政治体制是否能够及时地以民主的形式对这些问题所提出的挑战作出反应？(3) 当代人的需要能否在不伤害后代满足他们自己需要能力的情况下得到满足？短期目标和长期目标是否能够统一？接下来我们将对尚未分析的事实进行总结和解释。

使问题概念化

在本书一开始我们就认为，如果问题的主要特点是需求呈指数级增长，而且资源的供应有限，那么，资源最终必定会枯竭。如果这些资源是一些基础性资源，那么，资源枯竭之时，社会必将崩溃。

我们已经知道这是一个过于严酷的现实。资源需求的增长对它们的稀缺性不会麻木不仁。虽然能源价格的上升与其说是稀缺性所引起的，不如说是同业联盟所引起的，经济系统对资源需求的增长所作出的反应可能会使得能源的价格上升。

随着20世纪70年代能源价格的上涨，能源需求的增长明显地下降了，石油的降幅最大。例如，美国1981年的总能源消耗（73.8×10^{15} 热量单位）低于1973年（74.6×10^{15} 热量单位），然而，同期的收入和人口都是增长的。石油消耗从1973年的 34.8×10^{15} 热量单位下降到1981年的 32.0×10^{15} 热量单位。虽然这种下降某种意义上是由经济不景气所造成的，但是，价格肯定发挥着主要作用。

价格因素并不是阻碍需求增长的唯一因素。人口增长率下降也是重要的因素之一。由于世界资源的主要份额由发达国家占据，因此，发达国家人口明显下降对降低资源需求产生的影响也很大。

将资源基数视为有限的，这一点也是非常无情的：(1) 这个特征忽略了大量存在的可再生资源；(2) 它过于关注了错误的问题；(3) 试图测算资源基数的规模，这种想法是有缺陷的，而它却对此予以支持。下面我们依次讨论这些问题。

从实际角度看，资源基数并非有限的。可再生资源（尤其是能源）的供应非常充足。对可枯竭资源稀缺性的日益增加所作出的正常反应就是利用可再生资源。我们现在正在这样做。对风能、太阳能和氢燃料电池的利用就是很生动的例子。

将资源基数视为有限的，这样会产生误导，因为这样会使得我们过于关心资源哪天会被"用完"。事实上，对于大多数资源而言，我们永远都用不完。按照当前的消耗速率，有些数量有限的资源还可以用上几百万年。问题是开采成本的日益提高以及利用这些资源的成本（包括环境成本）对后代的生活水平是一个主要威胁，而非是否会耗尽资源。对我们利用这些资源的限制并不取决于资源在地壳中的稀缺性，而取决于开采和加工这些矿产而不得不作出的牺牲。斯金纳（Skinner）以及其他学者认为，我们并不愿意按照开采低品位矿产资源的价格给予支付。

对这一基本问题的无知，导致我们不厌其烦地去测算资源基数的规模，这注定要受到恶报。传统的物理学指标（例如静态的和指数性增长的资源储量指数）都过于悲观，因为没有考虑扩张当前储量的可能性。从历史角度看，基于这些指标所做的预测没有一项经得住时间的检验。没有理由期望我们未来还必须做任何类似的预测。这些指标很方便，因为很容易计算，而且很容易解释，但是，它们通常也大错特错。

扩张当前储量的方式有很多。其中既包括发现非常规物质（甚至包括原来被认为是废弃物的东西）的新用途，也包括寻找到新的常规物质的来源。我们也可通过降低生产产品所需的物质量的方式，延长当前储量的使用寿命。例如，计算某个指定量的信息所需要的一台典型的计算机系统，其体积越来越小；给一间设计良好的房屋供暖所需的能量明显地下降了。

尽管我们对当前成本的评价能力远非十全十美，但是有两个方面值得注意。从历史上看，即使是有，也极少有证据表明，矿产资源的稀缺迫在眉睫。我们有能力开发出低成本加工这些资源的技术，这决定了我们必然会开采低品位的资源。其结果是，随着时间的推移，资源的开采成本实际上是下降的，而非上升。这种情况还能维持多长时间，目前尚无定论。

在资源基数测算方面，并不是低估资源基数丰裕度的人才会犯错误。认为地壳和大气中我们所依赖的物质都很充裕的人也会犯错。虽然这些物质的丰裕度并不值得怀疑，但是，实际利用量毫无疑问远远低于实际存在的量。

乍一看似乎很荒谬，那些证明已经达到极限且承载力概念最为有效的典型案例都是指可再生资源，而并非可枯竭资源。人口增长是产生这一现象的关键因素。人口日益增加，迫使我们对一些边缘土地加以利用，大面积地滥砍滥伐生物资源非常丰富的森林。过度利用土地会造成水土流失，使土壤肥力日益下降，最终导致土壤生产力下降。过度利用鱼类之类的生物资源，甚至会导致物种灭绝。贸易可以强化这一过程，尤其在产权制度不完善，不足以保护资源的情况下更是如此。对于这些资源而言，问题并不是它们的有限性问题，而是资源管理的方式问题。

资源稀缺性问题的正确界定表明，过于悲观和过于乐观的观点都是错误的。资源有效性接近其物理极限，这一点很难以理解，但这根本就不是一个问题；激励不当以及信息不充分的问题更为严重。但是，如果认为所有资源都没有限量，可以支撑经济永远地按照我们现有的速率继续增长下去，这种想法同样也很幼稚。如果我们愿意支付某种价格，那么资源就是丰裕的，但是丰裕的资源的价格现在正在上涨。向可再生资源、可循环利用资源以及低成本的可枯竭资源的转变现在已经开始。

体制性的反应

理解社会是如何克服资源稀缺性的日益增长和环境破坏越来越严重的一个关键就在于理解社会体制对此将如何作出反应。市场体系重点强调决策制定的分散化，官僚政治体系承诺公共参与以及实行多数决定原则，这两个体系能否应对资源稀缺性和环境破坏的挑战呢？

历史经验似乎表明，虽然我们的经济体系和政治体系远非完全可靠，一些缺陷也显而易见，但是，目前还没有发现明显的致命缺陷。

从正面的角度看，市场已经自发地作出了迅速的反应以面对价格较高的资源——对价格较高的资源的需求已经下降；替代品受到了鼓励；再循环利用日益增加，而且消费者的习惯也正在改变——这些无须人监督。只要产权界定清晰，市场体系就会推动消费者和生产者对各个方面的资源稀缺性作出反应（参见例 24.1 "可持续发展的私人积极性：采取可持续性的生产方式有利可图吗？"）。

例 24.1　可持续发展的私人积极性：采取可持续性的生产方式有利可图吗？

界面公司（Interface Corporation）是一家地毯生产商，当它意识到它的无效率后，就改变了经营方式。

首先，企业认识到，铺在家具下面的地毯通常都是不会用坏的地毯，这些地毯无须更换。因此，原先整个地毯铺满房间的做法现在改为地毯拼块的方式。常规铺地毯的方式是，地毯的任何一个地方用坏了，也就意味着整个地毯都要更换；而以拼块的方式铺地毯，则只需要更换已经用坏的地毯。作为一种附加效益，地毯更换量减少了，与此同时，还减少了会污染室内空气的有毒黏合剂的使用量。

其次，界面公司从总体上改变了它与消费者之间的关系。它们不再出售地毯，而是出租地毯。事实上，界面公式已经成为一个地毯服务的销售者，而不是地毯的销售者。地毯拼块很容易更换或清洁，界面公司的员工总是在晚上通宵达旦地为用户更换和清洁地毯，这样可以避免生产上的损失，因为白天做这些事情可能会阻碍用户的正常活动。消费者的成本大大降低了，不仅仅是因为更换的地毯块少了，而且因为出租地毯可以获得有利税率。按照税法，租用的地毯被视为消费，而不是财产。

此举对环境也有利。按照传统的工业生产方式，大多数用坏了的地毯必须运到一个垃圾填埋厂去处理，一些旧地毯则重新加工用于其他目的，但是价值很低。界面公司将这看做一种资源浪费,它创造了一种全新的产品,即日晷(Solarium),当这种产品使用寿命到期之后,又可重新回收利用,制造成新的日晷。按照能源和材料的消耗来计算,这种生产工艺不仅减少了99.7%的浪费,而且据报告,产品是防污的,比普通地毯材料耐用4倍,而且很容易用水清洗。

这项具有可持续性的制造技术并不是因政府的命令而产生的。确切地说,是一个创新型企业的发明,这样做既对环境有利,同时对企业也有利。

资料来源:Paul Hawken, Amory Lovins, and L. Hunter Lovins. *Nature Capitalism: Creating the Next Industrial Revolution* (Boston: Little, Brown and Company, 1999).

这个观点令人信服,但它不支持这样一种结论,即市场本身并不会自动地为未来选择一条动态有效或可持续的发展道路。市场不完全性常常会使得可持续发展成为不可能。如何对待开放性资源——我们吃的鱼、我们呼吸的空气以及我们喝的水?在这些方面市场的局限性也非常明显。若顺其自然,一个市场将会过度地利用开放性资源,极大地降低后代的净效益。如果不从市场的其他方面所增加的效益方面作出足够的补偿,那么,这种资源的利用可能就会违反可持续性准则。

即便是有效市场也未必会产生可持续发展。对于产生可持续性的福利水平而言,恢复效率是一种可取的方式,但还不够。虽然从理论上说动态有效配置可以对可枯竭资源的开采作出配置,且这种配置与后代的利益是一致的,但是在实践中,这并非必然,甚至不是一种正常的情形。在面临可枯竭资源供应日益下降的情况下要保证可持续性,则要求当代给予后代补偿,但是利益最大化的行为会使得这种补偿的水平过低。何况我们很难明确地确定这种补偿水平,而且,我们会要求后代放弃一些选择,但是我们并不清楚在经济上是否足以对后代所放弃的这些选择作出补偿。

市场具有某种自我纠正的能力。例如,开放性捕鱼的下降会使得具有私人产权性质的鱼类养殖增加。因产权不明而人为地造成的稀缺性会鼓励发展具有私人产权性质的替代品。

市场的这种自我愈合能力虽然令人鼓舞,但仅此还不够。在一些情况下,还存在更便宜也更有效的解决办法(例如阻止原生性的自然资源基础的退化)。预防性的药物常常优于矫正性的外科手术。在其他一些情况下,比如空气受到了污染,我们就无法找到很好的私人替代品。为了作出足够的反应,有时有必要从政治的角度作出市场的决策。

在控制污染方面,我们尤其需要政府的干预。不加控制的市场不仅会产生太多的污染,而且往往会对生产过程中或消费过程中产生污染的商品定价过低。单方面试图控制污染的企业，如果自行定价，可能存在被排挤出市场的风险。这时就需要政府加以干预，以确保在经营决策上忽视环境保护的企业无法获得竞争上的优势。

在降低污染量，尤其是常规的空气污染方面，我们已经取得了巨大的进步。最近，管理创新（例如硫排放量配额制度以及瑞士的氧化氮收费制度）表明，我们在建立一个灵活且很有潜力的控制空气污染的框架方面取得了重要进展。由于达到环境目标所需要的成本下降了，这些改革不仅约束了反对政策的力量，也使得感知成本与感知收益相一致。

然而，如果假设政府干预都是有益的，那就大错特错了。酸雨就是因某项政策的结构问题而变得更糟，这项政策只注重局部的污染问题，而不是区域性的污染问题。纯粹因为政治的需要，就要求所有新火力发电厂安装除尘设备，以至于提高了发电厂的执行成本。

一项政策无法很好地治理环境污染。民意调查清楚地表明，即使会提高成本，减少就业，普通民众仍然支持环境保护。政策制定者们对此作出了反应，他们提出了非常严苛的法律，以推动技术快速发展。

常识告诉我们，法律对环保达标期限作出的规定越严，达到环境目标的速度也就越快。不过常识也经常会错。将法律规定的达标期限定得太严，也会产生负面效应，会使得过于严苛的法律实际上不可能被执行。认识到这一点，污染者会不厌其烦地想办法拖延。从污染者的角度看，与其执行这种法律，不如花精力改变这项法律规定。对于不太严苛的规章制度而言，情况或许就不是这样，因为从法律上说，企业没有拖延的道理。

或许最糟糕的达不到预期目的的政府干预就是对待能源和水资源方面的问题。政府对天然气和石油设置了最高限价，于是，政府取消了经济系统中很多正常的弹性。由于价格控制，扩大供应的积极性被削弱了，在消费的时间安排上也更多地倾向于当代。就天然气而言，政府控制甚至会产生某些偏差，阻碍向可再生资源的转型。水资源管理部门规定当水价低于供应的边际成本时，对超量的用水给予补贴。在正常市场环境条件下应该留给后代使用的资源，由于价格控制，会被当代消耗。如果对正常的市场交易进行价格控制，那么，我们就不可能向可再生资源进行平稳过渡，而这种平稳过渡正是正常的市场配置的主要特征，这时短缺就会产生。

价格控制在处理全球贫困问题时也发挥着关键作用。通过控制粮食价格，许多发展中国家低估了国内农业的作用。从长期影响看，必定会在支付进口商品的外汇变得越来越稀缺的时候，增加发展中国家对粮食进口的依赖。此时，发达国家就会解除对价格的管制，使得发展中国家无法摆脱这种困境。

总之，美国的经济体制和政治体制所产生的影响一直很复杂。很显然，简单的药方经不起时间检验，无论是"让给市场去做"还是"施加更多的政府干预"，现实就是如此。经济部门和政治部门之间的关系必定是一种有选择性地参与的关系，在某些领域，应该有选择性地不参与。每个问题不得不区别对待。正如我们在分析各种环境和自然资源问题时所看到的，效率和可持续性评价准则会让这些特征凸显出来，而且可以作为政策改革的一个基准。

可持续发展

从历史上看，投入增加以及技术进步都是工业化国家经济增长的主要源泉。在未来，一些生产要素，例如劳动，将不会像过去那样快速地增长。经济增长取决于边际生产率递减律、替代可能性以及技术进步三者之间的相互作用。按照边际生产率递减律，尽管技术进步和替代品的有效性提高会发挥一定的作用，但经济增长率还是会降低。一种观点认为，由于第二热力学定律的原因，技术进步总是有局限的，这意味着增长过程必定会达到一个稳定的点，即稳定状态，这时，经济的增长最终将递减为零。

通过对经验证据的分析，我们认为，加强对环境的保护，当前不会对总体的经济产生很大的影响，不过某些部门可能受到冲击。环境政策只会引发通货膨胀率小幅上涨，经济增长轻微下降。很显然，环境政策对就业的贡献比它所引发的成本要大。一种观点认为，尊重环境与经济景气是相互矛盾的，当然，这种观点不言而喻是错误的。

能源的情况也相似。尽管 20 世纪 70 年代期间能源价格飙涨，以至于生产率增长速度下降，但是下降的幅度并不大。经济增长肯定发生了一定的缩减，但是，就此认为能源价格上涨已经迫使我们转入生产率增长明显减速的时期还为时尚早。

经济正在转型。这事儿可不一般。这种转型的两个尤其重要的特征就是人口增长率下降和信息作为经济驱动力的重要性上升。这两个特征往往都会降低物理性的因素对经济增长的约束程度，并且提高当前福利水平的可持续性程度。

由于我们认识到，常规的经济增长指标对可持续发展的意义不大，以至于我们会采取一些比较粗糙的方法估计工业化国家的经济增长历史上是否使得其国民的生活更好。研究结果表明，经济增长会使得人们休闲的时间更多、人的平均寿命更长以及提供更优的商品和服务，这些都是有益的。但一些指标，例如生态足迹，会给出更多的警示。这些指标提醒我们，我们无法精确地测算出人类承载力，但是，这绝不会减少这些限制的存在及其重要性。

通过对证据的分析我们认为，世界上所有人都能够自发地受惠于经济增长，但这种想法很幼稚。经济增长可以惠及发达国家的穷人，但这肯定不是必然的。最成功的国家通过经济发展获得了更好的教育和卫生条件。

对于发展中国家而言，未来究竟如何，我们不得而知。解决发展中国家未来的许多环境污染的同时，关键还是要提高生活水平。然而，如果追随发达国家所走过的路，而又不引发严重的全球性环境污染，或许是不可能的。发展中国家必须寻找新的发展模式。

如果要使经济发展成为现实，那么，发展中国家必须克服许多严重的障碍。从局部看，日益增长的人口将面临可用土地（或生产性资产）的减少；从国家层面看，腐败和发展政策对穷人都不利；从全球层面上看，发展中国家的债务负担越来越大、出口价格日趋下降，用于创造就业机会的资本外逃，都会恶化发展中国家的境况。

新的发展模式不仅可能存在，而且也是值得期待的，但是，高收入国家和低收入国家都不会自发地采取这种新发展模式。有可能通过合作来解决问题吗？各国能够建立起共同立场吗？

美国的经验表明，传统的对手都有可能进行合作。在美国，环境管理者和在环境保护方面具有特殊利益的院外集团习惯将市场体系看做一个强有力的和潜在的危险对手。人们普遍认为，市场会将这些强有力的力量释放出来，使得环境恶化。与此同时，支持发展的人习惯将环境问题看做会阻碍可以提高生活水平的项目实施的工具。对抗和冲突可能会成为处理这些矛盾的习惯做法。

近几年，有效地处理这个问题的气候明显地得到了改善。不仅支持发展的人已经知道，在许多情况下，短期增进财富的计划会造成环境污染，最终得不偿失，而且环境组织也开始认识到，贫穷本身就是对环境保护的一个主要威胁。经济发展和环境保护不再被看做非此即彼的命题。于是，焦点转移到了政策以及政策工具的甄别上，这些政策或政策工具既有利于扶贫，又有利于环境保护。

最近10年，对环境和自然资源管理采取经济激励手段已经成为环境和自然资源政策的组成部分之一。这些经济激励手段不再采取命令式的做法（例如要求安装某种特殊的控污设备），取而代之的是改变对污染者的经济激励方式以达到环境保护的目的。使用税费、可转让许可证或者责任法等方式，可以改变激励的方式。通过改变对每个代理人的激励方式，该代理人就可以利用他所掌握的优势信息选择最好的方式，以履行其责任。如果转变发展模式符合大家的利益要求，那么，转型的速度就会快得让人吃惊。

公共政策和可持续发展必须以一种彼此相互支持的关系进行（参见例24.2"公共部门和私人部门的合作伙伴关系：卡伦堡的经验"）。政府必须确保市场向所有参与者传达正确的信号，以便可持续发展与其他商业目标相一致。经济激励手段是建立这种协调性的手段之一。美国、欧洲和亚洲各地采取了各种形式的经济激励手段，经验表明，一般而言，经济激励手段不仅可行，而且有效。

例 24.2 ☞ 公共部门和私人部门的合作伙伴关系：卡伦堡的经验

卡伦堡市位于哥本哈根沿海 75 英里的一个岛上，为这个城市提供主要就业机会的各个产业之间已经形成了明显的共生关系。四个主要产业，与其他一些小企业以及市政府一道，在 20 世纪 70 年代就开始进行合作，以降低垃圾处理成本，取得便宜的生产材料，并且从其废品中获得收入。

阿斯奈斯燃煤发电厂（Asnaes）将它的废气输送给斯塔托尔炼油厂（Statoil）。作为交换，斯塔托尔给阿斯奈斯炼油气，阿斯奈斯通过燃气的方式进行发电。阿斯奈斯会将多余的炼油气卖给当地的一家渔场，或是这个城市的供暖系统，或是卖给药品和酶制品厂诺和诺德（Novo Nordisk）。这个循环还在继续，渔场和诺和诺德将它们的下脚料送给其他农场用作肥料。所产生的灰尘也被卖给水泥厂，水泥厂通过去硫化工艺，生产出石膏，石膏又可卖给一家墙板制造厂。斯塔托尔炼油厂将从天然气中脱除下来的硫卖给凯美拉硫酸厂（Kemira）。

整个过程并非按照某种集中规划而形成的，只是因为它体现了所涉及的公共部门和私人部门最优的共同利益。尽管动机是纯商业性的，但是这种协作对环境确实有好处。因此，它既在环境上是可持续的，在经济上也是可持续的。

资料来源：Pierre Desroches. "Eco-Industrial Parks: The Case for Private Planning," *Report—RS 00-1*, Political Economy Research Center, Bozeman, MT 59718.

关于全球环境问题，情况又怎么样呢？

通过政策手段设计上的创新，局部的激励方式和国际社会的激励方式可以取得一致。只要存在资源浪费，当前在环境保护方面的投入就可以更大程度地改善环境，也就是说，投入较少的资源即可实现环境同等程度的改善。按照定义，变无效政策为有效政策，即可获得收入以供分享。各个合作方之间如何分享收益的协议可以用于达成某种联盟关系。

经济激励手段在这里也是有益的。排污许可证贸易可以使得成本在参与者之间进行分担，同时又可以保证对新增加的污染控制需求作出经济上合理的反应。政府可以将这样两个问题区分开来，即采取什么样的控制方法和最终由谁来为污染控制埋单，这样做的结果是，政府大大拓宽了污染控制的可能性。将生物种群的产权授予当地社区，就可以为其他社区保护生物种群提供某种激励。减少债务则能够消除对森林和自然资源的压力，当地社区可以从这些资源中兑现一部分资金用于还债。

法院也开始使用经济激励手段——对环境问题的司法补偿开始取代管理性的补偿。例如，对已经关闭的有毒废料场的清除问题。政府可以对所有可能富有责任的各方提出起诉，这样可以一箭双雕：（1）它确保污染场的经济责任由直接产生问题的各方来承担；（2）它鼓励现在正在使用这些场地的人妥善保护好场地，以免在一个偶然的事件中遭受更大的经济负担。另一个补救办法是，将负担推给纳税人，但这样会导致税收收入减少、恢复的场地减少，而且对现在正在使用这些场地的人的激励也会下降。

欧洲往往更多地依靠收取排污费。这个办法对每排放一个单位的污染收取单位费用。企业必须对其所产生的污染埋单，面对这种责任，企业会将它看做可控成本的经营活动。这种认识会促使企业寻找可能的方式降低污染的程度，包括改变要素投入、改变生产工艺、将残余物转化为无害物质以及对副产品进行回收利用。与大多数国家相比，荷兰征收的费用比较高，它的经验表明，这种做法的效果非常明显。

收取费用也会提高收入。成功的经济发展，尤其是可持续发展，要求公共部门和私人部门之间形成一种共生关系。为了成为平等伙伴，公共部门必须得到足够的资助。如果征收的收入不够，公共部门就会拖经济增长的后腿；但是，如果以扭曲激励手段的方式提高收入，也会拖经济发展的后腿。排污费提供了一个理想的机会，既可以提高公共部门的收入，又不会因扭曲税收成为发展的障碍。然而，其他类型的税收则会因伤害了合法的经济发展的积极性而阻碍经济增长。美国的经验表明，用排污费替代更加传统的提高税收收入的工具，例如资本收益、收入和其他销售税，这样能够避免对经济发展产生阻碍，作用非常明显。

鼓励具有前瞻性的行为，与私人行为所产生的激励一样重要。当前的国民收入核算体系就是错误经济信息的一个例子。尽管国民收入核算从来就没有打算作为一种测度国家财富的工具，但是实际上，它们就是这样被使用的。人均国民收入就是这样一个指标，我们用它来评价一个国家居民的富裕程度。不过，当前这些核算的指标传递了错误的信号。

石油泄漏的本来面目或许就是如此，也就是说，石油泄漏是其泄漏区的自然资源禀赋价值下降的一个原因，但它却增加了国民收入。也就是说，石油泄漏会提高GNP！所有清除油污的费用都会增加国民收入，但是，这没有将对自然环境的破坏考虑在内。在当前的核算体系下，收入核算并没有对两种增长的情况加以区分：即因一个国家破坏其自然资源禀赋而导致其价值不可避免地下降，在这种情形下产生的经济增长；和在自然资源禀赋的价值保持不变的情况下实现的可持续增长。只有在对这些核算数字进行适当的矫正之后，我们才可以按照合理的标准对政府作出评判。

经济激励的作用肯定不会引导可持续增长的实现。它们既可以被合理地利用，也可能被误用。通过税收补贴的方式，推动在巴西雨林易侵蚀土壤上放养牲畜，这种补贴就是对一种不可持续的生产活动给予了鼓励，这对生态敏感区将造成不可弥补的破坏。在使用这样的激励办法时必须十分谨慎。

总结性评论

在经济系统、法院系统以及政府行政体系之间正在形成某种相互补充的关系。然而，我们仍然没有脱离险境。很显然，我们的公众必须知道，我们都负有一定的责任。政府不可能在没有我们的积极参与下解决所有问题。

并不是所有行为都能够被管制。抓到每一个违规者的成本太高。我们的法律执行体系必须发挥作用，不管是否有个别人在观望，因为大多数人都是遵纪守法的。对于整个体系的平稳运行，高度的自愿遵纪守法必不可少。

例如，毫无疑问，解决有害物质问题的最好办法就是所有可能产生有害物质的人都必须真心实意地关心他们产品的安全，任何时候对他们的产品提出什么疑问，他们都应该咬紧牙关。他们有责任使得他们的产品处在一种可接受的风险程度之下，而且必须寄托于那些制造、使用、运输和处理这些物质的人的正直和忠诚。政府可以协助处罚和管制少数没有正直感的人，但是，政府切不可替代公民的正直和忠诚。我们不能够也不应该完全仰赖利他主义精神来解决这些问题，但是，我们也不应该低估它的重要性。

我们需要认识到市场只是满足消费者的偏好。确保我们的买卖能反映环境的价值将有助于市场按照正确的方向发展。如果许多消费者都需要节能型汽车，那么节能型汽车很快就会进入市场。

我们正处在一个时代的末尾，这个观点或许确实如此。但是，我们也处在一个新时代的开始。未来不是文明的衰弱，而是文明的转型。正如本章开篇时的引言所说的，道路或许布满荆棘，我们的社会体制或许会勉强地、不如我们所希望的那么巧妙地来处理道路上的这些障碍，但是，毫无疑问我们正在取得进步。

练习题答案

第 2 章

1. (a) 当需求曲线与边际成本曲线相交时，净效益达到最大化。因此，当 $80-1q=1q$ 时，即得到有效量 q。因此，有效量 $q=40$ 个单位。

   (b) 画图。从需求曲线与边际成本曲线相交的位置到纵轴画一条水平线。相交点位于价格为 40 美元处。现在，可以计算净效益等于上部的直角三角形（需求线以下以及水平线以上部分）和下部的直角三角形（价格线以下以及边际成本线以上部分）之和。一个直角三角形的面积等于 $1/2\times$ 底 $\times$ 高。因此，净效益为 $1/2\times40\times40+1/2\times40\times40=1\,600$ 美元。

第 3 章

1. 为了使净效益达到最大化，海岸警备队防治石油泄漏的执法活动应该增加，直到最后一个单位的边际效益等于边际成本。按照效率标准，活动的水平应该这样选择，即边际效益等于边际成本。当边际效益超过边际成本时（例如此例），执法活动就应该进一步增加。

2. (a) 按照所给的图形，对于无排放的空间加热器而言，每个生命的标准成本正好位于本章给出的生命隐含价值的估计值之下，而甲醛建议标准隐含的每个生命的成本正好位于这些估计值之上。按照成本—效益原则，配置给安装无排放的空间加热器的资源应该增加，而甲醛标准应该放宽松一点，以使得成本回到与效益同一条线上。

(b) 按照效率标准，要求政府项目挽救一个生命的边际效益（由相关的一个人生命的隐含价值决定）应该等于挽救这个生命的边际成本。如果边际效益相等，而且如本章所述，风险估价（以及人类生命的隐含价值）则取决于所处条件下的风险大小，因此，对于所有政府项目而言，它们不太可能都相等。

第 4 章

1. (a) 这是一个公共物品，因此，垂直加 100 条需求曲线。这样就可以得到 $P=1\,000-100q$。这条需求曲线应该在 $P=500$ 时与边际成本曲线相交，这时 $q=5$ 英里。

(b) 净效益由一个正三角形表示，其中三角形的高等于 500 美元（1 000 美元点，即需求曲线与纵轴的交叉点，减去边际成本 500 美元），三角形的底等于 5 英里。这个正三角形的面积等于：$1/2\times500(美元)\times5=1\,250(美元)$。

2. (a) 消费者剩余为 800 美元，生产者剩余为 800 美元，消费者剩余加上生产者剩余为 1 600 美元，即净效益。

(b) 边际收入曲线的斜率为需求曲线斜率的 2 倍，因此 $MR=80-2q$。假设 $MR=MC$，于是有 $q=80/3$，$P=160/3$。按照图 4—7，生产者剩余为价格线（FE）以下和边际成本线（DH）以上的面积。这个面积的大小为一个长方形（由 FED 和从 D 到纵轴的一根直线构成）和一个三角形（由 DH 以及由 D 画一根水平线和纵轴的相交点构成）的面积之和。

任何长方形的面积等于底×高。底等于 80/3，而且

$$高=P-MC=\frac{160}{3}-\frac{80}{3}=\frac{80}{3}$$

因此，长方形的面积为 6 400/9。正三角形的面积为

$$\frac{1}{2}\times\frac{80}{3}\times\frac{80}{3}=\frac{3\,200}{9}$$

$$生产者剩余=\frac{3\,200}{9}+\frac{6\,400}{9}=\frac{9\,600}{9}(美元)$$

$$消费者剩余=\frac{1}{2}\times\frac{80}{3}\times\frac{80}{3}=\frac{3\,200}{9}(美元)$$

(c) (1) $\frac{9\,600}{9}>800$（美元） (2) $\frac{3\,200}{9}<800$（美元）

(3) $\frac{12\,800}{9}<1\,600$（美元）

3. 政策不符合效率原则。由于企业会考虑降低任何石油泄漏规模的措施，因此，应该将这些措施的边际成本与按照企业降低石油泄漏规模的义务而产生的预期边际减少量进行比较。然而，义务预期边际减少量应该为零。不管石油泄漏的规模有多大，企业都将支付 X 美元。由于支付量不会因为控制石油泄漏的规模而降低，因此，采取预防性措施降低石油泄漏的规模的动力尤其小。

4. 如果"更好"意味着有效率，那么，这种一般认识并不一定就是对的。当损害赔偿金等于所造成的损害时，损害赔偿金就是有效的。必须确保赔偿金反映实际损害，并合理地将外部成本内部化。只有当损害赔偿金达到一定程度且更加接近实际损害时，损害赔偿金才越大就越有效。因为损害赔偿金会过大地提高预防水平，使其达到不合理的程度，所以，超过实际成本的补偿金就是无效率的。

第 5 章

1. (a) 每个时期应该配置 10 个单位。
   (b) $P=8-0.4q=8-4=4$（美元）。
   (c) 用户成本 $=P-MC=4-2=2$（美元）。

2. 因为在这个例子中，两个时期的静态配置（不考虑对其他时期的影响）在 20 个单位的有效量之内是可行的，因此边际用户成本应该等于 0。由于边际成本等于 4.00 美元，因此每一期配置 10 个单位，这样，每一期的净效益都应该分别达到最大化。在这个例子中，由于没有代际稀缺性问题，因此，价格为 4.00 美元，即边际成本。

3. 参考图 5—2。在第二个模型中，第二期较低的边际开采成本会提高该期的边际净效益曲线（由于边际净效益等于没有变化的需求曲线和较低的 MC 曲线之差）。如图 5—2 所示，即平行左移，移至标有"第二期边际净效益现值"的曲线之外。这会立即产生两个结果：使得相交点左移（意味着第二期的开采量更大）；相交点与横轴的垂直距离更大（意味着边际用户成本已经上升）。

第 6 章

1. 按照生育的微观经济学理论，对于学费资助式教育而言，影响会比较大。利用学费资助，新增一个孩子的教育成本应该等于支付的所有学费的现值。利用财产税资助，新增一个孩子的教育成本应该很小，家庭的支付量则取决于他们财产的价值，而不取决于这个家庭生养的孩子个数。因此，对于学费资助而言，新增一个孩子的边际成本更高，因此，对期望生养孩子的数量的影响也更大。
2. 工业化确实会降低第三阶段的人口增长（这时出生率下降），但是它却会提高第二阶段的人口增长（这时死亡率下降，但是出生率仍然保持很高的水平）。因此，这段论述准确地说明了长期的人口动态而不是短期的人口动态情况。

第 7 章

1. 从提示中可以看出，$MNB_1/MNB_2=(1+k)/(1+r)$。需要注意的是，如果 $k=0$，上式就会简化为 $MNB_2=MNB_1\times(1+r)$，这种情形我们已经讨论过。如果 $k=r$，那么 $MNB_1=MNB_2$；存量的增长正好抵消了折旧，两个时期的开采量相同。如果 $r>k$，那么，$MNB_2>MNB_1$；如果 $r<k$，那么，$MNB_2<MNB_1$。

2. (a) 如果需求曲线随着时间的推移而向外移动，那么，由某种已知的未来配置而产生的边际净效益也会随着时间的推移而增加。这样就会使得边际用户成本上升（因为它等于现在利用资源的机会成本），并且因此提高总边际成本。所以，最初的用户成本应该更高。

   (b) 现在消耗的资源较少，为未来而储蓄的量应该更多。

3. (a) 这个结果与图 7—5（a）和图 7—5（b）中的环境成本的效果一样。税收有助于提高总边际成本，并且因此而提高价格。与竞争性配置相比，这往往会降低各期的消费量。

   (b) 税收也有助于降低累计开采量，因为它会提高开采每个单位资源的边际成本。有些资源已经开采了而没有上缴税收，这些资源不会再上税了；它们对生产者的税后成本会超过替代品的成本。在缴税与不缴税的转换点之前，所有各期的价格都会因税收而更高。经过转换点之后，价格应该等于缴税或不缴税的替代品的价格。

4. 最终从地下开采的累积量是由这样一种情况来决定的，即此时边际开采成本等于消费者愿意为这种可枯竭性资源支付的最高价格。在这个模型中，最高价格等于替代品的价格。不论是垄断，还是贴现率，二者都不会不影响边际开采成本或者替代品的价格，因此，它们对最终开采的数量都没有影响。不过，补贴对降低替代品的净价格（价格减去补贴）有影响。因此，如果开采的累积量比没有补贴时小，边际开采成本和净价格就会相交。

第 8 章

1. 在经济衰退时期，需求曲线向内移动。如果价格保持不变，那么需求量就会下降。由于维持价格上涨的经济负担要由卡特尔来承担，而竞争性边缘企业可以继续生产,那么需求下降就会导致欧佩克国家产量的严重下降。这样就会使得卡特尔市场的份额下降。为了保护它们各自的市场份额,成员国就会开始削价。在增长型市场中,卡特尔的市场份额即便不削价也能得到保护。

2. (a) 生产者剩余 $=\dfrac{3\,200}{9}$(美元),$P=MC=\dfrac{80}{3}$(美元)。

消费者剩余 $=\dfrac{9\,600}{9}$(美元),$q=\dfrac{80}{3}$(美元)。

(b) 这个图像与垄断配置正好对称,是一个镜像图像。这两种配置方式的净效益是一致的,但是,它们在生产者和消费者之间的分配迥然不同。利用这种形式控制价格,与某一个垄断企业垄断价格相比,消费者剩余更大,而生产者剩余更小。从根本上来说,在第4章练习题2(b)部分的答案中讨论的长方形就是针对具有价格上限的消费者和垄断的生产者的。

3. 造纸厂正确。之所以产生高成本能源的原因在于这5台造纸机,因为如果这些机器关机停用,则可以消除这笔能源成本。造纸厂并不会按比例停用所有的能源,它只会停止使用那些价格最贵的能源。因此,在作出停机决策时,基本的考虑就是将那些关停机器就可节省能源成本的机器关停掉,否则,造纸厂就会有经济损失。

4. 高峰机组运行的时间很短,因此,大部分时间这种资本是不使用的。只有在需要的时候,才会产生运行成本。因此,对于企业而言,安排高峰机组以便使资本的成本尽可能低,这样做是很明智的,即便这样做意味着运行成本很高,也应该如此。另一方面,对于基本负荷的机组而言,它们几乎是连续不断地运行的,因此,资本的成本可以由很大的发电量基数分摊,因此它成本费用很小。

第 9 章

1. (a) 假设只用原生矿物。在这种情况下,$P=MC_1$,因此,$10-0.5q_1=0.5q_1$,即 $q_1=10$。这意味着 $MC_1=5$。采用可再生材料,生产任何一个单位产品的边际成本显然都高于5,因而就不会利用这种可再生材料。因此,应该只生产10个单位的产品,而且所有这些产品都采用原生矿物生产。

(b) 如果需求曲线比较高,那么价格必须很高,才足以刺激生产者利用可再生材料生产这种产品。解决这个问题的关键是要认识到,生产者将会使得利用可再生材料生产这种产品的边际成本等于利用原生矿物生产这些产品的边际成本。利用这个原理,我们可以假设 $0.5q_1=5+0.1q_2$,即 $q_1=10+0.2q_2$。将这些参数代入需求函数,于是有

$$P=20-0.5\times(10+0.2q_2+q_2),\text{即 }P=15-0.6q_2$$

因为 $P=MC$，于是有

$$15-0.6q_2=5+0.1q_2,\text{即 }q_2=\frac{100}{7}$$

并且有

$$q_1=10+0.2\times\frac{100}{7}=\frac{90}{7}$$

这个解就可以得到验证，例如 $P=MC_1=MC_2=\frac{45}{7}$。

2. （a）它们的效果不相同。因为生产许可权费是按每吨收取的，因此，它会提高企业开采的边际成本，但是，红利投标方式并不会影响开采的边际成本，因此也不会提高开采的边际成本。如果矿产的边际开采成本越来越高，那么，生产许可权费方式的开采量比红利投标方式更少，因为开采的边际成本（包括支付的生产许可权费）将在较小的累计开采量的情况下达到托底价。

（b）红利投标的方式是符合效率原则的，因为它不会随着时间的推移而扭曲配置。在采用红利投标方式之前使得企业利润最大化的配置仍然会使得它采用红利投标方式之后的利润达到最大化。虽然政府分享这些利润，但是这样并不会扭曲激励因素。通过提高边际开采成本，生产许可权费方式则会扭曲激励因素。

（c）利用红利投标方式，企业必须承担风险。政府的收入是固定的。企业要么利润较多，要么损失较多，这取决于矿产的价值。对于生产许可权费方式，风险被分摊了。如果矿物本来就是很有价值的，那么企业的利润和政府收取的费用都会增加。如果矿产本来就不怎么值钱，那么企业获利很少，政府也一样。

3. 提高社会处置成本肯定是提高再循环利用率的一个因素，但是，它绝不是唯一的因素。既然它不是唯一的因素，那么再循环利用率将不会相应地自动提高。首先，更高的社会成本必定会反映出来，即提高单个企业的边际处置成本，以便为再循环利用提供激励；社会成本的增加并不会自动地使得单个企业的边际成本也增加。其次，市场必定会因再循环利用的原材料而存在。如果它们不能被充分利用，收集这些材料就没有什么好处。

第 10 章

1. 因为需要的容量取决于一年中的最大流量，所以在这个高流量期间增加容量的额外成本就应该通过在这期间向用户收取更高的价格得到反映。

2. 假设比率是正确的，那么统一收费的办法就应该是更为有效的，因为它使得用户必须为未来的消费承担某个正的边际成本。按照统一收费的办法，进一步消费的边际成本等于零。

第 11 章

1. 北地国生产产品 A 具有比较优势。北地国每生产 1 个单位的产品 A，它就必须放弃 2 个单位的产品 B。这比南地国的机会成本低，南地国每生产 1 个单位的 A 产品，就必须放弃 3 个单位的产品 B。南地国在生产产品 B 方面具有比较优势。

2. 粮票项目给穷人更多的钱花在食品上，因此，这会使他们的食品需求曲线向右移动。只要在供应是无弹性的情况下，这种需求上的移动就会在不增加出售量的条件下提高价格。换句话说，价格通常都会上涨一点，除非供应曲线是完全有弹性的。一般而言，供应曲线越有弹性，那么，出售量增加得就越多，而且对于需求曲线给定的移动量，价格的上涨也就越小。

3. 水土流失会降低未来的土地生产率，但是，防止水土流失则需当前付出成本。如果承租人的租期很长，而且能够收回他们的投资，那么，承租人就会努力地防止水土流失。然而，如果承租人是短期租赁，那么，承租人就不愿意防止水土流失。对于不耕种这块土地的地主而言，则会造成损失，且地主并不知道问题的严重性。

第 12 章

1. 用于某项房屋地产开发的林地，其周转期最短，因为在这种情况下，推迟收获的成本应该很大。它应该包括一个额外成本，即推迟房屋地产开发所产生的成本，这个因素必须考虑在内，这样才能使得净效益在较早的收获年龄时能够达到最大化。

2. 成本的变化趋势取决于两个趋势相互抵消的结果。收获成本是材积的函数，因此，随着材积的增加，收获成本也会增加。然而，由于这些成本是要贴现的，因此未来进一步贴现的成本就会更多。当树木生长量足够小时，这种贴现的影响就会超过树木生长的影响，而且成本的现值就会下降。

第 13 章

1. (a) 当人口规模再减少的边际效益等于 0 时，即 $20 \times P - 400 = 0$，亦即 $P = 20\,000$ 吨，这时可持续收获量达到最大。利用下面的公式也可以计算最大可持续收获量：$g = 4 \times (20) - 0.1 \times (20)^2 = 40$（吨）。

(b) 假设边际成本等于边际效益，即 $20 \times P - 400 = 2 \times (160 - P)$，这

样即可计算出有效的持续收获量，因此，$P=32.7$，这个人口规模比产生最大可持续收获量的人口规模大。

2. (a) 答案是否定的，尽管这种方法可以获得有效的可持续收获量，但这并不是一个有效的解决之道。净效益达不到最大化，因为成本太高。每个人都会尽可能快地获得尽可能多的配额。这样会导致捕鱼船过大，而且也不能保证那些能以最低成本捕鱼的渔民们去捕鱼。净效益比预期值小。

(b) 是的，这是有效的。这种配额分配制度会产生排他性的产权，因此渔民们不必尽可能多、尽可能快地捕鱼。每个渔民都可以按部就班地从事捕捞工作，因为渔民们的捕捞份额得到了保证。由于争捕的现象消除了，采用太大的捕捞船的现象也就消除了。捕鱼成本很高的渔民将他的配额卖给成本低的渔民就有利可图，这样会使得他们从配额中获取的利益最大化。这些配额的交换保证了只由那些捕鱼成本最低的渔民捕捞，因此净效益达到最大化。

3. 总成本线平行上移表示许可费的增加，而总成本线绕零努力点左转表示对捕捞努力征收的单位税。后者会使得捕捞努力的边际成本增加，前者对边际成本没有影响。

在私营渔业中，许可费对捕捞努力没有影响（除非它是如此之高，以至于使得捕捞无利可图，这时，捕捞努力将降低为零），而对捕捞努力征税毫无疑问将使得捕捞努力降低。

在公共渔业中，二者刚好以等量的方式降低捕捞努力（记住，在公共渔业中，均衡出现在总成本等于总效益之时。由于这两种政策手段增加的收入一样，因此二者对总成本的影响也是等量的）。

第15章

1. (a) 在一个成本有效的减排配置中，边际防治成本是相等的。因此，$200 \times q_1 = 100 \times q_2$。另外，总减排量等于 21 个单位，因此，$q_1 + q_2 = 21$。解第一个等式，于是有 $q_1 = 0.5 q_2$。将这些参数代入第二个等式，于是有 $0.5 q_2 + q_2 = 21$。解这个等式，于是有 $q_2 = 14$ 和 $q_1 = 7$。

(b) 从正文中我们知道，在单一接收者的成本有效配置中，有

$$MC_1 = MC_2$$

因此，

$$\frac{200 \times q_1}{2} = \frac{100 \times q_2}{1}$$

而且

$$a_1 \times (20 - q_1) + a_2 \times (20 - q_2) = 27，即 2 \times (20 - q_1) +$$

$$(20-q_2)=27$$

从第一个公式中我们可以清楚地看出，在一个成本有效性配置中，$q_1=q_2$。利用第二个等式，我们可以推导出总控污量：$2\times(20-q_1)+(20-q_1)=27$，因此，$q_1=11$，$q_2=11$。

2. (a) 从正文中可知，$T=MC_1=MC_2$。从练习题1（a）中可知，$MC_1=MC_2=1\,400$ 美元。因此，$T=1\,400$ 美元。

   (b) 收入 $=T\times(20-q_1)+T\times(20-q_2)=1\,400\times13+1\,400\times6=26\,600$ 美元。

第 16 章

1. (a) 应该分配了 12 份许可证，每份许可证都值 1ppm。许可证的价格就是市场的出清价，即

$$MC_1=MC_2=P$$

我们知道，在均衡状态下，应该有：$\dfrac{0.3q_1}{1.5}=\dfrac{0.5q_2}{1.0}$，即 $q_1=2.5q_2$

而且

$$a_1(20-q_1)+a_2(20-q_2)=12$$

即

$$1.5\times(20-2.5q_2)+1.0\times(20-q_2)=12$$

解这个等式，得到 $q_2=8$ 和 $q_1=20$。于是有

$$P=\dfrac{0.3\times20}{1.5}=\dfrac{0.5\times8}{1.0}=4(美元/ppm)$$

(b) 将许可证拍卖掉，于是有

$$第一个污染源=P\times(20-q_1)\times a_1$$
$$=4\times(20-20)\times1.5=0(美元)$$
$$第二个污染源=P\times(20-q_2)\times a_1$$
$$=4\times(20-8)\times1.0=48(美元)$$

这6份许可证价值24美元，因此，第一个污染源会出售它所有的许可证，得到24美元。第二个污染源会维持其最初的6份许可证的分配，并且以24美元的成本购买6份许可证。第二个污染源的成本刚好等于第一个污染源的所得。

第 17 章

1. 排污费等于边际成本，这是成本有效性原则必须满足的一个条件。补贴会引导企业选择具有更高边际成本的选项。通过使得它们补贴后的

边际成本相等，企业将使得它们的费用最小化。这样做并不会使总防治成本最小化，因为这样做，比成本有效的情况下更加依赖除尘器。

2. 在这种情况下，高费用和高排污量的结合会使得交换成本很高。当防治的边际成本曲线在相当低的防治水平上陡然上升时，就会产生这种情形。由于收取的费用等于防治的边际成本，因此很高的边际防治成本意味着很高的收费率。另外，如果成本曲线在防治水平相当低的时候陡然上升，那么，排放量就会很大，直到运用这个很高的收费率。高收费率乘以高排污量会使得交换成本也很高。

第 19 章

1. (a) 这种配置方式类似于第 15 章练习题 2(a) 中的配置方式。价格应该等于 1 400 美元。在最终配置中，第一个污染源应该控制 7 个单位，并持有 13 份许可证；第二个污染源应该控制 14 个单位，并持有 6 份许可证。第一个污染源不得不购买 4 份许可证，即 13（成本最小化所需要的数量）减去 9（最初给定的数量），这样总成本就等于 5 600 美元。第二个污染源售出 4 份许可证，即 10（最初持有的数量）减去 6（成本最小化所需的数量），因此，它从出售这些许可证中获得的收入为 5 600 美元。

   (b) 我们知道，在最后的均衡中，边际控制成本将相等。由于第三个污染源的边际控制成本恒等于 1 600 美元，这将决定最终的边际控制成本。最终的许可证价格将为 1 600 美元。选择控制成本使得边际控制成本为 1 600 美元时，就可找到第一个污染源和第二个污染源的控污量配置。因此，$1\,600=200\times q_1$，因此 $q_1=8$，而且 $1\,600=100\times q_2$，因此 $q_2=16$。

   第三个污染源将不得不额外地清除更多的排污量以满足目标。未控制的排污量则为 50。前面两个污染源应该清除 24 个单位，留下 26 个单位不清除。由于目标排放水平为 19 个单位，第三个污染源不得不清除剩余的 7 个单位（$q_3=7$）。第三个污染源不得不购买 3 份排污许可证，因为它没有得到最初的分配。从第二个污染源会购买 2 份排污许可证，且会从第一个污染源购买 1 份。

词汇表

Acid Rain **酸雨**。酸性物质在大气中的沉积物。

Acute Toxicity **急性毒性**。短期接触某种物质而对生物体产生的伤害程度。

Aerobic **有氧的**。水体中含有足够的可溶解的氧浓度,以维持有机物所需要的氧。

Age Structure Effect **年龄结构效应**。人口增长率引起的年龄结构变化。

Alternative Fuels **替代燃料**。非传统燃料,例如乙醇和甲醇。

Ambient Permit System **环境许可证制度**。一种可交换的许可证制度,按照为某个受污染点指定浓度值的方式来确定许可证。这项制度设计可以在目标是使得某个特定数量的受污染点达到预定的浓度目标时,以成本有效的方式配置控污责任。

Ambient Standards **环境标准**。给空气、土壤或水体的具体污染物设定的法定上限浓度。

Anaerobic **厌氧的**。可溶解氧浓度不足以维持生命的水体。

Anthropocentric **人类中心论的**。

Aquaculture **水产业**。受控制的鱼类养殖和捕捞(如果设施设在海洋里，例如鲑鱼渔场，那么就称为"海产业"）。

Asset　**资产**。具有价值并构成所有者财富的实体。

Assigned Amount Obligations　**指定的责任量**。按照《京都议定书》授权的签约国认可的温室气体排放水平。

Automobile Certification Program　**汽车认证计划**。符合联邦排污标准的汽车厂内检验计划。

Average-Cost Pricing　**平均成本定价法**。以平均成本为基础，为利用资源而支付的价格（有时会被管制部门用来确保被管制企业的经济利润为零，但是，这样做通常都是无效率的）。

Backstop Resource　**垫底资源**。一种可用的替代资源，其数量巨大，足以使得它的边际用户成本为零。

Base-Load Plants　**基本负荷机组**。实际上一直发电的电力装置（它们的固定成本通常很高，可变成本很低）。

Benefit/Cost Analysis　**成本—效益分析**。对某项行动的定量收益（效益）和损失（成本）所作的一种分析。

Best Available Technology Economically Achievable　**经济上可实现的最有效技术**。比最可行的控制污染技术更为严格的污水排放标准，美国环境保护署已经将它们定义为："已经达到或能够达到的最好的控制和处理措施"。

Best Practicable Control Technology　**最可行的控制污染技术**。认为污染控制技术的成本与其利用所能得到的效益有关的一种污水排放标准。

Biochemical Oxygen Demand　**生化需氧量**。某条河流任何特定容积的污水的需氧量指标。

Block Pricing　**区段定价法**。定价的一种方式。固定单位消耗的支付费用，直至达到一个阈值，即所有消费的新的单位费用超过这个阈值。对于增加型区段定价法而言，在阈值之后的单位费用则更高。

Boserup Hypothesis　**博斯鲁普假说**。一种负反馈机制，即人口的增加会引起对农产品需求的增长，反过来又会刺激更加集约化的，但仍然是可持续的农业创新。

Bubble Policy　**泡泡政策**。为治理空气污染而采取的一项特殊的可交易许可证计划，即允许现有的污染源利用减排信用部分或全部地满足国家排污标准执行计划。

Bycatch　**兼捕渔获**。在收获指定鱼类时，无意中捕获的非目的鱼类。

Cap-and-Trade System　**上限交易**。排污贸易的一种形式，即政府对排污量规定一个上限，并基于这个上限为污染源分配排污许可证。这些排污许可证可以在污染源之间自由交易。这是与信用式的排污贸易截然不同的一种排污贸易形式。

Carbon Tax　**碳税**。一项通过对所有的碳排放源征收单位排放税的方式控制气候变化的政策。

Carrying Capacity　**承载力**。某个给定居住环境能够永续维持的人口水平。

Cartel　**卡特尔**。生产者之间达成的一种旨在限制生产、抬高价格的共谋协定。在此情形下，卡特尔成员的行为往往会像垄断者一样，分享共谋行为所获取的利益。

Cash Crop　**商业作物**。一种可以直接出售换取货币的农产品（与此相反，还有一类作物，种植的目的纯粹是为种植者家庭消费）。

Cash for Clunkers　**旧车兑换金**。按照这种可交易的许可证计划，报废高污染机动车并再循环利用它们即可获得减排信用。这些机动车的所有者通常会因报废他们的机动车而得到一笔现金报酬。

Chapter 11　**第 11 章**。《北美自由贸易协定》的一项条款，旨在保护投资者利益，避免因政府规制而降低投资者投资的价值。

Choke Price　**窒息价**。任何人为一个单位的资源而愿意支付的最高价格。如果价格更高，那么，对这种资源的需求就会等于零。

Chronic Toxicity　**慢性毒性**。连续或长期地接触某种物质而对生物体产生的伤害程度。

Clawson-Knetsch Method　**《克劳森-尼奇法》**。利用旅游成本估计某种资源的观光价值的一种方法。

Clean Development Mechanism　**清洁发展机制**。按照《京都议定书》而建立起来的一种排污贸易机制，即允许工业化国家投资于发展中国家的温室气体减排策略，并且利用所得到的经过认定的减排量以应对它们承担的义务量。

Closed System　**封闭系统**。没有输入输出的系统。

Coase Theorem　**科斯定律**。以诺贝尔经济学奖获得者罗纳德·科斯命名的一条非常著名的定律，它认为：在没有交易成本的情况下，无论法院选择哪种产权法则，都将得到有效的配置。

Cobweb Model　**蛛网模型**。一种理论，该理论认为，在种植决策和收获之间间隔时间的长度可以以强化或抑制价格波动的方式影响农民的生产决策。

Command and Control　**资源分配管制**。通过一套政府掌控的法律限制体系控制污染。在管制的情况下，政府不仅有责任设定环境目标，而且有责任为特定的污染源分配责任以满足这些目标。

Common-Pool Resource　**公共资源**。在若干使用者之间分享的一种资源。

Common-Property Regimes　**公共产权制度**。一种产权制度，即资源由一组用户集体管理。

Comparative Advantage　**比较优势**。在贸易理论中，具有最低的生产机会成本的产品具有比较优势。

Competitive Equilibrium　**竞争性均衡**。当所有的代理人都是价格接受者时，供应和需求相等时资源的配置方式。

Composite Asset　**混合资产**。由许多相互关联的部分构成的一种资产。

Composition of Demand Effect　**需求的复合效应**。由投入的相对成本变化而引发的需求曲线的移动（例如，矿石价格上涨，与此同时，回收利用材料的价格保持稳定，这会使得企业的生产更加依赖更加便宜的回收利用材料，因此对消费者也更加具有吸引力）。

Congestion Externalities　**拥挤的外部性**。试图以高于合理容量的方式利用资源而对其他人产生更高的成本。

Congestion Pricing　**高峰期定价法**。高峰时期收取较高交通费，以限制机动车的交通量（并且降低空气污染），并且鼓励公共交通。

Conjoint Analysis　**联合分析**。一种推算支付意愿的调查方法，即让受访者在世界的各个国家之间作出选择，每个国家都具有一组特定的属性和一个价格。

Conjunctive Use　**联合利用**。联合管理地表水和地下水，以优化它们的利用，并且使得过度依赖单一水源的负面影响最小化。

Conservation Easements　**保护土地使用权**。地主和土地信托公司或政府部门签署的法律合同，以具体明确的方式永久地限制土地的使用，以保护土地的价值。

Constant Dollar　**不变美元价格**。扣除因价格增加而产生的产出指标上的增加量。

Consumer Surplus　**消费者剩余**。一种商品或服务对消费者而言，在其不得不支付的价格之上的价值。按照位于价格线以上部分的需求线下方的面积来计算。

Consumption　**消费**。家庭消费的商品和服务的数量。

Contingent Ranking　**条件排序**。一种价值评估技术，即要求被访者对几种具有不同环境舒适性（或风险）的情况进行排序。然后，利用这些排序，在更多的环境舒适性（或风险）和更少（或更多）的其他可以用货币方式表达的商品之间建立某种抵偿关系。

Contingent Valuation　**条件价值评估法**。一种用于评价服务或环境舒适性的支付意愿的调查方法。

Conventional Pollutants　**常规污染物**。在一个国家的大部分地区相对常见的污染物质，而且只有在高浓度时具有危害性。

Corporate Average Fuel Economy (CAFE) Standards　**公司平均燃油经济性标准**。就售出的某个指定汽车等级的新车，对每个汽车制造商设定的最低平均每公里加仑标准。一般汽车是一个等级，运动型多功能车和轻卡则是另一个等级。

Cost-Benefit Ratio Criterion　**成本—效益比率评价标准**。如果净效益小于零，则不应该采取任何行动。

Credit Trading　**信用贸易**。排污贸易的一种形式，即政府为授权的排放量设定特定的基数。企业如果其控污量超过这个基数所要求的量，那么这些企业则可获得额外的减排信用。随后这些信用可以交易给其他污染源，让它们利用这些信用来满足它们自己的基数。这是一种与上限交易截然不同的贸易形式。

Criteria Pollutants　**标准污染物**。美国环境保护署设定的环境标准的常规空气污染物（包括二氧化硫、颗粒物、一氧化碳、臭氧、二氧化氮和铅）。

Current Reserves　**现有储量**。按照当前价格，开采且可以获利的已知资源量。

Dampened Oscillation　**减幅振荡**。在没有进一步供应冲击的情况下，价格和供应量的波动幅度下降，直至均衡点。

Debt-Nature Swap　**债务—自然互换**。购买和取消发展中国家债务以交换借债国与环境有关的行动。

Deep Ecology　**深生态学**。一种观点，认为环境具有一种内在的价值，这种价值是独立于人类利益之外的。

Degradable　**可降解的**。在水中可降解或分离为各个组分的污染物。

Delaney Clause　**《德莱尼条款》**。美国的一项法律条款，即如果某个州发现了人类或动物的癌症，那么这个州则没有任何添加剂可以被认为是安全的。

Demand Curve　**需求曲线**。消费者希望购买的某种商品或服务的数量与这种商品或服务的价格之间的相关函数。

Descriptive Economics　**描述经济学**。经济学的一个分支，主要涉及没有对资源的配置期望形成一种判断的时候，对各种可能的资源配置方案进行描述。

Differentiated Regulation　**差异性规制**。对某一类污染源（例如新机动车）比其他类污染源（例如旧机动车）施加更为严苛的管制。

Discount Rate　**贴现率**。用来将收益流和成本流转换为现值的比率。

Dissolved Oxygen　**溶解氧**。水中自然产生并可以被活有机体利用的氧。

Divisible Consumption　**可分割的消费**。一个人对某种商品的消费会减少其他人的可消费量（例如，如果我用一些木材建造我的房子，那么你就得不到这些木材的任何收益）。

Double Dividend　**双重红利**。如果将收入用于降低扭曲税（因此而降低与这些税收有关的福利损失），那么增加收入的控污政策手段的第二个福利因素（由于减少污染而产生的福利以上的收获）。

Downward Spiral Hypothesis　**向下螺旋假设**。一种正反馈机制，即人口增加会引起环境的持续恶化。

Durability Obsolescence　**耐用性淘汰**。某项产品由于磨损而达到其使用寿命时的价值的折旧。

Dynamic Efficiency　**动态效率**。在不同的时间点上发生的各种配置方式之间作出选择的一种主要的规范的经济评价标准。一种配置如果它能使这些资源在时间上的所有可能配置方式所能得到的净效益现值达到最大化，那么这种配置方式就满足了动态效率标准。

Dynamic Efficient Sustained Yield　**动态有效可持续收获量**。持续地获得净效益现值最大的收获方式。

Ecological Footprint　**生态足迹**。一个可持续性指标，该指标试图测度支持资源需求和吸收某一给定人口及其经济活动所产生的废弃物所需要的生态上具有生产性的土地数量。

Economies of Scale　**规模经济**。产出增长的百分率超过所有投入增长的百分率。也就是说，随着产出的扩大，平均成本下降。

Efficient Level of Durability　**耐用性有效水平**。能够使得社会从某项产品中所获得的净效益现值达到最大化的耐用性水平。

Efficient Pricing　**有效定价**。支持资源有效配置的价格体系。通常来讲，当价格等于总边际成本时，即可达到有效价格水平。

Elasticity of Substitution　**替代弹性**。测度生产中两个要素投入相互补充或替代程度的一个指标。

Emission Charge　**排污费**。对排污者按排入空气或水体中一个单位的污染物而征收的费用。

Emission Permit System　**排污许可证制度**。一种可交易的许可证制度类型，即按照规定排污量而明确界定其许可证。这一制度可用来对非一致性混合型污染物的控污责任作出成本有效性的控污配置。

Emissions Banking　**排污银行**。企业被允许存储减排信用，并允许随后利用或出售这些信用。

Emissions Reduction Credit（ERC）　**减排信用**。一种可转让的许可证制度。任何减排量超过其要求减排水平的污染源都可以从其超量的减排中获得一种信用。这些信用可以积存起来，以备未来之需，或是出售给其他污染源。

Emission Standard　**排放标准**。对某个污染源可以排放的某种污染物的排放量设置的一种法定极限值。

Emissions Trading　**排污贸易**。替代管制法的一种控污激励手段。按照排污贸易制度，管制机构指定一个可容忍的排污许可水平，并且在污染源之间分配排污权。所有授予的排放权不能超过许可的范围。污染源可以自由地买卖或交易这些排放权。两个具体的排污贸易形式是上限贸易制度和信用贸易制度。除了用来描述一般形式的控污政策之外，这个术语一直也用来描述一些具体的项目，例如《京都议定书》规定的温室气体贸易项目、美国最早的标准污染物贸易项目和欧盟现在的二氧化碳贸易项目。

Enforceability　**可强制执行性**。产权应确保不被他人随意占有或侵犯。

Entropy　**熵**。不能做功的能量。

Environmental Kuznets Curve　**环境库兹涅茨曲线**。一种经验曲线，显示随着人均收入的增加，环境退化起初会增加，随后会下降的一种现象。

Environmental Sustainability　**环境可持续性**。如果指定的资源的物理存量没有下降，即可满足这种可持续性的定义。

Eutrophic　**富营养化**。养分含量超量的水体。

Exclusivity　**排他性**。拥有和使用的资源通过直接或间接地出售给他人所产生的所有效益和成本均为所有者所有，而且只归所有者所有。

Expanded Producer Responsibility　**扩展的生产者责任**。产品的制造商有责任在产品使用期结束时回收其包装或产品，以促进高效包装和再循环利用。

Expected Present Value of Net Benefits　**净效益的预期现值**。某项政策所产生的所有可能效果的净效益现值之和，每种可能的效果均以其发生的概率为权重。

Expected Value　**预期价值**。在某种资源的价值取决于发生概率不同的几种结果时，这种资源的价值等于每种结果发生的概率与这种结果的价值之积相加。

External Diseconomy　**外部不经济性**。受影响方受到外部性的伤害（例如，我家的水井遭到隔壁一家工厂的化学品污染）。

External Economy　**外部经济性**。受影响方受益于外部性（例如，我家邻居决定不开发一片可以给我家自来水补给水的湿地）。

Externality　**外部性**。某些当事人（企业或家庭）的福利取决于其他当事人的活动。外部性的形式有外部经济性和外部不经济性两种。

Fashion Obsolescence　**时尚性淘汰**。当消费者由于爱好发生变化而更喜欢新产品时，当前产品价值的贬值现象。

Feebates　**效能环保退费系统**。一种将高排污新车购置税和低排污新车购置补贴结合起来的做法。税收收入是补贴资金的主要来源。

Feedback Loop　**反馈机制**。一项行动对其环境的影响，影响的结果反过来又会影响下一步行动，由此而形成的一个封闭的回路。

Female Availability Effect 妇女就业效应。妇女劳动力因人口增长率的增加（或减少）而减少（或增加）。

First Law of Thermodynamics 热力学第一定律。能量和物质既不能创造，也不能毁灭。

Fixed Cost 固定成本。不随产出变化而变化的生产成本。

Free-Rider Effect "搭便车"效应。如果某种产品具有消费的不可分割性和非排他性属性，那么，消费者不用付出就可因别人购买这种商品而获得好处（例如，决定不采取任何措施控制全球变暖的国家就可搭别的采取措施的国家的"便车"）。

Functional Obsolescence 功能性淘汰。因某种具有更好功能的新产品问世而使得当前的产品的价值贬值。

Fund Pollutants 可吸收型污染物，又称"基础性污染物"。即环境具有一定的吸收容量的污染物，如果排污率超过了这种容量，那么，环境可吸收型污染物就会产生积累。

Gaia Hypothesis 地球女神假说。负反馈机制的一个例子，即在限度之内，世界是一个活有机体，这个有机体具有复杂的反馈系统，可以寻找到一种合理的物理和化学环境。

Genetically Modified Organisms 转基因生物。通过先进的基因工程技术，人为控制 DNA 而植入新的特征的作物。

Genuine Progress Indicator 真实发展指标。一种可持续性指标，即通过考虑发展对资源消耗、污染损害以及收入分配等因素的影响，试图体现福利随着时间的推移而发生的变化趋势。

Gini Coefficient 基尼系数。测度收入或所拥有财产（例如土地或经济财富）分配不平等性程度的一个指标。取值介于 0.0（即完全平等，每个家庭都一样）～1.0（完全不平等，一个家庭拥有全部财富）之间。

Global Environmental Facility 全球环境基金。一个与世界银行保持松散联系的国际组织，为发展中国家提供贷款和捐赠，以支持那些解决全球性问题的各类项目，例如保护海洋、生物多样性、臭氧层以及控制气候变化。该组织利用边际外部成本原则分配基金。

Global Pollutant 全球性污染物。一种可以移动到大气层以上并产生破坏的污染物（例子包括消耗臭氧和温室气体）。

Government Failure 政府失灵。由某些政府行为所产生的一种无效率。

Greenhouse Gases 温室气体。通过吸收长波（红外）辐射从而捕获热量（否则就会辐射到太空中去），进而促成气候变化的全球性污染物（包括二氧化碳、甲烷、氯氟碳等）。

Groundwater 地下水。位于土壤、岩石或完全饱和的地质处置地层水位以下的地下水。

Groundwater Contamination 地下水污染。溶解到水饱和层的污染。

Hartwick Rule 哈特威克原则。如果所有的来自可耗竭性资源的稀缺性租金都投入资本即可满足的弱可持续性标准。

Health Threshold 健康阈值。只要污染物浓度至少处在最低标准水平，任何人都不会遭到负面的健康影响，基于此而明确定义的一种标准。

Hedonic Property Studies 享乐资产研究。根据资产在不同的环境舒适性（或风险）条件下的价值差异来确定环境舒适性（或风险）的价值的一种价值评估技术。

Hedonic Wage Studies 享乐工资研究。根据支付给工人的工资在不同的环境舒适性（或风险）条件下的价值差异来确定环境舒适性（或风险）的价值的一种价值评估技术。

High-Grading 择优捕捞。丢弃低价值鱼类而只捕捞高价值鱼类，以增加某一收获配额的收入。

Horizontal Equity 横向公平。收入相等的人待遇相同。

Host Fees 选址费。向废弃物排放者收取费用，用来对垃圾处置场落户地区的人们给予补偿。其目的是提高落户地区人们接受垃圾处理设施的意愿。

Human Development Index 人类发展指数。由联合国开发计划署基于寿命、知识和收入而构建的一个社会经济指标。

Hypothetical Bias 假设性误差。在基于人为设计而不是实际状况或选择而做的调查中所产生的考虑不周的反应。

Impact Analysis 影响分析。一种分析方法，该方法试图（尽可能地）阐明拟议中的行动所产生的结果。该方法混合采用定量和定性的办法，充分利用货币化和非货币化的信息。

Income Elasticity 收入弹性。收入变化1％而引起某些商品或服务的需求变化的百分率。

Individual Transferable Quotas（ITQs） 独立的可转让配额。一种通过限制鱼类捕获数量而保护某种鱼类以及由此而产生的收入的方式。单个渔民可以分配到配额，以规定他们在授权许可捕获数量中所占的比例。这些配额可以转让给其他渔民，以使他们的捕捞行为合法化。

Indivisible Consumption 不可分的消费。一个人对某种商品的消费并不会减少其他人可消费的数量（例如，我从温室气体控制中获取的利益并不会减少你从中得到的利益）。

Information Bias 信息偏差。在条件价值评估调查中，被访者被迫对他们缺乏甚至没有经验的属性作出价值评估时所产生的误差。

Information Worker　信息工人。其收入主要来源于操控符号或信息的人。

Intangible Benefits　无形效益。不能够轻易指定一个货币性价值的效益。

Interactive Resources　互动式资源。资源存量的规模由生物特性以及人类的行为所联合决定的一类资源。

Joint and Several Liability　连带责任。一种普通法律学说，认为某个州下属的任何部门对污染负有责任，则无论它们单个负有多大的责任，这个州都要承担全部的成本，以此来分配有毒废物堆场污染清除基金。

Joint Implementation　联合履行机制。按照《京都议定书》建立的一种基于项目的排污贸易机制，即一个工业化国家的某个投资者可以到其他工业化国家投资某个项目，由此而产生的温室气体减排量经过认定后可以作为这个投资者的减排信用。

Kyoto Protocol　《京都议定书》。2005年2月开始生效的控制温室气体的一项国际协定。

Land Trust　土地信托。专门设立以拥有保育地役权并确保土地的利用遵守保育地役权的条款的一种组织形式。

Latency　潜伏期。从接触到有毒物质到检测到这种物质产生的危害之间的时期。

Law of Comparative Advantage　比较优势法则。一个国家或地区应该专门生产它具有比较优势的商品。

Law of Diminishing Marginal Productivity　边际生产率递减律。在某个要素固定的情况下，增加可变要素最终会导致这些可变要素的边际生产率下降。

Law of Diminishing Returns　回报递减律。如果某些要素投入增加而其他要素固定不变，最终将导致可变要素的生产率下降，回报递减律说明的就是这种情况下投入和产出之间的关系。

Lead Phaseout Program　分步禁铅计划。一项可转让的许可证计划，旨在降低分步禁止在汽油中使用铅的成本，尽可能早地消除铅的使用。该计划为炼油厂分配用铅的可转让权。可转让权的数量会随着时间的推移而下降，直至项目结束，这种可转让权也将失效。

Liability Rules　责任条款。加害者在伤害发生以后给予受害方补偿的规则。价值的评估必须由法院完成。

Low-Emission Vehicles　低排放机动车。一类能够满足比对当前的常规机动车施加更加严苛的排放标准的机动车。

Marginal Cost of Exploration　勘察的边际成本。新找到一个单位资源的边际成本。

Marginal Cost Pricing　边际成本定价法。按照边际成本为资源的利用而设定价格。

Marginal External Cost Rule　边际外部成本规则。全球环境基金用来分配资金的规则。按照这条规则，全球环境基金将对全球环境有贡献的与全球环境基金投资有关的额外费用提供资助（产生正的全球净效益），但是，不能由当事国判定其合理性（因为国内的边际成本超过了国内的边际效益）。国内判定其合理性的费用部分由当事国分担（在当事国，其国内边际效益大于国内边际成本）。

Marginal Extraction Cost　边际开采成本。新开采一个单位资源所产生的成本。

Marginal Opportunity Cost　边际机会成本。提供最后一个单位的某种商品，以所放弃的东西来计算其额外的成本。

Marginal User Cost　边际用户成本。放弃的未来的边际机会成本的现值。

Marginal Willingness to Pay　边际支付意愿。一个人愿意为购买最后一个单位的某种商品或服务而支付的货币量。

Marine Reserve　海洋保护区。一个特定的地理区域，该区域禁止捕捞鱼类，并获得高度的保护水平，以避免污染的威胁。

Market Economy　市场经济。一种经济制度，即资源配置由价格支配，价格则是由私人消费者和生产者自愿作出生产和购买决策来决定的。

Market Failure　市场失灵。由市场经济产生的一种无效率配置。

Maximum Net Present Value Criterion　最大净现值标准。资源应该配置给能够使这些资源的所有可能用途所产生的净效益现值最大化的人。

Maximum Sustainable Yield　最大可持续收获量。能够永续利用的收获量。

Mean Annual Increment　平均年增量。每十年末一个林分的蓄积量除以林分已经存在的年份数。

Microeconomic Theory of Fertility　生育的微观经济学理论。一种试图将生育率的差异归因于生育决策所处的经济环境的理论。

Mineralogical Threshold　矿物学阈值。在矿产开采方面出现的明显的间断，这种阈值的存在意味着边际开采成本也存在明显的间断。

Minimum Viable Population　最小存活种群。繁殖为负增长，最终导致物种灭绝的种群水平。

Model　模型。突出问题的某些方面，以更好地理解问题的复杂关系的正规或不正规的分析框架。

Monopoly　垄断。市场的出售方由一个单一的生产者掌控的一种状态。

Montreal Protocol　《蒙特利尔议定书》。为控制臭氧层破坏气体而达成的一项国际协议。

Multilateral Fund　多边基金。《蒙特利尔议定书》签约方建立的一项旨在帮助发展中国家满足分阶段控制臭氧层破坏气体目标的基金。

Myopia　缺乏远见。近视，过于关心当前。

Natural Capital　自然资本。环境和自然资源禀赋。

Natural Equilibrium　自然均衡点。在没有外部影响的情况下，可以维持的存量水平。

Natural Resource Curse Hypothesis　自然资源魔咒假说。具有丰富的自然资源的国家很可能比资源天赋较差的国家经济增长速度更慢。

Negative Feedback Loop　负反馈机制。具有自约束而不是自强化机制的行动和反应的一个封闭回路。

Negligence　过失。侵权行为法的一项条文，认为对侵权行为负有责任的一方应该对受影响方给予关心。没有履行这项义务则会导致要求加害方给予受害方补偿。

Net Adjusted Savings　净调整储蓄。一个指标，旨在测度一个经济体按照弱可持续性标准评判是否为可持续的（原先称之为"真实储蓄"）。

Net Benefit　净效益。由某种配置方式所产生的超过成本的效益部分。

Netting　净额结算。防治空气污染的一项可转让的许可证计划，按照这项计划，遭受限制或扩张的企业，如果增加的排放量仍低于某个指定的阈值，就可以避免"新资源检查"的要求。

New Scrap　新废料。由生产过程中产生的残余物构成的废弃物（又称为"未用过的废料"）。

New Source Bias　新来源偏差。在投资选择上的一种偏差，这些选择与是使用新的原料源还是继续使用老的原料源的决策有关。当新污染源面临比现有原料源更为苛刻的控污要求，由此会产生更高的控污成本时就会产生这种偏差。

New Source Performance Standard　新污染源绩效评价标准。对市场新进入者不论其生产场所在哪里，法定对其要求的控污量。国家可以要求其排污量比这个标准更高，而不是更低。

New Source Review Process　新污染源检查过程。所有大型的新污染源或者扩大的污染源都必须接受施工前检查和许可。这些企业尤其必须接受更严苛的要求。具体的要求取决于这个污染源是选址于污染区还是非污染区。

Nonattainment Region　未达标地区。污染物浓度超过大气环境标准的区域，因此，在这些区域必须实行更为严苛的环境管制。

Noncompliance Penalty　违规惩罚。用来降低不遵守污染防治要求的可能性，旨在消除所有的因不遵守要求而获得的经济好处。

Nonexcludability　**非排他性**。没有一个人或团体能够被排除在享受某种资源所产生的效益之外，不论他们是否对这种资源的供应作出了贡献。

Nonpoint Sources　**非点源**。分散的污染源，例如农业用地或开发用地上产生的水土流失。

Nonrenewable Resources　**不可更新资源**。按照人类的时间尺度不可能再生产的资源，因此它们的供应是有限的、受到约束的。

Nonuniformly Mixed Pollutants　**非均匀混合型污染物**。对于这些污染物，它们所产生的破坏不仅是排污量的函数，而且也是排放源位置的函数（例子包括颗粒物和铅）。

Nonuse (Passive Use) Values　**非使用（负面用途）价值**。由动力而非个人用途所产生的资源价值。

Normative Economics　**规范经济学**。经济学的一个分支，注重评价非传统资源配置的合理性。它关注的问题是"应该如何"。

Occupational Hazards　**职业危害**。就业期间遇到的风险。

Offset Policy　**抵扣政策**。一项特殊的可转让许可证计划。试图进入某个非污染区的新排污者必须从现有的排污源那里获得足够的减排信用，减排信用应达到其排污量的120%。

Old Scrap　**旧废料**。从消费者使用过的产品中回收的废弃物（又称为"消费后废料"）。

Open-Access Resources　**开放性资源**。未限制使用的公共资源。

Open System　**开放系统**。具有物质和能量输入与输出的系统。

Opportunity Cost　**机会成本**。由于资源不再用于其仅次于最获利的用途而被放弃的净效益。

Optimal　**最优的**。最好的或最优的选择。

Optimization Procedure　**优化过程**。寻找实现某一目标的最好的途径的一种系统方法。

Option Value　**选择价值**。人们为可选择在未来使用某种资源而设定的价值。

Output Measure　**产出指标**。当前在国民收入核算中使用的一个指标，表示已经生产的商品和服务的数量。

Overallocation　**过度配置**。给某个指定用途或时期配置的资源量超过了最优水平。

Overshoot and Collapse　**过冲与崩溃**。一项预测超过了环境的自然承载力，导致社会崩溃。

Oxygen Sag　**氧垂曲线**。低溶解氧浓度点位于污水注入点附近。

Ozone-Depleting Gases　**消耗臭氧的气体**。破坏平流层臭氧层的全球性污染物（包括全氟氯烃和灭火剂等）。

Pareto Optimality　**帕累托最优**。没有一种资源再配置的方式能够使得任何人在不降低其他至少一个人的净效益时而获得好处的一种配置方式。

Pay-As-You-Drive（PAYD）Insurance　**按实际行驶里程收取保险费**。按照某个比率因素乘以实际驾驶的公里数来计算个人年度汽车保险溢价的一种做法。旨在通过将与行驶距离有关的事故成本内部化，从而降低无效率。

Peaking Units　**峰期机组**。只在高峰时期使用的发电设施（它们的固定成本通常比较低，但可变成本很高）。

Peak-Load Pricing　**高峰负荷定价法**。在高峰时期，向资源用户收取较高的资源供应成本。高峰时期的额外成本应该涵盖增容的成本，这种增容是因为高峰时期需求增加所引起的。

Peak Periods　**高峰期**。资源需求量尤其高的时期（例如，如果使用空调设备，在夏天最热的时候对电力的需求）。

Pecuniary Externalities　**货币外部性**。通过较高的价格传导的外部影响（例如，由于周边的雇主扩大他们的生产而使得我的土地价值增加，因此而产生的附近地区住房的稀缺）。与其他大多数外部性不同，货币外部性通常不会产生无效率的配置。

Performance Bond　**履约保证金**。发起具有风险性项目的人支付给某个信用基金所需要的钱数，其数量必须涵盖任何预期可能造成的破坏的成本。

Persistent Pollutants　**持久型污染物**。具有复杂的分子结构且不能在水中有效降解的合成无机污染物。

Planned Obsolescence　**计划报废**。生产者通过销售短寿命产品的方式来提高产量的企图。

Planning Horizon　**规划周期**。在与时间有关的决策中，必须考虑效益和成本的时间周期。对于一项特定的投资而言，例如发电厂，规划周期可以对应于该工程的使用寿命。对于林业而言，既可以对应于采伐时林分的年龄（有限的规划周期），也可以延长至永远（无限的规划周期）。除了考虑存量收获的年龄以外（有限周期模型的焦点），有限的周期模型也必须考虑林业决策的长远影响（例如林分恢复、采伐、保护等等）。

Point Sources　**点污染源**。通过某个已经确定的排放点（例如排污口和排污管）排放污水的污染源（大多数工业和城市污染源都是点污染源）。

Pollution Absorptive Capacity　**污染物吸收容量**。不引发环境破坏而吸收污染物的能力。

Pollution Haven Hypothesis　**污染天堂假说**。某一个国家采取较为严苛的环境管制措施以鼓励国内的生产厂家选址到管制不够严苛的国家去生产，或是鼓励增加从这些国家的进口。

Porter Hypothesis **波特假说**。面对严苛的环境管制的企业可以获取某种竞争优势，因为它们被迫创新。创新可以提高生产率。

Positive Feedback Loop **正反馈机制**。自强化而非自约束的行为与反应构成的一个封闭的回路。

Positive Net Present Value Criterion **正净现值评价准则**。这项准则要求任何一项即将建设的工程其效益的现值应该大于成本的现值。

Potential Reserves **潜在储量**。在不同的价格水平上可以使用的资源储量。

Present Value **现值**。在时间上的效益和成本流贴现后的当前价值。

Prevention of Significant Deterioration Policy **预防环境严重恶化的计划**。美国的一项政策，旨在避免已污染区空气质量的退化。

Price Controls **价格管制**。政府设定最高和最低价格。

Primary Effects **主要影响**。某项行动所产生的直接的和可测度的影响。

Primary Standard **基本标准**。旨在保护人类健康的大气环境污染标准。

Prior Appropriation Doctrine **优先占用权**。首先使水资源投入某种可获利的用途的一方可以获得水资源的使用权。

Private Marginal Cost **私人边际成本**。生产者承担的额外生产一个单位的资源所产生的成本。

Producer Surplus **生产者剩余**。生产者生产某种商品和服务的成本之上的价值。按照价格线以下、边际成本线以上的面积计算。

Product Charges **产品费**。对某种与排污有关联的产品征收的一种费用（例如汽油税）。如果很难直接对排污征收费用，则可采取这种间接的控污形式。

Production Function **生产函数**。投入和产出二者之间关系的数学表达。

Property Rights **产权**。赋予所有者使用某种资源的权利、待遇和约束的权利束。

Property Rules **产权条款**。管理权力的最初配置的法律规则。

Proportional Distribution **比例分配**。各个收入组因某项政策而得到的好处与其收入成比例。

Proposition 65 **《第65号提案》**。加利福尼亚州的一项法律，规定生产、使用或运输一种或多种数量超过"安全"阈值的特定物质的企业都必须告知那些可能会受到影响的人。

Prototype Carbon Fund **原型碳基金**。一家中介机构，旨在鼓励发展中国家降低温室气体排放。它的功能有点像共有基金，按照清洁发展机制，向捐赠国允诺投资机会，并将由此而产生的减排信用转让给捐赠国，让其满足所指定的减排责任。

Public Good **公共物品**。具有非排他性和不可分割性的一种资源。

Real Consumption Per Capita　**人均真实消费**。按美元不变价格计算的消费量除以人口。

Real-Resource Costs　**真实资源成本**。与转移成本相反，真实资源成本由私人方和整个社会共同承担，因为它们不仅仅涉及转移，而且涉及净效益的损失。

Recycling Surcharge　**再循环利用附加费**。在商品购买时征收的一种费用，其目的在于由消费者承担商品在使用完后再循环利用或处置的成本。

Regional Pollutants　**区域性污染物**。会对与排放源有一定距离的区域产生破坏的污染物。

Regressive Distribution　**累退式分配**。各个收入组因某项政策的实施所得到的净效益，其占富人收入的比重大于占穷人收入的比重。

Renewable Portfolio Standards　**可再生能源配额制**。为利用可再生资源生产特定份额的电力而设定的强制性目标和期限。

Renewable Resources　**可再生资源**。按照人类的时间尺度，能够自然更新的资源。

Rent Seeking　**寻租**。在游说和其他活动中，旨在通过保护性规制或立法来确保利润增加的资源利用方式。

Replacement Rate　**置换率**。与静态人口保持一致时的总生育率水平。

Res Nullius Regime　**无主财产制度**。一种产权制度，在这种制度下，没有人拥有或控制资源。这种制度管理下的资源通常按照"先来先到"的方式进行开采。

Resource Endowment　**资源禀赋**。地壳和大气中自然存在的资源。

Resource Taxonomy　**资源分类**。用以通过资源估计量的确定性和回收利用的经济概率说明自然资源存量自然特征的一种分类体系。

Retirement Effect　**退休效应**。低（或高）人口增长率引起的65岁以上人口比例增加（或减少）的一种现象。

Return Flow　**回流**。水资源管理上使用的一个术语，特指上游用户未消耗且回到水源的那部分水。

Riparian Rights　**河岸权**。赋予水体附近的土地所有者使用水资源的权利，但对其他产权持有人不会产生负面影响。

Risk-Free Cost of Capital　**资本的无风险成本**。在多于或少于预期回报的风险为零时某项投资的回报率。

Risk-Neutrality　**风险中性**。对具有相同预期价值的各个选项中的任何一个选项没有偏好的一方。

Risk Premium　**风险溢价**。当期望回报和实际回报存在差距时，对资本所有者要求给予补偿的额外回报率。它表示对承担某种风险的意愿而给予的补偿。

Scale Effects　　**规模效应**。一项措施的规模对平均成本产生的影响。

Scarcity Rent　　**稀缺租金**。由于供应不变或成本增加，在长期均衡中持续不变的生产者剩余。

Secondary Effects　　**次要影响**。一项行为的间接效果；扣除主要影响之外的效果。

Secondary Standard　　**附加标准**。旨在保护人类财富而不是人类健康方面的环境标准。

Second Law of Thermodynamics　　**热力学第二定律**。熵，亦即不能做功的能的增加。

Severance Tax　　**采掘税**。对被开采的矿石征收的一种税种。

Socialist Economy　　**社会主义经济**。政府控制生产工具的一种中央计划经济。

Social Marginal Cost　　**社会边际成本**。额外生产一个单位的资源时，整个社会承担的总成本。通常包括私人边际成本加上外部边际成本。

Stable Equilibrium　　**稳定均衡**。经过临时性冲击之后将恢复到的存量水平。

Starting-Point Bias　　**起点误差**。当一项条件评估调查的被访者被要求对某个预设的可能范围作出回答，而且这个回答取决于调查设计所指定的范围时所产生的误差。

Static Efficiency　　**静态效率**。当时间不作为一种重要的考虑因素时，在各种配置中作出选择所采纳的主要的经济规范标准。如果一种配置方式能使得资源的所有可能用途的净效益达到最大化，那么这种配置就满足了静态效率标准。

Static Efficient Sustained Yield　　**静态有效可持续收获量**。渔业中能产生最大的年净效益且持续收获的捕捞水平。

Stationary Population　　**稳定人口**。特定年龄和特定性别的生育率能够使得出生率等于死亡率，因而人口增长率为零的人口状态。

Stationary Source　　**固定污染源**。不移动的污染源（例如工业污染源，与汽车所产生的污染相反）。

Statistically Significant　　**统计显著性**。观察误差不可能产生于纯粹的机会。

Steady-State Economy　　**稳态经济**。经济所处的一种状态，其特征是人口总量不变，物质性的财富会因通量水平很低而维持在某种预设的期望水平上。

Stock Pollutants　　**累积型污染物**。因为环境的吸纳能力很小或者没有吸纳能力而在环境中积累的污染物。

Strategic Bias　　**策略性误差**。为了对调查的特定结果产生影响，被访者在条件评价调查中会提供带有偏差的回答。

Strategic Petroleum Reserve 战略石油储备。石油进口国为了使得外国供应商的禁运而产生的伤害最小化，进口石油所建立的一种石油囤积行为。战略石油储备可以作为短期石油供应的替代源。

Stratosphere 平流层。对流层以上的大气层，其范围达到地球表面以上 31 英里。

Strict Liability 严格赔偿责任。一项侵权法原则，它要求造成污染的责任方必须对受害方给予补偿。它与过失原则不同，过失是指受害方不必证明过失是由加害方造成的。

Strong Global Scarcity Hypothesis 强全球稀缺性假设。按照这一假设，稀缺性会变得足够严重，以至粮食的供应无法赶上人口的增长；人均粮食产量将下降。

Strong Sustainability 强可持续性。如果自然资本存量不下降，即可满足可持续性的这个定义。

Suboptimal Allocation 次优配置。一种可以重新配置，以便使得一个或更多人变得更好，而没有一个人变得更差的配置方式。又称为"无效率配置"。

Subsidies 补贴。政府分配的费用或税，它可以使得购买者的成本低于生产的边际成本。

Substitution 替代。利用一种资源替代另一种资源。例如，当原来的资源不再是成本有效的，或者数量或质量逐渐减小或变差时，就会产生替代的现象。

Sulfur Allowance Auction 硫限额拍卖。芝加哥交易所执行的一种拍卖活动，每年一次的拍卖活动要求电厂每年都必须将一部分限额上市出售，所得收益必须返回给电厂（又称为"零收入拍卖"，因为政府从中得不到任何收入）。这项拍卖能够确保排污许可证的连续有效性，并提供公共物品的价格信息。

Sulfur Allowance Program 硫限额排放计划。这是一种可转让的排污许可证计划，旨在促使电厂将硫的排放量从 1980 年的水平再降低 1 000 万吨。这项计划包括拍卖和排污上限。

Surface Pollutants 地表污染物。主要对地球表面或低大气层产生破坏的污染物（其中包括工业颗粒物和铅）。

Surface Water 地表水。汇集地球表面水流的河流、湖泊和水库中的淡水。

Sustainability Criterion 可持续性评价标准。判断代际之间资源配置合理性的一项评价标准。通常要求任何一代对资源的利用都不应该超过这样一个水平，即必须保证后代的福利水平不低于当代的水平。

Sustainable Forestry 可持续林业。符合可持续性的一种定义的林业生产活动，大多数情况下，这个术语是指与环境可持续评价标准的一致性。

Sustainable Yield　**可持续收获量**。能够保证永续利用的收获量，其年收获量应等于种群的年净增长量。

Synergistic　**协同效应**。剂量—反应关系取决于相关的几个因素。

System Dynamics　**系统动力学**。麻省理工学院（MIT）杰·福斯特（Jay Foster）教授及其同事联合开发的一项描述世界经济可能的未来结果的计算机技术，这项技术采用了正反馈和负反馈机制。

"Take-Back" Principle　**"回收"原则**。产品的生产商有责任在其产品使用寿命期满时回收其包装和产品本身，以便提高包装的有效性和回收利用（又称为"扩展的生产者责任"）。

Tangible Benefits　**有形效益**。能够合理地指定货币价值的效益。

Technological Progress　**技术进步**。让给定的要素投入产生更多的产出或服务的工艺或技术的创新。

Theory of Demographic Transition　**人口转型理论**。解释人口增长如何与工业发展阶段有关的一种理论。

Thermal Pollution　**热污染**。热量注入河流所产生的污染。

Third Parties　**第三方**。与污染源没有契约关系的受害方（他们既不是该污染源生产产品的消费者，也不是该生产商的雇佣者）。

The 33/50 Program　**33/50计划**。美国的一项自愿计划，旨在补充"毒物释放清单"。按照这项计划，参与者同意到1992年将17种主要的有毒污染物的排放量降低33%，到1995年降低50%。

Throughput　**通量**。资源和能量流。

Tortious Act　**侵权行为**。一方伤害另一方的行为，因此赋予受害方向加害方要求补偿的权利。

Total Cost　**总成本**。固定成本和可变成本之和。

Total Fertility Rate　**总生育率**。平均每个妇女一生中生育子女的数量，即一个妇女在其育龄期的每一年都达到一般人口相似年龄妇女的平均生育率，这样一个妇女一生生育子女的数量。

Toxicity　**毒性**。接触某种物质从而对生物体产生伤害的程度。

Toxic Release Inventory　**有毒物质排放清单计划**。在美国，报告每个电厂排放的有毒物质的一项制度。为了促进信息公开，这项制度旨在提醒社会其所面临的风险，并鼓励在管制之前就进行减排。

Tradable Energy Certificates　**可交易的能源认证制度**。对有资格的可再生能源的生产商赋予的官方文件，许可证书可以单独出售，使得与可再生能源有关的额外成本得以回收。

Transactions Costs　**交易成本**。试图完成交易所产生的成本（例如，如果购买一栋房子，交易成本包括付给中介的费用、付给银行的一次性特别费以及付给政府的相关规定费用。谈判所花时间的价值也是一种交易成本）。

Transferability 可转让性。在自愿的基础上，产权在所有者之间可以交换。

Transferable Emission Permit 可转让的排污许可证制度。要求每个污染物的排放者持有一定数量的排污许可证，以防治污染的一项政策。许可证的总量（即排污的总量）有具体的限制。这种许可证是可以转让的，而且可以买卖。

Transfer Coefficient 转换系数。在模拟污染物流中使用的一个系数。该系数与某个特定污染源每增加一个单位的排污，使得指定接受场污染物浓度增加的程度有关。

Transfer Cost 转让成本。对私人而不是对整个社会的一种成本，因为该成本包含净效益从社会的某一个组成部分向另一个部分的转移。

Troposphere 对流层。最接近地球的大气。它的高度从赤道的 10 英里左右到两极的 5 英里左右。

Two-Part Charge 两部分收费。水资源管理中使用的一种收费办法，它将体积定价法和按月收费法结合起来，按月收费法与每个月的使用量不挂钩。月费旨在涵盖固定成本。

Underallocation 资源配置不充分。对于某项给定的用途或某个时间段配置的某种资源，低于其最优水平。

Uniform Emission Charge 统一的排污费。不论污水排放的规模或地点如何，对污水征收相同的单位费率。

Uniformly Mixed Pollutants 均匀混合型可吸收污染物。这些污染物对环境所产生的破坏取决于排入大气的数量。政策对排放的地点并不关心（例如，臭氧消耗性气体和温室气体）。

Uniform Treatment 统一防治策略。使每个排污量水平上的污水排放水平降低某个特定的比例的一项策略。

User Cost 用户成本。稀缺性产生的机会成本。它表示当资源不再用于其次优用途时被放弃的某个机会的价值（例如，对于现在使用的一个单位的资源而言，用户成本等于现在节约这种资源不用，而用于下一个时期所应该得到的净效益）。

Usufruct Right 用益权。这项权利的持有者可以使用某种资源（通常会受到某些限制），但不拥有全部的所有权。

Variable Cost 可变成本。随产出而变化的生产成本。

Vertical Equity 纵向公平。对不同收入的人给予不同的对待。这项准则要求更加善待穷人。

Volume Pricing　**按体积定价法**。某项服务的成本是被用量（以体积计算）的函数。在垃圾处理和水资源分配上都是用这种定价法。

Weak Global Scarcity Hypothesis　**弱全球稀缺性假说**。按照这种假说，生产能够与人口增长保持同步，但是供应曲线很陡，以至粮食价格比其他一般产品的价格上涨得更快；粮食的相对价格会随着时间的推移而上升，而且问题在于支付能力，而不是物质性的有效性。

Weak Sustainability　**弱可持续性**。前一代人对资源的利用不应该超过这样一个水平，即避免后代达到至少同样高的福利水平。如果总资本存量（自然资本加实物资本）不下降，即可满足这一可持续性的定义。

Welfare Measure　**福利指标**。反映社会福利增加和减少的发展指标。

Youth Effect　**青年效应**。高（或低）人口增长率引起的15岁以下人口比例的增加（或减少）的效应。

Zero Discharge　**零排放**。不允许目的污染物排放。

Zero-Emission Vehicle　**零排放机动车**。不直接排放污染物的汽车（例如太阳能和燃料电池驱动的汽车，电动车一般也包括在内，不过发电也会产生污染）。

Zoned Effluent Charge　**分地域收取的排污费**。按照污水排放源所处的位置不同，对不同的排放源征收不同的单位费率。一般来讲，越接近具有严重污染问题的地方，或处于这些地方的上游，费率越高。

人名索引[1]

Acheson，J. M.，J. M. 艾奇逊，297n
Ackerman，Frank，弗兰克·阿克曼，47，54－55
Adelman，M. A.，M. A. 阿德尔曼，335
Amundsen，Eirik S.，埃里克·S·阿蒙森，296
Anderson，Kym，基姆·安德森，243
Anderson，Peder，彼得·安德森，309
Anderson，R.，R. 安德森，58
Anderson，Robert C.，罗伯特·C·安德森，362n，572n
Andronova，N.，N. 安德罗诺娃，418
Arora，S.，S. 阿罗拉，491
Arrow，Kenneth J.，肯尼思·J·阿罗，52，59n
Asch，Peter，彼得·阿施，519，520
Asheim，Geir B.，盖尔·B·阿什海姆，557

---

[1] 人名索引后的页码为英文原书页码，见本书每页边上的标码。"数字＋n"表示注码在该页的注释，所有注释均已移至各章末。本人名索引仅包括正文中翻译的人名。——译者注

Atkinson, Scott, E., 斯科特·E·阿特金森, 326, 398
Azar, C., C. 阿扎尔, 415-416

Banzhaf, Spencer, 斯潘塞·班茨哈夫, 397
Barbier, Edward B., 爱德华·B·巴比尔, 71, 310n, 564n
Barnett, Harold J., 哈罗德·J·巴尼特, 324, 329-332, 333, 334
Becker, R., R. 贝克尔, 561
Bell, Frederick W., 弗雷德里克·W·贝尔, 299n, 332
Bennett, James T., 詹姆斯·T·贝内特, 332
Berndt, Ernst R., 厄恩斯特·R·伯恩特, 326, 535
Betson, David M., 戴维·M·贝特森, 113n
Bingham, Taylor H., 泰勒·H·宾厄姆, 517
Bolotin, Frederic N., 弗雷德里克·N·博洛廷, 371n
Boserup, Ester, 埃斯特尔·博斯鲁普, 115
Boulding, Kenneth, 肯尼思·博尔丁, 580
Boyd, R., R. 博伊德, 332
Boyle, Kevin J., 凯文·J·博伊尔, 43
Brady, Gordon L., 戈登·L·布雷迪, 515
Brajer, Victor, 维克托·布拉耶尔, 520
Brooks, Nancy, 南希·布鲁克斯, 506
Brown, Gardner, 加德纳·布朗, 311
Brown, Jerry, 杰里·布朗, 220
Bullard, Robert D., 罗伯特·D·布拉德, 504, 507
Burtraw, Dallas, 达拉斯·伯特罗, 172, 397, 401n, 403
Bush, George H. W., 乔治·H·W·布什, 156
Bush, George W., 乔治·W·布什, 164, 374, 536
Bystrom, Olof, 奥洛夫·比斯特龙, 466

Campbell, C. J., C. J. 坎贝尔, 150
Carraro, C. E., C. E. 卡拉拉, 419
Carson, Richard T., 理查德·T·卡森, 30n, 38n, 39, 472
Carter, Jimmy, 吉米·卡特, 53
Cason, T. N., T. N. 卡森, 491
Caviglia-Harris, Jill L., 吉尔·L·卡维利亚-哈里斯, 270
Chichilnisky, Graciela, 格拉谢拉·奇奇尼斯基, 560
Chomitz, K. M., K. M. 肖米茨, 270
Clark, Colin W., 科林·W·克拉克, 291, 293n
Clawson, Marion, 玛丽恩·克劳森, 260n, 283

Cleveland, Cutler J., 卡特勒·J·克利夫兰, 151, 331, 335
Clinton, Bill, 比尔·克林顿, 374
Coase, Ronald, 罗纳德·科斯, 82
Cobb, John B., Jr., 小约翰·B·科布, 528n
Cohen, Mark A., 马克·A·科恩, 60
Collins, Robert A., 罗伯特·A·柯林斯, 522
Conrad, Jon M., 乔恩·M·康拉德, 296
Conrad, Klaus, 克劳斯·康拉德, 533
Copeland, B. R., B. R. 科普兰, 561
Criqui, P., P. 克里基, 414
Cropper, Maureen, 莫林·克罗珀, 47

Daly, Herman, 赫尔曼·戴利, 526n, 579-582
Dasgupta, Partha, 帕塔·达斯古普塔, 119, 556
Dean, J., J. 迪安, 561
Deffeyes, Kenneth, 肯尼思·德费耶, 150
Dente, Bruno, 布鲁诺·登特, 509
Dinan, Terry M., 特里·M·迪南, 521

Easter, William K., 威廉·K·伊斯特尔, 467-469
Ehrlich, Paul, 保罗·埃利希, 333
Einstein, Albert, 阿尔伯特·爱因斯坦, 16n
Ellerman, A. Denny, A·丹尼·埃勒曼, 403
El Serafy, Salah, 萨拉赫·塞拉芬, 577
Evans, David B., 戴维·B·埃文斯, 397, 513

Fisher, Anthony C., 安东尼·C·费希尔, 52, 317n, 326, 335
Fox, Irving K., 欧文·K·福克斯, 53
Frederick, K. D., K. D. 弗雷德里克, 217
Freeman, A. Myrick Ⅲ, A·迈里克·弗里曼三世, 41, 460, 472, 518
Frey, Bruno S., 布鲁诺·S·弗雷, 510
Fullerton, D., D. 富勒顿, 196

Gallagher, Kevin P., 凯文·P·加拉格尔, 563
Gandhi, Indira, 英迪拉·甘地, 119
Geller, Howard, 霍华德·盖勒, 536
Gianessi, Leonard P., 伦纳德·P·贾内西, 519, 520, 522
Gibbon, Edward, 爱德华·吉本, 1-2

Goeller, H. E., H. E. 戈勒, 326 - 327, 329
Goldman, Marshall I., 马歇尔·I·戈德曼, 64
Gordon, H. Scott, 斯科特·H·戈登, 294n
Gordon, Robert B., 罗伯特·B·戈登, 330n
Gorin, Daniel R., 丹尼尔·R·格林, 334
Greenstone, M., M. 格林斯通, 561

Haagen-Smit, A. J., A. J. 哈根-斯米特, 426
Hahn, Robert W., 罗伯特·W·哈恩, 379, 386, 437n
Haigh, John A., 约翰·A·黑格, 390, 391n
Hall, D., D. 霍尔, 332
Hall, Jane V., 简·V·霍尔, 332, 520
Hamilton, James T., 詹姆斯·T·汉密尔顿, 505, 509
Hand, Billings Learned, 比林斯·勒尼德·汉德, 485
Hardin, Garrett, 加勒特·哈丁, 234
Harrington, Paul, 保罗·哈林顿, 226
Harrington, Winston, 温斯顿·哈林顿, 54n, 381n, 435, 442, 522
Harrison, David, Jr., 小戴维·哈里森, 388, 390, 391n, 518 - 519, 524n
Hartwick, John M., 约翰·M·哈特威克, 96, 557
Hassanein Saad A., 萨阿德·A·哈桑宁, 534
Haveman, Robert H., 罗伯特·H·哈夫曼, 54, 533
Hazilla, Michael, 迈克尔·哈齐拉, 188
Heal, G. M., G. M. 希尔, 556
Heinzerling, Lisa, 莉萨·海因策林, 47
Henderson, V., V. 亨德森, 561
Henry, Wes, 韦斯·亨利, 311
Herfindahl, Orris C., 奥里斯·C·赫芬达尔, 53
Hettige, H., H. 黑蒂格, 561
Hicks, John, 约翰·希克斯, 539
Howarth, Richard B., 理查德·B·豪沃思, 557
Howe, Charles W., 查尔斯·W·豪, 216, 218n
Howie, P., P. 豪伊, 335
Hsu, Shih-Hsun, 徐世勋, 215
Hubbert, M. King, 金·M·哈伯特, 151
Hughes, John S., 约翰·S·休斯, 515n
Huppert, Daniel D., 丹尼尔·D·胡珀特, 295

Irland, L. C., L. C. 伊兰, 323

Jaffe, Adam B., 亚当·B·贾菲, 561
Johnson, Manuel H., 曼纽尔·H·约翰逊, 332
Jorgenson, Dale W., 戴尔·W·乔根森, 529, 534, 535

Kahn, M., M. 卡恩, 561
Kashmanian, Richard M., 理查德·M·卡什马尼亚, 468
Kaufman, R., R. 考夫曼, 151
Kelley, Allen C., 艾伦·C·凯利, 110, 112
Kelman, Sterven, 史蒂文·克尔曼, 367
Kennedy, John, 约翰·肯尼迪, 528
Kerry, John, 约翰·克里, 164
Kidwell, J., J. 基德韦尔, 242n
Kinnaman, T. C., T. C. 金纳曼, 196
Kitous, A., A. 基托斯, 414
Kneese, Allen V., 艾伦·V·克内斯, 64n, 459, 461, 463n
Kooreman, P., P. 科尔曼, 201, 203
Kopp, Raymond J., 雷蒙德·J·科普, 188
Krautkramer, J. A., J. A. 克劳特克雷默, 335
Krupnick, Alan, 艾伦·克鲁普尼克, 397
Kuznets, Simon, 西蒙·库兹涅茨, 562

Laherrere, J. H., J. H. 拉埃勒尔, 150
Lesbriel, S. Hayden, 海登·S·莱斯比瑞尔, 510
Lind, Robert C., 罗伯特·C·林德, 52
Lindert, Peter, 彼得·林德特, 113
Lipton, Michael, 迈克尔·利普顿, 252
Lomborg, Bjørm, 比约恩·隆伯格, 9
Longhurst, Richard, 理查德·朗赫斯特, 252
Lovelock, James, 詹姆斯·洛夫洛克, 6

MacNeill, Jim, 吉姆·麦克尼尔, 545
Magat, Wesley A., 韦斯利·A·马加特, 515n
Maloney, Michael T., 迈克尔·T·马洛尼, 386, 387, 515
Malthus, Thomas, 托马斯·马尔萨斯, 2, 103
Mani, M., M. 马纳, 561
Mansur, E., E. 曼苏尔, 403
Martin, William E., 威廉·E·马丁, 217
McCann, Laura, 劳拉·麦卡恩, 467-469

McCormick，Robert E.，罗伯特·E·麦考密克，515
Mendes，Chico，奇科·门德斯，278
Messer，Kent，肯特·梅瑟，509
Mitchell，Robert Cameron，罗伯特·卡梅伦·米切尔，38n，40n，472
Morgenstern，Richard D.，理查德·D·摩根斯坦，381n，442n，516
Morrison，Catherine，凯瑟琳·莫里森，533
Morse，Chandler，钱德勒·莫尔斯，324，329-332，334
Mortimore，M.，M. 莫蒂莫尔，115
Mueller，Michael J.，迈克尔·J·米勒，334n
Myers，Norman，诺曼·迈尔斯，178m，271

Naess，Arne，阿恩·内斯，18
Nelson，Randy，兰迪·纳尔逊，515
Neumayer，E.，E. 诺伊迈尔，336，562
Nichols，Albert L.，艾伯特·L·尼科尔斯，390，391n
Niebuhr，Reinhold，莱因霍尔德·尼布尔，501
Nixon，Richard，理查德·尼克松，58
Noll，Roger G.，罗杰·G·诺尔，379
Norgard，Richard B.，理查德·B·诺加德，557
Norton，Gale，盖尔·诺顿，219
Noussair，Charles，查尔斯·纳赛尔，248

Oberholzer-Gee，Felix，费利克斯·奥伯霍尔泽-吉，510
Opaluch，James J.，詹姆斯·J·奥帕卢克，468
Ostro，Bart D.，巴特·D·奥斯特罗，522

Packard，Vance，万斯·帕卡德，199，203
Palmquist，R. B.，R. B. 帕姆奎斯特，41
Pareto，Vilfredo，维尔弗雷多·帕累托，26
Parry，Ian W. H.，伊恩·W·H·帕里，361，442，521，523n
Parsons，George，乔治·帕森斯，41
Pashigian，Peter，彼得·帕辛金，513
Pender，J.，J. 彭德，115
Pesaran，M.，M. 佩萨兰，151
Peskin，Henry M.，亨利·M·佩斯金，46n，520，522
Pezzey，John C. V.，约翰·C·V·佩泽，361n，552n，557
Pimentel，David，戴维·皮门特尔，103
Pinchot，Gifford，吉福德·平肖，275，316

Pittman, Russell W., 拉塞尔·W·皮特曼, 513
Porter, Michael, 迈克尔·波特, 561
Porter, Richard C., 理查德·C·波特, 184, 198
Powell, Lewis F., Jr., 小刘易斯·F·鲍威尔, 497

Rask, K., K. 拉斯克, 435-436
Rawls, John, 约翰·罗尔斯, 94
Reagan, Ronald, 罗纳德·里根, 456
Reid, R., R. 里德, 58
Reid, Walter V. C., 沃尔特·V·C·里德, 570n
Repetto, Robert, 罗伯特·雷佩托, 275n, 276n, 306, 540
Ricardo, David, 大卫·李嘉图, 68
Ricks, William A., 威廉·A·里克斯, 515n
Robin, Stéphane, 斯特凡娜·罗宾, 248
Rogers, Diane Lim, 利姆·戴安娜·罗杰斯, 521
Roosevelt, Theodore, 西奥多·罗斯福, 316
Rubin, Kenneth, 肯尼思·鲁宾, 215
Ruckelshaus, William, 威廉·拉克尔肖斯, 433
Ruffieux, Bernard, 伯纳德·拉菲伊克斯, 248
Russell, C. S., C. S. 拉塞尔, 354
Russell, Clifford, 克利福德·拉塞尔, 472, 499

Sadd, James L., 詹姆斯·L·萨德, 506
Sadik, Nafis, 纳菲斯·萨迪克, 124
Samiei, H., H. 萨米伊, 151
Sandel, Michael J., 迈克尔·J·桑德尔, 417
Sathirathai, Suthawan, 素泰旺·沙提拉他, 71
Schaefer, M. D., M. D. 谢弗, 287
Scheraga, Joel D., 乔尔·D·谢尔拉加, 24n, 79n
Schlesinger, M., M. 施莱辛格, 418
Schmidt, Robert M., 罗伯特·M·施米特, 110, 112
Schnieder, S. H., S. H. 施尼德, 415-416
Schultze, Charles L., 查尔斯·L·舒尔茨, 459
Schulz, C., C. 舒尔茨, 564n
Schwabe, Kurt A., 库尔特·A·施瓦布, 469
Seneca, Joseph J., 约瑟夫·J·塞尼卡, 519, 520
Seskin, Eugene P., 尤金·P·塞斯金, 46n, 58
Sethi, Rejiv, 瑞吉夫·塞西, 506

Shea, Cynthia Pollock, 辛西娅·波洛克·谢伊, 195
Simon, Julian, 朱利安·西蒙, 103-104, 333
Skinner, Brian J., 布赖恩·J·斯金纳, 327-329, 330n, 586
Slade, Margaret, 玛格丽特·斯莱德, 334-335
Smith, M. D., M. D. 史密斯, 307
Smith, V. Kerry, 克里·V·史密斯, 41, 329, 333-334
Speth, Gus, 格斯·斯佩思, 273
Steinbeck, John, 约翰·斯坦贝克, 206
Summers, Lawrence, 劳伦斯·萨默斯, 124
Sussman, Frances, G., 弗朗西斯·G·萨斯曼, 24n, 79n

Taylor, M. Scott, 斯科特·M·泰勒, 3, 561
Thomas, T. S., T. S. 托马斯, 270
Thompson, G. D., G. D. 汤普森, 242n
Tietenberg, Thomas H., 托马斯·H·蒂滕伯格, 354n, 360, 408n, 462n, 471n, 496n
Tiffen, M., M. 蒂芬, 115
Tillion, C. V., C. V. 蒂利翁, 300
Tilton, John E., 约翰·E·蒂尔顿, 189, 335
Tsur, Yacov, 雅格布·楚尔, 223
Twain, Mark, 马克·吐温, 458

Uri, Noel D., 诺埃尔·D·尤里, 332, 534

Vaughan, W. J., W. J. 沃恩, 354
Vincent, James W., 詹姆斯·W·文森特, 37n
Vincent, Jeffrey R., 杰弗里·R·文森特, 271n, 558, 562
Viscusi, W. Kip, 基普·W·维斯库西, 46, 48n, 60, 481, 505

Wätzold, F. Frank, F·弗兰克·沃茨奥尔德, 381
Webster, David, 戴维·韦伯斯特, 2
Weinberg, A. M., A. M. 温伯格, 326-327, 329
Weitzman, M., M. 韦茨曼, 364
White, C. M., C. M. 怀特, 141
White, K. S., K. S. 怀特, 409n
Whittington, Dale, 戴尔·惠廷顿, 40n
Wilen, J. E., J. E. 维伦, 307
Wolf, K. A., K. A. 沃尔夫, 405n

Wolff, Edward, 爱德华·沃尔夫, 520
Wood, David O., 戴维·O·伍德, 326, 535

Yandle, B., B. 扬德尔, 386, 387
Yohe, G., G. 约埃, 418

术语索引[1]

Absorptive capacity，吸收能力，339
Accelerated retirement strategies, for vehicles，加速汽车报废策略，441-442
Acid rain，酸雨，344，395，396-404，589
Acute toxicity，急性毒性，478
Adaption，适应，410
Adirondack Mountains, acidification in，阿迪朗达克山脉的酸化，397
Adjusted net savings，调整后的净储蓄，540-541
Aerosols，喷雾剂，404-405
Afforestation，造林绿化，259
African-American communities, hazardous waste sites in，非洲裔美国人社区的有害废弃物处理场，505
Agent Orange，橙色落叶剂，490
Age structure effect，年龄结构效应，106-107，108-109

---

[1] 术语索引页码为英文原书页码，见本书每页边上的标码。"数字+n"表示注码在该页的注释，所有注释均已移至各章末。——译者注

Agricultural Trade Development and Assistance Act (1954),《1954年农业贸易发展与援助法》,187

Agriculture, 农业
 allocation of land for, 农业用地配置, 239 - 240
 chemical use in, 农业上的化肥利用, 241 - 242
 comparative advantage and, 比较优势和农业, 249 - 250
 feast and famine cycles and, 饱餐与饥荒的轮回和农业, 252 - 255
 global production, 全球农业产量, 234
 green revolution and, 绿色革命和农业, 251 - 252
 policies toward, 农业政策, 243 - 245, 547
 productivity of, 农业生产率, 238, 240 - 243
 profitability of, 农业的获利性, 270
 sustainable, 可持续农业, 241, 245, 567 - 568
 undervaluation of, 低估农业, 251 - 252
 water contamination by, 农业水污染, 448
 water for irrigation, 农业灌溉用水, 217

AIDS, 艾滋病, 116

Air pollution, 空气污染, 340
 bubble policy and, 泡泡政策和空气污染, 384 - 385
 coal use and, 煤炭利用和空气污染, 166
 conventional pollutants and, 常规污染物和空气污染, 371 - 383
 empirical studies of, 空气污染的经验研究, 380
 government regulation and, 政府规制和空气污染, 588 - 589
 innovative approaches to, 空气污染防治的创新方法, 383 - 392
 mobile-source control and, 移动污染源防治和空气污染, 422 - 444
 poverty and, 贫穷和空气污染, 527
 regional vs. local pollutants and, 区域性与局部性污染物与空气污染, 396

Air pollution control, 空气污染防治, 422 - 444, 517 - 521

Air Pollution Control Act (1955),《1955年空气污染防治法》, 370

Air quality, 空气质量
 EPA-derived trends, 美国环境保护署推测的空气质量发展趋势, 379 - 383
 standards of, 空气质量标准, 371 - 379

Alaska, 阿拉斯加, 558

Alaska Permanent Fund, 阿拉斯加固定基金, 96

Aleutian Islands, 阿留申群岛, 295

Allocation, 配置

cost-effective，成本有效性配置，347-349

efficient，有效配置，340-344

of fishery quotas，渔业配额的配置，305

of land to forests，林地配置，267-268

optimal，最优化配置，26-27

of uncontaminated water，未污染水的配置，449

of waste treatment funds，废弃物处理基金的配置，466

Alternative fuels，替代燃料，429，435-436

Aluminum，铝，183，190，193-194

Amazon region，亚马逊区，267-270

Ambient permit system，环境许可证制度，358-359

Ambient standards，环境标准，355

air-quality，空气质量，371-373

level of，大气环境标准水平，376

particulate and smog，颗粒物和雾，377

for water pollution，水污染，458-459，463

for water quality，水质，454

Anaerobic conditions，厌氧条件，451

Appropriability, market solutions and，专用性，市场解决方案，293-296

Aquaculture，水产业，297-299

Asbestosis，石棉沉滞症，494n

Asian tsunami, development and，亚洲海啸，发展，549

Asset, environment as，资产，环境，14-16

Atlantic sea scallop fishery，大西洋扇贝业，306

Attainment regions，达标区，372

Attribute-based methods，基于属性的方法，42-43

Automobiles，汽车，202。See also Mobile-source pollution; Motor vehicle emissions，又见汽车污染源；机动车尾气排放

air pollution from，汽车空气污染，422-444，520

pollution control and，污染防治和汽车，427-429，517-519

Averting expenditures，防治费用，42

BACT，最适宜控制污染技术。See Best available control technology (BACT)，见最适宜控制污染技术

Bangladesh, population control in，孟加拉国人口控制，125

Banking，交易

of emission reduction credits，减排信用交易，385

of lead credits，铅排放信用交易，437

Barnett-Morse scarcity study，巴尼特-莫尔斯稀缺性研究，329-332
Basel Convention on the Control of Transboundary Movements of Hazardous Waste and Their Disposal，《控制危险废物越境转移及其处置的巴塞尔公约》，492
Battery recycling，电池再生利用，194
Benefit/cost analysis，成本—效益分析，417
 cost estimation and，成本估计和成本—效益分析，49-50
 and costs across time，跨期成本，23-24
 critical appraisal of，成本—效益分析的关键性评价，54-56
 in decision-making，决策制定中的成本—效益分析，34，59
 derivation of，成本—效益分析的来源，23
 discount rate choice and，贴现率选择与成本—效益分析，52-54
 from goods and services，商品和服务，18
 human life valuation and，人的生命价值及成本—效益分析，46，47
 pollution control and，污染控制与成本—效益分析，27-29
 of population control，人口控制的成本—效益分析，120-121
 primary vs. secondary effects and，成本—效益分析与主要效应和次级效应，47-49
 risk in，成本—效益分析中的风险，50-52
 tangible vs. intangible benefits and，成本—效益分析与有形效益和无形效益，49
 total，总成本效益，20
 valuation in，成本—效益分析中的价值评估，33-56
Benefits，效益
 from pollution controls，污染防治的效益，29，518-519
 water pollution control benefits，水污染防治效益，522-523
Benzene standard，苯排放标准，497
Bering Sea，白令海，295，301
Best available control technology (BACT)，最适宜控制污染技术，372，375
Best available technology (BAT)，最适宜技术，455
Best practicable control technology (BPT)，最可行的控制污染技术，455
Beverage can recycling，饮料罐再生利用，193-194
Bhopal, India，印度博帕尔，476
Bias, in contingent valuation，条件价值评估法的误差，39
Big Thompson Project, Colorado，科罗拉多州东北的汤普森大工程，216，218
Biochemical oxygen demand，生化需氧量，451

Biodiversity,生物多样性,74-76,271-272,280,281
Biological model,生物学模型
 of fisheries,鱼类的生物学模型,287-288
 of tree growth,树木生长的生物学模型,260-261
Biomass,生物质,176
Biotechnology,生物技术,576-568
Birthrates, decline in U.S.,美国出生率的下降,104
Bison, overhunting of,野牛的过度捕猎,72-73
Block pricing, by water utilities,按照水的有效性进行区段定价,224-226
Brazil,巴西,269-270,570
Brominated flame retardants,溴化阻燃剂,500
Bubble policy,泡泡政策,384,498
Bureaucracy, in steady-state economy,稳态经济当中的官僚体制,581-582
Bureau of Economic Analysis,经济分析局,540

Cadmium,镉,188,453
California,加利福尼亚州,387,524
 electricity deregulation in,解除对电力部门的管制,173
 mobile-source pollution in,汽车污染源,426
 proposition 65 in,《第65号提案》,491-492
 water conservation in,水利,220
California Air Resources Board (CARB),加利福尼亚州空气资源委员会,429
Canada,加拿大
 environmental justice in,加拿大的环境司法,508
 See scallop industry in,见扇贝业,306
Cancer, from toxic substances,有毒物质的致癌,477
Cap-and-trade program, sulfur and,硫的限额交易计划,400
Capital,资本
 flight of,资本外逃,548
 human-created vs. natural,人力资本和自然资本,539
 populating growth and,人口增长和资本,110
 reduced economic growth and,经济增长下降与资本,529-531
Capital costs, of water treatment,水处理的资本成本,476
Capital stock, value of,资本存量,资本的价值,557
Carbon dioxide,二氧化碳,407,410,412
Carbon monoxide emissions,一氧化碳排放,423,426

Carbon sequestration，碳封存，411

Car insurance，车辆保险，442

Carrying capacity，承载力，2

Cars. 汽车。See also Automobile industry，又见汽车产业

Car-sharing，合伙用车，432

Cartels，卡特尔
    competitive fringe of，卡特尔的竞争边缘，159-169
    efficiency and，有效性和卡特尔，78，79
    in oil industry，石油工业的卡特尔，157
    strategic-material，战略物资，162

Cash-outs，parking，免费停车，441

Central Arizona Project，中央亚利桑那工程，208，209

Centrally planned economies, pollution in，中央计划经济，中央计划经济中的污染，64

Central Valley Project Improvement Act (1992)，《1992年中央谷地项目促进法》，221

Certification，认证
    for sustainable forestry，可持续林业认证，277
    for vehicle emissions，机动车排放许可认证，427

CFCs，全氯氟烃。See Chlorofluorocarbons，见全氯氟烃

Charge approach，收费法，349-352，365，463-465

Chemicals，化学物质。See Toxic substances，见有毒物质

Chernobyl nuclear plant，切尔诺贝利核电站，167

Chesapeake Bay，切萨皮克湾，463

Chicago, NO_2 control in，芝加哥，二氧化氮防治，58

Chicago Climate Exchange，芝加哥气候交易所，413

Childbearing decisions，分娩决策，118-124

Child certificates，准生证，581，582

Child-rearing expenses，子女抚养费用，112，113

Chile, population in，智利的人口，117

China，中国，122，346

Chlorine manufacturing，氯制造业，392

Chlorofluorocarbons，全氯氟烃，340，404-407，408

Choke price，窒息价，135

Chromium，铬，186

Chronic toxicity，慢性毒性，478

Citizen suits, for water pollution，水污染的公民诉讼，457-458，471-472

Civil liability law, compensation，民事责任法，补偿，487

Clean air，清洁空气。See Air pollution，见空气污染
Clean Air Act，《清洁空气法》，372，375，376，378
　　compliance with，执行《清洁空气法》，385
　　vehicle emissions and，尾气排放与《清洁空气法》，427
Clean Air Act Amendments，《清洁空气法修正案》
　　of 1965，《1965年清洁空气法修正案》，426
　　of 1970，《1970年清洁空气法修正案》，370，426，428，431
　　of 1990，《1990年清洁空气法修正案》，397，429，435，521
Clean Development Mechanism，清洁发展机制，413，415
Clean Water Act，《清洁水法》，456，457
Climate，气候
　　change，气候变化，3-4，272，407-411
　　　　deforestation and，森林采伐与气候，259
　　　　greenhouse effect and，温室效应和气候，340
　　　　positive feedback loops and，正反馈机制和气候，6
Climate-change agreements，气候变化协议，410，412-414，418-419
Climatic engineering，气候工程，410
Closed system，environment-economic system and，封闭系统，环境经济系统，15
Coal，煤，166
Coase theorem，科斯定律，82-83
Cobalt，钴，186，187，188
Cobweb model，of feast and famine cycles，蛛网模型，饱餐与饥荒的轮回，253
Cochabamba，water supplies privatization in，科恰班巴，自来水供应私有化，229
Columbium，铌，188
Combined approach (cost estimation)，联合法（成本估算），50
Command-and-control approach，强制型手段，371-375，399
Commercially valuable species，有商业价值的物种，286
Committee on the Science of Climate Change，气候变化科学委员会，3
Common law，toxic substances and，普通法，有毒物质，484-486，492-493
Common-pool resources，公共资源，286-311，295-296，297
Common-property resources，公共产权资源，70-72
Compensation，补偿
　　hazardous waste policy and，有毒废弃物政策与补偿，509，510
　　in nuclear power use，核能利用当中的补偿，169-170

Competitive industry, pollution control costs in，竞争性行业，竞争性行业的污染防治成本，511-513

Complementary factors，互补因素，326n，327

Composition effect，复合效应，561

Composition of demand effect，需求的复合效应，182

Comprehensive Environmental Response, Compensation, and Liability Act (CERCLA)，《环境应对、赔偿和责任综合法》，35，489-490，509

Concentration，浓度
　　air quality standards and，空气质量标准和浓度，378，379
　　reductions for pollutants，污染物浓度的下降，357

Concession agreements，特许协议，270-271

Congestion externalities，拥挤的外部性，118

Congestion pricing，高峰期收费制度，437-438

Conjoint analysis，联合分析，43，44

Conjunctive use management, in water allocation，水资源配置中的联合利用管理，213

Conservation，保护
　　energy，能源，165，170-171，568
　　open-access resources and，开放性资源和保护，74
　　water，水资源保护，219，220，224-225

Conservation easement, land preservation and，保护土地使用权和土地保护，278-279

Constant-dollar GDP，按不变价格计算的 GDP，538

Constant-dollar NDP，按不变价格计算的 NDP，538

Constant-emissions charges，固定费率，405，406

Constant returns to scale，规模报酬不变，529

Consumers，消费者
　　alternative energy sources and，替代能源与消费者，177
　　cost vs. durability choice of，消费者对成本和耐用性的选择，201
　　efficient property right structures and，有效率的产权结构和消费者，63-67
　　environmental services for，为消费者提供的环境服务，15
　　feast and famine cycles and，饱餐与饥荒的轮回，255
　　GMO-free food costs and，非转基因食品的成本，248
　　product risks and，产品风险，483
　　recycling decisions and costs，再生利用决策和成本，182-183
　　right-to-know laws，知情权法，174
　　waste disposal costs and，废弃物处置成本，190-191

Consumers' Union，消费者联盟，202

Consumer surplus，消费者剩余，65

Consumption，消费
    economic growth and，经济增长与消费，538-539
    of public goods，公共物品的消费，74

Contamination，污染。See also specific types，又见特定类型
    sources of water pollution，水污染源，447-450
    in workplace，工作场所的污染，479-483

Contingent ranking，条件价值排序法，43，44

Contingent valuation，条件价值评估法，38-40

Control(s), of nonuniformly mixed pollutants，非均匀混合型污染物的防治，353-355

Control costs，防治成本，344，380，381

Conventional pollutants，常规污染物，371-383

Cooperation, international，国际合作，5

Copper，铜
    recycling of，铜的再生利用，184
    scarcity of，铜的稀缺性，330

Corporate Average Fuel Economy (CAFE) program，公司平均燃油经济性计划，439-440

Cost(s)，成本。See also Benefit/cost analysis，又见成本—效益分析
    of air pollution，空气污染的成本，380，381，522
    from automobile pollution，汽车污染的成本，517-518
    and benefits across time，跨期成本和效益，23-24
    of fishing，钓鱼的成本，299-301
    of forest harvesting，森林采伐的成本，405
    of nonaerosol application controls，控制非喷雾器使用的成本，405
    of pollution control，污染防治的成本，28-29，416
    of risk-reducing regulations，降低风险的规定的成本，48
    of sulfur allowance program，硫排放许可计划的成本，403-404
    total，总成本，22
    of toxic substances，有毒物质的成本，496-497
    of water pollution，水污染的成本，463，467-468，522
    of zero discharge，零排放的成本，459

Costa Rica, forest preservation in，哥斯达黎加，森林保护，21

Cost curve, marginal opportunity，成本曲线，边际机会，21

Cost-effective allocation，成本有效性配置，347-349，355，357，358

Cost-effectiveness，成本有效性

in air pollution reduction，降低空气污染的成本有效性，419
of carbon equestration，碳汇的成本有效性，411
in Climate-Change Strategies，应对气候变化的战略的成本有效性，411-412
of command-and-control approach，强制性方法的成本有效性，378-379
of emissions charge，排污费的成本有效性，400
for nonuniformly mixed pollutants，非均匀混合型污染物的成本有效性，356
of pollution control，污染防治的成本有效性，461
of pretreatment standards，预处理标准的成本有效性，468
of water pollution control，水污染防治的成本有效性，472

Cost-Effectiveness Equimarginal Principal，成本有效性等边际法则，348

Cost-effectiveness principle，成本有效性原理，34，56-57，58，60，575-576

Cost-effective policies，成本有效的政策
mathematics of pollution control，污染防治的数学，368-369
for nonuniformly mixed surface pollutants，非均匀混合型硫污染物防治的成本有效政策，353-360
for pollution control，污染防治的成本有效政策，348-349
for uniformly mixed fund pollutants，均匀混合型环境可吸收性污染物防治的成本有效政策，347-353

Cost estimation，成本估算，49-50

Cost-minimizing control, of pollution，成本最小化的污染防治措施，350

Cost of capital，资本的成本
discount rate and，贴现率和资本的成本，52-54
risk-free，无风险的资本成本，79

Council on Environmental Quality，环境质量委员会，59

Courts，法庭。See Judicial remedies，见司法修正

Court system，法院体系
economic incentives approach in，法院体系中的经济激励法，594
property rights and，产权和法院体系，81-84

Criminal law, toxic substances control and，刑法、有毒物质防治和法院体系，486-487

Criteria pollutants，标准污染物，371

Current reserves，现有储量，129

Czechoslovakia, effluent charges in，捷克斯洛伐克的排污费，463，465

Damage assessment, pollution control and，损害评估，污染防治，35-36

Damage costs，损害的成本，344
Damped oscillation，减幅振荡，254
Dams, benefit/cost analysis and，大坝，成本—效益分析，34
Death rates, demographic transition theory and，死亡率，人口变迁理论，116-117
Debt，债务
 as barrier to development，发展的障碍，548-549
 forests and，森林与债务，272-273
Debt-nature swaps，债务—自然互换，276-278
Decision-making，决策
 benefit/cost analysis and，成本—效益分析和决策，34
 normative criteria for，决策的规范标准，17-24
Declining block pricing，递减的分段定价法，224
Deep-sea fishery policy，深海渔业政策，303
Defensive expenditures，规避支出法，42
Deforestation，森林采伐，2，259
 in Amazon，亚马逊流域的森林采伐，269-270
 climate change and，气候变化和森林采伐，272
 poverty and，贫穷和森林采伐，527
Degradable fund water pollutants，可降解的可吸收型水污染物，451
Delaney clause，《德莱尼条款》，487，496，197
Delaware Estuary，特拉华河口，461，462，463
Demand，需求，18-20，331
Demand curves，需求曲线，18-19
Demographic transition theory，人口迁移理论，114-118
Depletable resource allocation，可枯竭性资源的配置，135-137
 dynamically efficient，动态有效和可枯竭性资源的配置，89-93，133-140
 environmental costs and，环境成本和可枯竭性资源的配置，142-144，149
 increasing marginal cost case，边际成本递增的情形和可枯竭性资源的配置，137-139，142-144，148-149
 intertemporal fairness and，代际公平和可枯竭性资源的配置，93-94
 N-period, constant-cost, no-substitute case，N 期、成本不变且无替代品的情形和可枯竭性资源的配置，134-135，146-147
 property right structures and，产权结构和可枯竭性资源的配置，140-142
 renewable substitute-available, constant-cost case，有可更新的替代品、成本不变的情形和可枯竭性资源的配置，135-136，147-148

two-period model of, 两期模型和可枯竭性资源的配置, 89-93, 94, 133-134

Depletable resources, 可枯竭资源, 341
    classification of, 可枯竭资源的分类, 128, 129-133
    compensation for, 可枯竭资源的补偿, 577-578
    defined, 可枯竭资源的界定, 131
    depletion rate of, 可枯竭资源的枯竭速率, 131
    economic replenishment and, 经济补充和可枯竭资源, 131
    efficient allocation of, 可枯竭资源的有效配置, 556-557
    marginal cost of exploration and, 边际开采成本和可枯竭资源, 139-140
    recyclable, 可再生利用的可枯竭资源, 131-132
    in steady-state economy, 稳态经济中的可枯竭资源, 581
    technological progress and, 技术进步和可枯竭资源, 140, 141

Deposit-refund systems, for recycling, 再循环利用的储量补充机制, 193-195

Deregulation, of electricity, 电力系统的解除管制, 172, 173

Desalinized seawater, 海水淡化, 227

Developing countries, 发展中国家
    barriers to development in, 发展中国家发展的障碍, 546-549
    barriers to sustainable development in, 发展中国家可持续发展的障碍, 546-549
    climate change and, 气候变化和发展中国家, 410
    contingent valuation studies in, 发展中国家条件价值评估法研究, 40n
    ozone depletion control in, 防治发展中国家臭氧层耗竭, 406
    pollution control instruments in, 发展中国家的污染防治手段, 354
    water reforms for, 发展中国家水资源管理改革, 223-224

Development, 发展。See also Economic development; Sustainable development vs. preservation, 又见经济发展;可持续发展与保护, 29

Differentiated regulation, 差异性规制, 433-434

Digital revolution, 数字革命, 535

Dioxin, 二噁英, 476, 490

Direct observation methods, 直接观察法, 38

Discount rates, 贴现率, 24, 52-54, 292, 307
    divergence of social and private, 社会贴现率和私人贴现率的分歧, 78-80
    harvesting periods and, 收获期和贴现率, 263

Discovery cost, 探矿成本, 324, 335

Disposal costs, of recyclable resources, 可循环利用资源的处置成本, 182, 189-192

Disposal surcharges，处置附加费，195

Dissolved oxygen，溶解氧，451

Distrbution，分布
 of air quality benefits，空气质量效益的分布，520-521
 of greenhouse gas controls，温室气体控制的分布，521
 steady state and fairness of，稳态及分布的公平性，581
 of water pollution controls，水污染防治的分布，521-523

Diversity，多样性。See also Biodiversity，又见生物多样性
 genetic，遗传的多样性，74

Dolphin-free tuna fishing，"海豚—安全"金枪鱼捕捞，566

Dominant policy，主要政策，51

Downward spiral hypothesis，向下螺旋假设，115

Draft Framework for Watershed Based Trading（USEPA），《基于流域性质的贸易草案》，463

Duales System Deutschland system，双向回收系统，197

Dumping，倾倒，305，457

DuPont Corporation, emissions trading and，杜邦公司，排污贸易，386

Durability obsolescence，耐用性淘汰，199，200-202

Dynamic efficiency，动态效率，27，88。See also Depletable resource allocation，又见可枯竭性资源的配置
 mathematics of，动态效率的数学，32
 sustainability and，可持续性和动态效率，89-93

Dynamic efficient allocation, of resources，资源的动态有效性配置，89-93，95

Dynamic efficient sustainable yield，动态有效可持续收获量，291-293

Eagle Mine, Colorado，科罗拉多州的鹰矿，509

Earth, temperature of，地球，地球的温度，3

Earth Summit，地球高峰论坛，552

Easter Island, extinction of civilization on，复活岛，复活岛文明的消失，2

East Germany (former), effluent charges in，民主德国，民主德国的排污费，465

Ecological economics, vs. environmental economics，生态经济学与环境经济学，7

Ecological Footprint，生态足迹，542

Ecological sensitivity，生态敏感性，344

Economic development，经济发展。See also Sustainable development，又见可持续发展

　　　　barriers to, in developing nations, 发展中国家的发展障碍, 546-549

　　　　vs. economic growth, 发展与经济增长, 528n

　　　　forms of, 发展的形式, 545-546

　　　　population growth and, 人口增长与经济发展, 108-113, 114-118

Economic growth, 经济增长

　　　　benefits of, 经济增长的效益, 591

　　　　vs. economic development, 经济增长与经济发展, 528

　　　　energy price increases and, 能源价格上涨与经济增长, 533-536

　　　　environmental policy and, 环境政策与经济增长, 533

　　　　input increases and, 要素投入增加与经济增长, 528-529

　　　　measures of, 经济增长的指标, 538-543

　　　　natural resource curse hypothesis and, 自然资源魔咒假设和经济增长, 532

　　　　poverty and, 贫穷与经济增长, 543-544, 544-549

　　　　process of, 经济增长的过程, 528-533

　　　　reduced, 经济增长速率下降, 529-531

　　　　technological progress and, 技术进步与经济增长, 529, 531

　　　　as vehicle for development, 经济增长是发展的驱动器, 544

Economic indicators, 经济指标

　　　　discovery cost, 探矿成本, 335

　　　　extraction cost as, 开采成本, 329-333

　　　　studies of resource price trends, 资源价格趋势研究, 333-335

Economic replenishment, of depletable resources, 经济补充, 可枯竭资源的经济补充, 131

Economics, 经济学

　　　　of forest harvesting, 森林采伐经济学, 261-265

　　　　of mobile-source pollution, 汽车尾气污染经济学, 424-426

　　　　positive and normative, 实证经济学和规范经济学, 16

　　　　role in environmental change, 经济学在环境变化中的作用, 6-8

Economic system, environment and, 经济体制和环境, 15

Economic valuation, 经济评价。See valuation, 见评价

Economies of scale, 规模经济, 446

　　　　input increases and, 投入增加和规模经济, 529

　　　　population growth and, 人口增长和规模经济, 111

Economy, information, 经济, 信息, 537

Ecosystem(s), 生态系统

　　　　forest in, 生态系统中的森林, 269

　　　　in marine reserves, 海洋保护区生态系统, 307

preservation vs. development and，生态系统的保护与发展，29

warning and，警告与生态系统，3-4

Ecotourism，生态旅游，45，309

Efficiency，效率，25-27

biodiversity and，生物多样性和效率，74-76

of command-and-control approach，强制性措施的效率，375-378

energy，能源效率，568

environmental justice and，环境公正与效率，523

fisheries and，渔业效率，287-293

of forest uses，森林利用的效率，259

hazardous waste sites and，有毒废弃物处理场和效率，506

legislative and executive regulation and，立法和行政管理规定和效率，84

liability rules and，义务原则和效率，83-84

monopolies and，垄断和效率，77

of motor vehicle standards，机动车排放标准的效率，426

property rights and，产权与效率，63-67

property rules and，产权原则和效率，81-83

role for government，政府的作用效率，85

static，静态效率，26-27

and sustainability，效率和可持续性，99，274，556-560

water pollution standards and，水资源污染标准和效率，458-459

Efficiency equimarginal principle，有效等边际原理，56

Efficient allocation，有效配置

of pollution，污染的有效配置，340-344

of resources，资源的有效配置，133-140

of uncontaminated water，未污染水资源的有效配置，449

Efficient level of durability，耐用性有效水平，200-202

Efficient policy responses，有效的政策反应，345-347

Efficient production，有效产量。See Stock pollutants，见累积型污染物

Efficient sustainable yield，有效的可持续收获量，289-293

Effluent or emission charge，排污费，594

Effluent standards，排污标准，455，459-466

Effluent trading，排污贸易，464-465

Elasticity of demand，需求弹性，389n

Elasticity of substitution，替代弹性，325，530

Electricity，电力，170-174

alternative energy sources for，电力的替代能源，176

conservation and pricing of，电力的保护和定价，170-171

deregulation of，解除对电力的管制，172，173

environmental costs and，环境成本和电力，172

new-source bias and，新资源偏差和电力，515

nuclear-generated，核电，166-170

peak-load pricing for，电力的高峰负荷定价法，171-172

peak periods and，高峰期和电力，171

tradable energy certificates and，可交易的能源许可证制度和电力，172-174，175

Electronic equipment recycling，电子设备的再循环利用，196

Elephant herds, preserving，象群，保护象群，311

Embargoes, on imports，禁运，禁止进口，162-164

Emission(s)，排放、排污。See also Sulfur allowance Program，又见硫排放许可项目

acid rain and，酸雨与排污，396-400

comparisons of reduction policies，减排政策的比较，405

deterioration of new-car rates，新车排放速率的劣化，434-436

international agreements on climate change and，气候变化的国际协议与排污，412-414

mobile-source，汽车尾气排放，422-424，427-429

pollution and，污染与排污，339

standards for motor vehicles，机动车排污标准，426

Emission charges，排污费，349-352，364，388-389，411-412

Emission flows, timing of，排污流，排污流的时间安排，378

Emission permits，排污许可，352-353，359

Emission reduction credit (ERC)，减排信用，383-384，385，437

Emissions charge，排污费，412

costs of，排污费的成本，400

Emission standards，排放标准，349-353，405，430，431

Emissions trading，排污贸易，383，385-387，413，414，575-576

case for，排污贸易案例，415-416

environmental justice and，环境公正与排污贸易，523

global greenhouse gas trading and，全球温室气体贸易和排污贸易，417

Emissions Trading Program，排污权交易机制，436

Employment, environmental regulation and，就业、环境管制，534

Endangered Species Act，《濒危物种法》，37

amendment to (1982)，《1982年濒危物种法修正案》，34

Energy，能源
    economic growth and price increases in，经济增长与能源价格上涨，533-536
    for output of ore，矿石产出，327-328，329
    sources of，能源的来源，16
    sustainable development and，可持续发展与能源，568
Energy conservation，节能，165，170-171，568
Energy costs, agricultural productivity and，能源成本和农业生产率，240
Energy Policy Act (1992)，《1992年能源政策法》，429
Energy resources，能源
    current use of，能源的当前利用，150-152
    depletable, nonrecyclable，可枯竭不可再生能源，150-179
    depletion of，能源的枯竭，132
    electricity，电力，170-174
    national security and，国家安全和能源，162-166
    natural gas price controls，天然气价格管制，152-157
    oil cartel problem，石油卡特尔问题，157-162
    renewable，可再生能源，172-174，174-178
    tradable energy certificates and，可交易的能源许可证制度，172-174
    transition fuels，过渡能源，166-170
Enforceability of property rights，产权的强制有效性，63
Enforcements，强制执行
    of effluent standards，强制执行排污标准，459-460
    of fishery policies，强制执行渔业政策，308-309
    for motor vehicle emissions，强制施行机动车排放标准，427
Enforcement conference，执行管制会议，454
Engineering approach (cost estimation)，工程措施（成本估算），49-50
Entropy law，熵律，16
Environment，环境
    as asset，环境资产，14-16
    challenges to，对环境的挑战，3-5
    economics and，经济学与环境，5，6-8，38-46
    economic value of，环境的经济价值，18
    issues facing，面对的环境问题，8-9
    jobs and，就业与环境，516
Environmental costs，环境成本
    agricultural productivity and，农业生产率和环境成本，240-243
    extinction of natural resources and，自然资源的灭绝和环境成本，142-

144，149

  utility sector and，电力部门和环境成本，172

Environmental damage，环境破坏

  electricity deregulation and，解除电力管制与环境破坏，172

  institutional responses to，对环境破坏的制度性反应，587－591

Environmental degradation, population growth and，环境退化、人口增长，114，115

Environmental economics vs. ecological economics，环境经济学与生态经济学，7

Environmental impact statement，环境影响评价，58－59

Environmental justice，环境公平，503－526

Environmental Kuznets Curve，环境库兹涅茨曲线，562－564

Environmental Pesticide Control Act，《环境杀虫剂控制法》，488

Environmental policies，环境政策

  economic effects of，环境政策的经济影响，591

  economic growth slowdowns and，经济增长迟缓与环境政策，533

  sustainable development and，可持续发展和环境政策，571－573

Environmental problems，环境问题

  global，全球环境问题，593－594

  sources of，环境问题的根源，62

Environmental Protection Agency (EPA)，美国环境保护署，371，374。See also Standards on air-quality trends，又见空气质量发展趋势，379－383

  on air-quality treads，空气质量发展趋势和美国环境保护署，379－383

  CFC regulation by，对氟氯化碳的管制和美国环境保护署，404

  emission standards and，排放标准和美国环境保护署，431－433

  Emissions Trading Program of，美国环境保护署的排污权交易机制，436

  hazardous pollutants listing and，有毒污染物清单和美国环境保护署，389－392

  OSHA regulations and，职业安全与健康管理局的管理规定和美国环境保护署，498

  tradable permit system and，可交易的许可证制度和美国环境保护署，408

  water pollution and，水污染和美国环境保护署，455，459－460

Environmental regulation, effects on employment，环境管制，环境管制对就业的影响，534

Environmental risk, compensation for，环境风险，对环境风险的补偿，510

Environmental sustainability，环境的可持续性，98，100

Environmental taxation，环境税，346，364

EPA，美国环境保护署。See Environmental Protection Agency（EPA），见美国环境保护署

Equimarginal Principle(s)，等边际原理。See Specific principles，见特定的原理

Equity, social justice and，平等，社会公正，504

ERC，减排信用。See Emission reduction credit（ERC），见减排信用

Erosion，侵蚀，2-3

Ethanol，乙醇，435

Ethical issues, toxic substances in workplace and，伦理问题，工作场所的有毒物质，481-482

Europe，欧洲

 effluent or emission charge in，欧洲的排污费，594

 Environmental justice in，欧洲的环境公正，509

 motor vehicle approaches in，欧洲的机动车管理办法，430-431

 water pollution control in，欧洲的水资源污染防治，463-466

European Union（EU），欧盟

 Emissions Trading System in，欧盟的排污权交易机制，414

 organic food standards of，欧盟的有机食品标准，243，244

Eutrophication，富营养化，452，464

Ex ante and *ex post* settings, environmental resources in，事前和事后的环境背景，事前和事后环境背景条件下的环境资源，34

Ex ante benefit/cost analysis，事前成本—效益分析，54-55

Exclusivity of property rights，产权的排他性，63

Executive regulation，行政管理规定，84

Existence value，存在价值，37

Expanded producer responsibility，扩展的生产者责任，196

Expected present value of net benefits，净效益的预期现值，51

Exploration and discovery，勘探

 marginal cost of，勘探的边际成本，139-140

 resource scarcity and，资源稀缺性与勘探的边际成本，317-318

Export taxes, on cash-crop food，出口税，商品作物，251

External costs, of land use，外部成本，土地利用的外部成本，269

External economy，外部经济性，69-70

Externalities，外部性，71

 concept of，外部性的概念，68-69

 congestion，拥挤的外部性，118

 intertemporal, sustainable development and，代际可持续发展和外部性，555

mandatory food labeling and，强制施行食品标签制度和外部性，245

and mobile-source pollution，外部性和汽车尾气污染，424-425

pollution as，污染的外部性，366

types of，外部性的类型，69-70

Extinction，灭绝

under dynamic efficient management，动态有效管理情况下的灭绝，292

of fish，鱼类的灭绝，286

self-extinction premise and，自我灭绝的前提，1-3

Extraction costs，开采成本，324，329-333。See also Marginal extraction costs，又见边际开采成本

recyclable resources and，可再生资源和开采成本，182

Extractive reserves, forest maintenance and，可开采储量和森林维护，278

Exxon Valdez，埃克森公司的瓦尔迪兹号油轮，33，40n

Fairness，公平

distributional, steady state and，分布、稳态和公平，581

intertemporal，代际公平，93-94

Far East, congestion pricing in，远东，远东的高峰期收费制度，436，437

Farms, water pollution from，农场，农场的水污染，448

Fashion obsolescence，时尚性淘汰，200

Feast and famine cycles，饱餐与饥荒的轮回，252-255

Federal Endangered Species Act，《联邦濒危物种保护法》，219

Federal Energy and Regulatory Commission (FERC)，联邦能源管理委员会，34

Federal Food, Drug, and Cosmetic Act，《联邦食品、药品和化妆品法》，487

Federal Power Commission (FPC)，联邦电力委员会，152

Feebates，效能环保退费系统，441

Feedback loops，反馈机制，5-6

Fees, emission charges as，费用，排污费，349-352

Female availability effect, population growth and，女性就业效应，人口增长，109-110

Fertility rates, fall in，出生率，出生率下降，536

Fertilizers, water pollution from，化肥，化肥产生的水污染，469

First equimarginal principle，第一等边际原理，26，56

First law of thermodynamics，热力学第一定律，16

Fish and fisheries，鱼类和渔业

aquaculture and，水产业，297-299

in Bering Sea and Aleutian Islands，白令海和阿留申群岛的鱼类和渔业，259

biological harvesting and，鱼类的生物收获量，287-289

costs of fishing and，捕捞成本，299-301

dumping of bycatch and，择优捕捞，305

efficient allocations and，有效配置，287-293

enforcement of policies for，渔业政策的实施，308-309

GATT trade rules and，《关税和贸易总协定》的贸易规则与渔业，566

harvesting and，收获量与渔业，296，313-315

high-grading in，择优捕鱼，305

individual transferable quotas and，单一可交易配额制度，302-305

market allocations and，市场配置，293-296

maximum sustainable yield and，最大可持续收获量，288

mercury contamination of，鱼类的汞污染，452

net-fishing and，网捕，301

open-access，开放式渔业资源，293-296

optimal uses of，鱼类资源的最佳利用，25

poaching in，鱼类偷捕，309-311

population and growth in，鱼类种群及其增长，288

public policy toward，渔业的公共政策，297-311

regulation of，渔业管理，300-301

sustainable level of harvest and，可持续收获水平，287，289-293

technical innovations in，渔业中的技术创新，301

time-restriction regulations of，渔业的限时捕捞管理规定，301

200-mile limit and，200海里经济区，308

Fish farming，渔业养殖，298，555-556

Fish ranching，大渔场，298

Flame retardants，阻燃剂，500

Flow, placing value on，流量，流量的价值，36

Food，粮食、食物

cost of，粮食的成本，119

distribution of，食物的分配，246-252

domestic production in LDCs，最不发达国家的国内粮食产量，248-250

feast and famine cycles and，饱餐与饥荒的轮回，252-255

genetically modified，转基因食品，246，247，248

global scarcity hypothesis，全球稀缺性假设，234-243

green revolution and，绿色革命和粮食，251-252

  mandatory labeling of，食品的强制性标签制度，245

  market for，粮食市场，235，236

  methods for feeding poor and，养活穷人的办法和粮食，251-252

  organic，有机食品，242-243

  prices of，粮食的价格，235-237

  stockpiles of，粮食的囤积，255，256

Food，Drug，and Cosmetic Act，《联邦食品、药品和化妆品法》，487

Food additives，食品添加剂，487

Food aid，effects of，食品援助，食品援助的效果，250-251

Food and Agriculture Organization (FAO)，联合国粮农组织，233，234

Food and Drug Administration (FDA)，食品和药品监督管理局，487

Food for Peace Act (1966)，《1966年粮食换和平法》，187

Food Quality Protection Act (1996)，《1996年食品质量保护法》，487

Food stamp programs，粮票计划，251

Foreign exchange，agriculture and，外汇、农业，249

Foreign tax credit，for mineral sources，矿产资源的外国税收信用，198

Forest(s)，森林，258-284

  acid rain and，酸雨和森林，397-398

  ecological services from，森林的生态服务，21

  land conversion and，土地利用变化和森林，267-268

  social purpose of，森林的社会目的，269

  soil erosion and，土壤侵蚀和森林，2-3

  tree growth and，树木生长和森林，260-261

Forest harvesting，森林收获，260-267，285

Forestry，sustainable，林业，可持续林业，273-274

Forest Stewardship Council (FSCO)，森林管理委员会，277

Fossil fuels，化石燃料，175-176，178，410，546

France，法国

  emission charges in，法国的排污费，388-389

  nuclear power in，法国的核能，167，169

  zero discharge in，法国的零排放，459

Free rider，"搭便车"者，76，410，418-419

Free trade，environmental degradation and，自由贸易、环境退化，562-564

Fuel，能源、燃料。See also Energy resources，又见能源来源

  alternative，替代能源，429，435-436

Fuel cells，燃料电池，177

Fuel substitution，燃料替代品，568

Fuel taxes，燃油税，436-437，438

vs. CAFE standards，公司平均燃油经济性标准，440
Full-cost principle，完全成本原理，574－575
Functional obsolescence，功能性淘汰，199－200
Fund pollutants，可吸收型污染物，339，342－344
 uniformly mixed，均匀混合型可吸收污染物，347－353
 of water，水体可吸收型污染物，451－452
Funds, for municipal waste treatment，可吸收型污染物，城市废弃物处理，466
Future generations，后代
 contributions to，分配给后代，554－555
 fairness to，对后代的公平，89，93－94，95
 nuclear power use and，核能利用和后代，169－170
 sustainable development and，可持续发展和后代，88－101

Gaia hypothesis，地球女神假说，6
Gas，气体。See natural gas，见天然气
Gasoline，汽油，428
 lead phaseout program for，汽油去铅计划，436，437
GATT，《关税和贸易总协定》。See General Agreement on Tariffs and Trade (GATT)，见《关税和贸易总协定》
GDP (gross domestic product)，国内生产总值，538
GEMS，全球环境监测系统。See Global Environmental Monitoring System (GEMS)，见全球环境监测系统
General Agreement on Tariffs and Trade (GATT)，《关税和贸易总协定》，564，565－566
Genetically modified organisms (GMOs)，转基因生物，246，247，248
Genetic diversity，遗传多样性，74
Genuine Progress Indicator (GPI)，真实发展指标，541－542
Geographic information systems (GIS)，地理信息系统
 technology, hazardous waste citing and，技术，废弃物处理场选址，505－506
Geothermal energy，地热能，176
Germany，德国
 effluent charges in，德国的排污费，463－465
 recycling in，德国的再循环利用，197
 SO_2 emissions in，德国的二氧化硫排放，379，381
 vehicle emission controls in，德国的机动车尾气排放，431
Gini coefficient，基尼系数，546－547

Global climate，全球气候
　　efficiency, sustainability, and，效率、可持续性和全球气候，559
　　energy consumption patterns and，能源消费模式和全球气候，175－176
　　global environment, international cooperation and，全球环境，国际合作和全球气候，5

Global Environmental Monitoring System（GEMS），全球环境监测系统，383

Global Forest Resources Assessment 2000（FAO），《2000年全球森林资源评估》，259

Global oil production，全球石油产量，150

Global pollutants，全球性污染物，340，395，404－419

Global population, optimum，全球人口、合理的全球人口，103

Global scarcity hypothesis，全球性短缺假设，234－243，237

Global warming，全球变暖。See also Climate change; Emission(s); Greenhouse effect; Greenhouses gases，又见气候变化；排放、排污；温室效应

Goeller-Weinberg forecast，戈勒和温伯格预测，326－327，329

Government，政府
　　agricultural policies of，政府的农业政策，243－245
　　alternative energy use and，替代能源利用和政府，177－178
　　energy resources and，能源和政府，156，164，169－170，179
　　failure, inefficiencies, and，失灵、无效率和政府，80－81
　　inefficient land use and，无效率的土地利用方式和政府，270－271
　　interventions by，政府干预，589－590，592－593
　　landfill regulation by，废弃物填埋场的管理规定和政府，196－198
　　strategic-minerals problem and，战略性矿物问题和政府，187
　　water allocation and，水资源配置和政府，214－215

Grameen Bank（Bangladesh），loans to women by，格莱珉银行（孟加拉国），该银行给妇女的贷款，124，125

Greenhouse effect，温室效应，3，340，410

Greenhouse gases，温室气体，363－364，407，415，423，545，555
　　control of，温室气体的控制，521
　　emissions trading and，排放贸易和温室气体，416
　　reduction investment，降低投资，416－418

Green revolution，绿色革命，251－252

Groundwater，地下水，208－209，447
　　allocation of，地下水的分配，212－213，219
　　damage from contamination of，地下水污染造成的损失，42

Groundwater pollution，地下水污染，448

Guinope, Honduras, sustainable development in，洪都拉斯的圭诺普的可持续发展，570

Habitats，生境，29，307
    trust funds for preserving，生境保护的信用基金，282

Hartwick Rule，哈特威克原则，96-97，557

Harvesting，收获
    in fisheries，渔业收获，313-315
    of forests，森林收获，260-267，285
    inefficiency in，收获的无效率，268-272

Hazardous and Solid Waste Amendments (1984)，《1984年有害固体废弃物修订案》，489

Hazardous substances，有毒物质，371，389-392。See also Toxic substances，又见有毒物质

Hazardous waste sites，有毒废弃物处理场，504-510

Health damage information，健康伤害信息，493

Health risks，健康风险，389-392，477

Health threshold，健康阈值，376

Heavily Indebted Poor Countries (HIPC) Initiative，重债穷国减债计划，548-549

Heavy metals, as water pollutants，重金属，重金属污染物，452-453

Hedging, of energy，套头交易，能源的套头交易，418

Hedonic property value，享乐资产价值，41

Hedonic wage approaches，享乐工资法，41-42

Helium，氦，131

High-grading, in fisheries，择优捕鱼，择优捕鱼渔场，305

Highways，高速公路。See Roads and highways，见道路和交通要道

Home Appliances Recycling Law (Japan)，《日本家用电器回收利用法》，183

Horizontal equity，横向公平，504

Host fees, for waste facilities locations，选址费，废弃物处理场选址费，198

Households, Environmental cost changes and，家庭，环境成本变化，517-523

Hubbert's analysis, of oil production and reserves，哈伯特对石油产量和储量的分析，151

Human-created capital，人力资本，539

Human Development Index (HDI), 人类发展指数, 542-543
Human environment relationship, 人类与环境的关系, 14-17
Human life, valuation of, 人类生命, 人命的价值, 46
Human systems, climate change and, 人类系统, 气候变化, 410
Hungary, effluent charges in, 匈牙利, 匈牙利的排污费, 465
Hunger, global, 全球性饥荒, 233-256
Hydrocarbons, 碳氢化合物, 396, 426
Hydrogen, 氢, 164, 176-177
Hydrologic cycle, 水循环, 207
Hydropower, 氢能, 176
Hypothetical bias, 假设性误差, 39
Hypothetical resources, 假设性资源, 130
Hypoxia, 组织缺氧, 464

Identified resources, 已探明资源, 130
Impact analysis, 影响分析, 57-59, 60
Imports, 进口
    embargoes on, 进口贸易禁运, 162-164
    vulnerability of, 进口的脆弱性, 162-166
Incentives, 激励, 304
    for European water control, 欧洲水污染防治激励, 463
    for forest maintenance, 森林维护激励, 276-280
    national and global use of, 国家级和全球范围激励的利用, 592-595
    for sustainable development, 可持续发展激励, 573-578
Income, 收入
    distribution of, 收入分布, 504-507
    Hicksian definition of, 收入的希克斯定义, 539
    inequality of, 收入的不平等性, 118
    policy benefits and, 政策收益和收入, 504
Income distribution, 收入分布, 504
Income elasticity of demand, for oil, 需求的收入弹性, 石油的需求收入弹性, 158-159
Income-generating activities, as fertility control, 增加收入的活动, 计划生育增加收入, 122-124, 125
Income inequality, 收入的不平等性, 112-113
Increasing block pricing, by water distribution utilities, 递增的区段定价法, 自来水厂施行的递增的区段定价法, 225-226
Increasing (decreasing) returns to scale, 规模报酬递增（或递减）, 529

India, population control in, 印度, 印度的人口控制, 119, 123
Indicated resources, 已显示资源, 130
Indicators of resource scarcity, 资源稀缺性指标
    economic, 经济的资源稀缺性指标, 329-335
    physical, 物理的资源稀缺性指标, 321-322, 325-329
Indirect hypothetical methods, 间接假设法, 42-43
Indirect observable valuation methods, 间接可观察评价法, 38-42
Indistriplex, 垃圾处理场, 509
Individual transferable quotas (ITQs), 独立的可转让配额, 302-305
Indivisible consumption, 不可分的消费, 74
Indonesia, 印度尼西亚
    GDP in, 印度尼西亚的国内生产总值, 540
    pollution control strategies in, 印度尼西亚的污染防治策略, 579
Induced innovation hypothesis, 诱致性创新假设, 115
Industrialized countries, 工业化国家
    Multilateral Fund contributions from, 工业化国家多边基金的贡献, 406
    poverty and economic growth in, 工业化国家的贫穷和经济增长, 543-544
Industrial waste storage sites, 工业废弃物存放场, 448
Industries, pollution and, 产业、污染和工业化国家, 510-516, 517
Inefficiencies, 无效率, 62
    externalities and, 外部性和无效率, 68-70
    government failure and, 政府失灵和无效率, 80-81
    in harvesting and land-use conversion, 收获和土地利用变化中的无效率, 268-272
    imperfect market structures and, 不完全市场结构和无效率, 76-78
    improperly designed property rights systems and, 设计不当的产权制度和无效率, 70-74
    social and private discount rate divergence and, 社会贴现率与私人贴现率的分歧和无效率, 78-80
Infectious organisms, as fund pollutants, 易感染生物有机体, 作为可吸收型污染物的易感染生物有机体, 452
Inferred resources, 推算的资源, 130
Infinite-horizon model, 无限循环模型, 266
Information bias, 信息误差, 39
Information economy, 信息经济, 537
Information principle, sustainable development and, 信息原理、可持续发展, 578

Inorganic synthetic chemicals，无机合成化合物，45

Input(s)，投入

 increases in，投入的增加，528-529

 reduced flows of，投入的简化流，529-531

Input-output model, pollution generation and，投入—产出模型，产生污染，517

Inspection and maintenance (I&M) programs, for motor vehicles，车辆排放检验和维护计划，428-429，434-435

Insurance automobile，车辆保险，442

Intangible benefits, vs. tangible benefits，无形效益与有形效益，49

Interactive resources，互动式资源，287

Intergenerational compensation，代际补偿，97

Intergenerational sharing，代际分配。See also depletable resource allocation，又见可枯竭性资源的配置

 Alaska Permanent Fund and，阿拉斯加永久基金和代际分配，96

Intergovernmental Panel on Climate change，政府间气候变化专门委员会，407，415

Interior Department，内政部，35n，38

International agreements，国际协议

 about toxic substances control，有毒物质控制国际协议，492

 about whaling，捕鲸国际协议，296

International cooperation，国际合作，5

 over pollution control，污染防治的国际合作，395

 toward sustainable development，可持续发展的国际合作，571-573

Intertemporal allocations, efficient，代际分配，有效，133-140

Intertemporal externalities, sustainable development and，代际间的外部性，可持续发展，555

Intertemporal fairness，代际公平，93-94，95

Intervention, toxic substances and，干预，有毒物质，497-498

Investment, incentive to，投资，投资激励，531

Ireland, plastic bag levy in，爱尔兰，爱尔兰的塑料袋税，365

Iron ore industry，铁矿业，141

Irrigation，灌溉，242，568

Itai itai disease，痛痛病，453

ITQs，独立可转让配额。See Individual transferable quotas (ITQs)，见独立可转让配额

James River, kepone spills into，詹姆士河，向詹姆士河排入十氯铜，485

Japan,日本
  courts in,日本的法院,494
  emission charges in,日本的排污费,389
  nuclear power in,日本的核能,167,169
  recycling by,日本的再生利用,183
  water poisoning in,日本的水中毒,452,453
Job losses, environmental issues and,职业损失,环境问题,516
Joint and several liability doctrine,连带责任学说,495-496
Joint implementation,联合履行机制,413
Judicial remedies,司法修正,493-495
Justice, environmental,司法,环境,503-526

Kakadu Conservation Zone (KCZ),卡卡杜自然保护区,29,30
Kenya, sustainable developments in,肯尼亚,肯尼亚的可持续发展,570
Kepone contamination case,十氯铜污染案例,485
Kerala, India, population control in,印度喀拉拉邦的人口控制,123
Klamath River Basin,克拉马斯河盆地,218-219
Korea, population control in,朝鲜的人口控制,121
Kyoto Protocol,《京都议定书》,364,412-413,416,575-576

Labor force,劳动力
  economic growth and age of,经济增长与劳动力的年龄,109-110
  population growth and,人口增长与劳动力,113
  substitutability of energy with,能源与劳动力的可替代性,326
  as substitution for capital,劳动力替代资本,530
LAER,最低可达排放率。See Lowest achievable emission rate,见最低可达排放率
Lake Nakuru National Park (Kenya),肯尼亚纳古鲁湖国家公园,45
Lakes,湖泊,448-450,452
Land,土地
  allocation of agricultural,农业用地的分配,239-240
  controlling development with TDRS,利用可转让的开发权控制开发,572
  intensified use of,土地的密集使用,241
Landfills,废弃物填埋场,448,449
  locations of,废弃物填埋场的地址,504-505
  regulation of,废弃物填埋场的管理规定,196-198
Land-ownership patterns, as barrier to development,土地所有权模式是

发展的障碍，546
Land subsidence，地面下沉，209-210
Land trusts, land preservation and，土地信托，土地保护，278-279
Land use，土地利用
 conversion and，土地利用与保护，267-268
 inefficiency in，土地利用当中的无效率，268-272
 perverse incentives for landowners，对土地所有者的不当激励，269-271
 understated transport cost and，低估了的交通成本，425-426
Latency, of toxic substances，潜伏期，有毒物质的潜伏期，478，495
Law(s)，法律。See also Specific types，又见特定类型
 about toxic substances，有关有毒物质的法律，484-490
Law of comparative advantage, agricultural production and，比较优势法则，农业产量，249-250
Law of diminishing marginal productivity，边际生产率递减律，110，591
Law of diminishing returns，回报递减律，529
Lead，铅，186，428，430，437
Leakage，泄漏，412
Learned Hand formula，汉德公式，485
Least-cost (LC) method，最低成本法，461，469
Legislation，立法。See also Law(s); Specific laws，又见法律；特定法律
 acid-rain，酸雨立法，400
 for air pollution control，空气污染防治立法，453-454
 regulation by，规章立法，84
 for water pollution control，水污染控制立法，453-454
Less developed countries (LDCs)，最不发达国家
 domestic food production in，最不发达国家的国内粮食产量，248-250
 undervaluation of agriculture in，低估最不发达国家的农业，250-251
Less industrialized nations，欠发达国家
 future outlook for，欠发达国家的未来展望，592
 poverty and economic growth in，欠发达国家的贫穷问题和经济增长，544-549
Liability，责任，168-169，470-471，484，486，495-496。See also Common law; Criminal law，又见普通法；刑法
Liability rules, environmental conflicts and，责任条款，环境冲突，83-84
Limited liability, for oil spills，有限责任，石油泄漏的有限责任，470-471
Liquefied natural gas (LNG)，液化天然气，156-157
Littering, costs of，乱扔垃圾的成本，191

Load-management techniques，负荷管理技术，171
Local areas，局部地区
 air pollution and transboundary problem，空气污染和跨越边界问题，398
 local vs. regional pollutants，局部性污染物与区域性污染物，396
 motor vehicle emissions and，机动车尾气排放，428
Long Island Sound, water pollution in，长岛海峡，长岛海峡的水污染，463，464-465
Long-run competitive equilibrium, scarcity rent in，长期竞争性均衡，长期竞争性均衡的稀缺租金，67-68
Los Angeles，洛杉矶。See also California，又见加利福尼亚州
 sulfates in，洛杉矶的硫酸盐，379
Love Canal，爱情河，475
Low Emission Vehicle (LEV)，低排放机动车，429
Lower Boise River，下博伊西河，463
Lowest achievable emission rate，最低可达排放率，372
Low-income areas, hazardous waste sites in，低收入地区，低收入地区的有毒废弃物处理场，505

Madagascar, debt-nature swap in，马达加斯加，马达加斯加的债务—自然互换计划，277-278
Maine, common-pool resources in，缅因州，缅因州的公共资源，297
Malnourishment，营养不良，234-246
 economic growth effects on，经济增长对营养不良的影响，544
 feast and famine cycles and，饱餐与饥荒轮回和营养不良，252-255
 food distribution and，食物分配和营养不良，246-252
Mandatory food labeling，强制性食物标签，245
Manganese，锰，186
Manufacturing, sustainable，制造业，可持续的制造业，588
Many-receptors case，多受体情形，359-360
Marginal benefits, of children，边际效益，子女的边际效益，120，121
Marginal control costs，边际防治成本
 of fund pollutants，可吸收型污染物的边际防治成本，342
 for toxic substances，有毒物质的边际防治成本，479-481
Marginal costs，边际成本
 of children，子女的边际成本，120，121-122
 of exploration，勘察的边际成本，139-140
Marginal damage, tax or charge for，边际损害，边际损害税或边际损害

费，345-346

Marginal educational expenditure，边际教育费用，119

Marginal extraction costs，边际开采成本，135，136，153
　　environmental costs and，环境成本和边际开采成本，142-144
　　of groundwater，地表水的边际开采成本，212
　　increasing-cost case，成本递增的情形，137-139
　　technological progress and，技术进步和边际开采成本，140，141

Marginal opportunity cost curve，边际机会成本曲线，21

Marginal productivities, economic growth and，边际生产率，经济增长，108

Marginal user cost，边际用户成本，92-93

Marietta, Georgia, recycling costs in，佐治亚州玛丽埃塔，佐治亚州玛丽埃塔的再生成本，194

Marine Mammal Protection Act (MMPA)，《海洋哺乳动物保护法》，566

Marine Protection Research and Sanctuaries Act (1972)，《1972年海洋保护研究和禁猎区法》，457

Marine reserves，海洋保护区，305-308

Marketable permits, for water pollution control，可交易的许可证制度，水污染防治的可交易的许可证制度，473

Market allocations，市场配置
　　environmental costs and，环境成本和市场配置，142-144
　　of pollution，污染的市场配置，344-345
　　pollution externalities and，污染的外部性和市场配置，69
　　property rights and，产权和市场配置，63，140-142
　　situations of，市场配置的条件，100
　　toxic substances and，有毒物质和市场配置，479-484

Market-based pollution control instruments，以市场为基础的污染控制手段，354

Market equilibrium，市场均衡，66-67

Marketing boards，市场局，250-251

Market prices，市场价格，322-323

Market structures，市场结构
　　imperfect，不完全市场结构，76-78
　　pollution control expenditures and，污染控制费用和市场结构，513-514

Maximum sustainable yield，最大可持续收获群种，288

Mean annual increment (MAI)，平均年增量，261

Measured resources，已证实资源，130

Measures, of economic growth, 指标, 经济增长的指标, 538-543

Medicinal waste, in water, 医用废弃物, 水体中的医用废弃物, 453

Mercury contamination, of water, 汞污染, 水体汞污染, 452

Meta-analysis, 元分析, 40

Metals, 金属, 452。*See also* Ore; Specific metals, 又见矿石；特殊金属

Methane gas, 甲烷气体, 409, 418

Methyl tertiary butyl ether (MTBE), 甲基叔丁基醚, 435, 565

Mexico, 墨西哥, 159, 563, 566

Mexico City, 墨西哥城, 210, 443

Microeconomic theory of fertility, 生育的微观经济学理论, 120

Millennium Declaration and Millennium Development Goals, 千年宣言和千年发展目标, 544

Minamata disease, 水俣病, 452

Minerals, 矿产, 185-189, 198-199, 547-548。*See also* Ore; Specific minerals, 又见矿石；特殊矿产

Minke whale, 小须鲸, 296

Minnesota River, water quality in, 明尼苏达河, 明尼苏达河的水质, 468-469

Minorities, 少数民族, 520, 524

Mitigation, 缓解, 410

Mobile-source pollution, 汽车污染源, 422-444

Models, 模型
of tree harvesting, 树木收获模型, 261-267
use of, 模型的使用, 7-8

Modified sustainability criterion, 改进的可持续评价标准, 259n。*See also* Sustainability criterion, 又见可持续性评价标准

Money, time value of, 货币, 货币的时间价值, 23-24

Monopoly, 垄断, 76-78, 513-515。*See also* Cartels, 又见卡特尔

Montreal Protocol, 《蒙特利尔议定书》, 406

Motor vehicle emissions, 机动车尾气排放, 422-424, 428-429, 434-435

Multi-Fiber Arrangement (1974), 《1974年多边纤维协定》, 547

Multilateral Fund, 多边基金, 406-407

Multiple cropping, 复种, 567

Multiple regression analysis, 多元回归分析, 41, 42

Multiple-Use Sustained Yield Act, 《多用途持续高产法》, 275

Municipal waste treatment, 城市废弃物处理, 466-467

NAFTA,《北美自由贸易协定》。See North American Free Trade Agreement (NAFTA), 见《北美自由贸易协定》

NAFTA Chapter 11,《北美自由贸易协定》第 11 章, 565

National Acid Rain Precipitation Assessment Program, 国家酸雨沉降评估计划, 396

National Commission on Air Quality, 国家空气质量委员会, 434

National Conservation Commission, 国家自然保护委员会, 316

National Defense Stockpile Transaction Fund, 国防储备交易基金, 187

National Environmental Policy Act,《国家环境政策法》, 58

National Institute for Occupational Safety and Health (NIOSH), 国家职业安全与健康研究所, 488

National Materials and Minerals Policy, Research and Development Act (1980),《1980 年国家物资及矿物政策、研究和开发法》, 187

National Oceanic and Atmospheric Administration (NOAA), contingent valuation methods and, 国家海洋和大气管理局,条件价值评估法, 39-40

National Organic Standards Board (NOSB), 国家有机标准委员会, 243

National Priorities List, 国家重点清单, 498

National Research Council, 国家研究委员会, 112, 113

National security, 国家安全
    mineral needs and, 矿产需求和国家安全, 185-189
    oil and, 石油与国家安全, 162-166

Natural capital, 自然资本, 97, 98, 539-540

Natural disasters, development and, 自然灾害、发展, 549

Natural equilibrium, 自然均衡点, 287

Natural gas, 天然气, 131, 150, 152-157

Natural Gas Act (1938),《1938 年天然气法》, 152

Natural Gas Policy Act (1978),《1978 年天然气政策法》, 156

Natural resource curse hypothesis, 自然资源魔咒假说, 532

Natural resources, 自然资源。See also Resources, 又见资源
    damage assessment regulations for, 自然资源的损害评估规定, 38
    raw materials as, 自然资源原材料, 15

Natural Resources Defense Council, 自然资源保护委员会, 217

Nature Conservancy, The, 美国大自然保护协会, 77, 572

Nauru, weak sustainability on, 瑙鲁的弱可持续性, 98

NDP (net domestic product), 净国内生产总值, 538

Negative feedback loops, 负反馈机制, 6

Negligence, 过失, 484-486

Negotiations, efficiency and, 协商,效率, 81-83

Net benefits，净效益，342n
　　derivation of，净效益推算，23
　　expected present value of，净效益的期望现值，51
　　value of life saved from pollution，免受污染增加寿命的价值，391
Net fishing，网捕，301
Netherlands, vehicle emissions in，荷兰，荷兰的汽车尾气排放，431
Netting, for air pollution control，净额结算，空气污染防治，384-385
New Jersey, Superfund sites in，新泽西超级基金处理场，509
New scrap，新废料，190
New-source bias，新污染源误差，515
New Source Performance Standards，新污染源绩效评价标准，375
New Source Review (NSR) Program，新污染源评估程序，372，374
New York, water pollution control in，纽约，纽约的水污染防治，462
New Zealand，新西兰，242，303
NIMBY, and hazardous waste sites，地区性自我保护主义以及有毒废弃物处理场，506，509
Nitrogen，氮，451，466
Nitrogen dioxide，二氧化氮，423
Nitrogen oxides，氧化氮，58，396，426
Nonattainment regions，未达标地区，372，428-429
Noncompliance penalty，违规惩罚，375
Nonexcludability，非排他性，74
Nongovernmental organizations (NGOs)，非政府组织
　　debt-nature swap and，债务——自然互换和非政府组织，277
Nonpoint water pollution，非点源污染，446，447，456，466，467，469
Nonsustainability, population and，非可持续性，人口，126
Nonuniformly mixed pollutants，非均匀混合型污染物，353-355
Nonuse value，非使用价值，36-38，40
Normative economics，规范经济学，16，17-24
North American Free Trade Agreement (NAFTA)，《北美自由贸易协定》，563，564-565
Northern Spotted Owl, nonuse value of，北方花斑猫头鹰，北方花斑猫头鹰的非使用价值，37，38
Norway, vehicle emission controls in，挪威，挪威的机动车尾气排放控制，431
N-period constant-cost, no-substitute, case，N期成本不变、无替代品情形，134-135，146-147
Nuclear accidents，核事故，166-167，169

Nuclear power，核能，166-170，178

Nuclear waste, storage of，核废弃物，核废弃物的储存，166，167，169

Occupational hazards, of toxic substances，职业危害，有毒物质的职业危害，479-483

Occupational Safety and Health Act (1974)，《1974年职业安全与健康法》，487，496-497

Occupational Safety and Health Administration (OSHA)，职业安全与健康管理局，488，497-498

Ocean conveyer belt，海洋输送带，409

Ocean pollution，海洋污染，449-450，457-458

Odor reduction, diesel, valuation of，降低气味、柴油味和评价，44

Office of Environmental Equity，环境公平办公室，507

Offset policy, for air pollution control，抵扣政策，空气污染防治的抵扣政策，384

Oil，石油
    cartelization in，石油企业的联盟，157-162
    as energy source，作为能源的石油，150
    Hubbert's analysis of，哈伯特对石油的分析，151
    national security and，国家安全与石油，162-166

Oil Pollution Act (1990)，《1990年油污法》，457

Oil spills，石油泄漏，450，457，469-471
    Exxon and cleanup of，埃克森公司和泄漏石油的清除，33
    national income and，国家收入与石油泄漏，595

Old scrap，旧废料，190

OPEC (Organization of Petroleum Exporting Countries)，欧佩克（石油输出国组织），79，158-160，161-162

Open-access resources，开放性资源，72-74，219，293-296，555

Open system，开放系统，15

Operating Industries landfill，运营工业废弃物填埋场，509

Opportunity cost，机会成本，20-21，266

Optimal outcome，最优结果，24-27

Optimal rotation，最优轮伐期，266

Optimist view，乐观派的观点，9，12

Optimization procedure (cost-effectiveness analysis)，最优程序（成本—效益分析），56

Option value, of resources，选择价值，资源的选择价值，36

Ore，矿石

distribution of，矿石的分布，328

energy per unit output of，单位矿石产出所消耗的能源，327-328

extraction and disposal costs for，矿石开采和处理的成本，182

recycling and virgin ore depletion，可再生和原生矿石的枯竭，184-185

scarcity of，矿石的稀缺性，326-327

Oregon，俄勒冈州，195，462

Organic food，有机食品，242-243

Organic Foods Production Act (OFPA)，《有机食品生产法》，242-243

Organic wastes，water pollution and，有机废弃物，水污染，451

Organization for Economic Cooperation and Development (OECD)，经济合作与发展组织（简称经合组织），241-242，492

Organization of Petroleum Exporting Countries (OPEC)，石油输出国组织（简称欧佩克）。See OPEC (Organization of Petroleum Exporting Countries)，见石油输出国组织

OSHA，职业安全与健康管理局。See Occupational Safety and Health Administration (OSHA)，见职业安全与健康管理局

Output measures，产出指标，538

Overfishing，过度捕捞，298

Oxygen，water pollution and，氧，水污染，451

Ozone，臭氧，340，382，396，404-407，423

Pacific Gas and Electric，太平洋天然气和电力公司，173

Pareto optimality，帕累托最优，26

Parking cash-outs，停车费，441

Particulate ambient standards，颗粒物环境质量标准，377

Passive-use (nonconsumptive use)，消极使用价值，40

Pay-as-you-drive (PAYD) insurance，按实际行驶里程收取保费，441

Peak-load pricing, for electricity，高峰负荷定价法，电力按高峰负荷定价，171-172

Peak periods, for electricity，高峰期，用电高峰期，171

Pecuniary externalities，货币外部性，70

Pelletization，制粒过程，141

Performance bonds，履约保证金，498-499，500

Permits，许可证，362-363

ambient system，环境系统的许可证，358-359

for CFC controls，氟氯化碳防治的许可证，405，406

emission，排放许可证，352-353，359

tradable，可交易的许可证，408

697
术语索引

for water pollution control，水污染防治许可证，472-473
Persistent pollutants，持久型污染物，452，453
Perverse incentives，不恰当激励
 from joint and several liability，连带责任的不恰当激励，496
 for national land use，国家土地利用的不恰当激励，271-272
 road transport costs and，道路交通成本和不恰当激励，425
Pessimist view，悲观主义者的观点，9，12
Pesticides，杀虫剂，195，241
Pharmaceutical demand, biodiversity and，制药需求，生物多样性，281
Phillips Petroleum Co. v. Wisconsin，飞利浦石油公司诉威斯康星案，152
Phosphorus，磷，451
Phosphorus fertilizers，磷肥，469
Photovoltaics，光电，176
Physical capital，实物资本，97
Physical damages, from pollution，有形损失，污染的有形损失，35-36
Physical indicators, of scarcity，实物指标，稀缺性的实物指标，325-329
Pineland Development Credits (PDCs)，松原开发信贷，572
Planned obsolescence，计划报废，181
Plantation forestry，种植园，大农场，274
Plastic bag levy, in Ireland，塑料袋税，爱尔兰的塑料袋税，365
Platinum，铂，186
Poaching，偷捕，309-311
Point sources, of water pollution，点源污染，水污染的点源污染，447，454-456，522
Political effects, of air pollution control strategies，政治影响，空气污染防治策略的政治影响，399
Pollutants，污染物
 concentration reductions for，污染物浓度的降低，357
 fund，可吸收型污染物，339，342-344，451-452
 generation of，污染物的产生，517
 global，全球性污染物，340，395，404-419
 nonuniformly mixed，非均匀混合型污染物，353-355
 regional vs. local，区域性污染物与局部性污染物，396
 spread of，污染物的扩散，395
 surface，地表污染物，340
 taxonomy of，污染物的分类，339-340
 uniformly mixed，均匀混合型污染物，347-353
 of water，水体污染物，450-453

Pollution，污染。*See also* Motor vehicle emissions；Specific types，又见机动车尾气排放；特定类型
 in centrally planned economies，中央计划经济中的污染，64
 control choice under uncertainty，在不确定条件下污染防治措施的选择，363-364
 cost-minimizing control of，成本最小化的污染防治，350
 costs of，污染的成本，510-519
 damage assessment and，损害评估和污染，35-36
 damage from ore extraction，矿石开采的损失，196-198
 efficient allocation of，污染的有效配置，340-344
 emissions and，排污，339
 government role and，政府的作用与污染，85
 legal limits on，污染的法定限制，345-347
 market allocation of，污染的市场配置，344
 market-based control instruments，以市场为基础的污染防治措施，354
 of oceans，海洋污染，449-450
 permit system for，污染的许可证制度，352-353
 single-receptor case，单受体情形，355-360
 stock，累积型污染物，339，340-341，452-452
 toxic substances，有毒物质污染，475-501

Pollution control，污染防治，27-29
 cost-effectiveness analysis of，污染防治的成本—效果分析，34
 cost-effective policies for，污染防治的成本—效果政策，348-349
 economic sense of，污染防治的经济学意义，28
 economics of，污染防治经济学，338-366
 mathematics of cost-effective，成本—效果污染防治的数学，368-369
 strategies for，污染防治策略，579

Pollution havens hypothesis，污染天堂假说，560-561

Poor，贫穷。*See also* Poverty，又见贫穷
 methods for feeding，为穷人提供食物的方法，251-252

Population，人口，2-3，580-581

Population control，人口控制，118-124，125

Population growth，人口增长，108-113
 age structure effect and，年龄结构效应和人口增长，106-107，108-109
 as barrier to development，人口增长作为发展的障碍，546
 contrasting views on，有关人口增长的观点对比，103-104
 future impact of decline in，人口增长下降对未来的影响，536

Porter induced innovation hypothesis，波特诱致创新假说，561-562

Positive economics，实证经济学，16

Positive feedback loops，正反馈机制，6

Potential reserves，潜在储量，129

Poverty，贫穷
 as cause of environmental problems，贫穷是环境问题产生的原因，527
 food distribution and，食物分配与贫穷，246-247
 forests and，森林与贫穷，272-273
 in industrialized nations，工业化国家的贫穷问题，543-544
 in less industrialized nations，发展中国家的贫穷问题，544-549
 world hunger problem and，世界性饥饿问题和贫穷，256

Preferential use doctrine，"优先用水"原则，215-216

Present-value criterion，现值评价标准，23-24，417

Preservation，保护
 vs. development，保护与发展，29
 of Kakadu Conservation Zone（KCZ），卡卡杜自然保护区与保护，29，30

Pretreatment standards, for water pollution，预处理标准，水污染的预处理标准，456，467，468

Prevention，预防，410

Prevention of Significant Deterioration Program，预防环境严重恶化的计划，515

Price(s)，价格
 controls on，价格管制，152-157
 of resources，资源价格，322-323，333
 systems and rate structures for water，水价管制及其费率结构，221，223-229

Price-Anderson Act (1957)，《1957年普赖斯-安德森法》，168-169

Price elasticity of demand, for oil，需求的价格弹性，石油需求的价格弹性，157-158

Primary effects, vs. secondary effects，主要影响与次要影响，47-49

Primary standard, for air quality，基本标准，空气质量的基本标准，371

Prior appropriation doctrine，优先占用权，214，215，219，220

Privatization, of water supplies，私有化，自来水供应私有化，229-230

Producers, efficient property right structures and，生产者，有效产权结构和生产者，63-67

Producer surplus，生产者剩余，65，67-68

Product charges, as taxation，产品费，产品税，364

Product durability，产品耐用性，181，199-202

Productivity, energy prices and, 生产率和能源价格, 535
Product safety, toxic substances and, 产品安全性和有毒物质, 483
Profit maximization, 利润最大化, 269, 273
Project XL, 优秀环境管理计划, 430
PROPER (Program for Pollution Control, Evaluation and Rating), 污染控制、评价和分级计划, 579
Property rights, 产权, 62
 depletable resources and, 可枯竭性资源和产权, 140-142
 efficient structures of, 产权的有效结构, 63-67
 improperly designed systems of, 不合理的产权制度, 70-74
 liability rules and, 责任条款和产权, 83-84
 monopolies and, 垄断和产权, 76-78
 property rules and, 责任条款和产权, 81-83
 public goods and, 公共物品和产权, 74-76
 sustainable development and, 可持续发展和产权, 560, 576-577
Property rules, 产权条款, 81-83
Property values, hedonic models and, 享乐财产价值模型, 41
Proposition 65 (California),《第 65 号提案》, 491-492
Prototype Carbon Fund (PCF), 原型碳基金, 415
PSD (prevention of significant deterioration), 防止洁净区域空气显著恶化, 372-375, 377
Public goods, 公共物品, 74-76, 77, 418
Public policy, 公共政策。See also Specific programs and agencies, 又见特定的程序和机构
 for air pollution control, 预防空气污染的公共政策, 398-400, 443
 for efficient pollution levels, 达到有效污染水平的公共政策, 345-347
 for emissions control, 控制排污的公共政策, 369
 for environmental justice, 环境公正的公共政策, 532-524
 equity in, 公共政策的公平, 504
 fisheries and, 渔业公共政策, 297-311
 forest ownership and, 森林所有权和公共政策, 274-276
 hazardous waste sites and, 有毒废弃物处理场和公共政策, 507-509
 human life valuation and, 生命价值评估和公共政策, 46
 toward mobile-source pollution, 处理汽车尾气污染的公共政策, 426-431
 toward toxic substances, 处理有毒物质的公共政策, 477-479, 484-493
 for water pollution control, 水污染防治公共政策, 453-458
Public/private partnerships, in Kalundborg, Denmark, 丹麦卡伦堡的公共与私人合伙关系, 593

Public sector, and control of contamination in workplace, 公共部门, 工作场所污染的控制, 481

Quality of life, population control and, 生活质量, 人口控制, 119
Quotas, 配额, 165 – 166
    for depletable resources, 可枯竭资源的配额, 581
    in fisheries, 渔业配额, 302 – 305, 309

Race, hazardous waste sites and, 种族和有毒废弃物处理场, 505
Radiation, 辐射, 404
Radioactive elements, 放射性元素, 166 – 167
Random utility models (RUM), 随机效用模型, 41
Raw materials, 原材料, 15, 192 – 193
Real consumption per capita, 人均真实消费, 539
Real-resource costs, 真实资源成本, 301 – 302
RECLAIM, 区域清洁空气激励市场。See Regional Clean Air Incentives Market (RECLAIM), 见区域清洁空气激励市场
Reclamation Act (1902), 《1902年开垦法》, 214
Recreation, 娱乐, 446
Recyclable resources, 可再生资源, 131, 181 – 203
    disposal costs of, 可再生资源的处置成本, 182 – 183, 189 – 192
    efficient allocation of, 可再生资源的有效配置, 182 – 185
    extraction costs and, 开采成本和可再生资源, 182 – 183
    vs. nonrecyclable resources, 可再生资源与不可再生资源, 184 – 185
    product durability and, 产品的耐用性和可再生资源, 199 – 202
    strategic-material problem and, 战略物资问题和可再生资源, 185 – 189
    tax treatment of minerals and, 矿产税和可再生资源, 198 – 199
Recycling, 再生利用, 循环利用, 131, 132
    composition of demand effect and, 需求效应的组成和循环利用, 182 – 183
    costs of, 循环利用的成本, 184
    efficient level of, 循环利用的有效水平, 185, 190, 192
    in Japan, 日本的循环利用, 183
    of lead, 铅的循环利用, 186
    of new vs. old scray, 新废料与旧废料的循环利用, 190
    policies promoting, 促进循环利用的政策, 193 – 196
    pollution damage from extraction and, 开采造成的污染损害和循环利用, 196 – 198
    raw material subsidies and, 原材料补贴和循环利用, 192 – 193

  take-back principle and，回收和循环利用，196，197
  waste disposal costs and，废弃物处置成本和循环利用，182-183，189-192
Recycling surcharges，再循环利用附加费，195
Reforestation，重新造林，259
Refundable deposit system，可退还的定金制度，193-195
Refuse Act (1899)，《1899年垃圾法》，453，455
Regional Clean Air Incentives Market (RECLAIM)，区域清洁空气激励市场，387-388，524
Regional pollutants，区域性污染物，395，396-404
Regulation，管理、规章、管制
  cost of risk-reducing，降低风险的规章制度的成本，48
  differentiated，差异性管制，433-434
  employment and，就业和管制，534
  in fisheries，渔业管制，300-301
  legislative and executive，立法和行政规章制度，84
  of pollutants，污染物的管制，29，390-391
  Project XL and，优秀环境管理计划和管制，430
  of storm sewers，雨水管道的管理规定，456
  of toxic substances，有毒物质管理规定，487-490
Regulatory environment changes，管制环境的变化，361-363
Renewable portfolio standard (RPS)，可再生能源配额制，175
Renewable resources，可再生资源，132-133，135-136，147-148
  allocation of，可再生资源的配置，129
  common-pool，公共可再生资源，286-311
  efficient allocations of，可再生资源的有效配置，557-559
  energy，可再生能源，172-174，174-178
  forests as，森林是一种可再生资源，258-284
Renewable substitute-available, constant-cost case，存在可再生替代品和成本不变的情形，135-136，147-148
Rents，租金
  from concession agreements，特许协议租金，270-271
  passing to consumers，租金传递给消费者，523n
  in quota system，配额制度下的租金，303
  scarcity，稀缺租金，323
Rent seeking，寻租，80
Replacement rate, population and，置换率和人口，106-107
Reproductive effects, of toxic substances，生殖影响，有毒物质对生殖

的影响，477

Residuals, from product creation，剩余物，产品生产所产生的剩余物，344

Res nullius property resources，无主财产资源，72

Resource(s)，资源。See also Depletable resources; Natural resources; Renewable resources; Specific resources，又见可枯竭性资源；自然资源；可再生资源；特定资源

 diminishing，资源递减，3

 dynamic efficient allocation of，资源的动态有效配置，95

 economics methods for measuring value of，测算资源价值的经济学方法，38-46

 interactive，互动式资源，287

 Pareto optimality and，帕累托最优和资源，26-27

 prices of，资源的价格，322-323

 price trends for，资源的价格趋势，333-335

 substitutability of energy with，能源的可持续性，326

 timber，木材资源，260

 value components of，资源的价值成分，36-38

Resource Conservation and Recovery Act，《资源保护与恢复法》，488-489，493，496

Resource endowment，资源禀赋，129

Resource scarcity，资源的稀缺性，316-336

 conceptualization of，资源稀缺性的概念化，585-587

 institutional responses to，资源稀缺性的制度性反应，587-591

Resource taxonomy，资源分类，128，129-133

Retirement effect，退休效应，109，110

Return flow，回流，449

Revenue effect，收入效应，360-361

Right-to-know laws，知情权法，493

Riparian rights，河岸权，213-214

Risk，风险

 in benefit/cost analysis，成本—效益分析中的风险处理，50-52

  compensation for，对风险的补偿，510

Risk-averse behavior，风险规避行为，52

Risk-free cost of capital，资本的无风险成本，79

Riskless cost of capital，资本的零风险成本，52

Risk-loving behavior，风险偏好行为，52

Risk-neutrality，风险中性，51-52

Risk perception, in hazardous waste sites, 风险意识, 在有毒废弃物处理场选择当中的风险意识, 509

Risk premium, 风险溢价, 52, 79
    for toxic substances, 有毒物质的风险溢价, 481

Risk-reducing regulations, cost of, 降低风险的管理规定, 管理规定的成本, 48

Rivers, pollution of, 河流, 河流的污染, 448-450

Roads and highways, 道路和交通要道
    Congestion of, 道路的拥挤, 424-425
    Private toll roads, 私人收费路, 438

Roger J. Diamond v. General Motors, 戴蒙德诉通用汽车公司案, 493-494

Royalty payments, for biodiversity, 特许使用金, 为生物多样性保护设置的特许使用金, 280

Russia, 俄罗斯。*See also* Soviet Union, 又见苏联
    pollution in, 俄罗斯的污染, 64

Safe Drinking Water Act (1972), 《1972年安全饮用水法》, 456-457

Sanctions, 制裁、处罚, 433

Sandoz warehouse fire, toxic chemical from, 山度士仓库大火, 大火产生的有毒化学物质, 476

Saudi Arabia, in OPEC, 沙特阿拉伯, 欧佩克组织成员之一, 161-162

Savings, 储蓄
    adjusted net, 调整的净储蓄, 540-541
    population growth and, 人口增长与储蓄, 110

Scale effects, 规模效应, 512-513, 561

Scarcity, 稀缺, 3, 316-336

Scarcity and Growth: The Economics of Natural Resource Availability (Barnett and Morse), 《短缺与增长：自然资源有效性的经济学》（巴尼特和莫尔斯著）, 329

Scarcity rent, 稀缺租金, 67-68, 96, 155-156, 323

Scrap, 废料, 184, 192

Scrubbers, 除尘器, 400, 403-404

Sea scallop industry, 扇贝业, 306

Sea urchin industry, 海胆产业, 307

Secondary effects, vs. primary effects, 次要影响与主要影响, 47-49

Secondary standard, for air quality, 空气质量的附加标准, 371-372

Second Equimarginal Principle (Cost-Effectiveness Equimarginal Principle),第二等边际原理(成本—效果等边际原理),57

Second law of thermodynamics,热力学第二定律,16

Self-extinction premise,自我毁灭的前提,1-3

Services, demand for,服务,对服务的需求,18-20

Severance tax, on minerals,采掘税,对矿产征收的采掘税,199

Sevesco, Italy,意大利的思维思科,476

Shrimp farming, externalities in,虾类养殖,虾类养殖产生的外部性,71

Singapore, mobile-source pollution in,新加坡移动污染源污染,439

Single-harvest model,单一收获模型,265

Single-receptor case,单受场的情形,355-360

SIP,州执行计划。See State implementation plan (SIP),见州执行计划

Skeptical Environmentalist, The (Lomborg),《多疑的环境保护论者》(隆伯格著),9

Skin cancer,皮肤癌,404

Skinner hypothesis,斯金纳假说,327,329

Smog control, by South Coast Air Quality Management District (SCAQMD),雾的控制,南海岸空气质量管理区,524

Smog trading,烟雾贸易,387-388

Snake River,斯内克河,463

Social costs, of road transport,社会成本,道路交通的社会成本,424,438

Social justice,社会正义,503。See also Environmental justice,又见环境公平

Society,社会

    extinction of,社会的毁灭,1-3

    information economy and,信息经济和社会,537

Socioeconomic characteristics, air pollution and,社会经济学特征,空气污染,519-520

Soil erosion,水土流失,241,527

Solar power,太阳能,164,176

South Coast Air Quality Management District (SCAQMD),南海岸空气质量管理区,387,524

Soviet Union,苏联

    nuclear accident in,苏联的核事故,167

    vehicle emission controls in,苏联的机动车尾气排放控制,431

Species extinction and preservation,物种灭绝与保护,578

Speculative resources,推测性资源,130

Standards,标准

for air pollution control，空气污染防治标准，371-378

ambient，大气环境标准，355

in command-and-control approach，强制性办法的标准，375-378

for effluents，污水排放标准，459-466

emission，排放标准，349-353，383，426

for safe drinking water，安全饮用水标准，456-457

for water pollution，水污染标准，455，458-473

Standards of living, in developing nations，生活标准，发展中国家的生活标准，546-549

Starting-point bias，起点误差，39

State implementation plan (SIP)，州执行计划，372

State of the World 2004 (Worldwatch Institute)，《2004年的世界状态报告》（世界观察研究所），9

Static efficient sustainable yield，静态有效可持续收获量，289-291

Static reserves，静态储量，326

Stationary population，稳定人口，106

Stationary-source control，固定污染源控制，519-520

Statistical analysis, pollution damage assessment and，统计分析，污染造成损失的评估，35-36

Statistical life, compensating wage differential and，统计意义上的寿命，补偿工资差，42

Statutory law, toxic substances and，成文法，有毒物质，487-489，496-498

Steady state (steady-state economy)，稳态（稳态经济）

administration of，稳态经济的管理，581-582

defined，界定稳态经济，580

institutional modifications to attain，为获得稳态制度上作出的调整，580-581

Steel industry, externalities and，钢铁业，外部性，68，69

Stock, placing value on，存量，对存量赋予价值，36

Stockpiling，贮藏，186，255，256

Stock pollutants，累积型污染物，339，340-341，345，452-453

Strategic and Critical Materials Stockpiling Act (1946)，《1946年战略与关键物资储备法》，187

Revision (1979)，《1979年战略与关键物资储备法修正案》，187

Strategic bias，策略性误差，39

Strategic materials，战略物资，162，185-189

Strategic petroleum reserve (U.S.)，美国的战略石油储备，164

Strict liability, toxic substances and, 严格赔偿责任，有毒物质，486
Strong sustainability, 强可持续性，98，100
Subsidies, 补贴
 for alternative energy production, 替代能源生产的补贴，177-178
 of domestic supply, 国内供应的补贴，165
 farming, 农业补贴，243-245，251
 food purchase, 食品购买的补贴，251，256
 to fossil fuels and nuclear energy, 对化石燃料和核能的补贴，178
 of mobile-source pollution, 对移动污染源污染的补贴，424
 for municipal waste treatment, 对城市废弃物处理的补贴，466-467
 on raw materials, 对原材料的补贴，192，193
 to waste treatment plants, 对废品处理厂的补贴，521，522
Substitution, 替代
 elasticity of, 替代的弹性，325，530
 of energy, 能源的替代，326
 energy cartels and, 能源卡特尔和替代，158
 for groundwater, 地下水的补充，213
 resource scarcity and, 资源稀缺性和替代，318-319
 of strategic minerals, 战略物资的替代，188-189
Sulfates, 硫酸盐，379
Sulfur allowance program, 硫限额排放计划，400-404
Sulfur emissions, costs of reducing, 硫的排放，降低硫排放的成本，399-400
Sulfur oxides, 氧化硫，371-372，396
Superfund, 超级基金，489-490
Superfund Act,《超级基金法案》，489-490
Surface pollutants, 地表污染物，340，353-360
Surface water, 地表水，208，210-212，447
Survey approach (cost estimation), 调查方法（成本估算），49
Surveys, in contingent valuation method, 调查，条件价值评估法，39-40
Sustainability, 可持续性
 environmental, 环境的可持续性，98，100
 environmental justice and, 环境公平和可持续性，523
 environmental policy and criteria of, 环境政策和可持续性评价标准，99
 of fisheries, 渔业的可持续性，287
 of forests, 森林的可持续性，259
 Hartwick Rule and, 哈特威克原则和可持续性，96-97

population growth and，人口增长和可持续性，107
　　strong，强可持续性，98，100
Sustainability criterion，可持续性评价标准，94，95-98
Sustainability principle，可持续性原则，577-578
Sustainable agriculture，可持续农业，241，245，567-568
Sustainable development，可持续发展，88-100，552-583
　　efficient energy use and，有效的能源利用与可持续发展，535-536
　　efficient markets and，有效市场和可持续发展，589
　　private incentives for，对可持续发展的私人激励措施，588
　　public policy and，公共政策与可持续发展，592-593
Sustainable forestry，可持续林业，273-274，277
Sustainable yield, efficient，可持续收获量，有效可持续收获量，289-293
Swaps, debt-nature，交换，债务—自然互换，276-278
Sweden，瑞典
　　nitrogen charge in，瑞典的氮排污税，362
　　nuclear power in，瑞典的核能，167
　　vehicle emission controls in，机动车尾气排放控制，431
　　water pollution and，水污染与瑞典，466
Switch point，转换点，135-136
Synergistic effects，协同效应，增强效应，36，478

Take-back principle，回收原则，196，197
Tangible benefits, vs. intangible benefits，有形效益与无形效益，49
Tariffs, use of，关税制度，关税制度的利用，165-166，186
Tar-Pamlico River，塔尔-帕姆利科河，463
Tax credits, for alternative energy production，课税扣除，为替代能源生产设置的课税扣除，177
Taxes，税
　　emissions charges as，排污费，412
　　environmental，环境税，364
　　fishery yields and，鱼类产量和税，301-302
　　fuels，燃料税，436-437，438，440
　　of minerals，矿产税，198-199
　　on pollutants，对污染物征收的税，393
　　quota system and，配额制度和税，303
　　recycling promotion and，促进再循环利用与税收，195
　　as vehicle emission controls，税收作为控制机动车尾气排放的手段，431
Taxol，紫杉醇，281

Technique effect，技术效应，561

Technology，技术
    agricultural productivity and，农业生产率和技术，283
    in chlorine manufacturing sector，氯气生产的技术，392
    depletable resources and，可枯竭性资源和技术，131，140
    economic growth and，经济增长和技术，529，531
    efficient allocation and，有效配置和技术，341
    effluent standards and，排污标准和技术，460
    marginal extraction costs and，边际开采成本和技术，140，141
    population, economic growth, and，人口、经济增长和技术，110-111
    resource scarcity and，资源的稀缺性和技术，318

Technology forcing，技术强制，433

TECs，可交易的能源认证制度。See Tradable energy certificates (TECs)，见可交易的能源认证制度

Temperature，温度。See Climate; Climate change，见气候；气候变化

Texas, TECs and RPS in，得克萨斯，可交易的能源认证制度和可再生能源配额制，175

Thailand, shrimp farming in，泰国，泰国的虾类养殖，71

Theory of Justice, A (Rawls)，《正义论》（罗尔斯著），94

Thermal pollution，热污染，451

Thermohaline circulation，热盐循环，409，418

Third parties, toxic substances and，第三方，有毒物质，484

Third World，第三世界
    energy consumption by，第三世界的能源消费，175-176
    views on population growth in，第三世界对人口增长的看法，103-104

33/50 Program，33/50 计划，491

Three Mile Island, nuclear accident at，三里岛，核事故，169

Threshold concept, air pollution and，阈值概念，空气污染，376

Timber，木材，260，320

Time-restriction regulations，时间限制规定，301

Times Beach, Missouri，密苏里州的泰晤士海滩，489-490

Times value of money，货币的时间价值，23-24

Timing, of emission flows，时间安排，排放流的时间安排，378

Tires, recycling of，轮胎，轮胎的再生利用，194

Toll roads, private，收费公路，私人的收费公路，438

Total benefits，总效益，20

Total capital stock，总资本存量，96，97

Total cost，总成本，22

Total fertility rate (TFR),总生育率,106,107,123

Tourism,旅游业。See Ecotourism,见生态旅游

Toxicity,毒性,476

Toxic Release Inventory (TRI) program,有毒物质排放清单计划,490,506

Toxic substances,有毒物质,241-242,475-500
 current policy for,有毒物质的当前政策,484-493
 market allocations and,有毒物质的市场配置,479-484
 nature of pollution from,有毒物质污染的性质,476
 occupational hazards of,有毒物质的职业伤害,479-483
 product safety and,产品安全性和有毒物质,483
 resolution of,有毒物质的溶解,595
 third parties and,第三方和有毒物质,484
 in water,水中的有毒物质,473

Toxic substances control,有毒物质防治,484-492。See also Law(s),又见法律
 assessment of legal remedies for,对有毒物质污染的立法补救措施的评价,492-499
 international agreements about,关于有毒物质的国际协议,492
 judicial remedies in (Kepone Case),有毒物质防治中的司法补救(以十氯酮为例),485
 performance bonds for,为有毒物质防治而设立的履约保证金,498-499
 scale of,有毒物质防治的规模,498

Toxic Substances Control Act,《有毒物质控制法》,489

Toxic wastes,有毒废弃物,346n。See also Hazardous substances; Hazardous waste sites,又见有毒物质;有毒废弃物处理场

"Toxic Wastes and Race Revisited: An Update of the 1987 Report" (Center for Policy Alternatives),《有毒废弃物和种族回顾:对1987年报告的更新》(政策选择中心),505

Tradable energy certificates (TECs),可交易的能源认证制度,172-174,175

Tradable entitlement concept,资格授权交易的概念,575-576

Tradable permits,可交易的许可证(制度),408

Trade,贸易
 as barriers to development,作为发展障碍的贸易,547-548
 sustainable development and,可持续发展与贸易,560-566

Trade rules, under GATT and WTO,GATT和WTO的贸易规则,565-566

Trading,交易

effluent，排污交易，464－465

emissions，排污交易，385－387，411

global greenhouse gas，全球温室气体交易，417

Tragedy of the commons，公地悲剧，72

Transaction costs，交易成本，84，467－468

Transboundary problem，跨界问题，398

Transferability of property rights，产权的可转让性，63

Transferable development rights（TDRs），可转让的开发权，572

Transferable quotas，可转让的配额，302－305，306

Transfer costs，转让成本，301－302，419

Transfer fuels，转让燃料，166－170

Travel-cost methods，旅行成本法，40－41，45

Tree growth，树木生长，260－261

Trees，树木。See Forest(s)，见森林

Trichloroethylene（TCE），三氯乙烯，42

TRI tracts，有毒物质排放清单。See Toxic Release Inventory（TRI）program，见有毒物质排放清单计划

Tropical forest，热带森林

destruction of，热带森林的采伐，259

ecological services from，热带森林的生态服务，21

Trust funds, for habitat preservation，信托基金，为生境保护而设立的信托基金，282

Tucson, Arizona, Water in，亚利桑那州图森市的水资源，208－209，228

Tundra，冻土，409

Two-period model，两期模型

for allocation of depletable resources，可枯竭资源配置的两期模型，89－93，94，133－134

mathematics of，两期模型数学，102

Ultraviolet radiation，紫外线辐射，404

Uncertainty，不确定性

of expected damages payments，预期损害费的不确定性，496

pollution control choice and，污染防治方法的选择与不确定性，363－364

about toxic substances，关于有毒物质的不确定性，478－479

Undiscovered resources，未探明资源，130

Unemployment, population growth decline and，失业，人口增长下降，536

UNFCCC-Kyoto Protocol，《联合国气候变化框架公约——京都议定书》，412－413

Uniform emission standards, for motor vehicles, 一致性排放标准，机动车一致性排放标准，377，434

Uniformity, of air pollution standards, 一致性，空气污染防治标准的一致性，377

Uniformly mixed fund pollutants, 均匀混合型可吸收污染物，347-353

Uniform rate structure, in water pricing, 统一的费率结构，水价的统一费率结构，224，225

Uniform treatment (UT) strategy, 统一防治策略，461-463

Union Carbide, in Bhopal, India, 印度博帕尔的联合碳化物工厂，476

Unit-cost measure, 单位成本指标，329-331

United Nations Development Program (UNDP), 联合国开发计划署，542，543

United Nations Framework Convention on Climate Change (UNFCCC),《联合国气候变化框架公约》，412-413

United States, 美国

    agricultural trends in, 美国的农业发展趋势，239

    cooperative solutions in, 美国的合作方案，592

    economic growth effects on poor in, 美国经济增长对贫穷的影响，543-544

    emissions charges in, 美国的排污费，412

    GATT trade rules and, GATT贸易原则和美国，566

    hunger in, 美国的饥饿问题，234

    imported oil vulnerability and, 进口石油的脆弱性与美国，164

    mobile-source air pollution policy in, 美国关于移动污染源空气污染的政策，427-429

    natural gas price controls in, 美国的天然气价格控制，152-157

    organic food standards of, 美国的有机食品标准，243，244

    ozone depletion control in, 美国关于臭氧枯竭的控制，407

    population growth in, 美国的人口增长，104-107

    scarcity and management of water, 美国水资源的稀缺性及管理，219-230

    sea scallop industry, 美国的扇贝产业，306

    strategic-minerals problem of, 美国的战略矿产资源问题，186-187

    strategic petroleum reserve of, 美国的战略石油储备，164

    trends in emissions and air quality, 美国污染物排放以及空气质量的变化趋势，382

    water allocation systems of, 美国的水资源配置体系，213-219

    water use in 2000, 美国2000年水资源利用，209

U. S. Department of Energy，美国能源部，169

United States Geological Survey (USGS), resource classification system of，美国地质调查局，美国资源分类系统，129，130

U. S. Mining Law (1872)，《1872年美国矿产法》，193

U. S. Radium Corporation，美国镭公司，509

U. S. v. Hooker Chemical and Plastics Corporation，美国诉胡克化学与塑料公司案，495n

Uranium，铀，166，167

USDA National Organic Program，美国农业部国家有机计划，243

"Use it or lose it" regulations，非用即失条款，219，220

Use value, of resources，使用价值，资源的使用价值，36

Usufructory right，用益权，214

Utilities，效用
  conservation and，自然保护与效用，171
  deregulation and，取消管制与效用，172，173
  electrical，电力公司，166-170，171-174
  environmental costs and，环境成本与效用，172
  load-management techniques of，电力的负荷管理技术，171-172
  as sector，电力部门，401，403-404
  water, pricing by，水，按负荷定价法，224-227

Valuation，价值评估，18，33-60

Value (economic)，价值（经济价值）
  present，现值，23-24
  types of，价值的类型，36-38

Vanadium，钒，188

Vehicles，机动车。See also Automobiles; Mobile-source pollution; Motor vehicle emissions，又见汽车；移动污染源污染；机动车尾气排放
  alternative，机动车替代，429

Vertical equity，纵向公平，504

Volume pricing，按体积定价法，193

Waste(s)，废弃物，16。See also Specific types，又见特定类型
  optimal amount of，废弃物的最佳数量，25
  pretreatment standards for，废弃物的预处理标准，456

Waste disposal，废弃物
  costs of，废弃物处理成本，182
  nuclear，核废料，166，167，169

recycling and costs of，废弃物的循环利用及成本，182-183，189-192

Waste Makers，*The* (Packard)，《废品制造者》（帕卡德著），199

Waste oil recycling，废油循环利用，195

Waste-receiving water，承载废弃物的水体，447

Waste reduction, sustainable development and，减少废弃物，可持续发展，568-569

Waste treatment，废物处理
    reducing discharges，减少废弃物排放，464-465
    subsidies for，废物处理补贴，466-467，521

Water，水，206-207
    accessibility to，水的可用性，4
    agricultural water pricing，农用水定价，217，218
    current allocation system，当前的水资源配置系统，213-219
    efficient allocation of scarce，稀缺水的有效配置，210-213
    federal reclamation projects，联邦开垦计划，216
    government role in allocation，水资源配置中的政府作用，214-215
    groundwater，地下水，208，212-213，219
    for higher-cost users，高成本用户，227
    hydrologic cycle，水循环，207
    inefficiencies in allocation systems，水资源配置体系中的无效率，215-219
    instream uses and rights，内河利用与水权，218-219，221，222
    land subsidence and，地面下沉与水资源，209-210
    markets and banks for transfer of，水权转让的市场和银行，221
    open-access resources and，开放性资源和水，219
    politics and pricing of scarce，稀缺水资源的政治和定价机制，228
    pricing of，水资源的定价机制，217-218，221，223-229
    prior appropriation doctrine and，优先占用权和水资源，214
    privatization of supplies，自来水供应的私有化，229-230
    remedies for scarcity of，水资源稀缺性的补救措施，219-230
    riparian rights and，河岸权和水资源，213-214
    scarcity of，水资源的稀缺性，201-210，230
    subsidies and limits on irrigation，补贴与对灌溉的限制，242
    surface，地表水，208，210-212
    transfer restrictions on，水资源转让的限制，215-216，219-221
    usufructory right and，用益权和水资源，214

Water conservation，水资源保护，219，220，224-225

Water pollution，水污染，209，340，446-474。*See also* Nonpoint water pollution，又见非点源污染

fund pollutants and，可吸收型污染物和水资源，451-452

　　point sources of，水污染的点源，454-456

　　of rivers and lakes，河水和湖水污染，448-450

　　standards for，水污染标准，458-473

　　stock pollutants and，累积型污染物和水污染，452-453

　　thermal，热造成的水污染，461

　　types of problems in，水污染问题的类型，447-453

Water pollution control，水污染防治

　　assessment of，水污染防治的评价，472-473

　　distribution of，水污染防治的分布，521-523

　　empirical studies of，水污染防治的经验研究，462

　　in Europe，欧洲的水污染防治，463-466

　　traditional policy for，水污染防治的传统政策，453-458

Water Pollution Control Act（1948），《1948年水污染控制法》，453

　　amendments（1956），《1956年水污染控制法修正案》，454

Water Pollution Control Act（1965），《1965年水污染控制法》

　　amendments（1972），《1972年水污染控制法修正案》，455，456，460，522

　　amendments（1977），《1977年水污染控制法修正案》，455，160，466

Water Quality Act（1965），《1965年水质法》，454

"Water Quality Trading Policy"（USEPA），水质交易政策，463

Weak sustainability，弱可持续性，98，100

Wealth effects，Coase theorem and，健康效应，科斯定理，83

Welfare levels, of future generations，福利水平，后代的福利水平，554-555

Welfare measure，福利指标，538

West Germany（former），effluent charges in，联邦德国，联邦德国的污水排污费，463-465

Westlands Water District，韦斯特兰供水管理区，217

Wetlands，湿地，29，466

Whales, open-access harvesting of，鲸，鲸的开放式捕捞，196

Wilderness Act，《荒原法》，275

Wildlife habitats，野生动物生境，29，269

Wildlife protection, in Zimbabwe，野生动物保护，津巴布韦的野生动物保护，310

Wildlife viewing, valuation of，野生动物观赏，野生动物观赏价值的评估，45

Wind energy，风能，176

Win-win situations，双赢局面，100

Wisconsin, water pollution control in,威斯康星州的水污染防治,462

Women,妇女

 population control and empowerment of,人口控制与妇女权利,122-124,125

 population growth and female availability effect,人口增长与妇女有效性效应,109-110

Worcester, Massachusetts, environmental justice and,伍斯特市,马萨诸塞州,环境公平,508

Workplace,工作场所。See Occupational hazards,见职业有害物

World Bank,世界银行,548

World Fertility Survey,世界生育率调查,104

World Food Summit,世界粮食首脑会议,233

World Heritage Convention and Fund,《世界遗产公约》,279

World population, growth of,世界人口,世界人口的增长,104

World Trade Organization (WTO),世界贸易组织,564,565-566

Worldwatch Institute,世界观察研究所,9

WTO,世界贸易组织。See World Trade Organization (WTO),见世界贸易组织

Youth effect,青年效应,109,110

Zero-discharge goal,零排放目标,458-459

Zero Emission Vehicle (ZEV) regulations,零排放机动车管理规定,429

Zimbabwe, wildlife protection in,津巴布韦,津巴布韦的野生动物保护,310

Zoned effluent charge (ZEC),分地域收取排污费,461

Zurich, Switzerland, water pricing in,瑞士苏黎世的水价,226

译后记

在文明的长河中，人类在旧石器时代或中石器时代仅凭借简单的打制石器，从事着简单的采集和捕猎活动，度过了持续数百万年漫长岁月的原始文明；自"新石器时代革命"之后，人类发明了磨制石器乃至以后的陶器和青铜器，过上了定居生活，开始了原始农业和畜牧业，掌握了食物的生产过程，从此进入了原始的农耕经济时代，这种农耕文明也绵延了上万年；自人类发明灌溉型农业和作物人工栽培以来，人类经历了持续数千年的农业文明。人类发展至此，依然处于被自然主宰或依赖自然的地位。然而，18世纪的工业革命使人类掌握了机器这一锐利"武器"，从而具有了主宰自然、征服自然的能力。至今，工业文明持续300余年，人类在改造自然和发展经济方面取得了辉煌成就，创造的物质财富超过此前人类历史积累的物质财富总和。但是，人类在征服大自然的同时也饱受了大自然无情的惩罚，资源日趋萎缩，环境遭到破坏，生态明显恶化，资源环境陷入了不堪重负的境地。面对工业发展带来的严重生态环境后果，人类开始呼唤生态文明的到来。

自从人类启动工业化进程以来，传统的经济增长模式已经引起资源枯竭、环境污染、生态恶化等全球性问题，经济与生态环境、人与自然之间的矛盾日益突出，有学者不禁惊呼：经济已经到了"增长的极限"，这一切都迫使人们寻找新的经济发展途径。"可持续发展"则是基于工业化进程对环境和资源产生的严重负面影响进行反思而提出的一种科学发展理念。这一科学发展理念是建基于生态经济、循环经济、绿色经济和低碳经济等一系列新的经济发展理念之上的。按照这一科学发展理念，我们的经济发展应该"在生存与不超过维持生态环境系统涵养能力的情况下，提高人类的生活质量"，"经济子系统的增长规模绝对不能超出生态系统可以永久持续或支撑的容纳范围"。

改革开放 30 余年，我国始终保持 GDP 高速增长，现在已经成为世界上最大的实物经济体和制造业国家，其成就为世人钦佩、国人自豪。21 世纪头 20 年，我国还将处于工业化、城镇化加速发展的阶段。但是，随着我国自然资源和原材料需求大幅上升，资源供需矛盾日益突出，生态环境日显脆弱，经济发展与生态环境之间的矛盾已成为我国经济快速、持续、健康发展的最大制约因素，若延续原有粗放的经济增长方式，资源将难以为继，环境将不堪重负，生态将严重恶化。

在上述背景之下，我们试图将汤姆·蒂滕伯格撰写的享誉学术界的《环境与自然资源经济学》（第七版）联合翻译出来，以供国内学者借鉴和学生做教材使用。本书对公共政策理论和经济学理论进行了高度的综合，从环境评价、资源的产权关系、各种性质的资源特征、资源稀缺性、不同污染源污染防治的经济学、资源环境的社会因素和可持续发展等方面分 24 章对环境与资源经济学领域作了全面介绍。作者为读者介绍了环境与自然资源经济学领域最新的发展以及大量的实例和热门话题，如转基因生物、生态足迹、碳封存、全球温室气体贸易等。本书不仅适合大学相关专业本科生和硕士研究生作为教材使用，也可作为资源管理、环境保护和生态建设等方面的研究人员和管理人员的参考材料。

本书主要由江西农业大学金志农教授翻译完成（负责前言、第 1~15 章以及其他附件的翻译，全书统稿和审校），参加翻译工作的还有：江西省科学院余发新、孙小燕（第 16~18 章）；丁建南、于一尊（第 19~20 章）和金莹（第 21~24 章）。限于译者的学术水平以及时间仓促，书中不当之处在所难免，望读者不吝赐教。

金志农
2011 年 6 月 11 日于梅岭

Authorized translation from the English language edition, entitled Environmental and Natural Resource Economics, 7th Edition, 9780321305046 by Tietenberg, Tom, published by Pearson Education, Inc., publishing as Addison-Wesley, Copyright © 2006 by Pearson Education, Inc.

All rights reserved. No part of this book may be reproduced or transmitted in any form or by any means, electronic or mechanical, including photocopying, recording or by any information storage retrieval system, without permission from Pearson Education, Inc.

CHINESE SIMPLIFIED language edition published by PEARSON EDUCATION ASIA LTD., and CHINA RENMIN UNIVERSITY PRESS Copyright © 2007.

本书中文简体字版由培生教育出版公司授权中国人民大学出版社合作出版，未经出版者书面许可，不得以任何形式复制或抄袭本书的任何部分。

本书封面贴有 Pearson Education（培生教育出版集团）激光防伪标签。无标签者不得销售。

图书在版编目（CIP）数据

环境与自然资源经济学：第7版/（美）蒂滕伯格著；金志农，余发新等译．—北京：中国人民大学出版社，2011.12
（经济科学译丛）
ISBN 978-7-300-14801-4

Ⅰ.①环… Ⅱ.①蒂… ②金… ③余… Ⅲ.①环境经济②自然资源—资源经济学 Ⅳ.①X196②F062.1

中国版本图书馆CIP数据核字（2011）第241507号

经济科学译丛
环境与自然资源经济学（第七版）
[美] 汤姆·蒂滕伯格 著
金志农 余发新 等译
金志农 校

出版发行	中国人民大学出版社		
社　　址	北京中关村大街31号	邮政编码	100080
电　　话	010－62511242（总编室）	010－62511398（质管部）	
	010－82501766（邮购部）	010－62514148（门市部）	
	010－62515195（发行公司）	010－62515275（盗版举报）	
网　　址	http://www.crup.com.cn		
	http://www.ttrnet.com（人大教研网）		
经　　销	新华书店		
印　　刷	涿州市星河印刷有限公司		
规　　格	185mm×260mm 16开本	版　次	2011年12月第1版
印　　张	47 插页3	印　次	2011年12月第1次印刷
字　　数	878 000	定　价	82.00元

版权所有　侵权必究　印装差错　负责调换